U.S. Customary Units and Their SI Equivalents*

Quantity	U.S. Customary Unit	SI Equivalent
Acceleration	ft/s^2	0.3048 m/s^2
	in./s^2	0.0254 m/s^2
Area	ft^2	0.0929 m^2
	in^2	645.2 mm^2
Energy	ft · lb	1.356 J
Force	ki p	4.448 kN
	lb	4.448 N
	oz	0.2780 N
Impulse	lb · s	4.448 N · s
Length	ft	0.3048 m
	in.	25.40 mm
	mi	1.609 km
Mass	oz mass	28.35 g
	lb mass	0.4536 kg
	slug	14.59 kg
	ton	907.2 kg
Moment of a force	lb · ft	1.356 N · m
	lb · in.	0.1130 N · m
Moment of inertia:		
of an area	in^4	0.4162×10^6 mm^4
of a mass	lb · ft · s^2	1.356 kg · m^2
Momentum	lb · s	4.448 kg · m/s
Power	ft · lb/s	1.356 W
	hp	745.7 W
Pressure or stress	lb/ft^2	47.88 Pa
	lb/in^2 (psi)	6.895 k Pa
Velocity	ft/s	0.3048 m/s
	in./s	0.0254 m/s
	mi/h (mph)	0.4470 m/s
	mi/h (mph)	1.609 km/h
Volume, solids	ft^3	0.02832 m^3
	in^3	16.39 cm^3
Liquids	gal	3.785 l
	qt	0.9464 l
Work	ft · lb	1.356 J

* From F.P. Beer and E.R. Johnson, VECTOR MECHANICS FOR ENGINEERS: DYNAMICS, 3rd ed., McGraw-Hill Book Company, New York 1976.

An Introduction to

Mechanics of Solids

In SI Units

An Introduction to
Mechanics of Solids
In SI Units

Stephen H. Crandall
Norman C. Dahl
Thomas J. Lardner
M. S. Sivakumar

크랜달의

수정판

핵심 재료역학

제3판

| 백태현 · 윤영한 · 임재규 · 최병호 · 한석영 공역 |

AN INTRODUCTION TO MECHANICS OF SOLIDS, **Third Editon (In SI Units)**

4 5 6 7 8 9 0 MHE-KOREA 20 23

Original: An Introduction to Mechanics of Solids, 3/e (In SI Units)
By Stephen H. Crandall, Norman C. Dahl
Thomas J. Lardner, M. S. Sivakumar
ISBN 978-0-07-107003-4

Korean ISBN 979-11-321-1614-1 93530

Printed in Korea

크랜달의 핵심 재료역학 제3판(수정판)

발 행 일: 2015년 1월 2일 1쇄
2023년 8월 28일 4쇄
저 자: Stephen H. Crandall, Norman C. Dahl
Thomas J. Lardner, M. S. Sivakumar
역 자: 백태현, 윤영한, 임재규, 최병호, 한석영
발 행 인: SHARALYN YAP LUYING(샤랄린얍루잉)
주 소: 서울시 마포구 양화로 45, 8층 801호
(서교동, 메세나폴리스)
전 화: (02)325-2351
등록번호: 제 2013-000122호(2012.12.28)
발 행 처: 맥그로힐에듀케이션코리아 유한회사

I S B N: 979-11-321-1614-1

판 매 처: 텍스트북스
문 의: (02)702-5725~6
가 격: 35,000원

저자 머리말(3판)

Preface to the Third Edition

이 책은 원래 미국 MIT공과대학(Massachusetts Institute of Technology)에서 기계공학 전공 학생들을 위한 역학 입문 교과과정으로 집필된 교재이다. 독자는 이 책 초판의 서문을 읽어 보길 권한다.

이 책은 학부생들을 위한 고체역학 교과목으로, 강체역학(rigid body mechanics)보다 한 단계 높은 수준의 과정이다. 기계, 토목 및 항공공학 전공의 상급학년이나 대학원 학생들은 이 책을 통하여 충분한 통찰력을 갖출 수 있도록 하였다. 간결한 이론은 산업에 종사하는 실무자들에게도 기본 개념에 대한 이해를 더 깊게 하고 새롭게 하기 위한 유용한 지침이 될 것이다.

이 책에는 공학문제에 관해 고체역학 기본 원리를 적용하는 기법이 알기 쉽도록 기술되어 있다. 공학적인 문제에 관련된 원리가 직접 적용될 수 있는 형태로 변환하고, 공학문제의 물리적 현상에 대한 통찰력을 지니게 할 수 있도록 역학의 핵심원리에 관한 개념적인 이해에 중점을 두었다.

이 교재로 공부하는 독자들은 역학, 기초 벡터 대수학과 미분 적분학을 다루는 기본 물리학 과정을 잘 알고 있다고 간주하였다.

이번 개정판에서도 원래 내용의 대부분 자료를 그대로 유지하면서 전체 내용에 걸쳐 완전히 SI 단위계를 적용하였다. 이 외에도 각 장의 내용이 좀 더 명확하도록 더 많은 설명을 포함하고 재편성하는 개정이 이루어졌다. 모든 예제 풀이에서는, 사용된 주요 개념 목록을 열거하고 특정한 문제를 해결하기 위해 주의를 요하는 사항에 관해 풀이 시작 단계에서 주목할 점을 제시하였다. 여러 상황에서 학습한 원리들을 적용할 수 있는 새로운 예제 풀이와 각 장의 마지막에 풀이가 없는 여러 연습문제들을 포함시켰다. 독자가 각 장에서 배운 개념을 복습할 수 있도록 각 장의 마지막에 요약사항을 추가하였다. 또한 2.5절의 컴퓨터를 이용한 트러스 해석에 관한 사항은 학생들이 해석 소프트웨어를 사용하여 연습할 수 있도록 수정하였다. 이 소프트웨어는 인터랙티브 모드에서 여러 종류의 트러스 해석 시험에 사용할 수 있다. 이러한 시험을 통해 학생들은 구조 해석에서 컴퓨터의 역할에 대한 아이디어를 얻게 될 것이다.

요약하면, 이 교재의 두드러진 특징 중 일부는 아래와 같다.

- 개략적인 근사 추정으로부터 시작하여 개념이 좀 더 실제 상황에 이르도록 한 가지씩 가정사항을 해결할 수 있는 방법 제시.

- 모든 주제를 재료역학의 기본 원리에 연결.
- 시작 단계에서 텐서 개념을 소개하는 새로운 방법 채택.
- 파손 이론; 기둥과 버팀목(columns and struts); 오일러(Euler) 정리 및 제한사항; 랭킨-고든(Rankin-Gordon)식; 경험식; 가상 일의 원리; T형 앵글 및 채널 단면의 응력.
- 전체 내용을 SI 미터법으로 변환.
- 예제 풀이와 수치 문제들은 실제 문제에 이론개념 적용을 설명하기 위해 생물학으로부터 핵 원자로 격납 용기의 설계에 걸친 여러 상황을 포함.
- 교수법 강화를 위한 보조 자료
    - 626개의 그림
    - 75개의 예제 풀이
    - 456개의 연습문제

이 책의 보조 자료에 관해서는 다음 웹사이트를 방문하길 바란다: http://www.mhhe.com/crandall/mos3e

위의 웹사이트는 다음 사항을 포함:

- 강의담당 교수
    - 문제풀이 매뉴얼(새로 추가된 문제 포함)
    - 트러스 컴퓨터 해석용 소프트웨어
- 수강생
    - "응력과 변형률"에 관한 견본 챕터 (Sample Chapter)
    - 150개의 선다형 문제
    - 트러스 컴퓨터 해석용 소프트웨어

이 개정판에 도움을 준 모든 사람들, 특히 C K Muthukumaran씨와 Arjun Ravichandran씨에게도 감사드린다. 또한 이 교재를 검토하며 유익한 조언과 제안에 시간을 할애하여 주신 아래의 많은 분들에게도 고마운 마음을 전한다.

Raman Bedi
National Institute of Technology (NIT) Jalandhar, Punjab

S P Harsha
Indian Institute of Technology (IIT) Roorkee, Uttarakhand

M S Dasgupta
Indian Institute of Technology (IIT) Madras, Chennai

R K Srivastav
Motilal Nehru National Institute of Technology (MNNIT) Allahabad, Uttar Pradesh

Biswajit Halder
National Institute of Technology (NIT) Durgapur, West Bengal

D Chakraborty
Indian Institute of Technology (IIT) Guwahati, Assam

V G Ukadgaonkar
Indian Institute of Technology (IIT) Bombay, Maharashtra

Pravin Singru
Birla Institute of Technology and Science (BITS) Pilani, Goa Campus

K Palanichamy
National Institute of Technology (NIT) Tiruchirapalli, Tamil Nadu

S Ramanathan
Maturi Venkata Subba Rao (MVSR) Engineering College, Hyderabad, Andhra Pradesh

S Adiseshu
College of Engineering, Andhra University, Andhra Pradesh

마지막으로 이 교재의 모든 출판단계에서 협조와 지원을 아끼지 않았던 Tata McGraw-Hill Education 제작진에게도 사의를 표한다.

M S Sivakumar

저자 머리말(재판)

Preface to the Second Edition

이 책을 처음 대하는 독자는 먼저 초판의 서문을 읽어 보길 권한다. 재판인 이 책에서도 초판의 목적 및 중요 사항들은 크게 바뀌지 않았다. 평형상태의 강체 및 변형체 역학의 기본 원리에 관한 내용을 그대로 유지하였다.

우리는 실제 물리적 현상을 나타내기 위한 이상적 모델의 구축에 중점을 주는 대신 형식적이고 엄밀해를 강조하기 위하여, 또는 다루어야 할 많은 자료들을 더 많이 포함시키고자 하는 방침에는 따르지 않았다. 우리는 공학이 해를 찾기 위한, 다시 말해 독자가 물리적 문제에 대한 해답을 결정하는 것과 같은 절차를 거쳐야 된다는 것을 인정해야 한다. 이 점에서 두 번째 판에서도 초판의 의도와 전통을 유지하였다. 우리는 이 책이 공학적 사고의 전통, 즉 비오(M.A. Biot)[1]가 언급한 "명확하고 단순하며, 직관적인 이해, 순수한 지식의 깊이, 그리고 무관한 사항의 배제"와 같은 전통을 유지하였다.

몇 가지 변화가 있었다. 그러나 이 변화들은 전체를 바꾸는 것보다는 개선하고자 하는 의도가 더 많았다. 에너지, 유체 정역학, 후좌굴 거동(postbuckling behavior), 그리고 첨자 표기법(indical notation) 등을 다루는 새로운 내용이 추가되었다. 또한 구조해석에서 컴퓨터의 역할에 대해서도 논의하였다. 이러한 관점에서, 우리는 문제의 해결책에서 컴퓨터가 도구로서 사용될 수 있음을 강조하기 위해 노력했다. 그러나 물리적 이해 및 문제의 계통적 서술, 즉 공식화는 풀이의 가장 중요한 부분이며 기본적인 원리는 여전히 식 (2.1)의 세 단계에 속한다. 많은 절의 내용을 다시 수정하였으며 이 전의 내용을 개선하기 위해 여러 장을 재편성하였다.

여러 새로운 문제들을 추가하였으며, 특히 이 책에 포함된 원리들을 생물학으로부터 핵원자로 격납 용기의 설계에 적용할 수 있는 여러 경우의 예가 포함되도록 노력하였다.

저자들을 대표하여, 지난 12년 동안 이 책을 사용한 많은 동료들과 오자를 알려주고 조언을 해준 여러 독자들에게 감사 드린다. 또한 4.14절을 기고해준 머리(W.M. Murray) 교수에도 고마움을 전한다.

Thomas J. Lardner

[1] M. A. Biot, Science and the Engineer, *Appl. Mech. Rev.,* vol. 16, no. 2, pp. 89–90, February 1963.

2판의 SI 단위 사용에 관하여

이 책에서 수치 예제와 문제의 60% 이상을 SI 단위로 변경하였다. 미국에서 SI 단위계가 완전히 채택되기 위해서는 앞으로도 몇 년의 시간이 더 걸릴 것으로 예상한다. 이러한 이유로 몇몇 문제와 예제들에서는 관용되는 영국단위계를 그대로 사용하였다.

Thomas J. Lardner
Department of Theoretical
and Applied Mechanics
University of Illinois

저자 머리말(초판)

Preface to the First Edition

이 교재는 평형상태를 이루는 강체 및 변형이 가능한 고체역학에 관한 내용으로, 미국 MIT 공과대학(Massachusetts Institute of Technology) 기계공학과 교수들에 의해 응용역학 첫 학기 교재로 사용되기 위해 쓰여졌다.

주요 주제로 공학과학(*engineering science*)의 내용을 다루었다. 이를 위해 평형상태의 고체역학을 지배하는 기본적인 물리적 고려사항을 분명히 식별하도록 하였으며, 모든 논의와 이론적인 전개사항을 이러한 세 가지 기본 고려사항에 명확하게 연관되도록 하였다. 이 책에서는 주제의 기초적인 설명에 통일성을 기할 수 있도록 이러한 기본적인 사항에 초점을 맞추었다.

이 교재에서 상당히 중점을 둔 다른 측면은 실제 물리적 상황을 나타내기 위해 이상화 모델을 구성하는 과정이다. 이는 공학의 핵심 문제 중의 하나이며, 우리는 이 책을 통해 독자들이 이러한 사항을 그 중요성에 상응하는 관심을 가질 수 있도록 시도하였다.

우리는 독자가 이미 물리학 교과과정의 일환으로 역학을 공부하였고 미분과 적분을 잘 알고 있는 것으로 간주하였다. 더 나아가 독자가 벡터 기호에 친숙하며, 벡터 덧셈과 곱셈의 대수 연산을 잘 알고 있는 것으로 가정하였다.

첫 번째 장에서는 역학의 기본 원리에 관한 논의와 평형조건에 대해 상세한 설명이 이루어지도록 할애하였다. 두 번째 장에서 기본 원리는 식 (2.1)을 통해 세 가지 단계의 형태로 명시적으로 언급하였으며 집중 매개변수(lumped parameter) 모델과 1차원 연속체 응용에 관해 설명하였다. 다음의 세 번째 장에서는 기본 원리가 포함된 내용의 이해에 대한 깊이가 한층 확장되도록 하였다. 이러한 논리 전개의 중요한 면은, 기본개념을 3차원 연속체에 확장시키는 것이다. 마지막 네 번째 장에서는, 이러한 개념을 포함하는 간단하지만 중요한 문제를 해결하는 내용을 다루었다. 각 장의 끝부분에 독자들이 풀어야 할 문제들이 있다. 이들 중 일부는 단원 내용을 확장한 문제들을 포함한다. 이들 문제의 약 3분의 1에 대한 정답은 이 책의 뒷부분에 있다.

기본 원리를 강조하기 위해 노력을 한 결과, 우리는 필연적으로 흥미로운 많은 응용 문제들을 생략할 수밖에 없었다. 이 교재에서 여러 유용한 결과의 개설을 알려주기보다는 오히려 특정한 응용에 관해 제한된 문제들을 선택하였으며 일반적으로 주의를 필요하는 사항보다 더 많은 사항들을 검토하였다. 이 교재를 기초로 한 과정은 탄성학과 소성학의 좀 더 고급 분야에 적합한 입문서가 될 것이라고 생각한다. 동일한 확신을 가지고, 우리는 이 교재를 기반으로 한 과정이 이 분야 이후의 설계 과정에 대해 확고한 기초를 제공할 것이라고 믿는다.

이 교재를 준비하는 과정에서 여러 사람들이 직접, 간접적으로 참여하였다. 저자들을 비롯하여 많은 현직 그리고 전직 교수진이 서술방법과 연습문제 등에 관한 아이디어를 제공하였다. 특히 문제풀이를 맡은 피츠제럴드(R.J. Fitzgerald)씨와 원고를 타이핑해준 해리스(Pauline Harris)양에게도 고마움을 표한다.

1957년에 이 교재의 예비 판이, 그리고 1958년에 증보판이 발간되었다. 이러한 과정을 거쳐 이 내용을 반영구적 책의 형태로 실험 출판을 할 수 있었다. 예비 판을 사용해서 공부하였고, 전판에 비해 더 나은 교재가 될 수 있도록 솔직한 의견을 제시하고 비판을 해주었던 1960년과 1961년의 M.I.T. 학생들에게도 감사의 뜻을 표한다.

Stephen H. Crandall
Norman C. Dahl

역자소개

백태현 군산대학교 기계자동차공학부 교수
윤영한 한국기술교육대학교 메카트로닉스공학부 교수
임재규 전북대학교 기계설계공학부 교수
최병호 고려대학교 기계공학부 교수
한석영 한양대학교 기계공학부 교수

역자 머리말

이 책은 미국 MIT공과대학 기계공학과의 크랜달(S. H. Crandall), 다알(N. C. Dahl), 라드너(T. J. Lardner), 그리고 시버쿠마르(M S Sivakumar) 교수 등이 저술한 2013년도 3판으로 발행된 고체역학 입문서(An Introduction to Mechanics of Solids in SI Units, 3rd Edition, McGraw Hill, 2013)를 번역한 교재이다. 원래 이 원서의 초판은 1959년에 출판되었으며, 초판과 그 이후 개정판은 미국을 비롯한 세계 여러 나라의 공과대학에서 교재로 채택되어 널리 사용되고 있다.

재료역학(mechanics of materials) 또는 고체역학(solid mechanics)은 자동차, 항공, 조선공학을 포함한 기계공학, 더 나아가 재료, 건축 및 토목공학의 주요 핵심 교과목 중의 하나이다. 재료역학에서 다루는 내용은 기계 및 구조물의 부재에 외력이 작용할 때 발생되는 변형과 응력에 관한 사항이며, 공학설계에 필요한 필수 기본역학 중의 하나이다.

이 책에서는 공학문제에 관해 고체역학 기본 원리를 적용하는 기법이 알기 쉽도록 기술되어 있다. 공학적인 문제를 해당되는 원리가 직접 적용될 수 있는 형태로 변환하고, 공학문제의 물리적 현상에 대한 통찰력을 지닐 수 있도록 역학의 핵심원리에 관한 개념적인 이해에 중점을 두었다. 이 책의 큰 특징은 공학문제에 관하여 명확하고 단순하며, 직관적인 이해, 그리고 무관한 사항의 배제를 통하여 해결방안에 접근할 수 있는 기법을 제시한 것이다.

이 책은 9장으로 구성되어 있으며, 학부의 특성에 따라 한 학기나 또는 두 학기용으로 강의할 수 있도록 쓰여 있다. 각 장은 이론 설명을 위한 여러 절과 공학문제 풀이에 필요한 많은 예제와 연습문제들이 포함되어 있다.

역자들은 공과대학에서 다년간 재료역학을 강의하면서 학생들에게 재료역학을 쉽게 이해시킬 수 있도록 저술된 이 교재를 택하여 원저의 내용을 정확하고 알맞게 번역하고자 노력하였다. 경우에 따라서는 원문을 직역하기보다는 학생들의 이해를 돕도록 원문의 내용을 전달하는 데 충실한 번역이 되도록 하였다. 그러나 저자가 바라던 바에 뜻하지 않은 오류도 있을 수 있고 미숙한 표현도 많으리라 생각한다. 잘못된 곳을 지적해주시면 기꺼이 수정/보완할 예정이다.

용어는 이공계 또는 자연과학 관련 전문 용어집에 따랐으며, 그 외에는 공학적으로 사용되는 관용어에 따랐다. 아무쪼록 이 책이 공학도들을 비롯한 산업분야에 종사하는 모든 공학인들에게 좋은 교재와 기본 참고서로 애용되기를 바란다.

마지막으로 이 번역서가 출판되도록 많은 정성을 기울인 McGraw Hill Education Korea 사장님과 편집부 여러분께 감사드린다.

2014년 12월

역자대표 **백태현**

요약 차례

Contents

차례

Contents

제 1 장

역학의 기본 원리

Fundamental Principles of Mechanics

1.1 서론 *Introduction*

역학은 **힘**과 **운동**에 관한 과학이다. 역학은 힘, 질량, 길이 그리고 시간과 같이 상대적으로 중요한 몇몇 기본 개념을 포함한다. 이러한 개념 사이의 관련된 여러 가지 실험을 기반으로 한 가설과 추정으로부터, 논리적 추론을 통하여 상당히 상세한 결과를 예측할 수 있다. 역학은 아르키메데스(Archimedes) 시대(287 - 212 B.C.)까지 거슬러 올라갈 수 있는 가장 오래된 자연과학 분야의 하나이다. 로마 군에 대항하기 위한 시러큐스(Syracuse) 방어전에서 아르키메데스가 역학을 사용하였던 뚜렷한 기록을 **플루타크 영웅전(Plutarch's Lives)**[1]에서 찾아볼 수 있다. 역학은 과학의 한 분야로서 우리에게 이름이 잘 알려진 Stevin, Galileo, Newton, d'Alembert, Lagrange, Laplace, Euler, 그리고 Einstein 등과 같이 대부분 위대한 모든 과학자들에게 관심을 불러 일으켰다. 역학은 지속적으로 적용 영역을 확대하여 매력적인 흥미의 대상이 되고 있다. 역학의 역사에 관심이 있는 독자는 어렵지 않게 이 주제에 대해 여러 흥미로운 책을 찾아볼 수 있다.

응용역학은 역학의 원리를 (1) 거동을 이해하기 위해, 그리고 (2) 설계를 하기 위한 절차를 개발하기 위해 실제 관심 대상이 되는 시스템에 적용하는 과학이다. 이 교재는 고체 **응용**역학 입문서이다. 필요에 따라 역학의 원리에 대한 논리적 구조를 간략히 전개해 나갈 것이다. 그러나 여기서 주안점은 이러한 원리를 합리적으로 적용하는 데 있다. 이 교재의 독자는 물리학에서 뉴턴 역학의 전체적인 개요에 대해 잘 이해하고 있는 것으로 가정한다.

[1] Plutarch, "The Lives of the Noble Grecians and Romans," Marcellus, pp. 376 - 380, Modern Library, Inc., New York.

1.2 일반적인 절차 *Generalized Procedure*

응용역학에서 문제 해결을 시도하기 위한 일반적인 방법은 과학적 탐구와 유사하다. 그 단계는 다음과 같이 요약할 수 있다.

1. 관심이 되는 시스템을 선택한다.
2. 시스템의 특성을 가정한다. 이것은 일반적으로 실제 상황의 이상화 및 단순화를 포함한다.
3. 이상화된 모델에 역학 원리를 적용한다. 결과를 추정한다.
4. 이러한 가정을 실제 시스템의 거동과 비교한다. 이 단계에서는 일반적으로 시험과 실험을 해야 할 필요성을 포함한다.
5. 만일 만족할 만한 일치가 이루어지지 않을 경우, 전 단계를 다시 재검토해야 한다. 시스템에 대해 다른 이상적인 모델을 구성함으로써, 즉 특성에 관한 가정을 변경함으로써 진행이 이루어지는 경우가 종종 있다.

위의 일반화된 접근 방법은 이 교재에서 다루는 문제들뿐만 아니라 또한 연구를 새로 시작하는 분야 문제에도 적용된다. 역학을 다루어야 하는 설계 엔지니어는 그의 역할이 특별히 원하는 기능을 달성하기 위한 다소 다른 동기 이외에는 비슷한 절차를 따른다. 그가 1, 2 그리고 3단계에서와 같은 행위를 분석하기 전에 예전의 설계를 채택하던가 또는 발명해서라도 그는 최초로 가능한 설계를 창출해야 한다. 만일 이 행위가 원하는 기능과 호환되지 않을 경우, 승인될 수 있는 결과를 얻을 수 있을 때까지 설계 엔지니어는 시스템을 다시 설계하던가 또는 수정해야 한다. 승인될 수 있는 기준은 만족할 만한 기술 작동뿐만 아니라 경제성, 최소 무게, 그리고 제작의 편리성과 같은 여러 요인을 포함해야 한다. 또한 허용할 수 있는 수용성은 공해 그리고 또는 생태학적 인자도 고려해야 할 필요도 있다.

이 교재는 입문서이므로 위의 처음 3단계에 대해 주로 다루었다. 그러나 경우에 따라서는 다른 단계에 대해서도 언급하였다. 이론과 실험 사이에 현재 만족스러운 일치가 이루어지지 않은 여러 경우의 예가 지난 300년의 과학적 발전의 근본적인 중요성에도 불구하고 역학은 여전히 많은 개척분야를 확장해가면서 활발히 성장하는 분야를 인지하는 독자에게, 그리고 과학적 추론의 잠정적 본성을 설명하기 위해 주어져 있다.

위에서 설명한 개요에서 처음 두 단계, 즉 시스템의 선택과 특성의 이상화에 대한 사항을 고려해 보기로 하자. 연구 조사에서는 이들이 일반적으로 가장 어려운 단계이다. 비결은 해석하기 위해 간단하고 충분한 모델을 설정하는 것이지만 여전히 고려해야 할 현상이 나타난다. 우리가 더 많이 배울수록 실제 모델은 더욱 정교하게 된다.

예를 들면, 독자는 집중적인 해석을 위해 다음 절에서 시스템을 선택하고 분리하는 데 있어 정교한 점이 증가하는 것을 관찰하게 될 것이다. 간단한 경우에는 전체 구조물이 한 덩어리로 간주될 수 있다. 나중에 우리는 부결합체(subassembly), 예로서 단일 부재나 조인트, 또는 원래 구조물의 부분을 고려해야 할 필요성을 알게 될 것이다. 그 이후에 분석을 위한 시스템과 같은 구조 부재 내부의 미소한 요소를 선택하여 더 자세한 정보를 얻을 수 있게 된다.

독자는 시스템의 특성을 이상화하기 위해 고려하여야 할 정교한 사항이 더 늘어나게 되는 것을 관찰하게 될 것이다. 예를 들면 우리가 다루는 대부분의 분야는 일반 엔지니어링 부재로서 봉(rod), 보(beam), 축(shaft) 등이다. 이러한 부재는 상대적으로 강성이므로, 우리는 **완전 강체**(*rigid body*) 개념으로 이상화하여 시작한다. 이해의 어떤 수준이 이 기준에 도달하게 되면, 더 높은 수준의 문제에 답하기 위해서는 하중을 받는 부재의 변형을 고려해야 한다. **탄성**이라는 변형을 고려함으로써 우리는 더 진전된 수준에서 이해를 할 수 있다. 그리고 **소성 거동**(*plastic behavior*)에 관한 가정을 포함할 때 더 많이 깨닫게 될 것이다.

1.3 역학의 기본 원리 *The Fundamental Principles of Mechanics*

시스템을 선택하고 그리고 거동에 대한 개념적인 모델을 설정한 다음, 우리는 역학 원리가 무엇이며 그리고 그들을 어떻게 적용해야 하는지 묻게 된다. 넓은 개략적인 점에서 그들은 간단하다. 역학은 힘(force)과 운동(motion)을 다룬다. 그러므로 힘을 공부해야 하고, 그리고 운동을 알아야 한다. 마지막으로 우리는 힘에 대한 운동의 의존도에 관한 가정을 사용하여 힘과 운동을 연관시킨다.

기본 개념의 가장 중요한 사항 중의 하나는 **힘**이다. 다음 절에서 우리는 힘의 특성에 대해 살펴보기로 한다.

운동학(*motion study*)은 일반적으로 기하학적 위치와 시간을 포함한다. 고체역학에서 중요한 두 가지 다른 형태의 움직임 구분이 가능하다. 첫 번째 형태는 시간 변화에 대해 전반적인 전체 변화를 포함하고, 두 번째 형태는 형상의 국부적 일그러짐(distortion)을 포함한다. 예를 들면 자동차 엔진 연결봉(connecting rod)은, 한 끝은 위아래로 움직이고 반면에 다른 끝은 원운동을 하며 전체적으로 복잡한 운동을 한다. 이러한 전체 운동과 동시에 봉의 형상에 매우 작은 변화가 일어난다. 즉, 봉은 처음에는 피스톤을 잡아당기고 다음으로 밀어내면서 번갈아 가며 늘어나거나 줄어들게 된다. 형상 변화가 일어나는 이 두 번째 움직임을 우리는 **변형**(*deformation*)이라 한다. 이 교재에서는 변형이 일어나는 경우를 고려할 것이며, 일반적으로 전체적인 총 움직임에 대해서는 다루지 않을 것이다. 전체 운동에 관한 상세한 사항은 **동역학**(*dynamics*), **운동역학**(*kinetics*), 그리고 **기구학**(*kinematics*) 등에서 찾아볼 수 있다.

위의 두 형태의 움직임은 힘에 의해 영향을 받는다. 우리가 이용하는 힘과 운동 사이의 관계에 대한 가설은 **뉴턴역학**(*Newtonian mechanics*)에 대한 가정에 근거한다. 이 이론은 빛의 속도 이상의 매우 큰 속도에 대응하기 위해서는 확장되어야 하지만, 물체가 움직이는 모든 속도가 빛의 속도에 비해 충분히 작은 일반 공학의 영역에서 뉴턴 가설의 타당성에 대해서는 실험적으로 충분히 입증되었다. 뉴턴역학의 기본적인 원리는 입자에 대한 힘과 가속도 사이의 비례 관계이다. 실제로 이 교재에서는 불균형된 힘이 없이 가속도가 발생하지 않은 제한된 경우만을 다룬다.

고체 내의 힘과 변형 사이에 관계되는 가설은 여러 가지로 다양하다. 이 질문에 관한 다양한 측면은 제5장에서 살펴볼 예정이며, 그 이후 다음 장에서도 다루기로 한다.

특정 시스템에 이러한 가설을 적용하여, 우리는 힘을 알고 있는 경우 운동과 변형을 예측하거나, 또는 반대로 운동과 변형을 알고 있는 경우 힘을 결정할 수 있다. 기계나 구조물 설계 단계에서 이 시스템이 안전하고 효율적인 방법으로 작동될 것인가에 대해 우리가 판단할 수 있는 정보를 알 수 있다.

기계 시스템의 모든 해석에서 위에서 설명한 세 가지 단계를 포함한다. 이들을 강조하기 위해 다시 열거하면 다음과 같다.

1. 힘의 연구
2. 운동과 변형에 관한 연구
3. 힘을 운동과 변형에 대해 관계되는 법칙의 적용

대부분의 경우, 위의 세 단계에 대해 모두 주의 깊은 해석이 필요하다. 특별한 경우에 하나 또는 그 이상의 단계에서는 사소한 것으로 간주될 수 있다. 예를 들면 부재를 완전한 강체로 가정하였을 경우, 자동적으로 부재의 변형에 관한 고려사항을 배제할 수 있다. 뿐만 아니라 부재가 정지되어 있을 경우로 한정하면, 운동에 대한 고려사항이 필요 없게 된다.

이 교재에서 다루는 문제는 일반적으로 전체적 운동을 포함하지 않는다. 결과적으로 해석에서 기본 단계는 다음과 같이 단순화시킬 수 있다.

1. 힘의 연구
2. 변형에 관한 연구
3. 힘과 변형에 관계되는 법칙의 적용

힘을 다룰 때 우리는 평형상태가 되어야 한다는 요구 조건을 고려해야 한다. 변형에 대해서는 구조물의 각 부분의 변형이 전체의 변형과 일치해야 한다는 요구 조건을 고려해야 한다. 힘과 변형 사이의 관계에서 포함된 특정한 재료에 관한 특별한 물성을 고려해야 한다. 이러한 세 가지 기본 단계는 이 교재 나머지 부분 내용의 기초를 이룬다. 이들이 핵심적인 사항이다.

1.4 힘의 개념 *The Concept of Force*

이 교재에서 독자는 힘에 관한 직관적인 개념을 이해하고 힘이 무엇을 할 수 있는가에 대해 알고 있는 것으로 간주한다. 역학에서 힘에 대한 발상, 즉 아이디어(idea)를 전개하여 간단하고 편리한 개념으로 "물체" 사이에 매우 복잡한 물리적 상호작용을 효과적인 수단으로 설명할 수 있게 되었다.

힘은 방향성을 갖는 상호작용이다. 즉, 벡터 상호작용(*vector interaction*)이다. (독자는 이 장의 마지막에 있는 연습문제 1.1~1.5로부터 벡터의 몇 가지 성질을 살펴볼 수 있다.) 예를 들면 그림 1.1(a)에서 비행기와 지구 중심 사이에 한 쌍의 벡터 $\mathbf{F}_1$과 $\mathbf{F}_2$로 표시된 인력이 작용하고 있다. 그림 1.1(b)에서는 한 쌍의 벡터 $\mathbf{F}_1$과 $\mathbf{F}_2$로 표시된 두 힘이 스프링과 추 사이에 작

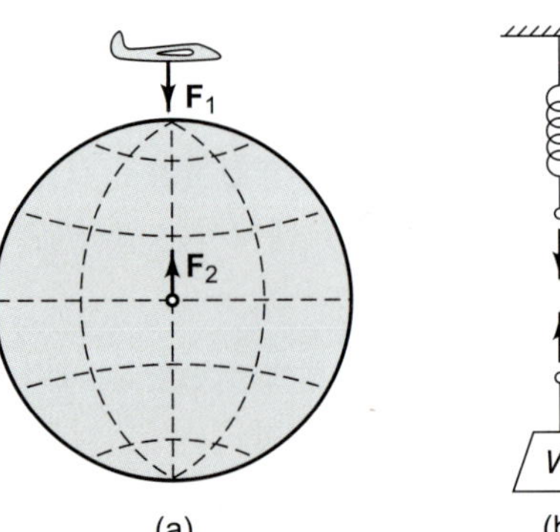

그림 1.1 힘의 상호작용. (a) 떨어진 거리에 있는 경우, (b) 연결되어 있는 경우

용하고 있다. 뉴턴의 제3법칙에 의하면 상호작용하는 두 시스템에서 크기가 같고 반대방향 효과를 갖는 힘을 가정하였다. 즉, 그림 1.1에서 $\mathbf{F}_1$과 $\mathbf{F}_2$는 동일 작용선상에 크기가 같고 반대방향인 벡터이다.

한 쌍의 벡터 $\mathbf{F}_1$, $\mathbf{F}_2$, 또는 별도로 단일 벡터들에 대해 구분 없이 관습적으로 **힘**이라는 용어를 사용하여 왔다. 그림 1.1(a)에 표시된 비행기와 같이 분리된 시스템을 해석할 경우, 지구와 상호작용된 힘을 벡터 $\mathbf{F}_1$으로 표시하고 이것을 지구가 비행기에 미치는 힘이라 한다. 마찬가지로, 그림 1.1(b)와 같이 스프링을 분리하면 추와 상호작용된 힘을 $\mathbf{F}_1$으로 나타내고, 이 힘은 추가 스프링에 작용하는 힘이다.

상호작용 힘은 그림 1.1(b)에서 나타낸 것과 같이 시스템 사이에 직접 접촉하고 있는 경우에 발생한다. 또한 상호작용 힘은 그림 1.1(a)와 같이 물리적으로 분리된 시스템 사이에서도 일어난다. **전기력**, **자기력**, 그리고 **중력**은 이러한 형태이다. 지구표면 또는 표면 근처에서 지구가 물체에 작용하는 힘을 물체의 **무게**라고 한다.

상호작용 힘은 두 가지 중요한 효과를 갖는다. 하나는 관련된 시스템의 운동을 변화시키려는 경향이 있고, 다른 하나는 관련된 시스템 형상을 변형(deform)시키거나 일그러뜨리는(distort) 경향을 갖는다. 그림 1.2(a)에서 지구 인력은 비행기의 운동을 수평 비행으로부터 수직으로 떨어지게 하려는 경향이 있다. 그림 1.2(b)에서 변형될 수 있는 스프링에 힘을 작용시키면 스프링을 늘어나게 하려는 경향이 있다. 이러한 효과 중 어느 하나를 힘의 **정량적 측정**(*quantitative measure*) 기준값으로 사용할 수 있다. 대부분 힘의 **단위**(*unit*)의 정의는 표준 시스템의 운동 변화를 기준으로 한다. **국제단위계**(International System of Units), 즉 공식적 약자로 표시된 SI 단위계에서는 힘의 단위로 **뉴턴**(*newton*)을 사용한다. 뉴턴은 1 kg의 질량에 1 m/s^{2}의 가속도를 가하는 힘으로 정의한다. SI 단위계에 대응하는 영국 단위계에서는 힘의 단위로 **파운드 힘**(*pound force*)을 사용한다. 파운드 힘은 **킬로그램 원기**(*standard kilogram*)로 알려진 백금의 특정 시편(국제도량형 기관에 보관)의 1/2.2046 질량에 32.1740 ft/s^{2}의 가속도를 가하는 힘으로 정의한다.

점차적으로 채택하고 있는 국제단위계는 미터법(metric system)을 기초로 한 현대적 단위계이다. 이 단위계는 과학, 산업, 그리고 상업분야의 모든 측정단위에 대해 논리적이고 상호 근간을 이루는 체계가 되도록 국제협약으로 만들어졌다. 이 단위계에서 기본단위로 길이는 **미터**(*meter*), 질량은 **킬로그램**(*kilogram*), 그리고 시간은 **초**(*second*)로 사용한다.

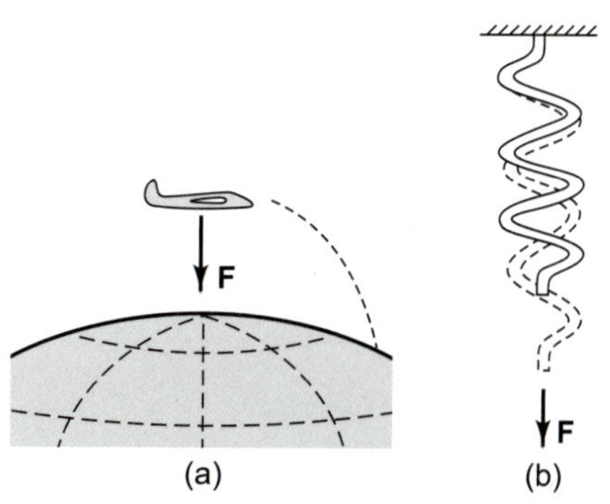

그림 1.2 운동을 변화 또는 형상을 변형시키려는 힘

SI 단위계는 미국 엔지니어들이 사용해왔던 영국 단위계를 점차적으로 대체하고 있다. 영국 단위계는 길이는 **피트**(*foot*), 힘은 **파운드**(*pound*), 그리고 시간은 **초**(*second*)를 기본단위로 하는 중력 단위계에 기초한다. 이 단위계에서 **질량**(*mass*) 단위는 lb-s^2/ft이며, **슬러그**(*slug*)라고 불린다.

지구표면에서 중력가속도는 SI 단위계로 약 9.81 m/s^2이다. 지구표면에서 1킬로그램(kg)의 질량은 9.81 N의 중력을 갖는다. 그러므로 1 kg의 질량은 지구 중력으로 인해 **무게**가 9.81 N이라 한다. 이러한 두 단위계는 향후 몇 년 동안 계속 사용될 것이며 하나의 단위계에서 다른 단위계로 변환시켜 사용해야 할 필요도 있다. 이 교재에서는 두 단위계를 모두 사용하기로 한다.

표 1.1에서는 일반적으로 사용되는 단위계와 이들 단위계 사이의 환산계수를 나타내고 있다. 물리적인 양의 크기를 소위 직관적으로 이해하는 것은 한 단위계에 따라 의존한다는 것을 알아야 한다. 이제 단위계에 관한 검토를 마치고 힘에 관해서 살펴보기로 하자.

힘의 가장 중요한 특성은 힘의 중첩에서 **벡터 덧셈**(*vector addition*) 법칙을 만족하는 것이다. 이것은 실험적 관찰에 기초한 기본적 공리이다. 따라서 힘을 표준 물체 운동량의 변화율로 정의할 경우, 두 물체가 표준 물체와 상호작용할 때 운동량 변화율은 각 물체가 별도로 표준물체와 상호작용할 때 발생하는 각각 개별적인 운동량 변화율의 벡터 합과 같다.

표 1.1 단위계와 환산계수

단위계	SI 단위계	영미 단위계
길이	미터(m)	피트(ft)
힘	뉴턴(N)	파운드 힘(lb)
시간	초(s)	초(s)
질량	킬로그램(kg)	파운드 질량(lbm 또는 slug)
SI 단위계 접두기호		
곱하기 계수	명칭	기호
10^9	giga	G
10^6	mega	M
10^3	kilo	k
10^{-3}	mili	m
10^{-6}	micro	μ
10^{-9}	nano	n
단위환산계수		
길이	1 in. = 25.40 mm	1 m = 39.37 in.
	1 ft = 0.3048 m	1 m = 3.281 ft
힘	1 lbf = 4.448 N	1 N = 0.2248 lb
압력	1 psi = 6.895 kN/m^2	1 MN/m^2 = 145.0 psi
	1 psf = 47.88 N/m^2	1 kN/m^2 = 20.88 psf
분포하중	1 lb/ft = 14.59 N/m	1 kN/m = 68.53 lb/ft
힘의 모멘트	1 ft−lb = 1.356 N.m	1 N.m = 0.7376 ft – lb

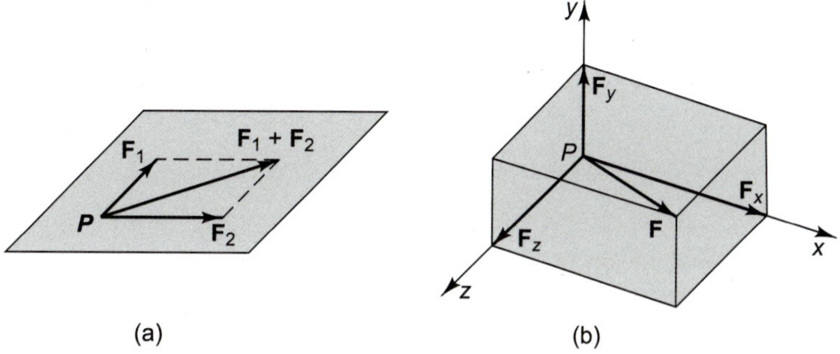

그림 1.3 힘의 벡터 특성

이러한 사실로부터 두 개의 힘 $\mathbf{F}_1$과 $\mathbf{F}_2$가 그림 1.3(a)에서와 같이 같은 작용점 P를 가질 때, 그 시스템에 아무런 영향을 미치지 않고 벡터 합 $\mathbf{F}_1 + \mathbf{F}_2$로 대체할 수 있음을 의미한다. 또한 그림 1.3(b)에서와 같이 어떤 힘 **F**는 작용점 P를 원점으로 하는 서로 직교하는 축에 따른 성분으로 나타낼 수 있다. 여기서 독자는 벡터대수학과 좌표축에 따른 단위벡터를 i, j 및 k로 표시할 수 있다는 것을 알고 있는 것으로 가정한다.

위의 힘에 관한 사항을 간추리면 다음과 같이 말할 수 있다.

1. 힘은 동일 작용선에서 크기가 같고 방향이 반대인 한 쌍의 벡터로 특징되는 벡터의 상호작용이다.
2. 힘의 크기는 표준화된 실험에 의해 측정될 수 있다.
3. 한 지점에 두 개 이상의 힘이 동시에 작용할 경우, 그 효과는 개개 힘의 벡터 합과 동일한 하나의 힘이 작용하는 경우와 동일하다.

그림 1.4와 같이 ***S*** 시스템을 분리시키면 외부 시스템과 상호작용하는 벡터 $\mathbf{F}_1$, $\mathbf{F}_2$, ... 등으로 나타낼 수 있으며, 이들은 ***S***와 상호작용하는 외력 시스템에 의해 가해지는 힘이다. 흔히 이런 힘을 단순히 ***S*** 시스템에 작용하는 외력이라고 말한다. 각기 개개의 힘은 벡터 방향과 크기로 나타낸다. 또한 더 확장된 시스템을 다룰 경우, 각각 힘의 **작용점**을 구체적으로 명시하는 것이 필요하다. 이 책에서는 그림 1.4에 표시된 시스템과 같이 주변 환경으로부터 **분리하여 외력** 시스템의 환경 영향을 대체하는 힘 시스템에 관해 지속적으로 검토할 것이다. 고체역학에서 분리된 시스템은 특정한 하나의 물리적 부분이나 부품들의 한 그룹이다. **유체역학**에서는 어느 부피에 흐르는 특정한 입자들의 분리보다는 한 공간에서 특정한 **검사체적**(*control volume*)으로 분리하는 것이 편리한 경우가 많다.

이 시점에서 고려 대상이 되는 시스템의 절대 크기 또는 "규모(scale)", 그리고 그 규모가 힘 상호작용 본질에 어떠한 영향을 미칠 것인가에 대해 살펴보기로 하자.

그림 1.1(b)에서 스프링과 추가 직접 연결되어 상호작용하는 힘을 나타냈다. 미소한 원자규모 측면에서는 "직접 연결"되지 않았지만, 오히려 그림 1.1(a)와 같이 "떨어진 거리"에 있는 것처럼 인접한 원자의 전자계 사이에 대한 상호작용으로 간주할 수 있다. 이 미소한 규모 측면에서 살펴보면 접촉력은 각각이 원자의 열 운동으로 지속적으로 변화하는 모든

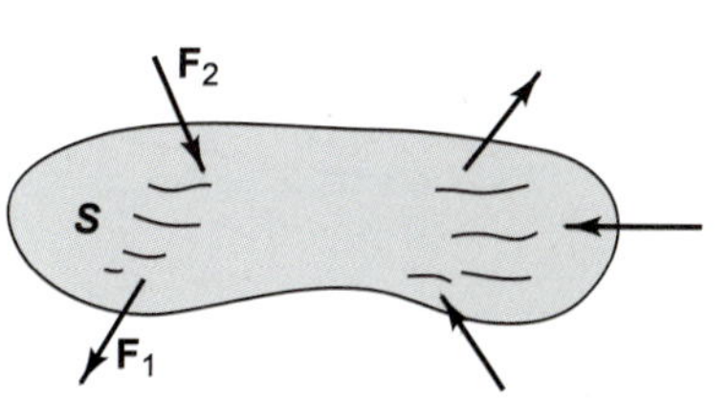

그림 1.4 외력으로 분리된 시스템

원자 사이에 상호작용하는 힘의 벡터 합이 됨을 알 수 있다.

그림 1.3에서 "한 지점"에 작용하는 힘을 고려했다. 수학적으로 점은 성립할 수는 있으나, 이 개념은 물리적으로 모든 상호작용은 유한한 면적을 차지한다는 점에서 근사적인 것이다. 근사시킨 점이 상호작용 규모가 고려대상이 되는 시스템 치수와 같이 커지게 되면 결과가 좋지 않게 된다.

다음 절에서 물질이 연속적으로 분포하는 고체 내부 문제를 고려할 것이다. 이는 단지 고체가 원자 치수보다 상대적으로 훨씬 클 경우에 한하여 유효한 것으로 가정한 것이다. 같은 이유로, 우주는 별개의 별들과 여러 물질 등등으로 구성되었지만 우주 규모의 연구는 물질이 균일하게 분포된 것으로 간주할 수 있다는 것과 같은 이치이다.

우리가 고려대상이 되는 물리 시스템을 모델링할 경우, 중요한 결과를 얻는 데 적합하도록 정교한 "규모"를 선택해야 한다. 그러나 해석 비용을 최소화하기 위해 적절한 크기를 고려해야 한다.

1.5 힘의 모멘트 *The Moment of a Force*

그림 1.5에서 **F**는 P에 작용되는 힘 벡터이고, O는 공간에 있는 고정점이라 하자. 점 O에 관한 F의 **토크**(*torque*) 또는 **모멘트**(*moment*)는 벡터 **외적** 또는 **크로스곱**(*cross product*) $\mathbf{r} \times \mathbf{F}$로 정의하고, 여기서 **r**은 O로부터 P까지 변위벡터이다.

모멘트 자체는 벡터 양이다. 모멘트 방향은 OP와 **F**에 의해 결정되는 평면에 직각이다. 회전방향(sense)은 **오른손 법칙**에 따른다. **F**가 O에 대해 회전시키려는 방향으로 오른손 손가락을 감았을 때, 오른손 엄지손가락이 모멘트 벡터 방향을 가리킨다. 회전 방향을 결정하는 다른 방법은 평면 AOB에 직각을 가리키는 점 O에 오른손 나사를 가정하는 것이다. 이 나사를 **F**로 회전시켰을 때 진행된 방향이 모멘트 $\mathbf{r} \times \mathbf{F}$ 방향이 된다.

벡터 계산법으로부터 크로스곱(cross product) $\mathbf{r} \times \mathbf{F}$의 크기(*magnitude*)는 다음 식과 같다.

$$Fr \sin \phi$$

여기서 F와 r은 그림 1.6에서와 같이 벡터 **F**와 **r**의 크기이고, ϕ는 **r**과 **F** 사이의 각도이다. 그

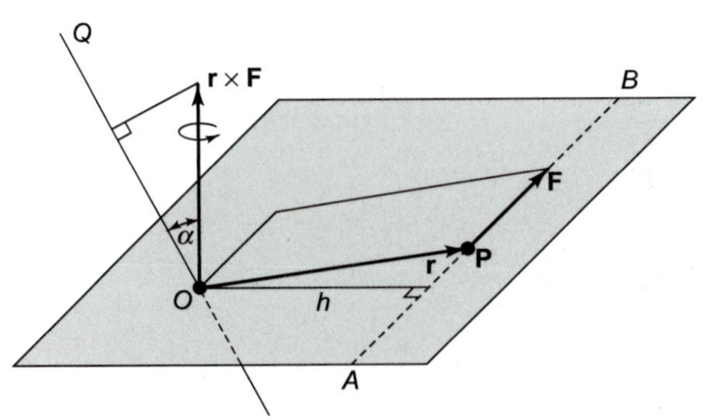

그림 1.5 점 O에 관한 힘 **F**의 모멘트는 $\mathbf{r} \times \mathbf{F}$이다.

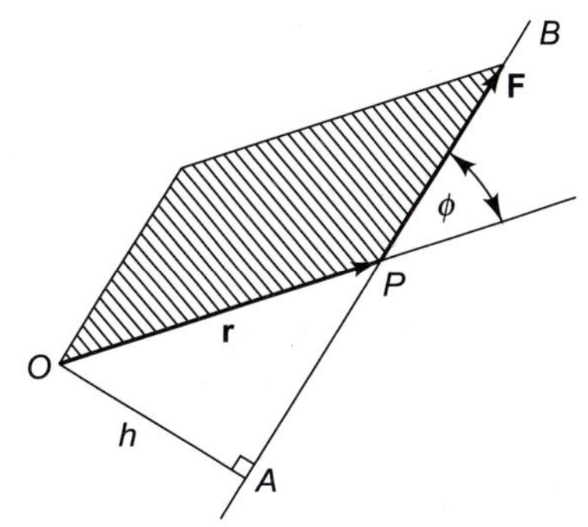

그림 1.6 크로스곱 $\mathbf{r} \times \mathbf{F}$ 크기는 평행사변형 넓이이다.

러므로 모멘트 크기는 **r**과 **F**를 두 변으로 하는 평행사변형의 넓이이다. 모멘트 크기는 AB에 따른 P의 위치에 무관함을 주의하라. 다시 말하면 주어진 점에 관한 힘의 모멘트는 작용선에 따라 힘의 위치가 움직였을 경우에 불변값(invariant)이다. 간단한 형태로 모멘트 크기는 $h|\mathbf{F}|$이며, 여기서 h는 O로부터 AB에 직각으로 내린 수직선의 길이이고, 그리고 $|\mathbf{F}|$는 힘 벡터 **F**의 크기이다. 일반적으로 사용하는 **모멘트 단위**는 m · N 또는 ft · lb이다.

그림 1.7에서와 같이 이상화시킨 2차원 구조물을 고려할 때, 점 O에 관한 힘 **F**의 모멘트는 다음 식과 같다.

$$\mathbf{M} = \mathbf{r} \times \mathbf{F} = \mathbf{k}h|\mathbf{F}|$$

위의 식에서 **k**는 x와 y 평면에 직각인 z 방향 단위벡터이다. 달리 말하면, 벡터 **r**과 **F**를 성분으로 표시하면 아래의 식과 같이 쓸 수 있다.

$$\begin{aligned}\mathbf{M} &= (x\mathbf{i} + y\mathbf{j}) \times (F_x\mathbf{i} + F_y\mathbf{j}) \\ &= \mathbf{k}(xF_y - yF_x)\end{aligned}$$

위의 식에서 모멘트 크기는 O에 관한 각 성분의 모멘트 크기의 대수합으로 주어진다는 것을 알 수 있다. 특히 2차원 문제에 있어서는 성분에 관한 모멘트를 문제를 푸는 것이 편리한 경우가 많다.

지금까지 정의해 왔던 사항은 한 지점에 관한 힘의 모멘트라는 사항을 강조한다. 모멘트 축의 방향은 지점과 힘을 포함한 면에 수직이다. 만일 그림 1.5에서와 같이 다른 선 OQ가 지점 O를 지난다고 하면, OQ에 따른 $\mathbf{r} \times \mathbf{F}$의 성분은 OQ 축 또는 선에 관한 $\boldsymbol{F}$의 모멘트라 부른다. 선 OQ에 따르는 이 성분의 크기는 선 OQ에 따르는 벡터 **M**의 투영(projection)이다.

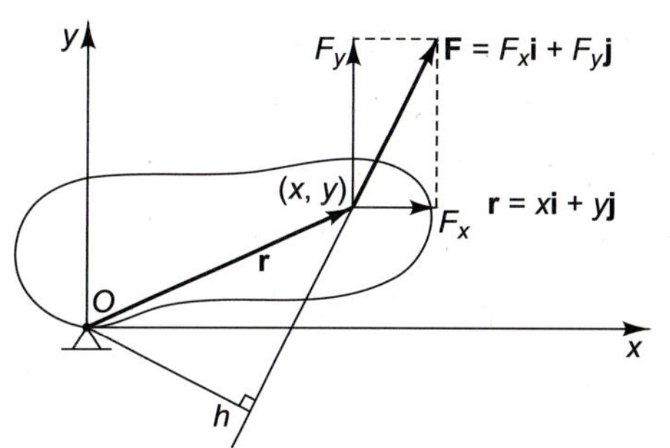

그림 1.7 O에 관한 모멘트

이것은 OQ 방향으로 $\mathbf{M}$과 단위벡터의 내적 또는 <u>도트곱</u>(*dot product*)으로 주어진다. 이 성분의 크기는 $|\mathbf{r}\times\mathbf{F}|\cos\alpha$ 또는 $h|\mathbf{F}|\cos\alpha$이다.

예제 1.1 선분에 관한 모멘트를 결정하는 하나의 예로서, 그림 1.8을 고려하고 힘 $\mathbf{P}$가 그림과 같이 크랭크 핸들에 작용할 때 축 OO'에 관한 모멘트 $\mathbf{M}$을 구하여라.

- 모멘트는 일반적으로 한 지점에 관한 것이라는 것을 상기하라. 여기서 지점은 A가 될 수 있다. $\mathbf{r}_{AB}\times\mathbf{P}$를 사용하여 A에 관한 $\mathbf{P}$의 모멘트를 구한다. 여기서 B는 힘이 작용된 지점이다.
- 다음으로 축에 관한 모멘트를 구하기 위해 축에 평행한 모멘트 벡터 성분을 계산한다. 이 값은 $(\mathbf{r}_{AB}\times\mathbf{P})$이다. $\mathbf{i}$는 필요로 하는 성분이다.

OO'에 관한 모멘트를 구하기 위해, 첫째로 지점 A에 관한 모멘트와 다음으로 OO' 방향에 따른 성분이 필요하다. 그림에 표시된 좌표계에 대해서 이 성분은 x 방향에 있다. 그러므로 선분 OO'에 관한 모멘트 성분은 다음 식과 같다.

$$\begin{aligned} M &= \mathbf{i}\cdot[\mathbf{r}\times\mathbf{F}] \\ &= \mathbf{i}\cdot[(50\mathbf{i}-200\mathbf{k})\times P(\cos 50°\cos 45°\,\mathbf{i}+\cos 50°\sin 45°\,\mathbf{j}+\sin 50°\,\mathbf{k})] \\ &= 200P\cos 50°\sin 45° \end{aligned} \tag{a}$$

식 (a)의 결과는 OO'와 $\mathbf{P}$의 작용점 사이의 "레버 암(lever arm)"에 축 OO'와 $\mathbf{P}$의 작용점을 포함하는 평면에 수직한 방향의 $\mathbf{P}$의 성분을 곱한 것과 같다.

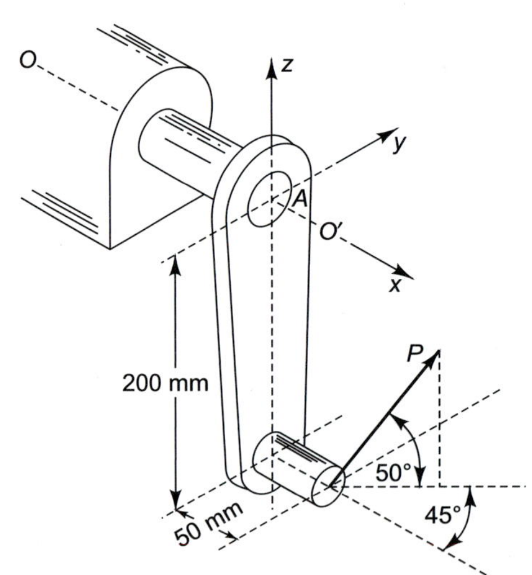

그림 1.8 예제 1.1

■ ■ ■

여러 개의 힘 $\mathbf{F}_1, \mathbf{F}_2, \ldots, \mathbf{F}_n$이 동시에 작용할 경우, 하나의 고정점 O에 관한 이들 전체 모멘트 또는 토크는 다음 식과 같이 계산한다.

$$\mathbf{r}_1\times\mathbf{F}_1+\mathbf{r}_2\times\mathbf{F}_2+\ldots+\mathbf{r}_n\times\mathbf{F}_n=\sum_j \mathbf{r}_j\times\mathbf{F}_j \tag{1.1}$$

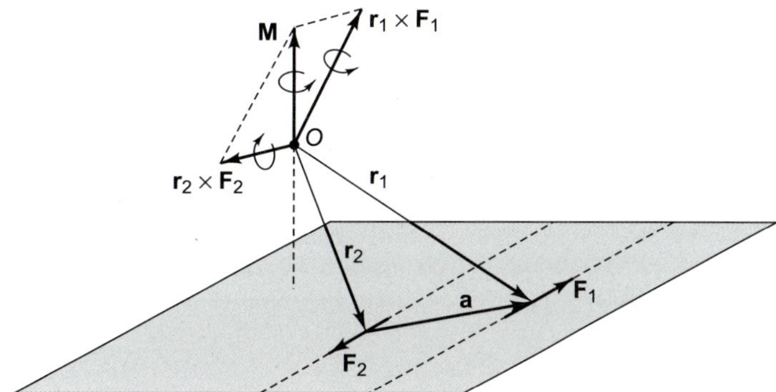

그림 1.9 *O*에 관한 우력의 모멘트

앞의 식에서 $\mathbf{r}_j$는 O로부터 $\mathbf{F}_j$ 작용선에 있는 점들에 이르는 변위벡터이다. 특별히 흥미로운 경우는 그림 1.9에서와 같이 힘 $\mathbf{F}_1$과 $\mathbf{F}_2$가 서로 크기가 같고 평행이며 방향이 반대일 경우이다. 이러한 힘의 구성을 우력(*couple*)이라 한다. 이러한 힘 $\mathbf{F}_1$과 $\mathbf{F}_2$의 O에 관한 모멘트 합을 구해보기로 하자. 그림 1.9에 구하는 법을 체계적으로 표시하였다. 전체 모멘트를 $\mathbf{M}$으로 표시하면 다음 식과 계산한다.

$$\begin{aligned}\mathbf{M} &= \mathbf{r}_1 \times \mathbf{F}_1 + \mathbf{r}_2 \times \mathbf{F}_2 \\ &= (\mathbf{r}_2 + \mathbf{a}) \times \mathbf{F}_1 + \mathbf{r}_2 \times \mathbf{F}_2 \\ &= \mathbf{r}_2 \times (\mathbf{F}_1 + \mathbf{F}_2) + \mathbf{a} \times \mathbf{F}_1 \end{aligned} \tag{1.2}$$

위의 식에서 $\mathbf{r}_1$과 $\mathbf{r}_2$는 $\mathbf{F}_1$과 $\mathbf{F}_2$의 작용선의 임의 지점에 이르는 벡터들이다.

여기서 $\mathbf{F}_1$과 $\mathbf{F}_2$는 같은 크기이고 방향이 반대이므로 같은 지점에서 더할 경우 서로 상쇄된다. 식 (1.2)의 결과를 간단히 다음 식으로 표시한다.

$$\mathbf{M} = \mathbf{a} \times \mathbf{F}_1 \tag{1.3}$$

위의 식에서 $\mathbf{a}$는 $\mathbf{F}_2$의 임의 점으로부터 $\mathbf{F}_1$의 임의 점에 이르는 변위벡터이다. 이 결과에 관한 중요한 사항은 우력 모멘트는 O의 위치에는 무관하다는 것이다. 우력 모멘트는 공간에서 모든 지점에 관해 동일하다. 우력은 그림 1.10에서와 같이 모멘트 중심 O에 관해 규정을 하지 않고도 모멘트 벡터로 나타낼 수 있다. 모멘트 크기는 가장 간편하게 $h|\mathbf{F}|$로 계산하며, 여기서 h는 벡터 $\mathbf{F}$와 $-\mathbf{F}$ 사이에 수직거리이다. 몇 가지 기호를 사용하여 힘을 나타내는 벡터와 우력 모멘트를 나타내는 벡터를 구별하는 것이 편리할 경우가 많다. 우력 모멘트를 표시하기

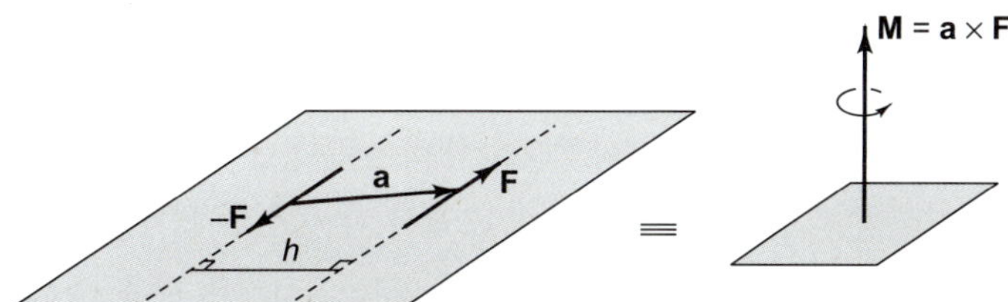

그림 1.10 우력은 모멘트 벡터로 나타낸다.

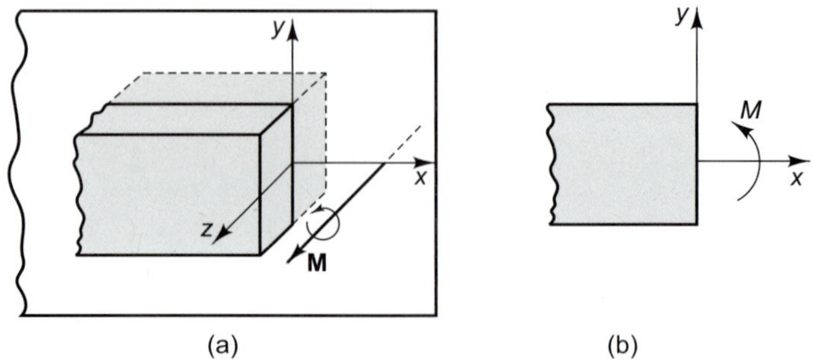

그림 1.11 평면도에서 우력의 표시 방법

위해 그림 1.10에서와 같이 화살표가 있는 원호를 사용하기로 하자. 평면에 수직인 축에 우력이 작용될 경우, 그림 1.11과 같은 표시법을 사용한다.

1.6 평형조건 *Conditions for Equilibrium*

뉴턴의 운동법칙에 따르면 질점에 작용하는 합력이 0일 경우 질점은 가속도를 갖지 않는다. 우리는 그러한 질점은 **평형상태**(*equilibrium*)에 있다고 말한다. 비록 가속도가 0인 경우는 **일정속도**(*constant velocity*)를 의미하지만, 대부분 우리는 속도가 0인 경우, 즉 정지상태를 다루기로 한다. 정지한 시스템에 관해 힘을 연구하는 것을 **정역학**(*statics*)이라 한다. 만일 여러 개의 힘 $\mathbf{F}_1$, $\mathbf{F}_2$, ..., **Fn**이 한 질점에 작용할 경우, 질점이 평형상태가 되기 위한 필요충분조건은 다음 식과 같다.

$$\mathbf{F}_1 + \mathbf{F}_2 + \cdots + \mathbf{F}_n = \sum_j \mathbf{F}_j = 0 \tag{1.4}$$

이러한 상태에 있는 경우를 힘이 **균형**(*balance*)을 이루고, **평형상태**에 있다고 말한다.

뉴턴 역학의 두드러진 사항 중의 하나는 가장 간단한 물체, 즉 **질점**(*particle*)이라는 용어를 사용하여 가설을 정하고 논리적 연역법으로 이론을 질점의 집합에, 그리고 고체와 유체에 확장하여 사용하는 것이다. 이러한 확장 과정의 하나의 예로서 평형의 개념이 어떻게 하나의 질점으로부터 질점들의 집합체에 확장되는 것인가에 대해 간단히 살펴보기로 하자.

그림 1.12과 같이 분리시킨 시스템을 고려해보자. 구성하고 있는 질점 **하나 하나**가 평형을 이룰 때, 이러한 시스템은 평형상태에 있다고 말한다. 이제 각각의 질점에 작용하는 힘은 두 가지 형태, 즉 **외력**(*external force*)과 **내력**(*internal force*)이 있다. 내력은 시스템 내에서 다른 질점들과 상호작용을 나타낸다. 힘의 상호작용 본질에 관한 기본적인 정리에 의해 이러한 상호작용 내력은 동일한 작용선상에 크기가 같고 방향이 반대인 벡터로 나타낼 수 있다.

그림 1.12에서 각 질점이 평형상태에 있다면 각 질점에 작용하는 합력은 0이다. 이제 그림 1.12의 **모든** 힘을 벡터들의 단일 세트로 고려하자. 모든 힘의 벡터 합은 분명히 0이다. 왜냐하면 질점 주위의 각 집합체의 벡터 합은 개별적으로 0이어야 하기 때문이다. 그러나 모든 벡터를 더하는 과정에서 내력은 스스로 상쇄되는 쌍을 이룬다. 그러므로 만일 **질점들의 한 세**

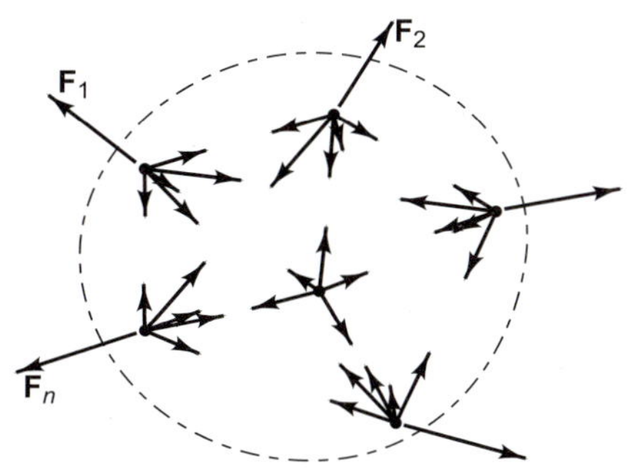

그림 1.12 고립된 질점 시스템에서 외력과 내력

트가 평형상태에 있으면 외력의 벡터 합은 *0*이 되어야 한다는 결론을 얻는다. 즉

$$\mathbf{F}_1 + \mathbf{F}_2 + \cdots + \mathbf{F}_n = \sum_j \mathbf{F}_j = 0 \qquad (1.5)$$

더 나아가 그림 1.12에서 임의의 점 O에 관한 모든 힘의 모멘트 합을 고려해보자. 모멘트 합은 반드시 0이 되어야 한다. 왜냐하면 각 질점에 작용하는 힘의 벡터 합은 개별적으로 0이어야 하기 때문이다. 그러나 모든 벡터들의 모멘트 합을 구하는 과정에서 내력은 동일한 작용선을 갖고 스스로 상쇄되는 한 쌍을 이루므로 전체 모멘트에 영향을 미치지 않는다. 따라서 질점들의 한 세트가 평형상태에 있으면 임의 지점 *O*에 관한 모든 외력들의 모멘트 합은 반드시 0이 되어야 한다는 결론에 도달한다. 즉,

$$\mathbf{r_1} \times \mathbf{F_1} + \mathbf{r_2} \times \mathbf{F_2} + \cdots + \mathbf{r}_n \times \mathbf{F}_n = \sum_j \mathbf{r}_j \times \mathbf{F}_j = 0 \qquad (1.6)$$

위의 식에서 $\mathbf{r}_j$는 *O*로부터 외력 $\mathbf{F}_j$의 작용선에 있는 임의 지점까지 연결하는 위치벡터(position vector)를 나타낸다.

식 (1.5)와 (1.6)의 조건들은 평형을 이루기 위한 필요조건(*necessary condition*)들이므로, 만일 시스템이 평형상태에 있으면 식 (1.5)와 (1.6)은 반드시 만족되어야 한다. 이것이 우리가 이 교재에서 이 조건들을 사용하여 문제를 푸는 기법이다. 시스템이 정지되어 평형상태에 있으면 식 (1.5)와 (1.6)을 사용하여 힘에 관한 정보를 알아낼 수 있다.

여기서 문제를 역으로 생각하는 것도 흥미로운 일이다. 질점들의 시스템에 작용하는 외력이 식 (1.5)와 (1.6)을 모두 만족한다고 가정하자. 그렇다면 구성하는 질점들의 하나 하나가 평형을 이룬다고 말할 수 있을까? 정답은 일반적으로 그렇지 않다.

예를 들면, 그림 1.13과 같이 두 질점으로 된 하나의 시스템이 외력 **F**와 −**F**의 평형을 이룬 한 세트에 의한 작용으로 나타나 있다. 내력 $\mathbf{F}_i$와 $-\mathbf{F}_i$는 마찬가지로 평형을 이룬 한 세트이지만, 질점들은 단지 $\mathbf{F} = \mathbf{F}_i$일 경우에 한하여 평형을 이룬다. 두 질점 대신, 그림 1.13과 같은 시스템에 대해 고무밴드로 가정하여 이러한 실험을 쉽게 해볼 수 있다. 크기가 같고 서로 반대방향인 힘이 늘어나 있지 않은 고무밴드의 끝에 작용하면 평형상태에 있지 않다. 밴드의 끝은 가속되어 서로 다른 끝으로부터 멀어지기 시작한다.

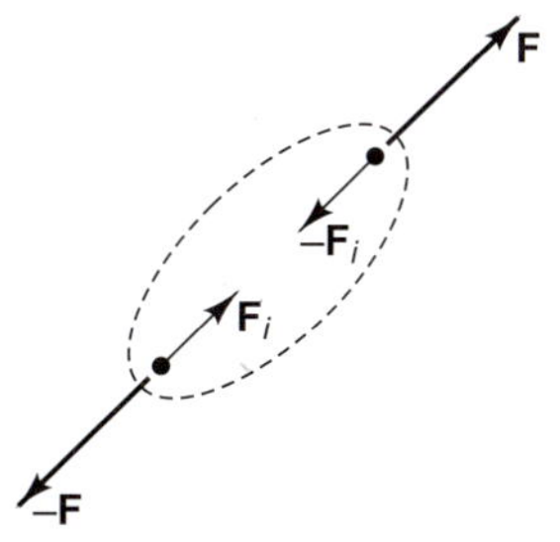

그림 1.13 외력의 균형임에도 불구하고 평형상태에 있지 않은 시스템의 예

이러한 예는 질점 시스템이 완전히 강체이므로 질점의 어느 쌍도 분리될 수 없다고 가정하면, 내력은 외력이 평형을 이룬 세트일 경우에 내부에서 평형을 이루도록 자동으로 조절될 수 있을 것이다. 실제로 예를 들면, 아래 주기를 참고하여 이 사실은 증명될 수 있다.[2] 완전하게 증명하기 위해서는 강체에서 일어날 수 있는 운동에 대해 주의 깊은 해석을 필요로 한다.

[2] See, for example, J.L. Synge and B.A. Griffith, "Principles of Mechanics," 3rd ed., p. 60, McGraw-Hill Book Company, New York, 1959.

여기서는 상세한 사항을 다루지 않고 최종 결과를 언급하면 다음과 같다. **완전 강체가 평형을 이루기 위한 필요충분조건은 모든 외력의 벡터 합이 0이어야 하고, 그리고 외부에서 가해지는 모멘트와 임의의 점에 관한 모든 외력의 모멘트 합이 0이어야 한다.**

변형체 시스템이 평형을 이루기 위한 필요충분조건은 시스템에 작용되는 모든 외력과 그리고 **원래의 시스템으로부터 분리시킨 가능한 모든 서브시스템에** 작용하는 힘이 식 (1.5)와 (1.6)을 만족하는 힘의 집합이어야 한다.

완전 강체와 그리고 변형체 시스템이 평형을 이루기 위한 위의 두 가지 기술사항은 평형 이론에 관한 본질이라는 것을 강조한다. 우리는 이 책에서 앞으로도 이러한 기술사항의 구체화된 개념을 사용하게 될 것이다. 서론에서도 언급한 바와 같이 개념의 합리적인 응용(*application*)에 주안점을 둘 것이다. 우리는 먼저 질점 시스템 또는 비교적 강체로 된 공학적 구조 부재에 대해 다룰 것이며, 이러한 시스템이 평형을 이루게 되면 식 (1.5)와 (1.6)이 성립하게 된다. 나중에, 우리는 변형체 시스템을 논의할 때 아주 미소한 서브시스템에 대한 평형방정식은 미분방정식이 된다는 것을 배우게 될 것이다. 물론 질점 집합체가 거시적 평형상태(macroscopic equilibrium)에 있을지라도 충분히 아주 미소한 규모에서는 시스템을 구성하는 미시 질점(microscopic particle)은 일반적으로 평형을 이루지 않는다. 이는 "정지상태"에 있는 금속, 액체, 기체 등에 관한 경우이다. 평형상태에 있지 않은 질점으로 발생되는 효과에 관한 연구는 **통계역학**(*statistical mechanics*) 관련 전문서적에서 찾아볼 수 있다.

두 벡터 식 (1.5)와 (1.6)은 6개의 스칼라 식과 같으므로, 일반적으로 각 외력들에 대해 6개의 스칼라 식에 관해 풀 수 있다. 구체적으로 언급해야 할 몇 가지 간단한 특별한 경우가 있다.

2력 부재(two-force member) 그림 1.14에서 시스템은 A와 B에 작용되는 단지 두 개의 외력이 작용하여 평형을 이루고 있다. 두 힘은 그림 1.14(a)와 같이 임의의 방향이 될 수 없으며 반드시 AB 선상에 있어야 한다. 이 사실은 A와 B에 관한 모멘트를 취하고 식 (1.6)을 사용하여 증명할 수 있다. A에 관한 모멘트가 0이 되기 위해서는 $\mathbf{F}_B$의 작용선이 반드시 A를 통과해야 한다. 같은 방법으로 $\mathbf{F}_A$의 작용선은 반드시 B를 통과해야 한다. 또한 식 (1.5)를 만족하기 위해서는 반드시 $\mathbf{F}_A = -\mathbf{F}_B$가 되어야 한다.

3력 부재(three-force member) 그림 1.15에서 시스템은 A, B, 그리고 C에 작용되는 단지 세 개의 외력이 작용하여 평형을 이루고 있다. 세 힘은 그림 1.15(a)와 같이 임의의 방향이 될 수 없다. 만일 A, B, 그리고 C의 각각에 관한 전체 모멘트가 0이 될 경우에, 이들 세 개의 힘은 ABC 평면에 반드시 같이 있어야 한다. 더 나아가, 세 개의 힘은 공통점 O에서 교차해야 한다. 그렇지 않으면 어느 두 작용선의 교차점에 관한 전체 모멘트가 0이 될 수 없게 된다. 세

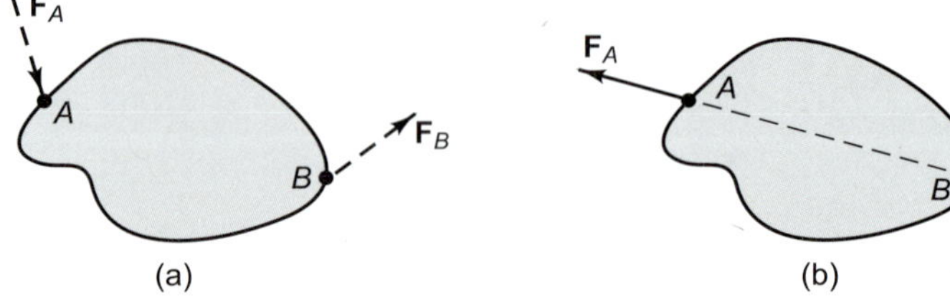

그림 1.14 시스템이 평형을 이루기 위해서는 힘 $\mathbf{F}_A$와 $\mathbf{F}_B$는 반드시 크기가 같고 방향이 반대이며 AB 선상에 있어야 한다.

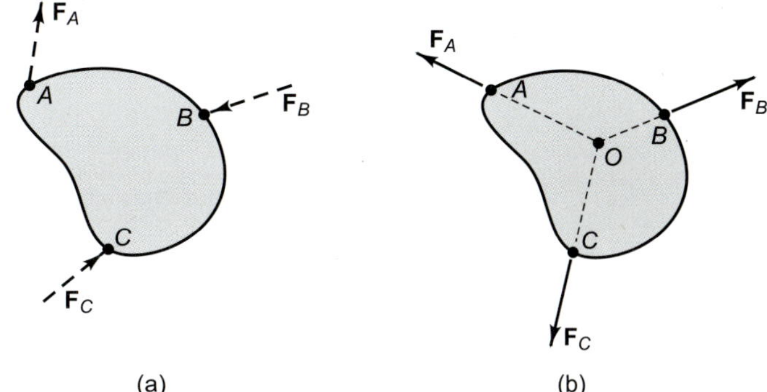

그림 1.15 시스템이 평형을 이루기 위해서는 힘 $\mathbf{F}_A$, $\mathbf{F}_B$, 그리고 $\mathbf{F}_C$는 반드시 같은 평면에 있어야 하며 공통점 O에서 교차하여야 한다.

개의 힘이 공통점에서 교차해야 한다는 이 결과는 기억해야 할 유용한 하나이다. 벡터 해석에서 흥미가 있는 이 문제는 이러한 사항을 증명하는 것이다. 점 O가 A, B, 그리고 C로부터 아주 멀리 떨어져 있을 경우 힘 $\mathbf{F}_A$, $\mathbf{F}_B$, 그리고 $\mathbf{F}_C$는 평행을 이루는 같은 평면의 힘이 된다.

일반적 동일 평면 힘 시스템(coplanar force system) 그림 1.16에서 평형을 이룬 시스템에 작용하는 모든 외력은 모두 그림에 나타낸 면에 놓여 있다. 이 경우에 6개의 일반 평형방정식 중에서 3개는 바로 만족된다. 평면에 직각인 힘 성분은 없으며, 그리고 만일 평면에 놓인 O에 관한 모멘트를 취할 경우, 모멘트 성분은 단지 평면에 수직이 될 것이다. 이것은 2차원 문제 평형에 관한 3개의 독립적인 스칼라 조건식으로 된다. 평면의 xy축의 임의 방향으로 평면에 있는 임의 점 O를 취하면, 외력의 벡터 합이 0이 되어야 하는 조건은 간단히 다음 식과 같다.

$$\sum_j \mathbf{F}_j = \sum_j (F_{jx}\mathbf{i} + F_{jy}\mathbf{j}) = \mathbf{0}$$

합력 벡터의 각 성분이 반드시 0이 되기 위해서는 다음 식과 같다.

$$\sum_j F_{jx} = 0 \qquad \sum_j F_{jy} = 0 \tag{1.7}$$

O에 관한 전체 모멘트가 0이 되기 위한 조건은 다음 식과 같이 쓸 수 있다.

$$\begin{aligned}\sum_j \mathbf{r}_j \times \mathbf{F}_j &= \sum_j (x_j\mathbf{i} + y_j\mathbf{j}) \times (F_{jx}\mathbf{i} + F_{jy}\mathbf{j}) \\ &= \mathbf{k}\sum_j (x_jF_{jy} - y_jF_{jx}) = 0\end{aligned} \tag{1.8}$$

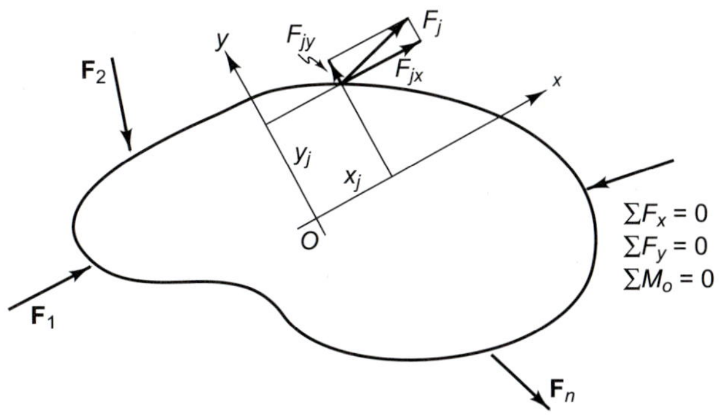

그림 1.16 동일 평면 힘 시스템의 평형조건

앞의 식에서 x_j와 y_j는 $\boldsymbol{F}_j$ 작용선에 있는 점의 좌표이며, F_{jx}와 F_{jy}는 $\boldsymbol{F}_j$의 x와 y 성분이다. 동일 면의 평형조건에 관해 쓸 수 있는 다른 식은 문제 1.7을 참고하라.

1.7 공학적 응용 *Engineering Applications*

많은 실제의 공학문제는 평형상태에 있는 기계나 구조물을 포함하고 있다. 특정한 힘, 예를 들면 하중이 주어지면, 가해진 하중에 균형을 이루는 반력을 결정해야 할 필요가 있다.

이 책에 사용되는 일반적인 해석 방법은 다음 준비단계를 거친다.

1. 시스템의 선택
2. 시스템 특성의 이상화

다음 단계로 역학 원리를 기초로 한 해석이 이루어지며, 다음 단계를 포함한다.

1. 힘과 평형 요구조건의 검토
2. 변형과 기하학적 적합조건의 검토
3. 힘–변형 관계의 응용

어떤 시스템에서는 변형을 고려하지 않고 단순히 포함된 모든 힘을 결정할 수 있다. 이를 **정정**(*statically determinate*) 시스템이라 한다. 이 장에서는 정정 시스템에 관한 문제만을 다루기로 한다. 다음으로 해석 방법은 적합한 시스템의 선택, 이들 시스템 특성의 이상화, 힘의 검토, 그리고 알고 있는 힘의 항으로 미지의 힘을 풀기 위한 평형조건들을 포함한다.

평형조건에 관한 식 (1.5)와 (1.6)은 평형을 이루는 **분리**된 시스템에 작용하는 외력에 의해 반드시 만족해야 하는 관계를 나타낸다. 실제 경우에 이러한 사항을 적용하는 데 있어 곤란한 점은 시스템 자체의 분리 과정이다. 이것은 다른 모든 것이 의존하는 중요한 단계이다. 어떤 시스템이나 서브시스템을 분리시킬 것인가? 그리고 확실히 분리되었는지 모든 외력이 고려되었는가에 대해 반드시 확인해야 하는 어려움이 있다.

간단한 경우에 있어서는 어떤 시스템을 분리시킬 것인가가 명백하며, 일반적으로 단지 하나로만 분리시키면 문제를 충분히 풀 수 있다. 복잡한 해석 문제에서는 많은 부분을 분리시켜야 할 필요가 있으며, 일부 결과의 복잡한 형태에서는 서로 조합해야 문제를 완전히 풀 수 있다.

분리시키기 위한 가장 좋은 방법은 분리된 서브시스템 주위에 타당하게 스케치하여 도식화하는 것이다. 이렇게 하는 체계적인 방법은 (1) 힘이 떨어진 거리에 작용하는 것인가? 또는 (2) 직접 접촉으로 힘이 작용하는지 그리고 떨어진 거리에서 작용하는, 예를 들면 중력과 같은 힘을 포함한 모든 작용하는 힘을 고려해야 한다. 다음으로 시스템에 직접 접촉하는 모든 힘이 표시된 전체 주변으로 들어가 주의하여 검토한다. 분리된 시스템과 그것에 작용되는 모든 외력을 표시한 것을 흔히 **자유물체도**(*free-body diagram*)라 한다. 독자는 해결해야 할 **모든** 역학 문제에 관해 분명하고 완전한 자유물체도 작성을 시도하는 습관을 꼭 갖도록 해야 한다. 여기서 "시도(attempt)"라는 단어를 사용한 것은 이것이 가장 어렵고 그리고 가장 중요한 단계이기 때문이다.

공학 시스템의 일부를 자유물체도로 작성하는 데 있어서 가정을 단순화하고 또는 작용하는 힘의 특성을 이상화(*idealization*)시키는 것이 유용할 경우가 많다. 예를 들면 비교적 가볍고 긴 기둥이 큰 하중을 지지할 경우, 기둥 무게를 무시함으로써 우리는 기둥에 작용되는 필요로 하는 공학적인 근사값을 얻을 수 있다. 이 경우에 이상화는 편리하지만 꼭 필수적인 것은 아니다. 왜냐하면 필요로 할 경우, 해석할 때 자중을 포함시킬 수 있기 때문이다. 다른 경우에 가정을 이상화하지 않고는 정량적인 근사값을 얻을 수 없으므로 실제 힘을 알 수 없다.

보통 이상화시킨 예로서, 완전한 강체와 그리고 늘어나지 않지만 완전하게 구부릴 수 있는 줄이나 케이블을 들 수 있다. 표 1.2에 몇 가지 기계요소의 힘-전달 특성을 표시하였다.

다음 절에서 표 1.2의 (b) 경우에 나타낸 마찰에 관한 사항을 알아보기로 한다.

표 1.2 이상화시킨 몇 가지 기계요소의 힘-전달 특성

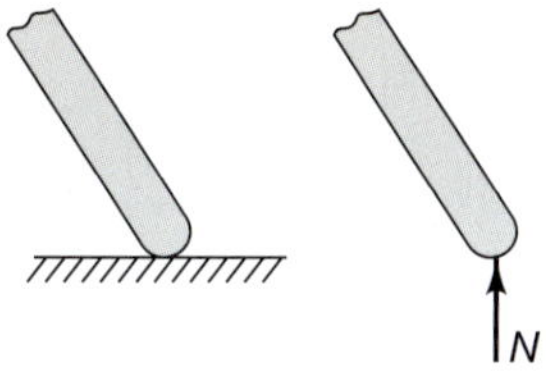	(a) 마찰이 없는 표면에는 단지 수직력 N만 작용된다.
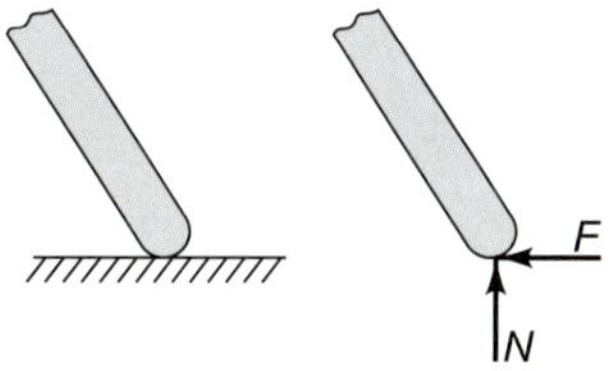	(b) 마찰이 있을 경우, 표면에는 수직력 N뿐만 아니라 접선력 F도 작용한다. 힘 F는 $F_s = f_s N$에서 최댓값까지 운동을 저지하기 위해 필요로 하는 어떤 값으로 가정한다. 여기서 f_s는 마찰계수이다.
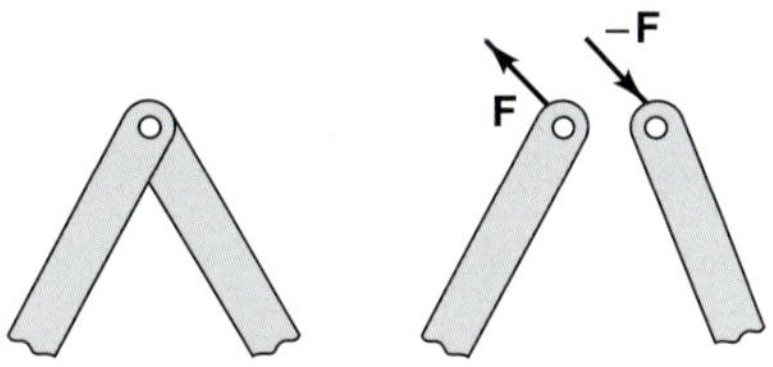	(c) 마찰이 없는 핀 연결은 핀을 통하는 힘 **F**를 전달한다. 핀에 관한 회전력(torque)은 전달하지 않는다.
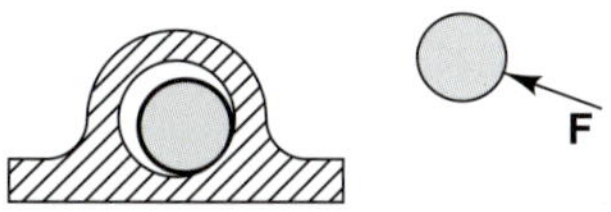	(d) 마찰이 없는 베어링에서는 축 중심을 통하여 축에 힘 **F**가 작용된다. 축에 관한 회전력을 전달하지 않는다.
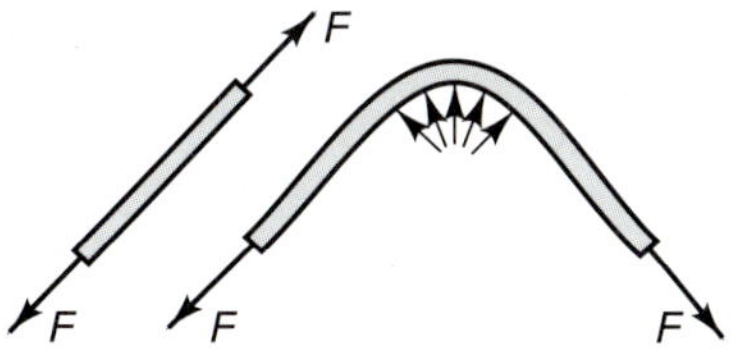	(e) 무게가 없는 유연한 줄(*flexible string*)이나 또는 케이블은 길이방향으로 힘을 전달한다. 각 요소는 줄의 방향으로 크기가 같고 방향이 반대인 힘 F를 받는다. 압축력에 대해서는 지지하지 못한다. 만일 줄이 마찰이 없는 말뚝(peg)이나 풀리(pulley)를 지나게 되면 줄에서 힘의 전달 방향은 변경되지만 그 크기는 일정하게 유지된다.
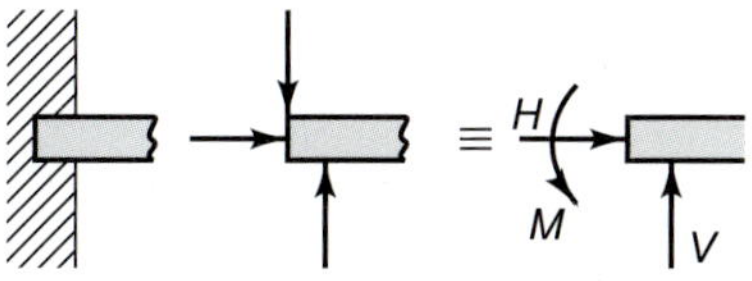	(f) 이상적인 고정 지지(ideal *clamped support*)는 가로 방향 또는 세로 방향으로, 그리고 회전에 대해서 완전히 구속한다. 이것은 반력 H와 V, 그리고 모멘트 반력 M을 일으키게 한다.

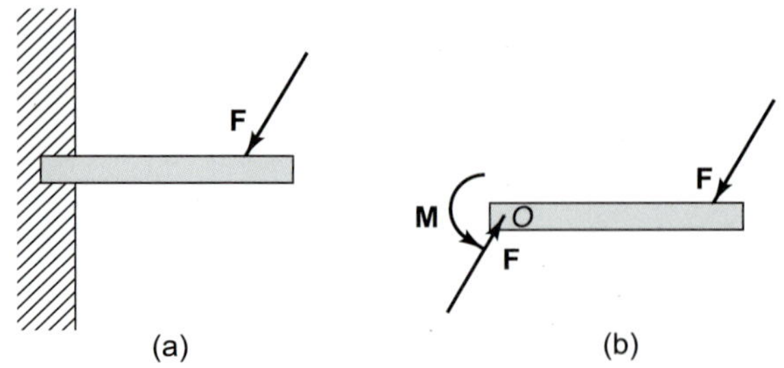

그림 1.17 이상화시킨 고정 지지점에서 힘은 한 힘과 모멘트와 등가이다.

표 1.2의 (f) 경우에서는 이상화시킨 고정 지지를 나타내며, 예를 들면 그림 1.17에 표시된 외팔보 끝에 발생되는 힘을 단순화한 것이다.

그림 1.17(b)에 나타낸 보의 자유물체도를 그리면, 보에서 벽 지지 효과는 O점을 통하는 보 끝에서 합력(*net force*)으로 이상화하여 나타낼 수 있다. 힘의 평형조건으로부터 이 힘은 **F**와 동일하며, 더 나아가 모멘트 평형조건으로부터 지지점에 작용하는 모멘트이다. 그림 1.17(b)는 표 1.2에서 (f) 경우와 대등하다. 이해할 수 있을 것으로 간주하지만, 벽과 보 사이에 상호작용의 세부사항에 관해서 벽의 실제 지지조건으로부터 상당히 이상화하였다. 그러나 대부분 경우에 이 단순화는 충분히 정확하다.

1.8 마찰 *Friction*

역학에서 중요한 힘 중의 하나는 마찰력(*friction force*)이다. 마찰력은 접선력이 다른 표면에 대해 수직으로 가해지는 상태에서 물체에 작용할 때마다 일어난다. 따라서 그림 1.18(a)에서와 같이 만일 수직력 P가 B의 표면에 있는 물체 A에 누르고, 그리고 접선력 T가 물체 A에 작용할 경우, T의 작용으로 운동을 방해하려는 마찰력 F가 접촉면 사이에서 발생한다. 이러한 상황이 그림 1.18(b)와 (c)의 자유물체도에 나타나 있다.

마찰력은 물체 A와 B의 표면층 상호작용에 의해 발생된다. 이 상호작용은 일반적으로 특히 표면 원자의 밀착을 포함하는 여러 과정으로 구성된다. 마찰 현상에 관한 상세한 현상은 매

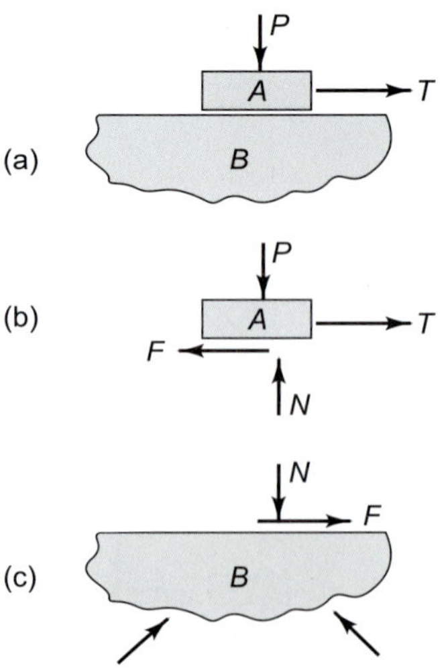

그림 1.18 (a) B를 누르는 A, (b) 물체 A의 자유물체도, (c) 물체 B의 자유물체도

우 복잡하여 마찰을 완전히 이해하기 위한 연구는 물리학이나 응용역학 연구에서 매우 활발하게 진행되고 있다.[3] 아래에 기술된 요약사항은 두 접촉면 사이의 전체 마찰 거동에 대해 개략적으로 설명한 것이다.

그림 1.18(b)의 A에 작용하는 마찰의 주요 특성은 다음과 같다.

1. A와 B 사이에 **상대운동이 없을 경우**, 마찰력 F는 정확히 작용된 접선력 T와 크기가 같고 방향이 반대이다. 이 조건은 T의 값이 0에서부터 **정지마찰력**(*static friction force*)이라 부르는 특정 **한계값** F_s 사이에 어떤 값에 대해서도 성립된다. 만일 T가 F_s보다 크면 미끄럼이 일어난다.
2. 물체 A가 물체 B에서 미끄러질 경우, 물체 A에 작용하는 마찰력 F는 B에 대한 A의 운동에 반대방향이고, 그리고 그 크기는 **운동마찰력**(*kinetic friction force*)이라 부르며 그 값은 F_k가 된다.

주어진 한 쌍의 표면에 대하여 힘 F_s와 F_k는 수직력 N에 비례한다는 것이 밝혀졌다. 그러므로 두 개의 비례상수 f_s와 f_k를 도입할 수 있으며, 이들을 각각 아래의 식에서와 같이 **정지마찰계수**(*static coefficients of friction*)와 **운동마찰계수**(*kinetic coefficient of friction*)라 한다.

$$
\begin{aligned}
F_s &= f_s N \\
F_k &= f_k N
\end{aligned}
\tag{1.9}
$$

이 계수들은 재료 A와 B 경계면에 이물질의 흡착(contamination) 또는 윤활상태에 따라 결정되는 재료 A와 B 사이 경계면의 고유한 특성이다. 또한 다음과 같은 사항들이 알려졌다.

1. 두 마찰계수는 경계면의 면적에는 거의 관계가 없다. 특히, 만일 그림 1.18의 물체 A가 단지 끝이나 모서리가 B에 접촉되도록 넘어지려고 할 경우(tipped up)에도 근사적으로 같은 마찰계수를 갖는다. 이러한 상황에서 접선 및 수직방향은 단지 표면 B에 의해 결정된다는 것을 유의하여라.
2. 두 마찰계수는 비록 많은 사람들이 이해하기 어려운 점이지만 두 표면의 거칠기에는 거의 관계하지 않는다.
3. 정지마찰계수 f_s는 정지된 면의 접촉시간에 거의 무관하다. 마찬가지로 운동마찰계수 f_k는 두 면의 상대속도에 거의 관계가 없다. 그림 1.19는 대표적으로 정지마찰계수와 시간, 그리고 운동마찰계수와 속도관계를 개략적으로 도시하였다.

강철면과 강철면이 서로 접촉할 경우, 마찰계수에 대한 윤활과 미끄럼 속도의 효과를 그림 1.20에 표시하였다. 제일 위의 곡선은 윤활하지 않은 표면에 관한 것이고 맨 아래 곡선은 유지 비누(fatty soap)로 충분히 윤활한 표면에 관한 것이다. 사이에 있는 곡선들은 불완전하게 윤활한 강철 표면을 나타낸다. 모든 경우에 미끄럼 속도를 10배로 변화시킨다 하더라도 마찰계수는 약 10% 이하로 변화된다는 것을 알 수 있다.

---

[3] See, for example, "Friction, Selected Reprints," American Institute of Physics, New York, 1964, and J. J. O'Connor and J. Boyd (eds.), "Standard Handbook of Lubrication Engineering," Chaps. 1, 2, McGraw-Hill Book Company, New York, 1968.

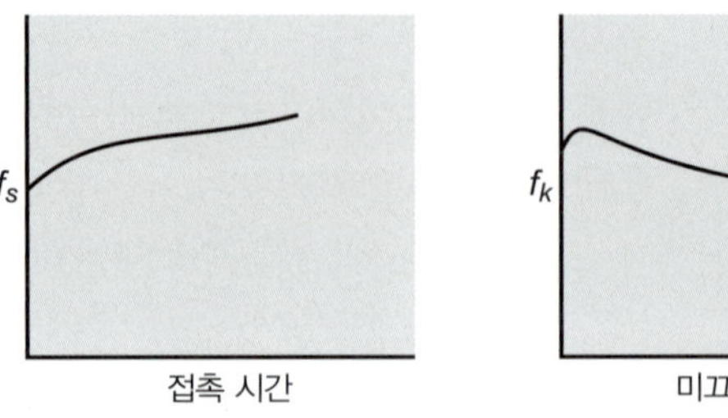

그림 1.19 마찰계수의 개략적인 변화

그림 1.20은 또한 윤활을 하지 않았거나 또는 제대로 윤활하지 않았을 경우에 미끄럼 속도가 증가할수록 마찰은 감소, 즉 마이너스(−)의 특성을 나타낸다. 이것은 스틱-슬립(stick-slip)이라 부르는 마찰 진동(frictional oscillation)을 일으키는 원인이 될 수 있다. 이러한 현상은 문이 삐걱거리거나 브레이크의 끽끽 소리, 그리고 바이올린의 음악 소리 등을 포함하는 우리 주변의 여러 소음으로 나타난다.

정지마찰과 운동마찰 사이의 차이점은 그다지 크지 않고 미끄럼 속도와 접촉시간의 효과가 상대적으로 적기 때문에 거의 모든 미끄럼 조건에 마찰계수 값을 정할 수 있다는 것이 밝혀졌다. 그림 1.21에 나무와 가죽, 또는 금속과 나일론과 같이 금속과 금속 그리고 금속과 비금속에 대한 대표적인 마찰계수를 그림으로 나타내었다. 빗금으로 표시한 부분은 적용할 수 있는 범위이다.

이는 윤활의 상태에 따라 발생할 수 있는 최대 및 최솟값 사이의 마찰계수가 2배 정도의 범위에 있다는 것을 알 수 있다. 대부분의 역학 계산에서 마찰의 불확실성은 계산 시 전체적인 정확도에 한계를 결정짓는 인자이다. 왜냐하면 다른 변수들은 수 퍼센트 이내이기 때문이다.

접촉하고 있는 유사 및 이종금속에 대해 비슷한 곡선을 그릴 수 있다.[4] 몇 가지 대표적인 마찰계수 값을 표 1.3에 표시하였다. 실제로 이 표의 값을 적용할 때, 마찰계수 값을 추정하거나 또는 결정할 경우 세심한 주의를 하여야 한다.

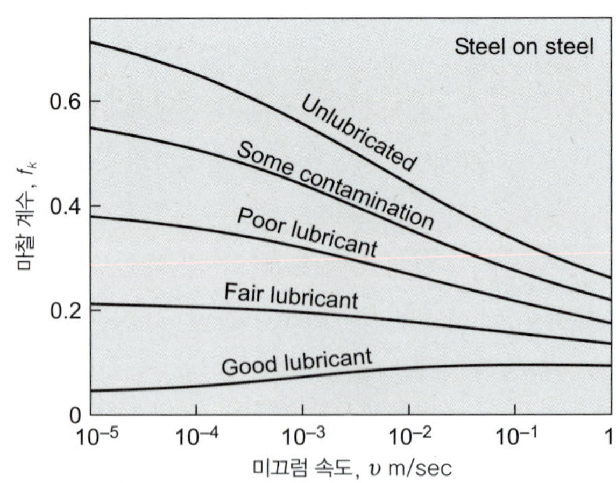

그림 1.20 미끄럼 속도에 따른 운동마찰계수의 변화

[4] E. Rabinowicz, Surface Energy Approach to Friction and Wear, *Prod. Eng.*, March 15, 1965, p. 95.

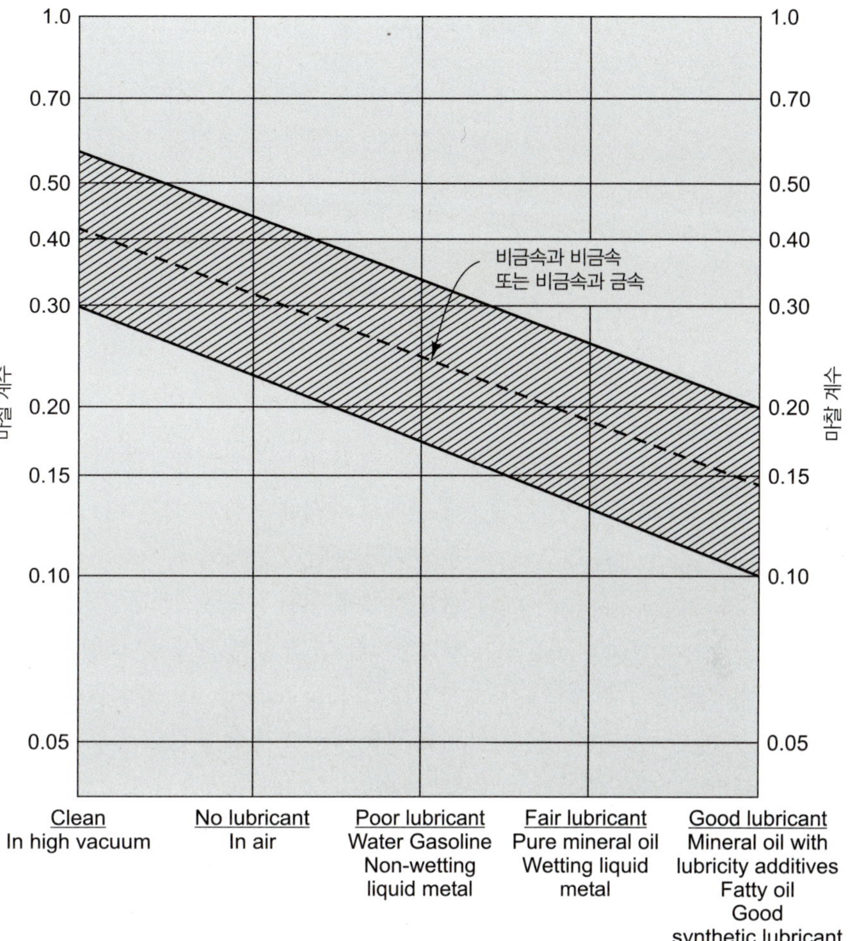

그림 1.21 일반적 목적의 마찰 선도

표 1.3 마찰계수

재료	표면조건	f_s	f_k
금속과 금속(예를 들면 강철과 강철, 알루미늄과 구리)	· 주의하여 깨끗이 닦은 면 · 닦지 않은 무윤활 · 충분한 윤활	0.4~1.0 0.2~0.4 0.05~0.12	0.3~1.0 0.15~0.3 0.05~0.12
비금속과 비금속(예를 들면 나무와 가죽, 콘크리트와 고무)	· 무윤활 · 충분한 윤활	0.4~0.9 0.1~0.2	0.3~0.8 0.1~0.15
비금속과 금속	· 무윤활 · 충분한 윤활	0.4~0.6 0.05~0.12	0.3~0.5 0.05~0.12

1.9 예제 *Examples*

앞에서 살펴본 해석 개념을 설명하기 위해 몇 가지 예제를 고려해보자. 이들 예제에서는 시스템을 선정하는 문제와 그 특성을 이상화하고 그리고 이상화된 시스템의 해석방법에 주안점을 두기로 한다.

예제 1.2 자유물체도의 작성을 설명하고 마찰력에 대해 움직이려는 순간(impending motion)에 대한 개념을 우선 설명하기 위해 그림 1.22(a)와 같이 나타낸 지극히 이상적인 문제를 생각해보자. 우리가 구하고자 하는 것은 마찰계수가 $f_s = 0.5$일 경우, 경사면에 평형상태에 있는 무게 $W_o = 500$ N의 블록을 지지하는 W의 범위를 결정하는 것이다. 케이블은 무게가 없고 풀리에도 마찰이 없으며 블록들은 질점으로 가정한다.

- 힘 관계의 해석에 필요로 하는 시스템에 3개 부분이 있다. 즉 경사면의 무게, 케이블과 그리고 매달린 무게이다.
- 이들 각각에 대해 자유물체도를 그려라. 경사면의 아래로 그리고 경사면 위로 운동이 임박하려는 두 가지 방법이 있다. 임박한 운동에 상응하는 마찰력 방향이 적절히 표시되어야 한다.
- 이들 경우 각각에 대해 W값을 정한다. 두 한계 경우에 W는 이들 두 값 사이에 있어야 한다.

그림 1.22(b)에서 경사면 아래로 임박한 운동이 일어나려는 블록의 자유물체도를 표시하였다. 여기서 마찰력 F는 운동 방향과 반대로 나타나 있다[그림 1.18(b)를 참고하라]. 그림 1.22(c)와 (d)는 추 W와 무게가 없는 유연 케이블(flexible cable)에 관한 자유물체도이다.

그림 1.22(b)에 나타낸 좌표계와 힘-평형방정식 (1.7)을 사용하면 다음 식을 얻는다.

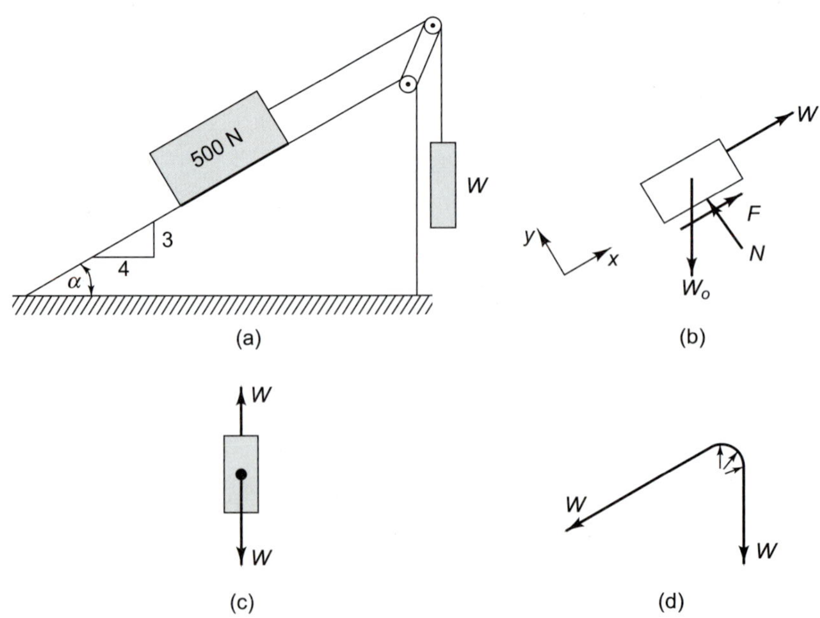

그림 1.22 예제 1.2

$$\Sigma F_x = 0 \qquad W + F - W_0 \sin\alpha = 0 \tag{a}$$
$$\Sigma F_y = 0 \qquad N - W_0 \cos\alpha = 0 \tag{b}$$

경사면 아래로 움직이려는 순간에 대한 마찰력은 아래의 식과 같다.

$$F = f_s N \tag{c}$$

(a), (b), 그리고 (c)로부터 미지의 값 W에 대해서 풀면 다음과 같다.

$$\frac{W}{W_0} = \sin\alpha - f_s \cos\alpha \tag{d}$$

그러므로 식 (d)에 수치를 대입하여 계산하면 다음을 얻는다.

$$W = 500\left[\frac{3}{5} - \left(\frac{1}{2}\right)\left(\frac{4}{5}\right)\right] = 100\text{ N} \tag{e}$$

추의 무게 W가 100 N보다 적은 값이면 무게 W_o는 평형상태를 유지하지 못하고 경사면 아래로 미끄러져 내려갈 것이다.

추의 무게 W가 100 N보다 클 경우에는 무게가 경사면 위로 움직일 수 있는 W값에 도달할 때까지 무게 W_o는 평형을 이룰 것이다. 이 경우에 그림 1.22(b)의 자유물체도는 마찰력 F가 반대방향인 것을 제외하고 다시 그대로 유지된다. 블록이 경사면 위로 운동하기 위한 무게 W는 식 (d)로 주어지며, f_s의 부호는 반대이다.

$$\frac{W}{W_0} = \sin\alpha + f_s \cos\alpha \tag{f}$$

식 (f)로부터 W를 계산하면 다음과 같다.

$$\text{W} = 500\text{ N}$$

W가 500 N보다 클 경우, 블록은 평형을 이루지 못하고 경사면 위로 움직일 것이다.

그러므로 블록이 평형을 이루기 위한 W값의 범위는 100 N ≦ W ≦ 500 N이다.

■ ■ ■

예제 1.3 그림 1.23(a)에 나타낸 간단한 삼각형 구조물이 작은 체인 호이스트(chain hoist)를 매달기 위해 사용되고 있다. 체인 호이스트가 20 kN의 정격용량을 지지할 때 B와 C에서 벽에 작용되는 힘을 예측하고자 한다. 봉 BD는 끝에 핀으로 고정되어 있다. 부재 CD는 D에 핀으로 고정되고 그리고 C에서는 4개의 볼트로 고정되어 있다.

- 자유물체가 반드시 강체가 되어야 할 필요가 없다는 것을 주의하여라. 처음에 벽 지지로부터 프레임을 분리시키고 벽의 반력들을 적절히 표시하여라.
- 만일 부재가 힘이 단지 끝에 작용하는 핀 지지된 곧은 부재일 경우, 부재는 축방향 부재(axial member)로서 핀의 힘은 부재의 축에 따라 작용하고 방향은 서로 반대이다. 이러한 사실을 사용하여 B 지지점에서 반력 수를 줄일 수 있다.
- 이렇게 감소시켜도 미지수는 4개이다. 이들은 C에서 두 개의 지지력과 B의 지지력뿐인 모멘트 C가 있다. 그러므로 단독 시스템의 평형상태로부터 결정될 수 없다.

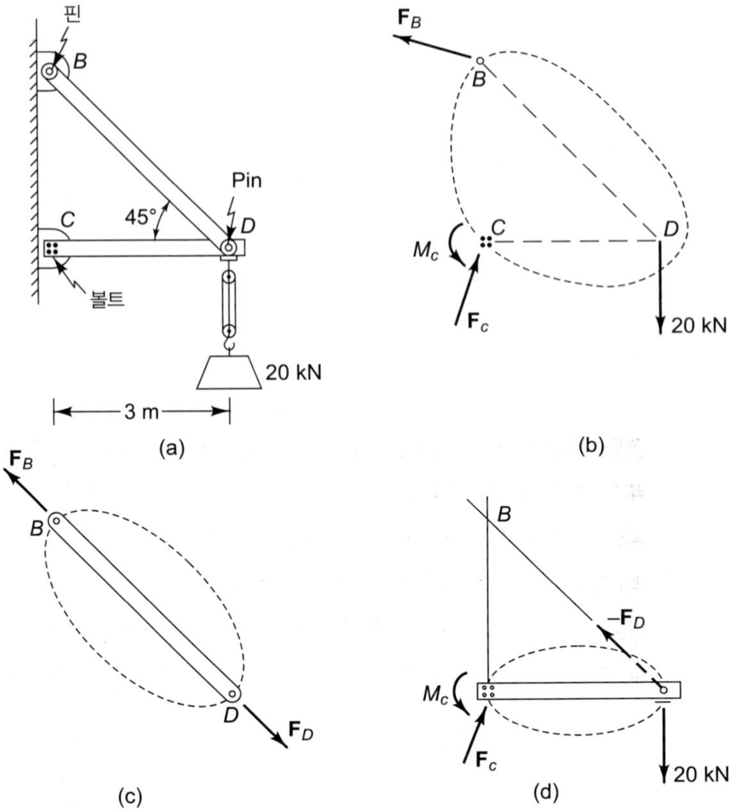

그림 1.23 예제 1.3

그림 1.23(b)에서 우선 구조물의 자유물체도를 그린다. 우리가 분리시킨 시스템은 자체로서는 강체가 아니므로 스스로 붕괴될 수 있다는 것을 주의하여라.

여기서는 실제로 외력들, 즉 $\mathbf{F}_B$, $\mathbf{F}_C$, 그리고 $\mathbf{M}_C$가 붕괴를 방지하기에 충분하기 때문에 완전히 제대로 적절하게 분리시킨 것이다. 이 단계에서 구조물과 체인 호이스트의 무게를 무시하였다. 이렇게 이상화하면 단지 힘과 모멘트의 상호작용은 B, C, 그리고 D에서 일어난다. D에서 수직력은 20 kN을 나타낸다. B점에서는 핀 연결(pinned joint)이 되어 있다. 이 힘의 상호작용은 3차원에서 하나의 힘의 벡터와 그리고 모멘트 벡터일 수 있다. 이 경우, 구조물은 평면에 놓여있고 힘도 평면상에 있기 때문에 모든 힘은 평면상에 있다고 생각하여도 타당하다. 따라서 구조물 평면상에 있는 힘 $\mathbf{F}_B$로 나타냈다.

이 평면의 방향은 아직 알 수 없다. 만일 핀 주위에 마찰력이 있을 경우, 이 평면에 수직으로 모멘트 벡터인 우력이 전달될 수 있다. 그러나 다음 고려사항을 근거로 하여 모멘트를 무시하고 이상화하였다. 핀 주위에 작용하는 마찰력이 있을 경우 마찰력 fN에 핀의 반지름을 곱한 것과 같은 마찰 모멘트를 발생시킬 것이다. 동일한 지점에 힘과 모멘트가 작용하면 이들 효과는 옆으로 비켜서 작용하는 하나의 힘으로 대체할 수 있다(문제 1.10). 이러한 시스템에서 필요로 하는 옆 방향 변위는 단지 마찰력에 핀의 반지름을 곱한 값과 같다.

그러므로 마찰계수가 1/3일 경우, 핀 B에서 가장 큰 마찰력 효과는 힘 $\mathbf{F}_B$가 핀 반지름의 1/3만큼 옆 방향으로 작용하는 것과 같다. 이 예제에서 이러한 작은 변위는 전체 치수에 비해 아주 작은 값이므로 무시할 수 있다.

다음으로 봉 *CD*가 네 개의 볼트로 고정되어 있는 *C*점에서 살펴보면, 비슷한 논리로 구조물 면 내의 모멘트 $\boldsymbol{M}_C$와 힘 $\mathbf{F}_C$가 구조물에 작용할 수 있다는 결론을 얻을 수 있다. 여기서 우리는 모멘트를 무시할 수 없다. 왜냐하면 볼트 체결 연결은 핀 연결에 비해 상당히 큰 모멘트를 전달할 수 있기 때문이다.

그림 1.23(b)의 자유물체도는, 힘은 한 평면상에 있기 때문에 두 개 미지의 힘 벡터(각각은 두 개의 성분을 갖는다)와 하나의 미지 모멘트 성분을 포함한다. 식 (1.7)과 (1.8)에 따라 하나의 같은 평면, 즉 공면 시스템(coplanar system)에 세 개의 독립적인 평형조건을 얻을 수 있다. 따라서 5개의 미지성분이 있기 때문에 단지 그림 1.23(b)만으로는 완전한 답을 얻을 수 없다.

추가적인 관계를 얻을 수 있도록 우리는 서브시스템으로 분리해야 한다. 이를 그림 1.23(c)에 봉 *BD*의 자유물체도로 나타냈다. 양 끝은 핀으로 연결되고 봉 자체의 무게는 무시하였기 때문에 *BD*는 2력 부재라고 할 수 있으며, 그림 1.14에 나타낸 것과 같이 힘 $\mathbf{F}_B$와 $\mathbf{F}_D$는 *BD*를 따라 반드시 크기가 같고 반대방향이어야 한다.

다음으로 그림 1.23(d)에 봉 *CD*에 대한 자유물체도를 나타냈다. *D*에서 *BD*에 상호작용되는 방향을 표시할 수 있는데, 왜냐하면 그림 1.23(c)에서 힘 $\mathbf{F}_D$에 반드시 크기가 같고 반대방향이어야 하기 때문이다. $\mathbf{F}_C$의 방향은 여전히 알 수 없다. 그림 1.23(d)에서 미지수는 $\mathbf{F}_C$의 두 성분과 $\mathbf{M}_C$와 $\mathbf{F}_D$의 크기로서 전체 4개의 스칼라 미지량이 있다. 우리는 다시 3개의 독립적인 평형조건으로부터 완전한 풀이를 얻을 수 없다. 이번에도 난관에 부딪힌다. 개별적으로 각 봉을 분리하였을 뿐만 아니라 두 개의 봉을 함께 조합하여, 우리는 모든 가능성에 대해 시도해 보았다. 이 문제의 모델을 해석하기 위해서는 단지 평형조건만 가지고는 충분하지 못하다는 결론에 도달한다. 이것은 실제의 경우이다. 그림 1.23(b)의 구조물 모델은 **부정정**(*statically indeterminate*)에 해당된다.

이 문제를 해결하기 위한 두 가지 방법이 있다. 정정 구조물로 지극히 단순화시킨 모델로 고려하던가 또는 부정정 구조물에 관한 이론을 전개시켜 나가는 것이다. 이 교재에서는 실제로 두 가지 모두 다룰 것이다. 여기서는 단순화시킨 모델을 고려할 것이다. 그 이후에 제8장에서 다시 이 문제로 돌아가 단순한 모델을 사용하였을 때 나타나는 오류를 추정하기 위한 이론을 전개할 것이다.

그림 1.23에 나타낸 가장 애매한 사항은 볼트 연결부 모멘트 M_C이다. 만일 볼트가 느슨하게 끼워져 조여지지 않았다면 이 모멘트는 상당히 작아질 수 있다. 이렇게 고려하면 볼트 체결을 핀 연결로 이상화하여 그림 1.24(a)와 같은 단순한 모델로 바꿀 수 있다. 그림 1.24(b)의 자유물체도에서는 벽 지지점에서 힘 $\mathbf{F}_B$와 $\mathbf{F}_C$가 있지만 모멘트는 없게 된다. 그림 1.24(b)에서 힘 $\mathbf{F}_B$와 $\mathbf{F}_C$의 방향은 미지이다. 그림 1.23에서 얻은 이전의 경험을 활용하면 그림 1.24(c)와 같이 봉 *BD*의 자유물체도를 그릴 수 있다. 이것은 2력 부재이므로 힘 $\mathbf{F}_B$는 반드시 선 *BD*를 따라 작용되어야 한다. 이러한 사실을 알고 그림 1.24(d)로 돌아가면 분리된 자유물체도를 작용하는 힘은 단지 3개가 있다는 결론을 얻는다. 왜냐하면 $\mathbf{F}_B$와 하중은 *D*에서 교차하므로 $\mathbf{F}_C$는 그림과 같이 *D*에서 반드시 동일한 선상(collinear)에 있어야 한다.

봉 *CD*가 3력 부재라는 것을 유의하면 동일한 결론을 얻을 수 있다. 이제 단지 $\mathbf{F}_B$와 $\mathbf{F}_C$의

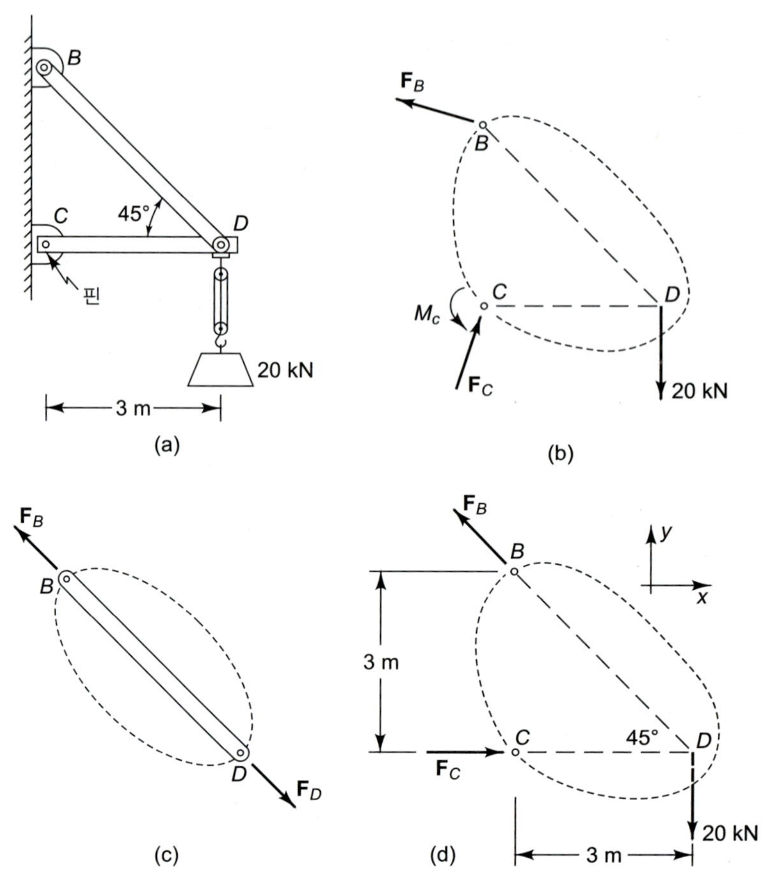

그림 1.24 그림 1.23 시스템을 이상화 시킨 모델

크기만 알아내면 된다. 이들은 평형조건에 관한 식 (1.7)과 (1.8)을 적용하여 몇 가지 방법으로 결정할 수 있다. 예를 들면, 만일 B에 관한 전체 모멘트가 0이 되어야 한다면 아래 식을 얻는다.

$$\Sigma \mathbf{M}_B = -3\mathbf{j} \times \mathbf{F}_C + 3\mathbf{i} \times (-20\mathbf{j}) = 0 \tag{a}$$

위 식에서 $\mathbf{i}$와 $\mathbf{j}$는 x축과 y축 방향에 따른 단위벡터이다. $\mathbf{F}_C$를 $\mathbf{F}_C\mathbf{i}$로 나타내면 식 (a)로부터 쉽게 다음 값을 얻는다. 여기서 F_C는 $\mathbf{F}_C$의 스칼라 크기이다.

$$F_C = 20 \text{ kN} \tag{b}$$

수직 힘 성분을 더하면 아래의 식을 얻는다.

$$\Sigma F_y = 0 = F_B \cos 45° - 20 \tag{c}$$

위 식으로부터 다음과 같다.

$$F_B = 28.28 \text{ kN} \tag{d}$$

이렇게 하여, 그림 1.24(b)의 자유물체도에 작용하는 힘을 결정하였다. 구조물의 벽 지지점들에 작용하는 힘은 크기가 같고 반대방향이다.

우리가 한 해석은 몇 가지 가정과 이상화에 기초를 두었다. 호이스트와 구조물 자체 무게를 무시하였다. 핀 연결부의 마찰 모멘트도 무시하였다. 그리고 그림 1.23(a)로부터 그림

1.24(a)에 걸쳐 볼트 체결을 핀 연결로 간주하여 추가적으로 이상화하였다. 제8장을 배우고 나면 이러한 단순화시킨 가정의 중요성을 충분히 깨닫게 될 것이다. 거기에서 우리는 위와 같이 얻은 결과가 실제로 매우 유용한 근사계산이라는 것을 알게 될 것이다.

예제 1.4 핀 연결된 트러스가 그림 1.25와 같이 평형상태에 있다. 이 트러스는 핀으로 연결된 비교적 강성으로 간주될 수 있는 링크로 구성된 평면 구조물이다. 그림과 같이 *E*와 *F*에서 하중을 받고 있으며, *A*에서는 단단한 강체 기초에 핀으로 연결되어 있고 *B*에서는 롤러 지지(roller support)되어 있다. 이 문제에서는 *E*와 *F*에서 가해진 하중으로 인하여 *A*와 *B*에서 받는 힘을 결정하고, 다음으로 트러스의 개별 링크에서 힘을 계산하여 알고자 한다.

- A에서 힌지(hinged) 지지점 방향은 전체 트러스 시스템의 자유물체도로부터 구할 수 있으며 고려해야 할 지지를 받는 힘의 개수에는 관계가 없다.
- 외력이 작용하는 평면 트러스 시스템에 관한 세 개의 평형방정식으로부터 지지 반력을 결정할 수 있다.
- 각 링크에 관해 그림 1.27과 같이 가상 절단하여 자유물체도로 나타내면 내력은 부재 축방향에 따른다. *A*, *B*, ⋯, *F* 로 나타낸 6개의 핀 연결부가 있다. 각각에 대해 자유물체도를 그릴 수 있으며 링크 힘을 풀기 위한 평형방정식을 작성할 수 있다.
- 가장 적은 수의 미지수를 갖는 핀 연결부에서, 예를 들면 *A*와 *B*에서 이 문제를 시작하는 것이 바람직하다.

*A*와 *B*에서 반력을 구하기 위하여 그림 1.26과 같이 전체 트러스를 자유물체도로 분리시킨다. 여기서 우리는 트러스 자체 무게를 무시할 수 있는 것으로 이상화하였다. 분리된 시스템 주변을 살펴보면 *E*와 *F*에 작용하는 하중을 포함시켰다. *B*에서 롤러 지지를 수직 반력 $\mathbf{F}_B$로 이상화하였다. 만일 지지점에서 수평 이동이 허용될 수 있다면 수평방향으로 저항하는 힘도 거의 없어야 한다고 생각할 수 있다. *A*의 핀 연결부에서 반력 $\mathbf{F}_A$는 핀 중심을 통하여 작용하는 것으로 나타냈다. 다시 우리는 핀 주위로 일어나는 마찰 모멘트 발생을 무시하는 것으로 이상화하였다. 만일 다소간 어떤 마찰력이 있을 경우라도 핀 크기가 작으므로 핀 중심에 관한 마찰 모멘트 효과도 역시 작을 것으로 합리적으로 생각할 수 있다.

트러스는 평형상태에 있는 평면시스템이므로 그림 1.26에 표시된 외력은 식 (1.7) 및

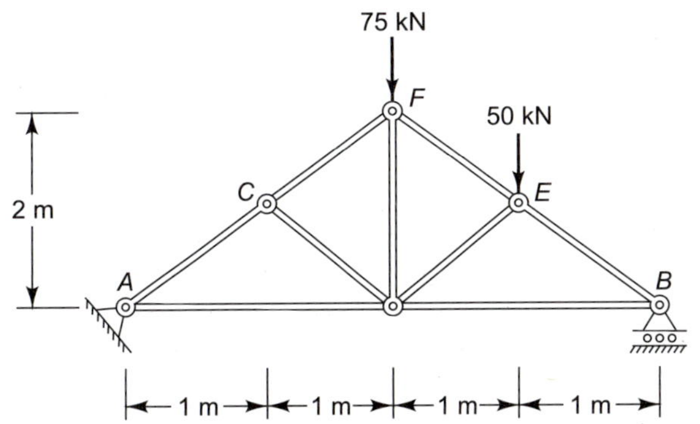

그림 1.25 예제 1.4

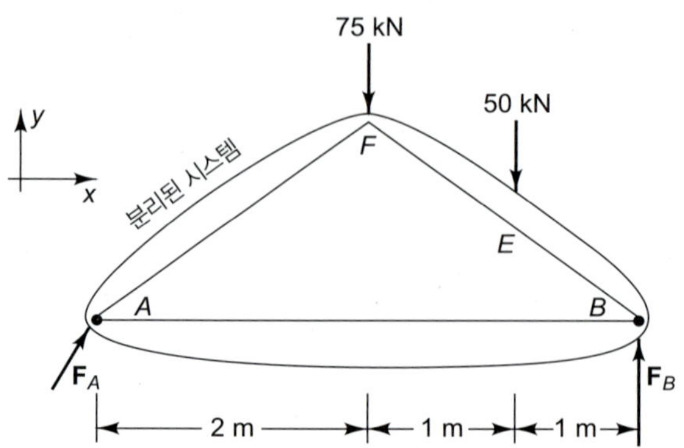

그림 1.26 그림 1.25에 나타낸 트러스의 자유물체도

(1.8)을 반드시 만족해야 한다. $\mathbf{F}_A$(크기와 방향이 미지)와 $\mathbf{F}_B$(크기만 미지)는 세 개의 미지 스칼라 양을 표시하므로 동일 평면 힘이 평형을 이루는 독립적인 조건들로 $\mathbf{F}_A$와 $\mathbf{F}_B$를 충분히 결정할 수 있다. A를 모멘트 중심으로 취하면, 식 (1.8)에 따라 다음 식을 쓸 수 있다.

$$\Sigma M_A = 4F_B - 3(50) - 2(75) = 0 \tag{a}$$

$$\Rightarrow \quad F_B = 75 \text{ kN}$$

$\mathbf{F}_A = \boldsymbol{i}A_x + \boldsymbol{j}F_y$(여기서 $\mathbf{i}$와 $\mathbf{j}$를 x와 y축 방향에 따른 단위벡터)로 놓고, 식 (1.7)을 적용하면 다음과 같다.

$$\begin{aligned} \Sigma F_x &= A_x = 0 \\ \Sigma F_y &= A_y + 75 - 75 - 50 = 0 \\ A_y &= 50 \text{ kN} \end{aligned} \tag{b}$$

따라서 A와 B에서 반력은 모두 수직으로 위 방향이고, 크기는 각각 50 kN과 75 kN이다.

그림 1.26과 같이 분리된 시스템으로부터 반력에 관한 위의 결과는 트러스의 특정 설계에 아직은 사용할 수 없다. 여기서 필요로 하는 모든 것은 트러스가 평형상태여야 한다는 것이다. 그렇지만 트러스를 설계하는 사람은 각각의 부재가 충분히 견딜 수 있도록 여러 부재에 힘이 어떻게 전달되는가에 대해 알고자 한다. 이러한 정보를 얻기 위하여 트러스의 부결합체(subassembly)에 관한 자유물체도를 고려해야 한다. 이러한 예로서 그림 1.27에서와 같이 부재 AC와 AD에서 힘이 어떻게 결정될 수 있는가를 나타냈다. 그림 1.27(a)와 (b)에 나타낸 자유물체도로부터, 만일 봉 무게와 핀 연결 주위에 관한 마찰 모멘트를 무시할 경우, 봉 AC와 AD는 2력 부재이므로 힘 F_{AC}와 F_{AD}는 반드시 링크 부재 방향으로 작용되어야 한다. 그림 1.27(c)에 조인트 A의 자유물체도는 핀에 작용되는 이러한 힘을 나타내고 있다. 뉴턴의 제3법칙에 따라 봉에 의해 핀에 작용하는 힘은 핀에 의해 봉에 작용하는 힘과 크기가 같고 반대방향이다. 핀은 평형상태에 있으므로 식 (1.7)에 따라 다음 식과 같이 쓸 수 있다.

$$F_{AD} - \frac{1}{\sqrt{2}} F_{AC} = 0$$

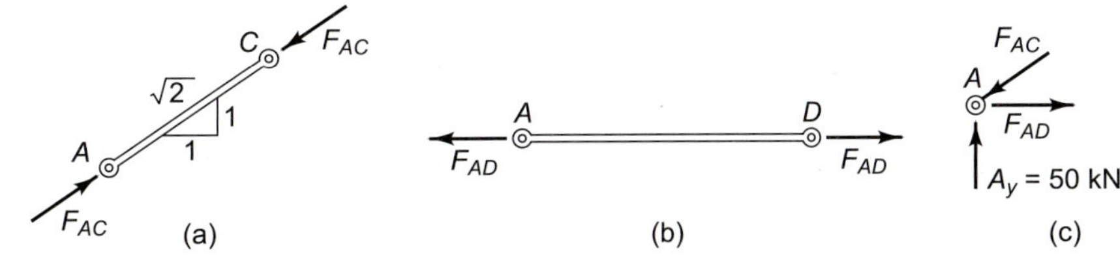

그림 1.27 분리시킨 자유물체도. (a) 봉 AC, (b) 봉 AD, (c) 핀 A

$$50 - \frac{1}{\sqrt{2}} F_{AC} = 0 \tag{c}$$

위의 식으로부터 F_{AC} = 70.71 kN과 F_{AD} = 50 kN을 얻을 수 있다. 힘 F_{AC}는 봉 AC를 수축시키려는 경향이 있으므로 **압축력**(*compressive force*)이라 하고, F_{AD}는 봉 AD를 늘어나게 하려는 경향이 있으므로 **인장력**(*tensile force*)이라 한다.

예제 1.5 그림 1.28과 같이 길이가 2 m인 데릭붐(derrick boom)이 버팀줄(guy wire) BD와 BE 그리고 C에서 볼-소켓 조인트로 지지되어 있다. 점 C, D, 그리고 E는 모두 그림과 같이 xy 평면 내에 놓여 있다. A에서 10 kN의 하중이 작용할 경우, C, D, 그리고 E에서 반력을 결정하려고 한다.

- 우선 고려할 사항은 지지점 C, D, 그리고 E로부터 결합체를 분리시킨 자유물체도를 작성한다.
- 버팀줄 힘은 버팀줄 방향에 따라 작용하므로, 방향은 알 수 있다. 이러한 힘을 적합한 벡터로 표시한다.
- C에 관한 모든 힘의 모멘트를 취하면 C에서 반력이 쉽게 제거될 수 있다. 두 버팀줄 힘과 A에서 하중은 여기에 포함된다. 이렇게 하면 버팀줄 힘을 구할 수 있다.
- 다음으로 세 방향을 포함하는 힘의 평형방정식들로부터 C에서 세 성분의 반력을 구할 수 있다.

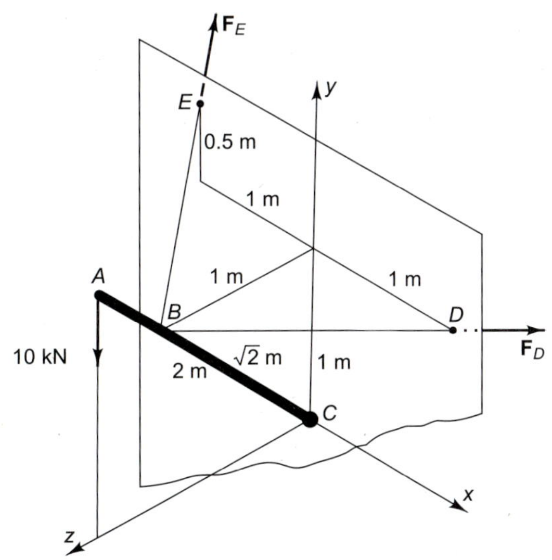

그림 1.28 예제 1.5. C 지점에서 볼-소켓 조인트와 D와 E에서 버팀줄로 지지된 데릭붐 ABC

그림 1.28의 스케치 도면과 같이 A, C, D, 그리고 E에 작용되는 힘을 표시하면 붐과 버팀줄의 자유물체도로 사용될 수 있다. 붐과 그리고 버팀줄 자체 무게를 무시하여 이 문제를 이상화하여 간단히 한다. C에서 볼 조인트에 작용하는 힘 $\mathbf{F}_C$를 알고 있는 방향으로 나타내며, 마찰 모멘트는 무시한다. D와 E에서 표 1.2에 주어진 이상적인 유연한 케이블(flexible cable)의 특성을 고려하여 BD와 BE 방향에 따라 와이어에 작용하는 힘 $\mathbf{F}_D$와 $\mathbf{F}_E$를 표시한다. 만일 F_D와 F_E가 이 힘의 크기이고 $\mathbf{i}$, $\mathbf{j}$, 그리고 $\mathbf{k}$가 x, y, 그리고 z축 방향의 단위벡터라 하면, 다음 식과 같이 쓸 수 있다.

$$\begin{aligned} \mathbf{F}_D &= F_D\left(\frac{3}{5}\mathbf{i} - \frac{4}{5}\mathbf{k}\right) \\ \mathbf{F}_E &= F_E\left(-\frac{4}{6}\mathbf{i} + \frac{2}{6}\mathbf{j} - \frac{4}{6}\mathbf{k}\right) \end{aligned} \tag{a}$$

데릭(derrick)은 평형상태에 있으므로 그림 1.28의 힘은 식 (1.5)와 (1.6)을 반드시 만족해야 한다. 식 (1.6)을 적용하는 데 있어 C를 모멘트 중심으로 선택하면 편리하다. 이렇게 하면 $\mathbf{F}_C$의 세 가지 성분을 제거할 수 있는 이점이 있다.

$$\Sigma\mathbf{M}_C = \mathbf{CA} \times (10\,\mathbf{j}) + \mathbf{CB} \times \mathbf{F}_D + \mathbf{CB} \times \mathbf{F}_E = 0 \tag{b}$$

이 장의 끝에 있는 문제 1.4에 예시되어 있는 행렬식 표시법을 사용하여, 식 (b)의 벡터 크로스곱(vector cross product)으로부터 다음과 같이 전개시킬 수 있다.

$$\begin{vmatrix} \mathbf{i} & \mathbf{j} & \mathbf{k} \\ 0 & 2\left(\frac{1}{\sqrt{2}}\right) & 2\left(\frac{1}{\sqrt{2}}\right) \\ 0 & -10 & 0 \end{vmatrix} + F_D \begin{vmatrix} \mathbf{i} & \mathbf{j} & \mathbf{k} \\ 0 & 1 & 1 \\ \frac{1}{\sqrt{2}} & 0 & -\frac{1}{\sqrt{2}} \end{vmatrix} + F_E \begin{vmatrix} \mathbf{i} & \mathbf{j} & \mathbf{k} \\ 0 & 1 & 1 \\ -\frac{2}{3} & \frac{1}{3} & -\frac{2}{3} \end{vmatrix} = 0 \tag{c}$$

$$\left(14{,}142 - \frac{1}{\sqrt{2}}F_D - F_E\right)\mathbf{i} + \left(-\frac{1}{\sqrt{2}}F_D + \frac{2}{3}F_E\right)\mathbf{j} + \left(-\frac{1}{\sqrt{2}}F_D + 2/3F_E\right)\mathbf{k} = 0$$

$\mathbf{i}$, $\mathbf{j}$, 그리고 $\mathbf{k}$ 성분을 각각 0으로 놓으면, F_D와 F_E에 관한 간단한 연립방정식[5]을 얻을 수 있다. 이 식으로부터 해를 구하면 다음과 같다.

$$\begin{aligned} F_D &= 8\text{ kN} \\ F_E &= 8.485\text{ kN} \end{aligned} \tag{d}$$

식 (b)에서 버팀줄 장력이 B에 작용하는 것으로 간주하였다. 그림 1.28과 같이 힘이 D와 E에서 전체 시스템에 작용할 경우에도 동일한 최종 결과 (d)를 얻을 수 있다. 따라서 식 (b)

[5] 이 예제에서는 단지 두 개의 미지수만을 갖는 세 개의 연립방정식으로 구성된 특이한 문제이다. 해 (d)는 모든 세 개의 식을 만족한다. 이렇게 명백한 모순이 일어나는 물리적 이유는 그림 1.28에 고려한 특별한 하중상태가 모두 ABC를 통하는 힘의 한 세트를 포함하며, C에 관한 모멘트 벡터가 ABC에 직각일 수 밖에 없다는 사실에 기인한다. 이러한 이유로 모멘트 평형으로부터 단지 두 개의 독립적인 스칼라 조건만 남게 된다. 식 (c)의 세 개의 조건은 실제로 두 개 조건과 동일하다. 왜냐하면 ABC에 따른 모멘트 성분의 평형이 자동적으로 보장되기 때문이다. 실제로 그림 1.28의 구조물은 ABC 주위로 모멘트를 지지할 수 없으며, 붐은 소켓에서 돌게 될 것이고 버팀줄은 B에서 주위로 감기게 될 것이다. 비틀림을 막기 위해서는 버팀줄 중에서 하나를 강체 봉으로 붐의 B에 용접하면 된다.

는 다음과 같이 쓸 수 있다.

$$\Sigma \mathbf{M}_C = \mathbf{CA} \times (-10\mathbf{j}) + \mathbf{CD} \times \mathbf{F}_D + \mathbf{CE} \times \mathbf{F}_E$$

힘 $\mathbf{F}_C$는 식 (1.5)를 적용하여 아래와 같이 쓸 수 있다.

$$\Sigma \mathbf{F} = \mathbf{F}_C + \mathbf{F}_D + \mathbf{F}_E - 10\mathbf{j} = 0$$

$$\mathbf{F}_C = -8\left(\frac{1}{\sqrt{2}}\mathbf{i} - \frac{1}{\sqrt{2}}\mathbf{k}\right) - 8.485\left(-\frac{1}{1.5}\mathbf{i} + \frac{0.5}{1.5}\mathbf{j} - \frac{1}{1.5}\mathbf{k}\right) + 10\mathbf{j} \qquad \text{(e)}$$
$$= 7.17\mathbf{j} + 11.31\mathbf{k}\ \text{k}$$

그러므로 반력에 대한 완전한 풀이는 버팀줄 장력 (d)와 볼-소켓 힘 (e)를 포함한다.

위의 풀이와 같이 벡터 해석법을 이용하여 해를 얻는 방법은 모든 문제에 적용할 수 있으며, 어떤 경우는 필수적이며 성분 형태의 평형방정식을 풀기가 쉽고 유익하다. 예를 들면, 직교하는 각 방향의 힘 성분은 반드시 0이 되어야 하며, 그리고 축에 관한 모멘트 성분의 합도 반드시 0이 되어야 한다. 종종 힘과 모멘트 방정식에 관한 축을 주의 깊게 선택하면 풀이를 간단히 할 수 있다. 그림 1.28에서 x와 y축에 관해 모멘트 식을 사용하여 F_D와 F_E에 대해서 풀면 다음과 같다.

$$\sum M_x = \left(2 \times \frac{1}{\sqrt{2}}\right)(10) - 1\left(\frac{1}{\sqrt{2}}F_D\right) - 1.5\left(\frac{1}{1.5}F_E\right) = 0$$

$$\sum M_y = 1\left(\frac{1}{\sqrt{2}}F_D\right) - 1\left(\frac{1}{1.5}F_E\right) = 0 \qquad \text{(f)}$$

$$\therefore \quad F_E = 8.485\ \text{kN} \quad F_D = 8\ \text{kN}$$

힘 F_C의 x, y, 그리고 z 성분은 이들 방향의 힘의 합이 0이 되어야 한다는 조건으로부터 구할 수 있다.

$$\sum F_x = F_{C_x} + \frac{1}{\sqrt{2}}F_D - \frac{1}{1.5}F_E = 0 \quad F_{C_x} = 0$$

$$\sum F_y = F_{C_y} + \frac{0.5}{1.5}F_E - 10 = 0 \quad F_{C_y} = 7.17\ \text{kN} \qquad \text{(g)}$$

$$\sum F_z = F_{C_z} + \left(-\frac{1}{\sqrt{2}}F_D\right) - \frac{1}{1.5}F_E = 0 \quad F_{C_z} = 11.31\ \text{kN}$$

■ ■ ■

예제 1.6 무게를 올리거나 내릴 때 자주 사용되는 나사잭(screw jack)이 그림 1.29(a)에 도시되어 있다. 나사의 특성은 그림 1.29(b)와 같이 나사의 피치 p와 지름 d로 규정된다. 이 문제에서 나사의 산(screw thread)과 잭 몸체(jack body) 사이에 마찰계수 f가 존재할 때 동작에 관한 특성을 결정하려 한다. 특히 무게 W를 올리거나 내릴 때 필요로 하는 모멘트와 잭의 마찰 및 기하학적 특성 사이의 관계를 구하고자 한다. 그림 1.29(c)에 나사의 자유물체도를 표시하였으며, 해석이 편리하도록 나사의 분포하중을 한 지점에 작용하는 것으로 최대한 단순화시켰다. 나사 부분은 반드시 **나선각도**(*helix angle*) α로 경사면을 미끄러져 올라가야 한다는 것을 알 수 있다. 여기서 관계식은 다음과 같다.

$$\tan\alpha = \frac{p}{\pi d}$$

- 우선 기하학적 특성을 관찰한다. 나사를 원주방향으로 절단하여 나타내면 회전각과 수직운동 사이의 관계를 쉽게 이해할 수 있다. 만일 베이스(base)가 나사의 원주일 경우, 높이가 p인 경사면을 올라가는 것과 유사하다. 경사각 α가 작을 경우, $\tan\alpha \approx \alpha$이다.
- 마찰은 운동을 방해하므로, 마찰력은 나사가 회전되도록 작용되는 운동 방향에 따라 넘어지려고(flip) 하는 것을 유의하라.
- 두 경우에 관한 평형방정식을 적용하여 나사를 위로 또는 아래로 움직이기에 필요로 하는 적합한 운동 관계식을 구할 수 있다.

그림 1.29(d)에 마찰각(*frictional angle*) β 개념을 도입하였다. 여기서 $\tan\beta = f$ 관계이다. 수직성분 N과 마찰성분 fN의 합력 R은 β의 각도로 나사산에 수직으로 작용한다. 그러므로 그림 1.29(d)와 같이 잭의 상승 또는 하강에 따라 R은 각도 $\alpha\pm\beta$로 작용한다. y축에 관한 힘과 y축에 관한 모멘트 평형조건으로부터 다음 식을 얻는다.

$$\Sigma F_y = R\cos(\alpha\pm\beta) - W = 0$$

$$\Sigma M_y = M - \frac{d}{R}\sin(\alpha\pm\beta) = 0 \qquad \text{(a)}$$

따라서 다음 식과 같이 쓸 수 있다.

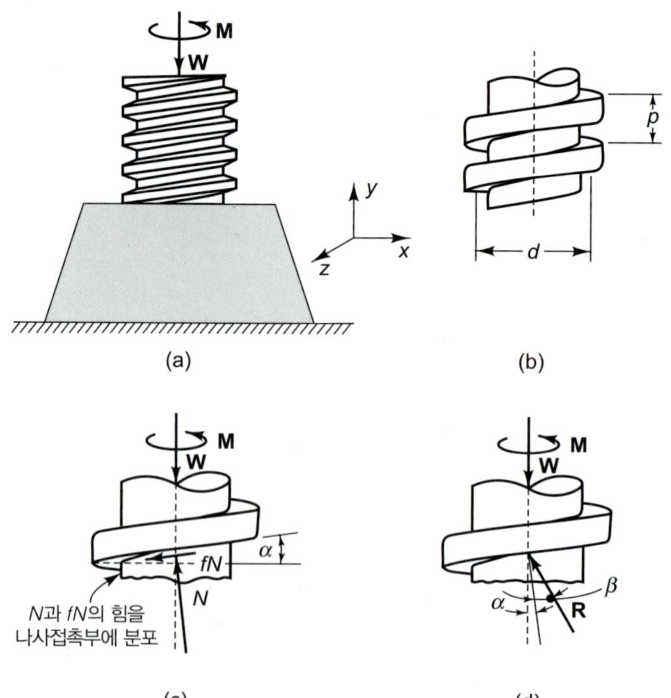

그림 1.29 예제 1.6

$$M = \frac{Wd}{2} \tan(\alpha \pm \beta) \tag{b}$$

식 (b)에서 플러스(+) 부호는 나사를 위로 올리는 데 필요로 한 모멘트를 나타낸다. 나사를 내리거나 또는 풀기 위해 필요로 하는 모멘트는 식 (b)에서 마이너스(–) 부호를 취하여 구한다.

$$M = \frac{Wd}{2} \tan(\alpha - \beta) \tag{c}$$

식 (c)에서 $\beta = \alpha$일 경우, 평형을 이루기 위해 모멘트 M은 0이 되어야 한다. 이럴 경우, 나사는 풀리지 않고 W를 지지할 것이다. 식 (c)에서 $\beta > \alpha$일 경우, 무게를 내리기 위해서는 음의 모멘트를 가해야 한다. 잭에서 $\beta \geq \alpha$가 될 경우, **자동체결**(*self-locking*)이라 하며 잭의 필요한 특성이다.

이러한 형태의 시스템에서는 입력 일과 유용한 출력 일(마찰열 소산으로 인한 차이)의 비를 효율 η로 정의할 수 있다. 그러므로 1회전당 입력되는 일은 $2\pi M$이고, 무게를 들어 올리는 데 유용한 일은 pW이다. 따라서 아래의 식의 관계를 얻을 수 있다.

$$\eta = \frac{pW}{2\pi M} = \frac{\tan\alpha}{\tan(\alpha + \beta)} \tag{d}$$

α와 β가 작은 값일 경우에 효율은 개략적으로 다음과 같아진다.

$$\eta \approx \frac{\alpha}{\alpha + \beta}$$

따라서 자동체결기구에 대해서는 $\beta \geqq \alpha$이고, 효율 50%를 초과할 수 없다.

■ ■ ■

예제 1.7 그림 1.30(a)에 경량의 계단사다리(stepladder)가 바닥 위에 놓여 있다. 이 문제에서 사다리 꼭대기에 무게가 800 N인 사람이 있을 때 링크 AB의 힘을 알고자 한다.

- 이 연습문제의 주요 목적은 **이상화**(*idealization*)하는 것이다. 이상화함으로써 이러한 구조물 설계의 효과를 합리적으로 추정할 수 있다. 예를 들면, 봉은 무게가 없고 핀은 마찰이 없으며, 그리고 표면은 매끄러운 것으로 가정할 수 있다.
- 표면이 매끄럽다고 가정하면 D와 E에서 단지 수직 반력만 있다. D와 E에 관한 모멘트 평형은 D와 E에서 반력을 가져올 것이다.
- 우리가 알려고 하는 것은 링크 AB에서 힘이므로 AB를 절단하여 내력이 표시된 자유물체도가 필요하다. 그림 1.31(b)를 참고하라.

이 예제에서 그림 1.30(b)와 같이 특성을 간단히 이상화시킨 사다리를 선택하여 시작하기로 한다. 이상화 절차가 많이 고려되었다. 사람 몸무게에 비해 사다리가 가볍다는 점을 고려해서 사다리는 도시된 면에서 **무게가 없는** 봉으로 나타냈다. 대부분 사다리에서 상대적으로 자유롭게 동작하는 조인트 A, B, 그리고 C는 **마찰이 없는** 핀 연결로 이상화하였다. 사다리

다리와 바닥면 사이의 상호작용은 실제로 마찰에 따라 큰 변화가 있으며, 여기서는 **마찰이 없는** 것으로 간주하였으므로 반력 N_1과 N_2는 바닥면에서 수직으로 작용한다. 사람 몸무게는 C에서 800 N의 수직력으로 표시되어 있다. 이렇게 이상화함으로써 사다리는 가볍지만 무게가 없지는 않으며 바닥면은 완전히 마찰이 없지 않고, 그리고 핀 연결부는 비교적 자유롭지만 완전히 마찰이 없는 것은 아니라는 것과 같이 실제 경우에 대한 좋은 초기 근사값을 얻을 수 있다. 바닥면과 사다리 사이의 무시된 마찰 효과를 설명하기 위해 마찰계수가 0.20인 경우에 대해 다시 다룰 것이다.

첫째로 그림 1.30과 같이 마찰이 없는 경우를 고려하여 힘과 평형조건을 살펴보자. 필요로 한 것은 AB에서 힘이므로 그림 1.30(c)의 자유물체도와 같이 링크 AB를 분리하여 시작한다. AB는 2력 부재이므로 A와 B에서 힘은 AB를 따라 반드시 크기가 같고 서로 반대방향을 향해야 한다. 그러나 그림 1.30(c)의 자유물체도만 고려하면 A_x의 수치 값을 계산할 수 없다.

다음으로 시스템의 다른 부분을 분리하여 나타내보도록 하자. 그림 1.30(d)에서 사다리의 각 다리에 대한 자유물체도를 표시하였다. C에서 작용하는 핀 힘은 미지의 성분 C_x와 C_y로 나타냈다. 여기서 미지의 힘 A_x, C_x, 그리고 C_y는 뉴턴의 제3법칙에 따라 표시하였다는 것을 유의하여라. 즉, 다리 CE가 링크 AB에 작용하는 힘은 그림 1.30(c)의 왼쪽에 있는 A_x, 반면에 링크 AB가 다리 CE에 작용하는 힘은 그림 1.30(d)의 오른쪽에 있는 A_x와 같다. 우리는

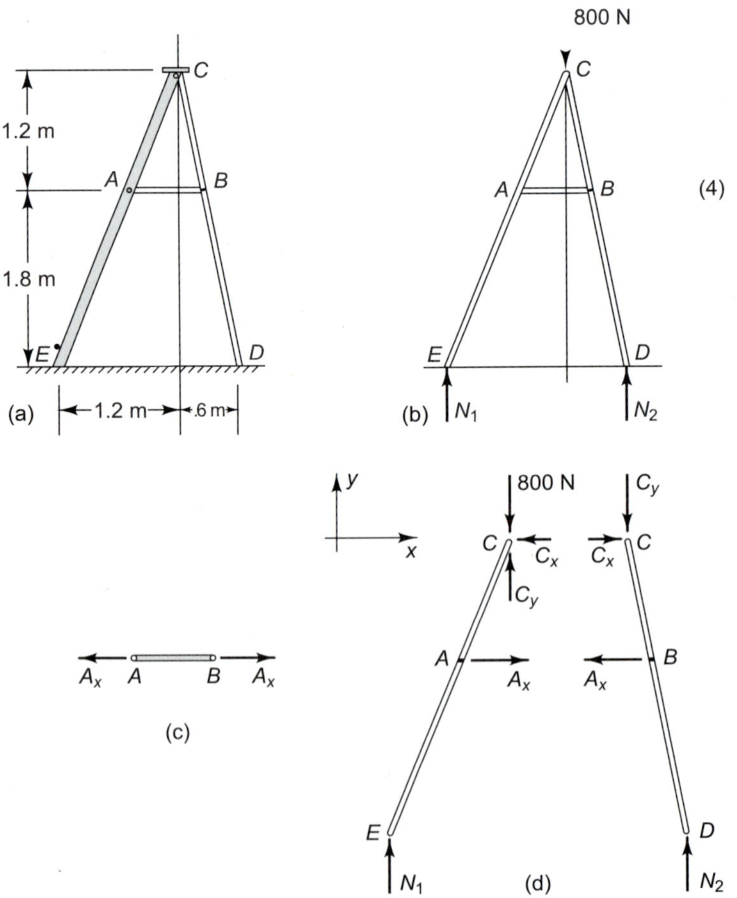

그림 1.30 예제 1.7

아직 A_x의 방향을 알지 못한다. 방향이 반대일 수도 있지만 가정된 방향이 일관되게 유지되어야 한다.

그림 1.30(d)에 나타낸 자유물체도는 동일 평면 내의 시스템으로 각각에 대해 적용할 수 있는 3개의 독립적인 평형조건이 있다. 그렇지만 각 자유물체도에서 4개의 미지수가 있으며 자유물체도에 나타낸 다리들 중의 하나만으로는 A_x를 구할 수 없다. 양쪽 다리들에 대한 평형방정식을 사용하여 풀 수 있는 충분한 식을 얻을 수 있다. 다른 방법으로 그림 1.30(d)와 같이 전체 구조물의 자유물체도를 작성하는 것이다. 외력 N_1, N_2, 그리고 800 N의 하중은 반드시 평형방정식 (1.7) 및 (1.8)을 만족해야 한다. D에 관한 모멘트가 0이 되기 위한 조건으로부터 다음 식과 같아야 한다.

$$\Sigma M_D = 1.8N_1 - 0.6(800) = 0 \qquad \text{(a)}$$
$$N_1 = 267 \text{ N}$$

그림 1.30(d)의 다리 CE에 $N_1 = 267$ N을 적용하면 C에 관한 모멘트를 취하여 다음과 같이 간단하게 A_x를 구할 수 있다.

$$\Sigma M_C = 1.2N_1 - 1.2A_x = 0 \qquad \text{(b)}$$
$$A_x = N_1 = 267 \text{ N}$$

따라서 링크의 인장력은 267 N이다.

이 문제에 대해 사다리와 바닥면 사이에 마찰이 있을 경우에 대해 다시 검토해보자. 그림 1.31에서 전체 사다리의 자유물체도를 나타냈으며, 다리에 작용되는 마찰력 F_1과 F_2를 표시하였다. 식 (1.7)과 (1.8)을 그림 1.31(a)에 적용하면 $F_1 = F_2$가 되고, 식 (a)는 여전히 성립되며 $N_2 = 533$ N이 됨을 알 수 있다. 그러나 평형조건은 마찰력의 크기와 방향을 결정하지 못한다. 정지 마찰력법칙에 따라 크기의 상한선 값만을 알 수 있다. 마찰계수가 $f_s = 0.2$일 경우, 다음과 같아야 한다.

$$|F_1| \leqq 0.20(267) = 53.4 \text{ N}$$
$$|F_2| \leqq 0.20(533) = 106.6 \text{ N} \qquad \text{(c)}$$

여기서 $F_1 = F_2$이므로 다음과 같이 된다.

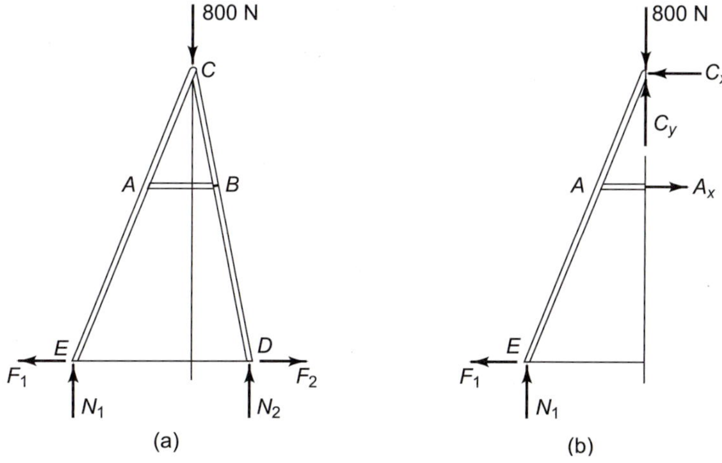

그림 1.31 사다리와 바닥면 사이에 마찰이 존재할 경우

$$|F_1| = |F_2| \leqq 53.4 \text{ N} \tag{d}$$

정지마찰 법칙으로는 작용하는 마찰 방향을 알 수 없다.

실제로 그림 1.31에서 힘 F_1은 사다리의 작동상태에 따라 다음 값 범위를 만족하는 값이 될 수 있다.

$$53.4 \text{ N} \leqq F_1 \leqq 53.4 \text{ N} \tag{e}$$

예를 들면, 사다리 위 사람이 있는 상태에서 링크 AB가 연결되지 않고 다리를 약간 벌려놓았으며, AB가 막 연결될 수 있을 때까지 외력이 다리에 천천히 작용한다고 가정하자. 이러한 상태에서는 F_1 = 53.4 N이다. 반대로 만일 AB가 연결되지 않았으며 다리가 안쪽으로 힘을 받으며 AB가 막 연결될 때까지 천천히 잡아당길 경우에는 F_1 = –53.4 N이 된다.

더 이상 특별한 정보가 없다면 우리가 할 수 있는 모든 것은 F_1의 항으로 A_x에 대해 풀어 식 (e)에 상응하는 A_x에 대한 범위를 결정하는 것이다. 그림 1.31(b)에서 C에 관한 모멘트를 취하면 다음 식과 같다.

$$\Sigma M_C = 1.2A_x - 1.2(267) - 3F_1 = 0 \tag{f}$$
$$A_x = 267 + 2.5F_1$$

F_1이 식 (e)의 범위에 있을 경우, 링크 AB에서 힘 A_x의 범위는 다음과 같다.

$$133.5 \text{ N} \leqq A_x \leqq 400.5 \tag{g}$$

따라서 이 문제에서 마찰력이 존재하면, A_x의 힘은 마찰이 없을 경우에 비하여 최대 50%까지 증가될 수 있다.

■ ■ ■

1.10 훅 조인트 *Hooke's Joint*

이 절에서는 만능 이음쇠, 즉 유니버설 조인트(universal joint)에 대해 고려해보기로 하자. 그림 1.32는 어느 각도를 유지하면서 두 축 사이에 회전력을 전달하는 데 사용되는 훅 연결(유니버설 조인트)을 나타내고 있다. 축 A와 B는 xz면에 있고 그림과 같이 θ 각도를 이룬다. 여기서 움직이는 부품 사이에 마찰력이 없다는 가정 아래 주어진 토크 M_A와 평형을 이루는 토크 M_B를 계산하고자 한다. 우선 과도하게 이상화된 모델이 불완전한 해석과 결부될 경우

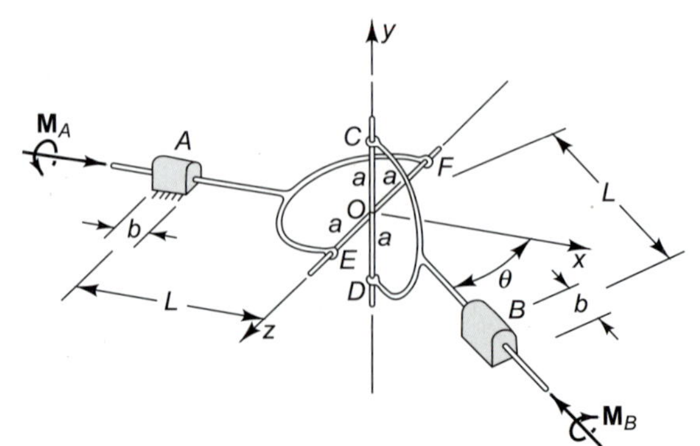

그림 1.32 훅 조인트 기구

-놀라울 정도는 아니지만-어떻게 부정확한 결론에 도달하게 되는지 살펴보기로 한다. 즉, 우리는 우선 문제를 잘못 해결할 것이다.

잘못된 풀이(incorrect solution) 그림 1.33(a)에 두 축과 연결 십자(connecting cross)의 자유물체도를 나타냈다. 만일 부품의 무게를 무시할 경우, 외부의 상호작용은 토크 $\mathbf{M}_A$와 $\mathbf{M}_B$, 그리고 A와 B에서 베어링 반력이다. 먼저 이러한 베어링 반력을 표 1.2(d)에서와 같이 축의 표면에 수직으로 작용하는 하나의 힘으로 간주하여 이상화하기로 하자. 이렇게 하면 이러한 힘은 그림 1.33(a)에서와 같이 빗금 친 면에 놓이게 된다. 이 반력들은 수평과 수직성분으로 분해된다. 즉 A에서는 H_A와 V_A, 그리고 B에서는 H_B와 V_B로 각각의 성분을 나타냈다.

그림 1.33(a)에 5개의 미지 스칼라 성분이 있다. 이들은 4개의 힘 성분과 모멘트 M_B의 크기 $\mathbf{M}_B$이다. 이들은 평형방정식 (1.5)와 (1.6)의 조건을 적용하여 풀 수 있다. 힘에 관한 평형식 (1.5)로부터 $H_A = H_B = 0$과 $V_B = -V_A$가 됨을 쉽게 알 수 있다. 그림 1.33(b)로부터 거리 d 만큼 떨어져 있는 한 쌍의 베어링 힘은 우력(couple)의 크기 $V_B d$와 등가가 됨을 알 수 있다. 그림 1.33(c)에서 이 우력을 주어진 $\mathbf{M}_A$와 방향만 알고 있는 $\mathbf{M}_B$를 벡터로 결합하면 모멘트 평형조건에 관한 식 (1.6)을 나타내는 폐삼각형(closed triangle), 즉 닫힌 삼각형이 형성된다. 이 삼각형으로부터 명백히 다음 식과 같다.

$$M_B = M_A \tag{a}$$

또 다른 방법으로, 점 O에 관한 모멘트 평형을 직접 취하여 진행하면 다음 식을 얻는다.

$$M_A\mathbf{i} - M_B(\mathbf{i}\cos\theta + \mathbf{k}\sin\theta) - L\mathbf{i} \times V_A\,\mathbf{j} - L(\mathbf{i}\cos\theta + \mathbf{k}\sin\theta) \times V_A\mathbf{j} = 0$$

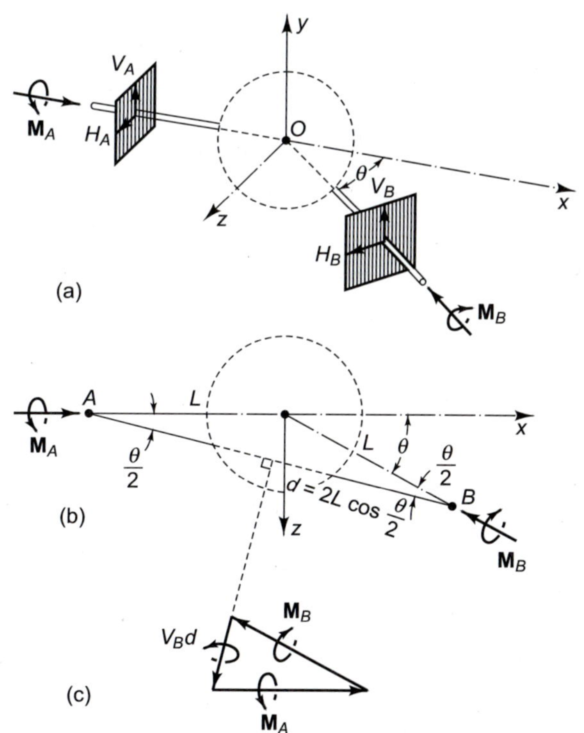

그림 1.33 전체 기구에 대한 자유물체도

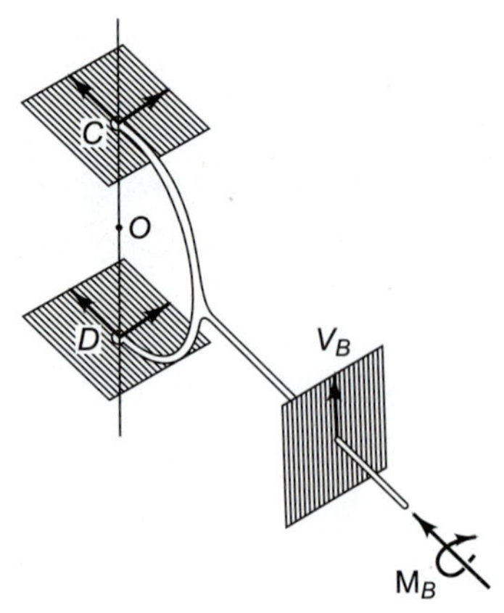

그림 1.34 축 B를 고립화시킨 자유물체도

앞의 식에서 외적, 즉 크로스곱(cross product)의 계산으로부터 다음 식들을 얻는다.

$$V_AL(1 + \cos\theta) = -M_B \sin\theta$$
$$M_A \ 1 \ V_AL \sin\theta \ 5 \ M_B \cos\theta$$

여기서 M_B와 V_A는 M_B의 항으로 구할 수 있다. 약간의 연산을 행한 후, 위의 결과 (a)와 다음 식을 얻는다.

$$V_AL = \frac{-M_A \sin\theta}{1+\cos\theta}$$

그러나 이 결과는 **잘못된** 풀이임을 명심하라. 그러나 이 해석은 어디에서 잘못되었다는 것인가?

앞의 해석에서 우리는 단지 두 축과 십자기구가 같이 있는 자유물체도를 사용하였다. 우리가 그림 1.34와 같이 분리된 축 B를 고려하여 해석을 더 진행한다고 가정하자. 이미 논의한 힘 V_B와 토크 $\mathbf{M}_B$를 나타냈다. 또한 C와 D에서 힘도 표시하였다. 여기서 다시 표 1.2(d)와 같이 이상화하면 상호작용은 반드시 십자기구의 수직 팔(vertical arm)에 직각인 단일 접촉력(single contact force)이어야 한다. 즉, 이들은 그림 1.34의 C와 D에서 수평으로 빗금 친 면에 놓여 있어야 한다. 여기서 갑자기 모순에 봉착하게 된다. 그림 1.34의 시스템은 평형상태가 될 수 없는데 왜냐하면 수직방향으로 V_B와 평형을 이루는 것이 아무것도 없기 때문이다. 따라서 비록 그림 1.33이 평형을 이룬다 하여도 각각의 요소는 그렇지 **않**다. 베어링 상호작용의 본질을 이상화하는 데서 모순이 발생하게 되었다. 즉, 우리가 실수한 것이다. 번거롭지만 다시 검토를 해야 할 필요가 있다.

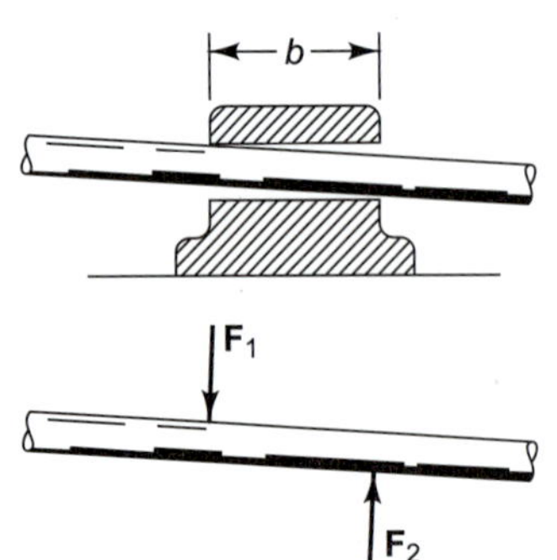

그림 1.35 축이 긴 베어링에 약간 당겨지려 할 때 두 개의 반력 F_1과 F_2로 인한 두 접촉력이 발생한다.

올바른 풀이(correct solution) 우리가 우선 생각할 수 있는 것은 C와 D에서 수직방향으로 힘 성분을 허용하는 것이다. 이러한 힘 성분들은 수직방향 십자기구 팔(cross arm)에 턱이 있을 때 발생될 수 있다. C와 D에서 수직방향의 힘을 포함시킴으로써 그림 1.34에서 평형을 이룰 수 있다. 그러나 십자기구(cross)에 대해 더 살펴보면 십자는 이러한 상황하에서 평형을 이룰 수 없다는 것을 알게 될 것이다.

다음으로 B의 베어링으로 돌아가 보자. 몇 가지 사항을 고려하면 그림 1.35에 스케치하여 나타낸 거동을 가정할 수 있다. 축은 한 쌍의 접촉력 $\mathbf{F}_1$과 $\mathbf{F}_2$로 인하여 팁 또는 콕(tip or cock), 즉 기울어지거나 잡아당기려는 경향이 있다. 잡아당김(cocking) 현상은 샤프트 축의 어느 면에서나 일어날 수 있다.

B (그리고 A)에서 베어링 거동에 대해 새로운 모델을 도입하면 해석을 처음부터 시작해야 한다.

이번에는 그림 1.36과 같이 연결 십자기구(connecting cross)와 각각의 축을 별도로 분리시킨 자유물체도를 고려해보자. 그림 1.35의 두 개의 접촉 반력이 있도록 하기 위해서는 베어링 A에서 4개의 성분 A_1, A_2, A_3, 그리고 A_4와 베어링 B에서 4개의 성분 B_1, B_2, B_3, 그리고 B_4을 표시하였다. 이 단계에서는 축이 어느 방향으로 당겨지려 할 것인지 알지 못하므로 이들 성분에 임의의 방향으로 가정하였다.

그러나 십자에서 상호작용은 앞에서와 같이 십자기구 팔에 수직인 단일 접촉력으로 고려되었다. 이것은 십자기구 팔에 턱이 없다는 가정에 근거한다. 더 나아가 만일 팔 CD가 C의 베어링에서 당겨지려 한다면 베어링 D는 충분히 구속하여 그림 1.35의 이중접촉이 일어날 수 없다고 가정한다. C, D, E, 그리고 F에서 상호작용은 그림 1.36의 자유물체도에 일관되게

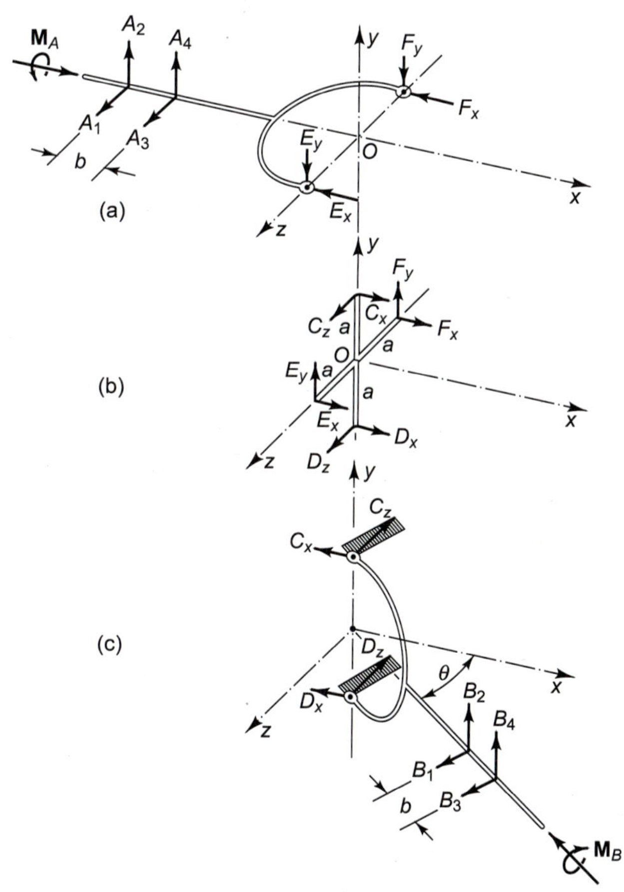

그림 1.36 훅 조인트 세 부분의 자유물체도

나타냈다는 것을 유의하여라. 예를 들면, 그림 1.36(b)에서 십자기구에 작용하는 힘 성분 C_x는 그림 1.36(c)의 축 B에 작용하는 힘 성분 C_x와 크기가 같고 반대방향이다.

그림 1.36의 세 자유물체도에서 총 16개의 미지의 힘 성분과 1개의 미지 모멘트 성분이 있다. 평형방정식 (1.5)와 (1.6)의 조건은 각 자유물체도에 6개의 스칼라 식과 같으므로 총 18개의 방정식을 구성한다. 평형조건을 체계적으로 적용하면 모든 미지의 힘과 모멘트 성분에 대해 완전히 풀 수 있다.

예를 들면, 그림 1.36(b)에서 십자에 대한 힘과 모멘트 평형조건으로부터 다음 식과 같이 쓸 수 있다.

$$\begin{aligned}\mathbf{\Sigma F} &= (C_x + D_x + E_x + F_x)\mathbf{i} + (E_y + F_y)\mathbf{j} + (C_z + D_z)\mathbf{k} = 0 \\ \mathbf{\Sigma M_0} &= (aC_z - aD_z - aE_y + aF_y)\mathbf{i} + (aE_x - aF_x)\mathbf{j} + (-aC_x + aD_x)\mathbf{k} = 0\end{aligned} \tag{b}$$

각각의 성분을 별도로 0으로 놓으면 8개의 미지수에 대해 6개 방정식을 얻는다. 우리가 할 수 있는 최선의 방법은 모든 8개의 미지수를 2개의 항으로 나타내는 것이다. 식 (b)로부터 다음 관계를 간단히 얻을 수 있다.

$$\begin{aligned}C_x &= D_x = -E_x = -F_x \\ C_z &= -D_z = E_y = -F_y\end{aligned} \tag{c}$$

이들은 모든 십자 상호작용이 F_x와 F_y의 항으로 주어진다는 것이 고려되었다.

그림 1.36(a)의 축 A에 관한 자유물체도를 고려하고 식 (c)의 결과를 이용함으로써 F_x와 F_y를 계산할 수 있다. 예를 들면 축에 관한 힘의 평형으로부터 $F_x = 0$이고, x축에 관한 모멘트 평형으로부터 $2aF_y = M_A$를 얻는다. 식 (c)에 대입하면 다음 결과를 얻는다.

$$\begin{aligned}C_x &= D_x = -E_x = -F_x = 0 \\ C_z &= -D_z = E_y = -F_y = -\frac{M_A}{2a}\end{aligned} \tag{d}$$

이제 그림 1.36(c)로 돌아가 M_B를 계산할 준비가 되어 있다. 그러나 만일, 완전히 하기 위해 그림 1.36(a)의 평형조건을 고려한다면 $A_1 = A_2 = A_3 = A_4 = 0$을 얻게 된다.

그림 1.35(c)에 결과 (d)를 이용하면 샤프트 축에 관한 모멘트 평형조건으로부터 M_B를 구한다.

$$\begin{aligned}M_B - aD_z \cos\theta + aC_z \cos\theta &= 0 \\ M_B &= M_A \cos\theta\end{aligned} \tag{e}$$

완전한 풀이를 위해 다른 평형조건을 이용하여 $B_1 = B_3 = 0$과 $B_4 = -B_2 = (M_A/b)\sin\theta$를 얻을 수 있다. 완전한 풀이에 관한 시각화에 도움이 되도록 그림 1.37에 나타냈다. 이 그림을 그림 1.33과 비교하면 베어링 반력 형태의 차이가 어떻게 위의 식 (a)와 (e)의 다른 결과로 되었는지 유의하여라. 두 풀이에서는 전체 결합체의 평형을 이루고 있다. 처음 풀이에서는 베어링에서 그리고 십자기구의 상호작용 특성에 관해 우리가 가정했던 것으로는 각각의 요소가 평형을 이룰 수 없었다. 그러나 두 번째 풀이에서는 모든 부품의 평형이 베어링 상호작용에 관한 가정을 변경하여 얻을 수 있었다. 두 번째 풀이는 훅 조인트 거동을 정확하게 표현한 것이다.

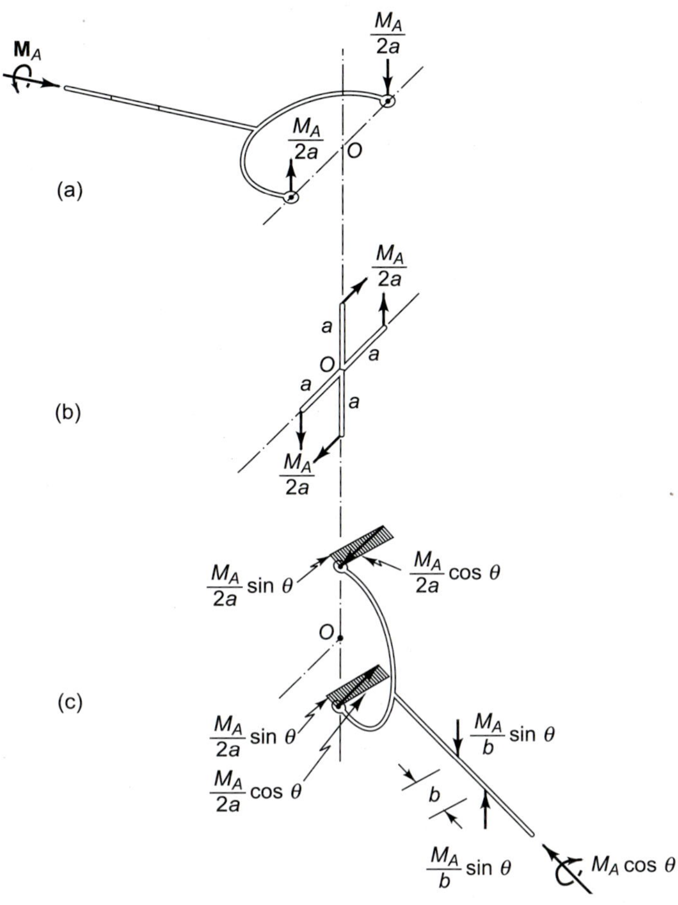

그림 1.37 그림 1.36의 자유물체도에 관한 평형상태 풀이

앞의 풀이 (e)는 그림 1.32에 나타낸 형상에 관한 것임을 유의하는 것이 중요한 사항이다. 만일 축 A가 어느 각도로 비틀려 십자기구 핀 CD가 더 이상 수직이 아닐 경우, 평형을 이루기 위한 M_A와 M_B 사이 관계식을 얻기 위해서는 새로운 해석을 해야 할 필요가 있다. 그림 1.32에서 M_A의 비틀림 방향으로 EF로부터 측정된 축 A의 임의의 회전각도 ϕ에 대한 정확한 해는 구해질 수 있다.[6] 이 결과는 다음 식과 같다.

$$M_B = \frac{\sin^2 \phi + \cos^2 \theta \cos^2 \phi}{\cos \theta} M_A \tag{f}$$

$\phi = 0$이면 결과 (f)는 식 (e)로 된다.

입력과 출력 모멘트 사이를 알아보기 위해 ϕ에 관한 M_B/M_A의 변화에 대해 그래프로 그려보는 것도 흥미로운 일이다. 그러나 이러한 사항은 관심이 있는 독자들에게 미루기로 한다. 훅 조인트 모델을 만들어 형상을 나타내고 식 (f)를 입증하기 위한 몇 가지 간단한 실험을 수행하는 것 역시 관심을 가져야 하는 사항이다.

[6] J.L. Synge and B.A. Griffith, "Principles of Mechanics," 3rd ed., p. 267, McGraw-Hill Book Company, New York, 1959.

1.11 문제풀이 절차 *Final Remarks*

지금까지 우리는 몇 가지 예제를 풀어보았으며, 문제풀이를 위하여 1.2절에서 살펴보았던 절차를 다시 검토해야 할 필요가 있다. 응용역학 문제풀이를 위한 일반적인 대처방안은 응용과학의 다른 분야와 비슷하다. 대부분의 문제는 매우 복잡하므로 이들은 다양한 방법으로 고려할 수 있다. 문제 해결에 관한 통일된 방법을 있을 수 없지만 단계별로 일반적 원칙은 주어질 수 있다. 이러한 원칙은 문제 해결 시 난관에 봉착할 때마다 의도적으로 사용되어야 한다. 독자가 시도하였거나 해결하였던 문제를 고려하여 원칙을 수정하는 것은 앞으로의 공학자 업무에 도움이 될 뿐만 아니라 철학적이고 그리고 심리학적 관심 사항도 될 것이다. 시험적으로 다음과 같은 절차에 따른다.

1. 목표를 변수나 관계식의 항으로 정의하라. 즉, 문제가 무엇인가?
2. 관심 대상의 시스템과 주위에 의해 시스템에 가해지는 힘의 작용(action) 등을 선택하여 정의하고, 스케치하여 그림으로 나타내라. 주어진 자료와 필요로 한 변수를 가능한 한 많이 포함시키고 다른 것들은 적게 하여라. 기하학적인 관계를 명확히 하기 위해 그림을 비례 척으로 그려라. 관심대상의 시스템에 작용하는 힘의 효과를 분명하게 표시하여라.
3. 시스템 특성을 가정하여라. 이 단계는 일반적으로 실제 상황의 이상화와 단순화, 그리고 주요 변수에 대한 명세와 또는 제거를 포함한다.
4. 이상화된 모델에 역학 원리를 적용하여라. 해를 얻을 수 있는가를 결정하기 위한 **독립된 방정식 수**와 미지수를 비교하여라. 만일 일치하지 않으면, 적용하였던 식과 일련의 물리적 원리들을 확인하고 2단계로 돌아가서 고려해야 할 추가적 또는 대체 가능한 시스템을 선택하여라.
5. 필요로 하는 결과를 가능하면 기호 형식으로 나타내라. 변수 값이 변화함에 따라 식의 거동을 검토하여라. 그들이 올바른 극한 경우(right limiting case)에 해당될 수 있는가? 식들의 차원은 일치하는가?
6. 수치를 대입하여 계산하여라. 결과를 직관으로 예상하였던 것과 비교해 보아라. 결과가 직관에 일치하는지 확인하기 위해 답을 세심히 살펴보는 습관을 들여야 한다. 결과가 의미가 있는가? 값의 크기가 올바른가? 값의 크기를 검토하는 것은 중요한 단계이다. 이것은 직관력이 개발되지 않은 초기에 있어서는 어렵지만, 이것은 직관력 개발 과정이며 앞으로의 판단에 대한 기초를 이룬다. 훌륭한 엔지니어는 자기가 했던 모든 계산으로부터 항상 무엇인가를 얻는다. 예를 들면 모기, 쥐, 사람, 승용차, 또는 트럭을 지지하기 위해서는 어떤 치수의 봉을 필요로 할 것인가? 결과를 다시 고려하여 가정이나 이상화를 재검토하여라. 예를 들면, 알고 있는 수직력에 비추어 마찰을 무시하는 것이 역시 타당한가?
7. 계산한 예측 값을 시험이나 실험에 의한 실제 시스템의 거동과 비교하여라.
8. 만일 만족할 만한 결과를 얻지 못하였을 경우, 전 단계를 다시 고려하여라. 자주 부딪히는 어려움은 적합한 시스템을 선택하고 주위에 의해 시스템의 작용을 잘못 정의하

는 데 기인할 수 있다. 경우에 따라, 시스템 특성에 관한 가정을 변경해야 할 필요도 있다. 예를 들면, 시스템에 관한 다른 이상화 모델도 만들어 재검토해 볼 수 있다.

요약 *SUMMARY*

이 장에서는 거동(behavior)을 이해하고 실제 적용하는 데 있어 건전한 설계법을 개발하기 위해서는 힘과 운동에 관계되는 기본 원리를 적용하는 데 논리적이어야 한다는 점을 강조하였다. 기계시스템의 모든 해석에서는 세 가지 중요한 단계, 즉 힘의 연구, 변형/운동 및 그들 사이에 관한 연구를 포함한다.

상호작용과 어느 지점에 관한 모멘트를 검토함으로써 힘의 개념을 소개하였고 자세히 설명하였다. 힘의 연구는 주위로부터 적합한 "규모(scale)"의 시스템을 분리하고 등가의 "외력"으로 그들을 대치하는 것에 의해 영향을 받을 수 있다. 분리된 물체와 외부 주위 사이의 연결을 이상화할 수 있는 다른 방법이 있다. 그들 각각에 발생하는 등가의 외력을 열거하고 설명하였다. 우력(*couple*)이라 불리는 짝힘은 모멘트가 지점에 독립적으로 작용한다는 것을 나타냈다.

상호작용하는 힘과 모멘트 및 모든 필요로 하는 것을 나타내는 선도를 자유물체도라 하며, 물리적 시스템 모델에 관해 중요한 결과를 알아낼 수 있는 중요한 그림이다. **평형조건**에 있는 이러한 결과에 뉴턴 법칙을 적용하면 몇 가지 중요한 특정 결과를 얻을 수 있다.

1. 두 힘만 작용할 경우, 하나는 평행하고 다른 것에 대해 반대로 향해야 한다.
2. 세 힘은 임의의 방향으로 작용될 수 없다. 그들 모두는 특정한 평면상에 놓여 있어야 한다.

마찰력은 접촉 시 상대 운동 여부에 따라 **정지** 또는 **운동마찰력**임을 주목해야 한다. **운동마찰력** 방향은 접촉하는 물체의 운동방향과 같다. 마찰계수는 접촉면 넓이와 표면 거칠기에 무관함을 알아야 한다. 마찰문제의 경우, 다른 가능한 경우를 검토하고 해로서 얻은 힘의 일관성에 대해 분석해야 할 필요가 있다.

대체시킨 접촉력이 거동의 반영에 확실한 것인지에 관한 것은 중요하며 몇 가지 요소가 있다. 두 개의 회전하는 축을 연결하는 훅 조인트(Hooke's joint)에 관한 예제를 들어 이 점을 강조하기 위해 설명하였다.

마지막으로 기계시스템에 관계되는 문제풀이 절차를 검토하였으며 요약하여 살펴보았다.

문제 *PROBLEMS*

1.1 벡터 $\mathbf{F} = F_x\mathbf{i} + F_y\mathbf{j} + F_z\mathbf{k}$와 좌표축이 이루는 각은 θ_x, θ_y, 그리고 θ_z이다. 이들 각의 코사인을 방향여현(方向餘弦) 또는 **방향코사인**(*direction cosine*)이라 한다. 방향코사인을 **F**의 성분 항으로 나타내시오. 그리고 다음 관계식이 성립됨을 보이시오.

$$\cos^2\theta_x + \cos^2\theta_y + \cos^2\theta_z = 1$$

1.2 벡터 $\mathbf{F} = F_x\mathbf{i} + F_y\mathbf{j} = F_a\mathbf{a} + F_b\mathbf{b}$ 이다. 여기서 **i, j** 그리고 **a, b**는 같은 평면상에 있는 직교 단위벡터의 쌍들이다. 아래의 식들에 대한 관계를 증명하시오.

$$F_a = F_x \cos\theta + F_y \sin\theta$$
$$F_b = -F_x \sin\theta + F_y \cos\theta$$

그리고

$$F_x = F_a \cos\theta - F_b \sin\theta$$
$$F_y = F_a \sin\theta + F_b \cos\theta$$

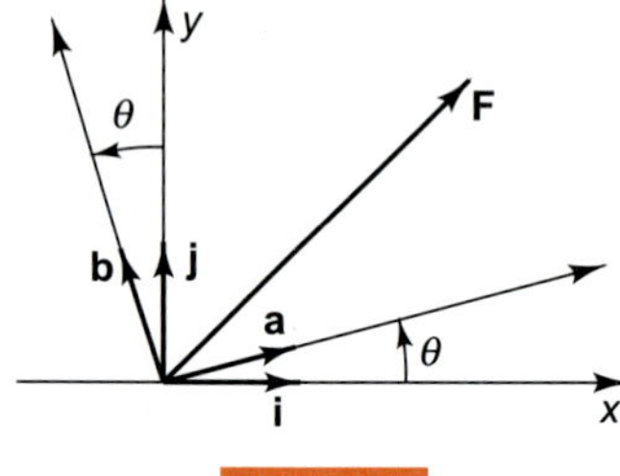

문제 1.2

앞의 식들은 행렬 형태로 다음과 같이 쓸 수 있다.

$$\begin{bmatrix} F_a \\ F_b \end{bmatrix} = \begin{bmatrix} \cos\theta & \sin\theta \\ -\sin\theta & \cos\theta \end{bmatrix} \begin{bmatrix} F_x \\ F_y \end{bmatrix}$$

$$\begin{bmatrix} F_x \\ F_y \end{bmatrix} = \begin{bmatrix} \cos\theta & -\sin\theta \\ \sin\theta & \cos\theta \end{bmatrix} \begin{bmatrix} F_a \\ F_b \end{bmatrix}$$

또는

$$\mathbf{F}' = \mathbf{TF} \qquad \mathbf{F} = \mathbf{T}^{-1}\mathbf{F}' \qquad \mathbf{T}^{tr} = \mathbf{T}^{-1}$$

1.3 벡터 크로스곱(벡터 외적)의 분배법칙에 따르면 다음 식과 같다.

$$\mathbf{r} \times \mathbf{F}_1 + \mathbf{r} \times \mathbf{F}_2 = \mathbf{r} \times (\mathbf{F}_1 + \mathbf{F}_2)$$

이 식은 한 지점에 관한 두 힘의 모멘트 합은 동일 지점에 관한 힘 벡터 합의 모멘트와 동일함을 나타낸다. $\mathbf{F}_1$과 $\mathbf{F}_2$가 xy면에 놓여 있고 P점에서 교차하며, 그리고 $\mathbf{r}$이 변위벡터 OP인 특별한 경우에 간단한 기하학적 관계를 이용하여 증명하시오.

1.4 **F**가 지점 $P(x, y, z)$를 통과하고 성분 F_x, F_y, 그리고 F_z를 갖는 힘 벡터라고 하면, 좌표의 원점 O에 관한 **F**의 모멘트가 다음 식과 동일함을 증명하시오.

$$\mathbf{M}_o = \begin{vmatrix} \mathbf{i} & \mathbf{j} & \mathbf{k} \\ x & y & z \\ F_x & F_y & F_z \end{vmatrix}$$

1.5 **F**가 원점을 지나는 임의 벡터이고, 그리고 **a, b, c**는 원점을 통과하는 동일 평면에 있지 않은 임의의 단위벡터(noncoplanar *unit vector*)라 하자. **F**를 **a, b**, 그리고 **c**에 평행한 벡터로 분해하려고 한다. 즉, 아래의 식을 만족하는 L_a, L_b, 그리고 L_c의 크기를 알고자 한다.

$$\mathbf{F} = L_a\mathbf{a} + L_b\mathbf{b} + L_c\mathbf{c}$$

앞의 관계를 그림으로 나타내고, 가장자리 변이 **a**, **b**, 그리고 **c**에 평행하고 대각선이 **F**인 평행육면체가 됨을 나타내시오. 스칼라 3중곱의 특성을 이용하여 다음 식이 됨을 증명하시오.

$$L_a = \frac{\mathbf{F} \times \mathbf{b} \cdot \mathbf{c}}{\mathbf{a} \times \mathbf{b} \cdot \mathbf{c}}$$

L_b와 L_a에 대해서도 유사한 식을 구하시오.

1.6 그림에 나타낸 가벼운 봉을 평형상태로 유지하기 위해서 O점에 작용해야 할 힘과 모멘트를 구하시오.

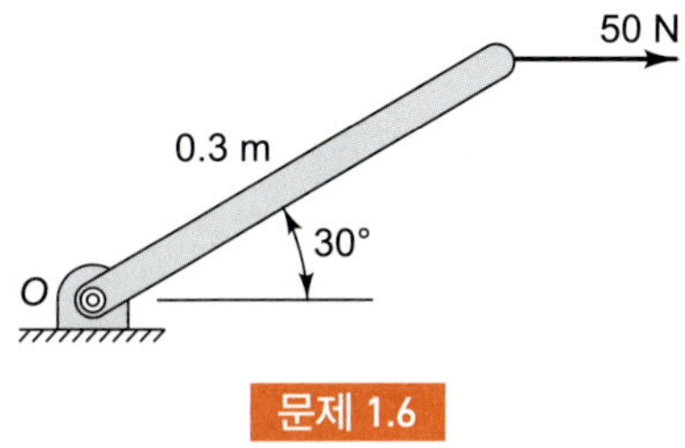

문제 1.6

1.7 같은 평면에 있는 한 세트의 힘에 대해 평형을 유지하기 위한 다음의 다른 조건들이 식 (1.7)과 (1.8)을 의미하고 있음을 나타내시오.

(a) 평면상에 있는 임의의 두 개의 평행하지 않은 방향의 모든 힘의 합이 0이고, 그 평면상에 있는 임의 점에 관한 합 모멘트가 0이다.

(b) 평면상에 있는 두 개의 점 P와 Q에 관한 모든 힘의 전체 모멘트가 0이고, PQ에 평행한 힘 성분들의 합이 0이다.

(c) 세 개의 동일 선상에 있지 않은 O, P, 그리고 Q에 대해 모든 힘의 합 모멘트가 0이다.

동일 평면상에 있는 힘에 대한 평형조건들로부터 세 개의 **독립적인** 식이 있다는 것을 주목하라. 만일 세 개의 방정식이 모든 미지수를 결정하기 위해 충분하지 **않으면** 그 시스템은 **부정정**이다.

1.8 그림과 같이 지지된 외팔보에 대해 벽에서 반력과 모멘트를 구하시오.

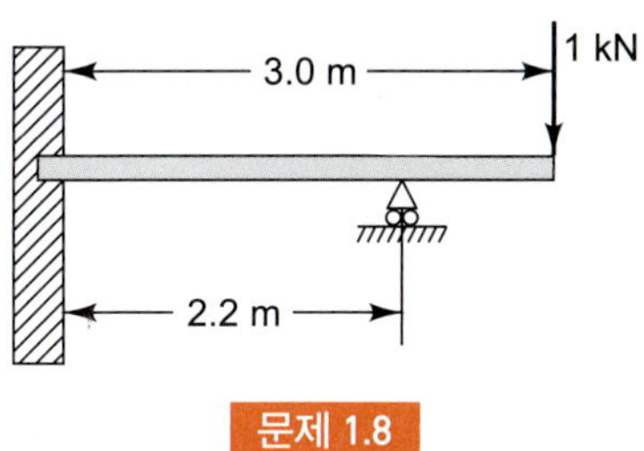

문제 1.8

1.9 무게가 각각 900 N인 두 개의 같은 실린더가 그림과 같이 한 상자 안에 놓여 있다. 실린더와 상자 사이의 마찰력을 무시하고, A, B, 그리고 C에서의 반력을 계산하시오.

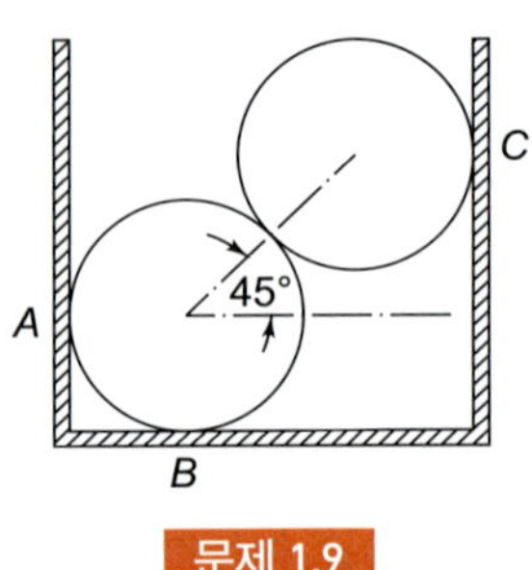

문제 1.9

1.10 동일 평면에 있는 시스템이 그림과 같이 힘 **F**와 모멘트 **M**이 같은 지점에 작용하고 있는 경우가 종종 있다. 동일 평면의 힘과 모멘트가 규정된 거리 a = |**M**|/|**F**|만큼 옆 방향으로 변위된 같은 힘으로 대치될 수 있음을 보이시오.

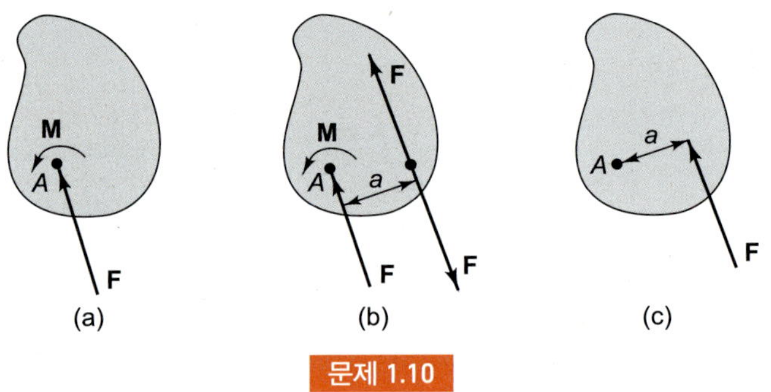

문제 1.10

1.11 힌지(hinged)로 연결된 정삼각형 구조물에 그림과 같이 하중이 작용할 때 각 봉에서 전달되는 힘을 구하시오.

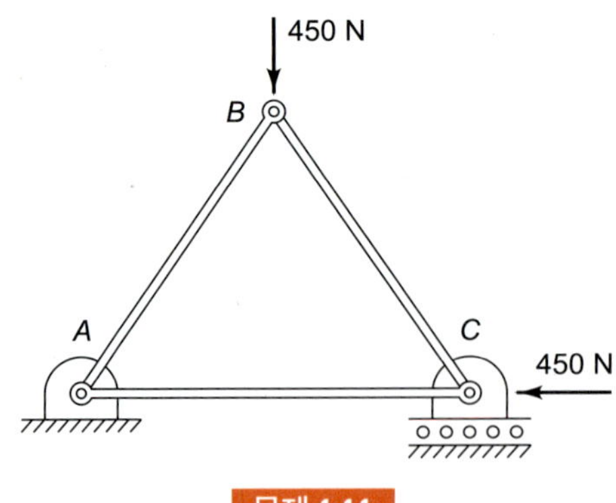

문제 1.11

1.12 대빗(davit)에 지지된 보트의 무게가 7 kN일 경우에 링크 *AB*에서 힘을 계산하시오.

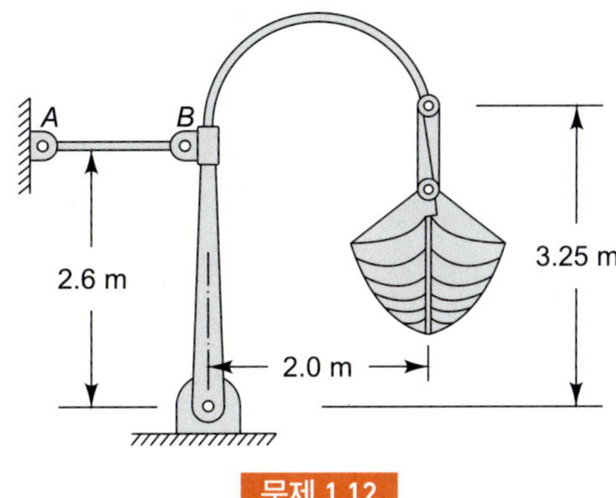

문제 1.12

1.13 무게가 900 N인 잔디 롤러를 75 mm의 계단 위로 올리는 데 필요한 힘 *F*를 (a) 롤러를 밀 경우, 그리고 (a) 롤러를 잡아당길 경우에 비교하시오.

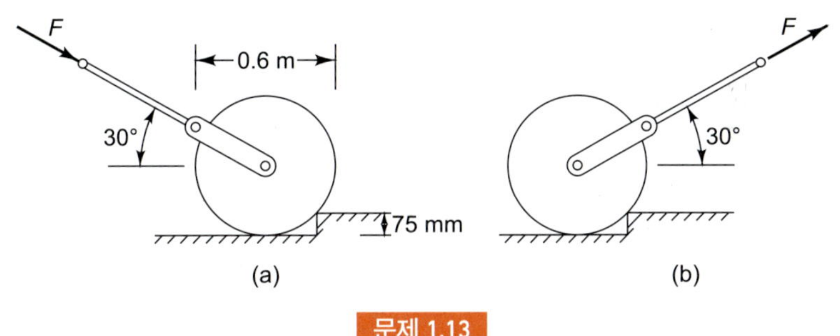

문제 1.13

1.14 브래킷 *ABC*는 수직방향 봉에서 수평방향으로 자유로이 움직인다. 900 N의 하중이 *C*에 지지되어 있을 경우 *A*와 *B*에서 수직방향 봉에 전달되는 힘을 구하시오. 힘의 크기와 방향을 그림으로 나타내시오.

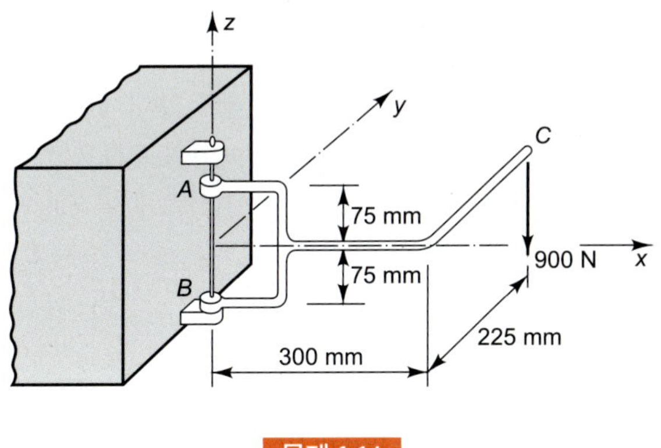

문제 1.14

1.15 그림과 같은 발페달(foot pedal)을 작동시키기 위해 100 N의 힘이 필요하다. *O*에서 레버에 의해 베어링에 가해지는 힘과 연결 링크에서 힘을 결정하시오.

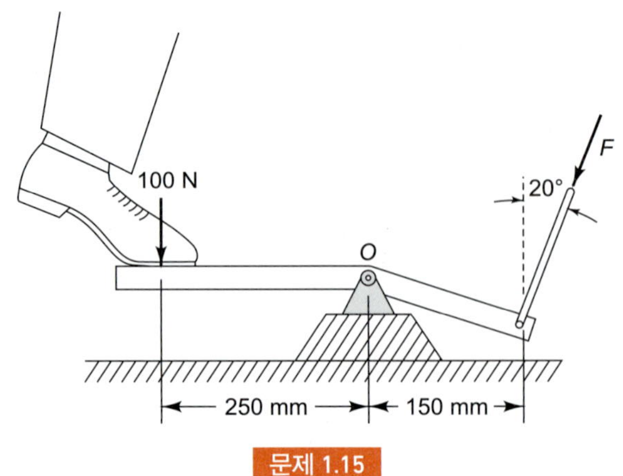

문제 1.15

1.16 그림과 같이 점 A에서 브래킷을 판에 지지하는 점 용접부가 판의 평면에서 최대 비틀림 100 N · m를 지지할 수 있다. 최대 하중 W를 결정하시오.

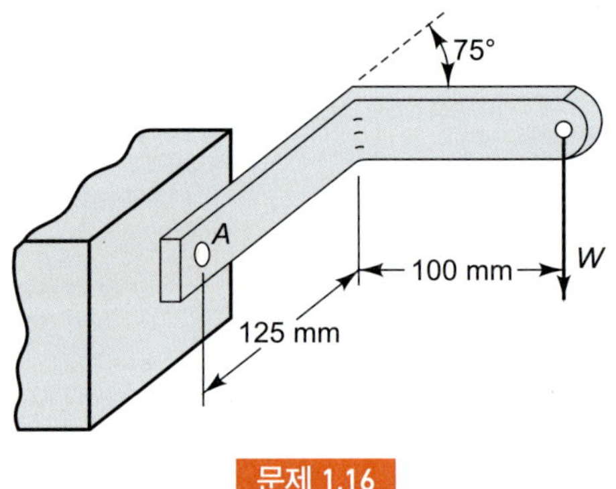

문제 1.16

1.17 예제 1.4에서 나머지 봉에 대한 힘을 구하시오.

1.18 폭풍우로 인하여 전주에 매달려 있는 몇 개의 줄이 끊어져 전주의 하중이 그림과 같은 상태로 되었다. 이 전주에는 x축에 평행한 2,000 N과 2,500 N의 하중을 전달하는 두 개의 전선이 남아 있다. 무게가 5,000 N인 변압기가 무게 중심이 yz면에 있으며 지상으로부터 6 m 높이에, 그리고 전주 중심으로부터 1 m에 떨어져 있다. 전주의 무게를 무시한다. 전주가 지하로 깊이 2 m인 땅에 묻혀 있다. 지면 높이 G에서 묻힌 부분 GA에 작용하는 힘과 모멘트를 구하시오.

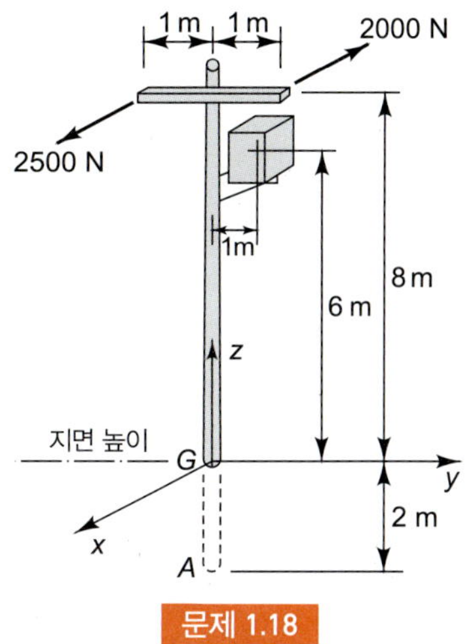

문제 1.18

1.19 비행기 엔진 동체가 그림과 같이 지주(strut) AG에 의해 날개에 매달려 있다. 뒤에서 보았을 때 프로펠러는 시계방향으로 회전한다. 엔진의 무게는 11 kN이며 G에 작용한다고 가정한다. 엔진이 17.5 kN의 추력과 20,000 N · m를 전달할 경우, A에서 지주가 날개에 가해지는 힘과 모멘트를 구하시오.

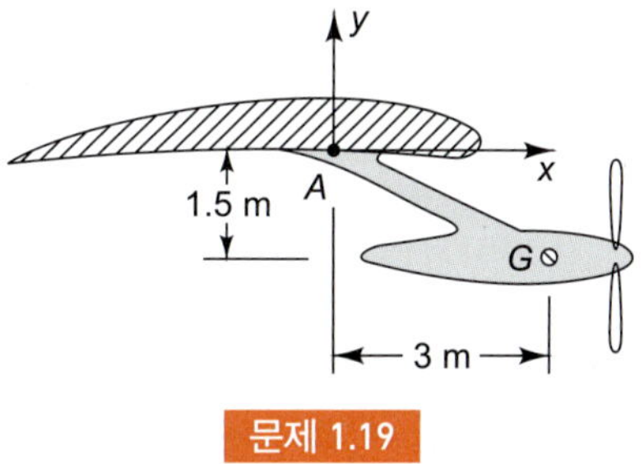

문제 1.19

1.20 주석 깡통의 뚜껑을 제거한 빈 깡통을 그림과 같이 책상 위에 두 개의 당구 볼 위에 엎어 놓았다. 크기와 무게를 특정하게 조합하면 표시된 배열은 안정적이다. 그렇지 않은 조합에 대해서는 깡통은 잡고 있던 상태에서 놓았을 때 뒤집어진다. 같은 한 쌍의 당구공과 함께 냉동된 오렌지 주스 깡통과 맥주 깡통 순서로 조심스런 실험으로 입증하고자 한다. 다음 크기와 중량에 대하여 기울어짐(tipping)이 일어나는지 조사하시오.

	오렌지 주스 깡통	맥주 깡통
볼의 지름	45 mm	45 mm
볼의 무게	2.0 N	2.0 N
깡통 지름	50 mm	70 mm
뚜껑이 없는 빈 깡통 무게	0.57 N	1.0 N

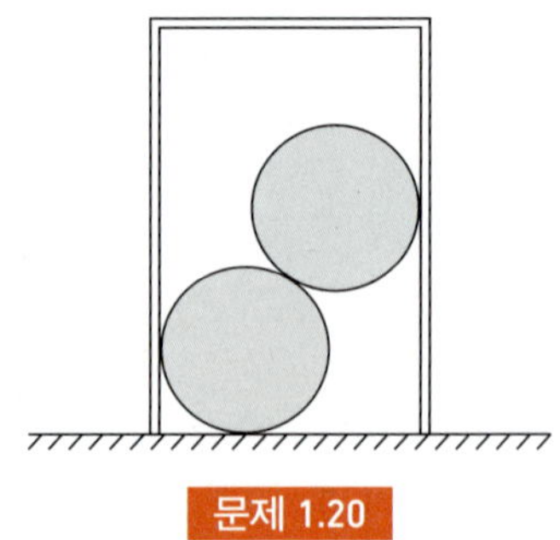

문제 1.20

1.21 무게를 무시할 수 있고 가로방향 치수가 작은 강체 봉(rigid rod)이 위치를 조절할 수 있는 무게 W를 지지하고 있다. 봉은 지점 A의 작은 롤러에 놓여 있으며, 수직인 벽에 B에서 지탱되어 있다. 봉이 평형을 이룰 수 있도록 임의의 주어진 값 θ에 대한 거리 x를 결정하시오. 마찰은 무시할 수 있는 것으로 가정하시오.

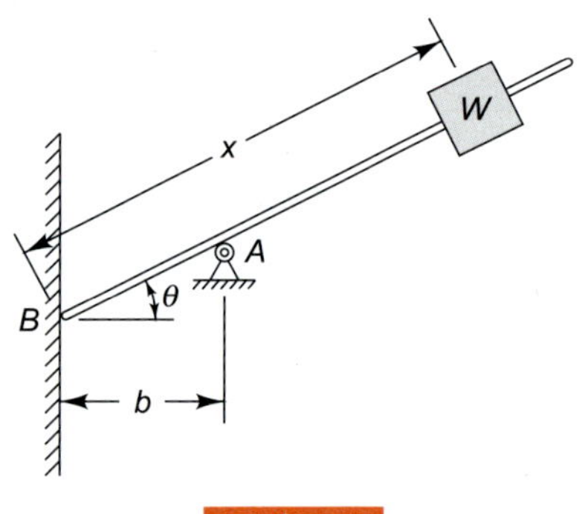

문제 1.21

1.22 경량의 구조물이 A와 B에서 힌지로 연결되어 있고 C에서 임시 기둥에 의해 지지되어 있다. D에 8 kN의 하중이 매달려 있을 때, A, B, 그리고 C 지점에서 반력을 구하시오.

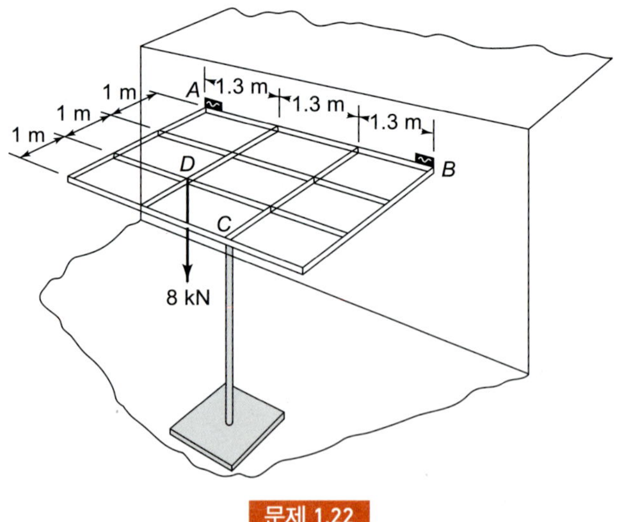

문제 1.22

1.23 그림과 같이 손수레를 한 손으로 손잡이 A에 수직인 힘 F와 손잡이 축에 관한 비틀림 모멘트 M을 작용시켜 들어 올리려고 한다. F와 M의 크기를 구하시오.

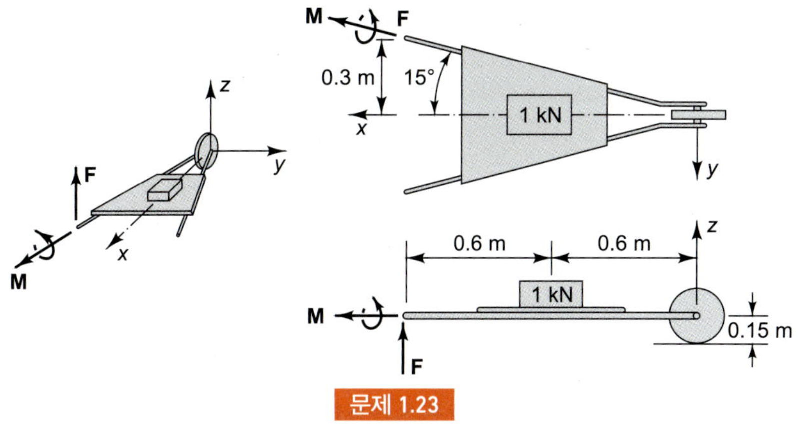

문제 1.23

1.24 건축 공사에서 영구적인 기둥을 제자리에 세우기 이전에 "높이를 조절"하기 위한 임시 지주 위로 마루나 지붕을 건설하는 것이 일반적이다. 아래의 그림은 "높이를 조절"할 수 있는 방법들 중의 한 가지를 나타낸다. 임시 기둥 C는 10 kN의 무게를 지탱한다. B에서 쐐기를 밀어 넣으면 강체 봉 AB의 한 끝이 올려지며 C도 그 절반만큼 올라간다.

(a) 모든 마찰계수를 0.3으로 가정하고 쐐기를 안쪽으로 밀어 넣기 위한 해머와 쐐기 사이의 최소의 힘을 계산하시오.

(b) 만일 마찰계수가 너무 작을 경우 어떠한 일이 발생하는가? 바람직한 성능과 그렇지 않은 성능 사이에 경계선을 표시하는 마찰계수 값은 얼마인가?

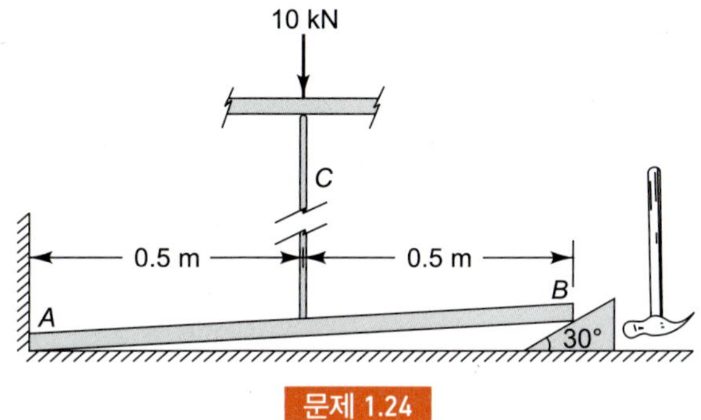

문제 1.24

1.25 자유롭게 회전하는 길이가 2l인 가벼운 봉이 중앙점에 작용되는 힘 P로 회전하는 바퀴를 누르고 있다. 봉과 바퀴 재료 사이의 마찰계수는 f이다. 두 회전방향에 대해 마찰력 F를 l, P, f, 그리고 관계되는 다른 변수의 함수로 나타내시오. 이들 두 경우의 하나를 종종 마찰잠금(*friction lock*)이라 한다. 어느 경우이며, 그 이유는?

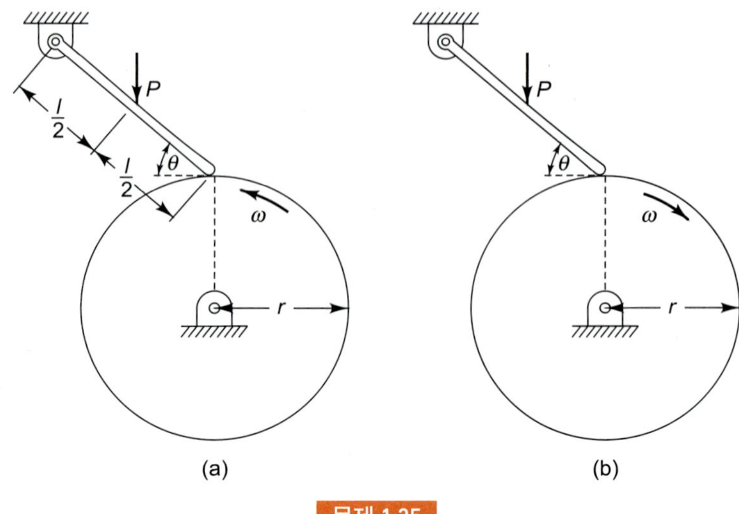

문제 1.25

1.26 그림은 스크린 도어(screen door)의 걸쇠 단면을 나타낸다.

(a) 다음 가정 아래서 걸쇠가 막 미끄러지기 시작하는 데 필요로 하는 힘 P를 구하시오.

1. 스케치 도면에 나타낸 모든 표면 사이의 마찰계수는 0.3이다.
2. 도어의 힌지에는 충분한 기름이 발라져 있고 걸쇠로부터 힌지까지의 거리는 도면에 나타낸 치수에 비해 크다.
3. 걸쇠 스프링은 중심선에 따른 압축력으로 인하여 4.5 N을 가한다.

(b) 마찰이 없을 경우 P는 얼마인가?

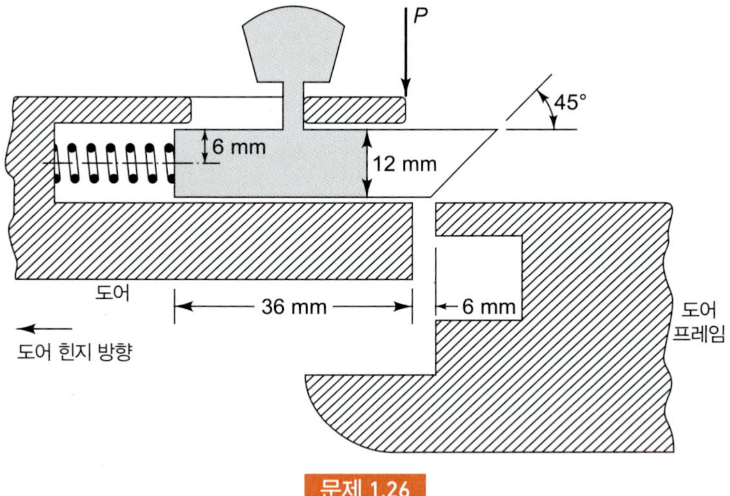

문제 1.26

1.27 짐을 가득 실은 무게가 1,000 kN인 네 개의 엔진을 갖는 수송기의 무게중심이 그림에 표시된 위치에 있다. 유럽으로 이륙하기 전에 조종사는 반드시 한번에 하나씩 약 40 kN의 추력으로 운전하여 엔진을 시험하여야 한다. 조종사가 왼쪽 바깥쪽 엔진을 시험하고 있는 동안 다른 엔진은 무시할 수 있는 추력으로 공회전한다. 시험하는 동안 뒷바퀴 브레이크는 잠겨있지만 앞바퀴(nose wheel)에는 브레이크가 없다. 또한 앞바퀴는 자유로이 회전하도록 장착되어 있으므로 측면 방향 힘에 대해서는 지탱할 수 없다.

(a) 시험하는 동안 땅으로부터 착륙바퀴에 전달되는 힘은 얼마인가?

(b) 뒷바퀴가 미끄러지지 않기 위해서는 땅과 바퀴 사이에 마찰계수가 어떤 값이 되어야 하는가?

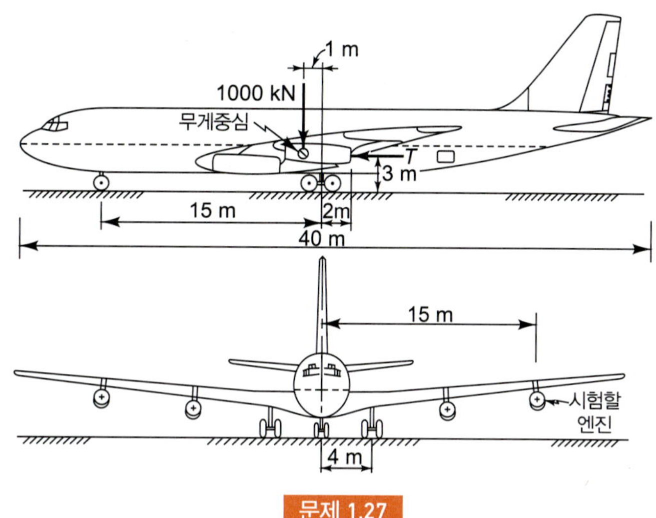

문제 1.27

1.28 50:1의 웜기어(worm gear) 장치가 A와 B에서 볼트로 고정되어 있다. 15 N · m의 입력 토크 M_1이 그림에 표시된 방향으로 일정한 속도로 웜을 회전시키고 있다. 출력 축은 저항 토크 M_o에 맞서는 방향으로 그림에 표시된 방향으로 회전한다. 기어의 마찰을 무시하고, 위의 토크가 작용할 때 A와 B의 볼트에 의해 가해지는 감속기 하우징에 작용하는 힘을 계산하시오.

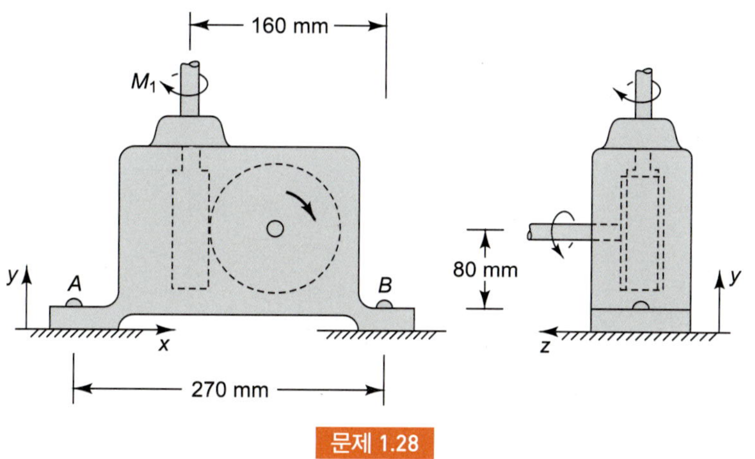

문제 1.28

1.29 전기 모터가 그림과 같이 3점 지지로 장착되어 있다. 모터의 무게는 80 N으로 모터의 중심에 작용하는 것으로 간주할 수 있다. 시동하기 전에 벨트의 장력은 각각 125 N이다. 작동 시에 모터는 2.7 N · m의 토크를 전달한다. 모터가 작동할 때 지지점 A, B, 그리고 C 지점에서 반력은 얼마인가?

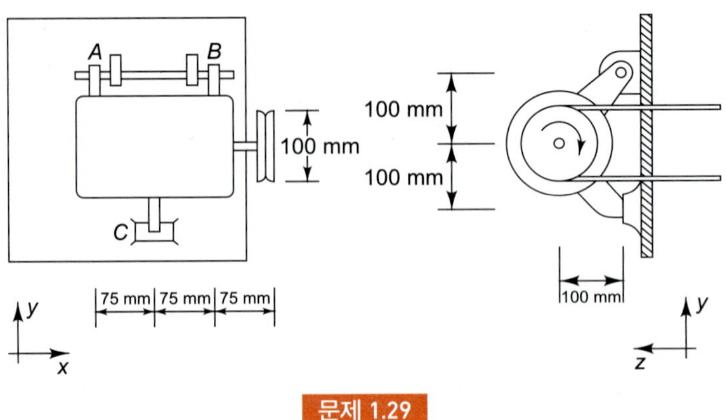

문제 1.29

1.30 크레인이 그림과 같이 케이블 *BD*와 *BE*에 의해 지지되어 있다. 케이블 장력을 결정하시오.

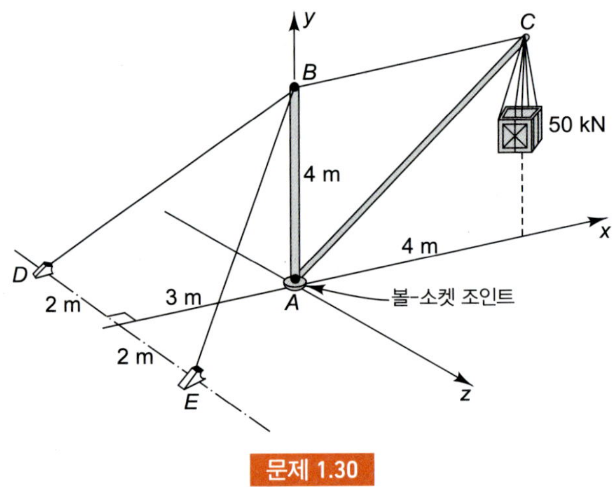

문제 1.30

1.31 그림에 나타낸 트러스의 6개 부재에 작용하는 내력을 결정하시오.

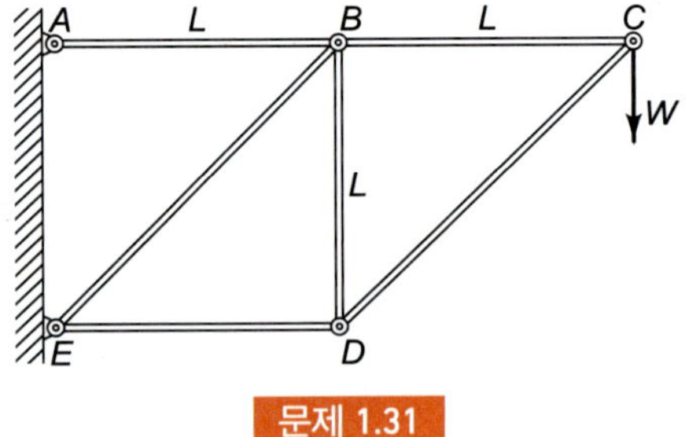

문제 1.31

1.32 이 문제에서 레코드플레이어(record player) 바늘 끝의 힘을 결정하려고 한다. 그림과 같이 바늘이 지름 20 cm의 홈을 따라 움직이는 경우를 고려해 보자. 홈과 바늘 형상은 그림과 같다. 바늘이 달려있는 팔(arm)은 처음에 정적으로 균형을 이루어 무게중심이 정확히 피벗 지점에 위치하고 있다. 다음으로 0.02 N의 무게가 필요로 한 접촉력을 가할 수 있도록 바늘 끝 위에 직접 놓여 있다. 팔 피벗은 마찰이 없는 볼 조인트(ball joint)이다. 바늘과 홈 사이 마찰계수는 0.2이다. 바늘 끝에 작용하는 힘을 결정하고 이들을 스케치에 명확히 나타내시오.

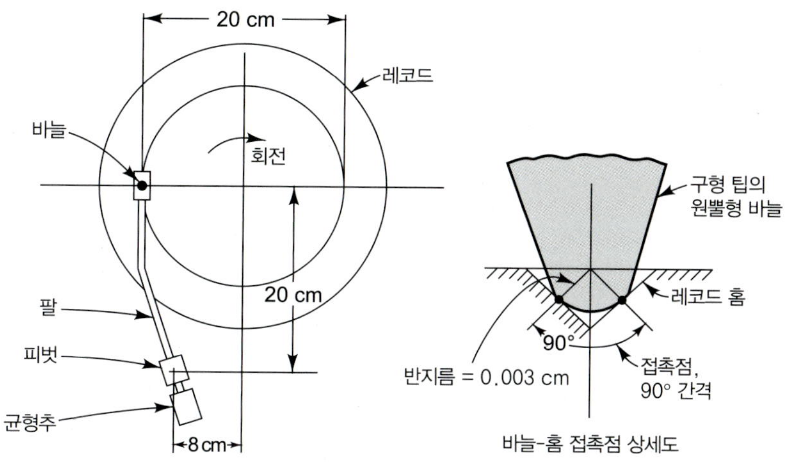

그림 1.32

1.33 수직기둥의 위아래로 미끄러져 움직일 수 있는 조절 가능한 지지대는 여러 용도로 응용할 수 있어 매우 유용하다. 이러한 지지대의 치수는 그림과 같다. 만일 기둥과 지지대의 마찰계수가 0.3이고, 행거(hanger) 무게의 50배에 달하는 하중을 행거에 올려 놓을 수 있다면, 행거가 미끄러지지 않도록 하기 위한 x의 최소 치수는 얼마인가?

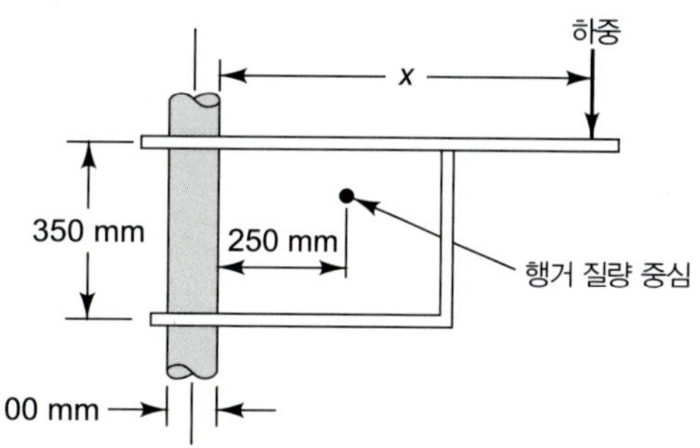

문제 1.33

1.34 그림에 나타낸 공기청정 자동차(clean air car)는 다음과 같은 특징을 갖는다.

차축거리(wheel base) $L = 250$ cm

무게 $W = 10$ kN

중량분포(수평한 지면 위에서), 60%가 뒷바퀴에 작용

마력(h. p.) = 75 MW, 뒷바퀴에 작용

무게중심의 높이 $h = 0.5$ m

바퀴 지름 $d = 0.5$ m

타이어와 지면 사이의 마찰계수가 $f = 0.7$이라면, 이 차가 올라갈 수 있는 최대 경사각 θ는 얼마인가?

문제 1.34

1.35 산과용 겸자(obstetric forcep)는 출산 시 산모로부터 어떤 상태에 있는 아이를 끌어내기 위해 고안된 의료기기이다. 이 기구의 크기와 형상은 다양하지만 기본적으로 태아의 머리를 단단히 붙잡을 수 있도록 만들어진 날이 있는 레버 또는 겸자(forcep)이다. 산도 벽(birth canal)으로 출산되는 동안 추가적인 힘이 태아의 머리에 가해진다. 대충 만든 겸자가 12세기에도 사용되었으나 현대 겸자의 전신은 16세기 후반에 고안되었다.

두 가지 겸자 설계가 그림에 표시되어 있다. 만일 각각의 겸자에 적용된 견인력(traction force) F_T가 120 N이고 십자레버 설계에서 조임력(clamping force)이 20 N이라면, 겸자 날이 태아의 머리에 가해지는 힘이 얼마인가 결정하라. 산도가 태아의 머리에 일정한 힘으로 밀어내는 것으로 가정하라. 어느 설계가 더 나은가?

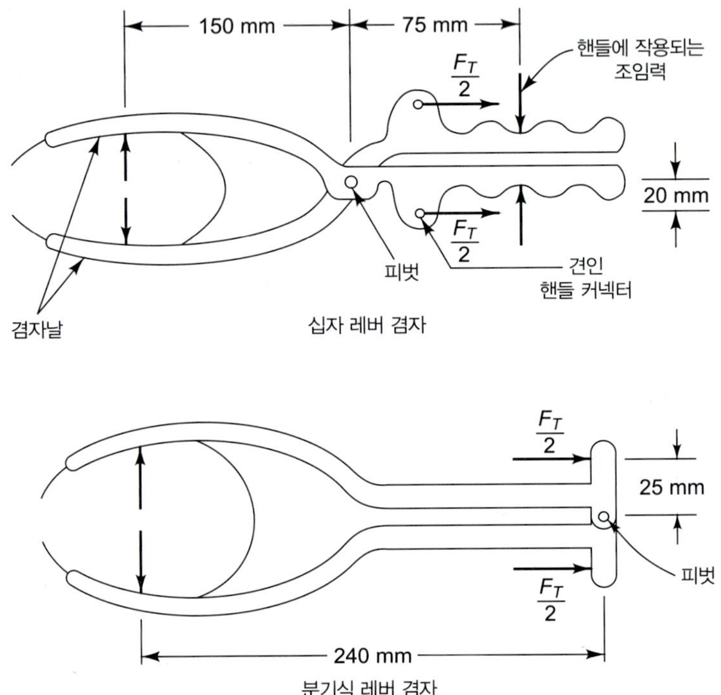

문제 1.35

1.36 마찰이 없고, 표면이 매끄러우며 모양이 같은 통나무들이 트럭 상자(측벽은 바닥에 수직)에 쌓여 있다고 가정한다. 트럭이 고속도로에서 주행 중 나무 길이 방향으로는 수평을 이루나, 적재함 바닥이 그림과 같이 수평과 θ의 경사를 이루고 정지하였다. 트럭으로부터 짐을 내릴 때 네 번째 통나무를 내리는 순간, 나머지 세 개의 통나무가 그 자리를 그대로 유지하기 위한 **최소의** 각도 θ는 얼마인가?

문제 1.36

1.37 원통 실린더 A가 두 개의 반원통 실린더 B와 C의 위에 놓여 있으며, 모두 같은 반지름 r을 갖는다. A의 무게는 W이고, B와 C의 무게는 각각 ½이다. 반원통 실린더의 평탄한 표면과 수평테이블 윗면 사이의 마찰계수는 f이다. 평형을 유지하기 위한 반원통 중심 사이의 최대 거리 d를 결정하시오.

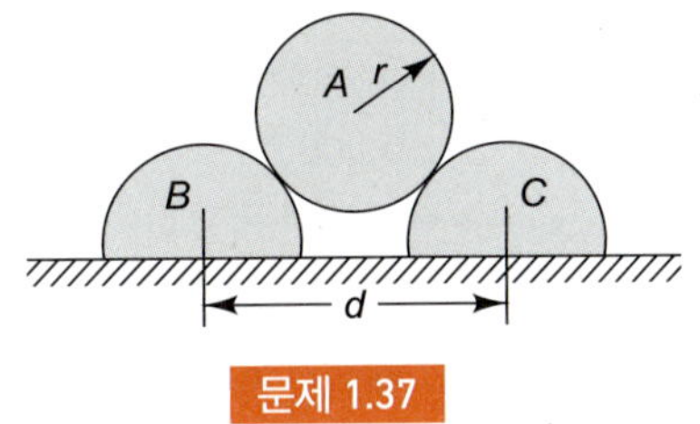

문제 1.37

1.38 핸들에 320 N의 힘이 가해질 경우, 그림과 같은 볼트커터(bolt cutter)에 의해 자전거 체인링크(chain link)의 각 측면에 가해지는 힘을 결정하시오.

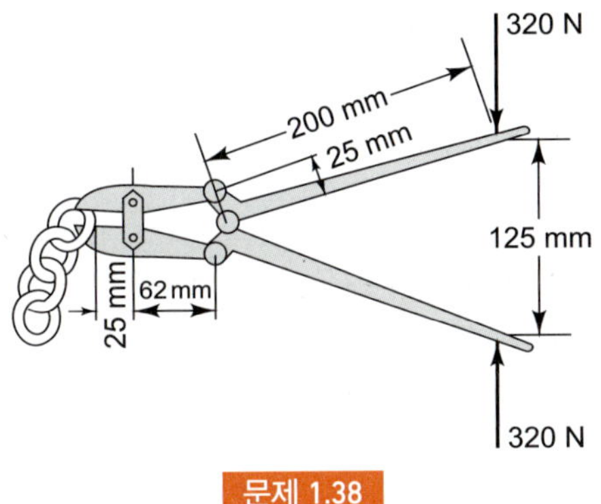

문제 1.38

1.39 무게 W인 블록이 그림과 같이 $\theta = \tan^{-1} 3/4$ 각도를 이루는 경사면에 놓여 있다. x축에 평행한 힘 P가 0으로부터 점차적으로 증가하여 작용하며, P가 $0.4W$ 값에 도달할 때 블록은 미끄러지기 시작한다. 블록과 경사면 사이의 마찰계수는 얼마인가?

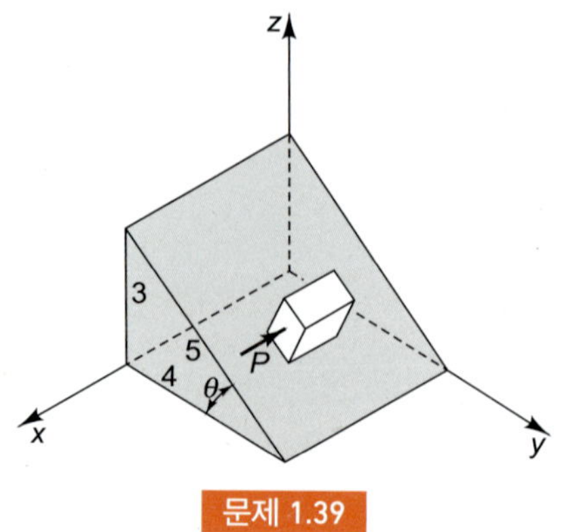

문제 1.39

1.40 산악지역에 교량을 건설하기 위해서는 경량의 휴대용 기중기가 필요하다. 다른 크레인이 사용된 경험에 비추어 그림과 같이 간단히 설계하여 설치된 구조물이 편리하게 사용될 수 있다. 특히, 이 크레인은 무게가 5,000 N인 교량 부품을 올리고 내리는 데 사용된다. 크레인의 중량을 감소시키기 위해 기둥 *AB*에 관해 붐 *AC*의 회전각도를 제한하고 각도 γ를 조절하여 W = 5,000 N일 경우에 케이블 *BD*, *BE*, 그리고 *BC*에 걸리는 하중이 6,000 N 이하로 제한되도록 크레인 시스템의 사양이 결정되었다. 케이블 *BC*의 길이는 조절이 가능하다. 결정해야 할 사항은 주어진 W에 대하여 최대 회전각 α가 되도록 하기 위해서는 각도 γ가 얼마가 되어야 하는지, 또는 주어진 γ에 대하여 α의 각도를 얼마로 제한하여야 하는가에 대해 현장의 운전자에 보일 수 있는, 가능하면 그래프로 표시된 간단한 지시서를 작성하는 것이다. 이 작업 지시서를 작성하시오.

크레인의 수직기둥 *AB*는 두 개의 버팀 와이어 *BD*와 *BE*에 단단히 지지되어 있다. 수평면 *ADE*와 수직면 *ABC*의 교차선은 α에 의해 정의된다.

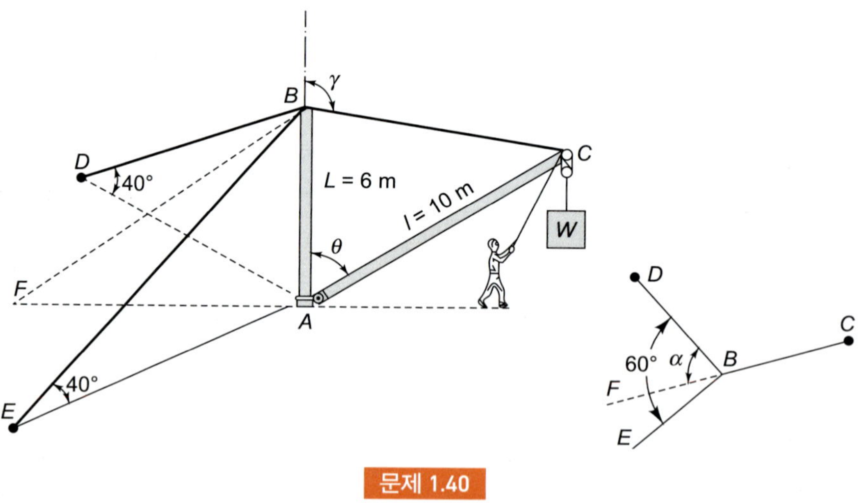

문제 1.40

1.41 기둥(mast) *AD*에 그림과 같이 1.6 kN의 힘이 작용하고 케이블 *CE*와 *DF*에 의해 지지되어 있다. 지지점 *A*에서 마찰이 없는 볼-소켓 조인트에 의해 깃대에 가해지는 반력과 케이블 *CE*와 *DF*에서 장력을 구하시오.

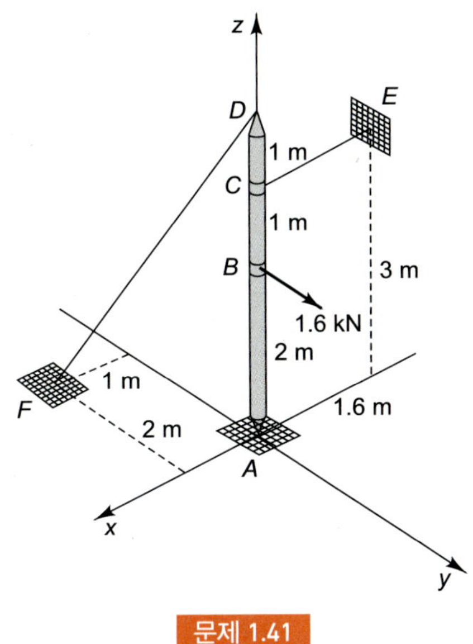

문제 1.41

1.42 한 사람이 손에 80 N의 무게를 들고 있다. 팔과 손의 무게는 16 N이고, 팔꿈치는 그림과 같이 직각으로 굽혀있다. 먼저 마찰을 무시하고 하중을 지지하는 척골(ulna)에 대한 상완골(humerus)의 힘과 굴근 근육(flexor muscle)에 필요로 한 힘을 계산하시오.

팔꿈치 관절의 마찰 계수가 0.015일 경우, (a) 무게를 들어 올리기 위해, 그리고 (b) 그것을 그대로 유지하기 위해 필요한 힘이 앞에서 계산했던 근력(muscle force)에서 어떠한 변화가 일어났는가 결정하라. 조인트의 곡률 반지름은 20 mm이다.

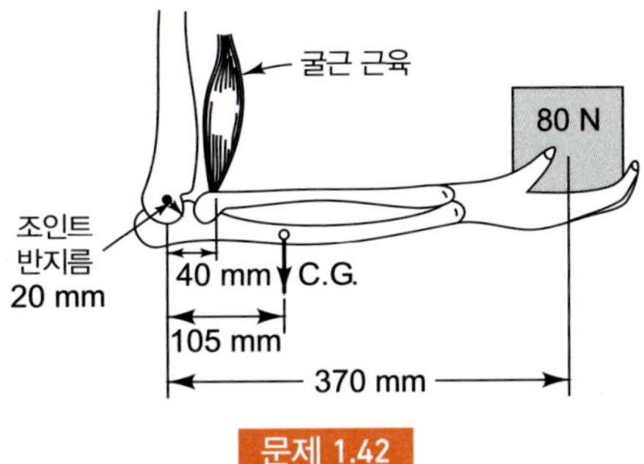

문제 1.42

1.43 접이식 캠프용 의자가 마찰이 없는 수평면 마루에 놓여 있으며 그림과 같이 하중을 받고 있다. 핀 A에서 전단력의 크기와 이 힘을 최대로 하기 위해 봉 BC에서 하중 위치를 결정하시오.

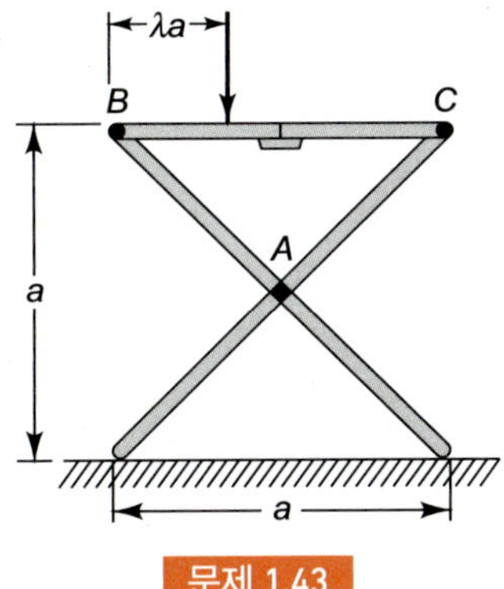

문제 1.43

1.44 창문형 에어컨디션 장치가 그림과 같이 둥근 봉에 의해 지지되어 있다. 봉의 필요로 하는 가격을 최소로 하기 위한 각도 θ는 얼마인가?

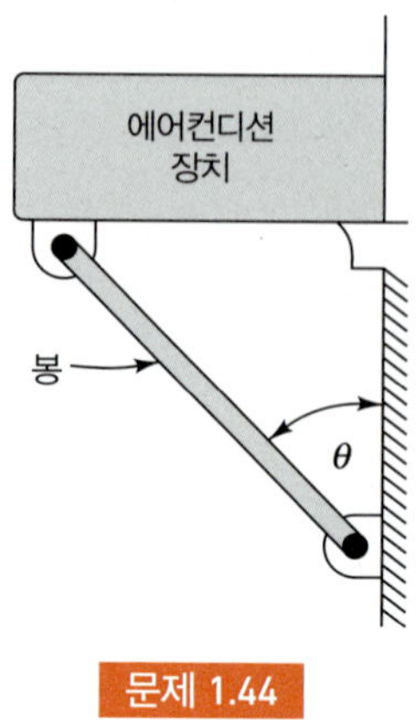

문제 1.44

1.45 부두에서 작업하는 인부가 30° 콘크리트 경사길 위로 짐을 겨우 밀기 시작했다. 경사가 60°가 되었을 때 짐이 뒤로 미끄러지는 것을 간신히 막을 수 있었다. 짐과 콘크리트 사이의 정지 마찰계수는 얼마인가?

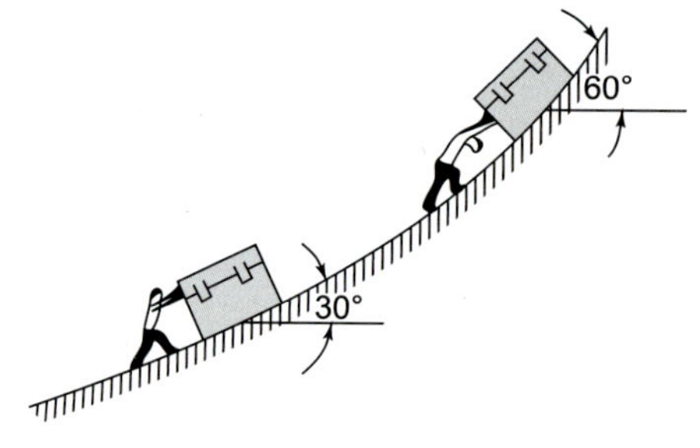

문제 1.45

1.46 고강도 탄소 필라멘트에 대해 그림과 같이 인장시험을 한다. 핀은 그림에 고정되어 있지만 헤드부분은 느슨하다. 마찰계수는 0.15이고 재료는 강체(rigid)로 가정한다. 헤드가 시험기의 작동에 의해 서로 멀어질 경우, 하중 작용선이 시편중심으로부터 얼마나 멀리 변위하는가? 구멍에서 핀은 최악의 가능한 위치에 있다고 가정한다. 다음 치수 값에 대하여 계산하시오.

$d_p = 0.6$ cm
$d_h = 0.7$ cm
$t_s = 0.2$ cm
$L = 50$ cm
$L_s = 10$ cm
$P = 20$ kN

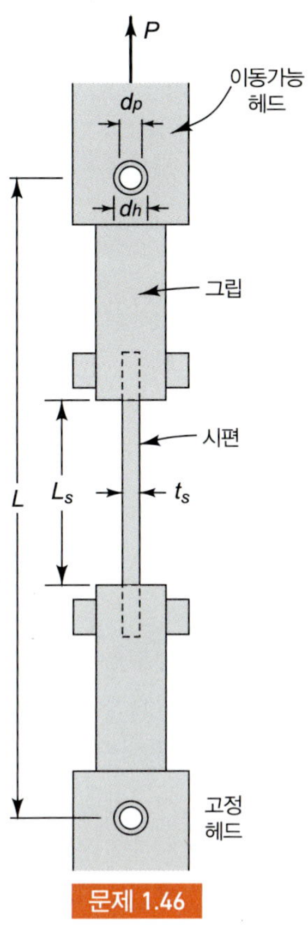

문제 1.46

1.47 그림 (a)는 착륙하기 바로 전, SST 항공기에 작용할 것으로 가정된 외력을 나타낸다. 그림 (b)는 관련된 치수를 표시한다. 다음과 같은 정보가 주어져 있다.

(a) “Canard” (전방) 조절면은 무양력 영각[주기: 항공기의 익현(翼弦)과 기류의 방향으로 생기는 각도]으로 설치되어 있고, 그것에 작용하는 항력은 $\mathbf{D}_c = 500\mathbf{i}$ N이며 AC_c에 작용한다[그림 (b) 참조].

(b) 항공기의 무게는 $\mathbf{W} = -2{,}000\mathbf{j}$ kN이며, CG에 작용한다.

(c) 날개에 작용하는 양력과 항력은 $\mathbf{L}_w = L_w\mathbf{j}$와 $\mathbf{D}_w = D_w\mathbf{i}$이고, AC_w에 작용한다. AC_w에 관한 공력모멘트는 무시될 수 있다.

(d) 후미에 작용하는 양력과 항력은 $L_t = L_t\mathbf{j}$와 $D_t = D_t\mathbf{i}$이고, AC_t에 작용한다. 또한 후미에서 양력과 항력의 비는 $(L/D)_t = 1.2$이다. AC_t에 관한 공력모멘트도 무시될 수 있다.

(e) 추력 T는 800 kN의 크기이며 항공기 중심선 아래 5 m 떨어진 평행선, 즉 **추진축**에 작용한다[그림 (b) 참조].

(f) 항공기는 정적으로 평형상태에 있다고 가정한다. 후미의 양력 L_t와 날개에서의 양력–항력의 비율 값을 계산하시오.

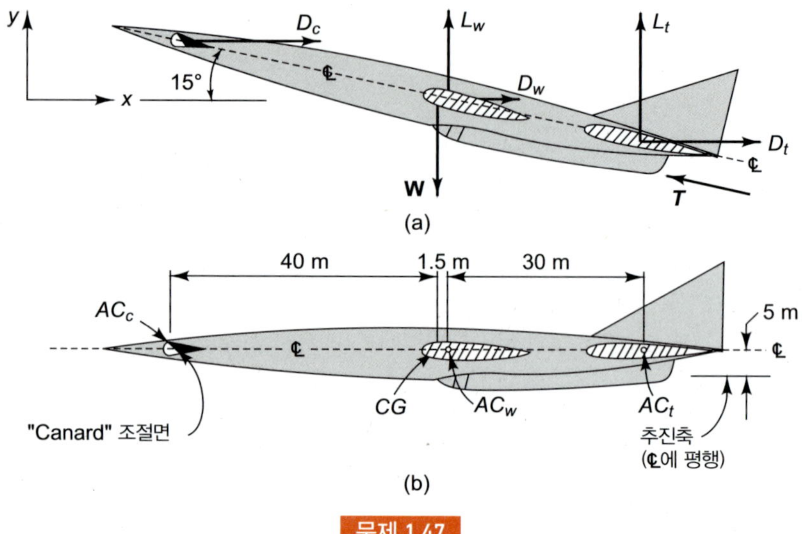

문제 1.47

1.48 궤도를 선회하는 우주실험실을 건설하기 위해 우주선의 평평한 강철벽에 구멍을 뚫을 필요가 있다. 구멍작업을 하는 우주비행사는 드릴링 작업을 하는 동안 필요로 하는 힘이나 회전력을 가할 수 없으므로, 끝이 자석으로 우주선 벽에 붙는 세 개의 다리를 갖는 지지구에 드릴을 장착시켜야 한다. 만일 구멍을 뚫기 위한 토크가 15 N · m이고 수직력이 50 N이라면, 다리와 우주선 사이의 마찰계수가 0.4일 때 각각의 다리에서 최소 허용할 수 있는 부착력을 계산하시오.

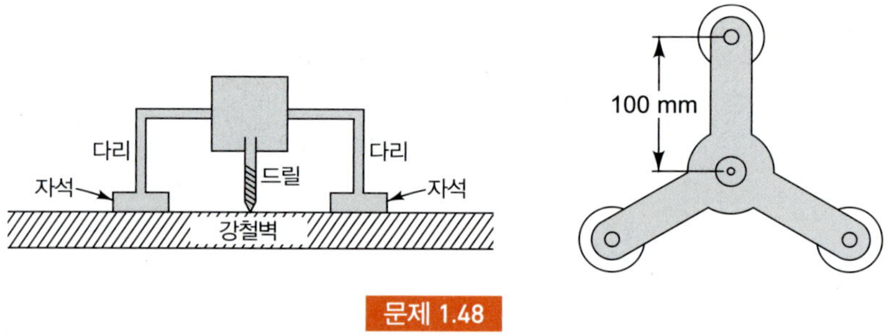

문제 1.48

변형체 역학의 소개

Introduction to Mechanics of Deformable Bodies

제 2 장

2.1 서론 *Introduction*

제1장에서 강조한 바와 같이 응용역학 문제의 접근법은 해석하고자 시스템을 선정하는 것으로 시작된다. 이러한 접근법은 모든 역학과목에서 공통적으로 적용되는 것으로, 과학적인 조사법의 출발점이다. 이러한 선정의 절차는 일반적으로 **동일화(identification)**와 **단순화(simplification)**라는 복합적인 절차를 갖는다. 시스템의 동일화는 실제적인 물리적 현상과 상관성이 있게 합리적으로 완전하게 표현되어 그 대표성을 갖는다는 것을 인정하는 것이며, 시스템의 단순화는 우리가 해석이 가능한 수준까지로 모델을 구성하는 것이다.

2.2 변형체의 해석 *Analysis of Deformable Bodies*

본 교재에서는 가속도가 없는 상황으로 제한하여 시스템의 운동은 변형만으로 한정한다. 결과적으로 선택된 모델은 1.7절에서 개괄적으로 서술한 바와 같이 다음의 3단계로 해석된다.

1. 힘과 평형조건에 대한 연구
2. 변형과 기하학적 적합조건에 대한 연구 (2.1)
3. 힘-변형 관계식의 적용

여기서 이들 3단계에 대하여 식에 번호를 부여한 것은 앞으로 이들 3단계가 자주 언급되며 변형체 역학의 모든 풀이에 기본이 되기 때문이다.

제1장의 문제풀이에서는 이들 3단계 중 1단계에만 관련된 경우로 제한하였으나 본 장에서는 위의 3단계 모두를 포함하는 해석의 경우를 검토할 것이다.

다음의 3개의 예제를 통하여, 변형 가능한 시스템의 해석에 식 (2.1)을 적용하여 문제를 풀어 보기로 하자.

예제 2.1(a) 그림 2.1과 같이 하중 F를 전달하는 피스톤이 기계부품의 일부로 동공(cavity) 안에 끼워져 있으며 피스톤 밑에는 2개의 스프링이 동일한 축상에 배치되어 있다. 각 스프링은 변형을 주는 힘과 변형 사이에 비례관계를 갖고 있다. 이러한 스프링은 **선형적인** 힘-변위 관계를 가지며 단위 변위가 발생하는 힘을 해당 스프링의 **스프링상수**라 지칭한다. 여기서 우리는 동공 안에 있는 두 스프링의 스프링상수를 나타내는 기호를 각각 k_A과 k_B로 사용하기로 하자. 스프링이 힘을 받고 있지 않은 상태에서 각 스프링의 길이는 동일한 L을 갖고 있다. 문제는 스프링상수 k_A의 스프링에는 전체 하중 F에서 어느 정도의 하중이 작용하고 있는지를 찾고자 한다.

해석의 첫 단계로 모델을 선정하여야 한다. 이는 현 문제에서 상대적으로 단순한 절차로 모델은 그림 2.1(b)의 도식과 같이 피스톤과 2개의 스프링으로 구성되어 있다. 여기서 우리는, 스프링의 끝단은 평편하게 만들어져 압축하중이 작용 시 하중이 스프링이 감긴 방향의 주위에 분포되어 하중이 스프링의 축방향으로만 작용하고 있다고 가정한다. 또 가정으로는, 문제에 현저히 변화를 미치지 않아 중력의 영향을 무시한다. 여기서 (2.1)의 단계를 본 모델에 적용하여 보자.

힘과 평형조건에 대한 연구

물체가 평형상태에 있다는 것을 확신하기 위해 물체를 둘러싸고 있는 주위를 외부와 격리시킨 다음, 물체의 외부에 직접적인 영향을 미치는 힘으로 대체시키는 것이다. 제1장에서 언급한 바와 같이 물체와 물체에 작용하는 모든 힘을 자유물체도(free body diagram)라 불리는 그림으로 그린다. 그림 2.1(b)은 피스톤과 두 스프링에 대한 자유물체도이다. 주어진 자유물체가 평형을 이루기 위해서는 식 (1.5)와 (1.6)을 만족하여야 한다. 그러므로 그림 2.1(b)에서 3개의 자유물체는 각각 다음과 같이 된다.

$$\Sigma \mathbf{F} = 0$$
$$\Sigma \mathbf{M} = 0$$

우선 피스톤을 검토하면 피스톤에 작용하는 힘은 동일한 직선상에 작용하고 있으므로 $\Sigma \mathbf{M} = 0$이 된다. 힘은 y 방향으로만 작용하고 있기에 평형조건 $\Sigma \mathbf{F} = 0$은

$$\Sigma F_y = F_A + F_B - F = 0 \tag{a}$$

일 때 만족된다.

그림 2.1(b)와 같이 각각 스프링의 끝단에 크기는 같으나 방향이 반대인 힘이 작용하면 스프링에 대한 $\Sigma \mathbf{M} = 0$, $\Sigma \mathbf{F} = 0$의 조건을 만족할 수 있다.

변형과 기하학적 적합조건 연구

변형의 특성과 기하학적 적합조건을 공부하는 목적은 이들 인자가 변형에 영향을 미치는 구속조건이나 제한조건을 결정하는 데 있다. 달리 표현하면 우리는 구속조건 상태에서 **기하학적인 적합성**에 요구되는 것을 찾고자 한다. 이러한 요구조건은 정량적 혹은 해석적 방법으로 표현되는 것이 필요하다. 피스톤의 움직임으로 두 개의 스프링이 **동일한** 양만큼 이동하는 문제에서 기하학적인 적합조건은 간단히 아래와 같은 식으로 표시될 수 있다.

$$\delta_A = \delta_B = \delta \tag{b}$$

힘–변형의 상관관계 적용

물리적인 물체에 작용하는 힘으로 인한 물체의 변형을 정확하게 표현하려면 먼저 공식이나 그래프를 이용하여 힘과 변형 사이의 상관관계를 정량적으로 표현하여야 한다. 본 문제에서 힘–변형 관계는 단순한 것으로 각각의 스프링의 힘은 스프링의 변형에 선형적으로 비례하며 그 비례상수는 스프링상수이다. 그러므로

$$\begin{aligned} F_A &= k_A \delta_A \\ F_B &= k_B \delta_B \end{aligned} \tag{c}$$

이다. 여기서 스프링상수는 단위길이당 힘, 즉 newton/m, lb/in의 단위를 갖는다는 것을 주의하기 바란다. 식 (a), (b), (c)는 그림 2.1(a)에서 보이는 바와 같이 시스템의 힘의 평형, 기하학적 적합조건, 힘–변형의 특성을 표현하는 모든 정보를 정량적인 형태로 표현한 식이다. 이로서 해석의 **물리적** 현상 단계(동일화)를 완료하였다고 볼 수 있다. 이들 공식에서 변형을 소거하는 **수학적** 연산을 통하면 다음과 같이 원하는 결과를 얻게 된다.

$$\frac{F_A}{F} = \frac{k_A}{k_A + k_B} \tag{d}$$

그러므로 피스톤의 총 변형량은 다음과 같다.

$$\delta = \frac{F_A}{k_A} = \frac{F}{k_A + k_B}$$

위의 예제를 통하여 다음과 같은 관점을 추가적으로 고찰할 수 있다.

(a) 만약 스프링상수 $k = k_A + k_B$인 1개의 스프링만으로 구성되었다면 이에 상응하는 변형량은 $\delta = F/k$이 되어야 한다.
다른 의미로는 시스템의 전체 강성(stiffness)은 $k_{total} = k_A + k_B$로 주어진다. 2개의 스프링이 병렬로 연결된 시스템의 강성은 두 스프링상수의 합과 같다.

(b) 위의 결과를 보다 확장하여, 예를 들면 스프링상수 k_A의 스프링이 k_{A_1}와 k_{A_2}를 갖는 서로 다른 2개의 병렬식 스프링으로 구성되었다면 병렬의 스프링 k_{A_1}, k_{A_2}, k_B에 대한 시스템의 유효한 강성은 $k = k_A + k_B = k_{A_1} + k_{A_2} + k_B$와 같다. 이를 유추하면, n개의 스프링으로 병렬로 놓여있다면 통합적인 전체 강성은 스프링 개별적인 합과 같으며 아래의 식과 같은 결론에 도달할 수 있다.

$$k = k_1 + k_2 + \ldots + k_n$$

(c) 또한 두 스프링 중에서 강성이 작은 스프링이 하중을 덜 받고 있고 있음을 쉽게 파악할 수 있다. 이는 2개 이상의 스프링일 때도 마찬가지이다.

(d) 강성이 작은 여러 스프링 중에서 강성이 큰 스프링이 있다면 그 큰 스프링이 더 많은 하중을 분담하며 변형에 더 많이 저항하고 있다.
(수면 중 매트리스 밑에 작은 돌 하나가 몸을 쑤시게 하는 이유 중에 하나이다. 이를 스프링의 영역 내에 균일하지 않은 하중이 분포되어 있다고 볼 수 있다.)

■ ■ ■

예제 2.1(b) 예제 2.1(a)의 다른 형태로 스프링이 동일한 축상에 있는 것과는 달리 그림 2.1(c)와 같이 동공에 상하로 연결된 경우다.

여기서 스프링 (1)은 상대적으로 스프링 (2)에 비해 강성이 작다라고 가정하면 이들 물체에 작용하는 하중을 그림 2.1(d)와 같이 표현할 수 있다.

힘의 평형

앞의 예제문제와 같이 힘의 평형조건을 적용하면, 즉 $\Sigma F = 0$이 된다. 모든 힘이 동일한 축상에 작용하고 있어 $\Sigma M = 0$의 조건은 의미가 없어진다. 피스톤(1)에 힘의 평형식을 적용하면 다음과 같다.

$$\Sigma F_y = F_A - F = 0 \tag{a}$$

피스톤 (2)에서 유사하게 적용하면,

$$\Sigma F_y = F_B - F_A = 0 \quad \Rightarrow \quad F = F_A = F_B \tag{b}$$

그러므로 동일한 힘, $F = F_A = F_B$가 그림 2.1(d)와 같이 모든 부분에 작용하고 있다.

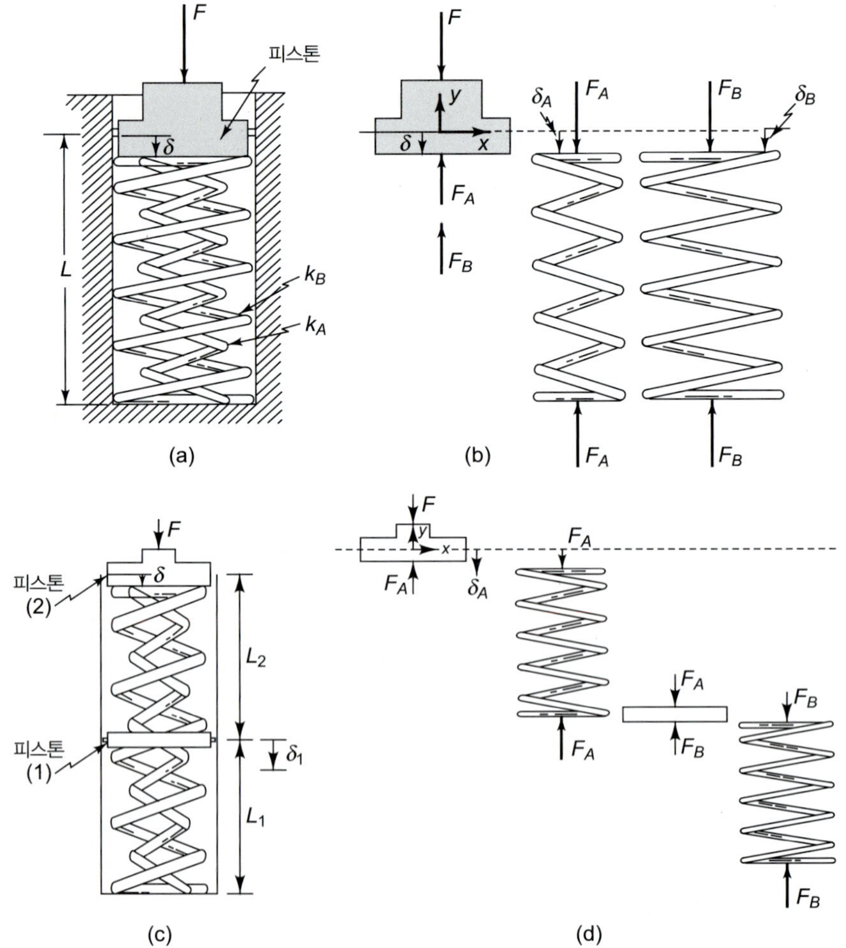

그림 2.1 예제 2.1

예제 2.1(a)에서 작용하는 전체의 힘은 $F_A + F_B$인데 비해 이 문제에서는 두 스프링에 동일한 크기의 힘이 작용하고 있다.

변형과 기하학적 적합조건 연구

그림 2.1(d)와 같이, 아래쪽 스프링은 강체인 바닥을 기준으로 δ_1만큼 압축된다. 그러므로 피스톤 (2) 상단에서 변형이 δ 라면 스프링 A는 δ와 δ_1의 차이만큼 압축하게 된다. 그러므로 스프링 A의 압축은 아래와 같다.

$$\delta_A = \delta - \delta_1 \text{ 와 } \delta_B = \delta_1 \tag{c}$$

여기서 δ와 δ_1는 앞으로 계산해야 하는 값들이다

힘–변형 관계식

앞의 예제와 같이, 각각의 스프링에 작용하는 힘은 이들 스프링상수를 매개로 변형에 선형적으로 비례한다고 가정하면 스프링 A와 B에 걸린 힘은

$$\begin{aligned} F_A &= k_A\,\delta_A = k_A(\delta - \delta_1) \text{ 와} \\ F_B &= k_B\,\delta_B = k_B\,\delta_1 \end{aligned} \tag{d}$$

인데, 식 (d)에서 δ_1을 소거하면 양쪽 스프링이 같은 힘, $F = F_A = F_B$을 받고 있음을 알 수 있다.

그러므로,

$$\delta = F\left(\frac{1}{k_A} + \frac{1}{k_B}\right) \tag{e}$$

혹은

$$\delta = \frac{F}{k}$$

여기서

$$\frac{1}{k} = \frac{1}{k_A} + \frac{1}{k_B} \tag{f}$$

그림 2.1(c)과 같은 조립체에서 스프링 A와 B가 직렬로 연결된 상태에서 유효강성의 역수[이를 유연성(flexibility)이라고 부름]는 각각 스프링상수 k_A와 k_B에 대한 역수의 합과 같은 사실에 대하여 주목할 필요가 있다.

또한 유의할 점은 시스템의 유효강성 k는 두 스프링의 상수값 k_A, k_B보다 작다는 사실이다.

개별 스프링의 강성과 전체 유효강성과의 상관관계를 이해하는 다른 방법은 유연성을 관찰하는 것이다. 스프링의 유연성은 스프링 강성의 역수로 표현된다. 스프링의 단위하중에 의해 스프링 변형이 발생한다는 점을 이해해야 한다.

$$\frac{1}{f} = k \text{ 또는 } f = \frac{1}{k}$$

그러므로, 두 개의 스프링 A와 B가 직렬로 연결된 경우, 시스템의 유연성 f는 다음과 같이 된다.

$$f = f_A + f_B$$

앞의 예제와 같이, 이 개념을 n개의 스프링이 직렬로 연결된 경우로 확장하면 유효강성 f는 다음과 같다.

$$f = f_1 + f_2 + \cdots f_n.$$

■ ■ ■

예제 2.2 그림 2.2(a)와 같이, 길이가 $2L$인 매우 가볍고 강한 나무판이 스프링상수 k인 두 개의 같은 스프링과 연결되어 있다. 스프링 위에 판만이 얹혀져 있을 때 두 스프링은 길이 h로 수축된 상태에서 평형을 이룬다. 지금 판 중앙에 사람이 올라간 후, 한쪽 끝을 향하여 천천히 걷기 시작한다고 가정하자. 여기서 알고자 하는 것은, 평판 한쪽 끝이 지면과 접촉하는 순간 사람이 중앙으로부터 걸어간 거리가 얼마인가 하는 문제로, 다시 말하자면 그림 2.2(b)에서 평판의 오른쪽 끝단 E가 지면과 접촉할 때 사람의 위치 b를 알아내고자 한다. 스프링은 인장에 있어서도 압축과 같이 작용한다

이 문제도 시스템을 대표하는 모델을 선정하는 일이 우선 되어야 한다. 그림 2.2(c)와 2.2(d)는 이 문제의 모델을 도시한 것이다. 이 모델에서, 평판의 오른쪽 끝단이 지면에 접촉하는 순간이 관심의 대상으로 제한되므로, 오른쪽 끝단 E에는 아무런 힘이 작용하지 않는다고 가정하였다. 사람의 위치는 판 중앙으로부터 거리 b로 나타내었고, 사람을 그의 체중 W로

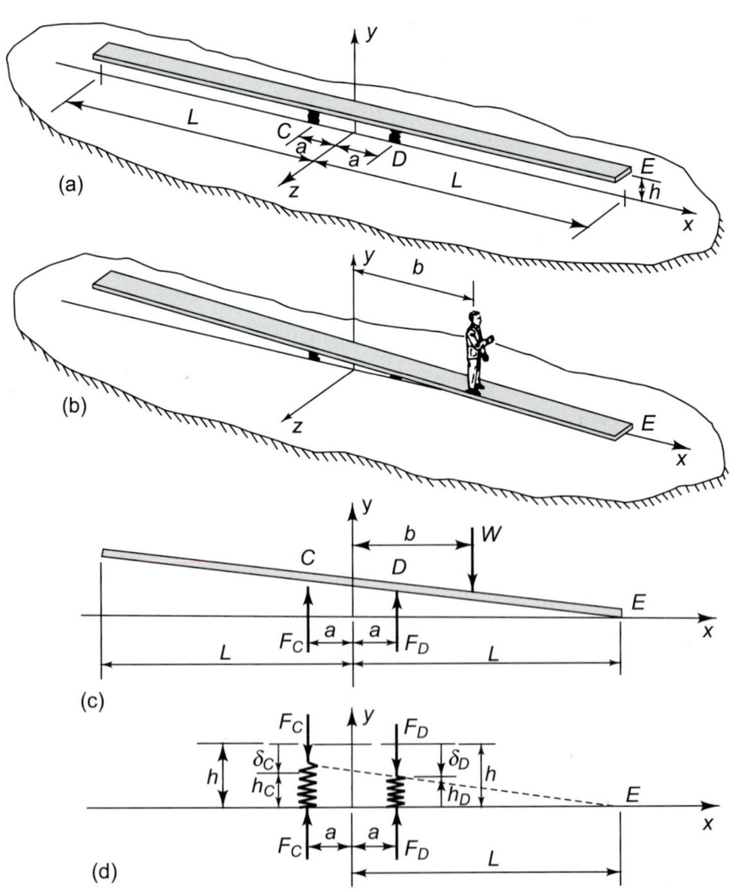

그림 2.2 예제 2.2

대치하여 표시하였다. 판은 가볍다고 가정하였으므로 판의 무게를 무시하였다. 이러한 가정의 결과로 그림 2.2(a)에서 양 스프링은 판에 아무런 힘도 작용하지 않는 것으로 생각하였다. 따라서 길이 h는 스프링의 자유길이라고 볼 수 있다. 마지막으로, 판이 구부러지지 않고 직선이 유지되는 강성을 갖고 있다고 가정한다. 이러한 가정하에서 스프링의 변형은 그림 2.2(d)에 도시한 바와 같이 된다. 여기서 식 (2.1)의 3단계로 모델을 해석하고자 한다.

힘의 평형

힘의 평형조건인

$$\Sigma \mathbf{F} = 0$$
$$\Sigma \mathbf{M} = 0$$

을 그림 2.2(c)에 도시된 판의 자유물체도에 적용하면, 3단계 중 제1단계의 조건은

$$\Sigma F_y = F_C + F_D - W = 0 \tag{a}$$

일 때 만족된다는 것을 알 수 있다. 2단계의 조건은 아래와 같을 때 만족된다.

$$\Sigma M_C = 2aF_D - (a+b)W = 0 \tag{b}$$

그림 2.2(d)에 표시된 두 스프링은 2력계부재의 평형조건을 만족한다.

변형과 기하학적 적합조건에 관한 연구

평판이 직선상태를 유지한다면 그림 2.2(d)의 닮은꼴 삼각형에서 두 스프링의 길이는 다음 비를 갖는다는 것을 알 수 있다.

$$\frac{h_C}{h_D} = \frac{L+a}{L-a} \tag{c}$$

또한, 두 스프링의 변형은 다음과 같다.

$$\begin{aligned} \delta_C &= h - h_C \\ \delta_D &= h - h_D \end{aligned} \tag{d}$$

힘–변형 관계식

여기서는 두 스프링이 동일한 스프링상수를 가지므로, 힘–변형과의 관계는

$$\begin{aligned} F_C &= k\delta_C \\ F_D &= k\delta_D \end{aligned} \tag{e}$$

와 같이 주어진다.

7개의 미지수인 F_C, F_D, h_C, h_D, δ_C, δ_D 및 b에 대하여, 식 (a), (b), (c), (d) 및 (e)로 표현되는 7개의 독립한 관계식을 세울 수 있다. 따라서 이들 방정식을 풀면 b의 값으로 표현된다. 즉,

$$b = \frac{a^2}{L}\left(\frac{2kh}{W} - 1\right) \tag{f}$$

두 스프링의 변형을 식 (f)로 계산된 b의 값으로 계산하는 것도 흥미 있는 일로 그 결과는 다음과 같다.

$$\delta_C = \frac{W}{2k}\left(1 - \frac{b}{a}\right)$$
$$\delta_D = \frac{W}{2k}\left(1 + \frac{b}{a}\right) \tag{g}$$

변형 δ_D는 그림 2.2(d)에서 정의한 바와 같이 항상 양의 값을 갖고 있다. 그러나 변형 δ_C는 $b < a$가 성립되는 경우에만 양의 값을 가지며, $b = a$일 경우 사람은 스프링 D의 바로 위에 서있게 되므로, 예상되는 바와 같이 전 하중이 스프링 D에 걸리게 되어 스프링 C에 변형 및 작용하는 힘은 0이다. 그리고 $b > a$일 경우, δ_C는 음의 값을 갖는다(즉 스프링은 늘어남). 그림 2.2(c)에서 보는 바와 같이 우리는 $b > a$이고, 스프링 C는 압축된다고 가정하였다. 이러한 가정하에서 만일 한 특정한 케이스에서 식 (f)로부터 계산한 결과가 $b > a$이고 앞의 식들로 계산한 δ_C와 F_C가 음수이면, 다시 말하면 스프링 C가 압축된다고 가정하고(이것을 양으로 하였음) 해석을 전개하였는데, 실제로는 그림 2.2(d)에서 가정한 방향과 반대라는 것의 의미로 스프링 C는 늘어난다는 뜻이다.

식 (f)에 대하여 고찰하면 몇몇의 추가적인 특성을 찾아낼 수 있다. 식 (f)를 약간 다른 형태로 다시 쓰면

$$\frac{b}{L} = \left(\frac{a}{L}\right)^2 \left(\frac{h}{W/2k} - 1\right) \tag{h}$$

과 같이 **무차원**의 비율식이 된다. 공학적 문제를 접근하는 데 있어 문제에 포함되는 무차원적 크기의 물리적 의미를 생각해 보는 것은 항상 좋은 습관이다. 비 $(W/2k)/h$는 사람이 두 스프링 중앙에 서 있을 경우인 $b = 0$일 때, 스프링의 원래 길이에 대한 스프링 변형량에 대한 비율을 의미한다. 만일 이 비율이 작은 값을 가질 때에는 b/L는 1을 넘게 되어 해석을 할 수 없게 된다. 만약 이 비율이 1에 가까우면, 즉 스프링이 소프트하면 b/L은 0에 가깝게 된다.

관심있는 또 하나의 의문은 두 스프링의 스프링상수가 서로 상이할 때 b에는 어떠한 영향을 미치는가 하는 것이다. b/L의 값은 a/L, $W/2k_C h$ 및 스프링상수의 비, 예를 들면 $\gamma = k_C/k_D$에 종속되어있다. b/L 값에 대하여서는 문제 2.40과 같이 주어진다.

$$\frac{b}{L} = \frac{(a/L)^2}{1 - \frac{1}{2}(1-\gamma)(1 + a/L)}\left[\frac{2k_C h}{W} - 1 + \frac{1}{2}(1-\gamma)\left(1 + \frac{L}{a}\right)\right] \tag{i}$$

방정식 식 (i)는 스프링상수 비에 대한 매우 복잡한 함수형태이다. 식 (i)는 $\gamma = 1$일 때 식 (h)로 단순하게 된다.

■ ■ ■

예제 2.3(a) 가벼운 강체 직선봉 ABC가 그림 2.3(a)와 같이 3개의 스프링으로 지지되어 있다. 하중 P가 작용하지 않은 때에는 수평상태를 유지하고 있다. 하중 P의 작용위치는 중앙의 스프링으로부터 λa 떨어진 거리에 있다. 여기서 λ는 $\lambda = -1$과 $\lambda = 1$ 사이에서 변할 수 있는 무차원 매개변수이다. 여기서의 문제는 세 스프링의 변형을 하중위치 매개변수 λ로 표현하고자 하는 것이다. 먼저 임의의 스프링상수에 대하여 일반적인 해를 구한 후, 특별한 스프링상수 $k_A = (1/2)k$, $k_B = k$와 $k_C = (3/2)k$에 대한 결과를 알아내려고 한다.

시스템을 무게가 없는 강체 봉과 세 개의 선형 탄성스프링으로 구성된다고 모델화하였다. 이 모델로 식 (2.1)의 3단계 절차를 밟아 해석하고자 한다.

힘–평형조건에 관한 연구

스프링과 봉에 대한 자유물체도는 그림 2.3(b)와 그림 2.3(c)에 각각 도시되어 있다. 그림 2.3(c)의 봉에 대한 자유물체도를 관찰하면, 봉에 작용하는 미지의 힘은 3개 있으나 독립한 힘의 평형조건식은 2개뿐이다. 그러므로 이 문제는 부정정문제(statically indeterminate)이다. 여기서 우리가 할 수 있는 것은 평형조건을 사용하여 3개의 힘 중 2개의 힘을 다른 하나의 항으로 표현하는 것이다. 예를 들어 중앙에 작용하는 힘 F_B를 중요 미지수로 택한다면 각 C와 A에 관한 모멘트 평형조건을 사용하면 아래와 같이 나머지 두 힘 F_A, F_C를 F_B의 항으로 표시할 수 있다.

$$
\begin{aligned}
\Sigma M_C = 0 \quad 2aF_A &= (1-\lambda)aP - aF_B \\
\Sigma M_A = 0 \quad 2aF_C &= (1+\lambda)aP - aF_B
\end{aligned}
\tag{a}
$$

변형과 기하학적 적합조건에 관한 연구

스프링과 봉이 연결된 상태를 유지하려면 그림 2.3(b)의 스프링의 처짐과 그림 2.3(c)의 봉의 처짐이 일치하여야 한다. 봉 ABC는 강체이므로 그림 2.3(c)의 점 A, B, C는 동일한 직선상에 놓여야 한다. 두 점으로 하나의 직선을 결정하므로 세 점에서의 처짐 중에 하나는 다른 두 처짐량의 항으로 표시할 수 있다. 그러므로 만일 양 끝단의 처짐 δ_A와 δ_C가 주어진다면 중간의 처짐 δ_B는

$$
\delta_B = 1/2(\delta_A + \delta_C) \tag{b}
$$

가 된다.

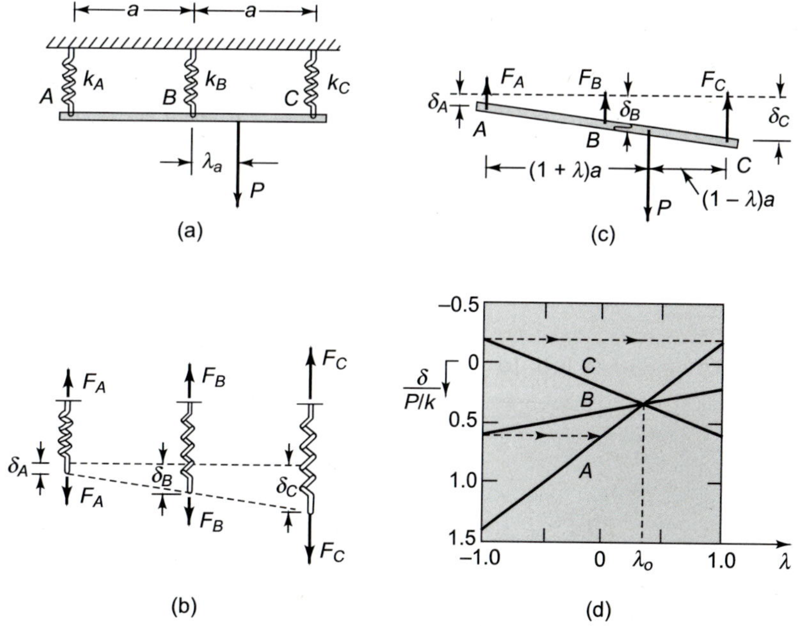

그림 2.3 예제 2.3(a)

힘과 변형 관계 사이의 관계

그림 2.3(b)의 선형스프링에 대하여 각 점에서의 처짐은 다음과 같다.

$$\delta_A = \frac{F_A}{k_A} \qquad \delta_B = \frac{F_B}{k_B} \qquad \delta_C = \frac{F_C}{k_C} \tag{c}$$

식 (a), (b) 및 식 (c)는 6개 미지수, 즉 3개의 힘과 3개의 처짐에 관한 6개의 독립된 관계식이다. 이들 방정식은 다음과 같은 순서로 쉽게 풀 수 있다. 먼저 식 (a)의 관계를 식 (c)에 대입하여 모든 처짐량을 F_B의 항으로 변환한다. 그 다음 이들 변환된 처짐식을 식 (b)에 대입하면 F_B에 관한 단일방정식을 얻는다. 이후 이 방정식을 풀면 우선 F_B를 알게 되고, 이 값을 식 (a)에 대입하면 F_A와 F_C가 구해진다. 마지막으로 이들 계산된 세 힘을 식 (c)에 대입하면 각각의 처짐을 구할 수 있다. 임의의 일반적인 스프링상수에 대하여, 지금까지 말한 풀이 순서에 의한 결과는 다음과 같다.

$$\begin{aligned} \delta_A &= P\frac{2k_C - \lambda(k_B + 2k_C)}{k_A k_B + 4k_A k_C + k_B k_C} \\ \delta_B &= P\frac{k_A + k_C + \lambda(k_A - k_C)}{k_A k_B + 4k_A k_C + k_B k_C} \\ \delta_C &= P\frac{2k_A + \lambda(k_B + 2k_A)}{k_A k_B + 4k_A k_C + k_B k_C} \end{aligned} \tag{d}$$

식 (d)는 각 처짐량은 하중위치 매개변수 λ의 선형함수라는 것을 명심하기 바란다. 그림 2.3(d)는 특정의 스프링상수 $k_A = \frac{1}{2}k$, $k_B = k$, $k_C = \frac{3}{2}k$에 대하여 이들 처짐이 어떻게 변하는가를 나타낸 것이다. 각 하중의 위치에 무관하게 중앙점 B의 처짐량은 항상 끝단점 A와 C 처짐량의 중간값을 갖는다는 것도 유의하라. 여기서, 해가 이러한 범위에서 유효하려면 스프링은 충분히 압축이 일어날 수 있는 특성을 갖는 것이 필요하다.

하중이 그림 2.3(d)와 같이 λ_o에 대응하는 위치에서 작용할 때 이때 3개 스프링의 처짐량은 모두 같다는 것을 관찰해 보는 것은 매우 흥미 있는 일이다. 다시 말하면 하중이 이 위치에 작용할 때 봉은 기울어지지 않고 처진다는 뜻이 된다. λ의 값이 λ_o 이외에 다른 값을 가질 때 봉은 기울어진다.

그림 2.3(d)에서 보는 바와 같이 A로 표시된 선분은 하중위치 매개변수 λ의 변화에 따른 스프링 A의 처짐량 $\delta_A(\lambda)$를 나타낸다. 여기서 우리는 이 직선을 가지고 별개의 해석을 내릴 수 있다. 즉, 직선 A는 하중이 A점에 작용할 때 봉이 위치하는 실제 위치를 나타낸다. 이를 쉽게 이해하기 위해, 하중이 A점에 작용할 경우 세 스프링의 변형량은 그래프의 가로축값 $\lambda = -1$에서 세 직선의 세로축값이다. 여기서, 그림에서 보는 바와 같이(점선과 화살표로 표시한 수평선) 만일 스프링 B의 처짐량 $\delta_B(-1)$을 B점($\lambda = 0$이 되는 곳)까지 수평으로 이동시키고, 또한 스프링 C의 처짐량 $\delta_C(-1)$을 C점($\lambda = 1$)까지 수평으로 이동시킨다면 이들은 정확하게 선분 A상에 놓이게 된다. 그림 2.3(d)의 선분 B와 C도 역시 같은 반비례 특성을 갖는다. 이들 선분은 하중 값에 따라 변화하는 해당 변위값을 나타내거나 혹은 해당 위치에 하중이 작용할 때 봉의 위치를 각각 나타낸다. λ_o로 표시된 위치는 추가적으로 특별한 의미를 갖는다. 이 점은 처짐

이 하중위치에 무관한 봉의 한 지점이다. 이 점은 하중위치가 변할 때 봉의 선회축(pivot)으로 작용한다.

그림 2.3(a)에서 스프링상수가 임의값을 가질 경우, 봉의 정성적 거동은 그림 2.3(d)를 작성할 때 사용한 특정의 스프링상수에 대하여 설명하였던 거동과 유사하다. 일반적으로 봉의 선회점의 위치는

$$\lambda_o = \frac{k_C - k_A}{k_A + k_B + k_C} \tag{e}$$

이고, 이 위치에서의 변하지 않는 처짐량은

$$\delta(\lambda_o) = \frac{P}{k_A + k_B + k_C} \tag{f}$$

이다.

앞의 예제들을 통해서 시스템의 거동에 관해서 원하는 정보를 얻기 위하여는, 식 (2.1)의 3단계를 모두 고려하는 것이 필요하다는 점을 배웠다. 예제 2.2에서는 주어진 b의 값에 대응하는 힘 F_C와 F_D의 값을 제1단계만을 고려함으로써 구할 수가 있었다. 제1장에서 언급한 바와 같이, 변형이나 혹은 힘-변형 관계를 고려하지 않고 힘을 계산할 수 있는 시스템을 **정정계**(*statically determinate* system)라 말한다. 예제 2.1, 2.3과 같이 변형을 고려하지 않고서는 힘을 계산할 수 없는 시스템을 **부정정계**(*statically indeterminate* system)라 하는데, 즉 비록 힘의 계산만 관심이 있는 문제라도 풀이를 위해서는 항상 3단계를 모두 고려할 필요가 있다.

비록 식 (2.1)의 3단계가 변형되는 물체의 역학에 관한 모든 문제해석의 기본이 되기는 하나, 이 3단계를 적용하면 된다는 지식만으로는 주어진 모든 문제에 대한 해가 구해진다고 확신할 수는 없다. 어떤 주어진 문제에도, 해를 얻을 수 있는 가능성의 여부는 문제의 물리적 상태의 복잡성 정도, 충분히 정확하면서도 단순한 모델을 정의하는 데 따르는 어려움, 모델에 대한 연구가 진행되는 동안 3단계로 나누어 해석할 때 각 단계에서 정식화하는 데 야기되는 여러 가지 문제 등에 달려있다.

예제 2.3(b) 아래의 봉에서 왼쪽 끝단 1을 기준으로 x의 함수로 각 부재에 걸린 축하중, 축응력, 축 변형률, 축 변형 등을 계산해보자. 여기서 그림으로 도식화하는 것이 좋은 훈련방법이다. 예를 들면, 축하중 선도는 x값에 대하여 각 부재에 걸린 축하중의 분포도를 나타낸다. 그러므로 선도를 통하여 축방향 부재의 임의의 지점에서 힘의 크기를 알 수 있다.

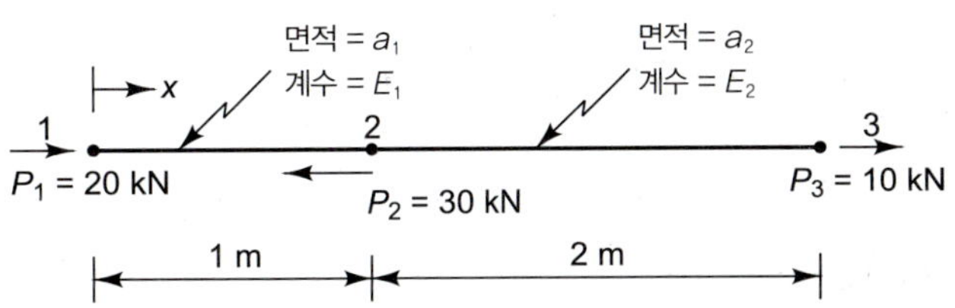

그림 2.4(a) 예제 2.3(b)

축하중 선도

점 1과 점 2 사이에는 어떠한 힘도 작용하지 않아 점 1−2 구간의 축하중은 일정한 값이 된다. 그러므로 점 1에서 x만큼 떨어진 단면에서의 자유물체도는 단순히 축하중만 존재한다. 여기서, x 방향의 한 점의 단면에서 힘의 방향이 x축방향이면 그 힘을 양의 축하중이라고 가정한다.

그림 2.4(b) 예제 2.3(b)의 단순 자유물체도

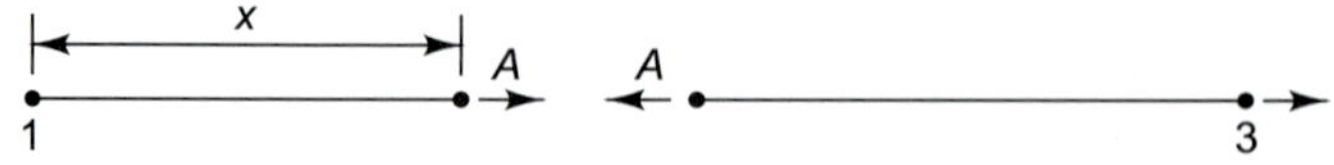

그러므로,

$$P_1 + A = 0$$
$$\Rightarrow \quad A^{(x)} = -P_1$$

구간 2−3에 대해서도 유사하게,

$$A(x) = P_3$$
$$A(x) = \begin{cases} -P_1 & \text{for} \quad 0 \le x < 1\,\text{m} \\ P_3 & \text{for} \quad 1 \le x \le 3\,\text{m} \end{cases}$$

축하중 선도(AFD)는 그림 2.4(c)와 같다.

그림 2.4(c) 예제 2.3(b)의 축하중 선도

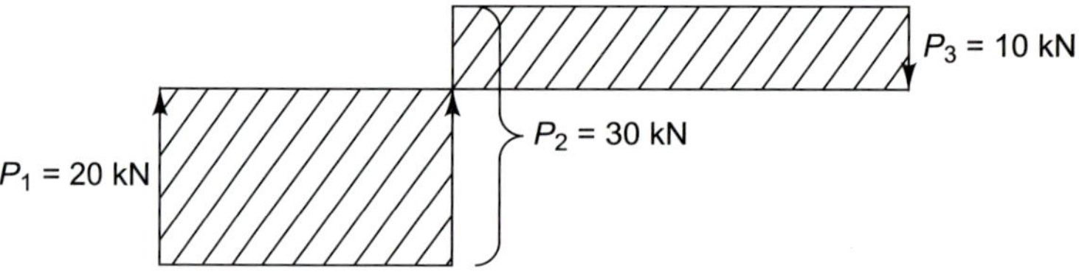

2.3 단축하중과 변형 *Uniaxial Loading and Deformation*

그림 2.5(a)에 표시한 것은 본 장에서 다루고자 하는 대부분의 문제에 대한 기본적인 변형 형식에 대한 것이다. 봉의 양 끝단에 축방향으로 2개의 힘이 가해지고 있다. 관심의 대상은 힘이 작용하는 두 점의 상대운동이다. 그림에 도시된 바와 같이, 길이와 단면적은 서로 다르나 동일재료로 만들어진 3개의 봉이 어떻게 변형하는지를 살펴보자. 각각의 봉은 하중이 0으로부터 서서히 증가시켜 가면서 몇 가지의 하중에 대한 신장량 δ를 측정한다고 가정하자. 이때 최대 신장량이 극히 작을 경우(예를 들면, 원 길이의 0.1%를 넘지 않는 경우[1]), 대부분의 재료에 대하여 세 실험의 결과를 그림 2.5(b)나 혹은 그림 2.5(c)의 그래프로 표현될 수 있다. 고무줄과 같이 변형이 용이한 물체로부터 얻은 우리의 경험을 통하여 각각의 그래프에서 세 개의 곡선에 해당되는 상대적인 의미를 예측하리라고 믿는다.

만약 실험데이터를 가로축을 봉의 원 길이에 대한 변형으로 하고 세로축을 단면적으로 나눈 하중으로 다시 그린다면 세 봉에 대한 시험결과는 그림 2.6(a) 혹은 (b)에서 보는 바와 같이 하나의 곡선으로 대표시킬 수 있다. 서로 상이한 시험편으로부터 얻은 자료를 이와 같

[1] 제5장에서 큰 변형에 대한 하중−변형에 대해 논의할 것이다.

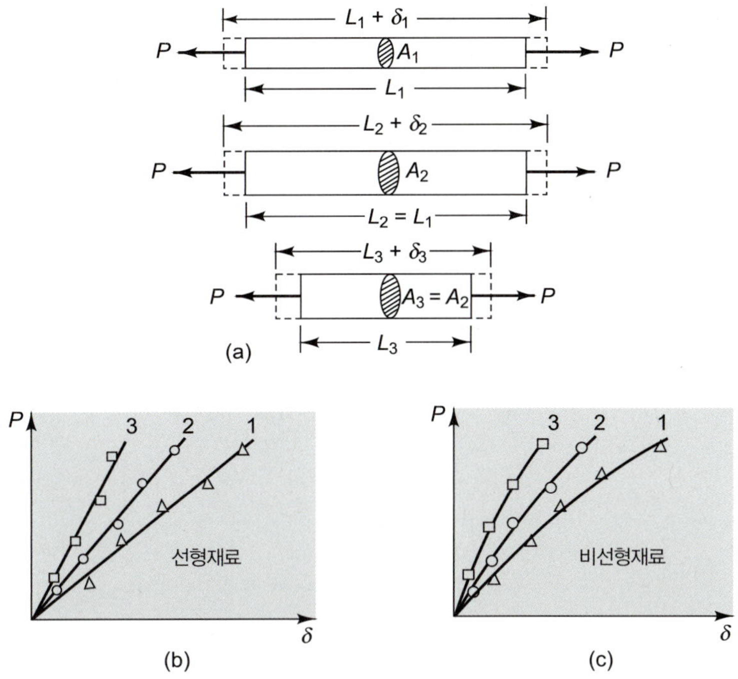

그림 2.5 단축하중

이 다시 그래프화하면 하나의 곡선으로 일치되는 사실은 재료의 하중–변형거동을 결정하는 문제를 매우 단순하게 만든다. 그리므로 특정 재료의 단축하중–신장 특성을 얻으려면, 하나의 시험편을 사용해 시험한 자료를 정리하여 δ/L에 대한 P/A의 선도를 그림 2.6과 같이 그리면 얻어진다.

만일 재료의 단축하중–신장 관계가 선형이면, 이 관계식은 그림 2.5(a)의 직선의 기울기만 주어지면 표현될 수 있다. 이 기울기를 이 재료의 **탄성계수**(*modulus of elasticity*)라 말하고, 보통 기호 E로 표시한다. 그림 2.5(a)의 좌표로 E를 표시하여 보면

$$E = \frac{P/A}{\delta/L}$$

와 같이 정의된다. P/A는 단위면적당 힘의 차원이며 δ/L는 무차원이므로 E의 차원은 단위면적당 힘의 차원을 갖는다[제4장에서 P/A를 단면적 A에 분포되는 **평균응력**(*stress*) δ/L를 길이 L에 대한 평균 **변형률**(*strain*)이라는 전문용어로 정의될 것이다]. 힘을 newton, 길이를 미터의 단위로 사용할 때 E의 단위는 N/m^2(종종 **파스칼**이라 부르는, Pa)이다. 힘의 단위를 파운드(pound), 길이의 단위로서 인치(inch)를 사용할 때 E의 단위는 lb/in^2(보통 간단히 psi로 표시한다)이다. 몇 가지 재료에 대한 대표적인 E의 값을 표 2.1에 소개하여 놓았다. 예를 들면, 철강의 E값은 대략 205 GN/m^{2}이다.

E를 정의한 식을 고쳐 쓰면 신장량 δ를 다음과 같이 표현할 수 있다.

$$\delta = \frac{PL}{AE} \tag{2.2}$$

식 (2.2)는 많은 재료에 대하여 하중과 변형에는 선형적 관계가 있다고 처음으로 밝힌

표 2.1

재료	E, psi	E, kN/m^2
텅스텐 카바이드	$60-100 \times 10^6$	$410-690 \times 10^6$
텅스텐	58×10^6	400×10^6
몰리브덴	40×10^6	275×10^6
산화 알루미늄	47×10^6	325×10^6
강과 철	$28-30 \times 10^6$	$194-205 \times 10^6$
황동	15×10^6	103×10^6
알루미늄	10×10^6	69×10^6
유리	10×10^6	69×10^6
주철	$10-20 \times 10^6$	$69-138 \times 10^6$
목재	$1-2 \times 10^6$	$6.9-13.8 \times 10^6$
나이론, 에톡시 등	$4-8 \times 10^4$	$27.5-55 \times 10^4$
콜라겐	$2-15 \times 10^3$	$13.8-103 \times 10^3$
연고무	$2-8 \times 10^2$	$13.8-55 \times 10^2$
평근육	$2-150$	$13.8-1034$
엘라스틴	$50-100$	$345-690$

1 N/m^2 = pascal (Pa)

Robert Hooke의 이름으로 유래한 Hooke의 법칙(Hooke's law)[2]의 간단한 형태이다(그는 1.10절에서 기술한 Hooke's joint의 발명자이기도 하다). 고체 봉이 양 끝단에 하중을 받을 경우, 하중-변형 곡선이 선형이면 이것은 마치 코일 스프링과 똑같은 작용을 한다는 것을 강조하여 두는 바이다. 만일 "스프링"을 단면적 10^3 mm^2이고 길이가 1 m인 강재봉이라고 하면 봉의 스프링상수는 식 (2.2)에 의하여 다음과 같이 된다.

$$k = \frac{P}{\delta} = \frac{AE}{L} = \frac{10^3 \times 10^{-3} \times 205}{1} = 205\,\text{GN/m}$$

만일 재료의 특성이 비선형이면, 단축하중-신장 관계를 하나의 상수로 대표한다는 것은 불가능하다. 실제로 이러한 관계는 그림 2.6(b)에서 표현된 바와 같이 실제 곡선으로 관계를 규정하는 것이 필요하다. 비선형 하중-신장 곡선을 갖는 재료에 관계되는 해석문제는 하중-신장 관계를 식 (2.2)와 같이 간단한 해석적인 식으로 표시될 수 있는 선형재료에 대한 해석문제에 비해 보면 일반적으로 훨씬 복잡하다. 이러한 이유로, 재료가 약간의 비선형 특성을 가질 경우에는 통상 자료(data)를 근사적인 방법을 통하여, 가급적 이 비선형 특성을 대표할 수 있는 직선의 경사를 갖도록 한다. 주철, 동, 아연은 표에 탄성계수를 표시하여 선형재료로 취급할 수 있을 정도로 경미한 비선형재료의 한 예이다. 다음의 절에서는 선형재료에 관한 문제에 추가하여 비선형재료의 실제적인 하중-신장 곡선을 이용하는 문제까지도 다루기로 한다. 실제의 비선형 하중-신장 곡선을 사용하여 문제를 해석하면, 선형재료로 가정하고 문제를 다룰 경우 얻을 수 없는 것들을 고찰해 낼 수 있다고 믿어진다.

[2] 일축하중 이상에 대한 Hooke의 법칙에 대하여서는 제5장에서 토의할 예정이다.

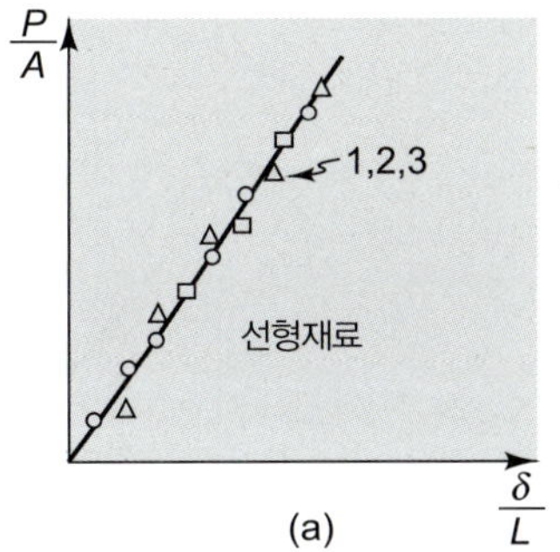

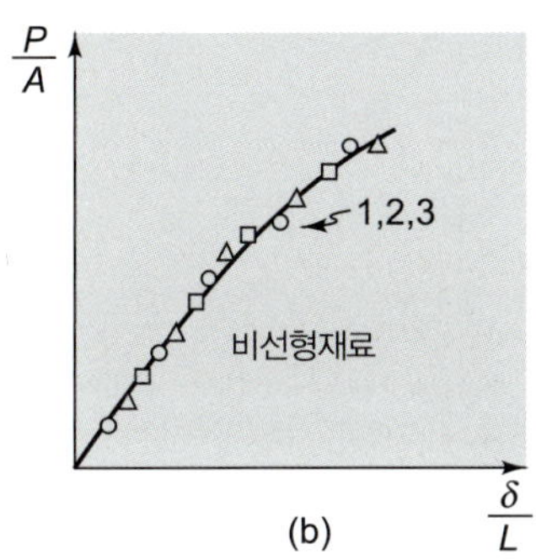

그림 2.6 그림 2.5(b), (c)의 단축하중상태의 데이터를 P/A와 δ/L의 관계 변환한 그래프

대부분의 재료에 대하여 작은 변형 범위 내의 실험 결과, 압축력에 의한 단축량은 동일한 크기의 인장력에 의한 신장량과 같다는 것이 밝혀졌다. 따라서 앞으로 식 (2.2)와 그림 2.6의 곡선은 인장에서뿐만 아니라 압축에 있어서도 재료의 특성을 표현한다고 가정한다.

2.4 정정인 경우 *Statically Determinate Situations*

식 (2.1)이 의미하는 여러 개념에 대하여 익숙해지는 가장 좋은 방법은 여러 문제를 이 식을 사용하여 풀어보는 것이다. 이 절에서는 정정문제, 즉 변형의 기하학적 관계를 고려하지 않고 직접 모든 힘을 계산할 수 있는 문제들을 예를 들어 생각하여 보기로 한다.

예제 2.4 그림 2.7은 20 kN의 하중을 지지하고 있는 삼각형 구조물의 그림이다. 이 구조물은 예제 1.3에서 검토하였던 구조물과 동일한 구조물로, 다만 이 예제의 그림에서는 부재의 형상과 크기, 그리고 연결지점의 특성 등을 보다 상세하게 규정하였다. 우리의 목적은 체인호이스트(chain hoist)에 매달려 있는 20 kN의 하중 때문에 생기는 점 D의 변위를 예측하는 것이다.

이 시스템의 특성을 대표할 수 있는 모델로는, 예제 1.3에서 최종적으로 선정하였던 모델을 동일하게 선정하겠다. 이 모델[그림 2.8(a)]의 핵심은 C점에서의 볼트체결 부위를 마찰이 없는 핀 연결상태라고 가정하는 것이다. 식 (2.1)의 단계를 따라 이 모델을 해석해 보자.

힘의 평형

부재에 작용하는 힘은 예제 1.3에서 계산되었다. 이들 값은 그림 2.7(b)의 자유물체도에 표시된 것과 같다.

힘–변형 사이의 관계

식 (2.2)를 사용하면 양단에 작용하는 힘에 의한 부재 BD와 CD의 변형을 계산할 수 있다. 이들 변형은 다음과 같이 계산된다.

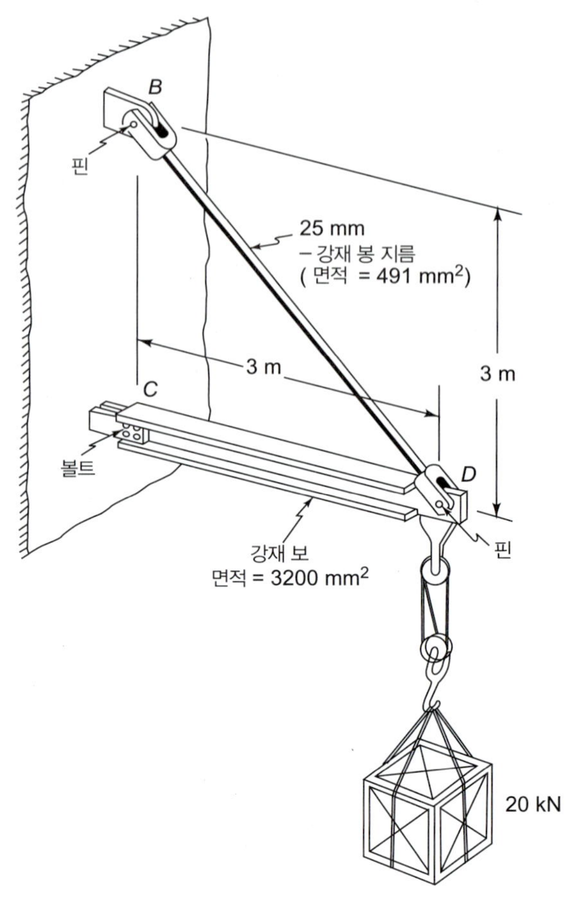

그림 2.7 예제 2.4

$$\delta_{BD} = \left(\frac{FL}{AE}\right)_{BD} = \frac{28.3(4.242\times10^3)}{0.491\times10^{-3}(205\times10^6)} = 1.19\,\text{mm} \qquad \text{신장}$$

$$\delta_{CD} = \left(\frac{FL}{AE}\right)_{CD} = \frac{20(3\times10^3)}{3.2\times10^{-3}(205\times10^6)} = 0.0915\,\text{mm} \qquad \text{압축} \tag{a}$$

기하학적 적합성

변형의 기하학적 적합성이 이루어지려면, 봉 *BD*와 *CD*가 위에서 계산한 길이만큼 길이가 변화한다 하더라도 봉은 직선을 그대로 유지되어야 함은 물론 봉들은 *D*에서 체결된 상태로 연결이 유지되어야 한다. 이 조건이 달성되기 위한 메커니즘을 그림 2.8(c)에 도시하여 놓았다. 여기서 만약 *D*의 연결핀을 빼고 각 봉을 각각 δ_{BD}, δ_{CD}만큼 신축시켰다면, 이들 봉들은 그림 2.8(c)와 같이 각각 BD_1과 CD_2의 길이로 변화될 것이다. 양쪽 봉의 길이를 더 이상 변화시키지 않고 봉 BD_1과 CD_2를 그대로 각각 *B*와 *C*를 중심으로 하여 회전시키면, 끝점인 D_1과 D_2를 한 점에 일치시킬 수 있다는 것을 그림을 통하여 알 수 있다. 따라서 구조물의 *D*점에 20 kN의 하중을 가하면 점 *D*는 D_3로 변형한다. 이 구조물의 변형 후의 형상은 그림 2.8(c)에서 점선으로 표시된 것과 같다.

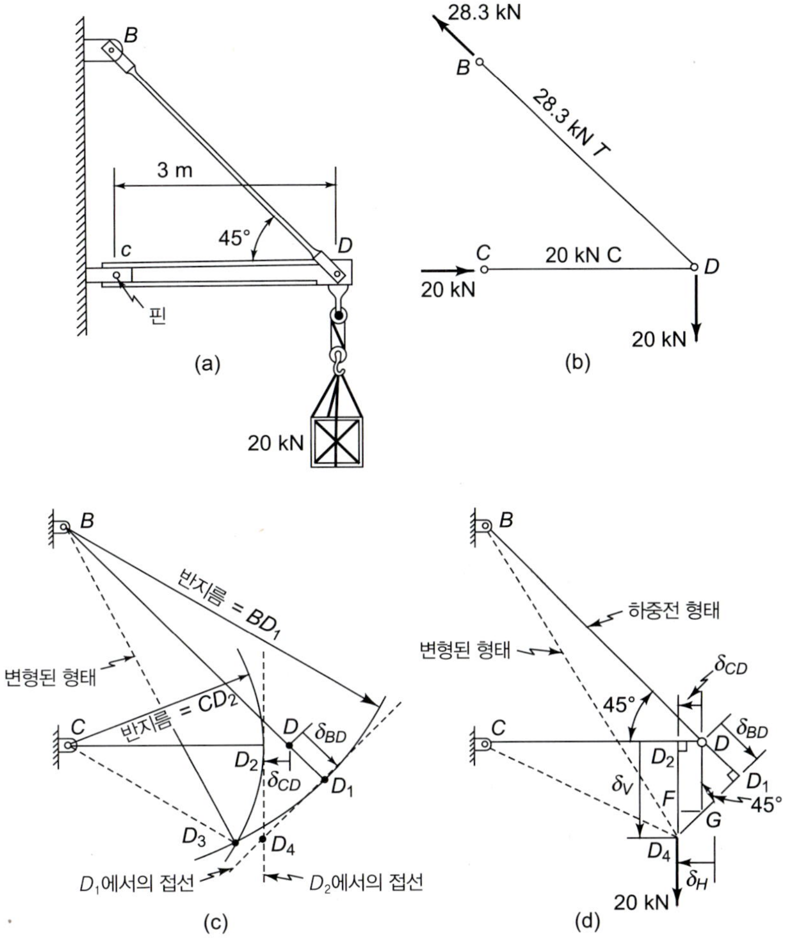

그림 2.8 예제 2.4

그림 2.8(c)에서 두 원호의 교점 D_3의 위치를 계산해 낸다는 것은 그리 쉬운 문제가 아니다. 다행히도 봉의 변형이 원 길이에 비하여 극히 작은 양이므로(그림 2.8에 표시한 변형은 크게 과장하여 그려 놓았다), 두 원호를 D_1, D_2에서 그은 접선으로 대치하여 D_3 대신 이들 두 접선의 교점 D_4를 가지고 정확도를 유지하면서 근사값으로 D의 변위로 구할 수 있다. 이러한 근사해법은 문제를 간단히 하면서도 정확도가 크게 유지되므로, 구조물의 처짐에 관한 모든 공학적 계산에 실제적으로 적용되고 있다.

원호를 접선으로 대치하는 근사적 해법을 사용하여, 점 D가 D_4로 변형할 때 수평변위와 수직변위의 계산은 그림 2.8(d)에 도시하였다. 먼저 BD와 CD의 연장선상에 δ_{BD}와 δ_{CD}만큼의 변형을 잡아, 각각 D_1과 D_2에서 수선(접선) D_1G와 D_2F를 긋는다. 이들 수선은 구하고자 하는 점 D_4에서 교차한다. 변위의 근사점 D_4가 얻어지면, 그림 2.8(d)의 기하학적 관계로부터 다음 결과가 얻어진다.

$$\begin{aligned} \delta_H &= \delta_{CD} = 0.0915 \text{ mm} \\ \delta_V &= D_2F + FD_4 \\ &= DG + FG \\ &= \sqrt{2}\delta_{BD} + \delta_{CD} = 1.77 \text{ mm} \end{aligned} \tag{b}$$

이렇게 되어, 그림 2.7의 구조물에서 점 D의 변위를 예측하는 목적이 달성된다. 제1장에서 기술한 바와 같이, 제8장에서 실제적인 구조물에 대해 다른 모델을 선정하여 이 문제를 다시 다루기로 한다. 그때 위에서 계산한 변위가 공학적으로 적절한 정밀도를 갖는 계산임을 알게 될 것이다.

식 (2.1)의 단계를 따라 변형할 수 있는 구조물을 해석할 때는, 제1단계인 평형조건은 변형된 기하학적 형상에 대하여 평형조건이 만족되어야 한다. 그러나 대부분의 공학적 응용에 있어서는 변형이 극히 미소하므로 **변형하기 전**의 기하학적 형태에 평형조건을 적용하여도 공학적으로 충분한 정확도를 갖는다. 이 근사법의 한 예로서 그림 2.8(b)에 표시된 힘은 변형 전의 구조물에 평형조건을 적용하여 얻은 값들이다. 만일 평형조건을 그림 2.8(d)와 같은 변형된 기하학적 형상에 적용하더라도 봉에 작용하는 힘은 그림에 표시된 값과는 의미 있을 만큼의 차이가 생기지 않는다(BD에 생기는 인장력은 12 N만큼 감소하고, CD에 생기는 압축력은 0.6 N만큼 감소한다). 제9장에서 본질적으로 변형된 형상에 평형조건을 적용하여야 하는 문제들을 다루기로 하겠다.

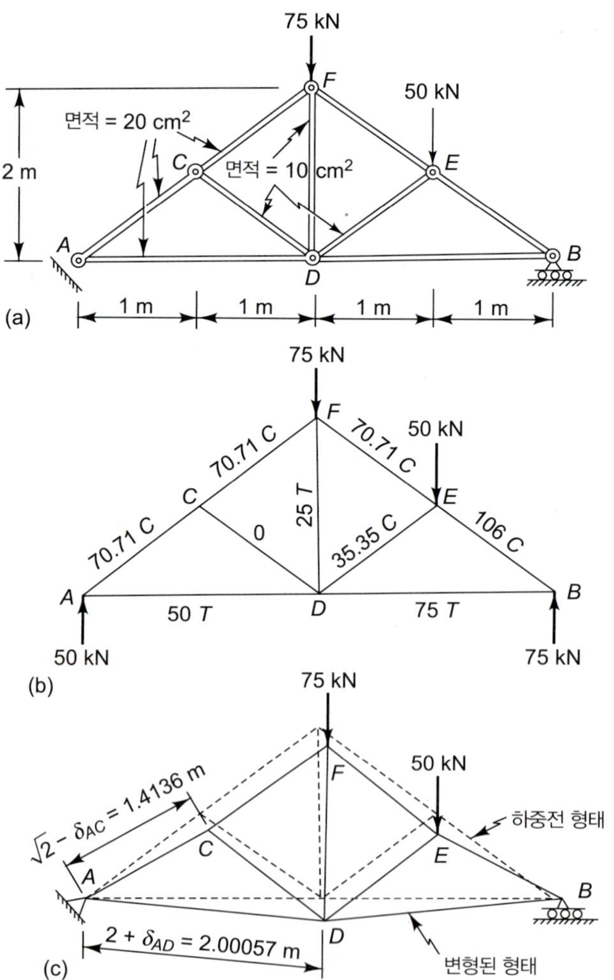

그림 2.9 예제 2.5

예제 2.5 그림 2.9(a)는 동일한 하중상태를 받고 있는 예제 1.4의 트러스의 문제이다. 이 트러스의 재료는 알루미늄으로 외곽봉의 단면적은 20 cm^2이며, 내부 부재 3개의 단면적은 10 cm^2이다. 그림 2.9(a)와 같은 하중이 트러스에 작용할 때 각 부재의 길이가 어떻게 변하는가 계산하고자 한다.

여기서 적용모델로 예제 1.4에서 선택하였던 모델과 꼭 같은 것을 채택하였다. 즉 B의 롤러 지지점에는 수직 반력만이, 그리고 각 부재에 생기는 힘은 부재의 길이방향으로만 작용한다. 이 모델에 식 (2.1)의 3단계를 적용하면 다음 결과를 얻을 수 있다.

힘의 평형

예제 1.4 풀이와 유사한 방법으로 부재의 힘을 해석하면, 트러스의 각 부재에 걸린 힘이 계산된다. 그림 2.9(b)에 그 결과를 보여주는데, 그림에서 기호 T와 C는 부재에 걸린 힘이 인장 혹은 압축인지를 나타내는 데 사용하였다.

변형의 기하학적 적합성

트러스의 부재는 일련의 삼각형을 형성하고 있으며, 전체 트러스는 이들 삼각형의 집합체이다. 만일 핀에 마찰이 없고 또 자유스러운 회전이 허용된다면, 어떤 하나의 삼각형을 형성하는 3개의 부재는 부재의 길이가 변형 후에도 역시 하나의 삼각형을 형성한다. 또한 이 예제에서는 B점의 롤러 지지점이 트러스를 구성하는 삼각형들이 변형에 순응해서 수평방향으로 자유로이 움직이므로, 인접하고 있는 삼각형은 서로 독립적으로 변형할 수가 있다. 이러한 사실로부터 트러스의 각 부재는 다른 부재로부터 아무런 구속을 받지 않고 자유로이 신축이나 압축할 수 있다고 결론내릴 수 있다. 트러스의 전체적인 거동을 그림 2.9(c)에 표시하였으며 여기서 알기 쉽게 예시하기 위하여 변형을 크게 과장하여 그렸다.

힘-변형의 관계식

트러스의 각 부재에 대한 변형은 식 (2.2)로부터 구할 수 있다. 예를 들면, 삼각형 ACD를 구성하는 3개의 부재의 변형은

$$\delta_{AC} = \left(\frac{FL}{AE}\right)_{AC} = \frac{70.71(\sqrt{2})}{25\times10^{-4}(70\times10^{6})} = 0.057\ \text{cm} \qquad \text{압축}$$

$$\delta_{AD} = \left(\frac{FL}{AE}\right)_{AD} = \frac{50(2)}{25\times10^{-4}(70\times10^{6})} = 0.057\ \text{cm} \qquad \text{신장}$$

$$\delta_{CD} = \left(\frac{FL}{AE}\right)_{CD} = 0$$

트러스의 다른 부재들의 길이 변화도 같은 방법으로 계산할 수 있다.

그림 2.9(c)의 트러스에서 임의의 한 점, 예를 들면 점 D의 변위를 결정하는 문제는 상당히 귀찮은 계산이 따른다. 그러나 예제 2.4에서 보여준 바와 같이 그 계산하는 원리는 간단하다. 변위계산을 용이하게 하기 위한 컴퓨터 프로그램이 개발되었다. 절 2.6에서 선형탄성구조체의 처짐 계산을 위한 편리한 방법인 **에너지법**(*energy method*)을 설명하겠다.

예제 2.6(a) 그림 2.10(a)에서 보는 바와 같이 단단한 수평보 AB가 동일단면적을 갖고, 길이가 서로 다른 연한 동봉 AC, BD로 지지되어 있다. 동에 대한 하중-변형 선도는 그림 2.10(b)와 같다. 150 kN의 수직 하중이 단단한 수평보 위를 구를 수 있는 롤러에 매달려 있다. 롤러에 하중을 걸었을 때, 변형 후에도 보가 수평이 유지되게끔 하려면 롤러의 위치를 어디로 하면 되겠는가? 또 하중을 150 kN으로부터 300 kN으로 증가시켰을 때도 같은 위치에서 보가 수평을 유지할 수 있겠는가?

문제를 해석하기에 앞서 이 예제는 근본적으로 예제 2.2에서 다룬 문제와 동일하다는 것을 지적하고자 한다. 즉, 이 문제는 두 개의 "스프링"에 의하여 지지되어 있는 단단한 보에 수직 하중을 작용시킬 때, 두 스프링이 정해진 변형을 일으키기 위한 하중위치를 계산하는 것이다. 그러나 이 예제는 "스프링"의 비선형 특성 때문에 예제 2.2보다도 계산이 더 복잡하다.

이 시스템의 특성을 대표하는 모델로 그림 2.10(c)과 같이 선정하였다. 이 모델에서 점 A와 B는 각각 수직으로 변위하여 A'와 B'에 위치하고, 보는 강체로 볼 수 있을 만큼 충분히 단단하다고 가정한다. 또한, 보와 수직 봉 사이에는 아무런 수평력이나 모멘트도 작용하지 않는다고 가정한다. 이 모델에 식 (2.1)의 3단계를 적용하면 다음과 같은 결과를 얻는다.

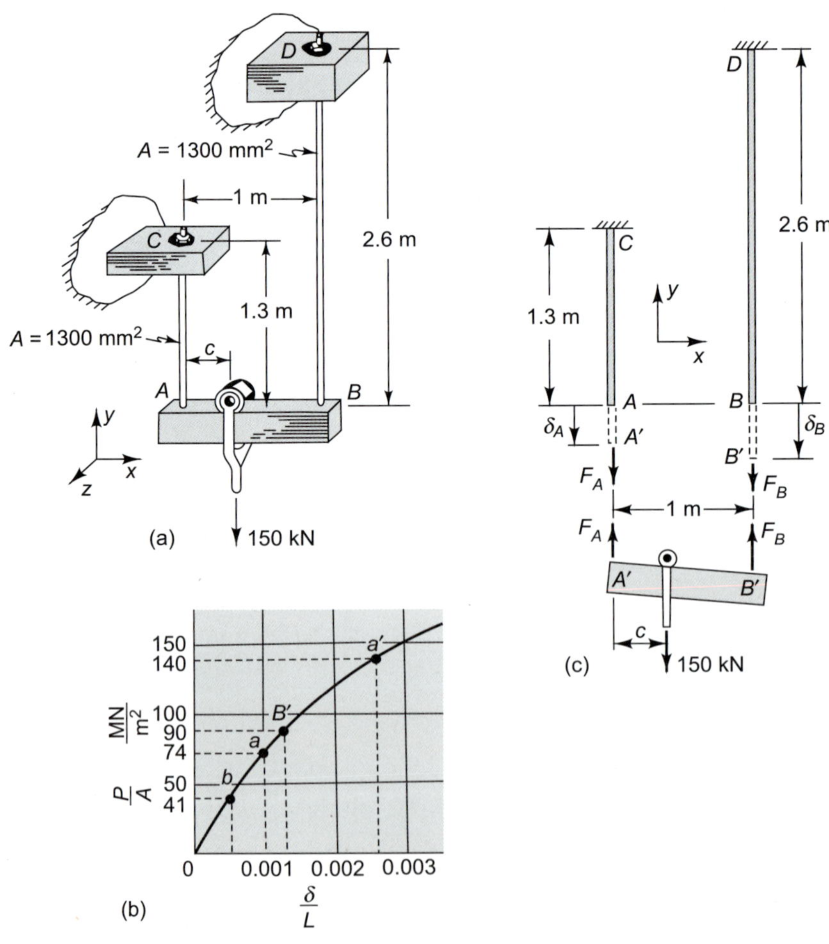

그림 2.10 예제 2.6(a)

힘의 평형

그림 2.10(c)의 보의 자유물체도에 대한 평형조건 $\Sigma\mathbf{F} = 0$, $\Sigma\mathbf{M} = 0$은

$$\Sigma F_y = F_A + F_B - 150 = 0$$
$$\Sigma M_{A'} = F_B - c(150) = 0 \tag{a}$$

일 때 만족된다.

기하학적 적합성

보는 회전 없이 아래 방향으로 움직이므로,

$$\delta_A = \delta_B \tag{b}$$

가 성립하여야 한다. 이 등식을 적용하면, 그림 2.10(a)의 봉의 길이로부터 다음 관계식을 얻을 수 있다.

$$\frac{\delta_A}{L_A} = \frac{\delta_B}{L_A} = \frac{\delta_B}{1.3} = 2\frac{\delta_B}{2.6} = 2\frac{\delta_B}{L_B} \tag{c}$$

힘-변형의 관계식

그림 2.10(b)의 선도는 힘과 신장 사이의 관계를 나타내는 선도이다. 예를 들면, 이 선도에서

$$F_B/A_B = 100\ \text{MN/m}^2,\ \text{그 결과}\ \delta_B/L_B = 0.0015 \tag{d}$$

이다.

관계식 (a), (c) 및 식 (d)는 식 (2.1)의 3단계를 표현한 식이다. 다시 말하자면, 이들 식은 이 문제를 물리학적으로 해석한 결과를 나타낸 식이다. 여기서 롤러의 정확한 위치를 찾아내려면 식 (a), (c) 및 식 (d)를 수학적으로 연립시켜야 한다. 식 (a)의 제1식을 A_A로 양 변을 나누면 다음과 같다.

$$\frac{F_A}{A_A} + \frac{F_B}{A_A} = \frac{150}{A_A}$$

이 식에 A_A 대신 $A_A = A_B = 1300\ \text{mm}^2$을 대입하면, 다음 관계를 얻는다.

$$\frac{F_A}{A_A} + \frac{F_B}{A_A} = 115\frac{\text{MN}}{\text{m}^2} \tag{e}$$

우선 임의의 δ_B/L_B 값을 가정한 후, 식 δ_A/L_A를 계산하기 위해 (c)를 적용하여 그림 2.10(b)에 대입하면 F_B/A_B와 F_A/A_A의 값을 구할 수 있다. 그 후, 이들 값이 식 (e)을 만족하는지 확인하여야 한다. 만일 식 (e)의 관계가 성립하지 않으면 다시 δ_B/L_B를 추측하여 F_A/A_A와 F_B/A_B의 새로운 값을 얻어낸다. 이와 같은 계산과정을 식 (e)의 관계가 성립할 때까지 되풀이 진행하면 그림 2.10(b)의 점 a와 b를 찾을 수 있다. 이들 점들의 값으로부터

$$\frac{F_A}{A_A} = 74\ \text{MN/m}^2 \qquad F_A = 96.2\ \text{kN}$$
$$\frac{F_B}{A_B} = 41\ \text{MN/m}^2 \qquad F_B = 53.3\ \text{kN} \tag{f}$$
$$\frac{\delta_A}{L_A} = 0.001\ \text{m/m} \qquad \delta_A = \delta_B = 1.3\ \text{mm}$$

F_B의 값은 식 (a)의 제2식에 대입하면, 요구하는 롤러의 위치 c를 얻을 수 있다.

$$c = 0.355 \text{ m} \tag{g}$$

하중 300 kN인 경우에 대하여도 같은 방법으로 해석을 되풀이하면, 해는 그림 2.10(b)의 점 a', b'와 같이 주어지며, 결과는 다음과 같다.

$$\begin{aligned} F_A &= 182 \text{ kN} \\ F_B &= 118 \text{ kN} \\ \delta_A &= \delta_B = 1.69 \text{ mm} \\ c &= 0.393 \text{ m} \end{aligned} \tag{h}$$

c의 값이 앞에서 얻어진 결과와 다르다고 그리 놀라운 일이 아니다. 왜냐하면, 비선형 재료는 하중의 증가분이 같다 하더라도 신장의 증가분이 다르기 때문이다. 예를 들면, 그림 2.10(b)에서 P/A가 50 MN/m^{2}일 때 δ/L의 값은 0.0006이나 추가적인 50 MN/m^{2}의 증가로 δ/L은 0.0009 증가한다.

예제 2.6(b) 그림 2.11(a)와 같이 강체의 활에 활줄이 매여있다. 수직방향으로 서있는 활줄을 힘 F로 δ만큼 잡아당겨 수직선과 활줄이 그림과 같이 θ의 각도가 되었다. 이때 힘 F와 변형 δ_{CD}의 상관관계를 구하여라. 단 여기서 활줄은 선형 스프링과 같이 변형한다고 가정한다.

활

힘과 변형에 대한 관계, 즉 F vs δ는 아래와 같이 도시되어 있다. 활줄은 초기에 인장력을 받고 있는 상황이다.

여기서

$$\begin{aligned} k\delta_{AC} &= F_{AC} \\ 2F_{AC} &= F/\sin\theta \\ \delta_{AC} &= A_C - A_B/2 \\ &= L/\cos\theta - L = L\,(L/\cos\theta^{-1}) \end{aligned} \tag{a}$$

$$\therefore \quad 2F_{AC} = 2k\delta_{AC} = 2kL\,(1/\cos\theta^{-1})$$

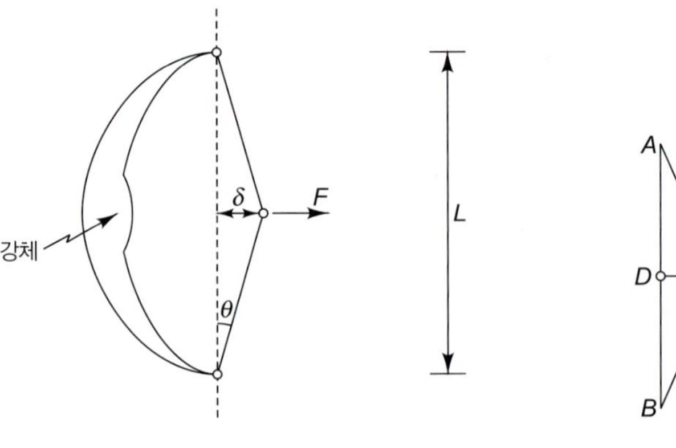

그림 2.11(a) 예제 2.6(b)

그림 2.11(b) 초기 인장상태의 활줄

F

δ_{CD}

그림 2.11(c) 하중과 변형에 대한 그래프

식 (a)로부터
$$F = 2\,kL\,(\tan\theta - \sin\theta) \qquad \text{(b)}$$
$$\delta_{CD} = L\tan\theta$$
$$\tan\theta = \frac{\delta_{CD}}{L},\quad \sin\theta = \frac{\delta_{CD}}{(\delta_{CD}^2 + L^2)^{1/2}} \qquad \text{(c)}$$

식 (c)를 식 (b)에 대입하면 다음과 같다.

$$\begin{aligned} F &= 2kL\left(\frac{\delta_{CD}}{L} - \frac{\delta_{CD}}{(\delta_{CD}^2 L^2)^{1/2}}\right) \\ &= 2k\delta_{CD}\left(1 - \frac{1}{\left[\left(\frac{\delta_{CD}}{L}\right)^2 + 1\right]^{1/2}}\right) \\ &= 2k\,\delta_{CD}\left(1 - \frac{1}{(\tan^2\theta + 1)^{1/2}}\right) \\ &= 2k\delta_{CD}\,(1 - \cos\theta) \\ &= 2k\delta_{CD}\cdot 2\sin^2\theta/2 \\ &= 4k\delta_{CD}\sin^2\theta/2 \end{aligned}$$

여기서, 작은 θ에 대해서는 $\cos\theta = 1 \quad \Rightarrow \quad F = 0\,!$

만약 $\sin\theta/2 = \theta/2$이면,

$$F = k\,\delta_{CD}\cdot\theta^2$$
$$F = k\frac{\delta_{CD}^3}{L^2}$$

이 된다. 그러므로 비선형 반응을 얻게 된다.

여기서 중요한 점은 선형 스프링으로부터 아래의 그림과 같이 비선형적 반응의 결과를 얻었다는 것이 가능하다는 사실을 강조하는 바이다.

■ ■ ■

예제 2.7 내부의 반지름 r, 두께 t, 폭 b인 얇은 링(ring)이 그림 2.12(a)에서 보는 바와 같이, 내부의 전체가 균일한 내압 p를 받고 있다. 링을 축방향에서 바라본 그림은 그림 2.12(b)에 그려져 있다. 우리는 여기서 링에 작용하는 힘을 계산하고자 한다. 또한 내압에 의한 링의 변형도 계산하고자 한다.

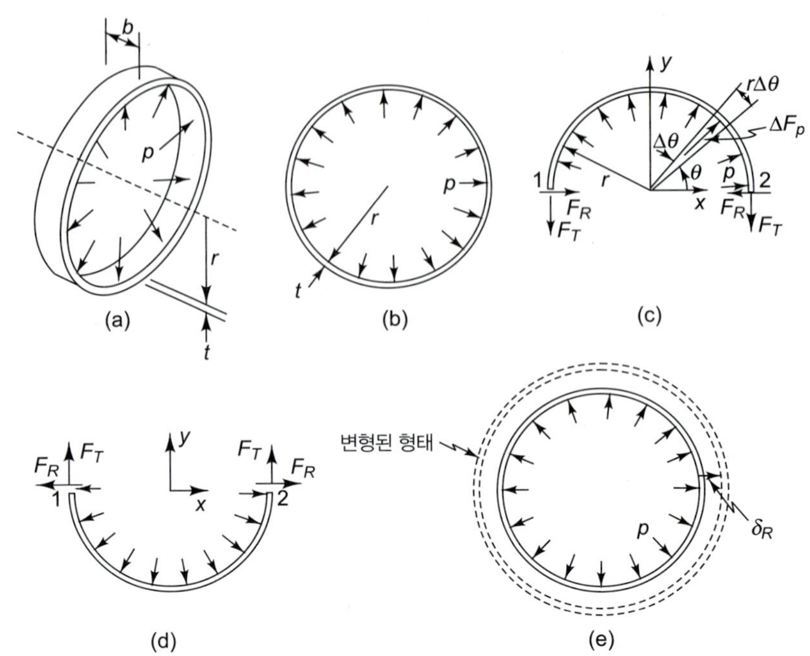

그림 2.12 예제 2.7

링의 거동에 대한 모델은 그림 2.12(c)에 표시하여 놓았는데 그림은 링의 지름을 절단하여 얻어지는 링의 자유물체도이다. 두 절단점 1과 2에는 내압에 저항하는 접선방향 힘 F_T와 반경방향 힘 F_R이 작용하게 된다고 가정한다. 만일 단면 1에 접선방향 힘 F_T와 반경방향 힘 F_R이 작용하고, 그의 방향이 임의로 그림 2.12(c)와 같다고 가정하면, 단면 2에 작용하는 힘은 링 자체의 대칭성, 하중상태의 대칭성 때문에 자동적으로 그림에 표시한 방향으로 F_T와 F_R이 작용한다는 것은 당연하다. 이제, 이 모델에 식 (2.1)의 관계를 적용한다.

힘의 평형

그림 2.12(c)의 자유물체도를 상세히 검토하기 전에, 그림 2.12(d)의 링의 다른 반쪽의 자유물체도를 먼저 조사하는 것도 문제해결에 도움이 된다. 그림 2.12(d)의 자유물체도에 작용하는 힘 F_T와 F_R의 크기와 방향은 Newton의 제3법칙에 따라 그림 2.12(c)과 같이 된다. 그런데 힘 F_T는 링의 두 반쪽에 같은 양상으로 작용하나 힘 F_R은 위 반쪽에서는 안쪽으로, 아래 반쪽에서는 바깥쪽으로 작용하게 된다. F_R의 이와 같은 작용은 링의 두 반쪽이 절단지름에 대해서도 대칭을 이루어야 한다는 우리들의 기대를 어긋나게 한다. 이러한 모순은 다만 한 가지 방법만으로 해결할 수 있는데, 즉 반경방향 힘 F_R은 0이어야 한다. 따라서 링을 어느 지름으로 절단하더라도 절단 단면상에 작용하는 힘은 접선방향 힘 F_T만이 작용한다고 결론을 내릴 수 밖에 없다.

그림 2.12(c)의 자유물체도로 돌아와서, 링의 중심점에 관한 모멘트 평형조건이 만족되어야 함을 알 수 있다. 또한, x 방향의 힘의 평형은 대칭으로부터 만족된다는 사실을 쉽게 이해할 수 있다. 따라서 평형을 유지하기 위해서는 다만 y 방향의 힘에 대한 평형만이 요구된다. 링의 안쪽 표면상에 $r\Delta\theta$의 길이를 갖는 링을 생각하면, 이 원호에 가해지는 반지름방향의 힘은

$$\Delta F_p = p[b(r\,\Delta\theta)] \tag{a}$$

와 같이 표시되며 이 힘의 y 방향 성분은 다음과 같다.

$$\Delta F_y = \Delta F_p \sin\theta = p[b(r\,\Delta\theta)]\sin\theta \tag{b}$$

$\Delta\theta \to 0$의 극한의 경우, 그림 2.12(c)의 자유물체도에 작용하는 힘 ΔF_y의 총 합은 다음과 같은 힘의 평형을 나타내는 적분 공식으로 표현된다.

$$\Sigma F_y = \int_{\theta=0}^{\theta=\pi} pbr\sin\theta\,d\theta - 2F_T = 0 \tag{c}$$

식 (c)를 적분하고 정리하면 다음 관계를 얻는다.

$$F_T = prb \tag{d}$$

여기서 식 (b)의 항$[(r\Delta\theta)\sin\theta]$은 원호길이 $r\Delta\theta$를 x축상에 내린 투영된 것에 이해하면 매우 흥미로운 결론을 얻을 수 있다. 즉, 힘 ΔF_y는 y 방향에서 본 투영면적에 압력 p가 작용할 때의 힘과 수치상 같다는 것을 알 수 있다. 이러한 사실은 모든 각 원호 요소에 대해서도 성립하므로, 투영면적이 $2rb$인 링의 반쪽 전체에 대해서도 성립하여야 한다. 그러므로 링의 반쪽에 대한 평형방정식은 다음과 같이 쓸 수 있다.

$$\Sigma F_y = p(2rb) - 2F_T = 0 \tag{e}$$

힘-변형 관계

링이 두께가 t, 폭이 b, 길이가 $2\pi(r + t/2)$이고, 식 (d)에서 주어진 인장력 F_T를 받는 평평한 평판으로 생각해보자. 이러한 모델을 사용하여 우리들은 식 (2.2)로부터 링의 원주길이의 증가 δ_T는 다음 식으로 계산된다.

$$\delta_T = \frac{F_T[2\pi(r+t/2)]}{(bt)E} = \frac{2\pi pr^2}{tE}\left(1+\frac{t}{2r}\right) \tag{f}$$

기하학적 적합성

반지름 r인 원의 원주길이는 $2\pi r$이므로, 링의 원주길이의 증가 δ_T는 그림 2.12(e)에 표시한 바와 같이 반지름의 증가 δ_R을 동반하게 된다.

$$\delta_R = \frac{\delta_T}{2\pi} \tag{g}$$

식 (f)을 대입하면

$$\delta_R = \frac{pr^2}{tE}\left(1+\frac{t}{2r}\right) \tag{h}$$

와 같이 된다. 두께가 얇은 링에서는 $t/2r$의 값이 1에 비하여 무시할 수 있을 정도로 작은 값이므로, 얇은 두께(지름에 비하여)의 링에 관한 공학적 계산에 사용하는 다음 식을 얻을 수 있다.

$$\delta_R = \frac{pr^2}{tE} \tag{i}$$

앞에서 다룬 "얇은 링"에 대한 해석은 근사적 계산이며 많은 "공학적 근사법" 중에서 대표적인 예이다. 공학계산에서 근사 계산법을 사용하려면 부정확한 근사법으로부터 좋은 근사법을 판별하는 방법을 배워야 한다. 우리의 이러한 능력은 근사결과를 엄밀해의 결과나 혹은 실험결과와 비교하여 봄으로써 계발될 수 있다. 두께가 "두꺼운 링"의 경우에는 엄밀해가 존재하므로 위에서 다룬 얇은 링에 대한 근사해는 $t/r < 0.1$일 때 좋은 결과를 기대할 수 있다(5.7절 참조).

■ ■ ■

예제 2.8 이 문제의 상황을 그림 2.13(a)와 (b)에 도시하여 놓았다. 엔진시험에서 제동력은 레버 암 EF를 통하여 지름 600 mm인 관성바퀴(flywheel)에서 상단 원주의 절반에 접촉하고 있는 강재제 제동밴드(brake band) $CBAD$에 전달되고 있다. 제동밴드는 두께 1.6 mm, 폭 50 mm이고, 회전하고 있는 관성바퀴 표면에 대하여 동마찰계수 $f = 0.4$를 갖는 비교적

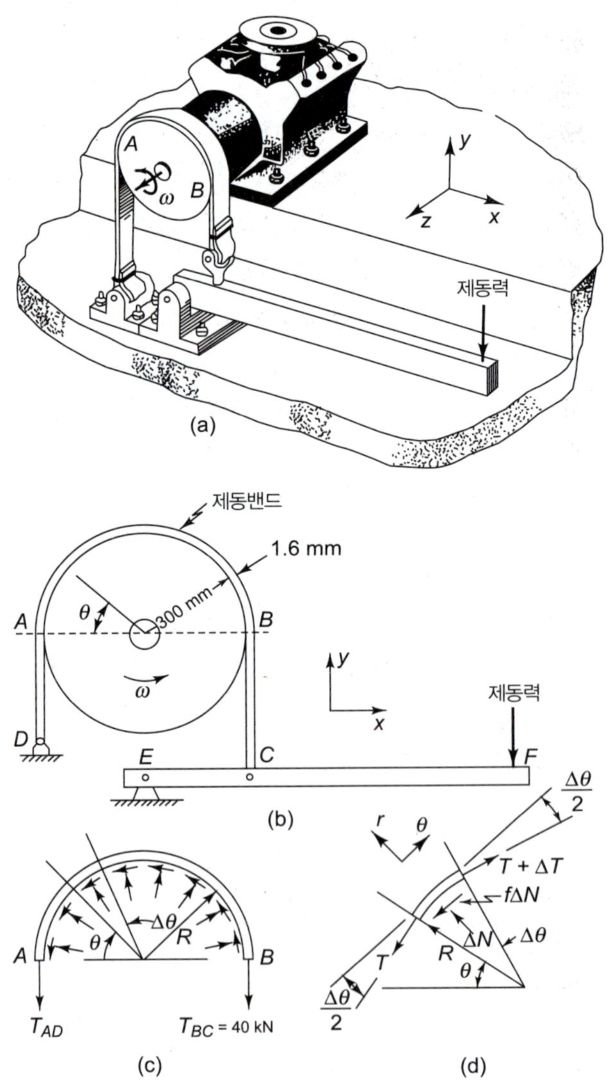

그림 2.13 예제 2.8

부드러운 재료로 구성되어 있다. 작업자가 제동밴드의 BC 부분에 40 kN의 인장력이 걸리게 끔 제동을 가할 때 제동밴드의 AB 부분에 얼마만큼의 신장이 발생하는가를 예측하고자 한다.

우리는 먼저 그림 2.13(c)에 나타난 바와 같이 제동밴드의 AB 부분을 모델로 선정하여 이에 대한 자유물체도를 그려 공식화를 시작한다. 제동밴드와 드럼(drum) 사이의 모든 접촉점에는 힘이 작용하고 있다. 이들 힘을 접촉면에 수직한 성분과 접선성분으로 표시하여 놓았다. 접선성분은 관성바퀴 표면과 제동밴드 사이에서 발생하는 마찰로 인한 것이므로, 이 힘을 제동밴드에 관성바퀴의 회전방향으로 작용한다고 그렸다. 그림 2.13(d)에는 제동밴드의 일부분에 대한 자유물체도를 표현한 것이다. 이 그림에서 제동밴드에 작용하는 접선력을 T로 나타냈는데, 이 힘은 원주에 따라서 변화하는 데 제동밴드의 길이 $R\,\Delta\theta$ 사이에서 생기는 T의 변화량을 ΔT로 가정하였다. 또 이 부분에 작용하는 반경방향 힘성분의 합력을 ΔN의 기호로 표시하였다. 따라서 마찰에 기인하는 힘의 접선성분은 $f\Delta N$이다. 힘 T는 전부 강재제의 제동밴드에 의하여 전달되고, 비교적 부드러운 내장재에 의해서는 전혀 전달되지 않는다고 가정한다. 이것으로 우리는 하중 전달기구에 대해 모델을 구체화하였으며 계산하고자 하는 변형의 예측에 적절한 기본자료를 제공한 셈이다.

인장력이 제동밴드에 따라서 변하므로, 제동밴드에 따른 인장력의 변화를 **미분방정식**으로 세워야 한다는 사실을 강조하는 것은 매우 중요한 일이다. 미분방정식은 그림 2.13(d)에 표시한 미소 요소를 택하여, 요소의 크기를 0으로 극소시키면 얻을 수 있다. 다시 말하면 요소를 무한하게 작게 되도록 하면, 제동밴드상의 한 점에서도 만족되어야 할 조건들을 발견하게 된다.

계속해서 앞에서 기술한 여러 예제와 같은 방법으로 식 (2.1)을 사용하여 해석을 진행하자.

힘의 평형

그림 2.13(d)에 있는 작은 요소에 작용하는 모든 힘이 한 점으로 모이는 형태(힘의 작용선이 한 점에서 교차하는)이므로, 평형조건은 $\Sigma\mathbf{F} = 0$일 때 만족된다. 모든 힘들은 $r\theta$ 평면에 평행하게 작용하므로 조건 $\Sigma\mathbf{F} = 0$은 r 방향과 θ 방향의 힘의 성분의 합이 각각 0이 되어야 한다는 조건이 성립하면 간단히 만족될 수 있다. 즉,

$$\begin{aligned}\sum F_r &= \Delta N - T\sin\frac{\Delta\theta}{2} - (T+\Delta T)\sin\frac{\Delta\theta}{2} = 0\\ \sum F_\theta &= (T+\Delta T)\cos\frac{\Delta\theta}{2} - T\cos\frac{\Delta\theta}{2} - f\,\Delta N = 0\end{aligned} \tag{a}$$

그림 2.13(d)의 자유물체에서 각 $\Delta\theta$는 극히 작은 각(극한적으로는 0)이라는 것에 유의하여야 한다. 미소각 θ의 경우에, 다음과 같은 근사값을 적용하는 것이 편리하게 자주 사용된다.

$$\sin\theta \approx \theta$$
$$\tan\theta \approx \theta$$
$$\cos\theta \approx 1$$

이들 근사값은 표 2.2에서 보여주는 바와 같이 놀라울 만큼 상당히 큰 θ값까지도 정확한 결과를 우리에게 준다. 이들 근사값을 사용하면 식 (a)는 다음과 같이 된다.

$$\Delta N - T\frac{\Delta\theta}{2} - (T + \Delta T)\frac{\Delta\theta}{2} = 0$$
$$(T + \Delta T) - T - f\Delta N = 0 \quad \text{(b)}$$

식 (b)의 제1식에서 $2T$에 비하여 ΔT를 무시하고, 또 이들 두 방정식으로부터 ΔN을 소거하면

$$\frac{\Delta T}{\Delta\theta} = fT \quad \text{(c)}$$

를 얻는다. $\Delta\theta \to 0$에 대한 극한값을 취하면 식 (c)는 다음과 같은 미분방정식이 유도된다.

$$\frac{dT}{d\theta} = fT \quad \text{(d)}$$

식 (d)를 적분하고, 경계조건 $\theta = 0$에서 $T = T_{AD}$를 적용하면, 해는 다음과 같이 얻는다.

$$T = T_{AD}e^{f\theta} \quad \text{(e)}$$

여기서, e는 자연대수이다. 조건 $0 = \pi$일때 $T = T_{BC} = 40$ kN을 적용하면, T_{AD}를 계산할 수 있다. 따라서

$$T = 40e^{0.4\theta}\,\text{kN} \quad \text{(f)}$$

평형조건만을 사용하여 제동밴드의 힘을 계산할 수 있었다. 그러므로 이 문제는 정정(statically determinate)문제이다. 신장을 계산하기에 앞서 제동밴드의 인장력 변화에 대한 놀랄 만한 성질에 관해서 강조하여 두고자 한다. 이 인장력은 각 위치에 따라 **지수적**(*exponentially*)으로 변화하는데 B에서의 인장력은 A에서의 장력의 3.5배에 달한다. 만일 제동밴드가 관성바퀴 전체 원주에 따라 완전히 한바퀴 감겨져 있다면 양단에서의 인장력의 비율은 12.3배에 달한다. 많은 기계에서 이와 같은 마찰 특성을 잘 이용하고 있는 것을 흔히 볼 수 있다. 부두에서 배를 잡아매는 말뚝(piling) 둘레에 로프를 몇번 감아 대형선박의 운동을 정지시킬 수 있는 것도 이와 같은 마찰 특성을 이용한 한 좋은 예이다.

힘-변형 관계식

길이 $R\,\Delta\theta$인 미소 요소에 식 (2.2)를 적용하면 신장 $\Delta\delta$를 다음과 같이 계산할 수 있다.

표 2.2

θ 각도	θ 라디안	$\sin\theta$	$\tan\theta$	$\cos\theta$
0	0	0	0	1
5	0.0873	0.0872	0.0875	0.9962
10	0.1745	0.1736	0.1763	0.9848
15	0.2618	0.2588	0.2679	0.9659

$$\Delta\delta = \frac{TR\Delta\theta}{AE} \tag{g}$$

여기서 신장은 제동밴드의 위치에 따라 변한다는 것을 알 수 있다. 전체 신장량을 계산하려면 제동밴드에 따라 증가분의 변화에 대한 적분을 하면 된다.

기하학적 적합성

제동밴드 A에서 B까지의 전체 신장 δ_{AB}는 그림 2.13(d)에서 표시한 바와 같이 길이 $R\,\Delta\theta$의 미소부분의 접선방향신장 $\Delta\delta$의 합이다. $\Delta\theta \to 0$에 대한 극한을 택할때, 이 합은 다음 적분식과 같이 된다.

$$\delta_{AB} = \int_{\theta=0}^{\theta=\pi} d\delta = \int_{\theta=0}^{\theta=\pi} \frac{TRd\theta}{AE} \tag{h}$$

식 (e)를 대입하고 적분하면, AB 부분의 신장이 계산된다.

$$\begin{aligned}\delta_{AB} &= \frac{T_{AD}R}{AE}\int_0^{\pi} e^{f\theta}d\theta = \frac{T_{AD}R}{AEf}(e^{f\pi}-1)\\ &= \frac{11.38(300)(e^{0.4\pi}-1)}{1.6(50)(10^{-6})(205\times10^{6})(0.4)} = 1.31\,\text{mm}\end{aligned} \tag{i}$$

2.5 부정정인 경우 *Statically Indeterminate Situations*

이번에는 시스템의 내부에서 힘의 분포되는 상황을 이해하기 위해, 반드시 시스템의 변형을 고려하여야 한다는 사실을 두 개의 예제를 통하여 설명하고자 한다.

예제 2.9 그림 2.14(a)는 길이 760 mm의 세 개의 봉에 12 N의 추를 매달아 놓은 시계의 진자를 나타낸 것이다. 세 개의 봉 중에서 양쪽에 있는 두 개의 봉은 황동(brass)으로, 나머지 봉은 강재로 만들어져 있다. 여기서, 우리는 12 N의 추 무게에서 각 봉이 어느 정도를 서로 분담하고 있는지를 찾고자 한다.

시스템에 대한 모델은 그림 2.14(b)와 같다. 상단의 지지부와 하단의 추는 충분히 단단해서 강체로 취급할 수 있다고 가정한다. 봉의 배열과 부하상태의 대칭성으로 볼 때 양측 황동봉은 서로 같은 크기의 하중을 견뎌야 할 것이고, 또 세 개의 봉은 같은 양만큼 신장하게 될 것이다. 이 모델에 식 (2.1)의 단계를 적용하면 다음 결과를 얻는다.

힘의 평형

힘 시스템의 대칭성 때문에 $\Sigma\mathbf{M} = 0$이 만족된다. 또 $\Sigma\mathbf{F} = 0$도 다음과 같은 조건에서 만족된다.

$$\Sigma F_y = 12 - F_S - 2F_B = 0 \tag{a}$$

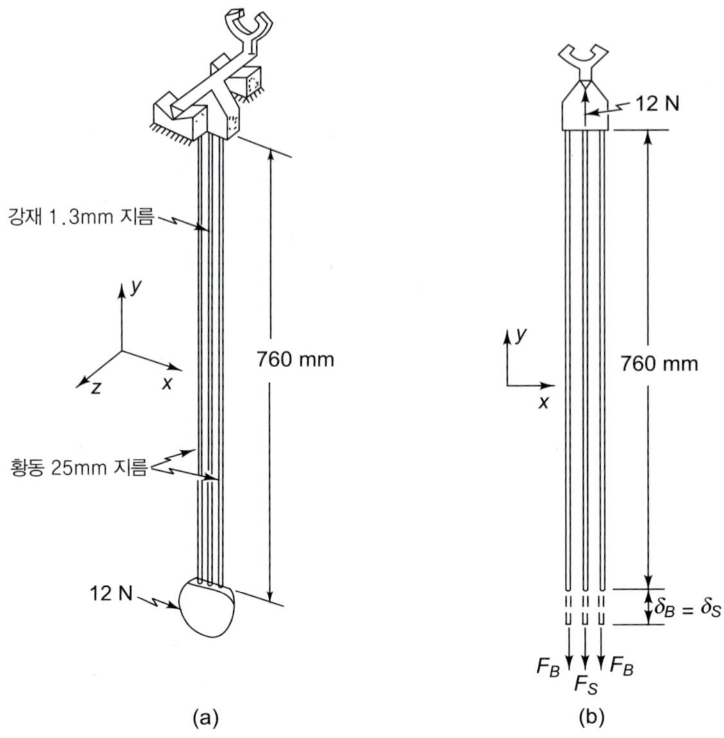

그림 2.14 예제 2.9

기하학적 적합성

세 개의 봉이 모두 같은 양만큼 늘어나게 되므로

$$\delta_S = \delta_B \tag{b}$$

힘-변형 관계식

식 (2.2)의 관계를 적용하면

$$\delta_S = \frac{F_S L_S}{A_S E_S} \qquad \delta_B = \frac{F_B L_B}{A_B E_B} \tag{c}$$

를 얻는다. 식 (b)과 식 (c)로부터 다음과 같이 계산된다.

$$F_S = \frac{A_S}{A_B}\frac{E_S}{E_B}\frac{L_B}{L_S}F_B$$

$$= \frac{(1.3)^2(200)760}{(2.5)^2(100)760}F_B = 0.541F_B \tag{d}$$

식 (a)와 식 (d)로부터 다음과 같은 결과를 얻는다.

$$F_S = 2.55 \text{ N}$$
$$F_B = 4.72 \text{ N}$$

■ ■ ■

예제 2.10(a) 그림 2.15(a)는 단단한 프레임 안에 장착한 두 개의 알루미늄 봉과 한 개의 강재봉, 그리고 BA와 45°의 경사를 이룬 스프링 EA로 구성되어 있는 어느 계측기의 지지 장치를 표시한 것이다. 조립 시 강재봉의 D에서 너트를 단단히 죄어, BAD는 틈새가 없이 유지되고 있다. 그 후 스프링 EA에 50 N의 힘이 생기게끔 충분히 잡아당겨 장착시켰다. 여기서 우리는 스프링 하중에 의하여 절점 A가 얼마만큼 처지는가(상대적으로 프레임에서)를 알고자 한다.

이 시스템에 대한 간단한 모델을 그림 2.15(b)과 같다고 설정할 수 있다. 프레임은 알루미늄 봉이나 강재봉에 비하여 근본적으로 강체라고 가정한다. 그러므로 점 B, C 및 D는 고정점으로 볼 수 있어, 처짐량은 이들 고정점을 기준으로 측정할 수 있다. 또한 강재봉은 점 D에서 핀으로 연결되어 있다고 보아도 무방하고 아주 만족스러운 근사값을 준다. 왜냐하면 강재봉 AD는 너트(nut)와 와셔(washer)에 의하여 제공되는 어떠한 회전구속도 무시할 수 있을 정도로 가늘고 긴(길이가 지름의 53배이다) 부재이기 때문이다. 마지막으로, 우리는 50 N의 스프링 힘이 작용하여 점 A에서 새로운 위치 A'로 움직였다고 그림 2.15(b)와 같이 가정한다. 이 모델에 식 (2.1)의 단계를 적용하면 다음과 같은 결과를 얻는다.

힘의 평형

그림 2.15(c)에서 보는 바와 같이, 절점 A의 자유물체도는 부재 AC와 AD 내에 걸리는 힘은 인장력, 부재 AB에 걸리는 힘은 압축력이라고 가정한다[이와 같은 가정하에서 힘을 계산하였을 때 만일 이들 힘 중 음의 값을 갖는 것이 있다면, 그것은 다만 그 힘에 대한 방향을 잘못 가정하였다는 것을 의미할 뿐이다. 따라서 결과의 대수적 부호(+ 혹은 −)가 다만 처음 가정이 옳으냐, 혹은 잘못 가정하였느냐를 말해 줄 뿐이므로, 복잡한 문제를 다룰 경우 미지의 반력에 대하여 방향을 가정하는 데 있어서 실제와 일치시키려고 애쓸 필요도 없고 또 여기에 시간을 소비시킬 필요도 없다는 것을 강조하여 두는 바이다]. 그림 2.15(c)의 자유물체도에서 $\mathbf{\Sigma M} = 0$의 조건은 모든 힘의 한 점에서 만나기에 자연적으로 만족된다. 또 $\mathbf{\Sigma F} = 0$이 만족되어야 한다는 조건으로부터

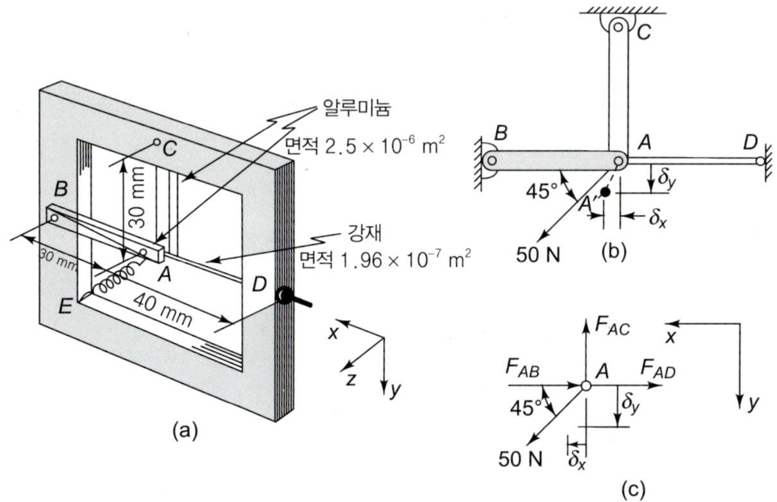

그림 2.15 예제 2.10(a)

$$\sum F_x = \frac{50}{\sqrt{2}} - F_{AD} - F_{AB} = 0$$
$$\sum F_y = \frac{50}{\sqrt{2}} - F_{AC} = 0 \qquad \text{(a)}$$

을 얻는다. 이 문제는 부정정문제이므로 힘의 평형방정식만으로는 힘 F_{AB}와 F_{AD}의 값을 계산할 수 없다는 사실에 유의하여야 한다.

기하학적 적합성

처짐은 봉들의 길이에 비하여 극히 작을 것이므로, 예제 2.4에서 기술한 근사법을 사용하면, 봉에 수직한 방향의 이동은 그 봉의 길이에 아무런 변화 없이 이루어질 수 있다고 가정할 수 있다. 따라서 봉의 신장과 수축은 다음과 같다.

$$\delta_{AC} = \delta_y \quad \text{신장}$$
$$\delta_{AD} = \delta_x \quad \text{신장} \qquad \text{(b)}$$
$$\delta_{AB} = \delta_x \quad \text{수축}$$

힘–변형 관계식

$$\delta_{AC} = \left(\frac{FL}{AE}\right)_{AC} = \frac{35.35(0.03)}{(0.025\times10^{-4})(70\times10^{9})} = 6.06\times10^{-3}\ \text{cm}$$
$$\delta_{AD} = \left(\frac{FL}{AE}\right)_{AD} = \frac{F_{AD}(0.04)}{(1.96\times10^{-7})(210\times10^{9})} = 9.718\times10^{-5}F_{AD}\ \text{cm} \qquad \text{(c)}$$
$$\delta_{AB} = \left(\frac{FL}{AE}\right)_{AB} = \frac{F_{AB}(0.03)}{(0.025\times10^{-4})(70\times10^{9})} = 1.714\times10^{-5}F_{AB}\ \text{cm}$$

식 (a), (b), (c)를 연립해서 풀면, 다음과 같은 결과를 얻게된다.

$$F_{AD} = 5.29\ \text{N} \quad \text{인장}$$
$$F_{AB} = 30.06\ \text{N} \quad \text{수축}$$
$$\delta_y = 6.06\times10^{-3}\ \text{cm} \qquad \text{(d)}$$
$$\delta_x = 5.14\times10^{-4}\ \text{cm}$$

예제 2.10(b) 그림 2.16(b)와 같은 단면적이 단면적 $A=10\ \text{mm}^2$인 알루미늄 봉을 이용하여 사각형 프레임을 제작하고자 한다. 외곽사각형의 봉 길이는 500 mm이다. 여기에 프레임의 내부에 봉의 길이가 $500\sqrt{2}$ mm인 2개 알루미늄 봉을 추가적 설치하고자 한다. 그러나 AD봉의 제작과정에서 측정을 잘못하여 실제 길이보다 2 mm 짧게 제작되어 강제적으로 봉 AD에 인장력을 가하여 길이를 늘여 억지로 조립 후 인장력을 제거하였다. 조립 후 봉 AD에 걸린 잔류 하중을 계산하여라.

- 제작절차: $AB + AC + CD + BD + BC$
- 마지막으로 AD를 삽입하려 하는데 AD의 길이가 약간 짧아서 이를 잡아당겨서 D점에 맞추어야 한다.

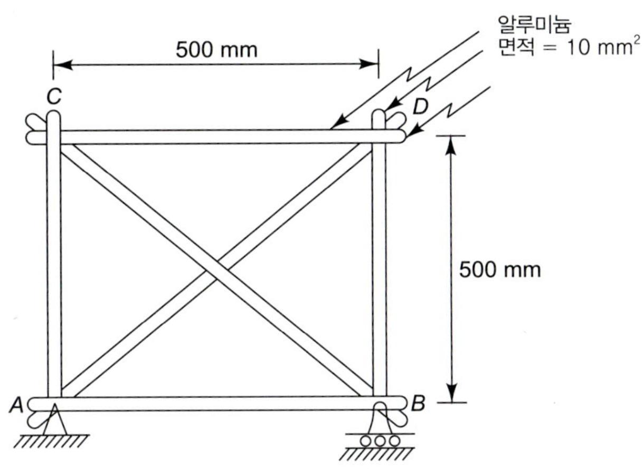

그림 2.16(a) 예제 2.10(b)

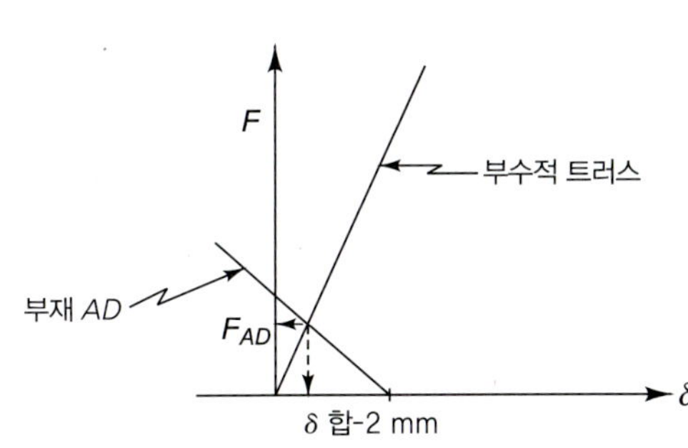

그림 2.16(b) 힘과 변형 관계 그래프

- 잔류 하중은 얼마인가?
- 단, 외부에서 작용하는 하중은 없는 상태이다.

*AD*의 길이는 *A*점에 연결 후 *D*점에 연결하려고 하는데 2 mm 정도 짧은 상태이다. 이러한 상황은 부정정 구조물의 조립 때 가끔 발생하는 문제이다. 이 문제에서는 *AD* 부재를 2 mm 잡아당겨 *D*점에 맞추어야 한다. 이로서 외부에서 작용하는 하중이 없는 상태에서 트러스에 "잔류하중"이 발생하는 경우이며, 부재에 존재하는 이들 하중으로 자가평형상태를 이룬다.

본 문제에서 불확정(indeterminacy: 정정문제화하기 위해 제거해야 하는 부재의 수) 정도가 1이므로, 부재에 존재하는 잔류하중을 구하는 방법은 상당히 단순하다.

본 문제의 경우, 가장 쉬운 작업은 잡아당겨 길이가 $500\sqrt{2}$ mm된 *AD* 부재를 *D*점에서 분리하여 2 mm 부족한 원상태로 되돌리는 것이다. 먼저 *AD*축을 따라 단위하중이 작용할 때 *D*점의 처짐을 계산한다. 처짐과 *AD*의 신장량과 같게 되는 그때의 하중의 크기가 *AD*에 존재하는 잔류하중이다. 그림 2.16(b)를 참고하라.

여기서, 임의의 어떤 질점에 대하여서도 평형조건을 적용하면 짧은 트러스 부재로 인해 발생하는 문제의 잔류하중을 계산할 수 있다.

이러한 하중은 분포하중이나 또는 다른 형태로도 될 수 있다.

가끔 열팽창 등과 같은 다른 방법으로 2 mm의 신장을 가능하게 할 수 있다.

2.6 트러스의 컴퓨터 해석 *Computer Analysis of Trusses*

예제 2.5에서 평면트러스의 지지점에서 반력, 각 부재에 걸린 힘을 계산하였다. 거기서 우리는 계산과정은 단순하지만 아주 "귀찮은" 계산이라는 것을 상기시켰을 뿐 구체적인 계산은 하지 않았다. 이런 형태의 문제는 컴퓨터 응용에는 이상적인 계산과정이다. 구조물 해석에 이용할 수 있는 많은 컴퓨터 프로그램이 존재한다. 이 절에서는 하나의 특정 프로그램을 이용하여 평면트러스 문제에 적용시켜 보겠다. 여기서 우리는 대부분의 컴퓨터 프로그램은 식 (2.1)의 3단계를 포함하는 행렬공식(matrix formulation)을 사용하고 있다는 사실은 제외하고는, 프로그램에서 사용된 방법에 관해서는 논의하지 않겠다. 여기서 우리는 선정된 특정 프로그램을 사용하여 트러스에 걸리는 힘과 지지반력을 계산하는 일반적인 과정을 개략적으로 논의하고자 한다.

본 교재의 웹사이트에서 제공하는 MATLAB으로 작성된 프로그램에 대하여 개괄적으로 설명하면, 본 프로그램은 각기둥 봉을 부재로 핀으로 연결된 2차원 구조물에서 집중하중이 작용 시 각 부재에 걸린 힘을 계산하는 데 아주 편리하다.

예제 2.5에서 다루었던 트러스 문제로 돌아가서, 본 프로그램을 적용하여 다시 해석하여 보자. 부재에 발생하는 힘과 지지점에서 반력을 계산하기 위해 필요한 데이터들은 정확하게 컴퓨터에 입력되어야 하는 것은 명백한 일이다. 말하자면,

1. 구조물의 기하학적 형상 – 절점과 지지점의 좌표
   – 지지점의 정보(고정 혹은 롤러)와 이들의 방향벡터
   – 지지점과 연결되는 부재에 대한 정보
2. 부하상태 – 하중작용점의 좌표 및 방향벡터

그림 2.17은 평면 트러스의 각 질점에 대해 번호를 붙인 모습이다. 표 2.3은 예제에 대한 입력데이터이다. 여기서 입력데이터에 대한 설명과 더불어 프로그램을 수행하는 단계에 대하여 기술할 예정이다.

질점 좌표

그림 2.17에서 보는 바와 같이 $x-y$ 좌표상의 각 질점에는 번호를 부여한다. 첫 번째 행렬은 질점의 좌표값이다.

부재 연결

각 부재는 2개의 질점에 연결된다. 두 번째 행렬은 두 질점 사이의 부재 연결에 관한 정보이다.

지지점 정보

세 번째 행렬은 지지점의 형식(고정 혹은 롤러)과 방향벡터에 대한 정보를 포함한다.

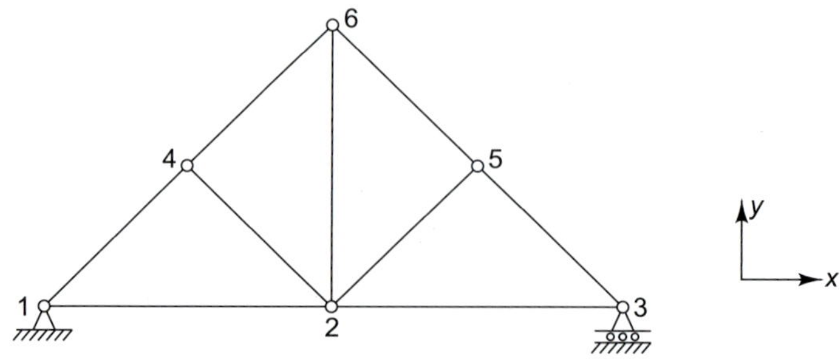

그림 2.17 질점에 번호를 부여한 예제 2.5의 트러스

표 2.3

```
function trussinput;
global connectiveJoints
global trussForces
global structure

%           x      y
structure(1).joints = …
4.*[        0      0
            2      0
            4      0
            1      1
            3      1
            2     2];

%   j1    j2
structure(1).bars = …
[    1     2
     2     3
     2     4
     2     5
     2     6
     1     4
     4     6
     3     5
     5    6];
% reaction types
%    1=wheels
%    2=fixed

% joint   type   x      y
structure(1).supports = …
[    1      2      0      1;
     3      1      0      1]

%    s      j      x       y
trussForces = …
]    1      5      0     -50;
     1      6      0    -75];
saveTruss ('trussinput.mat');
```

하중조건

하중점, 방향벡터 및 크기에 대한 정보는 네 번째 행렬에 포함된다.

앞의 모든 정보는 표 2.3에서 보는 바와 같이, MATLAB의 “trussinput” function에 포함된다. 이 파일을 수행하면 파일이 생성되면서 같은 디렉토리에 .mat 파일로 저장된다.

명령어 입력 윈도에서 GUI 윈도로 이동하려면 ‘mta’를 타이프하면 된다. 이 윈도의 ‘File’ 메뉴를 이용하면 filename.mat를 열어 해석할 트러스를 로딩할 수 있다.

GUI에서 로딩한 트러스를 화면에 그리면, 이제 해석할 준비가 된 상태이다. 이때, GUI 윈도에서 “Analysis” 버튼을 누르면 해석이 수행되며 부재와 반력에 대해 문자로 기록된 결과값을 얻을 수 있다.

본 프로그램은 결과를 그래프로 보여주기에 아주 편리하며 쉽게 이해할 수 있다. 그림

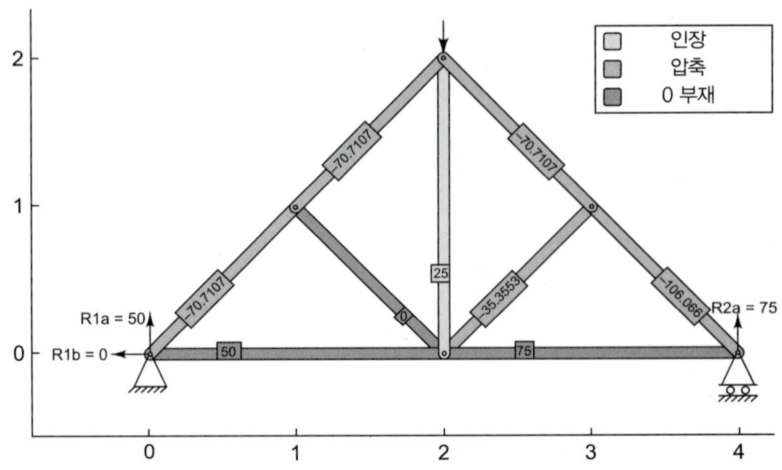

그림 2.18

2.18은 예제 2.5에 대한 결과를 보여준 것이다.

우리가 지금 해결한 문제는 정정문제라는 것은 명백하다. 그러나 만일 트러스의 양 지지점을 고정시켜 지지점 B가 움직일 수 없다면 이 트러스 문제는 부정정문제가 된다. 학생들이 본 프로그램을 이용하여 부정정문제일 경우 도전하여 보기를 권고한다. 상세한 코드나 사용법은 본 교재의 웹사이트에서 제공하고 있으니 본 교재의 서문에 있는 웹주소를 참고하기 바란다.

어떤 유사한 프로그램이라도 표준 구조역학 관련 컴퓨터 프로그램에 사용하면 편리하다는 것을 지적해 주고 있다. 공학자는 공학계산을 할 때 소요시간의 가치를 비교하며 손으로 계산하는 것이 좋은가 또는 컴퓨터 계산을 하여야 좋은가를 결정해야 할 경우가 가끔 생긴다. 초기 설계단계에 있어서 공학자들은 가끔 스스로의 개략적인 계산을 통하여 여러 부가적인 통찰력을 얻을 수 있다. 전체적인 설계계획이 확정되었을 때, 설계변수의 일정 범위에 대한 상세한 계산은 컴퓨터 계산에 의존하는 경우가 많다.

2.7 탄성에너지; Castigliano의 정리 *Elastic Energy; Castigliano's Theorem*

이 절에서는 에너지에 관한 개념을 간단히 소개하고, 탄성계의 변형을 계산하는 데 강력한 도구가 될 수 있는 중요한 정리를 제시하고자 한다.

물체에 가해진 힘으로 한 점이 변위벡터 **ds**만큼 이동되었다면 그 힘 벡터 **F**가 한 일은 두 벡터의 dot적 혹은 scalar적

$$\mathbf{F} \cdot \mathbf{ds} = F \cos \theta \, ds$$

로 정의한다. 여기서 θ는 **F**와 **ds** 사이의 각도이다. 일반적으로 만일 힘 **F**가 어떤 경로를 따르는 작용점에 따라 변할 때 **F**에 의하여 행하여지는 전체 일은 적분식

$$\int \mathbf{F} \cdot \mathbf{ds}$$

로 계산된다.

어떤 시스템에 외력이 작용하여 일을 할 때, 그 내부의 기하학적 상태는 원상태로 복원되고자 하는 데 필요한 일과 똑같은 양의 포텐셜(potential)로 저장될 수 있게끔 변화를 일으킨다. 이러한 시스템을 **보전적**(*conservative*)이라 말하고, 시스템에 한 일은 **포텐셜 에너지**의 형태로 저장된다고 말한다. 예를 들면, 한 물체를 들어 올릴 때 한 일은 중력 포텐셜 에너지로 저장된다고 말한다. 탄성스프링을 변형시키는 데 한 일은 탄성 포텐셜 에너지로 저장된다고 말한다. 이와는 반대로 블록을 마찰에 저항하며 밀 때에는 그 한 일은 다시 되돌릴 수 없다. 다시 말하면 마찰은 비보존 메커니즘이기 때문이다.

그림 2.19과 같이 반드시 선형일 필요가 없는 탄성스프링을 생각해 보자. 이 스프링을 외력 F와 내부의 인장력과 평형을 이루어 가면서 서서히 신장시킨다고 할 때, 신장 δ로 인하여 스프링 내부에 저장되는 **포텐셜 에너지** U는 이 과정에서 F에 의하여 행하여진 일과 같다고 정의한다. 즉,

$$\int \mathbf{F} \cdot d\mathbf{s} = \int_0^{\delta} F d\delta = U \tag{2.3}$$

그림 2.19(b)에서 이 에너지는 힘−변형 곡선의 빗금 친 면적으로 나타난다. 여기서 U는 신장 δ의 함수임에 유의하길 바란다. 만일 이 스프링이 크기가 큰 탄성시스템의 일부분이라면, 여기서 스프링의 신장이 δ라면 식 (2.3)의 에너지는 이 시스템의 총 저장에너지가 된다.

기계설계에서, 주어진 스프링이나 부재가 저장할 수 있는 에너지의 크기는 때때로 중요한 검토 대상이 된다. 충격하중을 받는 부품을 에너지를 흡수할 수 있는 능력을 기초로 하여 때때로 선정하기도 한다.

다음으로, 그림 2.20(a)와 같은 임의 개수의 하중을 받을 수 있는 일반적인 탄성시스템을 고려해 보자. 일반적인 한 점 A_i에 작용하는 하중이 $\mathbf{P}_i$라고 하고, 작용하는 모든 하중으로 발생하는 평형상태의 점 A_i의 변위를 $\mathbf{s}_i$라 하자. 만일 하중을 받는 동안 변위 $\mathbf{s}_i$가 평형상태를 연속적으로 유지하면서 서서히 증가하면, 외력에 의하여 행하여진 전체 일량은 모든 내부 탄성부재에 저장되어 전체 포텐셜 에너지 U와 같게[3] 된다.

$$\sum_i \int_0^{\mathbf{s}_i} \mathbf{P}_i \cdot d\mathbf{s}_i = U \tag{2.4}$$

다음에는 식 (2.4)와 대응되는 결과를 얻으나 힘과 변위의 역할이 서로 바뀌어지는 상보적 일(complementary work)과 상보적 에너지(complementary energy)의 개념을 소개하겠다.

변화하는 힘 $\mathbf{F}$의 작용점이 $\mathbf{s}$의 변위를 가져왔다면 **상보적 일**은

$$\int \mathbf{s} \cdot d\mathbf{F}$$

이다. 상보적 일이 어떤 시스템에 행하여질 때 내력의 상태는 그 내력이 원상태로 복원 될 경우 행하여진 상보적 일과 같은 양의 에너지를 내버릴 수 있도록 변경된다. 이때 그와 같은 시스템에 행하여진 상보적 일은 **상보적 에너지**로 저장되었다고 말한다. 상보적 에너지를 저장하는 시스템의 종류는 포텐셜 에너지를 저장하는 시스템만큼 그렇게 광범위하지는 않다. 그러

[3] 문제 2.53을 참조

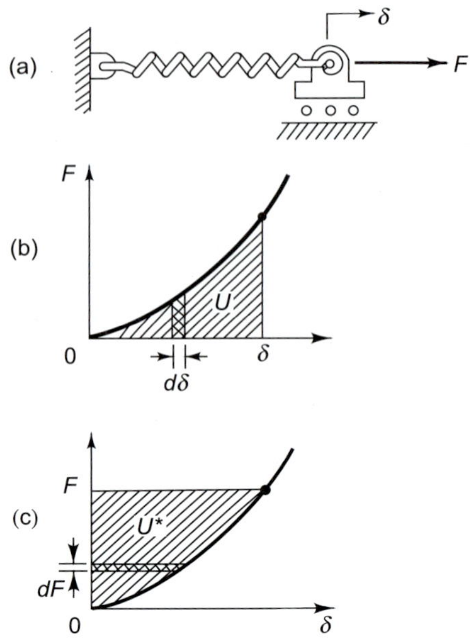

그림 2.19 비선형 스프링 (a)는 힘 F에 의해 변위 δ가 발생한다. 포텐셜 에너지 U는 하중–변위 곡선 아래에 있는 면적(b), 상보적 에너지 U^*는 곡선 위에 있는 면적(c)

나 이러한 시스템에는 변형되지 않은 형상[4]에 평형조건을 응용할 수 있는 모든 탄성시스템을 포함하고 있다.

여기서, 그림 2.19(a)와 같은 비선형 스프링에 점진적으로 증가하는 하중이 작용하는 경우를 다시 고려해 보자. 힘 F에 기인되는 **상보적 에너지** U^*는 힘 F에 의한 상보적 일과 같다고 정의된다. 즉,

$$\int \mathbf{s} \cdot \mathbf{dF} = \int_0^F \delta \; dF = U^* \tag{2.5}$$

그림 2.19(c)에서 이 에너지는 힘–변형 곡선 상부의 빗금 친 부분의 넓이로 표시된다. 여기서 U^*는 힘 F의 함수라는 것에 유의하기 바란다. 만일 이 스프링이 대형 탄성시스템의 일부라면, 스프링에 힘 F가 작용하면 항상 식 (2.5)의 상보적 에너지는 전체 시스템의 상보적 에너지가 된다.

그림 2.20(a)의 일반적 탄성구조물로 다시 돌아가 보자. 상보적 일의 계산을 용이하게 하기 위하여 그림 2.20(b)에서 변위 $\mathbf{s}_i$를 $\mathbf{P}_i$에 평행한 성분과 수직한 성분으로 분해하여 표시하였다. 평행성분, 즉 $\mathbf{P}_i$ 방향과 같은 방향의 성분을 δ_i로 정의하였다. 만일 그림 2.20(a)의 모든 하중들이 0에서 점차적으로 증가시켜 시스템이 평형상태를 유지하면서 연속적으로 변하게끔 진행한다면, 모든 외력에 의하여 행하여지는 모든 상보적 일은 내부의 탄성부재에 의해 저장되는 전체의 상보적 에너지 U^*와 같게[5] 된다.

$$\sum_i \int_0^{\mathbf{P}_i} \mathbf{s}_i \cdot \mathbf{dP}_i = \sum \int_0^{\mathbf{P}_i} \delta_i dP_i = U^* \tag{2.6}$$

[4] 예를 들면, T. M. Charlton, "Energy Methods in Applied Statics," p. 63, Blackie and Son, Ltd., London, 1959. 참조

[5] 문제 2.54를 참조

에너지함수 U와 U^*는 역학에서 많이 사용된다. 이들 함수들은 단계 식 (2.1)의 직접 응용법의 대체수단으로 변분원리[6]를 구성하는 데 사용된다. 이들 원리로 여러 종류[7]의 근사해 기법에 관한 시작점이 된다. 그러나 본 교재에서는 더 이상 이들에 관해서는 언급하지 않기로 하겠다. 여기서 우리가 에너지함수를 도입한 목적은 탄성시스템의 변형을 계산하기 위한 간편하고도 매우 유용한 도구가 될 수 있는 정리(theorem)를 증명하고자 하는 것이다.

이 정리는 식 (2.6)으로부터 거의 즉시 얻을 수 있다. 그림 2.20(a)에 있는 시스템이 식 (2.6)의 상보적 에너지 상태에서 평형위치에 있다고 가정하자. 여기서 다른 모든 하중은 그 상태로 고정시켜 놓고 하중 P_i만은 미소의 ΔP_i만큼 증가되었다고 가정한다. 그러면 이때 내력은 힘의 평형을 유지시키기 위하여 약간의 변화가 일어나게 되며, 상보적 일의 증가량은 상보적 에너지의 증가량 ΔU^*와 같게 된다. 미소의 ΔP_i에 대하여 근사적으로

$$\delta_i \Delta P_i = \Delta U^*$$

또는

$$\frac{\Delta U^*}{\Delta P_i} = \delta_i$$

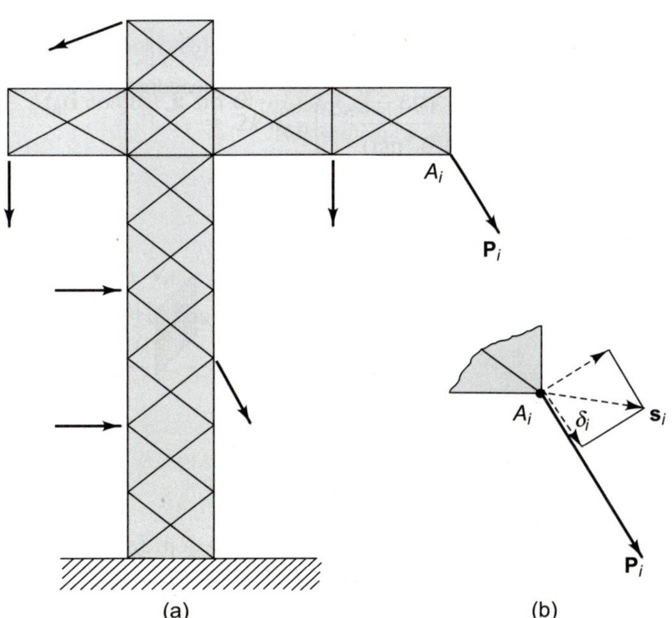

그림 2.20 일반적인 탄성 구조물(a) A_i점에 하중 $\mathbf{P}_i$가 작용하여 (b) A_i점의 변형 $\mathbf{s}_i$를 확대한 그림

[6] 예를 들면 chap.1 of S. H. Crandall, D. C. Karnopp, E. F. Kurtz, Jr., and D.C. Pridmore-Brown, "Dynamics of Mechanical and Electromechanical Systems," McGraw-Hill Book Company, New York, 1968."를 참조

[7] 예를 들면 "H. L. Langhaar, "Energy Methods in Applied Mechanics," John Wiley & Sons, Inc., New York, 1962, and S. H. Crandall, "Engineering Analysis," McGraw-Hill Book Company, New York, 1956."를 참조

의 관계가 성립한다. $\Delta P_i \to 0$의 극한일때, 다음의 미분식은 P_i 이외의 다른 하중을 고정시켜 놓았기 때문에 편미분식으로 표시된다.

$$\frac{\partial U^*}{\partial P_i} = \delta_i \tag{2.7}$$

이 결과가 *Castigliano*의 정리의 한 형태(비선형계까지 확장된)이다. 이 정리의 물리적 의미는 만일 하중을 받은 탄성계의 상보적 에너지 U^*가 하중의 함수로 표현된다면, 어느 한 특정 하중이 작용하는 점에서 그 하중방향의 처짐 δ_i는 그 점에서 U^*를 그 하중으로 미분하면 얻어진다는 의미이다. 이 정리는 힘의 하중 P_i를 받을 때와 마찬가지로 모멘트 하중 M_i를 포함하는 문제까지도 확대 적용할 수 있다. 모멘트가 포함되는 경우는, 하중방향의 변위는 모멘트 벡터 M_i의 축에 관한 회전각 ϕ_i로 대응된다. 그러므로 이 경우 식 (2.7)에 대응해서

$$\frac{\partial U^*}{\partial M_i} = \phi_i \tag{2.8}$$

와 같이 쓸 수 있다.

비록 위에서 증명된 정리는 비선형 탄성시스템에도 응용할 수 있지만 본 교재에서는 선형시스템에만 적용하고자 한다. 선형시스템에 이 정리를 적용하면 문제는 본질적으로 간단하다. 그림 2.19에서 보는 바와 같이, 일반적으로 $U^* \neq U$이나 힘-변형 관계가 선형이면 두 빗금 친 부분은 같은 면적의 삼각형이 된다. 다시 말하면 $U = U^*$이다. 이 사실은 선형시스템에서는 상보적 에너지와 포텐셜 에너지를 구별할 필요가 없다는 것을 말해 준다.

예를 들어, 힘-처짐 관계식이

$$F = k\delta \tag{2.9}$$

인 선형스프링을 생각해 보자. 여기서 k는 스프링상수이다. 식 (2.3)에 의하면 $U = \frac{1}{2}k\delta^2$이고, 식 (2.5)에 의하면 $U^* = F^2/2k$이다. 그러나 식 (2.9)를 고려하면 이들 두 값의 크기는 같게 된다. 그러므로 앞으로 선형시스템에 대하여 포텐셜 에너지와 상보적 에너지를 구별하지 않기로 하겠다. 그러므로 이들 에너지의 크기가 같을 때, 즉 $U = U^*$일 때 이들 에너지가 어떤 식으로 나타나더라도 이들 에너지를 **탄성에너지**라는 명칭을 사용하겠다. 따라서 선형스프링에 대한 탄성에너지는

$$U = \frac{1}{2}k\delta^2 = \frac{1}{2}F\delta = \frac{F^2}{2k} \tag{2.10}$$

이라고 말한다. 같은 방법으로, 그림 2.4와 그림 2.5에서 예시한 선형 단축부재에 대한 탄성에너지는 다음과 같다.

$$U = \frac{EA}{2L}\delta^2 = \frac{1}{2}P\delta = \frac{P^2L}{2EA} \tag{2.11}$$

보다 복잡한 하중이 걸리는 시스템의 부재들에 저장되는 탄성에너지에 대한 식들은 앞으로 뒷장에서 유도하기로 하겠다.

선형 탄성시스템에 Castigliano의 정리를 적용하려면, 그 시스템의 전체 탄성에너지를 하

중의 함수로 표현할 필요가 있다. 이를 위해서는 평형조건을 사용하여 부재내력을 작용 외력의 항으로 표현하여야 한다. 부재내력이 외력의 항으로 표시되면, 식 (2.10)이나 식 (2.11)과 같은 공식으로부터 각 부재의 탄성에너지가 얻어진다. 전체 탄성에너지 U는 모든 내부 부재의 에너지를 합함으로써 얻어진다. 마지막으로, 특정 하중점 A_i의 하중방향의 처짐 δ_i는 얻어진 전체 탄성에너지를 하중 P_i로 미분함으로써 얻어진다. 즉,

$$\delta_i = \frac{\partial U}{\partial P_i} \tag{2.12}$$

예제 2.11(a) 그림 2.21에 표시한 두 스프링시스템에서, Castigliano의 정리를 적용하여 하중 P_1, P_2으로 인한 처짐 δ_1과 δ_2를 얻고자 한다. 평형조건이 만족되려면, 각 스프링에 발생하는 내력은

$$\begin{aligned} F_1 &= P_1 + P_2 \\ F_2 &= P_2 \end{aligned} \tag{a}$$

가 되어야 한다. 전체 탄성에너지는 식 (2.10)으로부터

$$U = U_1 + U_2 = \frac{(P_1 + P_2)^2}{2k_1} + \frac{P_2^{\,2}}{2k_2} \tag{b}$$

각 스프링의 처짐 δ_1, δ_2는 식 (2.12)로부터

$$\begin{aligned} \delta_1 &= \frac{\partial U}{\partial P_1} = \frac{P_1 + P_2}{k_1} \\ \delta_2 &= \frac{\partial U}{\partial P_1} = \frac{P_1 + P_2}{k_1} + \frac{P_2}{k_2} \end{aligned} \tag{c}$$

를 얻을 수 있다. 이 경우, 해가 식 (2.1)의 모든 단계를 만족한다는 것은 쉽게 증명된다.

■ ■ ■

예제 2.11(b) 예제 2.1(a)의 그림 2.1(a)에 있는 스프링시스템을 다시 검토하여 보자. 여기서 예제 2.11(a)에서와 같은 절차를 적용하면, $U = U_1 + U_2$를 얻을 수 있다. 여기서 U_1, U_2는 각 스프링에 해당되는 에너지이다. 또한, 힘의 평형식은 다음과 같다.

$$F_1 + F_2 = F$$

혹은

$$F_2 = F - F_1$$

이를 에너지식에 대입하면 아래와 같이 된다.

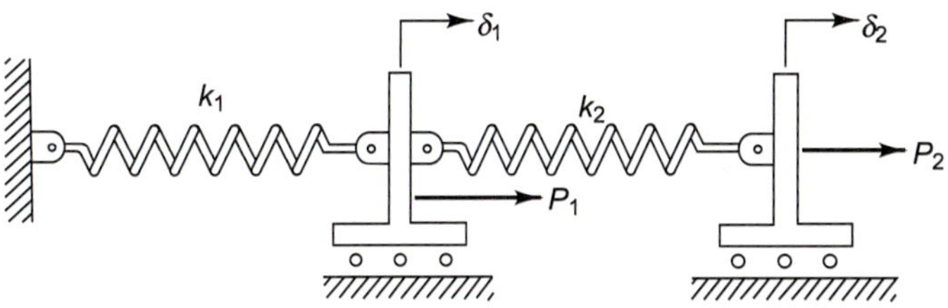

그림 2.21 예제 2.11(a)

$$U = U_1 + U_2$$
$$= \frac{F_A^2}{2k_A} + \frac{(F - F_A)^2}{2k_B}$$

그러므로, 처짐은 간단히 계산된다.

$$\delta_A = \frac{\partial U}{\partial F_A} = \frac{F_A}{k_A}$$

$$\delta_B = \frac{\partial U}{\partial F_B} = \frac{F - F_A}{k_B}$$

$$\delta_A = \delta_B \quad \Rightarrow \quad F_A = \frac{k_A}{k_A + k_B} \cdot F$$

그리고

$$\delta = \delta_A = \delta_B = \frac{\partial U}{\partial F}$$

$$\delta = \frac{\partial U}{\partial F} = \frac{F}{k_A + k_B}$$

■ ■ ■

예제 2.12 예제 2.4(또한 예제 1.3)를 다시 검토하여, Castigliano의 정리를 적용하여 처짐을 계산하기로 하자. 그림 2.22에는 예제 2.4의 하중을 포함한 격리된(isolated) 시스템을 도시하였다. 프레임의 부재를 하나의 스프링으로 생각할 수 있기에 부재의 "스프링상수"는 주어지는 것으로 간주한다.

전체 저장에너지는 두 부재에 저장되는 에너지의 합이다. 우리가 여기서 강조하여 둘 것은 비록 두 부재 중 하나는 인장이고, 다른 하나는 압축이라 할지라도 전체 에너지는 두 에너지를 더할 수 있다는 것이다. 하중 P의 항으로 부재에 걸린 힘 F_1과 F_2에 대한 힘의 평형조건을 적용하면, 전체 에너지는

$$U = U_1 + U_2 = \frac{P_1^2}{2k_1} + \frac{P_2^2}{2k_2} = \frac{2P^2}{2k_1} + \frac{P^2}{2k_2} \tag{a}$$

이 된다. 여기서, 작용점 D에서 하중 P 방향(양인 수직 아래 방향)의 처짐은 식 (2.12)로부터 직접 계산할 수 있다.

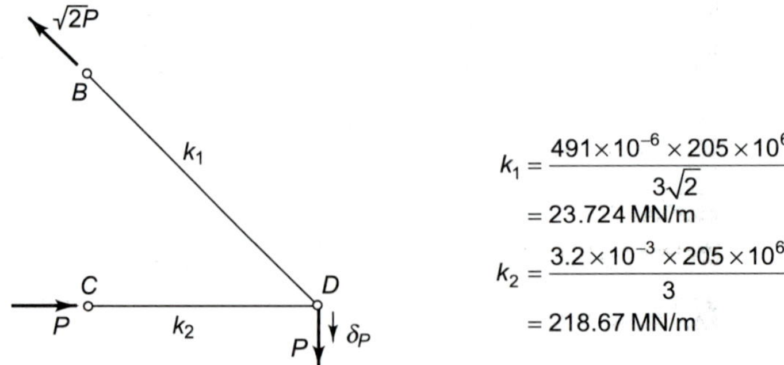

그림 2.22 예제 2.12

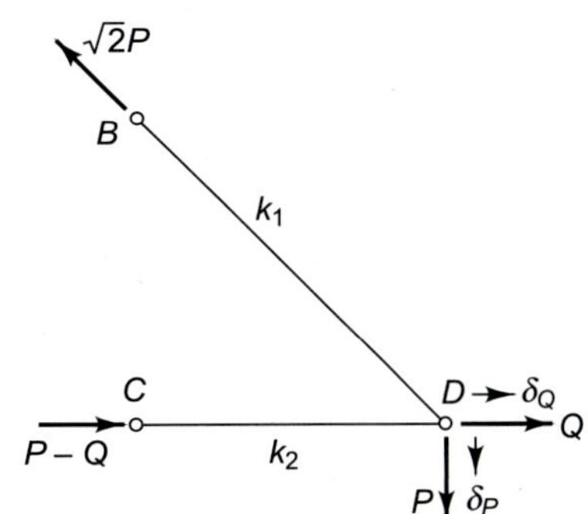

그림 2.23 D점에 가상 하중 Q가 작용하는 그림 2.19의 구조물

$$\delta_P = \frac{\partial U}{\partial P} = \frac{\partial}{\partial P}\left(\frac{P^2}{k_1} + \frac{P^2}{2k_2}\right) = 2P\left(\frac{1}{k_1} + \frac{1}{2k_2}\right) \tag{b}$$

$$\delta_P = 2 \times 20[0.0421 + 0.0023] \times 10^{-6} = 1.77 \text{ mm}$$

작용점 D에서 수평방향의 처짐을 Castigliano의 정리를 사용하여 계산하려면 D점에서의 힘이 수평방향으로 작용하고 있어야 한다. 그러나 불행하게도 점 D에서 수평력은 0이다. 이러한 경우, 우리는 가상의 수평력 Q를 점 D에 작용시켜 수평변위 $\partial U/\partial Q$를 P와 Q의 항으로 결정한 다음, $Q = 0$으로 놓고 계산하면 요구조건을 만족시킬 수 있다. 그림 2.23은 프레임에 P와 Q가 작용하는 것을 격리시켜 그려놓은 그림이다. 각 부재에 작용하는 힘은 평형조건이 만족되도록 그 힘을 그림에 표시하여 놓았다. 전체 에너지를 하중 P와 Q의 항으로 나타내면

$$U = \frac{2P^2}{2k_1} + \frac{1}{2k_2}(P - Q)^2 \tag{c}$$

이다. 따라서

$$\delta_Q = \frac{\partial U}{\partial Q} = 0 - \frac{P - Q}{k_2} \tag{d}$$

그러나 $Q = 0$으로 놓으면

$$\delta_Q = \frac{-P}{k_2} = 0.0915 \text{ mm}$$

이 된다. 여기서 우리는 예제 2.4에서 사용한 방법과 비교 시 에너지법을 사용하여 처짐량을 계산하는 것이 쉽다는 것을 강조하여 둔다.

■ ■ ■

예제 2.13 마지막 예제로서, 예제 2.5 문제와 2.5절의 컴퓨터 계산의 예제 문제에서 다룬 트러스의 처짐을 Castigliano의 정리를 이용하여 계산하는 방법을 보기로 하자.

해법은 앞 예제에서 계산한 방법과 같다. 다시 말하면, 먼저 전체 에너지를 실제로 작용한 힘과 가상력의 항으로 나타낸다. 다음으로 이것을 적절히 미분하면 처짐량이 계산된다. 그러나 복잡하고 많은 수의 부재를 포함하는 트러스의 경우, 최소의 노력으로 필요한 연산이 가능한 시스템으로 설정하는 것이 바람직하다.

만일 트러스가 n개의 축하중을 받는 부재로 구성되어 있다면, 그들 각 부재에 저장되는 에너지는 식 (2.11)에 의하여

$$U_i = \frac{F_i^2 L_i}{2A_i E_i} \tag{a}$$

이다. n개 부재로 구성되는 시스템에 저장되는 전체 에너지는

$$U = \sum_{i=1}^{n} U_i \tag{b}$$

이다. 어떤 외력(실제 작용한 하중과 가상 하중) P가 작용하는 점에서 P 방향의 처짐은 다음과 같이 간단히 계산된다.

$$\delta_P = \frac{\partial U}{\partial P} = \frac{\partial}{\partial P}\sum_{i=1}^{n}\frac{F_i^2 L_i}{2A_i E_i} = \sum_{i=1}^{n}\frac{F_i L_i}{A_i E_i}\frac{\partial F_i}{\partial P} \tag{c}$$

하중 P의 항으로 i번째 부재에 발생되는 힘의 변화율 $\partial F_i/\partial P$의 값은 하중 P가 단위하중으로 가해질 때 i번째 부재 내에 생기는 힘이라고 생각할 수 있다. 이유가 뭔가? 편의를 위하여, 표(table)의 항목으로 나타내고자 하는 세 개의 항목으로 나누어 새로이 식 (c)를 다시 쓰는 것이 좋다.

$$\delta_P = \sum_{i=1}^{n} F_i \frac{L_i}{A_i E_i}\frac{\partial F_i}{\partial P} \tag{d}$$

그림 2.24와 같이 트러스의 각 부재에 번호를 다시 붙여 표시하였다. 또 그림 2.24에는 트러스를 지지하는 반력 R_1, R_2, R_3과 처짐를 계산하고자 두 점에 가상 하중 P와 Q가 작용하는 것으로 표시하여 놓았다. 예제 2.5에서는 실제 하중에 의한 부재에 발생하는 힘 F_i에 대하여 계산했다. 우리는 지금 식 (d)의 계산을 위한 시스템을 설정할 수 있다. 식 (d)를 사용하여 가상 하중 P가 작용하는 점에서 처짐을 계산하기 위해서는 우선 각 부재에 발생하는 힘 F_i를 실제 하중과 가상 하중 P의 함수로 나타내고, 이것을 P로 미분한 다음 식 (d)를 계산할 때에는 $P = 0$으로 놓는다. 그러므로 식 (d)를 실제 계산할 경우에는 실제 하중에 대한 부재의 힘 F_i와, P를 단위하중으로 가상하였을 때 각 부재에 생기는 부재력, 즉 $\partial F_i/\partial P$를 계산하여 이들 값을 바로 식 (d)에 대입함으로써 쉽게 계산할 수 있다.

표 2.4는 식 (d)에 나타난 각 항목의 값과 그들을 곱해서 얻어진 필요한 값을 계산하여 표 안에 작성하여 놓았다. 제1열의 F_i는 실제 하중에 대한 부재에 작용하는 힘이다. 즉, P는 실제로 0이기 때문에 나타나 있지 않다. 이 표에서 처음 2개의 행에 나타난 Q는 이 문제에서는

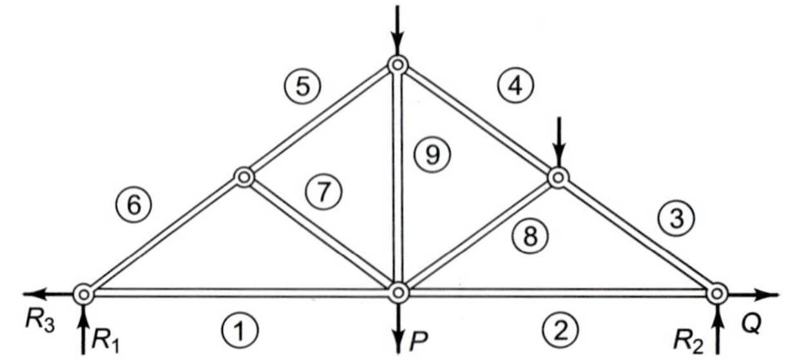

그림 2.24 예제 2.13

표 2.4 에너지법에 의한 트러스 해

i	F_i kN	(L/AE) m/kN	$\frac{\partial F_i}{\partial P}$	$\frac{\partial F_i}{\partial Q}$	$\left(\frac{FL}{AE}\frac{\partial F}{\partial P}\right)_i$	$\left(\frac{FL}{AE}\frac{\partial F}{\partial Q}\right)_i$
1	+ 50 + Q	1.142×10^{-5}	1/2	+1	2.855×10^{-4}	5.71×10^{-4}
2	+ 75 + Q	1.142×10^{-5}	1/2	+1	4.282×10^{-4}	8.565×10^{-4}
3	−106	8.08×10^{-6}	$-1/\sqrt{2}$	0	6.056×10^{-4}	
4	−70.71	8.08×10^{-6}	$-1/\sqrt{2}$	0	4.04×10^{-4}	
5	−70.71	8.08×10^{-6}	$-1/\sqrt{2}$	0	4.04×10^{-4}	
6	−70.71	8.08×10^{-6}	$-1/\sqrt{2}$	0	4.04×10^{-4}	
7	0	2.02×10^{-5}	0	0	0	
8	−35.35	2.02×10^{-5}	0	0	0	
9	+25	2.85×10^{-5}	1	0	7.125×10^{-4}	
					$\Sigma = 32.438 \times 10^{-4}$	$\Sigma = 14.275 \times 10^{-4} = \delta_x$

무시한다. 부재의 힘 항목에 Q를 포함시킨 것은 후에 이 표를 이용하여 Q가 0이 아닌 부정정 문제를 풀 경우 사용할 목적으로 포함시켜 놓았다. 제2열은 각 변수에 주어진 수치를 대입하여 계산되는 값이다. 제3열과 제4열의 값은 각각 단위하중 P와 단위하중 Q만이 가해질 때 i번째 부재에 생기는 힘을 표시한 것이다(그림 2.25). 최종 두 개 열은 처짐량을 얻는 데 필요한 곱과 이들의 합을 표시한 것이다. 이 방법의 강점은 확실할 것으로 믿는다.

만일 우리가 원한다면, 2.5절(그림 2.18)에서 컴퓨터 계산을 설명할 때 생각하였던 트러스의 부정정 문제도 이 방법으로 풀 수 있다. 부정정의 경우는 Q의 작용점이 실제로 고정되어 수평방향의 운동이 없으므로 $\partial U/\partial Q = 0$이 만족되어야 한다. 그러므로 식 (d)와 표 2.4로부터

$$\sum F_i \frac{L_i}{A_i E_i}\frac{\partial F_i}{\partial Q} = 0 = [50 + Q + 75 + Q][1.142 \times 10^{-5}]$$

또는

$$Q = -62.5 \text{ kN}$$

극히 적은 노력으로 부정정 반력을 계산할 수 있다.

만일 이 경우 P의 작용점에서 처짐을 계산하려면 위에서 계산된 결과로의 실제 Q값를 대입하여, 표 2.4의 제1행과 제2행의 곱의 값을 다시 계산하여야 한다. 이들 새로운 값은

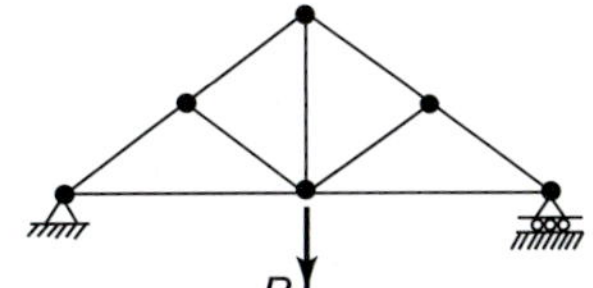

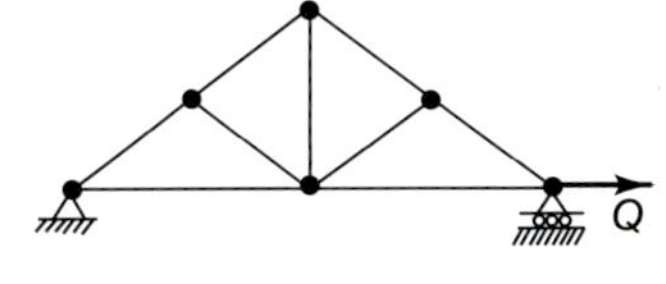

그림 2.25 예제 2.13의 트러스에서 단위하중

i	$\left(\frac{FL}{AE}\frac{\partial F}{\partial P}\right)_{i,Q\neq 0}$
1	$2.855\times 10^{-4}+0.571\,Q\times 10^{-5}$
2	$4.282\times 10^{-4}+0.571\,Q\times 10^{-5}$

와 같이 된다. 3으로부터 9까지의 부재에는 하중 Q가 존재하지 않으므로, 이들에 대한 값은 변함이 없다. 그러므로

$$\delta_P=\frac{\partial U}{\partial P}=32.438\times 10^{-4}-1.142\,Q\times 10^{-5}$$

그러나

$Q=-62.5$ kN이다.

그러므로

$$\delta_P=32.438\times 10^{-4}-7.1375\times 10^{-4}$$
$$\delta_P=2.53\times 10^{-3}\text{ m}$$

표 2.3과 같이 컴퓨터 해석결과가 잘 일치함을 알 수 있다.

요약 *SUMMARY*

우리는 제2장에서 변형하는 물체에 관련된 몇몇 서로 다른 상황의 예제를 고찰하였다. 풀이 방법으로는 모두가 모델의 공식화라는 같은 틀 안에서 식 (2.1)의 3단계 작업을 적용함으로써 처리될 수 있음을 알았다. 주어진 물리 시스템을 하나의 이상화된 모델로 간소화하는 작업은 근본적으로 **창조적** 단계이며, 이 기법을 습득하는 데는 아무런 단순한 법칙도 없다는 사실이다. 우리는 이 기초지식을 광범위한 여러 가지 경우에 적용하여 실제의 지식을 쌓고, 또 상황에 적응하는 능력을 개발함으로써 단순하지만 효과적인 모델을 창조하여 이것을 해석하는 능력을 한층 더 숙달할 필요가 있다.

식 (2.1)의 3단계 작업이 문제의 해를 결정하는 데 필요한 방정식을 세우는 데는 충분하다 할지라도, 이들 방정식을 수학적으로 풀어 수치해를 얻는 데는 계산이 복잡하다는 사실을 명백히 이해하였을 것이다. 우리는 컴퓨터를 응용하면 복잡한 문제, 즉 많은 수의 하중이나 많은 수의 부재를 포함하는 문제를 풀 경우 상당히 도움이 된다는 것을 알았다. 또한 조금 복잡한 문제들은 에너지법을 사용하면 매우 쉽게 해를 구할 수 있다는 것도 알았다.

앞으로 다음의 장에서는 하중상태, 구조형상, 재료의 거동 등이 보다 복잡한 문제들을 다루게 될 것이다. 복잡하고 까다로운 문제를 접근할 때, 주의하여야 할 일은 주어진 어떤 주어진 상황이라도 물리적 **현상**에 대한 복잡성과 이것에 관련하는 물리적 **원리**를 혼동하지 말아야 한다. 여기서 모든 경우에 대하여, 원리라는 것은 단순히 식 (2.1)의 3단계에 포함되어 있는 원리를 말한다.

1. 변형가능한 물체의 해석에는 기본적인 세 단계가 있다.
   - 힘과 평형조건의 연구
   - 변형과 기하학적 적합조건의 연구

- 힘과 변형관계식 적용

2. 힘과 평형조건의 연구는 공식에 모든 미지수를 포함할 수 있는 자유물체도를 그리며 시작한다.
3. 원래 길이의 0.1% 이하의 신장을 갖는 대부분의 재료에서 단축하중-신장 곡선은 선형이다. 선형부분의 기울기를 탄성계수 $E = \dfrac{P/A}{\delta/L}$ 로 정의한다.
4. 실험적으로 대부분의 재료는 압축이나 인장일 경우 탄성계수가 유사함을 보인다.
5. 시스템이 정정문제일 경우, 내력과 반력은 변형의 기하학적 고려가 필요없이 단순히 힘의 평형식만으로 계산될 수 있다.
6. 대부분의 공학문제에서, 변형이 극히 작아 변형되기 전의 형상에 힘의 평형식을 적용하여도 충분하다.
7. 부정정 구조물에서 정적 평형식만으로는 내력과 반력을 계산하는 데 충분하지 않다.
8. Castigiano의 정리는 에너지법으로 부정정문제의 경우 해를 구하기 위해 사용된다. 구속된 부재에서 하중 "P"를 계산 시 $\partial U/\partial P = 0$의 조건이 필요하다. 여기서 "$U$"는 상보적 에너지이다.

문제 *PROBLEMS*

2.1 목제 다이빙판이 다음 그림에서 보는 바와 같이 한쪽 끝에서 힌지로 연결되어 있고, 이 끝으로부터 1.5 m 떨어진 곳에서 스프링상수 35 kN/m의 스프링으로 지지되어 있다. 600 N의 소년이 그 판의 한 끝에 서 있다면 스프링은 얼마나 처질 것인가. 이 판이 강체로 만들어져 있다면 스프링의 변형은 어떻게 되는가?

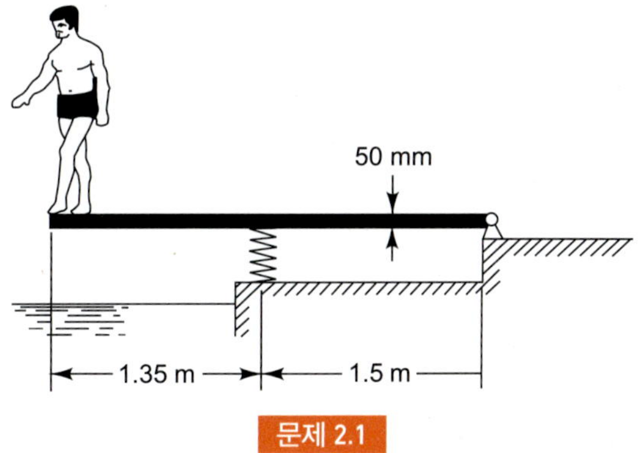

문제 2.1

2.2 다음 그림과 같이 배출구의 지름이 50 mm인 압력장치의 안전밸브가 있다. 스프링의 자유 길이는 250 mm이고, 스프링상수는 120 kN/m이다. 압력이 얼마일 때 이 밸브가 열리겠는가?

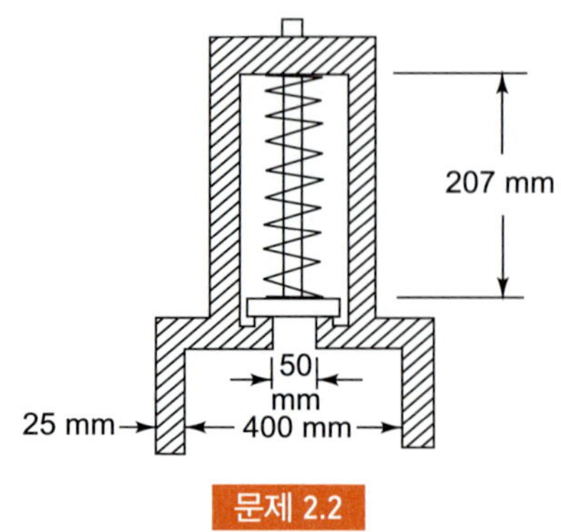

문제 2.2

2.3 총 중량이 1.1 kN이고 지름이 2.5 m인 음향조절판을, 그림과 같이 서로 각각 120°의 각을 이루면서 3개의 반지름 위에 배치된 3개의 스프링으로 천장에 매달고자 한다. 스프링은 길이가 250 mm인 3개로, 스프링 *a*와 *b*의 스프링상수는 14 kN/m이고, 스프링 *c*의 상수는 16 kN/m이다. 만일에 스프링 *a*와 *b*를 중심으로부터 1 m 떨어진 곳에 달았다면, 스프링 *c*를 중심으로부터 얼마나 떨어진 곳에 달아야만 그 판을 수평으로 유지할 수 있겠는가?

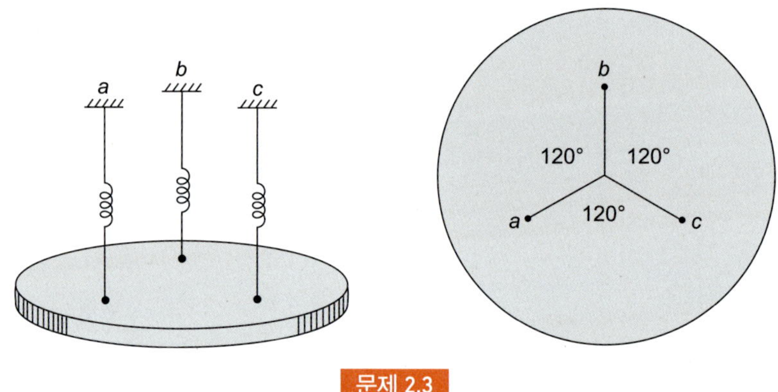

문제 2.3

2.4 펀치 프레스의 작업자가 발로 작동하는 레버를 누르면서 프레스의 일부를 운전하고 있다. 레버에는 작동 후 레버가 원위치로 되돌아가도록 스프링이 장착되어 있다. 작업자가 발로 레버를 누르는 데 피곤하다고 불평을 하고 있다. 작업자가 일을 쉽게 하도록 스프링을 바꿀 수 있겠는가?

문제 2.4

2.5 고속철도의 설계를 위해서는 철도차량의 각 부재에 대한 처짐 특성의 이해가 요구된다. 그림에서 보는 바와 같이 트러스 부재 *AB*가 강체라 가정할 때 그림에 도시한 위치에 하중이 작용할 경우 부재 *AB*가 수평면과 이루는 각을 계산하라. 봉 *AC*, *BC* 및 *BD*는 강재이고, 단면적은 그림에 표시한 값과 같다.

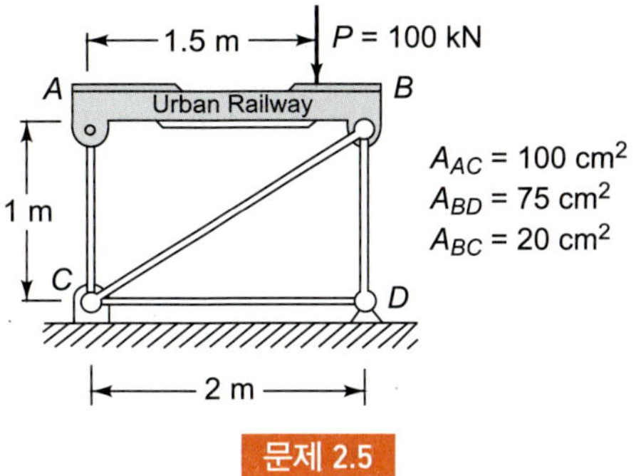

문제 2.5

2.6 그림과 같은 단단한 부재 *AB*는 *A*에 20 kN의 하중이 작용하기 전에는 수평을 유지하고 있다. 3개의 강체봉 *ED*, *BD* 및 *BC*는 그들의 끝(양단)에서 핀으로 연결되어 있다. (a) 봉 *BD*에 걸리는 힘과 (b) 점 *A*의 수평 및 수직방향 이동거리를 계산하라.

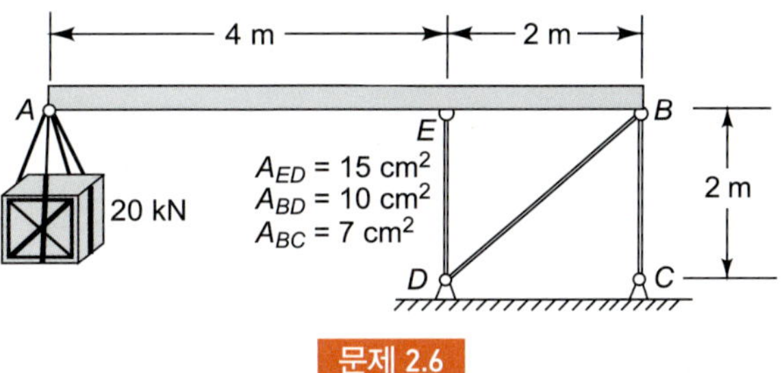

문제 2.6

2.7 작은 철도교량이 강재로 건설되어 있다. 모든 부재의 단면은 3,250 mm^2이다. 기차가 다리 위에 섰을 때 교량의 한쪽 트러스에 작용하는 하중은 그림에 보인 바와 같다. 이 하중 때문에 점 *R*이 수평으로 이동한 거리를 계산하라.

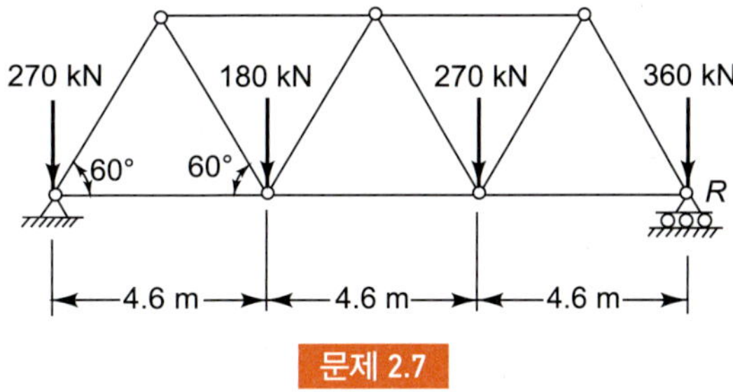

문제 2.7

2.8 예제 2.5에서 트러스의 *B*점은 수평으로 얼마만큼 이동하는가?

2.9 $P = 500$ kN의 힘으로 인한 부재 *BC*의 신장은 얼마인가? *BC*는 강재이며, 단 면적은 2.5 in^2이다.

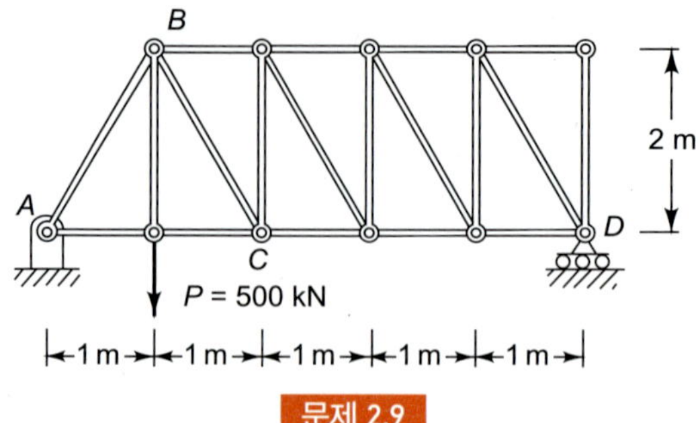

문제 2.9

2.10 그림에서 보는 바와 같이, 핀으로 결합된 외팔보 트러스에서, 모든 부재는 단면적 A와 탄성계수 E일 때 다음을 구하라.

(a) 하중 W에 의한 봉에서의 힘을 구하고, 그것이 인장력인지 압축력인지 구분하라.

(b) 하중이 작용하는 점에서 수직방향 처짐을 구하라.

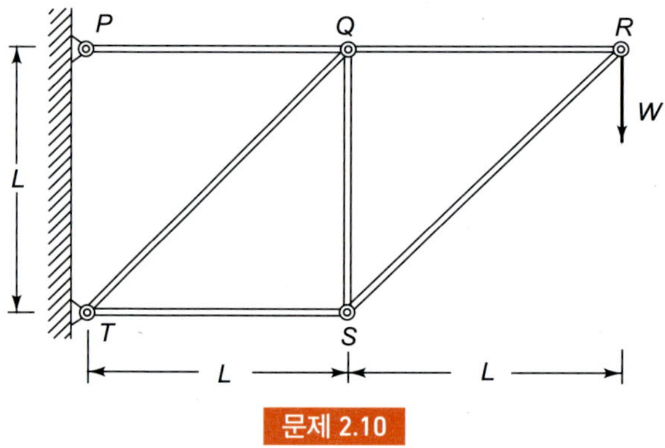

문제 2.10

2.11 단면적이 0.3 × 0.3 m이고, 높이가 1.2 m인 사각형의 보강된 콘크리트 사각기둥에 그림에서 보는 바와 같이 하중이 작용하고 있다. 콘크리트는 사각기둥의 수직축에 대해 대칭으로 25 × 25 mm의 단면을 갖는 사각형의 강재 8개로 보강되어 있다. 강재와 콘크리트에서의 응력(힘/단위면적)과 변위를 구하라. 콘크리트의 경우, $E = 17\ \text{GN/m}^2$를 사용하라.

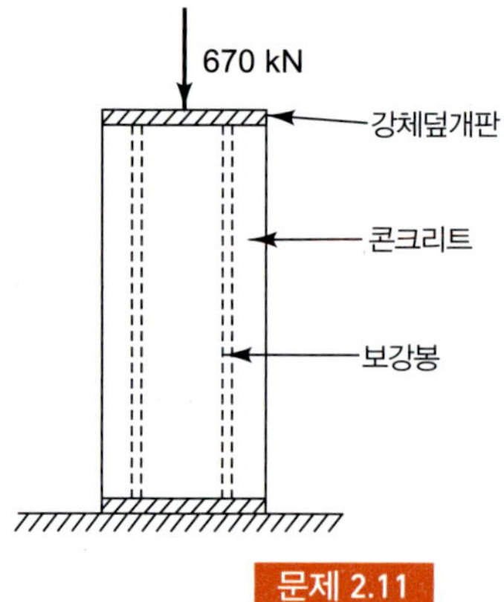

문제 2.11

2.12 그림에서 보는 바와 같이 하중을 받는 핀으로 연결된 구조물을 생각해 보자. 바깥쪽의 두 봉은 단면적이 A_0로 똑같다. 내부의 봉은 단면적이 A이다. 모든 봉의 탄성계수가 같은 E라면 각 봉에 걸리는 축방향 힘을 계산하라.

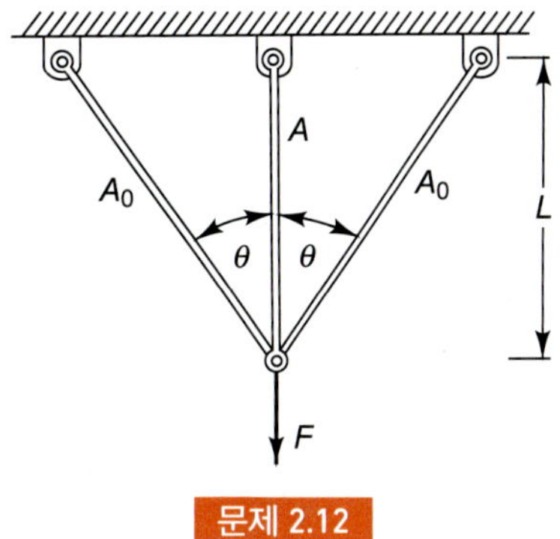

문제 2.12

2.13 예제 2.3(그림 2.3 참조)에서, 일반적인 스프링상수 값에 대하여 식 (d)에 의해 주어진 $x = \lambda a$에 하중이 있을 때 점 A의 처짐이, 하중이 점 A에 있을 때 $x = \lambda a$ 위치에서의 처짐과 똑같음을 증명하라.

2.14 특수한 기계에는 복잡한 하중–변형 곡선을 갖는 대단히 견고한 스프링이 필요한 경우가 있다. 제시된 설계는 벽 두께가 6.25 mm이고 직경이 150 mm인 황동 실린더와, 두께가 6.25 mm이고, 직경이 250 mm인 알루미늄 실린더로 구성되어 있다. 알루미늄 실린더는 황동 실린더보다 0.08 mm 짧게 만들어져 있다. 이 스프링의 하중–변형 곡선을 정확하게 그려라.

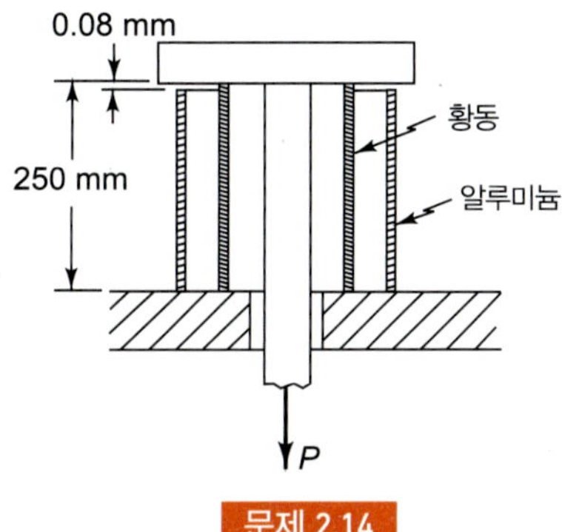

문제 2.14

2.15 일부의 광부가 지하 2,000 m에 갇혀 있다. 그들은 수직 폐갱도의 밑바닥으로부터 올라와야 한다. 지상에는 직경이 2.5 m이고 강재 로프길이가 1,990 m인 표준강제 호이스트가 있다. 이 로프는 길이 30 cm당 무게가 10 N이고, 스프링상수(로프가 풀리는 영향을 고려함)는 2×10^6 N/cm이다. 광부들은 지상으로 끌어 올릴 수 있다고 생각하면, 이것이 어떻게 이루어질 수 있는가를 정량적으로 설명하라.

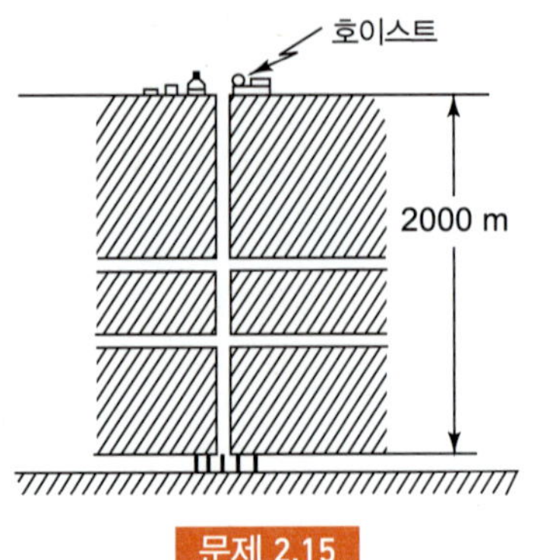

문제 2.15

2.16 범선 마스트의 삭구장치는 마스트 양쪽에 각각 직경 1 cm의 두 개의 스테인레스강 와이어로프로 되어 있다. 와이어로프는 마스트의 꼭대기로부터 가로대(spreader)를 지나서 갑판(deck)으로 내려온다. 목제 마스트의 단면적은 150 cm^2이다. 0.5 m의 케이블의 스프링상수는(풀리는 영향을 고려하여) 250 kN/cm이다. 처음 이 마스트를 세울 때 네 줄의 와이어로프를 느슨하게 매고, 턴버클(turnbuckle; 1 cm당 나사가 10줄 있는)을 15회 더 돌려 죈다. 턴버클로 죄어진 후의 마스트에 걸린 압축력을 계산하라.

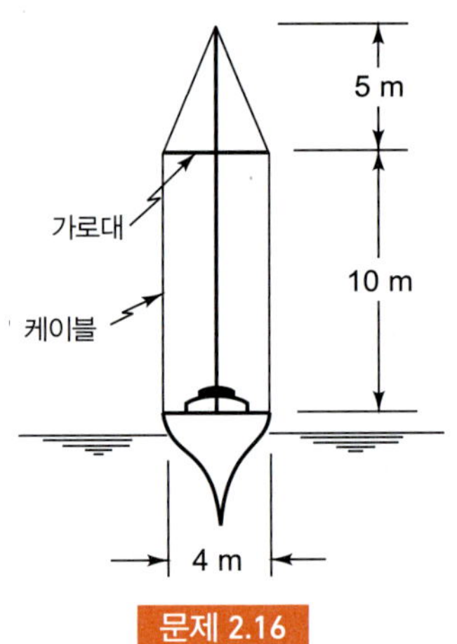

문제 2.16

2.17 아주 견고한 수평부재가 단면적과 길이가 서로 다른 두 개의 수직 강재봉에 매달려 있다. 120 kN의 수직하중이 점 B에서 수평보에 작용한다면, 점 B의 수직 처짐을 예측하라.

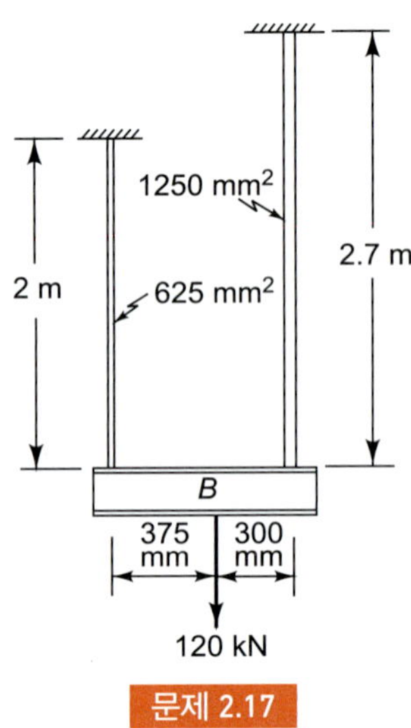

문제 2.17

2.18 스프링상수가 다른 두 개의 선형 스프링이 그림에서 보는 바와 같이 직렬로 연결되어 있다. 이 조립체의 전체 스프링상수를 계산하라.

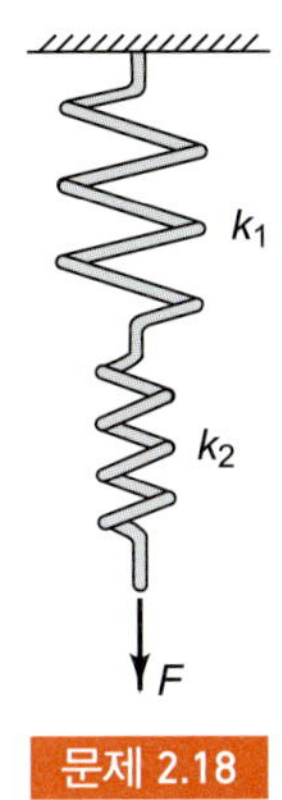

문제 2.18

2.19 왼쪽은 힌지로 지지된 견고한 보가 스프링상수 k인 두 스프링에 의하여 지지되고 있다. 이 시스템의 스프링상수(P를 P로 인한 처짐으로 나눈 값)가 $\frac{20}{9}k$가 되려면, 힘 P를 어디에 작용시켜야 되는가?

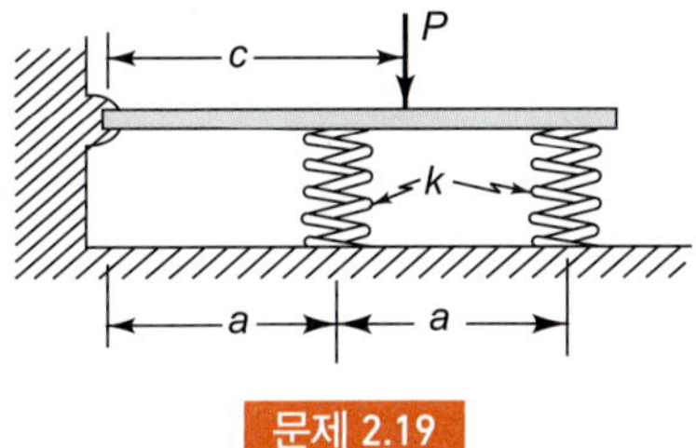

문제 2.19

2.20 한 개의 견고한 수평봉 AB가 그림과 같이 배열된 스프링상수가 다른 세 개의 스프링에 의하여 지지되고 있다. 봉 AB가 수평을 유지하려면, 힘 P는 어디에 작용해야 하는가? 이 위치에 P를 두면 P 때문에 봉이 내려가는 거리는 얼마인가?

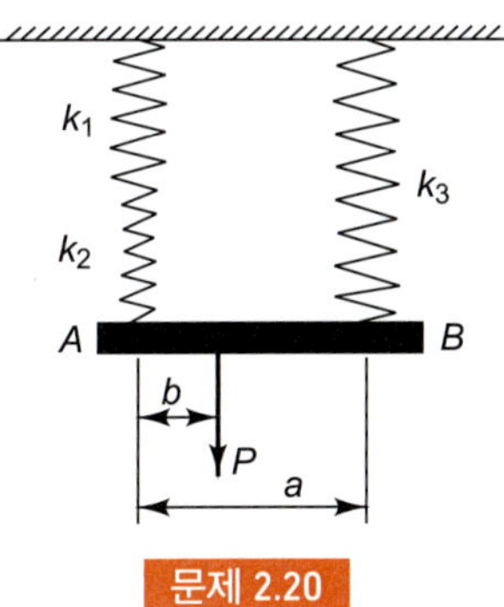

문제 2.20

2.21 발명가가 어린이 놀이터에 놓을 세 개의 스프링으로 튼튼한 강재 프레임 위에 지지된 단단한 플라스틱 뜀뛰기판 장난감을 연구하고 있다. 세 개의 스프링의 자유길이는 300 mm이고, 스프링상수는 $k_1 = k_3 = 17$ kN/m, $k_2 = 21$ kN/m이다.

지지장치의 강도를 시험하기 위하여 체중 620 N의 발명가가 판 위에 올라가서 여러 군데에서 보았다. 그림에 표시한 위치에 그가 섰을 때 프레임과의 연결부분에는 어느 정도의 힘이 전달되는가? 판은 수평과 몇 도의 각을 이루고 있겠는가?

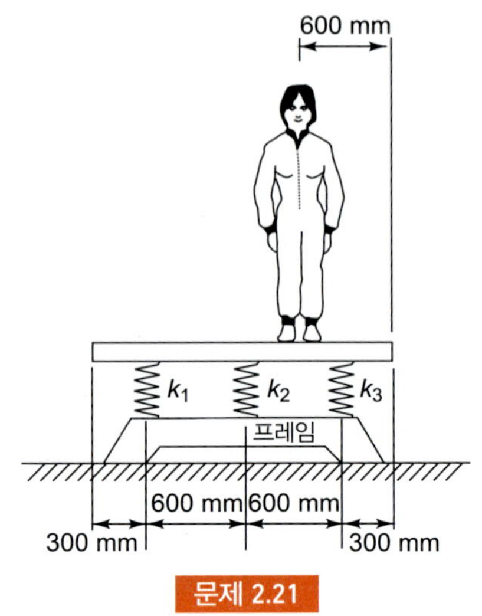

문제 2.21

2.22 35 m의 깃대를 직경 20 cm의 강관으로 만들었다. 깃대를 그림에 표시된 바와 같이 볼 소켓 조인트(ball-and-socket joint)로 바닥에 붙어있고, 4개의 직경 1 cm의 강재 와이어로 지탱되고 있다. 바람이 없을 때는 와이어의 인장력을 무시할 수 있다. 허리케인이 남쪽으로부터 강하게 불어올 때, 그 영향은 깃대의 중간에 5 kN의 수평력이 작용하는 것과 같다고 볼 수 있다. 깃대의 꼭대기는 수직선상에 있던 처음 위치로부터 얼마나 이동하였는지 계산하라.

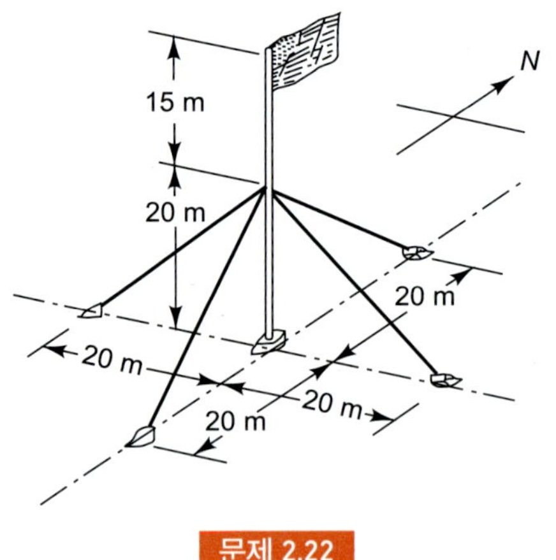

문제 2.22

2.23 그림 (a)에 표시된 구조물에 있어서 부재 AB는 BC에 비하여 대단히 단단한 재료로 되어 있다. B에 400 N의 하중이 걸렸을 때 B의 수직변위를 계산하라. 그림 (b)에서와 같이 400 N의 하중이 전부 BC에 걸려 있을 때는 B의 변위가 23 mm라는 것을 알고 있다.

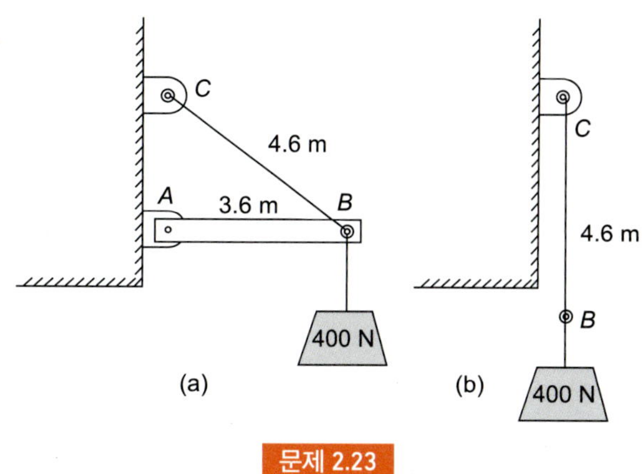

문제 2.23

2.24 볼트를 관상 슬리브(sleeve) 속에 끼우고, 너트를 그림에 표시한 바와 같이 손으로 조인다. 렌치를 사용하여 너트를 더 돌리면 볼트에는 인장력, 슬리브는 압축력이 작용한다. 볼트가 1 cm당 5개의 나사산을 가지며, 너트를 렌치로 1/4 회전(90°)시켰을 때 볼트 속의 인장력을 계산하라. 여기서 볼트와 슬리브는 모두 강재이고, 단면적은

볼트의 면적: 6 cm^2

슬리브의 면적: 4 cm^2

이다.

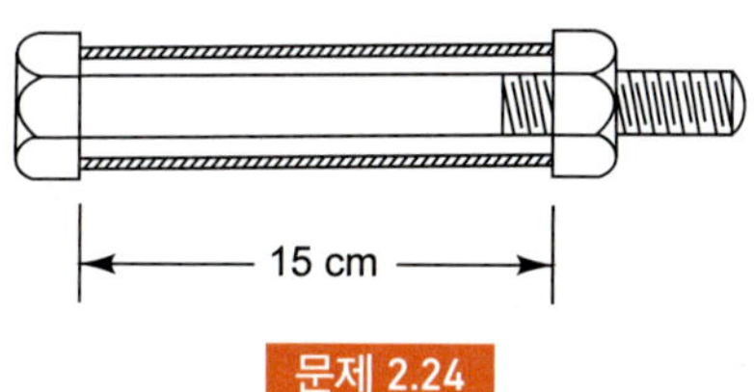

문제 2.24

2.25 강체 보 *AC*가 좌단 *A*에서 핀으로 지지되어 있다. 그 우단 *C*는 다른 단단한 보 *CF*에 의하여 지지되고 있으며, *CF*는 *D*에서 알루미늄 봉, *E*에서 강재봉으로 지지되어 있다. 하중이 걸리기 전에 강재봉은 모두 수평을 유지하고 있었다. 기지(known)하중 *P*가 점 *F*에 작용하고, 미지(unknown)하중 *Q*가 점 *B*에 작용하고 있다.

두 하중이 작용한 후에도 강재봉 *CF*가 수평이 되는 *Q*의 크기를 *P*의 항으로 구하라.

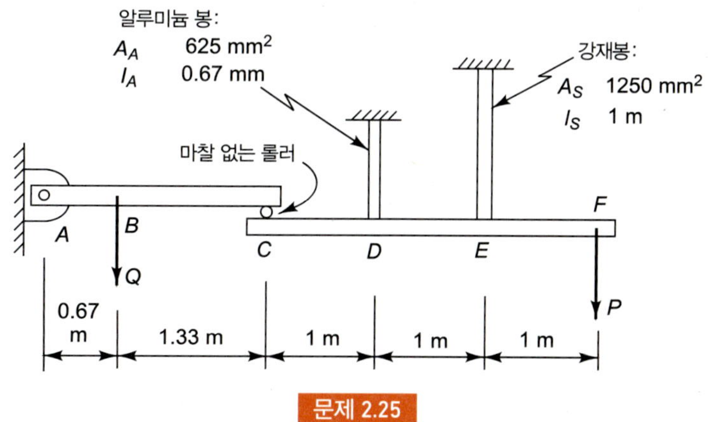

문제 2.25

2.26 종방향(longitudinal)의 목판들로 이루어져 있는 수도관이 그림과 같이 직경 2 cm의 원주방향(circu-mferential) 강재봉 띠로 죄어져 있다. 관 내의 수압은 50 N/cm^{2}이다. 목판 사이로 누수의 위험 때문에 강재봉 띠의 중심선까지의 직경 D가 수압에 의하여 0.1 cm 이상 증가하지 않도록 제한되어야 한다.

원주방향 봉 사이의 최대 허용 종방향 간격 s를 결정하라.

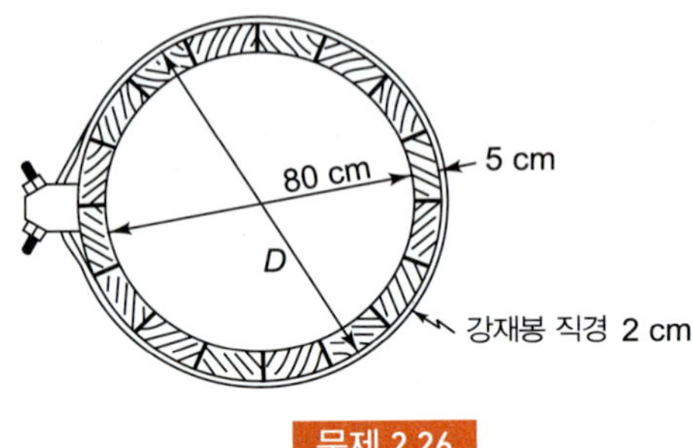

문제 2.26

2.27 단면적이 A이고, 탄성계수가 E인 가벼운 로프가 고정된 축에 걸려 있다. 중량 W를 로프 길이가 긴 쪽에 달고, 동시에 중량이 떨어지는 것을 막기 위해 수평하중 P를 축에 맞서 로프에 작용시켰다. 로프와 축 사이의 정마찰계수가 f일 때 P의 값을 구하라.

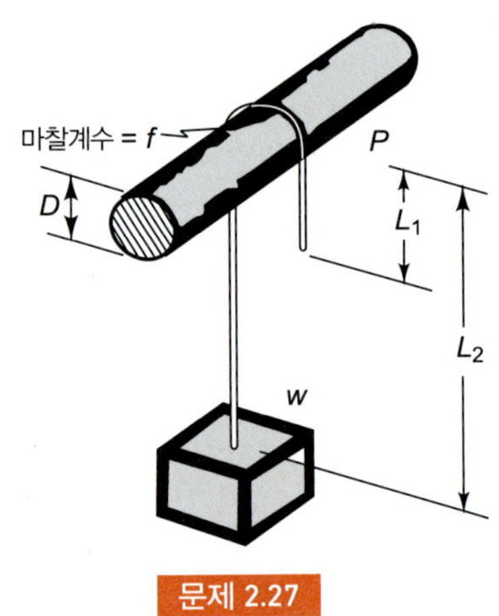

문제 2.27

2.28 그림에서 보는 바와 같이 브레이크가 설계되었다. 바퀴에 225 N · m의 토크가 작용할 때, 25 × 1.5 mm의 밴드가 바퀴의 회전을 막고 있다. 마찰계수는 0.4이다. 바퀴의 회전을 막기 위한 장력 T_1과 T_2를 구하라.

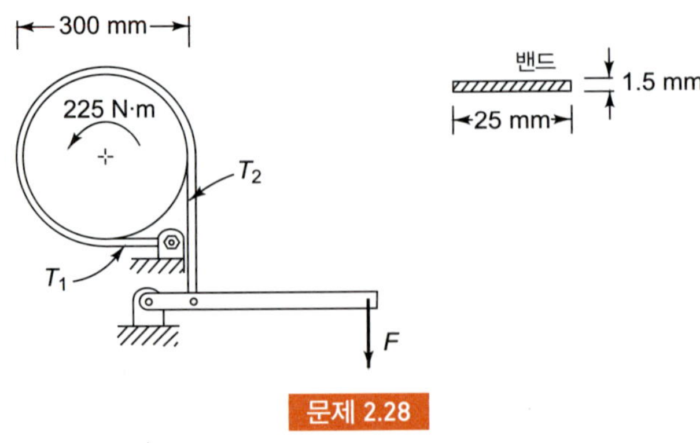

문제 2.28

2.29 배를 끄는 밧줄이 그림과 같이 회전 캡스턴(capstan)에 4번 감겨 있다. 부두 노동자가 200 N의 힘으로 당기고 있다. 만일 캡스턴과 배를 끄는 밧줄 사이의 마찰계수가 0.3일 때 그 사람에 의하여 배에 미치는 최대 힘은 얼마인가?

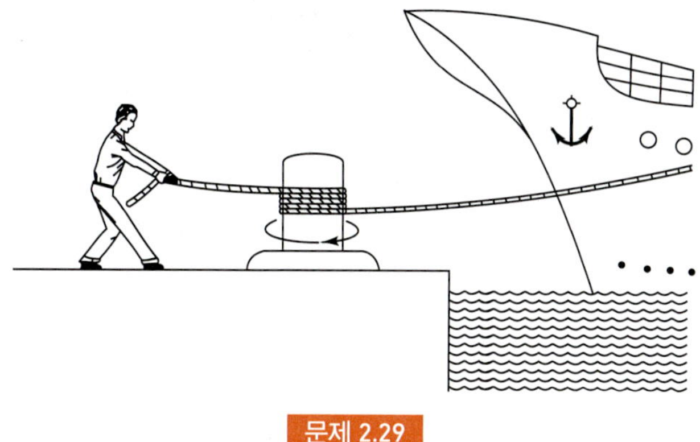

문제 2.29

2.30 그림에서 보는 바와 같이 윤활없는 드러스트(dry thrust) 베어링의 회전이 저지되기 위해 하중 F가 작용할 때 마찰저항을 계산하라.

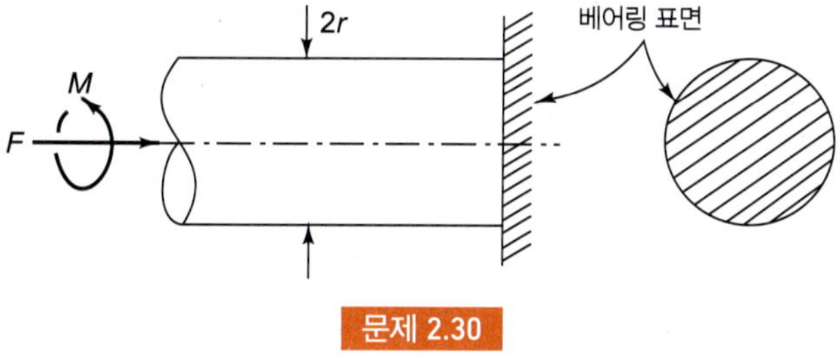

문제 2.30

2.31 다음 그림에서 보는 바와 같이, 내측반경이 300 mm이고 두께가 3 mm인 황동환과, 내측반경이 303 mm이고 두께가 6 mm인 강재환으로 조립된 합성환이 있다. 두 환의 폭은 6 mm이다. 1.4 MN/m^{2}의 반경방향 압력이 황동환의 내면에 작용할 때 황동환과 강재환 사이의 접선방향의 힘을 계산하라.

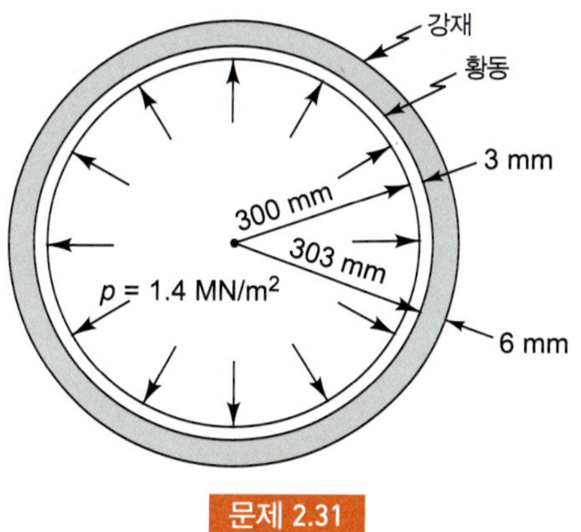

문제 2.31

2.32 문제 2.31에서 압력이 1.4 MN/m^{2}일 때 황동환의 반경방향의 팽창을 계산하라.

2.33 예제 2.8에서 원주상에 단위길이당 분포되는 반경방향의 힘이 다음과 같이 표시됨을 증명하라.

$$\frac{dN}{R\,d\theta} = \frac{T}{R} = \frac{T_{A}De^{f\theta}}{R}$$

2.34 22명의 학생이 직경 1.5 cm인 마닐라 로프로 줄다리기를 하고 있다. 로프의 처음 길이는 15 m이고, 학생들은 그림과 같이 배치되었다. 로프의 끝을 운동장의 가장자리에 끌어다 놓는 팀이 이기는 것이다. 로프가 늘어나면, 로프의 양 끝으로부터 운동장 가장자리까지의 간격을 각각 1 m가 되도록 만들고자 한다. 한 사람당 500 N의 힘으로 끌 수 있다고 가정한다. 로프 0.5 m의 스프링상수는 줄이 풀리는 효과를 고려하여 60 kN/cm이다.

운동장 길이 L을 얼마로 만들어야 하나?

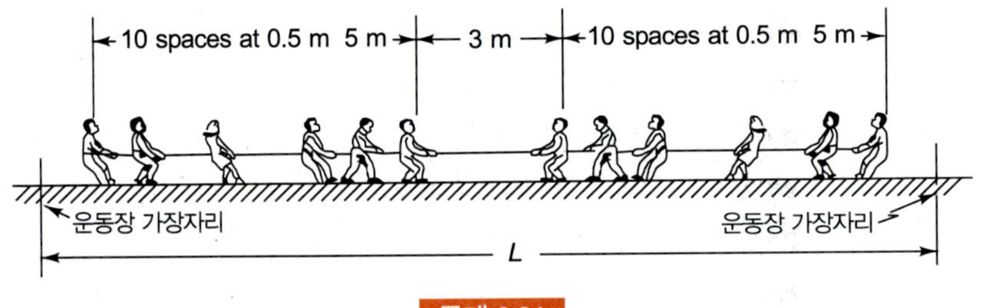

문제 2.34

2.35 다음의 그림은 아음속 연습용 제트기의 방향타 조종장치의 원리도이다. 이 방향타의 레버 암은 직경이 4.5 mm인 아주 쉽게 휘어지는 스테인레스강 케이블에 의해 조종사의 발 조정장치와 연결되어 있다. 이 케이블은 25 mm 길이로 스프링상수는 60 MN/m이다(줄이 풀리는 영향을 포함하여). 이 케이블의 초기장력은 1.4 kN이다. 방향타로부터 발조정장치까지의 케이블 길이는 약 6 m이고, 조종사가 발판을 누르는 힘은 약 700 N이다. 방향타 조종장치에 대한 정적 시험에서, 방향타에 외력을 가하여 조종사가 앉아서 발판을 버틸 수 있는 한도까지 그 힘을 증가시킨다. 조종사의 발을 밀어서 움직이게 되는 수준까지 힘이 도달했을 때 타는 얼마만큼 회전하겠는가? 케이블에 초기 인장력이 없었다면 이 각은 달라졌겠는가?

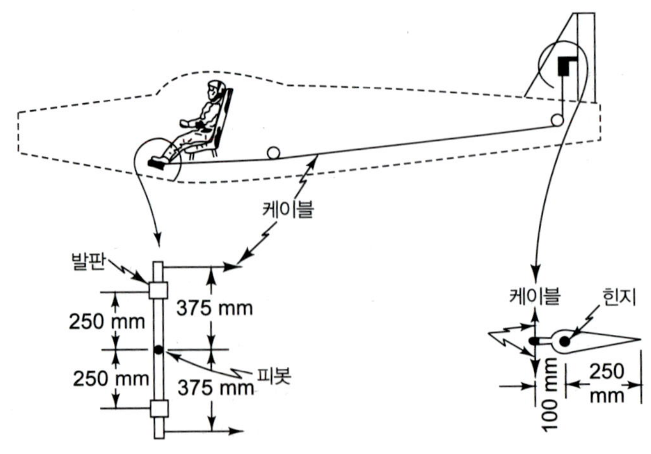

문제 2.35

2.36 중량이 100 kN인 짐짝이 30°의 경사면에 내려져 있다. 이 상자와 경사면 사이의 정마찰계수는 0.2이다. 이 상자가 사면으로 미끄러져 내려오지 못하게 하기 위하여 그림과 같이, 단면적이 5 cm × 5 cm인 목재를 상자와 경사면 사이에 받쳐 놓는다면, 압축으로 이 목재의 길이가 얼마나 줄어들겠는가?

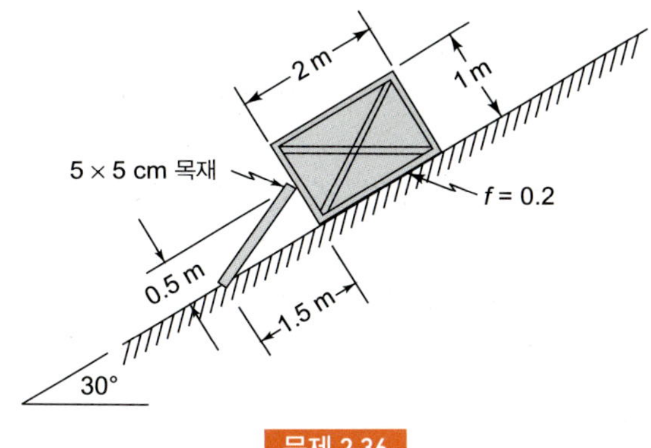

문제 2.36

2.37 1 cm당 10개의 나사산을 갖는 유효단면적 0.5 cm^{2}의 볼트 2개로 이루어진 강재 클램프(clamp)가 있다. 이 클램프로 외경 2 cm의 황동관을 0.1 cm 정도 압축하고자 한다. 여기서 황동관을 0.1 cm 압축하는 데 5 kN의 힘이 필요하다. 황동관을 클램프의 턱(jaw)에 평행하게 놓고, 턱이 관에 간신히 닿을 만큼 조인 뒤에 관을 0.1 cm 압축하려면 볼트 *C*를 몇 번 회전시키면 되느냐?

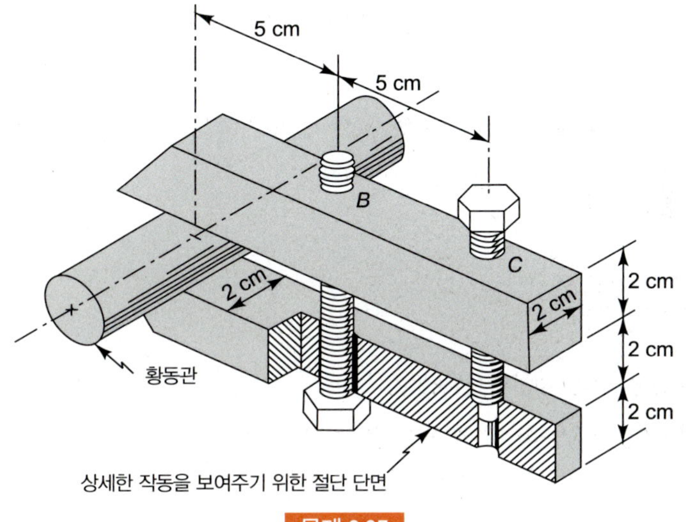

문제 2.37

2.38 높은 전류가 흐르는 전기장비를 설계할 때는 도체(con-ductor)에 생기는 전자기력를 고려할 필요가 있다. 예를 들면, 싱크로트론(synchrotron)에서 동코일은 자력 때문에 교대로 팽창 수축을 되풀이한다. 그림과 같이 강재링 내에 동코일이 내장된 경우를 생각하자. 자력의 세기가 원주 길이 1 m마다 70 kN이고 외경반경방향으로 작용할 때, 동코일에 걸리는 접선력을 추정하라(동의 탄성계수는 117 GN/m^{2}이다).

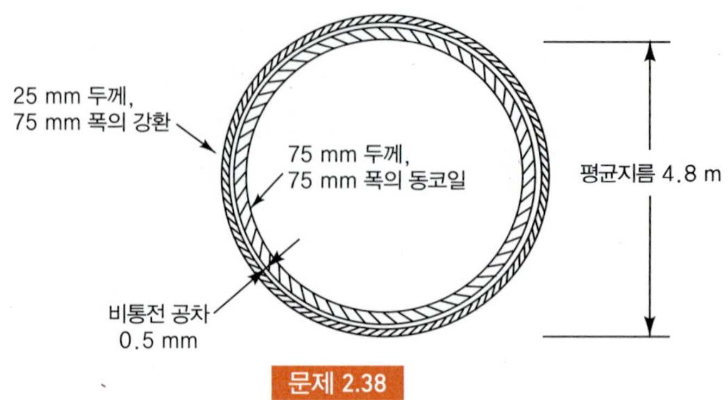

문제 2.38

2.39 특수 비선형스프링의 성능을 얻기 위하여, 계기설계자들은 그림의 설계와 같이 선형재료 B와 비선형재료 C를 사용하였다. 재질 B로 만들어진 봉은 요오크(yoke)와 상단 지지부 사이의 인장부재로 사용하고, 재질 C의 봉은 요오크와 하단 지지부 간의 압축부재로 사용된다. 이 장치는 $P = 0$일 때 틈이 없이 꼭 맞도록 아주 정밀하게 제작되었다. 요오크에 1.5 kN의 하중이 걸리면 요오크가 어느 정도 움직이겠는가? 또한 재질 B의 봉에 걸리는 하중은 얼마인가?

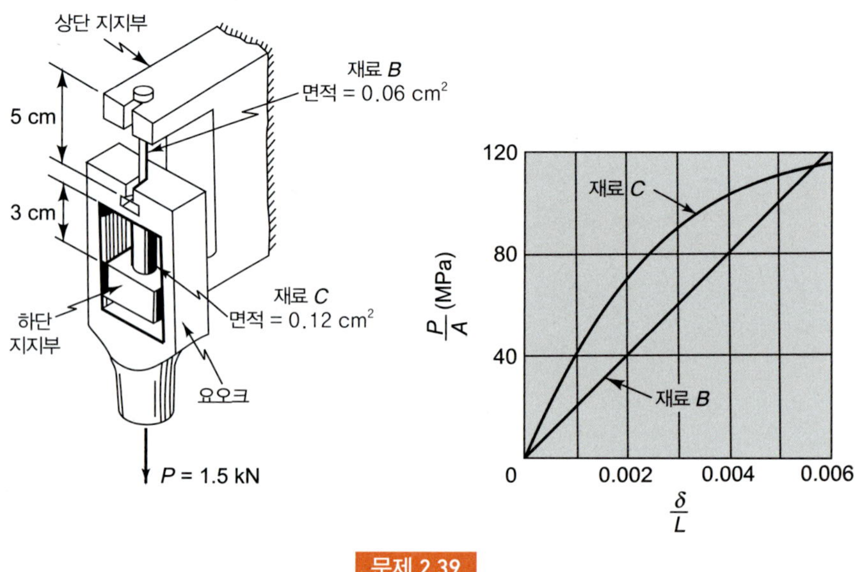

문제 2.39

2.40 예제 2.2에서 스프링상수가 k_C와 k_D일 때, 방정식 (i)가 그 해임을 증명하라.

2.41 예제 2.5의 시스템에 대하여 예제 2.4의 방법과 예제 2.11의 에너지법을 사용하여 점 F의 수직 처짐을 계산하라.

2.42 45°의 부정정 트러스가 그림과 같이 만들어져 있다. 구조물은 P가 0일 때 거의 상호 간섭없이 부재들이 함께 맞추어져 있다. 모든 부재들이 동일한 재질과 단면적을 가지고 있으면 에너지법을 사용하여 부재 CD에 걸리는 하중을 계산하라.

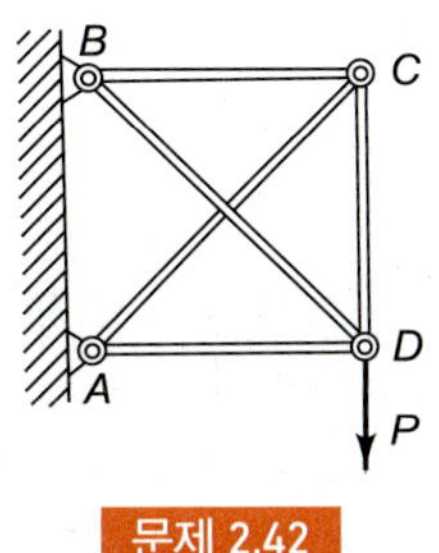

문제 2.42

2.43 A점에 수직 하중 5,000 N이 작용할 때 그 점에서 수평과 수직 이동거리를 구하라. 부재 AB와 AC는 각각 15 cm^{2}의 단면적을 갖는 강관이며, 부재 AD는 10 cm^{2}의 단면적인 알루미늄 봉이다. 부재는 강체 바닥 위에 볼트체결로 지지되어 있으며, 점 A에서는 핀으로 연결되어 있다. 모델을 전개할 때 사용되는 가정들을 모두 명백히 설명하라.

문제 2.43

2.44 강체 보 ABC가 점 A에서 탄성 힌지로, 점 B에서 직렬 연결된 두 스프링에 의해 지지되어 있다. 힘 P가 점 A로부터 x의 거리에서 보에 작용하고 있다. 보의 무게는 무시하고 다음을 결정하라.

(a) 지지점 B에 작용하는 힘을 외력 P, 스프링상수 k_1, k_2, k_3 및 변수 x의 항으로 나타내어라.

(b) 점 $A(\theta_A)$의 힌지에 관한 보의 각 변위를 P, k_1, k_2, k_3 및 변수 x의 항으로 나타내어라.

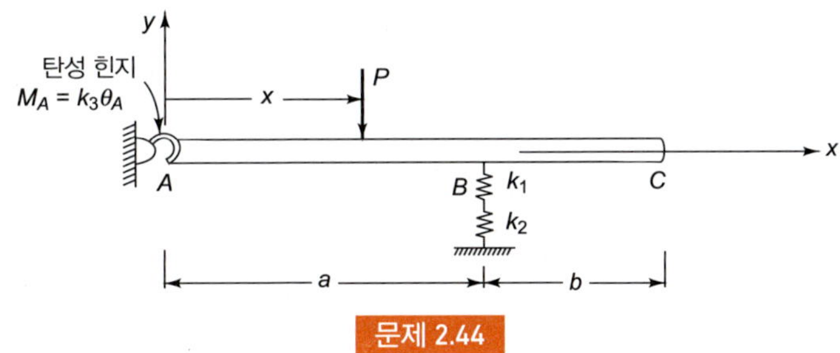

문제 2.44

2.45 균일 봉에 일정 하중 F_0이 작용 시 봉의 자중을 고려할 때와 고려하지 않을 때에 대하 각각의 경우 봉에 저장된 에너지를 계산하라. 봉의 단위길이당 자중을 w로 가정하라.

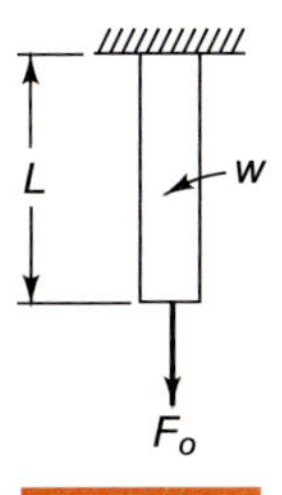

문제 2.45

2.46 최소 중량을 갖는 트러스의 최적설계가 자주 요구된다. 최소 중량을 위한 최적설계에 있어서 많은 인자들이 검토되어야 한다. 그 중, 인장상태하에 있는 봉에 발생하는 응력, 매우 큰 횡변형(좌굴)을 야기시킬 수 있는 압축하중을 받는 봉의 압축력, 설계를 위하여 봉들이 사용 가능한지 여부 등을 들 수 있다. 그림 (a)에 나타낸 외팔보 트러스는 A와 B에서 지지되어 있고, 절점 C와 D에 그림에 표시된 하중이 작용하고 있다. 최소 중량을 갖는 최적설계를 위해서는, 가능한 한 인장부재의 최대 응력이 140 MPa를 초과하지 않고, 압축부재의 최대 압축력 P_c가 아래의 식보다 작아야 한다는 것이 요구된다.

$$P_c \leqq \frac{10^8 I}{L^2} \text{ (N)}; I \text{ (m}^4\text{)}; L \text{ (m)}$$

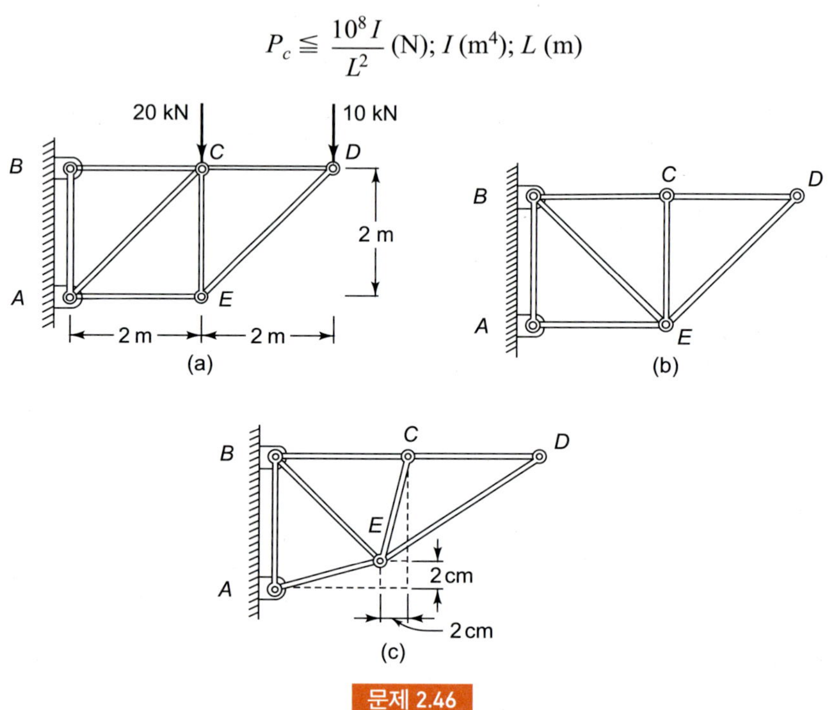

문제 2.46

여기서 I는 부재의 단면 2차모멘트, L은 부재길이이다. 이 문제에서 구조물 부재에 다음 두 종류의 알루미늄 재료만을 사용하여야 한다는 제한조건이 있기 때문에, 각 부재의 최적값으로 인한 트러스 구조물의 완전한 최적해를 구한다는 것은 현실적이지 않다. 두 재료의 특성은 다음과 같다.

1. A = 15 cm^2; I = 25 cm^4; weight/m = 100 N
2. A = 20 cm^2; I = 40 cm^4; weight/m = 130 N

지지점과 하중절점을 그대로 유지한 두 가지 가능한 설계를 그림의 (b)와 (c)에 표시하였다. 앞에서 기술한 제한조건에 부합하고, 최소 중량을 갖는 트러스를 설계하라.

2.47 고온에서 가스냉각 원자로용 프리스트레스드 콘크리트(prestressed concrete) 반응로를 도시하였다. 이 반응로는 "강선건(wire tendon)"을 이용하여 축방향, 원주방향(hoop) 및 헤드를 가로질러 프리스트레스되어 있다. 이 문제에서는 원주방향 하중만을 고려하려고 한다. 원주방향은 그림과 같이 310개의 강선건으로 프리스트레스되어 있다. 이들 건은 벽 단면에서 둥글게 배열되어 있고, 각 강선건은 지름 0.5 cm의 강선 170개로 구성되어 있다.

압력을 가하기 전에 원주방향 건에 가해야 할 프리스트레스 인장력을 계산하라. 또 프리스트레스트 콘크리트가 인장력을 받기 시작할 때까지 가할 수 있는 압력을 계산하여라. "얇은 링(thin-ring)"의 근사식을 사용하여 계산하여라. 각 재질의 성질은 다음과 같다.

압축하에 있는 콘크리트 $E = 10$ GPa, 최대 압축응력 $\sigma_t = 40$ MPa, 강선건 $E = 210$ GPa, 최대 허용응력 1 GPa

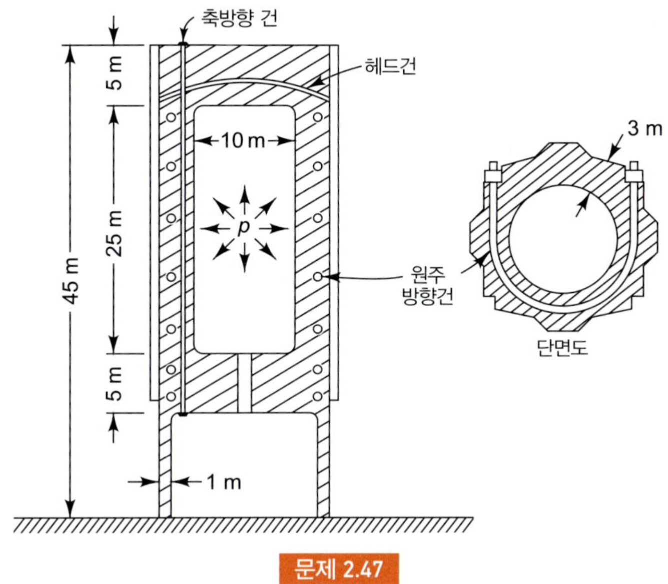

문제 2.47

2.48 긴 파이프가 유압 또는 유체기계에 포함되어 있을 때, 기계가 응답성을 가질 수 있는 속도를 결정하기 위한 요인 중의 하나는 파이프 내의 압력파의 전달속도이다. 이 속도는 소리속도와 기본적으로 같으며, 다음과 같이 주어진다.

$$c = \text{speed} = \frac{1}{(\rho k)^{1/2}}$$

여기서

$$\rho = \text{유체의 질량밀도}$$
$$k = \text{압축률} = (\Delta V/V)\Delta P$$

여기서 ΔV는 압력 ΔP에 의한 체적 V의 변화이다. 그러므로 작은 k값을 갖는 재질은 속도가 중요시되는 유압시스템에 유리하다.

이러한 모든 것은 기초정보로 이제 여기서 문제를 고려하자.

k의 값에 하한을 두는 요인 중의 하나는 파이프 자체의 부피변화이다. 강재 파이프의 직경을 D, 벽의 두께를 t라고 하자.

만일 압력 ΔP가 파이프 내의 유체에 가해진다면, 파이프 내의 체적은 파이프의 팽창 때문에 ΔV만큼 증가할 것이다. D, L, t, E 및 V로 파이프에 대한 $k = (\Delta V/V)\Delta P$를 계산하라. 파이프는 직경에 비하여 매우 길다고 가정한다. 여러분들의 계산과정에서 어떤 가정이 있으면 명백히 밝혀라.

또한 $D = 12.5$ mm, $t = 1.25$ mm, $L = 6$ m일 때 k의 하한치는 얼마인가?

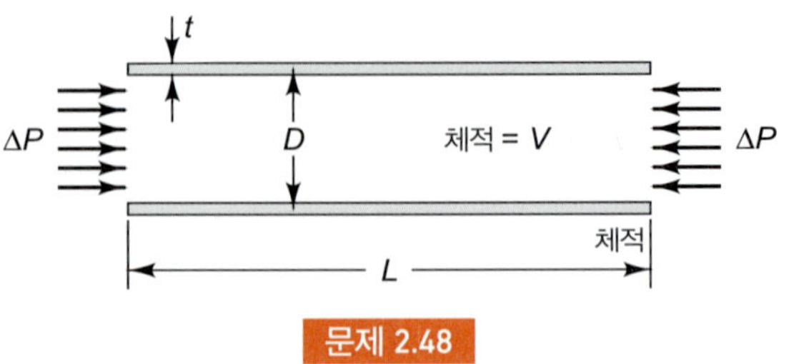

문제 2.48

2.49 정상적으로 아기의 분만과정에서, 태아의 머리는 자궁의 수축으로 증가된 압력에 의하여 자궁경관을 통하여 밀려나온다. 그러나 어느 경우에는(낮은 자궁의 경련) 태아의 머리가 나오지 못한 경우가 있다. 만일 수축하는 동안 자궁 내의 양수 압력이 대략 60 mm Hg라면, 머리의 움직임이 없을 때 태아의 머리에 미치는 힘을 구하라.

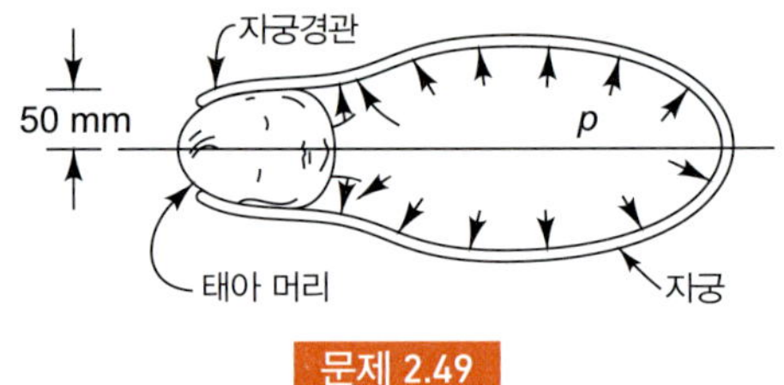

문제 2.49

2.50 내압능력을 증가시키기 위하여, 한 동관을 구형 단면의 스테인레스강(stainless steel) 강선을 가지고 한 층으로 팽팽하게 감싸고 있다. 감싸는 동안, 철사의 장력은 450 N으로 유지된다.

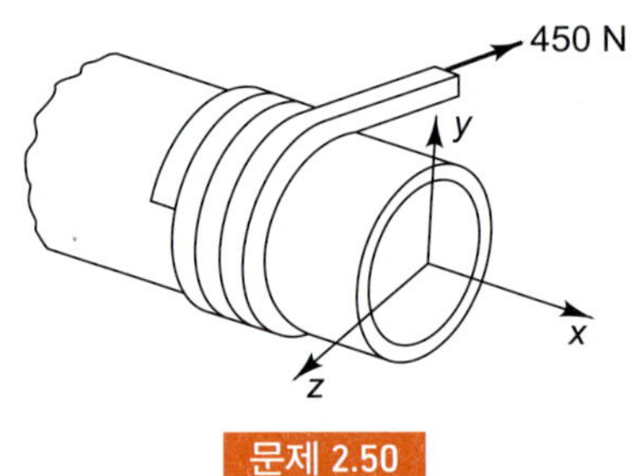

문제 2.50

(a) 감싸는 동안 관 반경은 얼마나 감소하겠는가? (관 내에서 어떤 축방향 힘도 무시한다)

(b) 관 혹은 철사 중 어느 하나라도 응력이 최대 허용치에 도달되는 내압은 얼마인가? (관 내의 축방향 힘은 무시한다)

관: 동	철사: 스테인레스강
내부반경: 22 mm	구형 단면의 철사 1.25×1.25 mm
두께: 2.5 mm	$E = 205$ GN/m^2
$E = 140$ GN/m^2	σmax $= 1$ GN/m^2
σmax $= 210$ MN/m^2	

2.51 어떤 발명가가 감도를 조절할 수 있는 무게 측정장치의 특허를 내놓았다. 그는 너트 C를 감아서 스프링 A와 B에 걸린 프리텐션(pre-tension)을 조절함으로써 감도(하중 kN당 지침계 움직임의 millimeter)를 변경시킬 수 있다고 한다. $L = 600$ mm일 때 장치의 감도

는 얼마인가? L = 660 mm일 때 이 장치의 감도는 증가 혹은 감소하겠는가? 그 값은 어느 정도인가?

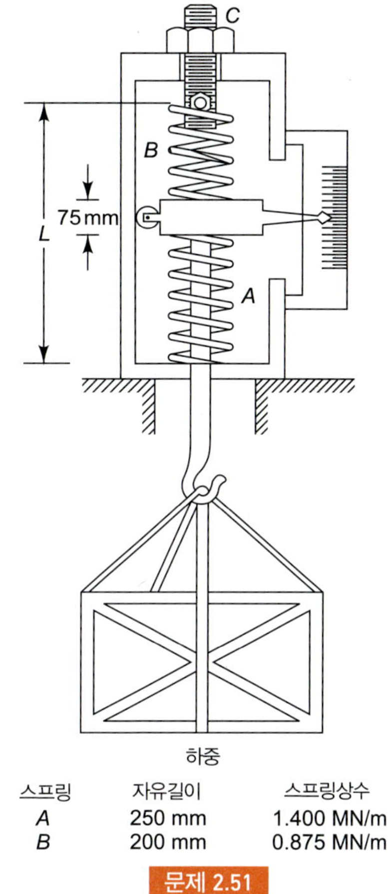

문제 2.51

2.52 강재 케이블이 자중을 받고 매달려 있다. 케이블의 직경은 일정한 것이 아니고, 케이블의 모든 점에서 같은 인장응력이 걸리게끔 변하도록 되어있다. 케이블의 직경변화를 나타내는 미분방정식을 유도하라. 방정식을 풀이하고, d_1을 d_2, L, σ_0, γ(케이블의 단위부피당 무게)의 항으로 표시하라.

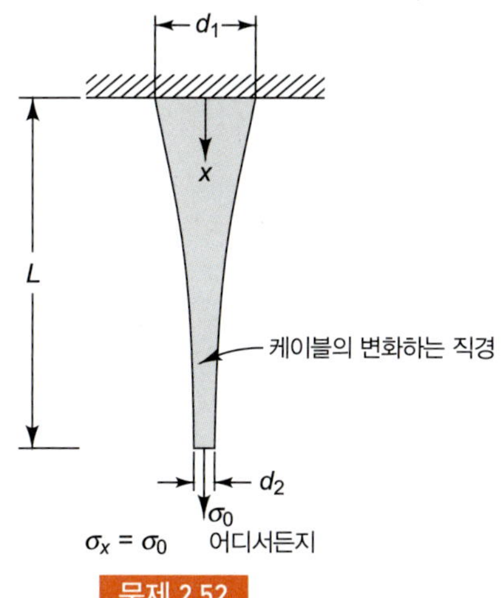

문제 2.52

2.53 그림에서와 같이 세 개의 비선형 탄성스프링 연결로 시스템이 구성되었다. 이러한 시스템에 대하여 식 (2.4)는 다음과 같은 식으로 표현됨을 보여라.

$$\int_{o}^{\delta} P d\delta = \sum_{i=1}^{3} \int_{o}^{e_i} F_i de_i$$

여기서 e_i는 신장이고 F_i는 i번째 요소에 걸리는 힘이다. e_i와 F_i가 δ와 P에 관계되는 평형조건과 기하학적 적합조건을 사용하여 직접 이러한 표현이 됨을 보여라.

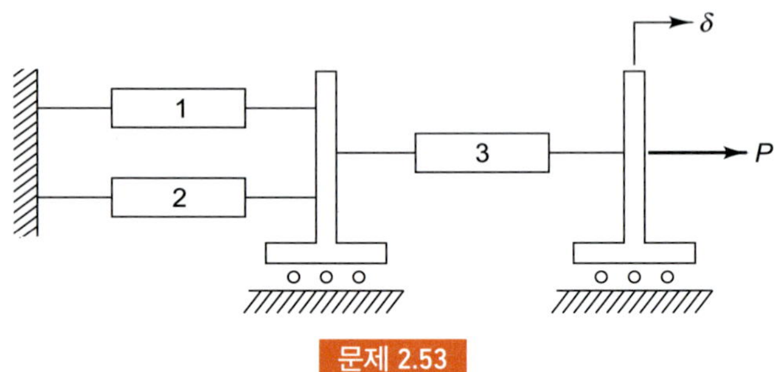

문제 2.53

2.54 문제 2.53의 시스템에서 식 (2.6)은 다음의 형태를 갖는다는 것을 보여라.

$$\int_{o}^{P} \delta dP = \sum_{i=1}^{3} \int_{o}^{Fi} e_i \, dF_i$$

e_i와 δ에 대한 F_i와 P의 관계를 평형조건과 기하학적 적합조건을 사용하여 직접 이런 표현이 사실임을 증명하라. 문제 2.53과 2.54에서는 스프링에 대한 힘-변형 관계를 알 필요가 없다는 것을 염두에 두어라.

2.55 그림 2.20의 시스템에서 $\mathbf{P}_i$의 $\mathbf{s}_i$성분을 f_i라 할 때, 다음을 증명하라.

$$f_t = \frac{\partial U}{\partial s_i}$$

여기서 U는 하중 작용점의 변위의 항으로 표현된 시스템의 전체 탄성 포텐셜 에너지이다. 상호보완적으로, 식 (2.7)의 정리를 *Castigliano*의 제1정리라 부르며, 이에 반해 식 (2.12)를 *Castigliano*의 제2정리라 부른다.

추가적 문제 *ADDITIONAL PROBLEMS*

1. 나노튜브(nanotube) 강화 고분자 복합재료와 같은 강화복합재료의 개발에서, 엔지니어의 근본적인 문제점은 하중을 전달하는 데 결정적인 역할을 하는 나노튜브와 매트릭스(matrix) 재료 사이 경계면의 접합에 관한 것이다. 이를 해결하기 위해 파이버(*fiber*)를 뽑아내는 시험방법을 생각해냈다. 시험조건을 모델화하기 위해, 매트릭스는 탄성체이고 당기는 힘에 같은 탄성 저항을 한다고 이상화한다. 즉 파이버가 신장함에 따라 비례적으로 힘이 발생한다. 또한 파이버를 잡아당기는 동안 단면에는 균등한 응력이 생긴다고 본다.

(a) 파이버에 대한 힘의 평형식을 세워라. 파이버의 탄성계수는 E이며 반지름이 r인 단면적을 갖는다. 매트릭스는 접합면에서 파이버의 신장에 대해 단위길이당 일정한

상수값 k를 갖는 스프링으로 가정한다. 즉 k는 파이버의 단위 신장에 대한 매트릭스의 단위길이에 발생하는 하중이다.

(b) 파이버와 매트릭스의 경계면에서 상호작용하는 힘이 P의 10% 이하가 되는 경우의 파이버 길이 L을 계산하라.

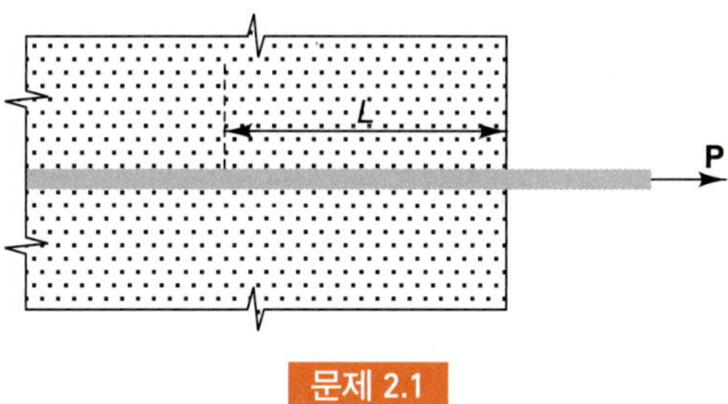

문제 2.1

2. 유전에서, 단면이 균일한 길이가 긴 강재 드릴(drill) 파이프가 단단한 진흙층에 고착되었다. 여기서 어느 깊이에서 이러한 문제점이 발생하였는지 파악이 필요하다. 파이프가 고착된 깊이를 구하는 데 도움이 되는 절차를 **제안하라.** 또한, 적절한 가정을 세워보아라.

3. 핀 연결 프레임 구조의 그림에서, 양쪽 부재는 같은 단면적 a와 탄성계수 E를 갖고 있다. 부재는 계산 동안 탄성영역 내에 있다라고 가정한다($Ea/L = 1$로 가정).

(a) 그림과 같은 하중상태에서, 프레임 구조체의 강성(강성 = 하중방향에 대해 단위 변위당 하중크기)을 계산하라.

(b) 강성이 충분하지 못하다고 판단되어 그림의 점선으로 표시된 부분에 수직부재(다른 부재와 같은 단면적과 탄성계수를 갖는)를 추가하였다. 수직부재를 추가 후 몇 % 정도 강성이 증가하였는가?

(c) 만약 수직부재를 추가하는 작업에서 부재의 길이가 $0.99L$로 짧아, 핀으로 C와 D 점을 연결할 때 탄성적으로 신장하여야만 했다. 수직부재에 힘이 걸리지 않기 위해 F의 힘은 얼마로 하여야 하는가?

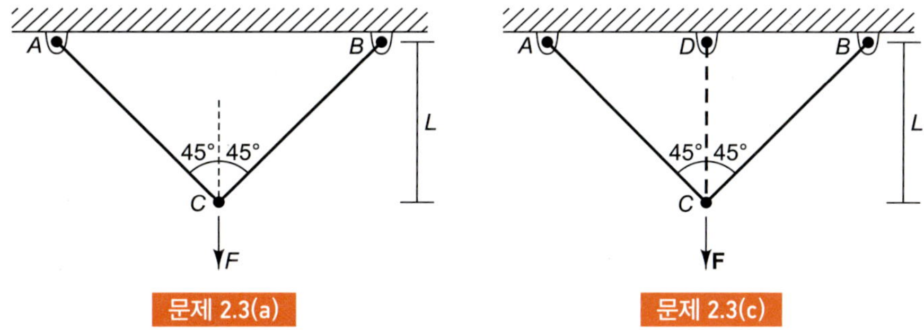

문제 2.3(a) 문제 2.3(c)

4. 길이가 L인 강재봉과 고무봉이 직렬로 접합되어 길이가 $2L$인 조립봉이 되었다. 이 조립봉에 수평으로 길이가 $2L$인 고무봉이 붙어있다. 강재의 탄성계수는 고무보다 250배 크다. 모든 봉의 단면적은 a로 같다. 전체 시스템의 유효강성을 계산하라. 단 고무봉은 하중에 따라 선형적으로 늘어난다고 가정한다.

5. 어느 특정한 스프링의 강성은 신장이나 수축에 따라 $k_{\text{eff}} = k_0 + K'|\Delta|$식과 같이 선형적으로 변화한다. 스프링에 하중을 점진적으로 0에서 F로 증가 시, 스프링의 신장(elongation)은 어떻게 되겠는가?

6. 가끔, 복합재로 만들어진 측정장치는 서로 다른 열팽창계수로 인한 원하지 않는 변형으로 인해 장치에 오차가 발생한다. 한 예로서 그림과 같이, 2개의 봉이 서로 연결된 복합재료 구조물에서 각각의 열팽창계수는 α_1과 α_2이다. 본 문제는 이러한 오차를 제거하기 위해, 온도의 변화에도 불구하고 A점이 움직이지 않도록 하고자 한다. 만약 E_1, E_2가 두 재료의 탄성계수라면, 오차가 최소화되기 위한 α_1, α_2, E_1, E_2의 조건을 구하여라. 두 봉은 동일한 단면적을 갖는다.

문제 2.6

7. 자전거에서, 허브(hub)는 하중을 차체로부터 바퀴살(sp-oke)을 통해 바퀴로 하중을 전달한다. 그러나 허브는 지면과 접촉하는 림(rim)의 바닥에서 압축하중을 직접적으로 전달하기보다는 림의 상단부에서 바퀴살을 통하여 매달려있는 상황이다. 위의 설명문에 대하여 이유를 기술하여 보라.

제 3 장

가늘고 긴 부재에 전달되는 힘과 모멘트

Forces and Moments Transmitted by Slender Members

3.1 서론 *Introduction*

앞 장에서 우리는 고체역학을 학습하기 위한 근본적인 기초를 공부하였다. 그 기초는 식 (2.1)의 3단계로 요약될 수 있다. 작용하는 힘, 변형, 힘-변형 한계에 관한 고찰은 변형할 수 있는 고체를 해석하는 데 있어 요구되는 전부이기는 하나, 이들 각 고찰에는 우리가 아직 충분히 조사하지 못하였던 깊이 있고 정교한 내용들이 남아 있다. 본 장과 앞으로 진행될 2개의 장을 통해, 식 (2.1)의 3단계 모두를 동시에 고려하여야 할 포괄적인 문제를 공부할 것을 대비해서 보다 확고한 기초를 다지기 위하여, 식 (2.1)의 단계를 나누어 각 단계의 의미를 재검토하고자 한다.

본 장에서는 가늘고 긴 부재(slender member: 세장부재)에 단지 제1단계, 즉 모든 힘과 평형조건에 관한 연구만을 적용하기로 한다. 제4장에서는 이 연구를 임의의 형상을 갖는 고체로 확장하여, 고체의 변형에 대한 기하학적 형상에 대해 조사하고자 한다. 제5장에서는 고체의 힘-변형에 관한 한층 더 확장된 관계를 고찰할 예정이다.

그 이후, 나머지 4개 장에서는 공학상 기본이 되는 중요한 포괄적인 문제를 공부하는 데에 필요한 예비지식이 정리될 것으로 믿어진다.

우리가 교량이라든가 자동차, 건물 등과 같은 공학적 구조물을 면밀히 관찰하여 보면, 하중을 지지하는 부재의 대부분은 **가늘고 긴 부재**라는 것을 알게 될 것이다. 가늘고 긴 부재라 함은 그 길이가 수직단면의 다른 치수에 비하여 매우 긴(예를 들면 적어도 5배 이상) 부재를 의미한다. 가늘고 긴 부재의 한 예로서 보(beam), 기둥(column), 축(shaft), 봉(rod), 실(stringer), 지주(strut), 링크(link) 등을 들 수 있다. 비록 길고 가느다란 봉으로, 그 봉의 굵기에 비하여 충분히 큰 지름을 갖는 환대(hoop)나 코일 스프링으로 만들었다 하더라도, 이들 역시 가늘고 긴 부재로 분류된다.

가늘고 긴 부재는 인장될 수도 있고, 굽혀질 수도, 비틀어질 수도 있다. 우리들은 이미 부재에 축방향으로 인장과 압축하중이 가해진 상태에 관하여 고찰하였다. 이번에는 부재를 비틀거나 굽히려고 하는 힘과 모멘트에 관하여 공부하여 보기로 하겠다.

3.2 일반적인 방법론 *General Method*

평형상태에 있는 가늘고 긴 부재의 임의의 단면에 작용하는 힘과 모멘트를 결정하기 위한 일반적인 방법은 관심을 갖는 점에서 부재의 단면을 절단하였다고 가상하는 것이다. 이와 같이 부재가 절단되었다고 가상하여 절단된 부재의 어느 한 부분을 고립된 자유물체로 생각할 때, 자유물체가 평행상태를 유지하는 데 필요한 힘과 모멘트는 그 부분(고립자유물체)에 평행방정식을 적용함으로써 얻을 수 있다. 일반적으로 한 단면에는 힘과 모멘트가 동시에 작용한다.

편의상, 일반적으로 힘과 모멘트를 그 부재의 축에 수평한 성분과 수직한 성분으로 분해한다(그림 3.1). 그림 3.1에서 x축의 방향은 부재의 축방향과 일치시켜 놓았다. y축과 z축은 수직단면상에 놓이게 하여, 단면 내에서 이들 좌표축의 방향은 단면의 형상, 혹은 작용하는 횡하중의 방향 등을 고려하여 해석이 편리하게끔 선정한다.

그림 3.1에서 성분을 나타내는 기호 F_{xx}, . . . 등은 작용하는 단면의 방향과 특정의 힘 혹은 모멘트성분의 방향을 함께 나타내는 데 사용된다. 두 개의 첨자 중 제1첨자는 단면의 면에 수직한 바깥쪽으로 벡터 방향을 나타낸다. 단면의 **면**은 그 바깥쪽 수직벡터가 좌표의 양의 방향을 향할 때 **양의 면**이라 말하고, 바깥쪽 수직벡터가 좌표의 음의 방향을 향할 때 **음의 면**이라 말한다. 따라서 그림 3.1의 단면은 양의 면이다. 제2첨자는 힘이나 모멘트성분의 방향으로 나타낸다. 그러므로 F_{xy}는 x 단면에 작용하는 y 방향 힘을 나타낸다. 또 M_{xz}는 x면에 작용하는 모멘트의 z 방향의 성분이다. 이들 서로 다른 성분들은 부재에 서로 다른 효과를 준다. 그러므로 다음과 같은 각각 특별한 명칭이 부여된다.

- F_{xx} **축력**(*axial force*) 이 성분은 부재를 신장시키려고 한다. 가끔 단순히 F 혹은 F_x로 표시하기도 한다. 우리는 이 힘에 관해서는 제1장과 제2장에서 이미 기술하였다.
- F_{xy}, F_{xz} **전단력**(*shear force*) 이 성분은 인접한 부분에 대하여 부재의 일부분을 전단시키려고 한다. 경우에 따라서 기호 V 혹은 V_y, V_z로 표시한다.
- M_{xx} **비틀림 모멘트**(*twisting moment*) 이 성분은 부재를 그 축 주위로 비트는 모멘트성분이다. 가끔 기호 M_t 혹은 M_{tx}로 표시한다.
- M_{xy}, M_{xz} **굽힘모멘트**(*bending moment*) 이 성분은 부재를 굽히려고 하는 모멘트성분이다. 가끔 기호 M_b 혹은 M_{by}, M_{bz}로 표시한다.

제6장, 7장, 8장에서, 이들 힘과 모멘트성분이 부재에서 응력과 변형에 미치는 효과를 조사하기로 하겠다. 그러므로 여기서 우리가 가져야 할 주된 관심사는 이들 성분의 값을 계산하는 것이다.

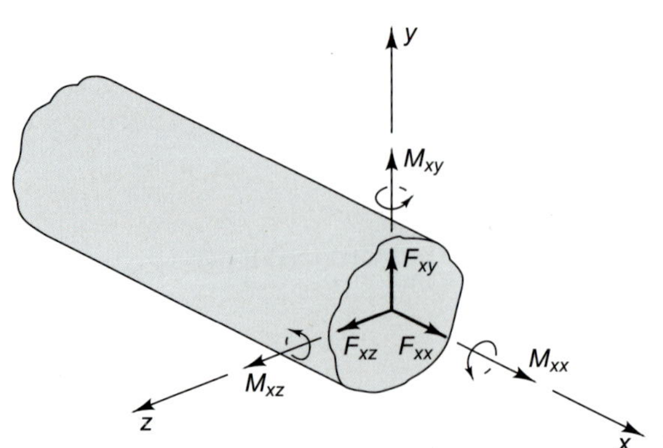

그림 3.1 부재의 단면에 작용하는 힘과 모멘트

해석에서 일관성과 재현성을 확보하기 위하여는 중력, 전단력, 비틀림 모멘트, 굽힘모멘트에 대한 부호규약을 정해 놓는 것이 편리하다. 힘이나 모멘트성분이 **양의 면상에서 좌표의 양의 방향으로** 작용할 때 이들은 양이라고 정한다. 그림 3.1에 도시된 힘과 모멘트성분은 규약에 따라 모든 양의 값이다. 작용–반작용에 관한 Newton의 제3법칙에서 알 수 있는 바와 같이, **음의 면상에서 좌표의 음의 방향**으로 작용하는 성분도 역시 양의 성분이다(제1첨자와 제2첨자의 부호가 같을 때 양이다). 예를 들면, 그림 3.2에 있어서 S와 S'를 가상절단으로 둘로 분리시켜 얻은 가늘고 긴 부재의 단면들이라고 할 때, Newton의 제3법칙에 의하면 축력을 나타내는 두 힘 F_x는 크기가 같고 방향이 반대인 힘이다. 단면 S에 작용하는 힘 F_x는 단면에 수직한 방향이 양의 x 방향이고, 힘의 방향이 x의 양의 방향이므로 양의 축력이다. 단면 S'상에 작용하는 힘 F_x는 단면에 수직한 방향이 음의 x 방향이고, 힘의 방향이 x의 음의 방향이므로 역시 이 힘도 양의 축력이다.

그림 3.1은 한 단면에 6개의 힘과 모멘트성분이 작용하고 있는 일반적인 경우를 예시하여 놓은 것이다. 그러나 많은 경우, 우리가 실제로 다루는 문제는 작용하는 모든 힘이 한 평면 내에 있는 간단한 문제들이다. 만일 하중이 작용하는 평면을 xy면이라고 하면 단지 3개 성분만이 생긴다. 즉 축력 $F_{xx}\,(F)$, 전단력 $F_{xy}\,(V)$ 및 굽힘모멘트 $M_{xz}\,(M_b)$이다(그림 3.3 참조).

앞에서 말한 바와 같이, 가늘고 긴 부재에서 응력과 변형을 계산하려면, 힘과 모멘트에 관한 지식을 필요로 한다. 부재 내에 생기는 힘과 모멘트를 푸는 과정을 정리하면 다음과 같다.

1. 실제의 문제를 이상화한다. 즉, 시스템을 모델화하고 주 구조체를 고립화시킨 후, 그 구조에 작용하는 모든 힘을 표시한다.
2. 평형조건($\mathbf{\Sigma F} = 0$ 및 $\mathbf{\Sigma M} = 0$)을 사용하여 미지의 외력 혹은 지지반력을 계산한다.
3. 관심을 갖는 단면에서 부재를 가상절단하고, 절단부분 중 어느 하나를 고립화시켜 고립화된 부분에 대하여 단계 2를 되풀이한다.

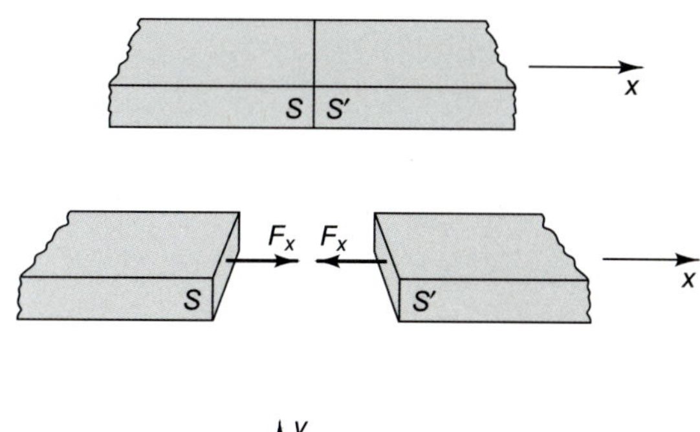

그림 3.2 양의 축력 F_x는 인장력이다.

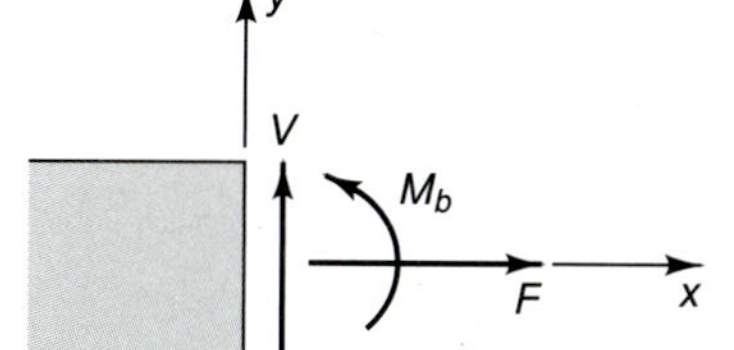

그림 3.3 2차원 상태의 힘과 모멘트 성분

예제 3.1 예제로서, 그림 3.4a에 표시한 바와 같이 두 개의 서로 다른 보(beam) 위에 놓여 있는 보의 중간 근처에 하중이 걸려 있는 보의 문제를 생각하여 보기로 한다. 우리가 여기서 알아보고자 하는 것은 임의 단면 C를 통하여 작용하는 힘과 모멘트를 알아내는 것이다.

- 평형방정식을 이용하여 지지 힘과 반력을 구한다.
- 내력을 계산하기 위해, 관심 부분의 단면을 절단하고 주어진 단면에 대해 자유물체도를 그린다. 힘의 평형식을 사용하여 힘과 모멘트를 계산한다.
- 전단력과 굽힘모멘트를 구하기 위해 계산된 힘으로 미지힘에 대해 공식을 유도한다.

이 특정 문제에서는 지지력의 성질을 파악하는 연습을 하여야 한다. 만일 이 보가 완전강체가 아니면, 그림 3.4(b)와 같이 약간 굽혀질 것이다. 이때 보와 지지체 사이의 반력은 그림과 같이 지지체의 안쪽 모서리를 지나는 힘이 될 것이다. 이 반력은 일반적으로 보에 수직한 수직성분과 보의 접선방향으로 작용하는 마찰성분을 갖게 된다. 마찰력의 크기와 방향에 관해서는 거의 아는 바가 없다. 예제 1.7 사다리의 경우와 같이, 마찰력의 방향은 시스템의 과거 이력에 달려있다. 우리가 말할 수 있는 것은 다만 마찰력은 정적 마찰계수로 한정한다. 만일 마찰계수의 값이 작을 경우에는 마찰력은 법선력에 비하여 작다고 생각하여도 무방하다. 이러한 관점에서 생각할 때 우리가 다루고자 하는 이 시스템은 그림 3.4(c)와 같이 이상화시킬 수 있다. 다시 말해서 지지반력은 점 A와 B에서 보에 수직한 법선력만 작용한다고 생각한다. 그러면, 이것으로 모호성은 없어진다. 즉, 우리는 이 이상화에 대한 확정적인 해답을 얻어낼 수 있다. 이들 결과로부터, 예제 1.7의 방법에서 불확정한 종방향력의 계산에 기초가 되는 정량적 체계가 마련될 것으로 믿는다. 그림 3.4(c)는, 보의 무게가 하중 W에 비하여 작다는 가정에서 보 자체의 무게는 무시하였다. 다음 그림 3.4(c)의 이상화 상태에 관해서 몇 가지 검토하여 보기로 하겠다.

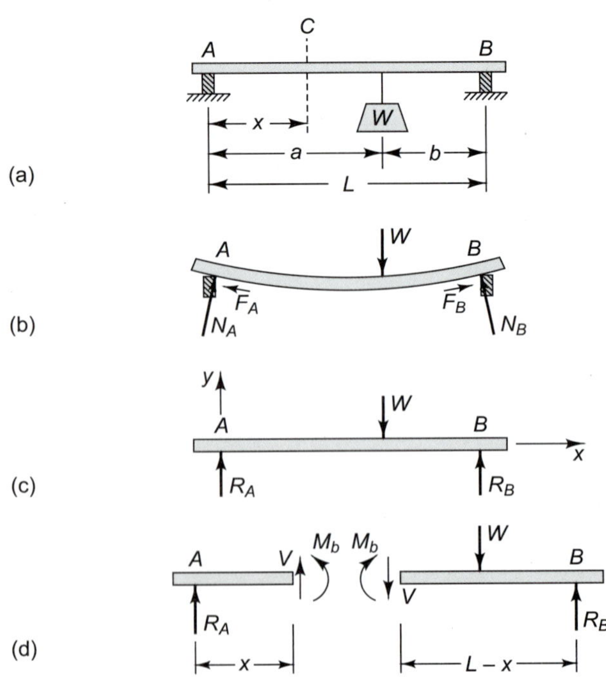

그림 3.4 예제 3.1. 보의 단면에서 전단력과 굽힘모멘트

점 A와 B에 작용하는 지지반력을 계산하기 위하여, 그림 3.4(c)의 고립된 물체 AB에 힘의 평형식을 적용하여 보자. 모든 힘이 y축에 평행하므로 평형방정식 $\Sigma\mathbf{F} = 0$은

$$\Sigma F_y = R_A + R_B - W = 0 \tag{a}$$

와 같이 쓸 수 있다. 또 모멘트에 관한 평형방정식 $\Sigma\mathbf{M} = 0$은

$$\Sigma M_A = R_B L - Wa = 0 \tag{b}$$

와 같이 된다. 식 (a)와 식 (b)를 연립해서 R_A와 R_B에 관하여 푸는 것은 용이하지만, 가끔 위의 연립방정식을 풀지 않고, 다른 형태의 평형식[1]을 사용하면, 경우에 따라서는 쉽게 힘을 계산할 수 있다. 예를 들면 식 (b)에 추가하여

$$\Sigma M_B = W b - R_A L = 0 \tag{c}$$

의 조건을 고려하면 이들 두 식으로부터 직접 $R_A = Wb/L$와 $R_B = Wa/L$을 구할 수 있다. 한 미지의 힘이 작용선상에 있는 한 점에 관한 모멘트 평형식을 취하면 그 미지의 힘을 이 식에서 제외시킬 수가 있다. 만일 두 미지의 힘이 작용선의 교점에 관하여 모멘트 평형식을 취하면 모멘트방정식에는 이들 두 힘이 포함되지 않는다. 그러므로 어떤 문제에서는 사용하는 평행상태식을 잘 선정하면, 수학계산을 간편하게 만들 수가 있다.

이와 같이 하여 지지력(반력)이 계산된다. 즉, 시스템에 작용하는 모든 **외력**을 알게 되었다. 여기서 우리가 지금 알고자 하는 것은 C점에서의 **내력**이다. 이 내력을 계산하려면, 먼저 보를 C에서 가상절단하고, 어느 한 부분을 고립화시켜야 하다. 이 예제를 완전하게 설명하기 위해 두 부분을 고립화시켜 그림 3.4(d)에 표시하여 놓았다. 일반적으로, 그림 3.1과 같이 x, y 및 z축 방향의 힘 성분과 이들 세 개의 축에 관한 모멘트가 단면에 생겨야 하나, 이 모델은 수평력이 존재하지 않는 2차원 문제이므로, 다만 V와 M_b만을 고려하면 된다. 여기서 V와 M_b는 두 개의 자유물체도에서 Newton의 제3법칙에 따라 서로 반대방향을 하고 있으나, 동일함을 유의하기 바란다. 그림에서 좌측의 자유물체도에서 절단단면의 바깥쪽 방향이 양의 x축 방향이고, 반면 우측의 자유물체도에서 절단 단면의 바깥방향은 음의 x축 방향이기 때문이다. 두 자유물체도 중 어느 하나(좌측 자유물체도가 쉽다)에 평형식을 적용하면 다음에 기술해 놓은 것과 같이 x에서의 전단력, 굽힘모멘트

$$\begin{aligned} V &= -R_A = -\frac{Wb}{L} \\ M_b &= R_A x = \frac{Wb}{L}x \end{aligned} \tag{d}$$

를 얻는다.

어떤 목적에 따라서는 특정의 한 단면에 생기는 내력과 모멘트를 알아야 할 필요가 있다. 대부분, 부재 내에 생기는 내력과 모멘트가 부재의 길이에 따라 어떻게 변하는가를 알아야 할 필요가 많이 있다. 예를 들면, 설계자는 일반적으로 부재의 적절한 단면치수와 재질 등을 설계하기 위하여 **최대**의 힘과 모멘트의 크기 및 이들이 발생하는 위치를 알아야 한다. 제6장

[1] 평형식의 다른 조건을 위해 문제 1.7을 참고하라.

과 제8장의 경우에는, 축 혹은 보의 처짐을 학습할 때, 이들 부재에 생기는 비틀림 모멘트와 굽힘모멘트를 길이의 함수로 완벽히 표시할 필요가 있다.

보의 길이방향으로 전단력을 표시한 그래프를 **전단력 선도**(*shear-force diagram*)라 한다. 마찬가지로, 길이방향으로 거리의 함수로 굽힘모멘트를 나타낸 그래프를 **굽힘모멘트 선도**(*bending moment diagram*)라 한다. 이들 이외에 본 장에서 가늘고 긴 부재를 고찰할 때는 축하중 선도(axial-force diagram), 비틀림 모멘트 선도(twisting moment diagram) 등이 이용된다.

전단력 선도와 굽힘모멘트 선도는 앞에서 기술한 한 위치에서 계산한 전단력 및 굽힘모멘트를 구하는 방법을 확장함으로써 그려낼 수 있다. 다시 말해서 가상절단면의 위치를 독립변수로만 하여, 이 변수의 함수로 얻어지는 전단력과 굽힘모멘트를 그래프화하면 된다. 이것을 예시하기 위하여 그림 3.4(c)의 이상화된 모델로 되돌아가자.

예제 3.2 그림 3.5(a)는 그림 3.4(c)를 다시 그려놓은 것으로 이를 통해 예제문제의 이상화된 보에 대한 전단력 선도와 굽힘모멘트 선도를 구해 보기로 한다.

- 예제 3.1의 풀이방법과 유사하나, 보의 길이 전체에 걸쳐 각 단면에 대하여 계산하여야 한다.
- SF 및 BM의 변화를 표현하기 위해서는 부호의 정확성이 중요하다.
- 계산이 필요한 단면에 대하여 그 부분을 분리하여 여기에 평형식을 적용하면 계산된다.
- 힘이 변화하는 지점에 대하여 부호규칙을 잘 적용하여 전단력과 굽힘모멘트를 그린다.

예제 3.1에서, 보의 왼쪽으로부터 x의 거리에 있는 전단력과 굽힘모멘트의 값을 다음과 같이 얻었다.

$$V = -\frac{Wb}{L}$$
$$M_b = \frac{Wb}{L}x \tag{a}$$

이 결과는 $x = 0$과 $x = a$ 구간에서 임의의 x에 대하여 유효하다. 그러므로 식 (a)는 구간 $0 < x < a$에 대한 전단력 선도와 굽힘모멘트 선도를 정의해 주는 식이라고 생각할 수 있다. 이들 식으로부터 얻어진 좌측 부분에 대한 전단력 선도와 굽힘모멘트선을 그림 3.5(b)와 (c)에 그려 놓았다.

이들 선도를 완성시키려면, 다음으로 보의 $a < x < L$ 구간에서 임의의 x에서 우측 부분에 대한 자유물체도를 그림 3.6과 같이 생각할 수 있다. 이 요소에 대해 평형식을 적용하면 다음과 같다.

$$V = R_B = \frac{Wa}{L}$$
$$M_b = R_B(L - x) = \frac{Wa}{L}(L - x) \tag{b}$$

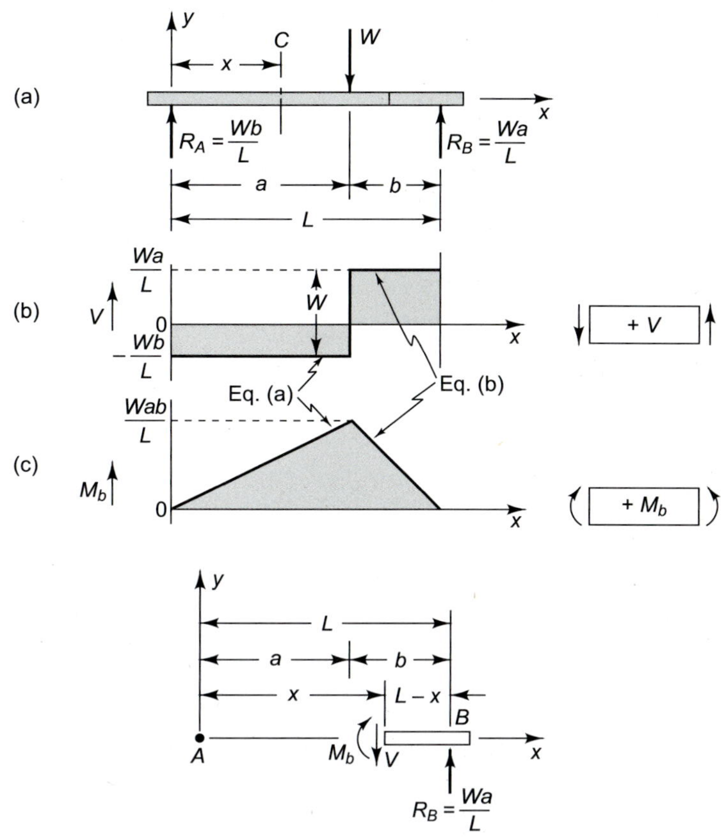

그림 3.5 예제 3.2. 그림 3.4(c)의 보에 대한 전단력 선도 및 굽힘모멘트 선도

그림 3.6 예제 3.2. $a < x < L$ 구간에서 V와 M_b 계산을 위한 자유물체도

이들 식으로부터, 그림 3.5의 우측 부분에 대한 전단력 선도와 굽힘모멘트 선도가 그려진다. 그림에 표시된 전단력과 굽힘모멘트의 방향은 양을 나타낸다. 즉, 시스템에 발생하는 전단력과 굽힘모멘트는 양의 단면에 좌표축의 양의 방향으로 작용할 때 혹은 음의 단면에 좌표축의 음의 방향으로 작용할 때 양의 부호를 갖는다.

3.3 분포하중 *Distributed Loads*

앞 절에서는 가늘고 긴 부재에 작용하는 하중과 지지력이 집중 또는 "점"하중이라고 가정하였다. 보통 사용되고 있는 또 다른 형태의 이상화는 하중이 **연속적으로 분포**되어 있다는 개념이다.

그림 3.7과 같이, 보가 평행력으로 구성된 분포된 하중을 받고 있다. 이러한 힘은 액체나 기체의 압력, 혹은 자기력이나 중력에 의하여 생길 수도 있다. 길이 Δx에 작용하는 전체 하중을 ΔF라고 할 때, **하중밀도** q (*intensity of loading* q)는 다음 극한치로 정의한다.

$$q = \lim_{\Delta x \to 0} \frac{\Delta F}{\Delta x} \tag{3.1}$$

분포하중의 차원은 단위길이당의 힘으로 나타낸다. 하중밀도는 일반적으로 위치에 따라 변할 수 있다. 공학문제에서 가장 일반적으로 나타나는 분포형태는 $q(x)$가 일정한 **등분**

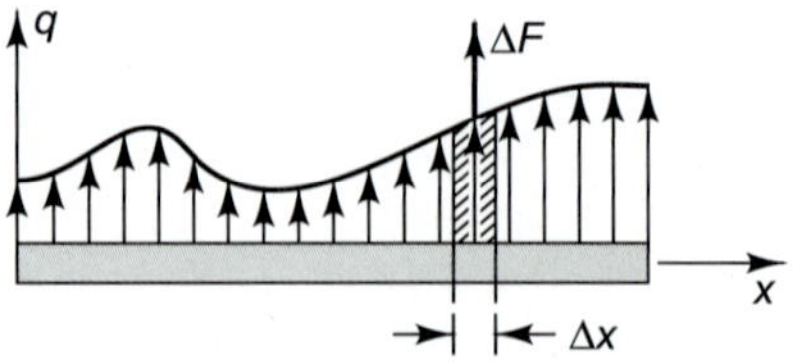

그림 3.7 분포하중의 밀도 q

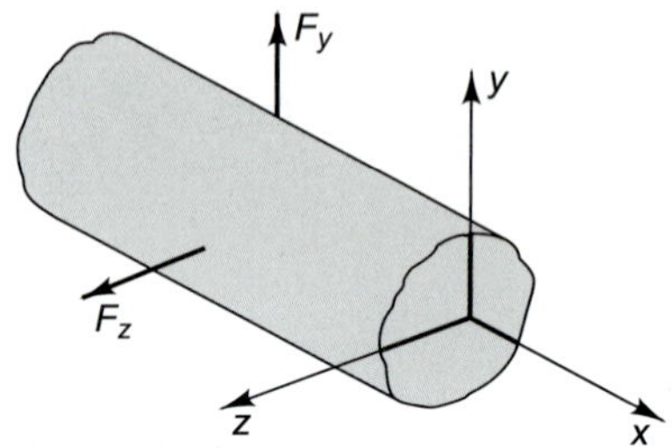

그림 3.8 부재에 작용하는 양의 하중에 대한 부호규약

포(*uniform distribution*)와 $q(x)$가 $Ax + B$의 형으로 주어지는 **선형분포**(*linearly varying distribution*)이다.

분포하중을 다룰 때 생기기 쉬운 오차를 피하기 위하여, 하중상태에 대한 부호의 규약을 설정하는 것이 편리하다. 우리는 이것을 위하여 하중 방향이 양의 좌표축방향으로 작용할 때, 그 하중은 양의 부호라고 규정한다. 양의 하중 F_y와 F_z를 그림 3.8에 예시하여 놓았다.

예제 3.3 그림 3.9(a)과 같이, 우측단이 고정된 외팔보 AB 위에 총 중량 W인 벽돌이 삼각형 모양으로 쌓여져 있다. 전단력 선도와 굽힘모멘트 선도를 그리려고 한다.

- 절차는 앞의 예제(3.1과 3.2)의 풀이방법과 근본적으로 유사하다.
- 그러나 분포하중이 작용하고 있으므로, 미소 요소 내에 자유물체도를 구성하여 해당 길이만큼 적분하여 합성력을 구하여야 한다.
- 적절한 부호규약에 따라 SFD 및 BMD를 그린다.

그림 3.9(b)는 이 벽돌이 작용하는 하중을 하중밀도가 $q = -w = -w_o x/L$인 연속적인 선형분포로 이상화시킨 그림이다. 여기서 w_o는 최대 하중밀도로서 현재 모르는 값이나, 이 값은 총 중량 W와 관계가 있다. 벽과의 상호작용은 반력 R_B와 고정모멘트(clamping moment) M_B로 표시할 수 있다. 그림 3.9(b)는 전체 시스템에 모든 힘과 모멘트를 표시한 자유물체도이다. 지지반력을 계산하기 위해서 그림 3.9(c)에 힘의 평형조건을 적용한다.

반력 R_B는 수직력에 대한 힘의 평형조건으로부터 얻어진다. 그림 3.9(c)는 길이의 미소요소 Δx 위에 작용하는 전체 하중 $w\Delta x$를 표시하고 있다. $\Delta x \to 0$에 대한 극한으로, 전체 하중은 이들 극한하중의 총 합, 즉 보 전체 길이에 대한 적분으로 표시된다. 따라서 수직방향의 힘의 평형식은 다음과 같이 쓸 수 있다.

$$\sum F_y = R_B - \int_o^L w\,dx = 0 \tag{a}$$

w 대신 $w_o x/L$을 대입하고 적분하면

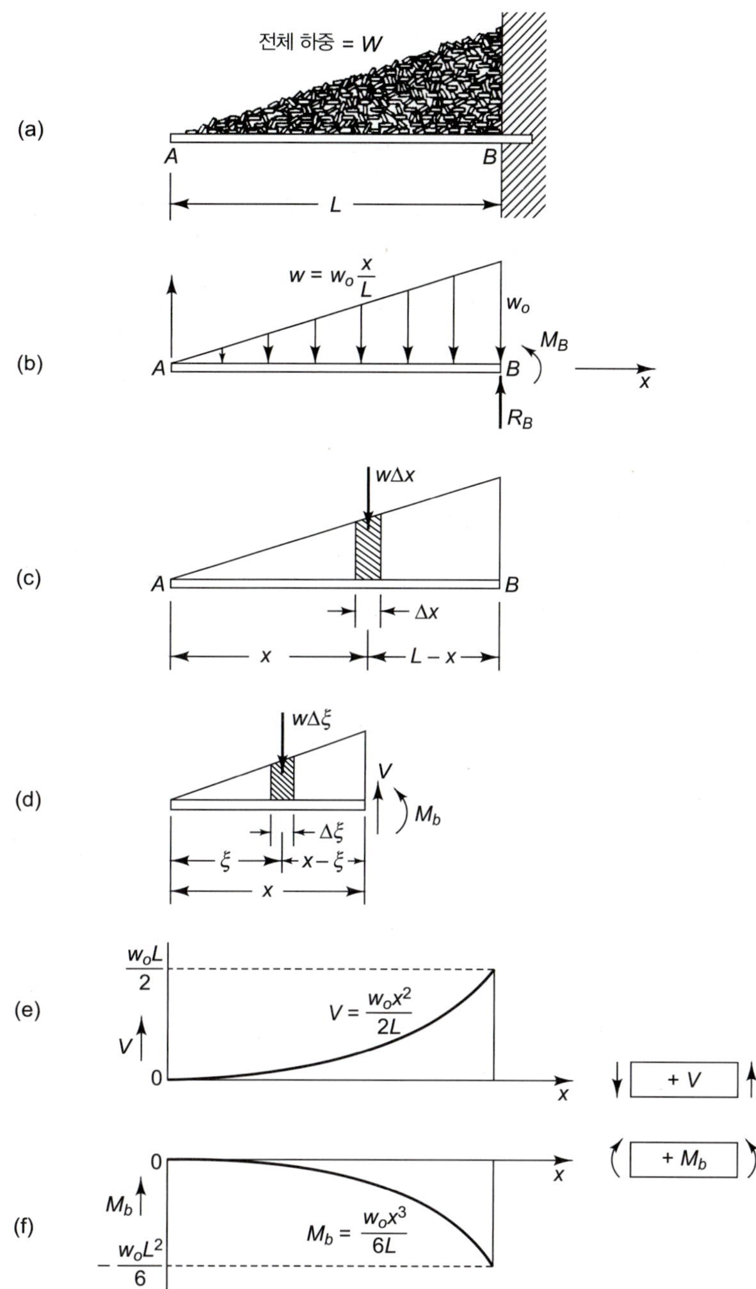

그림 3.9 예제 3.3. 적분을 이용한 분포하중 계산

$$R_B = \int_o^L \frac{w_o}{L} x\,dx = \frac{w_o L}{2} \tag{b}$$

를 얻는다. 식 (a)와 (b)에 있는 적분값이 총 중량 W와 같다는 사실에 유의하면 w_o와 W 사이의 관계가 추가로 얻을 수 있다.

$$w_o = 2\frac{W}{L} \tag{c}$$

M_B를 구하려면 점 B에 관한 모멘트 평형을 고려하면 얻어진다. R_B는 B점을 지나므로

B에 관한 모멘트에는 아무런 기여를 하지 않는다.

분포하중이 기여하는 B점에 관한 모멘트를 계산하기 위하여 다시 적분을 사용한다. 그림 3.9(c)의 미소 요소에 작용하는 하중은 $w\Delta x$이고, 이 하중은 점 B에 대해 $(L - x)$의 레버암(lever arm)을 가진다. 극한치로서 B점에 대한 반시계방향의 전체 모멘트는

$$\int_o^L w(L-x)dx + M_B \tag{d}$$

이다. 여기서 평형을 이루려면 0이 되어야 한다. 이 식을 0으로 놓고 w 대신에 $w_o x/L$을 대입하고 적분하면

$$\begin{aligned} -M_B &= \int_0^L \frac{w_o}{L} x(L-x)dx \\ &= \frac{w_o}{L}\left(\frac{L^3}{2} - \frac{L^3}{3}\right) \\ &= 2\frac{W}{L^2}\frac{L^3}{6} = \frac{WL}{3} \end{aligned} \tag{e}$$

를 얻는다. 따라서 반력과 고정모멘트는 식 (b)와 식 (e)로 주어진다.

임의 단면 x에서 내력과 굽힘모멘트를 구하려면, 그림 3.9(d)의 자유물체를 구성하여야 한다. 여기에 평형조건을 적용하면 전단력 V와 굽힘모멘트 M_b를 계산할 수 있다. 분포하중으로 인하여 생기는 전단력과 굽힘모멘트도 역시 적분을 사용하여 구할 수 있다. 여기서 분할된 길이를 표시하는 x와 혼동을 피하기 위하여 가상의 변수 ξ를 도입하여 적분하기로 한다.

$$\begin{aligned} \sum F_y &= V - \int_0^x w\,d\xi = 0 \\ \sum M_x &= M_b + \int_0^x w(x-\xi)\,d\xi = 0 \end{aligned} \tag{f}$$

w 대신 $w_o\xi/L$을 대입하고 적분하면 쉽게 다음 관계를 얻는다.

$$\begin{aligned} V &= w_o\frac{x^2}{2L} \\ M_b &= -w_o\frac{x^3}{6L} \end{aligned} \tag{g}$$

이들 식은 0과 L구간에 있는 임의 x에 대하여 유효하다. 이들 식을 사용하여 전단력 선도와 굽힘모멘트 선도를 그리면 그림 3.9(e)와 (f)와 같게 된다.

■ ■ ■

3.4 분포하중의 합성력 *Resultants of Distributed Loads*

힘이 작용하고 있는 두 시스템에서, 이들 각각의 시스템이 평형을 이루기 위하여 동일한 추가적인 힘이 요구된다면, 이 두 시스템은 정역학적으로 **등가상태**(*statically equivalent*)라고 말한다. 분포하중을 정역학적으로 등가인 하나의 힘으로 표현되면 이를 분포하중 시스템의 **합성력**(*resultant*)이라 말한다.

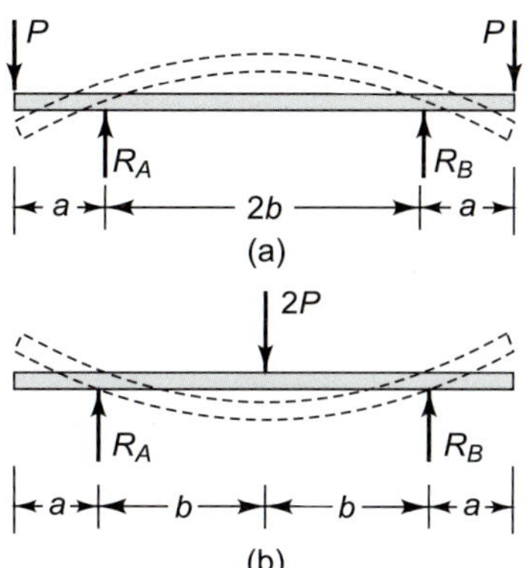

그림 3.10 주어진 하중(a)이 하중을 합성력(b)으로 대체한 경우, 지지반력은 같으나 내력과 모멘트는 물론 변형도 동일하지 않다.

분포하중이 작용하는 문제를 푸는 데 있어서, 부재에 작용하는 실제의 분포하중을 가지고 문제를 해석하는 것보다, 그 분포하중의 **합성력**을 이용하여 해석하는 것이 더 편리한 경우가 있다. 이러한 방법은 다만 부재에 가해지는 **외적** 반력을 계산하는 경우에만 적용될 수 있을 뿐이고, 부재에 생기는 내력이나 모멘트를 계산할 경우에는 적용할 수 없다. 이와 같은 제한은 그림 3.10과 같은 하중을 받고 있는 두 개의 유사한 보를 보면 쉽게 이해할 것으로 생각된다. 그림에서 보 (b) 위에 작용하는 하중과 보 (a) 위에 작용하는 하중의 합성력은 같다. 따라서 외부 지지력은 양쪽 모두 같다. 그러나 양쪽 보에 생기는 내력, 모멘트, 변형은 전혀 다르다.

그림 3.11과 같이, 하중밀도가 $q(x)$인 평행력이 보에 작용하는 일차원 하중상태를 생각하여 보자. 분포하중의 합성력 R의 크기와 작용위치 $\bar{x}$를 계산하기 위해, 실제 하중 $q(x)$를 사용한 평형방정식과 합성력 R을 사용한 평형방정식을 두 번 적용하면 된다. R이 주어진 분포하중의 합성력이 되기 위해서는, 2개의 방정식으로부터 계산되는 반력은 같아야 한다. 즉

$$\sum F_y = \int_0^L q\,dx - R_A - R_B = 0$$

와

$$\Sigma F_y = R - R_A - R_B = 0$$

$$\sum M_A = \int_0^L x(q\,d\,x) - R_B L = 0$$

와

$$\Sigma M_A = R\bar{x} - R_B L = 0$$

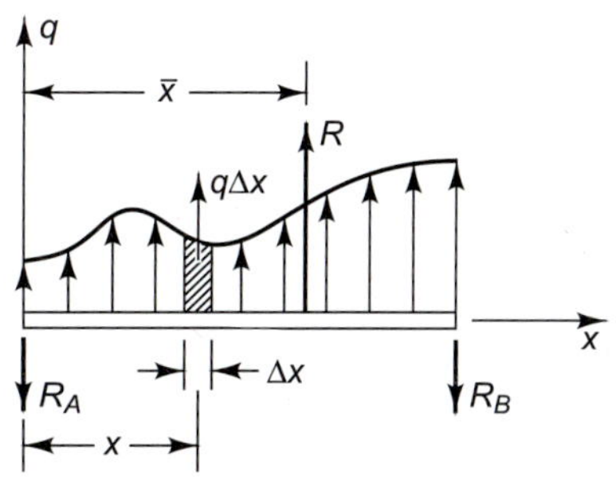

그림 3.11 분포하중 $q(x)$의 합성력 R

이다. 따라서 R와 $\bar{x}$에 대한 조건

$$R = \int_0^L q\,dx \text{ 와 } \bar{x} = \frac{\int_0^L xqdx}{R} \tag{3.2}$$

를 얻는다. 이들 결과는 x에 대하여 하중밀도 $q(x)$로 그려진 곡선, 즉 **하중 선도**(*loading diagram*)와 관련시켜 생각하면 다음과 같은 단순한 의미를 갖는다. 즉 식 (3.2)의 제1식은 합성력 R이 **하중 선도의 전체 면적**과 같다는 것을 의미한다. 한편 제2식은 합성력의 작용선은 **하중 선도의 도심**(*centroid of the loading diagram*)을 지난다는 의미이다.

독자 여러분은 xy 평면에 있는 한 면적의 도심(centroid)의 좌표 $(\bar{x}, \bar{y})$는

$$\bar{x} = \frac{\int xdA}{\int dA} \qquad \bar{y} = \frac{\int y\,dA}{\int dA} \tag{3.3}$$

와 같이 주어진다는 것을 상기할 것이다. 여기서 적분은 문제의 전체 면적으로 확장되고 체적의 도심은 좌표

$$\bar{x} = \frac{\int x\,dV}{\int dV} \qquad \bar{y} = \frac{\int y\,dV}{\int dV} \qquad \bar{z} = \frac{\int z\,dV}{\int dV} \tag{3.4}$$

를 갖는다. 여기서도 적분은 문제의 전체 면적으로 확장된 것이다.

앞에서 기술한 1차원적 분포하중에 대한 접근법을 2차원과 3차원적 하중상태에 대해서도 확대 적용할 수 있다. 만일 평행한 분포하중이 xy 평면상의 주어진 면적 A에 밀도 p(단위 면적당의 힘)로 작용한다고 하면, 그의 합성력 R은 주어진 분포하중의 방향에 평행하고, 다음과 같은 크기를 갖는 단일 힘으로 표현된다.

$$R = \int p\,dA \tag{3.5}$$

그리고 합성력의 작용선은 다음 좌표를 갖는 점에서 xy 양면을 관통한다.

$$\bar{x} = \frac{\int xpdA}{R} \qquad \bar{y} = \frac{\int ypdA}{R} \tag{3.6}$$

어느 경우에서나 적분은 주어진 면적 A에 대한 적분이다.

같은 방법으로, 만일 평행력의 분포하중이 주어진 체적 V에 따라서 밀도 γ(단위부피당의 힘)의 크기로 작용한다면, 그의 합성력 R은 주어진 분포하중의 방향과 평행하고, 다음과 같은 크기를 갖는 단일 힘으로 표현된다.

$$R = \int \gamma\,dV \tag{3.7}$$

또 이 합성력의 작용선 좌표

$$\bar{x} = \frac{\int x\gamma\,dV}{R} \qquad \bar{y} = \frac{\int y\gamma\,dV}{R} \qquad \bar{z} = \frac{\int z\gamma dV}{R} \tag{3.8}$$

를 갖는 점을 지난다. 위의 적분은 주어진 부피 V로 확장한 적분이다. 마지막 식은 부피 V 내

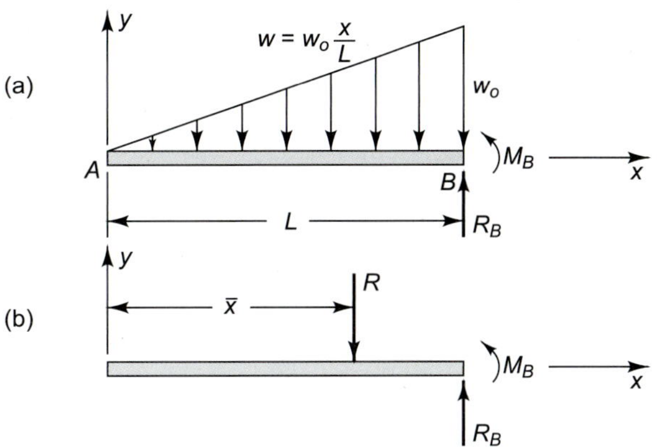

그림 3.12 예제 3.4 분포하중은 이의 합성력으로 대체된다.

의 재료에 작용하는 **중력**으로 발생하는 분포하중을 의미한다. 이 경우 합성력 식 (3.7)을 **중량**(*weight*)이라 부르고, 식 (3.8)로 계산된 점을 **중력중심**(*center of gravity*)이라 말한다. 만일 중량밀도 γ (weight *density*, 비중량)가 부피 전체의 걸쳐 일정하면 식 (3.8)의 중력중심과 식 (3.4)의 부피의 도심은 서로 일치한다.

분포하중을 받는 보의 해석에 합성력의 적용사례를 보여주기 위해 예제 3.3의 시스템을 다시 살펴보자.

예제 3.4 그림 3.12(a)는 그림 3.9(b)와 같은 그림으로 선형 분포하중을 받고 있는 외팔보 *AB*에 대한 자유물체도이다.

- 선형 분포하중의 합성력이 하중밀도가 0인 지점에서 2/3 지점의 거리에 작용하고 있다. 전체 합성력의 크기는 선형 분포하중 곡선(여기서는 삼각형 분포)의 면적과 같다.

그림 3.12(b)에서 분포하중을 위치 $\bar{x}$에 작용하는 단일 합성력 R로 대치된 모습을 보여준다. 하중 선도가 삼각형이므로, 그 면적은 밑변 곱하기 높이의 반이다. 그리고 그 도심은 꼭지점의 반대편에서 선분의 2/3되는 지점에 있다. 그러므로 추가적인 계산 없이

$$R = \frac{w_o L}{2} \qquad \bar{x} = \frac{2L}{3} \tag{a}$$

를 얻을 수 있다. 외적 지지력 R_B와 M_B는 그림 3.12(b)에 평형조건을 적용함으로써 얻을 수 있다. 즉,

$$\Sigma F_y = R_B - R = 0 \quad \text{또는} \quad R = \frac{w_o L}{2} \tag{b}$$

$$\Sigma M_B = R(L - \bar{x}) + M_B = 0 \quad \text{또는} \quad M_B = -\frac{w_o L^2}{6} \tag{c}$$

이들 값은 예제 3.3에서 얻었던 값과 동일하다.

위에서 계산된 합성력 R을 사용하여 보 내부에 발생하는 전단력이나 굽힘모멘트를 계산하는 것은 허용되지 **않는다**. 그러므로 그림 3.13(a)와 같이, 분포하중을 받는 보의 임의 거리

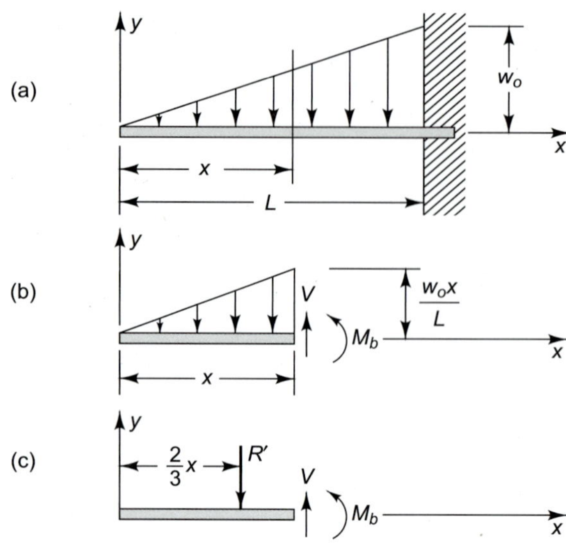

그림 3.13 예제 3.4. 보의 분할된 요소의 단면에 작용하는 분포하중은 그 합성력으로 대체된다.

x의 단면에 발생하는 전단력과 굽힘모멘트를 계산하려면 단면을 가상절단하고 이 단면에 생기는 전단력과 굽힘모멘트를 **외력**으로 생각하여 그림 3.13(b)같이 분리된 보 요소에 평형조건을 적용한다. 이때 보 요소에 작용하는 분포하중은 그림 3.13(c)에 표시한 합성력 R'로 대치하여 계산하여도 무방하다. 이 예제의 앞부분과 같은 방법을 사용하여 그림 3.13(c)에 평형조건을 적용하면

$$V = R' \frac{w_o x}{L}\frac{x}{2} = \frac{w_o x^2}{2L}$$
$$M_b = -R'\frac{x}{3} = -\frac{w_o x^3}{6L} \tag{d}$$

를 얻는다.

이들 값은 예제 3.3에서 얻은 결과와 일치한다. 이 결과를 사용하여 그림 3.9의 전단력 선도와 굽힘모멘트 선도를 작성하였다.

3.5 평형관계에 대한 미분방정식 *Differential Equilibrium Relationships*

이 절에서는 가늘고 긴 부재에 발생하는 전단력과 모멘트의 다른 계산방법을 생각하여 보기로 한다. 보를 두 부분으로 절단하여 절단된 두 부분 중 어느 한쪽 부분에 평형조건을 적용하는 대신, 보의 미소 요소를 자유물체로 선택하여 이것의 평형조건을 고찰하여 보기로 하자. 이 미소 요소에 평형조건을 적용하고 극한치를 취하면 하중, 전단력 및 굽힘모멘트에 대한 관계식으로 **미분방정식**이 얻어진다. 특정한 경우에 대한 관련 미분방정식을 적분하면 전단력과 굽힘모멘트를 구할 수 있다.

그림 3.14는 길이가 Δx인 보 요소를 보여준다. 요소에 작용하는 외부 영향은 길이 Δx상에 작용하는 밀도 q의 분포하중과 그림 3.14(b)와 같이 양쪽 단면에 작용하는 전단력과 굽힘

모멘트이다. 그림 3.14(c)에 분포하중 대신 합성력 R로 대치하여 놓았다. 엄밀히 말하면 합성력 R과 이것의 작용하는 위치는 식 (3.2)로 계산하여야 한다. 그러나 만일 $q(x)$의 변화가 연속적이고 Δx가 미소하다면 R의 값은 극히 근사적으로 $q(x)\Delta x$가 주어지고, R의 작용선은 거의 요소의 중앙점 O를 지나게 될 것이 명백하다. 문제를 단순하고 명확하게 다루기 위하여 (수학적인 엄밀성은 약간 상실하지만) 평형조건을 세울 때, Δx는 극히 미소하여 안심하고 R을 $q(x)\Delta x$의 크기로 취할 수 있고 또 이 R은 중점 O를 지난다고 가정한다. 이러한 가정하에서 그림 3.14(c)에 평형조건을 적용하면

$$\begin{aligned} \Sigma F_y &= V + \Delta V + q\,\Delta x - V = 0 \\ \sum M_o &= M_b + \Delta M_b + (V + \Delta V)\frac{\Delta x}{2} + V\frac{\Delta x}{2} - M_b = 0 \end{aligned} \tag{3.9}$$

의 관계를 얻는다. 극한값을 취하기 전에 식 (3.9)를 다시 정리하면

$$\begin{aligned} \frac{\Delta V}{\Delta x} + q(x) &= 0 \\ \frac{\Delta M_b}{\Delta x} + V &= -\frac{\Delta V}{2} \end{aligned} \tag{3.10}$$

와 같이 쓸 수 있다.

Δx가 0으로 접근하면, 역시 ΔV와 ΔM_b도 0에 가까운 값으로 접근하게 될 것이다. 따라서 Δx가 0으로 접근될 때 식 (3.10)에 있는 비의 값은 하나의 미분계수, 즉 도함수로 된다. 식 (3.10)의 극한형은 다음과 같이 쓸 수 있다.

$$\frac{dV}{dx} + q = 0 \tag{3.11}$$

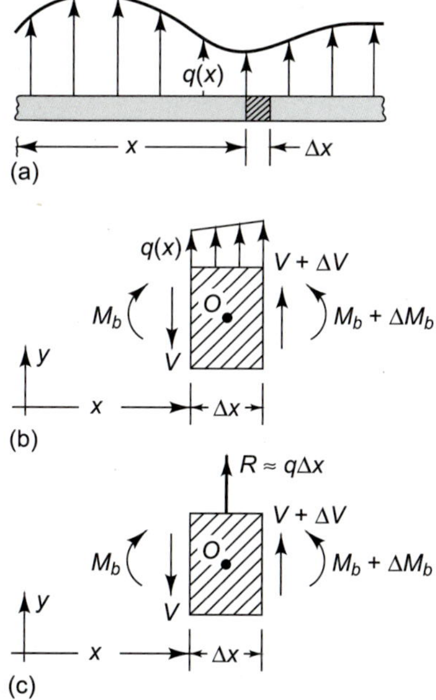

그림 3.14 분포하중을 받는 보의 미소 요소에 대한 자유물체도

$$\frac{dM_b}{dx} + V = 0 \tag{3.12}$$

이들 식은 보에서 하중밀도 $q(x)$가 전단력 $V(x)$와 굽힘모멘트 $M_b(x)$에 관련 있음을 주는 기본적인 미분방정식이다. 방정식 (3.11)과 (3.12)는 단면 $x = x_1$으로부터 단면 $x = x_2$까지 적분할 수 있다. 전단력과 굽힘모멘트의 값을 단면 x_1에서는 $V(x_1)$, $M_b(x_1)$로 하고 단면 x_2에서 $V(x_2)$, $M_b(x_2)$라 하여 적분하면

$$V(x_2) - V(x_1) + \int_{x_1}^{x_2} q\,dx = 0 \tag{3.13}$$

$$M_b(x_2) - M_b(x_1) + \int_{x_1}^{x_2} V\,dx = 0 \tag{3.14}$$

와 같이 쓸 수 있다. 이 방정식의 적용하여 다음과 같은 예제를 들어 설명하기로 하자.

예제 3.5 그림 3.15(a)에서, 밀도 $q = -w_o$인 등분포하중을 받는 보가 점 A에서 핀으로 연결되어 있고, 점 B에서 롤러로 지지되어 있다. 미분방정식 식 (3.11)과 식 (3.12)의 적분을 이용하여 전단력 선도와 굽힘모멘트 선도를 구해보도록 한다.

- 하중, 전단력, 굽힘모멘트와 관련된 미분식을 적분하여 주어진 경계조건을 적용하면 전단력과 굽힘모멘트를 구할 수 있다.

그림 3.15(b)에 표시된 전체 보의 자유물체도에서 B점은 롤러로 지지되어 있으므로 지지반력 R_B를 수직방향으로 표시하였다. 그런데 하중도 역시 수직방향으로만 작용하고 있어, 보가 평형을 이루려면 나머지 핀 연결점의 반력 R_A도 수직방향으로 작용할 수밖에 없다. 그림 3.15(c)에 하중 선도 $q(x) = -w_o$를 그려 놓았다. 이 경우에 대하여 식 (3.11)에 적용하여 적분하면

$$\frac{dV}{dx} - w_o = 0$$

$$V - w_o x = C_1 \tag{a}$$

을 얻는다. 식 (a)의 적분상수 C_1의 값은 어떤 특정 단면 x에서의 전단력을 알고 있으면 계산할 수 있다. 우리는 단점 $x = 0$에서 $V = -R_A$, $x = L$에서 $V = R_B$라는 것을 알고 있으나 아직 이들 반력의 값을 구하지 못하였으므로 C_1을 그대로 하나의 미지상수로 놓고 해석을 계속하지 않으면 안 된다.

다음으로, V의 값은 식 (a)에서 얻은 결과를 그대로 이용하고 식 (3.12)를 고려하면 다음과 같다.

$$\frac{dM_b}{dx} + w_o x + C_1 = 0 \tag{b}$$

식 (b)를 적분하면 다른 적분상수 C_2가 식에 나타난다. 즉,

$$M_b + \tfrac{1}{2} w_o x^2 + C_1 x = C_2 \tag{c}$$

적분상수 C_1과 C_2를 결정하려면 두 개의 경계조건을 필요로 한다. 보의 양쪽 끝단에는 모멘트에 대한 구속이 없으므로, 다음 경계조건을 생각할 수 있다.

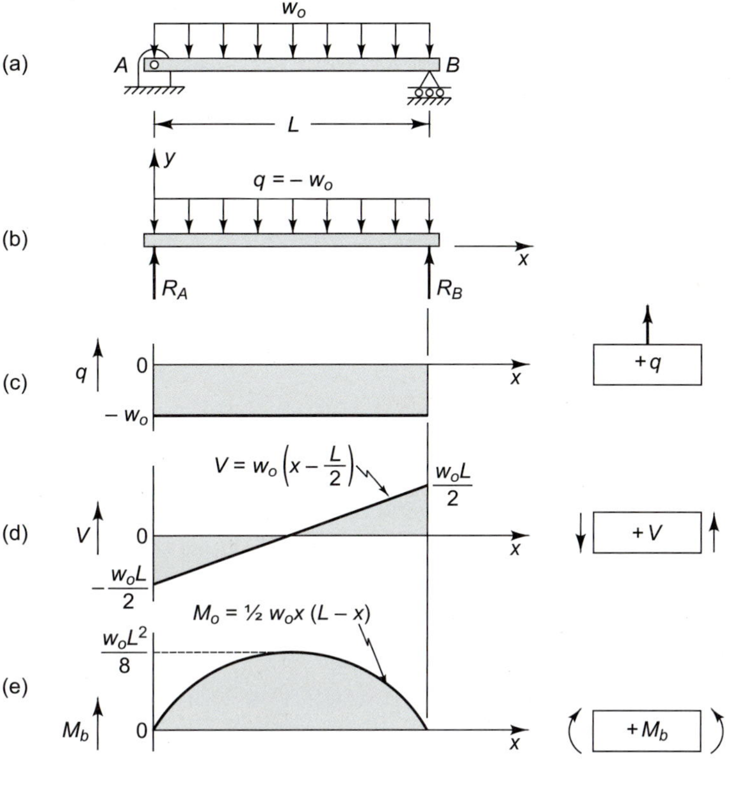

그림 3.15 예제 3.5

$$\begin{aligned} M_b &= 0 \qquad \text{at } x = 0 \\ M_b &= 0 \qquad \text{at } x = L \end{aligned} \tag{d}$$

이 경계조건을 식 (c)에 대입하고, C_1과 C_2에 관하여 풀면 $C_1 = -½w_oL$와 $C_2 = 0$을 얻는다. 따라서 전단력과 굽힘모멘트는 이들 상수의 값을 식 (a)와 식 (c)에 대입하여 얻는다.

$$\begin{aligned} V &= w_o\left(x - \frac{L}{2}\right) \\ M_b &= ½w_ox(L - x) \end{aligned} \tag{e}$$

이들 관계식을 사용하여 그림 3.15(d)와 (e)에 전단력 선도와 굽힘모멘트 선도를 그려 놓았다. 이 과정에서 지지반력을 계산할 필요가 없었다는 점에 주목하기 바란다. 지지반력은 해 (e)가 얻어졌으므로, **부호를 제외하면** 지지반력의 크기는 $x = 0$와 $x = L$에서의 전단력 V의 크기와 같다. 그림 3.15(d)로부터 다음과 같다.

$$R_A = R_B = \frac{w_oL}{2} \tag{f}$$

이 특별한 문제에서, 결과 (f)는 대칭성으로부터 얻을 수 있다는 것이 자명한 사실이며 이것을 식 (a)에서 C_1을 계산하는 데 사용하여도 좋다.

등분포하중은 실제문제에 있어서도 자주 나타나는 하중상태이므로, 이 특별한 문제의 결과는 실제로 중요하다. 예를 들면, 보에 작용하는 하중이 자중만 있을 경우 보의 단면이 균일하면 등분포하중이 작용한다고 볼 수 있다. 건물의 지붕의 대들보나 마루 받침보를 설계할 경우에도 통상적으로 등분포하중을 근간으로 설계한다.

위에서 기술한 예 이외에도, 전단력 선도나 굽힘모멘트 선도를 작성하는 데 도움을 주는 미분방정식 식 (3.11)과 식 (3.12)을 이용하는 여러 방법이 있다. 그림 3.15에서 보는 바와 같이, 굽힘모멘트의 기울기는 전단력 곡선의 y축에 음의 부호로 바꾼 것과 같다. 특히 굽힘모멘트는 전단력이 0인 단면에서 최대가 된다. 또한, 전단력 선도의 기울기는 하중 선도의 y축에 음의 부호로 바꾼 값과 같다. 이러한 성질을 이용하면, 선도의 개략적인 형상을 정성적으로 예측한 다음 몇몇 중요한 지점(예를 들면, 양 끝단 등)의 값을 산출하여 선도를 정량적으로도 확정할 수 있다.

예제 3.6 그림 3.16(a)와 같이 점 A와 B에서 단순횡단지지(simple transverse supports)되어 있고, 전체 길이의 일부에 $q = -w_o$의 균일분포하중을 받는 보를 살펴 보자. 우리는 이 보에 작용하는 전단력과 굽힘모멘트 선도를 구하고자 한다. 앞 예제와는 대조적으로, 이 문제는 보의 전체 길이에 대하여 적용할 수 있는 V와 M에 관한 단일 미분방정식을 세우기란 불가능하다.[2] 변수 밑에 붙인 첨자 1, 2는 부하가 작용하는 부분과 작용하지 않는 부분에서의 변수들의 값을 나타내는 것으로 한다.

- 본 예제는 앞의 예제와 유사하나 하중이 전체 보의 길이에 작용하지 않고 일부에만 작용하고 있다. 그러므로 전단력 및 굽힘모멘트 선도를 계산하기 위해서는 보를 두 부분으로 분할하여 하중이 작용하는 부분과 작용하지 않는 부분으로 구분하여 유효한 경계조건을 적용하여 적분하여야 한다.

보의 각 분할된 부분에 식 (3.11)을 적용하고 적분하면 다음과 같다.

$$\frac{dV_1}{dx} - w_o = 0 \qquad \frac{dV_2}{dx} = 0$$
$$V_1 - w_o x = C_1 \qquad V_2 = C_2 \tag{a}$$

다음으로 (a)식의 V를 이용하여 각 분할된 부분에 식 (3.12)를 새로이 쓰면

$$\frac{dM_{b1}}{dx} + w_o x + C_1 = 0 \qquad \frac{dM_{b2}}{dx} + C_2 = 0 \tag{b}$$

이 식을 적분하면 각 분할된 부분에서의 굽힘모멘트는

$$M_{b1} + \frac{1}{2} w_o x^2 + C_1 x = C_3 \qquad M_{b2} + C_2 x = C_4 \tag{c}$$

를 얻는다. 앞의 예제에서와 같이, 경계조건은 양 끝단에 대하여 다음과 같이 주어진다.

$$x = 0\text{에서, } M_{b1} = 0 \qquad x = L\text{에서, } M_{b2} = 0 \tag{d}$$

그러나 나머지 두 개의 적분상수를 결정하려면 아직도 두 개의 조건이 더 필요하다. 이 조건은 보의 두 분할된 부분의 **접합부**에서의 평형조건으로부터 얻을 수 있다.

$$\begin{aligned} x = a\text{에서, } V_1 &= V_2 \\ x = a\text{에서, } Mb_1 &= Mb_2 \end{aligned} \tag{e}$$

[2] 다음 장에서 설명할 특수기호를 사용하지 않으면 가능하지 않다.

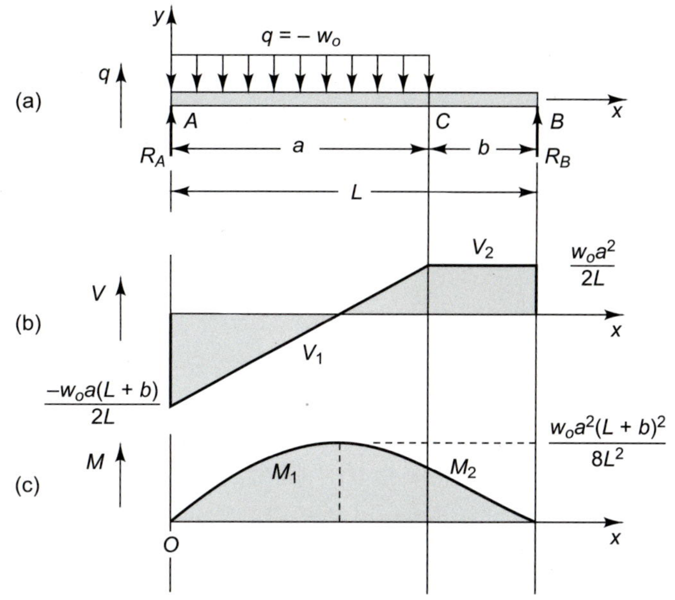

그림 3.16 예제 3.6

이들 경계조건을 식 (a)와 식 (c)에 대입하면 다음 관계를 얻는다.

$$C_3 = 0 \quad C_4 = LC_2 = \frac{1}{2}w_o a^2$$

$$C_1 = C_2 - w_o a \quad C_2 = \frac{1}{2}\frac{w_o a^2}{L} \tag{f}$$

$$C_1 = \frac{1}{2}w_o a\left(\frac{a}{L} - 2\right) = -\frac{1}{2}w_o a\frac{(L+b)}{L}$$

전단력 선도와 굽힘모멘트 선도는 다음 식으로부터 그릴 수 있는데 그림 3.16(b)와 (c)와 같다.

$$V_1 = w_o x - \frac{w_o a}{2L}(L+b) \qquad 0 \leqq x \leqq a$$

$$V_2 = \tfrac{1}{2}\frac{w_o a^2}{L} \qquad a \leqq x \leqq L \tag{g}$$

또는,

$$Mb_1 = +\frac{w_o a}{2L}(L+b)x - \tfrac{1}{2}w_o x^2 \qquad 0 \leqq x \leqq a$$

$$Mb_2 = \tfrac{1}{2}w_o a^2 - \tfrac{1}{2}\frac{w_o a^2 x}{L} \qquad a \leqq x \leqq L \tag{h}$$

만일 하중상태가 보의 평형조건을 단일 미분방정식으로 표시할 수 없고, 여러 분할된 부분으로 나누어 각 부분에 대하여 각각의 미분방정식으로 표시하여야 한다면, 이들 각 미분방정식을 적분함으로써 나타나게 되는 적분상수를 양 끝단의 경계조건 이외에도 서로 인접하는 분할된 부분의 적합성에서 V와 M가 각각 일치한다는 조건을 추가하여 소거해야 하기 때문에 문제를 다루기가 매우 번거롭다는 것을 알게 될 것이다. 그리하여 다음 절에 이와 같은 다분할 문제를 극히 용이하게 취급할 수 있게끔 하는 하나의 기호법을 소개하고자 한다.

3.6 특이함수 *Singularity Funtions*

앞 절에서 분포하중을 받는 보에서 전단력과 굽힘모멘트 선도를 얻기 위하여, 비교적 틀에 박힌 적분 절차를 어떻게 사용하는가에 대하여 설명하였다. 집중하중과 집중모멘트가 작용하는 하중상태나 분포하중의 크기를 갑자기 변화하는 경우와 같이 하중상태가 불연속적인 경우에는, 불연속하중을 다루는 데 유용한 특별한 수학적 구도 없이는 위에서 기술한 방법으로 이러한 문제를 푼다는 것은 매우 힘든 일이다. 이 절에서는, 이러한 목적으로 특별히 만들어진 하나의 특이함수족을 도입하기로 한다.

그림 3.17에 특이함수족[3]에 속하는 다섯 개의 함수를 도시하여 놓았다.

$$f_n(x) = \langle x - a \rangle^n \tag{3.15}$$

$n \geqq 0$일 때, 기호식 식 (3.15)는 다음과 같은 의미를 갖는다. 만일 각괄호 내의 식이 음의 값을 가지면(즉 $x < a$ 이면) $f_n(x)$의 값은 0이고, 만일 각괄호 내의 식이 양의 값을 가지면(즉 $x > a$ 이면) $f_n(x)$의 값은 $(x - a)^n$이 된다. 그러므로 이 각괄호는 음의 값을 없애버렸다는 한 가지 특이성질 이외에는 보통의 괄호와 같다. 함수 $< x - a >^0$을 $x = a$에서 시작하는 **단위스텝**(*unit step*)이라 부른다. 함수 $\langle x - a \rangle^1$을 $x = a$에서 시작하는 **단위램프**(*unit ramp*)라 말한

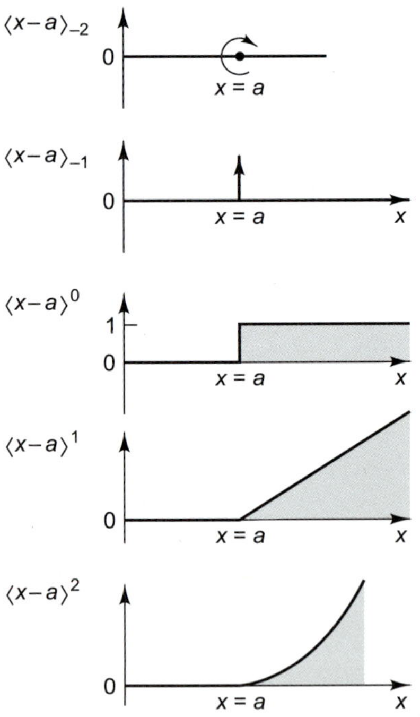

그림 3.17 특이함수족

[3] 이 특이함수족의 사용은 공학에서나 물리학에서 널리 사용된다. 이 기호법은 W. H. Macauley 가 "Note on the Deflection of Beam", *Messenger of Math.*, vol. 48, p 129–130, 1919.에서 사용한 것을 그대로 따른 것이다. 보 문제에 이러한 함수의 사용에 관한 이해를 위해 W. D. Pilkey의 "Clebsch's Method for Beam Deflection", *J. Eng. Educ.*, vol.54, p.170–174, 1964.을 참고하길 바란다.

다. 이들 함수에 대한 적분법칙은 다음 식으로 정의된다.

$$\int_{-\infty}^{x} \langle x-a \rangle^{n} dx = \frac{\langle x-a \rangle^{n+1}}{n+1} \qquad n \geqq 0 \tag{3.16}$$

그림 3.17에 표시한 함수족 중 처음 두 개의 함수는 예외적이다. 이 점을 강조하기 위하여 이들 지수를 괄호의 위쪽에 쓰지 않고 대신 괄호 아래쪽에 썼다. 이들 함수의 값은 무한대가 되는 점 $x = a$를 제외하고 모든 x에서 0이다. 그러나 $x = a$에서 이들 함수의 값은 다음 관계를 성립시키면서 무한대가 된다.[4]

$$\begin{aligned} \int_{-\infty}^{x} \langle x-a \rangle_{-2} dx &= \langle x-a \rangle_{-1} \\ \int_{-\infty}^{x} \langle x-a \rangle_{-1} dx &= \langle x-a \rangle^{0} \end{aligned} \tag{3.17}$$

함수 $\langle x-a \rangle_{-1}$을 **단위집중하중**(*unit concentrated load*) 혹은 **단위임펄스함수**(*unit impulse* function)라 말한다. 물리학에서는 이 함수를 **디랙의 델타 함수**(*Dirac delta* function)로 알려져 있다. 함수 $\langle x-a \rangle_{-2}$는 **단위집중모멘트**(*unit concentrated moment*) 혹은 **단위 더블렛 함수**(*unit doublet* function)라 불린다.

적분법칙 식 (3.16)과 식 (3.17)은 식 (3.15)의 함수족으로 표현할 수 있는 하중분포에 대하여 적분할 때 하중분포가 이들 함수족으로 표현할 수만 있으면, 어느 하중이라도 이들 하중에 대한 전단력과 굽힘모멘트를 구할 수가 있다. 그림 3.18에 몇 가지 하중강도의 분포의 예와 또 이들이 어떻게 특이함수로 표현되는가를 예시하여 놓았다. 보의 실제 문제에 있어서 보에 가해지는 대부분의 하중상태는 그림 3.18에서 예시한 바와 같은 하중상태를 중첩하여 표현할 수 있다. 다음 예제들은 이 과정을 설명한 것이다.

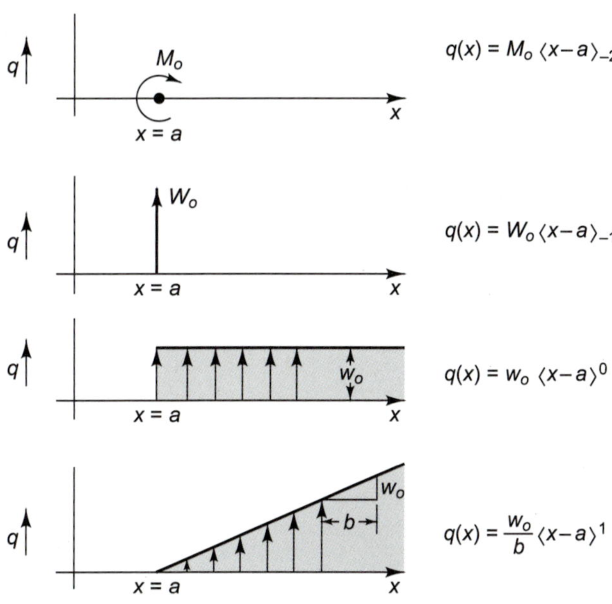

그림 3.18 특이함수로 표현되는 하중강도의 예

[4] 더 엄밀한 취급은 이 장의 끝에 있는 문제 3.44, 3.45, 3.46을 참조하라.

예제 3.7 예제 3.6에서 공부한 문제를 특이함수를 이용하여 다시 공부하기로 한다.

- 이 예제는 앞에서 SFD와 BMD를 구해 언급한 모든 방법을 포함하고 있으며 다양한 조건하에서 분포하중의 문제를 풀기 위한 손쉬운 도구임을 보여준다.

그림 3.19(a)의 실제 하중강도 q를 특이함수로 쉽게 표현할 수 있게끔 바꾸어서 그림 3.19(b)에 그려 놓았다. 그림 3.19(a)에서 $x = a$까지 작용하는 하중 $q = -w_o$을 점 B까지 작용한다고 연장시키고, $x = a$로부터 B까지 반대의 하중 $q = w_o$가 작용하는 것으로 가정하여 실제 문제와 같도록 하였다. 이 하중은 연장시킨 하중을 상쇄시켜, $x = a$로부터 B까지는 실질적으로 분포하중이 없는 상태로 만든 것이다. 그림 3.18의 도움으로 하중강도를 특이함수로 표현하면 다음과 같다.

$$q(x) = -w_o + w_o \langle x - a \rangle^0 \tag{a}$$

이 식은 $0 < x < L$에 대하여 유효하다. 식 (a)를 식 (3.11)에 대입하고 적분하면

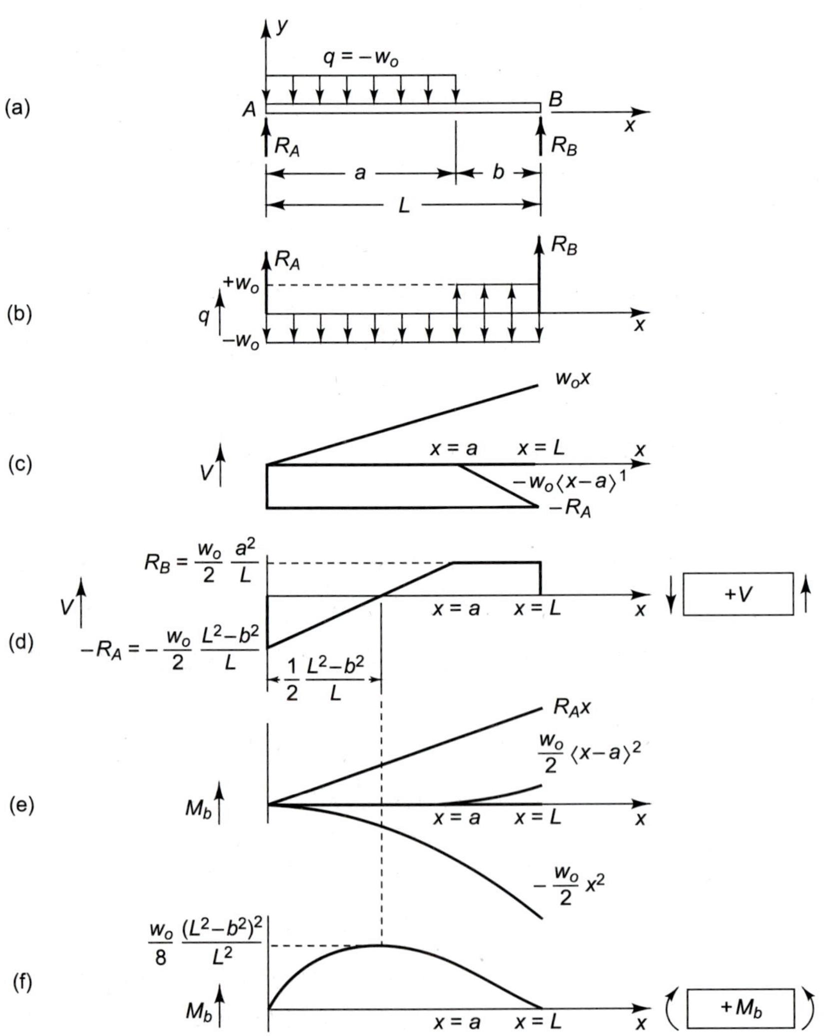

그림 3.19 예제 3.7

$$V(x) = w_o x - w_o \langle x-a \rangle^1 + C_1 \tag{b}$$

이 된다.

특히, $V(0) = C_1$이다. 이때 C_1의 값은 $-R_A$와 같다. $-R_A$의 값은 점 B에 관한 모멘트 평형방정식으로부터 쉽게 구할 수 있다. 즉,

$$-R_A = -\frac{w_o a}{L}\left(b + \frac{a}{2}\right) \tag{c}$$

전단력 식 (b)를 식 (3.12)에 대입하여 계산된 C_1 값을 넣고 적분하면 굽힘모멘트

$$M_b = -\frac{w_o x^2}{2} + \frac{w_o}{2}\langle x-a \rangle^2 + \frac{w_o a}{L}\left(b + \frac{a}{2}\right)x + C_2 \tag{d}$$

를 얻는다. 여기서 $M_b(0) = 0$이므로 $C_2 = 0$이다.

전단력 선도와 굽힘모멘트 선도는 이미 알고 있는 C_1과 C_2를 가지고, 식 (b)와 식 (d)를 사용하면 쉽게 구성할 수 있다. 식 (b)를 가지고 전단력 선도를 작성하는 과정을 이해하는 데 독자에게 도움을 주기 위하여, 그림 3.19(d)의 완성된 전단력 선도를 구성하기 전에 식 (b)의 각 항을 그림 3.19(c)에 분리하여 그려 놓았다. 마찬가지로 완전한 굽힘모멘트 선도를 그림 3.19(f)에 작성하기 전에 식 (d)의 각 항을 분리하여 그림 3.19(e)에 그려 놓았다.

이러한 종류의 문제에서 실제적으로 중요한 결과는 최대 굽힘모멘트의 크기와 위치이다. 위치는 그림 3.19(d)에서 전단력이 0을 지나는 점에 의하여 주어진다. 그리고 크기는 이 위치에 대한 식 (d)의 값을 계산함으로써 얻어질 수 있다.

이와 같은 종류의 문제를 푸는 데는 여러 다른 방법이 있을 수 있다. 위에서 기술한 방법은 모든 적분을 부정적분하여 적분상수를 포함시키고, 지지반력을 별도로 계산하여 이것을 적분상수 계산에 사용하는 방법이다. 다른 하나의 방법은 지지반력을 미지의 하중으로 생각하고 정적분한 다음, 보의 양단에서의 모멘트에 관한 경계조건으로부터 반력을 계산하는 방법이다.

이 예제에 다시 돌아가서, 지지반력을 하중 항 $q(x)$에 포함시키는 이 방법에 대하여 검토하여 보기로 하자. 이 경우. 그림 3.18의 도움을 받아 하중강도함수를 써보면 다음과 같이 쓸 수 있다.

$$q(x) = R_A \langle x \rangle_{-1} - w_o \langle x \rangle^0 + w_o \langle x-a \rangle^0 + R_B \langle x-L \rangle_{-1} \tag{e}$$

이 표현은 x가 구간 AB 바깥에서는 $q = 0$ 이므로 모든 x에 대하여 성립된다. 식 (3.13)과 적분법칙 식 (3.16), 식 (3.17)에 의하여 $x = -\infty$에서 $V = 0$을 고려하면 전단력은 다음 식으로 주어진다.

$$-V(x) = \int_{-\infty}^{x} q\,dx = R_A \langle x \rangle^0 - w_o \langle x \rangle^1 + w_o \langle x-a \rangle^1 + R_B \langle x-L \rangle^0 \tag{f}$$

식 (3.14)에 의하여 다시 적분하고 $x = -\infty$에서 $M_b = 0$ 을 고려하면 굽힘모멘트

$$M_b(x) = \int_{-\infty}^{x} V\,dx = R_A \langle x \rangle^1 - \frac{w_o}{2}\langle x \rangle^2 + \frac{w_o}{2}\langle x-a \rangle^2 + R_B \langle x-L \rangle^1 \tag{g}$$

를 얻는다. 만일 R_A와 R_B의 값을 알고 있다면, 식 (f)와 식 (g)는 전단력과 굽힘모멘트에 대한 완전한 해가 된다. 지지반력을 별도의 계산으로부터 얻는다는 것은 어렵지 않다. 그리고 경우에 따라서는 이와 같이 얻는 것이 도리어 가장 간단한 방법이 될 수도 있다. 그러나 구간 AB의 외부에서는 내력도 굽힘모멘트도 존재해서는 안 된다는 사실에 근거하여 위와 같은 반력을 결정할 수 있었다. 가령 $x = L$보다 약간 큰 x에 대하여 전단력 식 (f)는 0이 되어야 한다. 즉,

$$R_A - w_o L + w_o(L-a) + R_B = 0$$

$$R_A + R_B = w_o a \tag{h}$$

또한 굽힘모멘트 식 (g)도 0이 되어야 한다. 즉,

$$R_A L - \frac{w_o}{2}L^2 + \frac{w_o}{2}(L-a)^2 = 0$$

$$R_A = \frac{w_o}{2}\frac{L^2-b^2}{L} \tag{i}$$

식 (h)와 식 (i)는 반력 R_A와 R_B를 결정하는데 필요한 두 개의 관계식이다. 이들 관계식은 보 전체에 대한 평형조건에 불과하다는 것에 유의하여 주기 바란다. 즉 식 (h)는 수직력에 대한 평형을, 식 (i)는 점 B에 관한 모멘트의 평형을 나타내고 있다. 이것이 의미하는 바는 모든 미소 요소에 대하여 평형조건이 만족되면 보 전체에 대하여도 평형조건이 성립한다는 사실이다.

■ ■ ■

예제 3.8 그림 3.20(a)의 틀 BAC는 B에서 고정되어 있고, C에서 하중 P를 받고 있는 프레임 구조를 나타내고 있는 그림이다. AB 부분에 작용하는 전단력과 굽힘모멘트를 구하여라.

- 자유물체해석을 사용: 전단력 선도와 굽힘모멘트 선도를 계산하여야 할 곳, 즉 프레임의 AB지점을 가상 절단함.
- 앞의 예제와 같은 절차를 따른다.

그림 3.20(b)에 절편 AC의 자유물체도를 표시하여 놓았다. 평형을 유지하기 위하여 힘 P와 모멘트 $PL/2$가 절단면 A를 통하여 전달되지 않으면 안 된다. 그림 3.20(c)는 절편 AB의 자유물체도이다. 점 A에 표시된 힘과 모멘트는 그림 3.20(b)의 자유물체도에 Newton의 제3법칙을 적용하면 계산할 수 있다. 점 B에는 고정된 지지점이므로 반력 R_B와 반력모멘트 M_B (moment reaction M_B)가 있다.

실제로는 점 A에서의 힘과 모멘트는 치수가 b인 부재를 통하여 전달되었고, B점에서의 힘과 모멘트는 짧은 거리 내로 부재를 통하여 벽 내부로 전달된다. 그러나 우리는 이것을 이상화시켜 점 A와 B에서 집중력과 집중모멘트가 작용한다고 생각하였다. A와 B 사이에는 하중이 없으므로 $q(x) = 0$, 그리고 식 (3.11)로부터

$$V(x) = C_1 \tag{a}$$

A에서 집중하중으로 가정하였으므로, $C_1 = -P$이다. 이 값을 고려하고 식 (3.12)를 적분하면

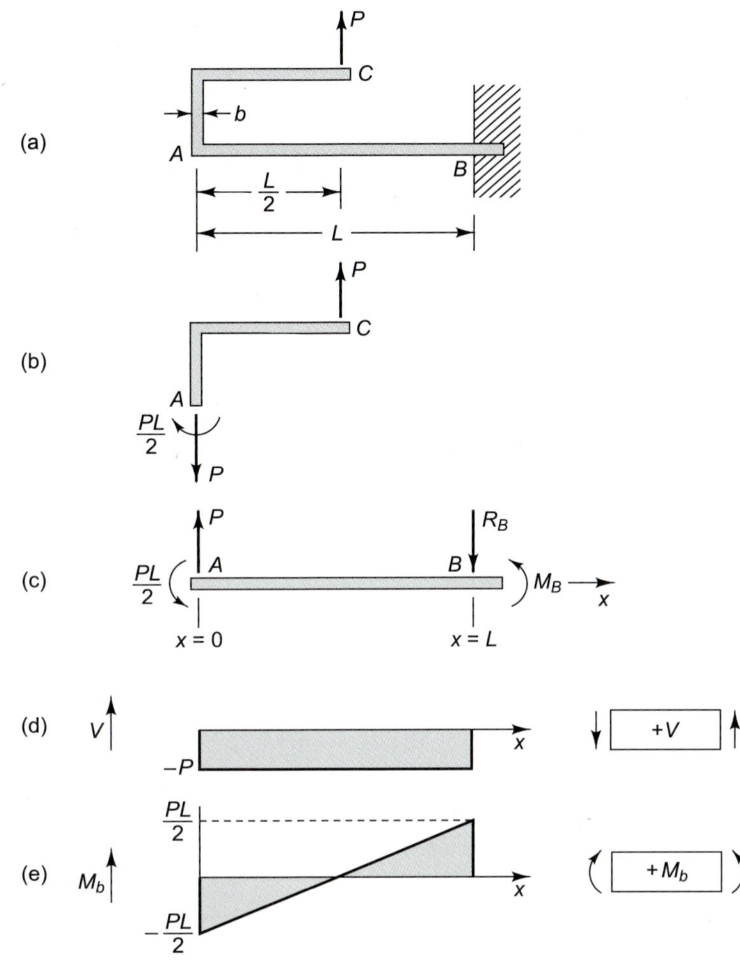

그림 3.20 예제 3.8

$$M_b(x) = Px + C_2 \tag{b}$$

이 된다. $x = 0$에서 굽힘모멘트를 $M_b(0) = -PL/2$로 놓으면, $C_2 = -PL/2$이다. C_1과 C_2를 알고 있으므로 전단력과 굽힘모멘트 선도를 그림 3.20(d)와 (e)와 같이 작성할 수 있다.

앞에서 예시한 예제들은 특이함수를 사용하는 방법의 장점을 보여 주고 있다. 그러나 독자들은 반력을 하중강도함수에 포함시킬 경우나 반력을 $q(x)$에 포함시킬 경우에 대하여, 반력을 전체의 평형조건에서 먼저 계산하여야 할 것인가, 혹은 예제 3.7의 식 (e)로부터 시작되는 두 번째 풀이와 같이 식 (3.11)과 식 (3.12)를 적분한 다음 경계조건으로부터 계산하여야 할 것인가에 대한 의문은 그대로 남아 있을 것으로 생각된다. 이 질문에 대한 명확한 해답은 없다. 다만 문제의 성질에 따라 적절한 방법을 택하는 것이 최선의 길이다. 그러나 일반적으로 모든 반력을 전체의 평형조건으로부터 먼저 구하는 것이(계산이 가능하다는 전제에서) 대수계산이 간편해진다. 먼저 계산된 반력을 하중함수에 포함시켰다 하더라도 아직 결정하여야 할 일은 남는다. 다시 말하면 어떠한 방법을 선택했다 하더라도 모든 적분상수를 지지조건으로부터 조심스럽게 결정하여야 한다는 사실을 다시 강조해 두는 바이다. 다음으로 반력을 하중함수에 포함시켜야 할 필요성이 있는 다른 예제를 생각하여 보기로 한다.

■ ■ ■

예제 3.9 보에 가해지는 하중이 그림 3.21(a)와 같은 형상을 한다고 가정한다. 중앙점에서 굽힘모멘트가 0이 되려면 지지점 A, B를 어디에 위치시켜야 하는가?

- 모든 문제풀이와 같이 자유물체도를 그리고 반력을 계산한다.
- 하중강도함수, $q(x)$를 세운다.
- 앞의 예제와 같이 전단력 선도와 굽힘모멘트 선도를 계산하기 위해 적분을 한다.
- M_b가 0이 되는 'a'값을 구한다.

첫 단계로, A와 B에서 반력을 구한다. 대칭성으로부터

$$R_A = R_B = \frac{1}{2}R \tag{a}$$

여기서 R은 하중분포 곡선[그림 3.21(b)]의 합성력이다.

$$R = \int_0^L w(x)dx = w_o \int_o^L \sin\frac{\pi x}{L}dx = \frac{2w_o L}{\pi} \tag{b}$$

하중강도함수는 다음과 같이 쓸 수 있다.

$$q(x) = -w_o \sin\frac{\pi x}{L} + \frac{w_o L}{\pi}\langle x-a\rangle_{-1} \frac{w_o L}{\pi}\langle x-(L-a)\rangle_{-1} \tag{c}$$

이 함수를 식 (3.11)에 대입하고 적분하면, 전단력은

$$V = -\frac{w_o L}{\pi}\cos\frac{\pi x}{L} - \frac{w_o L}{\pi}\langle x-a\rangle^0 - \frac{w_o L}{\pi}\langle x-(L-a)\rangle^0 + C_1 \tag{d}$$

이다. 여기서 C_1은 적분상수이다. 그러나, $x = 0$에서 $V = 0$이므로

$$C_1 = \frac{w_o L}{\pi} \tag{e}$$

이 된다. 식 (d)를 식 (3.12)에 대입하고 적분하면 굽힘모멘트

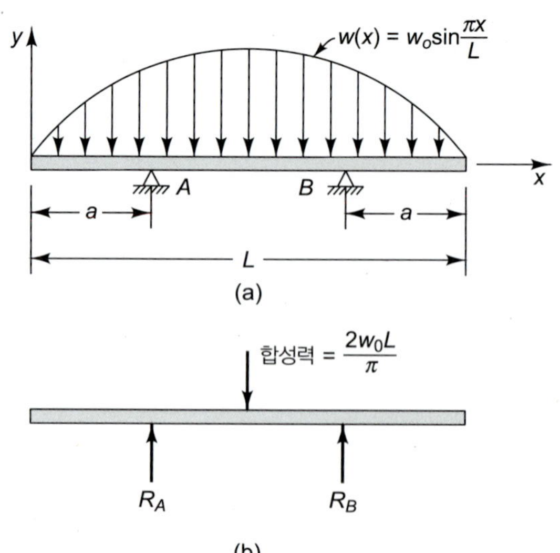

그림 3.21 예제 3.9

$$M_b = -\frac{w_o L}{\pi}\left(x - \frac{L}{\pi}\sin\frac{\pi x}{L}\right) + \frac{w_o L}{\pi}\langle x-a\rangle^1 + \frac{w_o L}{\pi}\langle x-(L-a)\rangle^1 + C_2 \quad \text{(f)}$$

를 얻는다. $x = 0$에서 $M_b = 0$이므로 적분상수 $C_2 = 0$이다. 따라서

$$a = \frac{L}{\pi} \quad \text{(g)}$$

이면 $x = L/2$에서 M_b는 0이 된다.

3.7 유체로 인해 발생하는 힘 *Fluid Forces*

많은 응용에 있어서, 구조물은 구조물에 접해 있는 유체로부터 힘을 받는다.

예를 들면, 저수조에 들어 있는 물과 같이 정지하고 있는 유체는 그 형상을 변화시키고자 하는 힘이 충분히 서서히 작용한다면, 형상변화에 저항하는 힘은 거의 나타나지 않는다. 이 말을 다른 말로 나타내면, 정지하고 있는 유체 내에는 유체입자 사이에 마찰력이 존재하지 않는다는 말이다. 이러한 관찰로부터 정지하고 있는 유체 내의 한 점에 작용하는 단위면적당의 힘, 즉 **정수압력**(*hydrostatic pressure*) p는 그 점을 통과하는 어떠한 면도 수직하다는 결론을 얻을 수 있다. 다시 말하면, 정지유체 내에서 한 점에 작용하는 압력은 방향에 관계없이 모든 방향으로 같게 작용한다. 또 한 표면에 작용하는 압력은 그 표면에 수직하고 표면을 향한다. 다시 말하면 그림 3.22(a)에 표시한 바와 같이 표면에 대하여 바깥방향의 법선과 반대 방향으로 작용한다. 우리는 가스 내의 압력에 관한 지식으로부터 이 결과와 익숙해져 있다.

중력을 받고 있는 유체에 대한 간단한 평형조건을 고려하면, 정수압력은 자유표현으로부터 깊이의 선형함수로 표시된다. 그림 3.22(b)에 유체의 미소의 원통요소(cylindrical element)에 작용하는 유체압력과 유체요소의 무게 $\gamma\Delta A\Delta Z$ 사이에 평형을 이루고 있는 상태를 그려 놓았다, 여기서 γ는 유체의 비중, ΔA는 원통요소의 단면적, ΔZ는 요소의 두께를 나타낸다. 수평면에서 평형관계식은 대칭성 때문에 항상 만족된다. 따라서 Z 방향(수직방향)의 평형관계의 조건은 다음과 같다.

$$p\,\Delta A + \gamma\Delta A\,\Delta z - (p + \Delta p)\,\Delta A = 0$$

이 식을 정리하고 극한값을 취하면

$$\frac{dp}{dz} = \gamma$$

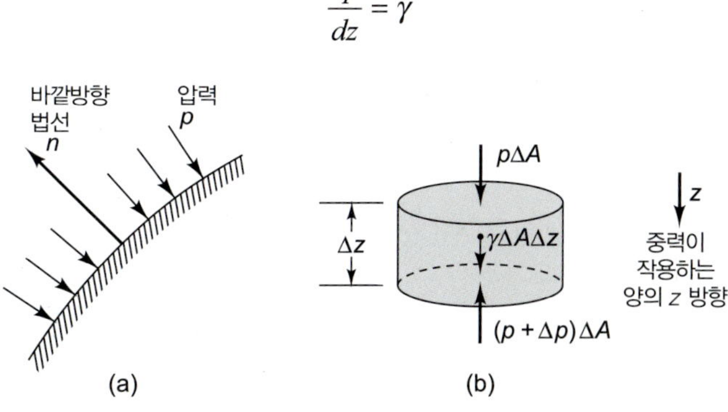

그림 3.22 (a) 표면에 수직으로 작용하는 유체압력, (b) 중력장에서 유체요소

$z = 0$에서 기준압력을 p_o라고 하면, 예를 들어 $z = 0$에서의 대기압, 압력 p는

$$p = \gamma z + p_o$$

이다.

유체압력은 표면에 수직하게 작용하고, 깊이의 선형함수로 주어진다는 결과를 이용하는 한 예제를 보기로 하자.

예제 3.10 그림 3.23은 1.5 m 정사각형 수문의 절반이 물에 잠겨 있는 상태를 표시한 것이다. 만일 수문에 작용하는 전체 압력이 대칭으로 놓여 있는 단순지지보의 AB와 DE에 의하여 지지점 A, B, D, E에 전달된다고 가정할 때 보의 최대 굽힘모멘트를 구하라. 수문의 밑변 DA는 수면으로부터 0.6 m 깊이에 있고, $\gamma = 9.8$ kN/m^{3}이다.

- 수문에 작용하는 총 하중을 깊이의 함수로 계산한다.
- 하중함수를 계산한 후, 특이함수 방법으로 전단력과 굽힘모멘트를 계산한다.
- 요구된다면 지지반력도 계산한다.

수문에 수직하게 작용하는 유체압력은 DA에 평행한 선상에 균일하고, 수문 중앙선상의 압력이 0(대기압을 기준)이므로 밑변상의 최대 압력 p_A은 다음과 같이 선형적으로 변한다.

$$p_A = \gamma z_A = (9.8)(0.6) = 5.88 \text{ kN/m}^2 \tag{a}$$

보에 작용하는 하중을 구하기 위해, 그림 3.23(b)에서 빗금 친 면에 작용하는 압력은 두 보에 균등하게 나누어 작용한다고 가정하였다. 만일 이 위치에서의 압력을 $p(x)$라고 하면, 두 보 중 하나의 보가 견디어야 하는 단위길이당의 하중 $w(x)$는

$$w(x) = (1.5/2)p(x) \tag{b}$$

이다. 이 식은 $w(x)$가 보의 길이에 따라 $p(x)$와 같은 경향으로 변한다는 것을 의미하는 것으로 그림 3.23(c)에 보 AB에 대한 $w(x)$를 표시하여 놓았다. 따라서 하중강도는 다음 식으로 표시된다.

$$q(x) = -\left(\frac{4}{3}\right) w_o \langle x - 0.75 \rangle^1 \tag{c}$$

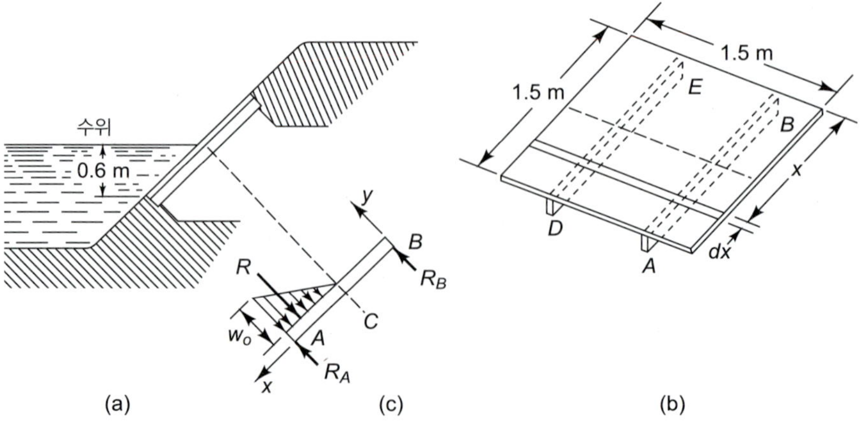

그림 3.23 예제 3.10

여기서 w_o는 수문 밑변에서 식 (b) 값으로 계산하면 얻을 수 있다.

$$w_o = 0.75p_A = 4.41 \text{ kN/m} \tag{d}$$

이 하중상태에 대한 합성력은 $\left(\frac{1}{2}\right)w_o\left(\frac{3}{4}\right)=\left(\frac{3}{8}\right)w_o$이고, 작용선은 하중 선도의 도심을 지나야 하므로, 그 위치는 A로부터 $\left(\frac{1}{3}\right)\left(\frac{3}{4}\right)=\left(\frac{1}{4}\right)$m이다.

그리고 식 (3.11)을 사용하여 식 (c)를 적분하면

$$-V(x) = -\frac{2}{3}w_o\langle x-0.75\rangle^2 + C_1 \tag{e}$$

이다. 여기서,

$$V(0) = -R_B = -C_1 \tag{f}$$

이며 R_B는 점 A에 대해 합성력 R을 사용하여 모멘트를 선택하면 계산할 수 있다.

$$\begin{aligned} 1.5R_B &= \left(\frac{1}{4}\right)R \\ R_B &= \left(\frac{1}{16}\right)w_o \end{aligned} \tag{g}$$

이다. 식 (3.12)를 사용하여 식 (e)를 적분하면

$$M_b(x) = -\frac{2}{9}w_o\langle x-0.75\rangle^3 + \frac{1}{16}wx + C_2 \tag{h}$$

를 얻는다. $x = 0$ 에서 굽힘모멘트는 0이 되어야 하므로 $C_2 = 0$이다. 이 경우 최대 굽힘모멘트는 A와 C 사이에서 $V = 0$이 되는 점에 위치한다. 식 (e)를 풀어 $V(x_o) = 0$이 되게끔 하는 x_o을 계산하면 $x_o = 1.056$ m이다. 이 값을 식 (h)에 대입하면 최대 굽힘모멘트

$$M_b(x_o) = 319 \text{ N}\cdot\text{m} \tag{i}$$

를 얻는다.

3.8 삼차원 문제 *Three-Dimensional Problems*

지금까지는 직선이며 가늘고 길이가 긴 부재에 작용하는 하중이 그 부재의 중심축을 포함하는 한 평면상에 놓일 경우에 대하여만 취급하였으나 이 방법은 가늘고 길이가 긴 부재에 임의의 3차원적 하중이 작용하는 경우에도 확대 적용할 수 있다. 그림 3.1은 일반적으로 부재의 임의의 단면에 작용하는 힘 벡터와 모멘트 벡터가 존재하는 것을 보여준다. 이들 힘과 모멘트는 가상 절단으로 얻어진 두 부분 중 어느 한쪽에 평형조건을 적용하든가, 혹은 미소 요소에 평형조건을 적용하고 적분하면 계산이 가능하다. 3차원적 문제는 벡터기호를 사용하든가, 혹은 작용하는 모든 힘과 모멘트를 3개 성분으로 분해하여 3개의 2차원 문제로 변환시켜 계산할 수 있다. 다음의 예제를 통하여 설명하겠다.

예제 3.11 곡선의 가늘고 길이가 긴 부재의 한 예로서, B에서 고정되고 O를 중심으로 반지름 a의 1/4 원호 모양으로 원유 정제장치 배관의 한 부재가 그림 3.24(a)와 같이 나타나 있다. 횡하중 P가 파이프부재에 그림과 같이 작용할 때 전단력과 굽힘모멘트 선도를 구하여라.

- 평면에 수직하게 임의의 부분에서 가상 절단을 한다.
- 단순하게 문제를 풀기 위해 벡터법으로 하중과 모멘트를 계산한다.
- 앞의 예제와 같이 하중과 모멘트의 합은 0이라는 힘의 평형식을 사용하여 전단력, 굽힘 및 비틀림 모멘트에 대한 식을 세운다.

앞의 예제와 같이 기본과정은 그대로 적용된다. 임의의 점 C에서 가상 절단하여 AC부분을 분리시켜 자유물체도를 그림 3.24(b)과 같이 표시하였다. 힘과 모멘트를 편리하게 기술하기 위하여 절단면상에 직교좌표계(x, r, s)를 도입하였다. 여기서 $s = a\theta$는 파이프의 원호길이이고, r은 점 O에서 반경방향의 거리이다. 자유단 A에 작용하는 힘 P는 단면 C에 작용하는 전단력 V_x와 비틀림 모멘트(torque) M_{ss} 및 M_{sr}와 평형을 이루게 된다. 즉,

$$\Sigma \mathbf{F} = P\mathbf{i} + V_x\mathbf{i} = 0 \tag{a}$$

$$\Sigma \mathbf{M}_C = M_{ss}\mathbf{u}_s + M_{sr}\mathbf{u}_r + \mathbf{r}_{CA} \times (P\mathbf{i}) = 0 \tag{b}$$

여기서 $\mathbf{i}$, $\mathbf{u}_r$ 및 $\mathbf{u}_s$는 각각 x, r 및 s 방향의 단위벡터이고, $\mathbf{r}_{CA}$는 C로부터 A까지의 거리벡터이다. $\mathbf{r}_{CA}$를 단위벡터의 항으로 표시하기 위하여 그림 3.24(a)를 참고로 하면

$$\mathbf{r}_{CA} = \mathbf{r}_{OA} - \mathbf{r}_{OC} = a\mathbf{j} - a\mathbf{u}_r \tag{c}$$

이다. 여기서 $\mathbf{j}$는 y 방향의 단위벡터이며 또한 그림 3.24(c)로부터 다음과 같이 된다.

$$\mathbf{j} = \mathbf{u}_r \cos\theta - \mathbf{u}_s \sin\theta \tag{d}$$

따라서,

$$\mathbf{r}_{CA} = -a(1 - \cos\theta)\,\mathbf{u}_r - a\sin\theta\mathbf{u}_s \tag{e}$$

식 (e)는 그림 3.24(b)로부터 직접 얻을 수도 있다. 식 (e)를 식 (b)에 대입하고, 외적(cross product)을 계산하면

$$\Sigma \mathbf{M}_C = M_{ss}\mathbf{u}_s + M_{sr}\mathbf{u}_r + P[a(1 - \cos\theta)\mathbf{u}_s - a\sin\theta\mathbf{u}_r] = 0 \tag{f}$$

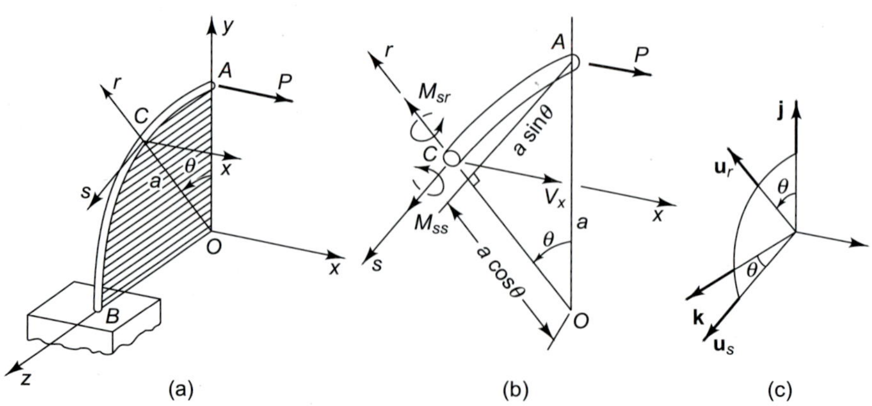

그림 3.24 예제 3.11

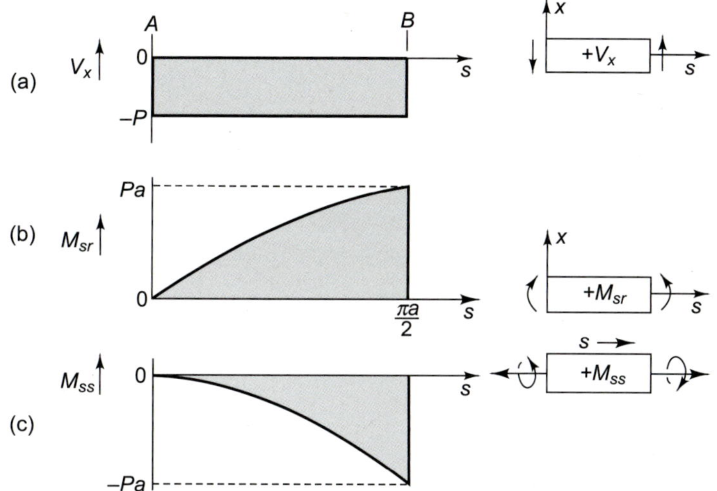

그림 3.25 예제 3.11의 전단력 선도, 굽힘모멘트 선도, 비틀림 모멘트 선도

이 된다. 식 (a)와 식 (f)에서 각 단위벡터의 계수(각 성분)를 0으로 놓으면

$$V_x = -P$$
$$M_{sr} = Pa \sin\theta \qquad \text{(g)}$$
$$M_{ss} = -Pa(1 - \cos\theta)$$

를 얻는다. 이들은 각각 임의각 θ인 단면에 작용하는 전단력, 굽힘모멘트, 비틀림 모멘트이다. 그림 3.25는 여기에서 사용한 부호규약과 함께 호의 길이 $s = a\theta$에 따르는 이들 값의 변화를 도시하여 놓은 것이다.

예제 3.12 그림 3.26(a)와 같은 오프셋 벨-크랭크 기구(offset bell-crank mechanism)를 생각하여 보자. A와 D에서 저널 베어링(journal bearing)에 의하여 지지되어 있는 축은 그림과 같이 하중을 받고 있으며, 또한 B와 C에는 오프셋 링크가 부착되어 있다. 여기서 축 AD에 작용하는 전단력, 굽힘모멘트 및 비틀림 모멘트 선도를 작성하라.

- 두 평면에는 전단력, 굽힘 및 비틀림 모멘트가 작용한다고 가정한다.
- 앞의 예제와 같이, 크랭크 기구에 대하여 힘의 평형식을 사용하여 합성력의 전단력 선도, 굽힘모멘트 선도를 그린다.

우선 베어링에서는 축에 미치는 상호작용은 수직력뿐이고, 어떤 모멘트도 작용하지 않는다는 가정하에서 그림 3.26(b)에 이 문제를 이상화시켰다. A와 D에서의 반력의 크기는 그림 3.26(b)에 도시된 힘들에 대한 평형조건을 적용하면 결정할 수 있다. 만일 이들 힘이 평형상태에 있다면, 임의의 점에 관한 이들 힘의 합성모멘트는 0이다. 모멘트를 취할 경우, 이 문제에서는 점 A와 점 D에 관한 모멘트를 취하는 것이 가장 편리하다. 왜냐하면, 이렇게 함으로써 각 방정식으로부터 두 개의 미지력이 제거되어 연립방정식을 풀 필요가 없어지기 때문이다. x, y, z 방향의 단위벡터를 $\mathbf{i}$, $\mathbf{j}$, $\mathbf{k}$로 표시하면

$$\Sigma \mathbf{M}_A = (15\mathbf{i} + 15\mathbf{k}) \times (-P\mathbf{j}) + (35\mathbf{i} + 25\mathbf{j}) \times (-1\mathbf{k}) + (50\mathbf{i}) \times (D_y\mathbf{j} + D_z\mathbf{k}) = 0$$
$$\Sigma \mathbf{M}_D = (-15\mathbf{i} + 25\mathbf{j}) \times (-1\mathbf{k}) + (-35\mathbf{i} + 15\mathbf{k}) \times (-P\mathbf{j}) + (-50\mathbf{i}) \times (A_x\mathbf{j} + A_z\mathbf{k}) = 0$$

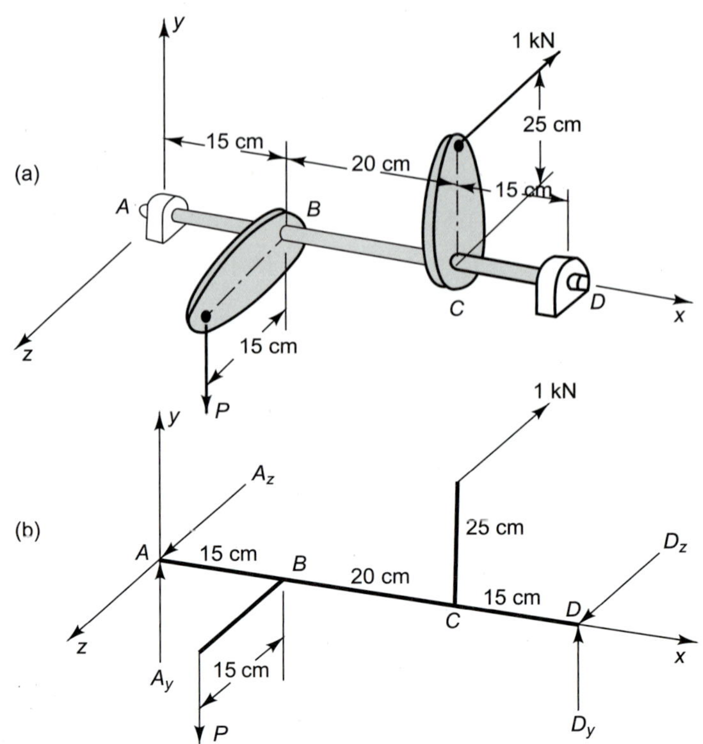

그림 3.26 (a) 3차원 크랭크 기구, (b) 기구에 대한 이상화 모델

인 관계를 얻는다. 외적(vector product)을 계산하고 정리하면

$$\Sigma \mathbf{M_A} = 15P\mathbf{k} + 15P\mathbf{i} + 35\mathbf{j} - 25\mathbf{i} + 50D_x\mathbf{k} - 50D_z\mathbf{j} = 0 \qquad \text{(a)}$$

$$\Sigma \mathbf{M}_D = -15\mathbf{j} - 25\mathbf{i} + 35P\mathbf{k} + 15P\mathbf{i} - 50\,A_y\mathbf{k} + 50A_z\mathbf{j} = 0$$

이 된다.

이들 관계식을 각 벡터 성분으로 고쳐 쓰면

$$\Sigma \mathbf{M}_A = (15P - 25)\mathbf{i} + (35 - 50D_z)\mathbf{j} + (15P + 50D_y)\mathbf{k} = 0 \qquad \text{(b)}$$

$$\Sigma \mathbf{M}_D = (-25 + 15P)\mathbf{i} + (-15 + 50A_z)\,\mathbf{j} + (35P - 50A_y)\mathbf{k} = 0$$

이며, 벡터가 0이 되려면 그 벡터의 성분이 모두 0이 되어야 한다는 조건에서 다음과 같이 계산된다.

$$\begin{aligned} P &= 1.666 \text{ kN} \\ A_y &= 1.1666 \text{ kN} \\ A_z &= 0.3 \text{ kN} \\ D_y &= -0.5 \text{ kN} \\ D_z &= 0.7 \text{ kN} \end{aligned} \qquad \text{(c)}$$

모든 반력이 얻어졌으므로, 축의 임의의 단면에서 힘과 모멘트를 계산할 수 있다. 예를 들어 BC 사이에 놓여 있는 임의의 점 O에 작용하는 힘과 모멘트를 생각하여 보자. 그림 3.27은 BC 사이에 놓여 있는 임의의 점 O에서 축을 가상 절단한 후에 그 한 쪽을 분리시켜 그려 놓은 자유물체도이다. 절단면에 작용하는 3개의 미지력 성질 F_x, V_y 및 V_z와 3개의 미지모멘트 성분 M_t, M_{by} 및 M_{bz}도 아울러 표시하여 놓았다. 이들 값은 그림 3.27의 해가 평형을 이루어

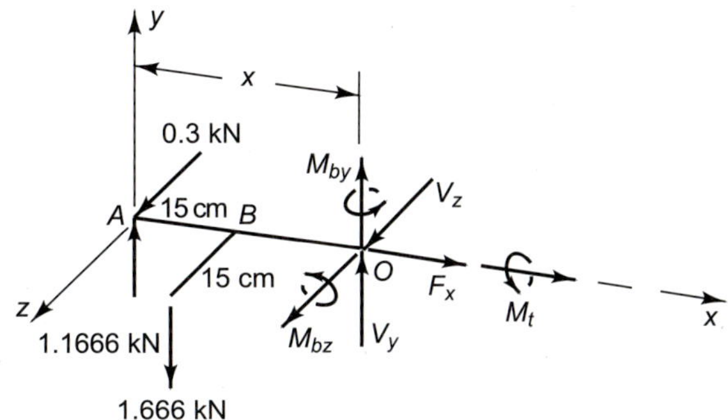

그림 3.27 예제 3.12에서 그림 3.26(b)의 이상화 모델에서 임의의 점 O에서 힘과 모멘트

야 한다는 조건으로부터 계산할 수 있다.

$$\Sigma \mathbf{F} = \mathbf{i}F_x + \mathbf{j}(1.1666 - 1.666 + V_y) + \mathbf{k}(0.3 + V_z) = 0$$

$$\begin{aligned}\Sigma \mathbf{M}_o &= \mathbf{i}M_t + \mathbf{j}M_{by} + \mathbf{k}M_{bz} + 0.3x\mathbf{j} - 1.1666x\mathbf{k} + (15 \times 1.666)\mathbf{i} + (x - 15)(1.666)\mathbf{k} = 0 \\ &= \mathbf{i}[M_t + 15(1.666)] + \mathbf{j}[M_{by} + 0.3x] + \mathbf{k}[M_{bz} - 1.1666x + (x - 15)(1.666)] = 0 \qquad \text{(d)}\end{aligned}$$

i, **j**, **k**의 계수를 각각 0으로 놓으면, 15 cm $<x<$ 35 cm 사이에 있는 임의의 단면에서

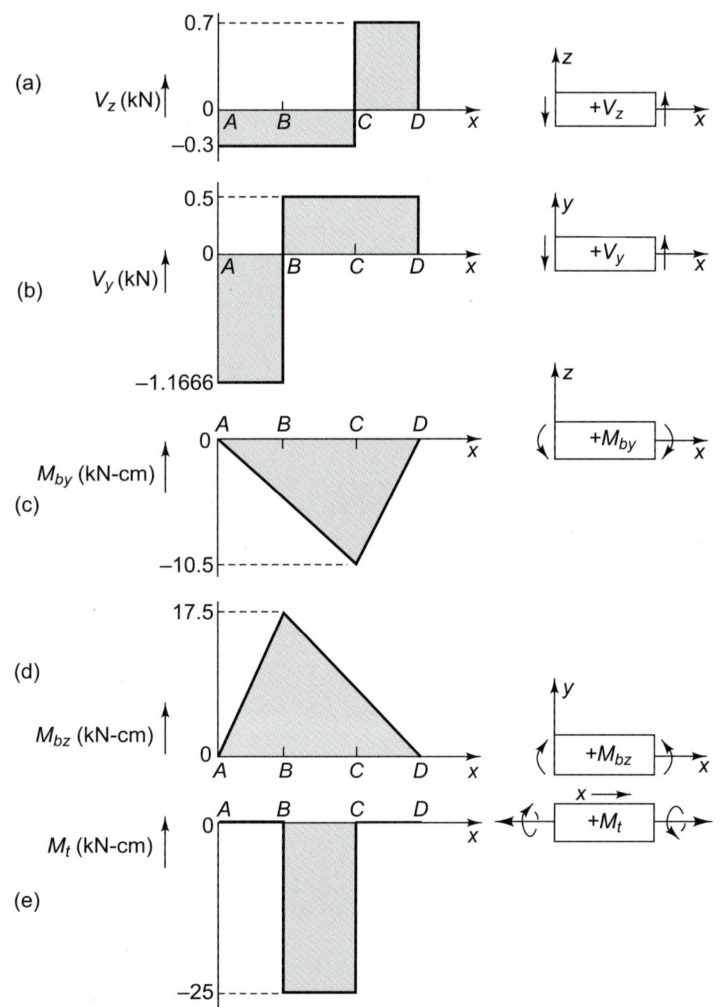

그림 3.28 예제 3.12의 그림 3.26의 축에 대한 힘과 모멘트 선도

힘과 모멘트는 다음과 같이 얻어진다.

$$\begin{aligned} F_x &= 0 & M_t &= -25 \text{ kN-cm} \\ V_y &= 0.5 \text{ kN} & M_{by} &= -0.3x \text{ kN-cm} \\ V_z &= -0.3 \text{ kN} & M_{bz} &= -0.5x + 25 \text{ kN-cm} \end{aligned} \tag{e}$$

만일 이와 같은 해석을 구간 $0 < x < 15$ cm와 구간 35 cm $< x < 50$ cm에 대하여 되풀이하여 적용하면 그림 3.28에서 예시한 힘과 모멘트 선도를 그리는 데 필요한 모든 정보를 얻게 된다.

이들 선도를 얻기 위한 또 하나의 방법은 그림 3.26에 도시한 이상화시킨 3차원 해로 되돌아가 그림 3.29와 같이 이 해를 세 방향에서 투영한 3개의 2차원 투영도를 고려하는 것이다. 각 투영에 나타난 힘들은 평형식을 만족하지 않으면 안 된다. 더욱이, 그림 3.29(a)만을 사용하여 P를 결정할 수 있고, 따라서 점 B와 C 사이의 비틀림 모멘트가 구해진다. 또한 그림 3.29(b)만을 사용하여 반력 A_z와 D_z를 결정할 수 있고, 따라서 임의의 단면에서 V_z와 M_{by}의 값이 구하여진다. 마지막으로 그림 3.29(c)만을 사용하여 앞에서 구한 P의 값을 적용하면, 반력 A_y와 D_y를 결정할 수 있고, 따라서 임의의 단면에서 V_y와 M_{bz}의 값이 구해진다. 독자는 이 시점에서 충분한 시간을 두고 검토함으로써, 이 해법이 앞에서 기술하였던 해법과 실질적으로 같다는 것을 입증할 필요가 있다. 3차원 벡터해를 성분별로 분해할 때 좌표계의 선정은 각자가 해석에 편리하게끔 결정할 문제이다.

그림 3.28의 y와 z 성분에 대한 전단력과 굽힘모멘트는 그림 3.30(a)에 그려진 것처럼 벡터적으로 합성하여 3차원적으로 표시할 수 있다. 이 결과는 그림 3.30(b)와 같이, 이들 합성 전단력과 굽힘모멘트가 작용하는 평면을 결정해 주는 각도와 함께 크기를 나타내는 선도로도 표시할 수 있다. 중앙부분 BC에서 합성 전단력이 합성 굽힘모멘트 벡터와 수직하지 않다는 것을 유의해 두는 것은 매우 흥미 있는 일이다.

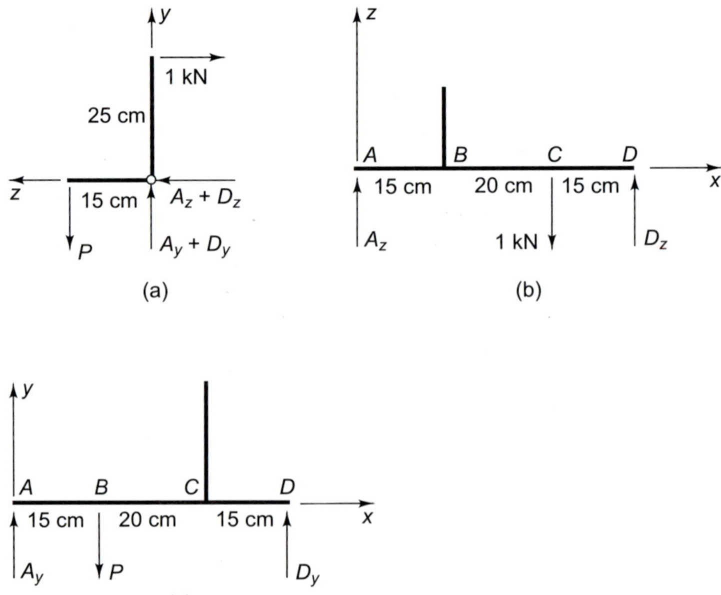

그림 3.29 예제 3.12에서 그림 3.26(b)의 힘을 세 개의 좌표 평면상에 투영

이 예제의 결과는 집중하중(분포하중이 아님)만을 받는 직선부재에 생기는 최대 굽힘모멘트는 항상 하중점들 사이에서 발생하지 않고 하중 지점에서 발생한다는 것을 말해 주고 있다. 이러한 사실은 모든 힘이 한 평면 내에 놓일 때에는 모멘트 선도가 완전히 직선선분으로 구성되기 때문에 쉽게 이해된다. 그러나 그림 3.30(b)와 같이 합성모멘트 선도가 곡선상 부분을 가질 수 있는 일반적인 삼차원의 경우에는 이것이 사실일 수 있느냐 하는 것은 아직 속단할 수 없다. 그러나 만일 합성모멘트 선도가 직선선분으로 이루어지지 않는 구간이 있다면, 그 구간에서 선도는 바깥쪽으로 오목한 곡선상의 곡선으로 구성된다는 것이 증명된다.[5] 따라서 최대 굽힘모멘트는 하중점들 사이에서 발생하지 않는다는 것을 알 수 있다. 그러나 최저 굽힘모멘트는 하중점들 사이에서 발생하는 것은 가능한 일이다.

이 장에서 예시한 예제들은 가늘고 긴 부재 내에 생기는 내력과 모멘트를 얻는 2가지의

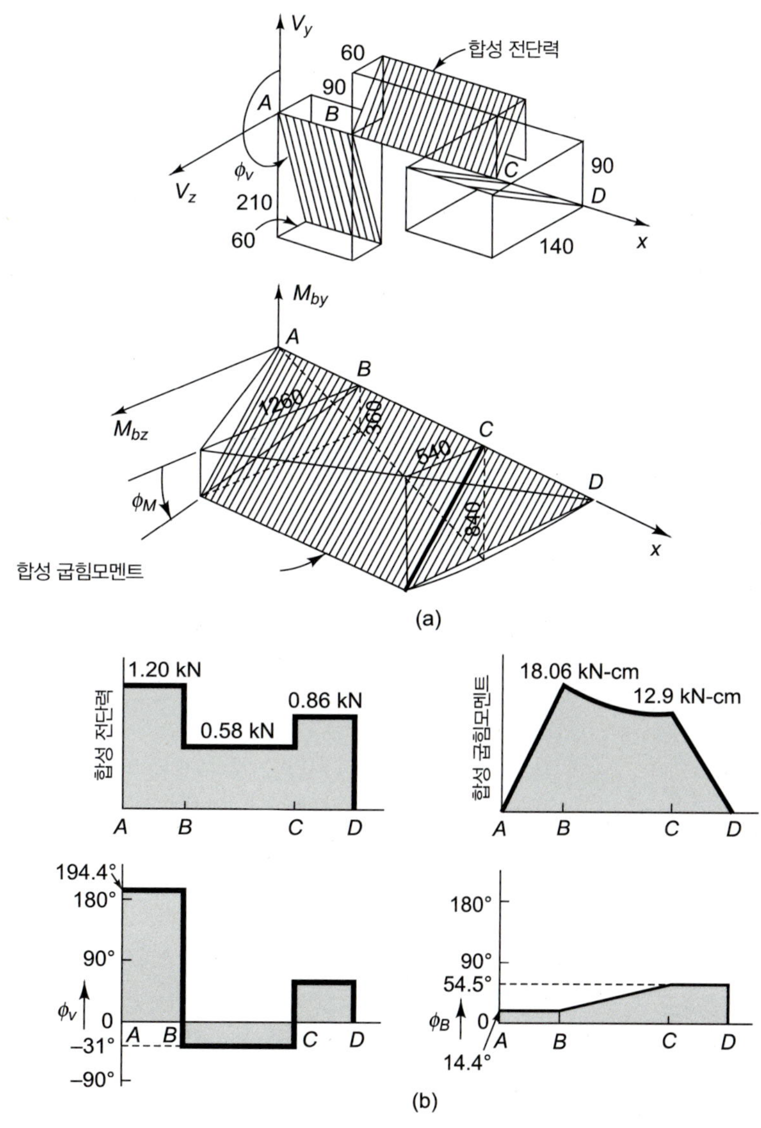

그림 3.30 예제 3.12에서 그림 3.26의 크랭크 기구에 대한 합성 전단력 및 굽힘모멘트 선도

[5] 문제 3.43 참조

일반적인 방법을 예제를 들어 설명하였다. 모든 경우에, 전체 구조물이 평형상태에 있으면 전체 구조물에서 분리된 부분 구조물(subsystem)이라 할지라도 역시 평형상태에 있다는 사실을 이용하고 있다. 여기서, 한 방법으로 부분 구조물을 가늘고 긴 부재를 가상 절단하여 2부분으로 나누어질 때 그 중 하나인 부분으로 하는 절차이다. 또 다른 방법은 부분 구조물을 무한소의 요소로 보는 절차이다. 후자의 방법에서는 힘과 모멘트를 얻기 위하여 적분을 필요로 한다.

이 장에서 취급한 모든 예제에 있어서는 평형조건만을 사용하여 완전한 해를 얻을 수 있는 경우이다. 즉, 모두가 **정정문제들**이었다. 다음 장에서는 가늘고 긴 부재에 대한 **부정정문제**를 다루게 될 것이다. 부정정문제의 경우에는 이 장에서 취급하였던 평형조건 이외에도 식 (2.1)의 제2, 제3단계를 포함시켜 문제를 풀이하여야 한다. 즉 3단계가 요구하는 조건을 전부 동시에 만족시킴으로써 해를 얻을 수 있다.

요약 *SUMMARY*

주어진 문제의 해결에서 가장 중요한 부분은 문제에 대한 물리적 의미와 공식화이다. 그러므로 풀이 자체보다는 이런 관점을 다시 한 번 강조하는 바이다.

가늘고 긴 부재에 전달되는 힘과 모멘트

일반적 방법

가늘고 긴 부재에 작용하고 있는 힘과 모멘트를 계산하는 단계는 먼저 실제 문제를 이상화하고 자유물체도를 그려서 평형식($\Sigma F = 0$, $\Sigma M = 0$)을 이용하여 미지의 외력 혹은 지지반력을 계산한다. 그 다음 단계로 관심 있는 부분을 가상 절단하고 그 중 한 부분을 분리하여 힘의 평형식으로 내력을 계산하는 순서로 진행하면 된다.

분포하중

수평력으로 분포하중이 작용하는 경우는 미소단면에 하중강도가 작용한다고 가정하고 분포하중이 작용하는 보의 전체 구간에 걸쳐 적분을 하는 것이 편리하다.

분포하중의 합성력

분포하중이 존재하는 가늘고 긴 부재를 해석할 때, 합성력은 하중이 작용하는 면적의 크기와 같으며 그 면적의 도심에 분포하중이 작용하는 방향으로 집중하중 형태로 작용한다고 본다. 그러나 변형의 형상이 서로 다르기 때문에 보 내부의 내력과 모멘트를 계산할 경우에는 합성력을 사용하여서는 안 된다는 사실에 주의하기 바란다.

평형 미분방정식

전단력과 굽힘모멘트를 계산하는 다른 방법으로, 보의 미소부분을 자유물체로 간주하여 형형조건을 적용하면 하중, 전단력 및 굽힘모멘트가 포함되는 미분방정식을 유도할 수 있다.

특이함수

특이함수는 $f_n(x) = \langle x - a \rangle^n$으로 하중이 불연속하중으로 작용하는 경우를 취급할 때에 사용된다.

이들은 $\int_{-\infty}^{x} < x-a >^n dx = \frac{< x-a >^{n+1}}{n+1}, n \geq 0$으로 적분하면 된다.

유체하중

고체에 작용하는 유체의 힘은, 접촉면에 수직방향으로 정수압이 작용하는 경우로 분포하중과 같이 취급되며 미분방정식 $\frac{dp}{dz} = \gamma$를 사용하여 앞에서 언급한 방법을 활용하여 계산하면 된다.

3차원 문제

3차원 문제는 벡터기호법을 사용하거나 3개의 성분으로 힘과 모멘트를 분해하여 3개의 2차원 문제로 변환하는 방법을 사용하면 효과적으로 처리할 수 있다.

그러므로 식 (2.1)의 변형체 해석에는 힘, 변형, 힘-변형관계식의 고려가 많이 요구되는 것은 당연한 사실이지만, 본 장을 통해 변형체의 해석에는 필수적으로 앞에서 언급한 식 (2.1)에는 복잡성이 심도 있게 존재한다는 사실을 이해하여야 한다. 본 장에서 가늘고 긴 물체에 힘과 평형조건을 학습한 독자를 위해 다음의 장에서는 임의 형상의 고체, 변형고체의 기하학 및 힘-변형관계식에 대한 학습을 확장해갈 예정이다.

문제 *PROBLEMS*

3.1~3.8 각 경우에 대한 전단력 선도와 굽힘모멘트 선도를 그려라. 또 부호규약을 도시하고 중요한 수치를 기입하라.

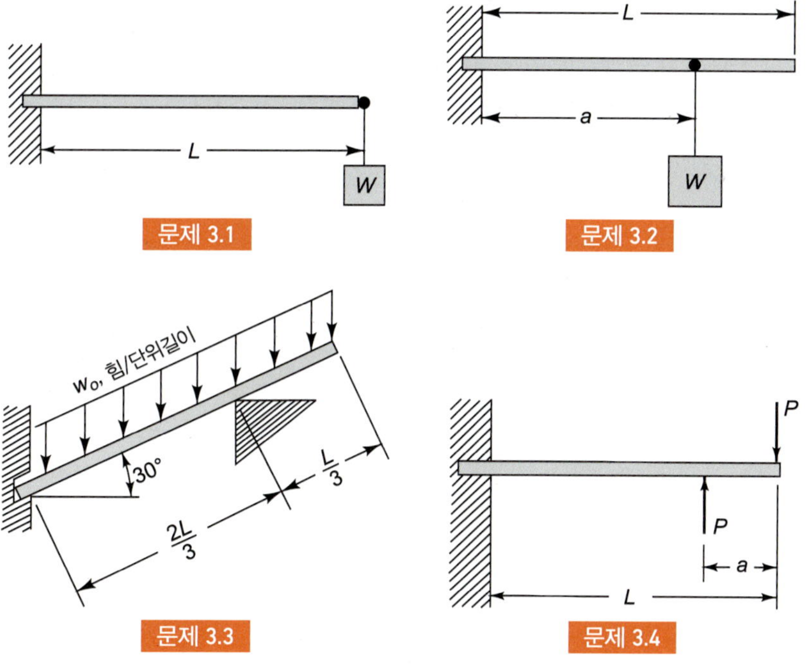

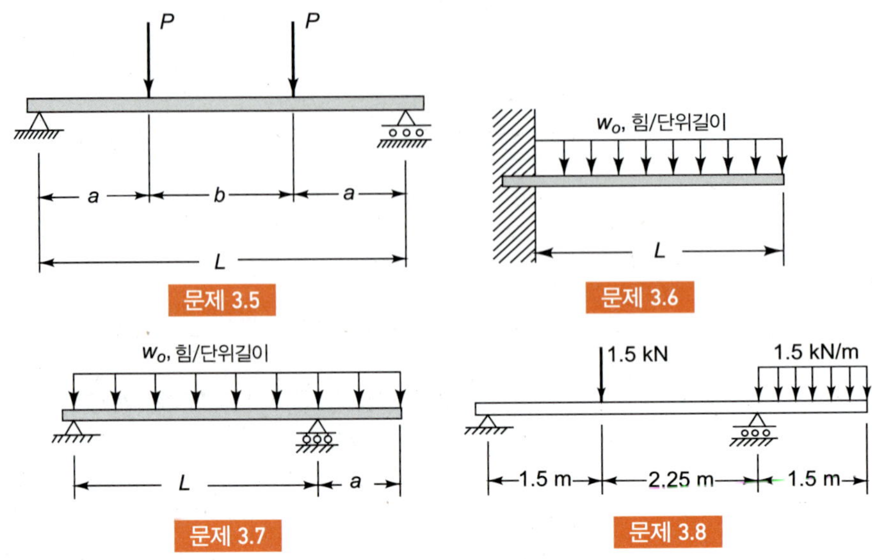

문제 3.5

문제 3.6

문제 3.7

문제 3.8

3.9 원호 AB의 임의의 각 θ 단면에 작용하는 축력, 굽힘모멘트, 전단력을 계산하라.

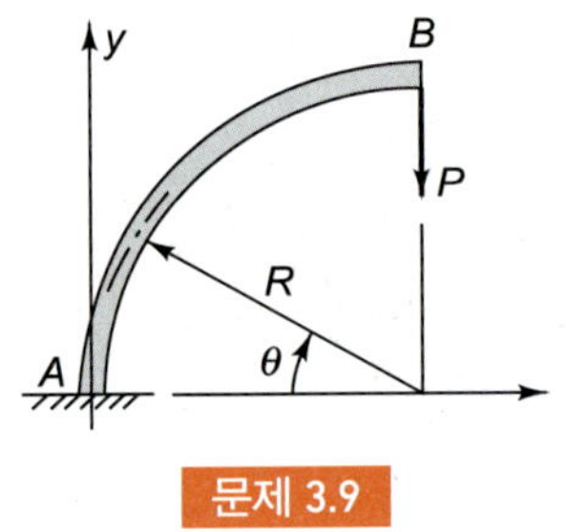

문제 3.9

3.10 반력을 구하고, 전단력과 굽힘모멘트를 보(beam)의 길이에 따른 거리의 함수로 표시하라.

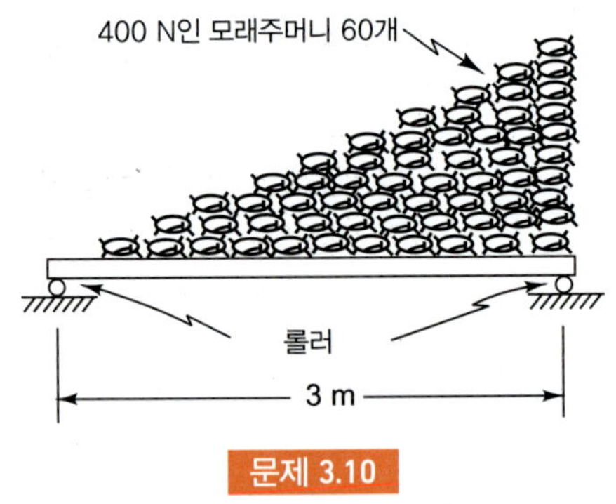

문제 3.10

3.11 반원부재에 대해 θ의 함수로 굽힘모멘트 선도를 그려라.

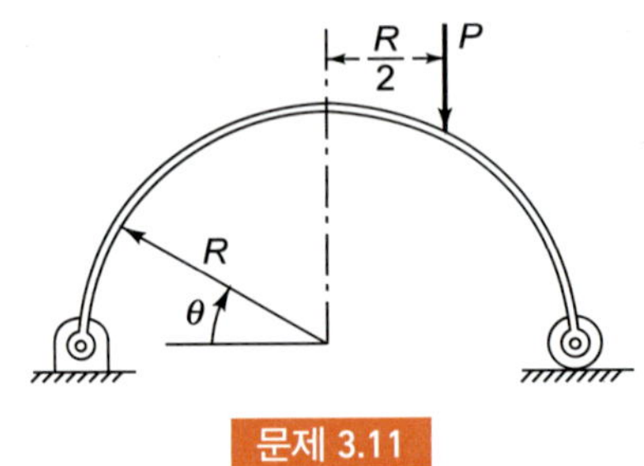

문제 3.11

3.12 집중하중 P와 단위길이당 분포하중 w_o를 받고 있는 외팔보의 전단력 선도와 굽힘모멘트 선도를 구하라.

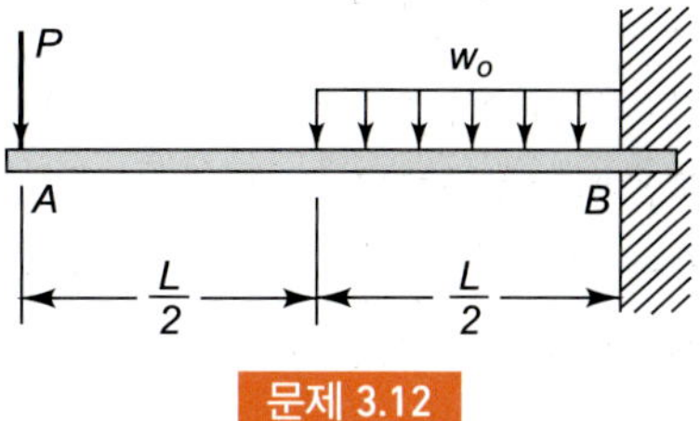

문제 3.12

3.13 단면 1, 2와 3에 작용하는 내력과 모멘트를 도시하라.

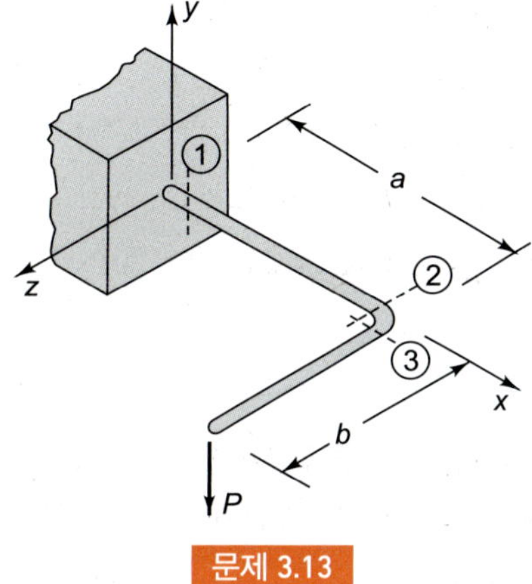

문제 3.13

3.14 단면 1, 2에 작용하는 내력과 모멘트를 구하라.

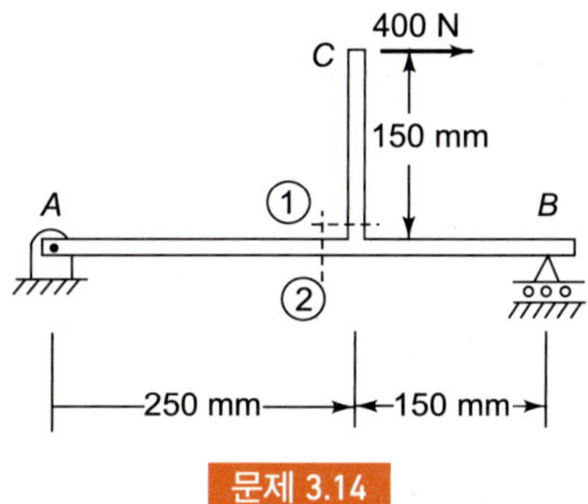

문제 3.14

3.15 핀으로 연결된 프레임 구조물의 단면 1과 2에 작용하는 내력과 모멘트를 구하여라.

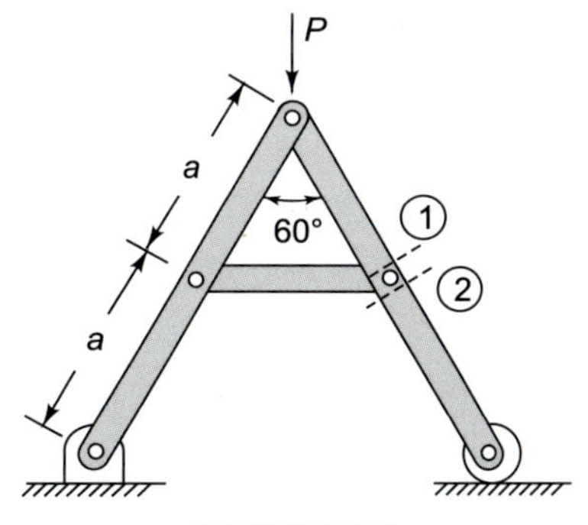

문제 3.15

3.16 계단을 뛰어오르는 사람의 대퇴부에 작용하는 근육을 표시하였다. 미지의 반력 R_A와 R_D를 P의 항으로 표시하고, 횡력이 대퇴골을 따라 어떻게 변하는가를 보여라. 또 굽힘모멘트는 어떻게 변화하는가도 살펴보고, 뼈의 굽힘모멘트를 감소시키는 B와 C에 붙어 있는 근육의 효과에 대해서도 설명하라.

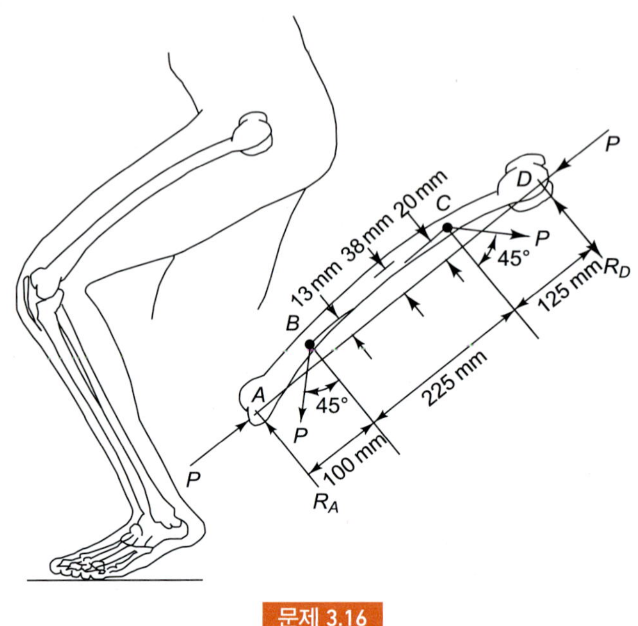

문제 3.16

3.17 목수가 단위길이당 w_o의 균일한 중량을 갖는 길이 6 m의 널빤지를 두 개의 받침대 위에 올려놓고, 널빤지로부터 길이 1.8 m의 조각을 톱으로 잘라내려고 한다. 그는 절단 부분에서 쪼개지는 것을 최소화하기 위하여 절단 지점에서는 굽힘모멘트가 0이 되게끔 받침대를 조절하려고 한다. 받침대 하나는 널빤지 끝단에 고이고, 널빤지의 다른 끝단에서 거리가 1.8 m되는 지점에서는 굽힘모멘트가 0이 되게끔 조절하려면, 다른 받침대의 위치는 어느 위치에 놓아야 하는가?

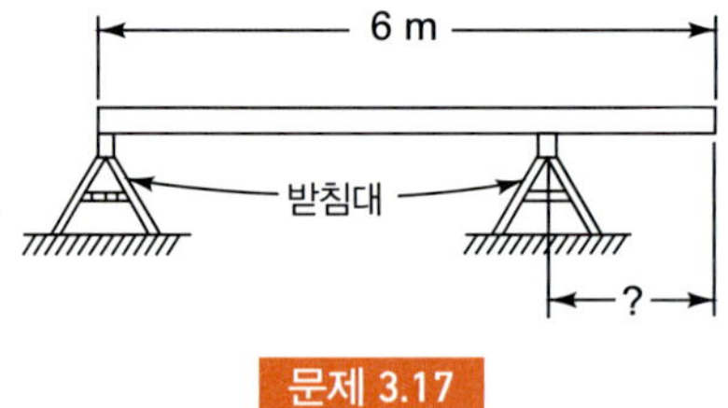

문제 3.17

3.18 두 지지대 위에 널빤지로 구성된 발판이 그림과 같이 지지점 양 끝으로 a만큼씩 뻗어 나온 채 지지되어 있다. 널빤지 중심에서 일을 하고 있는 벽돌공이 생각하기를 널빤지에서의 굽힘모멘트를 최소로 하기 위하여는 벽돌더미를 널빤지의 양 끝에 쌓아야 한다고 생각하였다면 그것이 옳은 생각인가? 만약 같은 양의 벽돌을 널빤지 양 끝에 쌓아 놓았다면, 그 벽돌더미의 무게가 얼마일 때 최대 굽힘모멘트가 최소가 되는가? 벽돌공의 무게는 W_M이다.

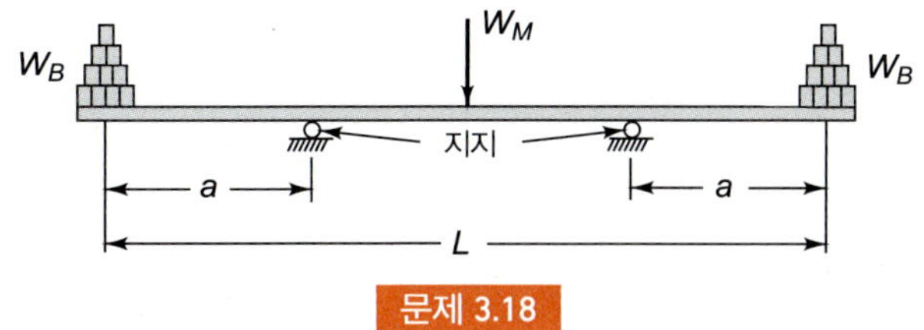

문제 3.18

3.19 로케트가 수직 상승할 때, 심한 돌풍을 만나면 결과적으로 그림과 같은 하중상태로 된다고 한다. 시스템의 질량중심에 관한 합성모멘트를 0으로 만들면, 로케트의 회전을 막을 수 있게 된다. 이는 수직축에 관한 추진력 벡터 T의 방향을 변화시켜서 얻을 수 있다.

(a) 조건을 만족하기 위한 T, α, p_o, L 사이에는 어떤 관계가 존재해야 하는가?

(b) $L/4$와 $3L/4$ 지점에서 전단력과 굽힘모멘트를 p_o의 항으로 계산하라.

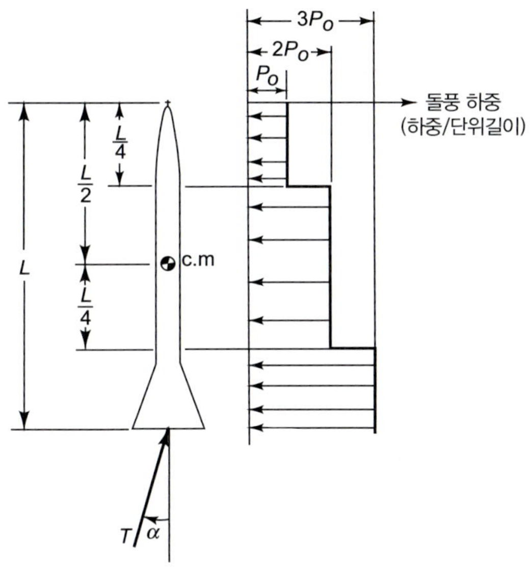

문제 3.19

3.20 그림과 같이 항공기의 랜딩기어의 일부분에 평면하중이 작용하고 있다. A, B, C 지점은 평면에 수직한 축에 대하여 마찰이 없는 핀이 연결되어 있다.

(a) A, B, C에서의 반력을 구하라.

(b) AD와 DE, EG, DC, CB의 각 부재에 작용하는 모든 힘(즉, 축하중, 전단력, 모멘트 등)을 구하고, 각 힘과 모멘트의 양의 부호 기입법으로 도시하라.

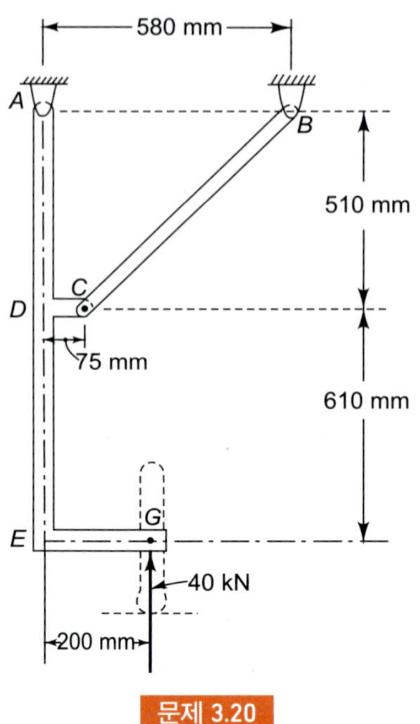

문제 3.20

3.21 (a) 속눈썹(cilia)은 세포표면의 움직일 수 있는 머리카락 같은 부속기관이다. 그것들은 하등동물뿐 아니라 인간의 기관이나 재생기관에서도 널리 볼 수 있다. 그들의 운동은 그림에서 보여준 것과 같이 대략 140°의 각으로 등각속도로 유효행정거리만큼 단진자운동과 같이 왕복하고 있다고 볼 수 있다. 그림과 같이 속눈썹이 2.2 nN의 힘을 받아 **정지**(*arrest*)되어 있을 때 세포 경계에서의 모멘트를 계산하라.

(b) 속눈썹의 운동이 점성유체 내에서 유효행정거리를 갖고 회전한다면, 세포 경계에서의 구동모멘트(dri-ving moment)를 예측하라. 속눈썹의 길이요소에 작용하는 점성력은 그 요소의 길이, 각속도, 점성계수에 비례한다고 생각할 수 있으며 또 이 함수는 속눈썹의 길이방향 위치에 따라 좌우된다.

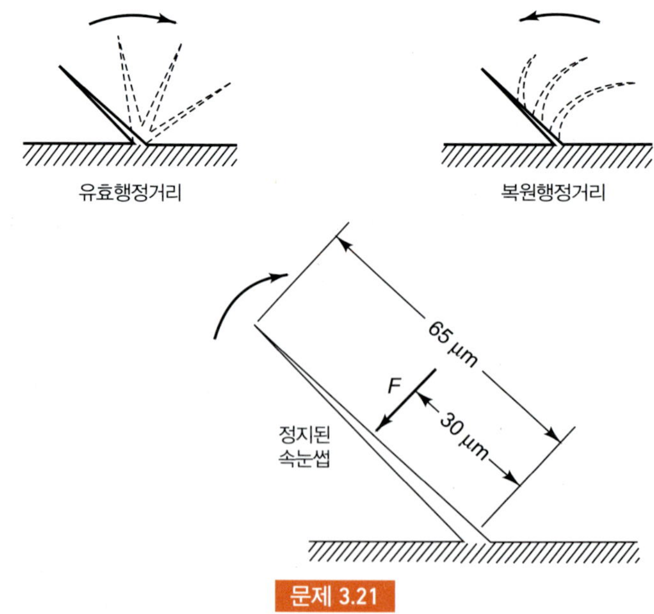

문제 3.21

3.22 집중모멘트 $M_o = PL/4$이 작용하는 경우에 대하여 전단력과 굽힘모멘트 선도를 그려라.

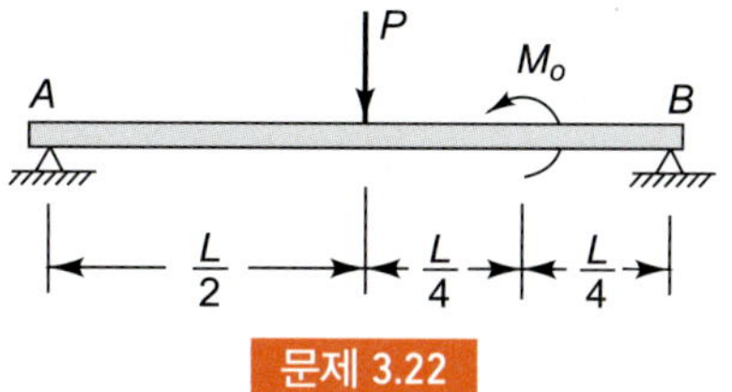

문제 3.22

3.23 (a)~(h). 3.1~3.8의 문제를 특이함수법을 이용하여 다시 전단력 선도와 굽힘모멘트 선도를 다시 그려라.

3.24 다이빙 판이 왼쪽 끝에서 힌지되어 있고, 중심에 단순지지되어 있다. 다이버의 무게에 관계없이 최대 굽힘모멘트가 일정한 값을 가지려면 a를 얼마로 하여야 하나?

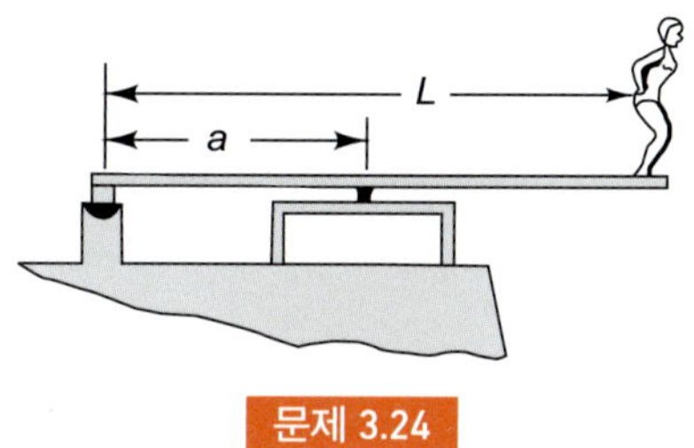

문제 3.24

3.25 나무 평판으로 만든 책 선반이 2개의 벽돌로 지지되어 있다. 최대 굽힘모멘트를 최대한 작게 하려면 벽돌의 위치를 어디에 놓아야 하는가?

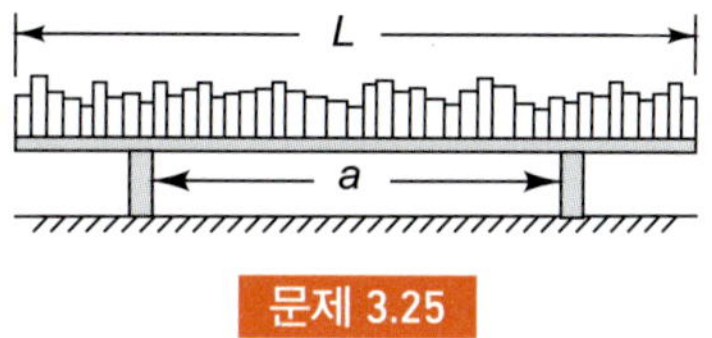

문제 3.25

3.26 피벗(pivot)된 깃대를 그림에서와 같이 기중기 기둥과 윈치를 이용하여 세우고 있다. 깃대를 세우는 동안 최대 굽힘모멘트를 가능한 한 작게 하려면 밧줄은 어디에 매어야 하는가?

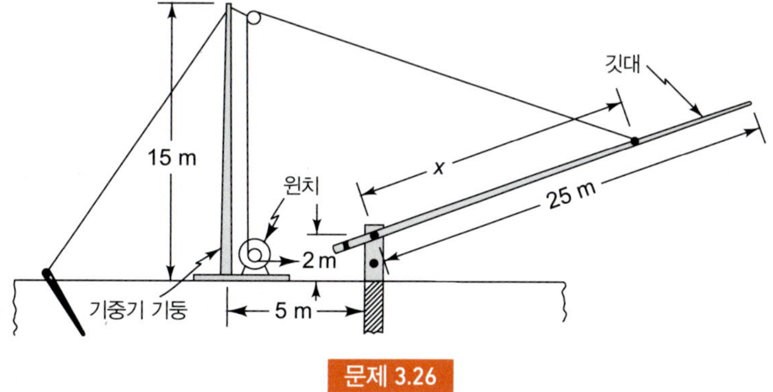

문제 3.26

3.27 금속봉을 그림과 같이 반경 R, 중심각 270°의 호(arc)로 휘었다. 봉의 한 끝은 호가 수평으로 유지되도록 고정되어 있다. 중량 W를 A, B, C에 차례로 각각 매달 때 최대 굽힘모멘트와 최대 비틀림 모멘트의 크기 및 위치를 결정하라.

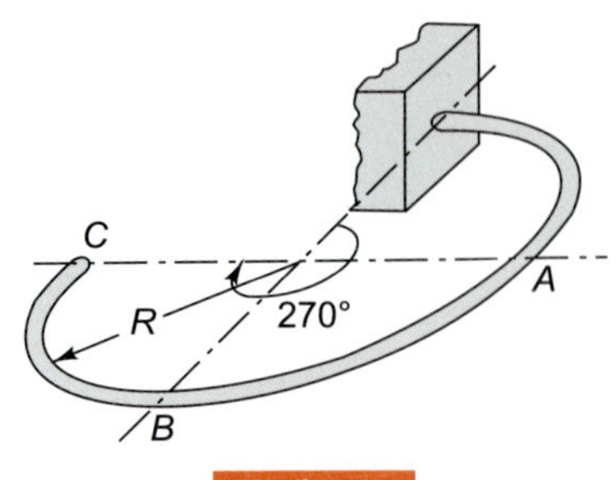

문제 3.27

3.28 라디오 안테나가 그림과 같이 비행기의 동체 위로 540 mm 돌출되어 있다. 공기저항에 견디기 위하여 안테나의 끝에 강선 밧줄로 당겨 고정시켰다. 저항력의 분포가 균일하고 합성력이 D라면, 안테나에 걸리는 굽힘모멘트를 최소로 하기 위해 강선이 받아야 할 힘의 크기는 얼마인가?

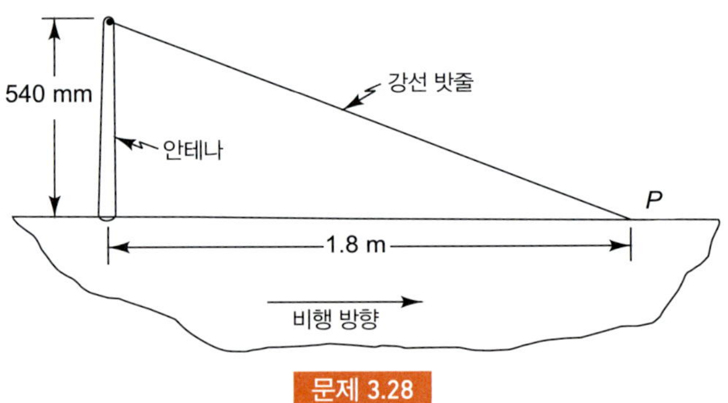

문제 3.28

3.29 하중 P가 걸릴 때, 코일 스프링의 피치가 코일반지름과 같게 된다. 코일에 발생하는 최대 굽힘모멘트와 비틀림 모멘트는 얼마이겠는가?

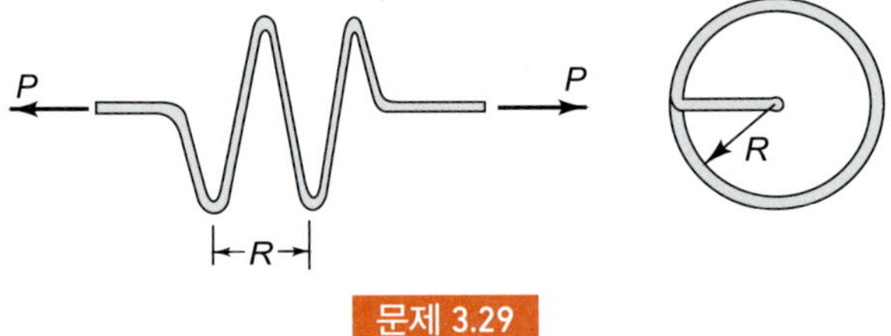

문제 3.29

3.30 소형 이륜 선박이동용 트레일러들은 그림과 같이 유사한 현가장치를 갖고 있다. 차의 바퀴가 각각 2500 N의 하중을 받고 있을 때, 50 cm와 60 cm의 봉에 작용하는 최대 굽힘모멘트와 비틀림 모멘트의 크기는 얼마인가? 5.00−8 타이어의 바깥지름은 10 cm + 20 cm + 10 cm = 40 cm이다.

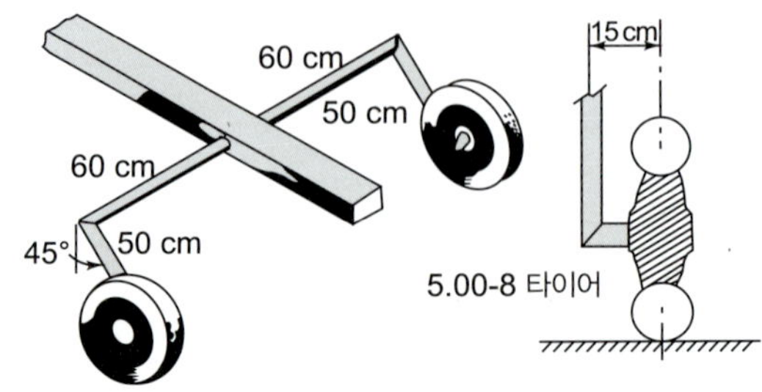

문제 3.30

3.31 플렉시블 케이블이 A와 B에서 거리 $2L$만큼 떨어져 지지되고 있다. 케이블이 수평 단위 길이당 w_o의 하중을 받고 있고, 지지점에서 c만큼 처져 있다면 케이블의 $x = 0$에서 $x = x$까지의 자유물체도를 생각하고, 케이블의 인장 $T(x)$의 수평성분 H는 x에 무관함을 보이고, $x = x$에서의 기울기가 다음과 같음을 보여라.

$$\frac{dy}{dx} = \frac{w_o x}{H}$$

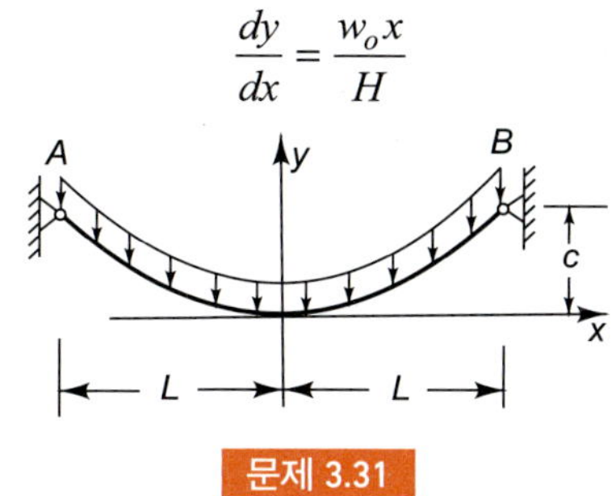

문제 3.31

또 이 식을 적분하여 케이블의 방정식을 구하고 w_o와 캐이블의 치수의 항으로 H를 구하여라.

3.32 굽힘모멘트와 비틀림 모멘트를 전달할 수 있는 휘어진 축이 축에 대해 수직한 방향으로만 반력을 받는 베어링에 의해 A와 B에서 지지되고 있다. 비틀림 모멘트 M_A와 M_B가 축의 양 끝단에서 작용한다. 평형을 유지하기 위해 필요한 A와 B에서의 반력과 M_B의 크기를 모두 M_A의 크기의 항으로 표시하라. 또 굽힘모멘트 선도와 비틀림 모멘트 선도를 그려라.

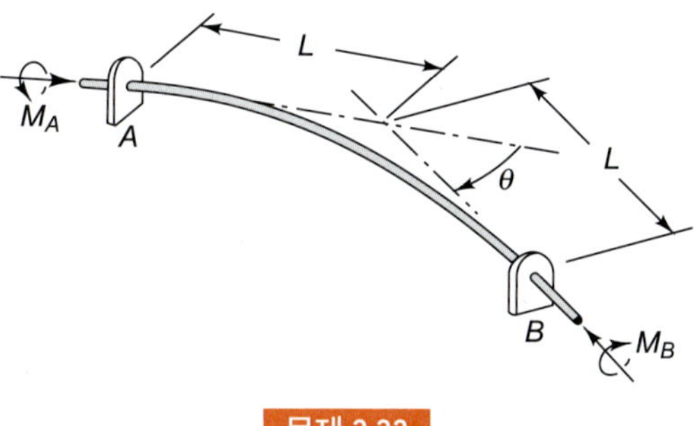

문제 3.32

3.33 미분방정식 (3.11)과 (3.12)는 y 방향의 하중을 받고 있는 x 방향의 가늘고 긴 부재에 대해 유도한 것이다. 이를 강조하기 위하여 식 (3.11)과 (3.12)는 다음과 같이 쓸 수 있다.

$$\frac{dV_y}{dx} + q_y = 0$$

(a)

$$\frac{dM_{bz}}{dx} + V_y = 0$$

x 방향의 하중을 받으면서 y 방향의 방향의 가늘고 긴 부재에 대해 다음 식을 유도하라.

$$\frac{dV_x}{dy} + q_x = 0$$

(b)

$$\frac{dM_{bz}}{dy} - V_x = 0$$

방향의 가늘고 긴 부재가 한 좌표축방향으로 놓여져 있으면서 다른 축방향의 하중을 받는 경우는 6가지의 서로 다른 조합이 있을 수 있다. 식 (3.11)과 (3.12)에 대응하는 이들 6개의 미분방정식 중 3개는 식 (a)와 같은 부호를 가지며, 다른 3개는 식 (b)와 같은 부호임을 증명하라.

3.34 강바닥에 위로 고정된 기둥에 판자를 붙여 만든 목재 땜이 있다. 기둥들 사이의 거리는 2.4 m이고, 물의 깊이는 1.8 m이다. 기둥에 대해 굽힘모멘트와 전단력 선도를 그려라.

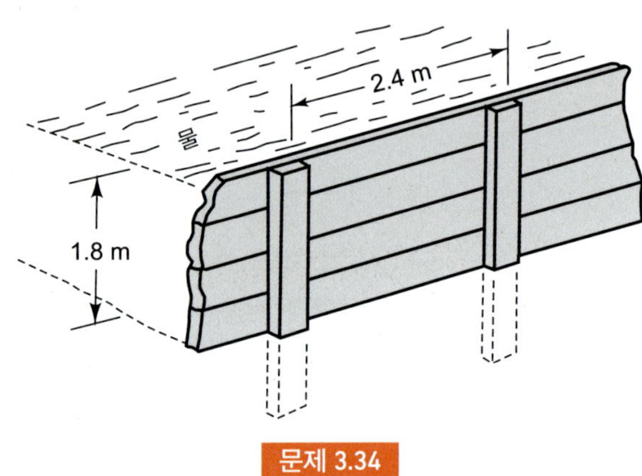

문제 3.34

3.35 지름 50 cm, 무게가 750 N인 그림과 같이 중공의 금속구를 사용하여 정수탱크의 30 cm 지름의 구멍을 막는 밸브로 사용되고 있다. 밸브를 여는 데 필요한 힘 F는 얼마인가?

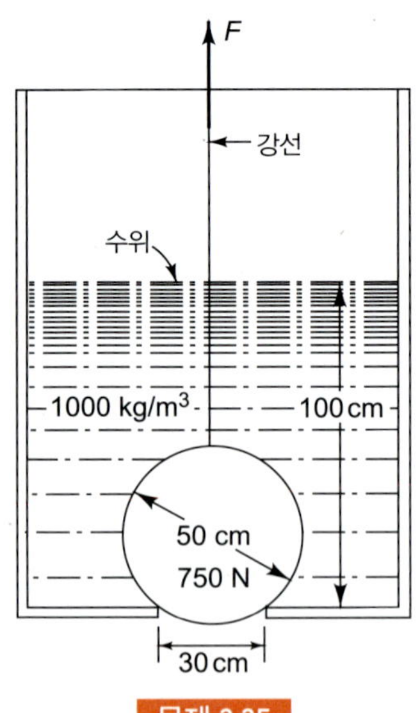

문제 3.35

3.36 수문 AB로 저수지의 2.4 m 너비의 구멍을 막고 있다. 지점 A에서의 반력 F를 구하라.

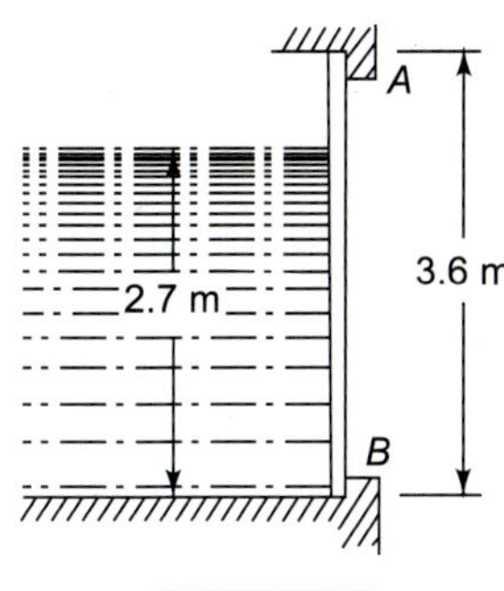

문제 3.36

3.37 축 AD가 A와 D에서 베어링으로 지지되어 있고, B와 C에 풀리가 달려 있다. 풀리 B의 직경은 20 cm이고 풀리 C의 직경은 30 cm이다. 축은 1,750 rpm에서 최대 25 kW의 동력을 전달한다. 이때 벨트의 장력은

$$\frac{T_1}{T_2} = \frac{T_3}{T_4} = 3$$

로 조절되어 있다. 전단력과 굽힘모멘트, 비틀림 모멘트 선도를 AD에 대해 그리고 중요한 값을 기입하라(**주의**: 1마력은 745 N−m/s이고, 회전동력은 토오크와 각속도의 곱이고, 이때 각속도는 rad/unit time).

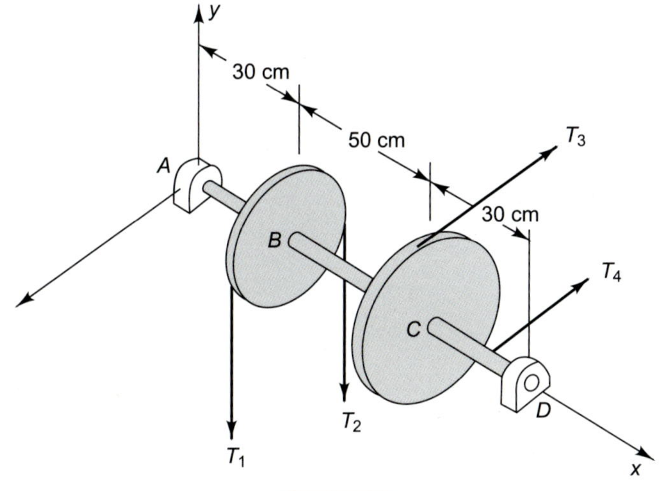

문제 3.37

3.38 축이 A와 B에서 베어링으로 지지되고 한 끝에 크랭크를 달고 모멘트 M_o를 전달한다. 전단력, 굽힘모멘트, 비틀림 모멘트 선도를 축에 대해 그려라.

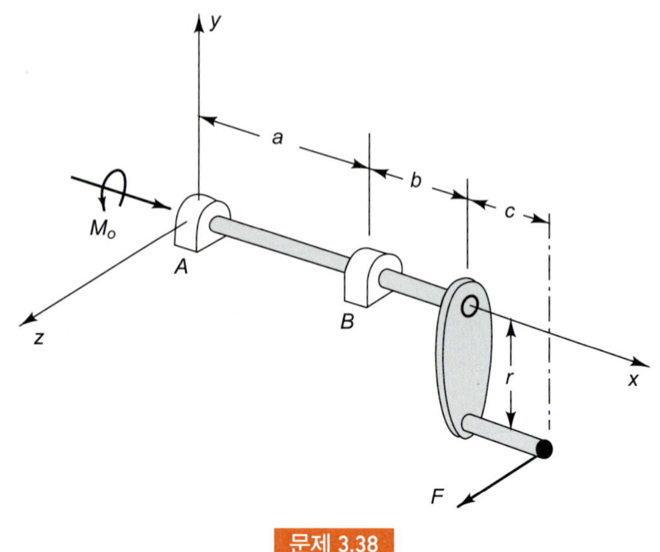

문제 3.38

3.39 직경 125 mm의 20° 평 치차가 125 mm 길이의 외팔보 축 끝에 붙어 있다. 작은 기어(기어비 3:1)가 130 N · m의 토오크를 전달한다. 전단력, 굽힘모멘트, 비틀림 모멘트 선도를 외팔보 축에 대해 그리고 중요한 값을 기입하라.

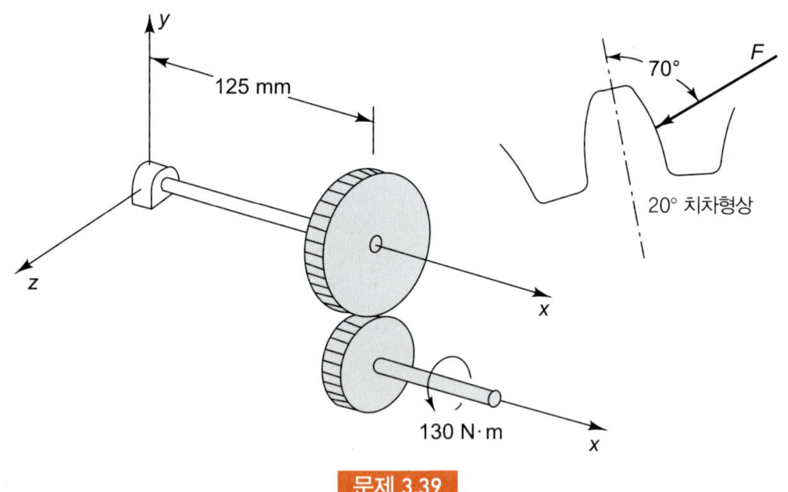

문제 3.39

3.40 단기통엔진의 크랭크축이 양 끝에서 베어링으로 지지되어 있다. 이것이 연결봉의 힘과 축 토크 M_o를 받으면서 평형을 이루고 있다. 이때 엔진의 치수가 다음과 같다.

내경: 64 mm

행정: 75 mm

연결봉 길이: 125 mm

이때 전단력, 굽힘모멘트, 비틀림 모멘트 선도를 크랭크축의 양 끝 부분에 대해 그려라.

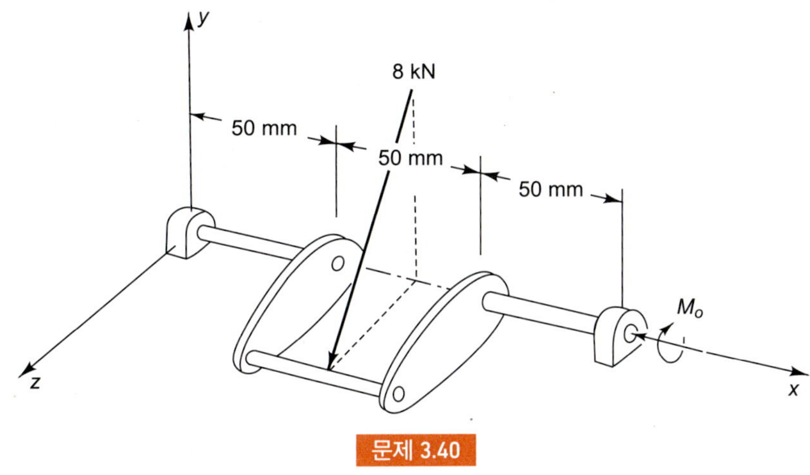

문제 3.40

3.41 조밀하게 감겨진 코일 스프링의 반경이 R이고 양 "끝"은 그림과 같은 위치에 있다면, 전단력과 굽힘모멘트, 비틀림 모멘트를 이들 두 경우에 대한 코일의 어느 특정 지점에 대해 계산하라.

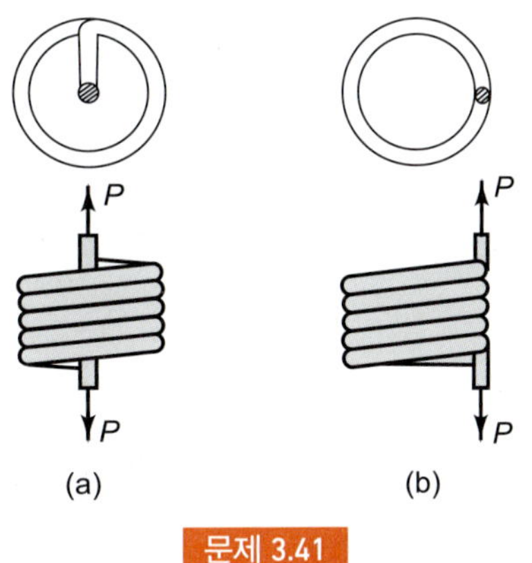

문제 3.41

3.42 압축스프링이 축방향 하중하에서 좌굴된다고 한다. 이 현상에 대한 연구의 일환으로 A와 B점에서의 힘과 모멘트에 대한 굽힘모멘트 M의 영향을 알아야 한다. 점 A의 단면에서 전단력과 굽힘모멘트, 비틀림 모멘트를 구하고, 점 B에 대해서도 같은 방법으로 계산하라.

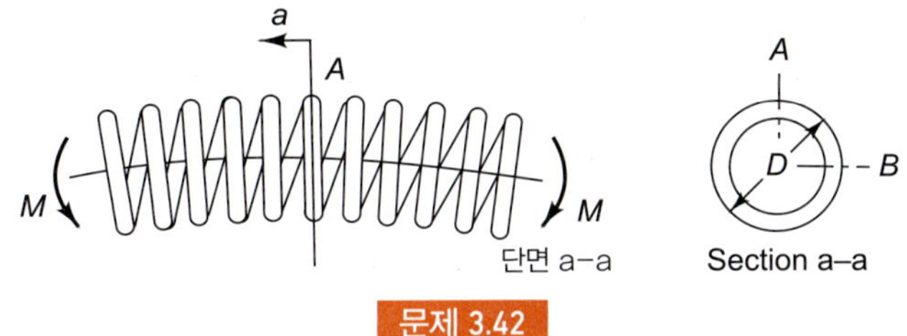

문제 3.42

3.43 x축을 따른 직선에서 가늘고 긴 부재가 yz 평면에 평행한 집중하중만을 받고 있다. M_{by} 및 M_{bz} 선도는 집중하중의 각 점에서 연결되는 선분들로 이루어지고, 각 성분의 최대치는 항상 하중점에서 발생하여야 함을 증명하라. 여기서, 합성굽힘모멘트는

$$M_b = \sqrt{{M_{by}}^2 + {M_{bz}}^2}$$

임을 고려한다. 단, A, B, C, D는 부재의 어느 부분에 대한 임의의 상수일 때,

$$M_{by} = Ax + B$$
$$M_{bz} = Cx + D$$

라면,

$$\frac{d^2 Mb}{dx^2} \geqq 0$$

이 성립됨과 그리고 합성모멘트 곡선은 직선이거나 외측으로 오목한 곡선이 됨을 증명하라.

3.44 다음과 같이 정의되는 하중함수 $q_{-1}(x, u)$를 생각해 보자.

$$\left.\begin{array}{lll} -\infty < x < 0 & & 0 \\ 0 < x < u & & \dfrac{x}{u^2} \\ & \text{에 대해} & \\ u < x < 2u & & \dfrac{2}{u} - \dfrac{x}{u^2} \\ 2u < x < \infty & & 0 \end{array}\right\} = q_{-1}(x, u)$$

$u \to 0$인 극한에서 $q_{-1}(x, u)$가 점 $x = 0$에 위치하는 단위크기 1의 "집중력" $\langle x \rangle$에 접근함을 보여라. 함수 $q_{-1}(x - a, u)$의 극한은 $\langle x - a \rangle_{-1}$로 표시된다. 보는 $x = 0$에서 자유단이고 $x = L$에서는 고정되어 있고 $q_{-1}(x, u)$의 하중을 받고 있는 외팔보로 설정한다. 전단력과 굽힘모멘트 선도를 그리고, $u \to 0$일 때 그들의 극한 형태를 설명해 보아라.

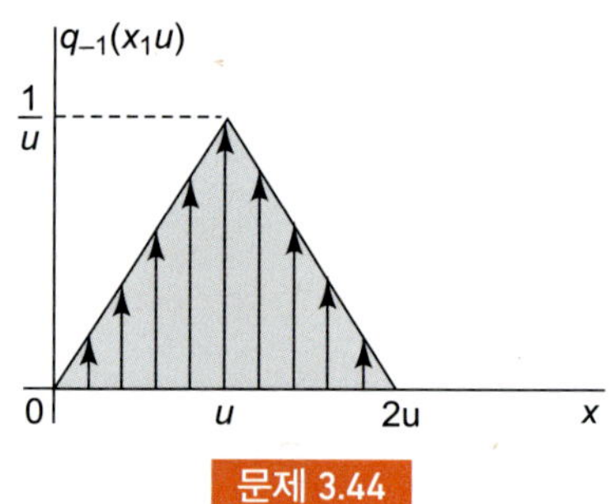

문제 3.44

3.45 하중함수 $q_{-2}(x - a, u)$가 다음과 같이 정의되는 경우를 생각해 보자.

$$q_{-2}(x, u) = \begin{cases} 0 & \text{for } -\infty < x < 0 \\ \dfrac{x}{u^2} & \text{for } 0 < x < u \\ -\dfrac{1}{u^2} & \text{for } u < x < 2u \\ 0 & \text{for } 2u < x < \infty \end{cases}$$

$u \to 0$인 극한에서 $q_{-2}(x - a, u)$가 점 $x = 0$에서 단위 크기 1의 "집중우력" $\langle x \rangle_{-2}$에 접근함을 보여라. $x = a$에 위치할 때 $q_{-2}(x - a, u)$의 극한은 $\langle x - a \rangle_{-2}$로 표시된다. 보는 $x = 0$에서 자유단이고 $x = L$에서 고정되고, 하중 $q_{-2}(x - a, u)$를 받고 있는 외팔보로 설

정한다. 이때 전단력과 굽힘모멘트 선도를 그리고 $u \to 0$일 때의 극한 형태를 설명하라.

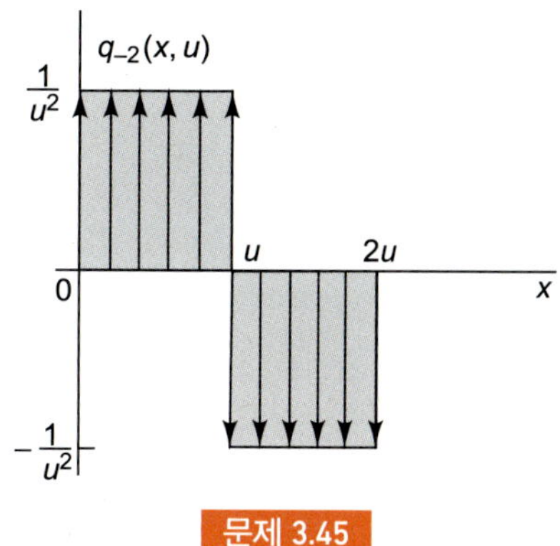

문제 3.45

3.46 임의의 고정된 u에 대해서

$$\int_{-\infty}^{x} q_{-2}(x-a,u)dx = q_{-1}(x-a,u)$$

임을 증명하고, 극한연산과 적분연산의 순서를 바꿀 수 있다고 가정하여 다음 식이 성립함을 보여라.

$$\int_{-\infty}^{x} \langle x-a \rangle_{-2}\, dx = \langle x-a \rangle_{-1}$$

응력과 변형률

Stress and Strain

제 4 장

4.1 서론 *Introduction*

2장에서는 한 방향으로만 힘이 가해지고 변형될 수 있는 물체를 가정했다. 물체의 형상과 재료의 물성에 관한 하중과 변형 사이의 관계(탄성계수)를 확인했다. 하지만 이는 두 점 사이가 균일한 경우를 가정했을 때이다. 따라서 변형체에 관한 생각을 좀 더 일반적인 경우, 즉 한 방향만이 아닌 상황까지 확장해서 물체 내의 미소한 영역의 거동을 알아볼 필요가 있다. 그와 함께 재료가 2축, 3축으로 거동한다는 가정이 필요하다. 예를 들어 가로로 놓인 보의 처짐은 보의 길이와 단면에 따른 힘의 분포에 영향을 받는다. 물체 내에 있는 미소영역의 물성을 통한 물체의 전반적인 거동을 알아보기 위해서는 기본적인 세 가지 평형이론과, 기하학적 적합성 그리고 힘과 변형의 관계가 필요하다.

이 장 이후부터는 세 가지 기본이론이 변형체 내의 한 **점**에 국부적 거동에 응용될 때 그 중요성에 대해 알아볼 것이다.

한 점에 작용하는 평형방정식과 기하학적 변형이 이후 절에서 다뤄지며, 실제 재료의 한 점에서 힘과 변형과의 관계도 다음 장에서 다뤄진다. 다음 장부터는 이러한 것을 기초로 하여 다양한 하중에 놓여 있는 여러 형상의 구조물을 예를 들어 설명하겠다.

4.2 응력 *Stress*

2.2절을 다시 생각해보면, 인장하중에 놓여 있는 막대의 힘과 변형은 단위면적당 힘과 단위 길이당 변형량에 따른 재료물성과의 관계를 알 수 있었다. 먼저 어떻게 단위면적당 힘의 개념을 그림 4.1과 같은 좀 더 일반적인 형상과 하중까지 확장할 것인지 생각해야 한다.

물체 내부에 어떤 점 O에 작용하는 내력을 확인하기 위해 그림 4.2처럼 점 O를 지나는 평면과 점 O 위에 수직한 벡터 $\mathbf{n}$을 생각하자. 절반으로 분리된 물체의 평형을 위해, 반드시 내력은 절단면을 가로질러야 한다. 만약 평면을 수많은 작은 영역으로 나눈다면, 각각의 영역에 작용하는 힘을 측정할 수 있다. 그러면 그림 4.2에서와 같이 일반적으로 이러한 힘이 다양한 형태로 다음 영역으로 전달되는 것을 확인할 수 있다. 미소영역 ΔA에서 수직벡터는 $\mathbf{n}$이며 점 O를 중심으로 하고, 여기에 작용하는 힘 $\Delta\mathbf{F}$는 임의의 각도로 표면 ΔA에서 나온다[그림 4.3(a)]. 힘 벡터 $\Delta\mathbf{F}$의 작용을 완벽하게 묘사하는 문제를 다룰 때, $\Delta\mathbf{F}$가 작용하는 면과 $\Delta\mathbf{F}$의 크기를 각각 표시해야 한다. 이제 점 O를 통과하면서 수직벡터가 $\mathbf{n}$인 평면의 점 O에 작용하는 **응력벡터** $\overset{(\mathbf{n})}{\mathbf{T}}$의 개념에 대해 소개하겠다. 이 응력벡터를 정의하면

$$\overset{(\mathbf{n})}{\mathbf{T}} = \lim_{\Delta A \to 0} \frac{\Delta\mathbf{F}}{\Delta A} \tag{4.1}$$

$\overset{(\mathbf{n})}{\mathbf{T}}$는 수직벡터가 $\mathbf{n}$인 평면의 점 O에 작용하는 **힘의 강도** 또는 **응력**임을 보았다. 이 $\overset{(\mathbf{n})}{\mathbf{T}}$이 벡터이면서 수직벡터가 $\mathbf{n}$이며 점 O를 포함하는 평면에 작용하는 것을 강조하기 위해 이 같은 힘의 표기법을 이용하였다[그림 4.3(c)]. 일반적으로 벡터 $\mathbf{n}$ 방향과 다른 방향으로 작용한다.

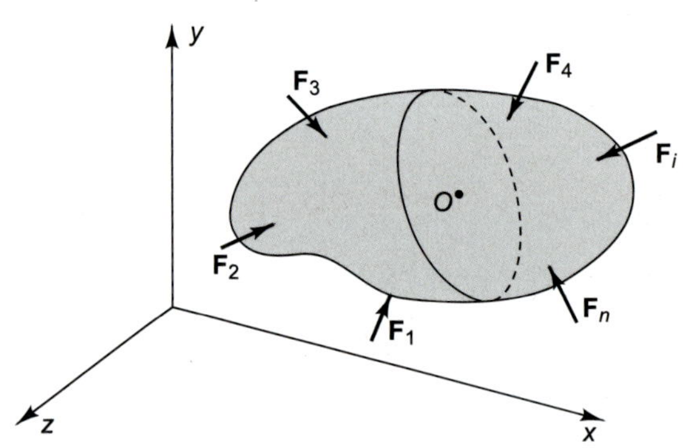

그림 4.1 외력을 받는 연속체

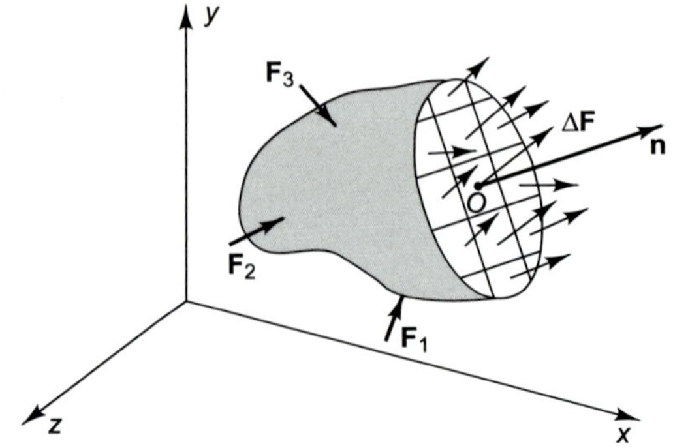

그림 4.2 법선 n의 평면에 작용하는 내력

이 절의 한계는, 내력의 분포에 대해 물체가 연속체라고 가정한 점이다. 이는 ΔA가 재료의 미소구조에 비해 상대적으로 클 때(금속결정, 분자) ΔA와 함께 $\Delta\mathbf{F}$가 완만하게 감소하는 것으로, 실제 재료에서 가장 이상적인 거동이다[그림 4.3(b)].

명심해야 할 응력에 대한 네 가지 주된 특징이 있다. (1) 응력의 물리적 차원은 단위면적당 힘이다. (2) 응력은 재료를 두 영역으로 나누는 가상의 평면 혹은 경계에 있는 점에서 정의된다. (3) 응력은 재료의 한 영역에서 다른 영역으로 작용하는 벡터의 평형이다. (4) 응력의 방향은 제한이 없다. 응력벡터는 다음과 같이 좌표축에 대한 성분을 통해 표현하겠다.

$$\overset{(\mathbf{n})}{\mathbf{T}} = \overset{(\mathbf{n})}{T_x}\,\mathbf{i} + \overset{(\mathbf{n})}{T_y}\,\mathbf{j} + \overset{(\mathbf{n})}{T_z}\,\mathbf{k} \tag{4.2}$$

이는 이후에 나오는 좌표평면과 평행하면서 수직벡터가 $\mathbf{n}$인 평면 위의 한 점에 작용하는 응력벡터를 표현하는 데 편리하다. 좌표평면 위에 작용하는 응력벡터의 요소를 발견하면 이것을 $\overset{(\mathbf{n})}{\mathbf{T}}$의 요소와 연관시킬 것이다.

기존의 그림 4.1 연속체에 대한 논의로 돌아와, 이제 yz 평면과 평행하면서 점 O를 통과하는 평면 mm과 이 평면 왼쪽에 있는 자유물체도에 대해 다루겠다. 평면 mm을 Δy, Δz로 이뤄진 수많은 영역으로 나눠서 그림 4.4에 나타내었다. 이제 앞서 언급한 수직벡터가 $\mathbf{n}$인 평면에 임의로 정의되었던 힘 벡터와 세기에 관한 이야기를 평면 mm에 적용해 보겠다. 점 O를 중심으로 하는 미소영역 $\Delta\boldsymbol{A}$에는 임의의 각도로 힘$\Delta\mathbf{F}$가 작용할 것이다. 이 힘 벡터$\Delta\mathbf{F}$를

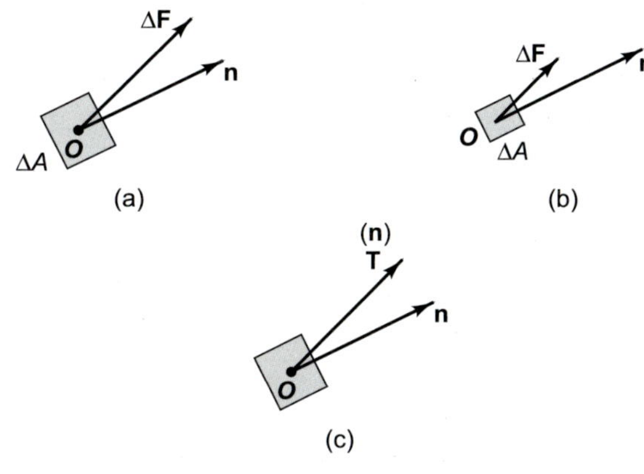

그림 4.3 (a) $\Delta\boldsymbol{A}$에 작용하는 힘 벡터, (b) 응력벡터 $\overset{(\mathbf{n})}{\mathbf{T}}$를 나타내는 제한과정의 표시, (c) 점 O에서 법선이 **n**인 면적요소 A에 작용하는 응력벡터 $\overset{(\mathbf{n})}{\mathbf{T}}$

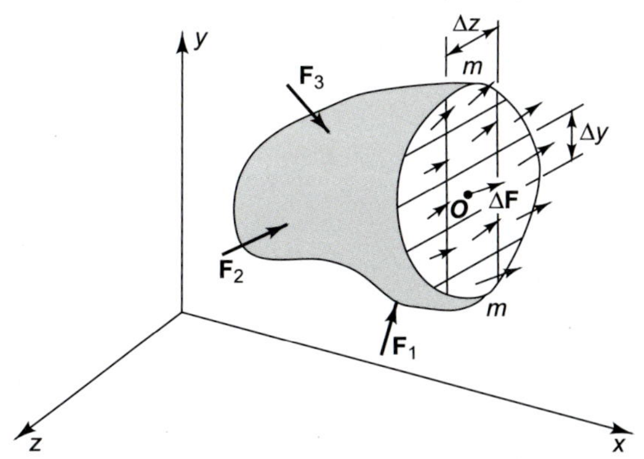

그림 4.4 평면 *mm*에 작용하는 내력

직각좌표계로 나타낸다면, 가장 편리한 방법은 한 축은 평면에 수직이며 다른 두 축이 평행한 상태일 것이다. 힘 벡터 ΔF를 수직력 요소로 나타내보겠다. 그리고 가장 편한 축은 한 축이 표면에 수직이고 다른 두 축이 표면에 평행인 그룹이라는 것이 증명될 것이다. 그림 4.5는 그런 축 그룹을 나타내는 힘 벡터 ΔF의 수직 요소를 보여주고 있다.

이는 물체의 표면에 있는 특정 영역이나 면을 정확히 파악할 때 유용한 방법이 될 것이다. 예를 들어 그림 4.6에서와 같이 모서리가 x, y, z축에 평행한 정육면체를 자를 때, 그 부피를 감싸고 있는 6개의 분리된 평면이 나타날 것이며 각각의 평면을 정확하게 구분할 수 있는 간단한 방법이 필요하다. 3장에 사용하였던 것과 같은 방법을 이용하면, 표면에 수직한 좌표축에 대해 평면을 확인할 수 있다. 표면의 수직벡터가 그 축과 같은 방향을 향하고 있으면 양의 벡터(*positive* vector)로 정의하고, 표면의 수직벡터가 축과 다른 방향를 향해 있으면 음의 벡터(*negative* vector)로 정의한다. 따라서 그림 4.6의 면 1−4−5−8은 z면에 대한 양이고, 2−3−6−7은 z면에 음이다. 그림 4.5에서 평면 *mm*는 x축에 양이다.

그림 4.5로 돌아가서 $\Delta F_x/\Delta A_x$, $\Delta F_y/\Delta A_x$, $\Delta F_z/\Delta A_x$의 비를 구한다면, 세 가지 양을 얻을 수 있다. 이를 통해 평면 영역 $\Delta A_x = \Delta y\ \Delta z$의 세 가지 힘의 평균값을 얻을 수 있다. $\Delta A_x \to 0$의 극한값을 취함으로써 이 비율은 x면 위에 있는 점 O에 작용하는 힘의 세기로 정의된다. 이러한 세 가지 힘의 값은 x면 위의 점 O와 관련된 **응력성분**으로 정의된다. 이들은 x면 위의 점 O에 작용하는 **응력벡터의 성분**이다. 이것은 요소 영역의 한 점에서 양의 x 방향으로 작용하는 응력벡터의 성분이다.

한 방향은 다른 방향의 힘의 성분을 명확하게 하는 응력벡터의 성분을 표현하기 위해선

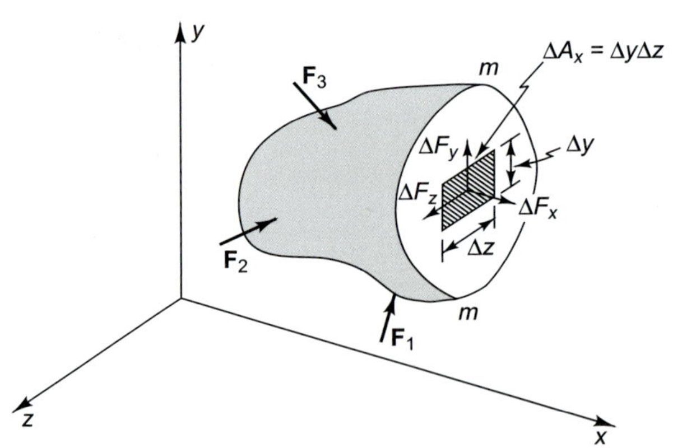

그림 4.5 중심이 O인 미소 영역에 작용하는 힘 벡터 ΔF의 직각좌표계 요소

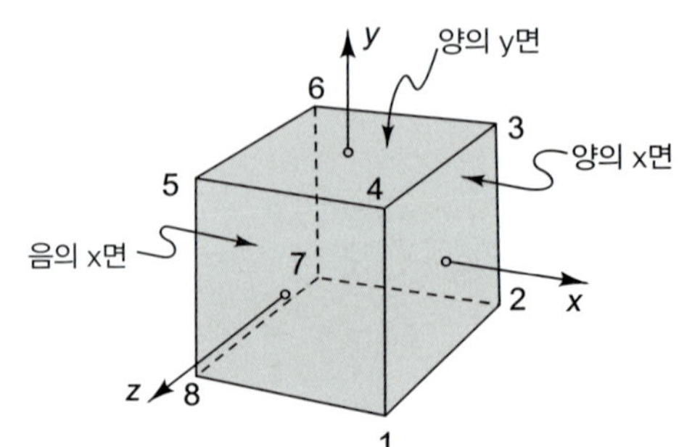

그림 4.6 양과 음의 면의 정의

두 개의 방향을 사용해야 한다. 면에 평행한 응력성분은 전단응력이라 부르며, τ로 표시한다. x면에서 y 방향으로 작용하는 전단응력의 성분은 τ_{xy}로 정의한다. 아래첨자의 첫 문자는 면의 수직방향을 나타내고, 두 번째 문자는 응력벡터가 작용하는 방향을 나타낸다. 면에 수직방향의 응력성분을 수직응력이라 부르며, σ로 나타낸다. x면에서 x 방향으로 작용하는 수직응력 성분은 σ_{xx}로 나타낸다. 왜냐하면 수직응력성분을 표현할 때 사용하는 두 번째 첨자는 언제나 정해져 있어 일반적으로 첫 번째 문자가 두 번째 문자의 의미를 함축하고 있어서 이해할 수 있기 때문에 이후부터는 σ_{xx}를 줄여서 σ_x로 표현하겠다. 앞의 표기법을 이용하여 x면 위의 점 O의 응력성분은 아래와 같은 힘의 비에 따라 정의된다.

$$\begin{aligned} \sigma_x &= \lim_{\Delta A_x \to 0} \frac{\Delta F_x}{\Delta A_x} \\ \tau_{xy} &= \lim_{\Delta A_x \to 0} \frac{\Delta F_y}{\Delta A_x} \\ \tau_{xz} &= \lim_{\Delta A_x \to 0} \frac{\Delta F_z}{\Delta A_x} \end{aligned} \tag{4.3}$$

그림 4.7은 이러한 응력성분을 도식화한 것이다.

이것을 응력성분에 대한 부호규정으로 정하는 것이 편하다. 3장에서 적용된 것과 같은 규정을 다시 사용할 것이며, 응력성분이 양인 면을 향하면 최종적인 응력성분을 양이라 정의한다. 또는 음의 면에 음의 방향으로 작용하는 성분은 결과적으로 양의 응력성분이 되며, 작용 반작용을 고려하며 이 정의를 처음부터 따르게 된다는 것을 보여주고 있다. 양의 응력성분이 음의 방향 혹은 음의 평면에 작용하는 경우 응력성분은 음이 된다. 그림 4.7에 나타난 모든 응력성분은 부호규약에 따르는 것 중 양이다.

그림 4.1에 나타나 연속체로 돌아가 보면, 점 O를 통해 xy 평면 xz 평면에 평행한 면을 지난다. xy, xz 평면으로 누워 있는 영역의 요소를 이용하여, 식 (4.3)과 비슷하게 정의할 수 있다. 이 방법을 통해 점 O에서 응력상태는 9가지 요소에 의존하는 것을 알 수 있다.

$$\begin{matrix} \sigma_x & \tau_{xy} & \tau_{xz} \\ \tau_{yx} & \sigma_y & \tau_{yz} \\ \tau_{zx} & \tau_{zy} & \sigma_z \end{matrix} \tag{4.4}$$

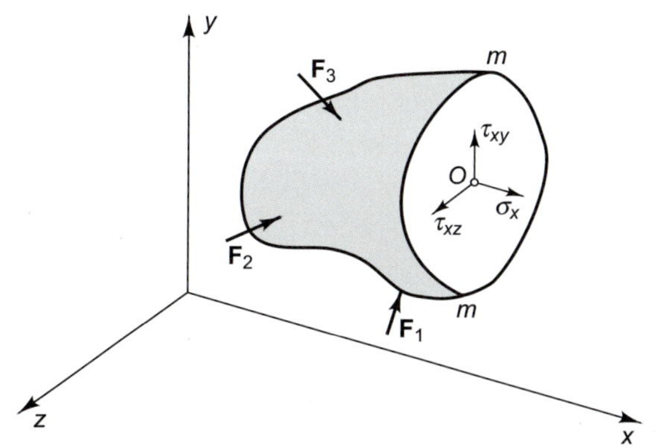

그림 4.7 점 O의 양의 x면의 응력요소

식 (4.4)의 각 줄은 각각의 좌표평면에 작용하는 응력벡터의 성분을 나타낸다. 9가지 요소의 지식은 수직벡터가 **n**인 임의의 평면에 작용하는 응력벡터 $\overset{(\mathbf{n})}{\mathbf{T}}$의 성분을 결정하는 데 필요하다. 이후 4.5절에서 식 (4.4)와 $\overset{(\mathbf{n})}{\mathbf{T}}$의 성분을 비교하기 위해 돌아볼 것이다.

다시 그림 4.1에 있는 평면 *mm*이 추가된 연속체로 돌아와서, 이 평면에 평행하면서 미소거리 Δx만큼 떨어진 또 다른 평면을 생각해 볼 수 있다. *xz*, *xy* 평면에도 비슷한 평면을 생각하면, 최종적으로 Δx, Δy, Δz의 길이로 잘린 직육면체가 될 것이다. 이 요소의 면에 작용하는 응력성분을 그림 4.8에 나타나 있다. 프라임부호(′)는 반대 면에 작용하는 응력성분을 나타내는데, 한 면을 두고 미소거리만큼 떨어져 같은 값을 가지고 있는 경우는 표시할 필요가 없다. 예를 들어 그림 4.8에서 τ_{xy}의 응력성분은 음인 *x*면에 대해 일정하지만 양인 *x*면으로 Δx만큼 이동하면, *y* 방향에 대한 새로운 응력성분 τ'_{xy}을 갖게 된다. 실제로 그림 4.8의 응력성분은 직육면체의 각 면에 대한 평균값이다.

응력표기법 중 **색인표기법**(*indicial notation*)이라 불리는 대체 표기법은 일반적인 탄성영역을 논하는 데 있어 더 편리한 경우가 종종 있다. 여기서 이 표기법에 대해 간단하게 말하겠다. 색인표기법에서 *x*, *y*, *z*축은 각각 x_1, x_2, x_3로 대체된다. 그림 4.5의 힘 $\Delta\mathbf{F}$와 같은 벡터성분들은 ΔF_1, ΔF_2, ΔF_3와 같이 각각의 숫자가 붙은 좌표축으로 나타낸다.

식 (4.3)과 같이, x_1면에 작용하는 응력성분의 정의는 표기 형태로 아래와 같이 나타낸다.

$$\sigma_{11} = \lim_{\Delta A_1 \to 0} \frac{\Delta F_1}{\Delta A_1}$$

$$\sigma_{12} = \lim_{\Delta A_1 \to 0} \frac{\Delta F_2}{\Delta A_1}$$

$$\sigma_{13} = \lim_{\Delta A_1 \to 0} \frac{\Delta F_3}{\Delta A_1}$$

σ 기호는 수직, 전단응력 모두에 대해 사용할 수 있다. 응력성분은 작용하는 면과 방향을 나타내는 두 개의 숫자에 의해 구분된다. 다른 면과 관련된 응력성분에 대해서는 비슷한 식으로 나타낼 수 있다. 이러한 식은 1, 2, 3이 붙어 있는 알파벳에 의한 어떤 부분적인 숫자에 관한 대안을 제시한다. 이제는 모든 응력성분을 하나의 식으로 정의할 수 있다.

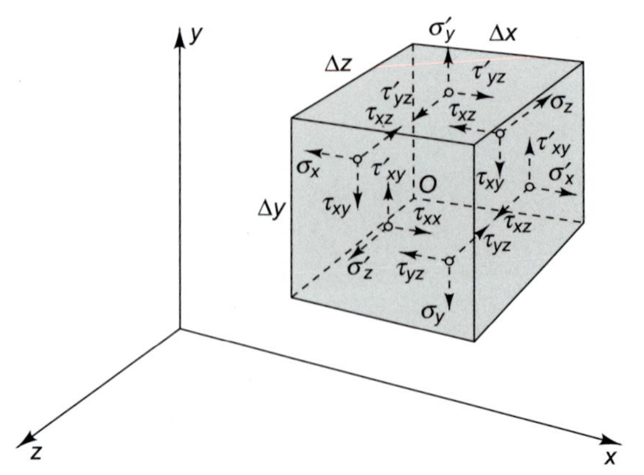

그림 4.8 직육면체의 여섯 면에 작용하는 응력성분

$$\sigma_{ij} = \lim_{\Delta A_i \to 0} \frac{\Delta F_j}{\Delta A_i} \tag{4.5}$$

따라서 이제 식 (4.4)의 9개의 응력성분을 σ_{ij}로 생각해볼 수 있다(이때 i, j는 1, 2, 3). 4.4절과 4.15절에서 색인표기법에 대해 좀 더 알아보겠다.

4.3 평면응력 *Plane Stress*

많은 경우의 응력상태는 그림 4.8에 나타난 것보다 단순하다. 예를 들어 길고 얇은 밧줄을 잡아당긴다면 내부의 미소 직육면체는 x축, 즉 밧줄의 방향에 대해 동심을 이룰 것이며, 이는 σ_x와 σ'_x만 0이 아닌 응력성분으로 직육면체의 면에 대해 작용할 것이다($\sigma'_x = \sigma_x$). 다른 예로는 얇은 평판을 잡아당기는 경우이다. 평판 위를 xy 평면으로 가정하면 σ_x, σ'_x, σ_y, σ'_y, τ_{xy}, τ'_{xy}, τ_{yx}, τ'_{yx}는 그림 4.8과 같은 직육면체와 같은 응력성분이 될 것이다. 추가적으로 판재의 두께로 인해 응력성분은 사실상 상수가 된다. 따라서 얇은 판재에서 응력성분에 대한 z축 방향의 변수는 없다고 볼 수 있다. 주어진 점에서 응력상태는 오직 네 개의 응력성분으로 결정된다.

$$\begin{matrix} \sigma_x & \tau_{xy} \\ \tau_{yx} & \sigma_y \end{matrix} \tag{4.6}$$

이러한 응력성분 중 오직 x, y에 관한 방정식으로 나타난다. 이러한 응력성분의 조합을 그림 4.9에 나타난 것처럼 xy 평면에 대한 **평면응력상태**라 부른다.

이는 응력상태가 하나의 평면응력이라는 점과, 그에 따라 좀 더 세밀한 특수한 상태로 예를 든다는 점에서 중요하다.

4.4 평면응력에서 미분요소의 평형 *Equilibrium of a Differential Element in Plane Stress*

평형상태의 연속체가 있다면, 물체의 어떠한 부분이든지 힘의 평형상태에 따라 거동해야만 한다. 그림 4.9에 나타난 작은 요소는 평면응력상태인 물체의 일부분을 나타낸 것이고, 따라서

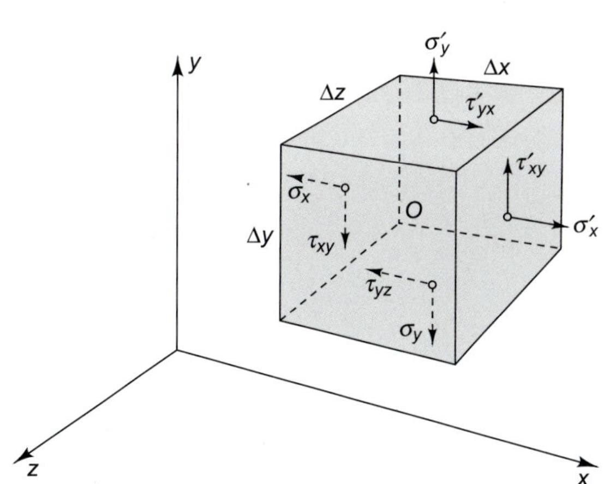

그림 4.9 xy 평면에 대해 평면응력 상태에 있는 응력의 성분

물체가 평형상태에 있다면 이 요소도 평행상태여야만 한다. 평형상태의 필요조건은 응력성분 사이에 존재하는 특정 조건을 만족하는 것일 것이다. 이러한 조건을 알아보기 전에, 응력성분 σ'_x, τ'_{xy}, σ'_y, τ'_{yx}를 성분 σ_x, τ_{xy}, σ_y, τ_{yx}에 관해 좀 더 간편하게 표현할 필요가 있다.

xy 평면에서 한 점을 다른 점으로 옮김으로써 응력성분의 크기가 변하였다. 따라서 그림 4.9에서 음의 x면에서 양의 x면으로 이동하면서, τ_{xy}의 응력성분은 τ'_{xy}으로 값이 변하였다. xy 평면에서 τ_{xy}의 변화를 표현하는 편리한 방법은 측정된 길이에 대한 τ_{xy}의 방향도함수(directional derivative)를 이용하는 것이다. 방향도함수는 단위길이당 τ_{xy}의 변화율을 나타낸다. 만약 τ_{xy}가 x, y에 관한 함수로 표현된다면, τ_{xy}의 방향도함수는 x 방향, y 방향에 따라 각각 x에 관한 τ_{xy}의 **방향도함수**, y에 관한 τ_{xy}의 **방향도함수**라 부르며, 수학적인 표기법으로는 아래와 같이 표현한다.

$$\frac{\partial \tau_{xy}}{\partial x} \qquad \frac{\partial \tau_{xy}}{\partial y}$$

∂는 주로 미분연산자 d 대신에 사용된다.

편도함수의 개념을 이용하면, 두 점 사이의 거리와 방향도함수의 곱을 통해 두 지점 사이의 응력성분의 변화를 가늠해볼 수 있다. 따라서 그림 4.9에서 τ'_{xy}를 표현하면

$$\tau'_{xy} = \tau_{xy} + \frac{\partial \tau_{xy}}{\partial x}\Delta x \tag{4.7}$$

σ'_x, σ'_y, τ'_{yx}도 이에 비슷하게 표현된다. 그림 4.10에서 이러한 방법으로 응력성분이 표현된 그림 4.9의 요소를 볼 수 있다.

이제 그림 4.10에 나타난 요소가 평형조건인 $\Sigma \mathbf{M} = 0$, $\Sigma \mathbf{F} = 0$을 만족시켜야 한다. $\Sigma \mathbf{M} = 0$은 요소 중심에 대한 모멘트를 통해 만족된다.

$$\begin{aligned}\Sigma \mathbf{M} = \Bigg\{ &(\tau_{xy}\Delta y\Delta z)\frac{\Delta x}{2} + \left[\left(\tau_{xy} + \frac{\partial \tau_{xy}}{\partial x}\Delta x\right)\Delta y\Delta z\right]\frac{\Delta x}{2} \\ &-(\tau_{yx}\Delta x\Delta z)\frac{\Delta y}{2} - \left[\left(\tau_{yx} + \frac{\partial \tau_{yx}}{\partial y}\Delta y\right)\Delta x\Delta z\right]\frac{\Delta y}{2}\Bigg\}\mathbf{k} = 0\end{aligned} \tag{4.8}$$

$\Sigma \mathbf{F} = 0$은 아래 두 가지 조건에 의해 만족된다.

$$\begin{aligned}\Sigma F_x = \left(\sigma_x + \frac{\partial \sigma_x}{\partial X}\Delta x\right)\Delta y\Delta z + \left(\tau_{yx} + \frac{\partial \tau_{yx}}{\partial y}\Delta y\right)\Delta x\Delta z \\ - \sigma_x\Delta y\Delta z - \tau_{yx}\Delta x\,\Delta z = 0\end{aligned} \tag{4.9}$$

$$\begin{aligned}\Sigma F_y = \left(\sigma_y + \frac{\partial \sigma_y}{\partial y}\Delta y\right)\Delta x\Delta z + \left(\tau_{xy} + \frac{\partial \tau_{xy}}{\partial x}\Delta x\right)\Delta y\Delta z \\ - \sigma_y\Delta x\,\Delta z - \tau_{xy}\Delta y\,\Delta z = 0\end{aligned} \tag{4.10}$$

식 (4.8)을 간단히 하면 아래 식을 얻을 수 있다.

$$\tau_{xy} + \frac{\partial \tau_{xy}}{\partial x}\frac{\Delta x}{2} - \tau_{yx} - \frac{\partial \tau_{yx}}{\partial y}\frac{\Delta y}{2} = 0 \tag{4.11}$$

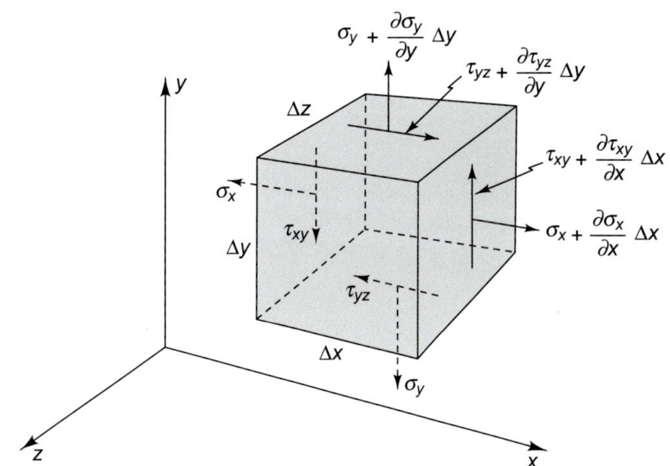

그림 4.10 편도함수 측면에서 표현된 평면응력상태의 응력성분

Δx, Δy가 0에 근접하는 조건에 따라, 식 (4.11)에서 τ_{xy}와 τ_{yx}항을 제외하고 0에 가까워진다. 따라서 이 식을 줄이면

$$\tau_{yx} = \tau_{xy} \tag{4.12}$$

식 (4.12)로 표현된 결과는 한 지점의 응력을 연구하는 데 있어 대단히 중요하다. 식 (4.12)는 평면응력상태의 물체에서 수직면의 전단응력성분의 크기는 같아야 한다는 것을 뜻한다. 실제로 한 점에 대한 응력상태에 대해서 식 (4.12)의 표현은 사실이다. 그림 4.8에 나타난 것처럼 일반적으로 한 점의 응력상태에서, 수직면과 면이 교차하는 선에 수직한 방향으로 작용하는 전단응력성분이 $\mathbf{\Sigma M} = 0$의 요구조건을 만족하기 위해서는 그림 4.8에 나와 있는 것처럼 크기와 각각의 방향성이 같아야만 한다는 것을 통해 증명된다. 따라서 그림 4.8에서 $\tau_{zy} = \tau_{yz}$, $\tau_{xz} = \tau_{zx}$, $\tau_{yx} = \tau_{xy}$ 것을 식 (4.12)를 통해 알 수 있다.

그림 4.10의 자유물체도를 통해 얻어진 식 (4.12)에서 τ_{xy}와 τ_{yx} 모두 4.2절에서 정의한 응력성분 표현법에 따라 양이다. 이는 만약 τ_{xy}가 음이라면 τ_{yx} 또한 같고, 같은 크기라는 식 (4.12)으로부터 확실히 알 수 있다. 따라서 x, y축과 관련된 두 전단응력성분은 둘 다 양이거나 음이어야 한다. 이러한 두 가능성은 그림 4.11에 나와 있는데 그 이유는 식 (4.12)에서 각각의 x, y면의 전단응력성분을 확인하기 위해 같은 아래첨자의 항을 사용하였기 때문이다.

만약 식 (4.9), 식 (4.10)으로 돌아가서 식 (4.12)를 사용하면 한 지점에서 미분방정식을 통해 $\mathbf{\Sigma F} = 0$의 요구조건을 찾을 수 있다.

$$\begin{aligned} \frac{\partial \sigma_x}{\partial x} + \frac{\partial \tau_{xy}}{\partial y} = 0 \\ \frac{\partial \tau_{xy}}{\partial x} + \frac{\partial \sigma_y}{\partial y} = 0 \end{aligned} \tag{4.13}$$

식 (4.13)은 한 점에서 $\mathbf{\Sigma F} = 0$을 만족하기 위해, 수직면의 응력성분 편도함수 사이에 분명히 존재하는 관계를 구체화한 것이다.

요약하면, 평면응력(그림 4.9, 4.10)상태에 대해 다뤘고, 수직면에 작용하는 응력성분을 이용하여 평형상태의 요구조건[식 (4.12), (4.13)]을 알아봤다. 모멘트 평형식 (4.12)는 기존

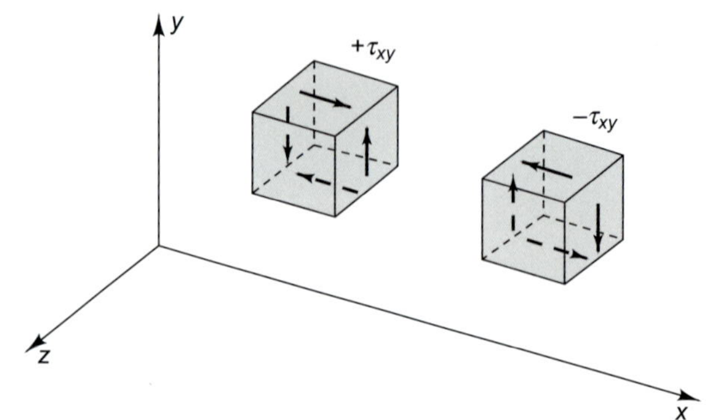

그림 4.11 양, 음의 τ_{xy} 정의

의 4가지의 응력성분을 3가지의 독립성분으로 줄였고, 반면 힘의 평형은 응력성분의 편도함수 사이에 존재하는 특수한 관계식 (4.13)을 필요로 한다. 3차원 응력의 경우에는, 모멘트 평형은 9가지 성분을 6가지로 줄였다(σ_x, σ_y, σ_z, τ_{xy}, τ_{yz}, τ_{zx}). 3차원 응력상태에서 $\mathbf{\Sigma F} = 0$을 만족하려면 3개의 식이 필요할 것이다(문제 4.1, 4.2 참조). 몇몇의 직사각형이 아닌 좌표계를 사용하는 것이 편리할 수 있는데, 지금부터 이에 대해 논하겠다. 비틀림을 받는 원형 축을 예로 들면 원통형 좌표계를 사용하는 게 편리하다. $\mathbf{\Sigma F} = 0$의 요구조건은 다른 좌표계에 나타난 응력성분처럼 식 (4.13)과 비슷하게 표현될 수 있다(문제 4.3, 4.4).

첨자명명법으로 식 (4.13)에 상응하는 3차원 방정식은(문제 4.1) $\sigma_{ij} = \sigma_{ji}$로서 아래와 같은 형태를 취한다.

$$\begin{aligned} &\frac{\partial \sigma_{11}}{\partial x_1} + \frac{\partial \sigma_{21}}{\partial x_2} + \frac{\partial \sigma_{31}}{\partial x_3} = 0 \\ &\frac{\partial \sigma_{12}}{\partial x_1} + \frac{\partial \sigma_{22}}{\partial x_2} + \frac{\partial \sigma_{32}}{\partial x_3} = 0 \quad \text{또는} \quad \sum_{i=1}^{3} \frac{\partial \sigma_{ij}}{\partial x_i} = 0 \\ &\frac{\partial \sigma_{13}}{\partial x_1} + \frac{\partial \sigma_{23}}{\partial x_2} + \frac{\partial \sigma_{33}}{\partial x_3} = 0 \end{aligned} \tag{4.14}$$

식 (4.14)의 두 번째 형태에서 따로 표현된 식에서 i, j의 아래첨자는 1, 2, 3 중에 하나인 값을 갖는 것을 명심하라. 이 3가지 식은 각각 x_1, x_2, x_3 방향일 때 힘의 평형에 관한 세 가지 방정식에 상응한다. 각 방정식은 세 개의 항으로 이루어져 있고, 각 항은 평행한 평면에 쌍으로 작용하는 응력기울기에 대응한다. 이 방정식의 3차원 첨자명명법의 형태는 2차원에서 식 (4.13)의 $\sigma - \tau$ 표기법에 보다 확실한 대칭을 이룬다.

아인슈타인은 물리학과 관련된 많은 수학적 공식을 남겼는데, 식 (4.14)에 표현된 요약은 두 번의 첨자를 갖는다. 이 결과에 따라, 그는 첨자명명법에서 아래첨자를 두 번 표시하는 **합규약**(*summation convention*)을 소개했다. 합은 아래첨자를 자동으로 해석했다. 따라서 식 (4.14)는 아래와 같아진다.

$$\frac{\partial \sigma_{ij}}{\partial x_i} = 0 \tag{4.15}$$

축약형에서 반복되는 첨자 i는 임의적으로 생략된 것이다[식 (4.14) 참조].

4.5 평면응력상태에서 임의의 면에 관한 응력성분

Stress Components Associated with Arbitrarily Oriented Faces in Plane Stress

이전 절에서 응력을 받는 물체에서 수평한 면의 한 점의 응력성분의 평형조건에 대해 알아보았다. 이번 절에서는 한 점에서 응력 평형에 관련된 문제에 대해 알아보고, 서로 수직하지 않은 면과 관련된 응력성분 사이에 존재하는 관계에 대해서 평가하겠다. 특히 좌표평면 위에 있는 응력성분 측면에서 좌표평면과 평행하지 않은 평면에 수직한 경우, 면의 한 점을 통과하는 응력벡터의 성분을 어떻게 표현하는지 찾아낼 것이다. 또한 일련의 기존 축에 비해 회전된 축에 대한 응력성분을 얻을 것이다.

평면응력상태인 한 물체의 한 점에서 응력성분의 값을 알고 있는 σ_x, σ_y, τ_{xy}을 가정해 보자.

첫 번째 질문: 이미 알고 있는 x, y 평면의 응력성분이 특정 점을 지나고 xy 평면 위의 수직선분이 x축과 임의의 각을 이루는 면에 작용하는 응력벡터 $\overset{(\mathbf{n})}{\mathbf{T}}$의 응력성분을 어떻게 구분하는가? 이 질문을 그림 4.12에 도식하였다. 응력벡터 $\overset{(\mathbf{n})}{\mathbf{T}}$의 성분 $\overset{(\mathbf{n})}{T_x}$, $\overset{(\mathbf{n})}{T_y}$의 균형이 σ_x, σ_y, τ_{xy}, θ에 대해 확실히 구분되는가?

그림 4.13에 나와 있는 점 O를 중심으로 하는 작은 쐐기형상의 평형을 고려하여 질문에 대답해야 한다. 쐐기의 크기가 충분히 작기 때문에, 각 면에 대해 일정한 응력성분을 생각할 수 있다. 평형상태의 필요조건인 $\Sigma\mathbf{M} = 0$, $\Sigma\mathbf{F} = 0$은 아래에 표현된 것과 같다.

$$\sum M_z = (\tau_{xy}\Delta z\,\overline{MP})\frac{\overline{NP}}{2} - \left(\tau_{xy}\Delta z\,\overline{NP}\right)\frac{\overline{MP}}{2} = 0 \tag{4.16}$$

$$\sum F_x = \overset{(\mathbf{n})}{T_x}\,\Delta z\,\overline{MN} - \sigma_x\Delta z\,\overline{MN}\cos\theta - \tau_{xy}\Delta z\,\overline{MN}\sin\theta = 0 \tag{4.17}$$

$$\sum F_y = \overset{(\mathbf{n})}{T_y}\,\Delta z\,\overline{MN} - \tau_{xy}\Delta z\,\overline{MN}\cos\theta - \sigma_y\Delta z\,\overline{MN}\sin\theta = 0 \tag{4.18}$$

모멘트 평형식 (4.16)도 똑같이 충족되는 것을 알았다. 이는 예견된 결과로, 그림 4.13의 자유물체도에 포함된 식 (4.12)에 이어져 있어, 모멘트 평형을 만족했기 때문이다.

식 (4.17)과 식 (4.18)을 간소화하면 아래 식을 유도할 수 있다.

$$\begin{aligned}\overset{(\mathbf{n})}{T_x} &= \sigma_x\cos\theta + \tau_{xy}\sin\theta \\ \overset{(\mathbf{n})}{T_y} &= \tau_{xy}\cos\theta + \sigma_y\sin\theta\end{aligned} \tag{4.19}$$

식 (4.19)는 수직벡터가 식 (4.20)인 평면요소에 작용하는 응력벡터의 성분을 나타낸다.

$$\mathbf{n} = \cos\theta\mathbf{i} + \sin\theta\mathbf{j} \tag{4.20}$$

식 (4.19)은 좌표평면 위의 성분에 관한 벡터요소 자료가 얇은 물체의 경계에서 종종 필요하기 때문에 중요한 결과이다. 또한 일반적인 3차원 물체에 대한 결과도 포함하고 있다 (4.15절 참고).

다음 질문 x, y 평면에 나타난 응력성분이 특정 점을 지나고 xy 평면에서 수직선분이고 x'이 x축과 임의의 각을 만드는 평면 위의 응력성분을 어떻게 구분하는가? 그림 4.14에 질문을 도식화하였다. σ_x, σ_y, τ_{xy}, θ에 대해 $\sigma_{x'}$, $\tau_{x'y'}$의 응력성분의 평형이 확실히 구분되는가?

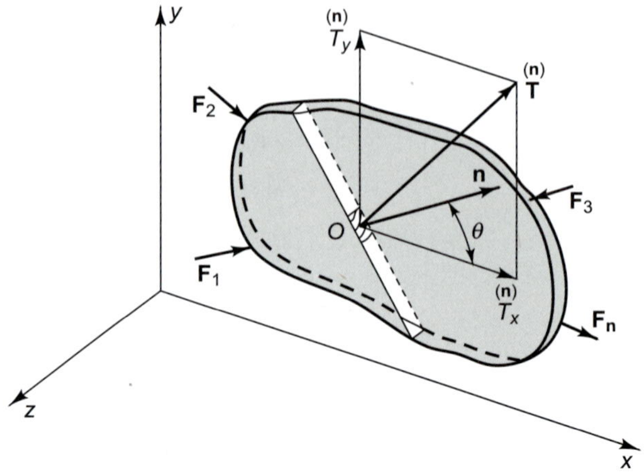

그림 4.12 평면응력상태인 물체에서 수직벡터가 **n**인 평면 위의 점 *O*에 작용하는 응력벡터

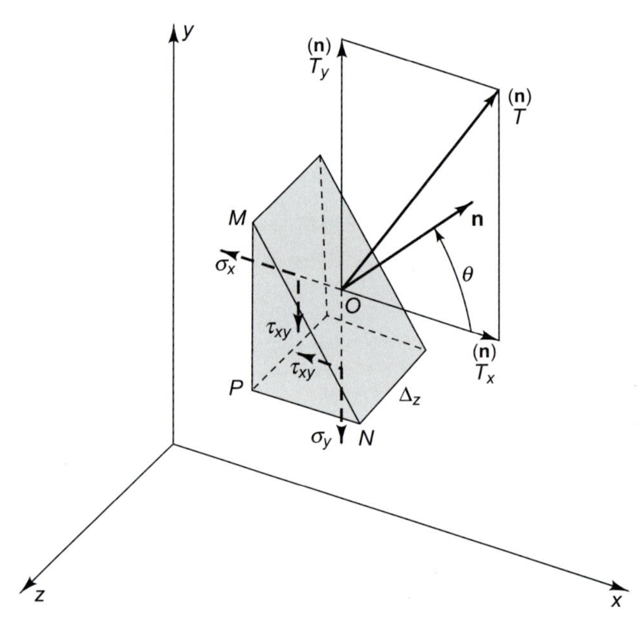

그림 4.13 *xy* 평면에 대해 평면응력 상태에 있는 그림 4.12의 물체에서 잘라낸 작은 쐐기 형상의 면에 작용하는 응력 벡터와 응력성분

이번에도 역시 그림 4.15에 나타난 것처럼 작은 쐐기형상을 통해서 질문에 대한 답을 얻을 수 있겠다. 평형의 요구조건인 $\Sigma \mathbf{F} = 0$는 x', y' 방향에 대해 아래에 나타내었다.

$$\begin{aligned}\sum F_{x'} &= \sigma_{x'}\Delta z\,\overline{MN} - (\sigma_x \Delta z\,\overline{MP})\cos\theta - (\tau_{xy}\Delta z\,\overline{MP})\sin\theta \\ &\quad -(\sigma_y \Delta z\,\overline{NP})\sin\theta - (\tau_{xy}\Delta z\,\overline{NP})\cos\theta = 0\end{aligned} \tag{4.21}$$

$$\begin{aligned}\sum F_{y'} &= \tau_{x'y'}\Delta z\,\overline{MN} + (\sigma_x \Delta z\,\overline{MP})\sin\theta - (\tau_{xy}\Delta z\,\overline{MP})\cos \\ &\quad -(\sigma_y \Delta z\,\overline{NP})\cos\theta + (\tau_{xy}\Delta z\,\overline{NP})\sin\theta = 0\end{aligned} \tag{4.22}$$

쐐기형상의 삼각관계를 이용하면 식 (4.21)와 식 (4.22)는 다음과 같다.

$$\begin{aligned}\sigma_{x'} &= \sigma_x \cos^2\theta + \sigma_y \sin^2\theta + 2\tau_{xy}\sin\theta\cos\theta \\ \tau_{x'y'} &= (\sigma_y - \sigma_x)\sin\theta\cos\theta + \tau_{xy}(\cos^2\theta - \sin^2\theta)\end{aligned} \tag{4.23}$$

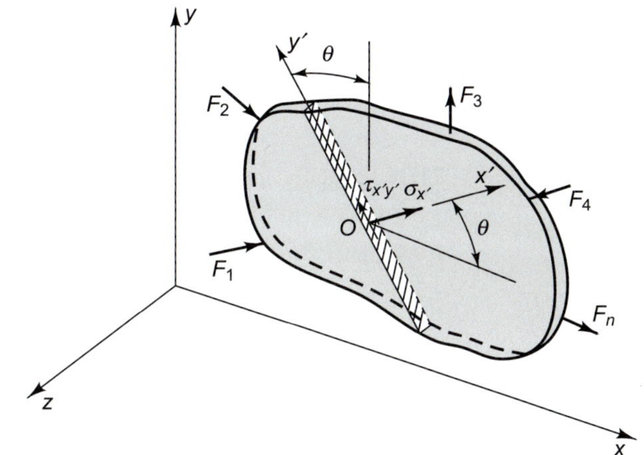

그림 4.14 xy 평면에서 평면응력상태인 얇은 물체. x', y' 는 물체 내 기울어진 면에 대한 직각좌표축. $\sigma_{x'}$, $\sigma_{y'}$, $\tau_{x'y'}$ 는 양의 x'면 위의 점 O에 작용하는 응력성분

식 (4.23)은 앞의 질문에 대한 답을 보여준다. 점 O의 $\sigma_{x'}$, $\tau_{x'y'}$ 응력성분은 σ_x, σ_y, τ_{xy}, θ에 의해 명확히 결정된다.

식 (4.23)으로 미뤄보면 평면응력상태에서 만약 수직한 어떠한 두 면에 작용하는 응력성분을 알 수 있다면, 법선벡터가 평면에 놓인 모든 면의 응력성분을 알 수 있다는 증거이다. 특히, θ를 $\theta + 90°$로 대체하면, y'축에 수직한 면에 작용하는 수직응력 $\sigma_{y'}$ 를 얻을 수 있다.

$$\sigma_{y'} = \sigma_x \sin^2\theta + \sigma_y \cos^2\theta - 2\tau_{xy} \sin\theta \cos\theta \tag{4.24}$$

문제에서 특정 점을 지나는 면에 가능한 모든 방향에 대한 응력성분을 알 수 있다면, 특정 점의 응력상태(*state of stress*)를 알 수 있다. 평면응력상태에 대한 상세한 내용은 삼축

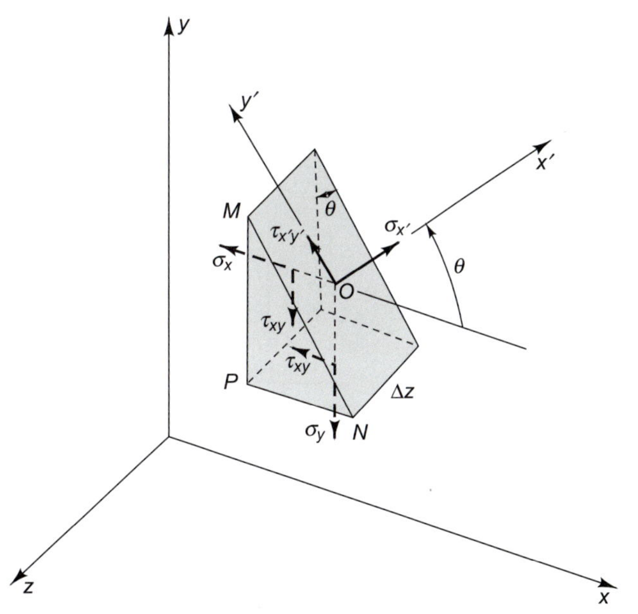

그림 4.15 xy 평면에 평면응력상태에 놓인 그림 4.14의 자유물체도를 자른 작은 쐐기형 구조의 면에 작용하는 응력성분

응력성분에 대한 지식을 포함하기 때문에, 대개 편의를 위해 이축 수직면에 대한 수직, 전단 성분만을 다룬다.[1] 한 점에서의 **응력상태**와 단일 응력성분을 혼동하지 않도록 주의해야 한다.

4.6 평면응력을 나타내는 모어의 원 *Mohr's Circle Representation of Plane Stress*

식 (4.23)과 식 (4.24)를 용이하게 하기 위해서, 간단한 시각적 표현법을 만들어 보겠다. 이를 위해 식 (4.23)과 식 (4.24)를 두 각 사이의 삼각관계(*double-angle* trigonometric realation)를 도입해서 다시 쓰면

$$\begin{aligned} \sigma_{x'} &= \frac{\sigma_x + \sigma_y}{2} + \frac{\sigma_x - \sigma_y}{2}\cos 2\theta + \tau_{xy}\sin 2\theta \\ \tau_{x'y'} &= -\frac{\sigma_x - \sigma_y}{2}\sin 2\theta + \tau_{xy}\cos 2\theta \\ \sigma_{y'} &= \frac{\sigma_x + \sigma_y}{2} - \frac{\sigma_x - \sigma_y}{2}\cos 2\theta - \tau_{xy}\sin 2\theta \end{aligned} \tag{4.25}$$

그림 4.16(a)을 보면 식 (4.25)의 첫 줄을 수평 σ축을 따라 $\sigma_{x'}$를 시각적으로 표현하였다. $\sigma_{x'}$에 관한 등식 오른쪽 첫 항은 OC로 나타내었다. 두 번째 항은 수평성분 CB로 세 번째 항은 수평성분 BA로 나타내었다. CB가 σ축과 2θ의 각을 이루고, BA와 수직임을 명심하라. 수직응력 $\sigma_{x'}$는 점 A의 가로좌표를 따라 표현했다.

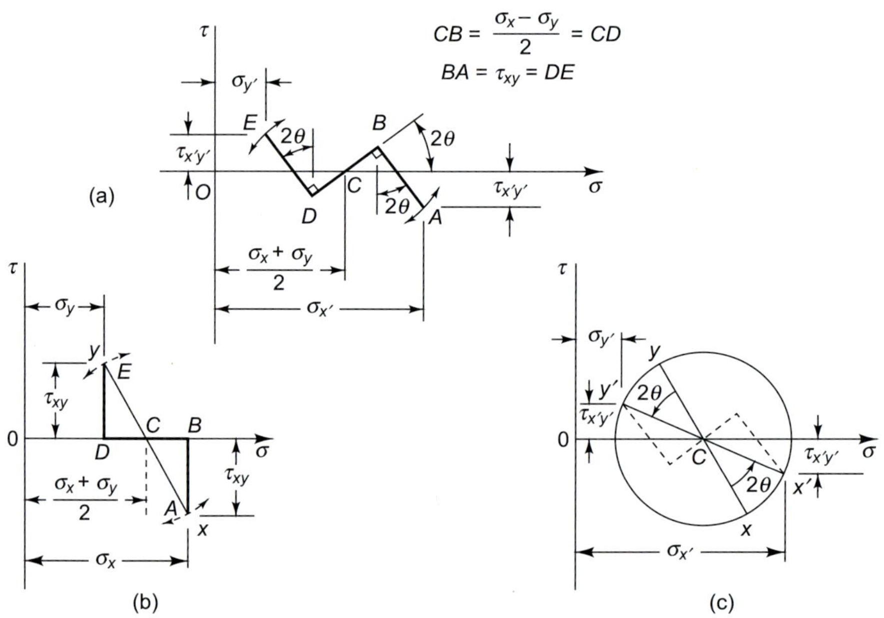

그림 4.16 응력에 대한 모어의 원 제작

[1] 일반적인 3차원 응력상태의 경우 한 점의 응력상태의 사양은 6개의 정보를, 가장 알맞게 서로 수직인 3개의 면과 연관된 수직, 전단응력성분을 필요로 한다. 평면응력상태의 경우에는 이 중에서 최소 3개의 응력성분이 0이다.

다음으로 식 (4.25)의 두 번째 줄인 $\tau_{x'y'}$을 앞서 얻은 시각법으로 표현하겠다. 만약 전단응력이 수직방향으로 작용한다면, 앞서 얻은 방법을 사용할 수 있음을 명심해야 한다. $\tau_{x'y'}$등식에서 오른쪽 첫 번째 항은 CB의 수직성분으로 나타나고, 두 번째 항은 BA의 수직성분으로 나타난다. 전단응력 $\tau_{x'y'}$는 점 A의 수직좌표로 나타난다.

식 (4.25)의 두 번째 항에 따른 $\tau_{x'y'}$ 표현뿐만 아니라 세 번째 항인 $\sigma_{y'}$도 CDE를 만든 비슷한 방법으로 나타낼 수 있다. 수직응력 $\sigma_{y'}$는 점 E의 수평좌표로 표현되며, 전단응력 $\tau_{x'y'}$는 점 E의 수직좌표로 표현된다.

그림 4.16(a)의 선분 $ABCDE$에서, 직각 B, D는 기존의 응력성분 σ_x, σ_y, τ_{xy}에 의해 완전히 고정되어 있다. 그림 4.15의 각도 θ만이 방향을 결정한다. 만약 선분 $ABCDE$에서 θ값을 바꿀 수 있다면, 방향은 점 C를 기준으로 풍차와 같이 회전할 것이다.

관심 있게 봐야 할 방향은 그림 4.16(b)처럼 $\theta = 0$ 때이다. 점 A, B의 공통된 수평좌표값은 σ_x이고, 점 D, E의 공통된 수평좌표값은 σ_y를 나타냄을 명심하라. 전단응력 τ_{xy}는 점 A와 점 E의 수직좌표값으로 나타내었다. 또한 표시된 것처럼 직선 ACE의 끝점을 x, y로 명명하였다.

그림 4.16(c)의 원은 직선 xy를 지름으로 하여 만들어진 것이다. 또한 지름 $x'y'$는 그림 4.16(a)의 직선 ACE의 방향에 해당한다. 지름 xy와 $x'y'$ 사이의 각도는 2θ이다.

그림 4.16(c)의 원을 **응력에 대한 모어의 원**이라 부른다. 이는 응력변형식 (4.25)를 편리하게 표현할 수 있다. xy축에 대한 일련의 응력성분들은 지금 xy를 구하는 데 사용되었다. 그리고 회전된 $x'y'$축에 대한 응력성분은 지름 $x'y'$를 통해서 확인할 수 있다. 모어의 원을 그리는 방법을 다음 단락에 순서대로 요약하였다. 이 방법을 효과적으로 하기 위해서는 물리적인 물체 내에서 작용하는 응력성분들이 모어의 원 그림에 어떻게 반영되었는지에 대한 정확한 이해가 필요하다. 그림에 나타나는 원은 응력평면에 수직응력 σ를 수평방향으로, 전단응력 τ를 수직방향으로 제작하였다. 수직응력에 있어서, 인장력은 양(*positive*)으로, 압축력은 음(*negative*)으로 각각 기존의 응력평면 오른쪽, 왼쪽에 나타내었다. 전단응력의 부호 표기법은 지름 xy의 끝점을 구분해야 하기 때문에 복잡함을 유발할 수 있다.[2] 양의 전단응력 τ_{xy}(그림 4.11 참조)은 점 x에서 아래 방향으로, 점 y에서는 위 방향으로 그렸다. 음의 전단응력은 이와 반대이다.

그림 4.15의 점 O에서 xy축에 대한 σ_x, σ_y, τ_{xy}의 응력성분이 주어진다면, 직사각형 요소를 통해 점 O의 응력상태를 표현할 수 있다[그림 4.17(a)]. 그림 4.17(b)의 모어의 원을 그리기 위해서는 아래 과정을 따른다.

1. 주어진 응력성분에 대한 부호를 사용하여 좌표 σ_x, τ_{xy}의 좌표와 함께 점 x의 위치를 확인하고, σ_y, τ_{xy} 좌표와 함께 점 y의 위치도 확인한다.
2. 점 x와 y가 σ축과 교차하는 지점을 모어의 원의 중심인 점 C로 설정한다. 점 C의

[2] xy 평면에 대해 주어진 부호는 yz, zx 평면 혹은 직사각형 축 α, β를 갖는 어떠한 평면으로도 확장하여 생각할 수 있다. x, y축의 양의 사분면과 α, β의 양의 사분면이 일치하기 때문에 방향이 바뀐 xy 평면만 생각하면 된다.

수평좌표값은

$$c = \frac{\sigma_x + \sigma_y}{2} \tag{4.26}$$

3. 점 C를 중심으로 xy를 지름으로 원을 그린다. 원의 반지름은

$$r = \left[\left(\frac{\sigma_x - \sigma_y}{2}\right)^2 + \tau_{xy}{}^2\right]^{1/2} \tag{4.27}$$

원이 그려지면, 그림 4.17(d)와 같이 $\sigma_{x'}$, $\sigma_{y'}$, $\tau_{x'y'}$를 결정한다. 이 응력성분들은 물체 내의 점 O와 같은 역할을 하지만, 기존의 xy축이 아닌 θ만큼 기울어진 $x'y'$축에 대한 성분들이다.

4. 그림 4.17(d)에서 xy축에 대해 θ만큼 회전된 $x'y'$축과 같은 방법으로, 그림 4.17(c)처럼 모어의 원에서 지름 xy에 배각 2θ만큼 기울어진 지름 $x'y'$를 위치시킨다.
5. 모어의 원에 응력표기법을 이용하면, $\sigma_{x'}$와 $\tau_{x'y'}$의 값은 점 x'의 좌표값으로, $\sigma_{y'}$와 $\tau_{x'y'}$의 값은 점 y'의 좌표값으로 알 수 있다.

아래의 예제는 상세한 값을 알고 있는 상황에서 어떻게 모어의 원을 그리고 이용하는지 나타낸 것이다.

예제 4.1 얇은 물체가 당겨지고 있다고 생각해보자. 이에 대한 응력성분은 xy축에 대해 그림 4.18(a)와 같이 주어졌다. xy축에 대해 45°만큼 기울어진 축 ab에 대한 응력성분을 알아보려 한다. 앞에서 사용한 방법을 이용하여, 그림 4.18(b)와 같이 모어의 원을 그리고 점 x, y를 표시하였다. 지름 ab는 지름 xy로부터 2(45°) = 90°만큼 기울어져 위치한다. ab축에 대한 응력성분은 그림의 눈금을 통해 직관적으로 읽을 수 있다. 그렇지 않으면 아래와 같은 계산을 이용한다.

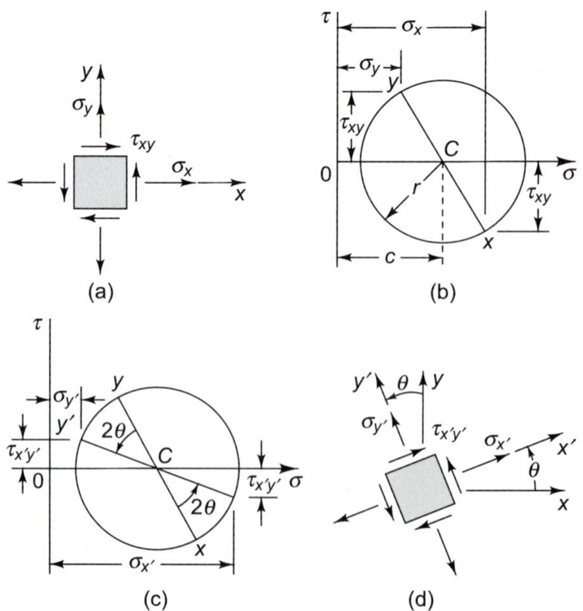

그림 4.17 응력성분(a)은 모어의 원을 그리는 데 사용된다(b). (c)에서 배각으로의 직경회전은 경사 요소(d)의 응력성분에서 나온다.

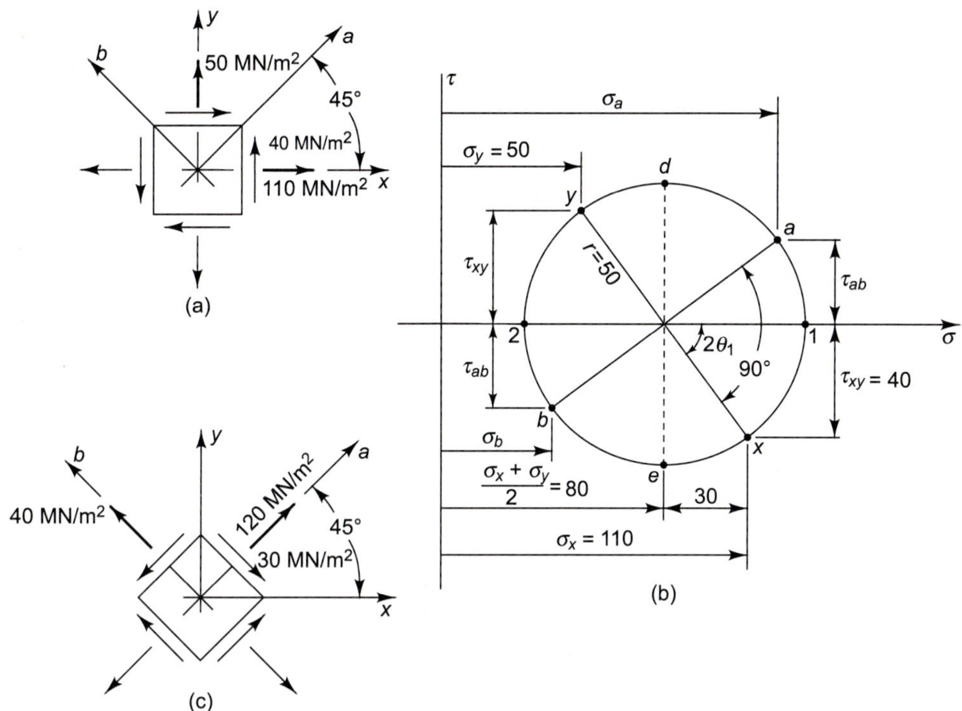

그림 4.18 예제 4.1

$$
\begin{aligned}
2\theta_1 &= \tan^{-1}\frac{40}{30} = 53.2° \\
r &= [(30)^2 + (40)^2]^{1/2} = 50 \text{ MN/m}^2 \\
\sigma_a &= 80 + 50\cos(90° - 53.2°) = 120 \text{ MN/m}^2 \\
\sigma_b &= 80 - 50\cos(90° - 53.2°) = 40 \text{ MN/m}^2
\end{aligned}
$$

- 모눈종이 위의 눈금을 이용하고, 값을 읽거나 다른 값과의 삼각관계를 이용하는 두 가지 방법을 사용했다.
- 수직응력과 전단응력을 표현하기 위해 모어의 원을 이용했고, 그러고 나서 다른 방향에 대한 응력성분을 찾기 위해 각도의 2배만큼 지름을 회전시켰다.

점 a는 σ축보다 위(점 b는 아래)에 있기 때문에, 전단응력τ_{ab}는 음이다.

$$\tau_{ab} = -50\sin(90° - 53.2°) = -30 \text{ MN/m}^2$$

이러한 응력성분들은 그림 4.18(c)처럼 기울어진 요소면 위에 알맞은 방향으로 작용하는 것을 보여준다.

모어의 원은 평면응력상태인 한 점의 시각적인 개략도를 보여준다. 식 (4.25)를 통해 각각의 가능성 있는 응력조합 $\sigma_{x'}$, $\sigma_{y'}$, $\tau_{x'y'}$는 원의 지름을 통해 나타난다. 특히 중요한 조합은 수직응력 축에 나란한 지름이다. 이러한 지름의 끝점을 그림 4.19(a)의 1, 2로 표시하였다. 축 1, 2에 대응하는 응력성분은 그림 4.19(b)에 나타나 있다. 수직응력 σ_1, σ_2는 존재하지만, 전단응력성분은 존재하지 않는다. 또한 σ_1은 물체 내에 존재하는 이러한 점 중에서 가능한 **가장 큰** 값을 갖는 수직응력성분이고, σ_2는 **가장 작은** 수직응력성분이다. σ_1과 σ_2를 **주응력**(*principal stresses*)이라 부르며, 축 1, 2를 **응력의 주 축**(*principal axes of stress*)이라 부른다.

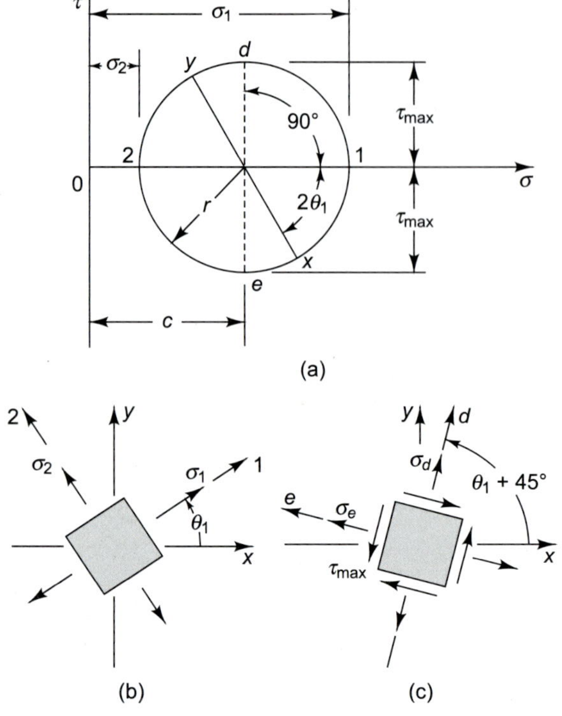

그림 4.19 (a) 모어의 원으로 나타낸 주응력 σ_1, σ_2와 최대 전단응력 τ_{max}, (b) 주 축방향의 요소, (c) 최대 전단축을 향하는 요소

원의 중심 *c*, 식 (4.26)와 반지름 *r*, 식 (4.27)을 통해 주응력을 알아보면 아래와 같다.

$$\sigma_1 = c + r \qquad \sigma_2 = c - r \tag{4.28}$$

많은 경우에 있어 한 점의 응력상태를 표현하는 가장 쉬운 방법은 응력의 주 축과 그에 맞는 주응력을 나타내는 것이다.

다른 응력성분 조합 중에서 관심을 가져야 할 것은 모어의 원의 수직지름이다. 이러한 지름의 끝점을 그림 4.19(a)의 *d*, *e*로 표기하였고, 축 *de*에 대응하는 응력성분이 그림 4.19(c)에 나타나 있다. 여기에서 수직응력은 같고, 전단응력의 크기는 이 점에서 가능한 조합 중 최대이다. 원의 중심 *c*, 식 (4.26)의 수평좌표와 반지름 r, 식 (4.27)을 통해 보면,

$$\sigma_d = \sigma_e = c \qquad \tau_{max} = r \tag{4.29}$$

축 *de*를 최대 전단축(axes *of maximum shear*)이라 한다. 물체 중 이 축에 수직인 면을 최대 전단면(*planes of maximum shear*)이라 정의한다. 최대 전단축이 응력의 주 축에 대해 45° 기울어져 있음을 명심하라.

예제 4.2 예제 4.1을 다시 생각해 보자. (a) 응력 주 축을 결정하고 주응력을 구하라. (b) 최대 전단축을 결정하고 응력성분을 구하라.

- 앞의 문제에 따라 모어의 원을 그리면, 원과 σ축이 교차하는 거리가 최대 응력이고, 이때의 위치는 직선 *xy*와 이루는 각도의 절반이다.
- 원이 τ축과 만나는 지점인 최대 전단응력이고, 이때의 위치는 응력의 주 축으로부터 45° 기울어져 있다.

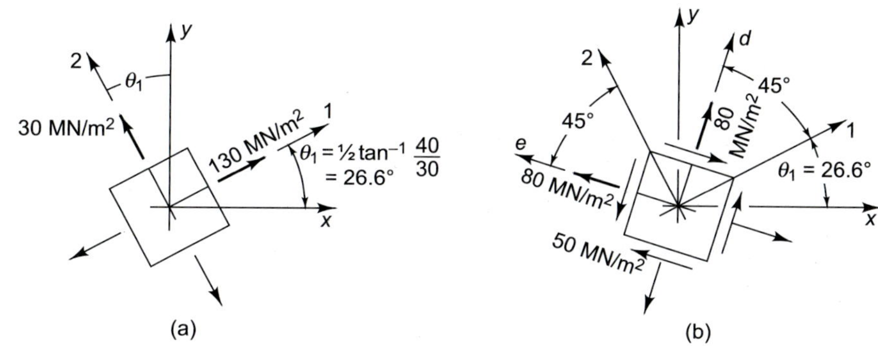

그림 4.20 예제 4.2

그림 4.18(b)에서 주 지름(principal diameter)을 1−2로 표기하였다. 따라서 $c = 80\ \mathrm{MN/m^2}$, $r = 50\ \mathrm{MN/m^2}$일 때, 식 (4.28)에 대한 응력성분은

$$\sigma_1 = c + r = 130\ \mathrm{MN/m^2}$$
$$\sigma_2 = c - r = 30\ \mathrm{MN/m^2}$$

xy축에 대한 주 축의 위치와 주응력을 그림 4.20(a)에 나타내었다.

그림 4.18(b)에서 최대 전단지름을 de로 표기하였다. 그림 4.20(b)에 최대 전단축의 위치를 나타내었다. 식 (4.29)에 따라 이에 대응하는 응력성분은

$$\sigma_d = \sigma_e = 80\ \mathrm{MN/m^2} \qquad \tau_{\max} = 50\ \mathrm{MN/m^2}$$

이 응력성분이 작용하는 방향에 맞게 그림 4.20(b)에 나타나 있다. de축에 대한 전단응력 $\tau_{de} = -50\ \mathrm{MN/m^2}$가 음임을 주의하라.

4.7 일반적인 응력상태를 반영한 모어의 원

Mohr's Circle Representation of a General State of Stress

지금까지는 평면에 대한 축으로 문제를 제한하여, 즉 평면응력상태의 문제들만 다루었다. 이제 z축에 대해서 0이 아닌 응력성분, 응력상태가 완전히 일반적이라고 말할 수 있는 상태를 다룬다고 생각해보자. 즉 더 나아가, xy 평면의 수직성분 x'이 x축과 θ의 각도를 이루는 평면에 관련된 응력성분을 알아보자. 그림 4.15와 비슷하게 작은 쐐기형상으로 자르면, 그림 4.21에 나와 있는 것처럼 쐐기에 작용하는 응력성분을 찾을 수 있다. $\sigma_{x'}$, $\tau_{x'y'}$의 성분들은 $+x'$면에 있음과, 다른 전단응력성분 $\tau_{zx'}$이 존재할 수 있음을 주의해야 한다.

그림 4.21을 예로 들면, $\sigma_{x'}$, $\tau_{x'y'}$의 응력성분들은 z축과 관련된 응력성분에 영향을 받지 않음을 볼 수 있다. x', y' 방향에 대해 힘이 평형을 이룬다는 사실로부터, 쐐기는 $+z$면에 작용하는 τ_{zx}, τ_{yz} 요소와 $-z$면에 작용하는 τ_{zx}, τ_{yz}의 성분과 정확히 평형을 이룬다. 이제 그림 4.21의 쐐기에 대한 z 방향에 대한 힘의 평형을 생각한다면, 아래와 같은 결과를 얻을 수 있다.

$$\tau_{zx'}\Delta z\,\overline{MN} + \sigma_z\frac{\overline{NP}\,\overline{MP}}{2} - \tau_{zx}\Delta z\,\overline{MP} - \tau_{yz}\Delta z\,\overline{NP} - \sigma_z\frac{\overline{NP}\,\overline{MP}}{2} = 0$$

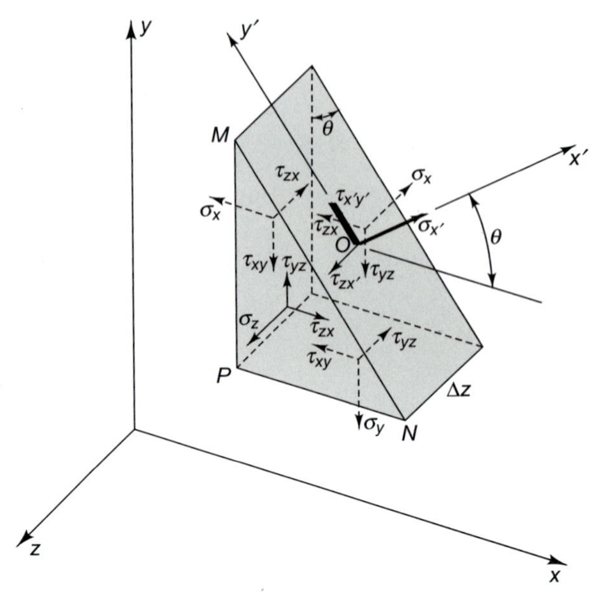

그림 4.21 일반 응력상태일 때 물체에서 잘라낸 쐐기형상에 작용하는 응력성분

$\overline{MP}$, $\overline{NP}$, $\overline{MN}$ 사이의 삼각관계를 이용하면, 평형의 필요조건은 아래와 같다.

$$\tau_{zx'} = \tau_{zx} \cos\theta + \tau_{yz} \sin\theta \tag{4.30}$$

$+z$면의 τ_{zx}, τ_{yz}의 응력성분을 $\overline{MN}$에 수직, 수평인 성분으로 다시 풀어보면, 식 (4.30) 우변의 값이 $\overline{MN}$에 수직한 성분들의 합임을 알 수 있다. 그래서 $\tau_{zx'}$는 선 $\overline{MN}$에 수직방향의 $+z$면에 작용하는 전단응력성분과 같은 크기이다.

작은 쐐기형 요소의 일반 응력상태에 대해 알아본 결과가 그림 4.21에 나와 있다. 여기에는 아래 항목이 포함되어 있다.

1. 식 (4.25)의 결과와 모어의 원 표현법은 σ_z, τ_{yz}, τ_{zx}의 응력성분이 0인지 아닌지를 나타낸다.
2. 만약 τ_{yz}, τ_{zx}가 0이 아니라면 일반적으로 x'면에 $\tau_{x'y'}$에 더해 전단응력성분 $\tau_{zx'}$가 존재할 것이다. 그림 4.19에서 1번, 2번 축과 같은 경우는 **응력의 주 축**이 아니기 때문에 전단응력이 없는, 면에 수직한 응력의 주 축을 지정해야 한다.

이제 **평면**응력상태에서 나아가, 평면에 누워 있지 않은 축에 대한 응력성분을 알아보자. 그림 4.14에서 주응력 방향 1, 2와 수직한 면을 갖는 요소 그림 4.22(a)을 보면서 시작하겠다. 방향 3은 평면 1, 2에 수직한 방향으로 z축에 평행하다. 축 2에 평행하면서 평면 1, 3과 교차하는 모든 평면을 생각해보자. 응력 σ_2는 이러한 평면 위의 응력성분에 전혀 영향을 주지 않는다. 이 평면 위에 작용하는 응력은 오직 축 1(σ_1)과 축 3(0)을 따르는 수직응력성분에 의해서 결정된다. 따라서 축 1, 3이 주응력 방향인 다른 모어의 원을 얻을 수 있다. 결론적으로 축 2, 3이 주응력 방향이고, 축 1에 평행한 면에 대한 응력성분을 나타낸 세 번째 모어의 원을 얻는다. 그림 4.22(b)에 나타난 3개의 원은 σ_1, σ_2 둘 다 인장력인 상황이다. 그림 4.22(c)는 σ_2가 압축력, 그림 4.22(d)는 σ_1, σ_2 둘 다 압축력인 경우이다.

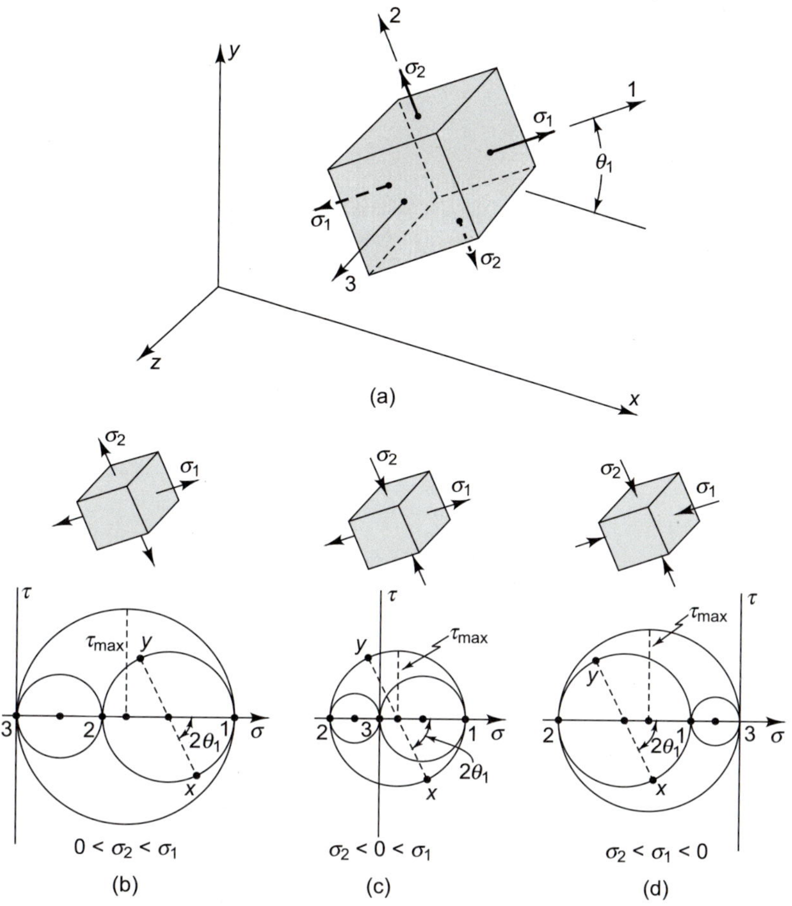

그림 4.22 평면응력상태인 *xy* 평면

그림 4.22에서 흥미로운 사실은 평면응력상태가 이른바 응력평면의 법선을 포함하는 경우를 제외하고 모든 면의 응력성분이 0임을 의미하는 것이 아니라는 것이다. 그림 4.22(d)와 d는 법선이 응력평면과 45°를 이루는 면 위의 점에서 최대 전단응력이 발생하는 평면응력상태의 몇몇 경우를 보여준다.

다시 일반 응력상태로 돌아와, 전단응력성분이 작용하지 않는 서로 수직인 세 개의 평면이 이루는 물체의 점에 대해서 설명하겠다. 이러한 세 개의 면에 수직인 선을 점에 대한 **응력의 주 축**이라 부른다. 그림 4.23(a)는 요소의 주 축을 1, 2, 3이라 명명하여 표시했다. 이 그림에서 축 3은 *z*축과 평행이라 가정하였고, 따라서 축 1, 2는 *xy* 평면에 평행하게 된다.

만약 서로 수직인 3개의 면과 관련된 6개의 응력성분이 명시된다면, 그 점을 지나는 임의의 면에 대한 법선과 그에 따른 전단응력성분에 대한 식 (4.23)과 유사한 식을 만들 수 있다. 이는 그림 4.23(b)의 빗금 친 영역을 포함하고 있는 모든 가능한 평면에 대한 응력성분으로 나타낼 수 있다.[3] ($0 < \sigma_2 < \sigma_3 < \sigma_1$라고 가정한다면) 그림 4.23(b)에서 전단응력 τ는 평면

[3] A.J Durelli, E.A. Phillips와 C.H. Tsao “Introduction to the Theoretical and Experimental Analysis of Stress and Strain”, p. 73, McGraw-Hill Book Company, New York, 1958; A N dai, “Theory of Flow and Fracture of Solids”, 2nd., p. 96, McGraw-Hill Book Company, New York, 1950.

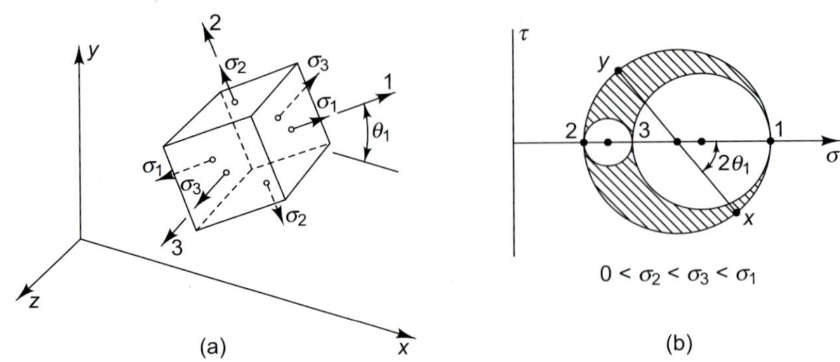

그림 4.23 3차원 응력상태

에 작용하는 전단응력성분에 따라 존재한다($\sqrt{(\tau_{x'y'})^2 + (\tau_{zx'})^2}$). 따라서 한 점에서 세 개의 주응력을 알고 있다면, 추가적인 계산 없이 최대, 최소 수직응력 값을 알 수 있다. 앞으로 다루게 될 대부분의 실제 응력상태는 평면응력상태뿐만 아니라 주응력 축의 방향을 알고 있는 경우(예, 대칭상태)가 될 것이며, 일반적인 응력상태에 대한 예는 제외하겠다.

4.8 변형의 분석 *Analysis of Deformation*

지금까지는 응력을 받고 있는 물체 내 한 점에 대한 힘의 평형을 다루었다. 그 결과를 평형의 필요조건을 기반으로 하여 얻었고, 마찬가지로 "강"체 혹은 응력이 작용할 때만 변현되는 물체라고 가정하였다. 관심사는 실제 변형체이므로, 힘의 평형을 도입하여 생기는 조건을 설정하는 것 외에도 연속체의 **변형**을 이용하여 **기하학적 호환성**(*geometric compatibility*)에 관한 요구조건을 제한해야 한다. 연속체의 기하학적 호환성은 물체 내에서 공극(void)이 생성되지 않음을 의미한다. 이는 오직 연속체의 기하학에 대한 문제이다. 그리고 바로 앞 절에서 설명한 균형의 필요조건에 관계없는 문제이다.

이번 학습은 그림 4.24의 3차원 연속체로 시작하겠다. 그림 4.24에서 점 1, 2는 각각 1′, 2′로 이동하였다. 각 점들의 변위는 벡터 양을 가지며, 만약 연속체의 각 입자들이 다양한 변위를 겪는다면, 각 점들의 변위를 벡터로 표현할 수 있다. 그림 4.25에는 점 1, 2, 3, ⋯, O의 변위를 벡터 $\mathbf{u}_1$, $\mathbf{u}_2$, $\mathbf{u}_3$, ⋯, $\mathbf{u}_O$로 나타내었다. 한 점의 변위벡터는 적합한 좌표축에 평행한 성분의 합으로 생각할 수 있다. 따라서 그림 4.25의 점 n은 아래와 같이 쓸 수 있다.

$$\mathbf{u}_n = u_n\mathbf{i} + v_n\mathbf{j} + w_n\mathbf{k}$$

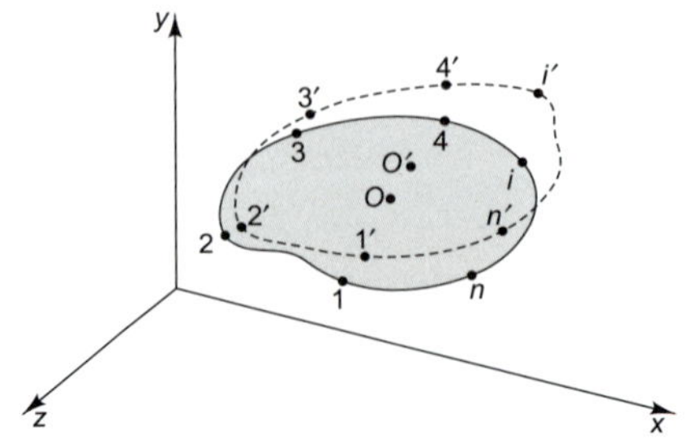

그림 4.24 연속체 변위의 예

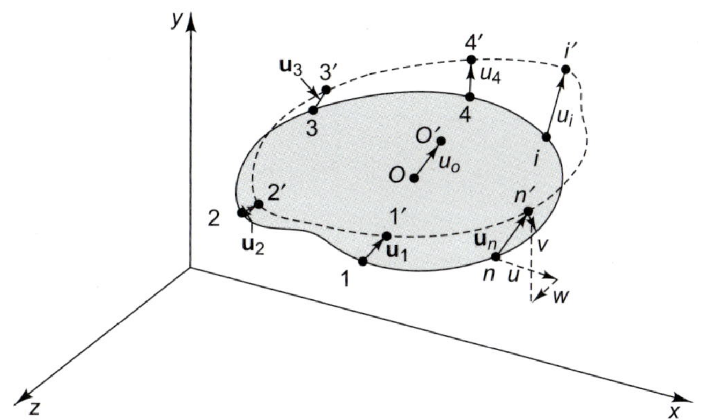

그림 4.25 그림 4.24의 변위벡터

여기서 u_n, v_n, w_n는 점 n의 변위벡터 xyz 요소이다.

연속체의 변위는 두 부분의 합으로 생각할 수 있다.

(1) 전체적인 물체의 이동이나 회전 혹은 이동, 회전 모두

(2) 물체 내에서 각각의 점의 상대적 운동

전체적인 물체의 이동과 회전은 물체가 완벽한 강체일 때만 일어나기 때문에 **강체운동**(*rigid-body motion*)이라 한다. 물체 내에서 각각의 점의 상대적인 운동을 **변형**(*deformation*)이라 부른다. 그림 4.26(a)에 오직 xy 평면에서 움직이는 삼각형의 강체이동을 나타내었다. 그림 4.26(b)는 점 c를 중심으로 강체회전을, 그림 4.26(c)는 강체가 아닌 경우의 변형을 나타내었다. 그림 4.26(d)는 (a), (b), (c)로 확인한 이러한 변위를 종합한 것이다.

강체운동과 관련된 변위는 클 수도 작을 수도 있지만, 대부분 작은 수준이다. 강체운동에 관한 표현과 분석은 시간에 따라 요구되는 힘이 다른 동역학에서 중요하다. 변형에 대한 분석과 표현은 기계학에서 비틀림을 일으키는 데 필요한 힘을 알아볼 때 중요하다. 이 장의 남아 있는 절은 연속체 내의 한 점에서 **변형**에 관한 연구에 말하겠다.

4.9 변형률요소의 정의 *Definition of Strain Components*

만약 일반적인 3차원 변형을 다루는 것 대신에, 입자가 같은 평면을 향하고 이 평면으로만 변형하는 물체만 다룬다면 이야기가 단순해질 것이다. 이러한 종류의 변형을 **평면변형**(*plane strain*)이라고 부른다. 이제 3차원 변형에 대한 문제로 돌아가서, 평면변형에 대한 학습을 마치겠다.

그림 4.27에 고유한 평면으로 변형하는 얇은 고무블록이 있다. 그림 4.27(b)의 블록의 모든 요소는 동일한 양만큼 변형되었는데 이러한 것을 **균일변형**(*uniform strain*)이라 부른다. 그림 4.27(c)에서 오른쪽 요소들은 왼쪽 요소보다 많은 변형을 받았는데, 이러한 상태를 **비균일변형**(*nonuniform strain*)이라 한다.

그림 4.27(b)의 변형이 균일한 상태를 예로 들면, 기존의 직선은 변형 후에도 그대로 직선이지만, 길이와 위치는 변하였다. 예를 들어 직선 AE와 CG는 회전하지 않았지만 직선 AE의 길이가 그대로인 반면에 CG는 줄어들었다. 이와 대조적으로 직선 BF, 직선 DH는 같은 양만

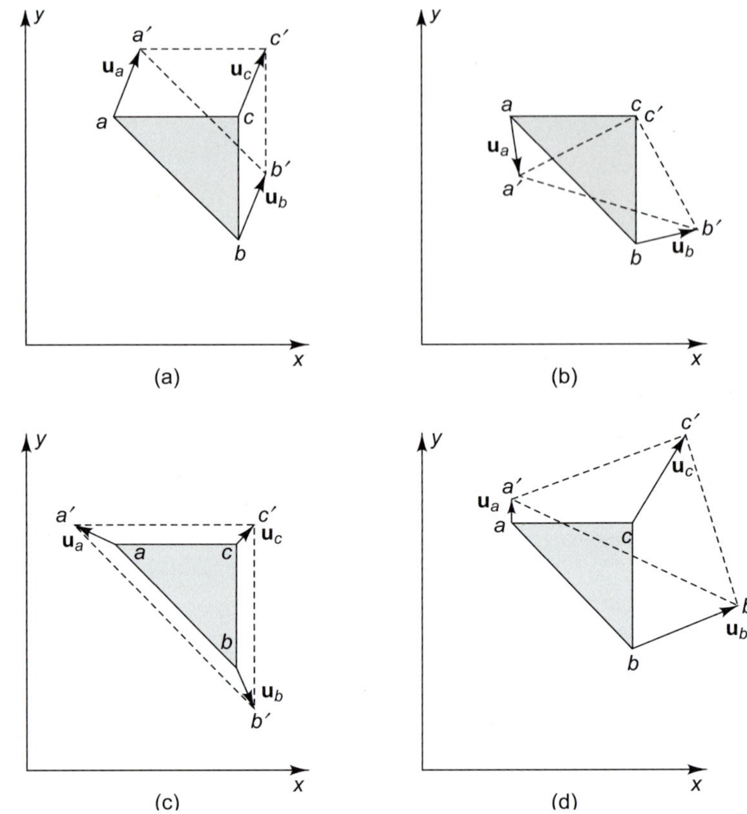

그림 4.26 xy 평면에 대한 강체운동과 변형의 예. (a) 강체이동, (b) 점 c에 대한 강체회전, (c) 강체운동이 없는 변형, (d) (a), (b), (c) 변위의 합

큼 다른 방향으로 회전하였고, 길이의 증가량은 같다. 좀 더 예를 들어보면 기존의 직선은 어떠한 이동도 나타나지 않았지만, 사실 엄밀히 말해서 기존의 직선이 다른 직선으로 변한 것뿐이다.

이제 비균일변형이 일어난 그림 4.27(c)를 예로 들면, 기존의 직선이 다르게 변한 것을 관찰할 수 있다. 직선 AE를 보면 눈에 보일 정도로 직선도, 회전, 길이 변화가 없다. 그러나 직선 CG의 경우 직선도와 회전은 그대로지만 길이가 변하였고, 직선 BF와 직선 DH는 기존 길이와 같은지 다른지 모르겠지만 곡선을 이루고 있다. 거시적 규모로 관찰하면, 균일변형일

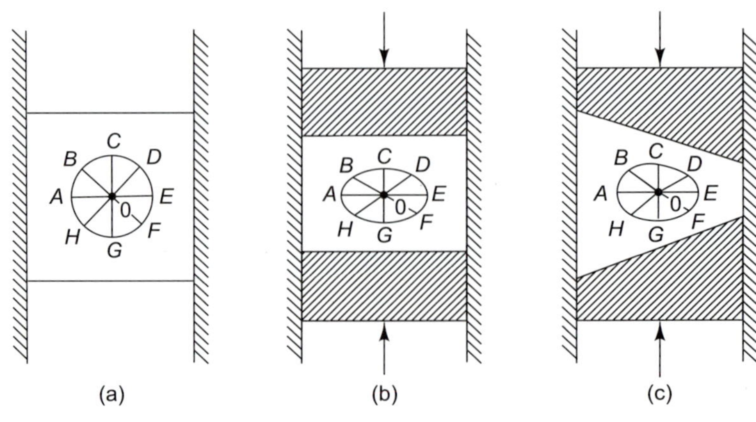

그림 4.27 (a) 변형되지 않은 고무블록, (b) 균일변형된 고무블록, (c) 비균일변형된 고무블록

때에 비해 상당히 많은 양의 비균일변형을 볼 수 있다. 하지만 그림 4.27(c)의 블록의 중심 O에서 충분이 작은 일부 변형을 관찰한다면, 곡선 BF와 DH는 수직하다고 볼 수 있고 이는 그림 4.27(b)와 유사할 것이며, 이를 통해 미소영역의 변형이 일정하다고 가정할 수 있다. O를 중심으로 한 미소영역의 크기를 0에 가깝게 하면, 이 영역의 균일변화는 점 O에서의 변화가 될 것이다.

이제 완전히 xy 평면에 있고 이 평면으로 기하학적으로 존재할 수 있는 미소변형을 받고 있는 얇은 연속체를 생각해보자. 이 물체의 작은 요소에 대해 본다면, 앞선 설명을 바탕으로 그림 4.28처럼 이 요소가 균일변형상태로 변화할 것이라 생각할 수 있다. 그림 4.28의 요소의 변형에 있어 직선 OC와 OE의 길이변화와 회전으로 발생하는 점 O 주위의 정량적인 **변형**을 표현해 보자. 변형의 두 가지 측면에서 무차원 양(dimensionless quantities)으로 정의하는 것을 쉽게 알 수 있다. 첫 번째는 직선의 인장, 수축을 측정하는 것으로, **수직변형률** 성분(*normal strain* component)이라 부를 것이다. 두 번째는 두 직선의 회전관계를 측정하는 것으로 **전단변형률** 성분이라 부르겠다.

수직응력성분은 직선의 기존 길이 중 작은 변화로 정의되면 ϵ 기호와 변화의 방향을 구분하기 위한 아래첨자와 함께 표시한다. 따라서 그림 4.28의 점 O의 e_x 값은

$$\epsilon_x = \lim_{\Delta x \to 0} \frac{O'C' - OC}{OC}$$

이와 비슷하게

$$\epsilon_y = \lim_{\Delta y \to 0} \frac{O'E' - OE}{OE}$$

위의 수직변형률 성분 정의로부터, 수직변형률은 인장의 경우 양의 방향, 수축의 경우 음의 방향임을 증명할 수 있다.

전단변형률 성분은 변형이 일어나지 않은 물체에서 수직한 두 축에 대해 γ기호와 축을 구분하기 위한 두 개의 아래첨자를 사용하여 나타낸다. 전단변형률은 기존에 수직한 두 축 사이의 각도 변화의 접선으로 정의된다. 축이 회전할 때 1, 3 사분면이 작아지면 전단변형률은 **양**의 값이 되고, 커지면 **음**의 값이 된다. 이러한 정의를 이용하여 그림 4.28의 변형에서 전단응력성분 γ_{xy}는 양의 값을 갖는다. 작은 전단변형률(공학에서는 주로 0.01보다 작은 값)에 대해서는, 각도의 접선보다는 각도의 변화를 통해 충분히 정의할 수 있다. 각도 변화의 미분을 이용해서, 그림 4.28의 점 O에서 전단응력 값을 얻으면

$$\gamma_{xy} = \lim_{\substack{\Delta x \to 0 \\ \Delta y \to 0}} (\angle COE - \angle C'O'E') = \lim_{\substack{\Delta x \to 0 \\ \Delta y \to 0}} \left(\frac{\pi}{2} - \angle C'O'E' \right)$$

그림 4.28의 요소 크기가 0으로 가까워질 때의 변형에 대해 다루었고, 이를 통해 점 O에서 변형에 대한 정의를 내리고 변형률 성분에 대해 알아보았다. 이후 절에서 변형률 성분 ϵ_x, ϵ_y, γ_{xy}와 점의 변위 사이의 관계에 대해 알아보겠다.

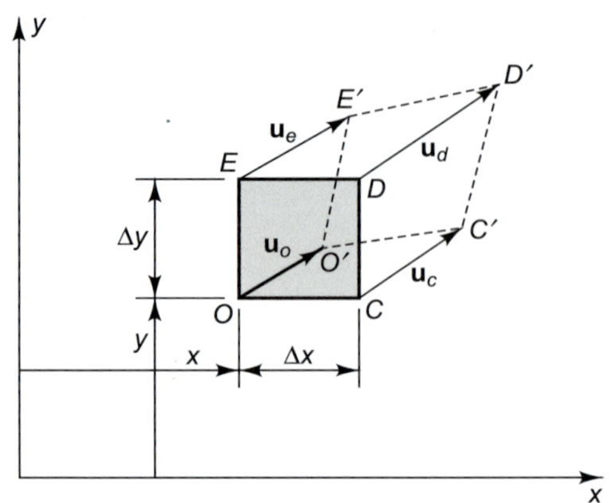

그림 4.28 연속체의 요소 중 xy 평면에서의 변형

4.10 평면변형률 상태에서 변형률과 변위 사이의 관계

Relation between Strain and Displacement in Plane Strain

전의 변위에 대해 기술하면, 변위벡터의 직사각형 요소를 통해 설명하는 게 편할 것 같다. 따라서 그림 4.28의 점 O의 x 방향 변위를 u, y 방향 변위를 v로 가정하면, 점 O의 변위벡터는 아래와 같이 표현된다.

$$\mathbf{u}_O = u\mathbf{i} + v\mathbf{j}$$

점 O의 x, y 방향 변위를 u, v로 명명하여 그림 4.29에 이러한 관계를 표현하였다.

변위요소 u, v는 변위의 기하학적 호환성과 변위에 따른 공백과 구멍의 발생이 없다는 것을 보장하기 위해 만든 x, y에 대한 연속함수여야 한다. 편도함수 개념을 이용하여, 그림 4.29의 점 E와 점 C의 변위를 점 O의 변위 u, v와 편도함수를 통해 표현할 수 있다.

앞에서 수립한 변형률 성분 ϵ_x, ϵ_y, γ_{xy}에 대한 정의를 이용하여, 변형률이 전체에 비해 작다고 가정한 요소 그림 4.29로부터 다음 식을 얻었다.

$$\begin{aligned}
\epsilon_x &= \lim_{\Delta x\to 0}\frac{O'C'-OC}{OC} = \lim_{\Delta x\to 0}\frac{[\Delta x+(\partial u/\partial x)\Delta x]-\Delta x}{\Delta x} = \frac{\partial u}{\partial x}\\
\epsilon_y &= \lim_{\Delta y\to 0}\frac{O'E'-OE}{OE} = \lim_{\Delta y\to 0}\frac{[\Delta y+(\partial v/\partial y)\Delta y]-\Delta y}{\Delta y} = \frac{\partial v}{\partial y}\\
\gamma_{xy} &= \lim_{\substack{\Delta x\to 0\\ \Delta y\to 0}}\left(\frac{\pi}{2}-\angle C'O'E'\right) = \lim_{\substack{\Delta x\to 0\\ \Delta y\to 0}}\left\{\frac{\pi}{2}-\left[\frac{\pi}{2}-\frac{(\partial v/\partial x)\Delta x}{\Delta x}-\frac{(\partial u/\partial y)\Delta y}{\Delta y}\right]\right\}\\
&= \frac{\partial v}{\partial x}+\frac{\partial u}{\partial y}
\end{aligned} \tag{4.31}$$

모든 상대변위는 아니지만 변형은 포함되어 있다. 이러한 이유는 강체회전 때문에 발생한다. 미소 변위에 대한 도함수, 직선 OC의 z축에 대한 회전을 예를 들면

$$(\omega_z)_{OC} = \frac{[v+(\partial v/\partial x)\Delta x]-v}{\Delta x} = \frac{\partial v}{\partial x}$$

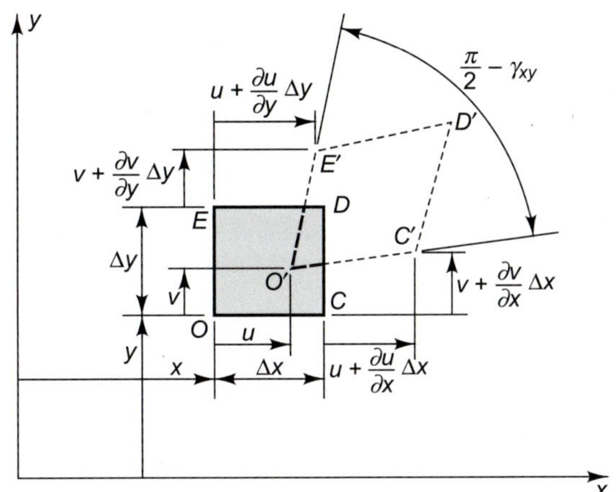

그림 4.29 u, v와 편도함수로 표현된 평면변형률 상태에서의 변형

이와 같이 직선 OE의 z축에 대한 회전은

$$(\omega_z)_{OE} = \frac{-[u+(\partial u/\partial y)\Delta y]+u}{\Delta y} = \frac{\partial u}{\partial y}$$

두 개 수직한 직선의 회전평균을 통해 전체 요소의 회전평균을 정의할 수 있다.

$$(\omega_z) = \frac{1}{2}[(\omega_z)_{OC} + (\omega_z)_{OE}] = \frac{1}{2}\left(\frac{\partial v}{\partial x} - \frac{\partial u}{\partial y}\right) \tag{4.32}$$

이 변위 도함수에 관한 변형률 성분은 아래와 같이 요약할 수 있다.

$$\epsilon_x = \frac{\partial u}{\partial x} \qquad \epsilon_y = \frac{\partial v}{\partial y} \qquad \gamma_{xy} = \frac{\partial v}{\partial x} + \frac{\partial u}{\partial y} \tag{4.33}$$

식 (4.33)은 변형률 성분은 변위요소 도함수에 **선형**지배를 받음을 나타낸다. 이는 수직, 전단변형률에 대한 도출이 물체 전체와 비교하여 미소한 변위의 가정하에서 유효하다는 것을 강조하기 위해 중요하다. 식 (4.33)을 전체에 대한 **미소변형**과 **회전**에 관한 변형률 요소로 생각한다(변형, 회전 둘 다 같은 차수와 크기이다). 큰 변형이 중요한 상황이라면, **비선형** 변형률–변위 관계가 필요하다.[4] 비선형관계에 대한 도출은 대개 앞에서 주어진 것과 다른 방법으로 진행한다. 이전의 도출방법은 변형률 성분의 기하학적 의미를 강조한다. 강체이동과 미소 강체회전에 대해 예상한대로 응력성분이 사라지는 것을 볼 수 있다.

그림 4.29 요소의 변형에 있어 크기가 0에 가까워진다는 제한을 두고 생각하였다. 따라서 점 O에서의 변형을 정의할 수 있는 응력성분을 생각해야 한다. 그러므로 변형률 요소를 알고 있는 2차원 물체의 점의 평면변형률 상태에 대해 이야기해야 한다.

$$\begin{matrix} \epsilon_x & \gamma_{xy} \\ \gamma_{yx} & \epsilon_y \end{matrix} \tag{4.34}$$

이 식에서 $\gamma_{yx} = \gamma_{xy}$로 정의할 수 있다. 점 O 주위의 변형은 떨어진 거리에 따라 다르게 발생할 것이다. 식 (4.33)에서 두 개의 변위요소가 세 개의 변형률 요소를 결정한다는 사실은 세

[4] V. V. Novozhilov, "Theory of Elasticity," Pergamon Press, New York, 1964 참조

개의 변형률 요소가 비균일변형률 상태에서 다양할 수 없음을 나타낸다. 이러한 상태는 하나의 값으로 적합조건이라 불리는 변형률 정보를 통해 어떠한 점의 이동을 알 수 있다. 이러한 조건은 여기서 다루지 않겠다.[5] 반대로 여기에서 다루는 각각의 문제에 대해, 식 (4.33)에 따른 변형률 성분 중 한 개의 변위값 존재를 간단히 표현할 필요가 있다.

이제 표기법에 대해 소개하면, 식 (4.33)의 변형률 성분은 다음 형태와 같이 나타낸다.

$$\epsilon_1 = \frac{\partial u_1}{\partial x_1} \quad \epsilon_2 = \frac{\partial u_2}{\partial x_2} \quad \gamma_{12} = \gamma_{21} = \frac{\partial u_2}{\partial x_1} + \frac{\partial u_1}{\partial x_2} \tag{4.35}$$

효과적인 표현을 위해 응력표기법과 같이 사용하여, 변형률에 대한 **표기법**을 소개하면

$$e_{ij} = \frac{1}{2}\left(\frac{\partial u_i}{\partial x_j} + \frac{\partial u_j}{\partial x_i}\right) \tag{4.36}$$

$$\epsilon_1 = e_{11} \quad \epsilon_2 = e_{22} \quad e_{12} = e_{21} = \frac{1}{2}\gamma_{12}$$

전단변형률 성분 e_{12}의 표기법은 축 x_1, x_2 사이의 각도변위로 결정된 전단변형률 성분 γ_{12}의 절반임을 명심하라.

3차원 변위의 일반적인 경우에 서로 수직인 세 개의 축과 관련된 세 개의 수직변형률 성분과 전단변형률 성분을 명시하여 한 점에서 변형을 표현할 수 있다(문제 4.16). 다른 경우는 좌표축을 선택해서 변형을 표현하는 데 가장 쉬운 방법이다(문제 4.17, 4.18, 4.19).

4.11 임의의 축에 대한 변형률 성분

Strain Components Associated with Arbitrary Sets of Axes

이전 절에서는 한 점을 지나는 축들에 대한 변형률 성분이 이 축과 평행한 변위성분과 어떠한 연관이 있는지 알아보았다. 이번 절에서는 한 점의 기하학적 적합성에 대한 문제에 대해 좀 더 알아보고, 서로 수직하지 않은 축과 관련된 응력성분 사이의 관계를 결정하겠다.

x', y'축에 평행한 변위요소 u', v'에 대해 미소요소의 변형을 나타낸 그림 4.30을 보면서 시작하겠다. 그림 4.29의 요소에 대한 식 (4.31)과 비슷하게 변형률 성분 $\epsilon_{x'}$, $\epsilon_{y'}$, $\gamma_{x'y'}$ 또한 아래 식처럼 x', y'축에 대한 편도함수 u', v'에 대해 얻을 수 있다.

$$\begin{aligned} \epsilon_{x'} &= \frac{\partial u'}{\partial x'} \\ \epsilon_{y'} &= \frac{\partial v'}{\partial y'} \\ \gamma_{x'y'} &= \frac{\partial v'}{\partial x'} + \frac{\partial u'}{\partial y'} \end{aligned} \tag{4.37}$$

다음 단계는 식 (4.37)의 변형률 $\epsilon_{x'}$, $\epsilon_{y'}$, $\gamma_{x'y'}$과 식 (4.33)의 변형률 ϵ_x, ϵ_y, γ_{xy} 사이의 관계

[5] S. Timoshenko and J.N. Goodier, "Theory of Elasticity," 3rd ed., p. 239, McGraw-Hill Book Company, New York, 1970. 참조

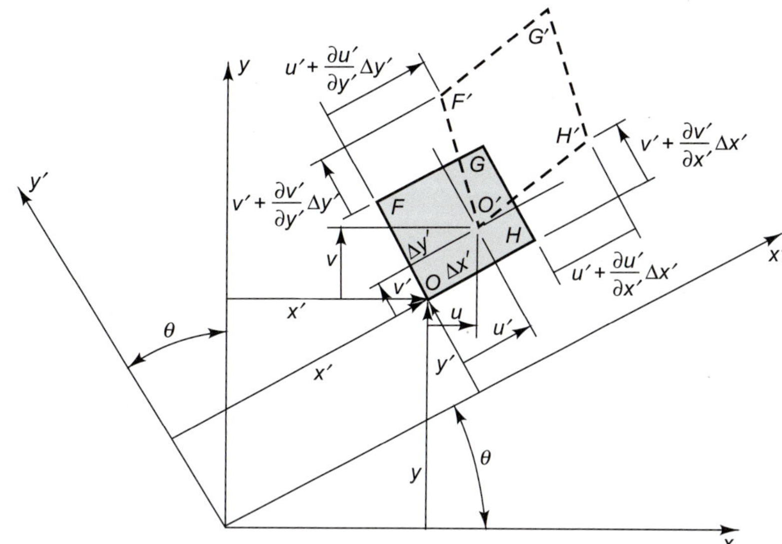

그림 4.30 평면변형률상태. x', y'축에 평행한 미소요소의 변형

를 알아보는 것이다. 그림 4.30에서 u'와 v'이 평면의 점에 대한 연속함수이기 위한 기하학적 호환성이 필요하기 때문에 관계를 알아봐야 한다. 또한 이를 통해 x', y'의 함수뿐만 아니라 x, y에 대한 함수로 변위요소를 표현할 수 있다. 만약 u'와 v'를 x, y에 대한 함수로 표현한다면, 편도함수의 연쇄법칙을 생각해서 u', v'을 x, y에 대한 함수로 표현한다면 식 (4.37)의 변형률 성분은 아래와 같이 쓸 수 있다.

$$\begin{aligned}
\epsilon_{x'} &= \frac{\partial u'}{\partial x'} = \frac{\partial u'}{\partial x}\frac{\partial x}{\partial x'} + \frac{\partial u'}{\partial y}\frac{\partial y}{\partial x'} \\
\epsilon_{y'} &= \frac{\partial v'}{\partial y'} = \frac{\partial v'}{\partial x}\frac{\partial x}{\partial y'} + \frac{\partial v'}{\partial y}\frac{\partial y}{\partial y'} \\
\gamma_{x'y'} &= \frac{\partial v'}{\partial x'} + \frac{\partial u'}{\partial y'} = \left(\frac{\partial v'}{\partial x}\frac{\partial x}{\partial x'} + \frac{\partial v'}{\partial y}\frac{\partial y}{\partial x'}\right) + \left(\frac{\partial u'}{\partial x}\frac{\partial x}{\partial y'} + \frac{\partial u'}{\partial y}\frac{\partial y}{\partial y'}\right)
\end{aligned} \tag{4.38}$$

그림 4.30의 형상으로부터 아래와 같은 관계를 얻는다.

$$\begin{aligned}
x &= x'\cos\theta - y'\sin\theta \\
y &= x'\sin\theta + y'\cos\theta \\
u' &= u\cos\theta + v\sin\theta \\
v' &= -u\sin\theta + v\cos\theta
\end{aligned} \tag{4.39}$$

식 (4.39)를 식 (4.38)의 첫 번째 식에 대입하면

$$\begin{aligned}
\epsilon_{x'} &= \left(\frac{\partial u}{\partial x}\cos\theta + \frac{\partial v}{\partial x}\sin\theta\right)\cos\theta + \left(\frac{\partial u}{\partial y}\cos\theta + \frac{\partial v}{\partial y}\sin\theta\right)\sin\theta \\
&= \frac{\partial u}{\partial x}\cos^2\theta + \frac{\partial v}{\partial y}\sin^2\theta + \left(\frac{\partial v}{\partial x} + \frac{\partial u}{\partial y}\right)\sin\theta\cos\theta
\end{aligned}$$

최종적으로 식 (4.33)을 대입하여 알아보면

$$\epsilon_{x'} = \epsilon_x\cos^2\theta + \epsilon_y\sin^2\theta + \gamma_{xy}\sin\theta\cos\theta \tag{4.40}$$

식 (4.38)의 다른 두 식에 비슷한 방법을 사용하고, 배각공식을 사용하면

$$\begin{aligned} \varepsilon_{x'} &= \frac{\varepsilon_x + \varepsilon_y}{2} + \frac{\varepsilon_x - \varepsilon_y}{2}\cos 2\theta + \frac{\gamma_{xy}}{2}\sin 2\theta \\ \epsilon_{y'} &= \frac{\epsilon_x + \epsilon_y}{2} + \frac{\epsilon_x - \epsilon_y}{2}\cos 2\theta - \frac{\gamma_{xy}}{2}\sin 2\theta \\ \frac{\gamma_{x'y'}}{2} &= -\frac{\epsilon_x - \epsilon_y}{2}\sin 2\theta + \frac{\gamma_{xy}}{2}\sin 2\theta \end{aligned} \tag{4.41}$$

식 (4.41)은 평면변형률 상태에서 다른 수직한 축과 관련된 변형률 성분의 기하학적 호환성에 대한 조건을 결정한다. 만약 변형률 성분 ϵ_x, ϵ_y, γ_{xy}과 각 θ가 명시되어 있다면 $\epsilon_{x'}$, $\epsilon_{y'}$, $\gamma_{x'y'}$는 확실해진다.

4.12 평면변형률 상태의 모어의 원 *Mohr's Circle Representation of Plane Strain*

식 (4.41)과 식 (4.25)를 비교하면, 식 (4.41)의 ϵ과 $\gamma/2$을 각각 σ와 τ로 대체하면 식 (4.25)를 얻을 수 있음을 볼 수 있다. 따라서 식 (4.41)을 모어의 원을 통해 표현하는 게 가능하다.

변형률에 대한 모어의 원에서(그림 4.31) 수직변형률 성분 ϵ은 가로축에 전단응력의 절반인 $\gamma/2$를 세로축에 나타내었다. 만약 전단변형률이 양의 값이면 x축을 나타내는 점은 $\gamma/2$의 거리만큼 ϵ축 아래에 표시되고, y축을 나타내는 점은 같은 거리만큼 ϵ축 위에 나타난다. γ가 음이면 이와 반대이다. 응력에 대한 모어의 원의 경우, 상대적인 각의 위치가 실제 물체와 원

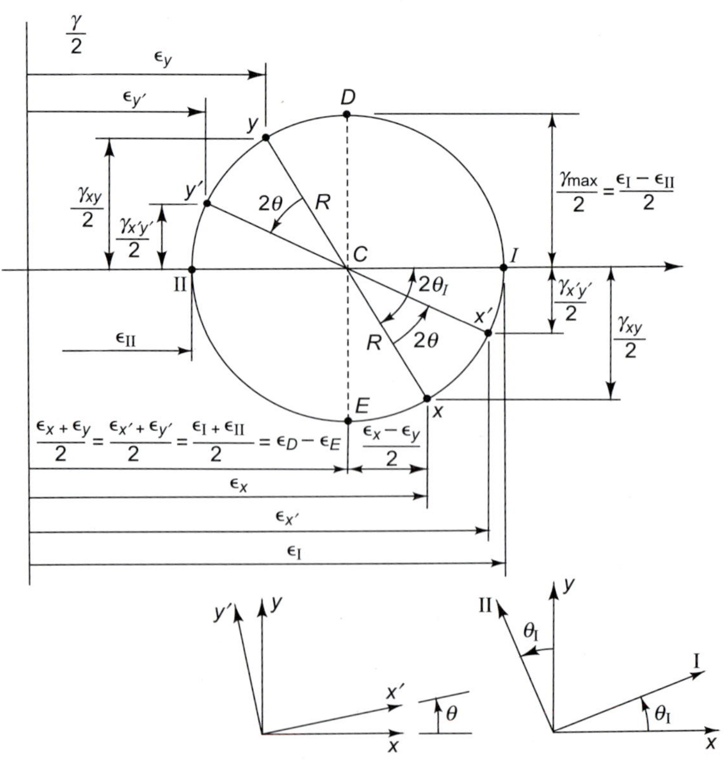

그림 4.31 평면변형률에 대한 모어의 원

에서 같았지만, 변형률의 경우 각도가 두 배이다. 그림 4.31은 γ_{xy}와 $\gamma_{x'y'}$가 양수일 경우를 나타낸 것이다.

축 I, II, *DE*가 특히 중요함을 명심하라. 축 I, II는 전단변형률 성분이 0이고, 수직변형률 성분이 최대, 최소의 값을 갖는다. 이러한 축을 **변형률의 주 축**(*principal axes of strains*)이라 하며, 이러한 축에 대한 수직변형률 성분 ϵ_{I}, ϵ_{II}를 **주변형률**(*principal strain*)이라 부른다. 변형률의 주 축에 45° 기울어진 축 *DE*는 전단응력성분이 최대이다. 따라서 이러한 축을 **최대 전단변형률 축**(*axes of maximum shear strain*)이라 한다. 이 축에 대한 수직변형률 성분은 같은 값임을 명심하라.

변형률에 대한 모어의 원을 사용하는 방법을 설명하기 위해, 아래의 예를 들겠다.

예제 4.3 금속박막(sheet of metal)이 평면에 대해 균일변형이 일어날 때, *xy*축과 관련된 변형률 성분은 다음과 같다.[6]

$$\epsilon_x = -200 \times 10^{-6}$$
$$\epsilon_y = 1000 \times 10^{-6}$$
$$\gamma_{xy} = 900 \times 10^{-6}$$

- 응력에 대한 모어의 원과 같은 과정을 이용하며, 이때 τ를 $\gamma/2$로 대체하고 수직변형률 요소는 같다.

그림 4.32와 같이 *xy*축에 대해 시계방향으로 30° 회전한 *x′y′*축에 대한 변형률 요소를 알고 싶다. 또한 주변형률과 그 축의 위치도 알고 싶다.

그림 4.33은 실제 변형률에서 2배 기울어진, 즉 시계방향으로 60° 회전시켜 주어진 변형률 ϵ_x, ϵ_y, γ_{xy}와 점 x'을 나타낸 것이다. 예제 4.1, 4.2에서 응력에 대한 모어의 원과 비슷한 방법으로 계산하면

$$2\Phi_1 = \tan^{-1} 450/600 = 36.8°$$

$$R = \sqrt{600^2 + 450^2} = 750$$
$$\epsilon_{x'} = (400 \times 10^{-6}) - (750 \times 10^{-6}) \cos(60° - 36.8°) = -290 \times 10^{-6}$$
$$\epsilon_{y'} = (400 \times 10^{-6}) - (750 \times 10^{-6}) \cos(60° - 36.8°) = 1{,}090 \times 10^{-6}$$

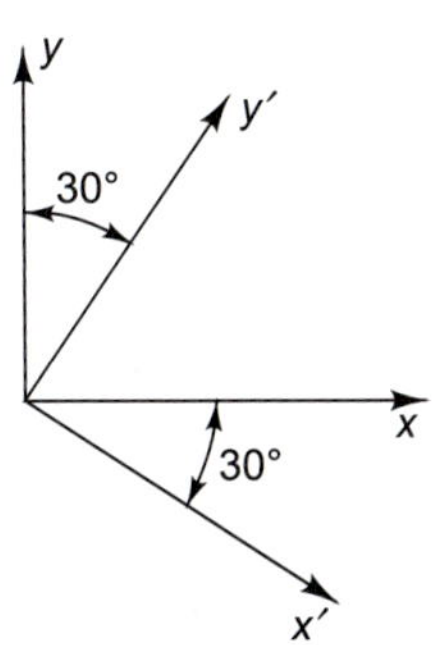

그림 4.32 예제 4.3에서 *x′y′*축의 위치

[6] 변형률은 종종 *mm/mm*, *in/in* 등의 단위로 사용되지만 **무차원량**이다.

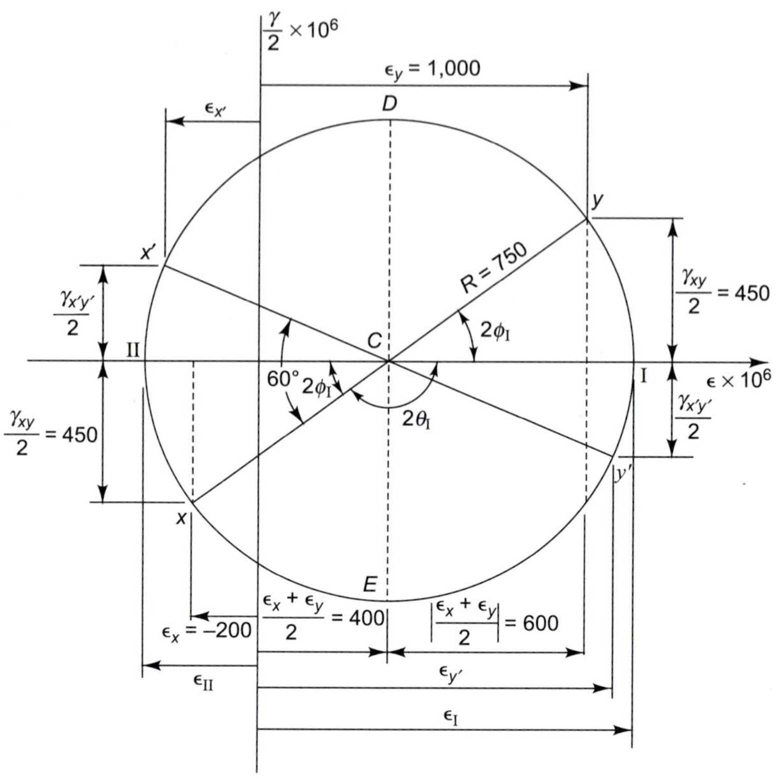

그림 4.33 예제 4.3의 모어의 원

점 x'는 ϵ축보다 위에(y'는 아래) 있기 때문에, 전단변형률 성분 $\gamma_{x'y'}$는 음이다.

$$\frac{\gamma_{x'y'}}{2} = -(750 \times 10^{-6}) \sin(60° - 36.8°) = -295 \times 10^{-6}$$

$$\gamma_{x'y'} = -590 \times 10^{-6}$$

주변형률은

$$\epsilon_I = (400 \times 10^{-6}) + (750 \times 10^{-6}) = 1{,}150 \times 10^{-6}$$

$$\epsilon_{II} = (400 \times 10^{-6}) - (750 \times 10^{-6}) = -350 \times 10^{-6}$$

전단변형률의 주 축은 그림 4.34에 나타나 있다.

금속박막이 I 방향으로 $1{,}150 \times 10^{-6}$의 변형률로 인장되고, II 방향으로 350×10^{-6}만큼 압축할 때의 주 축 xy는 그림 4.34에 나타나 있다.

■ ■ ■

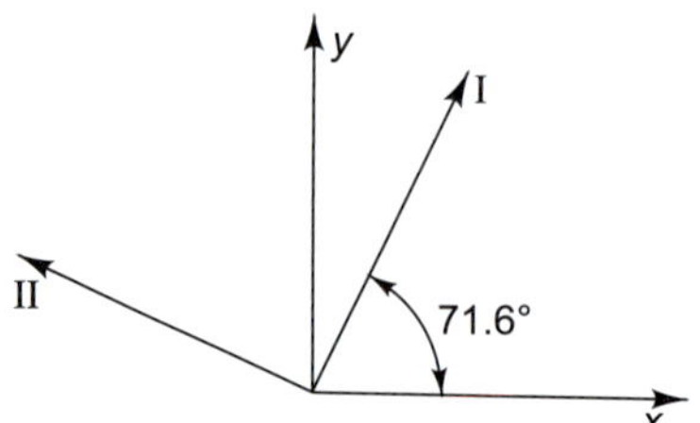

그림 4.34 예제 4.3의 응력을 받을 때 변형률의 주 축방향

4.13 일반적인 변형률 상태를 반영한 모어의 원

Mohr's Circle Representation of a General State of Strain

지금까지는 오직 한 개의 평면에 대한 변형을 다루었다. 이제는 z축의 변형률이 0이 아닌 경우, 즉 변형률 상태에 있어 완벽히 실제인 경우에 대해 말하겠다. 기존의 xy 평면에 기울어진 축에 대한 변형률을 가정해 보겠다. xy 평면에 평행하고 변형이 일어나지 않은 요소 $OCDE$가 존재하는 상황을 그림 4.35에 나타내었고, z 방향 변위를 w로 표기하여 나타내었다. 그림 4.35는 그림 4.29의 요소가 xy 평면에 대해서만 변형된다는 점에서 비교된다($w = 0$).

평면변형률의 관심사는(그림 4.29 참조), $O'C'$의 길이에 대한 $(\partial v/\partial x)\ \Delta x$의 영향은 변형이 전체에 비해 작을 경우 무시되었다. 그림 4.35에서 변위 $(\partial v/\partial x)\ \Delta x$와 $(\partial w/\partial x)\ \Delta x$가 $O'C'$의 길이에 같은 영향을 미치는 것을 볼 수 있고, 이를 통해 평면변형 w가 ϵ_x나 다른 xy 평면에 기울어진 다른 축에 전혀 영향을 주지 않는다고 판단할 수 있다. 변위 $(\partial u/\partial x)\ \Delta x$, $(\partial w/\partial x)\ \Delta x$, $(\partial v/\partial y)\ \Delta y$, $(\partial w/\partial y)\ \Delta y$와 같은 수준의 근사값이 각 $C'\ O'\ E'$에 주는 영향은 무시할 수 있고, 따라서 기존의 xy 평면에 기울어진 축에 관련된 전단변형률은 평면변형의 영향을 받지 않는다고 판단된다.

그림 4.35에 나타난 일반 변형의 특징을 종합해보면, 미소변형에 대해 다음과 같이 말할 수 있다.

1. 식 (4.41)의 결과와 모어의 원의 표현법은 ϵ_z, γ_{yz}, 혹은 γ_{zx}가 0인지 아닌지에 따라 일치한다.
2. 만약 w가 존재하고 xy 평면의 각각의 좌표축에 대해 다르다면, xy 평면의 임의의 x'축은 전단변형률 성분 $\gamma_{zx'}$, $\gamma_{x'y'}$와 관련이 있을 것이다. 그림 4.31의 경우 축 I, II는 **변형률의 주 축**에 대한 정의인 '전단변형률 0'을 만족하지 않으므로 주 축이라 부를 수 없다.

일반적인 3차원 변형에 대한 사진을 완성하기 위해, 변형 후에도 서로 수직으로 남아있는 축이 있는 물체의 각 점에서의 증명은 여기서 말하지 않겠다. 이러한 축들은 **변형률의 주 축**이

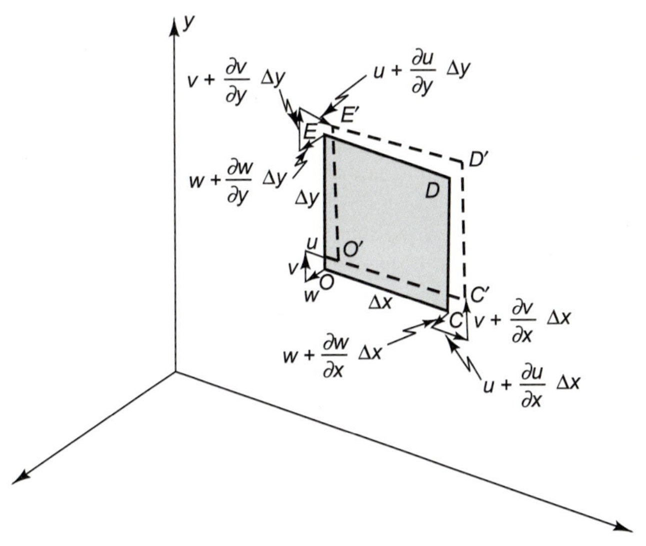

그림 4.35 기존의 xy 평면에 평행한 미소 요소의 일반적인 변위

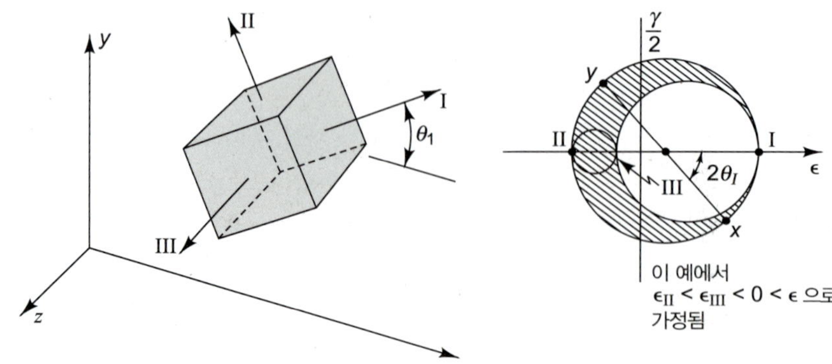

그림 4.36 3차원 변형상태

라 부르며, 이 축은 그림 4.36(b)의 모어의 원에 나타난 I−II, II−III, III−I와 관련된 변형의 주 면(principal planes of strain)을 결정한다. 응력의 경우와 비슷하게, 임의의 축과 관련된 수직, 전단변형률 성분은 그림 4.36(b)의 빗금 친 영역의 좌표[7]로 결정될 것이다($\epsilon_{II} < \epsilon_{III} < 0 < \epsilon_I$이라 가정했을 때). 전단변형률 성분의 결과를 통해, 각 축의 최댓값을 알 수 있다. 이는 전단변형률 $\gamma_{x'y'}$와 $\gamma_{zx'}$와 관련된 x'축에 대해 나타낼 수 있고, 최대 전단변형률 x'축과 다른 수직한 축 사이의 최대 전단변형률의 크기는 $\sqrt{(\gamma_{x'y'})^2 + (\gamma_{zx'})^2}$이다. 따라서 가장 실제와 같은 경우 변형률의 주 축을 2개 포함하는 평면의 성분을 다뤄야 한다. 여기서는 일반적인 변형상태를 능가하는 경우는 다루지 않겠다.

4.14 변형률의 측정 *Measurement of Strains*

기계부품, 구조물에서 응력 분포를 예측하는 이론적인 모델이 원하는 수준의 정확도로 예상할 수 있는지 없는지 확인하기 위해서는 하중을 받는 물체의 실제 응력조건의 확립을 위한 실험을 통해 접근하는 것이 일반적인 방법이다. 하지만 대부분의 상황은 응력계산을 위한 이론적인 모델을 만들 수 없을 만큼 매우 복잡하다. 그 대신, 응력은 실제 응력상태인 구조물이나 구조물의 일부분을 측정하여 알 수 있다.

한 가지 반드시 확인해야 할 것은 물체 표면의 바깥 면에 접한 응력을 포함하는 경우는 직접적인 측정이 불가능하다. 대부분 다양한 위치에서 변형률을 측정하고, 응력과 변형률 사이의 정략적 관례로부터 이에 해당하는 응력값을 계산한다. 이 방법은 다음 장에 소개하겠다.

변형률 측정에 많이 사용되는 세 가지 방법은

1. 광탄성(photoelasticity)
2. 취성코팅(brittle coatings)
3. 변형률 측정기(전기저항을 이용)

광탄성은 충분히 투명한(복굴절; birefringent) 재료로 이뤄진 판형구조와 고유평면으로

[7] A N dai, “Theory of Flow and Fracture of solid,” 2nd ed, p. 115, McGraw-Hill Book Company, New York 1950.

그림 4.37 직경의 압축을 받는 광탄성 재료의 링
(Courtesy Prof. W. M. Murray, MIT)

하중을 받는 구조(평면응력상태)를 확인하고, 구조평면에 수직한 빛의 경로와 편광을 이용한 실험을 위해 시작되었다. 빛을 통과시키는 모델을 이루는 재료의 특징은 주변형률의 크기에 의존한다.

모델을 편광기(polariscope)나 편광판으로 관찰하면 변형의 영향이 정성적, 정량적으로 설명할 수 있는 패턴이 나타난다. 하얀색 빛을 사용하여 패턴을 보면 일종의 색 띠를 포함하고 있을 것이며, 단색광을 사용한다면 그림 4.37처럼 고리를 압축한 것 같은 검은색 선이 뚜렷하게 나타날 것이다. 그림의 선은 주응력이나 최대 전단응력의 차이에 따라 나타나는 궤적이다.

비록 광탄성을 이용한 측정법이 기본적으로 평면변형 문제를 해결하는 데 적합하지만 이를 3차원 구조물로 확대해서 원자로의 압력용기와 같은 복잡한 형상에서 인장을 찾는 데 쓰일 수 있다.

최근에는 평면이나 곡면에 광탄성코팅을 적용할 수 있는 방법이 개발되었다. 이는 구조물이나 부품 표면의 전체적인 변형을 측정할 수 있다는 점에서 커다란 발전이다. 이러한 발전은 실제 응력이나 작동조건에 있어 응력조건을 연구하는 실험장비에 광탄성을 사용하는 데 이르렀다. 그림 4.38은 대형항공기의 랜딩기어(landing gear)를 조사하는 모습이다.

취성코팅기술은 대게 0.25 mm 이하 두께의 박막재료의 시편까지 측정할 수 있다. 일반적으로 두 가지 종류의 코팅제가 쓰인다. 하나는 광택제(lacquer)로 실온에서 사용하며, 다른 하나는 세라믹으로 실온보다 높은 온도에서 사용한다.

시험편이 하중을 받고 있다면, 변형은 표면의 코팅에서 일어나게 된다. 이러한 변형이 매우 클 경우, 코팅은 대수적으로 큰 주변형에 수직한 방향으로 균열(crack)이 발생할 것이다. 이 같은 경우인 엔진 크랭크축의 코팅에서 발생한 균열무늬(crack pattern)가 그림 4.39에 나타나 있다. 전도도시험(conducting test)에서 이는 새로운 코팅에 가해지는 하중이 증가함에 따라 발생하는 균열을 관찰하기 위한 일반적인 방법이다. 이 방법의 무늬는 변형량의 관계를

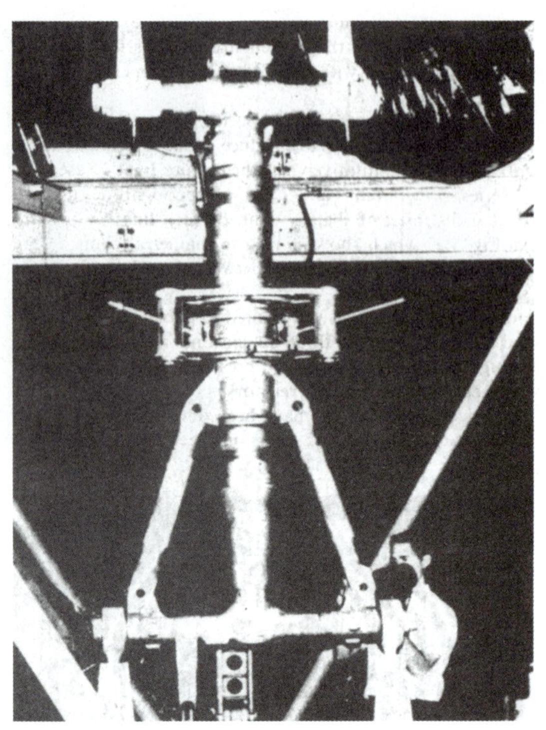

그림 4.38 알루미늄-에폭시로 만든 보잉 747 슈퍼제트 항공기 랜딩기어 앞부분 검사 (Courtesy S. S. Redner, Photoelastic. Inc.)

나타내는 데 발전할 수 있다. 비록 이러한 방법이 광탄성이나 변형률 측정기만큼 정확하지 않지만, 상대적으로 저렴하고 변형의 진행에 대한 전반적인 사진을 얻을 수 있다. 세부적인 변형률 게이지를 이용한 측정 전에 행하는 취성코팅 방법은 최대 인장변형이 발생될 방향과

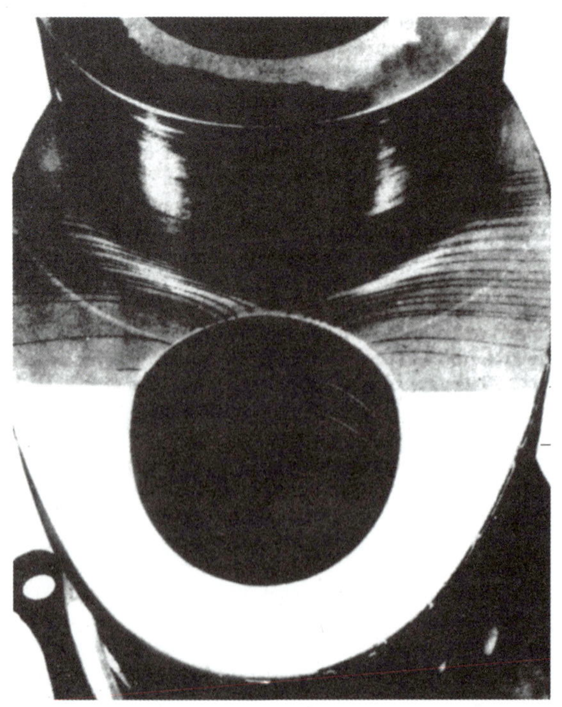

그림 4.39 크랭크축의 응력코팅 패턴 (By W.T. Bean. Courtesy Experimental Mechanics, Oct. 1966, and Magnaflux Corp.)

위치를 알려준다는 점에서 상당한 경제적 효과를 갖는다. 결합된 전기저항 변형률 게이지는 물체 표면의 수직변형률을 측정하는 데 널리 사용되고 있다. 변형률 측정기는 감지 방식에 따라 전선식(wire), 은박식(foil), 반도체식(semiconductor)으로 나뉜다. 대부분의 측정기는 변형을 측정하기 위한 자리에 쉽게 설치할 수 있는 매우 얇은 재질의 물체가 장착되어 있다.

전선형 측정기는 매우 가느다란 전선(직경 0.025 mm 이하) 격자(grid)의 감지부가, 박막형은 대략 0.005 mm 두께의 금속을 광식각(photoetching)이나 다이커팅(die-cutting) 방법으로 만든 유사격자를 감지부로 사용한다. 미국에서 실리콘은 특정 성질을 얻기 위한 물질을 첨가한 단일결정에서 잘라낸 작은 조각으로 만든 감지부를 갖는 반도체형 측정기에서 선호하는 재료이다. 변환기를 사용하는 몇몇의 경우, 실리콘 조리개(diaphragm)나 작은 빔을 이용하여 감지부의 모든 요소로 첨가물을 분산시킨다.

세 종류의 변형률 측정기의 기본적인 작동 원리는 기계적 변형에 의해 발생하는 전기저항의 변화이다. 감지부로 사용될 금속을 선택하는 필수조건은 변형과 단위 전기저항의 변화가 선형관계를 나타내야 한다. 실리콘은 이러한 관계에 있어 좀 더 복잡하고 기본적으로 비선형을 나타낸다. 하지만 작은 변형 관계에 있어서는 실제 목표에 있어 선형으로 가정할 수 있다.

측정기는 변형을 측정할 표면에 부착하고, 단위변위에 대한 저항을 측정할 목적으로 휘스턴 브릿지 회로(Wheatstone-bridge circuit)가 연결된다. 정적(static), 동적(dynamic) 징후를 모두 얻을 수 있다(동적 징후는 매우 높은 주파수에서 얻을 수 있다). 최근 측정 장비는 신호처리를 통해 변형이나 힘, 비틀림, 모멘트와 같은 정량적인 값을 직접적으로 읽을 수 있다.

응력이 없는 자유표면에서 상세한 변형상태를 제공하기 위해, 수직변형의 수직한 두 개의 성분과 이에 상응하는 전단응력성분, 혹은 이와 동등한 성분을 알아야 할 필요가 있다. 저항이 부착된 측정기는 수직응력만을 측정하기 때문에 그림 4.40(a)에 표시된 것처럼 3개의 독립적인 방향에 대한 수직변형을 측정하는 것이 일반적이다(추가적인 정보가 필요할 수 있다). 이러한 축의 배열을 **로제트**(*rosette*)라 하며, 측정된 세 개의 변형으로부터 주 축의 방향과 주변형을 계산하는 것을 **로제트분석**(*rosette analysis*)이라 알려져 있다. 그림 4.40(a)에는 일반적인 로제트가 (b), (c)에는 많이 상용되는 특수한 로제트가 나타나 있다.

변형과 로제트에 대한 해석을 이용하여 변형상태를 추정하는 많은 방법이 있다.[8] 변형상태

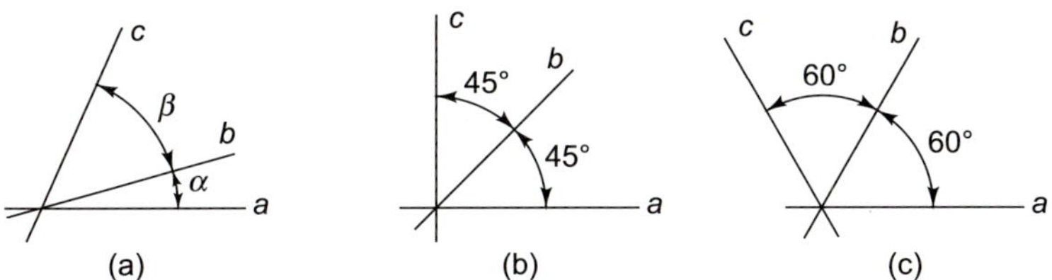

그림 4.40 스트레인 게이지 로제트. (a) 일반 로제트, (b) 45° 로제트, (c) 60° 로제트

[8] 예를 들어, M. Hetenyi, "Handbook of Experimental Stress Analysis," p. 390, John Wiley & Sons, Inc., New York, 1950; G. Murphy, *Trans. ASME*, vol. 67, p. A209, 1945; and F.A. McClintock, *Proc. Soc. Exp. Stress Anal.*, vol. 9, p. 209, 1951; J.W. Dally and W.F. Riley. "Experimental Stress Analysis," Chap. 16, McGraw-Hill Book Company, New York, 1965; C.C. Perry and H.R. Lissner, "The Strain Gage Primer," 2nd ed., Chap. 7, McGraw-Hill Book Company, New York, 1962. 참조

를 표현하는 편리한 방법은 모어의 원을 얻는 것이다. 문제의 일반적인 본질을 알기 위해, 그림 4.40(b)의 45° 로제트의 세 개의 수직 변형량으로 모어의 원을 그리는 방법을 설명하겠다.

예제 4.4 45° 로제트로 얻은 변형량 ϵ_a, ϵ_b, ϵ_c의 모어의 원을 그리려 한다.

처음 $\gamma/2$축으로부터 ϵ_a, ϵ_b, ϵ_c 만큼 떨어진 수직선을 그리고 시작한다. 이를 $\epsilon_a < \epsilon_b < \epsilon_c$라고 가정하고 그림 4.41(a)에 나타내었다. 다음으로 앞에서 나타낸 수직선 a, c의 중점 점 D를 표시한다. 이제 그림 4.41(b)처럼 ϵ축의 위로 직선 DB 길이와 같은 직선 Aa를, ϵ축 아래로 앞에서와 같이 직선 Cc를 그린다. 그리고 점 D를 중심으로 점 a, c를 통과하는 원을 그리고 나서 점 B의 수직선과 원이 만나는 점 b를 찾는다. 직각삼각형 DAa, DCc, bBD는 각각의 삼각형 두 빗변의 길이가 같기 때문에 닮음이다. 결과적으로, 모어의 원에서의 각 abc는 로제트 45°의 두 배인 90°이다. 그림 4.41(b)에서 모어의 원의 점 a, b, c의 상대적인 위치를 알 수 있지만, 위치는 로제트의 배열의 반대이기 때문에 이 원은 로제트로 측정한 응력상태를 나타내지 못한다. 그림 4.41(c)와 같이 ϵ축 밑에 $Aa = BD$와 ϵ축 위에 $Cc = AB$로 하고 원의 중심에 D를 두어 같은 방법으로 원을 그리면 점 a, b, c 위치가 원과 로제트 모두 같아지기

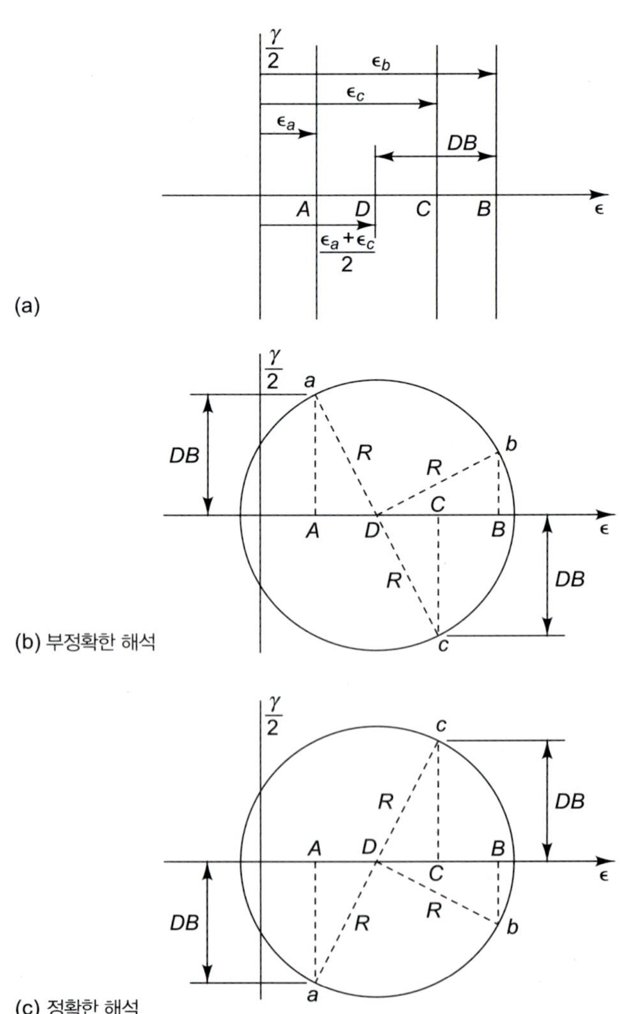

그림 4.41 $0 < \epsilon_a < \epsilon_c < \epsilon_b$일 때 45° 변형 로제트로 만든 모어의 원

때문에, 이 원은 정확한 원이다.

모어의 원을 그리면 예제 4.3에 그린 것과 같은 방법인 원의 기하구조로부터 특정 축에 대한 변형성분을 얻을 수 있다.

앞서 언급한 방법 외에 표면의 변형을 측정하는 비교적 최근의 기법은 홀로그램 간섭계(hologram interferometry)이다.[9] 이 기법에서는 비변형상태의 물체 홀로그램 사진을 찍는다. 하중이 가해지고 물체가 변형되면 두 번째 홀로그램을 찍는다. 두 개의 사진을 함께 관찰하면, 간섭무늬(interference fringe)가 나타나고, 물체 표면의 다양한 점에서의 변형을 알기 위해 이를 해석한다. 이 기법에는 레이저빔 광원, 고해상도 필름과 만족스러운 홀로그램을 얻고 진동의 영향이 없는 지지대가 필요하다. 하지만 이럼에도 불구하고 이 기법이 촉망받는 이유는 극히 일반적이며 인쇄회로기판과 성장하는 식물처럼 불규칙적인 표면을 가진 복잡한 물체에 쓰일 수 있기 때문이다.

4.15 표기법 *Indicial Notation*

4.2절에서 말했듯이 응력성분 표기법을 표현하는 방법은 3차원 증명에서 특히 효율적이다. 또한 식 (4.36)의 변위와 변형의 관계와 다음 장에서 볼 응력-변형률 관계에서 역시 효율적이다. 이번 절에서는 응력과 변형률의 표기법에 대해 간략히 복습하겠다. 표기법은 매우 간결하고 상세한 내용의 손실 없이 기본적인 이론을 지키는 데 유리해야 한다. 반면에 기호로 많은 의미를 나타내기 때문에 표기법에서 간단히 나타낸 물리학적 중요성을 완전히 이해하는 데 많은 실험을 필요로 한다. 이 책에서는 표기법의 사용을 강조하지 않는다. 이번 절의 주요 내용은 고체역학과 유체역학의 보다 나은 처리방법을 찾기 위한 표기법에 대해 간단히 소개하는 것이다.

표기법에 대한 이 장의 모든 주요 공식을 유도하지는 않을 것이다. 그 대신 이전의 어원을 따르는 공식을 어떤 형태로 표기하는지 보여주겠다. 그 결과는 2차원에서 나타내겠다. 2차원에서 식을 얻으면, 이에 대응되는 3차원 결과를 예상해 볼 수 있다. 예를 들어 평면응력상태의 식 (4.6)으로 주어진 점에서 응력상태는 아래와 같이 생각해 볼 수 있다.

$$\sigma_{ij} \quad i, j = 1, 2 \tag{4.42}$$

식 (4.42)는 식 (4.4)로 주어진 3차원 응력상태 $i, j = 1, 2, 3$일 때도 동일하게 적용된다. 일반적으로 식의 첨자에 의해 예상되는 값의 범위는 생략한다.

합규약(*summation convention*)을 사용하여 응력평형식을 쓰면 아래와 같다.

$$\frac{\partial \sigma_{ij}}{\partial x_i} = 0 \tag{4.15}$$

식을 표시하는 좀 더 단순한 방법은 해당 첨자 앞에 콤마(comma) 표시를 한 편미분 함수 f로 나타내는 것이다.

[9] Holographic Instrumentation Applications, NASA SP-248, National Aeronautics and Space Administration, Washington, D.C., 1970 참조

$$\frac{\partial f}{\partial x_i} = f_{,i}$$

이에 따라 3차원 평형방정식 (4.15)는 아래와 같이 쓸 수 있다.

$$\sigma_{ij,i} = 0 \tag{4.43}$$

만약 이러한 축약이 의미가 불확실하다면, 수식에 대한 각 첨자의 자세한 값을 적으면 된다.

이러한 표기법을 이용한 벡터의 표현은 매우 간단한 형태를 취한다. 예를 들어 식 (4.2)의 응력벡터를 나타내면

$$\overset{(\mathbf{n})}{\mathbf{T}} = \overset{(\mathbf{n})}{T_i}\mathbf{e}_i \tag{4.44}$$

이때, $\mathbf{e}_i$는 x_1, x_2, x_3 방향의 단위벡터이다.

이제 식 (4.19)와 같이 응력성분에 대한 수직벡터가 **n**인 좌표평면 위에 작용하는 응력벡터의 성분 표현을 생각해보자. 이에 대한 단위벡터 **n**, 식 (4.20)은

$$\mathbf{n} = \cos\theta\mathbf{i} + \sin\theta\mathbf{j} = n_i\mathbf{e}_i$$

이때 n_i는 방향코사인이다. 이제 식 (4.19)는 아래와 같이 나타낼 수 있다.

$$\overset{(\mathbf{n})}{T_1} = \sigma_{11}n_1 + \sigma_{21}n_2$$

$$\overset{(\mathbf{n})}{T_2} = \sigma_{12}n_1 + \sigma_{22}n_2$$

또는 $$\overset{(\mathbf{n})}{T_j} = \sigma_{ij}n_i \tag{4.45}$$

식 (4.45)의 축약은 식 (4.19)와 비교해야 한다.

이제 응력과 변형에 대한 변환법(*transformation law*) 표현을 알아보려 한다. 그림 4.42에서 새로운 x'_i 축과 기존 x_j 사이의 각을 θ_{ij}로 정의하였다. 기존 축에 대한 새로운 축의 방향코사인은 아래와 같다.

$$l_{ij} = \cos\theta_{ij} \tag{4.46}$$

예를 들어, 그림 4.42에서

$$l_{11} = \cos\theta \qquad l_{12} = \cos\theta_{12} = \cos\left(\frac{\pi}{2} - \theta\right) = \sin\theta$$

$$l_{22} = \cos\theta \qquad l_{21} = \cos\theta_{21} = \cos\left(\frac{\pi}{2} + \theta\right) = -\sin\theta$$

방향코사인을 사용하여 얻는 이점은 회전된 축의 변환 관계를 쉬운 방법으로 쓸 수 있는 점이다.

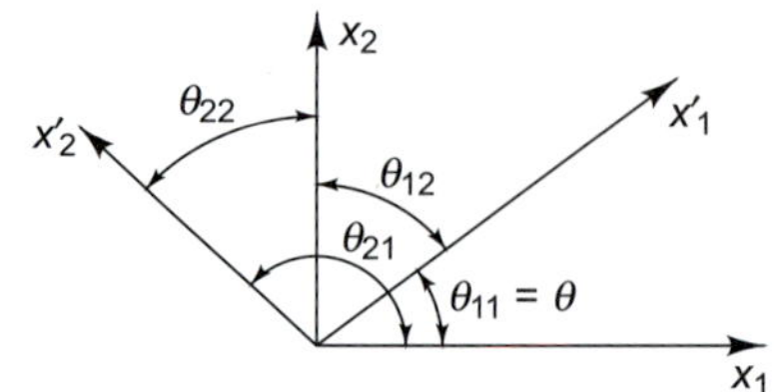

그림 4.42 축의 회전 각도

문제 1.2에서 회전축 x'_i에 대한 벡터성분의 변화를 프라임(prime)으로 표기한다는 것을 알았다.

$$F'_x = F_x \cos\theta + F_y \sin\theta$$
$$F'_y = -F_x \sin\theta + F_y \cos\theta$$

이를 식 (4.46)과 합 규약을 이용하여 표기하면

$$F'_1 = F_1 l_{11} + F_2 l_{12} = F_j l_{1j}$$
$$F'_2 = F_1 l_{21} + F_2 l_{22} = F_j l_{2j}$$

혹은 두 식에 대한 축약형은

$$F'_i = l_{ij} F_j \tag{4.47}$$

만약 식 (4.23)의 응력변환공식으로 돌아가 보면,

$$\sigma'_x = \sigma_x \cos^2\theta + \sigma_y \sin^2\theta + 2\tau_{xy} \sin\theta \cos\theta$$

아래와 같이 방향코사인의 정의가 사용된 것을 볼 수 있고, 이 식은 아래와 같은 형태로 쓸 수 있다.

$$\sigma'_{11} = \sigma_{11}\, l_{11} l_{11} + \sigma_{22}\, l_{12} l_{12} + \sigma_{12}\, l_{11} l_{12} + \sigma_{21} l_{12} l_{11}$$

또는

$$\sigma'_{11} = l_{1i} l_{1j}\, \sigma_{ij}$$

응력성분에 대한 일반적인 변환법은 다음과 같다.

$$\sigma'_{1j} = l_{ip} l_{jq}\, \sigma_{pq} \tag{4.48}$$

이와 동일한 방법으로 식 (4.40)의 변형의 변환법은 다음과 같다.

$$e'_{ij} = l_{ip} l_{Jq} e_{pq} \tag{4.49}$$

응력 변환과 변형률 변환 둘 다 동일한 형태를 취한다. 회전된 축에 미치는 이러한 성분의 양을 텐서(*tensor*)라고 한다. 모어의 원은 이러한 텐서의 변환을 시각적으로 나타낸 것이다. 표기에 쓰여진 모든 공식들은 3차원적으로 적용된다.

요약 *SUMMARY*

응력과 변형률

변형 가능한 물체에 대한 지식을 비균일체와 같은 좀 더 일반적인 경우로 확장하기 위해, 물체를 미소 요소로 미분하는 것이 편리하다는 것을 알았고 외력에 대한 물체의 반력을 확인하기 위해 평형조건을 적용하였다. 또한 식 (2.1)의 세 가지 필수 공식이 여전히 유용함을 알아보았다.

응력과 평면응력상태

수직벡터가 '*n*'인 평면의 한 점에 작용하는 응력이나 힘의 세기는

$$\overset{n}{T} = \lim_{\Delta A \to 0} \frac{\Delta F}{\Delta A}$$

반드시 주의해야 하는 응력의 네 가지 주요 특징은

1. 응력의 물리적 차원은 단위면적당 힘이다.
2. 응력은 가상의 평면이나 재료를 나누는 두 가지 영역의 경계에서 정의된다.
3. 응력은 재료의 한 영역이 다른 영역에 작용할 때 이에 상응하는 벡터이다.
4. 응력벡터의 방향은 제한이 없다.

또한 응력성분을 정의하기 위해서는 반드시 두 개의 방향이 있어야 함을 명심하라. 한 방향은 응력이 작용하는 평면을, 다른 하나는 힘의 방향을 나타낸다. 따라서 두 종류의 응력, 수직응력(인장, 압축)과 접선응력(전단응력)이 존재한다. 한 점에 대한 여섯 개의 독립적인 응력성분은 응력상태로서 정의된다는 것에 주의하라(세 개의 수직응력과 세 개의 전단응력).

평면응력상태에서 미분요소의 평형

응력상태를 지배하는 미분방정식을 유도하기 위해 무한 개의 작은 요소들의 평형을 분석하였다. 힘과 모멘트 균형 방정식을 통해, 서로 대응되는 평면의 전단응력은 서로 같고, 수직응력과 전단응력상의 관계는 다음과 같음을 알았다.

$$\frac{\partial \sigma_x}{\partial x} + \frac{\partial \tau_{xy}}{\partial y} = 0; \quad \frac{\partial \tau_{xy}}{\partial x} + \frac{\partial \sigma_y}{\partial y} = 0$$

평면응력상태의 임의방향 평면에 관한 응력성분

또한 수직한 어떤 두 면의 응력성분을 알고 있을 경우, 모든 면에 대한 응력성분을 알아보았다. 이러한 이유로, 한 점을 지나는 면의 가능한 모든 방향에 대한 응력성분을 알면, 그 점의 응력상태를 알 수 있다.

응력을 나타내는 모어의 원

모어의 원을 이용하여 식 (4.23)의 응력을 평면에 기하학적으로 나타낼 수 있었다. 즉, 수직응력을 세로좌표로, 전단응력을 가로좌표로 나타내었다. 이는 모어의 원을 앞세워 어떠한 점의 응력상태를 분석하는 데 유용한 도구이고 주응력과 최대 전단응력을 평가하는 데 사용된다.

변형분석

우리의 관심사는 실제 물체이기 때문에, 반드시 연속체의 변형에 대한 형상 적합성에 대한 요구조건과 제한사항을 결정해야 한다. 변형을 분석하기 위해 물체 내의 변형률 성분, 수직변형률 성분, 전단변형률 성분과 변위와 변형관계를 평가한다.

$$\varepsilon_x = \frac{\partial u}{\partial x}; \quad \varepsilon_y = \frac{\partial v}{\partial y}; \quad \gamma_{xy} = \frac{\partial v}{\partial x} + \frac{\partial u}{\partial y}$$

임의의 축에 관한 변형률 성분

식 (4.41)을 통해, 수직면에 작용하는 요소들에 대해 임의 방향의 변형률 성분과 관련된 식 (4.23)과 방정식을 만들 수 있었다. 따라서 식 (4.41)을 이용하여 응력의 경우와 유사하게, 변형률에 대한 모어의 원을 그리는 것이 가능하다. 차이점은 변형률 원에서 각도가 2배이며 전단변형률이 변형률 원에서는 절반이라는 점이다.

변형률의 측정

변형률을 측정하는 방법은 앞서 말했듯이 스트레인 게이지, 광-탄성, 취성코팅과 이외에 기타 방법이 있다.

따라서 한 점의 응력상태를 평가하는 방법, 변형과 변형률 성분 사이의 관계를 알면, 복잡한 경우에 있어 이를 단순화하는 데 유용하다.

문제 *PROBLEMS*

4.1 그림 4.8과 같이 한 점의 일반적인 응력상태에 대한 요구조건 $\Sigma \mathbf{F} = 0$가 아래의 세 개의 식으로 유도됨을 보여라.

$$\frac{\partial \sigma_x}{\partial x} + \frac{\partial \tau_{xy}}{\partial y} + \frac{\partial \tau_{zx}}{\partial z} = 0$$
$$\frac{\partial \tau_{xy}}{\partial x} + \frac{\partial \sigma_y}{\partial y} + \frac{\partial \tau_{yz}}{\partial z} = 0$$
$$\frac{\partial \tau_{zx}}{\partial x} + \frac{\partial \tau_{yz}}{\partial y} + \frac{\partial \sigma_z}{\partial z} = 0$$

4.2 "체적력"을 받는 금속의 한 입자가 있다면 이때의 요구조건 $\Sigma \mathbf{F} = 0$가 다음과 같이 유도됨을 보여라.

$$\frac{\partial \sigma_x}{\partial x} + \frac{\partial \tau_{xy}}{\partial y} + \frac{\partial \tau_{zx}}{\partial z} + X = 0$$
$$\frac{\partial \tau_{xy}}{\partial x} + \frac{\partial \sigma_y}{\partial y} + \frac{\partial \tau_{yz}}{\partial z} + Y = 0$$
$$\frac{\partial \tau_{zx}}{\partial x} + \frac{\partial \tau_{yz}}{\partial y} + \frac{\partial \sigma_z}{\partial z} + Z = 0$$

4.3 평면응력상태인 극좌표계에서의 요구조건 $\Sigma \mathbf{F} = 0$ 아래 두 식으로 유도됨을 보여라.

$$\frac{\partial \sigma_r}{\partial r} + \frac{1}{r}\frac{\partial \tau_{r\theta}}{\partial \theta} + \frac{\sigma_r - \sigma_\theta}{r} = 0$$
$$\frac{\partial \tau_{r\theta}}{\partial r} + \frac{1}{r}\frac{\partial \sigma_\theta}{\partial \theta} + 2\frac{\tau_{r\theta}}{r} = 0$$

요소 가장자리의 경계곡선 길이가 $(r + \Delta r)\,\Delta\theta$임에 주의하라.

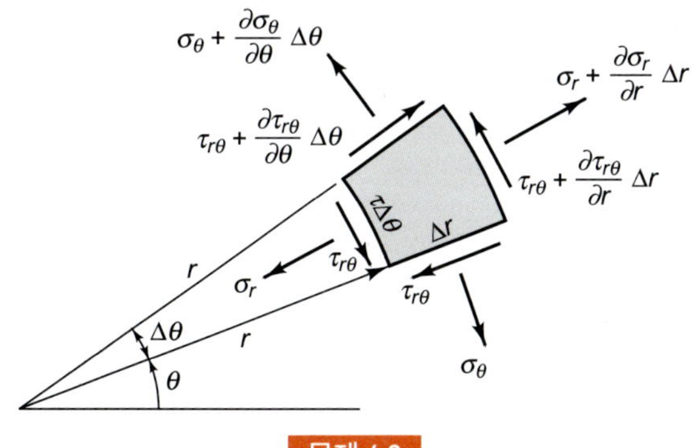

문제 4.3

4.4 원통형 좌표계에 표시된 일반적인 응력상태의 요구조건$\mathbf{\Sigma F} = 0$가 아래 세 식으로 유도됨을 보여라.

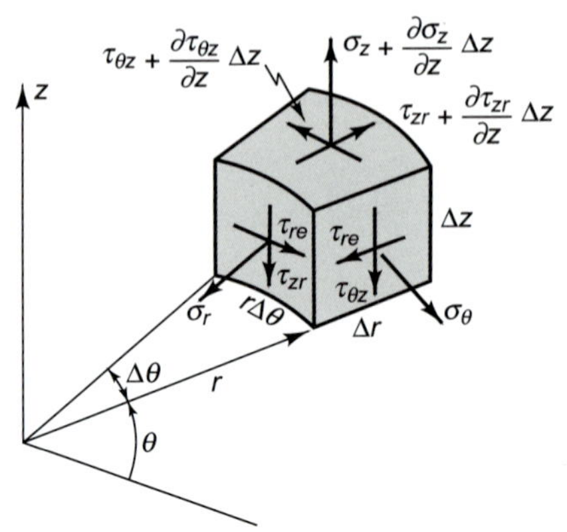

문제 4.4

$$\frac{\partial \sigma_r}{\partial r} + \frac{1}{r}\frac{\partial \tau_{r\theta}}{\partial \theta} + \frac{\partial \tau_{zr}}{\partial z} + \frac{\sigma_r - \sigma_\theta}{r} = 0$$

$$\frac{\partial \tau_{r\theta}}{\partial r} + \frac{1}{r}\frac{\partial \sigma_\theta}{\partial \theta} + \frac{\partial \tau_{\theta z}}{\partial z} + 2\frac{\tau_{r\theta}}{r} = 0$$

$$\frac{\partial \tau_{zr}}{\partial r} + \frac{1}{r}\frac{\partial \tau_{\theta z}}{\partial \theta} + \frac{\partial \sigma_z}{\partial z} + \frac{\tau_{zr}}{r} = 0$$

4.5 그림과 같이 예제 4.1의 [그림 4.18(a)]에서 $+a$축이 반전된 경우를 생각해 보자. 이 방향에 대한 모어의 원이 원래의 모어의 원과 같음을 보여라. 또한, 모어의 원으로 나타나는 요소에 대한 응력성분과 전단-응력성분의 방향이 그림 4.18(c)와 같음을 보여라.

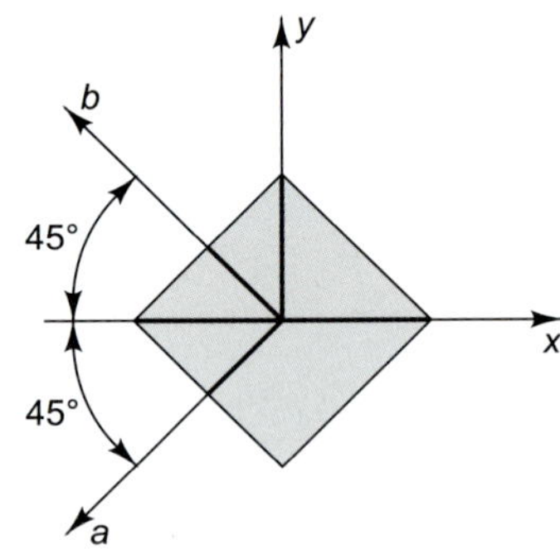

문제 4.5

4.6 평면응력상태인 다음의 경우에 대한 각각의 모어의 원을 작도하라.

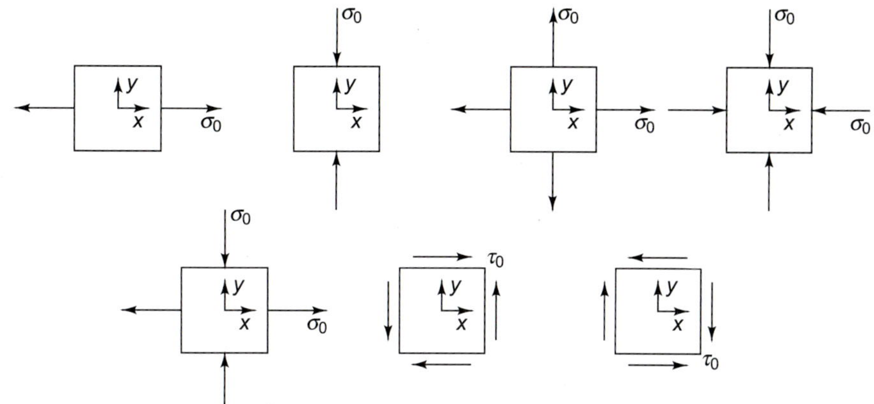

문제 4.6

4.7 평면응력상태인 아래 경우에 대한 각각의 주응력과 주응력 축을 찾아라.

(a) $\sigma_x = 40\ \text{MN/m}^2$, $\sigma_y = 0$, $\tau_{xy} = 80\ \text{MN/m}^2$

(b) $\sigma_x = 140\ \text{MN/m}^2$, $\sigma_y = 20\ \text{MN/m}^2$, $\tau_{xy} = -60\ \text{MN/m}^2$

(c) $\sigma_x = -120\ \text{MN/m}^2$, $\sigma_y = 50\ \text{MN/m}^2$, $\tau_{xy} = 100\ \text{MN/m}^2$

(d) $\sigma_x = 70\ \text{MN/m}^2$, $\sigma_y = 30\ \text{MN/m}^2$, $\tau_{xy} = 60\ \text{MN/m}^2$

(e) $\sigma_x = -70\ \text{MN/m}^2$, $\sigma_y = 140\ \text{MN/m}^2$, $\tau_{xy} = -40\ \text{MN/m}^2$

4.8 최소 주응력이 $-7\ \text{MN/m}^2$일 때, σ_x와 주응력 축과 xy축이 이루는 각도를 찾아라. 주어진 조건은 평면응력상태이다.

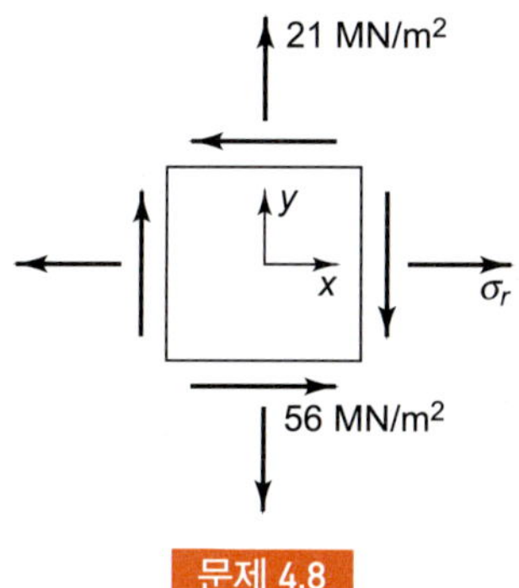

문제 4.8

4.9 문제 4.7(c)에 주어진 응력상태에서, xy축에 30° 기울어진 요소의 응력성분을 구하여라.

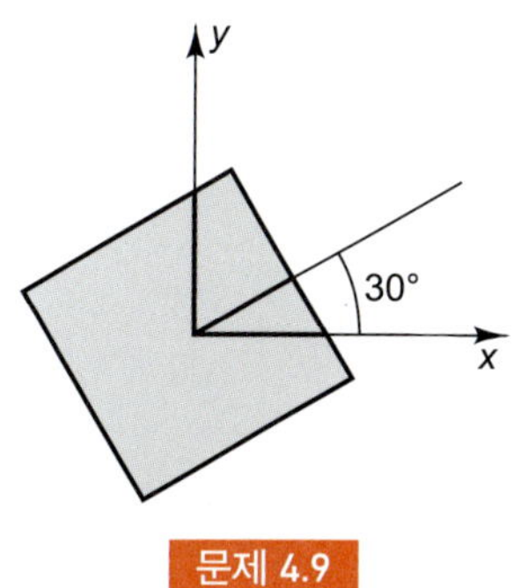

문제 4.9

4.10 내경이 r이고 두께가 t인 파이프를 생각해보자. 내압 p와 축방향 힘 F가 작용할 때 r, θ, z 방향이 응력 주 축임을 보여라. 또한, 벽의 두께가 매우 얇아질 경우($t/r \ll 1$), 파이프 벽에 가해지는 응력의 근사값이 아래와 같아짐을 보여라.

$$\sigma_r = 0$$
$$\sigma_\theta = \frac{pr}{t}$$
$$\sigma_z = \frac{F}{2\pi rt}$$

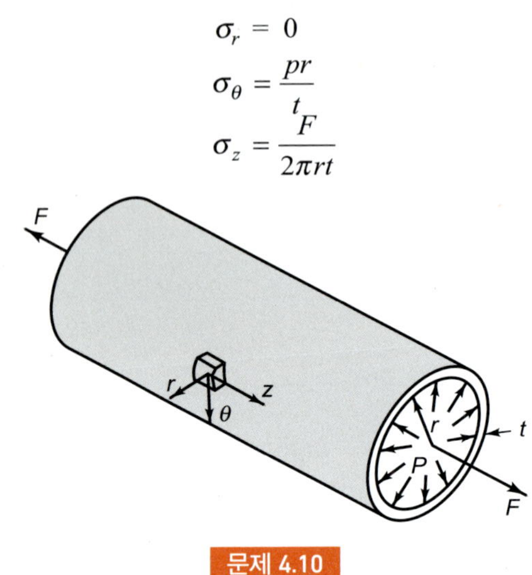

문제 4.10

4.11 문제 4.10의 파이프에서, 벽의 최대 전단응력성분이 최대 수직응력성분과 같다면 F와 p 사이의 관계는 어떠한가? 또한 최대 전단응력성분이 최대 수직응력성분의 절반인 경우에 F와 p 사이의 관계는 어떤가?

4.12 내경이 r, 두께가 t, 내압이 p인 파이프를 생각해보자. 파이프 벽면의 주응력의 근사값이 아래와 같음을 보여라.

$$\sigma_r = 0$$
$$\sigma_\theta = \frac{pr}{t}$$
$$\sigma_z = \frac{pr}{2t}$$

4.13 양 끝단이 닫혀 있는 압력파이프에서, θz 평면의 최대 전단응력이 최대 수직응력성분의 1/4임을 보여라.

4.14 그림과 같이 내경이 r, 두께가 t, 내압이 p인 구체의 주응력의 근사값이 아래와 같음을 보여라.

$$\sigma_r = 0$$
$$\sigma_\theta = \frac{pr}{2t}$$
$$\sigma_\phi = \frac{pr}{2t}$$

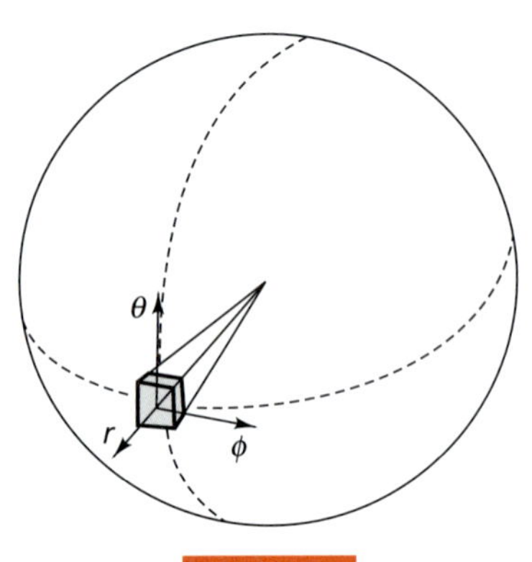

문제 4.14

4.15 ***xy*** 평면에서 동일한 응력을 받는 정사각형이 있다. 어떠한 면에 작용하는 최대 전단응력이 75 MN/m^{2}이다. 또한 x축에 수직한 면에 작용하는 압축응력은 15 MN/m^{2}이고 전단응력은 없다. 수직응력 σ_y에 대한 명확한 정보는 없고, 전단응력 τ_{yx}는 y축에 수직한 방향으로 작용한다. 아래 그림과 같이 기울어졌을 때 a, b축에 수직한 면에 작용하는 응력성분을 구하여라.

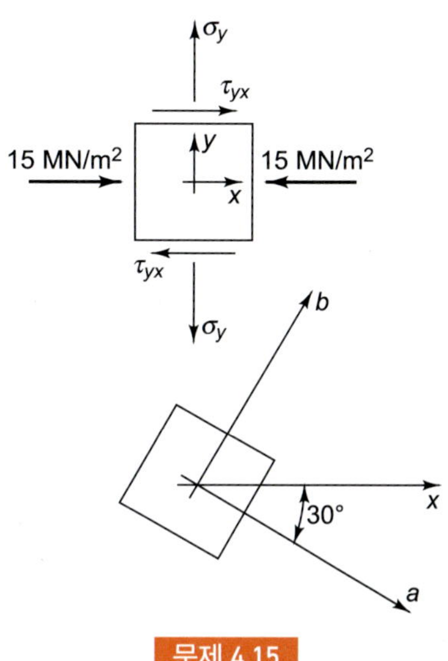

문제 4.15

4.16 일반적인 3차원 변위에 있어, x, y, z 방향의 변위 성분이 각각 u, v, w일 때, xyz에 대한 변형률 성분이 다음과 같음을 보여라.

$$\epsilon_x = \frac{\partial u}{\partial x} \qquad \epsilon_y = \frac{\partial v}{\partial y} \qquad \epsilon_z = \frac{\partial w}{\partial z}$$

$$\gamma_{xy} = \frac{\partial v}{\partial x} + \frac{\partial u}{\partial y} \qquad \gamma_{yz} = \frac{\partial w}{\partial y} + \frac{\partial v}{\partial z} \qquad \gamma_{zx} = \frac{\partial u}{\partial z} + \frac{\partial w}{\partial x}$$

4.17 평면변형률 상태인 그림에서 원주방향(radial direction)에 대한 변위 성분은 u만으로 나타낼 수 있다. 원주방향(radial, r), 접선방향(tangential, θ)에 대한 변형률 성분이 다음과 같음을 보여라.

$$\epsilon_r = \frac{du}{dr} \qquad \epsilon_\theta = \frac{u}{r} \qquad \gamma_{r_\theta} = 0$$

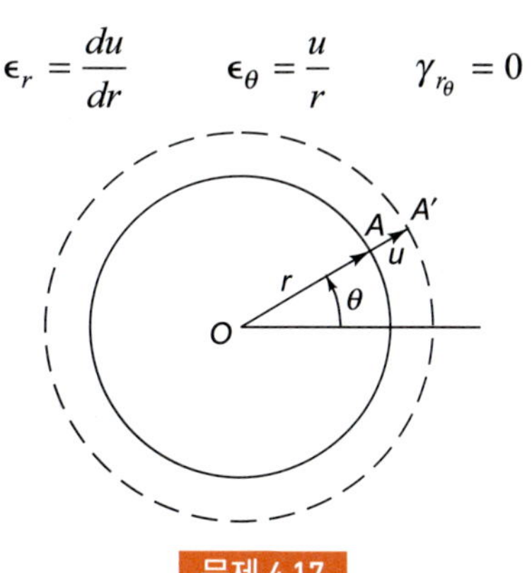

문제 4.17

4.18 평면변형률 상태인 극좌표계에 있어, 일반적인 변형은 각 점의 원주방향성분 u와 접선방향 성분 v의 합으로 표현된다. r, θ축에 대한 변형률 성분이 다음과 같음을 보여라.

$$\epsilon_r = \frac{\partial u}{\partial r}$$

$$\epsilon_\theta = \frac{1}{r}\frac{\partial v}{\partial \theta} + \frac{u}{r}$$

$$\gamma_{r_\theta} = \frac{\partial v}{\partial r} + \frac{1}{r}\frac{\partial u}{\partial \theta} - \frac{v}{r}$$

문제 4.18

4.19 문제 4.18의 결과를 이용하여 r, θ, z축에 대한 원통형 좌표계에서의 3차원 변형률이 다음과 같음을 보여라. r, θ, z 방향의 변위 성분은 각각 u, v, w이다.

$$\epsilon_r = \frac{\partial u}{\partial r} \qquad \epsilon_\theta = \frac{1}{r}\frac{\partial v}{\partial \theta} + \frac{u}{r} \qquad \epsilon_z = \frac{\partial w}{\partial z}$$

$$\gamma_{r\theta} = \frac{\partial v}{\partial r} + \frac{1}{r}\frac{\partial u}{\partial \theta} - \frac{v}{r} \qquad \gamma_{\theta z} = \frac{1}{r}\frac{\partial w}{\partial \theta} + \frac{\partial v}{\partial z} \qquad \gamma_{zr} = \frac{\partial u}{\partial z} + \frac{\partial w}{\partial r}$$

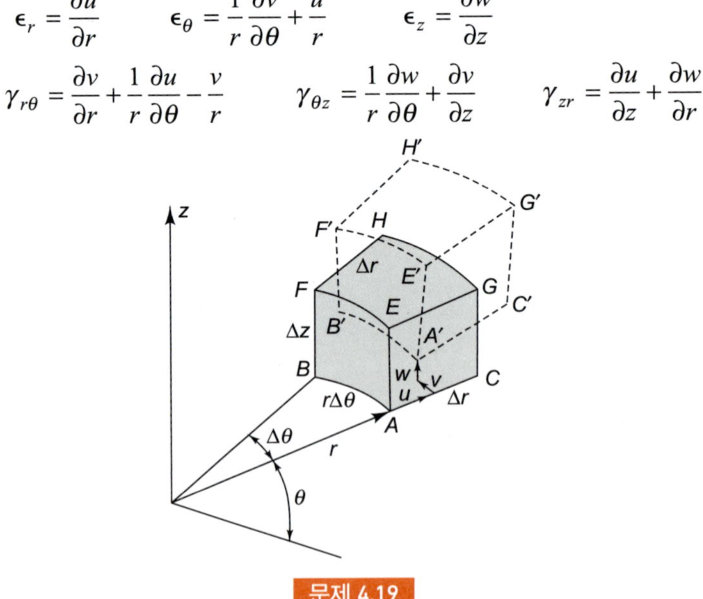

문제 4.19

4.20 평면변형률 상태인 xy 평면에서 xy축에 관련된 변형률 성분이 다음과 같다.

$$\epsilon_x = 800 \times 10^{-6}$$
$$\epsilon_y = 100 \times 10^{-6}$$
$$y_{xy} = -800 \times 10^{-6}$$

주변형량(magnitude of the principal strains)과 방향을 찾아라.

4.21 물체의 한 점에서 주변형률이 다음과 같다.

$$\epsilon_{\mathrm{I}} = 700 \times 10^{-6}$$
$$\epsilon_{\mathrm{II}} = 300 \times 10^{-6}$$
$$\epsilon_{\mathrm{III}} = -300 \times 10^{-6}$$

이 점에서 최대 전단변형률 성분은 무엇인가? 최대 전단변형이 일어나는 축의 방향은 어떠한가?

4.22 그림 4.40(b)의 45° 변형 로제트 값을 읽으면 다음과 같다.

(a) $\epsilon_a = 100 \times 10^{-6}$
$\epsilon_b = 200 \times 10^{-6}$
$\epsilon_c = 900 \times 10^{-6}$

(b) $\epsilon_a = 1{,}200 \times 10^{-6}$
$\epsilon_b = 400 \times 10^{-6}$
$\epsilon_c = 60 \times 10^{-6}$

로제트 평면에서 주변형량을 구하여라.

4.23 xy 평면에서 평면변형률 상태인 물체가 있다. xy축과 관련된 변형률 성분은 다음과 같다.

$$\epsilon_x = -800 \times 10^{-6}$$
$$\epsilon_y = -200 \times 10^{-6}$$
$$\gamma_{xy} = -600 \times 10^{-6}$$

최대 전단변형률과 관련된 축의 위치를 스케치하여 나타내어라. 또한 이러한 축에 평행한 육면체 요소가 변형된 형상을 보여라.

4.24 문제 4.19를 이용하여 물체가 $v = Cr$의 변위가 발생한다면, 이로 인해 발생하는 변형이 없음을 나타내어라. 변형이 없기 때문에 이러한 변위는 반드시 강체운동으로 설명해야 한다. 이러한 운동은 무엇인가?

4.25 그림과 같이 너비가 w이고 두께가 t인 플라스틱으로 감고, 끝단을 용융접합(fused joint)하여 만든 압력용기가 있다. 용융접합이 받는 인장응력을 최댓값은 80%만 받게 하려 할 때, 허용되는 너비 w는 얼마인가?

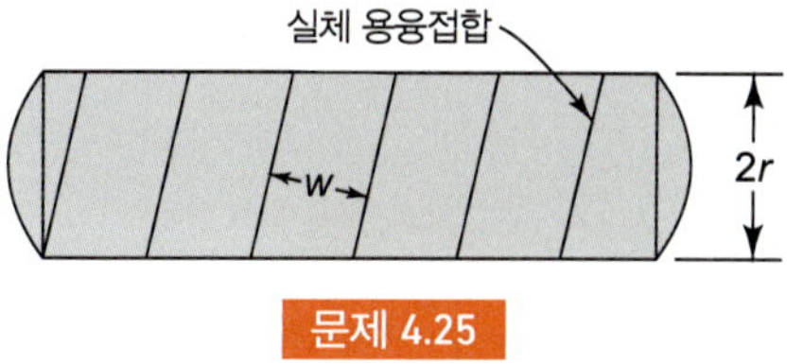

문제 4.25

4.26 두 경우에 있어, 한 점에 작용하는 응력이 그림에 나온 두 응력의 합이라 할 때, 각각에 대한 주응력 방향을 찾아라.

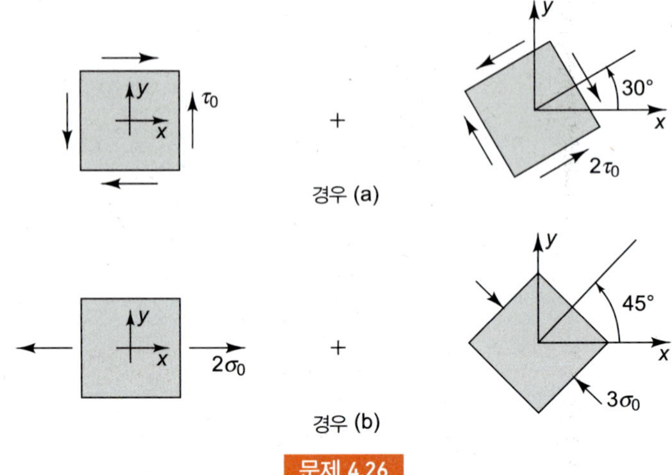

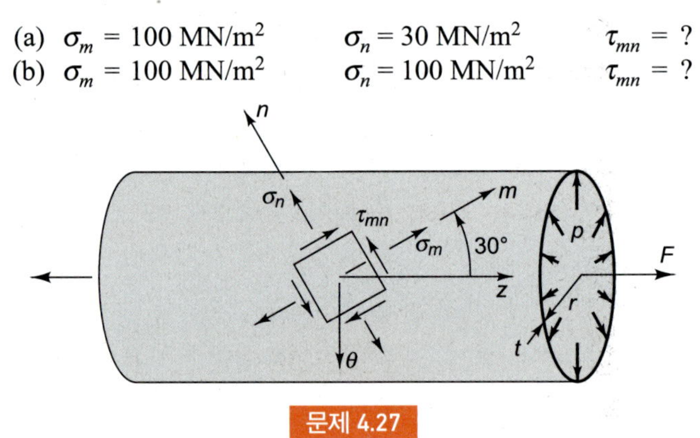

문제 4.26

4.27 그림과 같이 내경 r = 25 cm, 두께 t = 0.25 cm이고 내압 p와 축방향 힘 F를 받는 끝이 열린 파이프가 있다. 아래의 두 경우에 대한 각각의 작용하는 p와 F를 구하여라.

(a) σ_m = 100 MN/m^2 σ_n = 30 MN/m^2 τ_{mn} = ?
(b) σ_m = 100 MN/m^2 σ_n = 100 MN/m^2 τ_{mn} = ?

문제 4.27

4.28 평면응력상태인 물체의 한 점의 xy면에 대한 전단응력은 그림과 같다. 또한 이 점의 주응력은

$$\sigma_1 = 20 \text{ MN/m}^2 \qquad \sigma_2 = -45 \text{ MN/m}^2$$

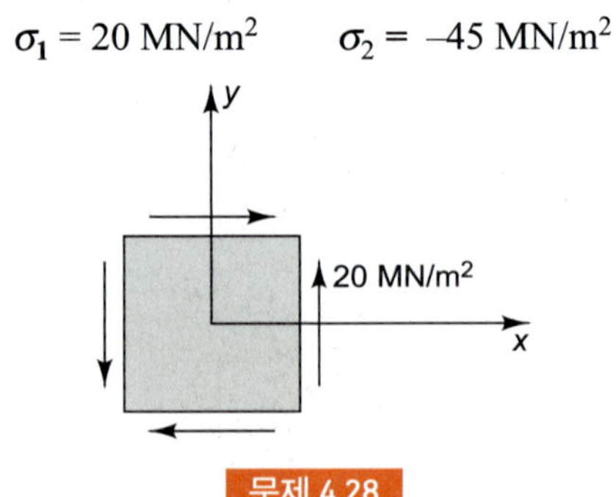

문제 4.28

σ_x와 σ_y가 계산된 xy면에서 완전한 응력의 크기와 방향을 나타내어라.

4.29 축에 대해 β각을 지나 강체 회전에 대한 변위는 아래와 같다.

$$u(x, y) = (\cos\beta - 1)x - \sin\beta y$$
$$v(x, y) = \sin\beta x + (\cos\beta - 1)y$$

식 (4.32)의 ω_z와 (4.33)의 변형률을 결정하여라. 회전각 β가 작을 때, 변형률과 ω_z의 값은 어떠한가?

4.30 그림과 같이 평면변형률 상태인 구조물의 경계 AB에 응력이 없다면, AB에 작용하는 응력벡터는 분명 0이다. 좌표축과 각도 α에 대한 응력벡터의 성분이 응력성분의 항에서 반드시 소거되는 조건을 나타내어라.

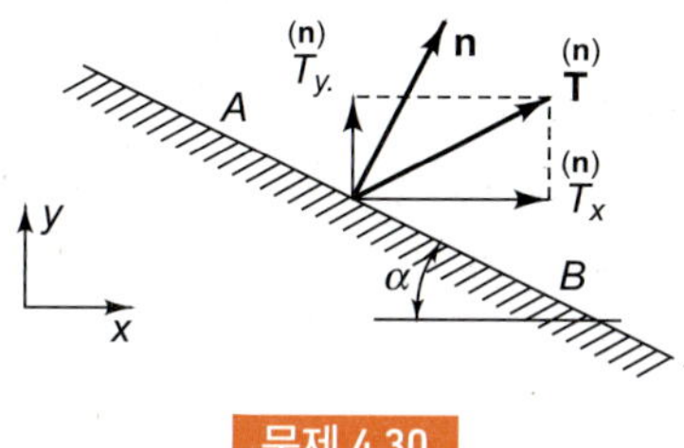

문제 4.30

4.31 식 (4.25)로부터 σ_x가 최대 혹은 최소가 되는 주 축에 대해 각을 나타내어라.

4.32 경량 압력용기는 대게 인장력에 대한 저항성을 위해 유리섬유와 에폭시 수지를 사용한다. 그림과 같이 끝단이 닫혀있는 용기에서 섬유에 가해지는 인장력이 서로 같아지는 각 α를 구하여라(문제 4.12 참조).

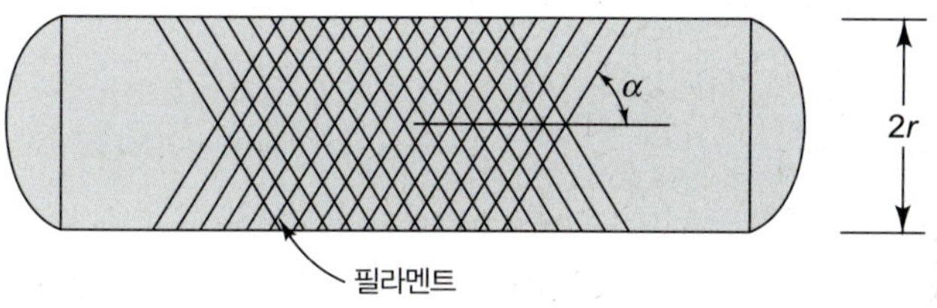

문제 4.32

4.33 3장의 얇은 보의 평형방정식 (3.11)과 (3.12)는 다음과 같았다.

$$\frac{dV}{dx} + q = 0 \qquad \frac{dM_b}{dx} + V = 0$$

아래 식과 같은 평면응력이 감소하는 조건에서 보의 두께 방향의 평형방정식 (4.13)의 적분이 앞선 방정식과 비슷해짐을 보여라.

$$V = \int_{-h/2}^{h/2} \tau_{xy}\,dy \qquad M = -\int_{-h/2}^{h/2} y\sigma_x\,dy$$

$$q = \sigma_y\left(y = \frac{h}{2}\right) - \sigma_y\left(y = -\frac{h}{2}\right)$$

4.34 성게(sea urchin)의 알은 막의 두께가 1 μm이고, 체적이 35×10^{-5} mm^{3}인 박막구체이다. 미소타격기법에 의한 내압의 근사치는 150 mmHg이다. 알 박막의 응력을 계산하여라.

제 5 장 응력-변형률-온도 관계

Stress-Strain-Temperature Relations

5.1 서론 *Introduction*

제4장에서는 단순히 형상과 하중의 평형 및 변위의 연속성에 기반한 물리적 개념의 평형을 고려하여 한 점에서의 응력과 변형률에 관한 개념들을 각각 별개의 문제로 다루었다. 또한 제4장에서는 물체를 형성하는 재료에 대한 성질에 관해서는 전혀 언급하지 않았다. 6개의 응력성분에 대한 평형방정식은 단 3개만이 존재한다는 것과 변형률과 변위 사이의 관계를 나타내는 6개의 방정식에 의하여 3개의 변위 성분이 추가된다는 것은 방정식들을 풀어 물체 내의 응력과 변형률 분포를 결정하려면 또 다른 관계가 필요하다는 것을 의미한다. 즉, 응력과 변형률의 분포는 물체를 구성하는 재료의 거동에 의존한다. 이 장에서는 응력과 변형률 **사이에** 성립하여야 할 관계를 다룬다. 이들의 관계는 다음의 두 가지 방법이 가능하다: (1) 원자적 수준에서 실험한 근거를 기초로 하여 거시적 수준까지 이론적으로 확장하는 방법, 또는 (2) 거시적 레벨에서 실험한 근거를 기초로 하여 관계를 얻는 방법. 지난 40년 동안 이들 문제에 관해서 고체물리학에서 많은 발전을 가져왔지만 아직까지 원자수준에서의 자료로부터 공학자들이 필요로 하는 정량적인 정보를 예측할 수 있을 정도까지는 발전되지 못하고 있다. 따라서 우리는 거시적 수준에서 실험한 자료로 눈을 돌리고, 여기에 물리적 및 수학적 이론을 통하여 이러한 자료를 일반화하여 응력-변형률 관계를 얻고자 한다.

이 장에서는 금속, 목재, 고분자, 복합재료 등 다양한 구조 재료에 대한 응력-변형률 거동에 대하여 기술한다. 탄성, 소성 및 점탄성적 거동을 논의하고, 탄성과 소성을 설명하기 위한 여러 가지 수학적 모형을 구성한다. 추후 다른 장에서의 응용을 위하여, 선형등방탄성 이론에 관해서 보다 상세히 기술한다. 연성재료의 항복, 취성재료의 파괴, 반복하중하에서의 피로 등에 관해서 간략하게 기술하고, 또 이들에 관한 설계기준도 다룬다. 공학적 응용에 중요한 많은 재료거동

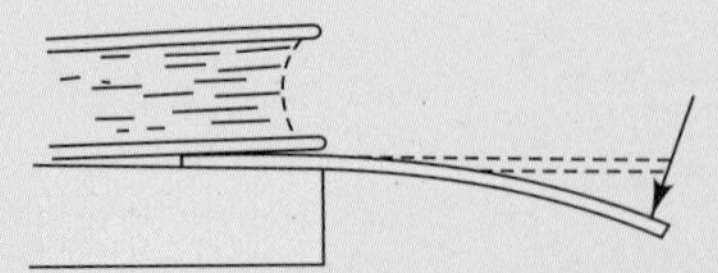

그림 5.1 굽힘 시험

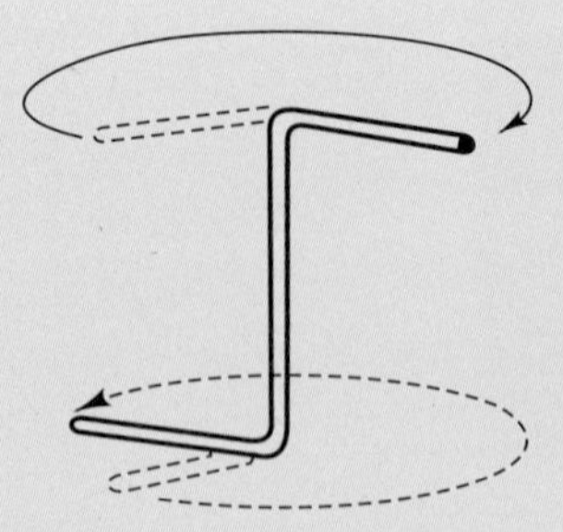

그림 5.2 비틀림 시험

의 양상에 대해서는 소개[1] 정도로만 다룬다.

재료가 나타내는 다양한 하중–변형 거동을 나타내려면 약간의 예비실험을 필요로 한다. 종이 클립을 반듯하게 펴서, 이것을 그림 5.1과 같이 책상 끝에 책으로 고정시킨다. 철사의 끝을 가볍게 누른 다음 하중을 제거하고 철사의 변형을 살펴보면, 철사는 변형 전 최초의 형태로 되돌아간다는 것을 알 수 있다. 이러한 변형을 **탄성변형**이라 하며, 이는 하중을 제거하였을 때 변형이 사라지는 것을 의미한다. 이 철사에 다시 하중을 걸어 더 많은 변형을 시키려면 보다 큰 하중을 필요로 하는 것을 알 수 있다. 하중을 다시 증가시키면 특정한 하중값에서 더 이상 철사가 원래의 형상으로 돌아오지 않고 약간 굽은 채로 되는 것을 알 수 있다. 영구적인 굽힘을 일으킬 만큼 큰 일정 하중을 철사의 끝에 달아놓으면, 그 변형은 시간과 함께 증가하지 않음을 알 수 있다. 이것은 **소성변형**의 특징을 나타낸다. 소성변형은 작용하는 하중에 의존하고 시간에는 무관하며, 힘을 제거하였을 때에도 존재하는 변형으로 정의한다. 철사의 축방향과 수직한 방향으로 힘을 유지하면서, 철사를 더 구부려보자. 철사를 90° 구부리는 데 필요한 힘은 소성변형이 최초로 일어나기 시작하는 데 필요한 힘보다 더 크다. 이와 같이 더 큰 소성변형을 일으키기 위하여 요구되는 힘의 증가를 **변형률경화**라 한다. 이 경우 힘의 증가에 따라 탄성변형도 계속해서 증가하며, 이러한 사실은 힘을 제거하였을 때 스프링백(spring-back)이 힘에 따라 증가한 것으로부터 알 수 있다. 철사를 심하게 구부려 파단시키려 해보자. 아마 쉽사리 그렇게 되지 않을 것이다. **연성** 구조는 탄성변형보다 파괴 발생 전의 소성변형이 훨씬 큰 것으로 정의한다. 철사가 충분한 연성을 가질 것이라는 생각을 확인하려면, 그것을 U자형으로 구부린 다음 그림 5.2와 같이 비틀어 보면 된다. 이때 파단이 일어날 때까지 소성변형이 탄성변형의 100배가 되는 것도 있다. 마지막으로, 철사는 앞뒤로 반복하중을 가하면 부러지게 된다. 이와 같이 반복하중에 의한 점진적 파괴를 **피로**라 한다.

자동 연필의 “심”을 사용하여, 같은 굽힘 시험을 반복해 보자. 거의 변형이 없는 상태에서 구조물에 파단이 일어나는 것을 **취성**이라고 정의한다. 취성이거나 연성이거나 간에 이들 거동은 재료뿐만 아니라 온도에도 좌우된다. 예를 들면 종이 클립을 만드는 강선은 상온에서 굽힘하중하에서 연성이지만 약 −75°C 이하의 온도에서는 취성을 나타낸다. 따라서 재료가 취성이냐 연성이냐 하는 분류는 시험온도에 따라 다르다. 따라서 별도로 특별한 언급이 없는 한, 이러한 용어를 사용할 경우에는 상온상태를 의미한다.

또한 연성은 생각하는 구조물의 치수에 따라 좌우된다. 결정입자의 쪼개짐이나 비금속함유물로 인해 생기는 미세공의 성장은 구조물을 파단에 이르는 균열진전의 근본적인 기구이다. 이런 과정이 일어나려면 크기에 있어서 1 micron의 수준 정도의 영역에 특정한 변형률의 존재가 요구된다. 한 지점에서 점진적으로 그와 같은 큰 변형률이 성장되려면 크기에 있어서 이 지점 주변에 100배 내지 1,000배의 어떤 소성변형률의 성장이 있어야 한다. 그러므로 우연한 균열이나 결함이 존재하는 경우, 이 점을 둘러싸고 있는 구조물의 한 작은 부분은 현저한 국부파단이 일어나기 전에 먼저 소성적으로 변형할 것이다. 이 부분만을 놓고 볼 때는 비록 균열이 존재하더라도 연성이라고 볼 수 있다. 그러나 균열의 성장이 시작될 때 소성역은 더 큰 탄성영역으로 둘러싸여져 이 부품의 전부피인 변형은 아주 작은 탄성변형과 거의 비슷하게 된다. 이러한 구조물이나 부품을 **노치취성**이라 부른다. 물론 노치나 균열이 없는 경우에는, 이러한 결함이 발생하려면 상당히 큰 소성변형률이 요구되므로 비교적 큰 구조물이라 할지라도 연성이 된다. 이것은 보통의 구조강에 해당한다. 그러나 점차 많이 사용되고 있는 고강도 합금강은 노치취성의 경향을 갖는다.

재료가 갖는 다른 중요한 거동은 절대온도로 나타낸 재료의 녹는점 약 절반에 해당하는 온도에서부터 나타난다. 이 온도에서 재료의 변형은 일정 하중하에서 시간이 지남에 따라 증가한다. 변형 중 이와 같은 시간 의존 부분을 크리프라 한다. 강으로 만든 종이 클립에 대하여,

[1] 보다 자세한 재료 거동에 대한 내용은 다음의 자료를 참고하라. F.A. McClintock and A. Argon (eds), “Mechanical Behavior of Materials,” Addison-Wesley Publishing Company,Inc., Reading, Mass., 1966. 여러 재료의 거동을 보여주는 재미있는 *필름*은 다음의 자료를 참고하라. “Behavior of Structural Materials,” Film No. 2 in the McGraw-Hill Film Series on The Mechanics of Structures and Materials, McGraw-Hill Book Company, New York, 1969.

크리프로 인한 변형은 약 480℃의 온도에서부터 현저하게 나타난다. 한편 알루미늄에서 같은 현상을 일으키는 온도는 약 200℃이다.

또 다른 하나의 시간의존 현상은 몇몇 재료에서 관찰되는데, 이는 하중을 제거하였을 때 서서히 형상을 회복해 가는 현상이다. 이것은 종이 조각을 접어 겹친 다음 이것을 그대로 내버려두면 관찰할 수 있다. 처음에는 급속한 탄성적 스프링백이 발생하고, 이어 비교적 늦은 속도로 서서히 접힌 상태에서 회복하는 것을 볼 수 있을 것이다. 이때 서서히 회복하는 현상을 **탄성여효** 또는 **복원**이라고 부른다.

많은 플라스틱(고분자)들은 실온에서 크리프와 탄성여효를 복합적으로 나타낸다. 이러한 성질을 일반적으로 **점탄성**이라 부르며, 액체의 점성거동도 점탄성에 속한다.

지금까지 기술한 몇 가지 간단한 실험에서 재료가 하중을 받을 때 생기는 몇 가지 이상적인 거동을 고찰하였다. 다음 절부터는 이들 양상의 몇 가지를 충분히, 그리고 보다 깊이 고찰하고 이들 현상을 기술하는 데 현재 일반적으로 사용하고 있는 정량적 관계를 고찰하려 한다.

5.2 인장시험 *The Tensile Test*

공통적으로 모든 과학분야에서는 극히 간단한 상태하에서 이루어진 실험결과를 가지고 일반 상태하에서 거동을 예측할 수 있는 이론을 개발하고자 노력한다. 생각할 수 있는 가장 간단한 것은 비교적 가늘고 긴 부재를 축방향으로 당기는 경우다. 이와 같은 시험을 **인장시험**이라 한다. 평형조건과 적합조건이 부합될 때, 인장시험에서 얻은 자료를 가지고 복잡한 경우에 대하여 이론적인 예측이 실험결과와 일치하도록 하는 정량적 응력-변형률 관계의 이론을 공식화하는 것이 이 시험의 목표다.

인장시험을 시행할 때는 먼저 재료를 그림 5.3에 표시한 바와 같이 원주형으로 시험편을 가공한다. 시험기로 이 시험편의 양 끝을 잡아당기고, 이 시험기는 시험편을 잡아당기는 동안 각 위치에서의 하중을 기록한다. 한편 시험이 진행되는 과정 중에 신장량과 횡단면 수축량이 시험기에서 기록된다. 그림 2.4에서 나타낸 바와 같이 시편의 지름이 두꺼우면 두꺼울수록 큰 힘이 필요할 것이고, 또 길면 길수록 더 많은 신장이 일어날 것이 예상되므로 재료에 미치는 힘의 효과를 얻어내려면 시험 결과를 힘과 신장으로부터 응력과 변형률로 고쳐 계산하여야 한다.

시험편의 중심선과 x축을 일치시키고, y, z축을 시험편의 횡단면에 놓이게끔 좌표축 x, y, z축을 잡으면 응력성분은 다만 축방향 수직성분 σ_x만이 존재한다. 이 수직응력성분은 하중을

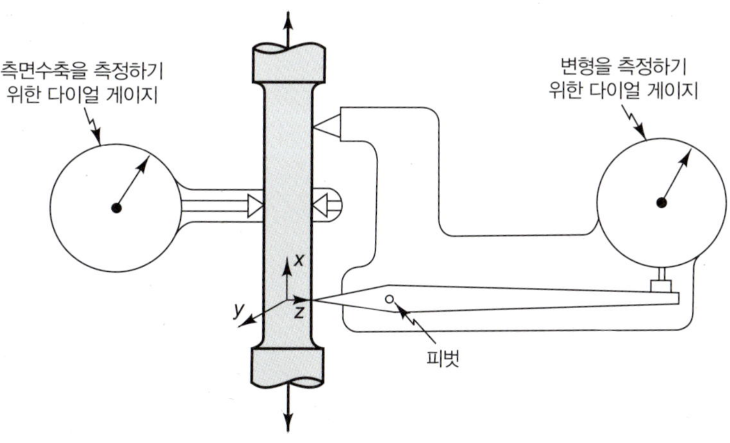

그림 5.3 인장시험편과 변형을 측정하기 위한 게이지

단면적으로 나눈 값이다.

일반적으로 인장시험으로부터 얻어지는 변형률 성분도 축방향 수직성분뿐이다. 이 변형률 성분을 얻으려면, 그림 5.4와 같이 시험편 표면에 서로 떨어진 두 지점에 측정 표점을 표시하고, 변형 후에 이들 두 표점 사이의 상대변위를 측정한다. 만일 하부 측정 표점을 기준점으로 잡는다면 여러 지점의 변위벡터는 그림 5.4와 같이 나타낼 수 있다. 변위가 표점거리 L에 따라서 균일하게 변화한다고 가정하면, 변위 u는 다음과 같이 쓸 수 있다.

$$u = \frac{x}{L} \Delta L$$

작은 변형률에 대하여 변형률의 정의 식 (4.31)을 적용하면 다음과 같다.

$$\epsilon_x = \frac{\partial u}{\partial x} = \frac{\Delta L}{L} \tag{5.1}$$

여러 가지 재료에 대하여 실온에서 시험하여 얻은 결과를 그림 5.5에 나타내었다. 이들 시험은 수 퍼센트 미만의 변형률까지 시행한 것이다. 강, 알루미늄, 알루미늄합금의 경우 이 변형률은 파단이 일어날 수 있는 변형률(그림 5.39 참조)보다 훨씬 작은 값들이다. 재미있는 것은 그림 5.5(a) 중 1020 CR의 곡선은 종이 클립을 만드는 강재의 거동과 아주 유사하다는 점이다.

그림 5.5에 표시된 여러 가지 응력-변형률 곡선이 공통으로 갖는 많은 특징이 있다. 우선 응력이 변형률에 거의 정비례하는 영역이 존재한다는 것이다. **비례한도**는 응력과 변형률 사이에 정비례가 성립하는 영역에서 갖는 최고 응력으로 정의한다. **탄성한도**는 응력을 제거하였을 때 아무런 영구 변형률 없이 가할 수 있는 가할 수 있는 최대 응력으로 정의한다. 그림 5.6(a)는 비례한도보다 큰 응력상태에서 탄성을 유지하는 재료에 대한 부하특성과 제하특성을 선도로 나타낸 것이다. 그림 5.5에 예시한 재료들은 비례한도와 탄성한도가 일치하는 특성을 갖는다. 만일 이들 재료에 탄성한도 이상의 응력을 가한 다음 응력을 제거시킬 경우에는 응력-변형률 곡선은 그림 5.6(b)와 같은 모양을 갖는다. 제하곡선과 재부하곡선의 기울

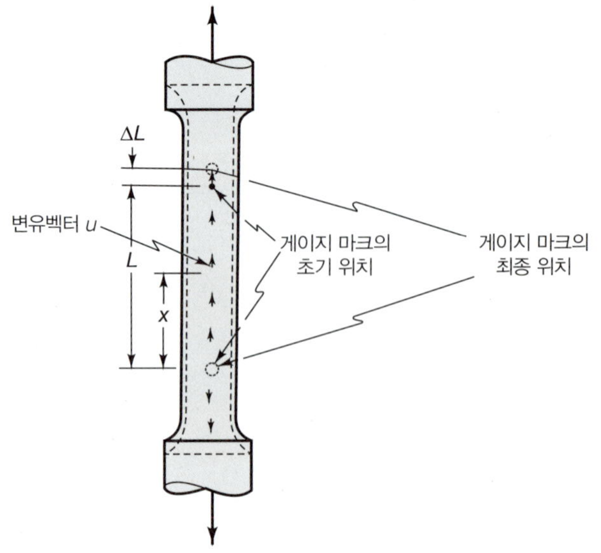

그림 5.4 인장시험하의 변위

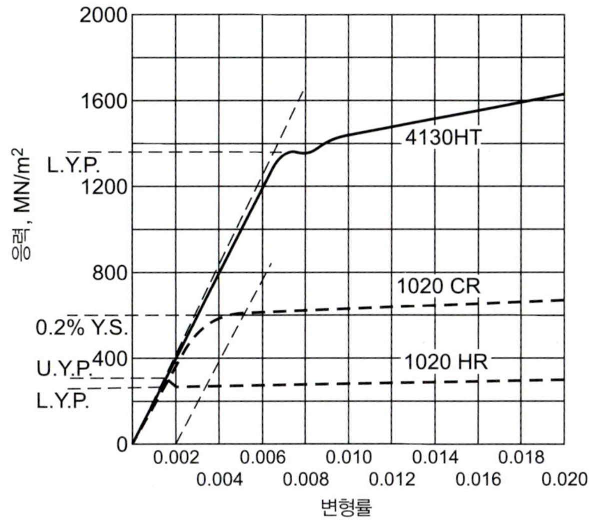

그림 5.5(a) 세 강재에 대한 응력-변형률 곡선

- - - - 열간가공된 연강 (1020 HR)

– – 냉간가공된 연강 (1020 CR)

—— 탄소 0.3%, 망간 0.5%, 규소 0.25%, 크롬 0.9% 함유한 합금강 (4130 HT)
열처리: 870°C에서 유냉 후 315°C에서 뜨임

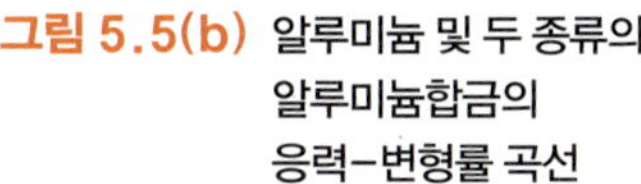

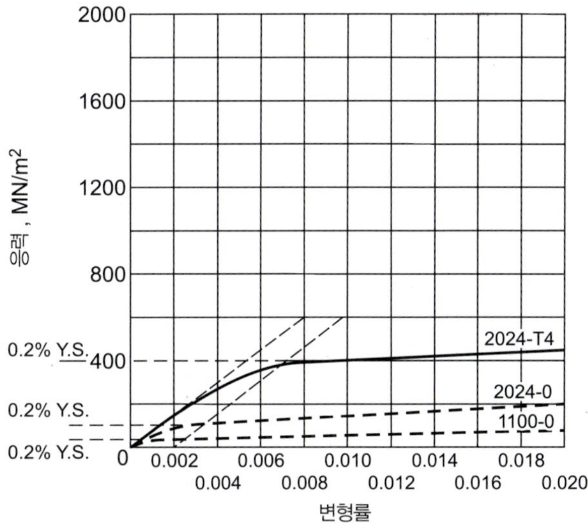

그림 5.5(b) 알루미늄 및 두 종류의 알루미늄합금의 응력-변형률 곡선

- - - - 풀림처리된 순수 상용 알루미늄 (1100-0)

– – 풀림처리된 구리 4.6%, 마그네슘 1.5%, 망간 0.7% 함유한 알루미늄 합금 (2024-0)

—— 구리 4.6%, 마그네슘 1.5%, 망간 0.7% 함유한 알루미늄합금 (2024-T4)
열처리: 490°C에서 수냉 후 120°C에서 24시간 시효

기는 최초 부하 시의 탄성역에서 갖는 기울기와 거의 일치한다. 주어진 응력에 대응하는 전 변형률 *OB*는 탄성부분 *AB*와 소성부분 *OA*로 이루어진다고 생각하는 것이 편리하다.

비례한도도 탄성한도도 모두 정확하게 결정할 수 없는 이유는 이들 모두가 선형성으로부터 편차가 없고 영구변형이 없는 극한적인 경우를 다루어야 하기 때문이다. 탄성변형률 정도의 크기를 갖는 소성변형은 많은 경우 그다지 중요하지 않으므로, 탄성한도 대신 **항복강도**라고 불리는 값을 기록해 두는 것이 실제로는 표준화되어 있다. 항복강도는 어떠한 임의의 영구변형을 야기시키는 데 필요한 응력이다. 항복강도는 어떤 임의의 소성변형률(보통 0.2%의 소성변형률)에 상당하는 횡축의 점을 지나는 직선을 응력-변형률 곡선의 초기기울기에 평행하게 그어 구한다. 이 직선과 응력-변형률 곡선의 교점에 대응하는 응력을 항복강도로 정의한다. 이 방법을 그림 5.5에 몇 가지 경우에 대하여 나타내었다. 결정방법의 확실성으로 인하여 항복강도가 비례한도보다 명확하게 정의된다는 것에 주목해야 한다.

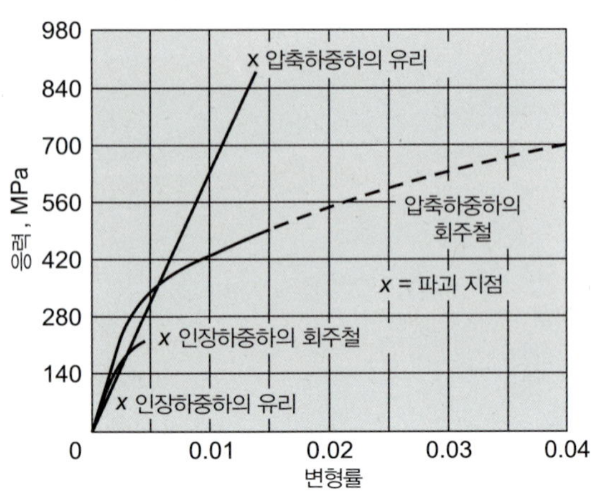

그림 5.5(c) 주철의 응력–변형률 곡선 (From L.F. Coffi n, Jr., The Flow and Fracture of a Brittle Material, J. Appl. Mechanics, vol. 17, pp. 233-248, 1950; and S.H. Ingberg and P.D. Sale, Compressive Strength and Deformation of Structural Steel and Cast Iron Shapes at Temperatures up to 950˚C, Proc. ASTM, vol. 26, part 2, pp. 33-51, 1926) 및 유리의 응력–변형률 곡선 (From G.W. Morey, "Properties of Glass," Reinhold Publishing Corporation, New York, 1954)

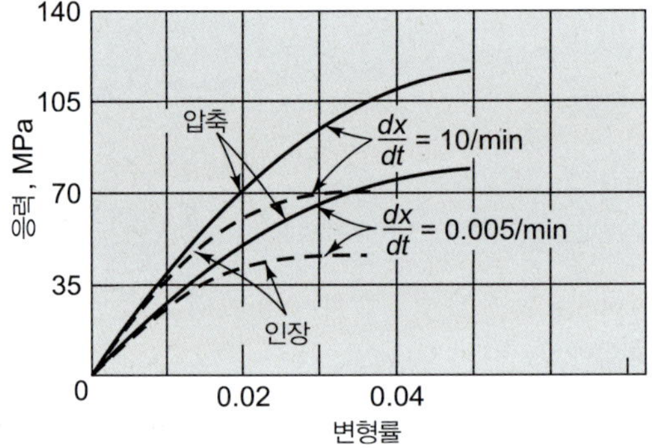

그림 5.5(d) 상용 polymethyl methacrylate (PMMA)의 응력–변형률 곡선 (From A.G.H. Dietz, W.J. Gailus, and S. Yurenka, Effect of Speed of Test upon Strength Properties of Plastics, Proc. ASTM, vol. 48, pp. 1160-1190, 1948)

대부분의 일반 강재에서는 소성변형은 변형률의 증가로 인하여 갑자기 일어나는데, 이 경우 응력이 증가하지 않거나 심지어 응력이 감소하는 경우도 있다. 이와 같은 재료에 대한 **항복점**은 도달할 수 있는 최대 응력보다 작으면서, 응력의 증가없이 변형률이 증가되는 그러한 응력으로 정의한다. 소성변형이 최초로 일어나기 시작하는 응력을 **상항복점**이라 하고, 이보다 낮은 응력에서 소성변형이 뒤이어 일어날 때, 이 응력을 **하항복점**이라 한다[그림 5.5(a)에서 1020 HR에 대한 곡선 참조]. 상항복점은 부하속도 및 우발적인 굽힘응력, 불규칙한 시험편 등에 매우 민감하게 영향을 받으므로, 설계목적으로서는 하항복점을 사용하여야 한다. 불행하게도, 대부분의 물성표에는 아무런 상세한 표기없이 상항복점의 값을 표기하고 있다.

소성변형이 진행되어 감에 따라 추가 소성유동을 일으키기 위한 응력인 **유동강도**가 증가된다. 이와 같이 변형이 진행되는 데 필요한 응력이 그 변형의 진행에 따라 증가되는 재료의 성질을 그 재료의 **변형률경화**라고 한다. 큰 소성변형이 수반되는 시험에 관해서는 5.12절에 별도로 기술하였다.

그림 5.5(c)에서 보여주는 바와 같이, 유리는 파단점에 도달할 때까지 응력과 변형률이 비례한다는 것에 주의하라. 이와 같은 성질은 완전탄성이며, 이 경우 인장에서나 압축에서나

소성변형은 일어나지 않는다. 또한 파괴가 발생하는 데 필요한 응력은 인장의 경우보다 압축의 경우가 더 크며, 이것은 취성재료가 갖는 일반적인 특성이다.

그림 5.5(d)에서 보여주는 바와 같이 몇몇 재료들은 시간의존성 거동을 나타낸다. 실온에서 이러한 **점탄성** 거동은 고분자에서 자주 관찰되는데 이러한 고분자는 구조가 1차 화학결합을 통한 연쇄가 장쇄를 구성하고, 이러한 연쇄 사이에는 2차 결합이 발생한다. 2차 결합은 열적 활성에 의하여 끊길 수 있다. 고온에서는 금속들도 시간의존 효과를 가질 수 있다(5.18절 참조). 그림 5.5(d)에 나타낸 polymethyl methacrylate(PMMA)의 경우는 시간의존 효과가 크지 않다. 변형률 속도를 200배로 증가시켜도 주어진 변형률에 대하여 응력은 불과 30%의 응력변화가 나타난다. 한편, 선형점탄성 액체의 경우에는 30%의 응력의 변화는 30%의 변형률 속도변화로도 발생한다. 실온에서 금속에 대해서도 변형률 속도효과는 관측되나 극히 미미하다. 대표적인 예로서, 30% 정도의 응력변화를 얻기 위하여는 백만 배 또는 그 이상의 변형률 속도변화가 요구된다. 그러므로, 비록 변형률 속도효과가 20년을 한 기간으로 하여 장시간 동안 하중을 받을 때의 구조물의 거동과 충돌이나 폭발기간과 같이 단시간 동안 하중을 받을 때의 구조물의 거동을 비교하는 데 있어서 중요한 인자가 될 수 있지만, 이 효과는 금속에 있어서 일반적으로 무시될 수 있다.

대부분의 연성재료에 대하여 변형률이 1에 비하여 작을 경우, 인장에 대한 응력-변형률 곡선과 압축에 대한 곡선이 거의 일치한다. 따라서 추후 기술할 이론은 인장과 압축에 대한 응력-변형률 곡선이 같다는 전제하에서 전개하여 나가기로 한다.

5.3 응력-변형률 곡선의 이상화 *Idealizations of Stress-Strain Curves*

어떠한 가변형체에 대한 역학적 문제의 경우에도 응력과 변형률 사이에 성립하여야 할 물리적 관계를 아는 것이 필요하다. 평형방정식 식 (4.13)과 변형률-변위 관계 식 (4.33)과 함께 응력-변형률 관계는 평형상태에 있는 가변형체의 모든 점에서 만족되어지지 않으면 안 된다. 각 미분요소에 대한 이들 관계식은 문제를 푸는 데 기본이 되고 있는 3단계[식 (2.1)]를 내포하고 있다. 앞에서 기술한 인장시험에 대한 기술로부터 응력-변형률 관계는 재료에 따라 상당한 차이가 있고, 또 유리의 경우를 제외하고는 그림 5.5의 재료 중 어떠한 재료에 대해서도 응력-변형률 곡선 전체를 기술할 수 있는 간단한 수식을 얻을 수 없다. 해석에 있어 수학적 부분은 실제의 물리적 의미를 그대로 나타내면서 가능한 한 간단해야 하므로, 그림 5.5의

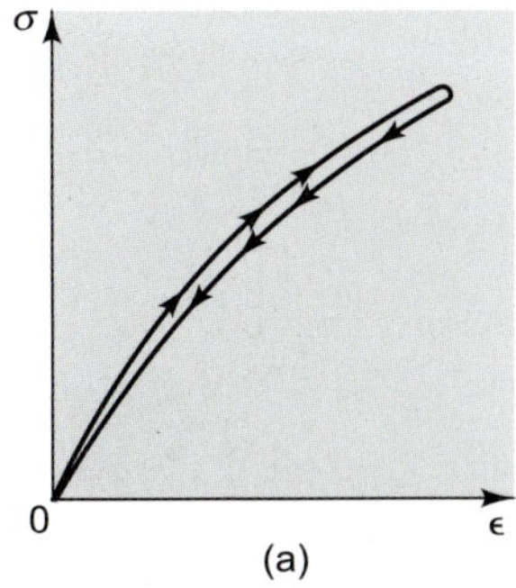

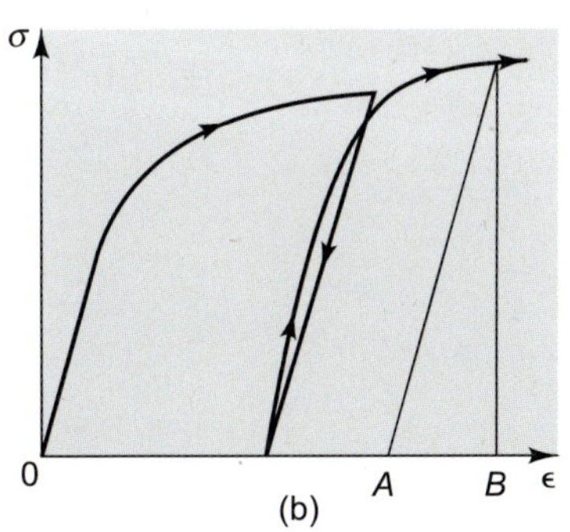

그림 5.6 제하와 재부하의 효과. (a) 탄성, (b) 소성

응력-변형률 곡선들을 간단한 수식으로 이상화시킬 필요가 있다. 이와 같은 이상화의 타당성 여부는 고려되고 있는 변형률의 크기에 달려 있고, 다음으로는 지금 연구되고 있는 실제 문제가 무엇이냐에 달려 있다. 응력-변형률 곡선의 어떠한 이상화가 필요한가를 결정하기 위하여 이러한 이상화가 사용되는 역학의 응용들에 대하여 고찰하여야 한다.

가끔, 희망하는 특정량의 변형을 조장하던가 혹은 발생하도록 구조물을 설계할 필요가 생긴다. 이와 같은 응용의 예로서는 스프링, 안전밸브, 범퍼, 완충판, 전단핀, 파열막 등의 설계를 들 수 있다. 이들 중 스프링의 경우에는 요구되는 변형이 약해짐이 없이 몇 번이고 되풀이 할 수 있어야 한다. 이 경우 재료는 탄성강도 이내에서 사용되어져야 하므로, 응력-변형률 곡선은 선형으로 근사시켜 이상화할 필요가 있다. 완충판이나 자동차 범퍼는 평상시의 사용상태에서는 영구변형을 일으키지 않아야 하지만, 사고가 발생할 경우에는 이들은 소성적으로 크게 변형하면서 사고 시 감속을 제한하여야 한다. 이 경우는 탄성역과 소성역을 모두 근사시킬 필요가 있다. 전단핀이나 파열막은 어떤 값 이상의 하중이 걸리면 완전히 파단되어야 하므로, 이와 같은 구조물에 대하여는 탄성변형에 관한 정보는 전혀 중요하지 않을 수도 있다.

가변형체에 관한 역학은 이것 이외에도 금속가공이라든가 절삭공정에 사용된다. 금속가공에 있어서는 일반적으로 변형률이 1에 비하여 작으므로 탄성 스프링백이 문제가 된다. 절삭공정에 있어서는 변형률이 1에 크게 될 수 있으며, 이러한 경우에는 탄성변형은 자주 무시된다.

아마 가변물체에 관한 역학을 가장 중요하게 사용하는 것은 파손이 생기지 않게끔 기계요소를 설계할 때 찾아볼 수 있을 것이다. **과도변형**은 파손의 한 형태이다. 기계부품은 정확하고 신뢰성 있게 조립되어져야 한다. 그러나 만일 소성변형이 일어나면 이러한 요구조건을 만족시킬 수 없게 되는 경우가 생긴다. 비록 소성변형이 없다 하더라도, 굽힘과 비틀림을 받고 있는 길고 가느다란 부재에 있어서는 작은 변형률이라 할지라도 도리어 커다란 탄성변형을 유발시킬 수도 있다. 그러므로 설계 시 허용변형률을 탄성역 내에서 판정한 변형률로 제한하여 설계하는 기계부재가 많이 있다. 이러한 부재에 대하여는, 과도변형에 대한 설계에도 선형탄성관계로 충분하다.

어느 정도의 소성변형은 허용이 되는 경우들도 있다. 주유공 혹은 모깍이된 주위에 발생한 약간의 소성변형은 그리 문제가 되지 않는다. 또 수 퍼센트의 치수변화를 허용할 수 있는 경우, 구조물에 어느 정도의 소성변형이 발생하더라도 제 기능을 그대로 갖고 있을 수 있다. 이러한 경우의 일반적인 예로서는 지진, 폭탄의 폭발, 폭풍 등에 의해 생기는 격한 과대하중에 대한 구조물의 설계나 악로, 경미사고, 폭풍 등에 대한 수송제비의 설계 등을 들 수 있다. 이러한 상황하에서 안전을 보증할 수 있는 계산을 위하여, 예를 들어 0.05까지의 변형률에 대하여 성립하는 응력-변형률 관계가 필요하다. 이러한 경우, 우리는 몇 개의 재료에 대하여는 항복이 일어난 후에 응력의 값이 변화하지 않는다고 가정하더라도 타당성을 잃지 않는다는 것을 그림 5.5로부터 알 수 있다. 이러한 가정은 문제의 수학적 취급을 매우 간단하게 해주며 계산된 응력의 오차는 약 10%를 넘지 않는다.

파괴는 파손의 가장 위험한 현상이다. 취성재료는 탄성변형에 비하여 소성변형은 거의 없는 상태에서 파괴가 일어나므로, 이러한 재료에 대한 모든 계산에서는 응력-변형률 관계를 선형관계에 기초하여 계산한다. 연성 구조물에 관해서는 파단을 예견할 수 있는 정량적 이론이 아직도 없다. 이 현상의 정량적 해명이 어려운 이유 중의 하나는 균열이 발생하기 전까지 소성역에 분포되는 응력과 변형률에 관한 지식이 부족하다는 점과, 또 하나는 개재물에서 발생하여 최종 파괴에 이르는 기공 주위에 발생하는 변형률에 관한 지식이 결여되어 있다는 점 등을 들 수 있다. 이들 변형률 분포에 관해서 연구하려면, 큰 소성변형에 대하여 적절한 근사를 할 수 있는 응력-변형률 관계를 알 필요가 있다. 어떤 대형 구조물에서는 비록 평균응력이 항복강도 이하라 할지라도, 구멍의 성장으로 인한 파괴가 예리한 노치로부터 퍼져 나갈 수 있다. 이러한 경우에는 탄성변형률을 고려에 넣지 않으면 안 된다.

파괴의 또 다른 하나의 유형은, 항복강도 이하의 응력이라 할지라도 응력이 수천 번 또는 수백만 번 반복될 때 일어난다. 이러한 응력의 반복은 결국 미세한 균열을 유발시킨다. 이 균열은 처음에는 서서히 성장하나 나중에는 단면 전체에 걸쳐 급격히 퍼져나가며 다가올 파손에 대한 경고가 거의 없는 상태에서 파괴된다. 이러한 파괴과정을 **피로**라고 한다(피로에 대한 더 상세한 설명은 5.15절 참조). 피로는 항복강도 이하의 응력에서도 일어날 수 있으므로, 대부분의 실제 설계목적을 위해서는 탄성역 내에서의 응력-변형률 관계를 알아두는 것으로 충분하다. 한편 균열이 성장할 때 균열선단에 소성항복이 일어난다는 것은 확실하다. 그러므로 만일 피로균열의 성장에 대한 물리적 기구를 이해하고자 할 경우에 소성을 고려에 넣은 응력-변형률 관계를 사용하여야 한다.

부식에 의한 파손은 응력이 존재할 때 크게 촉진된다. 한 자그마한 부식구멍은 국부적으로 응력집중현상을 야기시킨다. 이 응력집중으로 인하여 고응력역과 저응력역 사이에 기전력이 발생되고, 이 기전력은 결국 부식을 촉진시키고 이러한 과정은 균열을 발생시켜 결국 부품의 최종 파괴로 이끌어 갈 수 있다. 특히 이러한 문제는 부식 발생이 없는 재료라고 하는 황동이나 스테인레스강과 같은 재료와 같이 전혀 예상하지 않고 방심한 상태에서 심각하게 대두된다. 피로에서와 같이, 이 현상은 항복강도 이하의 응력에서 일어날 수 있으므로 탄성 응력-변형률 가정이 실질적으로 사용된다.

기계적 파손으로서 가장 일반적으로 나타나고 있는 것은 **마모**이다. 두 면 사이에 생기는 전체 마찰과 마모를 지배하는 법칙은 국부적인 힘의 분포상태보다도 두 표면 사이에 작용하는 힘의 총 합에 관계한다고 생각된다. 이러한 이유로 총괄적인 효과를 생각할 때, 응력과 변형률의 국부적 분포상태는 중요하지 않고, 접촉하는 두 물체는 완전강체라고 가정할 수 있다. 그러나 마모나 마찰의 실제 기구를 상세하게 연구하려면, 두 물체 사이에 부하가 실제로 작용하고 있는 미소 면적과 이 면적 내에 생기는 탄성 및 소성변형을 고려하지 않으면 안 된다. 또한 상세한 기구를 연구하는 데 있어서, 또 한 가지 고려하지 않으면 안 되는 다른 인자는 금속의 표면조건이다. 이는 동일재료라 할지라도 표면조건에 따라 접촉하는 이러한 국부점들이 아주 다른 형상으로 접촉되기 때문이다.

고체역학에서 일어나는 문제들에 관한 지금까지의 기술에서는 문제의 성격에 따라 다양한 형태의 응력-변형률 관계가 필요하다는 것을 제시하였다. 대부분의 재료에 대하여 응력-변형률 곡선 전체를 간단한 수학적 표현으로 기술한다는 것은 불가능하므로, 어떤 주어진 문제에 있어서 그 문제에서 요구하는 가장 중요한 특성을 강조하여 나타낸 **이상화 응력-변형률 곡선**을 가지고 그 재료의 거동을 설명한다. 재료의 특성을 그와 같이 이상화시킨 6개의 모형에 관해서 아래에 기술하고, 그림 5.7에는 이러한 모형들을 나타내었다.

강성 재료[그림 5.7(a)]는 작용된 응력에 관계없이 전혀 변형률이 생기지 않는 재료이다. 이러한 이상화는 적절한 동력전달, 마모저항 등을 알아내기 위하여, 기계부품들의 전체적인 운동이나 부품에 작용하는 힘을 계산하고자 할 때 유용하다.

선형탄성 재료[그림 5.7(b)]는 변형률이 응력에 비례하는 재료이다. 이 이상화는 미소변형이 발생하는 부품 혹은 강성이 요구되는 부품 혹은 구조물을 설계할 때, 또는 취성구조물의 피로나 파괴를 방지하기 위한 설계를 할 경우에 유용하다.

강소성 재료(*rigid-plastic* material)는 탄성변형과 시간의존 변형이 무시되는 재료이다. 만일 응력을 제거하면 변형은 그대로 남는다. 변형률경화를 무시할 수 있는 경우[그림 5.7(c)]와 변형률경화에 관한 관계를 가정할 수 있는 경우[그림 5.7(d)]가 있다. 전자의 특성을 나타내는 재료를 **완전소성** 재료라 말한다. 이러한 이상화는 구조물을 최대 하중에 대하여 설계할 때, 다양한 가공이나 금속성형 문제를 연구할 때, 그리고 파괴에 대한 상세 연구에 유용하다.

탄소성 재료(*elastic-plastic* material)는 탄성변형과 소성변형이 모두 존재하는 재료이다. 변형률경화가 가정되는 경우와 가정되지 않고 무시되는 경우가 있다[그림 5.7(f) 및 (e)]. 이와 같은 이상화는 어느 정도의 변형이 일어날 수 있는 구조물이나 부품의 설계, 파단이나 마모, 마찰 등의 기구를 상세히 연구하고자 할 때에 유용하다.

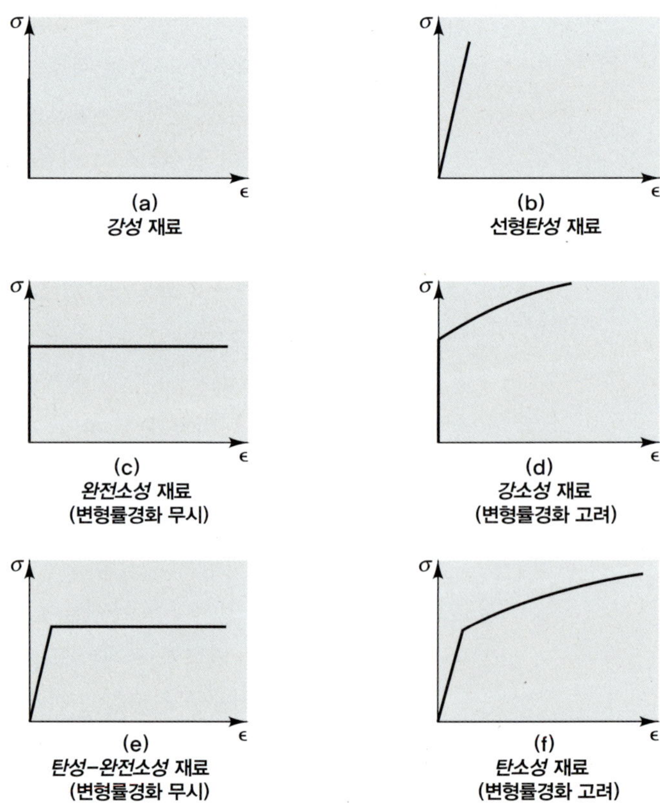

그림 5.7 재료 거동의 이상화된 모형들

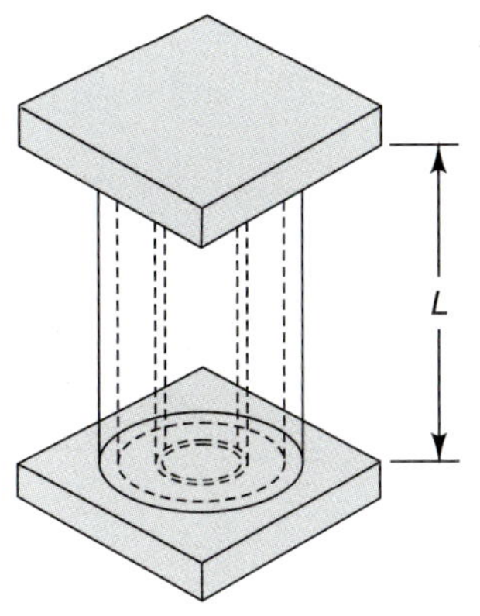

그림 5.8 예제 5.1

이들 이외에도 다른 이상화들을 만들 수 있지만, 위에서 말한 모형들은 수학적 간소화란 관점에서 볼 때 가장 실용적인 모형들이다. 다음 예제를 통하여 재료에 대한 이상화된 응력-변형률 곡선의 구성과 이 곡선의 사용 예를 설명한다.

예제 5.1 1020 CR 강으로 만들어진 단면적이 A_s인 내관과 2024-T4 알루미늄합금으로 만들어진 단면적이 A_a인 외관으로 만들어진 동심 이중관이 그림 5.8과 같이 무거운 평단판 사이에서 압축되고 있다. 축하중 P로 소성역까지 압축시켰을 때 이 조립체에 대한 하중-처짐 곡선을 결정하고자 한다.

- 대칭하중을 고려하고 그림 5.9와 같은 이상화된 모형을 구성한다.
- 다음과 같이 강과 알루미늄에 대하여 다른 조건의 응력-변형률 관계를 적용한다. (a) 강과 알루미늄 모두 탄성, (b) 강은 소성 및 알루미늄은 탄성, (c) 강과 알루미늄 모두 소성
- 평형방정식을 적용하여 하중 변형 곡선을 그린다

첫 번째 단계는 문제를 이상화시켜 이상화 모형을 만드는 것이다. 이 문제의 이상화 모형을 그림 5.9에 그려놓았다(예제 2.1의 이상화 모형과 비슷하다는 것에 주의). 그림 5.9에서 양 평단판은 매우 단단해서 내외 양 관은 정확히 같은 길이만큼 압축된다고 가정하였다. 그리고 그림 5.9의 이상화 모형에 식 (2.1)을 적용한다.

기하학적 적합성

그림 5.9로부터, 기하학적 적합성으로 인하여 변형률 사이에는 다음 관계를 가져야 한다는 것을 안다.

$$\epsilon_s = \epsilon_a = \epsilon = \frac{\delta}{L} \tag{a}$$

응력-변형률 관계

문제의 성질에 따라 탄성역을 넘어 두 재료가 공히 소성역에 있는 어떤 점에 도달할 때까지 시험이 요구된다. 그림 5.5(a)와 (b)에 있는 1020 CR강과 2024-T4 알루미늄합금에 대한 응력-변형률 곡선을 참조하면, 비록 1020 CR강이 2024-T4 알루미늄합금보다 이 모형을 적

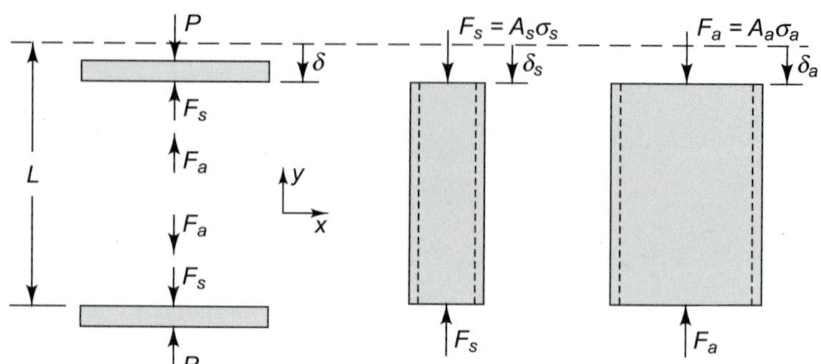

그림 5.9 예제 5.1의 이상적 모형

용하기에 다소 낫긴 하지만, 이들 두 곡선은 모두 상당한 정확도로 그림 5.7(e)에 나타낸 탄성-완전소성형으로 이상화시킬 수 있다는 결론을 내릴 수 있다. 이상화시킨 이들 응력-변형률 곡선을 그림 5.10에 나타내었다. 그림 5.10으로부터 조립물이 압축되어 감에 따라 관심을 가져야 할 변형률은 다음 세 가지 영역으로 나타난다는 것을 알 수 있다.

$0 \leqq \epsilon \leqq 0.0032$의 영역에 대하여

$$\begin{aligned} \sigma_s &= E_s\epsilon_s = E_s\epsilon \\ \sigma_a &= E_a\epsilon_a = E_a\epsilon \end{aligned} \tag{b}$$

여기에서

$$E_s = \frac{590}{0.0032} = 184\,\text{GN/m}^2$$

$$E_a = \frac{380}{0.005} = 76\,\text{GN/m}^2$$

$0.0032 \leqq \epsilon \leqq 0.005$의 영역에 대하여

$$\begin{aligned} \sigma_s &= Y_s = 590\ \text{MN/m}^2 \\ \sigma_a &= E_a\epsilon_a = E_a\epsilon \end{aligned} \tag{c}$$

$0.005 \leqq \epsilon$의 영역에 대하여

$$\begin{aligned} \sigma_s &= Y_s = 590\ \text{MN/m}^2 \\ \sigma_a &= Y_a = 380\ \text{MN/m}^2 \end{aligned} \tag{d}$$

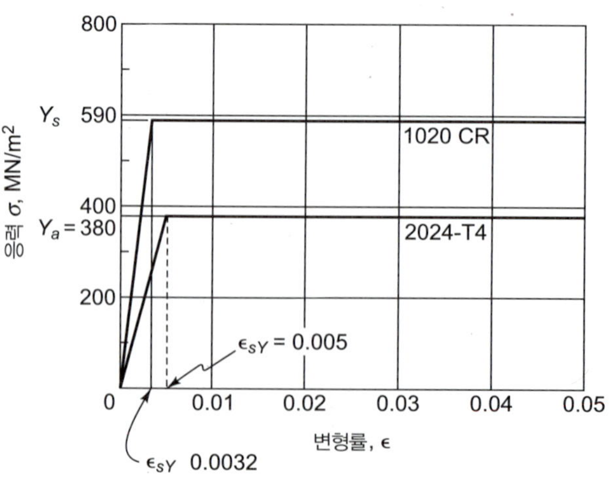

그림 5.10 예제 5.1에 대한 이상적인 응력-변형률 곡선

평형

그림 5.9에서 상평단판은

$$\Sigma F_y = \sigma_s A_s + \sigma_a A_a - P = 0 \tag{e}$$

일 때 평형상태에 놓인다. 여기서 A_s와 A_a는 각각 강관과 알루미늄합금관의 단면적이다.

식 (e)와 식 (b), 식 (c), 식 (d)를 차례로 연립시키면 그림 5.11과 같은 하중-변형 곡선을 얻는다. 이 곡선은 그림 5.10과 같은 이상화된 재료에 대한 하중-변형 곡선이라는 것을 기억해 두어야 한다. 만일 이 해석에서 식 (b), 식 (c), 식 (d) 대신 그림 5.5(a)와 (b)에서 주어진 재료의 실제 응력-변형률 곡선을 사용한다면, 그 결과는 그림 5.11의 점선과 같이 얻어진다. 이 결과는 이상화 곡선을 사용하여 얻은 결과와 비교하여 아주 약간의 차이밖에 나지 않는다.

앞에서 소개한 이상화된 모형들은 인장시험결과에서 얻어진 재료의 특성을 나타낸 것들이다. 응력과 변형률의 성분 중 일부의 성분 혹은 전 성분이 존재하는, 보다 일반적인 경우에 이것을 응용하기 위하여 이상화시킨 이들 단축응력-변형률 관계를 일반화시키고자 한다.

5.4 탄성응력-변형률 관계 *Elastic Stress-Strain Relations*

이전의 절에서는 단축하중이 걸리는 특별한 경우에 대한 응력-변형률 관계를 생각하였다. 단일 응력성분인 축방향 수직응력만이 존재하여 변형률도 축방향의 수직성분만이 존재하는 경우를 생각하였다. 이 절에서는 인장시험에서의 탄성거동을 일반화시켜 6개의 모든 응력성분과 6개의 모든 탄성변형률 성분의 관계들을 찾는다. 유도과정에서는 그림 5.7(b)의 이상화 모형에 해당하는 선형탄성의 거동을 나타내는 재료에 국한한다. 변형률은 4.10절에 설명한 바에 의하여 식 (4.33)으로 표시되는 정의를 사용하고, 변형률의 값은 1에 비하여 매우 작다는 가정을 한다. 이러한 가정들은 큰 비선형 탄성변형률이 발생하는 고무와 같은 재료를 제외하고는 적절한 가정이다.

단축시험으로부터 얻은 자료로부터 일반적인 응력-변형률 관계를 공식화하려면 재료의

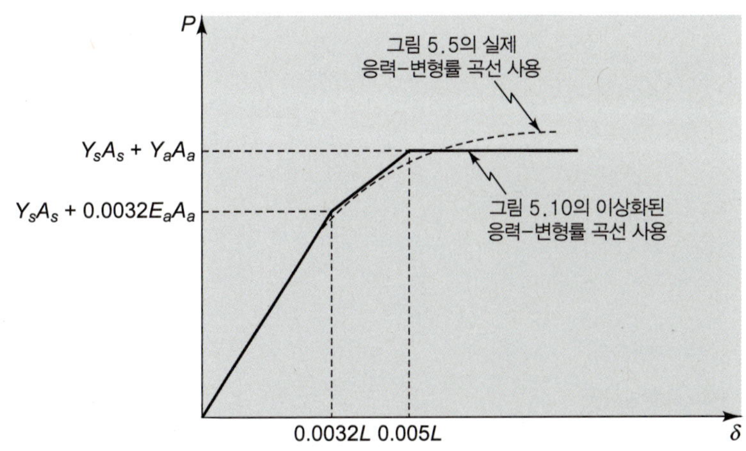

그림 5.11 예제 5.1에 대한 하중-변형 곡선

몇 가지 물리적 측면을 고려하여야 한다. 모든 고체들은 이들을 구성하고 있는 원자가 어떤 규칙성을 가지고 규칙적으로 배열되어 있다. 금속의 원자들은 규칙적인 결정 격자를 구성하고 있다. 플라스틱은 장쇄분자들로 구성되어 있다. 유리까지도 규소와 산소원자의 사면체배열로 어느 수준의 순서를 갖는다. 이러한 구조 요소들은 서로 다른 방향으로 서로 다른 강성을 갖는다. 많은 재료에 있어서 이들 구조 요소들은 불규칙적으로 배열되고 또한 매우 작아서 1입방 인치당 수백만 개, 경우에 따라서는 수조 개가 함유된다. 육안으로 볼 때 이들이 작은 재료의 입방체라 할지라도, 그 속에는 입방체의 축을 기준으로 하여 생각할 수 있는 모든 방향으로, 수천 개의 구성요소들이 배열되어 있다. 이들 요소들의 배열방향이 그야말로 완전히 불규칙적이라고 하면, 재료로부터 서로 다른 각도로 두 개의 입방체를 잘라내었다고 가정할 때, 그림 5.12에 나타낸 것처럼 입방체 축에 대한 구성요소들의 방향 분포는 통계적으로 같다고 할 수 있다. 그러므로 두 입방체의 평균 강성은 같을 것이며, 실제로 평균적인 탄성물성은 두 경우의 입방체 내에서 모든 좌표축의 방향에 대하여 동일하다. 물성이 방향에 무관한 재료를 **등방성** 재료라 정의한다. 따라서 불규칙하게 배열된 구조요소로 이루어진 재료는 통계적으로 등방이라고 생각할 수 있다.

일반 응력상태는 세 개의 수직응력성분과 세 개의 전단응력성분을 이용하여 기술된다. 일반 변형률상태도 세 개의 수직변형률 성분과 세 개의 전단변형률 성분을 이용하여 기술된다. 그러므로 일반적인 응력과 변형률 사이의 관계는 6개의 방정식으로 구성할 수 있으며, 각각은 하나의 변형률 성분은 여러 응력성분과 관계를 갖는다. 재료가 등방성을 갖는다고 가정하면, 응력의 각 성분에 대하여 모든 변형률과의 관계를 고려하면 각 변형률을 모든 응력성분을 통하여 얻을 수 있다.

먼저 그림 5.13에서 보여주는 바와 같이, 한 개의 수직응력성분만이 작용하는 요소를 생각하자. 앞 절에서 인장시험에 관해서 기술한 바와 같이, 수직응력성분은 이것에 대응하는 수직변형률 성분을 유발시킨다. 변형률이 응력에 정비례하는 재료라고 가정하면, 이 관계는 다음과 같은 수학적 관계식으로 표시할 수 있다.

$$\epsilon_x = \frac{\sigma_x}{E}$$

이 관계식은 단축하중에 대한 Hooke의 법칙을 나타내는 하나의 다른 형태이다. 이러한 거동은 맨 처음 2.2절에서 언급되었는데 단면적이 A, 길이가 L인 봉에 하중 P가 작용할 때

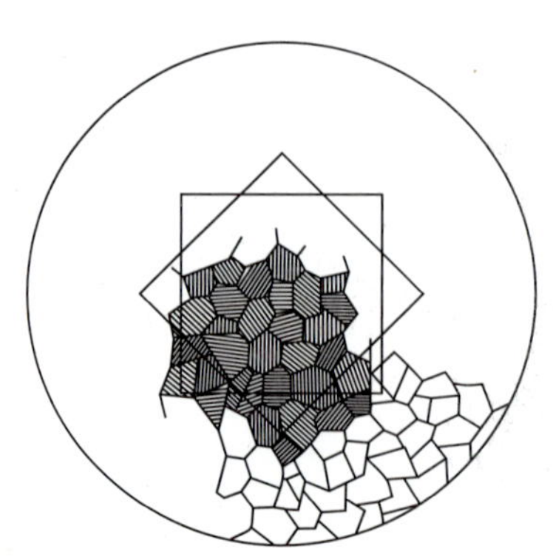

그림 5.12 통계적으로 등방성을 갖는 재료

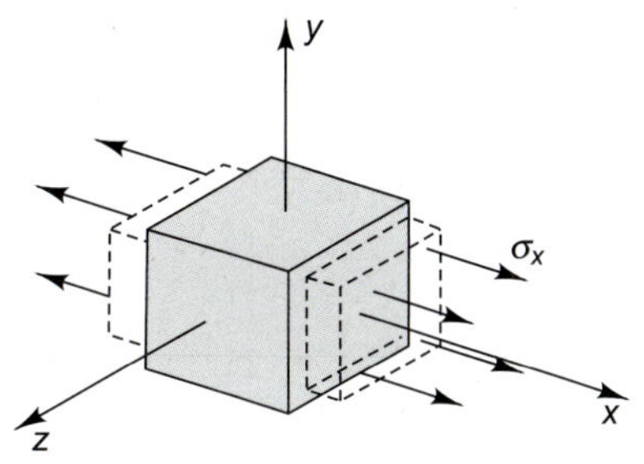

그림 5.13 단축 수직응력

앞의 관계식을 식 (2.2)로 나타낸 바 있다. 탄성계수 E는 수치적으로 그림 5.7b의 직선의 기울기와 같다.

고무줄에서 경험하는 바와 같이, x 방향의 수직변형률 성분 이외에도 봉이 늘어남에 따라 횡방향의 수축이 일어날 것을 알 수 있다. 인장시험에서 변형을 정밀히 측정하면 이러한 가정을 입증할 수 있으며, 횡방향의 수축변형률은 종인장변형률과 어떤 일정한 비를 갖는 것을 알 수 있다. 또한 재료를 단축방향 압축을 할 때에도 횡방향 인장변형률이 발생하는데, 이 횡방향 인장변형률과 축방향 압축변형률 사이에도 인장을 할 때와 동일한 일정비를 갖는 것을 알 수 있다. 이 일정비를 재료의 **포아송 비**라 말하고 기호 ν로 표기한다. 그림 5.13과 같은 단축응력상태에 대하여, 재료가 등방성이라면 재료나 응력의 모드가 특정 방향에 편중되는 것이 아니므로 횡방향 변형률 ϵ_y와 ϵ_z는 서로 같다. 선형탄성 재료에 대하여 이들 변형률은 다음과 같이 나타낼 수 있다

$$\epsilon_y = \epsilon_z = -\nu\epsilon_x = -\nu\frac{\sigma_x}{E}$$

다음에는, 수직응력 σ_x에 의하여 발생되는 전단변형률의 가능성을 생각하여 본다. 여기서도 재료를 등방성이라고 가정하여 관계식들을 간략히 한다. 전단변형률이 그림 5.14(a)와 같이 발생한다고 가정하자. 그림 5.14(b)에 나타낸 것처럼 이 요소를 x축에 관하여 180° 회전한다면, 이 요소에 발생하는 전단변형률은 반대방향의 전단변형률이 발생하게 될 것이다. 그런데 재료를 등방성 재료로 가정하였으므로, 응력-변형률 거동은 180° 회전에 무관하여야 한다. 이러한 모순은 수직응력에 의한 전단변형률이 발생이 없는 경우에만 설명이 가능하다. 같은 설명을 다른 두 전단응력성분에 적용하면 나머지 두 전단응력성분도 0이 되므로, 수직응력성분은 다만 수직변형률 성분만을 발생시킨다는 결론을 얻는다.

또 제2의 수직응력석분 σ_y가 존재하는 경우를 생각하여 보자. 응력-변형률 관계의 선형성으로 인하여 응력의 증분이 가해지기 전의 응력상태에 관계없이 응력의 증분은 항상 같은 변형률의 증분을 발생시킨다. 그러므로 σ_y에 의하여 야기되는 변형률은 σ_y에 비례하고, σ_x에 의한 변형률에 추가성분이 된다. 등방성이라는 가정에서 σ_y에 의하여 야기되는 변형률은 다음과 같이 표현된다.

$$\epsilon_y = \frac{\sigma_y}{E}$$

$$\epsilon_x = \epsilon_z = -\nu\epsilon_y = -\nu\frac{\sigma_y}{E}$$

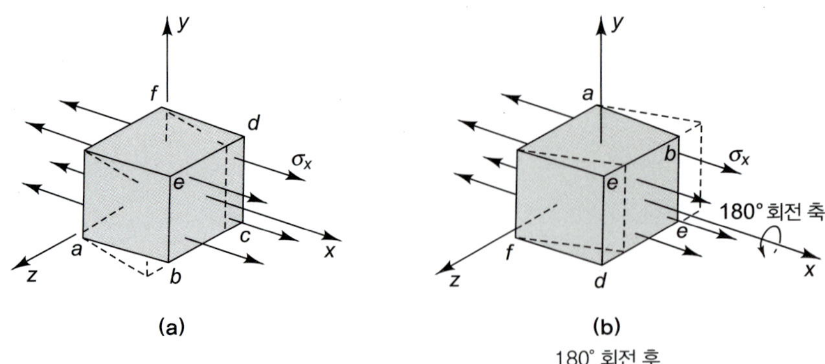

그림 5.14 수직응력에 의한 가상의 전단변형률

여기서 상수 E와 ν는 σ_x에 의한 변형률에 관한 식에서 나타났던 값과 같다. 유사한 결과를 σ_z에 관한 변형률에 대해서도 얻을 수 있다.

또한 전단응력 τ_{zx}에 의하여 변형률 ϵ_y를 발생시킬 수 있는지 알아보자. 그림 5.15(a)에서 회전을 통하여 전단응력의 부호가 변화하지만 가정된 ϵ_y의 부호는 바뀌지 않는다. 하지만 재료의 선형성으로 인하여 ϵ_y와 τ_{zx} 사이에 비례관계를 갖는 일정한 부호의 변화가 필요하다. 이때에도 수직변형률이 없을 경우에만 이러한 모순을 피할 수 있다. 등방성과 선형성의 조건으로 미루어 볼 때, 전단응력성분 τ_{zx}에 의하여 야기되는 변형률 성분은, 단독이든 조합이든 간에 전단변형률 성분 γ_{zx} 이외에는 존재할 수 없다는 것을 의미한다. 보다 일반적으로 각 전단응력성분은 이것에 대응하는 전단변형률 성분만을 발생시킨다고 결론지을 수 있다. 더구나 선형성은 응력과 변형률 사이에 비례관계가 요구되고, 대칭성은 비례상수 G가 방향에 무관하다는 것이 요구되므로, 위 결론을 수학적으로 표시하면 다음과 같다.

$$\gamma_{zx} = \frac{\tau_{zx}}{G} \qquad \gamma_{xy} = \frac{\tau_{xy}}{G} \qquad \gamma_{yz} = \frac{\tau_{yz}}{G}$$

여기서 G는 전단계수(*shear modulus*)이다.

모든 응력성분이 존재하는 선형탄성 등방성 재료를 생각할 때, 지금까지 기술한 내용을 정리하면 이 경우에 응용할 수 있는 다음과 같은 응력-변형률 관계를 나타낼 수 있다.

$$\begin{aligned}
\epsilon_x &= \frac{1}{E}[\sigma_x - \nu(\sigma_y + \sigma_z)] \\
\epsilon_y &= \frac{1}{E}[\sigma_y - \nu(\sigma_z + \sigma_x)] \\
\epsilon_z &= \frac{1}{E}[\sigma_z - \nu(\sigma_x + \sigma_y)] \\
\gamma_{xy} &= \frac{\tau_{xy}}{G} \\
\gamma_{yz} &= \frac{\tau_{yz}}{G} \\
\gamma_{zx} &= \frac{\tau_{zx}}{G}
\end{aligned} \tag{5.2}$$

이들 식은 일반화된 *Hooke*의 법칙으로 알려져 있다.

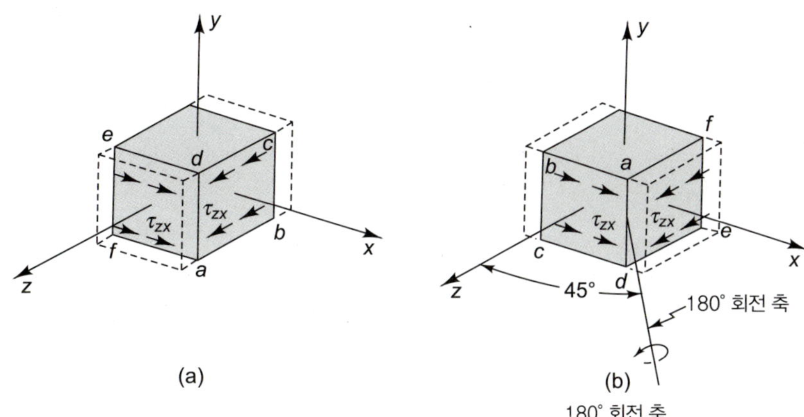

그림 5.15 전단응력에 의한 가상의 수직변형률

전단변형률에 관한 위의 식으로부터 알 수 있는 것처럼, 등방성으로 인하여 응력을 받고 있는 물체 내의 한 점에서의 **주변형률 축**은 그 점에서의 **주응력 축**과 **일치**하게 된다. 그러므로 응력과 변형률에 대한 모어(Mohr)의 원 각도의 관계는 서로 같게 되고, 주어진 응력상태에 대한 주 축의 위치를 결정하기 위해서는 응력에 관한 모어의 원이나 변형률에 관한 모어의 원 중 어느 것도 사용이 가능하다.

재료의 등방성에서 얻을 수 있는 또 하나의 정보가 있다. 지금까지 우리는 응력-변형률 관계식을 전개하는 데 있어서, 재료의 성질들이 서로 직교하는 세 개의 좌표축 x, y, z 방향에 대하여 같다는 사실만을 사용하여 왔다. 탄성계수 간의 다른 관계들도 재료가 어떠한 좌표축에 대해서도 같은 물성을 갖는다는 사실로부터 찾을 수 있다. 이 관계들을 얻기 위하여 먼저 그림 5.16과 같은 단순전단상태를 생각하자. 식 (5.2)를 적용하면 전단변형률에 대하여 다음 결과를 얻는다.

$$\gamma_{xy} = \frac{\tau}{G} \tag{a}$$

그림 5.16에 표시되어 있는 방법을 사용하면 γ_{xy}에 관한 또 다른 식을 얻어낼 수가 있다. 이것은 다음과 같은 과정을 밟아 얻어낼 수 있다. 즉 전단응력성분 τ의 작용으로 발생하는 결과는 좌표축 1, 2를 응력의 주 축으로 하고, 주응력성분을 각각 $\sigma_1 = \tau, \sigma = -\tau$로 하는 주응력상태에서 발생하는 결과와 동등하다. 그러므로 이들 주 축에 관한 주변형률은 다음과 같이 주어진다.

$$\epsilon_1 = \frac{\sigma_1}{E} - \nu\frac{\sigma_2}{E} = \frac{\tau(1+\nu)}{E}$$
$$\epsilon_2 = \frac{\sigma_2}{E} - \nu\frac{\sigma_1}{E} = -\frac{\tau(1+\nu)}{E}\tau$$

변형률 변환공식을 이 식에 적용하면, xy축에 관한 전단변형률은 주변형률로 나타낼 수가 있다.

$$\gamma_{xy} = \epsilon_1 - \epsilon_2 = \frac{2(1+\nu)}{E}\tau \tag{b}$$

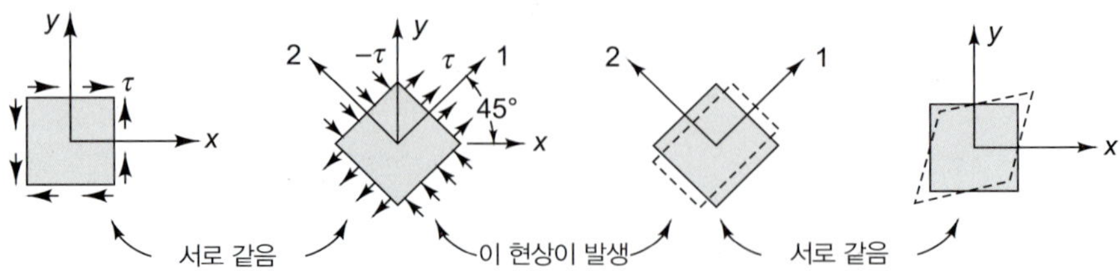

그림 5.16 응력과 변형률의 등가 상태

γ_{xy}에 대한 식 (a)와 식 (b)는 같으므로, 이를 이용하여 다음과 같은 탄성계수들 사이의 관계를 얻을 수 있다.

$$G = \frac{E}{2(1+\nu)} \tag{5.3}$$

여기에서 증명은 하지 않겠지만, 어떻게 좌표축을 선정하더라도 식 (5.3)의 관계 이외에 탄성계수에 관한 다른 어떠한 정보도 얻어낼 수 없으며, 따라서 등방성 재료에 대한 **독립적인 탄성계수는 두 개**밖에 없다. 여러 가지 재료에 대한 대표적인 값을 표 5.1에 정리하였다.

많은 탄성재료는 등방성이 아니지만 재료 전체에 사용할 수 있는 기본적인 구조의 방향성을 갖고 있다. 이 물질과 응력–변형률 관계는 5.10절에서 다룰 것이다.

5.5 열변형률 *Thermal Strain*

탄성 영역에서 변형률에 대한 온도의 효과는 다음 두 가지 방법으로 발현된다. 첫 번째로는 탄성계수들 값의 변화에 의해서이고, 두 번째는 응력이 없는 상태에서 변형률이 발생하는 것이다. 많은 물질에서는 섭씨 수백 도의 온도 변화가 발생해도 탄성계수에 미치는 영향은 작아서 여기서는 다루지 않을 것이다. 응력이 없는 상태에서 온도의 변화에 의한 변형률을 **열변형률**이라고 하며 변형률 기호에 t라는 상첨자를 사용하여 표기(ϵ^t)한다. 등방성 재료의 경우, 대칭성으로 인하여 열변형률은 어떠한 비틀림 요소를 발생시키지 않고 순수한 확장이나 수축을 야기하게 된다. 열변형률은 온도 변화에 따라 완전히 선형은 아니지만 온도가 화씨 100°나 200°가 변하는 경우에 대하여 대략 선형적으로 설명할 수 있다. 온도가 T_o에서 T로 바뀜에 따라 생기는 열변형률을 다음과 같이 묘사할 수 있다.

$$\begin{aligned} \epsilon_x{}^t = \epsilon_y{}^t = \epsilon_z{}^t &= \alpha(T - T_o) \\ \gamma_{xy}{}^t = \gamma_{yz}{}^t = \gamma_{zx}{}^t &= 0 \end{aligned} \tag{5.4}$$

α는 **선형팽창계수**라고 불린다. 일반적인 다양한 물질의 실온 부근의 온도 변화에 대한 α의 평균값을 표 5.1에 정리하였다.

탄성체의 한 점에서의 총 변형률은 온도와 응력의 영향에 의한 변형률의 합이다. 응력에 의한 탄성변형률은 ϵ^e라 하고 온도에 의한 변형률을 ϵ^t라고 하면 변위로부터 얻을 수 있는 총 변형률은 다음과 같다.

$$\epsilon = \epsilon^e + \epsilon^t \tag{5.5}$$

표 5.1 실온에서의 등방성 재료의 탄성계수

재료	성분	탄성계수 E, GN/m^2	포아송비, v	전단계수 G, GN/m^2	선형팽창계수 α, $10^{-6}/C$	밀도 $10^3\ kg/m^3$
알루미늄[1]	순수합금	68~78.6	0.32~0.34	25.5~26.5	20.0~24.1	2.66~2.88
황동[1,2]	구리 60~70%, 아연 40~30%	100~110	0.33~0.36	36.5~41.4	19.8~20.9	8.36~8.50
구리[1,2,3]		117~118	0.33~0.36	63.4~64.8	16.6~16.9	8.94~8.97
주철[2,3]	탄소 2.7~3.6%	89~145	0.21~0.30	35.8~56.5	10.4	6.95~7.34
강[1,2]	저탄소강	193~220	0.26~0.29	75.8~82.0	9.9~12.8	7.72~7.86
스테인리스강[3,7]	크롬 18%, 니켈 8%	193~207	0.30	73.1	14.9~16.9	7.64~7.92
티타늄[1,2]	순수합금	106~114	0.34	41.4	8.82	4.51
유리[4]	다양함	50~79	0.21~0.27	26.2~32.4	5.94~9.54	2.38~3.88
Methyl methacrylate[5]		2.4~3.5	0.35	1.03	90	1.16
폴리에틸렌[5]		0.14~0.38	0.45	0.117	180	0.91
고무[6]		0.00076~0.0041	0.50	0.0003~0.001	126~198	1.0~1.24

[1] C.J. Smithells, "Metals Reference Book", Interscience Publishers, Inc., New York, 1955.
[2] L.S. Marks, "Mechanical Engineers Handbook," McGraw-Hill Book Company, New York, 1958.
[3] "Metals Handbook," American Society for Metals, Cleveland, 1948.
[4] G.W. Morey, "Properties of Glass," p. 16, Reinhold Publishing Corporation, New York, 1954.
[5] *Modern Plastics*, Encyclopedia Issue, vol. 34, 1956.
[6] U.S. Rubber Co., "Engineering Properties of Rubber," Fort Wayne, Ind., 1950.
[7] C.L. Mantell, "Engineering Materials Handbook," McGraw-Hill Book Company, New York, 1958.

CONVERSION FACTORS:
1 GN m^2 = 145 × 10^3 psi
1 psi = 6.895 kN/m^2

예를 들어 만약 물질이 너무 단단히 고정되어서 어떠한 변형률도 발생하지 않는다면 총 변형률이 0이므로 변형률의 탄성부분은 열변형률과 같은 값을 갖는 음의 값이 될 것이다.

5.6 완전한 탄성 방정식 *Complete Equations of Elasticity*

탄성이론은 주어진 하중, 변형률, 그리고 온도 분포를 받는 탄성체에 발생하는 응력과 변형률의 분포를 다루는 학문이다. 이제 탄성이론의 기초를 완전하게 서술할 차례가 되었다. 문제는 이미 알고 있는 경계조건에서의 하중과 변위를 만족시키는 응력-변형률 분포와 맞는지 알고, 이것이 평형방정식, 응력-변형률-온도 관계식, 변형률에 기초한 기하학적 조건, 연속 변위 개념에 만족하는지 아는 것이다. 이 문제는 이전에 간략히 설명한 바 있으며 식 (2.1)과 같이 크게 3가지 개요로 설명할 수 있다. 편의를 위해서 우리는 아래에 세 가지 단계의 직접적인[2] 방정식을 통해 요약할 것이고 이는 비가속, 등방성, 작은 변형률을 받는 선형 탄성체의 어떠한 지점에서도 만족되어야 한다.

평형

주어진 외부 하중에 대하여 응력을 받는 표면에서 물체는 평형상태를 만족하여야 하며, 물체

[2] 이 식은 첨자를 이용한 방법을 통하여 축약될 수 있다. 문제 5.49를 참조하라.

내에서 다음의 평형방정식을 만족해야 한다.

$$\begin{aligned}
&\frac{\partial \sigma_x}{\partial x} + \frac{\partial \tau_{xy}}{\partial y} + \frac{\partial \tau_{zx}}{\partial z} + X = 0 \\
&\frac{\partial \tau_{xy}}{\partial x} + \frac{\partial \sigma_y}{\partial y} + \frac{\partial \tau_{yz}}{\partial z} + Y = 0 \\
&\frac{\partial \tau_{zx}}{\partial x} + \frac{\partial \tau_{yz}}{\partial y} + \frac{\partial \sigma_z}{\partial z} + Z = 0
\end{aligned} \tag{5.6}$$

여기서 X, Y, Z는 **체적력**으로, 이는 각각의 축으로 전반적인 체적에 걸쳐 X, Y, Z의 강도로 단위 체적당 가해지는 힘이다. 식 (5.6)은 (4.13)에 주어진 2차원 평형방정식의 일반화된 일반적인 형태를 나타낸다(문제 4.2 참조).

기하학적 적합성

변위는 기하학적 경계조건을 만족해야 하며 변형률 구성요소가 연속적인 함수로 되어 있어야 한다. 이는 다음과 같다.

$$\begin{aligned}
&\epsilon_x = \frac{\partial u}{\partial x} \quad \gamma_{xy} = \frac{\partial v}{\partial x} + \frac{\partial u}{\partial y} \\
&\epsilon_y = \frac{\partial v}{\partial y} \quad \gamma_{yz} = \frac{\partial w}{\partial y} + \frac{\partial v}{\partial z} \\
&\epsilon_z = \frac{\partial w}{\partial z} \quad \gamma_{zx} = \frac{\partial u}{\partial z} + \frac{\partial w}{\partial x}
\end{aligned} \tag{5.7}$$

여기서 u, v, w는 x, y, z 방향의 변위 성분이다. 이 식들은 식 (4.33)의 3차원적 확장을 의미한다(문제 4.16 참조).

응력–변형률–온도 관계

응력과 변형률 성분 이외에도 온도가 변형률 성분에 미치는 영향 또한 고려하여야 한다. 이러한 요소는 다음과 같은 관계에는 이러한 효과를 포함하고 있다.

$$\begin{aligned}
&\epsilon_x = \frac{1}{E}[\sigma_x - v(\sigma_y + \sigma_z)] + \alpha(T - T_o) \\
&\epsilon_y = \frac{1}{E}[\sigma_y - v(\sigma_z + \sigma_x)] + \alpha(T - T_o) \\
&\epsilon_z = \frac{1}{E}[\sigma_z - v(\sigma_x + \sigma_y)] + \alpha(T - T_o) \\
&\gamma_{xy} = \frac{\tau_{xy}}{G} \\
&\gamma_{yz} = \frac{\tau_{yz}}{G} \\
&\gamma_{zx} = \frac{\tau_{zx}}{G}
\end{aligned} \tag{5.8}$$

평형방정식 (5.6)과 변형률–변위 방정식 (5.7)과 변형률–응력–온도 관계(5.8)는 6개의 응력성분, 6개의 변형률 성분, 3개의 변위 성분에 대하여 15개의 방정식을 제공한다. 이러한 15개의 방정식은 **선형탄성이론**의 기초가 된다. 이 방정식은 **선형적**인데, 이는 식 (5.8)에서 선형재료 거동을 가정하였고 식 (5.7)에서 작은 변형률로 한정하였기 때문이다. 식 (5.7)의 추가적인 결과는 변형률(또한 응력도)이 변형되기 전의 형상과 관련이 있기 때문이다. 또한 이것은 식 (5.6)이 변형되지 않는 형상에 대한 평형조건의 적용을 의미한다. 이것은 식 (5.6), (5.7), (5.8)이 작은 변형이 발생한 등방성, 선형탄성체의 변형에 적용되어야 하며 또한 변형이 일어나지 않는 구조에도 적용되어야 함을 의미한다.

이러한 방정식의 해를 얻기 위해서 미분항으로 표현된 식 (5.6)과 (5.7)을 적분하는 것이 필요하다. 탄성체에 대한 엄밀해를 얻기 위하여 모든 지점에서 **경계조건**을 설정하는 것이 필요하다. 가장 공통적으로 경계점에서 **변위** 벡터가 지정되거나 외부하중에 의한 **응력** 벡터[식 (4.2)]가 설정된다. 만약 탄성체의 표면의 모든 점에서 변위와 표면 응력 벡터가 기술되어 있다면 식 (5.6), (5.7), (5.8)은 **고유**해를 가질 것이고 이것은 미리 알려진 표면에서의 경계조건을 만족하게 될 것이다.[3]

이러한 고유한 해의 증명은 물질의 소성거동에서도 이루어질 수 있다.[4] 앞의 경우에서 평형, 기하학적 적합성, 재료의 힘–변형 거동의 세 요소에 대한 고유성과 확장성의 공통점을 가지고 있다. 이것은 (2.1)의 세 단계가 가변 고체역학 문제에서 고려될 필요가 있는 모든 원리를 포함하기 위한 기초가 된다.

이 부분의 소개 목적은 탄성의 전체 방정식을 제시해서 고체역학에 중요한 엄격한 기초의 본질을 독자가 익히게 하는 것이다. 일반적 문제 기술의 단순함에도 불구하고 특정한 경우에 대한 엄밀해를 구하는 것은 어려운 일이다. 몇몇 알려진 해결책들이 있지만 대부분의 공학적인 접근에서 근사적인 결과를 이용해야 할 때도 있다. 예를 들어서 가장 일반적인 근사적인 접근법은 간단한 이상적인 모델을 이용하여 물리적 시스템에 대한 간단한 경계조건으로 변경하여 적용하는 것이다. 다른 경우의 근사해는 내부 방정식의 몇 가지를 충족하도록 구성된다. 예를 들어 평형 요구조건은 모든 내부 지점에서 적용되어야 하지만, 기하학적 적합성 조건은 평균적인 거시적 관점에서만 만족할 수도 있다. 거시적 관점에서의 구성방정식을 만족하는 유한 요소에서의 수학적 방법은 물체의 근사화를 수반하지만, 또한 경계 부분에서는 평형, 적합성 또는 경계조건을 위반할 수도 있다.[5] 근사화의 수용 정도는 상황에 따라서 다르다. 좋은 시계의 헤어스프링의 변형은 어린아이의 저가의 장난감 태엽 스프링보다는 더 정확하게 계산되어야 할 것이다. 좋은 근사화가 되느냐 안되느냐의 문제는 실제 상황과 맞물려 있는 다른 몇 가지 근사치와 비교하거나, 해석을 통한 이론적인 결과와 실험결과의 비교를

[3] 다음을 참고하라. S. Timoshenko and J.N. Goodier, “Theory of Elasticity,” 3rd ed., p. 269, McGraw-Hill Book Company, New York, 1970; 또는 C. Wang, “Applied Elasticity,” p. 38, McGraw-Hill Book Company, New York, 1953.

[4] 이 내용에 대한 논의는 대학원 수준의 문헌을 참고하라. R. Hill, A General Theory of Unique ness and Stability in Elastic-plastic Solids, *J. Mech. Phys. Solids*, vol. 6, pp. 236–249, 1958.

[5] 다음을 참조하라. P. Tong and J.N. Rossettos, “Finite-Element Method,” MIT Press, Cambridge, Mass., 1977.

위하여 물리적 이론을 기반으로 한 적합한 시험법의 개발을 통하여 대답할 수 있을 것이다.

이 고체역학의 소개부분에서 우리는 주로 식 (5.6), (5.7), (5.8)의 극소 변형의 문제가 아닌 봉, 축, 보의 거시적 단계에서 다루었던 식 (2.1) 과정의 3단계에 대해서 다룰 것이다. 그러나 우리는 극소 변형의 완전해를 구하기 위한 간단한 두 가지 예제를 이번과 다음 절에서 보여줄 것이다. 더불어 우리는 식 (5.6), (5.7), (5.8)을 다음 장에서 다룰 거시적인 힘-변형 관계를 평가하기 위해서 사용할 것이다.

얼마나 상대적으로 간단한 문제 현상을 이론적인 모델로 이상화할 수 있고 더 나아가서 탄성방정식의 이러한 모델에의 응용을 보여주기 위하여 다음 문제를 고려한다.

예제 5.2 길고 얇은 판재(너비 b, 두께 t, 길이 L)가 거리가 b인 단단한 벽 사이에 놓어져 있으며, 그림 5.17(a)에서와 같이 축방향으로 힘 P가 작용하고 있다. 힘 P에 평행한 판재의 변형을 구하기를 원한다.

- 모델을 적용 가능하고 기학적으로 허용 가능한 적절한 가정을 세워서 이상화한다.
- 가능한 응력과 변형률을 평형과 기하학적 적합성을 사용해서 구한다.
- 식 $\varepsilon_x = 1/E(\sigma_x - u\sigma_y)$를 사용하고 하중 P에 평행한 판의 변형을 구한다.

그림 5.17(b)에 이 상황을 이상화하였다. 모델을 구성하는 데 아래와 같은 가정을 하였다.

1. 축방향 힘 P가 발생시키는 축방향 수직응력은 끝부분의 면적을 포함하여 판면적에 일정하게 분포한다.
2. 두께 방향으로는 어떠한 수직응력도 가해지지 않는다(이것은 xy 평면에 대하여 평면응력 조건을 의미함에 유의하라).
3. y 방향으로는 변형이 일어나지 않는다. 즉, $\epsilon_y = 0$이다(이것은 xz 평면에 대하여 평면변형 조건을 의미함에 유의하라).
4. 벽에는 마찰력이 없다(또는 너무 작아서 거의 무시할 만하다).
5. 판재와 벽 사이의 수직 접촉력은 길이와 너비 방향에 대해서 일정하다. 이것은 그림 5.17(b)의 이상화된 모델에 대하여 식 (2.1)의 요구조건을 만족한다.

평형

외부 하중의 평형은 판재에 형성되는 응력이 다음과 같을 경우 만족된다.

$$\sigma_x = -\frac{P}{bt} \qquad \sigma_y = -\sigma_0 \qquad \sigma_z = 0 \tag{a}$$

$$\tau_{xy} = \tau_{yz} = \tau_{zx} = 0$$

이 응력은 또한 평형방정식 (5.6)을 만족하고, 이 응력이 판 전체에 작용한다고 가정한다.

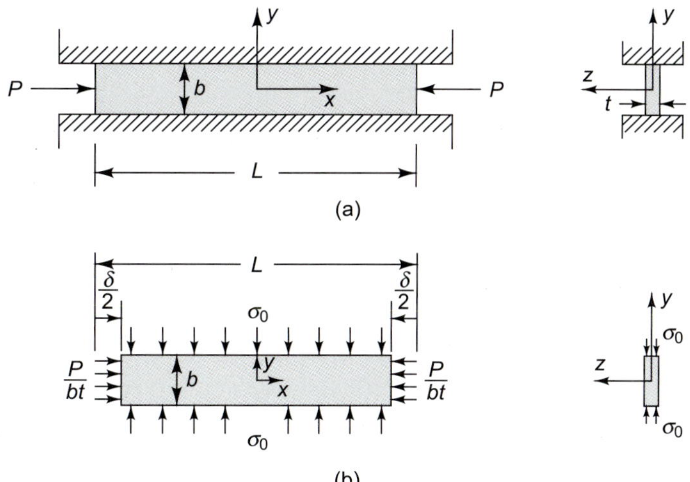

그림 5.17 예제 5.2. (a) 실제 문제, (b) 이상화된 모델

기하학적 적합성

벽은 강체이므로 판재는 y 방향으로는 팽창하지 못한다. 따라서 다음과 같이 표현할 수 있다.

$$\epsilon_y = 0 \tag{b}$$

또한 δ의 경우 우리는 변형률을 다음과 같이 쓸 수 있다.

$$\epsilon_x = -\frac{\delta}{L} \tag{c}$$

응력–변형률 관계

식 (a)에서 온도가 일정하므로 식 (5.8)은 다음과 같이 나타낼 수 있다.

$$\begin{aligned}&\epsilon_x = \frac{1}{E}(\sigma_x - \nu\sigma_y) \qquad \epsilon_y = \frac{1}{E}(\sigma_y - \nu\sigma_x) \qquad \epsilon_z = \frac{\nu}{E}(\sigma_x + \sigma_y)\\&\gamma_{xy} = \gamma_{yz} = \gamma_{zx} = 0\end{aligned} \tag{d}$$

(a), (b), (c), (d)를 연립해서 풀면 다음과 같은 값을 얻을 수 있다.

$$\begin{aligned}\sigma_y &= \nu\sigma_x = -\nu\frac{P}{bt}\\ \delta &= (1-\nu^2)\frac{PL}{Ebt}\\ \epsilon_z &= \nu(1+\nu)\frac{P}{Ebt} = \frac{\nu}{1-\nu}\frac{\delta}{L}\end{aligned} \tag{e}$$

우리는 벽의 존재로 인하여 판재의 축방향 변형이 $(1-\nu^2)$만큼 감소하는 것을 알 수 있다.

변형률–변위 관계식

만약 판재의 중심을 좌표의 중앙으로 설정하고 이 점이 x나 z 방향으로 움직이지 않는다고 가정한다면, 식 (5.7)에 변형률을 대입하고 6가지의 관계식을 이용하면 이 판재의 변위는 다음과 같이 나타낼 수 있다.

$$u = -\frac{\delta}{L}x$$
$$v = 0 \qquad \text{(f)}$$
$$w = -\frac{\nu}{1-\nu}\frac{\delta}{L}z$$

이렇게 하여 그림 5.17(b)의 이상화된 모델에 대한 탄성 문제의 올바른 엄밀해를 얻을 수 있다. 하지만 집중 힘을 받는 그림 5.17(a)의 엄밀해가 아닌 일정하게 분포한 응력에 대한 해를 구하였음을 주의하여야 한다. 그림 5.17(a)는 작은 면적을 접촉하는 경우 근사적으로 보다 현실적인 하중상태가 된다. 유사한 상황에서의 실험결과에 의하면, 실제 판의 전반적인 변형은 이상화된 모델과 유사하다. 또한 끝부분 근처에서는 상당히 다른 결과가 관찰되지만 끝부분과 다소 떨어진 부분에서는 실제 판재의 응력 분포가 이상화된 모델의 결과와 상당히 유사하였다. 5.7절에는 생베낭(St. Venant)의 원리와 연관지어서 계속 논의를 할 것이다. 이 문제는 엄밀해와 매우 유사한 해를 얻기가 매우 힘든 경우의 한 예이지만, 이상화한 접근에 의해서 엄밀해 또는 엄밀해와 매우 근사한 해를 구하는 것은 비교적 쉽다는 것을 보여준다.

■ ■ ■

5.7 두꺼운 벽을 갖는 원통의 완전한 탄성해

Complete Elastic Solution for a Thick-Walled Cylinder

이 장에서 균일한 등방성 고체의 탄성이론을 이용한 몇 가지 예의 엄밀해를 고려할 것이다. 많은 공학적인 경우에 이러한 문제는 자주 일어나며, 상당한 기술적 중요성을 가진다. 더불어서, 문제의 해는 더 복잡한 문제로 나타나기도 한다. 탄성 문제 해결의 많은 본질적인 통찰은 이 예제를 통하여 얻을 수 있다.

그림 5.18(a)의 내부 반지름 r_i과 바깥 반지름 r_o인 원통을 고려하자. 우리는 외부하중이 가해질 때 원통 내부의 응력 분포를 5.18(b)에 나와있는 것처럼 결정하였다. 일정한 내부 압력 p_i와 일정한 외부 압력 p_o, 균일한 축방향 인장응력 σ_o가 있다. 이 형상은 몇몇 실질적인 문제의 모델을 제공한다. 예를 들어 이러한 원통은 내압이 중요한 하중조건인 두꺼운 압력용기가 될 수도 있고, 외압이 중요한 하중조건인 잠수정 선체가 될 수도 있다.

또한 높이 h가 반지름보다 작다면 원통은 판재나 디스크로 간주될 수 있고, 중요한 하중은 내압인 축의 "억지 끼워맞춤" 부속이 될 수도 있다.

원통의 대칭성을 이용하여 원통좌표축를 이용하고 각 축을 그림 5.18(c)에서 보여진 바와 같이 r, θ, z로 나타낸다. 또한 그림 5.18(c)에 나타낸 것처럼 원통좌표축의 변위 벡터에 r, θ, z 방향으로 u, v, w의 성분을 갖는다. 15개의 원통좌표축에 대한 탄성 방정식은 문제 4.4의 세 가지 **평형**방정식, 문제 4.19의 6개의 **변형률-변위** 방정식, 식 (5.2)의 6개의 원통좌표축에 대한 **응력-변형률** 방정식으로 구성되어 있다. 경계조건은 다음과 같다.

$$\sigma_r = -p_i \qquad \tau_{rz} = 0 \qquad \tau_{r\theta} = 0 \qquad \text{(a)}$$

내면이 $r = r_i$인 경우

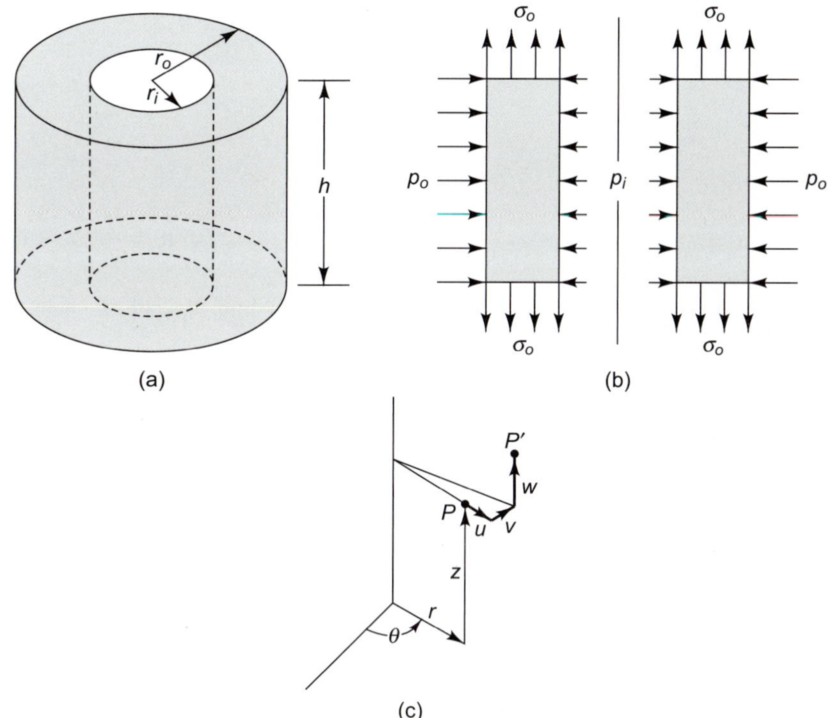

그림 5.18 (a) 두꺼운 벽을 갖는 원통, (b) 내압, 외압 및 축방향인장을 받는 경우, (c) 원통좌표계와 변위 성분

$$\sigma_r = -p_o \qquad \tau_{rz} = 0 \qquad \tau_{r\theta} = 0 \tag{b}$$

외면이 $r = r_o$인 경우 $z = h$ 및 $z = 0$인 윗면과 아랫면에 대하여

$$\sigma_z = \sigma_o \qquad \tau_{rz} = 0 \qquad \tau_{\theta z} = 0 \tag{c}$$

문제는 15개의 내부 방정식과 3개의 지점에서의 경계조건을 만족하는 변형률–변위에 맞는 응력을 정하는 것이다.

이러한 경우의 일반적인 문제는 하중의 방사형 대칭성으로 인해 굉장히 단순화된다. 대칭에 기초해서 변위의 θ 성분인 v가 어디서나 0이 되는 해를 구하게 되며 이 해의 응력, 변형률, 변위는 모두 θ에 독립적이 된다. 만약 이러한 해가 구해지면, 고유한 법칙으로부터 이 해가 바로 찾고자 하는 해라는 것을 알게 된다. 또 우리는 축하중의 균일성에 의하여 부재 내부에 걸쳐 $\sigma_z = \sigma_o$이고 모든 응력과 변형률은 z와 무관하다는 임시적인 가정을 할 수 있다. 이러한 가정으로 문제는 다룰만한 크기로 축소된다. 이 전단응력 $\tau_{r\theta}$, $\tau_{\theta z}$, τ_{rz}과 상응하는 변형률 $\gamma_{r\theta}$, $\gamma_{\theta z}$, γ_{rz}은 사라진다. 남는 것은 두 변위 u, w, 두 응력 σ_r, σ_θ, 세 변형률 ϵ_r, ϵ_θ, ϵ_z이며 또한 다음과 같은 하나의 평형방정식과

$$\frac{\sigma_r}{dr} + \frac{\sigma_r - \sigma_\theta}{r} = 0 \tag{d}$$

3개의 변형률–변위 방정식,

$$\epsilon_r = \frac{du}{dr} \qquad \epsilon_\theta = \frac{u}{r} \qquad \epsilon_z = \frac{dw}{dz} \tag{e}$$

그리고 3개의 응력–변형률 방정식

$$
\begin{aligned}
\epsilon_r &= \frac{1}{E}[\sigma_r - \nu(\sigma_\theta + \sigma_z)] \\
\epsilon_\theta &= \frac{1}{E}[\sigma_\theta - \nu(\sigma_z + \sigma_r)] \\
\epsilon_z &= \frac{1}{E}[\sigma_z - \nu(\sigma_r + \sigma_\theta)]
\end{aligned} \tag{f}
$$

가 된다. 또한 경계조건은 다음과 같다.

$$
\begin{aligned}
r = r_i\text{에서 } \sigma_r = -p_i \\
r = r_i\text{에서 } \sigma_r = -p_o
\end{aligned} \tag{g}
$$

이제 경계조건 식 (g)를 만족시키는 식 (d)와 (e), 식 (f)의 해를 얻기 위해서 이들 방정식을 연립해서 푸는 과정을 체계적으로 설명한다. 먼저 미지의 반경방향 변위 $u(r)$로부터 시작하여 횡방향 변형률 ϵ_r, ϵ_θ를 u의 함수로 나타내기 위해서 식 (e)를 사용한다. 식 (f)의 제1, 2식으로부터 횡방향 응력 σ_r, σ_θ를 ϵ_r, ϵ_θ로 풀 수 있고, 따라서 응력을 u의 함수로 얻을 수 있다. 이들 응력을 식 (d)에 대입하고 정리하면 $u(r)$에 관한 미분방정식을 얻는다.

$$
\frac{d^2u}{dr^2} + \frac{1}{r}\frac{du}{dr} - \frac{u}{r^2} = 0 \tag{h}
$$

식 (h)의 일반 해는 다음과 같다.

$$
u = Ar + \frac{B}{r} \tag{i}
$$

여기서 A와 B는 적분상수이다. 과정을 다시 거슬러 올라가 여기서 얻어진 u의 값을 식 (i)의 값을 대입하면 r과 상수 A, B의 함수로 표시되는 변형률과 응력에 대한 식을 얻는다. 이 적분상수는 반경방향 응력이 경계조건 식 (g)를 만족하도록 하여 구할 수 있다. 이렇게 얻어진 상수 A, B를 σ_r과 σ_θ에 대한 식에 다시 대입하여 횡방향 응력에 대한 다음 식을 얻는다.

$$
\begin{aligned}
\sigma_r &= -\frac{p_i[(r_o/r)^2 - 1] + p_o[(r_o/r_i)^2 - (r_o/r)^2]}{(r_o/r_i)^2 - 1} \\
\sigma_\theta &= -\frac{p_i[(r_o/r)^2 + 1] + p_o[(r_o/r_i)^2 - (r_o/r)^2]}{(r_o/r_i)^2 - 1}
\end{aligned} \tag{5.9}
$$

축방향 변형률은 이 응력과 $\sigma_z = \sigma_o$을 식 (f)의 세 번째 식에 대입하여 얻는다.

$$
\epsilon_z = \frac{\sigma_o}{E} - \frac{2\nu}{E}\frac{p_i r_i^2 - p_o r_o^2}{r_o^2 - r_i^2} \tag{5.10}
$$

이때, ϵ_z는 원통에서의 위치에 무관하다. 그러므로 축방향 변위 성분 w는 z에 따라 선형적으로 변화한다. 이들 결과를 얻는 과정에서 원래의 15개의 방정식과 식 (a), (b), (c)의 경계조건을 엄밀히 만족하였음을 알 수 있다. 이것은 해의 대칭성을 고려한 임시적인 가정의 정당성을 입증해주는 것이다. 다음은 결과 식 (5.9)와 (5.10)이 나타내는 중요성에 관하여 생각해 보기로 한다.

횡방향 응력 σ_r과 σ_θ는 반지름 방향의 요소 r에 따라 변하는 동시에 압력 하중인 p_i와 p_o에 따라 선형적인 관계를 갖지만 축하중 σ_o와는 무관하다. 축방향 변형률 ϵ_z는 축방향 변형률 σ_o과 압력 하중(포아송비의 효과)에 관계가 있다.

횡방향 응력 식 (5.9)가 갖는 응력 거동을 알기 위해 몇 가지 특별한 경우를 생각해보자. 내압과 외압이 동일한 경우(즉, $p_i = p_o = p$), 모든 내부점에서 $\sigma_r = \sigma_\theta = -p$ 이다. 외압이 없는 경우($p_o = 0$), 내부 압력 p_i는 내경에서 $\sigma_r = -p_i$로부터 외경에서 $\sigma_r = 0$까지 변하는 응력을 발생시킨다. 접선방향 응력 σ_θ는 전체에 걸쳐 인장응력으로 나타나고 이 값은 내경 $r = r_i$에서 최댓값을 갖는다. r에 따라 σ_r과 σ_θ가 변하는 모양을 $r_o = 2r_i$인 외경에 대하여 그림 5.19(a)에 표시하였다. 그림 5.19(b)에는 내압이 작용하지 않을 때 ($p_i = 0$) 외부 압력 p_o 때문에 생기는 응력 분포를 나타낸 것이다. 그림 5.19(a)와 5.19(b)에서 어느 경우에 있어서나 수치적으로 가장 큰 응력은 원형 내부에서의 접선방향 응력 σ_θ라는 것을 주의하여야 한다.

원통의 벽 두께 $t = r_o - r_i$가 r_i에 비하여 작아지면, 식 (5.9)의 해는 문제 4.10의 얇은벽 두께를 갖는 원통으로 근사하게 된다(문제 5.47 참조).

축방향 응력 $\sigma_z = \sigma_o$와 축방향 변형률(5.10)은 원통 내부에서 변하지 않는다. 두 가지의 중요하면서도 특별한 경우가 종종 발생한다. 축 응력이 없는 경우($\sigma_o = 0$)에는 원통은 **평면응력** 분포를 갖는다고 한다. 이 경우 일반적으로 축방향 변형률 ϵ_z이 0이 아니다($p_i r_i^2 = p_o r_o^2$이 아닌 경우). 축 변형률이 없는 경우($\epsilon_z = 0$)에는 이 원통은 **평면변형률** 분포에 있다고 한다. 이 경우 축방향 응력은 일반적으로 0이 아니다(역시 $p_i r_i^2 = p_o r_o^2$이 아닌 경우).

위에서 얻은 원통에 대한 해가 갖는 두 가지 특성은, 임의 형상(높이는 일정한 h)을 하고 있는 등방성 탄성 원통이 윤곽 주위에 임의로 변하는 횡방향 하중(그러나 z에 관해서는 균일

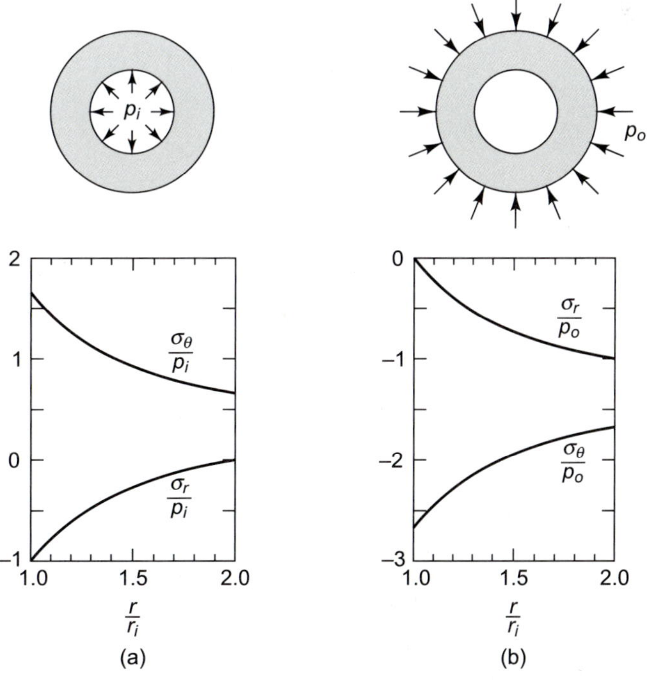

그림 5.19 $r_o = 2r_i$인 원통에서의 반경방향 응력 $\sigma_r(r)$과 접선방향 응력 $\sigma_\theta(r)$의 분포. (a) 내압 p_i, (b) 외압 p_o

하다)을 받는 경우까지도 확대 적용된다. 이러한 경우 횡방향 응력 분포는 어떤 일정한 축방향 응력 및 변형률에 대해서도 독립적임을 나타낼 수 있다. 특히 평면응력상태에서의 횡방향 응력 분포는 횡방향 경계조건이 동일하다면 평면변형률하에서의 응력 분포와 일치한다.

식 (5.9)의 해가 갖는 두 번째 특성은 비록 이 해가 균등, 등방성, 선형탄성이라는 가정하에서 얻은 해이지만 응력은 탄성인자인 E와 ν의 실제 크기와 **독립적**이라는 것이다. 이 결과는 임의의 윤곽상에 작용하는 횡방향 경계응력의 결과값이 각각 0이 되는 것으로 확장할 수 있다(그림 5.18에 있어서, 내경에 작용하는 압력만에 의한 결과값은 0이고, 외경에만 작용하는 힘에 의한 결과값도 0이 된다).[6] 예를 들어 그림 5.18의 원통에 축을 끼워 밀착시킨 다음 축을 압축시키거나 비틀어서, 원통에 어떤 힘이나 모멘트를 받게 하는 경우에는 이 조건이 만족될 수 없다. 이러한 경우의 응력 분포가 탄성계수에 무관하다는 것은 실험을 통한 응력 해석에 있어서 매우 중요하다. 이것은 어떤 재료로 만들어 측정한 결과를 이용하여 다른 재료로 기하학적으로 유사한 형상을 갖는 시편에 발생하는 응력 분포를 예측할 수 있도록 한다. 특히 복굴절성 고분자 시편을 사용한 광탄성 해석은 비록 고분자와 금속의 탄성계수가 상당히 큰 차이가 나더라도 금속의 응력 분포를 예측하는 데 사용될 수 있다(4.14절 참조).

엄밀해 식 (5.9)는 우리들로 하여금 **생베낭의 원리**(*St. Venant's principle*)[7]라고 알려져 있는 탄성역학에서 매우 일반적인 정성적 원리를 검증할 수 있도록 한다. 지금 같은 탄성체에 작용하고 있는 두 경계응력 벡터를 생각해보자. 그리고 이들 하중은 서로 다른 작은 영역 R을 제외하고는 모든 경계면에서 같다고 하자. 이들 하중에 의하여 발생하는 내부응력 분포는 전 내부점을 통하여 일반적으로 서로 다를 것이라고 생각된다. 그러나 생베낭의 원리에 의하면 만일 두 하중이 영역 R에 걸쳐 **정적으로 평형**이라면 내부응력의 현저한 차이는 R의 바로 근처에서 국부적으로 발생한다. 정확하게 현저한 차이가 생기는 근방이 얼마나 큰가를 일반화시킬 수는 없다. 이것은 R에 작용하는 다른 하중들의 요소는 물론 크기, 형상 및 작은 영역 R의 위치에 의존한다. 만일 ϵ을 영역 R의 크기를 대표한다고 하면, 대략적으로 공학적인 목적에서 R의 표면으로부터 불과 ϵ의 2배 내지 3배 정도 이상의 거리가 되는 내부점에서 내부응력의 차이는 표면응력 차이의 영향을 거의 받지 않게 된다.

이것을 입증하기 위해 특별한 경우로서 내부 반지름이 외부 반지름에 비하여 매우 작은 그림 5.18의 원통을 생각하여 본다($r_i \ll r_o$). 이 원통에 대하여 전혀 횡방향 하중이 작용하지 않는 경우(즉, $p_i = 0$, $p_o = 0$)와 내벽에만 압력 $p_i = p$를 작용하고 외벽에는 압력이 없는($p_o = 0$) 두 경우를 비교해 보자. 두 하중은 영역 R을 제외하고는 모두 같고, 영역 R은 작은 반지름 r_i를 갖는 내면이 된다. 영역 R의 대표치수 ϵ은 내부 반지름 r_i로 간주할 수 있다. 이 면에서 내압력의 합이 0이 되기 때문에 두 하중은 정적으로 평형이다. 첫 번째 하중조건에서 내부응력은 모든 점에서 0이지만, 두 번째 하중조건에 대한 내부응력 분포는 식 (5.9)에 의하

[6] 다음을 참고하라. N.I. Muskhelishvilli, "Some Basic Problems of the Mathematical Theory of Elasticity," 2nd English ed., p. 160, P. Noordhoff, Ltd., Groningen, Netherlands, 1963.

[7] 다음을 참고하라. S. Timoshenko and J.N. Goodier, "Theory of Elasticity," 3rd ed., p. 39, McGraw-Hill Book Company, New York, 1970.

여 근사적으로 다음과 같다.

$$\sigma_r = -p\left(\frac{r_i}{r}\right)^2 \qquad \sigma_\theta = p\left(\frac{r_i}{r}\right)^2 \tag{j}$$

여기서 $r_i \ll r_o$이 된다. 내경계면에서 이들 두 하중조건에 대한 응력은 그 크기에 있어서 p만큼 차이가 생긴다. 식 (j)는 r이 $3r_i$보다 조금 더 큰 지점에서 내부응력의 차가 불과 이 값의 10% 이하로 줄어든다는 것을 나타낸다. 이러한 점들은 경계면으로부터의 거리가 $2r_i$보다 약간 큰 지점들이다. 이것으로부터 생베낭의 원리와 관련된 경험적 법칙을 대략적으로 검증한 셈이 된다. 예제 5.2에서도 끝부분에서 멀리 떨어진 부분의 판에서 기대되는 응력성분의 성질은 생베낭의 원리에 입각해서 얻어졌다. 이 경우 영역 R은 봉의 끝부분의 표면이 되고 또 대표크기 ϵ는 봉의 너비 b가 된다.

끝으로 식 (5.9)의 엄밀해는 **응력집중**의 개념을 설명하는 데 사용할 수 있다. 기름 구멍, 키이홈, 노치와 같은 국부적으로 기하학적으로 불규칙한 부위를 갖는 탄성체가 응력을 받게 될 때 불규칙한 부위의 바로 근방에서 응력 분포의 국부적 변화가 보통 발생한다. 이 불규칙한 부위 근방에 생기는 최대 응력은 물체 전체에 걸쳐 생기는 겉보기 응력보다도 몇 배 크게 나타날 수 있다. 이러한 경우에 이러한 불규칙한 부위를 응력집중이라고 한다. 그림 5.18의 $r_i \ll r_o$인 원통을 다시 생각하고, 이때 하중은 외압만이 작용(즉 $p_i = 0$, $p_o = p$)한다고 가정하자. 이때 반지름 r_i인 작은 구멍은 원통에 있어서 기하학적으로 불규칙 부위로 생각할 수 있다. 이 원통 내부점에 발생한 내부점의 응력 분포는 식 (5.9)로 주어진다. 문제 5.48을 참조하면 작은 구멍을 벗어난 내부점의 응력은 $\sigma_r = \sigma_\theta = -p$인 2축 요소에 아주 가깝지만 구멍 표면에서의 응력은 단순인장이고 $\sigma_r = 0$, σ_θ는 $2p$에 거의 가까운 값을 갖는다. 그러므로 최대 응력은 원통에 생기는 응력의 약 2배가 된다. 응력의 변화는 구멍 바로 근방에 집중되어 있다. 반지름 $r = 3r_i$ 이내에서 대략 90%의 변화를 일으킨다. 응력집중에 관해서는 5.9절에서 더 상세히 기술하기로 하겠다.

5.8 탄성체의 변형률에너지 *Strain Energy in an Elastic Body*

2.6절에서 탄성에너지의 개념을 스프링과 축 요소에 대하여 설명하였다. 여기서는 이 개념을 작은 변형을 받는 탄성체에 임의 선형체에 확대시켜 생각해 보겠다. 식 (2.10)에서 선형스프링에 저당되는 탄성에너지 U는 세 가지 형태로 주어진다. 즉 처짐 δ의 형태로, 힘 F의 형태로, 혹은 처짐 δ와 힘 F의 형태로 주어진다. 마지막 형태를 식으로 표시하면 다음과 같다.

$$U = \tfrac{1}{2}F\delta \tag{5.11}$$

이 형태가 우리들의 현재 목적에 가장 편리한 형태라는 것을 알게 될 것이다. 방향성 때문에 힘과 처짐은 하중이 작용하는 동안 비례관계를 유지하면서 변형한다. 그러므로 이 힘에 의하여 행하여진 일의 양은 최종 힘과 최종 처짐량과의 곱을 반으로 나눈 것과 같다.

이 개념을 선형탄성인자의 극소 요소에 적용해보자. 그림 5.20(a)는 사각형 요소에 작용하는 단축방향 응력 σ_x를 나타낸 그림이고 그림 5.20(b)는 이 응력에 대응하는 변형률 ϵ_x를 나타낸 것이다. 이러한 요소에 저장되는 탄성에너지를 보통 **변형률에너지**라 한다. 이 경우 양의 x면에 작용하는 힘 $\sigma_x\, dy\, dz$는 요소가 $\epsilon_x\, dx$의 신장이 진행되는 동안 일을 한다. 선형탄성 물질은, 변형률이 응력에 비례해서 증가한다. 따라서 응력과 변형률의 최종 값이 각각 σ_x, ϵ_x일 때 요소에 저장된 변형에너지 dU는 다음과 같다.

$$dU = ½(\sigma_x\ dy\, dz)(\epsilon_x\, dx) = ½\sigma_x \epsilon_x\, dV \tag{5.12}$$

여기서 $dV = dx\, dy\, dz$는 요소의 부피를 나타낸다. 만일 전체 부피가 V인 탄성체가 이러한 미소 요소의 집합으로 이루어졌다면, 변형에너지 U는 적분을 통하여 얻을 수 있다.

$$U = \frac{1}{2}\int_V \sigma_x \epsilon_x dV \tag{5.13}$$

식 (5.13)의 기본적인 적용으로서, 그림 2.4와 그림 2.5의 선형단축 요소를 고려해야 한다. 이 경우에 응력과 변형률은 단위 부피에 균등하게 작용한다고 가정한다. $\sigma_x = P/A$ 그리고 $\epsilon_x = \delta/L$ 이므로 다음과 같은 식을 얻을 수 있다.

$$U = \frac{1}{2}\left(\frac{P}{A}\right)\left(\frac{\delta}{L}\right)\int_V dV = \frac{1}{2}P\delta \tag{5.14}$$

여기서 $V = LA$이다. 식 (5.14)는 2.6절에서 얻은 식 (2.11)의 결과와 일치한다는 것에 주목하라.

그림 5.20(c)와 같이 미소 요소에 작용하는 전단응력성분 τ_{xy}를 생각하여 보자. 이 응력에 대응하는 전단변형률 성분 γ_{xy}로 인한 변형을 그림 5.20(d)에 표시하여 놓았다. 이 경우 양의 y면에 작용하는 힘 $\tau_{xy}\, dx\, dz$는 그 면을 $\gamma_{xy}\, dy$만큼 옮길 때 일을 한다. 선형성으로 인하여 요소가 변형할 때 γ_{xy}와 τ_{xy}는 비례관계를 유지하면서 변형한다. 변형률과 응력의 최종값을 각각 γ_{xy}, τ_{xy}라고 할 때 그 요소에 저장되는 변형에너지는 다음과 같다.

$$dU = ½(\tau_{xy}\, dx\, dz)(\gamma_{xy}\, dy) = ½\tau_{xy}\gamma_{xy}\, dV \tag{5.15}$$

응력성분이 그 요소에 작용하는 유일한 응력인 경우라면 식 (5.12)와 (5.15)와 유사한 결과는 다른 어떠한 응력 및 변형률 쌍(예를 들어 σ_y와 ϵ_y, 또는 γ_{xy}와 y_{yz}의 성분들)에도 적용 가능하다.

마지막으로 6개의 모든 응력성분이 존재하는 일반적인 응력에 대하여 생각하여 보자. 이들 응력성분에 대응하는 변형은 일반적으로 6개의 모든 변형률 성분을 포함할 것이다. 각각의 개별적 변형률 성분은 1개 이상의 응력성분의 영향을 받게 될 수도 있다[식 (5.2)의 처음 3개 식 참조]. 그러나 우리는 여기서 이들의 의존성은 선형적이라고 가정한다. 그러므로 만일 하중과정이 하중증가 중에 모든 응력성분의 크기가 최종 응력상태에서 갖는 크기의 비율을 그대로 유지하면서 가해지는 점진적인 하중과정이라고 생각해 보자. 이 경우 변형률 성분도 비례적으로 최종 변형률 상태에서 갖는 크기의 비율과 동일한 비율을 유지하면서 성장하게 될 것이다. 이 과정 중에 모든 응력과 변형률이 성장하고, σ_x와 같이 단일응력성분은 **단지** 상응하는 변형률 성분 ϵ_x로 인한 변형에 대해서만 일을 하게 된다(이것은 그림 5.20에 보여준 것처럼 미소변형률에 대하여 다른 변형률 ϵ_y, ϵ_z, γ_{xy}, γ_{yz} 혹은 γ_{zx} 중 어느 것도 요소의 두 x면

간의 거리변화를 유발하지 않는다는 것을 관찰할 수 있다). 최종 응력상태가 σ_x, σ_y, σ_z, τ_{xy}, τ_{yz}, τ_{zx}이고 이것에 상응하는 최종 변형률 상태가 ϵ_x, ϵ_y, ϵ_z, γ_{xy}, γ_{yz}, γ_{zx}일 때, 그 요소에 저장되는 전변형에너지는 다음과 같다.

$$dU = ½(\sigma_x \epsilon_x + \sigma_y \epsilon_y + \sigma_z \epsilon_z + \tau_{xy}\gamma_{xy} + \tau_{yz}\gamma_{yz} + \tau_{zx}\gamma_{zx})dV \tag{5.16}$$

일반적으로 최종 응력과 변형률 형태는 물체 내의 위치에 따라 변한다. 전체 물체에 저장되는 변형에너지는 식 (5.16)을 물체 부피에 따라서 적분함으로써 얻어진다.

$$U = \frac{1}{2}\int_V (\sigma_x\epsilon_x + \sigma_y\epsilon_y + \sigma_z\epsilon_z + \tau_{xy}\gamma_{xy} + \tau_{yz}\gamma_{yz} + \tau_{zx}\gamma_{zx})\, dV \tag{5.17}$$

변형에너지에 대한 이 공식은 모든 선형탄성체의 미소변형에 적용된다. 등방성 재료에 대하여는 응력-변형률 관계식 (5.2)를 식 (5.17)에 대입하여, 완전히 변형률 성분으로 표시되거나 혹은 완전히 응력성분으로 표시되는 변형에너지에 관한 공식을 얻을 수 있다(문제 5.51 참조). *xy* 평면에 평행한 평면응력의 경우나 평면변형률의 경우에 대하여 식 (5.17)은 다음과 같이 간단히 줄여 쓸 수 있다.

$$U = \frac{1}{2}\int_V (\sigma_x\epsilon_x + s_y\epsilon_y + \tau_{xy}\gamma_{xy})dV \tag{5.18}$$

제6장과 7장에서 비틀림이나 굽힘에 있어서의 변형에너지에 대한 특별한 공식을 전개하기 위하여 이러한 결과를 사용할 것이다.

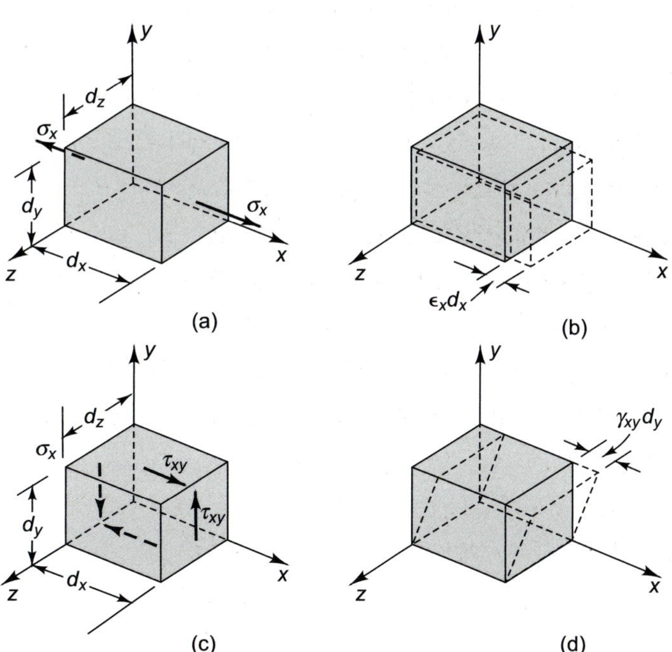

그림 5.20 미소 요소:
(a) 단축하중
(b) 최종 변형
(c) 순수전단
(d) 최종 변형

5.9 응력집중 *Stress Concentration*

5.7절에서 기름 구멍, 키이홈, 노치와 같이 국부적인 기하학적으로 불규칙한 부위를 갖는 탄성체가 응력을 받고 있을 때, 일반적으로 불규칙한 부위 바로 근처에서 응력상태의 국부적인 변화가 생긴다는 것을 언급하였다. 불규칙 부위 근처에 발생하는 최대 응력수준은 물체 전역에서 발생하는 겉보기 응력수치보다 수 배 더 큰 값을 갖는다. 기하학적으로 불규칙한 부위에서 기인하는 응력의 증가를 **응력집중**이라 한다. 설계변형을 통하여 응력집중을 피할 수 없는 경우에는 응력의 평균값보다는 오히려 **국부적인** 값을 설계기준으로 삼는 것이 더 중요하다. 일반적인 설계과정에서는 응력의 국부값을 **응력집중계수**를 사용하여 얻는다. 응력집중계수 K_t는 기하학적인 불규칙한 부위 또는 불연속 부위에서 최대 응력 σ_{max}에 대하여 불규칙 부위가 없는 경우의 겉보기 응력 σ_{nom}의 비로 나타난다.

$$K_t = \sigma_{max}/\sigma_{nom}$$

이 계수의 크기는 기하학적 특수성과 하중형태에 따라 변한다. 그러나 이 계수의 값은 보통 2 혹은 그 이상의 값을 갖는다.

실용적으로 공학적 입장에서 응력집중계수를 결정한다는 것은 어려운 문제이고, 현재까지도 다만 몇몇 응력집중에 관하여 엄밀한 연구가 진행되고 있는 실정이다.[8] 지금까지 해온 일은 몇 가지 엄밀해를 얻어 이것을 광탄성 응력해석결과와 비교하고, 또 이것으로부터 다른 여러 가지 특별한 경우에 대하여 응력집중계수가 어떻게 되는가를 평가하는 것이었다. 전형적인 응력집중계수 곡선을 그림 5.21에 나타내었다. 이것과 유사한 응력집중계수 곡선들을 문헌에서 찾아볼 수 있다. 설계하고자 하는 특정한 경우에 대하여 응용할 수 있는 응력집중계수 곡선이 없는 경우에는 한 경험식을 사용하여 응력집중계수를 계산할 수 있다.[9]

그림 5.22에 보여준 몇 가지 응력집중 형상을 고려해 보자. 각각의 그림에는 노치 뿌리에서의 곡률반경 a와 남은 재료의 두께의 반이나 어깨의 높이 중 어느 하나로 나타낼 수 있는 관련 길이를 표시하여 놓았다. 이러한 치수의 최솟값을 c라고 하자.

이때 변형률집중계수 또는 응력집중계수는 근사적으로 다음과 같이 주어진다.

$$\frac{\epsilon_{max}}{\epsilon_{nom}} \approx \frac{\sigma_{max}}{\sigma_{nom}} \approx 1 + (0.3 \text{ to } 2)\sqrt{\frac{c}{a}} \tag{5.19}$$

5.7절에서 동심으로 작은 구멍이 뚫려 있는 큰 원통에 외압이 작용할 때, 응력집중계수는 근사적으로 2라고 하였다. 이러한 결과는 식 (5.19)에서 c와 a를 모두 구멍 반지름 r_i로 놓고, 수치상수로서 중간값 1을 취함으로써 얻을 수 있다. 식 (5.19)를 사용할 때 수치계수는 충분한 반지름을 갖는 모깎이나 굽힘, 비틀림의 범위의 작은 쪽을, 인장을 받는 경우에는 큰 쪽을 택해야 한다. 식 (5.19)는 약간의 모호성을 갖기는 하지만 탄성의 응력집중이나 변형률집중

[8] 보다 자세한 내용은 다음을 참고하라. R.E. Peterson, "Stress Concentration Factors in Design," John Wiley & Sons, Inc., New York, 1953; G.N. Savin, "Stress Concentration around Holes", Pergamon Press, New York, 1961 (translated from the Russian edition).

[9] 경험식의 이용에 대한 보다 자세한 내용은 다음을 참고하라. F.A.McClintock and A. Argon, *op. cit.*, Chap. 11.

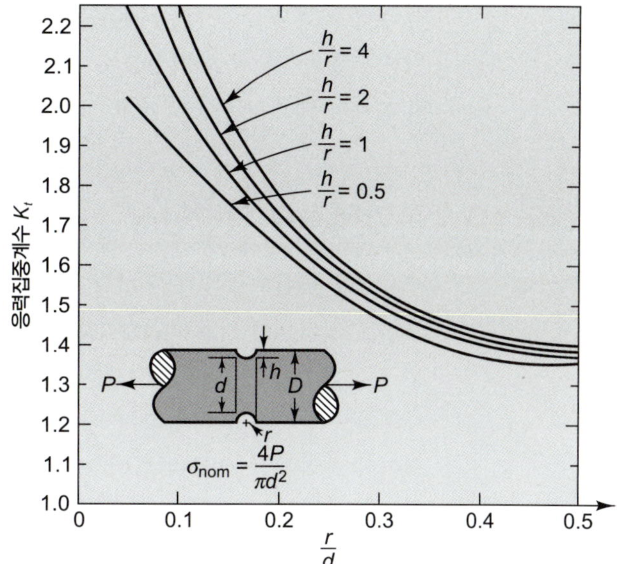

그림 5.21 인장력 P를 받는 중실 원형 축의 원형 홈에 대한 응력집중계수 K_t (From C. Lipson and R. Juvinall, "Handbook of Stress and Strength," The Macmillan Company, New York, 1963)

문제를 다루는 데 있어 손쉽게 근사가 가능하게 해준다.

일반적으로 응력집중계수는 최대 응력을 기준으로 정의된다. 하지만 응력상태를 다른 측면에서 관찰하는 것이 더 중요한 경우가 생긴다. 예를 들면, 항복에 있어서 임계가 되는 것은 가끔 주응력성분의 최대 차이이다. 소성유동이나 연성 파괴가 발생하는 경우에 있어서는 응력집중보다는 **변형률**집중이 중요한 인자가 될 수도 있다. 탄성에 있어서는 응력집중과 변형률집중은 어느 정도 비례하지만, 반면에 소성에 있어서는 변형률집중이 훨씬 높을 수 있다. 소성응력집중은 많아야 항복강도의 몇 배에 한정된다. 소성응력과 변형률집중에 관한 기술은 이 책의 내용을 넘는 것이므로 생략하기로 한다.[10] 앞으로 이 책에서는 응력집중결과가

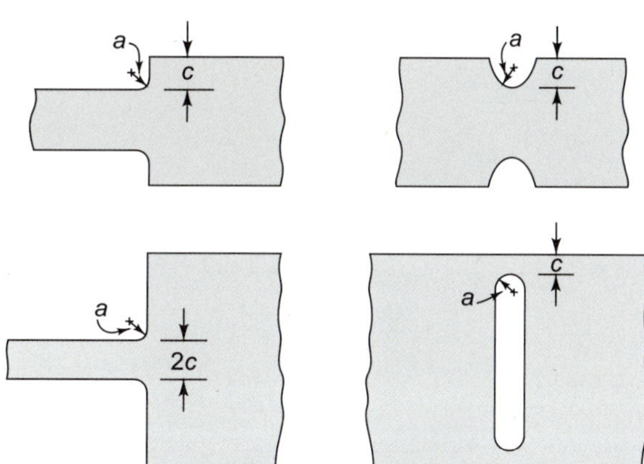

그림 5.22 응력집중 현상의 예

[10] 자세한 내용은 다음을 참고하라. F.A. McClintock and A. Argon, *op.cit.*, Chaps 11 and 18.

아주 중요한 역할을 하는 많은 경우에 대하여 기술하기로 하겠다. 하지만 문제의 단순화를 위하여 일반적으로 응력집중계수의 유도 및 사용을 고려하지는 않는다. 그러나 실질적인 공학 문제에 대해서는 응력집중의 가능성에 대하여 항상 고려하여야 한다.

5.10 복합재료와 이방탄성 *Composite Materials and Anisotropic Elasticity*

섬유보강 복합재료는 실용적인 중요성이 급속히 증가되고 있으나 사실 이러한 복합재료는 아주 오래전부터 사용되었다. 진흙을 말려 벽돌을 만들 당시, 성경에 이집트 왕은 벽돌제조용 밀짚을 모아 밀짚으로 보강한 벽돌을 만들기 위하여 이스라엘인들에게 자신들의 밀짚을 사용하도록 하여 벌하였다는 내용이 적혀있다. 이스라엘 사람들이 밀짚보다는 그루터기를 모아야 했다는 것으로 미루어 보아 섬유길이의 중요성은 그 당시에도 알려져 있음을 알 수 있다. 다른 복합재로는 로프나 직물, 특히 코팅된 직물 등이 있다. 강철보강 콘크리트는 19세기에 출현하였다. 강철보강 콘크리트는 후에 보의 굽힘과 관련시켜 생각하기로 하고, 여기서는 모재 내에 미세하고 매우 강도가 높은 섬유를 삽입시켜 보강한 새로운 재료에 관심을 돌려보기로 하겠다. 상온용으로는 고분자 모재가 유명하며, 대표적인 고분자로는 에폭시가 사용된다. 고온용 금속 모재는 아직도 실용단계에 와 있지 못한 실정이다.

오늘날 보강용으로 각광을 받고 있는 섬유들의 성질을 표 5.2에 소개하였다. 유리 섬유는 가격면에서 유리하다는 장점을 가지고 있으나 강성이 상대적으로 낮다는 단점이 있다. 붕소 섬유는 상업적으로는 사용 가능하지만 본래 가격이 비싼 텅스텐 소재에 도금을 해서 만들어야 한다는 단점이 있다. 또한 붕소 섬유는 비교적 큰 지름을 갖기 때문에 곡면 부분을 형성시키기 위하여 섬유를 굽힐 때 섬유의 손상으로 인하여 강도의 많은 손실을 가져올 염려가 있다. 이 흑연섬유는 강성과 강도가 매우 높을 뿐만 아니라 무게도 가볍기 때문에 가장 유망한

표 5.2 고강도 섬유의 물성

물성		유리[11]		붕소[12]	흑연	
		E 타입	*S* 타입		고강성	고강도
지름, mm		0.00508~0.0203		0.102	0.0070~0.0090	
비중		2.54	2.50	2.63	1.96	1.74
탄성계수, GPa		73.6	88.4	386	>390	>245
인장강도, GPa		3.15~3.85	4.6	3.15	>1.40	>2.46
kg당 비용	1968	$ 2.3		$ 68	$ 270	
	1969				$ 225	
	1970				$ 172	

[11] L.J. Broutman and R.H. Krock (eds.), "Modern Composite Materials," Addison-Wesley Publishing Company, Inc., Reading, Mass., 1967.

[12] Manufacturers' data in this and the following tables include those from Celanese, 3M, PPG, and Whittaker.

보강재로 각광을 받고 있다. 이 흑연섬유는 수소를 제거시키고 흑연입자를 섬유축과 일치되도록 성형시키기 위해서, 미세한 단일 필라멘트를 진공상태에서 인장하면서 가열시켜 만든다. 열분해온도 측면에서 근본적으로 상이한 두 개 등급의 흑연으로 구분되는데, 하나는 다른 것보다 강성이 좋으나 강도가 낮다. 여기서 중요한 문제는 가격이다. 만일 가격을 $100/lb 정도까지 떨어뜨릴 수만 있다면 항공기와 우주공학분야는 물론, 강성이 진동을 억제하기 위한 중요 인자가 될 수 있는 고속기계 등 그 용도에 있어서 매우 광범위하고 다양해질 것이다. 예를 들어 공작기계, 둥근 톱, 인쇄기, 섬유기계가 있다. 기타 용도로서는 스프링, 베어링, 압력용기를 포함시킬 수 있다. 중량이 중요한 경우에는 그림 5.23에 표시한 것과 같이 섬유 재료를 단위중량당 인장강도와 단위중량밀도당의 탄성계수를 기초로 하여 재래식 재료와 비교하는 것이 바람직하다. 이러한 관점에서 베릴륨은 가장 매혹적인 고체금속이나 그의 취성 때문에 많은 경우에 사용에 제한을 받는다. 그리고 가공비가 너무 비싸다(또한 매우 독성이 있다).

섬유는 일반적으로 제자리에 고정시키기 위해 모재를 필요로 한다. 표 5.3과 그림 5.23에서 알 수 있는 것처럼, 섬유를 모재에 고정시킴으로 해서 섬유 자체가 갖는 많은 특징을 상실한다. 일반적으로 압축탄성계수는 인장탄성계수와 같은 값을 가져야 한다. 압축강도는 모재 내에서 섬유의 좌굴로 인하여 제한을 받지만 인장강도는 결함으로 인한 파괴에 의해서 결정된다. 굽힘 특성은 참고문헌에 포함되어 있다.

복합재료의 물성은 섬유의 배양방향에 따라 다르다. 방향에 따라 상이한 성질을 갖는 재료를 **이방성**이라 한다. 다른 몇 가지 이방성 재료의 예를 그림 5.24에 나타내었다. 이 중에서도 우리가 가장 자주 볼 수 있는 것이 목재이다. 나무의 바깥 부분을 제재하여 만들어진 평판에는 거의 평행한 면으로 정연하게 정렬되는 나이테를 볼 수 있을 것이다. 목재의 강도는 이들 나이테를 가로지르는가 아니면 평행한가에 따라 현저한 차이가 있다. 금속의 단일결정은

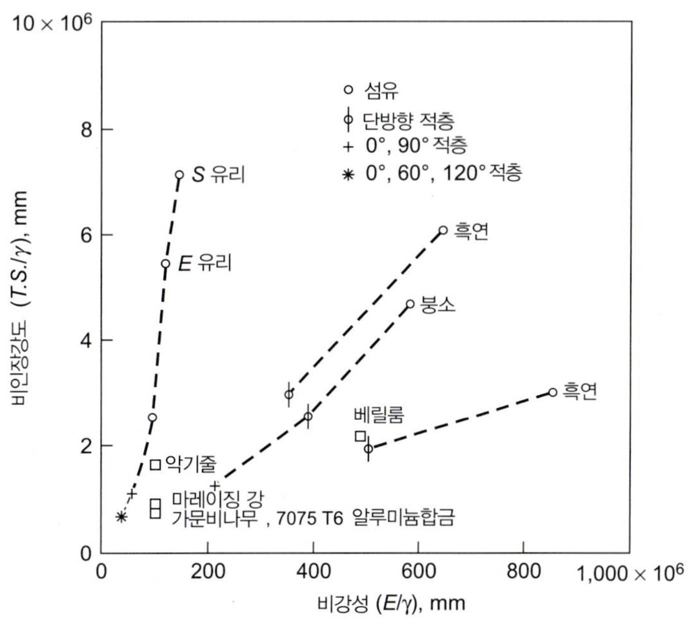

그림 5.23 고강도 재료의 비인장강도(단위밀도 γ당 인장강도)와 비강성. 금속은 박판의 형태로 등방성이다.

표 5.3 섬유강화 에폭시 복합재의 단축인장물성

물성		유리	붕소	흑연	
부피, % 섬유		64 (wt.)	50	55	
비중		1.8		1.5~1.6	
인장강성, GPa	72°F	40	210~225	175~230	125~155
	300°F			175~225	125~140
인장강도, GPa	72°F	1.12	1.33~1.62	0.74~0.85	1.05~1.40
	300°F			0.74~0.81	1.05~1.33
압축강성, GPa	72°F		247~253		
압축강도, GPa	72°F		3.1~3.24	0.53~0.77	0.84~1.13
굽힘강성, GPa	72°F	37.3	1.97	162~225	127~148
	300°F	7.04	170	141~211	120~128
굽힘강도, GPa	72°F	1.162	1.726	0.85~0.98	1.3~1.76
	300°F	0.211	1.51	0.67~0.74	1.1~1.55
짧은 보, 전단강도(단섬유), GPa	72°F		0.12	0.05~0.063	0.092~0.11
	300°F		0.063	0.035	0.056~0.063

규칙적으로 배열된 원자들을 갖는다. 이들 원자들이 다른 어떤 방향보다도 어떤 한 방향으로 밀접하게 배열되면 이 재료는 방향에 따라 상이한 강성을 갖게 될 것이라는 것은 놀라운 일이 아니다. 다결정 금속의 경우에도 만일 압연하게 되면 소성변형은 결정들을 어떤 방향으로 일렬로 늘어서게 하고, 동시에 결정들을 늘려서 평평하게 하려는 경향이 있기 때문에 결과적으로 조직의 방향성을 갖게 만든다. 이러한 재료들을 논함에 있어 이들 재료가 한 기본구조를 갖는다면 이 기본구조와 관련시켜 좌표축을 설정하는 것이 편리하다. 그림 5.24에서 보인 예에서 세 개의 직교좌표축 중 어느 한 축에 관하여 180° 회전한 후에도 그 구조들은 변하지 않은 상태로 모두 동일하게 나타난다. 이러한 재료를 **직교이방성**이라고 부른다.

직교이방성 재료는 이방성 재료의 한 특별한 경우이다. 보다 일반적인 이방성의 한 예는

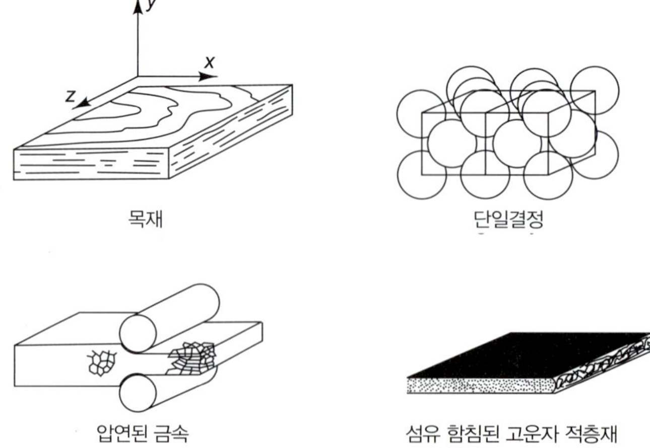

그림 5.24 직교이방성 재료

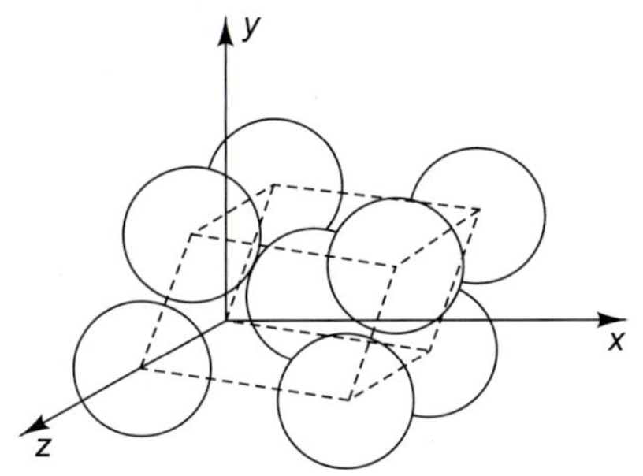

그림 5.25 이방성 결정구조

그림 5.25에 표시한 바와 같이 세 개의 결정학적 방향에 있는 원자 간격이 동일하지 않고 또한 결정방향이 서로 직교하지 않는 결정구조를 갖는 재료이다. 360°의 회전을 제외하고는 같은 기하학적 구조배열이 되지 않는다. 여기에 응력성분과 변형률 성분 사이에 한 상호관계가 존재한다. 만일 탄성이방성 재료의 변형률이 응력과 선형관계를 이룬다고 가정하면 응력-변형률 관계는 식 (5.20)과 같이 주어지며, 이 식에서 응력-변형률 관계에 나타나 있는 탄성계수들은 이중 첨자로 되어있다. 첫 번째 첨자는 변형률 성분과 두 번째 첨자는 응력성분과 관련되어 있다.[13]

$$\begin{aligned}
\epsilon_x &= S_{11}\sigma_x + S_{12}\sigma_y + S_{13}\sigma_z + S_{14}\tau_{xy} + S_{15}\tau_{yz} + S_{16}\tau_{zx} \\
\epsilon_y &= S_{21}\sigma_x + S_{22}\sigma_y + S_{23}\sigma_z + S_{24}\tau_{xy} + S_{25}\tau_{yz} + S_{26}\tau_{zx} \\
\epsilon_z &= S_{31}\sigma_x + S_{32}\sigma_y + S_{33}\sigma_z + S_{34}\tau_{xy} + S_{35}\tau_{yz} + S_{36}\tau_{zx} \\
\gamma_{xy} &= S_{41}\sigma_x + S_{42}\sigma_y + S_{43}\sigma_z + S_{44}\tau_{xy} + S_{45}\tau_{yz} + S_{46}\tau_{zx} \\
\gamma_{yz} &= S_{51}\sigma_x + S_{52}\sigma_y + S_{53}\sigma_z + S_{54}\tau_{xy} + S_{55}\tau_{yz} + S_{56}\tau_{zx} \\
\gamma_{zx} &= S_{61}\sigma_x + S_{62}\sigma_y + S_{63}\sigma_z + S_{64}\tau_{xy} + S_{65}\tau_{yz} + S_{66}\tau_{zx}
\end{aligned} \tag{5.20}$$

사실 동일첨자를 갖지 않는 탄성계수들 중에서 첨자의 순서가 반대인 계수는 서로 같다. 즉, $S_{12} = S_{21}$, $S_{45} = S_{54}$ 등이다. 이것은 여러 가지 응력성분 중 어느 것이 먼저 작용되는가, 혹은 제거되는가의 순서에 관계없이 하중에 가한 후 연속적인 제하과정에서 재료에 행한 전체 일은 0이라는 사실로부터 증명할 수 있다.

직교이방성 재료의 대칭성은 좌표계 *x*, *y*, *z*축을 구조학적 대칭축에 평행하게 선정하였을 경우 여러 가지 전단성분 사이 혹은 전단과 수직성분 사이의 상호작용이 없다는 전제를 필요로 한다. 따라서 직교이방성 재료에 대한 응력-변형률 사이의 관계는 다음과 같이 표시된다.

$$\begin{aligned}
\epsilon_x &= S_{11}\sigma_x + S_{12}\sigma_y + S_{13}\sigma_z & \gamma_{xy} &= S_{44}\tau_{xy} \\
\epsilon_y &= S_{21}\sigma_x + S_{22}\sigma_y + S_{23}\sigma_z & \gamma_{yz} &= S_{55}\tau_{yz} \\
\epsilon_z &= S_{31}\sigma_x + S_{32}\sigma_y + S_{33}\sigma_z & \gamma_{zx} &= S_{44}\tau_{xy}
\end{aligned} \tag{5.21}$$

이때 $S_{12} = S_{21}$, $S_{13} = S_{31}$, $S_{23} = S_{32}$이다.

표 5.4는 몇 가지 섬유보강 에폭시 재료에 대한 직교이방성 탄성계수를 소개하였다. 완전한 자료를 문헌에서 찾아보기란 어려운 일이고, 게다가 자료가 서로 다른 상수의 항으로 가끔 주어진다. 또한 그림 5.23에서 보여주는 바와 같이, 고강성이 요구되는 곳에 보강섬유를 십자로 겹쳐서 만들면 자료의 비강성과 비강도를 고강도합금에 상응하는 값까지 낮출 수 있

[13] 많은 책에서 4는 *yz*를, 5는 *zx*를, 6은 *xy*를 나타낸다.

표 5.4 섬유강화된 에폭시 복합재의 직교이방성 탄성상수(섬유의 축방향: x, 판의 수직방향: z)

섬유	방향	S_{11}, m^2/N, $\times 10^{-11}$	$\frac{S_{22}}{S_{11}}$	$\frac{S_{12}}{S_{11}}$	$\frac{S_{44}}{S_{11}}$	선형팽창 계수, $10^{-6}/°F$ a_x	a_y
등방		1/E	1	−v	2(1 + v)		
유리 A[15]	0°	2.526	3.25	−(0.28~0.30)	15.0		
유리 B[15]	0°	2.483				4.8	12.3
	0°, 90°	3.832	1			7.1	7.1
	±45°	8.80	1			7.1	7.1
	0°, 60°, 120°	4.96~5.39	1			8.4	8.4
붕소	0°	0.44~468	8.2~9.4	−(0.17~0.20)	16.2~17.6		
	0°, 90°	0.780~823	1	−0.05			
	±45°	3.690	1	−0.85			

다는 것에 주목해야 한다. 표 5.5는 네 가지 종류의 목재에 대한 직교이방성 탄성상수를 표시한 것이다. 표 5.6은 몇 가지 재료에 대한 탄성계수의 방향에 따른 변화를 각도의 함수로 나타낸 것이다. 일반적으로 이러한 결과는 입방금속에 대하여 앞으로 기술하겠지만 재료의 구조에 관련되는 탄성계수들로부터 얻을 수 있다. 또한 각도의 함수로 양함수적으로 표시된 탄성상수에 대한 식을 찾아볼 수 있다.[14]

만일 재료가 세 직교방향에서 같은 성질을 갖는다면, 이 재료는 **입방구조**(*cubic structure*)를 갖는다고 한다. 이 경우 식 (5.21)에 포함되는 많은 탄성상수들은 동일한 값을 갖게 된다. 따라서 방정식은 다음과 같이 줄여 쓸 수 있다.

$$\begin{aligned} \epsilon_x &= S_{11}\sigma_x + S_{12}(\sigma_y + \sigma_z) \qquad & \gamma_{xy} &= S_{44}\tau_{xy} \\ \epsilon_y &= S_{11}\sigma_y + S_{12}(\sigma_z + \sigma_x) \qquad & \gamma_{yz} &= S_{44}\tau_{yz} \\ \epsilon_z &= S_{11}\sigma_z + S_{12}(\sigma_x + \sigma_y) \qquad & \gamma_{zx} &= S_{44}\tau_{zx} \end{aligned} \tag{5.22}$$

식 (5.3)에 나타낸 등방성 조건(모든 방향으로 같은 물성)은 일반적으로 만족되지 않고, 서로 독립적인 세 개의 탄성상수가 남게 된다. 몇몇 일반적인 입방금속에 대한 탄성상수들은 표 5.7에 나타내었다. 이들 상수들은 일부 원자역학의 힘을 빌어 계산할 수는 있으나 보다 정확한 값은 실험에 의하여 구할 수 있다.

입방대칭성 구조에서도 결정의 강도는 방향에 현저하게 좌우된다. 지금 그림 5.26의 *a, b, c*축과 같이 비결정학적 축에 관한 응력의 단일 수직성분의 영향을 결정하기를 원한다고 생각해보자. 응력에 관한 모어의 원을 사용하여 결정학적 축 *x, y, z*에 관한 응력성분을 결정할

[14] 다음을 참고하라. McClintock and Argon, *op. cit.*, pp. 74, 78.

[15] 유리 A와 B는 서로 다른 회사에서 제작하였다.

표 5.5 다양한 목재의 직교이방성 탄성상수(그림 5.24의 축 정의)

재료	수분 %	밀도, kg/m^3	S_{11}, m^2/N, $\times 10^{-11}$	$\frac{S_{22}}{S_{11}}$	$\frac{S_{33}}{S_{11}}$	$\frac{S_{12}}{S_{11}}$	$\frac{S_{23}}{S_{11}}$	$\frac{S_{31}}{S_{11}}$	$\frac{S_{44}}{S_{11}}$	$\frac{S_{55}}{S_{11}}$	$\frac{S_{66}}{S_{11}}$
발사나무	9	673 ~235.7	14.193 ~11.354	20	70	−0.3	−15	−0.5	18	200	29
자작나무	12	673.4	6.812 ~7.10	13	20	−0.5	−9	−0.5	14	60	15
미송	12	454 ~505	7.238~9.8	15	20	−0.4	−7	−0.5	16	140	13
가문비 나무	12	370 ~420	8.37~9.08	13	23	−0.4	−6	−0.5	16	20	16

주의: 열팽창계수는 일반적인 경우 수분의 영향이 열적인 영향보다 훨씬 크므로 표기하지 않았다.
출처: “Wood Handbook,” U.S. Department of Agriculture Handbook no. 72, 1955.

수 있다. 결정학적 축에 관한 응력이 결정되면 응력학적 방향에 관하여 표시된 응력-변형률 관계식 (5.22)로부터 결정학적 축에 관한 변형률들을 결정할 수 있다. 마지막으로 변형률에 대한 모어의 원을 사용함으로써 변형률 상태를 축 a, b, c의 항목으로 표시할 수 있다. 수직응력성분 σ_a와 수직변형성분 ϵ_a 사이의 비는 a 방향에 대한 탄성계수를 의미한다. 이 탄성계수는 결정학적 방향에 따르는 탄성계수와는 많은 차이가 있을 수 있다. 예를 들어, 철의 단일결정의 경우, 강도는 모서리 방향으로 측정된 값보다도 입부피 대각선으로 측정된 값이 약 2배의 큰 값을 갖는다.

보다 놀라운 입방체나 직교이방성 재료의 뚜렷한 특징은 시편축과 재료의 구조적 대칭축과 일치하지 않을 때는 수직응력성분이 전단변형률 성분을 유발시킨다는 것이다. 물론 이 역현상도 유발시킨다. 이 경우, 시편축에 관한 응력-변형률 관계는 식 (5.20)에서 주어진 바와 같이 가장 일반적인 이방성 재료에 대한 관계를 갖게 된다. 시편축과 구조적 대칭축이 일치하지 않는 시편을 가지고 인장시험을 하면 전단변형률 성분이 유발되기 때문에 2차적인 굽힘이나 전단응력 없이 순수한 인장응력만 발생케 할 수 있는 시편이나 그립을 설계하는 것은 쉽지 않다.

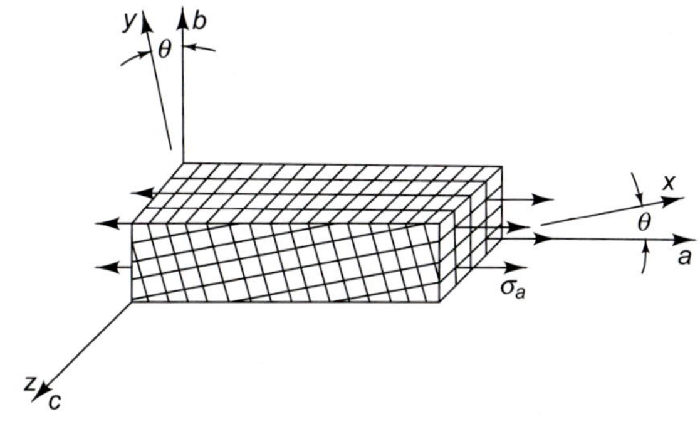

그림 5.26 결정학적 축과 일치하지 않는 시험편 축을 이용한 인장시험

표 5.6 얇은 부재 형태를 갖는 직교이방성 재료의 탄성계수

재료	주된 구조물 방향	각도		
		$0°E$ GPa	$45°E$ GPa	$90°E$ GPa
냉간가공된 강재[16]	압연방향	231	206	275
냉간가공된 구리[17]	압연방향	139.5	109.2	141
냉간가공된 구리, 재결정[17]	압연방향	70.45	123.3	67
유리섬유강화 폴리에스테르[18]	섬유배향방향	14~19	8.45~12.7	12~16.91

표 5.7 입방 재료의 탄성상수

재료	S_{11}, 10^{-11} m^2/N	S_{12}, 10^{-11} m^2/N	S_{44}, 10^{-11} m2/N	$S_{11}-S_{12}-½S_{44}$, 10^{-11} m^2/N
Al	1.5613	−0.568	3.45	0.397
Cu	1.462	−0.6103	1.3058	1.419
Fe	0.741	−0.2768	0.8445	0.594
Pb	9.13	−0.4116	6.813	6.1316
W	0.2526	−0.071	0.646	0
95% Al, 5% Cu	1.476	−0.6812	3.633	0.03406
72% Cu, 28% Zn	1.902	−0.823	1.362	1.3625

출처: F. Seitz and T.A. Read, Theory of the Plastic Properties of Solids, I, J. *Appl. Phys.*, vol. 12, pp. 100-118, 1941.

직교이방성 재료에 있어서 열평창계수는 일반적으로 결정학적 방향에 따라 상이한 값을 갖는다. 입방대칭성 재료의 입방대칭축에 관한 열변형률이 모두 동일한 값의 세 수직변형률만을 갖는다는 것은 대칭이론으로부터 증명할 수가 있다. 변형률에 관한 모어의 원을 통하여 전단변형률 성분이 존재하지 않는 것을 알 수 있으므로, 입방대칭성을 갖는 재료의 열변형률은 모든 방향에서 같은 양의 팽창이나 수축을 하게 된다는 것을 알 수 있다.

5.11 초기항복 조건 *Criteria for Initial Yielding*

재료가 더 이상 선형탄성적 거동을 유지할 수 없는 상태까지 응력상태로 응력을 받았을 때 재료 내에 어떠한 현상이 일어나는가 하는 문제로 관심을 돌려보기로 하자. 고무와 같은 몇

[16] E. Goens and E. Schmid, On the Elastic Anisotropy of Iron, *Naturwissenschaften*, vol. 19, pp. 520-524, 1931.

[17] J. Weertz, Elasticity of Copper Sheet, Z. *Metallk.*, vol. 25, pp. 101-103, 1931.

[18] "Plastics for Aircraft," part I, "Reinforced Plastics," ANC 17 Panel, Civil Aeronautics Board, U.S. Department of Commerce, 1955.

몇 재료에서는 비례한도를 지난 후에도 아직 탄성적 변형을 그대로 유지한다. 점탄성 재료가 인장시험에서 비선형 응력-변형률 곡선 특성을 갖는 것은 점성유동에 기인하는 것으로 생각할 수 있다. 그러나 금속을 포함하여 대부분의 재료들이 단축인장시험에서 비례성으로부터 이탈하는 현상은 소성유동의 시작을 의미하고 있다(항복). 이 절에서는 일부 또는 모든 응력성분이 존재할 때, 항복조건이 무엇인가를 결정하는 문제를 생각하여 보고자 한다. 다시 말해서, 단순한 인장시험으로부터 얻은 자료를 사용하여 임의의 응력상태에 있어서 항복의 개시를 예측할 수 있는 관계를 찾아보는 것이다. 여기서는 통계적으로 등방성인 다결정재료에 한정시키는 것으로 하겠다.

항복현상을 정량적으로 평가하는 데 필요한 몇 가지 개념을 이해하는 데 도움을 주기 위해, 탄성적 그리고 소성적으로 변형하는 금속내부에서 일어나는 물리적 현상을 간단히 언급하겠다. 한 결정이 탄성변형을 하면, 모든 원자면은 그림 5.27(a)에 표시한 바와 같이 상대적으로 균일한 위치 이동이 일어난다. 그림에서 실선으로 그려진 작은 원은 변형된 상태에서의 원자위치를 나타낸다. 반면 소성변형은 결정구조 안에 존재하는 입자 개개의 운동에 기인한다. **칼날 전위**라고 불리는 일종의 결함을 그림 5.27(b)에 단면에 대하여 나타내었다. 칼날 전위는 원으로 둘러싸인 부분과 같이 각 평면 내에 2개의 원자 위에 3개의 원자가 위치하는 부분이 존재하는 일련의 평면들로 이루어진다. 전단응력이 작용될 때 이 전위는 일련의 그림에서 보여주는 바와 같이 결정의 상층부가 하층부에 대하여 대략 원자 하나만큼 변위될 때까지 미끄러지는 경향을 갖는다. 이들 전위는 수많은 서로 다른 결정면상에서 여러 방향으로 이동 할 수 있다. 이와 같은 운동의 조합에 의하여 소성변형률이 발생한다. 만일 이 미끄러짐, 또는 소성변형률이 하나의 결정면상에서 일어난다면 이 변형률을 발생시키는 데는 100 kN/

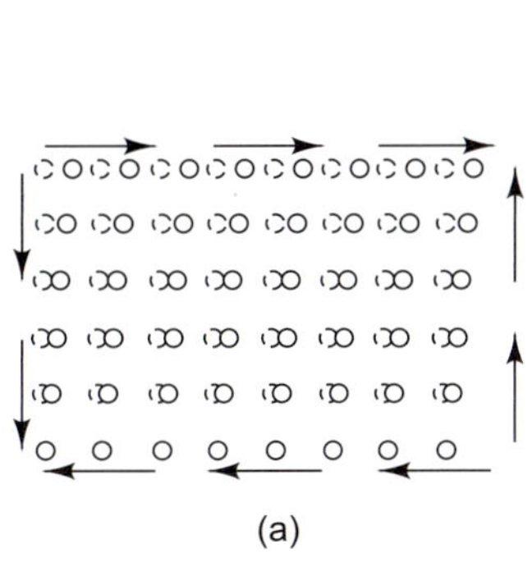
(a)

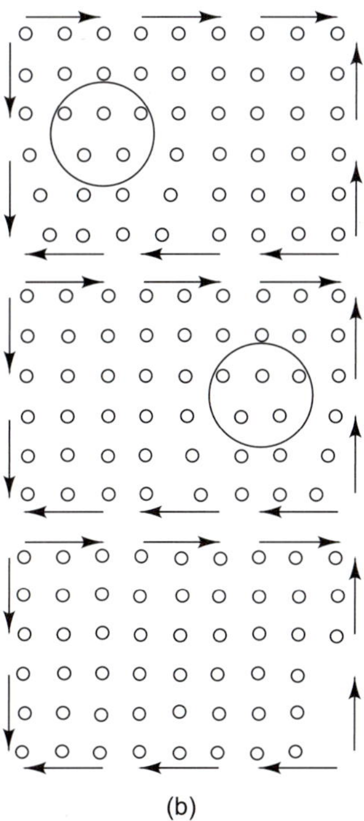
(b)

그림 5.27 결정격자의 변형.
(a) 탄성변형
(b) 소성변형

m^2 정도의 매우 낮은 응력을 필요로 한다. 공업용 금속에서 볼 수 있는 비교적 높은 응력은 동일원자 상호 간의 전위, 합금원자 혹은 상의 전위 또는 다결정 집합체를 만들고 있는 다수 결정의 경계의 전위, 상호작용이 복합적으로 일어난 데 기인한다. 소성변형을 일으킨 금속의 1 mm^3 속에는 수백만의 이러한 결정과 수백만 km의 전위가 존재할 수 있다. 우리는 이 단순한 모형으로부터 얻은 결론은 전단응력이 이들 전위의 이동에 지배적인 역할을 한다는 것이라는 사실을 기억해두는 것이 중요하다. 정수역학적 응력상태(세 방향에 같은 수직응력만이 작용하는 상태)는 전위를 이동시키지 않는다. 또한 결정입자공간의 정미변화는 전위 근처 부위에 한정되어 국부적으로 일어나므로 부피변화가 적다. 한편, 전위의 어떤 교차는 전위 뒤에 공극 또는 구멍이 연속되는 줄들이 그대로 남을 수 있으므로 이 영향은 다른 변형들에 비하여 적다.

그렇게 놀랄 만한 일은 아니나 소성변형을 정량적으로 구명하는 데 있어서 아직까지도 원자 물리학부터 얻어진 것은 거의 없다. 그리하여 우리는 응력과 소성변형률 사이의 관계를 밀도변화가 그리 크지 않고 또 정수역학적 힘은 소성변형률을 유발시키지 않는다는 조건하에서 거시적(원자규모가 아닌) 실험으로부터 얻어진 경험적 증거를 가지고 유도하여야 한다.

매우 미세한 소성유동은 낮은 응력수준에서 몇 개의 결정 내에서 이따금씩 일어나는 전위의 움직임에 의하여 발생하나, 대부분의 공업용 재료에서 쉽게 볼 수 있는 소성변형은 도리어 돌발적으로 발생하는 경우가 많다. 단축인장시험에서 소성유동의 개시조건은 항복강도로 표시한다. 항복강도는 실질적으로 중요한 소성변형이 관측되는 순간 축방향 수직응력 성분으로 주어진다. 응력의 몇 개 성분이 동시에 존재하는 경우에 항복은 이들 응력성분의 어떤 특정한 조합에 의해 일어나지 않으면 안 된다. 그 예로서 내반경이 r, 벽 두께가 t인 얇은벽 원통이 문제 4.10에 언급한 바와 같이 내압과 축하중을 받는 경우를 생각해보자. 반경방향 응력은 접선방향 응력(t/r)에 비하여 적다. 그러므로 이 벽면(shell)의 미소요소는 그림 5.28(b)에 표시된 주응력성분을 갖는 평면응력상태로 생각할 수 있다. 이러한 두 수직응력성분이 어떻게 조합이 될 때 재료에 항복이 일어나는가를 결정하기 위해, 얇은벽 두께를 갖는 원통에 작용하는 축하중을 여러 가지로 변화시켜 가면서 실험을 수행하여 왔다. 이러한 실험 결과가 그림 5.29에 도식되어 있다.

아직까지 응력성분 사이의 어떠한 관계가 3차원 응력상태하에서의 항복을 단축인장시험에서 얻은 항복과 상관시켜 주는가를 계산할 수 있는 이론적 방법이 개발되어 있지 않다. 비교적 간단하면서도, 동시에 비교적 자료를 잘 묘사해주는 두 개의 경험식이 제안되고 있다.

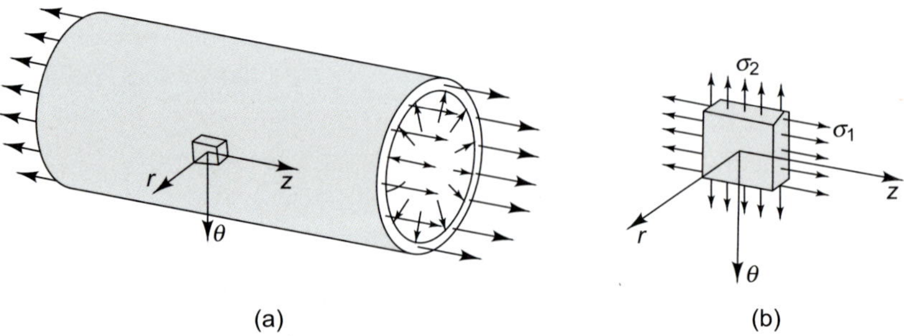

그림 5.28 얇은벽을 갖는 원통에서의 이축응력의 예

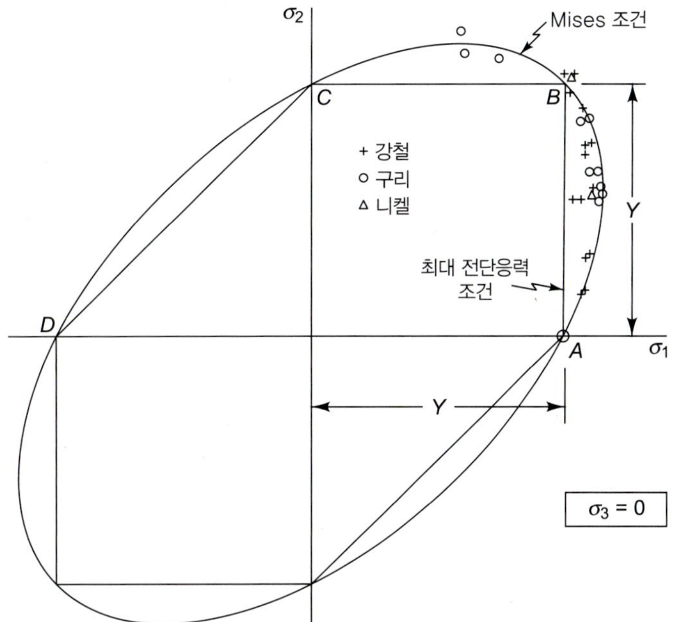

그림 5.29 복합 응력하의 얇은벽을 갖는 원통의 항복
(From W. Lode, Versuche uber den Einfl uss der mittleren Hauptspannung auf das Fliessen der Metalle Eisen, Kupfer, und Nickel, Z. Physik, vol. 36, pp. 913-939, 1926)

이들 경험식들은 모두 다음 두 가지 일반적 고려사항에 기초를 두고 있다. 첫째, 응력상태는 주응력의 크기와 방향이 주어지면 완전히 기술될 수 있으나, 등방성 재료만을 대상으로 하고 있으므로 주응력의 방향은 중요하지 않다. 따라서 항복조건은 주응력 크기와 관련이 있다. 둘째, 전위론으로부터 예상되는 정수역학적 응력상태는 항복에 아무런 영향을 주지 않는다는 사실이 실험[19]에 의하여 입증되고 있으므로 두 개의 조건식은 주응력의 절대값보다도 도리어 주응력 차이의 절대값을 기반으로 한다.

이들 조건 중 첫 번째는 3차원 응력상태에서 항복의 발생은 주응력 차의 제곱평균제곱근의 값이 인장시험에서 항복이 발생할 때 갖는 값에 도달할 때 일어난다는 가정에서 얻어진 식이다. Y를 단순한 인장시험에서 항복이 일어나는 응력이라 표시하면 시험편에 생기는 주응력은 $\sigma_1 = Y, \sigma_2 = 0, \sigma_3 = 0$이 된다. 따라서, 두 주응력의 차이의 제곱평균제곱근값이 다음에 이르면 항복이 발생한다.

$$\sqrt{\tfrac{1}{3}[(\sigma_1-\sigma_2)^2+(\sigma_2-\sigma_3)^2+(\sigma_3-\sigma_1)^2]}$$
$$=\sqrt{\tfrac{1}{3}[(Y-0)^2+(0-0)^2+(0-Y)^2]}=\sqrt{\tfrac{2}{3}}Y$$

편의를 위하여 인수 $\sqrt{\frac{2}{3}}$을 좌변에 이항하면, 이 조건식은 다음과 같이 표시된다. 즉 일반적인 응력상태에 대하여 항복은 다음 조건에서 일어난다.

$$\sqrt{\tfrac{1}{2}[(\sigma_1-\sigma_2)^2+(\sigma_2-\sigma_3)^2+(\sigma_3-\sigma_1)^2]}=Y \tag{5.23}$$

여기서 Y는 인장시험에서 항복이 일어나는 응력을 나타낸다. 이 조건식은 이것을 독립적으

[19] P.W. Bridgman, "Studies in Large Plastic Flow and Fracture," McGraw-Hill Book Company, New York, 1952.

로 연구해낸 Maxwell, Mises, Hencky 등의 사람들의 이름으로 알려져 있다. 이 조건식은 또한 항복에 대한 전단에너지 조건 또는 8면체 전단응력 조건으로 알려져 있다. 앞으로 우리는 이 조건식을 *Mises* **항복조건**이라 부르기로 한다. 응력상태가 주응력 축에 관해서 주어지지 않고, 비 주응력 축에 관한 응력성분으로 주어지면 Mises 항복조건[20]은 다음과 같이 변환하여 사용하는 것이 편리하다.

$$[\tfrac{1}{2}\{(\sigma_x-\sigma_y)^2+(\sigma_y-\sigma_z)^2+(\sigma_z-\sigma_x)^2\}+3\tau_{xy}{}^2+3\tau_{yz}{}^2+3\tau_{zx}{}^2]^{\frac{1}{2}}=Y \tag{5.24}$$

조건식 식 (5.23)의 기하학적 해석은 한 점의 좌표가 주응력 σ_1, σ_2, σ_3으로 주어지는 공간을 생각함으로써 도식화될 수 있다. 조건식 식 (5.23)은 이 공간에서 그림 5.30에 예시한 바와 같이 반지름을 $\sqrt{\frac{2}{3}}\,Y$로 하고, 좌표축 σ_1, σ_2, σ_3와 같은 각도를 이루는 선분을 축으로 하는 원통으로 나타낼 수 있다. 그러므로 항복은 응력상태가 이 원통의 표면상에 놓이는 어떤 상태일 때 일어난다. 만일 평면응력상태(예를 들어 $\sigma_3=0$)일 경우에는, Mises 항복조건은 그림 5.29에서 보여주는 바와 같이 그림상으로 σ_1과 σ_2인 타원으로 표시된다.

두 번째 경험조건식은 최대 전단응력이 인장시험에서 항복이 일어날 때 갖는 전단응력에 도달하기만 하면 언제나 항복이 발생한다는 가정에서 얻어낸 조건식이다. 최대 전단응력(그림 4.23 참조)은 최대와 최소 주응력 차의 1/2이고 이것은 최대 주응력과 최소 주응력이 작용하는 면과 45°의 경사진 면에서 발생한다. 인장시험에서 최대 전단응력은 *Y/2*이므로, 이 조건식은 다음과 같은 경우에 항복이 발생한다는 것을 나타낸다.

$$\tau_{\max}=\frac{\sigma_{\max}-\sigma_{\min}}{2}=\frac{Y}{2} \tag{5.25}$$

이 조건식은 트레스카(Tresca), 게스트(Guest), 또는 최대 전단응력 조건으로 알려져 있다. 앞으로 이 조건식을 **최대 전단응력 조건**이라 부르기로 한다.

최대 전단응력 조건에 대하여도 기하학적 해석이 가능하다. 위에서 말한 주응력 σ_1, σ_2, σ_3을 좌표로 하는 응력 공간에서, 조건식 (5.25)는 그림 5.30과 같이 Mises 항복조건을 나타

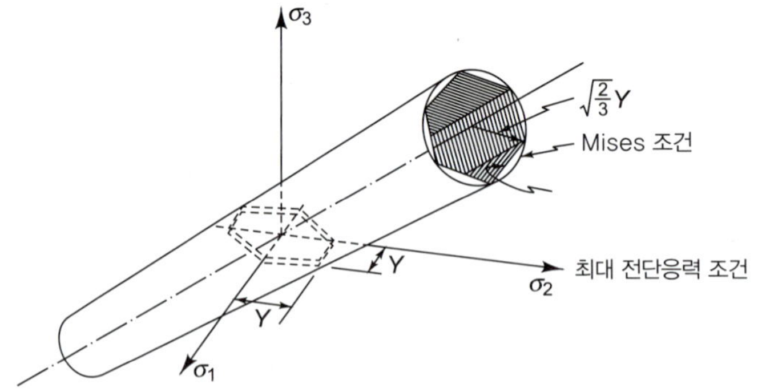

그림 5.30 Mises와 최대 전단응력 항복조건의 주응력 공간의 기하학적 묘사

[20] 다음의 자료를 참고하라. W. Prager and P.G. Hodge, "Theory of Perfectly Plastic Solids," pp. 16, 22, 23, John Wiley & Sons, Inc., New York, 1951; 또는 A. Mendelson, "Plasticity, Theory and Application," pp. 37, 77, The Macmillan Company, New York, 1968.

내는 원통에 내접하는 직육각기둥으로 표시된다. 물체의 어느 점에서 응력상태가 이 육각형 표면상태에 도달할 때, 그 점에서 항복이 발생한다. 평면응력상태(예를 들면 $\sigma_3 = 0$)에 대하여 최대 전단응력 조건은 그림 5.29와 같이 Mises 타원에 내접하는 육각형으로 표시된다.

그림 5.28의 얇은벽 두께를 갖는 원통의 경우와 같이 조합응력하에서 항복문제에 최대 전단응력 조건을 적용하는 경우에는, 주응력 사이의 차 중 어느 것이 최대인가를 결정하는 데 어떤 판단이 필요하므로 Mises 조건을 적용하는 것과 같은 직접계산은 되지 않는다. 예로서 작은 내압과 축 인장을 받는 관을 생각해보자. 관벽의 한 요소에 작용하는 응력은 그림 5.31과 같을 것이다. 주응력의 최대의 차이는 z와 r 방향의 응력성분 사이에서 발생한다. 후자의 응력성분은 실질적으로 0이다(σ_r이 σ_θ에 비하여 t/r만큼 작으므로 σ_r은 얇은벽 두께를 갖는 원통에서 무시해도 좋다). 내압을 증가시켜도 응력성분 σ_r(근사적으로)나 σ_z가 변화하지 않으므로 추가적으로 내압이 걸린다 하더라도 항복경향을 증가시키지는 않는다. 이것은 그림 5.29에서 직선을 따라 점 A로부터 점 B로 옮겨가는 것에 상응한다. 응력의 σ_θ성분을 응력의 σ_z성분과 같게 될 때까지 내압을 충분히 크게 증가시키면 θ축과 r축에 45°를 이루는 면에 발생하는 전단응력은 z축과 r축에 45°를 이루는 면에 발생하는 전단응력과 같게 된다. 이 상태는 그림 5.29에서 점 B에 해당한다. 축하중에 대한 내압의 비가 다시 증가하게 되면 그 결과 주응력의 최대 차는 σ_θ와 σ_r성분 사이에서 일어나게 되어, 축하중은 더 이상 항복경향에 기여하지 않게 된다. 이 상태를 그림 5.32에 그려놓았다. 만일 내압을 일정하게 유지시키고 축하중을 감소시켜 나가면 응력상태는 그림 5.29에서 점 B로부터 점 C로 직선을 따라 옮겨가는 것으로 나타낸다. 만약 축방향으로 관을 압축하기 시작하면 응력상태는 그림 5.33과 같이 변한다. 이때 σ_r을 중간응력이라고 하면 식 (5.25)는 축방향 응력의 증가가 같은 양의 접선방향 인장응력의 감소를 수반해야 한다는 것을 말해주고 있다. 이것은 그림 5.29에서 점

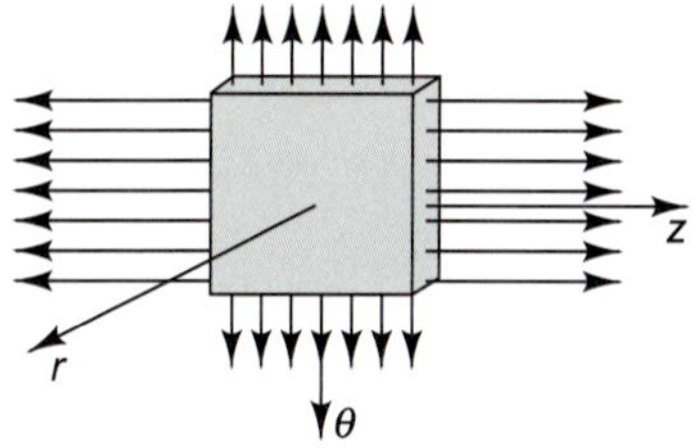

그림 5.31 σ_z와 σ_r로 최대 전단응력을 결정할 때의 그림 5.28(a)의 원통 벽에서의 응력상태

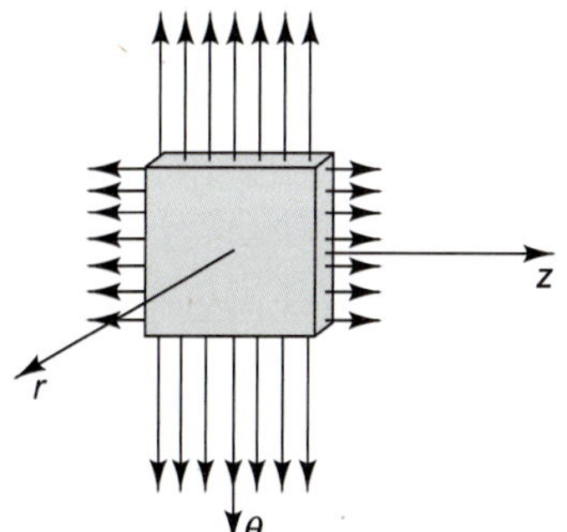

그림 5.32 σ_θ와 σ_r로 최대 전단응력을 결정할 때의 그림 5.28(a)의 원통 벽에서의 응력상태

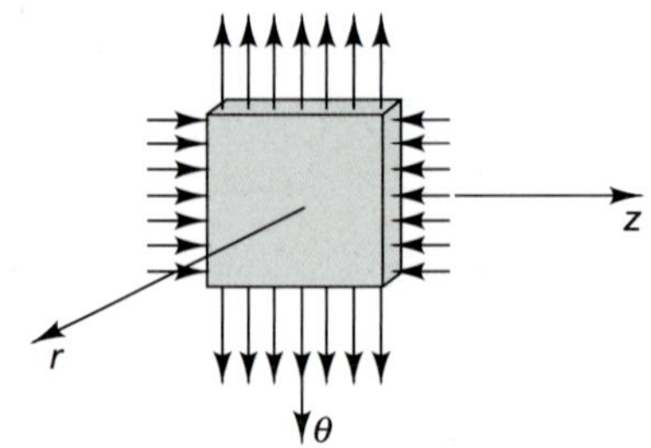

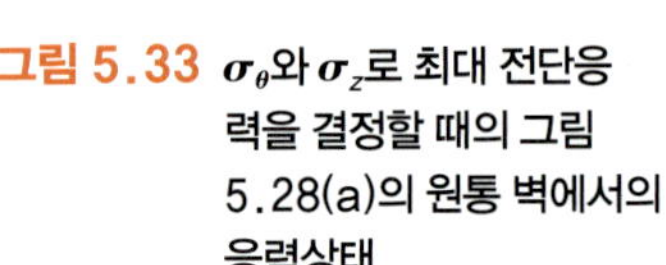
그림 5.33 σ_θ와 σ_z로 최대 전단응력을 결정할 때의 그림 5.28(a)의 원통 벽에서의 응력상태

*C*로부터 점 *D*까지 직선을 따라 옮겨가는 것으로 나타난다. 따라서 그림 5.29에서 다각형의 각 변은 전단응력 항복조건에 의하여 항복이 일어나는 응력상태의 응력성분에 대응한다.

그림 5.29에 나타낸 실험의 결과들은 최대 전단응력 조건과 Mises 조건 사이에 위치하나 후자에 더 가깝다. 어닐링한 등방성 금속의 초기항복은 일반적으로 이 경우에 속한다.

5.12 인장시험에서 초기항복 이후의 재료거동

Behavior Beyond Initial Yielding in the Tensile Test

연성재료에 대해 초기항복 이상의 인장시험을 수행할 경우, 시험편에서 하중을 제거한 뒤 다시 하중을 가하는 경우, 혹은 시험편이 파단될 때까지 하중을 증가시켜 시험을 속행하는 경우를 생각할 수 있다. 우선 하중을 가하고 제거하는 과정을 반복하는 경우를 고려해보자[그림 5.6(b)]. 아래에 기술한 내용은 실제 재료에 초기항복 이상의 하중을 가하고 제거할 때 나타나는 거동을 이상화하여 표현한 것이며, 일반적인 응력상태하에서 항복 이후에 일어나는 소성거동에 영향을 미치는 인자들에 대한 보다 완전한 기술은 5.16절에서 이루어질 것이다. 단축인장시험에서 얻어지는 응력-변형률 곡선는 그림 5.34(a)와 같다고 가정한다. 아무런 응력이 가해지지 않은 시험편[그림 5.34(b)]을 점 *A*까지 인장시키면 소성신장변형률은 $\frac{1}{3}\bar{\epsilon}_B^p$, 응력은 $\bar{\sigma}_A$가 된다. 하중을 제거하면 시험편은 점 *C*로 되돌아가게 된다. 그리고 뒤이어 압축하중을 가하면 응력이 $-\bar{\sigma}_A$가 되는 점 *A'*에 이르러 다시 항복이 일어난다. 압축하중의 크기가 증가함에 따라, 그림 5.34(a)의 곡선 *AB*와 같은 모양을 갖는 곡선 *A'B'*를 따라 항복이 계속된다. 점 *A'*과 *B'* 사이에서 $\frac{2}{3}\bar{\epsilon}_B^p$의 압축소성변형률이 발생하고 점 *B'*에 도달하면 응력은 $-\bar{\sigma}_B$가 된다. 다시 하중을 제거하면 재료는 점 *D'*으로 돌아간다. 인장하중을 다시 가하면 재료는 그림 5.34(a)의 곡선 *DBF*와 일치하는 곡선 *D'B''F'*을 따라 변형할 것이다. 그림 5.34(b)와 같은 곡선을 작성할 때, 하중 증가에 따른 소성변형률 증가의 총 합이 변형률경화에 기여하는 것으로 가정했으므로 *D'* 상태에 있는 재료는 그림 5.34(a)의 *D* 상태에 있는 재료와 같은 양의 변형률경화가 일어났다고 생각할 수 있다.

다음 장들에서는 매우 간단한 소성거동 모형만이 요구되는 경우를 다룰 것이다. 탄성과 소성변형률 모두가 중요한 경우의 한 예로서 다음 문제를 고려해보자.

예제 5.3 만약 예제 5.1의 조립체에 하중 P를 가하여 강철과 알루미늄 모두 소성역까지 이르도록, 다시 말해 0.005 이상의 변형률까지 변형한 뒤 하중을 제거할 경우 어떤 현상이 일어날 것인가?

- 이 예제는 소성역까지 하중을 가한 뒤 제거하는 경우이다.
- 하중을 제거한 뒤의 변형량을 알고 있으므로 하중을 제거한 뒤의 응력을 항복응력과 변형량으로 나타낼 수 있다.
- 응력-변형률 곡선를 그려봄으로써 재료에 잔류응력이 발생하는 것을 알 수 있다.

이 문제에서도 그림 5.9의 모형을 사용할 수 있으며, 따라서 힘 평형 관계식 (e)와 기하학적 적합성 관계식 (a)가 여전히 성립한다. 이 경우, 하중을 제거할 때도 유효한 새로운 응력-변형률 관계가 필요하다.

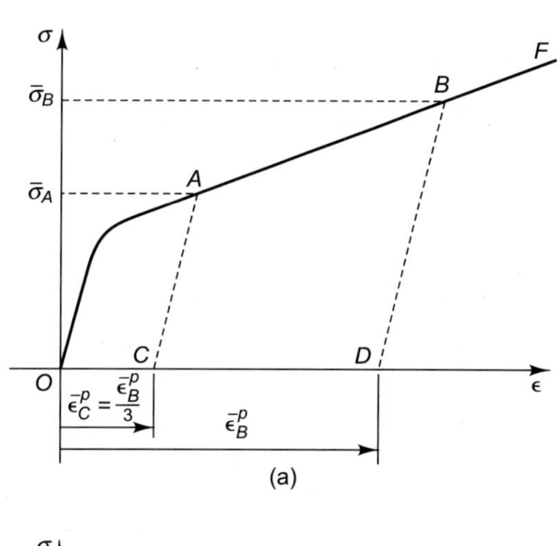

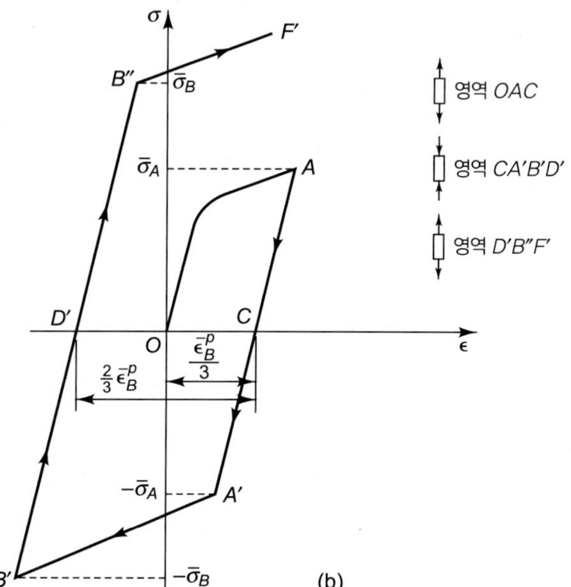

그림 5.34 간단한 하중 경로의 예. (a) 단축인장시험의 응력-변형률 곡선, (b) 단축인장과 압축을 교대로 가하는 경우의 응력-변형률 거동

응력-변형률 관계

그림 5.34에 나타나 있듯이 하중을 제거하는 과정은 탄성과정이며, 응력의 방향이 완전히 반대가 되어 현재의 유동응력의 크기에 도달하기 전에는 소성변형이 일어나지 않는다. 만약 조립체에 하중 P를 가했을 때의 변형량을 δ_0, 하중을 얼마간 감소했을 때의 변형량을 δ라고 하고, 기하학적 적합성 관계식 (a)를 적용하면 재료의 응력-변형률 거동은 그림 5.35와 같이 나타날 것이다. 여기서 S와 A는 각각 하중 P에서의 강철과 알루미늄의 상태를, S'과 A'은 하중을 얼마간 감소했을 때의 상태를 나타낸다. 그림 5.35에서 하중을 제거할 때의 곡선 SS'과 AA'을 나타내는 응력-변형률 관계식을 다음과 같이 얻을 수 있다.

$$\sigma_s = Y_s - E_s \frac{\delta_o - \delta}{L}$$
$$\sigma_a = Y_a - E_a \frac{\delta_o - \delta}{L} \qquad \text{(f)}$$

식 (f)를 예제 5.1의 식 (e)에 대입한 뒤 하중 P를 0으로 두면 다음 식을 얻을 수 있다.

$$A_s\left(Y_s - E_s \frac{\delta_o - \delta}{L}\right) + A_a\left(Y_a - E_a \frac{\delta_o - \delta}{L}\right) = 0 \qquad \text{(g)}$$

이 식을 정리하면 다음과 같다.

$$\frac{\delta_o - \delta}{L} = \frac{A_s Y_s + A_a Y_a}{A_s E_s + A_a E_a} \qquad \text{(h)}$$

식 (h)를 식 (f)에 대입하면 하중을 제거한 뒤에 조립체에 남는 잔류응력을 아래와 같이 구할 수 있다.

$$\sigma_{s\,\text{residual}} = Y_s \frac{1 - \dfrac{Y_a/E_a}{Y_s/E_s}}{1 + E_s A_s / E_a A_a} = Y_s \frac{1 - \dfrac{\epsilon_{aY}}{\epsilon_{sY}}}{1 + E_s A_s / E_a A_a}$$
$$\sigma_{a\,\text{residual}} = Y_a \frac{1 - \dfrac{Y_s/E_s}{Y_a/E_a}}{1 + E_a A_a / E_s A_s} = .Y_a \frac{1 - \dfrac{\epsilon_{sY}}{\epsilon_{aY}}}{1 + E_a A_a / E_s A_s} \qquad \text{(i)}$$

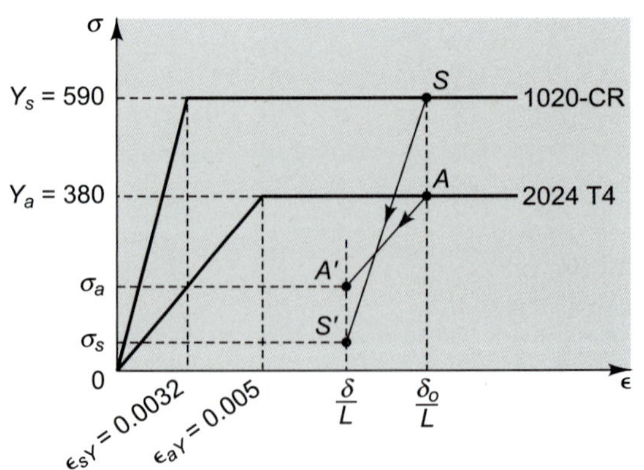

그림 5.35 예제 5.3에서 예제 5.1의 조립체에 하중 P를 가하여 강철과 알루미늄합금이 소성변형을 일으킨 뒤, 하중이감소할 때의 응력-변형률 거동

σ_s와 σ_a의 대수적 부호는 그림 5.9에서 정의하였다. 즉 식 (i)의 양의 값은 압축을, 음의 값은 인장을 의미한다.

하중이 제거되면서 항복으로 인한 잔류응력이 조립체에 남아 "움직이지 않는" 것을 알 수 있다. 몇 가지 극단적인 경우를 고려해 보는 것은 식 (i)를 재검토해 볼 기회이자 판단력 개발에 도움이 된다는 점에서 가치있는 일이다. 식 (i)로부터 잔류응력은 초기항복변형률 $\epsilon_{sY} = Y_s/E_s$와 $\epsilon_{aY} = Y_a/E_a$가 같을 때만 발생하지 않는다는 것을 알 수 있다. 이 경우, $\epsilon_{aY} > \epsilon_{sY}$이므로, 식 (i)로부터 강철에는 인장이, 알루미늄에는 압축이 걸린다는 것을 알 수 있다. 또한 $\epsilon_{aY} < 2\epsilon_{sY}$이므로 식 (i)의 제1식에서 A_s/A_a의 값에 관계없이 강철의 잔류응력이 유동응력의 값에 도달할 수 없음을 알 수 있으며, 따라서 식 (i)는 어떤 A_s/A_a 값에도 성립한다. 마지막으로, 만일 강철의 단면적이 0에 가깝게 감소할 경우, 양 끝의 판을 통해 강철이 알루미늄에 가하는 힘은 무시할 수 있을 정도로 작아질 것이다. 식 (i)의 제2식이 이 결과를 말해준다.

다시 연성재료에 대해 초기항복 이상의 인장시험을 수행하는 경우를 생각해보자. 이때 재료의 거동은 그림 5.36에 나타나 있다. 시험편이 소성변형을 일으킬 경우 추가로 연신되기 위해서는 하중을 증가해야 하나, 결국 하중이 어떤 최댓값에 도달한 후에는 시험편이 파단될 때까지 점차 감소한다. **시험편**의 전반적인 거동과는 별개로 이와 같은 **재료**거동을 나타내기 위해서는 변형 이전의 단면적을 이용하여 계산한 응력과 변형 이후의 실제 단면적을 이용하여 계산한 응력을 구별할 필요가 있다. 시험편이 연신됨에 따라 단면적은 점차로 감소하기 때문에 실단면적 기준 응력은 원단면적에 기준한 값보다 크다.

단위 **실제** 단면적당 하중의 세기를 **진응력**이라 한다. 진응력은 재료에 실질적으로 가해지는 하중의 세기를 나타낸다. 단위 **원래**의 단면적당 하중의 세기(하중을 원단면적으로 나눈 것)를 **공칭응력**이라 한다. 변형률이 1보다 작은 경우 단면적의 감소율은 매우 작으며, 따라서 진응력과 공칭응력은 실질적으로 같다. 만일, 축방향 변형률이(공학적 목적으로는) 비교적 큰 값인 0.05에 도달하더라도 진응력은 공칭응력에 비해 약 5% 정도 클 뿐이다.

인장시험에서의 거동으로 돌아와서, 소성변형이 계속되면 소성유동을 계속시키는 데 필요한 하중은 점차 증가한다. 하중을 증가시켜 나가면 유동강도가 더 이상은 단면적의 감소를 보정할 수 없게 되는 점에 도달하게 되고, 연신에 필요한 하중은 점차 감소하기 시작한다. 이 점에서 하중은 최대 점을 지나게 되며, 그 결과로 공칭응력 또한 최대 점을 지난다. 이때, 공칭응력의 최댓값을 **인장강도**라고 한다. 사실 이 시점에서의 진응력은 인장강도를 이미

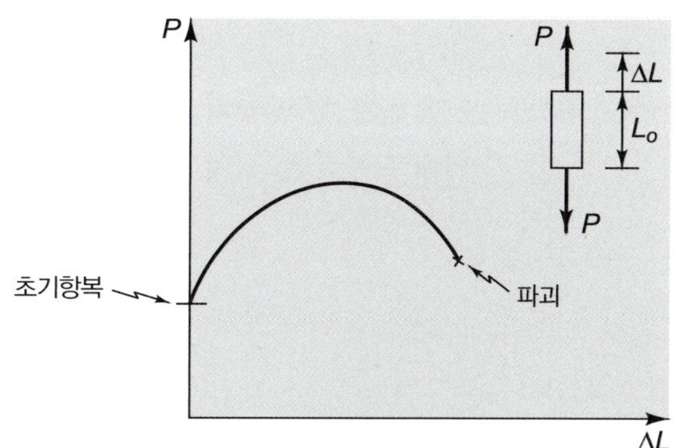

그림 5.36 연성재료의 인장시험에서 얻어지는 완전한 하중-연신 선도

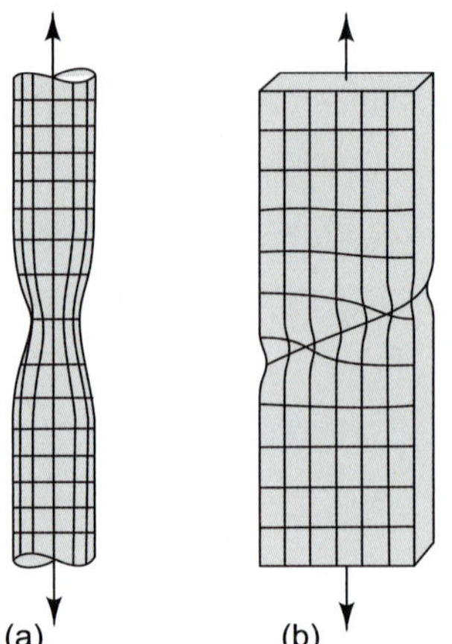

그림 5.37 네킹의 예

초과했으며 시험이 진행됨에 따라 계속해서 증가하므로 "인장강도"라는 표현은 약간 부적절한 표현이다. 시험편에 존재하는 불가피한 편차로 인해서 시험편의 다른 단면들은 아직 더 높은 하중을 견딜 수 있음에도 불구하고 특정 단면은 유동응력이 단면적의 감소를 보정할 수 없게 되는 상태에 먼저 도달하게 된다. 이 단계 이후에는 최대 하중조건에 가장 먼저 도달하는 단면에 소성변형이 집중된다. 이제 하중은 가장 약한 단면에서의 단면적과 유동응력의 곱에 의해 결정되며 점차 감소한다. 다른 단면들은 실질적으로는 일정한 단면적을 유지하지만 하중 감소에 맞춰 평형을 유지하기 위해 응력은 감소하게 된다. 이와 같은 불균일한 변형 과정을 네킹이라고 하며, 네킹의 한 예[21]를 그림 5.37에 나타냈다. 인장시험은 네킹이 일어난 부분의 중심부에 작은 균열이 발생, 바깥쪽으로 전파하여 시편이 파단되면서 완료된다.

인장시험에서 변형률을 기술하는 데에는 두 가지 접근법이 사용되고 있다. 한 방법은 식 (5.1)을 사용하여 변형률을 시편의 길이 변화와 원래 길이의 비로 나타내는 것이다. 그러므로 원래 길이가 L_o인 시편이 길이 L_f로 변형했을 때의 변형률은 다음과 같이 정의된다.

$$\epsilon_x = \frac{\Delta L}{L_o} = \frac{L_f - L_o}{L_o} \tag{5.26}$$

이는 공칭응력이 원단면적을 기준으로 정의되는 것과 비슷한 개념이며, 따라서 **공칭변형률**이라 부른다. 변형률을 정의하는 다른 방법은 전체 변형률을 다수의 변형률 **증분**을 합한 값으로 생각하는 것이다.

$$\epsilon_x = \sum \Delta\epsilon_x = \sum \frac{\Delta L}{L}$$

이때 L은 ΔL만큼의 연신 증분이 발생하는 순간의 시험편의 길이이다. 만약 L_o가 시험편의 원래 길이라면, 길이 L_f에 대응하는 변형률 ϵ_x는 $\Delta L \to 0$으로 하는 극한에 따라 다음의 적분값으로 주어진다.

$$\epsilon_x = \int_{L_o}^{L_f} \frac{dL}{L} = \text{In}\,\frac{L_f}{L_o} \tag{5.27}$$

[21] 인장시험편의 네킹현상에 대한 보다 자세한 내용은 9.7절에서 논의된다.

매 순간의 치수에 기반한 변형률 증분을 모두 더해서 얻어진 이 변형률을 **진변형률**이라고 한다. 식 (5.27)의 형태로 인해 진변형률을 때때로 대수변형률(logarithmic strain)이라고 부르기도 한다. 하지만 매 변형증분에서 좌표를 재정의하여 계산한 결과가 대수 형태로 나타나지 않는 경우도 있으므로 **진변형률**이라는 표현을 사용하는 것이 바람직하다.

인장시험에서 초기항복 이후의 거동을 표현하기 위해서는 진변형률을 사용하는 편이 좋다. 이것의 한 이유는 대부분의 전위(dislocation) 과정은 변형률의 증분 개념을 이용할 때 보다 쉽게 설명할 수 있다는 것이다. 또한 진변형률을 이용할 경우, 연성 금속의 인장과 압축 시험에서의 진응력-진변형률 곡선이 거의 일치한다는 것이 또 다른 이유이다. 공칭변형률을 사용할 경우에는 두 선도가 일치하지 않지만 전위이론의 관점에서는 두 선도가 일치할 것으로 예상된다.

변형률이 1보다 작은 경우, 수치적인 결과가 거의 같으므로 어떤 변형률 정의를 이용할지는 양적으로 중요한 문제가 아니다. 예를 들어 공칭변형률이 0.05일때 진변형률은 0.0488로, 차이는 2% 정도에 지나지 않는다. 한 가지 주의해야 할 점은 비록 전체 변형률이 1보다 작을지라도, 소성변형률은 탄성변형률에 비해 몇 배는 클 수 있다는 것이다. 예를 들어 전체 변형률이 0.01인 그림 5.5(a)의 1020 HR 강의 경우, 소성변형률은 탄성변형률의 약 8배에 이른다. 따라서 매우 작은 변형률에서도 인장시험편에 대해서는 다음과 같은 가정을 하는 것이 좋은 결과를 얻을 수 있다.

$$A_o L_o = A_f L_f$$

이는 소성변형이 일어나는 동안 부피는 거의 일정하게 유지된다는 것이 전위이론에서 제시되어 있으며 또한 실험을 통해 이 사실이 입증되어있기 때문이다. 위의 관계를 식 (5.27)에 대입하면 다음 식을 얻는다.

$$\epsilon_x = \ln\frac{A_o}{A_f} = 2\ln\frac{D_o}{D_f} \tag{5.28}$$

여기서 D_O는 변형 이전의 시편 직경을, D_f는 변형률 ε_x에 대응하는 직경을 의미한다. 만일 인장시험 초기에(예를 들어 0.05의 변형률까지) 길이 변화를 측정하고 ϵ_x를 식 (5.27)[식 (5.26)을 사용해도 무방]을 이용해 계산한 뒤, 나머지 시험 단계에서 시편의 최소 직경을 측정하여 ϵ_x를 식 (5.28)을 이용해 계산하면 인장시험 전 범위에 걸쳐 재료에서 가장 많이 변형된 부분의 진변형률을 얻을 수 있다. 식 (5.28)은 불균일 변형률로 인해 사실상 크기가 0인 표점거리를 이용해야 하는 네킹부에서도 변형률을 측정할 수 있다는 점에서 식 (5.27)에 비해 이점을 갖는다.

그림 5.38은 단축인장과 압축시험에서 얻어진 데이터를 **공칭** 값과 **진** 값을 기준으로 좌표기입한 결과이다. 압축에서는 시편이 짧아짐에 따라 단면적이 증가하고 따라서 진응력이 공칭응력보다 작다.

그림 5.5(a)와 (b)의 재료에 대한 완전한 인장 진응력-진변형률 곡선가 그림 5.39(a)와 (b)에 나타나 있다. 그림에는 항복점(또는 0.2% 항복강도)과 함께 **인장강도**(T.S.)가 각 재료에 대해 표시되어 있다. 본래 인장강도는 길고 얇은 부재가 견딜 수 있는 가장 높은 인장하중을 설계자에게 제공해주는 자료이다. 하지만 인장강도에 도달하기 전에 부재는 대개 과도한

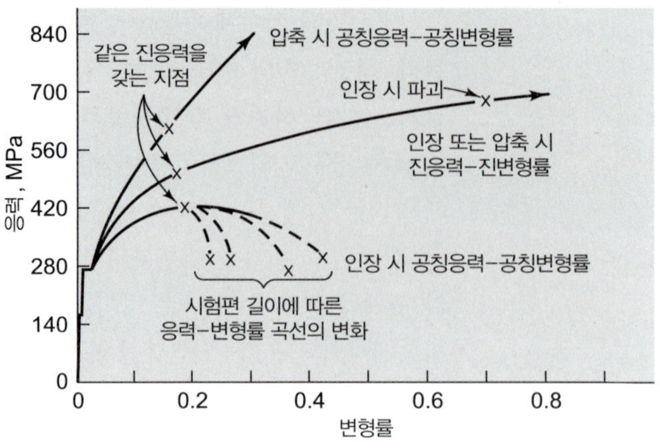

그림 5.38 열간압연된 저탄소강 (1020 HR)의 응력–변형률 곡선

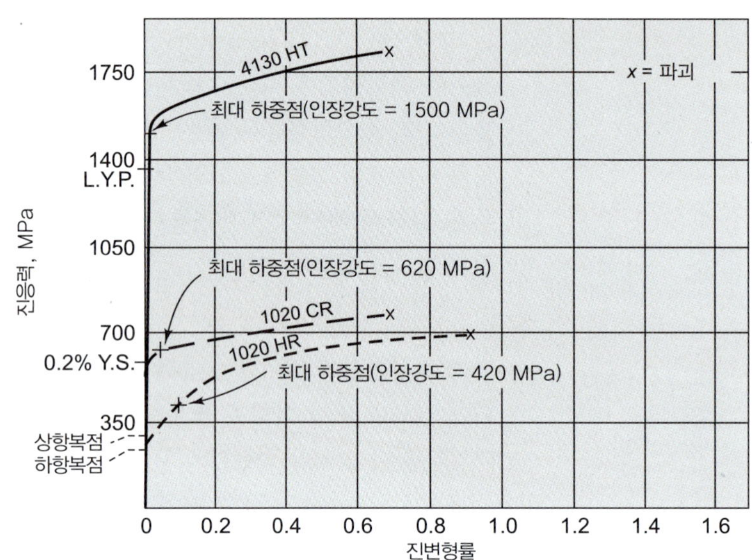

그림 5.39(a) 인장시험으로부터 얻어진 강철 3종의 완전한 응력–변형률 곡선

------ 연강, 열간압연(1020 HR)

— — 연강, 냉간압연(1020 CR)

——— 0.3% 탄소, 0.5% 망간, 0.25% 규소, 0.9% 크롬, 나머지 철 (4130 HT) 870℃에서 기름 담금질(quenching), 315℃에서 뜨임(tempering)

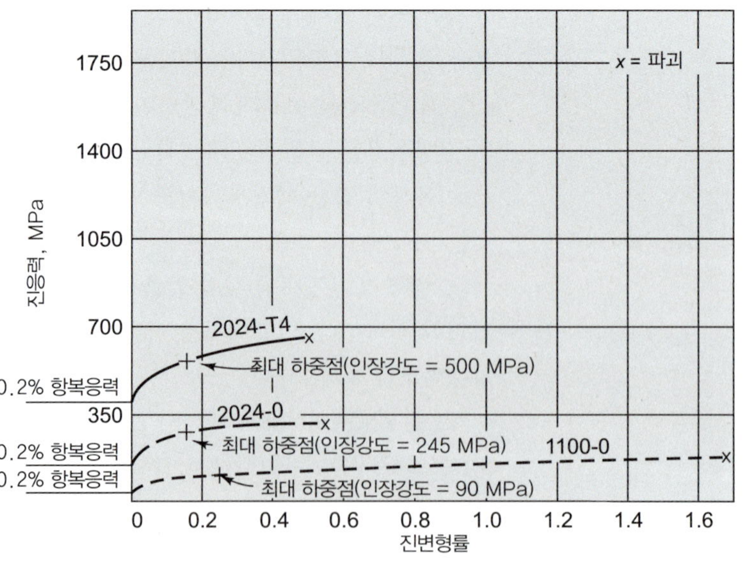

그림 5.39(b) 인장시험으로부터 얻어진 알루미늄과 알루미늄합금 2종의 완전한 응력–변형률 곡선

------ 상용 순수 알루미늄, 풀림(annealing) (1100-0)

— — 4.6% 구리, 1.5% 마그네슘, 0.7% 망간, 나머지 알루미늄, 풀림(2024-0)

——— 4.6% 구리, 1.5% 마그네슘, 0.7% 망간, 나머지 알루미늄 (2024-T4) 490℃에서 물 담금질, 120℃에서 24시간 시효(aging)

변형으로 인해 사용이 불가능하게 된다.

강도와 더불어 재료의 또 다른 중요한 성질은 파단 이전의 연성이다. 재료의 연성은 초기 단면적에 대한 감소한 단면적의 비로 정의되는 **단면적 감소**로 나타낼 수 있다. 환봉에 대해서 단면적 감소는 파단 시의 진변형률 ϵ_f와 다음의 관계를 가진다.

$$\text{R.A.} = 1 - e^{-\epsilon_f}$$

여기서 e는 자연대수의 밑이다. 그림 5.37(b)에 나타나 있듯, 네킹 과정은 평판의 경우에 한층 더 복잡하다. 재료의 연성을 나타내는 척도로서 보다 흔히 사용되는 것은 **연신율** (*elongation*)이다. 연신율은 파단이 일어날 때의 표점거리 변화를 초기 표점거리로 나눈 값으로 정의된다(즉, 파단 시의 공칭변형률). 연신율은 진변형률이 아닌 공칭변형률이라는 점, 그리고 네킹부의 높은 변형률과 네킹이 발생하지 않는 부분의 균일한 변형률에 대한 일종의 중량평균(weight average)으로 주어진다는 점에서 재료 연성을 나타내는 척도로서는 결점이 있다. 연신율은 그림 5.38에서 볼 수 있듯이 시험편의 길이는 물론 단면 치수에도 크게 좌우된다.

5.13 연성시험편과 구조물의 파괴 *Fracture of Ductile Specimens and Structures*

이 시점에서, 인장시험편의 연성거동에 관한 정보가 보다 일반적인 응력상태하에 있는 구조물의 파괴를 예측하는 데 사용될 수 있는가에 대한 의문이 제기될 수 있다. 이에 대한 해답은 아직 알려지지 않았다. 한 가지 이유는, 네킹부의 곡률에 따라 네킹부의 응력상태가 변화하므로 간단한 인장시험에서 발생하는 파괴마저도 복잡하다는 것이다. Bridgman[22]은 곡률의 영향을 고려, 보정하는 근사 방법을 제안하였으며, 그림 5.39의 곡선들은 이 수정 방법이 적용되었다. 그러나 최근의 몇몇 연구에서는 달리 확고한 대안은 없으나, 이 수정 방법에 대한 의문점을 제기하고 있다. 인장시험의 결과로부터 일반적인 하중상태하의 구조물의 파괴를 예측하는 데 있어 또 다른 문제점은 재료의 압축거동이 인장거동과는 다르다는 점이다. 예를 들어, "압축"시험에서 많은 재료들은 횡 인장이 발생할 만큼 충분히 원통형으로 왜곡이 일어난 뒤에 파단이 일어난다. Bridgman은 또한 높은 정수압이 존재할 때 단축인장시험을 수행할 경우, 변형률이 작을 때의 응력-변형률 선도는 일반적인 압력(대기압)하에서 시험한 결과와 거의 일치하지만, 파괴는 훨씬 높은 변형률에서 발생한다는 것을 보였다. 이처럼 파괴는 항복과는 달리 주응력 간의 차 뿐만 아니라, 주응력의 절대값에 의해 영향을 받는다.

연성시험편이나 구조물의 실제 파괴 과정은 몇 가지 다른 야금학적 기구에 따라 일어날 수 있다. 그 중에서 가장 중요한 것은 최대 인장응력에 수직한 방향으로 분리가 일어나는 벽개(cleavage) 현상과 개재물(inclusion) 주변에서 발생하는 소성변형으로 인한 구멍의 성장이다(이것은 평균 수직인장 및 전단변형률에 의존한다). 바꿔 말하면, 연성 구조물은 벽개와 구멍 성장의 두 가지 기구 중 하나에 의해 파괴될 수 있다. 반대로, 속에 균열이 있는 충분히 큰 구조물은 파괴 기구에 관계없이 취성 파괴를 일으킬 수 있다. 따라서 연성 또는 취성재료

[22] P. W. Bridgman, *op. cit.*, Chap. 1.

라는 용어가 자주 사용되고 있으나 이는 현명치 못한 표현이다. 대신 연성 또는 취성 **구조물**이라고 표현해야 할 것이다. 두 종류의 구조물 모두 벽개나 구멍 성장 기구에 의해 파괴가 일어날 수 있다. 그러나 사실 강철은 구조물의 크기, 온도, 변형률 속도 등에 의해 구멍 성장 기구로부터 벽개 기구로 갑작스러운 변환을 겪는다. 이와 같은 파괴 기구에 대한 연구가 진행되고는 있으나,[23] 아직 여러 가지 파괴 현상에 대한 종합적인 이론이나 정량적 상관관계는 정립되어있지 않다.

5.14 취성시험편과 구조물의 파괴 *Fracture of Brittle Specimens and Structures*

언뜻 보기에 유리나 세라믹과 같이 전혀 소성변형이 없이 파괴가 일어나는 것처럼 보이는 재료들이 있다. 그러나 아무리 유리라고 하더라도 예리한 텅스텐 카바이드 날로 절단하면 금속 가공 시에 발생하는 칩과 유사한 형태의 미세한 굽은 칩이 발생한다. 유리나 일반적으로는 연성 재료인 강철과 알루미늄으로 만든 큰 구조물들이 겉보기 취성을 갖는 이유는 균열 때문이다. 균열은 응력과 변형률을 집중시키고 이로 인해 시험편이나 구조물 전체가 소성변형을 일으키기 전에 벽개나 구멍 성장과 같은 파괴 기구가 먼저 발생한다. 우선 재료나 시험편에 포함된 미소균열에 대해 시험편의 크기가 충분히 커서 평균 응력에 기반하여 설계할 수 있는 경우를 생각해보자. 이와 같은 시험편-구조물 조합에서(예를 들어 유리와 세라믹) 파괴가 일어나지 않도록 설계하기 위해선 항복 대신 파괴에 대한 조건을 찾아야만 한다. 한 가지 파괴조건은 재료 내부의 가장 취약한 균열 주변의 국부적인 응력이 임계값에 도달할 때 파괴가 일어난다고 가정한다. 그렇다면 이제 문제는 구조에 가해지는 평균적인 응력하에서 취약한 균열에 발생하는 가장 높은 응력을 찾는 것이다. 이 최대 응력이 인장하중하에서 재료가 파괴될 때의 응력과 같은 값에 도달하면 균열이 성장한다. Griffith[24]는 이 개념을 그림 5.40(소성항복에 관한 그림 5.29와 같이 주응력 중 하나가 0인 경우에 대한 그림)에 나타나 있는 파

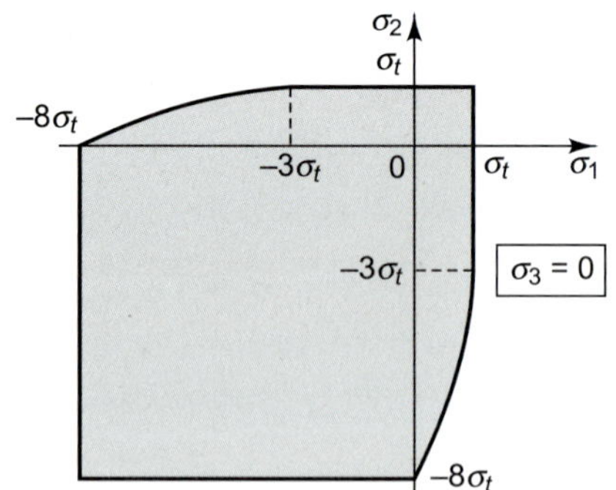

그림 5.40 평면응력상태 $\sigma_3 = 0$하에서 취성파괴의 Griffith 조건

[23] 다음 자료를 참고하라. McClintock and Argon, *op. cit.*, Chap. 16; or H. Liebowitz (ed.), "Treatise on Fracture," Academic Press, Inc., New York, 1969–1970.

[24] 다음 자료를 참고하라. E. Orowan, Fracture and Strength of Solids, *Repts. Progr. in Phys.*. Phys. Soc. London, vol. 12, pp. 185-232, 1949.

괴조건으로 발전시켰다. 인장응력이 압축응력에 비해 훨씬 더 심각하다는 것에 주목하자. 두 주응력이 모두 인장일 때는 더 큰 주응력이 단축인장시험에서 얻어진 파괴응력과 같아지면 파괴가 일어난다고 파괴조건을 간단히 정의할 수 있다.

땅속 깊이 묻힌 암석과 같이 모든 세 주응력이 압축으로 작용할 경우, Griffith의 이론은 실제로 얻어지는 것보다 강도를 낮게 예측하는 것으로 보인다. Griffith는 고려하지 않은, 균열면 사이에서 전파되는 수직력과 전단력이 이러한 차이의 원인 중 일부이다. 또한 압축상태의 균열은 초기에 안정하다는 것과 거시적으로 발생하는 파괴는 어떠한 통계적인 형태로 여러 개의 균열들이 상호작용할 때 발생한다는 점이 이러한 차이에 더 크게 기인한다.

임계 균열 크기와 비교해 시편의 크기가 충분히 크지 않은 경우, 매끈한 시험편 대신 임의로 균열을 만들어 둔 시편을 사용할 필요가 있다. 지난 20년간 관련 분석과 시험법들이 개발되어왔다.[25] 작은 연성시험편의 시험 결과를 이용해 큰 취성 구조물의 거동을 예측하는 문제는 여전히 해결되지 않고 있다.

5.15 피로 *Fatigue*

5.1절의 그림 5.2에 나타난 종이 클립 실험에서 나타난 것과 같이, 1회의 작용으로는 파괴를 일으키지 않는 하중이나 변형도 반복해서 작용할 경우 파괴를 일으킬 수 있다. 파괴는 종이 클립 실험에서와 같이 수 사이클만에 일어날 수도, 또는 수백만 사이클 뒤에 일어날 수도 있다. 이러한 반복하중하에서 발생하는 파괴 과정을 **피로**라 한다. 피로는 가장 흔히 일어나는 기계적 파손의 원인 세 가지 중 하나로서 매우 중요하다. 다른 원인들은 마모(wear)와 부식(corrosion)이다. 현재로서는 피로파괴 기구에 대한 이해도가 부족하며 피로파괴를 피하기 위한 설계 절차 또한 불명확하다. 이 절에서는 우리가 설계 과정에서 어떤 피로에 관련된 문제들을 맞닥뜨리게 될지, 그리고 이러한 문제를 해결하는 현존하는 방법들로는 어떤 것들이 있는지에 대해 소개하겠다.

물체 내의 한 점에 작용하는 응력이 그림 5.41과 같이 시간에 따라 변하는 경우를 생각해 보자. 실험에 따르면, 재료가 파괴되기 전까지 견딜 수 있는 사이클 수가 결정되는 데에는 반복응력성분 σ_a가 가장 중요한 인자로 작용한다. 평균응력수준 σ_m은 상대적으로 덜 중요하며, 특히 σ_m이 음수(압축)일 때는 더욱 영향이 적다. 같은 기계 부품에 대해서도 피로 수명은

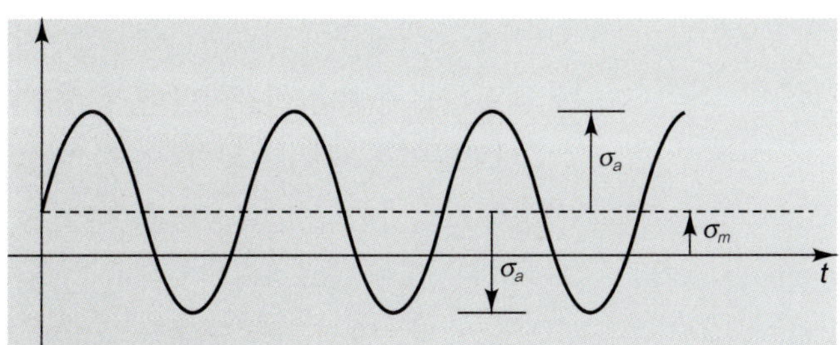

그림 5.41 시간에 따라 변하는 응력

[25] 다음 자료를 참고하라. McClintock and Argon, *op. cit.*, or Liebowitz, *op. cit.*

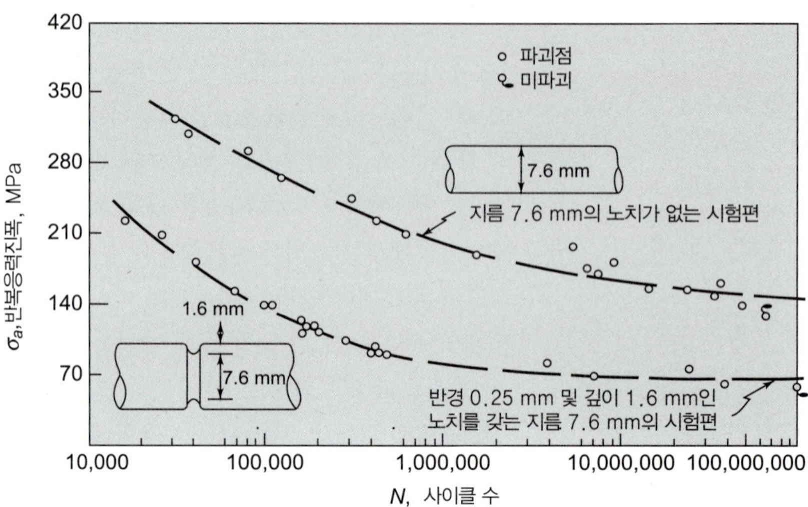

그림 5.42(a) 2024-T4 알루미늄합금의 피로 선도 [C.W. McGregor and N. Grossman, The Effects of Cyclic Loading on the Mechanical Behavior of 24S-T4 and 75S-T6 Aluminum Alloys and SAE 4130 Steel, Nat. Advisory Comm. Aeronaut, Tech. Notes, No. 2812, October, 1952. (24S-T4는 2024-T4 합금의 이전 명칭)]

표면 처리의 질, 표면이나 표면 아래에 존재하는 균열, 응력집중의 존재 여부, 주변의 화학적 상태, 재료 자체에 매우 큰 영향을 받는다.

그림 5.42(a)에 알루미늄합금에 대한 시험 결과가 나타나 있다. 여기서 평균응력 σ_a는 0이다. 응력 진폭 σ_a를 파괴를 일으키는 데 필요한(대수로 나타낸) 사이클 수 N에 대해 표시했다. 응력의 감소에 따라 수명은 급격하게 증가하며, 특히 약 10^7 사이클 이상의 수명에서 이런 현상이 현저하게 나타나는 것을 주목하라. 통상적으로 어떤 정해진 사이클 수 이상을 견딜 수 있는 응력을 그 재료의 **피로강도**라고 한다. 예를 들어 그림 5.42(a)에서 노치가 없는 환봉 시험편으로 시험한 2024-T4 알루미늄합금의 피로강도는 10^6 사이클에서는 205 MPa, 10^7 사이클에서는 165 MPa라고 할 수 있다. 철금속과 같은 재료들은 어떤 수준의 응력하에서는 무한정 시험을 진행하여도 파괴되지 않는 특성을 가지는데, 실질적인 무한 수명에 대응하는 이 응력치를 **내구한도**라 한다.

그림 5.42(a)에서 노치가 있는 시험편을 시험할 때 노치부와 같은 직경을 갖는 노치가 없는 시험편에 비해 파괴에 요구되는 사이클 수가 현저하게 감소하는 것을 볼 수 있다. 그림 5.42(a)에서 선도를 작성할 때 응력은 최소 직경을 기준으로 하여 계산되었고, 따라서 노치가 있는 시험편의 최소 단면적과 노치가 없는 시험편에는 같은 응력이 걸린다. 실제로는 노치가 있는 시편의 응력 분포는 복잡하며 노치에 가까운 부분에는 노치가 없는 시편에 비해 더 큰 응력이 작용한다. 이 응력 증가는 노치부에서의 급격한 시편 형상 변화에 기인하며, 이로 인해 응력집중이 발생한다(5.9절). 만일 그림 5.42(a)의 선도를 그릴 때 노치 루트에 실제로 작용하는 응력을 이용한다면 두 시편에 대한 자료가 보다 잘 일치할 것이다.

피로균열은 대부분 응력집중을 일으키는 구멍이나 예리하고 오목한 부분(즉, 노치)에서 발생하고 성장한다. 반복응력을 견딜 수 있도록 부품을 설계할 때는 응력집중이 일어나지 않도록 하는 것이 중요하다. 키웨이, 기름 구멍, 나사산 등은 잠재적으로 문제가 발생할 여지가 있으므로 피로파괴를 막기 위한 특별한 설계상의 주의가 필요하다.

그림 5.42(b)에는 여러 종류의 재료에 대한 피로곡선을 나타내었다. 곡선의 완만한 기울

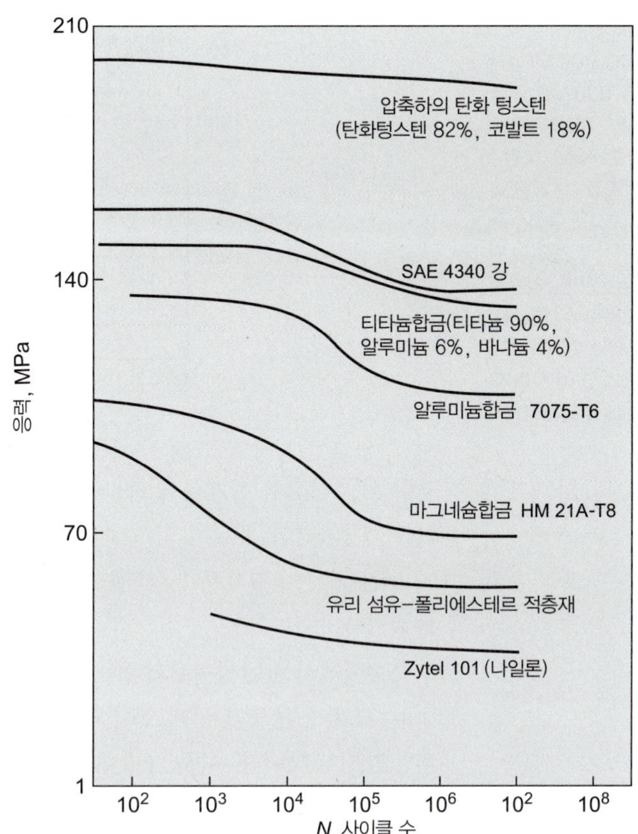

그림 5.42(b) 여러 가지 재료의 피로곡선 (자료는 Carl C. Osgood, "Fatigue-Design," Interscience Publishers, New York, 1971; F.A. McClintock and A.Argon, op. cit.; I. Johansson, G. Persson, and R. Hiltscher, Determination of static and fatigue compressive strength of hard-metals, Powder Met., vol. 13, no. 26, p. 449, 1970; C.R. Smith, Small specimen data for predicting life of full scale structures, in "Symposium on Fatigue Tests of Aircraft Structures: Low Cycle, Full Cycle, and Helicopters," ASTM Special Technical Publication 338, 1962, American Society for Testing and Materials; "Metals Hand book," 8th ed., vol. 1, Properties and Selection of Metals, American Society for Metals 에서 발췌)

기와 표면가공 상태에 따른 데이터의 분산으로 인해 각각의 곡선을 결정하기 위해서는 많은 횟수의 실험이 필요하다[그림 5.42(c)]. 각각의 곡선은 특정한 평균응력(대개는 0), 표면가공, 환경 상태 등 단 한 가지의 시험조건에 대한 결과만을 나타낸다. 광범위한 조건에 대한 완벽한 피로 자료를 얻는 것이 어렵다는 것은 너무도 명백하다. 이 절의 남은 부분에서는 간략하게 피로 관련 변수들의 영향과 간단한 설계 기준에 대해 알아보자.

평균응력이 0일 때의 내구한도 보통은 방대한 피로 관련 문헌으로부터 어떤 특정한 문제에 관련된 시험 자료를 찾을 수 있다. 하지만 그럴 수 없는 경우, 다음의 "경험에 입각한" 근사식을 사용할 수 있다. 매끈하게 연마된 시험편에 대한 공기 중에서의 양진굽힘시험($\sigma_m = 0$)에서 내구한도응력 σ_e의 근사값은 극한인장강도 σ_{ult}와 다음의 관계를 가진다.[26]

$$\text{철금속:}\quad \sigma_e/\sigma_{\text{ult}} \approx 0.4 \text{ (무한 수명)}$$
$$\text{비철금속:}\quad \sigma_e/\sigma_{\text{ult}} \approx 0.25 \text{ (}10^8\text{ 사이클)}$$

만약 극한강도 값을 알지 못한다면 인장강도를 사용해도 무방하며, 이 경우에는 내구한도를 더 보수적으로 예측하게 된다.

응력집중 그림 5.42(a)로부터 응력집중이 허용 가능한 반복응력성분을 크게 감소시킨다는

[26] 이 절에서는 σ_e는 내구한도라 하거나 10^8 사이클과 같은 특정한 사이클 수에서의 피로강도를 나타낸다. 이에 대한 명확한 구분은 잘 되어 있지 않으나 보통 서로 다른 기호로 나타낸다.

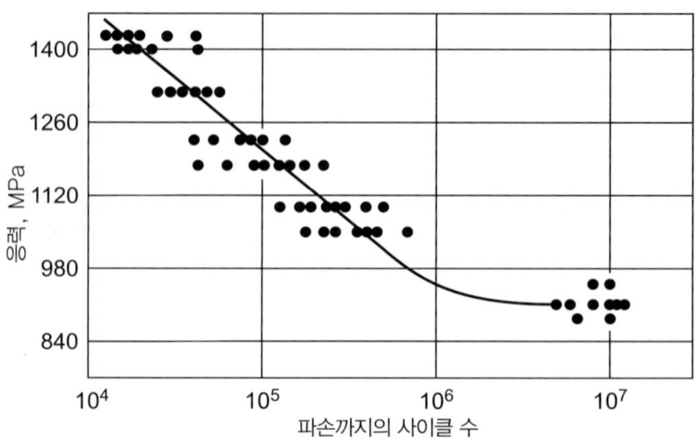

그림 5.42(c) 약 240,000 MPa에서 265,000 MPa의 인장강도를 갖도록 열처리된 5% Cr-Mo-V 강 봉의 피로자료. 어떠한 피로수명에서든 응력수준의 범위는 약 20%에 지나지 않는 반면, 일반적인 피로응력 수준에서 피로수명의 최솟값과 최댓값이 거의 열 배 차이가 나는 것에 주목하라.

것을 알 수 있다. 설계를 위해서는 적절한 시험 조건과 응력집중을 고려한 피로 자료를 구해야 한다. 이러한 자료가 없다면 서로 다른 응력집중에 대해 허용 가능한 내구한도를 조절하기 위한 기준이 필요하다. 불행하게도 이를 구하는 것은 간단하지도 않고 정확도도 떨어지는 문제이다.

5.9절에서는 **탄성체**에서 응력집중계수 K_t의 크기에 대해 논하였다. 여기서 K_t의 아랫첨자 "t"는 재료가 탄성인 상태로 남아 있을 때 응력집중계수가 최대 응력과 공칭응력의 **이론적인** 비율임을 나타낸다. 이를 나타내면 다음과 같다.

$$K_t = \left(\frac{\sigma_{\text{max}}}{\sigma_{\text{nom}}}\right)_{\text{탄성, 이론적}}$$

응력집중이 **응력**을 높이는 것이 아니라 재료의 **강도**를 낮추는 것으로 여기는 것이 통례이다. 즉, 치수의 영향이나 항복이 없는 재료의 경우 공칭응력으로 표현되는 내구한도 또한 K_t에 의해 감소하는 것으로 생각할 수 있다는 것을 의미한다. 하지만 응력집중의 영향은 K_t로 나타나는 것만큼 크지는 않다. 항복에 의해 응력집중은 줄어드는 반면, 변형률집중은 늘어나게 되어 변형 양상이 복잡해진다. 또한 피로균열은 국부적인 미소 소성변형에 의해 개시된다. 이러한 영향들을 모두 함께 고려하여 제안된 것이 **피로강도 감소계수** K_f 다.

$$K_f = \frac{\text{노치가 없는 경우의 피로강도}}{\text{노치가 있는 경우의 피로강도}} \qquad (1 < K_f < K_t)$$

다양한 재료와 형상에 대한 K_f값이 표로 정리되어 있다.[27] 큰 시험편이나 구조물에서 K_f는 K_t에 가까워지는 경향이 있다. 이미 존재하는 균열에 의해 매우 높은 K_t 값을 가지는 경우에는 특정한 내구한도를 결정하는 것이 어려우며, 그 대신 피로균열 진전속도와 응력확대계수의 관계를 얻는 것이 더 유용하다.[28]

평균응력이 존재할 때의 내구한도 실험에 따르면, 평균응력 σ_m과 반복응력 σ_a하에서 노치가

[27] 다음 자료를 참고하라. Sines and J. Waisman (eds), "Metal Fatigue," McGraw-Hill Book Com pany, New York, 1959.

[28] 다음 자료를 참고하라. H. Liebowitz (ed), *op. cit.*

없는 시험편의 무한수명은 그림 5.43(a)의 선도에서 나타나는 곡선을 따르는 경향이 있다. 이들 실험결과는 최대 응력(평균응력과 반복응력의 합)이 항복강도 σ_Y와 같을 때 시험편이 피로가 아닌 변형으로 인해 파손되기 시작한다는 점에서 한계점이 있다. 이러한 경우에는 탄성응력해석이 더 이상 적용되지 않는다. 항복으로 인한 응력수준의 한계가 그림 5.43(a)에 점선으로 표시되어 있다. 또한 실험에서 압축 평균응력은 피로수명에 불리한(또한 유리한) 영향을 미치지는 않는다는 것이 발견되었다. 이런 관찰 결과를 통해 단축응력상태의 평균응력과 반복응력하에서 무한수명을 갖도록 하는 간단한 설계 기준을 얻었다. 우선, 반복응력이 없는 경우에 평균응력의 크기가 극한인장응력보다 작을 경우 시험편이 파괴되지 않는다는 것에 주목하자. 그림 5.43(a)의 B점이 이를 나타낸다. 유사하게, 평균응력이 존재하지 않을 때 반복응력이 내구한도보다 작다면 시험편이 파괴되지 않는다. 이는 그림 5.43(a)의 점 A다. A와 B를 잇는 직선을 *Goodman-Soderberg* 조건이라고 부른다. 이 조건은 무한수명에서의 σ_m과 σ_a의 조합을 간단히 근사하여 나타낸다. 이 기준은 보통 보수적으로 피로수명을 평가하므로, 대부분의 실험결과는 직선 AB 위에 존재한다.

앞서 논의한 바와 같이 $\sigma_m = 0$일 때 응력집중의 존재는 공칭 내구한도를 피로강도 감소계수 K_f에 따라 저하시킨다. 연성재료에서의 소성유동으로 인해서, 만약 응력집중이 있더라도 평균응력 σ_m의 효과에 따라 피로수명이 크게 변하지 않는다. 결론적으로 응력집중의 영향을 함께 고려하기 위해 Goodman-Soderberg 기준은 그림 5.43(b)의 직선 $A'B$와 같이 확장되어 평균응력과 반복응력의 조합에 따른 무한수명을 나타내게 된다. 연성 철금속의 경우 나사산, 구멍, 모깎이, 키웨이 등에 대해 $K_f \le 3$을, 알루미늄, 마그네슘, 티타늄 등에 대해서는 피로시험 자료가 없는 경우 $K_f = K_t$로 가정하는 것이 가장 좋다.

표면 조건 대부분의 경우에(전부가 아닌) 피로균열은 결함이나 응력집중에 의해서 표면에서 발생한다. 따라서 표면의 물리적 특성은 무엇보다도 중요하다. 일반적인 생각과는 달리, 매끈하고 응력이 가해지지 않은 순수한 표면이 가장 좋은 피로강도를 갖는 것은 아니다. 이런 표면은 전해가공이나 전해연마를 통해 만들어지는데, 약한 연마나 쇼트 피닝 등에 의한 높은 표면 압축 잔류응력을 받고 있는 시편에 비해 대략 절반의 내구한도를 가진다. 반면, 표면에 균열이 있거나 인장 잔류응력을 받는 경우에는 반대로 순수한 표면에 비해 절반의 내구한도를 가진다. 보통 이런 표면은 방전 가공, 거친 연마, 레이저 커팅과 같은 다양한 "고온"가공들을 통하여 얻어진다.[29] 그러므로 공정에 따라 편차가 4:1까지 발생할 수 있다. 표 5.8에서

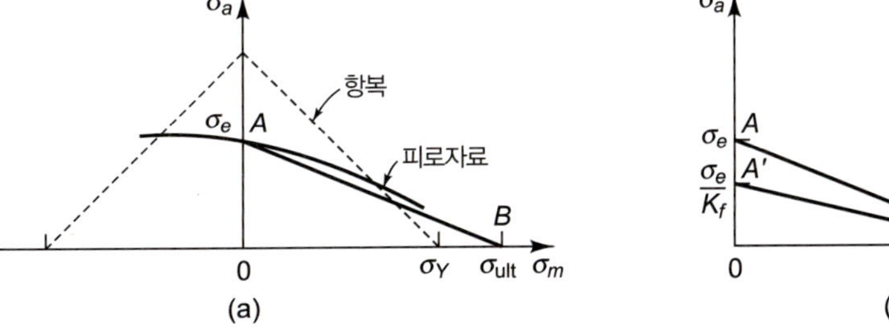

그림 5.43 피로수명을 예측하기 위한 선도. (a) Goodman-Soderberg 직선 AB, (b) 피로강도 감소계수의 효과

[29] "Surface Integrity of Machined Structural Components," Air Force Materials Laboratory Report AFML-TR-70-11, March, 1970.

표 5.8 Inconel 718의 내구한도에 미치는 표면 처리의 효과

가공 방법	내구 한도, GPa
A. 약한 표면 연마	0.4227
B. 전해가공	0.2747
C. 방전가공	0.155
D. B와 쇼트 피닝	0.5495
E. C와 쇼트 피닝	0.465

Inconel 718 재료의 표면가공에 따른 내구한도를 나타내었다.

환경조건: 열적, 화학적 조건 내구한도에 온도가 미치는 영향은 극한인장강도에 온도가 미치는 영향과 밀접한 관련이 있다. 따라서 온도가 달라지면 σ_e를 σ_{ult}의 변화에 비례하여 수정해야 한다. 즉, σ_{ult}가 30% 감소하면 σ_e 또한 30% 감소하는 것으로 가정하는 것이다. 일반적으로 사용되는 온도 범위에서 이 영향은 적다.

반면, 화학적 환경조건은 극도로 크게 작용할 수 있다. 액체 금속과 같이 재료를 취화시키는 매질 안에서 재료의 강도는 0에 가깝게 감소할 수 있다(예를 들어 약 100°F의 액체 갈륨에 알루미늄을 담그는 경우). 부식성의 매질도 일반적으로 큰 영향을 미치는데, 강철에 소금물을 분사하는 경우 피로강도는 보통의 값에서 10 내지 20%가량 감소할 수 있다. 순수한 물에서 이 영향은 절반 정도로 감소한다.

예제 5.4 봉이 σ_0의 평균인장응력과 $\sigma_a = ½\sigma_0$의 축방향 반복응력을 받고 있다. 봉에는 3의 응력집중계수를 가지는($K_t = 3$) 작은 반경방향의 구멍이 뚫려있다. 안전계수는 2로 계산한다. 재료는 827 MPa의 극한인장응력과 414 MPa의 내구한도를 가지는($\sigma_m = 0$) 티타늄 합금이다. 이 조건을 만족하는 σ_0의 최댓값은 얼마가 되겠는가?

- Goodman-Soderburg 선도를 그린 뒤, 평균인장응력을 구해보자.

그림 5.44에 나타난 것처럼 Goodman-Soderberg 형식의 선도를 그려보자.

직선 A는 각각 기본 재료, B는 안전계수 2를 취했을 때, C는 피로강도 감소계수 $K_f = 3$

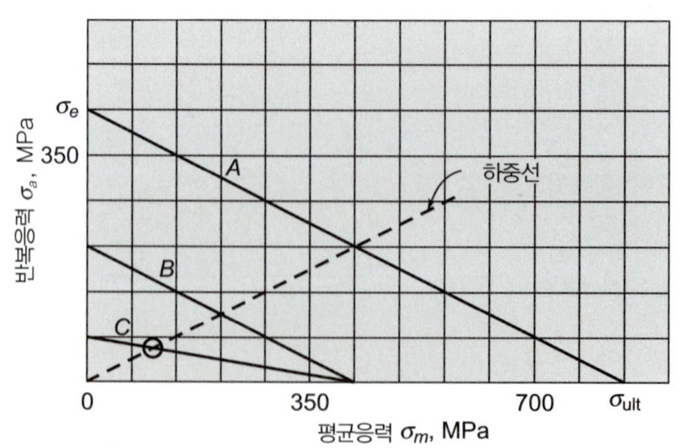

그림 5.44 예제 5.4의 Goodman-Soderberg 선도. 직선 A: 기본 재료, 직선 B: 안전계수 2를 적용한 재료, 직선 C: 2의 안전계수와 응력집중계수 $K_t = 3$을 적용한 재료

을 취한 경우를 나타낸다(σ_m에는 적용하지 않음). 점선은 봉에 가해진 $\sigma_a = \frac{1}{2}\sigma_m$의 하중 곡선이다. 직선 C와 점선의 교점에서 가로축 값을 읽으면 σ_0 = 103 MPa를 얻는다.

5.16 연속된 항복의 기준 *Criteria for Continued Yielding*

이번에는 재료가 소성변형을 일으켰을 때 항복 이후의 경향성이 일반적인 응력상태하에서 어떻게 달라지는지를 알아보자. Mises 기준에 따라 항복을 일으키는 재료에 대해서는 **등가응력**(*equivalent stress*)을 이용해 항복의 경향을 알 수 있다고 가정한다. 등가응력 $\bar{\sigma}$는 다음과 같이 주어진다.

$$\bar{\sigma} = \sqrt{\tfrac{1}{2}[(\sigma_1 - \sigma_2)^2 + (\sigma_2 - \sigma_3)^2 + (\sigma_3 - \sigma_1)^2]} \tag{5.29}$$

등가응력을 이용하면 초기항복의 발생 기준을 $\bar{\sigma} = Y$와 같이 나타낼 수 있다.

항복의 발생 기준이 식 (5.29)와 같이 주어진다고 할 때, 이제 궁금한 것은 소성변형에 따라 $\bar{\sigma}$가 어떻게 달라지는가 하는 것이다. 이 물음에 답하기 위해 오랜 시간과 많은 실험이 필요했다. 하지만 여기서는 이 지식을 토대로 하여, 다음에 기술하는 간단한 내용을 통해 타당한 해답을 이끌어낼 수 있다.

만약 인장시험에서 재료에 변형률경화가 일어나지 않는다면 등가응력 값은 아마도 그대로 Y값을 유지할 것이다. 반면, 재료에 변형률경화가 일어나면 등가응력은 상승할 것이다. 이러한 변화는 변형의 어떤 매개변수에 의해 결정되는 것일까? 탄성변화가 재료의 전위구조에 영향을 미치지 않기 때문에 등가응력의 상승은 오직 소성변형률에만 관련이 있을 것으로 생각된다. 등가응력이 하나 이상의 응력성분의 영향을 받는 것처럼 변형률경화의 정도 또한 하나 이상의 소성변형률 성분에 달려있을 것으로 예상된다. 만약 재료가 변형 이후에도 충분히 등방성이라고 가정한다면 방향성을 고려할 필요 없이 소성변형률을 소성 주변형률의 성분에 기초하여 나타내는 것이 가능하다. 뿐만 아니라, 금속의 경우 변형 시에 부피가 거의 일정하므로 금속의 변형률경화는 소성변형률 성분 간의 차에 대한 함수로 표현 가능할 것으로 예상된다. 끝으로, 만일 우리가 부드러운 철사를 구부렸다가 원래의 형태로 펴면 다시 소성변형을 일으키는 데에는 더 큰 힘이 필요하다. 이 경우에 전 변형률은 0이고, 따라서 변형률경화는 전변형률에 직접적으로 영향을 받지는 않는다는 것을 알 수 있다. 따라서 변형률경화가 소성변형률 **증분**에 대한 어떤 함수에 의해 결정된다는 제안은 충분히 타당한 것으로 보인다. 대개는 소성연화가 관찰되지 않기 때문에 이 함수는 증가함수로 가정한다. 위 조건들은 등가응력이 **등가소성변형률**에 의해 결정된다고 가정할 때 잘 충족된다. 이 값은 다음과 같이 정의한다.

$$\bar{\epsilon}^p = \int \sqrt{2/9[(d\epsilon_1{}^p - d\epsilon_2{}^p)^2 + (d\epsilon_2{}^p - d\epsilon_3{}^p)^2 + (d\epsilon_3{}^p - d\epsilon_1{}^p)^2]} \tag{5.30}$$

여기서 적분은 전체의 부하 경로에 대해 행한다. 계수 $\frac{2}{9}$는 등가변형률이 축방향 변형률과 같아지도록 하기 위해 도입되었다(문제 5.35 참조).

식 (5.30)은 압축 소성변형률 증분이 인장 소성변형률 증분과 변형률경화에 같은 영향을 미치는 것을 상정하고 있다. 또한 어떤 일련의 응력에 의해 항복이 발생하였다면 모든 응력의 방향이 반대가 되었을때 역시 항복이 일어난다고 가정한다. 이런 재료의 거동 특성은 그림 5.34에 나타나 있다. 이 그림은 식 (5.30)의 근간을 이루는 물리적 추론을 보여주고 있다. 그림 5.34(b)의 곡선을 그리는 데 있어 부하 경로상의 모든 소성변형률 증분은 변형률경화를 늘리는 방향으로 기여한다는 식 (5.30)의 기본 가정을 따랐고, 따라서 D' 상태의 재료는 그림 5.34(a)의 D 상태의 재료와 같은 양의 변형률경화가 일어났다.

식 (5.29)와 (5.30)이 재료의 항복 경향을 얼마나 잘 묘사하는지의 여부는 $\bar{\sigma}$와 $\bar{\epsilon}^p$ 값이 실험 결과와 얼마나 잘 일치하느냐에 달렸다. 그림 5.45(a)는 벽이 얇은 관재에 다양한 크기의 내압과 축방향 하중을 가했을 때의 등가응력 $\bar{\sigma}$와 등가소성변형률 $\bar{\epsilon}^p$을 나타낸 것이다. 이러한 상관관계는 주응력의 비율이 시험 내내 일정하게 유지될 때 꽤 만족스럽게 얻어진다. 인장과 전단, 그리고 다시 인장응력을 가하는 경우와 같이 시험 중에 응력의 종류가 달라지는 경우, 상관관계를 얻기 위해서는 더욱 엄밀한 시험이 필요하다. 이러한 시험의 결과는 그림 5.45(b)에 주어져 있다. 그림 5.45(c)와 같이 시험 중에 응력을 완전히 반대로 변화하는 경우 상관관계는 잘 만족되지 않는다. 그림 5.45(c)에 나타난 하중의 반전에 의한 탄성한도의 저하를 바우싱거(*Bauschinger*) 효과라고 한다. 변형 중에 상당량의 이방성이 발생하는 경우, 등가응력과 등가소성변형률은 그다지 좋지 않은 상관관계를 보이는 것이 알려져 있는데, 이는

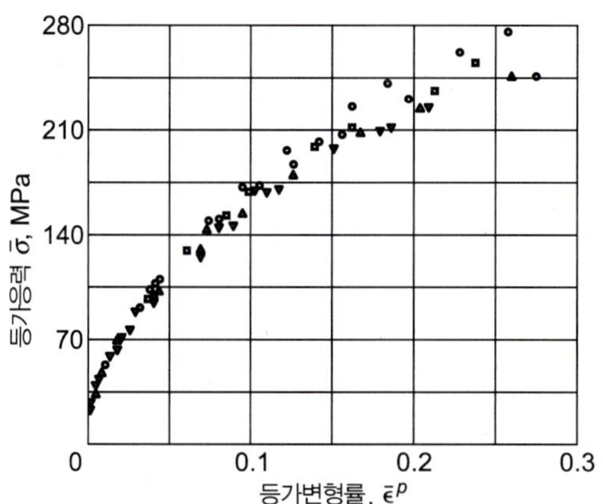

그림 5.45(a) **다양한 응력성분 비에 대한 구리관의 소성변형 시험 결과. 시험 결과는 등가응력과 등가소성변형률에 기반하여 서로 연관됨** (점들은 0부터 1 사이의 σ_1/σ_2의 7가지 값들을 나타냄) (From E.A. Davis, Increase of Stress with Permament Strain and Stress-strain Relations in the Plastic State for Copper under Combined Stresses, Trans. ASME, vol. 65, pp. A187–A196, 1943)

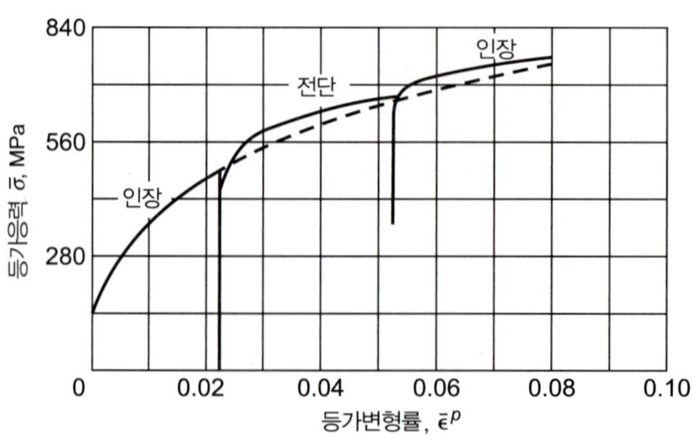

그림 5.45(b) **인장과 전단을 교대로 작용한 시험 결과. 시험 결과는 등가응력과 등가소성변형률에 기반하여 서로 연관됨.** (W. Sautter, A. Kochendorfer, and U. Dehlinger, The Laws of Plastic Deformation, Z. Metallk., vol. 44 pp. 553–565, 1953)

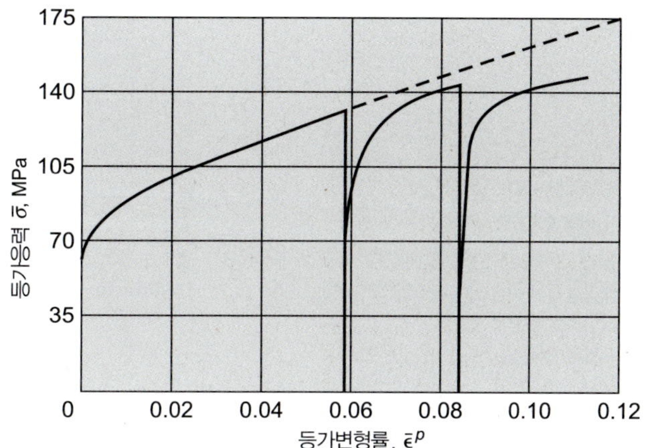

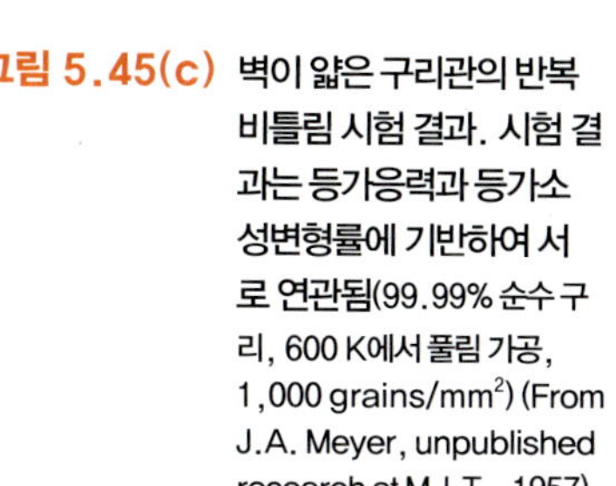
그림 5.45(c) 벽이 얇은 구리관의 반복 비틀림 시험 결과. 시험 결과는 등가응력과 등가소성변형률에 기반하여 서로 연관됨(99.99% 순수 구리, 600 K에서 풀림 가공, 1,000 grains/mm^2) (From J.A. Meyer, unpublished research at M.I.T., 1957)

등가변형률에 있어 소성변형률의 일종의 평균적인 총량만이 반영될 뿐, 그것이 재료 내의 여러 축에 대해 어떻게 분포되어 있는지는 중요하지 않기 때문이다.

초기항복이 최대 전단응력 기준에 의해 발생하는 재료의 경우, 초기항복 이후의 경향은 **등가전단응력** $\bar{\tau}$을 이용해 알 수 있다. 등가전단응력은 다음과 같이 정의된다.

$$\bar{\tau} = \frac{\sigma_{max} - \sigma_{min}}{2} \tag{5.31}$$

이 항복 개념을 사용하면 초기항복은 $\bar{\tau} = Y/2$일 때 일어난다고 할 수 있다.

그림 4.36에서 볼 수 있는 것처럼 최대 전단변형률은 수직변형률의 최댓값과 최솟값의 차와 수치적으로 동일하다. 또한 응력과 변형률의 주 축이 물체 내에서 서로 일치하므로 최대 전단변형률은 최대 전단응력이 발생하는 축과 동일한 축에서 발생한다.

$\bar{\tau}$가 소성변형에 따라 어떻게 달라지는지를 결정하는 데에는 앞서 등가응력이 응력성분에 따라 결정되는 것과 마찬가지로 등가변형률을 변형률 성분에 따라 결정되도록 정하는 어떤 이론적인 근거[30]가 뒷받침된다. **등가소성전단변형률**(*equivalent plastic shear strain*)은 소성변형률 증분의 최대 전단성분에 대한 적분으로써 다음과 같이 표현된다.

$$\bar{\gamma}^p = \int [(d\epsilon^p)_{max} - (d\epsilon^p)_{min}] \tag{5.32}$$

여기서 또한 적분은 부하 경로 전체에 대해 행한다. 이를 기반으로 그림 5.45(a)와 (b)의 실험 결과를 다시 그리면 그림 5.46(a)와 (b)와 같은 결과가 얻어진다. 보통 Mises 기준에 비해 전단응력 기준의 상관성은 좋지 않은 편인데, 그림 5.45(a)와 5.46(a)를 비교하면 구리관에 대한 이들 시험에서 변형률이 높은 범위에서는 전단응력 기준이 더 나은 상관성을 보여준다. 비록 Mises 항복 기준에서 얻어지는 변형률이 최대 전단응력 기준에서 얻어지는 것보다 물리적 관찰 결과와 더 잘 맞지만, 주어진 상황에서 어떤 상관관계를 이용할 것인가는 대개 수학적 편의에 의해 결정되는 경우가 많다.

---

[30] R. Hill, "The Mathematical Theory of Plasticity," p. 52, Oxford University Press, New York, 1950; D.C. Drucker, A More Fundamental Approach to Plastic Stress-strain Relations, *Proc. First U.S. Natl. Congr. Appl. Mech.*, pp. 487–491, 1951.

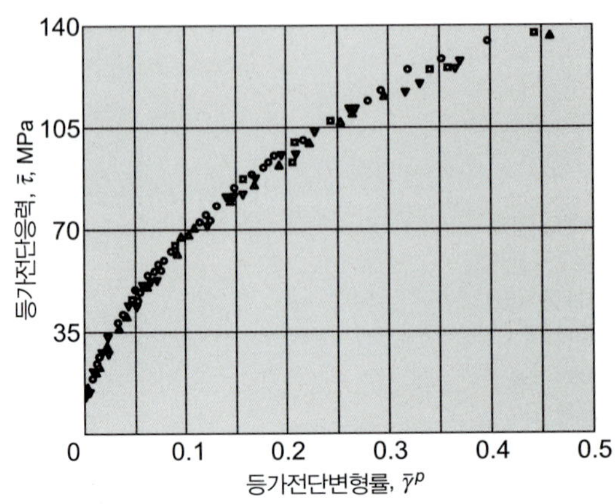

그림 5.46(a) 다양한 응력성분 비에 대한 구리관의 소성변형 시험 결과. 시험 결과는 등가전단응력과 등가소성전단변형률에 기반하여 서로 연관됨 [그림 5.45(a)와 같은 자료]

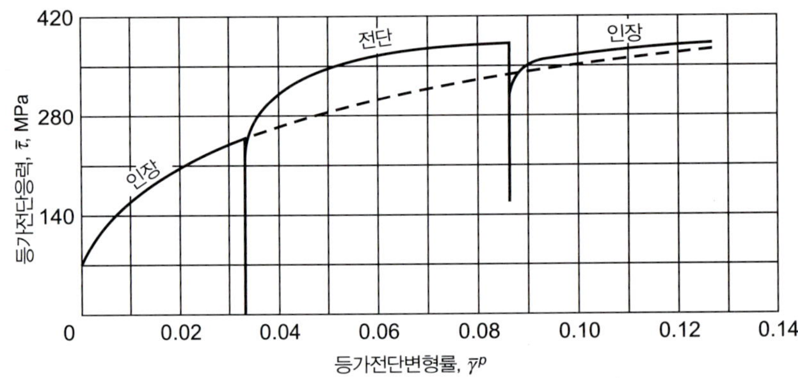

그림 5.46(b) 인장과 전단을 교대로 작용한 시험 결과. 시험 결과는 등가응력과 등가소성변형률에 기반하여 서로 연관됨[그림 5.45(b)와 같은 자료]

그림 5.45(a)와 5.46(a)의 자료는 매우 큰 변형률까지 확장되었으며 선도를 그리는 데는 진응력과 진변형률(증분에 의해 정의됨)이 사용되었다는 것을 유의하라. 대부분의 현실적인 응력 분석(즉, 분석을 통해 의미있는 수치적 결과를 얻는 경우)은 0.05에서 0.10 이내의 변형률에 국한되며 이런 경우에는 공칭응력과 공칭변형률을 사용하는 것이 충분히 정확하다. 반면, 형상이 반드시 변해야 하는 금속 가공의 경우, 진응력과 진변형률이 필요하다.

5.17 소성응력–변형률 관계 *Plastic Stress-Strain Relations*

이전 절에서는 어떻게 인장시험에서 얻어진 자료를 등가응력과 등가소성변형률을 이용, 일반화하고 일반적인 응력상태하에서 소성변형이 언제 발생할지를 예측하는지 알아보았다. 그런데 이 상관관계는 각각의 소성변형률 성분이 어떻게 응력성분에 의해 결정되는지에 대해서는 보이지 않았다. 이번 절에서는 소성변형률 성분들과 응력성분들 간의 함수 관계에 대해 논의하도록 하겠다. 이전 절에서 논의한 바와 같이 그 어떤 소성변형 이론도 모든 상황에서 실험 결과와 일치하는 결과를 보이지는 못하기 때문에 여러 종류의 관계를 다룰 것이다. 곧 바로 응력–변형률 관계를 이용하는 대신 타당성 있는 논거를 통해 관계를 전개하도록 하겠다. 이는 비록 몇 페이지로 압축된 내용이지만 많은 연구자들이 수년에 걸쳐 이뤄온 것이라

는 점을 유념하길 바란다.[31]

우선 항복이 Mises 기준에 의해 일어난다고 가정하고 식 (5.2)의 탄성응력-변형률 관계를 소성의 경우로 수정해보자. 가장 먼저, 5.11절에서 언급했듯이 소성변형이 일어날 때는 부피의 변화가 실질적으로 없으므로 이 실험적 사실에 맞춰 식 (5.2)를 수정하자. 부피의 변화는 다음과 같이 주어진다(문제 5.2 참조).

$$\frac{\Delta V}{V} = \epsilon_x + \epsilon_y + \epsilon_z$$

식 (5.2)를 이 수식에 대입하면 다음을 얻는다.

$$\frac{\Delta V}{V} = \frac{1-2\nu}{E}(\sigma_x + \sigma_y + \sigma_z)$$

여기서 부피 변화가 없도록 하려면 $\nu = \frac{1}{2}$를 취해야 한다.

다음으로는 소성변형률이 응력과 선형 비례하지 않는다는 사실을 이용하여 식 (5.2)를 수정하자. 탄성계수 E 대신 소성변형의 정도에 따라 달라지는 어떤 인자를 사용해야 한다. 만약 E 대신 Mises 기준의 등가소성변형률[32]에 대한 등가응력의 비 $\bar{\sigma}/\bar{\epsilon}^p$를 사용하면 식 (5.2)가 요구하는 대칭성을 가지며 인장시험 결과를 맞게 예측하는 일련의 응력-변형률 관계를 얻을 수 있다. 탄성 관계식 (5.2)를 위와 같은 수정을 거치면 헨키(Hencky)[33] 응력-변형률 관계식을 얻는다.

$$\begin{aligned}
\epsilon_x{}^p &= \frac{\bar{\epsilon}^p}{\bar{\sigma}}[\sigma_x - \tfrac{1}{2}(\sigma_y + \sigma_z)] & \qquad \gamma_{xy}{}^p &= 3\frac{\bar{\epsilon}^p}{\bar{\sigma}}\tau_{xy} \\
\epsilon_y{}^p &= \frac{\bar{\epsilon}^p}{\bar{\sigma}}[\sigma_y - \tfrac{1}{2}(\sigma_z + \sigma_x)] & \qquad \gamma_{yz}{}^p &= 3\frac{\bar{\epsilon}^p}{\bar{\sigma}}\tau_{yz} \\
\epsilon_z{}^p &= \frac{\bar{\epsilon}^p}{\bar{\sigma}}[\sigma_z - \tfrac{1}{2}(\sigma_x + \sigma_y)] & \qquad \gamma_{zx}{}^p &= 3\frac{\bar{\epsilon}^p}{\bar{\sigma}}\tau_{zx}
\end{aligned} \tag{5.33}$$

이 식들은 소성의 **변형** 이론을 나타내고 있다. 이 식들은 많은 상황에 적용 가능하지만 소성의 변형 이론이 소성변형에 연관된 한 중요한 물리적 사실을 간과한 탓에 어떤 문제에서는 명백히 적용이 불가능한 경우가 있다. 이 문제에 관해 더 자세히 알아보기 위해 다시 종이클립 시험으로 돌아가보자. 이전과 같이, 클립을 U자 모양으로 펴고 탄성비틀림을 가한다. 그 상태에서 소성변형이 일어나지 않도록 유의하면서 하중을 비틀림에서 굽힘으로 바꾼다. 만약 중간의 비틀림을 빼더라도 결과적으로 변형은 달라지지 않는다. 즉, 탄성 영역에서는 변형이 오직 마지막에 가해진 하중에만 달려있으며 부하 경로에는 무관하다는 것이다.

---

[31] 자세한 고찰 및 참고문헌은 다음의 자료를 참고하라. Mendelson, "Plasticity: Theory and Application," The Macmillan Company, New York, 1968.

[32] 이러한 전개가 이론적으로 일관성을 갖기 위하여 식 (5.30)에서 적분 부호를 없애고 근호안의 $d\epsilon_1{}^p\cdots$를 $\epsilon_1{}^p\cdots$로 바꾸어 $\bar{\epsilon}^p$를 얻어야 한다.

[33] H. Hencky, Zur Theorie Plastischer Deformationen und der hierdurch im Material Hervorgerufenen Nebenspannungen, *Proc. First Intern. Congr. Appl. Mech.*, pp. 312–317, Delft, 1924.

이번에는 비슷한 실험을 소성변형을 포함하여 실행해보자. *U*자 형태의 하단부를 90° 비틀고 비틀림 모멘트를 서서히 줄이면서 굽힘모멘트를 서서히 가해서 약간의 소성 굽힘 변형이 발생할 때까지 굽히자. 하중이 굽힘으로 변한 뒤에도 여전히 소성 비틀림 변형은 존재한다는 점에 주목하라. 이로부터 소성변형이 있을 때 총 소성변형률은 최종 하중뿐만 아니라 부하 경로에도 영향을 받는다는 것을 알 수 있다.

또 다른 실험을 해보자. 철사를 비틀어 약간의 소성변형을 일으킨 뒤 하중을 제거한다. 이때 발생한 것은 비틀림 변형이다. 그 다음, 철사를 굽혀 약간의 소성변형을 일으킨다. 처음의 비틀림 변형은 그대로 남은 채 굽힘 변형이 더해지게 된다. 다시 한 번 철사를 비튼다. 굽힘 변형은 그대로 남아있는 상태에서 비틀림 변형이 증가한다. 이 실험으로부터 소성변형의 경우에 하중의 종류는 변형률의 **증분**을 결정하지만 총량을 결정하지는 않는다는 결론을 얻을 수 있다. 소성변형률 성분의 총량은 소성변형률 성분의 증분을 재료에 가해진 하중의 이력에 따라서 적분하여 얻어진다. 헨키의 방정식을 수정하여 현재의 응력성분들이 현재의 소성변형률 성분들의 **증분**만을 결정한다는 개념을 포함하도록 하면 다음의 Levy-Mises 방정식[34]이 얻어진다.

$$
\begin{aligned}
d\epsilon_x{}^p &= [\sigma_x - \tfrac{1}{2}(\sigma_y + \sigma_z)]\frac{d\bar{\epsilon}^p}{\bar{\sigma}} & \quad d\gamma_{xy}{}^p &= 3\tau_{xy}\frac{d\bar{\epsilon}^p}{\bar{\sigma}} \\
d\epsilon_y{}^p &= [\sigma_y - \tfrac{1}{2}(\sigma_z + \sigma_x)]\frac{d\bar{\epsilon}^p}{\bar{\sigma}} & \quad d\gamma_{yz}{}^p &= 3\tau_{yz}\frac{d\bar{\epsilon}^p}{\bar{\sigma}} \\
d\epsilon_z{}^p &= [\sigma_z - \tfrac{1}{2}(\sigma_x + \sigma_y)]\frac{d\bar{\epsilon}^p}{\bar{\sigma}} & \quad d\gamma_{zx}{}^p &= 3\tau_{zx}\frac{d\bar{\epsilon}^p}{\bar{\sigma}}
\end{aligned}
\tag{5.34}
$$

이 관계식은 일반적으로 Mises 방정식으로 불리며 소성의 **증분** 이론을 나타낸다.

식 (5.34)가 어떻게 사용되는지 설명하겠다. 막 소성변형이 시작되려는 순간의 한 물체에 응력의 증가가 발생, $d\bar{\sigma}$만큼의 등가응력 증가가 일어나면 그 재료의 등가응력-변형률 곡선[즉, 그림 5.45(a)]으로부터 $d\bar{\epsilon}^p$의 등가변형률 증분을 찾을 수 있다. 그러면 식 (5.34)를 이용하여 소성변형률 성분의 증분을 구할 수 있다. 소성 영역에서 수평한 응력-변형률 곡선을 갖는 재료(즉, 완전소성 재료)의 경우, 항복강도는 증가하지 않고 따라서 소성변형의 정도, 곧 $d\bar{\epsilon}^p$의 크기는 외적조건에 의해 결정된다. 예를 들어 종이 클립을 비틀 때, 소성유동이 시작될 때부터 파단이 일어날 때까지 거의 일정한 토크가 필요하고 이 경우 토크보다는 변형의 정도가 이 과정을 지배한다.

Mises 방정식 (5.34)와는 오직 Mises 항복 기준 식 (5.29)만이 함께 사용될 수 있다는 이론적, 실험적 근거[35]가 있다. 동일한 이론적 개념은 최대 전단응력 항복 기준 식 (5.31)을 사용할 때 소성변형은 최대 전단응력이 가해지는 좌표축의 순수한 전단변형률로 가정해야 함

[34] M. Levy, *Compt. rend.*, vol. 70, p. 1323, 1870; and R. von Mises, Mechanik der festen Korper in plastisch-deformablen Zustand, *Ges. Wiss. Gottingen, Nachs.*, mathphys. Klasse, 1913, pp. 582–592.

[35] R. Hill, "The Mathematical Theory of Plasticity," p. 52, Oxford University Press, New York, 1950; D.C. Drucker, A More Fundamental Approach to Plastic Stress-strain Relations, *Proc. First U.S. Natl. Congr. Appl. Mech.*, pp. 487.491, 1951; McClintock and Argon, *op. cit.*, pp. 283–288.

을 보인다. 이 순수한 전단은 사실 식 (5.32)에서 정의된 등가소성전단변형률의 증분 $d\bar{\gamma}^p$이고, 소성변형률 증분에 대한 모어의 원으로부터 이 변형의 주 소성변형률 증분은 다음과 같이 나타난다고 추론할 수 있다.

$$
\begin{aligned}
(d\epsilon^p)_{\max} &= \frac{d\bar{\gamma}^p}{2} \\
(d\epsilon^p)_{\text{int}} &= 0 \\
(d\epsilon^p)_{\min} &= -\frac{d\bar{\gamma}^p}{2}
\end{aligned}
\tag{5.35}
$$

여기서 첨자 max, int, min은 각각 주응력의 크기가 대수적으로 최대, 중간, 최소가 되는 축을 의미한다. 식 (5.35)는 부피변화가 없으며 소성변형률 **증분**이 현재의 응력(주응력 방향을 정의하는)으로 정의된다는 요구조건들을 충족한다. $\bar{\tau}$와 $d\bar{\tau}$를 알고 있을 때 등가소성변형률 $d\bar{\gamma}^p$는 그림 5.46(a)와 같은 선도에서 찾을 수 있다. 완전소성 재료의 경우 $d\bar{\gamma}^p$의 값은 변형량을 규정하는 경계조건에 의해 정해진다.

Mises 항복 기준 식 (5.29)와 Mises 유동 법칙 식 (5.34)를 사용할지, 전단응력 항복 기준 식 (5.31)과 전단유동법칙 식 (5.35)를 사용할지는 어려운 문제다. Mises 공식은 대부분의 실험 결과와 더 잘 일치한다. 전단 공식은 때로 더 간단하지만 두 주응력이 같은 경우와 같이 어떤 경우에는 애매모호한 경우가 많다. 헨키 방정식 (5.33)은 복잡한 부하 경로를 갖는 경우에는 정확한 결과를 예측하지 못하지만 응력비가 일정하고 응력의 크기가 줄어들지 않고 계속 늘어나는 경우에는 Mises 증분 이론 식 (5.34)와 결과가 일치한다. 많은 경우에 이런 조건이 거의 충족되기 때문에 이때 식 (5.33)을 이용하면 계산을 상당히 간략화시킬 수 있으며 엄밀한 결과의 몇 % 이내의 오차로 결과를 예측하는 것이 가능하다.

이론적으로 엄밀히 봤을 때 소성거동을 생각할 때에는 탄성에 의한 영향을 함께 고려해야 한다[그림 5.7(e)와 (f)에 나타난 바와 같이 대부분의 실제 재료는 탄소성]. 그러므로 식 (5.33), (5.34), (5.35) 등에서 주어지는 소성응력-변형률 관계식들의 소성변형률 항에 식 (5.8)로 주어지는 탄성변형률을 더해줘야만 한다. 이렇게 얻어지는 복합응력-변형률 관계식은 평형방정식 (5.6)과 기하학적 경계조건 식 (5.7)과 함께 소성에 대한 완전한 방정식을 형성한다.

최근 소성에 관한 많은 연구는 탄성변형률을 무시한 경우를 다룬다. 즉, 재료는 그림 5.7(c)와 (d)에 나타난 것처럼 강소성을 갖는다고 여겨진다. 이러한 가정은 문제의 복잡도를 매우 낮춰주며 많은 실제적인 문제에 있어 꽤 좋은 근사치를 제공한다. 이러한 종류의 재료 모형을 사용해 적절히 복잡한 구조물의 내하중 능력을 평가하기 위한 근사 방법들이 발전되어 왔다.[36] 이들 중 대부분은(그리고 확실히 탄소성 분석에 있어서) 충분히 작은 변형률(0.05에서 0.10 이내의)을 다루기 때문에 응력과 변형률을 공칭으로 정의하는 것과 진 값으로 정의하는 것이 근본적으로 같은 결과를 낸다. 따라서 어떤 정의를 사용할지는 편의에 따라 정

[36] 다음의 자료를 참고하라. J.F. Baker, M.R. Horne, and J. Heyman, "The Steel Skeleton," vol. II, "Plastic Behaviour and Design," Cambridge University Press, New York, 1956; and P.G. Hodge, Jr., "Plastic Analysis of Structures," McGraw-Hill Book Company, New York, 1959.

하면 된다.

소성이론은 탄성이론에 비해 최근에 개발되었고, 이와 함께 명백히 더 복잡한 소성응력-변형률 관계의 성질 탓에 비교적 적은 문제만이 해결되어 있다. 이 중 하나는 평면변형률 조건의 비경화재료에 대한 문제이다. 이에 대한 소성이론의 결과 중 일부는 탄성이론에서 추정한 것과 현저히 다르다. 또한 소성이론은 구조물과 기계에서 나타나는 몇몇 파괴를 더 잘 설명해준다.

지금까지의 항복과 소성거동에 관한 상세한 논의를 통해 독자들에게 이러한 현상을 설명하는 데 유용한 기본 개념을 숙지시키고자 하였다. 과학과 공학에서 많은 중요한 문제들이 소성거동을 포함하기 때문에 앞으로도 이 부분이 고체역학에서 가장 활발한 연구분야로 남을 것이라는 데는 의심의 여지가 없다.

5.18 점탄성 *Viscoelasticity*

지금까지는 시간과 무관한 재료거동에 대해 논의해왔다. 이 절에서는 높은 온도의 공업용 금속이나 플라스틱(고분자)과 같은 재료의 시간의존적 거동에 대해 간략하게 논하도록 하겠다.

대부분의 공업용 금속의 응력-변형률 관계는 일반적인 온도에서는 하중을 가하는 시간과는 무관하다. 반면 높은 온도에서는 일정한 응력하에서 변형률은 시간에 따라 증가한다. 그림 5.47에 시간에 대한 변형률의 일반적인 선도가 그려져 있다. 시간 $t = 0$에서 곡선의 절편은 하중을 가하는 즉시 발생하는 탄성(또는 소성)변형률을 나타낸다. 시간이 증가함에 따라 변형률 속도가 감소하는 시기(초기 크리프, primary creep), 변형률이 일정하게 증가하는 시기(2차 크리프, secondary creep), 마지막으로 파단 직전이 되어 시험편에 네킹이나 균열이 발생, 변형률 속도가 가속하는 시기(3차 크리프, tertiary creep)가 나타난다. 2차 크리프에서의 일정한 크리프 속도는 많은 재료들에 대한 정하중의 단축 크리프시험을 통해 실험적으로 밝혀졌다.[37]

단축 크리프시험 자료를 이용하여 복합응력하에서의 크리프 속도를 예측하기 위해선 소성에서 사용된 등가응력과 변형률 개념을 이용하는 것이 유용하다. 등가크리프응력 $\bar{\sigma}$가

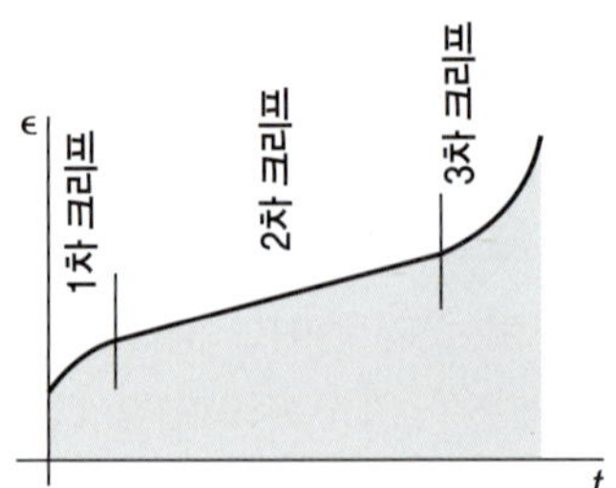

그림 5.47 크리프 곡선

[37] 다음의 자료를 참고하라. Report on the Elevated-temperature Properties of Chromiummolybdenum Steels, *ASTM Spec. Tech. Publ.* 151, 1953; Report on the Elevated-temperature Properties of Selected Super-strength Alloys, *ASTM Spec. Tech. Publ.* 160, 1954.

Mises 기준 식 (5.29)에 따라 정해진다고 가정할 때, 다음의 크리프 속도에 대한 방정식이 실험과 잘 일치하는 것이 알려져 있다.

$$\frac{d\epsilon_x{}^c}{dt} = \left[\sigma_x - \frac{1}{2}(\sigma_y + \sigma_z)\right]\frac{d\bar{\epsilon}^c/dt}{\bar{\sigma}} \tag{5.36}$$

$d\epsilon_y{}^c/dt$와 $d\epsilon_z{}^c/dt$에 대해서도 유사하게 전개할 수 있다.

$$\frac{d\gamma_{xy}{}^c}{dt} = \tau_{xy}\frac{3d\bar{\epsilon}^c/dt}{\bar{\sigma}} \tag{5.37}$$

$d\gamma_{yz}{}^c/dt$와 $d\gamma_{zx}{}^c/dt$에 대해서도 유사하게 전개된다. 이 식들에서 유효 크리프 속도 $d\bar{\epsilon}^c/dt$는 식 (5.30)에서 소성변형률 증분 대신 크리프 속도, 즉 $d\epsilon^p$ 대신 $d\epsilon^c/dt$e 등을 이용하여 적분한 값으로 정의한다.

금속의 경우, 계수는 응력과 온도 모두에 크게 영향을 받는다.

$$\frac{3d\bar{\epsilon}^c/dt}{\bar{\sigma}}$$

유체의 경우에는 상대적으로 응력의 영향은 적다. 이 비의 역수인 점성계수 μ를 도입하면 식 (5.36)과 (5.37)은 비압축성 점성유체의 응력-변형률 속도 방정식이 된다. 식 (5.36)과 (5.37)에서 변형률 속도를 속도 성분 $\dot{u}$, $\dot{v}$, $\dot{w}$으로 나타내면 다음과 같이 나타난다.

$$\sigma_x - \tfrac{1}{3}(\sigma_x + \sigma_y + \sigma_z) = 2\mu\frac{\partial \dot{u}}{\partial x} \tag{5.38}$$

$$\tau_{xy} = \mu\left(\frac{\partial \dot{u}}{\partial x} + \frac{\partial \dot{v}}{\partial x}\right) \tag{5.39}$$

평균수직응력 $\frac{1}{3}(\sigma_x + \sigma_y + \sigma_z)$의 음의 값은 압력 p를 나타낸다. 식 (5.38)과 (5.39)와 σ_y, σ_z, τ_{yz}, τ_{xz}에 대한 해당 방정식들은 비압축성 점성유동의 구성방정식이다.[38] 이 식들에 운동량 방정식과 연속 방정식을 조합하면 유체역학의 나비어-스토크스(Navier-Stokes) 방정식을 얻게 된다.

또 다른 형태의 시간의존적 거동은 고분자에서 나타난다. 고분자는 1차 화학결합으로 연결된 긴 사슬형 분자로 이루어진다. 사슬끼리의 결합은 2차 화학결합에 의해 이루어지는데 이 결합은 결합에너지가 낮아서 분자의 열운동에 의해 끊임없이 끊어지고 재배열된다. 여기에 응력이 가해지면 재배열이 경향성을 띄게 되어 시간이 흐름에 따라 점진적인 유동이나 변형을 일으키게 된다. 낮은 응력수준에서 그 효과는 작용응력에 **선형**으로 비례한다. 이런 기구에 의해 일정 작용응력하에서 크리프가 일어나거나 갓 접은 종이조각이 서서히 펴질 때 볼 수 있는 탄성여효(elastic aftereffect)나 그림 5.5(d)의 폴리메틸 메타크릴레이트 응력-변형률 곡선에 나타난 변형률 속도효과 등이 발생한다. 이런 시간의존적 현상을 **점탄성**이라 부른다.

점탄성변형률이 응력에 선형으로 비례한다는 것은 응력 분포가 탄성상수 E 와 ν에 의해 결정되지 않는 경우, 점탄성 **응력** 분포는 시간에 따라 일정하고 탄성응력 분포와 동일하다는

[38] 다음의 자료를 참고하라. I. Shames, "Mechanics of Fluids," pp. 277.279, McGraw-Hill Book Company, New York, 1962.

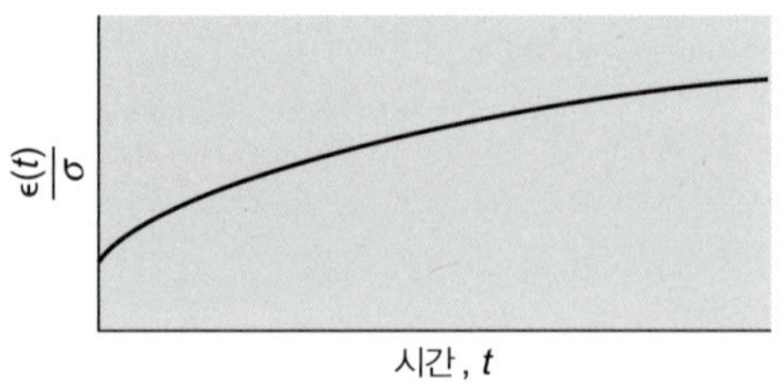

그림 5.48 시간에 대한 함수로서의 크리프 컴플라이언스

것을 의미한다. 작용하는 하중이 일정할 때 시간의존적 변형은 일정 작용응력하에서 변형률을 시간에 대한 함수로 나타낸 크리프 곡선으로부터 알아낼 수 있다(그림 5.47).[39]

변형률이 응력에 선형적으로 비례할 때, 크리프 곡선을 선형범위의 모든 응력수준에 대하여 시간에 대한 단위작용응력당 변형률로 나타낼 수 있으며 이를 **크리프 컴플라이언스**(*creep compliance*)라고 부른다. 전형적인 한 예를 그림 5.48에 나타냈다. 높은 응력수준에서 고분자 사슬의 유동은 분자의 열운동 대신 응력에 의해 직접 일어나며, 이때 변형률은 응력과 선형비례 이상의 관계를 가진다. 어림잡아 선형거동은 대개 즉시 복원 가능한 1~2%의 탄성변형률을 말하며, 이 범위는 구조물에 적용되는 재료의 최대 변형률을 포함한다.

2차 결합을 끊는 데 있어 열운동의 중요성에서 예상할 수 있는 것처럼 온도는 크리프 속도에 큰 영향을 미친다. 적정 수준의 시간과 온도 범위에서의 영향을 보기 위해서는 대수 눈금을 사용해야 한다. 그와 동시에 탄성계수와 비교하기 위하여 응력을 시간의존적 변형률로 나눈 값, 크리프 계수(creep modulus)를 그림 5.49(a)에 나타냈다. 온도 변화가 시간의 대수값만큼의 이동에 대응한다는 것을 주목하라. 이런 상관관계는 항상 성립하는 것만은 아니다. 이 관계는 실험실에서의 실험을 긴 시간에 대해 외삽하여 구조물의 변형을 예측하는 데 많이 사용되었다. 그림 5.49(b)에서 시간-온도 관계는 잘 보이지 않지만 온도의 영향은 더 극명하게 보여진다.

점탄성의 시간-온도 거동에 대한 자료는 표로 제시하기가 어렵다. 대부분의 자료는 실험을 통해 일정 변형률하에서의 시간에 따른 응력완화를 기록, 곡선의 형태로 나타내진다. 이러한 실험은 형상의 변화를 무시할 수 있을만큼 작다는 장점이 있다. 이는 비교적 부드럽고 점성이 있는 물제의 크리프의 경우에는 해당되지 않을 수 있다. 그림 5.49(a)와 5.49(b)는 이러한 자료에 Ferry가 제안한 변환 기법을 사용하여 얻어졌다.[40] 추가 자료는 문헌에서 찾아볼 수 있다.[41]

---

[39] 변형의 계산에 대한 예는 다음을 참고하라. D.C. Drucker, "Introduction to Mechanics of Deformable Solids," McGraw-Hill Book Company, New York, 1967.

[40] J.D. Ferry, "Viscoelastic Properties of Polymers," Chap. 4, John Wiley & Sons, Inc., New York, 1961.

[41] J.R. McLoughlin and A.V. Tobolsky, The Viscoelastic Behavior of Polymethylmethacrylate, *J. Colloid. Sci.*, vol. 7, pp. 555-568, 1952; A.E. Moehlenpah, O. Ishai, and A.T. DiBenedetto, The Effect of Time and Temperature on the Mechanical Behavior of a "Plasticized" Epoxy Resin under Different Loading Modes, *J. Appl. Polymer Sci.*, vol. 13, pp. 1231-1245, 1969; J.T. Seitz and C.F. Balazs, Application of Time-temperature Superposition Principles to Long-term Engineering Properties of Plastic Materials, *Polymer Eng. Sci.*, pp. 151-160, April, 1968; M. Takahashi, M.C. Shen, R.B. Taylor, and A.V. Tobolsky, Master Curves for Some Amorphous Polymers, *J. Appl.*

응력 이력이 일정하지 않은 경우 변형률 이력은 크리프, 완화, 일정 변형률 속도, 그 이외 여러 가지 시험[42]의 결과를 수치적으로 중첩시킴으로써 얻을 수 있다.

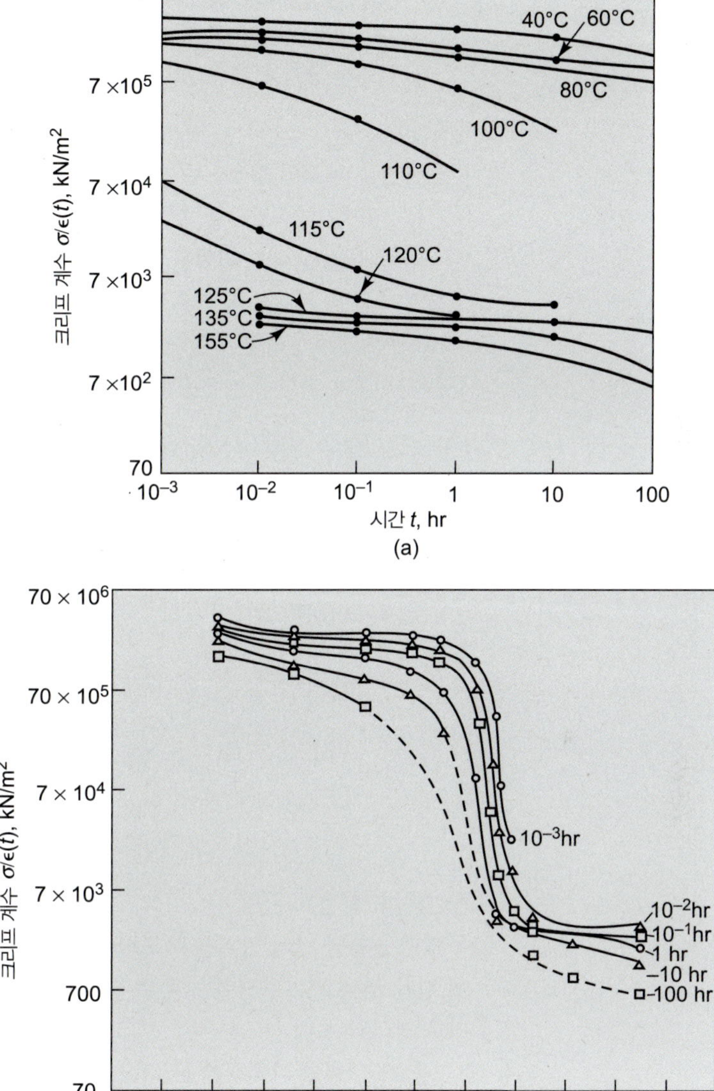

그림 5.49 폴리메틸 메타크릴레이트의 크리프. McLoughlin and Tobolsky, op. cit의 자료에 앞서 언급된 Ferry의 공식을 이용하여 계산됨

Polymer Sci., vol. 8, pp. 1549–1561, 1964; J.B. Yannas and A.V. Tobolsky, Approximate Master Curves for Amorphous Polymers from Modulustemperature Data, *J. Macromol. Chem.*, vol. I, pp. 399–402, 1966.

[42] 다음 자료를 참고하라. McClintock and Argon, *op. cit.*, pp. 247–248.

요약 SUMMARY

서론

지난 장에서 응력성분 여섯 개에 대해 단 세 개의 방정식만을 유도했다. 또한, 변형률과 변형의 관계식 여섯 개에 세 개의 변형 성분이 더해진 것은 물체 내의 응력과 변형률 분포를 정의하기 위해선 추가적인 관계식이 필요함을 시사한다. 이 관계들은 원자 수준의 실험 증거와 거시적인 이론 신장, 또는 거시적인 수준의 관계에 기반을 둔다. 탄성과 소성변형, 변형률경화, 파괴, 피로, 크리프, 탄성여효, 회복 등의 다양한 개념에 대해 논하였다.

인장시험

인장시험은 양적인 응력-변형률 관계를 실험적으로 표현하기 위하여 부재를 축방향으로 잡아 당기는 간단한 하중상태를 말한다. 강철 시험편의 일반적인 실험 결과는 다음과 같다. 가장 먼저 관측되는 것은 응력이 변형률과 비례하는 **비례한도**이다. 여기서 **탄성한도**는 영구적인 변형을 발생시키지 않는 최대의 응력으로 정의된다.

계속해서 소성변형이 일어나면 **변형률경화**가 일어나거나 **유동 강도**가 높아진다. 일부 재료는 사슬 간의 2차 결합이 열운동에 의해 끊어지면서 **점탄성** 특성과 같은 시간의존적 거동을 보인다.

응력-변형률 곡선의 이상화

앞서 논의된 내용으로부터 서로 다른 재료는 다른 응력-변형률 관계를 가진다는 것을 명백하게 알 수 있다. 가능한 한 간단하게 수학적인 모델을 만들기 위해 그림 5.5의 응력-변형률 곡선을 이상화하였다. 그림 5.7에는 다음과 같은 이상화된 응력-변형률 곡선을 나타내었다.

- 단단한 재료
- 선형탄성 재료
- 강소성 재료
- 탄소성 재료
- 완전소성 재료
- 탄성-완전소성 재료

탄성응력-변형률 관계

응력과 변형률 간의 관계를 유도하기 위해 식 (4.33)에서와 같이 단축하중하에서 선형탄성 재료에 작은 변형률이 발생한 경우로 국한하였다. **포아송** 비는 측방향 변형률과 길이방향 변형률의 비로 정의된다.

응력-변형률 관계식은 $\varepsilon_x = [\sigma_x - \upsilon\,(\sigma_y + \sigma_z)]/E$ 및 $\gamma_{xy} = \tau_{xy}/G$ 과 같으며 다른 성분에 대해서도 동일하다.

또한 다음의 관계식을 알고 있다.

$$\gamma_{xy} = \varepsilon_1 - \varepsilon_2 = 2\,(1 + \upsilon)\ \ \tau/E;$$
$$G = E/(2(1 + \upsilon))$$

위와 같이 선형등방성 재료에 있어서는 단 두 가지의 독립적인 탄성상수만이 존재한다.

열변형률

응력 없이, 온도차에 의해 발생하는 변형률을 열변형률이라고 부른다. 등방성 재료에서 열변형률은 전단변형률 없이 순수한 팽창이나 수축을 일으키며 변형률은 $\varepsilon_x^t = \varepsilon_y^t = \varepsilon_z^t = \alpha\,(T - T_o)$, 으로 표현된다. 여기서 α는 선형팽창계수이다.

완전한 탄성방정식

완전한 탄성방정식은 식 (5.6), (5.7), (5.8)에서 다룬 것처럼 평형, 기하학적 적합성, 응력–변형률–온도 관계에 기초한다.

탄성체의 변형률에너지 밀도

식 (2.10), $U = \frac{1}{2}F\delta$로부터 일의 총량은 힘과 변형량 곱의 절반과 같다는 것을 알 수 있다. 이를 좀 더 일반적인 3차원 문제의 경우로 확장하면 다음 공식을 얻는다.

$$U = \frac{1}{2}\int_v (\sigma_x\varepsilon_x + \sigma_y\varepsilon_y + \sigma_z\varepsilon_z + \tau_{xy}\gamma_{xy} + \tau_{yz}\gamma_{yz} + \tau_{zx}\gamma_{zx})$$

응력집중

기하학적 불균일성을 갖는 탄성체에서 불균일한 부분의 최대 응력수준이 다른 부분의 공칭응력보다 몇 배는 크다는 것을 배웠다. 이런 현상은 **응력집중**이라 불리며 다음과 같이 주어진다.

$K_t = \sigma_{max}/\sigma_{nom}$, 여기서 K_t를 응력집중계수라 부른다.

복합재료와 이방탄성

복합재의 물성은 섬유의 결 방향에 대해 평행한 방향과 수직한 방향에서 서로 다르게 나타난다. 이런 특성을 **이방성**이라고 한다. 구조물을 어떤 직교좌표축에 대해서 180° 회전시켜도 동일한 특성을 나타낸다면 이를 **직교이방성 재료**라 부르며 이는 이방성 재료의 특수한 경우이다. 이때의 응력–변형률 관계식이 식 (5.20)으로 주어져 있다.

구조의 대칭축과 시험편의 축이 일치하지 않는 경우에 인장시험을 수행할 시 부차적인 전단변형률 성분이 발생하는데, 이로 인해서 부차적인 전단이나 굽힘응력 없이 순수한 인장응력만이 발생하도록 시험편이나 그립을 설계하는 것이 어려워진다.

초기항복 기준

일반적인 응력상태의 재료에서 항복이 발생하는 현상을 이해하기 위해 3차원 상태의 응력과 단축인장하중을 연관시키기 위한 두 실험식을 규정하였다.

각 관계식들은 식 (5.23), (5.24), (5.25)로 주어져 있다.

피로

반복하중하에서 파괴가 일어나는 과정을 **피로**라 한다. 어떤 특정한 사이클 동안 재료가 견딜 수 있는 응력의 크기를 피로강도라 한다. **내구한도**는 실질적으로 파손이 일어나지 않고 무한한 수명을 갖게 하는 응력의 수준을 말한다.

대개 피로균열은 재료의 표면이나 표면 바로 아래의 작고 미세한 불균일에서 발생한다. 노치는 응력집중을 일으켜 응력을 상승시킨다. 내구한도응력은 유명한 Goodman-Soderburg 기준에 따라 주어진다. 환경 또한 재료의 수명을 줄이거나 늘림으로써 피로에 중요한 역할을 한다.

소성응력–변형률 관계

소성응력–변형률 공식은 탄성응력–변형률 공식과 유사한 형태로 식 (5.33)과 같이 주어진다. 이를 **소성변형 이론**이라고 한다. Levy-Mises 공식이라 불리는 증분 이론은 식 (5.34)로 주어진다.

점탄성

고분자나 높은 온도 금속의 시간의존적 거동을 **점탄성**이라고 정의한다. 초기 크리프, 2차 크리프와 3차 크리프를 나타내는 전형적인 선도가 그림 5.47에서 주어진다. 플라스틱의 크리프 기구는 고분자 사슬 간의 2차 결합이 분자의 열운동에 인해 끊어지는 것이다.

문제 PROBLEMS

5.1 강체 블록 내에 한 변의 길이가 $2a$, 높이 L인 공도에 탄성계수가 E이고 포아송 비가 ν인 탄성 물질이 차 있다. 뚜껑이 탄성 물체 위에 위치되어 있고, F_0의 힘이 높이 방향으로 가해지면 탄성물체는 c만큼 줄어드는 것이 관찰되었다. F_0의 크기를 구하여라.

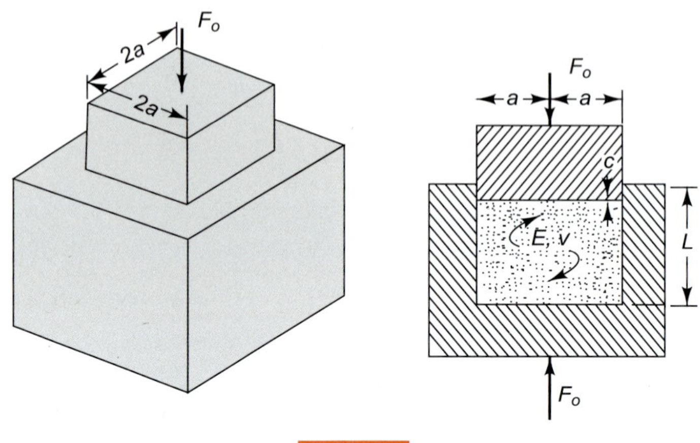

문제 5.1

5.2 변형률이 작을 때 부피의 변형률은 세 직교축에 대한 수직변형률 성분의 합이 된다는 것을 보여라.

5.3 (a) 문제 5.2의 결과를 이용해서 등방성 선형탄성 재료에 대한 다음의 식을 증명하라.

$$\frac{\Delta V}{V} = \frac{(\sigma_x + \sigma_y + \sigma_z)(1-2\nu)}{E}$$

(b) 선형탄성 재료의 **체적 탄성계수**는 부피의 감소율에 대한 압력비로 정의된다.

$$B = \frac{p}{(-\Delta V/V)}$$

이때 등방성 재료에 대한 탄성체적계수는 다음 식과 같음을 증명하라.

$$B = \frac{E}{3(1-2\nu)}$$

5.4 문제 5.3의 결과를 이용해서, 포아송 비가 $\frac{1}{2}$보다 큰 가상재료의 정수 압력하의 안전성을 논의해보아라.

5.5 선형등방성 재료에서 전단응력의 τ_{xy}성분은 전단변형률 γ_{xy}성분을 발생시킬 수 없다는 것을 증명하라.

5.6 선형등방성 재료에서 전단응력의 τ_{xy}성분은 세 수직변형률 성분으로 이루어진 일정한 팽창이나 수축을 발생시킬 수 없다는 것을 증명하라.

5.7 응력–변형률–온도 관계식 (5.8)을 변형하여 응력을 변형률의 식으로 나타내어라.

5.8 평평한 강철판에서 응력조건은 다음과 같다.

$$\sigma_x = 130 \text{ MN/m}^2$$
$$\sigma_y = -70 \text{ MN/m}^2$$
$$\tau_{xy} = 80 \text{ MN/m}^2$$

이 판의 변형률의 크기와 방향을 구하라. 또한 평면에 수직한 제3의 변형률의 크기를 구하라.

5.9 xy 평면에서 힘을 받고 있는 평평한 강철판에서 다음과 같은 값이 주어져 있다.

$$\sigma_x = 145 \text{ MN/m}^2$$
$$\tau_{xy} = 42 \text{ MN/m}^2$$
$$\epsilon_z = -3.6 \times 10^{-4}$$

σ_y의 값은 얼마인가?

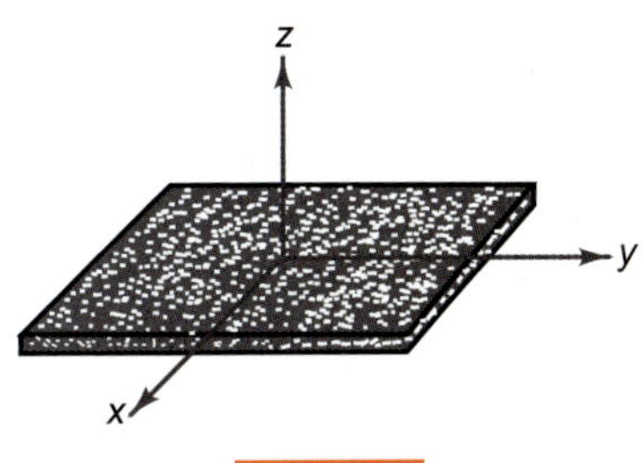

문제 5.9

5.10 평평한 알루미늄 판에서 변형률은 다음과 같다.

$$\epsilon_1 = 3.2 \times 10^{-4}$$
$$\epsilon_2 = -5.4 \times 10^{-4}$$

x, y축이 그림에서 그려진 것과 같을 때 응력 σ_x, σ_y, τ_{xy}을 구하라.

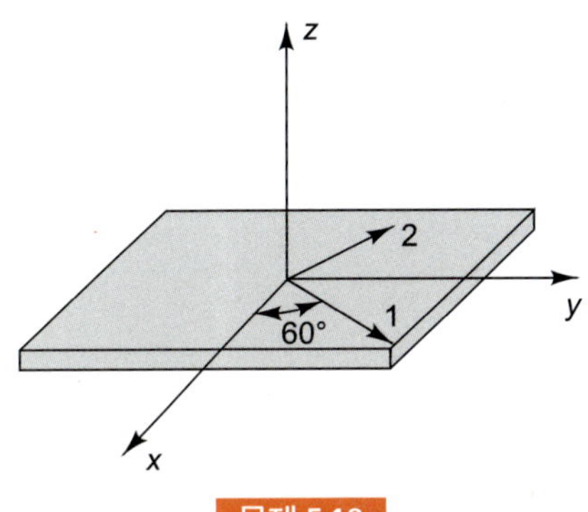

문제 5.10

5.11 A_0가 인장시험편의 초기 면적이고 A는 어느 한 시점의 넓이이다. 만약 시험이 소성변형률보다 탄성변형률이 무시될 수 있을 정도로 작을 때 면적 감소는 다음 식과 같음을 보여라.

$$\text{면적 감소} = \frac{A_o - A}{A_o} = 1 - e^{-\epsilon_x}$$

이때 ϵ_x는 진변형률[식 (5.27) 참조]이고 e는 자연대수의 밑이다.

5.12 길고 얇은벽을 가진 원형탱크의 반지름은 r이고 벽 두께는 t이다. 이것의 말단은 닫혀져 있다. 압력 p가 탱크 내에서 가해질 때 탱크축에 평행하게 외벽에 붙어진 스트레인 게이지에서 측정된 변형률은 ϵ_0이다. 탱크 내의 압력은 얼마인가?

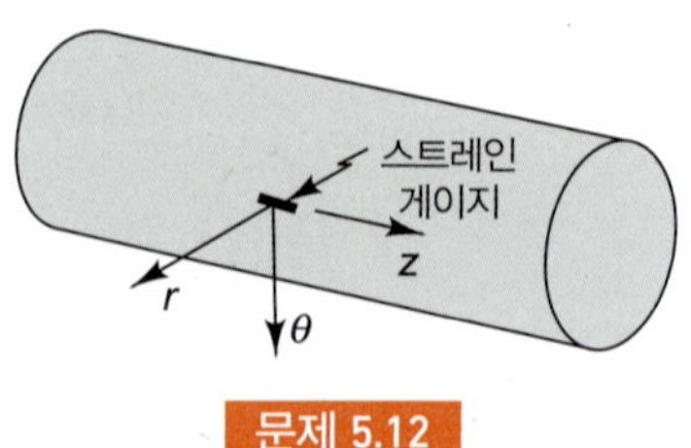

문제 5.12

5.13 아래 그림과 같이 작은 원형구멍을 갖는 원형의 얇은 금속판이 있다. 만약 얇은 판이 처음부터 응력이 없고 아무 구속도 받지 않으면, 처음 온도보다 *T*만큼 올릴 때 원형이던 경계선은 어떤 모양으로 변형되는가?

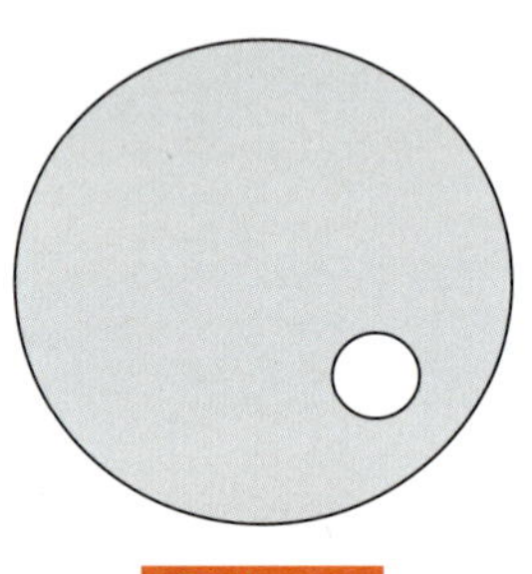

문제 5.13

5.14 작은 실형용 압력용기는 길이 20 cm, 평균지름 15 cm, 벽두께 0.2 cm의 황동원통과 두 개의 두께 1 cm 강철판을 사용해서 조립하려고 한다. 이 세 부분을 조립하기 위해 20 cm 지름의 볼트 원주상에 배치한 지름 0.5 cm의 강철 볼트 세 개를 이용한다. 너트들을 볼트에 가볍게 접촉시킨 후에 반 회전을 시키면 그 용기에 전혀 누출이 생기지 않을 최대 내압은 얼마인가?

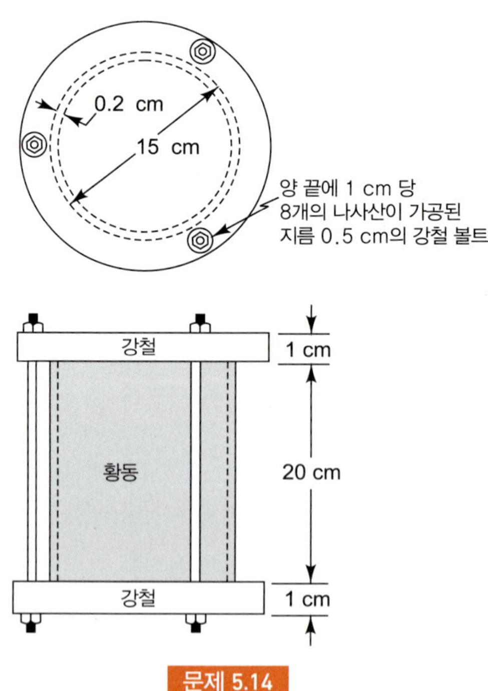

문제 5.14

5.15 24시간 동안의 온도 변화로 인한 연속된 레일 로드의 응력 변화를 논하여라. 레일이 그

자리에 있게 하기 위해서 어떠한 힘이 가해져야 하는가? 그 힘을 작용시키는 위치는 어디이며, 그것들은 레일의 길이와 어떤 관련이 있는가?

5.16 양쪽 평면이 얇은 연질의 알루미늄의 층으로 피복된 강판이 있다. 재료에 소성변형이 일어나지 않는 한도 내에서 얼마나 뜨겁게 가열할 수 있는가? 알루미늄은 강철에서 미끌리지 않는다고 가정하고 응력–변형률 곡선은 온도에 무관하다고 가정하라.

5.17 타이트한 강철 풀리에 맞는 강철 축을 개발하고자 한다. 풀리의 내경은 24.950 mm이고 축의 외경은 25 mm이다. 풀리에 열을 가하거나 축을 냉각시킨 뒤 풀리 구멍에 축을 꽂고 조립체가 일정한 온도에 도달하도록 둔다. 풀리에 열을 가하는 것과 축을 냉각시키는 것 중 어느 것이 효율적인가? 조립 작업을 쉽게 하기 위해 0.025 mm의 공차를 둘 때 각각의 경우 얼마의 온도 변화가 요구되는가?

5.18 비행기 동체는 원형 뼈대와 그것에 연결되어 있는 긴 보와 그것에 못박혀 있지만 뼈대에 연결되어 있지 않은 외형 스킨으로 이루어져 있다. 만약 단열체가 스킨과 뼈대 사이에 있다면, 스킨과 보의 온도는 뼈대의 온도와는 다를 것이다. 스킨을 냉각해서 보의 뼈대의 온도보다 50°F보다 낮을 때 스킨의 응력–변형률 상태를 구하라. 스킨은 길이방향으로 확장할 수 있다. 그러나 종방향 변형은 뼈대에 의해서 제한을 받는다. 곡률의 영향은 무시하도록 하자. 단순함을 위해서, 뼈대가 아주 무거워서 어떠한 종방향 변형도 일어나지 않는 경우와, 뼈대가 아주 가벼워서 어떠한 구속도 일어나지 않는 두 가지 극단적인 경우를 모두 고려하라. 물질은 알루미늄합금 2024-T4를 고려하라.

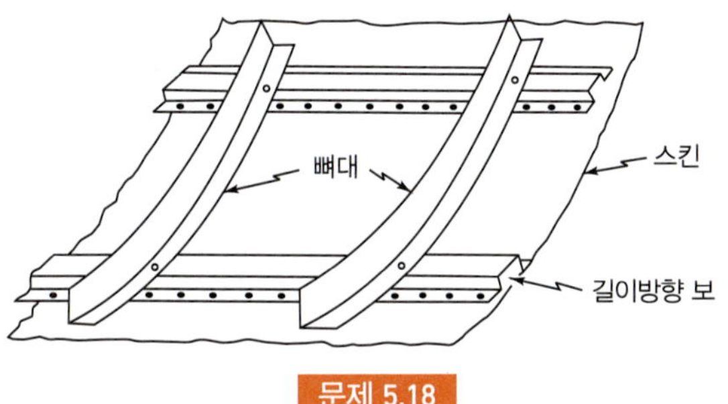

문제 5.18

5.19 외팔보 다리가 교각의 양 끝에 건설되어 있고 중앙에서 만난다. 만약 한쪽 도로의 한쪽 트러스가 태양을 받고 반대쪽에 그림자가 진다면 그 스판의 반을 형성하는 두 부분을 일직선상에 정렬하는 문제를 수치적인 예를 들어 논하라.

문제 5.19

5.20 길고 얇은벽을 가진 **원형탱크**의 길이는 L이고 어떠한 압력이 가해지지 않는다면 두 강체 벽에 접한다. 압력이 p이고 탱크를 구성하고 있는 물질이 Hooke의 법칙을 따른다고 할

때 탱크로부터 강체벽에 전달되는 힘을 구하여라.

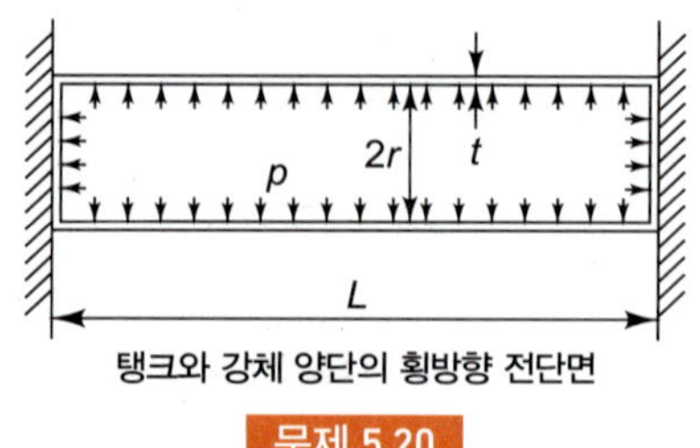

탱크와 강체 양단의 횡방향 전단면

문제 5.20

5.21 길고 얇은 원통형 탱크는 내압을 받지 않으면 강체형 내면벽에 접하고 있다. 압력이 p이고 탱크를 구성하고 있는 물질이 Hooke의 법칙을 따른다고 할 때 원통형 탱크의 벽에 생기는 접선방향의 응력을 구하라.

탱크와 강체형 내벽면의 횡방향 전단면

문제 5.21

5.22 끝이 닫힌 얇은벽을 가진 원통형 탱크가 내압을 받고 있다. 지름의 변화에 대한 길이의 변화의 비의 표현을 유도하라.

5.23 끝이 닫힌 얇은 원통과 얇은벽을 가지고 똑같은 지름과 벽 두께를 가진 구가 똑같은 내압을 받고 있다. 원통의 지름변화에 대한 구의 지름변화의 비를 구하여라.

5.24 인장력을 받고 있는 균일한 바의 탄성 변위를 구하여라. 또한 당신의 표현이 15개의 탄성이론식에 부합하는지를 보여라.

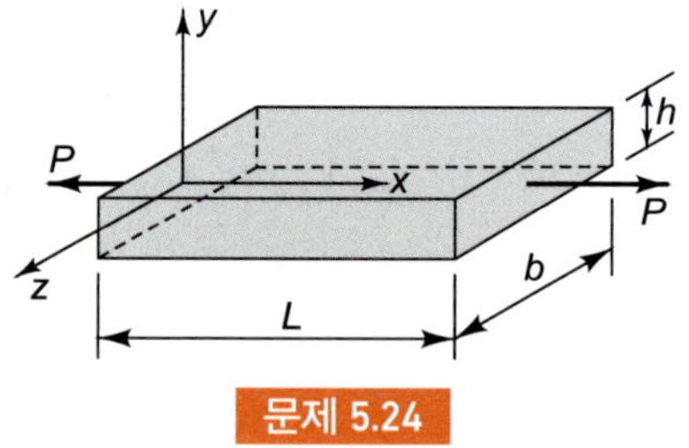

문제 5.24

5.25 만약 문제 5.16의 피복판이 항복된 후 50°C 더 가열하고 다시 냉각된다면 응력과 변형률의 관계는 어떻게 되는가? 피복판은 가열 전에는 응력이 가해지지 않는 것으로 가정한다.

5.26 내반경이 300 mm이고 두께가 3 mm인 황동원환과 내반경 303 mm, 두께 6 mm인 강철원환으로 이루어진 조립 원환(문제 2.31 참조)이 있다. 두 원환은 원환 평면에 수직한 방향으로 폭은 60 mm이다. 만약 조립 원환이 균일하게 상온보다 85°C 더 가열된다면 황동과 강철 원환 각각에 걸리는 응력을 구하여라.

5.27 2024-T4 알루미늄합금은 단축인장응력 $\sigma_0 = 330\ \text{MN/m}^2$에서 일어난다. 만약 이 물질이 다음과 같은 상태의 응력이 주어진다면 이것은 (a) Mises criterion을 따르고, (b) 최대 전단응력 조건식을 따를 것인가?

$$\sigma_x = 138 \text{ MN/m}^2 \qquad \tau_{xy} = 138 \text{ MN/m}^2$$
$$\sigma_y = -69 \text{ MN/m}^2 \qquad \tau_{yz} = 0$$
$$\sigma_z = 0 \qquad \tau_{zx} = 0$$

5.28 고온 압연 저탄소강으로 만들어진 얇은 원통 내압용기의 안정성을 검사하기 위해서 내압의 증가에 따라 용기의 길이가 얼마나 증가하는지를 측정하고자 한다. 물질이 항복되기 전에 둘레와 길이는 얼마나 변하는가?

5.29 길고 양 끝이 막힌 얇은벽 관의 내부에 압력을 작용, 충분한 소성 유동이 발생하여 탄성 변형률을 무시할 수 있을 정도로 내압을 증가할 때, 축방향 변형률과 접선 방향 변형률의 비를 계산하라.

5.30 알클래드(Alclad) 박판은 알루미늄합금에 내부식성을 높이기 위해 얇은 층의 순수한 알루미늄을 피복한 것이다. 예를 들어 16-gage 2024-T_4 알클래드의 총 두께는 0.13 cm이고 양면에는 각각 0.013 cm의 순수한 알루미늄이 피복되어있다. 이 재료의 얇은 조각을 2%만큼 늘린 뒤 놓을 때 피복부와 중심부에 발생하는 잔류 응력은 어떻게 되겠는가? 다음 두 근사법에 대하여 풀되, 두 재료의 자료는 그림 5.5(b)를 탄성-완전소성 모델을 이용하여 나타내어 사용하라.

(a) 우선 피복부가 매우 얇아 중심부에 가하는 영향을 무시할 수 있다고 가정하여 단순하게 계산하라.

(b) (a)를 반복하되, 피복부의 두께와 중심부에 가하는 구속 효과를 고려하라.

5.31 체인 호이스트가 다음 그림에서와 같이 두 개의 연결봉으로 천장에 매달려 있다. 결착봉과 수직선의 사잇각은 θ 이다. 결착봉은 항복 강도가 Y인 냉간 압연 강으로 제작되었으며 각각의 단면적은 A이다.

(a) 두 봉 모두에 소성변형이 발생, 광범위한 소성변형이 시작되는 하중을 구하여라.

(b) 점선으로 표시된 부분에 단면적이 A인 봉이 추가될 경우, 앞서 구한 하중은 얼마나 증가하겠는가?

(c) 세 봉에서 일어나는 처짐이 모두 탄성일 경우, 하중-처짐 관계는 어떻게 되겠는가? (힌트: 수직 처짐 δ에 대해서 두 대각선 막대에 걸리는 하중과 수직 봉에 걸리는 하중을 각각 구한 뒤 더해서 전체 하중을 처짐에 대한 함수로 얻을 수 있다.)

(d) 세 봉이 모두 소성변형을 일으킬 때까지 하중을 가한 뒤 하중을 제거할 경우, 가운데 봉에 발생하는 잔류응력을 구하여라. $\theta = 0$인 경우와 $\theta = \pi/2$인 두 극단적인 경우에 대해 결과는 어떻게 되겠는가?

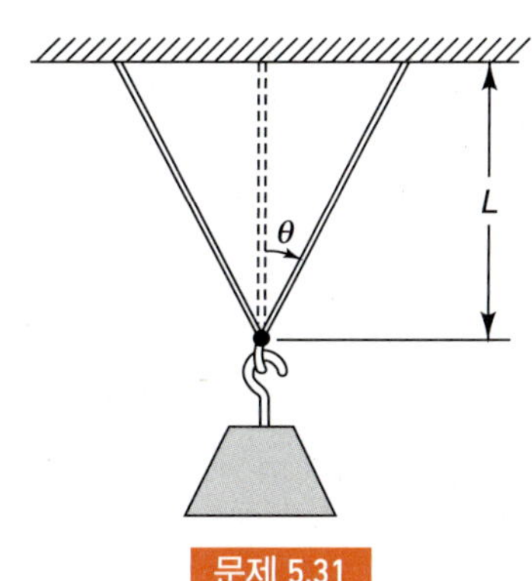

문제 5.31

5.32 그림과 같이 한쪽 끝이 경첩으로 고정된 단단한 봉 012 가 길이와 단면적이 같은 두 개의 봉에 의해 수평으로 매달려 있다. 봉은 탄성-완전소성 재료로 구성되어 있다. 하중 P는 두 봉이 모두 소성변형을 일으킬 때까지 증가한 뒤 제거되었다. 두 봉에 발생하는 잔류응력을 구하여라. 또한 하중이 제거된 뒤 봉 012가 수평선과 이루는 각도의 변화량을 구하여라.

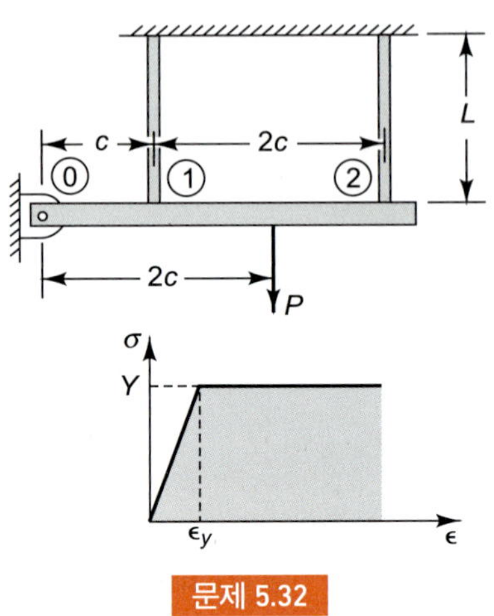

문제 5.32

5.33 매우 길고 얇은 금속 봉을 파괴가 일어날 때까지 신장시키면 네킹부가 봉의 전체 길이에 비해 매우 짧기 때문에 연신율의 대부분은 균일한 변형률에 의한 것으로 생각할 수 있다. 이러한 가정하에서 각각 냉간 압연강과 고온 압연강으로 만들어진 지름이 0.5 cm, 길이가 100 cm인 봉의 파괴 직전까지의 길이 변화를 구하여라. 그리고 각 재료에 대해 길이 변화의 비율과 파괴 시의 진변형률의 비율을 비교하여라.

5.34 인장시험에서 가장 흔히 인용되는 결과는 항복점 또는 항복강도, 인장강도, 연신 백분율, 단면적 감소 백분율이다. 이 결과들로부터 파괴 이전에 네킹이 발생했는지 여부를 어떻게 판단할 수 있겠는가?

5.35 인장시험에서 재료 거동이 소성응력-변형률 관계식 (5.34)에 의해 좌우되는 경우, 식 (5.30)으로 정의되는 등가소성변형률이 변형률의 축방향 수직성분과 같다는 것을 보여라.

5.36 5.7절의 식 (i)에 나타난 두꺼운 벽을 가진 원통의 변위에 대한 해에서 경계조건으로부터 적분상수 A와 B를 계산하고 변위를 외압과 내압에 대한 식으로 나타내어라.

5.37 실무상에서는 외부 부재를 축상에 수축 끼워 맞춤하는 것이 바람직한 경우가 많이 있다. 보통 외부 부재의 내경을 축 외경보다 약간 작게 만든 뒤, 외부 부재를 가열, 팽창시켜 축에 밀어넣은 뒤 냉각시킨다. 외경이 450 mm, 내경이 30 mm인 강축에 75 mm 두께의 강관을 수축 끼워 맞춤하는 경우를 생각해보자. 강관의 내경은 축의 외경보다 1.25 mm 작게 가공되어 있다. 축에 발생하는 응력을 식으로 표현하여라.

5.38 그림 5.26과 같이 x, y, z축과 a, b, c축이 관계되어 있을 때, 수직응력 σ_a에 의해 발생하는 전단 변형률 γ_{ab}가 다음과 같이 나타남을 보여라.

$$\frac{\gamma_{ab}}{\sigma_a} = +\left(S_{11} - S_{22} - \frac{1}{2}S_{44}\right)\sin 2\theta \cos 2\theta$$

철이 갖게 될 이 비의 최댓값을 구하여라.

5.39 대칭이론을 통해 선형 정방성 재료에서 조직학적 축에 대한 전단응력성분은 그에 대응하는 조직학적 축에 대한 전단변형률 성분만을 일으킨다는 것을 보여라.

5.40 강관이 그림과 같이 두 개의 지지대로 고정되어 있다. 고정시킬 때 강관의 온도는 20°C였다. 그런데 찬 유체가 관을 따라 흐르며 관을 상당히 냉각시켰다. 만일 관의 온도가 −15°C로 일정하고, 이 온도 범위에서 12×10^{-6}/°C의 선형팽창계수 값을 갖는다고 할 때, 냉각의 결과로 관의 중앙부에 생기는 응력과 변형률 상태를 구하여라. 지지대 부근의 국부적인 말단 효과와 체적력, 유체의 압력, 유체 저항의 효과는 무시하라.

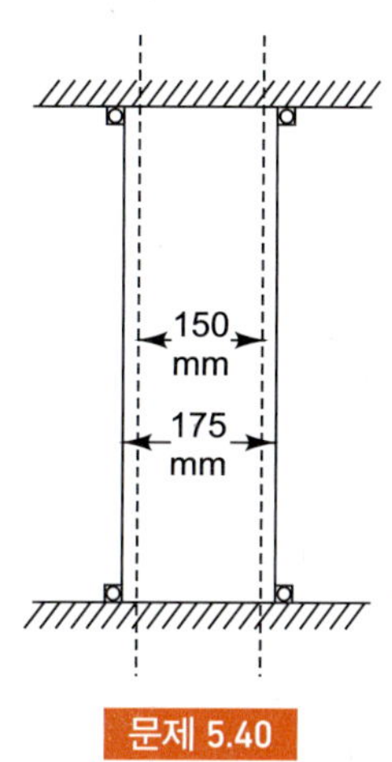

문제 5.40

5.41 강철 볼트와 너트, 알루미늄 슬리브가 그림과 같이 조립되어 있다. 볼트에는 1 cm당 6개의 산이 있으며, 재료의 온도가 60°F일 때 너트를 1/4 바퀴를 돌려 단단히 조였다. 그리고 온도를 60에서 100°F로 높일 때, 볼트와 슬리브에 발생하는 응력을 구하여라.

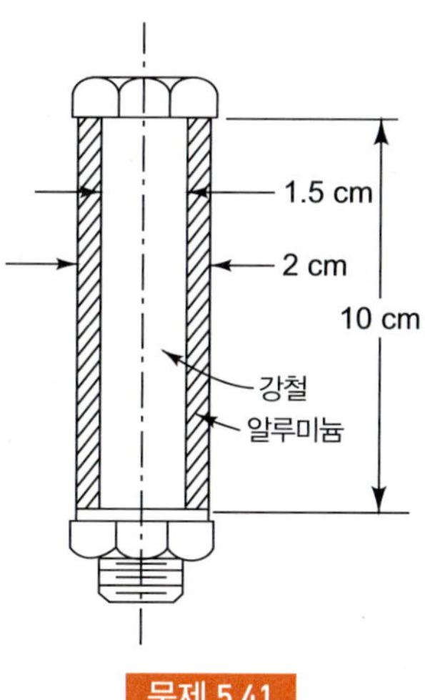

문제 5.41

5.42 구형 고무 풍선에 바람을 불어넣을 때, 풍선이 부풀기 "시작"하면서부터 바람을 넣는것이 쉬워진다. 내압과 풍선 지름의 관계를 나타낸 일반적인 실험 곡선은 다음과 같다. 풍선의 고무가 비압축성 선형탄성 재료라는 가정하에 이러한 현상을 간단하게 공식화하여라. 실험 곡선의 처음 부분과 유사한 풍선의 압력과 지금의 관계에 대한 해석적인 표현식을 얻어야 한다.

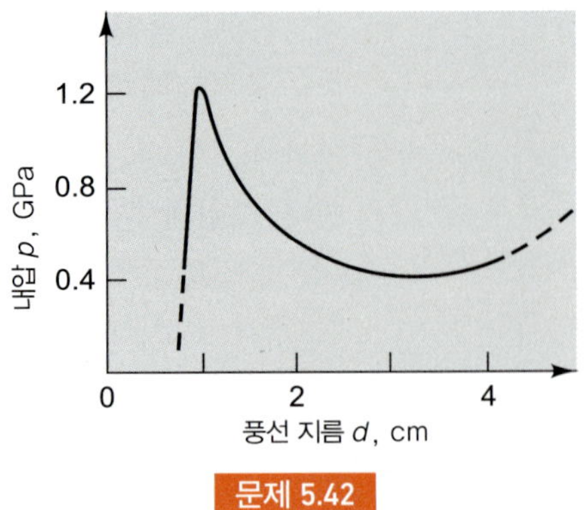

문제 5.42

5.43 그림의 구조물에서 3개의 봉은 모두 같은 단면적 A를 가지며, 온도 변화에 따라 길이 팽창이나 수축이 자유롭게 일어날 수 있으나 길이가 L로 일정하게 유지되도록 구속되어 있다. 봉의 재료들은 다음과 같이 서로 다른 열 팽창계수와 탄성계수를 가진다.

$$\alpha_1 = \alpha \qquad \alpha_2 = 2\alpha$$
$$E_1 = E \qquad E_2 = 2E$$

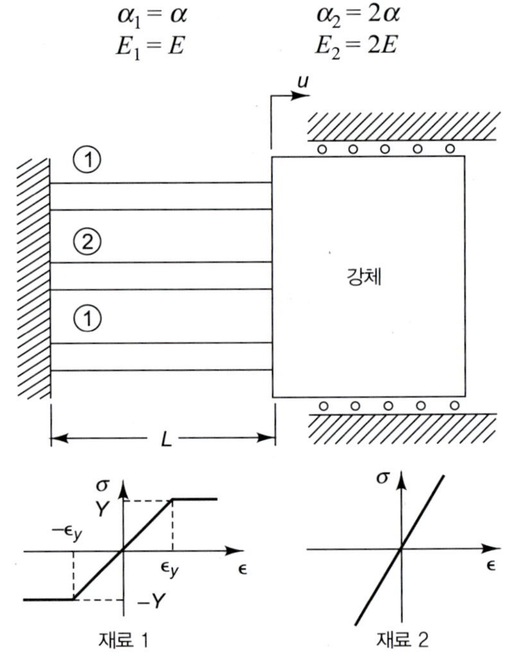

문제 5.43

재료 1은 탄소성 재료이며 변형률이 ϵ_Y를 넘어서면 이상적으로 소성변형을 일으킨다. 반면 재료 2는 문제의 범위 내에서 탄성변형만을 일으킨다. 이 계는 온도 $T = 0$ 에서 막대에 아무런 응력도 가해지지 않은 상태로 조립되었다. 문제는 온도 T가 증가할 때 구조물의 거동을 분석하는 것이다. 구체적으로는 다음 질문들에 답하여라.

(a) 만일 T가 충분히 작다면 전체 계는 탄성적으로 거동할 것이며 T가 다시 0으로 되돌아오면 변형 u도 0으로 돌아올 것이다. $T > T_Y$일 때 재료 1에서 항복이 발생한다고 할 때, 한계 온도 T_Y를 구하여라.

(b) $T = T_Y$일 때의 변위 u를 구하여라.

(c) 온도를 $T = 2T_Y$로 상승시킬 때, 이때의 변위 u를 구하여라.

(d) 온도가 $T = 2T_Y$일 때 재료 1에 발생하는 소성변형률을 구하여라.

5.44 볼트-슬리브-와셔 조립체가 토크 렌치로 조여져서 볼트에 0.0005의 축방향 변형률이 발생하였다. 그 후, 조립체는 95°C로 가열되었다. 이때 와셔에 발생하는 압축 응력의 크기는 어떻게 되겠는가? 볼트는 강철이며 단면적은 $A_s = 310\ \text{mm}^2$이다. 슬리브는 알루미늄이고 단면적은 625 mm^2, 길이는 150 mm이다. L = 와셔는 강철이며 단면적은 A_c = 625 mm^2, 두께는 h = 1.5 mm이다.

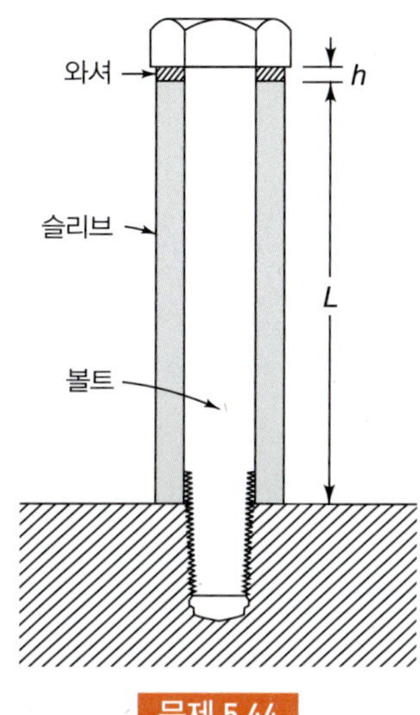

문제 5.44

5.45 재료 시험은 그림과 같은 가압 챔버에 압력을 가하여 수행한다. 시편은 양 끝이 A, 시험 단면($0 < k < 1$)에서는 kA의 단면적을 갖도록 가공된다. 챔버 내 압력(대기압 이상)이 p일 때 시험 단면의 응력상태는 어떻게 되겠는가? 대기압하에서 재료는 단순인장상태로 σ_Y = 280 MPa의 항복 응력을 갖는다. 항복을 일으키기 위해 압력 p 는 얼마나 커야 하는가? 이 경우, Mises 기준과 최대 전단응력 기준을 사용할 때 결과 값은 달라지는가?

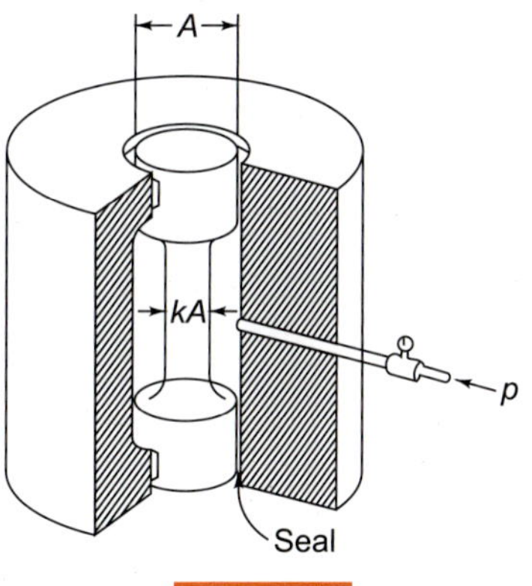

문제 5.45

5.46 내부식성을 향상하기 위해 강판 위에 구리를 전기도금하려고 한다. 그런데 구리를 일반적인 조건하에서 도금하게 되면 구리 층에는 21 MN/m^2의 잔류응력이 발생하게 되고, 이는 피로의 관점에서 매우 해롭다. 응력이 발생하지 않거나 압축 잔류응력이 발생하도록 다음의 두 가지 방법을 생각해볼 수 있다.

(a) 도금조의 온도를 변화시켜 실온에서 구리 층에 응력이 없도록 한다.

(b) 강판에 단축인장하중을 가한 상태로 도금을 하여 하중을 제거했을 때 구리 층에 응력이 없도록 한다.

두 가지 방법을 모두 분석하여 첫 번째 경우의 도금조 온도와 두 번째 경우의 인장응력을 각각 구하여라. 두 가지 방법이 같은 합응력 형태를 내놓는가? 여러분은 어떤 방법을 추천하겠는가?

	두께	α, (°C)$^{-1}$	σ_Y, GPa
강철	0.250 mm	10.8×10^{-6}	700 MN/m^2
구리	0.025 mm	16.2×10^{-6}	70 MN/m^2

5.47 식 (5.9)에서 $p_o = 0$, $p_i = p$에 대한 응력은 t/r_i가 작아짐에 따라 얇은벽을 가진 관의 결과(문제 4.10)로 귀결된다. 엄밀해와 얇은벽을 갖는 관의 근사해에 대해 $t/r_i = 0.05$일 때 σ와 σ_θ를 나타내어라.

5.48 외경이 a인 원판(또는 짧은 원통)의 중심에 반경이 c인 구멍이 뚫려있다($c \ll a$). 원판에는 그림과 같이 외부에서 압력 p가 가해지고 있으며 축방향 힘은 없다.

(a) $c/a \to 0$일 때, 즉 구멍의 크기가 미소할 때 판에 작용하는 최대 수직응력을 계산하라.

(b) 앞서 계산한 최대 응력과 구멍이 없고 반경이 a인 원판에 외압 p가 작용할 때의 최대 응력의 비를 구하여라.

이 비는 작은 구멍이 있는 판의 평면에 **정수압**(모든 방향에서 동일)이 가해지는 경우의 **응력집중**계수를 의미한다.

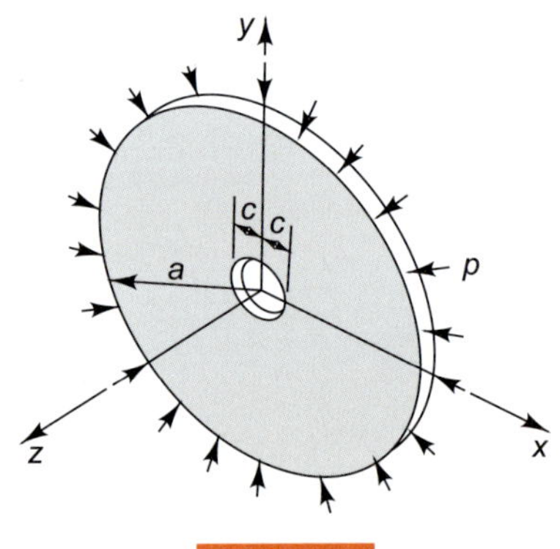

문제 5.48

5.49 5.6절의 완전한 탄성방정식의 수 지표 형태(indical form, 4.15절 참조)를 생각해보자. 식 (5.6)~(5.8)을 다음과 같은 형태로 나타낼 수 있음을 보여라.

$$\sigma_{ij,i} + X_j = 0$$

$$e_{ij} = \tfrac{1}{2}(u_{t,j} + u_{j,i})$$

$$e_{ij} = \frac{1+\nu}{E}\sigma_{ij} - \frac{\nu}{E}\delta_{ij}\theta + \alpha\delta_{ij}\Delta T$$

여기서 δ_{ij}는 *Kronecker delta*라 부르며, $i = j$일 때는 1, $i \neq j$일 때는 0이다. 그리고

$$\theta = \sigma_{11} + \sigma_{22} + \sigma_{33} = \sigma_{ii}$$

이다.

5.50 식 (5.17)에서 나타난 물체에 축적되는 변형에너지를 다음과 같이 수 지표 형태로 나타낼 수 있음을 보여라.

$$U = \frac{1}{2}\int (\sigma_{ij} e_{ij})\, dV$$

5.51 식 (5.17)의 등방성 재료에 대한 변형에너지 표현식을 다음과 같이 응력에 대해 나타낼 수 있으며

$$U = \int \left[\begin{array}{l} \dfrac{1}{2E}(\sigma_x{}^2 + \sigma_y{}^2 + \sigma_z{}^2) - \dfrac{\nu}{E}(\sigma_x \sigma_y + \\ \sigma_y \sigma_z + \sigma_z \sigma_x) + \dfrac{1}{2G}(\tau_{xy}{}^2 + \tau_{yz}{}^2 + \tau_{zx}{}^2) \end{array} \right] dV$$

또는 변형률의 항으로 나타내면

$$U = \int \left\{ \frac{E(1-\nu)}{2(1+\nu)(1-2\nu)}(\epsilon_x + \epsilon_y + \epsilon_z)^2 - \frac{E}{(1+\nu)} \left[\epsilon_x \epsilon_y + \epsilon_y \epsilon_z + \epsilon_z \epsilon_x - \frac{1}{4}(\gamma_{xy}{}^2 + \gamma_{yz}{}^2 + \gamma_{zx}{}^2)\right] \right\} dV$$

임을 증명하여라.

5.52 어떤 복합재가 그림에 나타난 것과 같이 지름이 $d = 0.005$ cm인 붕소 섬유를 일렬로 나열하고 에폭시 수지를 이용, 접착하여 만들어졌다. 붕소 섬유의 탄성계수는 350 GPa, 에폭시 수지의 탄성계수는 3.5 GPa이다.

(a) 붕소 섬유의 부피 비율이 40%일 때, 1 방향과 2 방향에 대한 복합재의 영률을 구하여라(붕소와 에폭시의 밀도는 같다고 가정하라).

(b) 만일 기존의 복합재 층 위에 붕소 섬유를 2 방향에 평행하게 배열한 복합재 층을 접착할 경우, 1 방향과 2 방향에 대한 새로운 영률을 구하여라.

(c) (b)에서 기술한 구조는 평면 내에서 등방성을 가지는가?

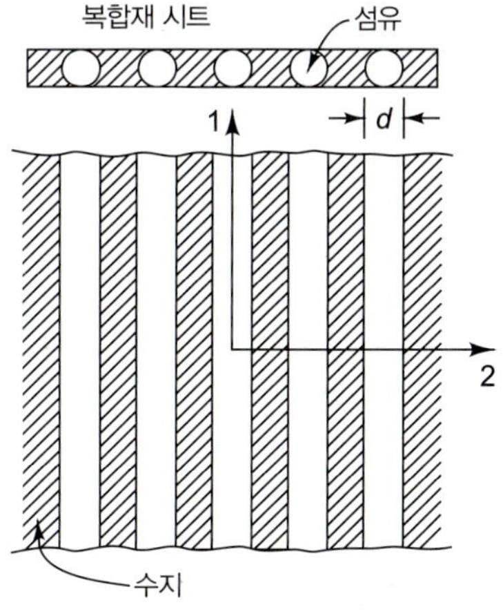

문제 5.52

5.53 식 (5.20)을 다음과 같이 수 지표 형태로 나타낼 수 있음을 보여라.

$\epsilon_j = S_{ji}\tau_i$ $\qquad S_{ij} = S_{ji}$ $\qquad =1,\ldots,6$

여기서

$\epsilon_j = \epsilon_x,\ldots,\gamma_{zx}$ $\qquad \tau_i = \sigma_x,\ldots,\tau_{zx}$

을 나타낸다.

5.54 나사산이 있는 강봉이 평균 인장응력 210 MPa를 받고 있다. 재료의 극한강도는 900 MPa이고 나사산이 있는 부분에서 K_f는 2.6이다. 강봉이 견딜 수 있는 최대 교번 응력을 추정하여라.

5.55 지름이 25 cm이고 끝이 막힌 원통형 탱크가 300 MPa 의 내구한도를 갖는 0.1 cm 두께의 강철로 만들어졌다. 이 탱크는 펌프를 통해 공기를 공급받는데, 이때 평균 압력의 15 %에 해당하는 진폭을 갖는 교번 압력 충격파가 발생한다. 안전 계수를 3으로 할 때 최대 평균압력의 크기를 얼마로 하는 것이 좋겠는가? (끼워 맞춤 등의 이유로 K_f 의 크기는 대략 3으로 가정하라.)

5.56 마그네슘 합금 봉(HM21A-T8)은 유한 수명 적용을 위해 이용된다. 평균 응력은 80 MPa이고 교번 응력은 120 MPa이다. Goodman-Soderberg 선도와 그림 5.42(b)를 적당히 수정하여 봉이 파괴될 때의 사이클 수를 추정하여라.

제 6 장 비틀림

Torsion

6.1 서론 *Introduction*

제2장에서 우리는 식 (2.1)의 3단계가 고체역학의 간단한 문제들을 해석하는 데 있어, 어떻게 기본을 이루고 있는가에 대해 알아보았다. 이어 제5장까지 우리는 이들 3단계를 각각 독립적으로 간단한 문제에 적용시켜 문제를 해결함으로써, 이들 3단계에 관한 이해를 상당히 확장시켜 왔다. 이제 우리는 공학적으로 매우 중요한 문제들의 해석에 이들을 적용시켜 보고자 한다.

이 장에서는 **비틀림(twisting or torsion)**에 관한 문제를 고려하고자 한다. 비틀림을 주로 받는 가늘고 긴 부재를 **축(shaft)**이라 부른다. 비틀림을 받는 축은 많은 기구에서 중요한 부품이 되고 있다. 이러한 축은 한 지점으로부터 다른 지점으로 기계적 동력을 전달시킬 때 주로 사용된다. 그림 6.1과 그림 6.2에 이러한 용도로 사용되는 축들의 친숙한 예를 보여준다. 다른 측면에서 비틀림을 받는 축은 회전에 대해 규정된 강성을 갖는 스프링으로도 사용할 수 있다. 이것에 대한 예로는, 자동차의 비틀림–막대 스프링(torsion-bar spring) 시스템을 들 수 있다(문제 6.34 참조). 또한, 매우 작은 규모에서 비틀림을 받는 매우 가는 강선으로 기본적인 "스프링"을 만들어 극히 작은 힘을 측정하기 위한 측정장치를 들 수 있다(문제 6.25 참조).

비틀림 상태에서 축이 동력을 전달할 때, 우리의 관심은 주로 재료의 손상 없이 축에 의하여 전달할 수 있는 비틀림 모멘트와 이 모멘트에 의하여 축 재료 내에 발생하는 응력을 알아내는 데 있다. 또한, 축이 비틀림스프링으로 사용될 때 우리의 관심은 주로 작용하는 비틀림 모멘트와 이로 인해 결과적으로 발생하는 축의 비틀림각 사이의 관계를 알아내는 데 있다. **전반적인 힘-변형(overall force-deformation)** 관계를 얻기 위해서는 전 부재에 걸쳐 발생하는 응력과 변형률의 분포를 고려해야 한다. 이것은 우리에게 탄성학의 완전 유용해(complete nontrivial solution)에 관해 공부할 기회를 부여해 준다. 또한 소성을 포함하는 몇 가지 간단한 경우도 고려할 것이다. 이 장에서 고려할 해석은 축을 포함하는 대부분의 공학계산에 관한 기초를 제공할 것이다.

우리는 지금까지 고체역학 문제의 완전해(complete solution)는

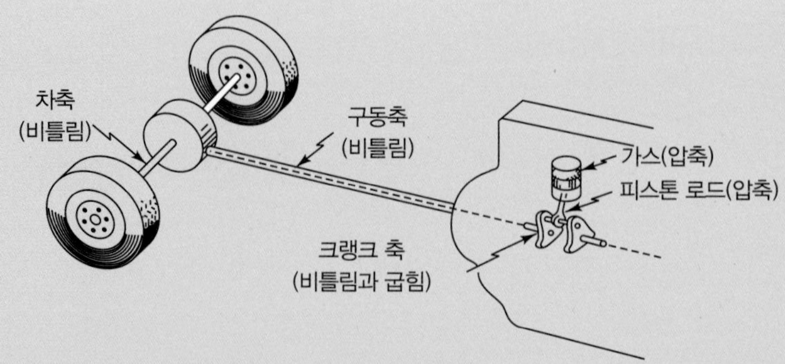

그림 6.1 자동차 동력전달계의 개요도. 원통 내에서 연료의 연소는 피스톤 로드에 압축력을 가할 가스를 압축한다. 피스톤 로드는 크랭크 축을 비틀려고 한다(또한 굽히려고도 한다). 비틀림은 구동축(drive shaft)에 의하여 후륜 기어박스에 전달된 후, 뒷차축(rear axles)에 비틀림을 발생시킨다.

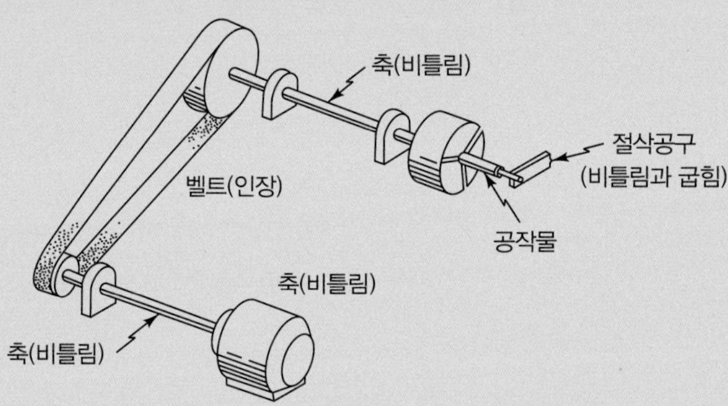

그림 6.2 선반 동력전달계의 개요도. 전동기에서 전자적으로 생성된 회전력은 비틀림 상태의 축을 통하여 풀리에 전달된다. 인장 상태의 벨트는 비틀림 상태의 다른 축에 동력을 전달하여 공작물을 구동시킨다.

식 (2.1)의 3단계를 통하여 얻을 수 있다고 말해 왔다. 그러나 새롭고 비일상적인 문제에 있어서는 이들 단계를 어떤 순서로 적용하여야 하는가에 관해서는 항상 분명하지는 않다. 완전해를 얻기 전에 각 단계를 여러 번 반복해야만 할 필요가 있는 경우들이 많이 있다. 예를 들면, 1단계를 적용하여 모든 명백한 관계를 고려한 다음 2단계로 진행하였다 하더라도, 2단계를 수행하고 나면 1단계에서 어느 부분을 간과했었는지가 명백해질 수가 있다. 비틀림 문제에 있어서는 먼저 비틀림을 받는 축의 기하학적 거동을 살펴본 후, 이것으로부터 변형에 대한 합리적인 모델을 구성하여 해석을 시작하는 것이 가장 편리하다는 것이 입증되었다. 그 다음에 응력-변형률 관계를 유도하고, 최종적으로 평형조건들을 적용한다.

6.2 비틀림을 받는 원형 축의 변형에 관한 기하학

Geometry of Deformation of a Twisted Circular Shaft

이제 등방성 재료로 만들어진 균일단면의 원형 축에 대하여 생각해 보기로 하자. 그림 6.3(a)는 양단에 비틀림 우력 M_t만을 받고 있는 원형 축을 보여준다. 앞으로 전개되는 식에서 사용할 r, θ, z 원통좌표계도 그려 놓았다. 그림 6.3(b)는 축의 각 단면이 비틀림 모멘트 M_t를 전달시키는 데 필요한 평형관계를 그려 놓은 그림이다.

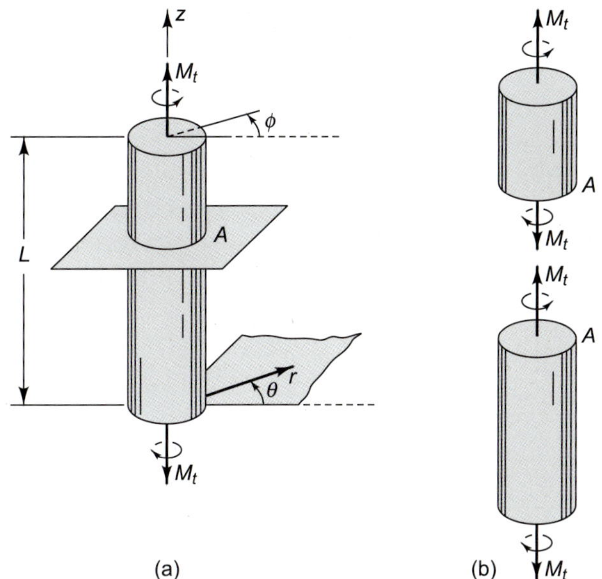

그림 6.3 (a) 양단 사이에서 상대적인 회전 ϕ를 발생시키는 비틀림 모멘트 M_t가 양단에 가해진 원형 축; (b) 모든 단면 A에서 동일한 비틀림 모멘트 M_t가 작용된다는 그림

우리는 먼저, 축으로부터 그림 6.4(a)와 같이, 변형 전에 중심축과 수직한 평면인 양단면을 갖고 길이가 Δz인 박편을 고립화(isolation)하여 이것의 변형 가능한 형상을 고찰하여 보기로 하자. 혹시 있을 수도 있는 양단의 영향을 제거하기 위하여, 축의 가운데 부분에서 이 박편을 떼어온다. 이렇게 떼어온 박편은 동일한 원래의 형상을 가지며, 동일한 비틀림 모멘트가 걸리므로 동일한 변형을 갖게 된다고 예측할 수 있다. 즉, 변형의 형태는 축의 길이에 따라서 변하지 않는다고 예측할 수 있다. 우리의 목적은 이러한 박편의 변형에 대한 타당성 있는 형태를 추론하는 것이다. 이 과정에서 우리는 자연과학에서 가장 유력한 논리 중의 하나인 **대칭**(*symmetry*)논리를 적용하기로 한다. 고립체(isolated body)의 형상이 단순하므로, 원형 축의 변형을 해석하는 데 대칭논리는 특히 유용하다.

그림 6.4(a)에서, 변형 전에 직선인 반지름 OA가 변형 후에 곡선 OA'으로 변형되었다고 가정하자. 재료가 등방성이고 박편이 z축에 관하여 기하학적으로 완전한 대칭체이므로, 그림 6.4(b)에서 반지름 OF로 그려진 것과 같이 **모든** 반지름들은 똑같은 곡선으로 변형된다고 보아야 한다. 또한 이들 곡선은 모두가 한 **평면**, 즉 변형하는 동안 평면을 그대로 유지하는 박편의 단면 위에 놓여있어야 한다. 이 사실은 간단한 대칭논리에 의해 설명될 수 있다. 만일 박편

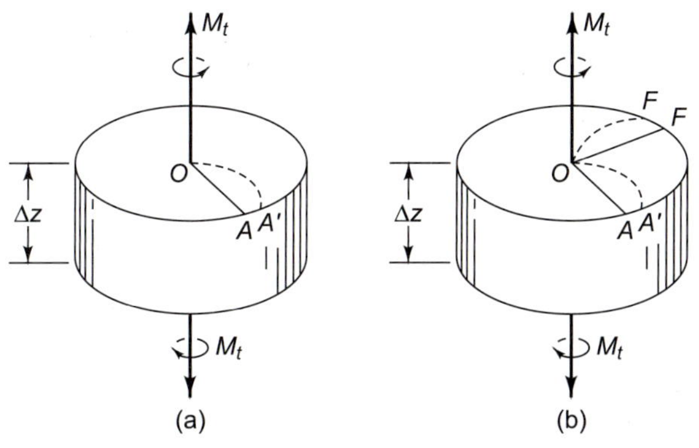

그림 6.4 가상적 변형을 나타낸 박편

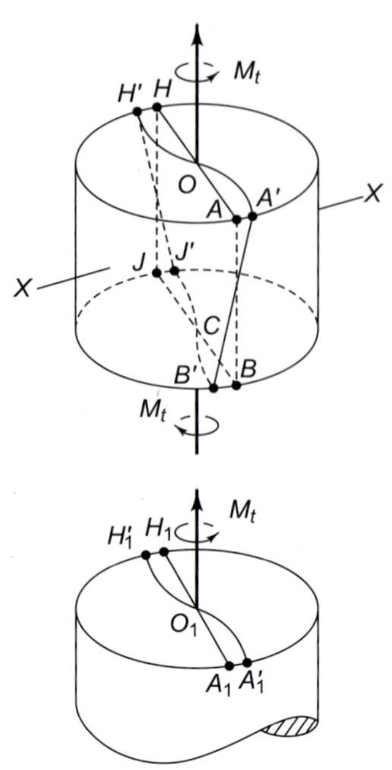

그림 6.5 $B'CJ'$의 가상된 형상은 $A_1'O_1H_1'$과 일치하지 않는다.

의 한쪽 단면이 평면을 유지하지 않고, 부풀어 오르거나 또는 움푹 들어갔다고 가정해 보자. 대칭논리는 다른 쪽 단면에도 똑같은 현상이 일어나야 한다는 것을 요구한다. 그러나 이와 같이 변형된 많은 박편들을 연결하여 완전히 연속된 축을 만드는 것은 불가능한 일이다. 따라서 원형축이 비틀림 변형을 할 때, 모든 단면은 **평면이 그대로 유지되어야 한다**(*must remain plane*)는 결론을 얻는다.

다음으로 그림 6.5의 윗부분에 보여주는 박편을 고려해 보자. 변형 전에 평면을 이루는 단면 $HOABCJ$에 주목해 보자. 여기에 비틀림 모멘트 M_t가 작용될 때, 이 단면은 약간 뒤틀린 형상 $H'OA'BCJ'$으로 변형될 것이다. 임시로 곡선 $H'OA'$과 $B'CJ'$의 곡률이 그림 6.5에 나타낸 것과 같다고 가정해 보자. 그러나 이 가정은, 그림 6.5의 아랫부분에 그려 놓은 바로 다음 박편을 고려하면 모순이라는 것을 알게 된다. 이 요소도 바로 위 요소와 동일한 변형을 해야 하기 때문에, 지름 $A_1O_1H_1$은 위 요소의 $A'OH'$과 동일한 형상을 갖는 곡선 $A_1'O_1H_1'$으로 변형될 것으로 예측된다. 그러나 $A_1'O_1H_1'$과 $B'CJ'$의 곡률은 반대방향을 가지므로 기하학적 적합성에 위배된다. 따라서 두 요소가 그림과 같이 변형하였을 때에는 이들 두 요소는 결합될 수 없게 된다.

그림 6.5에서, $B'CJ'$의 곡률을 그림과 같이 가정하면 모순을 야기시키므로, $B'CJ'$의 곡률을 그림 6.6(a)에 나타낸 바와 같이 **반대**(*opposite*)방향의 곡률을 갖는다고 임시로 가설을 세워 보자. 이러한 가설은 이웃하는 요소와 이어질 수 있게는 하지만, 이러한 변형 형태도 역시 모순을 야기시킨다. 이를 알아보기 위하여 요소 $HOABCJ$에 수직한 XX축에 관하여 그림 6.6(a)의 요소를 180° 회전시켜 그림 6.6(b)와 같이 완전히 뒤집어 놓아 보자.

이제 그림 6.6(a)와 6.6(b)를 비교해 보자. 두 요소는 기하학적 형상 및 재료, 그리고 하중 상태까지도 완전히 동일하다. 그러므로 이들은 동일한 변형을 하여야 한다. 그렇지만 이들 두 요소 지름의 곡률은 서로 반대방향을 가지고 있다. 따라서 지름선분이 곡선으로 변형한다

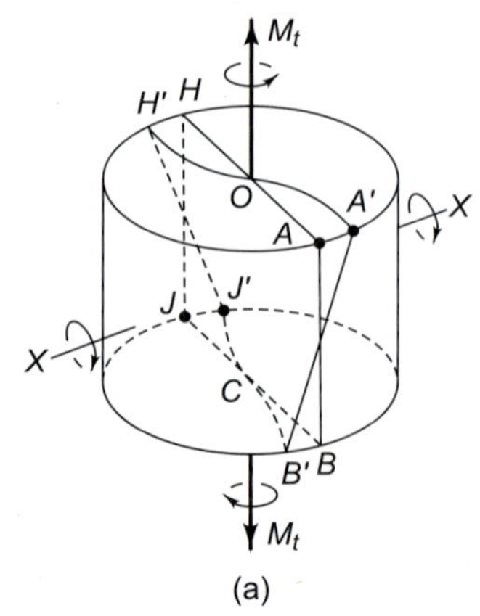

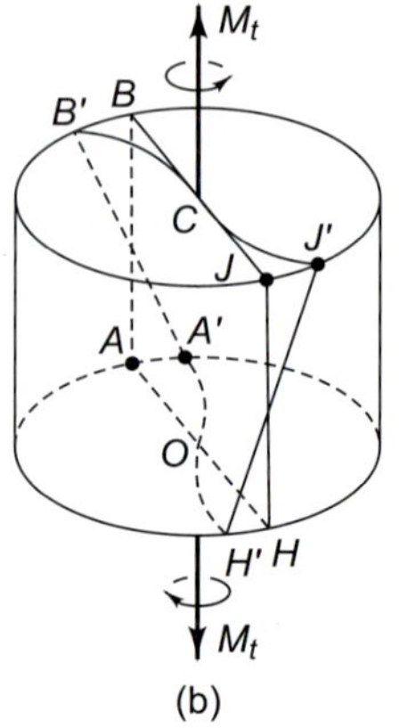

그림 6.6 (a)를 X–X축에 관하여 180° 회전하면 (b)가 된다. 이들은 비틀림 모멘트와 기하학적 형상이 같음에도 불구하고 다른 변형을 하고 있다.

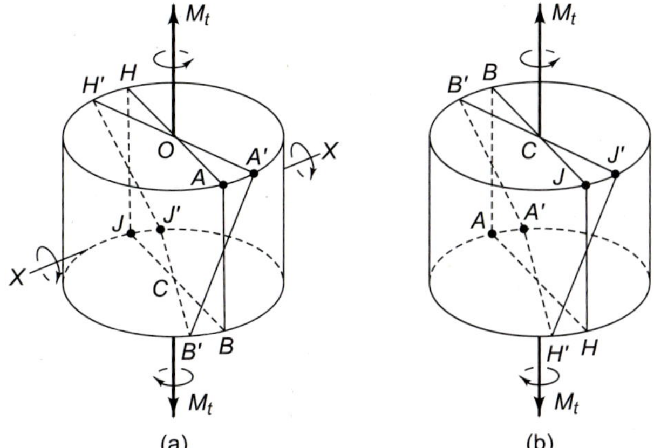

그림 6.7 만약 지름 *HA*가 변형하는 동안 직선을 유지한다면 (a)가 *X–X*축에 관해서 회전하면 (b)가 된다. 이들은 변형에 있어 동일하다.

는 가정은 대칭논리에 의하여 배제되고, 변형 형태는 그림 6.7과 같아져야 된다는 결론에 도달하게 한다. 즉, 직선인 지름선분은 비틀림 변형 후에도 직선인 지름선분으로 남아야 한다.

요약하면, 대칭논리를 반복하여 적용함으로써 원형 축이 비틀림 변형을 할 때 원래 축에 수직한 각 단면은 수직한 평면을 그대로 유지하여야 하며, 평면 자체 내에서도 비틀리지 않는다는 결론을 얻는다. 여기서 변형의 대칭성은 원형 단면의 대칭적인 팽창이나 수축, 또는 원통의 축방향 신장이나 수축을 배제하지는 않는다. 그러나 이러한 **팽창**(*dilation*) 변형은 비틀림 모멘트에 의한 변형에서 그리 중요하지는 않아 보이므로, 임시로 신장변형률(extensional strain)은 모두 0으로 **가정**한다.

$$\epsilon_r = \epsilon_\theta = \epsilon_z = 0$$

이러한 가정하에서 비틀림 변형량이 매우 작다고 가정하면, 탄성이론의 요구조건을 모두 만족하게 된다. 대부분의 구조용 재료에 있어 비틀림 변형량은 매우 작으므로 비틀림 변형에서 팽창 변형은 일반적으로 고려하지 않는다. 반면에, 큰 비틀림 변형이 가능한 고무와 같은 재료에 대해서는 위에서 얻은 이론을 그대로 적용시키기에는 너무도 단순하므로 위의 가정들은 재검토되어야만 한다.[1]

신장변형률이 모두 0이라 가정할 때, 단지 남아있을 수 있는 비틀림 형태는 원형 축의 각 단면들이 변형하지 않고, 다만 서로 상대적으로 회전하는 것뿐이다. 이러한 변형을 그림 6.8에 그려 놓았다. 그림 6.8(a)는 변형 전의 길이 Δz인 박편을 보여준다. 비틀림 변형 후에는 그림 6.8(b)에 보인 바와 같이 박편의 아랫면은 각도 ϕ 만큼, 윗면은 각도 $\phi + \Delta\phi$ 만큼 회전하게 된다. 이 상대회전 $\Delta\phi$는 직사각형 요소 $EFGH$를 평행사변형 요소 $E_1F_1G_1H_1$으로 전단(*shear*)을 야기한다. 원래 직각인 EHG는 예각 $E_1H_1G_1$으로 전단된다. 그림 6.8(a)에 보이는 r, θ, z 좌표계에 대해 이러한 종류의 전단변형률을 기호 $\gamma_{\theta z}$로 표시한다. $\gamma_{\theta z}$의 크기는 요소 $EFGH$의 크기가 0으로 접근할 때, 그림 6.8(b)의 각도 $E_0H_1E_1$의 극한값으로 주어진다. 삼각형 $E_0H_1E_1$과 OE_0E_1의 기하학적 관계로부터 전단변형률 $\gamma_{\theta z}$와 비틀림각 ϕ 사이의 다음 관계를 얻는다.

[1] 예를 들어, R. S. Rivlin and D. W. Saunders, Large Elastic Deformations of Isotropic Materials. VII. Experiments on the Deformation of Rubber, *Phil. Trans. Roy. Soc.* (*London*) A, vol. 243, pp. 251–288, 1951 참조

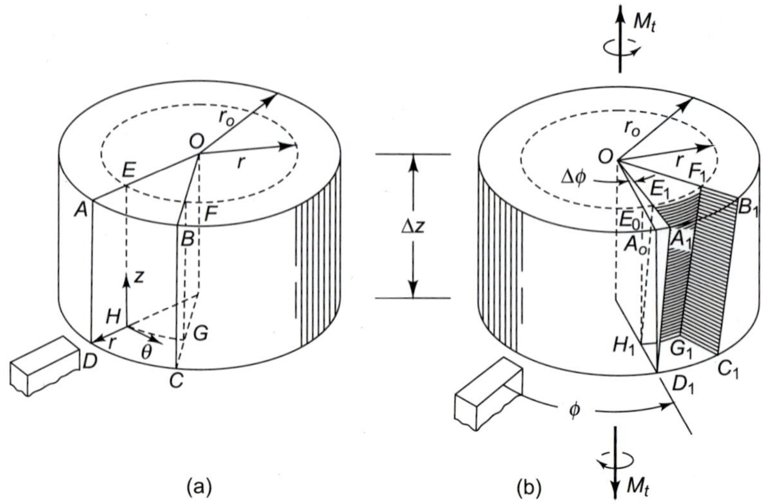

그림 6.8 비틀림을 받는 원형 축의 박편에 대한 변형해석

$$\gamma_{\theta z} = \lim_{\Delta z \to 0} \frac{E_0 E_1}{H_1 E_0} = \lim_{\Delta z \to 0} \frac{r \Delta\phi}{\Delta z} = r\frac{d\phi}{dz} \tag{6.1}$$

식 (6.1)은 전단변형률이 중심에서 0으로부터 $r = r_0$인 최외각에서 최대 전단변형률까지 반지름에 직접 비례하여 변한다는 것을 말해 주고 있다(즉, 그림 6.8의 요소 $A_1B_1C_1D_1$에서 최대 전단변형률을 갖는다).

우리는 길이가 Δz인 각각의 박편은 어느 것이나 다 같은 방법으로 변형된다는 것을 이미 지적한 바 있다. 따라서 양단에서 비틀림 모멘트를 받는 원형 축의 균일 단면을 따라 $d\phi/dz$의 값은 **일정하다**(*constant*)고 결론 내릴 수 있다. $d\phi/dz$를 **단위길이당 비틀림**(*twist per unit length*) 또는 **비틀림률**(*rate of twist*)이라 부른다.

그림 6.8을 다시 살펴보면, 단면 평면 내에서 찌그러짐(distortion)이 없다는 우리의 가정은 직각인 DHG가 변형 후에도 그대로 직각인 $D_1H_1G_1$으로 변형된다는 것을, 따라서 $\gamma_{r\theta} = 0$이라는 것을 말해주고 있다. 또한, 단면 평면이 그대로 평면을 유지한다는 가정 때문에 직각 EHD도 직각 $E_1H_1D_1$으로 변형한다(적어도 작은 변형에 대해서는). 이것은 $\gamma_{r\theta} = 0$이라는 것을 의미한다.

따라서 대칭성과 신장변형률이 0이라는 타당성 있는 가정으로부터 다음과 같은 변형률 분포를 얻는다.

$$\begin{gathered} \epsilon_r = \epsilon_\theta = \epsilon_z = \gamma_{r\theta} = \gamma_{rz} = 0 \\ \gamma_{\theta z} = r\frac{d\phi}{dz} \end{gathered} \tag{6.2}$$

이러한 변형률들은 간단한 기하학을 사용하여, 그림 6.8과 같은 기하학적 적합성을 갖는 변형으로부터 유도되었다. 식 (6.2)를 유도하는 다른 한 가지의 방법은 원통좌표계에서 **변위**(*displacements*)를 수학적으로 표현하고, 변형률과 변위 사이의 관계를 나타내는 미분방정식으로부터 변형률을 얻는 방법이다. 이 방법에 관해서는 이 장 끝에 있는 문제 6.36에 요약하여 놓았다.

다음에는 축 재료에 대한 힘-변형 관계를 고찰해 보기로 한다.

6.3 응력-변형률 관계로부터 얻어지는 응력
Stresses Obtained from Stress-Strain Relations

앞 절에서 변형률 식 (6.2)를 도출할 때 재료에 부과한 제한조건은, 단지 재료는 등방성 재료여야 한다는 것뿐이었다. 그러나 이 조건하에서는 재료가 탄성, 소성, 선형, 또는 비선형일 수도 있다. 따라서 이 절에서는 Hooke의 법칙을 따르는 재료에 대한 응력만을 고려하기로 한다.

원통좌표계에서 Hooke의 법칙을 적용하면, 식 (6.2)에 주어진 변형률 성분에 관련된 응력성분은 다음과 같이 얻어진다.

$$\sigma_r = \sigma_\theta = \sigma_z = \tau_{r\theta} = \tau_{rz} = 0$$
$$\tau_{\theta z} = G\gamma_{\theta z} = Gr\frac{d\phi}{dz} \tag{6.3}$$

여기서 G는 전단탄성계수(shear modulus)이다. 이 응력상태를 그림 6.9(a)에 그려 놓았다. 여기서 $\tau_{\theta z}$만이 원통좌표계에 대한 미소 요소에 작용하는 유일한 응력성분이다. 축의 단면에 작용하는 응력성분들은 그림 6.9(b)에 보여준다. 이 면에 작용하는 유일한 응력성분은 접선 전단응력성분 $\tau_{\theta z}$이다. 이 응력의 크기는 식 (6.3)에 주어진 것과 같이 반지름에 따라 선형적으로 변한다.

6.4 평형조건 *Equilibrium Requirements*

변형과 응력-변형률 관계의 해석으로부터, 우리는 비틀림을 받고 있는 원형 축 내의 변형률과 응력 분포의 형태를 추론하였다. 전단변형률 $\gamma_{\theta z}$와 전단응력 $\tau_{\theta z}$ 모두 아직 알지 못하는 비틀림률 $d\phi/dz$에 비례한다. 다음으로 우리는 이 응력이 평형조건을 만족시키는 조건을 생각해 본다.

무엇보다도 먼저 우리는 식 (6.3)으로 주어지고 그림 6.9(b)에 보여주는 바와 같이 응력 분포가 사실 그대로, 축의 외부 원통면에는 응력이 존재하지 않는다는 것에 주목하자. 그림 6.9(a)에 보이는 바와 같은 축 내부의 각 요소는 전단응력 $\tau_{\theta z}$가 θ 방향에 대해 불변하고(대칭성 때문에), 또 z 방향에 대하여도 불변하기 때문에(축 길이에 따라 변형과 응력 분포의 모양이 균일하기 때문에) 평형상태에 있게 된다. 그러므로 그림 6.9(a)에 표시한 요소의 z면과 θ면에 각각 작용하는 전단응력은 동일하고, 따라서 이 요소는 평형을 이룬다. 또한 우리는 식 (6.3)으로 주어지는 응력들은 원통좌표계에 대한 평형방정식을 만족시킨다는 것을 알 수 있다(문제 4.4).

축의 각 단면상에 작용하는 합응력 분포는 외부에서 가해진 비틀림 모멘트 M_t와 같아야 한다. 그림 6.9(b)에 보여주는 응력 분포의 회전 대칭성으로부터, 합력은 0이 되어야 한다는 것은 명백하다. 그러므로, 그림 6.9(b)의 합응력 분포는 다음 식을 만족시켜야 한다.

$$\int_A r(\tau_{\theta z}\,dA) = M_t \tag{6.4}$$

여기서 dA는 면소이며, 적분은 축의 단면적 A에 대해 행해진다.

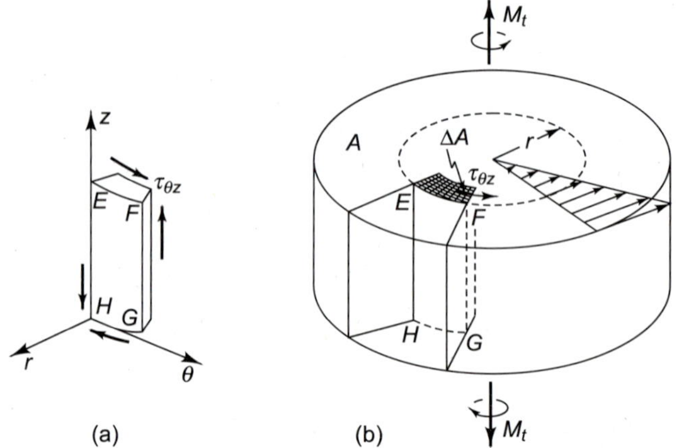

그림 6.9 (a) 미소 요소에 작용하는 응력성분, (b) 단면상의 전단응력 분포

6.5 비틀림을 받는 탄성 원형 축에서의 응력과 변형

Stress and Deformation in a Twisted Elastic Circular Shaft

앞의 세 절에서 Hooke의 법칙을 따르는 등방성 재료로 만들어진 비틀림을 받는 원형 축에 대한 변형의 기하학, 응력-변형률 관계, 평형조건에 대해 고려하였다. 이들 해석의 결과는 식 (6.2), (6.3) 및 식 (6.4)로 요약할 수가 있다. 이 절에서는, 이러한 물리적인 결과들을 조합하여 우리에게 흥미있는 상호관계, 즉 $\tau_{\theta z}$와 M_t와의 관계, 그리고 ϕ와 M_t 사이의 관계를 유도하고자 한다.

식 (6.3)의 $\tau_{\theta z}$를 평행조건 식 (6.4)에 대입하면 다음을 얻는다.

$$M_t = G\frac{d\phi}{dz}\int_A r^2 dA = G\frac{d\phi}{dz}I_z \tag{6.5}$$

여기서 $I_z = \int_A r^2 dA$는 축의 중심축에 관한 단면적의 **극관성모멘트**(*polar moment of inertia*)라 부른다. 축의 반지름 r_0와 지름 d에 대해 적분하면 다음을 얻는다.

$$I_z = \frac{\pi r_o^4}{2} = \frac{\pi d^4}{32} \tag{6.6}$$

식 (6.5)로부터 비틀림률 $d\phi/dz$를 작용하는 비틀림 모멘트의 항으로 구할 수 있다.

$$\frac{d\phi}{dz} = \frac{M_t}{GI_z} \tag{6.7}$$

그림 6.3(a)에 보여주듯이 양단에서 비틀림 모멘트를 받고 있는 길이 L인 축에 대해, 양단 사이에서 발생하는 전(total) **비틀림각**(*angle of twist*)은 식 (6.7)을 적분하여 얻어진다.

$$\phi = \int_0^L \frac{M_t}{GI_z}dz = \frac{M_t L}{GI_z} \tag{6.8}$$

여기서 ϕ는 라디안(*radian*)으로 주어진다.

식 (6.7)의 $d\phi/dz$를 식 (6.3)에 대입하면, 응력이 작용하는 비틀림 모멘트의 항으로 구할 수 있다.

$$\tau_{\theta z} = \frac{M_t r}{I_z} \tag{6.9}$$

요약하면, 우리는 중실 원형 축의 비틀림 문제를 고려하여 작용된 비틀림 모멘트와 이로 인한 비틀림각 사이의 관계인 식 (6.8), 그리고 작용된 비틀림 모멘트와 이로 인한 응력 분포 관계인 식 (6.9)를 구하였다. 이들 식을 유도하는 데 기본이 되었던 변형률 분포 식 (6.2)와 응력 분포 식 (6.3)은 사실상 탄성학의 기본 방정식들을 만족하므로, 모든 미소 요소에 대하여 평형조건, 기하학적 적합성, 그리고 Hooke의 법칙이 만족된다(문제 6.36 참조). 더욱이 원통의 바깥 표면에서 응력이 존재하지 않는다는 경계조건도 만족된다. 이 해에 있어 있을 수 있는 유일한 결함은 축의 양단에서 발생한다. 만일 이 해가 축 양단에서도 타당성을 가지려면 외부에서 작용하는 비틀림 모멘트도 사실상 그림 6.9(b)의 형태로 분포되어야 한다. 그러나 많은 실제 문제들에 있어서[예를 들면, M_t가 렌치(wrench)의 죠(jaw)로 가해질 때] 축단에 분포되는 실제의 응력 분포는, 비록 M_t와 정역학적으로 동등하다 하더라도 그림 6.9(b)의 분포와는 상당한 차이가 있다. 그러나 생베낭의 원리에 따라, 이 해는 축 중앙부에서 실제의 응력과 변형률 분포에 아주 우수한 근사치를 제공하며, 양단으로부터 지름의 1배 내지 2배 이내에서도 근사적으로 잘 맞는다고 예측할 수 있다. 따라서 만일 축의 길이가 충분히 길다면, 식 (6.8)로 계산된 전 비틀림각은 양단에서 모멘트를 가하는 방법에 의해 크게 영향을 받지 않는다는 것을 의미한다. 그러나 양단에서의 국부 응력을 예측하기 위해서는 식 (6.9)를 사용할 수 없다.

많은 실제 문제들에 있어서 물체의 형상, 물체에 가해지는 하중상태, 그리고 그 결과에 의해 발생되는 변형이 단순하여, 이 경우와 같이 분명하게 탄성론에 의해 엄밀해(exact solution)를 얻어낼 수 있는 경우는 흔하지 않다. 대부분의 공학문제에 있어서는 탄성론의 모든 조건을 정확하게 만족시킬 수 없는 "해"를 가지고 만족하여야 한다.

원형 축의 길이를 구조물 요소로 간주하면 식 (6.8)의 관계는 식 (2.1)의 3단계로 사용되는 하중-변형관계가 된다. 식 (6.8)은 다음과 같은 모양으로 고쳐 쓰면 편리할 때가 많이 있다.

$$\frac{M_t}{\phi} = \frac{GI_z}{L} \tag{6.10}$$

이 식은 비틀림각(radian)당 비틀림 모멘트를 준다. 이 비는 단위 신장길이당 인장력으로 주어지는 스프링상수에 해당한다. 식 (6.10)으로 주어지는 비를 축의 **비틀림강성**(*torsional stiffness*)이라 부르고, 보통 k나 c의 기호로 표시한다.

비틀림을 받는 탄성 축을 포함하는 모든 문제의 완전해(complete solution)는 내부 비틀림 모멘트와 외부하중 사이의 평형을 이루고, 축의 회전에 대한 기하학적 적합조건을 만족시키며, 하중-변형관계 식 (6.8) 혹은 식 (6.10)을 만족시킨다. 대부분의 실제 문제에 있어서는, 비틀림각 이외에 독립된 설계 고려사항으로서 축에 발생하는 응력을 고려하여야 한다. 이때 응력은 식 (6.9)를 사용하여 계산한다.

다음 예제를 통하여 비틀림을 받는 원형 축의 거동에 식 (2.1)의 3단계를 적용시키는 과정을 보여주고자 한다.

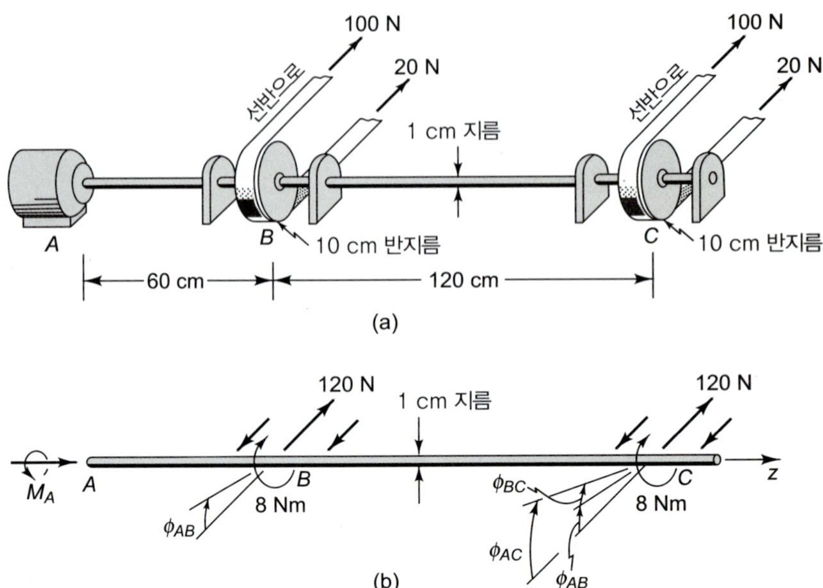

그림 6.10 예제 6.1

예제 6.1 2개의 조그만 선반을 그림 6.10(a)와 같이 동일한 모터로 지름 1 cm인 강축을 통하여 구동시키고 있다. 축 양단 사이에서 발생하는 비틀림과 비틀림각에 의해 축 내에 발생하는 최대 전단응력을 구하고자 한다.

- 자유물체도를 그리고, 축에 작용하는 힘과 비틀림 모멘트를 나타내어라.
- 전단응력이 최대가 되는 바깥 반지름에서의 전단응력에 대한 비틀림 방정식을 이용하라.

우리는 먼저 해석을 위하여, 그림 6.10(b)와 같이 이 문제를 이상화한다. 여기서 각 풀리가 받고 있는 하중을, 중심축을 관통하는 정적 동등력 120 N과 z축에 관한 우력 8 Nm로 나타내었다. 각 풀리는 바로 인접한 한 쌍(*pair*)의 베어링에 의해 지지되고 있으므로, 120 N의 횡력은 베어링들을 지나 전달되는 전단력과 굽힘모멘트가 무시될 수 있도록 베어링 반력과 평형을 이룬다고 이상화하였다. 이 경우 모터는 그림과 같이 단지 축에 비틀림 모멘트 M_A만을 공급하게 된다. 이제 그림 6.10(b)의 이상화된 모델에 식 (2.1)의 3단계를 적용하여 보자.

평형조건

모든 모멘트 벡터는 z축에 평행하므로, 모멘트 평행조건 $\Sigma \mathbf{M}_A = 0$은 다음과 같이 쓸 수 있다.

$$M_A - 8\ \text{Nm} - 8\ \text{Nm} = 0$$

$$M_A = 16\ \text{Nm} \tag{a}$$

축의 AB와 BC 부분의 비틀림 모멘트는 다음과 같이 계산된다.

$$M_{AB} = 16\ \text{Nm} \qquad M_{BC} = 8\ \text{Nm} \tag{b}$$

기하학적 적합성

우리가 구하고자 하는 것은 A단에 관한 C단의 회전을 나타내는 비틀림각 ϕ_{AC}이다. 그림 6.10(b)의 그림으로부터 다음을 알 수 있다.

$$\phi_{AC} = \phi_{AB} + \phi_{BC} \tag{c}$$

하중-변형 관계

식 (6.8)로부터 다음을 얻는다.

$$\phi_{AB} = \frac{M_{AB}L_{AB}}{GI_z} \qquad \phi_{BC} = \frac{M_{BC}L_{BC}}{GI_z} \tag{d}$$

여기서 G는 표 5.1로부터 $G = 81$ GPa이다. 식 (b), (c), (d)를 연립하고, 단위를 적절히 통일시키면 다음을 얻는다.

$$\phi_{AC} = 0.192 \text{ rad} \simeq 11° \tag{e}$$

최대 전단응력은 AB 부분에 있는 축의 바깥면에서 발생하며, 식 (6.9)를 이용하여 다음과 같이 구해진다.

$$(\tau_{\theta z})_{\max} = \frac{M_{AB}r_o}{I_z} = 81.6 \text{ MPa} \tag{f}$$

■ ■ ■

예제 6.2 70 Nm의 우력이 그림 6.11(a)와 같이 지름 25 mm의 2024-0 알루미늄합금 축에 작용된다. 축의 양단 A와 C는 고정되어 있어 회전이 불가능하다. 이때 축의 중앙 단면 O에서의 회전각을 구해 보자.

- 자유물체도를 그림으로써 문제를 이상화하라.
- 축의 양 부분은 동일한 비틀림각만큼 회전되어야 한다.

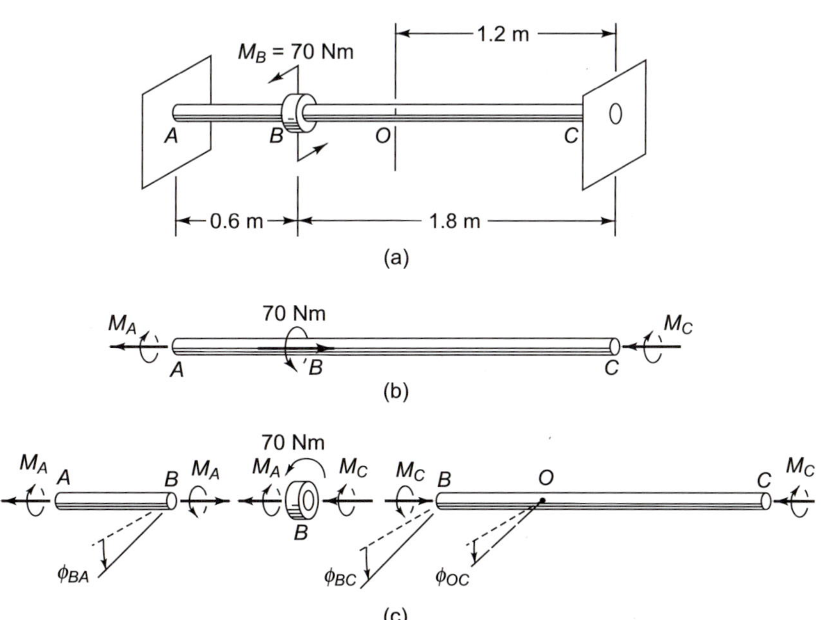

그림 6.11 예제 6.2

- 비틀림각을 구하기 위해 비틀림 방정식을 이용하라.

이 문제를 그림 6.11(b)와 같이 이상화한다. 이 축은 평형조건만으로는 M_A와 M_C를 결정할 수 없으므로 부정정문제이다. 그림 6.11(c)에 이 축을 세 부분으로 나누어 이들의 고립화된 자유물체를 그려 놓았다. 여기에 식 (2.1)의 3단계를 적용하면 다음의 결과들을 얻는다.

평행조건

그림 6.11(b)에 보여주는, 축 전체[혹은 그림 6.11(c)의 중앙부분]에 대한 모멘트 평형조건은 다음과 같다.

$$M_A + M_C - 70 = 0 \tag{a}$$

기하학적 적합성

점 B에서의 축의 연속조건은 다음과 같다.

$$\phi_{BC} = \phi_{BA} \tag{b}$$

하중-변형 관계

식 (6.8)로부터 다음 식이 얻어진다.

$$\phi_{BA} = \frac{M_A L_{AB}}{GI_z} \qquad \phi_{BC} = \frac{M_C L_{BC}}{GI_z}$$

$$\phi_{OC} = \frac{M_C L_{OC}}{GI_z} \tag{c}$$

식 (a), (b) 및 (c)를 연립하여 다음을 얻는다.

$$M_A = \frac{L_{BC}}{L_{AC}} M_B = 52.5 \text{ Nm}$$

$$M_C = \frac{L_{AB}}{L_{AC}} M_B = 17.5 \text{ Nm} \tag{d}$$

$$\phi_{OC} = 0.021 \text{ rad} = 1.20°$$

6.6 탄성 중공 원형 축의 비틀림 *Torsion of Elastic Hollow Circular Shafts*

중실 원형 축에 관한 식 (6.8)과 (6.9)를 유도하는 데 사용하였던 논법을 음미해 보면, 이 논법은 동심 중공을 갖는 원형 축에 대해서도 같은 타당성을 가지고 적용된다는 것을 알게 될 것이다.[2] 단지 다른 점은 식 (6.4)를 적분할 때 원 전체에 대해 적분하는 대신 환형에 대해 적

[2] 이 논법은 약간만 수정하면, 두 동심관으로 만들어진 축이나(문제 6.19 참조), 혹은 한 재료로 만들어진 축 내에 다른 재료로 만들어진 심을 부착한 복합축(문제 6.3 참조)과 같은 **원형 대칭**을 이루는 모든 경우의 축에 대해서도 적용할 수 있다.

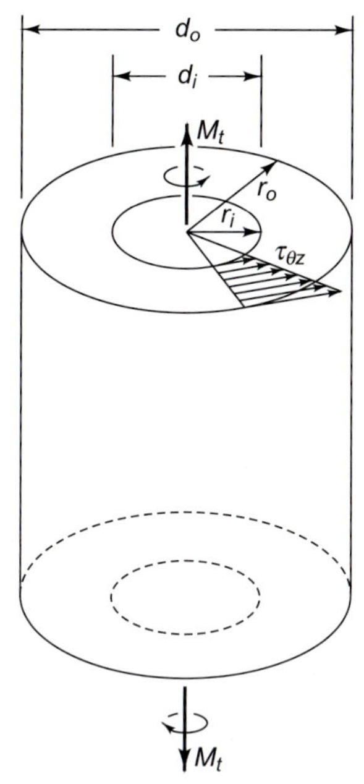

그림 6.12 탄성 중공 원형 축의 응력 분포

분한다는 점이다. 따라서 식 (6.8)과 식(6.9)는 아래와 같은 극관성모멘트를 제시하면서 그림 6.12의 중공 원형 축의 거동을 표현하게 된다.

$$I_z = \frac{\pi r_o^4}{2}\left(1 - \frac{r_i^4}{r_o^4}\right) = \frac{\pi d_o^4}{32}\left(1 - \frac{d_i^4}{d_o^4}\right) \tag{6.11}$$

축에 동심 중공을 만든다 해서 비틀림강성이 제거된 재료의 양에 비례해서 감소되는 것은 아니다. 축 중심 부근의 요소에는 작은 응력이 작용하고, 작은 모멘트 암(arm)을 가지므로, 비틀림 모멘트에 기여하는 정도가 축의 바깥 부근의 요소보다 훨씬 적다. 더 구체적으로 말하면, 주어진 길이와 주어진 재료에 대한 비틀림강성은 식 (6.10)과 같이 극관성모멘트 I_z에만 비례한다고 표현되어 있으나, 식 (6.11)로부터 중공 원형 축의 I_z에 구멍의 치수가 지름비 d_i/d_o의 4제곱으로 표현됨을 분명히 알 수 있다. 또 주어진 비틀림 모멘트에 대해 최대 전단응력 식 (6.9)에도 구멍의 치수가 같은 방식으로 표현되어 있음을 알 수 있다. 이러한 거동을 다른 관점에서 고찰하기 위하여, 동일한 단면적을 가지나 현저히 다른 최대 응력과 변형을 가지는 그림 6.13과 같은 두 축을 고려해 보자. 동일한 양의 재료로 축을 만들 때 중공 축으로 만드는 것이 비틀림에 있어서는 훨씬 효율적이라는 것은 명백하다. 그러나 중공 축을 만들 때 정확한 안지름의 구멍을 뚫는 데 여분의 공임이 요구되므로, 축의 무게가 문제가 되는 경우를 제외하고는 중공 축으로 만드는 것은 바람직하지 않다. 지름을 증가시키고 벽 두께를 감소시킴으로써 얻을 수 있는 효과의 증대에는 한계가 있다. 벽 두께를 너무 얇게 만들면, 원통 축과 45° 경사를 이루는 벽 표면상에 작용하는 압축응력으로 인해 원통벽은 좌굴[3]을 일으키게 된다.[4]

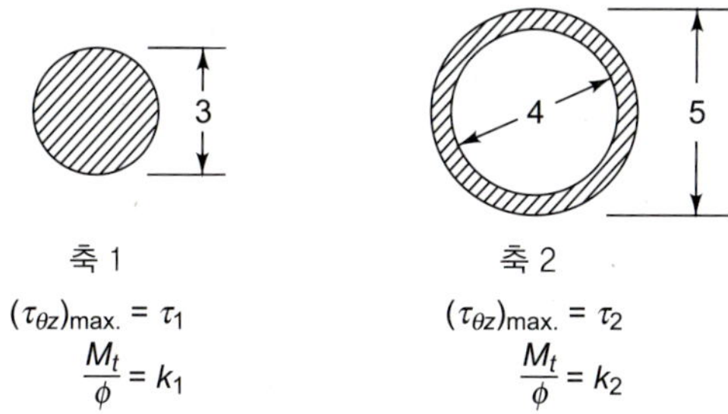

두 축이 같은 비틀림 모멘트에 의해 비틀릴 때,

$$\text{응력 비} = \frac{\tau_2}{\tau_1} = \frac{15}{41} = 0.37$$

$$\text{강성 비} = \frac{k_2}{k_1} = \frac{41}{9} = 4.56$$

그림 6.13 동일한 단면적을 가진 중실 축에 대한 중공 축의 유리함을 나타내는 예

[3] 9.3절 참조

[4] 6.7절 참조

6.7 비틀림에서의 응력해석; 조합응력

Stress Analysis in Torsion; *Combined Stresses*

r, θ, z축 이외의 다른 축에 관한 응력성분을 결정하여야 할 경우가 가끔 생긴다. 이런 응력성분들을 결정하는 데 편리한 하나의 방법은 응력에 대한 모어의 원을 사용하는 것이다. 그림 6.14는 θ, z축에 관한 응력성분이고(r 방향의 응력이 작용하지 않으므로 2차원 모어의 원을 사용할 수 있다), 그림 6.15에 이 응력에 대한 모어의 원을 그려 놓았다. 모어의 원으로부터, 주응력은 $|\sigma_1| = |\sigma_1| = |\tau_{\theta z}|$의 크기를 갖는 σ_1(인장)과 σ_2(압축)라는 것을 알 수 있다. 모어의 원에서 주지름(principal diameter)은 θ, z 지름으로부터 90°의 방향을 이루고 있다. 그러므로 축에서의 주응력 방향은 θ, z 방향으로부터 45°를 이루어야 한다. 주응력성분들을 그림 6.14에 그려 놓았다.

특별한 경우에, 이들 주응력성분의 존재와 주응력 방향을 직접 관찰할 수가 있다. 예를 들면, 분필(이 재료는 낮은 인장강도와 압축과 전단에 매우 큰 강도를 갖는 취성재료이다)을 비틀었을 때, 그 분필은 최대 인장력의 방향에 수직한 나사선을 따라 파괴된다(예를 들면, 그림 6.14의 *AB*선을 따라). 또 하나의 예로, 6.6절에서 기술한 바와 같이 매우 얇은벽(thin-walled)을 갖는 중공 원통은 최대 압축응력의 방향으로 좌굴될 것이다. 즉, 얇은 종이를 말아서 원통을 만들어 비틀면 이러한 파손형태가 나타나게 된다.

원형 축이 비틀림과 더불어 인장과 굽힘 변형을 동시에 받는 경우가 종종 발생한다. 현 단계에서, 우리는 아직 굽힘에 의한 응력 분포에 대해서는 고려하지 않았으나 세장부재에 단순한 축하중(인장이나 압축)이 작용하는 경우의 응력 분포에는 익숙해져 있다. 따라서 우리는 비틀림과 축하중이 조합되어 야기되는 **조합응력**(*combined-stress*) 문제를 풀 수 있는

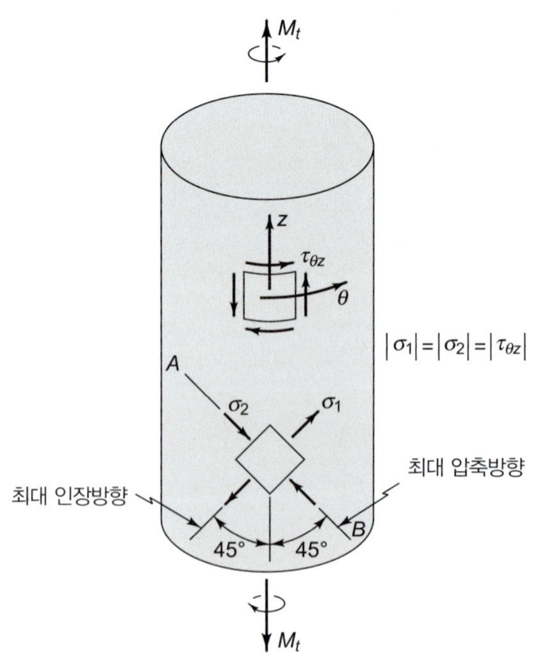

그림 6.14 비틀림에서의 주응력은 축의 중심축과 45° 경사를 이루는 면에 작용하는 같은 크기의 인장과 압축 응력이다.

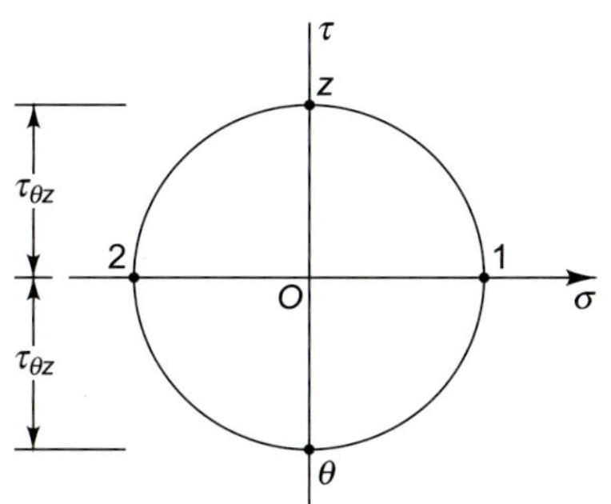

그림 6.15 비틀림에서 축 요소에 작용하는 응력에 대한 모어의 원

준비가 되어 있는 상황이다. 다음 예제는 이들 두 하중이 동시에 작용할 때, 각각의 효과를 어떻게 **중첩**(*superposition*)시켜 합응력상태를 얻어낼 수 있는지를 보여준다. 중첩에 대한 타당성은 탄성론의 기본이 되는 식 (5.6), (5.7) 및 식 (5.8)의 **선형성**(*linearity*)에 기인한다. 한 형태의 하중에 기인하는 응력과 변형률은 다른 종류의 하중의 존재에 의해 변하지 않는다.

예제 6.3 그림 6.16(a)에 균일단면의 균질한 재료로 만들어진 원형 축이 축방향의 인장력 P와 비틀림 모멘트 M_t를 동시에 받고 있는 상태를 그려 놓았다.

- 축상의 어떤 점에서의 미소 요소를 고려하라.
- 평형방정식을 이용하여 힘과 응력들을 해석하라.
- 축 재료의 응력상태를 구하기 위해 모어의 원을 그려라.

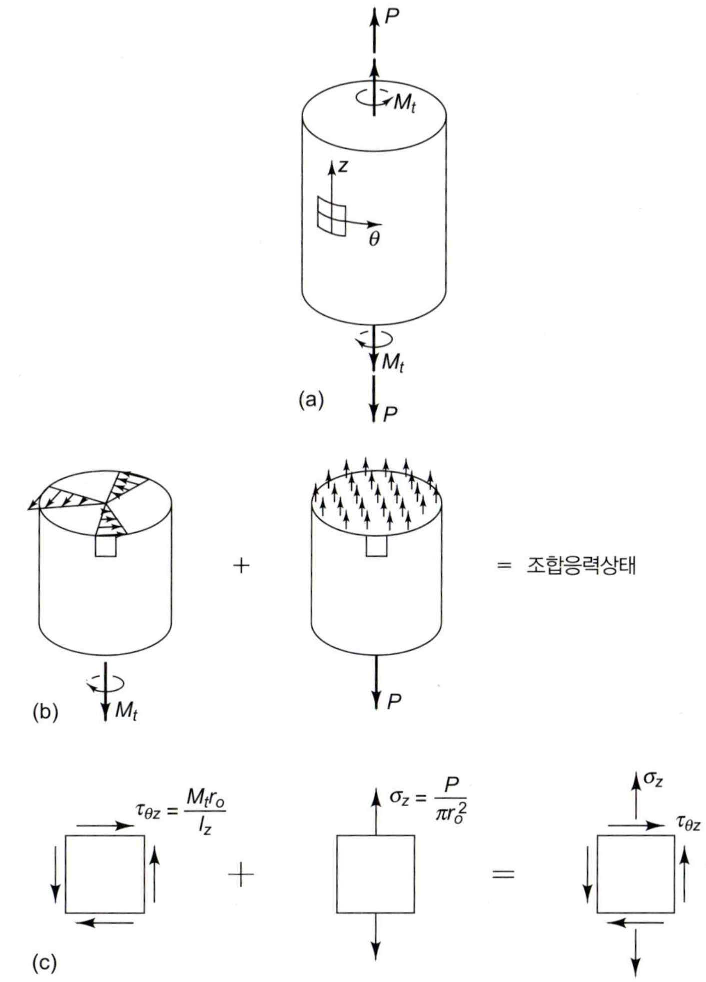

그림 6.16 예제 6.3. 비틀림과 인장에 의한 조합응력

그림 6.16(b)에 각 하중에 대한 각각의 응력 분포를 나타내었다. 비틀림 모멘트로 인한 응력 분포는 식 (6.9)에 의해 구해진다. 즉,

$$\tau_{\theta z} = \frac{M_t r}{I_z} \tag{a}$$

인장력에 의해 그림 6.16(b) 우측 그림과 같은 균일응력 분포가 얻어진다. 이 분포의 타당성은 이 장 처음에 사용한 이론과 동일 선상에서 증명할 수 있다(또한 문제 5.24 참조). 즉 대칭성을 고려하면, 단면은 평면을 그대로 유지하면서 인장하중에 의하여 균일하게 이동한다는 가설을 얻게 된다. 이것은 축방향의 변형률과 응력의 분포가 균일하다는 것을 의미한다. 하중 P와 평형을 이루기 위해서 축 응력의 크기는 다음과 같아야 한다.

$$\sigma_z = \frac{P}{\pi r_o^2} \tag{b}$$

그림 6.16(c)에 $r = r_0$가 되는 축 표면상의 미소 요소에 작용하고 있는 이 응력들을 나타내었다. 좌측의 응력은 각각의 응력을, 우측의 응력은 이 응력들을 중첩시켜 얻은 조합응력상태를 나타낸다.

조합응력상태를 표현하는 가장 편리한 방법은 주응력성분들을 이용하는 것이다. 주응력을 얻기 위한 모어의 원을 그림 6.17(a)에, 주응력 방향은 그림 6.17(b)에 그려 놓았다. 이 요소는 평면응력상태에 있다는 것에 주목하라. 즉, 제3 주응력 σ_3는 0이다.

6.8 비틀림에 의한 변형에너지 *Strain Energy due to Torsion*

2.6절에서 탄성에너지의 개념을 소개하였고, Castigliano의 정리를 이용하여 탄성변형을 계산할 때 적용하는 방법을 설명하였다. 5.8절에서 임의 분포의 응력과 변형률을 받고 있는 선형탄성체의 변형에너지에 대한 공식을 유도하였다. 이 절에서는, 이 공식을 특히 원형 부재에 비틀림이 작용하는 경우에 대하여 적용하고, 비틀림 변형에 적용되는 Castigliano의 정리의 한 예를 고려해 보기로 한다.

원형 단면을 갖는 등방성 탄성축에 비틀림이 작용할 때, 0이 되지 않고 유일하게 존재하는 응력과 변형률 성분은, 식 (6.3)과 식 (6.2)에 따라 $\tau_{\theta z}$와 $\gamma_{\theta z}$뿐이다. 따라서 전변형에너지(total strain energy) 식 (5.17)은 다음과 같이 간단히 쓸 수 있다.

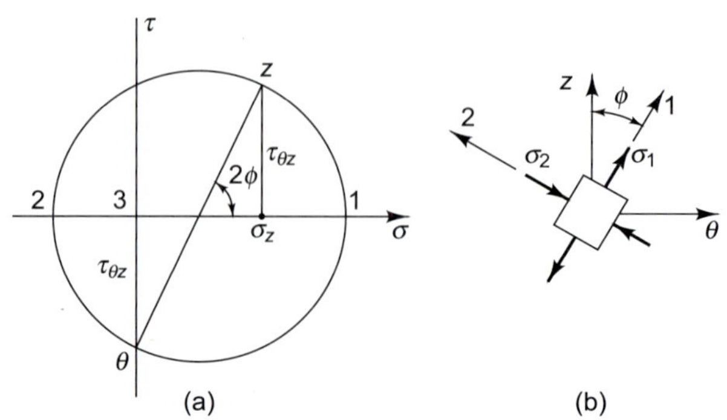

그림 6.17 예제 6.3. 주응력과 주응력 방향

$$U = \frac{1}{2}\int_V \tau_{\theta z}\gamma_{\theta z}\, dV \tag{6.12}$$

여기서 적분은 축 전체 부피에 대해 행한다. $\gamma_{\theta z} = \tau_{\theta z}/G$라 놓고, 식 (6.9)에 대입하면 다음을 얻는다.

$$U = \frac{1}{2}\int_V \frac{1}{G}\left[\frac{M_t r}{I_z}\right]^2 dV = \frac{1}{2}\int_L \frac{M_t^2}{GI_z^2}\,dz\int_A r^2 dA$$

여기서 적분은 축의 전체 길이 L과 단면적 A에 대해 행한다. 뒷부분의 적분은 바로 극관성모멘트 I_z이므로, 비틀림 변형에너지는 다음과 같이 된다.

$$U = \int_L \frac{M_t^2}{2GI_z}\,dz \tag{6.13}$$

이 공식은 또한 두께가 d_z인 각 미소 박편이 마치 비틀림 스프링과 같이 작용한다고 생각해서 유도할 수도 있다. 비틀림 모멘트와 비틀림각의 최종값이 각각 M_t와 $d\phi$이고, 하중이 가해지는 동안 비례적으로 행해진 일은 다음과 같다.

$$dU = \frac{1}{2}M_t\, d\phi = \frac{1}{2}M_t\frac{d\phi}{dz}dz \tag{6.14}$$

이 식에 $d\phi/dz$ 대신 식 (6.7)을 대입하고, 축 길이에 대해 적분하면 식 (6.13)이 다시 얻어진다.

Castigliano의 정리는 한 시스템에서의 전탄성에너지(total elastic energy)가 외부하중의 항으로 표현된다면, 어떤 특정 하중 P_i의 작용점에서의 그 하중방향의 변형 δ_i는 다음과 같이 편미분에 의해 구해진다는 것을 의미한다.

$$\delta_i = \frac{\partial U}{\partial P_i}$$

다음 예제에서 비틀림을 받는 시스템에 이 수식의 적용방법을 설명하기로 한다.

예제 6.4 하중 P가 작용하고 있는 촘촘히 감겨진 반지름 R의 코일 스프링을 고려해 보자 [그림 6.18(a)]. 이 스프링은 반지름이 r인 강선을 n회 감아 만든 것이다. 우리는 스프링의 변형과 스프링상수를 구하고자 한다.

- 스프링의 한 회전 또는 스프링의 미소 요소 중 해석에 적합한 것을 고려하라.
- 변형은 Castigliano의 정리에 의해 구해지며 그 변형은 P, R 그리고 n으로 표현된다.
- 스프링상수는 변형에 대한 힘의 비이다.

먼저 스프링의 한 단면에 작용하는 내력과 모멘트를 구한다(문제 3.41 참조). 그림 6.18(b)의 자유물체도로부터 스프링에 걸리는 비틀림 모멘트 M_t는 스프링상의 위치에 무관하며, 크기는 PR임을 알 수 있다. 따라서 이 비틀림 모멘트와 관련된 변형에너지는 다음과 같다.

$$U = \int_L \frac{P^2R^2}{2GI_z}\,dz = \int_O^{2\pi n}\frac{P^2R^2}{2GI_z}R\, d\theta = \frac{P^2R^3}{2GI_z}2\pi n \tag{a}$$

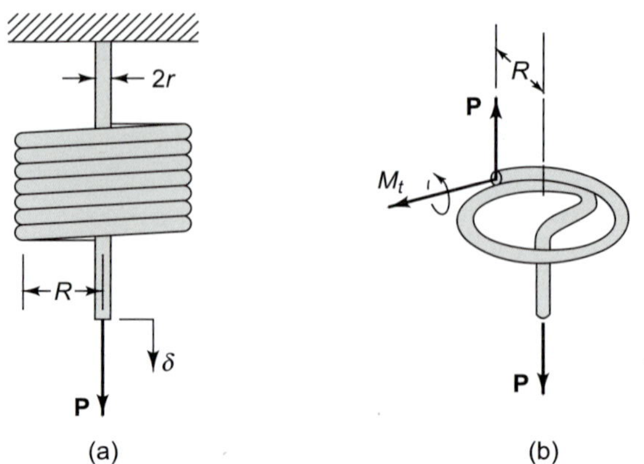

그림 6.18 예제 6.4

스프링에는 횡전단력 P로 인한 부가적인 변형에너지가 존재한다. 그러나 횡전단력에 의한 변형에너지의 비틀림 모멘트에 의한 변형에너지에 대한 비는 $(r/R)^2$에 비례하기 때문에, 보통 설계되는 스프링에 대해서는 매우 작음을 알 수 있다(문제 7.27 참조). 우리는 문제를 단순화하기 위해 횡전단력의 영향은 무시하고, 식 (a)가 스프링에 저장되는 전변형에너지를 나타낸다고 간주한다.

그러므로 하중 P 방향의 변형은 다음과 같이 계산된다.

$$\delta = \frac{\partial U}{\partial P} = \frac{PR^3}{GI_z} 2\pi n \tag{b}$$

또한, 스프링상수는 다음과 같이 얻어진다.

$$k = \frac{P}{\delta} = \frac{GI_z}{2\pi n R^3} \tag{c}$$

식 (c)에 관성모멘트 I_z의 값을 대입하면 다음을 얻는다.

$$k = \frac{Gr^4}{4nR^3}$$

여기서 r은 강선의 반지름이다. 스프링상수는 코일의 권수 n에 반비례하고, 강선 반지름 r의 4제곱에 비례한다는 것을 알 수 있다. 예를 들면, 강선의 반지름 r을 19% 증가시키면, 스프링상수는 2배가 된다.

이 예에서, Castigliano의 정리는 기하학적으로 복잡한 시스템의 탄성변형을 간단하게 계산할 수 있는 방법을 제공하였다. 물론 이 결과는 식 (6.7)을 직접 적용하여도 얻을 수 있지만, 이 해석방법은 Castigliano의 정리에 비해 매우 복잡하다(문제 6.30 참조).

6.9 비틀림에서의 항복개시 *The Onset of Yielding in Torsion*

제5장에서 금속의 항복개시에 관한 두 가지 기준을 일반적으로 기술하였다. 여기서는 특별히 비틀림의 경우에 대해서 이들 기준을 간단히 생각해 보기로 한다.

어떤 특정 재료에 이들 기준을 적용하기 위해서는, 먼저 단축인장상태에서의 항복응력 Y를 실험적으로 얻어낼 필요가 있다. 다음에, 일반적인 응력상태에서 항복이 발생하는가의 여부를 결정하기 위해, 적용하는 기준에 따라 등가 혹은 유효 응력 $\bar{\sigma}$(또는 $\bar{\tau}$)를 계산해서 Y와 비교하여야 한다.

비틀림을 받는 축의 요소에 작용하는 주응력을 6.7절(그림 6.15 참조)에서 계산하였다.

$$\sigma_1 = \tau_{\theta z} \qquad \sigma_2 = -\tau_{\theta z} \qquad \sigma_3 = 0 \tag{6.15}$$

Mises 기준(*criterion*) 식 (5.23)을 적용하려면, 유효응력 $\bar{\sigma}$는 다음과 같이 구하여야 한다.

$$\begin{aligned}\bar{\sigma} &= \sqrt{\tfrac{1}{2}[(2\tau_{\theta z})^2 + (-\tau_{\theta z})^2 + (-\tau_{\theta z})^2]} \\ &= \sqrt{3}\tau_{\theta z}\end{aligned} \tag{6.16}$$

그러므로 비틀림을 받고 있는 한 축의 요소는 Mises 기준에 따르면, 응력이 다음과 같을 때 항복이 개시될 것으로 예측된다.

$$\tau_{\theta z} = \frac{1}{\sqrt{3}} Y = 0.577\,Y \tag{6.17}$$

최대 전단응력 기준(*maximum shear-stress criterion*) 식 (5.25)를 적용하기 위해 등가전단응력 $\bar{\tau}$는 간단히 다음과 같이 계산한다.

$$\bar{\tau} = \tau_{\theta z} \tag{6.18}$$

따라서 최대 전단응력 기준에 따르면, 비틀림을 받고 있는 한 축의 요소는 전단응력이 다음과 같을 때 항복이 개시될 것으로 예측된다.

$$\tau_{\theta z} = \frac{1}{2} Y = 0.500\,Y \tag{6.19}$$

축이 비틀림을 받을 때, 이들 두 기준 사이에는 최대 차이를 야기시키는 응력상태가 된다(그림 5.29 참조). 식 (6.17)과 식 (6.19)로부터 알 수 있는 바와 같이, 이 차이는 약 15%에 달한다. 항복을 피하고자 노력하는 설계자의 관점에서 볼 때, 식 (6.19)에 기초하여 설계하는 것이 더 안전하다.

탄성축에서의 전단응력 $\tau_{\theta z}$는 반지름 r에 비례하므로, 어떠한 기준을 따르더라도 축의 바깥표면상의 요소가 제일 먼저 항복조건에 도달한다는 것은 명백하다. 다음 절에서는 축이 항복조건을 넘어 더 비틀림을 받을 때 어떠한 현상이 발생하는가를 살펴보기로 한다.

6.10 소성변형 *Plastic Deformations*

한 중실 원형 축이 소성범위까지 비틀림을 받는 경우를 고려해 보기로 하자. 탄성거동으로부터 소성거동으로 넘어가더라도, 평형조건이나 기하학적 적합성의 조건은 변하지 않는다는 것을 기억해 두는 것이 매우 중요하다. 다만 변하는 것은 응력–변형률 관계뿐이다. 이 장의 처음 부분에서 유일한 0이 아닌 변형률 성분은 $\gamma_{\theta z}$뿐이라는 결론을 유도해 낸 대칭논리는 재료가 탄성이든 소성이든 간에 항상 타당하다. 달라지는 것은 $\gamma_{\theta z}$와 $\tau_{\theta z}$ 사이의 관계이다.

주어진 재료에 대한 $\tau_{\theta z}$와 $\gamma_{\theta z}$ 사이의 관계를 얻어낼 수 있는 한 가지 방법은, 그 재료에 균일순수전단력(uniform pure *shear*; 예, 얇은벽 두께를 갖는 관의 비틀림)을 가하여 직접 실험해 보는 것이다. 정확성은 떨어지나, 보다 간단한 방법으로는 인장시험 자료를 사용해서 소성유동법칙(*plastic flow rules*) 식 (5.34) 또는 식 (5.35) 중의 하나를 이용하여 비틀림에 대한 $\tau_{\theta z}$와 $\gamma_{\theta z}$ 사이의 관계를 예측하는 방법이 있다.

이 장에서, 우리는 응력-변형률 곡선이 그림 5.7(e)와 같이 주어지는 완전탄소성 재료(*elastic-perfectly plastic material*)에 한정시켜 해석을 수행하고자 한다. 이 재료에 대해서는, 비틀림 전단응력과 전단변형률 사이의 관계를 예측해야 할 필요가 없다. 탄성역에서 $\tau_{\theta z}$와 $\gamma_{\theta z}$ 사이의 비례상수는 전단탄성계수 G이다. 일단 이 재료가 한 특정점에서 항복이 일어나면 변형경화가 일어나지 않으므로, 그 이상의 소성변형에 대해서는 항복이 일어난 점에서의 등가 혹은 유효응력 $\bar{\sigma}$(또는 $\bar{\tau}$)를 그대로 일정하게 유지한다. 이것은 그림 6.19에 보여주듯이 소성역에서 $\tau_{\theta z}$가 일정하게 유지된다는 것을 의미한다. 단지 Mises와 최대 전단응력 유동법칙 사이의 차이는 각각 식 (6.17)과 식 (6.19)로부터 주어지는 항복응력 값뿐이다. 두 유동법칙을 모두 포함시키기 위해 그림 6.19에서 항복전단응력을 단순히 τ_Y로, 이 응력에 대응하는 전단변형률은 γ_Y로 표시하였다.

이제 순수전단에서 응력-변형률 관계가 그림 6.19와 같은 재료로 만들어진 중실 원형 축에 대한 비틀림 해석으로 돌아가자. 축 전체가 탄성역에 있는 동안은 6.5절의 결과가 그대로 적용된다. 축에 비틀림 모멘트를 더 증가시켜 나가면 평면인 단면들은 서로에 대해 연속적으로 회전을 하게 되고, 전단변형률 $\gamma_{\theta z}$의 변화는 그림 6.8에서 표시한 바와 같이, r에 선형적으로 비례한다. 그러나 재료의 그림 6.19와 같은 성질 때문에, 전단응력 $\tau_{\theta z}$는 그림 6.20과 같이 분포된다.

그림 6.20의 응력 분포를 정량적으로 표시하기 위해 다음 과정을 진행해 보자. 그림 6.20(b)와 같이 축 바깥표면 응력이 항복점에 도달할 때까지는 탄성관계 식 (6.8)과 식 (6.9)가 그대로 적용된다. 이러한 응력 분포하에서의 비틀림 모멘트와 비틀림각을 각각 T_Y와 ϕ_Y라 부르자. 식 (6.8)과 식 (6.9)로부터 우리는 다음을 얻을 수 있다.

$$T_Y = \frac{\tau_Y I_z}{r_o} = \frac{\pi}{2}\tau_Y r_o^3 \qquad \phi_Y = \frac{\tau_Y L}{G r_o} \tag{6.20}$$

여기서 L은 축의 길이이다. 이 상태에서 축을 더 비틀면 바깥 반지름에서의 전단변형률은 γ_Y보다도 더 커지게 된다. 따라서 어떤 중간의 반지름 r_Y에서 변형률이 γ_Y와 똑같이 된다. 이때 아직도 전단변형률과 비틀림각 사이의 기하학적 관계식 (6.1)은 적용된다.

$$\gamma_{\theta z} = r\frac{d\phi}{dz} = r\frac{\phi}{L} \tag{6.21}$$

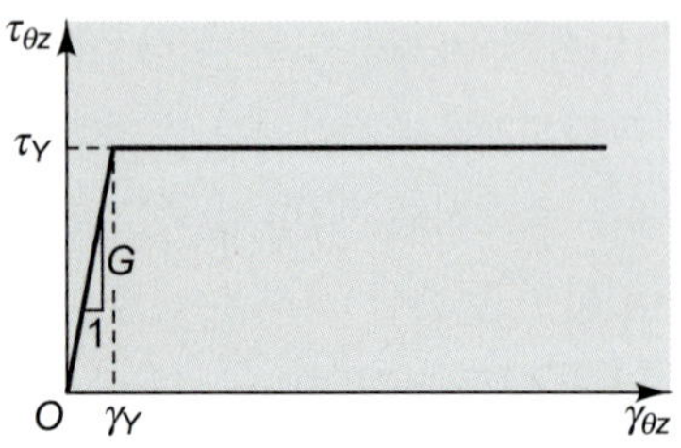

그림 6.19 완전탄소성 재료의 전단 응력-전단변형률 선도

이 식으로부터, $\phi > \phi_Y$일 때 r_Y를 계산할 수 있다.

$$r_Y = \frac{L\gamma_Y}{\phi} \tag{6.22}$$

$\tau_Y = G\gamma_Y$의 관계를 이용하고, 식 (6.20)의 두 번째 식을 도입하면 다음을 얻는다.

$$r_Y = \frac{L\gamma_Y}{G\phi} = r_o\frac{\phi_Y}{\phi} \tag{6.23}$$

다음으로, 그림 6.19의 응력-변형률 관계를 이용하여, 식 (6.21)의 변형률 분포 $\gamma_{\theta z}$에 대응하는 응력 분포 $\tau_{\theta z}$를 정량적으로 구해 보자. 내부의 탄성 코어 $0 < r < r_Y$에 있어서는 다음 식이 성립한다.

$$\begin{aligned}\tau_{\theta z} &= G\gamma_{\theta z}\\ &= G\frac{\phi}{L}r = \tau_Y\frac{r}{r_Y}\end{aligned} \tag{6.24}$$

외부 소성역 $r_Y < r < r_0$에 있어서는 다음 식을 얻는다.

$$\tau_{\theta z} = \tau_Y \tag{6.25}$$

식 (6.24)와 식 (6.25)로 정의되는 응력 분포를 그림 6.20(c)에 그려 놓았다.

마지막으로 평형조건을 이용하면, 그림 6.20(c)의 응력 분포의 합은 작용된 비틀림 모멘트 M_t와 같아야 하며, 다음과 같은 식이 얻어진다.

$$\begin{aligned}M_t &= \int_A r\tau_{\theta z}\, dA\\ &= \int_0^{r_Y} r\left(\frac{r}{r_Y}\tau_Y\right)2\pi r\, dr + \int_{r_Y}^{r_o} r\tau_Y 2\pi r\, dr\end{aligned}$$

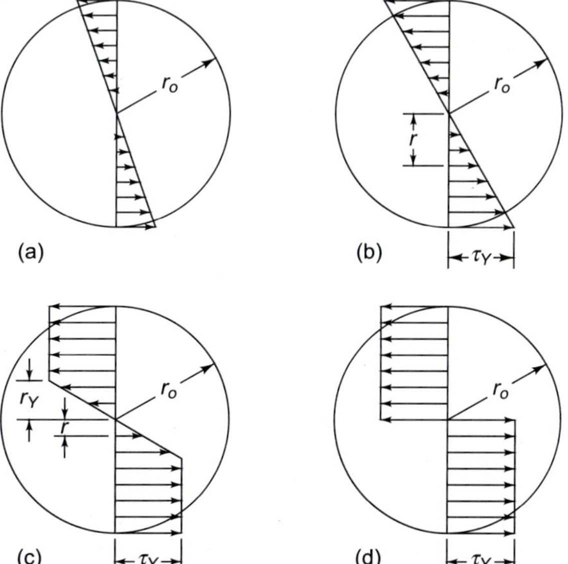

그림 6.20 그림 6.19와 같은 응력-변형률 곡선을 갖는 재료로 만들어진 비틀림을 받는 축에서의 전단응력 분포. (a) 전체적으로 탄성영역, (b) 항복개시, (c) 부분적으로 소성영역, (d) 완전소성

$$= \frac{\pi}{2} r_Y^3 \tau_Y + \frac{2\pi}{3}(r_o^3 - r_Y^3)\tau_Y$$

$$= \frac{2\pi}{3} \tau_Y r_o^3 \left(1 - \frac{1}{4}\frac{r_Y^3}{r_o^3}\right) \tag{6.26}$$

이 식을 식 (6.20)의 항복 비틀림 모멘트와 식 (6.23)의 비틀림각을 도입하여 보다 유용한 형태의 식을 얻을 수 있다.

$$M_t = \frac{4}{3} T_Y \left(1 - \frac{1}{4}\frac{\phi_Y^3}{\phi^3}\right) \tag{6.27}$$

이 비선형(*nonlinear*) 관계식은 $\phi > \phi_Y$에 대하여 타당하다. 더 작은 비틀림각에 대해서는 비틀림 모멘트와 비틀림각 사이의 관계는 **선형**(*linear*) 관계인 식 (6.8)로 주어진다. 식 (6.8)과 식 (6.27)을 조합하여 구성한 선도를 그림 6.21에 그려 놓았다. 그림 6.20(d)의 응력 분포에 대응하는 **극한 또는 완전소성 비틀림 모멘트**(*limit* or *fully plastic twisting moment*) T_L은 $\frac{4}{3}T_Y$이고, 이론적으로 $\phi \to \infty$의 극한에서만 이 값에 도달한다. 그림 6.21에서 알 수 있듯이, 이 극한 비틀림 모멘트는 매우 급속히 도달한다(예를 들면, $\phi = 3\phi_Y$일 때 $M_t = 1.32T_Y$이다).

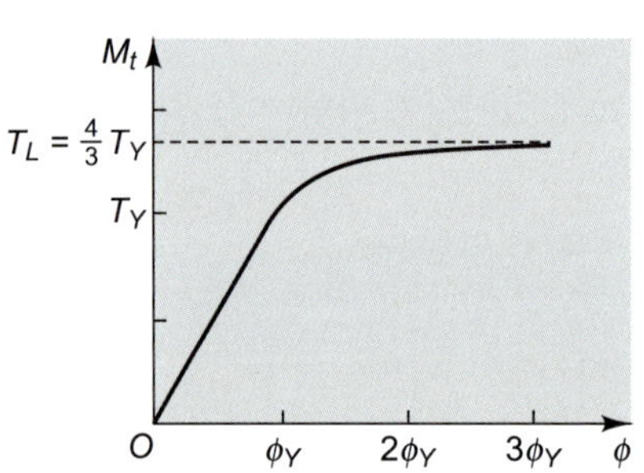

그림 6.21 그림 6.19와 같은 응력-변형률 곡선을 갖는 재료로 만들어진 중실 원형 축에 대한 비틀림 모멘트-비틀림각 관계

6.11 잔류응력 *Residual Stresses*

그림 6.21의 조합된 결과는 비틀림 모멘트가 계속 증가하는 경우에 대해 타당하다. 축 재료가 소성변형을 일으킨 다음 **탄성적으로**(*elastically*) 하중을 제거한다고 가정하면(그림 5.6 참조), 그때 어느 단계에서나 비틀림 모멘트가 감소된다면 비틀림 모멘트-비틀림각 선도는 그림 6.22와 같이 원래의 탄성관계 식 (6.8)에 평행한 직선을 그리게 될 것이다. 이 현상의 정당성은 축 전체에 대한 응력증분-변형률증분 관계가 탄성적인 한, 비틀림에 대한 기하학적 적합성과 평형조건이 그대로 변하지 않고 유지된다는 사실에 근거를 두고 있다.

비틀림 모멘트가 0까지 감소되었다면(그림 6.22의 점 C), 축은 영구 비틀림 OC를 남기게 된다. 이런 조건에서 축에는 외부하중이 존재하지 않지만, 축 내부에는 자체 평형을 위한 내부응력이 분포된다는 것에 주목해야 한다. 소성변형에 의해 재료 내부에 "고착(locked-in)"되어 있는 내부응력을 **잔류응력**(*residual* stresses)이라 부른다.

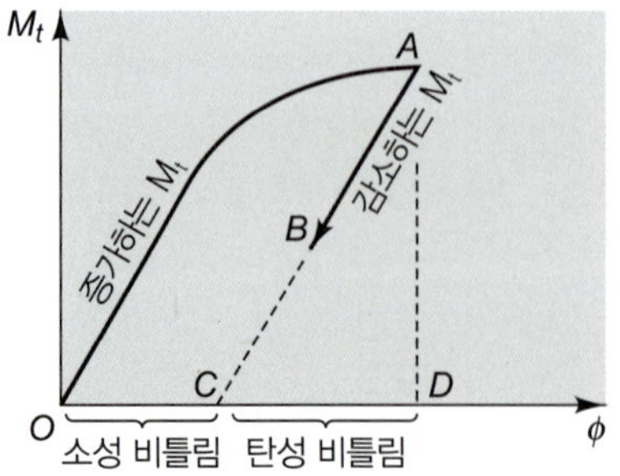

그림 6.22 소성변형된 축의 하중 제거

잔류응력의 분포는 중첩법을 이용하여 구할 수 있다. 축에 비틀림 모멘트를 증가시켜 그림 6.22의 점 A까지 소성변형시키는 데 필요한 비틀림 모멘트

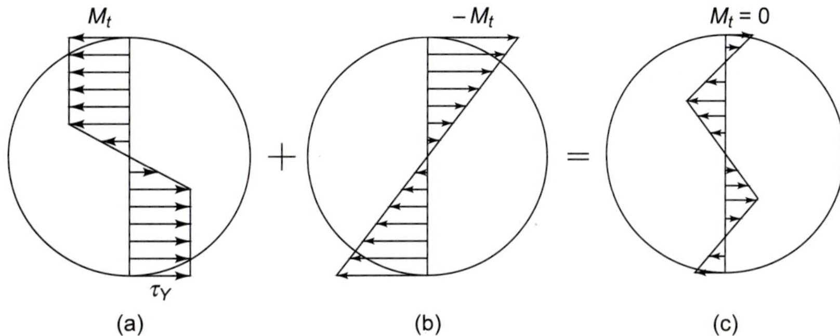

그림 6.23 소성역까지 비틀린 후 하중이 제거된 축 내부에서의 잔류전단응력 분포

M_t하에서의 소성변형은 그림 6.23(a)와 같은 응력 분포를 발생시킨다. 이 변형과정은 **비선형적**(*nonlinear*)이나, 그림 6.22의 ABC를 따르는 탄성적 제하(unloading) 과정은 선형적이다. 이때 $-M_t$의 비틀림 모멘트를 발생시키는 탄성응력의 **가상적**(*hypothetical*) 분포는 그림 6.23(b)와 같다. 그림 6.23의 (a)부분과 (b)부분을 중첩시키면 외부의 비틀림 모멘트는 완전히 제거되지만 잔류응력의 분포를 갖는 그림 6.23(c)를 얻는다. 축 바깥부분에 잔류하는 전단응력은 원래 작용된 하중에 의하여 발생했던 응력과는 반대방향이지만, 내부 부분의 잔류응력은 원래 발생했던 응력과 같은 방향이다.

어떤 조건하에서는, 이와 같은 방법으로 얻어진 반전응력(reversed stress)이 반대방향의 항복응력보다 더 클 수도 있다. 이러한 경우에는 간단한 선형중첩법을 적용할 수 없다(문제 6.41 참조).

6.12 극한해석 *Limit Analysis*

앞의 두 절에서, 탄성역과 소성역을 모두 포함하는 변형을 상세히 해석하고자 할 때 몇 가지 복잡성이 부각된다는 것을 알았다. 단순 비틀림과 같은 간단한 경우에 대해서는 사실상 해석이 가능하였다. 그러나 보다 복잡한 구조물에 대한 해석은 너무 복잡하여 엄밀한 해석을 하기란 실질적으로 거의 불가능한 경우가 흔히 있다.

설계목적을 위해서는 기본적인 소성항복 현상은 포함하나, 중간과정의 응력과 변형률 분포의 상세한 고려를 모두 생략하는 매우 간단한 근사해석법이 있다. 이 해석법을 **극한해석법**(*limit analysis*)이라 하고, 설계자가 뚜렷한 항복점을 갖는 금속으로 만들어진 복잡한 구조물을 설계할 때 이용한다. 우리는 여기서 극한해석의 개념을 비틀림과 관련시켜 소개한다. 제8장에서는 같은 기법을 보의 굽힘에 적용시킬 것이다.

극한해석의 근본이 되는 기본개념은, 뚜렷한 항복점을 갖는 재료로 만들어진 모든 부재는 하중이 **극한하중**(*limit load*)에 도달하기 전까지는 변형이 그리 커지지 않는 잘 정의된 극한하중을 갖는다는 것이다. 변형들은 비록 부분적으로 소성변형한다 하더라도, 하중이 극한하중보다 현저히 작게 유지되는 한 작게 될 것이다. 그러므로 한 부재가 큰 변형을 할 때마다 그 부재가 지탱하고 있는 하중은 근사적으로 극한하중이다. 이것은 바로 비틀림을 받는 완전탄소성 재료로 만들어진 간단한 축에 대해 우리가 이미 얻었던 거동과 일치한다. 비틀림 모멘트가 극한모멘트보다 현저하게 적은 한, 비틀림각은 유한하고 작다(그림 6.21 참조). 그러나 큰 비틀림각에 대해서 비틀림 모멘트는 극한모멘트에 점근적으로 접근한다.

이러한 축이 부정정 구조물의 한 부분으로 구성되어 있는 경우에, 이 구조물의 다른 부분들에서 큰 변형이 발생하였을 때에만 축의 변형이 크게 일어나는 경우가 종종 발생한다. 여러 개의 서로 연결되어 있는 부분들이 동시에 큰 변형을 발생할 때까지 전체적으로 그 구조물은 큰 변형을 발생하지 않는다.

극한해석법은 먼저 구조물의 기하학적 고찰로부터, 구조물에 큰 변형을 야기시키기 위해 동시에 큰 변형을 하여야 할 부분들의 조합을 결정하고, 다음으로 평형조건을 적용하여 이들 변형에 대응하는 외부하중을 결정하는 방법이다. 이 두 번째 단계는 고체역학에서 보통 사용하고 있는 방법에 비해 훨씬 간단하다. 그 이유는, 큰 변형이 발생된 각 부분이 지탱해야 할 하중은 완전소성 또는 극한하중이어야 하기 때문이다. 외부의 극한하중은 각 부분에 작용하는 극한하중과 평형을 이루어야 한다는 조건으로부터 얻어낼 수 있다.

예제 6.5 그림 6.24(a)에 보이는 예제 6.2의 시스템을 다시 고려해 보자. 여기서는 축이 탄성상태일 때 주어진 모멘트 M_B에 대한 변형을 계산하는 대신, 점 B에서 큰 각변위를 일으키게 하는 M_B의 극한값을 계산하고자 한다.

- 극한 비틀림 모멘트는 재료가 소성변형을 할 때나, 전단응력의 항복값에 도달할 때 발생한다.
- 극한 비틀림 모멘트는 축의 두 부분이 큰 변형을 갖도록 하는 기하학적 적합조건에 의해 주어진다.

B에서 큰 회전이 일어나려면, AB와 BC에서 모두 큰 비틀림이 일어나야 한다. 이것은 그림 6.24(b)에 보이는 바와 같이 AB와 BC에서 모두 완전소성 또는 극한 비틀림 모멘트 T_L을 지탱할 때 발생한다. B에서의 평형조건은 다음과 같다.

$$(M_B)_L = 2T_L \tag{a}$$

이 극한해석법이 예제 6.2의 탄성해석과 비교하여 간단하다는 것에 주목하여야 한다. 3단계의 기본적인 고찰(평형조건, 기하학적 적합성, 힘-변형 관계)이 여기에도 적용되나,

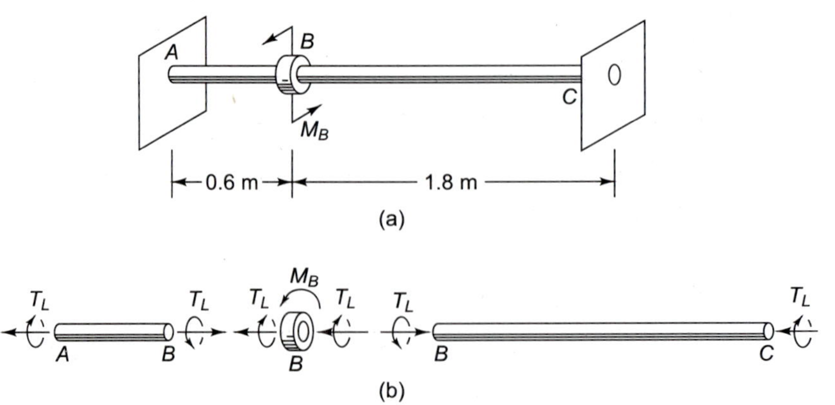

그림 6.24 예제 6.5. 부정정 비틀림 부재의 극한해석

아주 간단화된 형태로 적용된다는 것에 주목하기 바란다. AB와 BC **모두** 큰 변형을 가져야 한다는 조건이 바로 **기하학적 적합성**(*geometric compatibility*)이다. 또 양 축이 비틀림 모멘트 T_L을 지탱해야 된다는 사실은 **힘-변형** 관계에 기인한 것이다. 즉, 큰 변형을 가지려면 비틀림 모멘트는 완전소성 비틀림 모멘트가 되어야 한다. 최종적으로 B에서의 **평형조건**을 적용하여 식 (a)를 얻는다.

식 (a)와의 비교를 위하여, 탄성해석을 이용하여 계의 어느 곳에서 항복을 최초로 야기하는 모멘트 M_B의 값을 구할 수 있다. 예제 6.2로부터 이 계에서 최대 응력은 AB 사이에서 일어난다는 것은 분명하다. A에서의 비틀림 모멘트는 하중모멘트 M_B가 $(M_B)_Y$에 도달할 때 T_Y와 같게 된다. 이들 사이의 관계는 다시 계산할 필요도 없이 예제 6.2의 식 (d)로부터 바로 얻을 수 있다. 즉,

$$(M_B)_Y = \frac{L_{AC}}{L_{BC}} T_Y = \tfrac{4}{3} T_Y \tag{b}$$

식 (a)와의 비교하기 위하여 그림 6.21의 결과, 즉 $T_L = \frac{4}{3}T_Y$를 이용하면 다음을 얻는다.

$$(M_B)_L = 2(M_B)_Y \tag{c}$$

따라서 무한한 비틀림을 야기하는 B에서의 모멘트는 축의 어느 곳에서나 최초로 항복을 일으키는 모멘트의 2배가 된다.

■ ■ ■

앞 예제에서는 큰 변형을 일으키는 가능한 기구는 단지 한 가지뿐이었다. 보다 복잡한 시스템에서는 큰 변형을 일으키는 기구가 둘 또는 그 이상의 조합으로 나타나는 경우가 흔히 있다. 이러한 경우에는, 각 가능한 조합에 대한 극한하중을 계산해야 할 필요가 있다. 실제로 일어나는 조합은 최소의 극한하중에 대응하는 조합이다.

6.13 직사각형 단면 축의 비틀림 *Torsion of Rectangular Shafts*

경우에 따라서는 원형 단면이 아닌 다른 단면을 갖는 세장부재가 비틀림을 받는 경우가 생긴다. 이 장의 처음 부분에서 대칭논리를 기초로 한 해석방법은 원형 단면이 아닌 다른 단면에 대해서는 적용되지 않는다. 예를 들어, **정사각형** 단면을 갖는 축이 비틀린다면, 그림 6.25에 그려 놓은 요소 내에 점선으로 표시한 4개의 직선들이 변형 후에도 그대로 직선으로 유지된다는 것을 보이기 위하여 6.2절에서와 같은 대칭논리를 사용할 수 있다(문제 6.20과 6.21 참조). 그러나 이 단면상의 모든 다른 직선들은 대칭성의 요구조건을 위반하지 않고 비틀릴 수 있다.

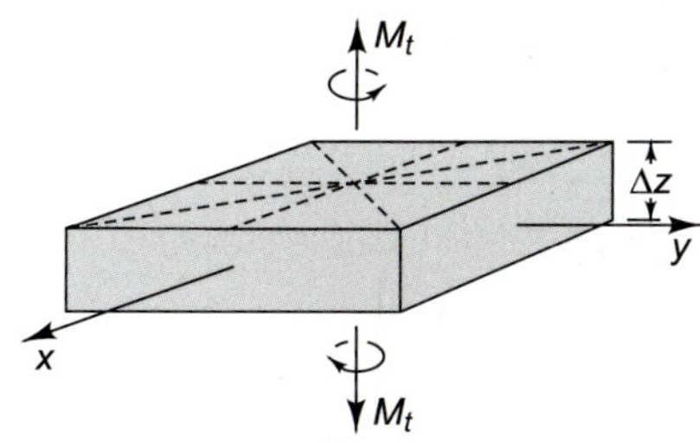

그림 6.25 정사각형 단면 축의 비틀림에서, 대칭논리는 점선으로 표시된 직선들이 변형 후에도 직선으로, 그리고 z축에 수직하게 유지되는 것을 요구한다. 단면상의 모든 다른 직선들은 변형될 수 있다.

정사각형 단면을 갖는 축 표면상에 미소한 정사각형 격자를 그려 놓고, 비틀림 후에 발생되는 변형

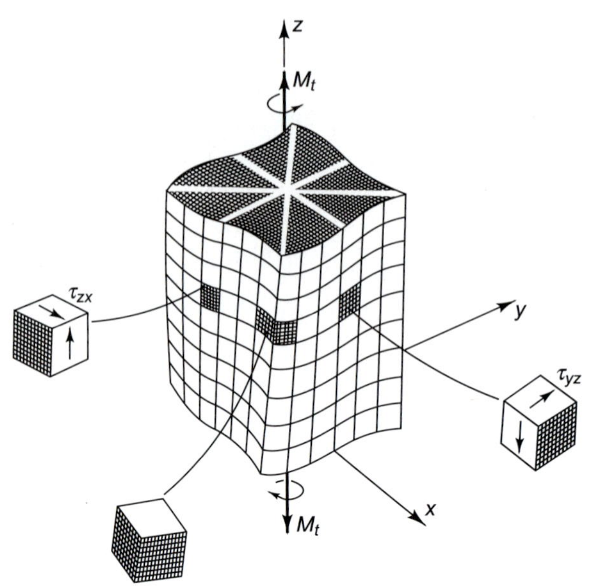

그림 6.26 비틀림을 받는 정사각형 단면 축의 변형. 원래 평면이었던 단면들은 변형 후에 뒤틀린다.

을 그림 6.26에 그려 놓았다. 모퉁이 요소에는 응력이 작용될 수 없으므로 축이 변형된 후에도 이 요소는 뒤틀리지 않는다. 원래 평면이었던 단면들은 변형되거나 **뒤틀리게**(*warped*) 된다. 일반적으로 원형대칭 단면을 갖지 않는 축에 비틀림을 가하면 단면 상호 간의 강체 회전과 함께, 단면은 원래의 평면을 유지하지 못하고 뒤틀림 변형을 수반한다.

직사각형 단면을 갖는 축의 비틀림에 대한 엄밀해는 제5장에서 유도한 방정식들을 이용하여 탄성재료와[5] 완전탄소성 재료[6]에 대하여 모두 얻을 수 있으나, 비교적 수준 높은 수학적 기술을 필요로 한다. 여기서는 더 이상의 이론적 유도는 피하고, 탄성해석 결과의 몇 가지만을 간단히 소개하고자 한다.

단면 치수가 a와 b ($b \leqq a$)인 긴 직사각형 단면 축에 대해, 단말효과(end effects)를 무시한 **최대 전단응력**(*maximum shearing stress*)은 그림 6.27에 보이는 바와 같이, a변의 중앙에서 발생하고 그 크기는 다음과 같다.

$$(\tau_{yz})_{\max} = c_1 \frac{M_t}{ab^2} \tag{6.28}$$

여기서 c_1은 표 6.1에 a/b의 함수로 주어져 있다. 긴 직사각형 단면 축의 **비틀림강성**(*torsional stiffness*)은 다음과 같다.

$$\frac{M_t}{\phi} = c_2 \frac{Gab^3}{L} \tag{6.29}$$

여기서 G는 전단탄성계수이고, c_2는 표 6.1에 주어져 있다.

[5] 예를 들면, S. Timoshenko and J. N. Goodier, "Theory of Elasticity", 3d ed., chap. 10, McGraw-Hill Book Company, New York, 1970. 참조

[6] 예를 들면, W. Prager and P. G. Hodge. Jr., "Theory of Perfectly Plastic Solid", p. 67, John Wiley & Sons, Inc., New York, 1951. 참조

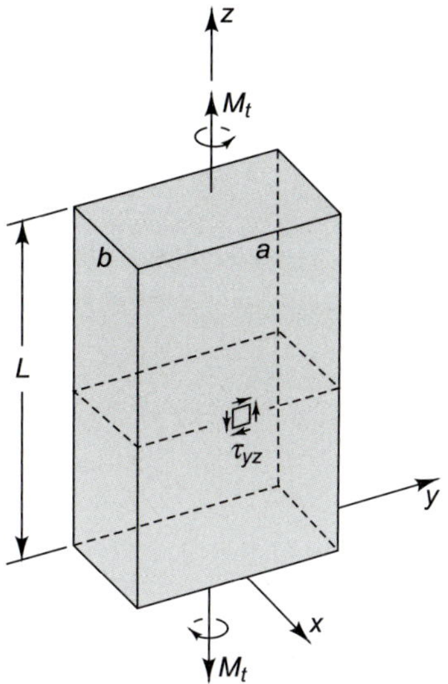

그림 6.27 비틀림 모멘트를 받는 직사각형 단면 축

표 6.1 직사각형 단면 축의 비틀림에 대한 계수

a/b	c_1	c_2
1	4.84	0.141
1.5	4.33	0.196
2	4.06	0.229
3	3.74	0.263
5	3.44	0.291
10	3.20	0.312

6.14 중공, 얇은벽 축의 비틀림 *Torsion of Hollow, Thin-Walled Shafts*

원형 축이 비틀림을 받는 경우에 우리는 초보적인 방법에 의해 수학적인 엄밀해를 얻을 수 있었다. 직사각형 단면 축에 대한 엄밀해도 상당히 고등한 방법에 의해 얻을 수 있었다. 이 절에서는 간단한 근사해석이 적용되는 축의 종류에 관해서 논의해 보기로 한다.

엄밀해석을 하려면 평형조건, 기하학적 적합성, 힘-변형 관계를 동시에 고려하여야 한다. 그러나 근사해석법은 평형조건을 이용하고 다른 두 조건을 조심스럽게 고려하는 대신, 응력 분포의 성질에 대해 합리적인 추측을 대입하는 방법이다.

단면이 원형이 아닌, 벽 두께가 t인 중공 원통형의 긴 축에 대해 고려해 보자. 벽 두께 t는 주위를 따라 일정할 필요는 없고 단면의 전반적인 치수에 비해 작다고 가정한다. 그림 6.28(a)에 비틀림 모멘트 M_t를 받고 있는 이러한 축의 길이 Δz의 미소 요소를 보여준다. 이 그림에서 n, s, z축들은 각각 수직, 접선, 축방향을 나타낸다.

우리는 비틀림으로 인해 발생하는 응력 분포의 형태에 관한 합리적인 가정을 함으로써 시작한다. 앞에서 얻은 비틀림에 대한 경험에 의하면 이러한 축이 비틀림을 받을 때 발생되는 응력은 분명히 전단응력 τ_{sz}라고 생각된다. 다른 응력성분들은 어떠한가? 수직응력 σ_n은 내면과 외면에서 모두 0이다. 벽 두께가 얇으므로, σ_n이 전 두께에 걸쳐 0이라고 가정하는 것

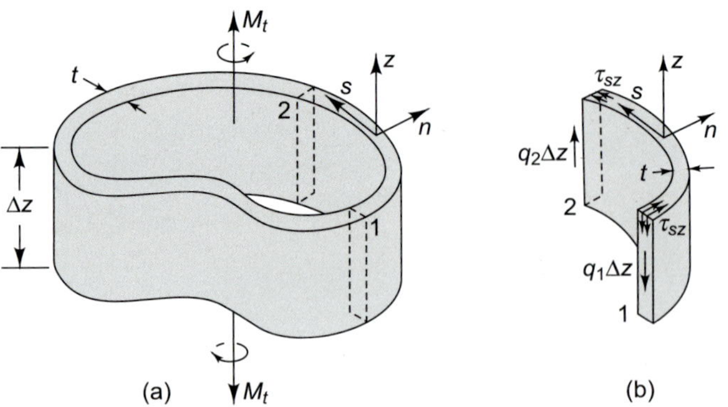

그림 6.28 얇은벽 관의 전단류

은 합리적이다. 유사한 논리가 응력성분 τ_{nz}, τ_{ns}에 대해서도 적용될 수 있다. 응력성분 σ_z와 σ_s의 존재 여부는 벽 두께가 얇다는 것과는 무관하다. 그러나 그림 6.28(b)와 같은 요소의 평형조건으로부터, σ_s는 존재하지 않는다는 것을 알 수 있다(문제 6.22 참조). σ_z에 대해서는 축력이 작용하지 않으므로 σ_z 분포의 **합력**(*resultant*)은 0이어야 한다. 합력이 0이라 하여 모든 곳에서 σ_z가 0이라고 할 수는 없으나, 이것은 적어도 σ_z가 중요한 응력성분은 아니라는 것을 의미한다. 이러한 기초 위에서 우리는 σ_z가 0이라고 가정하여 이상화한다. 따라서 그림 6.28의 축에 작용하는 0이 아닌 **유일한** 응력성분은 τ_{sz}라는 합리적인 가정을 한다.

그림 6.28(b)는 그림 6.28(a)의 단면으로부터 임의 요소 1~2를 떼어내어 그린 자유물체도이다. 전단응력 τ_{sz}는 윗면과 아랫면, 그리고 수직면 1과 2에 분포하고 있다. 이번에는 다음과 같이 정의되는 **전단류**(*shear flow*) q를 도입한다.

$$q = \int_{-t/2}^{t/2} \tau_{sz}\, dn \tag{6.30}$$

전단류는 단위길이당 전단력이다. 즉, 단위길이당 전 두께에 걸친 전단응력 분포의 합력이다. 전 두께에 걸쳐 분포되는 τ_{sz}의 분포를 정확하게 알지 못하거나 τ_{sz}의 분포가 그리 중요하지 않은 경우에 대해 전단류의 개념을 사용하면 매우 편리하다.

그림 6.28(b)에서 수직변 1과 2는 같은 길이 Δz를 가지므로, 이들 면에 작용하는 총 수직력은 나타낸 바와 같이 각각 $q_1\Delta z$와 $q_2\Delta z$이다. 다음 단계는 그림 6.28(b)의 요소가 **평형상태**에 있다는 것을 사용하는 것이다. 수직력의 평형으로부터 다음 식을 얻는다.

$$q_1 = q_2 \tag{6.31}$$

따라서 임의의 두 위치에서 전단류는 같아야 한다. 이것은 **축의 단면 주위를 따라 전단류는 일정해야 한다**는 것을 의미한다. 전단류(shear *flow*)라고 이름을 붙인 것도 이 사실에 연유한다. 얇은벽 축에서의 전단류와 폐채널(closed channel) 주위를 흐르는 비압축성 유동과는 분명한 유사성을 갖는다.

앞으로 남아 있는 일은 전단류를 작용된 비틀림 모멘트 M_t의 항으로 계산하는 것이다. 그림 6.29(a)에 길이 Δs의 요소에 작용하는 힘 $q\Delta s$와 이 힘의 O에 관한 레버 암(lever arm) h를 표시하였다. 이 요소에 작용하는 힘에 의해 발생하는 비틀림 모멘트는 다음과 같다.

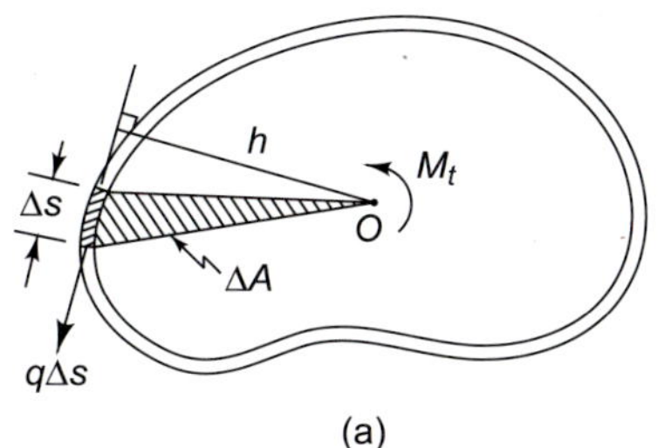

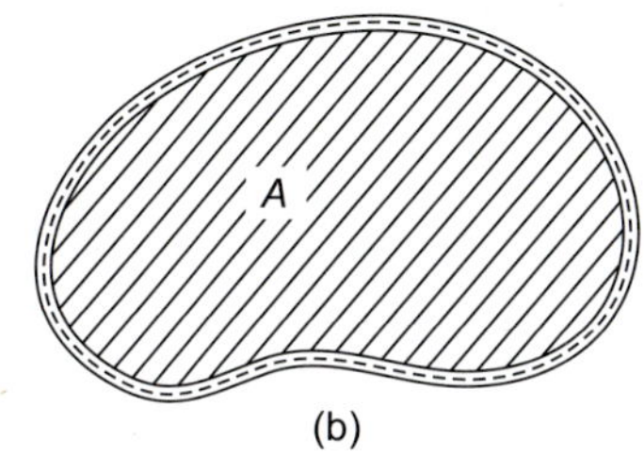

그림 6.29 비틀림 모멘트의 계산

$$\Delta M_t = q\,\Delta sh \tag{6.32}$$

Δs가 극히 작은 값을 가질 때, Δsh의 값은 그림 6.29에서 사선으로 표시한 삼각형의 면적 ΔA의 2배로 근사화할 수 있다. 따라서 총 비틀림 모멘트는 이러한 요소에 의해 발생하는 비틀림 모멘트의 합이 된다. 즉,

$$M_t = 2qA \tag{6.33}$$

여기서 A는 축으로 둘러싸인 총 면적이다. 보다 정확한 결과를 얻으려면 면적 A를 그림 6.29(b)의 점선으로 표시된 중앙 두께까지 확대하여 구하면 된다. 그러나 이 문제에 있어서 벽의 두께가 극히 얇다는 가정하에서 근사계산을 하는 것이므로, 내측 면적을 사용하든 외측 면적을 사용하든 면적에 있어서 그리 큰 차이가 생기지 않는다. 만일 이들 값 사이에 큰 차이가 생긴다면, 이 문제는 근사해법의 타당성 영역을 벗어나게 된다.

식 (6.33)은 전단류와 작용된 비틀림 모멘트 사이의 관계를 나타낸다. 이 결과는 응력성분 τ_{sz}만이 작용한다는 합리적인 가정하에서, 단지 평형조건만을 고려하여 얻어졌다. 만일 이 결과가 타당하다면 그것은 재료의 거동, 예를 들면 탄성이나 소성에 관계없이 타당하여야 한다. 보다 엄밀한 해석결과[7]에 의하면, 이 근사해법은 사실상 얇은벽 중공 축에 대해 아주 잘 들어맞는다는 것이 입증되었다.

탄성역에서는 응력 τ_{sz}가 두께에 걸쳐 균일하게 분포된다고 가정하는 것이 보다 합리적이다. 이 경우 식 (6.30)은 $q = \tau_{sz}t$가 되고, 이것을 식 (6.33)에 대입하면 비틀림 모멘트 M_t에 의한 얇은벽 중공 축에 발생하는 전단응력은 다음과 같이 얻어진다.

$$\tau_{sz} = \frac{M_t}{2At} \tag{6.34}$$

여기서 설명한 근사이론은 매우 유용하기는 하지만 불충분하다. 지금까지 변형에 대해서는 아무런 언급이 없었으며, 앞으로 더 해석[8]을 진행시키지 않고서는 변형을 구할 수가 없다. 식 (6.33)은 소성거동에 대해서도 타당하지만, 식 (6.34)는 소성거동에는 타당하지 않다(문제 6.27 참조). 그러나 이 사실은 얇은벽 중공 축에 있어서 최초로 항복이 일어나는 비틀림

[7] 예를 들면, S. Timoshenko and J. N. Goodier, "Theory of Elasticity," 3d ed., p. 332, McGraw-Hill Book Company, New York, 1970. 참조

[8] 예를 들면 J. T. Oden, "Mechanics of Elastic Structure", p. 46, McGraw-Hill Book Company, 1967. 및 문제 6.42 참조

모멘트와 완전소성상태에 대응하는 비틀림 모멘트와의 차이가 매우 작으므로, 사실상 큰 의미는 없다(그 차이는 벽 두께 t가 0으로 접근하면, 0으로 접근한다).

예제 6.6 균일 두께를 갖는 얇은벽 **원형** 축에 대하여, 이 절에서 기술한 근사이론에 의해 예측된 결과와 6.6절의 엄밀이론에 의해 예측된 결과를 비교하라.

- 엄밀이론은 전단응력이 반지름에 따라 선형적으로 변화하며, 외벽에서 최대가 됨을 예측한다.
- 근사이론은 전단응력이 벽 두께에 걸쳐 균일하게 분포됨을 예측한다.
- 두 이론식을 이용하여 그 결과 값을 비교하라.

그림 6.30에 이 축의 단면을 보여준다. 엄밀이론에 의하면 전단응력 $\tau_{\theta z}$는 반지름에 비례하고, 바깥반지름에서 최대치를 갖는다. 식 (6.9)와 식 (6.11)을 이용하면 다음을 얻는다.

$$\begin{aligned}(\tau_{\theta z})_{\max} &= \frac{M_t r_o}{\frac{\pi}{2}(r_o^4 - r_i^4)} \\ &= \frac{M_t r_o}{\frac{\pi}{2}(r_o^2 + r_i^2)(r_o + r_i)(r_o - r_i)}\end{aligned} \tag{a}$$

이 절의 근사이론에 의하면, 전단응력 τ_{sz}는 벽 두께에 걸쳐 균일하게 분포된다. 식 (6.34)와 그림 6.30에 표시한 값들을 사용하면 다음을 얻는다.

$$\begin{aligned}\tau_{sz} &= \frac{M_t}{2At} \\ &= \frac{M_t}{\frac{\pi}{2}(r_o + r_i)^2 (r_o - r_i)}\end{aligned} \tag{b}$$

(a)와 (b) 사이의 차이를 엄밀이론 결과에 대한 비율을 계산하면 다음과 같다.

$$\frac{\tau_{sz} - (\tau_{\theta z})_{\max}}{(\tau_{\theta z})_{\max}} = -\frac{r_i}{r_o}\frac{r_o - r_i}{r_o + r_i} \tag{c}$$

예로, $r_i/r_o = 0.9$인 경우 (a)와 (b) 사이의 차이는 단지 4.7%뿐이다. $r_i/r_o = 0.75$인 경우는 10.7%의 차이가 발생한다.

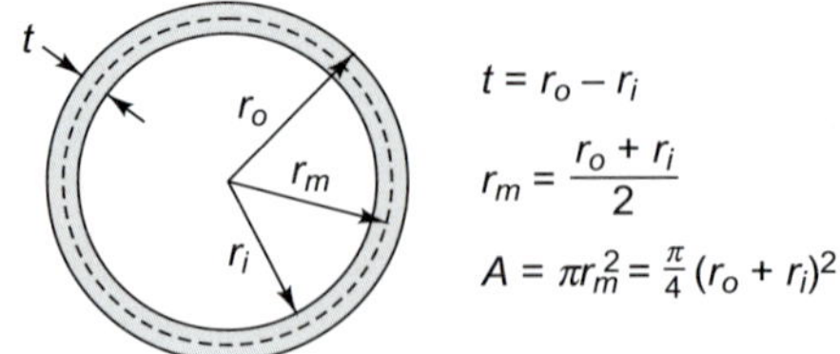

그림 6.30 예제 6.6

■ ■ ■

요약 *SUMMARY*

서론

축은 시계의 작은 비틀림스프링으로부터 자동차의 동력전달장치까지 많은 공학적 목적에 널리 사용된다. 이들의 예제에서, 우리는 축 부재에 작용하는 비틀림 모멘트와 수반되는 비틀림각을 구하고자 한다.

비틀림을 받는 원형 축의 공간배치(*spacing*)에 관한 기하학

원형 부재의 해석에서는 해석을 위해 r, θ, z를 사용한 원통좌표계를 이용하는 것이 편리하다. 우리는 원형 축이 비틀림을 받을 때, 축의 단면들은 평면을 유지해야 한다는 것을 증명할 수 있었다. 또한, 직선 지름들은 비틀림 변형 후에도 직선이다. 즉, 축에 수직한 평면에서의 직선들은 직선을 유지한다. 따라서 대칭성과 신장변형률이 0이라는 합리적인 가정으로부터, 우리는 아래와 같은 변형률 분포를 구할 수 있다.

$$\varepsilon_r = \varepsilon_\theta = \varepsilon_z = \gamma_{r\theta} = \gamma_{rz} = 0$$

응력–변형률 관계로부터 얻어지는 응력

원통좌표계에서 Hooke의 법칙을 사용하여, 우리는 식 (6.3)에 주어진 변형률 성분들과 관계된 응력성분들을 구하였으며, 전단응력성분은 반지름에 따라 선형적으로 변화함을 보여준다.

평형조건

평형조건들에 의해서, 우리는 요소의 z와 θ 면에서 전단응력들이 같다는 것을 보였다.

비틀림 모멘트가 작용할 때, 회전 대칭에 의해 합력은 0이 되어야 한다.

$$\int_A r\,(\tau_{\theta z} \cdot dA) = M_t$$

비틀림을 받는 탄성 원형 축에서의 응력과 변형량

앞 절에서의 물리적인 결과들을 조합하여, 우리는 아래와 같은 비틀림강성과 관련된 비틀림 방정식을 얻는다.

$$M_t/\varphi = G\,I_z/L$$

비틀림을 받는 탄성축과 관련된 모든 문제에 대한 완전해는 내부 비틀림 모멘트와 외부하중 사이의 평형방정식, 기하학적 적합성 그리고 하중–변형 관계식을 조합하여 얻어진다.

비틀림 응력 해석; 조합 응력

부재의 재료에서 미소 요소의 응력과 주응력을 구하기 위해 모어의 원을 고려함으로써 만족스러운 결과를 얻을 수 있다. 또한, 하중의 한 가지 형태로 기인된 응력과 변형률은 다른 종류의 하중에 의해 변하지 않는다.

비틀림에 의한 변형에너지

비틀림에 의한 변형에너지는 아래와 같은 관계식을 이용하여 얻을 수 있다.

$$U = 1/2 \int_V (\tau_{\theta z} \cdot \gamma_{\theta z}) \cdot dV$$

이 관계식은 전 장에서 설명한 Castigliano의 정리를 이용하여 얻을 수 있다.

비틀림에서 항복의 발생

일반적인 응력상태에서 항복의 발생을 결정하기 위해, 우리는 전개된 이론에 따라 등가 또는 유

효응력을 계산하고, von-Mises 기준을 이용하여 항복응력과 비교한다. 따라서 우리는 축이 아래와 같을 때 비틀림에 의해 항복된다는 것을 예상할 수 있다.

$$\tau_{\theta z} = 0.5Y$$

소성변형

인장시험 데이터는 소성유동법칙을 이용하여 전단응력과 전단변형률 사이의 관계를 예측하기 위해 사용된다. 완전탄소성 재료에서의 비틀림 효과는 그림 6.19에 그려져 있다. 또한, M_t와 T_Y 사이에는 비선형 관계가 있다. 더 작은 비틀림각에 대해서는, 선형 관계로 근사화할 수 있다. 극한 또는 완전소성 비틀림 모멘트 T_L은 $\varphi \to \infty$일 때 $T_L = 4/3\ T_Y$로 접근한다.

잔류응력

만일 우리가 축이 소성적으로 변형된 후에 탄성적으로 제거되고, 그때 어떤 단계에서든지 비틀림 모멘트가 감소된다고 가정하면, 비틀림모멘트-비틀림각 곡선은 원래의 탄성 관계에 평행한 직선을 따라가게 된다. 하중이 제거된 후 소성변형에 의해 재료에 고착(locked-in)된 내부응력을 잔류응력이라 부른다. 이에 대한 그림은 그림 6.23(a), (b), (c)에 그려져 있다.

직사각형 단면 축의 비틀림

원형 축에 대한 대칭성을 기반으로 하는 부재의 해석은 정사각형 또는 직사각형 단면 축에서는 타당한 결과를 주지 못한다. 변형은 그림 6.26에 분명히 그려져 있으며, 식 (6.28)로 주어지는 최대 전단응력은 중심축에서 가장 가까운 변의 중앙점에서 발생한다.

얇은벽 중공 축의 비틀림

근사화된 해법이 응력 분포의 성질을 결정하기 위해 하중-변형 관계와 기하학적 적합성 대신 대체된다. 우리는 전단류(즉, 단위길이당의 전단력)가 축의 단면 주위를 따라 일정하며, 탄성 범위에서 전단응력은 축의 두께에 걸쳐 균일하게 분포됨을 알았다.

지금까지 우리는 전단과 비틀림을 받는 부재의 응력상태에 대해 알아보았다.

문제 *PROBLEMS*

6.1 지름이 50 mm인 강축에 1100 N · m의 비틀림 모멘트가 작용할 때 축의 길이가 1.5 m라면 축의 비틀림각과 최대전단응력은 얼마인가?

6.2 길이 2.5 m인 중공 강축이 25 kN · m의 비틀림을 전달하여야 한다. 전체 비틀림각이 2.0°를, 최대 허용전단응력이 82 MN/m^{2}을 초과하지 않도록 하고 싶다. 축의 안지름과 바깥지름의 치수를 구하라.

6.3 내부 원통이 전단탄성계수 G_1을 가지는 탄성재료로 되어 있고, 외부 원통이 전단탄성계수 G_2를 가지는 탄성재료로 만들어진 복합축이 있다. 두 재료는 경계면 r_i에서 완벽하게 접합되어 있다. 6.2절부터 6.5절까지의 본문의 유도방법을 모델로 하여, 비틀림 모멘트 M_t의 작용으로 인한 비틀림각 ϕ와 전단응력 $\tau_{\theta z}$에 대한 공식을 유도하라.

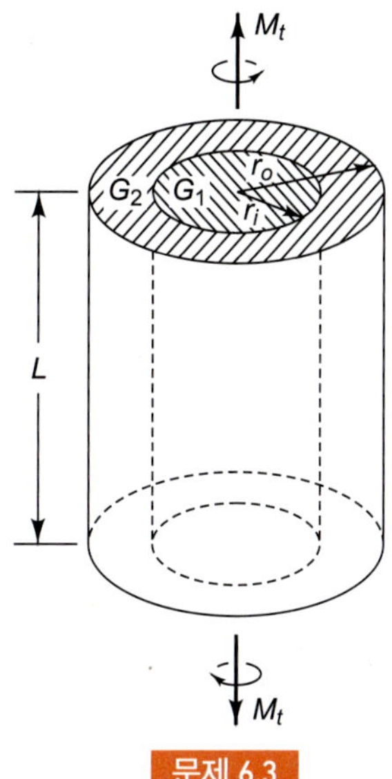

문제 6.3

6.4 지름 3 cm, 길이가 1 m인 4130 HT 강축이 소성변형을 일으키는 바로 직전의 상태에서 비틀림을 전달한다. 축의 양단 사이에서 발생하는 비틀림각을 구하라.

6.5 1020 CR 강으로 만들어진 외경 5 cm의 중공 강축이 있다. 항복을 전혀 일으킴이 없이 (a) 3750 N · m (b) 7500 N · m의 비틀림 모멘트를 전달할 수 있는 축의 최대 안지름은 얼마인가?

6.6 그림과 같이 기어로 연결되어 있는 강축에 10 N · m의 비틀림 모멘트가 작용한다. 비틀림 모멘트가 작용하는 점에서의 비틀림각을 계산하라

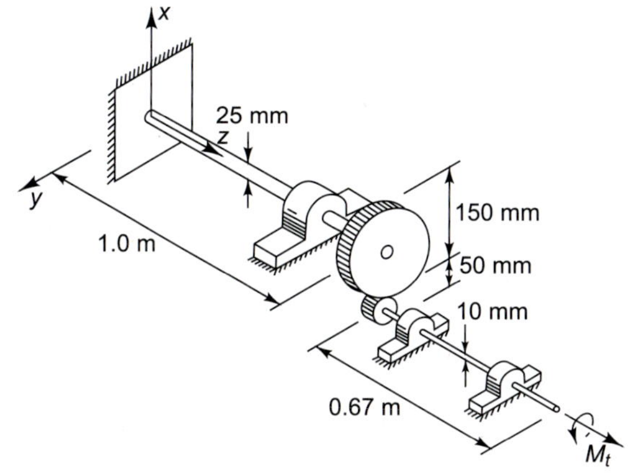

문제 6.6

6.7 문제 6.6의 시스템에 대해, 어느 한 축 내의 전단응력이 275 MN/m^2에 도달하기 전에 작용할 수 있는 최대 비틀림 모멘트 M_t의 값은 얼마인가?

6.8 기어의 피로거동을 시험함에 있어 그림과 같은 기어와 축으로 이루어진 장치가 자주 사용된다. 이 장치의 부품들은 조립할 때 기어들이 서로 맞물리려면 75 mm 기어 중 어느 하나를 잡고, 이것에 대응하는 125 mm 기어를 3° 돌려야만 되도록 제작되어 있다. 그리하여 이 시스템 내에는 "고착된(locked-in)" 비틀림 모멘트가 존재하게 된다. 어느 한 기어에 외부 비틀림 모멘트를 가하여 이 시스템을 구동시킬 때, 기어와 축으로 이루어진

시스템이 외부로부터 공급되는 동력보다 훨씬 큰 평균동력을 가지는 동력 회로를 형성한다. 이 시스템을 조립한 후 외부 비틀림 모멘트를 가하기 전에 두 축 내에 발생하는 최대 전단응력을 구하라. 축은 1020 CR 강으로 만들어진다.

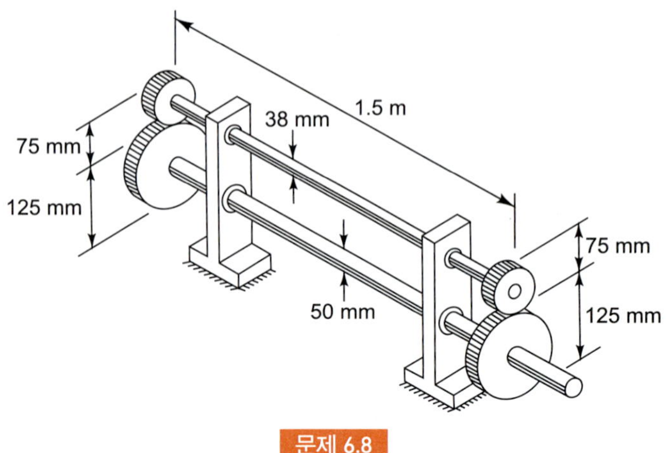

문제 6.8

6.9 그림과 같은 축과 기어로 이루어지는 시스템을 조립할 때, 기어들을 잘 맞물리게 하기 위해 75 mm 지름의 기어를 잡고, 125 mm 지름의 기어를 3°만큼 회전시켜 조립한다. 조립 후 외부 비틀림 모멘트를 작용하기 전에 두 축 내에 발생하는 최대 전단응력을 계산하라. 축은 1020 CR 강으로 만들어진다.

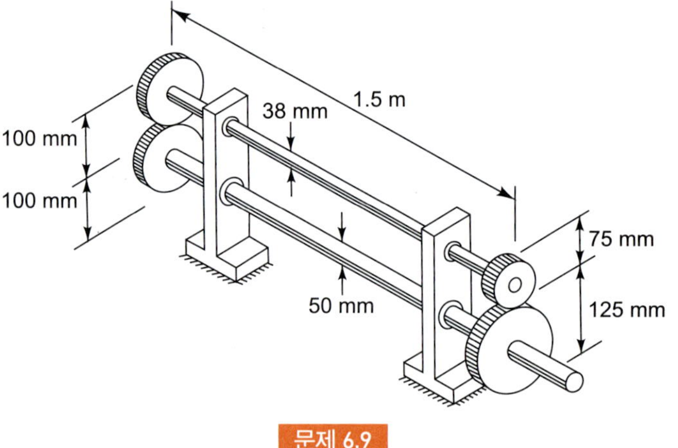

문제 6.9

6.10 동일한 재료이나 지름이 서로 다른 두 축 *AB*와 *BC*가 서로 점 *B*에서 용접되어 있다. 점 *A*와 점 *C*는 축이 이들 점에서는 돌지 않도록 안전하게 고정되어 있다. 외부 비틀림 모멘트 M_o가 축 점 *B*에 작용하고 있다. 축의 양단 *A*와 *C*에 발생하는 비틀림 모멘트들을 구하라.

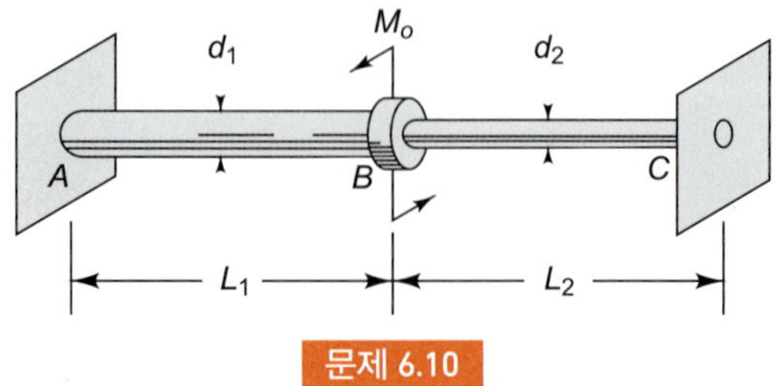

문제 6.10

6.11 문제 6.10의 시스템에 있어서 두 축이 서로 다른 재료로 만들어진다고 가정하라. A와 C에서의 비틀림 모멘트가 같게 되었다면 두 축의 지름, 길이, 그리고 탄성계수들 사이의 관계를 구하라.

6.12 그림과 같이 6개의 2 cm 리벳으로 한 고정부재에 판을 접합시킨다. 리벳 내에 발생하는 전단응력을 계산하는 데 비틀림 이론을 어떻게 사용할 수 있는가를 보여라. 각 리벳의 평균 전단응력이 70 MPa를 초과하지 않게 하려면 얼마만한 크기의 부가적인 힘 P를 작용시켜야 하는가?

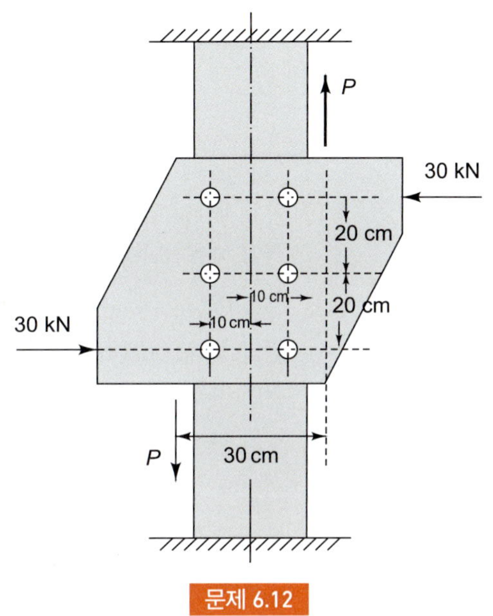

문제 6.12

6.13 코어부분이 지름 25 mm의 2040-0 알루미늄 합금이고, 바깥쪽은 지름 27.5 mm인 4130 강(315°C에서 뜨임)으로 만들어진 복합 축이 있다. 이 축의 길이를 1.5 m라 할 때 다음 경우에 대해 작용할 수 있는 최대 비틀림 모멘트를 구하라. (a) 소성항복(plastic yielding)이 일어나기 전, (b) 과도한 소성변형을 받아 축이 파손되기 직전, 또 얼마의 비틀림각에서 변형이 시작되는가?

6.14 비틀림 모멘트의 분포가 선형적으로 표면에 작용하는 그림과 같은 강축을 고려해 보자. 분포된 비틀림 모멘트의 합모멘트를 M_t라 하자. 이때 축의 끝에서의 비틀림각을 결정하라.

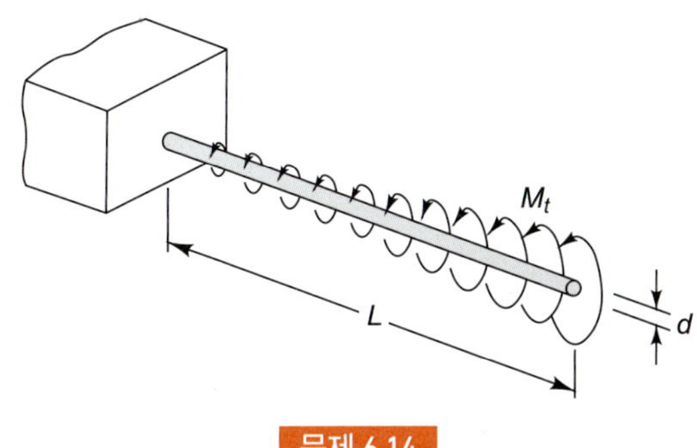

문제 6.14

6.15 문제 6.14에서 축의 자유단이 단단히 벽에 고정되어 있다면 벽이 받는 비틀림 모멘트는 얼마인가? 단 $L = 3$ m, $d = 80$ mm로 한다.

6.16 그림과 같은 강축을 따라 발생하는 비틀림 모멘트의 분포와 비틀림각 분포를 구하라.

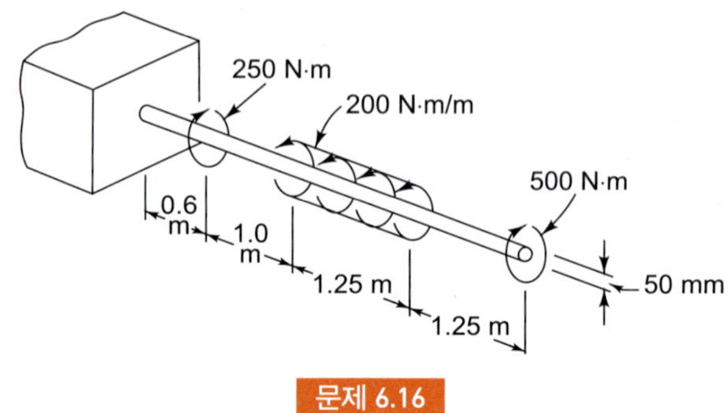

문제 6.16

6.17 바깥지름이 안지름의 2배가 되는 중공 축에 대하여, 그것이 전달할 수 있는 마력, rpm, 최대 허용전단응력과 바깥지름 사이 d_o의 관계식을 유도하라.

6.18 바깥지름이 10 cm이고 안지름이 8 cm인 1020 HR 강으로 만들어진 중공 축이 있다. 두 원의 중심은 0.2 mm만큼 편심되어 있다. 항복이 일어나지 않고 그 축이 지탱할 수 있는 최대 비틀림 모멘트를 구하라.

6.19 동심축의 2개의 얇은벽으로 된 관이 그림과 같이 제작되어 있다. 양단에서 관들은 강체 원반에 용접되어 있어서 두 관이 외력에 대해 일체가 되어 비틀림을 받는다. 축의 길이는 L이고, 두 관의 재료는 다같이 완전탄소성 재료이며, 전단탄성계수는 G, 전단항복응력은 τ_Y라 하자.

(a) 이 조립체에 처음으로 항복이 발생할 때의 비틀림 모멘트 T_Y와 비틀림각 ϕ_Y를 구하라.

(b) 이 조립체가 완전소성상태로 될 때의 극한 비틀림 모멘트 T_L을 구하라. 또 그때의 비틀림각은 얼마인가?

(c) (b)의 완전소성상태에 도달한 다음, 작용된 비틀림 모멘트를 제거한다면 탄성 스프링백 각은 얼마가 될 것이며, 잔류응력의 분포는 어떻게 되겠는가?

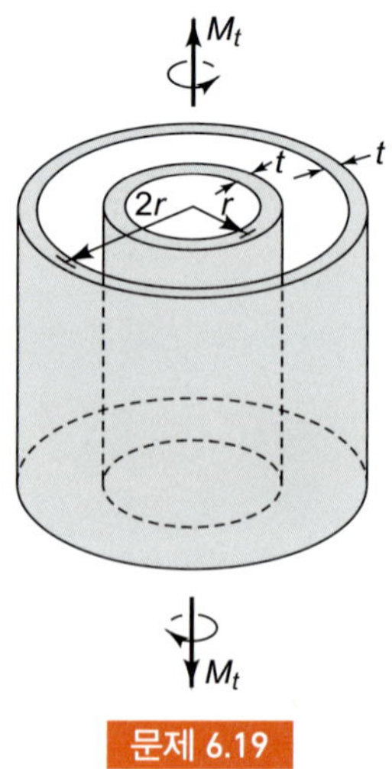

문제 6.19

6.20 정사각형 등방성의 축이 비틀림을 받고 있다. 두 그림은 단면인 평면 내에서 반지름 OM과 ON이 일으키는 변형의 가능성을 제시한 그림이다. 대칭논리를 이용하여 이들 중 하나는 일어날 수 없는 형태의 변형임을 보여라.

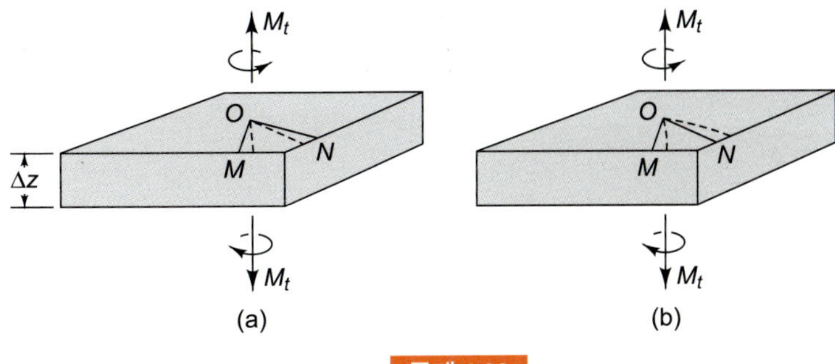

문제 6.20

6.21 비틀림을 받고 있는 정사각형 단면 축 내의 두 점 M과 N의 z 방향의 변위에 대하여 그림과 같은 두 가지 가능한 형태를 고려해 보자. 대칭논리를 이용하여 이들 중 하나는 불가능한 형태의 변형임을 보여라.

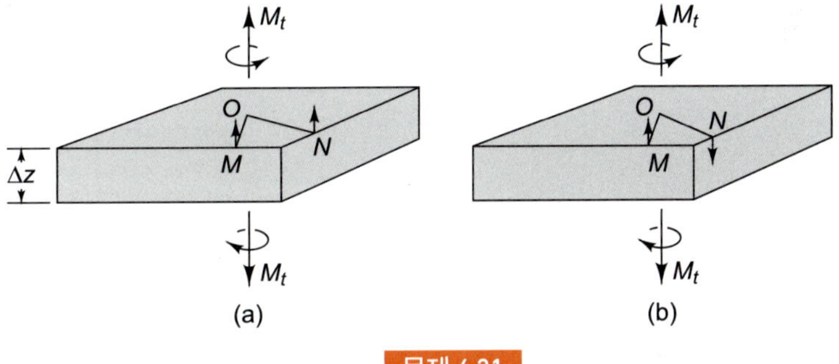

문제 6.21

6.22 6.14절과 그림 6.28을 참조하여, 모든 점에서 $\sigma_n = \tau_{nz} = \tau_{ns} = 0$이라 가정하고 σ_s도 0이 되어야 한다는 것을 그림의 요소를 이용하여 유도하라.

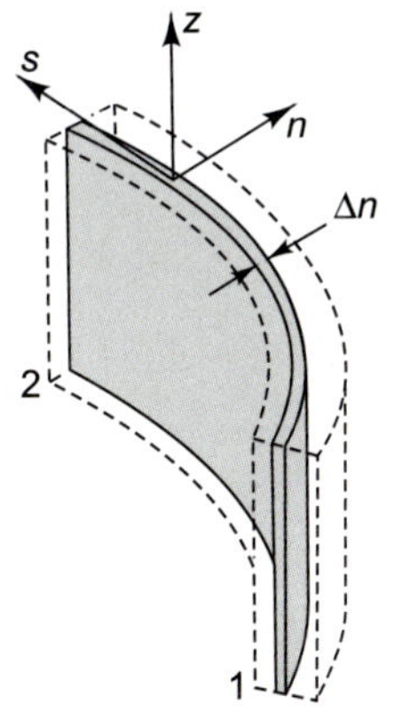

문제 6.22

6.23 모터, 구동축, 바퀴, 승강차, 평형추 등으로 그림과 같이 이루어진 승강기계(elevator system)가 있다. 승강차에 특정 수의 사람이 올라탈 때 승강차가 0.5 cm만큼 아래로 움직였다. 축과 줄은 강으로 만들어져 있고 모터의 회전자는 움직이지 않으며, 축의 굽힘을 방지하기에 충분한 베어링으로 지지되고 있다고 가정할 때, 올라탄 사람들의 중량을 계산하라.

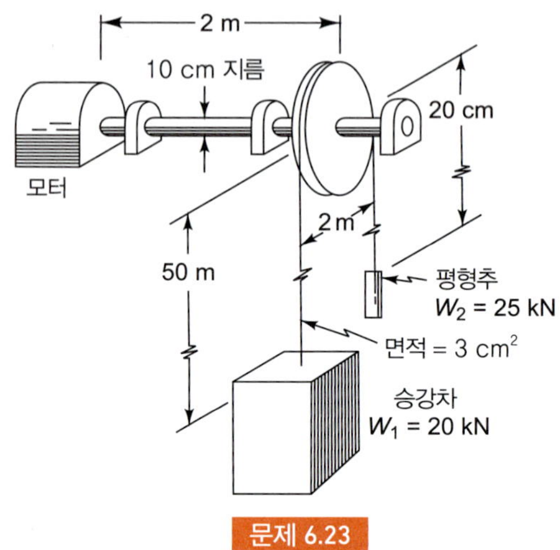

문제 6.23

6.24 한 유연한 축이 미터당 0.45 N·m의 마찰 비틀림을 발생하는 유연한 중공 관 내에 지름 3 mm의 강선을 넣어 만들어졌다. 이 축은 0.33 N·m의 비틀림을 가하여 스위치를 작동시키는 데 사용된다. 강선의 전단탄성한도가 28 MN/m^{2}을 초과하지 않고 사용할 수 있는 축의 최대길이는 얼마인가? 이 축을 이용하여 처음에 스위치를 한 방향으로 돌리고, 다음에 반대방향으로 돌린다면 손잡이 끝에서의 "움직임"은 어떻게 되겠는가?

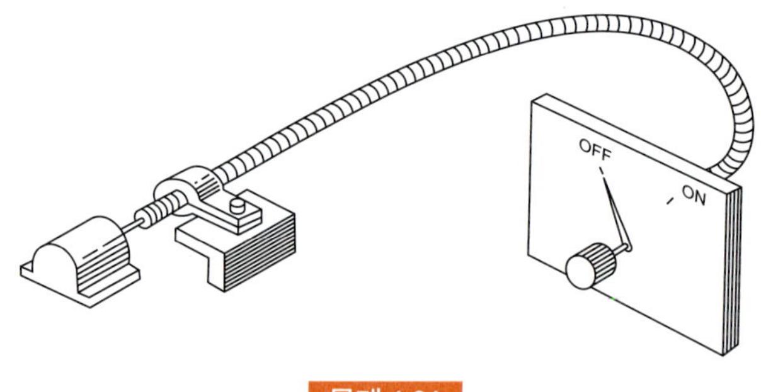

문제 6.24

6.25 수평으로 탑재된 석영섬유 *AB*로 만들어진 흡착미량천칭(adsorption microbalance)이 있다. 석영섬유는 직경이 0.010 mm이고 길이가 80 mm이며, 팽팽하게 당겨져 있어 거의 직선이다. 그 중점 *C*에 가는 막대 *DE*가 붙어 있고 *D*에는 30 × 20 mm 치수의 금속박이 붙어 있으며, *E*에는 무시할 만한 표면적의 평형추가 붙어 있어 건조한 공기 중에서 *DE*는 수평이 된다. 이 미량천칭을 습한 공기 중에 놓아, 모든 표면에 물의 단분자층(10^{-7} mm 두께)이 형성된다면 *DE*를 수평한 위치로 돌아가게 하기 위해서는 *B*에 있는 바늘을 얼만큼 돌려야 하겠는가? (G_{quartz} = 30 GN/m^2)

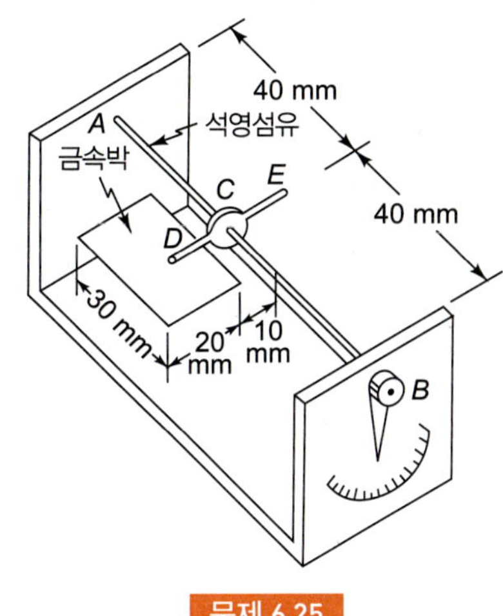

문제 6.25

6.26 압출된 2024-T4 알루미늄 합금관은 얇은벽의 직사각형 단면을 가지고 있고, 그림과 같이 비틀림 모멘트 M_t를 받고 있다. 모서리 부분의 응력집중을 무시할 때, 이 단면에 처음으로 항복을 일으키는 M_t의 값을 구하라.

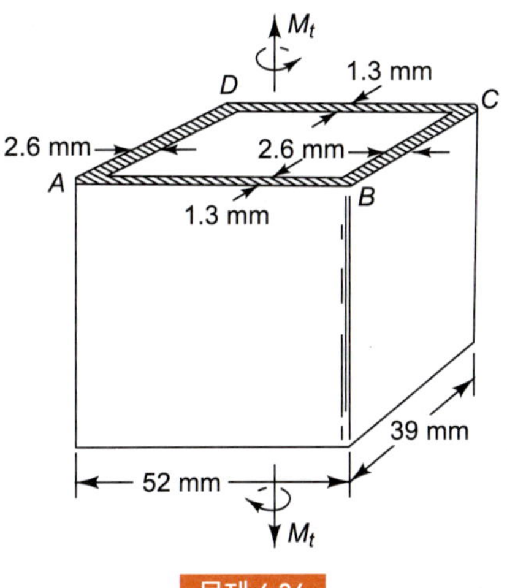

문제 6.26

6.27 다음 그림은 관 재료가 완전탄소성이라고 가정할 때 문제 6.26의 관에 대한 완전소성응력 분포를 보여준다. (a)와 (b)에서 똑같은 전단류가 일어나기 위한 x의 크기를 구하라. 모서리에서의 복잡한 현상을 무시하고 극한 비틀림 모멘트 T_L을 구하고 그것을 항복이 처음으로 일어날 때의 비틀림 모멘트 T_Y와 비교하라.

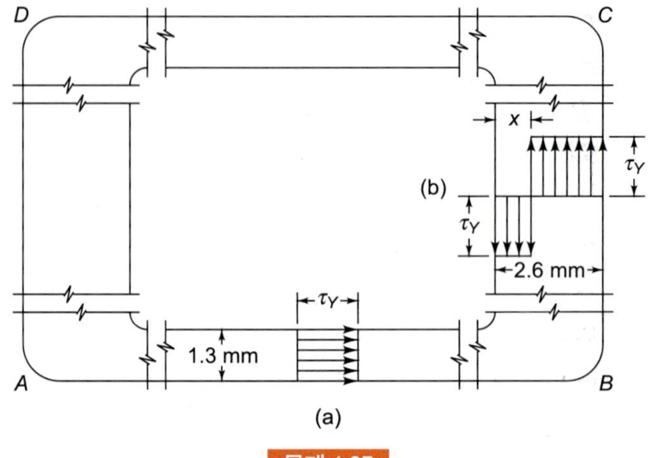

문제 6.27

6.28 자동차의 조종장치는 조종핸들, 2 cm 지름의 조종축, 조종핸들과 바퀴 사이의 각회전을 20:1로 감소시키는 연결체(linkage)로 구성된다. 앞바퀴는 각각 차 중량인 5 kN을 지지하고, 타이어는 200 kPa의 압력으로 팽창된다. 고무와 지면 사이의 마찰계수가 0.6이라면, 앞바퀴가 회전하고 있는 동안 조종축 내에 발생하는 최대 응력을 계산하라(주의: 계산을 간단히 하기 위해 타이어와 지면 사이의 접촉면은 원형으로, 그 위에 작용하는 압력은 균일하게 200 kPa로 가정하라).

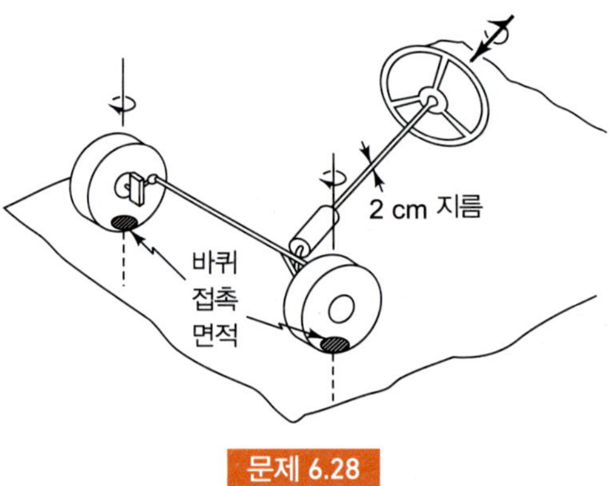

문제 6.28

6.29 완전탄소성 재료로 만들어진 반지름 r_o의 중실축이 각 ϕ_1만큼 비틀려 있다. 이것은 축 내의 $r > r_o/2$인 부분에 소성변형을 일으키는 데 충분하다. 그 후에 비틀림 모멘트를 제거한다면, 축 내에 남는 영구비틀림각 ϕ_2는 얼마인가?

6.30 그림과 같이 촘촘히 감긴 스프링이 전단탄성계수가 G인 탄성재료로 만들어져 있다. 길이 $R\Delta\theta$의 요소는 주로 비틀림 모멘트와 전단력을 받는다는 것을 보여라. 이 스프링의 변형은 주로 비틀림에 의해 발생한다고 가정하라. 기하학을 고려하여 길이 $R\Delta\theta$ 요소의 비틀림이 전 변형 δ에 미치는 기여도를 구하라. 이것을 적분하여 스프링의 권취 횟수가 n일 때, 다음 식이 됨을 보여라.

$$\delta = \frac{4PR^3n}{Gr^4}$$

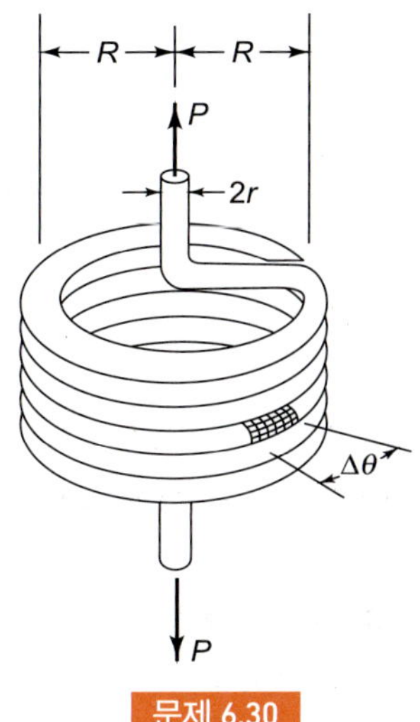

문제 6.30

6.31 숙련공의 나사 돌리개(screw driver)가 6 mm 지름의 축을 갖고 있다. 이것으로 나사를 조이는 데 필요한 압축력과 비틀림 모멘트를 계산하라. 이때 축 내에 발생하는 압축응력은 비틀림에 의한 전단응력의 몇 배가 되는가?

6.32 T-핸들 소켓 렌치(T-handle socket wrench)의 중간 부분은 앨클래드 관 재료(alclad tubing: 부식저항을 증가시키기 위해서 외면과 내면에 1100-0 순 알루미늄의 두 얇은 층을 입힌 2024-T4 알루미늄 합금)로 만들어져 있다. 관 재료의 평균 지름은 18 mm이고, 합금의 두께는 3 mm, 순 알루미늄 층의 두께는 각각 0.8 mm이다. 그림과 같이 T 핸들의 각 단에 400 N씩의 힘을 작용시킨 후 제거했을 때, 순 알루미늄과 알루미늄 합금 내에 남아있는 잔류응력을 계산하라.

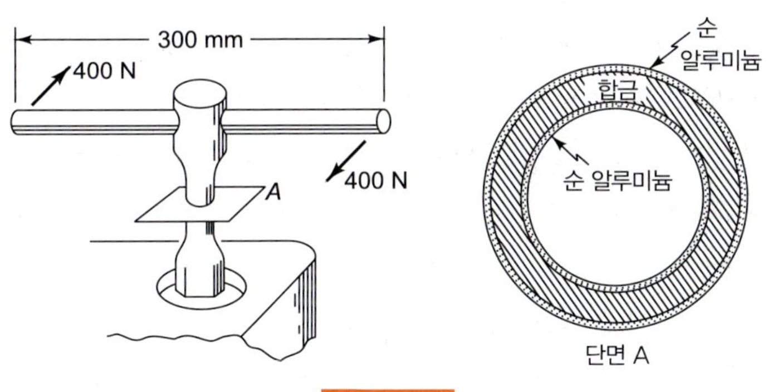

문제 6.32

6.33 다이아몬드-드릴시추기(diamond-drill boring ma-chine)는 다이아몬드를 박은 강제비트(steel bit)로 구성되어 있는데, 이 비트가 나사로 연결된 중공 강봉에 의해 회전된다. 이 중공봉 속으로 펌프로 물을 밀어 보내고, 봉과 구멍의 벽 사이의 환상의 간격을 통하여 다시 지표로 되돌아 나오게 한다. 비트와 구멍바닥 사이의 압축력을 작게 하기 위하여 축 상부에서 충분한 인장력을 유지해 준다. 축 상부에 작용되는 비틀림 모멘트가 3000 Nm라면 축 내에 초기항복이 일어날 때 구멍의 깊이는 얼마이겠는가? 단순 인장에서의 항복응력은 $Y = 350$ MPa이다. Mises 또는 최대 전단응력 항복기준을 이용하라.

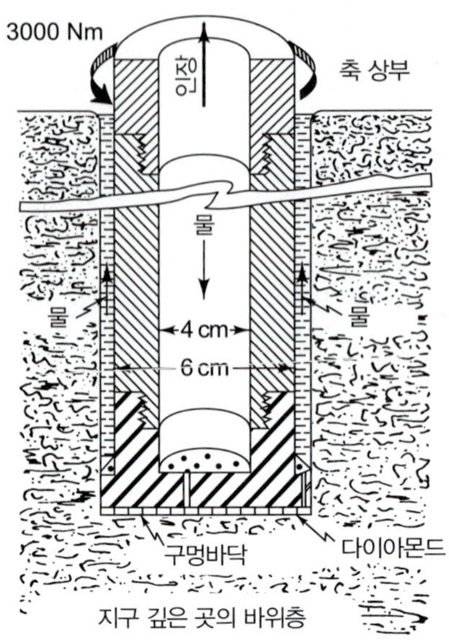

문제 6.33

6.34 다음 그림은 자동차 앞바퀴에 비틀림스프링 현가장치를 제안한 것이다. 중실 원형 축으로 이루어지는 강제 비틀림스프링은 다음 조건을 만족하면서 작동하여야 한다.

1. 바퀴의 정적 힘은 5 kN이어야 한다.
2. 바퀴의 스프링상수는 25 kN/m이어야 한다.
3. 축의 전단응력이 350 MPa을 초과하지 않는 바퀴의 변형은 위 또는 아래로 15 cm까지 가능하다.
4. 축의 길이 L은 3 m를 초과해서는 안 된다.
5. 축상의 팔의 길이 x는 75 cm보다 더 클 수 없다.

이들 조건을 만족하는 현가장치를 설계하려 할 때 x와 L 사이의 관계식을 유도하라. 또 축의 지름은 얼마인가?

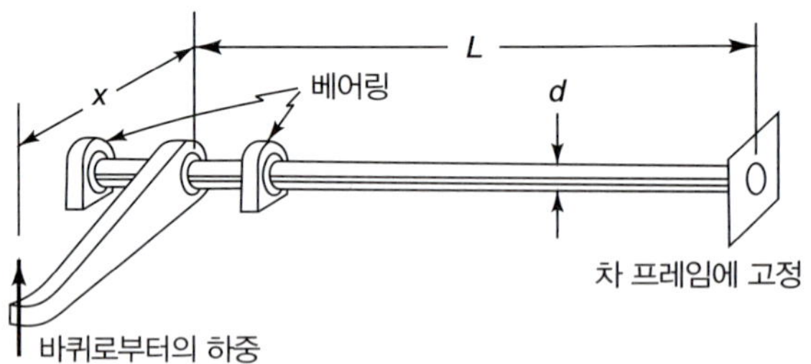

문제 6.34

6.35 그림에 나타낸 장치는 각각 M과 N에서 고정되고 P와 Q에서 마찰이 없는 베어링을 통과하고 있는 두 개의 수평축 A와 B로 이루어져 있다. 축들의 길이는 L이고, 지름은 각각 d_A와 d_B이다. 두 개의 수평한 강체 보 C와 D는 축들의 끝에 수직으로 붙어 있고, E에서 서로 닿아 있다. 무게가 W인 추가 끝으로부터 $a/2$의 거리에서 C에 매달려 있을 때, 비틀림각 ϕ_A

와 ϕ_B는 얼마이며, 점 E를 통해서 전달되는 힘 F는 얼마가 되는가? 축의 전단탄성계수는 G이다.

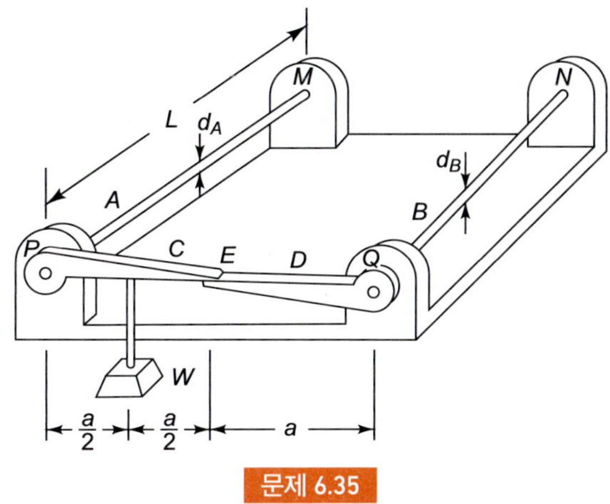

문제 6.35

6.36 u, v, w를 원통좌표계의 r, θ, z 방향의 변위라 하자. 문제 4.19의 결과를 사용하여 식 (6.2)의 변형률과 다음의 변위는 서로 호환성이 있음을 보여라.

$$u = 0$$
$$v = r\phi$$
$$w = 0$$

6.5절에서 구한 비틀림 문제의 해는 원통좌표계에서의 Hooke의 법칙과 (문제 4.4에서 주어진) 원통좌표계에서의 평형방정식을 만족시키며, 따라서 그 해는 탄성이론의 테두리 안에서 정밀해가 됨을 증명하라.

6.37 ϵ_r과 ϵ_θ가 0이 된다고 가정함으로써 6.2절부터 6.5절까지의 유도를 반복하고, 그 해가 탄성이론의 15개 방정식을 만족시키려면 모든 점에서 ϵ_z가 0이어야 한다는 조건이 필요하다는 것을 보여라.

6.38 사람의 대퇴부에서 일련의 치밀뼈에 대한 비틀림 실험을 수행하였다. 시험편의 단면 지름은 대략 1.9 mm이고, 4번의 실험에서 0.100, 0.125, 0.100, 0.110 N · m의 비틀림에서 파괴되었다면 파괴 시의 평균 비틀림 전단응력은 얼마인가?

6.39 주어진 금속조각은 재료의 항복점 이하에서는 응력을 매우 크게 받으면 받을수록 더 많은 에너지를 저장한다. 스프링 "효율"은 스프링 재료 전체가 항복응력을 받을 때 스프링에 저장되는 변형에너지에 대한 최대 응력이 항복응력과 같을 때 스프링에 저장되는 변형에너지의 비로 정의할 수 있다. 축의 길이가 L, 비틀림 모멘트가 T일 때 비틀림스프링의 효율을 계산하라.

6.40 어떤 재료가 응력-변형률 법칙 $\gamma = k\tau^2$을 따를 때, 그 재료로 만들어진 원형 축에 대해 최대 응력과 비틀림각을 비틀림 모멘트의 함수로 표현하라.

6.41 응력-변형률 법칙이 그림 6.19와 같은 재료로 만들어진 중실 원형 축이 한 방향으로 매우 큰 비틀림이 미리 주어져 있다. 지금 반대방향으로 비틀림을 주었다면 이 축에 대한 비틀림 모멘트-비틀림각 곡선은 어떻게 그려지는가? 역방향의 비틀림 모멘트의 크기가

2/3 T_Y일 때, 이 곡선은 처음에는 선형적이다가 점점 선형을 벗어나기 시작한다는 것을 보여라. 이것은 일반적으로 고체의 힘-변형 관계는 고체의 이력(past history)에 의존한다는 사실을 나타내고 있다. 단지 재료가 선형탄성 범위에 있을 때만이 힘-변형 관계는 이전이력(previous history)에 무관하다고 확신할 수 있다.

6.42 그림 6.28과 6.29와 식 (6.34)를 고려해 보자. 우리는 Castigliano의 정리를 사용하여 얇은벽 관의 비틀림각을 계산하려 한다. 관에 저장된 에너지는 다음 형태로 표현될 수 있다.

$$U = \frac{1}{2G}\iiint \tau_{sz}{}^2 dn\, ds\, dz$$

비틀림각이 다음과 같이 주어짐을 증명하라.

$$\phi = \frac{dU}{dM_t} = \frac{M_t L}{4A^2G}\oint \frac{ds}{t}$$

6.43 아래에 그려진 소형의 비틀림바 스프링(torsion-bar spring)은 반지름이 R_i인 내축과 바깥반지름이 R_o인 슬리브로 구성되어 있다. 축과 슬리브의 안쪽 표면 사이의 틈은 매우 작다. 재료가 전단탄성계수 G와 전단항복응력 τ_y를 가진다.

(a) 비틀림 모멘트 M_t가 작용하였을 때 비틀림스프링상수를 구하라.

(b) 잘 설계된 스프링은 외부 슬리브가 내축과 동일한 비틀림 모멘트일 때 항복된다. 이러한 현상이 일어나기 위한 R_o/R_i의 비를 결정하는 방정식을 구하라.

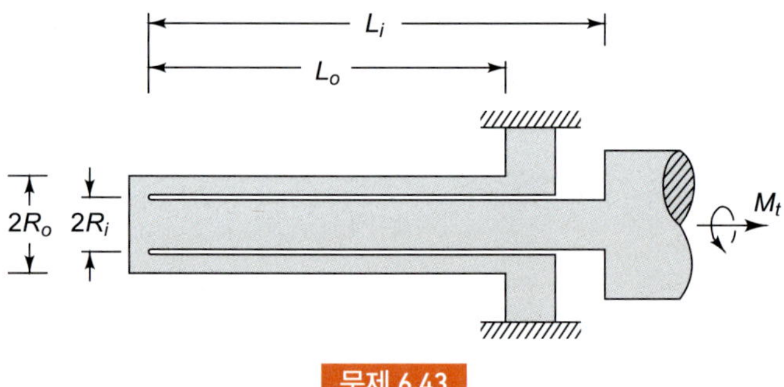

문제 6.43

6.44 길이가 $5a$, 지름이 d, 전단탄성계수가 G인 원형 축 AE가 A단에서 지지되어 있고, 다른 쪽 끝 E에서는 길이가 b인 강체 암(arm)이 용접되어 있다. 지시대는 C에서 축에 단단히 고정되어 있고 축에 하중이 작용하지 않을 때, (a)에서와 같이 지시대와 강체 암은 서로 수평을 이룬다. 무게 W인 물체가 강체 암의 끝에 매달리고, 동시에 M_B, M_D 모멘트가 지시대와 강체 암이 (b)와 같이 수평이 되도록 점 B와 D에 각각 작용한다. 암에 무게 W라는 물체를 달았을 때 지시대와 강체 암이 수평이 되도록 하기 위한 M_B와 M_D의 크기를 구하라.

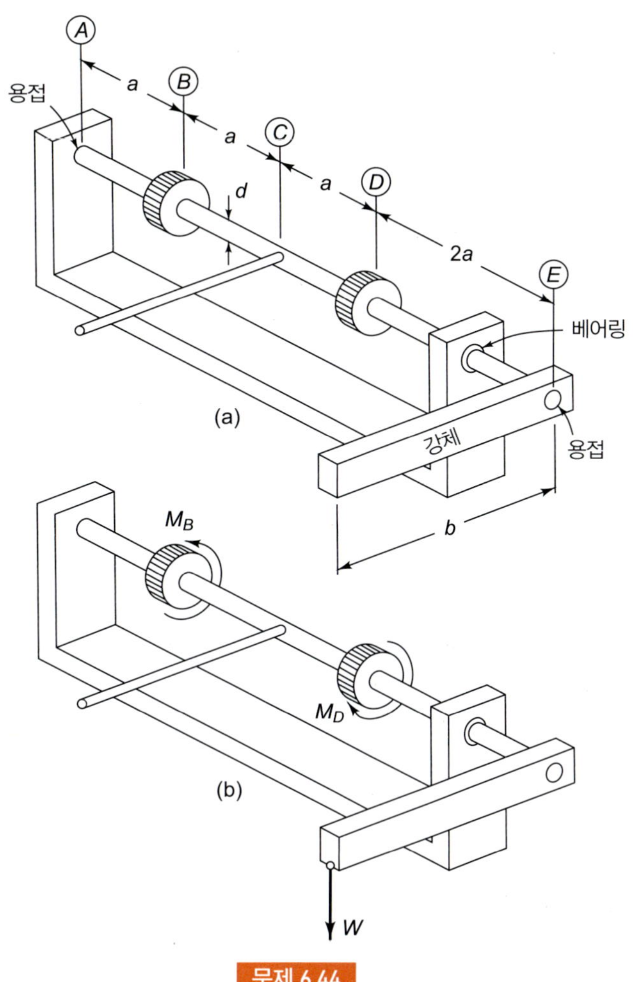

문제 6.44

6.45 Newton의 중력상수를 측정하기 위하여 높은 천장에 위치한 막대로부터 10 m 길이의 Mylar테이프를 걸고, 다른 쪽 끝은 2 m 길이의 알루미늄 막대를 단단히 고정시켜 놓았다. 막대의 각 단에는 질량이 5 kg인 주철 대포알을 고정시켜 놓았다. Mylar는 탄성계수가 1.4×10^9 N/m^2 이고, 포아송 비가 0.4이며, 단면 치수는 25.4×0.254 mm이다. 테이프에 걸리는 무게가 Mylar에 과부하가 걸리게 하지는 않음을 보여라. 즉, Mylar 테이프의 변형이 최대 탄성변형률 용량의 10%임을 보여라. 이 장치를 흔들어 진동을 시킨 후 정지하였을 때, 두 대포알의 위치를 조심스럽게 결정하고, 납 탄환이 가득 차 있는 두 버킷을 그림과 같이 두 대포알 가까이 놓는다. 대포알 중심과 버킷의 중심 사이의 거리는 400 mm이고, 각 버킷에 담은 납 탄환의 질량은 100 kg이다. 각각 질량이 1 kg인 두 질량체가 1 m 떨어져 있을 때 중력으로 인한 인력이 6.67×10^{-11} N이라면, 예측되는 각 대포알의 변형량을 계산하라.

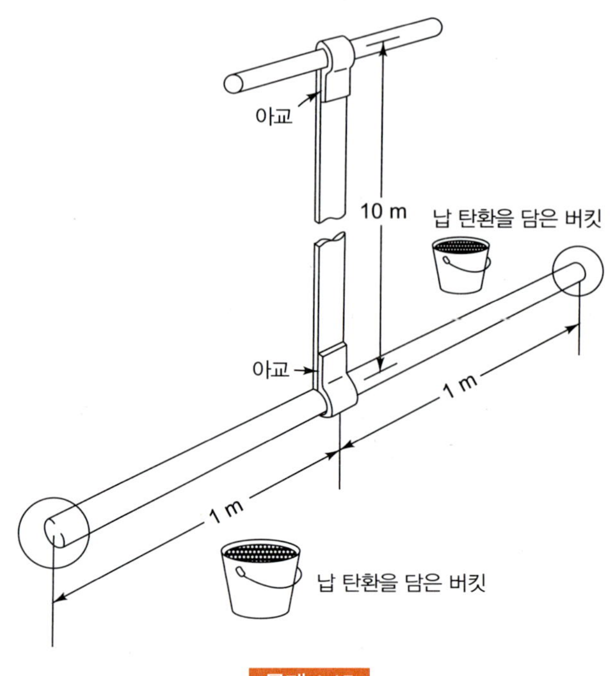

문제 6.45

제 7 장

굽힘에 의한 응력

Stresses due to Bending

7.1 서론 *Introduction*

세장부재가 횡하중을 받고 있을 때, 우리는 그 부재가 보(beam)로 작용한다고 말한다. 우리 가까운 주변에서 보로 작용하는 예를 많이 볼 수 있다. 즉, 건축물의 수평부재[흔히 들보(joist)와 대들보(girder)라 부른다]는 바닥면에 수직한 하중을 기둥이나 기초 벽체(foundation walls)에 전달시키는 보로 작용한다. 자동차 현가장치에 사용하는 판스프링은 보 작용을 통해 차체중량을 차축에 전달한다. 비행기의 날개는 동체의 중량을 지지하는 보로 작용한다.

제3장에서 우리는 횡하중을 받는 부재를 절단하면, 그림 7.1에 보는 바와 같이 평형을 유지하기 위하여 일반적으로 단면상에 전단력과 굽힘모멘트가 작용한다는 것을 알았다. 이 장의 목적은 합력으로서 전단력 V와 굽힘모멘트 M_b를 가지는 응력의 분포를 결정하는 것이다. 필연적으로 필요에 따라 보의 변형 성질에 관해 고찰하게 되겠지만, 여러 가지 지지조건과 하중상태하에서의 보의 변형에 대한 보다 상세한 연구는 제8장에서 다루기로 한다.

이 문제에 접근하는 방법은 제6장에서 비틀림 문제를 다루었던 방법과 유사할 뿐만 아니라, 얻어진 결과도 어느 정도 유사하다. 제6장에서 원형 축의 비틀림 문제를 다룰 때, 원형 축 내의 각 점에서 식 (2.1)의 3단계가 요구하는 조건을 모두 만족시킬 수 있었다. 즉, 이 단면에 탄성이론을 적용한 엄밀해를 얻을 수 있었다. 얇은벽(thin-walled) 중공 축 경우에 대해서는 평형조건만을 기초로 하여 유용한 근사해를 얻을 수 있었다. 이 장에서도 순수굽힘(pure bending)을 받는 보의 특별한 경우에 대하여, 탄성이론의 범위 내에서 엄밀해를 얻고자 한다. 또한, 보다 일반적인 경우에 대해서는 평형조건의 고찰을 기초로 하여 응력의 근사분포를 얻고자 한다.

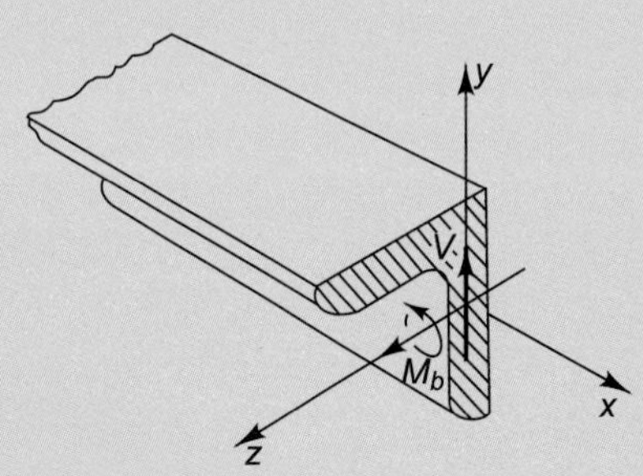

그림 7.1 xy 평면 내의 하중에 의한 전단력과 굽힘모멘트를 나타낸 단면

7.2 순수굽힘을 받는 대칭형 보의 변형에 관한 기하학

Geometry of Deformation of a Symmetrical Beam Subjected to Pure Bending

먼저, 그림 7.2에서 보는 바와 같이 원래 직선이고 길이방향에 따라 균일단면을 가지며, 단면은 하중면에 대하여 대칭이고 재료의 성질도 보의 길이방향에 따라 일정하며, 하중면에 대하여 대칭인 보를 고려해 보자. 더 나아가 그림 7.2(b)에 보는 바와 같이 보가 전 길이에 따라 일정한 굽힘모멘트를 전달시키는 경우에만 한정시켜 생각해 보자. 이와 같이 일정한 굽힘모멘트를 전달시키는 보를 **순수굽힘**(*pure bending*) 상태에 있다고 말한다. 출발점으로서 이와 같은 단순한 경우를 선택한 것은 앞으로 알게 되겠지만, 이 문제는 충분한 대칭성이 존재하여 대칭논리만을 가지고 변형형태(deformation pattern)를 결정할 수 있기 때문이다. 우리는 변형의 성질을 확립한 후에 응력-변형률 관계를 도입하고, 다음으로 보가 전체적으로 평형을 유지하려면 발생한 응력 분포가 합굽힘모멘트 M_b를 가져야 한다는 조건을 이용하여 3단계 식 (2.1)을 모두 적용시킬 수 있다.

원래 직선이었던 보가 어떤 곡선 형상으로 변형되기 때문에 여기서 **곡률**(*curvature*)이라는 개념을 도입하는 것이 유용하다. 평면곡선의 곡률은 곡선을 따르는 거리에 대한 기울기각의 변화율로 정의된다. 그림 7.3에 곡률이 xy 평면상에 존재하는 곡선 AD를 그려 놓았다. B와 C에서 곡선에 수직한 직선은 점 O'에서 교차한다. B와 C 사이의 기울기각의 변화를 $\Delta\phi$로 표시하였다. $\Delta\phi$가 매우 작은 값을 가지면, 호의 길이 Δs는 근사적으로 $O'B\Delta\phi$가 된다. 점

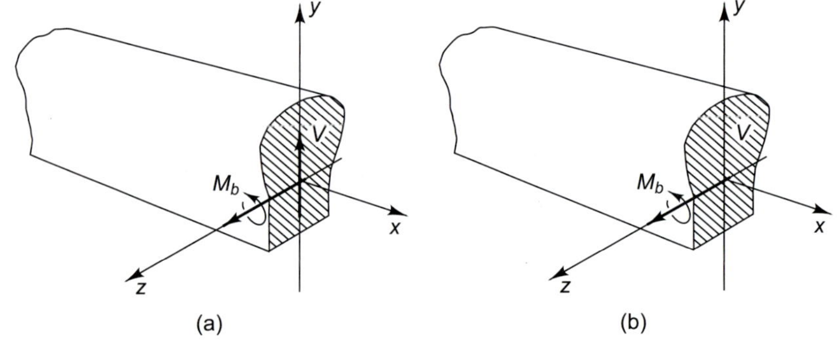

그림 7.2 대칭면 내에 하중이 작용하는 대칭 보. (a) 일반적으로 전단력과 굽힘모멘트가 모두 전달된다. (b) 순수굽힘 상태에서는 전단력이 작용하지 않고, 일정한 굽힘모멘트만이 전달된다.

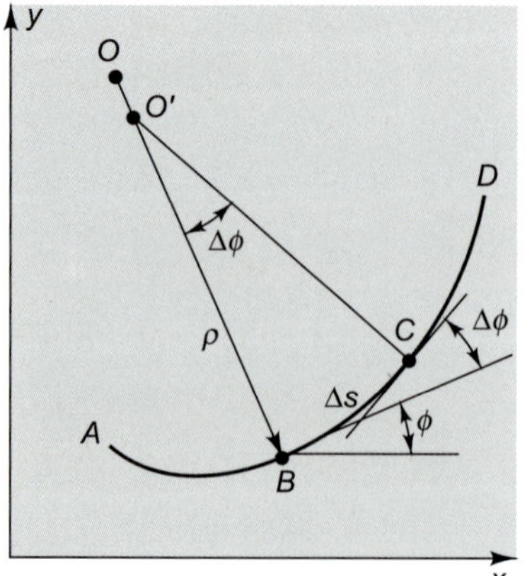

그림 7.3 곡선 AD의 점 B에서의 곡률은 $d\phi/ds = 1/\rho$이다. 여기서 $\rho = OB$는 점 B에서의 곡률반경이다.

C가 점 B로 접근하는 극한에 있어서는, 즉, $\Delta s \to 0$이면 점 B에서의 곡률은 다음과 같이 정의된다.

$$\frac{d\phi}{ds} = \lim_{\Delta s \to 0} \frac{\Delta\phi}{\Delta s} = \lim_{\Delta s \to 0} \frac{1}{O'B} = \frac{1}{\rho} \tag{7.1}$$

여기서 $\rho = OB$는 점 B에서의 **곡률반경**(*radius of curvature*)이다.

이제 그림 7.4(a)와 같은 보가 순수굽힘에 의해 변형될 때 변형의 기하학을 생각해 보자. 여기서 AD, BE, CF는 초기에 수직인 보의 축에 수직하게 등간격으로 절단한 3개의 단면을 나타낸다. 그림 7.4(b)는 대칭면 내에서 보의 양단에 가해진 굽힘모멘트 M_b에 의해 구부러진 보를 보인 것이다. 그리고 그림 7.4(c)는 A_1D_1, B_1E_1 및 C_1F_1을 표면으로 하는 2개의 변형된 요소를 그려 놓은 것이다. 이들 각 요소는 대칭면상에서 하중을 받으므로, 변형 후에도 대칭면에 대하여 대칭이어야 한다고 말할 수 있다. 더욱이, 변형 전에 이들 요소는 동일한 형상이었고 또 동일한 굽힘모멘트를 받아 변형하는 것이므로, 이들의 변형된 형상도 완전히 동일하다고(적어도 이들 요소가 양단면에서 멀리 떨어져 있어 단말효과를 받지 않는다면) 생각하는 것은 매우 합리적이다. 예를 들면, 요소 $A_1D_1E_1B_1$의 면 A_1D_1이 부풀어 오른다면, 요소 $B_1E_1F_1C_1$의 면 B_1E_1도 같은 양만큼 부풀어 오를 것으로 예측된다. 그러나 B_1E_1이 부풀어 오르게 되면 $A_1D_1B_1E_1$의 면 B_1E_1이 오목하게 들어가야만 하므로, $A_1D_1B_1E_1$의 요소가 반드시 유지하여야 할 변형의 대칭성을 파괴하게 된다. 그러므로 변형 후에도 이들 면 A_1D_1, B_1E_1 및 C_1F_1은 대칭면에 수직한 평면이 되어야 한다고 결론 내릴 수 있다. 따라서 대칭면 내에서의 순수굽힘 상태에서는 **평면인 단면은 변형 후에도 평면이 그대로 유지된다**. 더욱이 각 요소들이 동일한 변형을 한다는 사실은 초기에 평행한 평면인 단면은 변형 후에 그림 7.4(b)의 O점

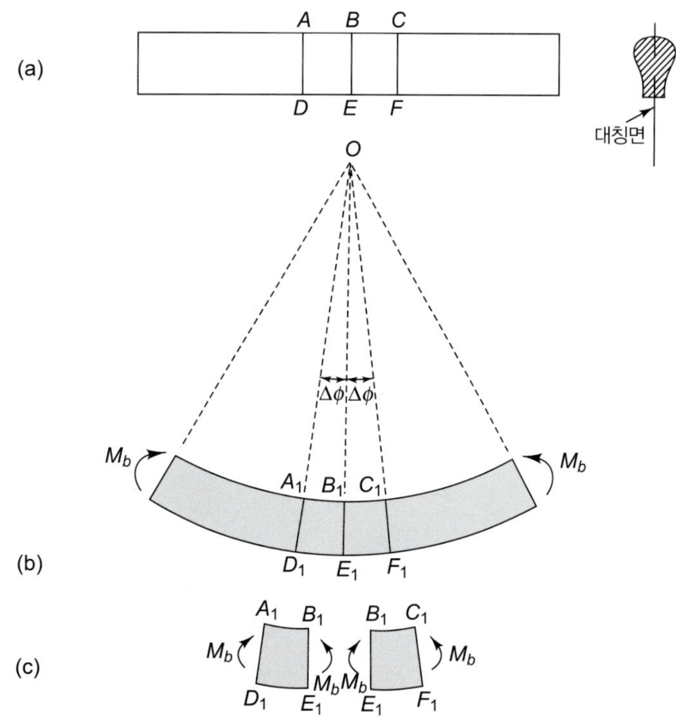

그림 7.4 대칭면 내에서 순수굽힘을 받는 대칭 보의 전체적인 변형

과 같이 하나의 교점을 가져야 한다는 것을, 그리고 보는 이 교점을 중심으로 하는 원호상으로 구부러진다는 것을 의미한다.

앞에서 기술한 논리는 평면인 단면이 그 면 자체 내에서의 변형 가능성을 배제하지는 않았다. 그런데 그러한 변형은 실제로 일어나며, 그러한 변형은 대칭면에 대해 대칭을 유지하여야 한다는 한 가지 제한이 따른다. 단면의 이러한 변형에 대한 상세한 고찰은 7.5절에서 다루기로 한다.

평면 단면은 변형 후에도 평면을 유지한다는 결론에 내포되어 있는 변형률의 분포를 구하기 위해 변형의 기하학에 대해 더 고찰해 보자. 그림 7.5(a)에 변형 전 보의 일부분을 그려 놓았으며, 그림 7.5(b)에는 대칭면 내에서 보가 변형된 형상을 그려 놓았다. 모든 단면들이 평면을 유지하는 동안, 원래 직선이었던 길이방향의 선들은 원호상으로 변형한다. 이들 선들 중 어떤 선들은 늘어나고, 어떤 선들은 줄어든다. 그러나 대칭면 내에는 길이가 변하지 않는 한 개의 직선이 있다. 아직 우리는 이 직선의 위치는 정확히 알 수 없으나 이 직선을 **중립축**(*neutral axis*)이라 부르고, 보통 변형 전의 보에 좌표축을 설정할 때, x축이 중립축과 일치하도록 잡는다. 그러면 xy 평면은 대칭면이 되고, xz 평면은 **중립면**(*neutral surface*)이라 부르는 평면이 된다.

우리는 비록 단면이 그 단면 자신의 평면 내에서 변형이 있을 수 있다는 것을 인정하였지만, 다음과 같은 가정을 하기로 한다. 즉, 변형이 충분히 작아서 변형 후의 점의 위치를 변형 전의 그 점의 좌표로 근사적으로 지정할 수 있다고 **가정한다**. 따라서, 그림 7.5(a)의 변형 전 보에서 거리 y만큼 떨어져 있는 IJ와 MN이 그림 7.5(b)에 있는 동심 원호 I_1J_1과 M_1N_1으로 변형되었다면, 이들 각 원호의 곡률반지름의 차는 그대로 y가 된다고 가정한다. 변형된 중립축 M_1N_1의 곡률반지름을 기호 ρ로 표기한다. 그러면 I_1J_1의 곡률반지름은 $\rho - y$가 된다.

중립축의 정의로부터 $IJ = MN = M_1N_1$이므로, I_1J_1의 변형률은 다음과 같다.

$$\epsilon_x = \frac{I_1J_1 - IJ}{IJ} = \frac{I_1J_1 - M_1N_1}{M_1N_1} \tag{7.2}$$

그림 7.5(b)에서 원호의 길이는 각 $\Delta\phi$의 항으로 나타낼 수 있다.

$$M_1N_1 = \rho\Delta\phi \qquad I_1J_1 = (\rho - y)\Delta\phi \tag{7.3}$$

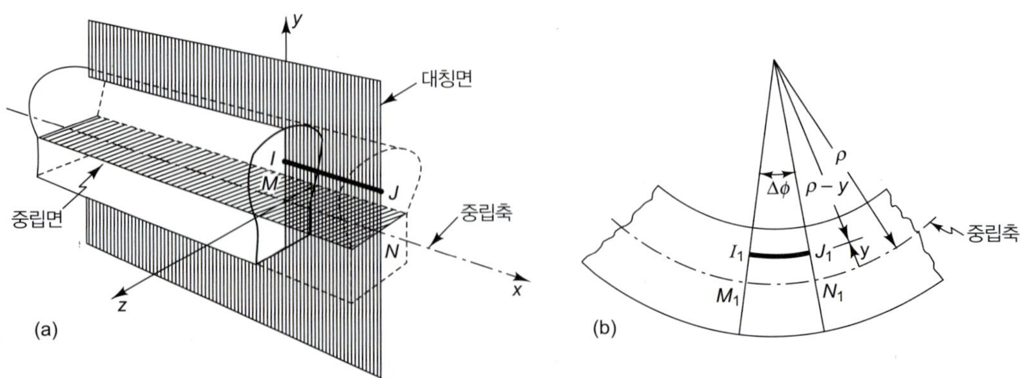

그림 7.5 (a) 변형 전의 보, (b) 대칭면 내에서의 변형된 보

이 관계를 식 (7.2)에 대입하고, 곡률의 정의 식 (7.1)을 이용하여 보의 대칭면상에 분포되는 길이방향의 변형률 분포는 다음과 같이 얻어진다.

$$\epsilon_x = -\frac{y}{\rho} = -\frac{d\phi}{ds}y \tag{7.4}$$

이 식으로부터 길이방향의 변형률은 y에 대해 선형적으로 변한다는 것을 알 수 있다. 즉, 부(−)의 부호는 중립축 윗부분에서 수축, 아랫부분에서는 신장이 발생한다는 것을 나타낸다. 식 (7.4)의 관계는 엄격하게는 **대칭면**(*plane of symmetry*)에 대해서만 성립하나, 우리는 식 (7.4)가 보의 단면상의 모든 점에서 길이방향의 변형률을 표현한다고 **가정한다**. 그러므로 우리가 해를 구했을 때에는 반드시 우리가 세운 가정들의 타당성을 검토하여야 한다.

식 (7.4) 이외에, 평면 단면의 평면 유지를 요구하는 대칭논리로부터, 보의 단면상의 모든 점에 대하여 다음과 같은 결론을 얻을 수 있다.

$$\gamma_{xy} = \gamma_{xz} = 0 \tag{7.5}$$

우리는 변형률 ϵ_y, ϵ_x 및 γ_{yz}에 대해서 이들이 xy 평면에 대해 대칭이어야 한다는 말 이외에는 어떠한 정량적인 말도 할 수 없다.

7.3 응력-변형률 관계로부터 얻어지는 응력

Stresses Obtained from Stress-Strain Relations

식 (7.4)와 식 (7.5)를 유도하는 데 사용된 논리는 재료의 성질이 보의 길이방향에 따라 변하지 않고, 또 이러한 성질이 xy 평면에 대해 대칭이라는 것만 전제된다면, 보 재료와는 아무 관계가 없다. 이러한 제한조건 내에서는 재료는 비등방성, 선형 또는 비선형, 탄성 또는 소성도 될 수 있다. 이 절에서 우리는 **선형 등방성의 탄성재료**(*linear isotropic elastic* material), 즉 Hooke의 법칙 식 (5.2)를 따르는 재료로 만들어진 보에 한정시켜 생각하기로 한다. 복합탄성보의 해석에 대해서는 문제 7.46과 7.51을 참조하기 바란다.

식 (7.4)와 식 (7.5)의 변형률 성분은 식 (5.2)에 의해 응력성분과 다음과 같이 관계된다.

$$\begin{aligned}
\epsilon_x &= \frac{1}{E}[\sigma_x - \nu(\sigma_y + \sigma_z)] = -\frac{y}{\rho} \\
\gamma_{xy} &= \frac{\tau_{xy}}{G} = 0 \\
\gamma_{xz} &= \frac{\tau_{xz}}{G} = 0
\end{aligned} \tag{7.6}$$

따라서, 순수굽힘 상태에서 전단응력성분 τ_{xy}와 τ_{xz}는 0이 된다는 것을 알 수 있다.

7.4 평형조건 *Equilibrium Requirements*

이 절에서는, 식 (2.1)의 세 번째 단계인 평형조건을 고려해 본다. 평형이 되려면 그림 7.6에 나타낸 바와 같이 보의 전 단면에 따라 분포되는 응력으로 야기되는 합모멘트는 굽힘모멘트

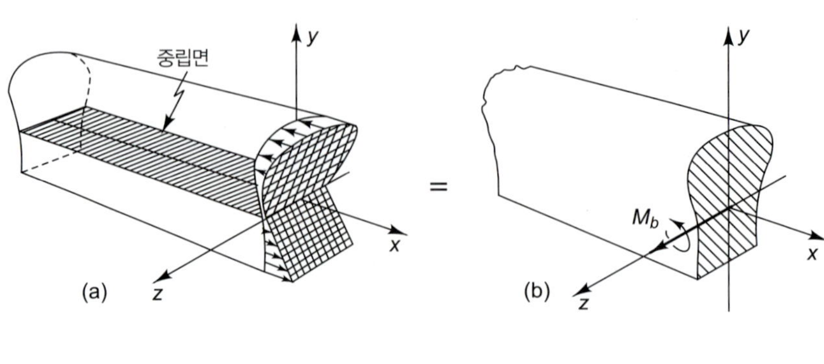

그림 7.6 순수굽힘 상태에서 응력 분포로 야기되는 합모멘트는 굽힘모멘트 M_b와 같아야 한다.

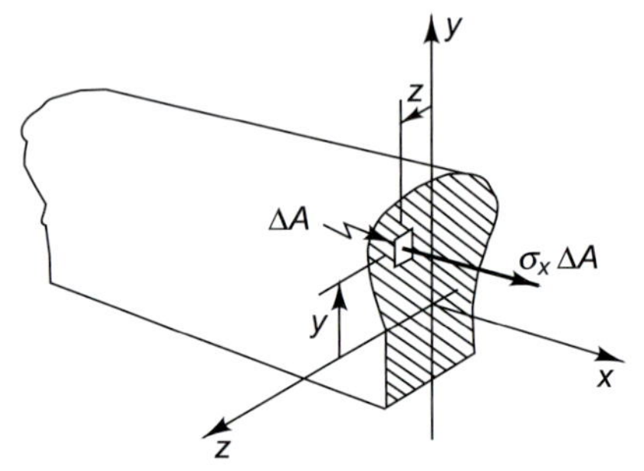

그림 7.7 그림 7.6(a)의 보의 면소 ΔA에 작용하는 힘

M_b와 같아야 한다. 그림 7.7의 면소 ΔA에 작용하는 힘은 $\sigma_x \Delta A$이므로, 평형조건은 다음과 같이 표현된다.

$$
\begin{aligned}
\sum F_x &= \int_A \sigma_x dA = 0 \\
\sum M_y &= \int_A z\sigma_x dA = 0 \qquad (7.7) \\
\sum M_z &= \int_A y\sigma_x dA = M_b
\end{aligned}
$$

위의 적분은 단면의 전 면적 A에 대해 행한다. 여기서 다시 한 번, 단면의 변형이 충분히 작아서 변형 후 단면상의 모든 점을 변형 전의 좌표로 지정할 수 있다는 기본적인 가정을 한다. 즉, 응력은 변형에 의하여 발생하는 것이지만, 평형조건을 적용할 때 한 점에서의 응력은 변형되기 전 보의 그 점에 대응하는 위치에서의 응력으로 가정할 것이다.

7.5 순수굽힘을 받는 대칭탄성보의 응력과 변형

Stress and Deformation in Symmetrical Elastic Beams Subjected to Pure Bending

우리는 지금까지 굽힘 문제를 식 (2.1)의 3단계 관점에서 고려하였다. 이제 식 (7.6)과 식 (7.7)의 요구조건을 만족하는 해를 유도해 보기로 하자. 식 (7.6)과 식 (7.7)을 조사해 보면, 요구조건 식 (7.7)은 σ_x만을 포함하고 있으나, 반면에 식 (7.6)의 제1식은 횡방향의 수직응력 σ_y와 σ_z도 포함하고 있음을 알 수 있다. 횡방향의 수직변형률 ϵ_y와 ϵ_z를 구하기 위해 Hooke의 법칙 식 (5.2)의 제2, 제3식을 이용하여 σ_y와 σ_z를 소거할 수 있지만, 이들 변형률에 대해서는 아무런 정량적인 말을 할 수 없기 때문에 전혀 도움이 되지 않는다. 이러한 난관을 해결하기 위해서는, 횡방향의 거동에 대한 어떤 가정을 할 필요가 있다. 합리적인 가정을 찾아내기 위

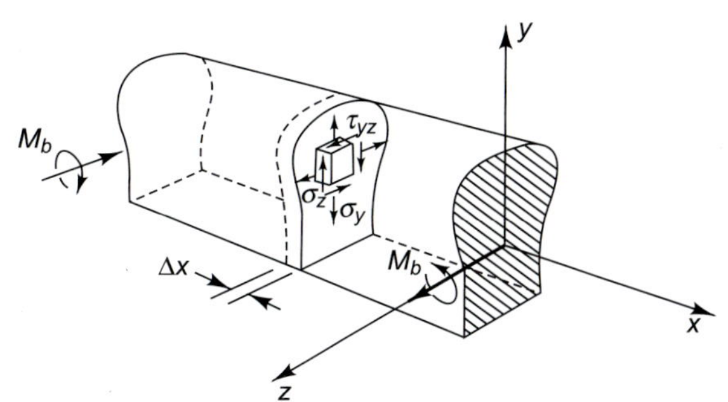

그림 7.8 횡방향 응력 σ_y, σ_z 및 τ_{yz}는 0이라 가정한다.

해, 그림 7.8과 같은 두께 Δx인 박편 요소의 외면에는 수직응력도 전단응력도 작용하지 않는다는 것에 착안하였다. 보가 가늘고 길다는 것은 횡방향 응력 σ_y, σ_z 및 τ_{yz}가 보 내부에 따라서도 그대로 0이 유지된다는 가정이 합리적임을 암시해 주고 있다. 우리는 이러한 가정을 기본으로 해석을 해나가고자 한다. 즉, 우리는 다음과 같이 **가정한다**.

$$\sigma_y = \sigma_z = \tau_{yz} = 0 \tag{7.8}$$

가정 식 (7.8)에 의하여 0이 아닌 응력성분은 유일하게 하나만 남게 된다. 식 (7.6)의 제1식으로부터 *Hooke*의 **법칙을 따르는 재료**로 만들어진 보가 **순수굽힘**을 받을 때 발생하는 길이방향의 수직**응력** 분포는 다음과 같이 얻어진다.

$$\sigma_x = -E\frac{y}{p} = -E\frac{d\phi}{ds}y \tag{7.9}$$

중립면으로부터의 거리에 따른 응력의 선형적인 변화는 그림 7.6(a)에 보이는 응력 분포를 구하는 데 사용된다. 이제 중립면의 위치를 알아내는 일이 남아 있다.

중립면의 위치를 구하기 위하여 식 (7.9)를 식 (7.7)의 제1식에 대입하면 다음 식이 얻어진다.

$$\sum F_x = \int_A \sigma_x dA = -\int_A E\frac{y}{\rho}dA = -\frac{E}{\rho}\int_A y\,dA = 0 \tag{7.10}$$

이 결과는 일정한 탄성계수 E를 갖는 선형탄성보가 굽어질 때(즉, E/ρ가 0이 아닐 때), 단면적의 중립면에 관한 1차 모멘트는 0이어야 한다는 것을 말해주고 있다. 다시 말하면, **중립면은 단면적의 도심***(centroid of the cross sectional area)***을 통과하여야만 한다**.

한 가지 이상의 재료로 만들어진 선형-탄성보, 또는 비선형적으로 거동을 하는 재료로 만들어진 보에 대해서도 중립면의 위치는 $\Sigma F_x = 0$으로 놓음으로써 결정할 수 있으나, 이러한 경우에는 일반적으로 중립면은 단면의 도심을 지나지 **않는**다는 것에 유의하여야 한다(문제 7.46과 7.50 참조).

식 (7.9)를 식 (7.7)의 제2식에 대입하면 다음을 얻는다.

$$\sum M_y = \int_A z\sigma_x dA = -\int_A E\frac{y}{\rho}zdA = -\frac{E}{\rho}\int_A yzdA = 0 \tag{7.11}$$

식 (7.11)의 우변의 적분은 단면이 xy면에 대해서 대칭이므로 0이 된다. 따라서 식 (7.7)의 제2식을 만족한다.

식 (7.9)를 식 (7.7)의 마지막 식에 대입하면 다음을 얻는다.

$$\sum M_z = -\int_A y\sigma_x dA = \int_A yE\frac{y}{\rho}dA = \frac{E}{\rho}\int_A y^2 dA = M_b \tag{7.12}$$

식 (7.12)의 우변의 적분은 중립축에 관한 단면적의 **2차모멘트**(*second moment*) 또는 단면적의 **관성모멘트**(*moment of inertia*)로 알려져 있다. 이 값은 단면의 특정한 형상을 알게 되면 바로 계산할 수 있다. 이 적분을 I_{zz}라 하고 다음과 같이 정의한다.

$$I_{zz} = \int_A y^2 dA \tag{7.13}$$

I_{zz}는 z축에 관한 관성모멘트라 말한다. 관성모멘트에 대한 중요한 성질들을 문제 7.5와 문제 7.9에 요약해 놓았다.

식 (7.13)을 (7.12)에 대입하면, 곡률을 굽힘모멘트의 함수로 다음과 같이 나타낼 수 있다.

$$\frac{d\phi}{ds} = \frac{1}{\rho} = \frac{M_b}{EI_{zz}} \tag{7.14}$$

굽힘모멘트가 양일 때 곡률도 양이 된다. 즉, 위쪽으로 오목하다.

마지막으로 식 (7.14)를 변형률과 응력에 대해 앞에서 얻은 식 (7.4)와 식 (7.9)에 대입하면 다음의 결과를 얻는다.

$$\epsilon_x = -\frac{M_b y}{EI_{zz}} \tag{7.15}$$

$$\sigma_x = -\frac{M_b y}{I_{zz}} \tag{7.16}$$

이들 식은 길이방향의 변형률과 응력을 외부에서 작용된 굽힘모멘트의 항으로 나타낸 식이다. 응력 분포가 선형적이고 식 (7.16)으로부터 보 윗면의 섬유들은 압축되는 반면, 아랫면 섬유들은 인장된다는 것을 알 수 있다[그림 7.6(a)].

해를 완료하기 위하여, 식 (7.8)과 식 (7.16)을 Hooke의 법칙 식 (5.2)에 대입하면, 다음과 같은 횡방향의 변형률 성분들이 얻어진다.

$$\begin{aligned}\epsilon_y &= \nu\frac{M_b y}{EI_{zz}} = -\nu\epsilon_x \\ \epsilon_z &= \nu\frac{M_b y}{EI_{zz}} = -\nu\epsilon_x \\ \gamma_{yz} &= 0\end{aligned} \tag{7.17}$$

따라서, 단면의 변형이 존재한다. 단면의 평면 내에서 발생하는 횡방향 수직변형률은 축방향의 수직변형률에 비례하나, 그 방향은 반대이다. 축방향의 수직변형률이 보의 상부에서 압축이고 하부에서 인장이 되므로, 단면의 상부에서는 늘어나고 반면에 단면의 하부에서는 줄어든다. 원래 직사각형 단면 보의 변형된 형상을 그림 7.9에 그려 놓았다. 우리가 얻은 ϵ_z에 대한 결과는, 원래 z축에 평행한 단면상의 모든 직선들은 원호상으로 변형되고, 특히 그림 7.9에 보인 것과 같이 단면상의 중립면은 곡률 $-\nu(1/\rho)$를 갖는 원호로 변형된다는 것을 의미하고 있다. 이와 같은 보의 횡방향 곡률을 **배사곡률**(*anticlastic curvature*)이라 말한다. 이것은 고무지우개를 그림 7.10과 같이 엄지손가락과 검지손가락 사이에서 눌러 구부릴 때 쉽게 관찰할 수 있다. 배사곡률이 존재하기 때문에 변형된 중립면은 2중 곡률면이 된다(그림 7.9). 더욱이 배사곡률이 존재함으로 해서 중립축은 변형된 중립면상에 있는 선 중, 곡률이 원래의 대칭면에 평행한 평면 내에 존재하는 유일한 선이 된다.

우리는 위의 해를 얻기 위하여 몇 가지 가정을 설정하여야 할 필요가 있었다. 즉, 그림 7.9의 변형된 보에서의 응력과 변형률의 위치는 그림 7.5(a)의 변형 전 보에서의 대응 위치로 근사시킬 수 있다고 가정하였다. 또 변형률의 변화 식 (7.4)는 엄밀하게는 대칭면 내에서만 성립하는 관계임에도 불구하고, 전체 단면에 대하여 적용시킬 수 있다고 가정하였다. 끝으로 횡방향 응력들은 0이라고 가정하였다. 그럼에도 불구하고, 외부에서 작용하는 굽힘모멘트를 보에 발생하는 응력 분포가 식 (7.16)을 따르도록 작용시킨다면, 우리가 얻은 이 해는 세장부재의 미소변형에 대한 탄성이론의 모든 요구조건을 만족시키고 있다는 것을 보여주고 있다. 변형률 식 (7.5), 식 (7.15) 및 식 (7.17)은 기하학적 적합성을 만족시킨다(문제 7.32 참조). 응력 식 (7.6), 식 (7.8) 및 식 (7.16)은 평형조건을 나타내는 미분방정식을 만족시킨다. 그리고 모든 점에서 응력과 변형률은 Hooke의 법칙 식 (5.2)를 만족시킨다. 보다 상세한 연구에 의해,[1] 외부에서 가해지는 굽힘모멘트가 식 (7.16)과 다른 형태로 작용되는 경우에도 우리가

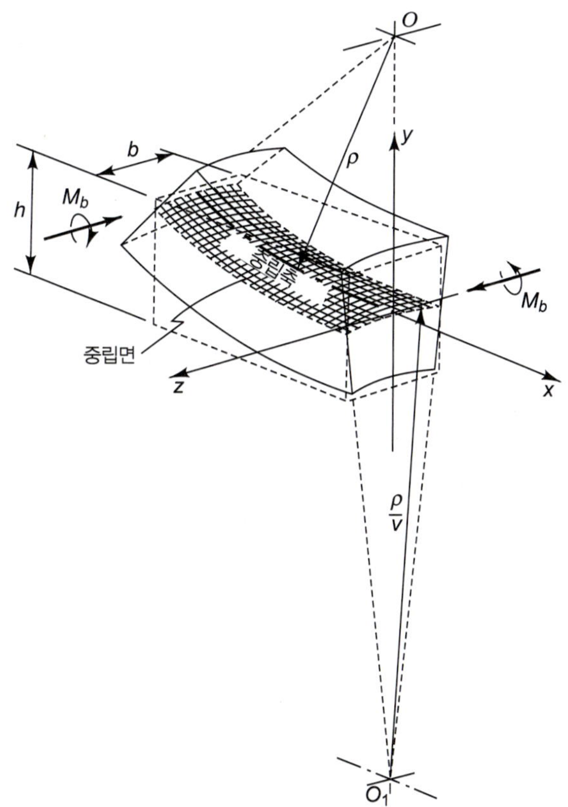

그림 7.9 원래 직사각형 단면을 가진 보가 대칭면 내에서 순수굽힘을 받을 때 변형되는 형상

[1] G. Horvay, The End Problem of Rectangular Strips, *Trans. ASME*, vol. 75, pp. 87–94, 576–582, 1953.

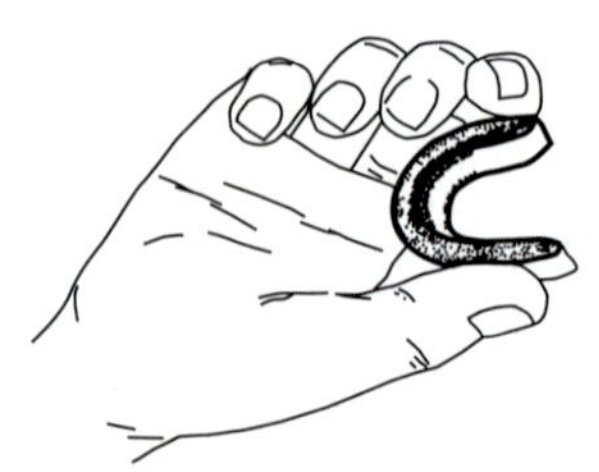

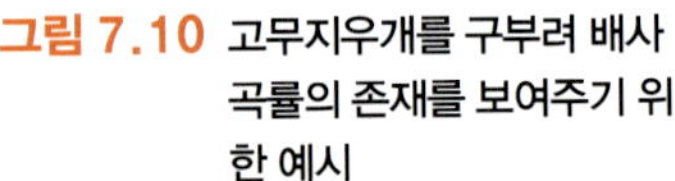

그림 7.10 고무지우개를 구부려 배사 곡률의 존재를 보여주기 위한 예시

얻은 이 해는 생배낭의 원리에 따라 보 중앙 근처에서 매우 정확하고, 다만 양단 근처에서만 상당한 오차가 발생한다는 것이 판명되었다. 양단 근처에서 해가 정도를 잃게 되는 천이역의 길이는 보 단면의 높이 정도이다.

앞에서 기술한 이론을 몇 가지 예제에 적용하여 설명하기 전에, 그림 7.6(a)의 굽힘응력 성분과 그림 6.9(b)의 비틀림을 받는 원형 축에 발생하는 전단응력 분포 사이의 상사성을 관찰하는 것은 매우 흥미있는 일이다. 또 한 가지 흥미있는 일은 식 (7.14)와 식 (6.7) 사이, 그리고 식 (7.16)과 식 (6.9) 사이의 대응관계이다.

초기에 직선이었던 보에 대한 지금까지의 논리는 곡선보(curved beam)의 순수굽힘에 관한 문제에 대해서도 그대로 적용될 수 있다는 것을 말해 두는 바이다(문제 7.33 참조). 곡선보에 대한 해석에 의하면, 보 두께에 걸쳐 분포되는 응력 분포에 대한 공식 식 (7.16)은 곡선보의 곡률반지름이 보 두께의 5배 이상이면, 곡선보에 대해서도 매우 정확한 결과를 준다는 것이 판명되었다.[2]

예제 7.1 단면의 폭이 25 mm, 높이가 75 mm인 강재 보가 그림 7.11(a)와 같이 점 A와 점 B에서 핀으로 지지되어 있다. B 지점은 로울러 위에 놓여 있어 자유로이 수평운동이 가능하다. 보의 양단에 5 kN의 하중이 작용될 때 보의 중앙 스팬에서 발생하는 최대 굽힘응력과, 변형된 보의 A와 B의 단면이 만드는 각 $\Delta\phi_o$를 구하라.

- 중앙에서의 굽힘모멘트는 윗면에 인장이 걸리도록 작용함에 유의하여야 한다!
- 곡률, 즉 A와 B 사이에서 보의 길이에 따라 측정된 거리에 대한 각변화율을 적분하면, A와 B 사이의 각을 구할 수 있다.

우리는 여느 때처럼 이 문제를 식 (2.1)의 틀 내에서 해석할 것이다. 첫 단계는 보를 따르는 각 점에서 평형조건이 만족되는 데 요구되는 굽힘모멘트를 결정하는 것이다. 이 모멘트를 그림 7.11(b)의 선도로 그려 놓았다. 이 선도로부터 중앙부분 AB에는 일정한 굽힘모멘트가 걸린다는 것을 알 수 있으며, 따라서 보의 이 부분은 순수굽힘 상태에 있다.

식 (7.16)을 이용하여 응력을 계산하기 위해 좌표축을 설정하고, I_{zz}를 계산하여야 한다. 단면의 도심은 그림 7.11(c)와 같이 단면의 중앙에 위치한다. 식 (7.13)을 사용하여 다음과 같이 I_{zz}를 얻는다.

[2] 곡선보의 최대 응력을 계산하는 공식은 R. J. Roark, Formulas for Stress and Strain. 4th ed., pp. 164, McGraw-Hill Book Company, New York, 1965. 참조

$$I_{zz} = \int_{-h/2}^{h/2} y^2 b\, dy = \frac{bh^3}{12} \tag{a}$$

이 식에 $b = 25$ mm, $h = 75$ mm를 대입하면 다음 값을 얻는다.

$$I_{zz} = 8.789 \times 10^5 \text{ mm}^4 \tag{b}$$

최대 굽힘응력은 중립축으로부터 가장 먼 거리에서 발생한다. 중앙 스팬에서 보의 윗면에서의 굽힘응력은 식 (7.16)으로부터 다음과 같이 계산된다.

$$\sigma_x = -\frac{(-1.5\,\text{kN.m})(37.5\times10^{-3}\,\text{m})}{8.789\times10^{-7}\,\text{m}^4} = 64.0\,\text{MN/m}^2 \tag{c}$$

$y = -37.5$ mm를 사용하면 보의 아랫면에서 수치적으로 같은 값의 압축응력을 얻을 수 있다.

각변화 $\Delta\phi_o$를 얻기 위해서는, 이 경우에 적용할 수 있는 "힘-변형" 관계로서 모멘트-곡률 관계 식 (7.14)를 적용하면 된다. $E = 205$ GN/m²을 사용하여 AB 구간의 곡률을 계산하면 다음과 같다.

$$\frac{d\phi}{ds} = \frac{M_b}{EI_{yy}} = \frac{-1.5\,\text{kN.m}}{(205\times10^6\,\text{kN/m}^2)(8.789\times10^{-7}\,\text{m}^4)} \tag{d}$$
$$= -8.325 \times 10^{-3}\ \text{rad/m}$$

A와 B 사이의 총 각의 변화는 곡률 식 (d)를 적분하여 다음과 같이 구할 수 있다.

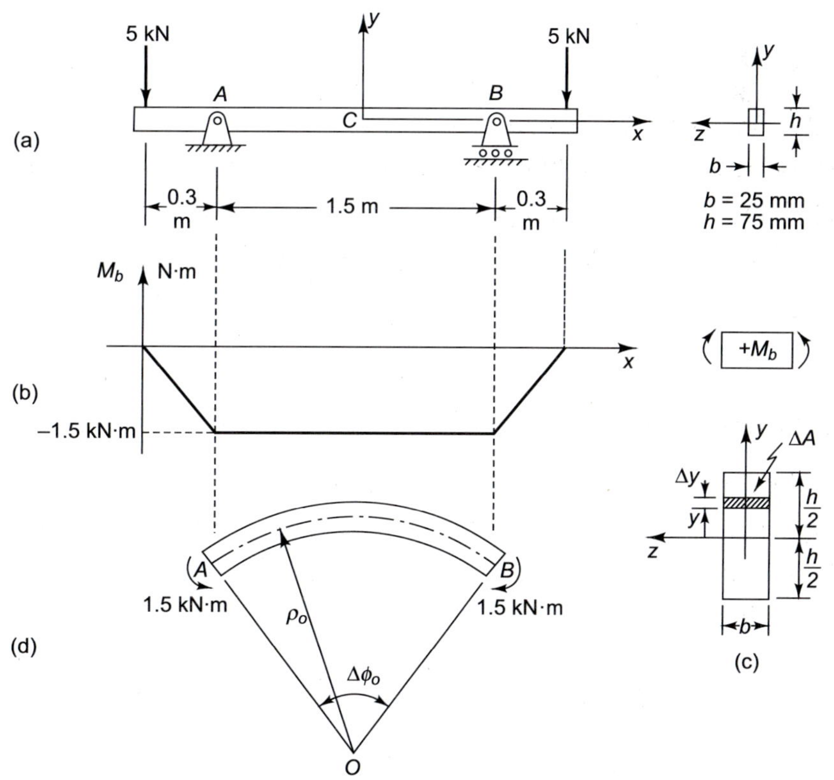

그림 7.11 예제 7.1

$$\phi_B - \phi_A = \int_A^B d\phi = \int_{-L/2}^{L/2} \frac{d\phi}{ds} ds$$
$$= -8.325 \times 10^{-3} \text{ rad/m} \times 1.5 \text{ m} \quad \text{(e)}$$
$$= -0.0124 \text{ rad}$$
$$= -0.72°$$

따라서 그림 7.11(d)에서 $\Delta\phi_o$로 표시한 각도의 크기는 0.72°이다. 그림에 표시한 이 각도는 과장된 그림이라는 것에 유의하기 바란다. *AB* 부분의 곡률반지름은 식 (7.1)로부터 다음과 같이 얻을 수 있다.

$$\rho = \frac{1}{d\phi/ds} = \frac{1}{-8.325 \times 100^{-3} \text{ rad/m}} = -120 \text{ m} \quad \text{(f)}$$

이것을 그림 7.11(d)에 나타내었다. 여기서 $\rho_o = -\rho$이다.

예제 7.2 그림 7.12(a)와 같은 대칭 *T*자형 보에 일정한 굽힘모멘트 M_b가 작용할 때 발생하는 최대 인장응력과 압축응력을 계산하고자 한다.

- 여기서의 주된 문제는 도심과 도심에 관한 관성모멘트를 구하는 것이다.
- 나머지들은 분명(straightforward)하다.
- 폭이 다르므로 윗면에서의 굽힘응력은 아랫면의 굽힘응력에 비해 크다는 것에 유의하라.

응력 분포에 대한 관계 식 (7.16)을 이용할 수 있으므로, 우리가 해야 할 일은 중립축의 위치와 I_{zz}를 계산해 내는 일이다. 첫 단계로 *z*축을 단면의 도심에 위치시킨다(참고로 면적에 관한 도심의 위치를 계산하는 방법은 문제 7.1에 주어져 있다). 그림 7.12(b)와 같이 *T*자형 보는 치수가 $b \times 2h$인 직사각형 1과 $6b \times h/2$인 직사각형 2로 구성되어 있다고 생각한다. 그리고 보 단면의 저변으로부터 도심까지의 거리를 $\bar{y}$라 하자. 그러면(문제 7.1 참조) 다음과 같이 계산된다.

$$\bar{y} = \frac{\sum_i \bar{y}_i A_i}{\sum_i A_i} = \frac{\frac{3}{2}h(2bh) + (h/4)(3bh)}{2bh + 3bh} = \frac{3}{4}h \quad \text{(a)}$$

단면에서의 좌표축 위치를 그림 7.12(c)에 그려 놓았다. 다음에 직사각형 1의 *z*축에 관한 관성모멘트를 **평행축 정리**(*parallel-axis theorem*)를 적용하여 계산한다(문제 7.5 참조).

$$(I_{zz})_1 = \frac{b(2h)^3}{12} + 2bh(\frac{3}{4}h)^2 = \frac{43}{24}bh^3 \quad \text{(b)}$$

같은 방법으로 직사각형 2에 대한 관성모멘트는 다음과 같이 계산된다.

$$(I_{zz})_2 = \frac{6b(h/2)^3}{12} + 3bh(h/2)^2 = \frac{13}{16}bh^3 \quad \text{(c)}$$

따라서, 전 단면적에 대한 관성모멘트는 다음과 같이 구해진다.

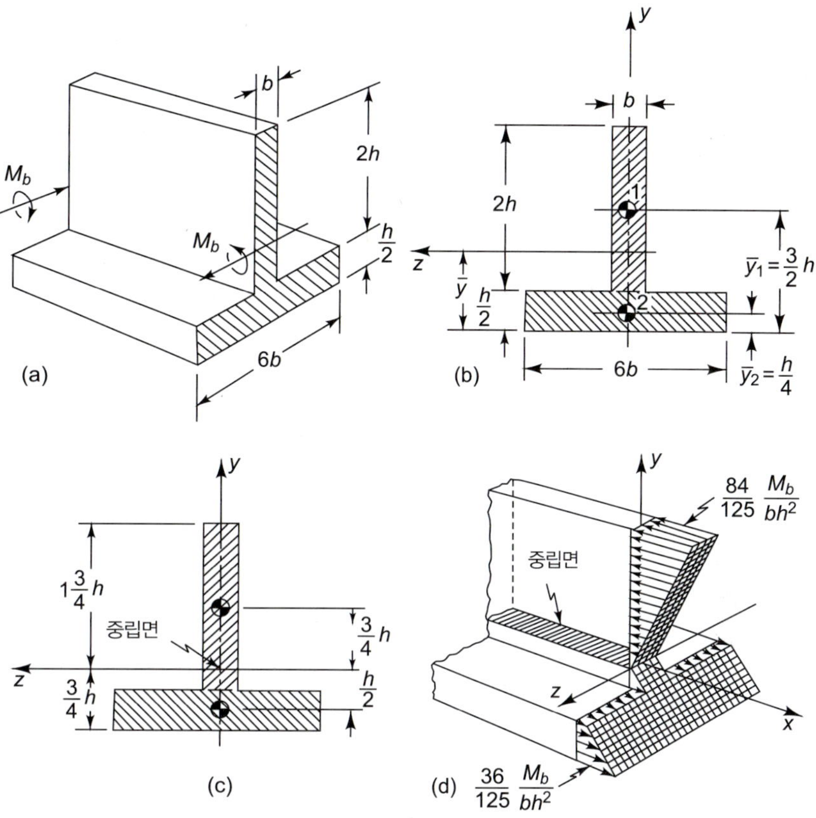

그림 7.12 예제 7.2

$$I_{zz} = (I_{zz})_1 + (I_{zz})_2 = \frac{43}{24}bh^3 + \frac{13}{16}bh^3 = \frac{125}{48}bh^3 \tag{d}$$

식 (7.16)에 식 (d)와 $y = -\frac{3}{4}h$를 대입하면 최대 인장 굽힘응력을 얻는다.

$$\sigma_x = -\frac{M_b\left(-\frac{3}{4}h\right)}{\frac{125}{48}bh^3} = \frac{36}{125}\frac{M_b}{bh^2} \tag{e}$$

최대 압축 굽힘응력은 $y = +1\frac{3}{4}h$에서 발생하며 다음과 같이 얻어진다.

$$\sigma_x = \frac{M_b\left(\frac{7}{4}h\right)}{\frac{125}{48}bh^3} = \frac{84}{125}\frac{M_b}{bh^2} \tag{f}$$

보 내에 발생하는 응력 분포를 그림 7.12(d)에 그려 놓았다. 이 문제에서 최대 압축응력은 최대 인장응력보다 근사적으로 2.3배 정도 크다는 것을 알 수 있다.

이 예제는 보의 응력 분포를 결정하려면 도심축의 위치와 이 축에 관한 관성모멘트의 계산이 필요하다는 것을 보여주었다. I형 보와 같은 보다 일반적인 구조물의 단면에 대한 정보(도심축의 위치와 관성모멘트)는 표에 주어져 있다.[3]

[3] 예를 들면, The American Institute of Steel Construction Manual of Steel Construction 참조

7.6 전단력과 굽힘모멘트를 함께 전달하는 대칭탄성보에서의 응력

Stresses in Symmetrical Elastic Beams Transmitting both Shear Force and Bending Moment

보에 있어 순수굽힘은 상대적으로 일반적인 하중형태는 아니다. 제3장에서 보았듯이, 그림 7.2(a)와 같이 전단력이 동시에 작용하는 경우가 보다 일반적이다. 이러한 경우 전단력의 존재로 굽힘모멘트가 보의 길이방향에 따라 변하게 되고, 또 이로 인하여 7.2절의 많은 대칭논리를 더 이상 적용할 수 없게 되므로 이러한 문제의 엄밀해를 얻기란 매우 어렵다. 보의 길이방향에 따르는 하중상태의 변화가 어떤 특별한 형태인 경우에 대하여는 탄성이론 범위 내에서 엄밀해가 얻어지나,[4] 이것을 해석하는 데 필요한 수학적 지식이 이 책의 수준을 넘는 것이므로 여기서는 생략하기로 한다.

이 절에서는, 앞에서 언급한 **탄성**이론과 구별하여 보의 응력에 대한 **공학적** 이론이라고 일반적으로 알려져 있는 이론을 설명하고자 한다. 이 공학적 이론을 전개하기 위해 **굽힘모멘트가 보의 길이에 따라 변하는 경우, 즉 전단력이 존재하는 경우에서도 굽힘-응력 분포 식** (7.16)**은 그대로 성립한다고 가정한다.** 따라서 보에 대한 공학적 이론은 위치 x에서의 길이방향 응력, 즉 굽힘응력 분포는 식 (7.16)으로 주어진다고 가정한다. 그러면 잘 선정된 어떤 자유물체에 대한 평형조건을 이용하여, 그의 합력이 전단력이 되는 응력 분포를 계산할 수 있다. 이 해석방법은 기하학적 적합조건과 응력-변형률 관계의 만족함을 포함하지 않고 있기 때문에 얻은 결과가 정확하다는 아무런 보장도 없다. 그러나 이 결과를 실험결과와 앞에서 언급한 탄성이론으로부터 얻은 해와 비교하여, 이 방법에 의한 응력 분포의 계산은 대부분의 공학적 목적에서 충분히 정확하다는 것이 확인되었다.

해석의 첫 단계로서, 굽힘과 전단을 동시에 받는 보에 대한 길이 Δx의 미소 요소를 그림 7.13(a)에 그려 놓았다. 우리는 외부에서 이 요소에 작용하는 횡하중이 없어 횡선난력 V가 x에 독립적인 경우를 생각해 본다. x에 따르는 굽힘모멘트의 변화를 증분 ΔM_b로 표시하고, 굽힘응력은 식 (7.16)으로 주어진다고 가정한다. 그림 7.13(b)에서 도표로 나타낸 바와 같이, 길이 Δx에 대한 굽힘모멘트의 증분 ΔM_b 때문에 보 요소의 양의 x면에 작용하는 굽힘응력은 음의 x면에 작용하는 굽힘응력보다 다소 커진다고 생각할 수 있다. 다음으로 그림 7.13(c)에 표시된 부분에 대한 평형관계를 고려한다. 이 부분은 그림 7.13(b)의 보 요소에서 $y = y_1$인 평면 윗부분을 고립화하여 얻은 요소이다. 이 부분의 양단면에 작용하는 굽힘응력의 불평형 때문에, x 방향의 힘이 평형을 유지하려면 음의 y면상에 힘 ΔF_{yx}가 작용되어야 한다. 즉, 우리는 음의 x 방향으로 그려진 양의 전단력 ΔF_{yx}는 이 전단력이 작용하는 면이 음의 y면이라는 사실과 일치하고 있음을 알 수 있다.

이 평형조건을 정량적으로 표현하면 다음과 같다.

[4] S. Timoshenko and J. N. Goodier, "Theory of Elasticity" 3rd ed., chap. 11, McGraw-Hill Book Company, New York, 1970.

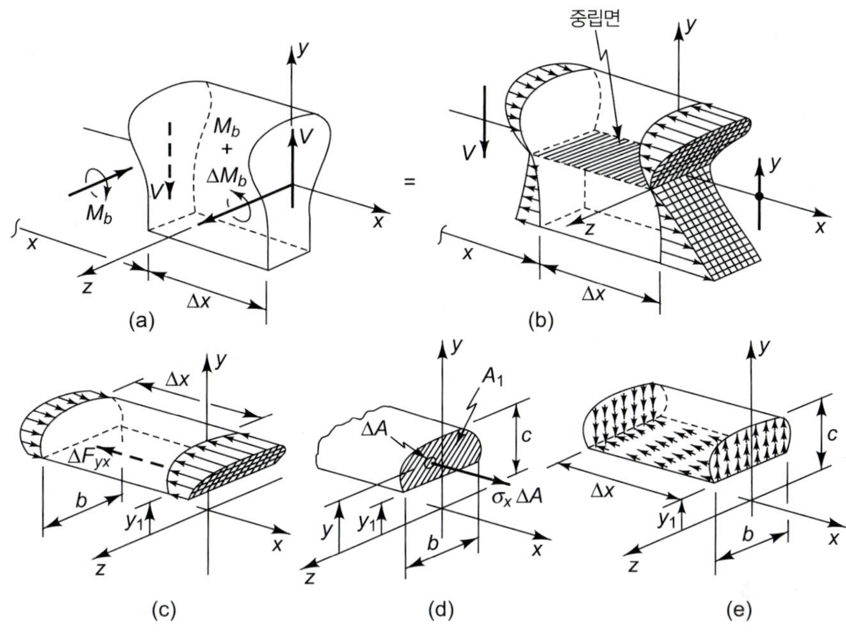

그림 7.13 보의 한 부분에 대한 평형조건으로부터 대칭 보에 작용하는 전단응력 τ_{xy}의 계산

$$\sum F_x = \left[\int_{A_1} \sigma_x dA \right]_{x+\Delta x} - \Delta F_{yx} - \left[\int_{A_1} \sigma_x dA \right]_x = 0 \tag{7.18}$$

여기서 적분은 그림 7.13(d)의 음영면적 A_1에 대해, 즉 $y = y_1$으로부터 $y = c$까지 행한다. 식 (7.16)을 식 (7.18)에 대입하면 다음을 얻는다.

$$\begin{aligned} \Delta F_{yx} &= -\int_{A_1} \frac{(M_b + \Delta M_b)y}{I_{zz}} dA + \int_{A_1} \frac{M_b y}{I_{zz}} dA \\ &= -\frac{\Delta M_b}{I_{zz}} \int_{A_1} y\, dA \end{aligned} \tag{7.19}$$

식 (7.19)의 양 변을 Δx로 나누고 극한을 취하면 다음 식이 얻어진다.

$$\frac{dF_{yx}}{dx} = \lim_{\Delta x \to 0} \frac{\Delta F_{yx}}{\Delta x} = -\frac{dM_b}{dx} \frac{1}{I_{zz}} \int_{A_1} y\, dA \tag{7.20}$$

그림 7.13(a)의 보 요소에 대한 모멘트 평형조건 식 (3.12)를 대입하면 다음과 같은 결과를 얻는다.

$$\frac{dM_b}{dx} = -V \tag{3.12}$$

$$\frac{dF_{yx}}{dx} = \frac{V}{I_{zz}} \int_{A_1} y\, dA \tag{7.21}$$

이 결과는 다음과 같은 약기호를 도입함으로써 더 간단하게 나타낼 수 있다.

$$q_{yx} = \frac{dF_{yx}}{dx}$$
$$Q = \int_{A_1} y\, dA \tag{7.22}$$

여기서 q_{yx}는 보의 길이방향에 따르는 단위길이당 $y = y_1$으로 정의되는 평면에 걸쳐 전달되는 길이방향의 총 전단력으로, **전단류**(*shear flow*)라 부른다. 이것은 6.14절에서 얇은벽 중공 축의 비틀림을 논의할 때 사용하였던 전단류와 동일한 개념이다. 적분 Q는 중립축에 관한 그림 7.13(d)에서 빗금 친 부분의 면적 A_1의 1차 모멘트이다. 식 (7.21)에 식 (7.22)를 도입하면 굽힘으로 인해 발생하는 전단류에 대한 다음의 관계를 얻는다.

$$q_{yx} = \frac{VQ}{I_{zz}} \tag{7.23}$$

만일 전단력이 존재하는 경우에도 굽힘응력이 실제로 식 (7.16)으로 주어진다면, 식 (7. 23)은 전단류를 정확하게 표현한다. 명백히 전단류 q_{yx}는 보의 폭 b에 걸쳐 분포되는 전단응력 τ_{yx}의 합력이다. 지금까지의 해석과정에서 이 분포의 성질에 관해서는 아무런 정보도 주지 못하였다. 그러나 만일 전단응력이 보 폭에 걸쳐 균일하게 분포된다고 **가정**하면, $y = y_1$에서의 전단응력 τ_{yx}를 다음과 같이 계산할 수 있다.

$$\tau_{yx} = \frac{q_{yx}}{b} = \frac{VQ}{bI_{zz}} \tag{7.24}$$

마지막으로 모멘트 평형조건 식 (4.12)를 사용하면 보 폭에 걸쳐 균일하고, 다음과 같은 크기를 갖는 x면에 작용하는 전단응력을 계산할 수 있다.

$$\tau_{xy} = \tau_{yx} = \frac{VQ}{bI_{zz}} \tag{7.25}$$

그림 7.13(e)에는, 식 (7.25)로 주어지는 전단응력 분포의 성질을 절편의 각 면에 도시하여 놓았다. 이 응력은 음의 y면에 따라 일정한 값을 가지며, x면에서는 아랫변에서의 일정한 값으로부터 윗변에서의 0까지 변화한다.

앞서 말한 이론은 내부적으로 모순이 없다는 것이 입증되므로, 임의 단면을 갖는 보에 대하여 단면 전체에 작용하는 응력 분포 식 (7.25)의 합력은 실제로 전단력 V와 같다는 것을 증명할 수 있다(문제 7.43 참조).

이상을 요약하면, 모멘트 분포가 일정하지 않을 때에도 보에 발생하는 굽힘응력은 식 (7.16)으로 주어진다고 가정하였다. 이와 같은 가정하에서, 평형조건으로부터 전단류 분포(단위길이당의 힘)는 식 (7.23)으로 주어진다는 것을 알아내었다. 끝으로 식 (7.25)(여기서 Q와 b는 y_1의 함수이다.)로 주어지는 x면상의 전단응력 분포를 얻기 위하여, 전단응력은 보의 폭에 걸쳐 일정하게 분포된다고 가정하였다.

직사각형 단면 보에서의 전단응력 분포

직사각형 단면을 갖는 보에 대하여, 처음부터 전단응력이 보의 폭에 걸쳐 일정하게 분포된다고 가정하면, 다른 방법으로 전단응력 분포를 얻어낼 수 있다. 그림 7.14의 응력 분포는 평면

응력 상태가 되고, 평형방정식 식 (4.13)을 적용할 수 있다.

$$\frac{\partial \sigma_x}{\partial x} + \frac{\partial \tau_{xy}}{\partial y} = 0$$
$$\frac{\partial \tau_{xy}}{\partial x} + \frac{\partial \sigma_y}{\partial y} = 0 \tag{4.13}$$

만일 전단력이 x에 따라 변하지 않는 경우라면 전단응력 또한 x에 무관하게 되어, 수직응력 σ_y는 0[식 (7.8) 참조]이라고 이미 가정하였으므로 식 (4.13)의 두 번째 식은 자동적으로 만족된다. 식 (7.16)을 식 (4.13)의 첫 식에 대입하고 식 (3.12)를 이용하면 다음을 얻는다.

$$-\frac{\partial \tau_{xy}}{\partial y} = \frac{\partial}{\partial x}\left(-\frac{M_b y}{I_{zz}}\right) = \frac{V}{I_{zz}} y \tag{7.26}$$

τ_{xy}를 계산하고자 하는 위치 $y = y_1$으로부터 보의 윗면인 $y = h/2$까지, 식 (7.26)을 y에 대해 적분하면 다음과 같다.

$$-\int_{y_1}^{h/2} \frac{\partial \tau_{xy}}{\partial y}\, dy = \frac{V}{I_{zz}} \int_{y_1}^{h/2} y\, dy$$
$$-\left[\tau_{xy}\right]_{y_1}^{h/2} = \frac{V}{I_{zz}}\left[\frac{y^2}{2}\right]_{y_1}^{h/2}$$

노출된 보의 윗면에는 전단응력이 존재하지 않으므로 τ_{xy}는 $y = h/2$에서 0이 된다. 따라서 적분한계를 대입하면 $y = y_1$에서 전단응력에 대한 다음의 결과를 얻는다.

$$\tau_{xy} = \frac{V}{2I_{zz}}\left[\left(\frac{h}{2}\right)^2 - y_1^2\right] \tag{7.27}$$

전단응력은 중립축에서 최대가 되고, 그림 (7.15)에 보는 바와 같이 포물선적으로 감소한다. 여러분들은 직사각형 단면 보의 경우 응력 분포 식 (7.25)는 식 (7.27)과 일치하게 된다는 것을 확인해주기 바란다.

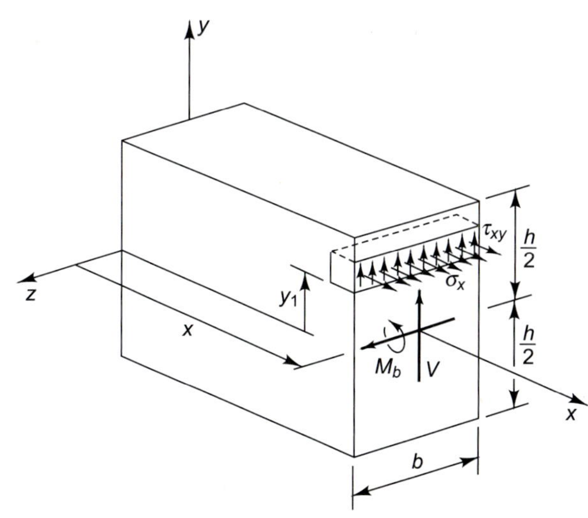

그림 7.14 평형방정식 식 (4.13)으로부터 직사각형 단면 보에서의 전단응력 τ_{xy}의 계산

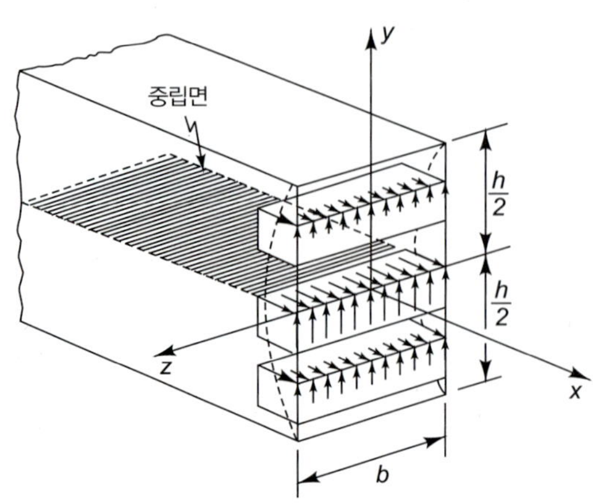

그림 7.15 직사각형 단면 보에서의 전단응력 τ_{xy}의 포물선적 분포의 예시

만일 응력 분포 식 (7.27)을 Hooke의 법칙 식 (5.2)에 대입하여 직사각형 단면 보의 전단변형률을 계산한다면, 전단변형률 γ_{xy} 또한 중립면에서의 최대치로부터 윗면과 아랫면에서의 0까지 포물선적으로 변화한다는 것을 알게 될 것이다. 이것은 원래 평면이었던 단면들이 그림 7.16에 보여주는 형태로 뒤틀린다는 것을 의미한다. 만일 전단력이 보의 길이에 따라 일정하다면, 길이방향의 선소 IJ가 위치 I_1J_1으로 변형할 때, 그 길이는 전혀 변하지 않는다는 것에 유의하기 바란다. 이 사실로부터 보에 일정한 전단력이 작용되는 경우에는, 이 전단력의 존재가 굽힘응력 분포 식 (7.16)에 아무런 영향을 주지 않는다는 것을 알 수 있다. 실제로, 탄성이론으로부터 얻은 엄밀해에 의하면 식 (7.14)와 식 (7.16)이 일정한 전단력이 존재하는 경우에도 그대로 성립한다는 것이 입증되었다. 앞에서 언급한 바와 같이, 이것은 전단류에 관한 식 (7.23)이 일정한 전단력이 존재하는 경우에 대해서도 역시 정확하다는 것을 의미한다. 보의 길이방향에 따라 전단력이 변하는 경우에는 식 (7.14)와 식 (7.16)은 모두 오차가 있으나, 길이가 긴 세장보에 대해서는 이 오차가 매우 작아 결과적으로 식 (7.23)은 변하는 전단력이 존재하는 경우에도 정도 높은 계산결과를 준다. 따라서 탄성보의 공학적 이론(*engineering theory of elastic beams*)에서, 보의 각 단면에서의 굽힘응력과 횡전단응력 분

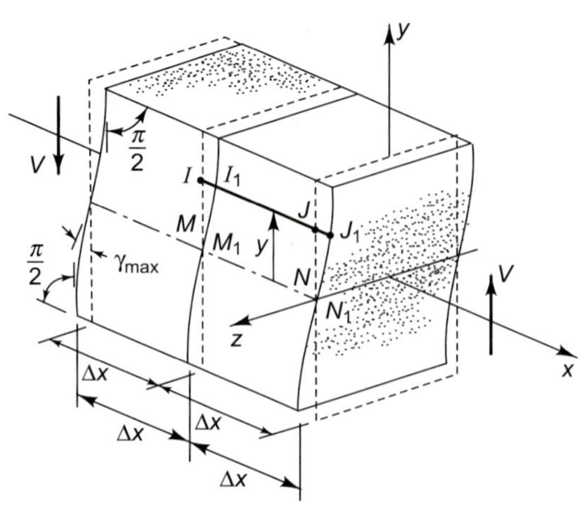

그림 7.16 보의 길이에 따라 일정한 전단력에 의해 발생하는 직사각형 단면 보의 뒤틀림

포는 보의 길이에 따라 $M_b(x)$와 $V(x)$가 어떻게 변하든 간에 관계없이 각각 식 (7.16)과 식 (7.25)로 주어진다.

I형 보에서의 전단응력 분포

그림 7.17과 같은 I형 보를 조사해 보면, 보에서의 전단응력 분포에 대한 이해를 더 명확히 할 수 있다. 그림 7.17(b)는 BC를 지나는 수직면으로 상부 플랜지(top flange)를 절단하여 얻은 미소 절편을 나타낸 그림이다. 여기서, x 방향의 힘의 평형을 유지하려면 양의 z면에 전단력 ΔF_{zx}가 작용되어야 한다. 식 (7.23)을 유도한 방법과 유사한 해석과정을 적용하면, 양의 z면에 작용하는 전단류에 대한 다음의 결과를 얻는다.

$$q_{zx} = -\frac{VQ}{I_{zz}} \tag{7.28}$$

여기서 Q는 그림 7.17(c)의 빗금 친 부분의 면적 A_1의 z축에 관한 1차 모멘트이다. 만약에 그림 7.17(b)의 두께 t_1에 걸쳐 전단응력이 균등하다고 가정하면(단면의 두께가 얇으면 얇을수록 더 좋은 근사가 된다), 플랜지 내 점 B에서의 전단응력은 다음과 같이 계산된다.

$$\tau_{xz} = \tau_{zx} = \frac{q_{zx}}{t_1} = -\frac{VQ}{t_1 I_{zz}} \tag{7.29}$$

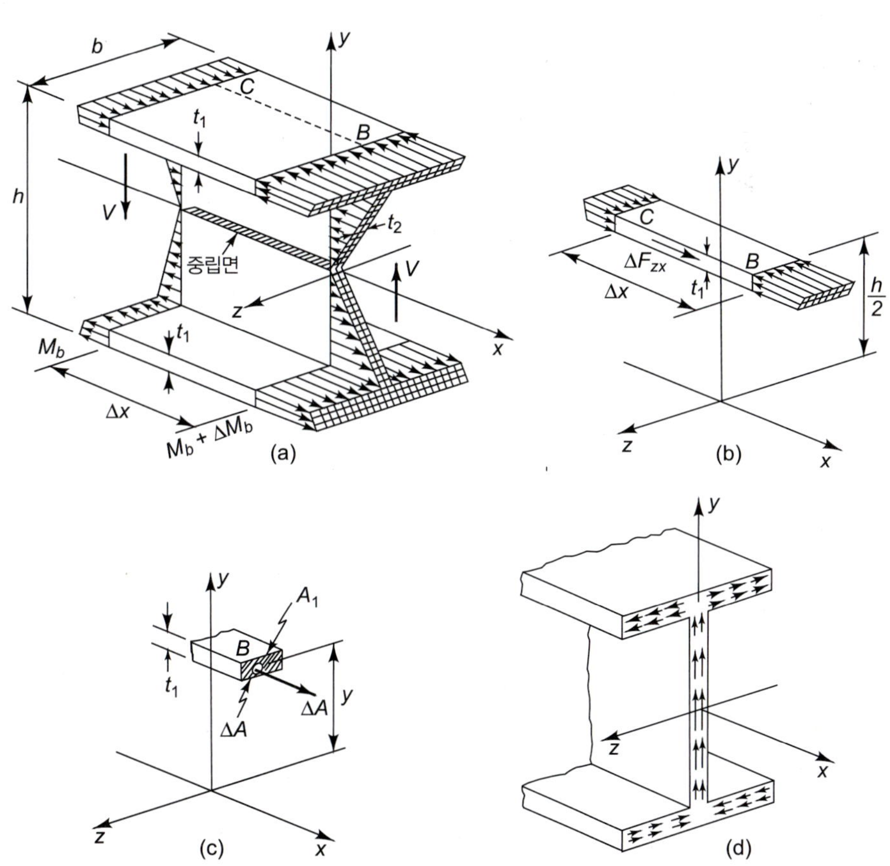

그림 7.17 I형 보에서의 전단응력 계산

웹(web)에서의 전단응력 τ_{xy}는 식 (7.25)로부터 구할 수가 있다. 그림 7.17(d)는 보의 단면 전체에 걸쳐 발생되는 전단응력 분포를 나타낸 그림이다. 각 플랜지에서 응력 τ_{xz}는 웹과의 접합점에서의 최댓값으로부터 플랜지 끝에서의 0까지 선형적으로 변한다. 반면에 웹에서의 응력 τ_{xy}는 포물선적인 분포를 한다. 플랜지 내에도 또한 응력 τ_{xy}가 존재하나, 그림에 표시된 응력 τ_{xz}에 비하여 매우 작다. 웹과 플랜지의 접합부에서 발생하는 응력 분포는 매우 복잡하다. 이 접합부에서의 응력집중을 감소시키기 위하여 압연된 표준 I형 보는 이들 접합부에 필렛(fillet)을 풍부하게 붙여 놓았다.

보의 공학적 이론에 있어서 **굽힘으로 인해 발생되는 전단류**는 단순히 **보의 축방향에 따른 힘의 평형조건만에 의하여** 얻어졌다는 사실을 다시 한 번 강조해 두는 바이다. 이 계산에 대한 또 다른 하나의 예를 다음 예제에서 설명하고자 한다.

예제 7.3 그림 7.18(a)의 황동 보는 그림 7.18(b)에 나타낸 바와 같이, 상자형 단면은 1 cm 판에 납땜질해서 만든다. 납땜 부위의 전단응력이 1000 N/cm²을 초과해서는 안된다고 할 때, 보가 지탱할 수 있는 최대 전단력은 얼마인가?

- 기본적으로 납땜된 각 접합부위에서의 전단류를 구하는 것이 필요하다.
- 전단의 이동은 납땜을 통하여 웹과 연결된 상자형 단면으로부터 발생하므로, Q는 납땜 접합부위의 양 변까지의 상자형 단면에 대해 구하여야 한다.

납땜은 그림 7.18(c)와 같이 상자형 단면재의 전 단면적에 작용하는 불평형 굽힘응력을 지탱하여야만 한다. 납땜 접합부 어느 점에서나 전단류가 같다고 가정하면, 각 접합부에서의 전단류 q_{zx}는 식 (7.28)에 의하여 다음과 같이 주어진다.

$$2q_{zx} = \frac{VQ}{I_{zz}} \tag{a}$$

여기서 Q는 그림 7.18(c)에 표시한 빗금 친 면적의 z축에 관한 1차 모멘트이다. 만일 이 면적을 완전한 정사각형 환으로 근사하면 다음을 얻는다.

$$Q = 12.5\,[(5)^2 - (4)^2] = 112.5\ \text{cm}^3 \tag{b}$$

각 납땜 접합부에 걸쳐 일정한 전단응력이 걸린다고 가정하면, 각 접합부에서의 전단류는 다음과 같다.

$$q_{zx} = (1000)\,(0.5) = 500\ \text{N/cm} \tag{c}$$

이 값들을 식 (a)에 대입하면 다음을 얻는다.

$$V = \frac{2q_{zx}I_{zz}}{Q} = 38551\ \text{N}$$

이것이 납땜 접합부에서 1,000 N/cm²의 평균전단응력을 초과하지 않고 보가 지탱할 수 있는 최대 전단력이다.

■ ■ ■

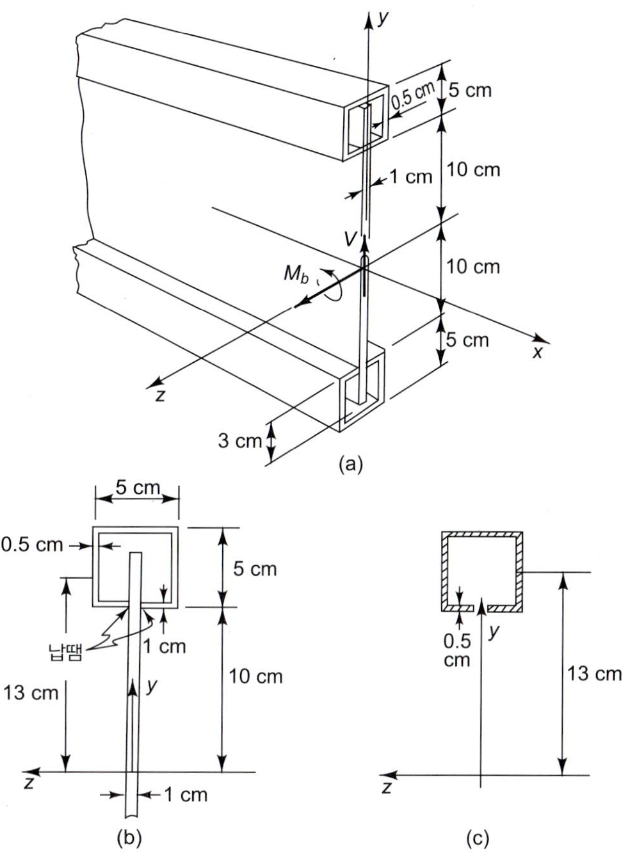

그림 7.18 예제 7.3

굽힘응력과 전단응력의 상대크기

보에 있어서 굽힘응력과 전단응력의 상대적 크기를 조사해 보는 것은 매우 흥미있는 일이다. 이들 응력의 최대치의 비는 보의 종류에 따라 서로 달라질 것이고, 또 만일 동일 보라 할지라도 하중상태에 따라 달라질 것이나 한 특정한 예제를 조사해 보면, 이 비에 영향을 주는 중요한 인자들에 대한 개념을 알아낼 수 있을 것이다.

예제 7.4 한 직사각형 단면 보가 그림 7.19와 같이 단순지지상태에서 그 중앙점에 집중하중이 작용된다. 우리가 알아내고자 하는 것은 최대 전단응력 $(\tau_{xy})_{max}$의 최대 굽힘응력 $(\sigma_{xy})_{max}$에 대한 비이다.

- 두 개의 최댓값은 같은 위치에서 발생하지 않는다.
- 최대 전단응력은 중립축에서 발생한다.

최대 굽힘응력은 굽힘모멘트가 다음 식과 같은 최댓값을 갖는 스팬(span) 중앙에서 발생한다.

$$M_b = \frac{PL}{4} \tag{a}$$

굽힘응력은 보의 윗면과 아랫면에서 같은 크기로 나타난다(윗면에서 압축, 아랫면에서 인장). 예제 7.1로부터 다음 값을 구하였다.

$$I_{zz} = \frac{bh^3}{12} \tag{b}$$

따라서 식 (a)와 식 (b)를 식 (7.16)에 대입하면, 아랫면($y = -h/2$)에서의 굽힘응력은 다음과 같이 얻어진다.

$$(\sigma_x)_{\max} = \frac{-(PL/4)(-h/2)}{bh^3/12} = \frac{3}{2}\frac{PL}{bh^2} \tag{c}$$

전단력은 하중과 각 지지점 사이에서 일정한 크기 $P/2$로 작용한다. 전단응력은 중립축, 즉 그림 7.19에서 보여주는 바와 같이 보의 중앙 높이에서 최대가 된다. 따라서 식 (7.27)에 $y_1 = 0$을 대입하면 최대 전단응력은 다음과 같이 얻어진다.

$$(\tau_{xy})_{\max} = \frac{P/2}{2(bh^3/12)}\left[\left(\frac{h}{2}\right)^2 - 0^2\right] = \frac{3}{2}\frac{P/2}{bh} = \frac{3}{4}\frac{P}{bh} \tag{d}$$

식 (d)는 직사각형 단면 보의 경우 **최대** 전단응력은 **평균**전단응력의 1.5배라는 것을 말해준다.

식 (c)와 식 (d)를 조합하면, 그림 7.19와 같은 보에서 최대 전단응력의 최대 굽힘응력에 대한 비를 다음과 같이 얻을 수 있다.

$$\frac{(\tau_{xy})_{\max}}{(\sigma_x)_{\max}} = \frac{1}{2}\frac{h}{L} \tag{e}$$

따라서 굽힘응력과 전단응력은 L과 h가 같은 정도의 크기일 때에 한하여 비교할 수 있는 크기가 된다. 대부분의 보에 있어서 L은 h에 비하여 매우 크기 때문에(예를 들면 $L > 10h$), 보통 전단응력 τ_{xy}가 굽힘응력 σ_x에 비해 매우 작은 값이 된다는 것을 식 (e)로부터 알 수 있다.

만일 그림 7.19의 보에 이것과 다른 하중이 주어진다 하더라도 이들 최대 응력비는 역시 **보의 높이의 길이에 대한 비**에 의해 결정된다. 물론 비례상수는 위 예제에서 얻은 값과는 다르다(문제 7.44 참조). 만약 다른 단면 형상을 갖는 보를 조사해 보면 유사한 결과가 얻어지나,

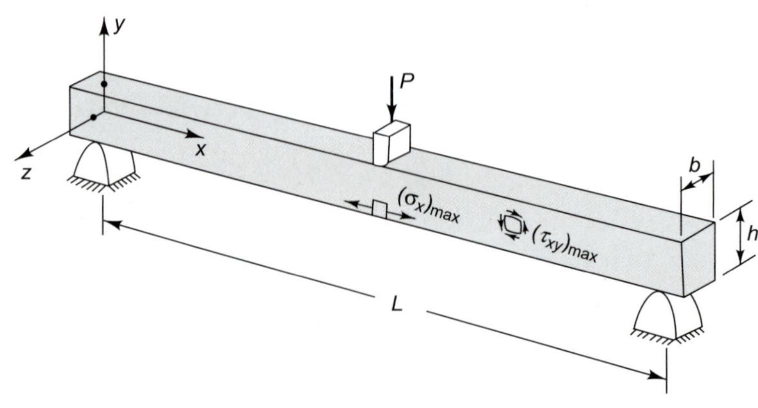

그림 7.19 예제 7.4. 집중하중을 받는 단순지지된 직사각형 단면 보

비례상수는 단면의 형상에 따라 달라진다는 것을 알 수 있게 된다. 예를 들면, 식 (e)의 계수 ½ 은 얇은 웹을 갖는 I형 보의 경우, 3 또는 4의 큰 값이 될 수 있다(문제 7.45 참조).

I형 보에서의 국부좌굴

굽힘응력을 감소시킨다는 관점에서, 주어진 보의 단면적에 대하여 실질적으로 그 면적을 가능한 한 I_{zz}가 커지도록 분포시켜야 한다는 것이, 다시 말해서 면적을 가능한 한 도심으로부터 멀리 집중시키는 것이 가장 최선이라는 것을 식 (7.16)으로부터 명백히 알 수 있다. 그림 7.17에 보이는 I형 보는 형강보(rolled steel beam)의 한 예이며, 이러한 성질을 갖도록 설계되어 있다. 그러나 만일 설계가 이 방향으로 너무 치우치게 되면 좌굴 현상에 부딪치게 된다. 예를 들면, 그림 7.17에 보인 I형 보의 단면적을 일정하게 유지시키면서 높이를 높이는 대신 플랜지의 두께를 과다하게 줄인다면, 재료가 항복을 일으키는 응력보다도 훨씬 낮은 응력 수준(stress level)에서 압축을 받는 플랜지의 좌굴에 의해 보는 파괴된다. 반면에 웹의 두께를 과다하게 줄이면서 보의 높이를 증가시킨다면, 보를 따라 전달되는 전단력으로 인해 발생된 압축응력이 웹의 좌굴을 일으킨다. 중립면에 있는 한 미소 요소에 대한 이들 압축응력의 방향을 그림 7.20에 그려 놓았다(예제 7.5 참조). 이러한 경우의 국부 좌굴의 개시를 합리적으로 계산[5]해낼 수 있으나, 이러한 상세한 해석은 이 책의 수준을 넘는 것이므로 여기서는 더 이상 다루지 않기로 한다. 우리는 제9장에서 다시 좌굴 현상에 대한 일반적인 논의를 할 것이다.

7.7 굽힘에 대한 응력해석; 조합응력

Stress Analysis in Bending; Combined Stresses

보의 항복이나 파괴 또는 국부 좌굴의 가능성에 흥미가 있다면 보의 응력 분포를 상세히 조사하고, 위험한 점들에서의 응력상태(*state of stress*)를 결정할 필요가 있다. 보가 전단력과

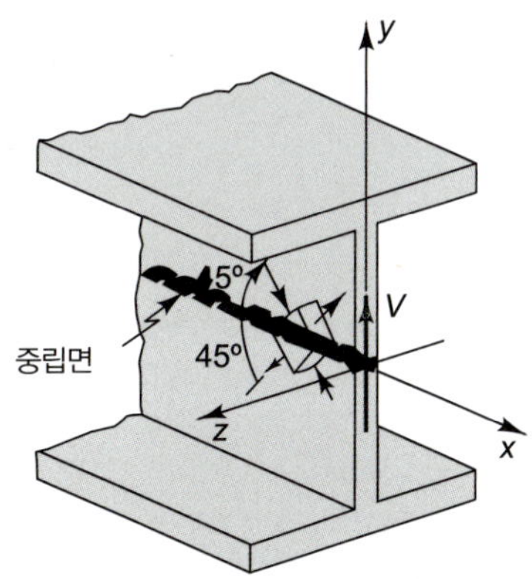

그림 7.20 전단력을 전달하고 있는 I형 보에 있어서, 웹 내의 중립면에 있는 한 요소에 작용하는 압축응력과 인장응력의 예(예제 7.5 참조)

[5] F. R. Shanley, "Strength of Materials", pp. 618, 624, McGraw-Hill Book Company, New York, 1957.

굽힘모멘트를 동시에 전달하는 경우에 대한 해석방법을 설명하기 위하여 다음 예제를 고려해 보기로 한다.

예제 7.5 그림 7.21(a)의 I형 보가 전단력 V와 굽힘모멘트 M_b를 전달할 때, 상부 플랜지와 웹의 점 B와 C에 작용하는 응력상태를 조사하고자 한다.

- 굽힘응력 σ_{xx}와는 달리 웹과 플랜지에서의 전단응력의 성질은 다를 것이다! 웹에서의 전단응력은 τ_{xy}이고, 플랜지에서의 전단응력은 τ_{xz}이다.

굽힘응력 σ_x는 식 (7.16)에 의해, 전단응력 τ_{xy}는 식 (7.25)에 의해 주어진다. 또 전단응력 τ_{xz}의 크기는 식 (7.29)에 의해 주어진다. 이 응력의 방향은 그림 7.17(d)에 보여준다. 또 이들 응력 분포를 그림 7.21(a)에 그려 놓았다. 그림 7.21(b)와 (c)는 이들 응력성분을 사용하여 구성한 응력에 대한 모어의 원을 나타낸다. 그리고 이 모어의 원으로부터 그림 7.21(d)에 나타낸 주응력 σ_1과 σ_2도 얻어낼 수 있다. 단면 내에서 가장 위험한 점을 결정하려면, 비교를 위한 기준(criterion)을 갖고(예를 들면 항복기준, 파괴기준, 좌굴기준), 플랜지와 웹 내의 모든 위치를 점 B와 점 C로 택하여 이들의 응력상태를 비교할 필요가 있다. 이것은 너무 긴 시간을 요하는 해석방법이다. 예제 7.4에서 지적한 바와 같이, 길고 가느다란 보에 있어서 최대 전단응력 τ_{xy}나 τ_{xz}는 최대 굽힘응력 σ_x에 비하여 작은 크기를 갖는다. 그러므로 많은 실용적인 목적을 위하여는 앞에서 말한 바와 같이, 좌굴의 가능성을 고려하는 경우를 제외하면 전단응력의 영향은 무시할 수 있다.

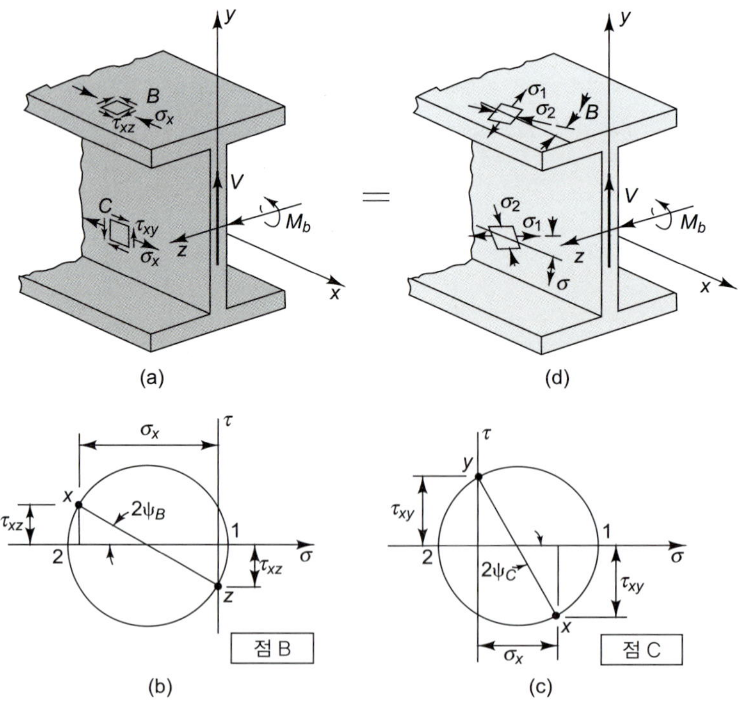

그림 7.21 예제 7.5. 전단과 굽힘에 의한 I형 보 내의 조합응력

우리는 보가 전단력과 굽힘모멘트 이외에도, 길이방향의 힘과 비틀림 모멘트 혹은 이들 중 어느 하나가 부가되어 전달되는 하중조건에 자주 마주치게 된다. 전단과 굽힘에 길이방향의 힘이 동시에 작용할 때의 해석은 길이방향의 힘으로 인한 균일한 축 응력이 부가될 뿐, 예제 7.5에서 설명한 해석방법과 유사하다. 다음 예제에서 굽힘모멘트, 비틀림 모멘트, 그리고 길이방향의 힘이 조합되는 경우를 고려해 보기로 하자.

예제 7.6 그림 7.22(a)에 굽힘모멘트 M_b, 축방향 인장력 P, 그리고 비틀림 모멘트 M_t를 동시에 전달시키고 있는 탄성원형 축을 그려 놓았다. 우리는 이들 하중에 의한 조합응력상태를 알아보고자 한다.

- 먼저 가능성 있는 위치들을 선정하라(그림 7.7 참조).
- 다행히 최대 굽힘응력이 있는 곳에서의 횡전단응력은 0이 된다. 따라서 우리는 단지 최대 비틀림 전단응력과 최대 굽힘응력을 가지고 찾으면 된다. B에서 모두 작용하므로 위험한 점이 될 수 있다. B의 윗점과 아랫점을 확인하여야 한다.
- 위험한 조건은 사용되는 항복조건에 따라서도 달라질 수 있다.

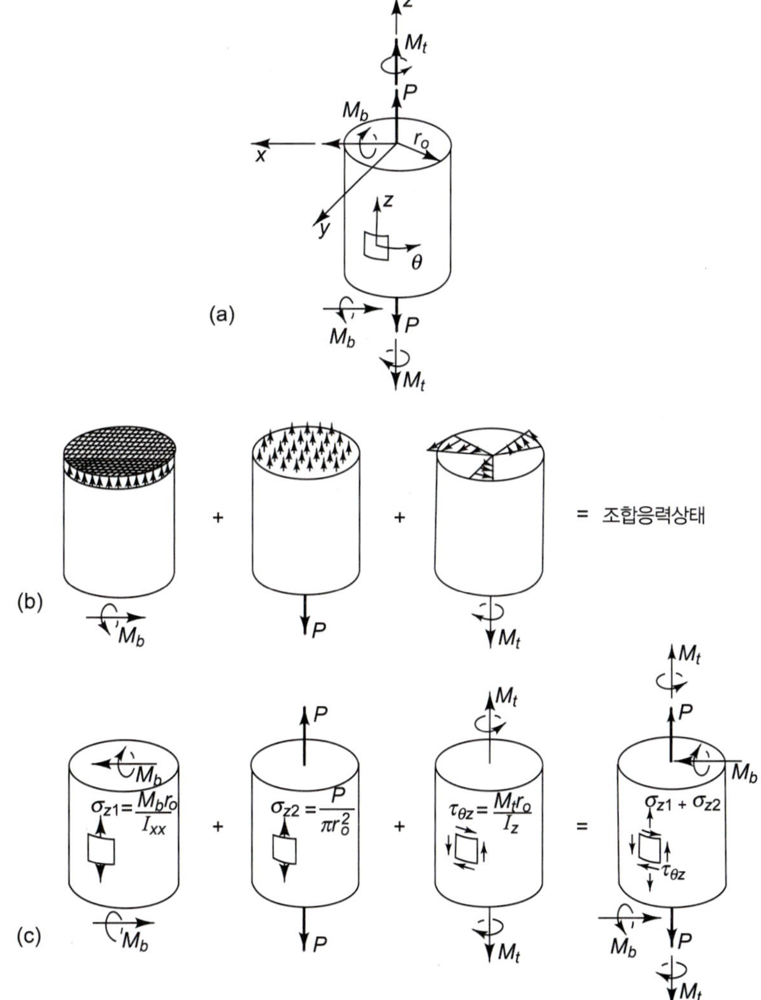

그림 7.22 예제 7.6. 굽힘, 인장 및 비틀림에 의한 중실 원형 부재의 조합응력

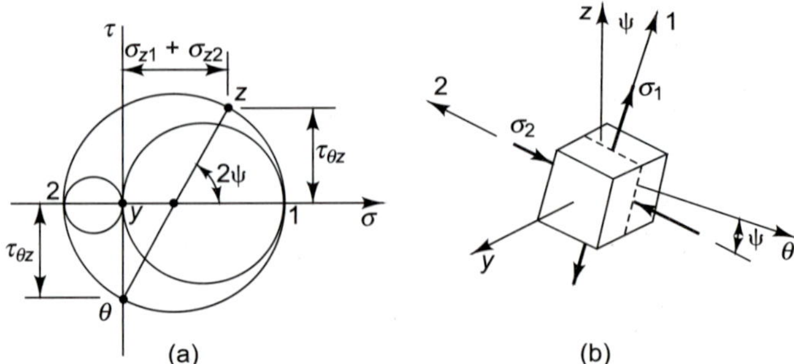

그림 7.23 예제 7.6. 가장 위험한 응력을 받는 점에서의 주응력과 주응력 방향

이 문제는 예제 6.3에서 고찰한 하중조건에 굽힘모멘트가 부가된 것이다. 그러므로 해석 방법도 예제 6.3의 방법과 동일하다. 그림 7.22(b)에 각각의 하중에 대한 응력 분포를 각각 그려 놓았다. 굽힘모멘트에 의한 응력 분포는 식 (7.16)으로 주어진다[그림 7.22(a)에서 M_b는 y가 양의 값을 가질 때 인장이 되도록 작용한다는 것에 유의].

$$\sigma_{z1} = +\frac{M_b y}{I_{xx}} \tag{a}$$

축방향 인장력 P에 의한 응력 분포는 균일한 축방향 응력이 된다.

$$\sigma_{z2} = \frac{P}{\pi r_o^2} \tag{b}$$

끝으로, 비틀림 모멘트에 의한 응력 분포는 다음 식 (6.9)로 주어진다.

$$\tau_{\theta z} = \frac{M_t r}{I_z} \tag{c}$$

그림 7.22(c)는 $y = r_o$에서의 한 요소에 작용하는 각각의 응력을 보여준다[이 요소에서 식 (a)와 식 (c)로 주어지는 응력 분포는 각각 최대 크기를 갖는다]. 이들 응력을 중첩시키면 합조합응력상태를 정확히 얻을 수 있다. 이 점에 대한 모어의 응력원을 그림 7.23(a)에 그려 놓았다. 그리고 주응력 방향은 그림 7.23(b)에 나타내었다. 이 요소는 하중이 작용하지 않는 표면을 가지므로, 그 응력상태는 일종의 **평면응력**(*plane stress*)상태라는 것에 유의하기 바란다.

7.8 굽힘으로 인한 변형에너지 *Strain Energy due to Bending*

응력과 변형률의 임의 분포를 갖는 선형탄성체에 저장되는 변형에너지는 식 (5.17)로 주어진다. 이 절에서는 굽힘을 받는 보에 국한시켜 변형에너지를 생각해 보고자 한다. 먼저 0이 아닌 유일한 응력성분으로서, 길이방향 응력 식 (7.16)만이 작용하는 순수굽힘의 경우에 대하여 고려해 본다. 이때 전변형에너지 식 (5.17)은 다음과 같이 쓸 수 있다.

$$U = \frac{1}{2}\iiint \sigma_x \epsilon_x dx\,dy\,dz = \iiint \frac{\sigma_x^2}{2E} dx\,dy\,dz \tag{7.30}$$

여기서 적분은 보의 전 체적에 대해 행한다. σ_x에 식 (7.16)을 대입하면 다음과 같다.

$$U = \iiint \frac{1}{2E}\left(\frac{M_b y}{I_{zz}}\right)^2 dx\,dy\,dz = \int_L \frac{M_b^2}{2EI_{zz}{}^2}\,dx \iint_A y^2 dy\,dz$$

여기서 적분은 전체 길이 L과 단면적 A에 대해 행한다. 위 식의 마지막 적분은 단면의 2차 모멘트 I_{zz}이므로, 굽힘 변형에너지는 다음과 같이 얻어진다.

$$U = \int_L \frac{M_b^2}{2EI_{zz}}\,dx \tag{7.31}$$

이 공식은 길이 dx인 각 미소 요소가 굽힘스프링과 같이 작용한다고 생각해서 유도할 수도 있다. 그림 7.24에서 요소에 작용하는 굽힘모멘트와 굽힘 각의 최종값을 각각 M_b와 $d\phi$라 하면, 이 부하과정 중에 행해진 일은 M_b와 $d\phi$가 비례관계를 유지하면서 변형한다고 할 때 다음과 같이 주어진다.

$$dU = \frac{1}{2}M_b d\phi = \frac{1}{2}M_b \frac{d\phi}{dx}dx$$

$d\phi/dx$ 대신 식 (7.14)를 대입하고, 보 전체 길이에 대하여 적분하면 식 (7.31)을 다시 얻는다.

굽힘에 부가하여 횡전단력이 보에 작용할 때, 일반적으로 보에는 굽힘응력 σ_x 이외에 횡전단응력성분 τ_{xy}와 τ_{xz}가 발생한다. 그림 7.17(d)를 참조하기 바란다. 따라서 전변형에너지 식 (5.17)은 다음과 같이 표현된다.

$$\begin{aligned} U &= \frac{1}{2}\iiint (\sigma_x \epsilon_x + \tau_{xy}\gamma_{xy} + \tau_{xz}\gamma_{xz})dx\,dy\,dz \\ &= \iiint \frac{\sigma_x^2}{2E}dx\,dy\,dz + \iiint \frac{\tau_{xy}{}^2 + \tau_{xz}{}^2}{2G}dx\,dy\,dz \end{aligned} \tag{7.32}$$

식 (7.32)의 우변 첫 번째 적분은 순수굽힘에 의한 변형에너지 식 (7.30)과 일치한다. 두 번째 적분은 횡전단응력에 의한 변형에너지이다. 세장부재에 있어서는, 후자가 기여하는 에너지는 전자의 에너지에 비하여 거의 항상 무시될 만한 크기이다. 이것은 굽힘응력과 전단응력의 상대적인 크기를 논의한 7.6절의 결과로부터 추론될 수 있다. 만일 σ_x가 τ_{xy}와 τ_{xz}보다도 한 차수(order) 더 큰 값을 갖는다면, 식 (7.32)의 적분은 응력의 제곱항을 포함하고 있으므로, 첫 번째 적분은 두 번째의 적분값보다도 2차수(*two* order)만큼의 더 큰 값을 갖게 된다. 결과적으로, 횡전단응력이 변형에너지에 미치는 기여도는 무시하는 것이 보통이다.

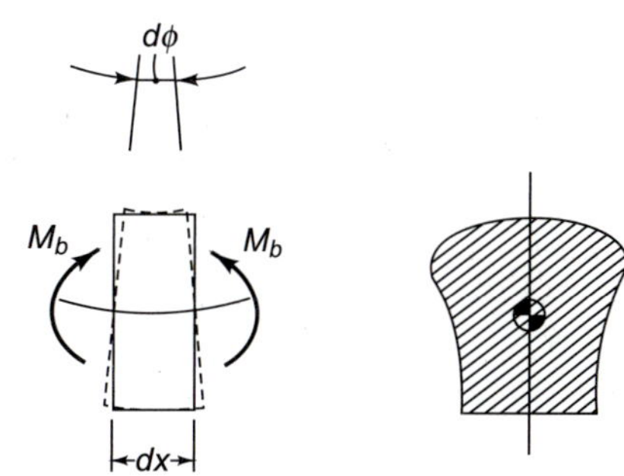

그림 7.24 보의 미소 요소는 굽힘모멘트 M_b의 작용으로 각도 $d\phi$만큼 굽혀진다.

그러므로 순수굽힘 공식 식 (7.31)은 횡전단력의 유무와 관계없이 보의 전변형에너지(total strain energy)를 나타내는 데 사용된다. 어떤 특별한 경우에 있어서, τ_{xy}와 τ_{xz}의 분포를 근사적으로 결정할 수 있으면 식 (7.32)의 두 번째 적분값을 계산할 수 있다.

한 예로, 그림 7.19의 직사각형 단면 보로 돌아가 전변형에너지를 계산하고, 굽힘과 전단이 변형에너지에 미치는 기여도를 비교해 보자. 그림 7.19의 하중상태에 대한 굽힘모멘트 $M_b(x)$와 전단력 $V(x)$는 $0 < x < L$에서 각각 다음과 같이 구해진다.

$$M_b(x) = P(x/2 - < x - L/2 >^1)$$
$$V(x) = P(-1/2 + < x - L/2 >^0)$$

7.6절에서 얻은 직사각형 단면 보의 횡전단응력 분포는 $0 < x < L$, $-h/2 < y < h/2$, $-b/2 < z < b/2$에 대하여 다음과 같이 얻어진다.

$$\tau_{xy} = \frac{V(x)}{2I_{zz}}\left[\left(\frac{h}{2}\right)^2 - y^2\right]$$
$$\tau_{xz} = 0$$

식 (7.32)의 우변 제1적분을 U_b로 표시하고, 식 (7.31)과 굽힘모멘트 선도의 대칭성을 이용하여 U_b를 계산하면 다음과 같이 된다.

$$U_b = \int_0^L \frac{M_b^2}{2EI_{zz}}dx = 2\int_0^{L/2}\frac{(Px/2)^2}{2EI_{zz}}dx$$

따라서 변형에너지에 미치는 **굽힘 기여도**(*bending contribution*)는 다음과 같다.

$$U_b = \frac{P^2L^3}{96EI_{zz}} = \frac{P^2L^3}{8Ebh^3} \tag{7.33}$$

여기서 $I_{zz} = bh^3/12$을 사용하였다. 식 (7.32)의 우변 제2적분을 U_s로 표시하고, 변형에너지에 미치는 **횡전단 기여도**(*transverse shear contribution*)를 계산하면 다음을 얻는다.

$$\begin{aligned} U_s &= \int_o^L \frac{V^2dx}{8GI_{zz}^{\ 2}}\int_{-h/2}^{h/2}\left[\left(\frac{h}{2}\right)^2 - y^2\right]^2 ay\int_{-b/2}^{b/2}dz \\ &= \frac{P^2Lbh^5}{960GI_{zz}^{\ 2}} = \frac{3}{20}\frac{P^2L}{Gbh} \end{aligned} \tag{7.34}$$

보에 저장되는 전변형에너지는 이들 기여도의 합이 된다.

$$U = U_b + U_s = \frac{P^2L^3}{8Ebh^3}\left[1 + \frac{6}{5}\frac{E}{G}\left(\frac{h}{L}\right)^2\right] \tag{7.35}$$

이들 두 기여도의 비는 다음과 같다.

$$\frac{U_s}{U_b} = \frac{6}{5}\frac{E}{G}\left(\frac{h}{L}\right)^2 = \frac{12}{5}(1+\nu)\left(\frac{h}{L}\right)^2$$

그러므로 $L > 10h$, 포아송 비 $v = 0.28$인 보에 대하여 전단이 변형에너지에 미치는 기여도는 굽힘이 미치는 기여도의 3%보다 작다. 공학적인 목적을 위해서는 이러한 보의 변형에너지를 계산할 때, 횡전단이 미치는 기여도를 무시하는 것이 일반적이다.

이것과 다른 하중상태에 있는, 그리고 다른 단면 형상을 갖는 보에 대해서도 U_b에 대한 U_s의 비는 항상 보 길이에 대한 보 높이 비의 제곱에 비례한다. 그러나 비례상수는 하중의 형태와 단면의 형상에 따라 다르다. 예를 들면 식 (7.35)에서 상수의 수치는 6/5이었으나, I형 보에 대해서는 12로 커질 수 있다.

7.9 굽힘에 의한 항복개시 *The Onset of Yielding in Bending*

보가 순수굽힘을 받을 때, 응력상태는 주응력이 다음과 같이 주어진다.

$$\sigma_1 = \sigma_x \qquad \sigma_2 = \sigma_3 = 0 \tag{7.36}$$

이 상태는 인장(혹은 압축)시험을 할 때의 응력상태와 동일하다. 따라서 그 재료가 단순인장에서 항복응력 Y를 갖는다면, 순수굽힘에서의 항복조건은 간단히 다음과 같을 때 항복이 발생한다고 말할 수 있다.

$$\sigma_x = Y \tag{7.37}$$

응력상태가 더 한층 복잡하게 되면(예를 들면, 전단력이나 비틀림 모멘트나 길이방향 힘의 추가에 의하여), 항복의 개시조건은 7.7절에서 기술한 조합응력해석의 형태를 포함시켜야만 한다. 항복개시를 표시하는 데 이용될 수 있는 두 기준이 있다. 즉, Mises 기준 식 (5.23)과 최대 전단응력 기준 식 (5.25)이다. 비교적 간단한 구조물이라 하더라도 가장 위험한 응력상태에 있는 점은 분명하지 않을 수도 있기 때문에, 다음 예제에서 설명하는 바와 같이 한 점 이상의 점에 대하여 계산하여야 할 필요가 있다.

예제 7.7 반지름이 r인 환봉을 U자형으로 구부려 그림 7.25(a)와 같은 구조물을 만든다. 이 환봉재료는 단순인장시험에서 항복응력 Y를 갖는다. 이 구조물의 어떤 점에서 항복이 개시될 때의 하중 P를 결정하고자 한다.

- M_b, P 그리고 M_t의 각각에 의한 응력들을 중첩하는 것이 가능함에 주목하라.

그림 7.25(b)에서 나타낸 바와 같이 가장 위험한 응력상태에 있을 수 있는 점은 5개이다. 이들 위치에 작용하는 굽힘모멘트와 비틀림 모멘트를 그림 7.25(c)로부터 g까지 그려 놓았다. 이들 그림으로부터, 위험한 위치의 선정은 B_1 또는 B_2로 좁혀졌다. 그러나 이들 중 어느 쪽이 더 위험한지는 아직 분명하지 않다.

위치 B_1에서 보의 윗면상의 한 요소에 작용하는 굽힘응력과 비틀림 전단응력을 그림 7.26(a)에 나타내었다. 비록 이 위치에서 전단력 P가 존재하지만, 이것으로 인하여 생기는 전단응력 τ_{xy}는 굽힘응력과 비틀림 전단응력이 최대가 되는 보의 윗면과 아랫면에서 0이 된다. 위치 B_1의 윗면상에 있는 요소에 대한 모어의 원을 그림 7.26(a)에 그려 놓았으며, 모어의 원의 반지름은 다음과 같다.

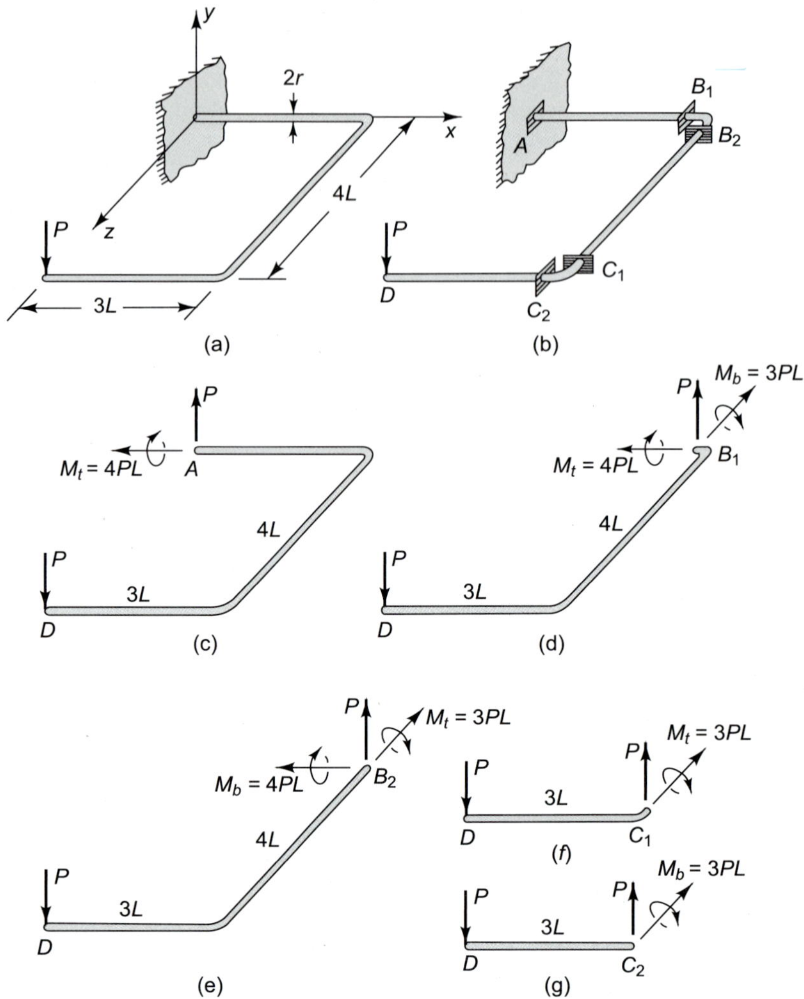

그림 7.25 예제 7.7. 구조물 내 5개의 위험한 위치에서의 굽힘 모멘트와 비틀림 모멘트

$$R = \sqrt{\left(\frac{3}{2}\frac{PLr}{I_{zz}}\right)^2 + \left(\frac{2PLr}{I_{zz}}\right)^2} = \frac{5}{2}\frac{PLr}{I_{zz}} \tag{a}$$

식 (a)를 이용하면, 그 점에서의 주응력은 다음과 같이 계산된다.

$$\sigma_1 = +\frac{PLr}{I_{zz}} \qquad \sigma_2 = -4\frac{PLr}{I_{zz}} \qquad \sigma_3 = 0 \tag{b}$$

식 (b)를 Mises의 항복기준 식 (5.23)에 대입하면 다음을 얻는다.

$$\sqrt{\frac{1}{2}\left[\left(\frac{PLR}{I_{zz}} + 4\frac{PLr}{I_{zz}}\right)^2 + \left(-4\frac{PLr}{I_{zz}} - 0\right)^2 + \left(0 - \frac{PLr}{I_{zz}}\right)^2\right]} = Y \tag{c}$$

따라서 이 식으로부터 항복은 다음과 같은 하중에서 개시된다는 결과를 얻는다.

$$P = 0.218\frac{I_{zz}Y}{Lr} \tag{d}$$

식 (b)를 최대 전단응력 기준 식 (5.25)에 대입하면 다음을 얻는다.

$$\tau_{\max} = \frac{1}{2}\left(\frac{PLr}{I_{zz}} + 4\frac{PLr}{I_{zz}}\right) = \frac{Y}{2} \tag{e}$$

따라서 이 식으로부터 항복은 다음과 같은 하중에서 개시될 것이라고 예측할 수 있다.

$$P = 0.200\frac{I_{zz}Y}{Lr} \tag{f}$$

두 기준에 의해 예측된 하중 사이에는 9% 정도의 차이가 있다는 것에 유의하기 바란다.

그림 7.26(b)에 보이는 위치 B_2의 윗면상의 요소에 대하여 앞에서 행한 계산을 되풀이하면, 주응력은 다음과 같이 얻어진다.

$$\sigma_1 = +\frac{9}{2}\frac{PLr}{I_{xx}} \qquad \sigma_2 = -\frac{1}{2}\frac{PLr}{I_{xx}} \qquad \sigma_3 = 0 \tag{g}$$

Mises의 항복기준에 따르면 항복은 다음과 같은 하중에서 발생한다.

$$P = 0.210\frac{I_{xx}Y}{Lr} \tag{h}$$

반면에, 최대 전단응력 항복기준에 따르면 항복은 다음과 같은 하중에서 발생한다.

$$P = 0.200\frac{I_{xx}Y}{Lr} \tag{i}$$

그림 7.26(a)와 (b)의 모어의 원이 크기가 같다는 것으로부터 알 수 있듯이 최대 전단응력 항복기준은 위치 B_1과 B_2에 대하여 동일 하중에서 항복이 개시된다는 것을 예측해 준다. 한편, Mises 항복기준은 위험한 위치가 B_2라는 것을 확실히 밝혀주고 있으며, 최대 전단응력 항복기준에 의한 항복하중보다 5% 더 큰 하중일 때, 항복이 개시된다는 것을 예측해 주고 있다.

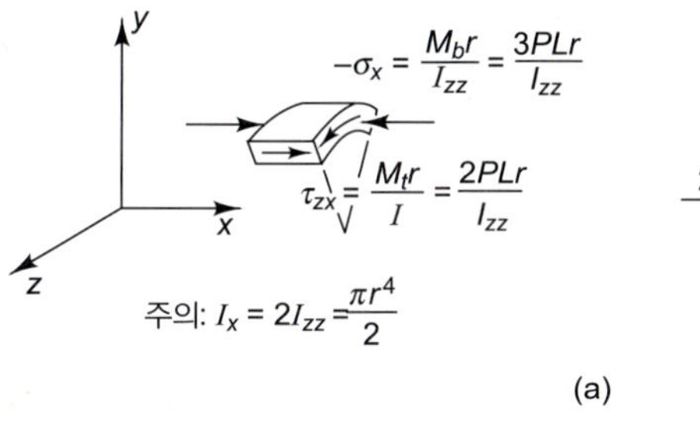

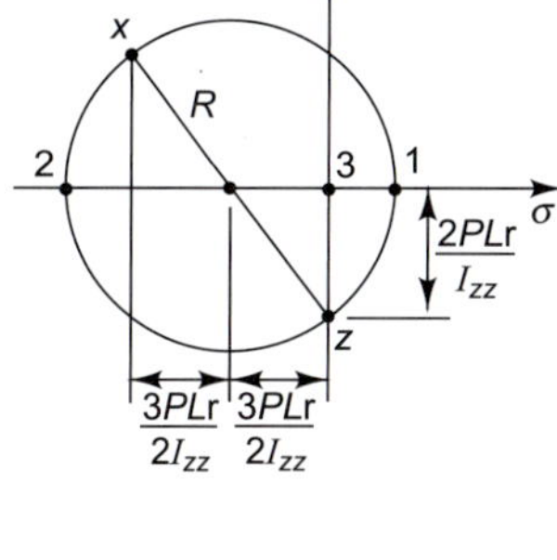

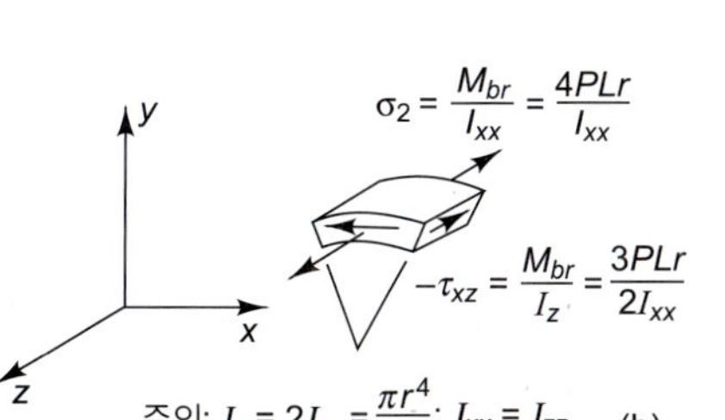

τ z R 2 3 1 σ x $\frac{3PLr}{2I_{xx}}$ $\frac{2PLr}{I_{xx}}$ $\frac{2PLr}{I_{xx}}$

그림 7.26 예제 7.7. (a) 위치 B_1에서 최대 응력조건, (b) 위치 B_2에서 최대 응력조건

7.10 소성변형 *Plastic Deformations*

굽힘모멘트를 중립면으로부터 가장 멀리 떨어져 있는 지점에서 항복이 개시되는 값을 초과하여 계속 증가시킬 때, 순수굽힘 상태에 있는 보가 어떠한 거동을 하는가에 대하여 고려해 보기로 한다. 여기서 우리는 보는 대칭 보에 한정시키고, 그림 5.7(e)의 완전탄소성과 같은 응력-변형률 거동을 갖는 재료로 만들어진 보에 한정시켜 이론을 전개하고자 한다. 이러한 재료의 응력-변형률 선도를 그림 7.27에 다시 나타내었다. 순수굽힘은 단축응력상태에 대응하므로, Mises와 최대 전단응력 항복기준은 둘 다 동일한 응력수준에서 항복이 일어난다는 것을 예측해 주고 있다.

그림 7.28은 직사각형 단면 보에 발생하는 굽힘응력 분포가 곡률의 증대에 따라 어떻게 변화하는가를 보여주는 그림이다. 앞에서 강조한 바와 같이, 변형의 기하학적 성질은 재료의 응력-변형률 거동과 무관하다. 그러므로 식 (7.4)는 보의 굽힘 변형의 전역에 걸쳐 굽힘 변형률을 표현하는 식이 된다.

$$\epsilon_x = -\frac{y}{\rho} = -\frac{d\phi}{ds}y \tag{7.4}$$

탄성역에서, 즉 $0 < (\sigma_x)_{\max} < Y$에서 모멘트-곡률 관계는 다음과 같이 주어진다.

$$\frac{d\phi}{ds} = \frac{1}{\rho} = \frac{M_b}{EI_{zz}} \tag{7.14}$$

그리고 응력 분포는 그림 7.28(a)에서 보여주는 바와 같이 다음과 같은 식으로 주어진다.

$$\sigma_x = -\frac{M_b y}{I_{zz}} \tag{7.16}$$

그림 7.28(b)에 보여주는 바와 같이, 보에서 항복개시에 대응하는 굽힘모멘트를 기호 M_Y로 표기하면, M_Y는 $y = +h/2$에서 $\sigma_x = -Y$가 될 때의 굽힘모멘트에 대응한다. 따라서 식 (7.16)으로부터 다음과 같이 계산된다.

$$M_Y = \frac{Y(bh^3/12)}{4/2} = \frac{bh^2}{6}Y \tag{7.38}$$

M_Y에 대응하는 곡률을 기호 $(1/\rho)_Y$로 표시하면, $y = +h/2$에서 $\epsilon_x = -\epsilon_y$이므로, 식 (7.4)를 사용하여 이 곡률을 다음과 같이 표현할 수 있다.

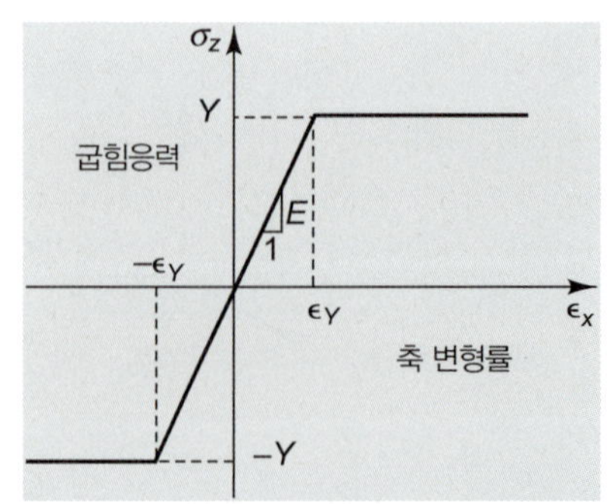

그림 7.27 완전탄소성 재료

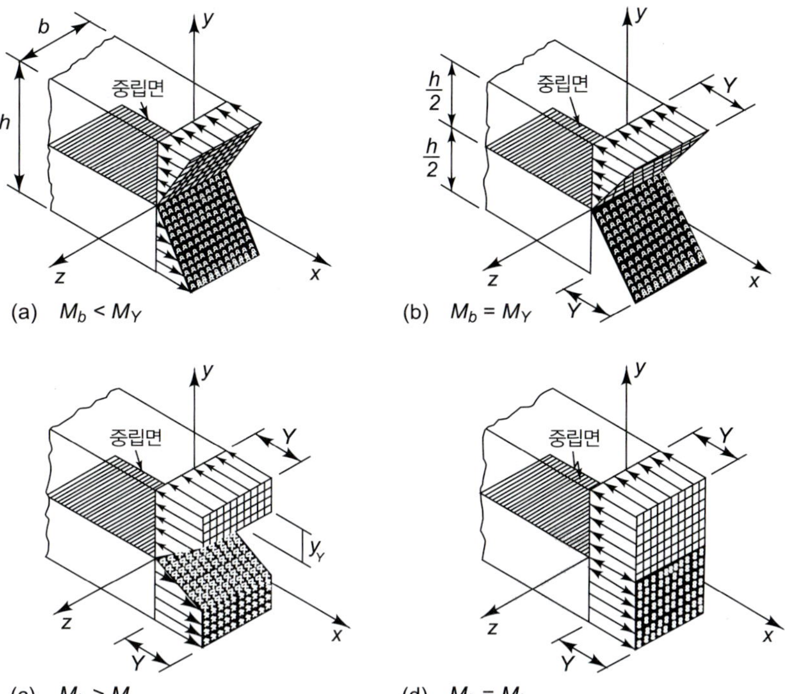

그림 7.28 완전소성모멘트 M_L이 무한대의 곡률에 도달할 때까지 곡률을 증가시켰을 때, 완전탄소성 재료로 만들어진 직사각형 단면 보에서의 굽힘응력 분포

$$\left(\frac{1}{\rho}\right)_Y = \frac{\epsilon_Y}{h/2} \tag{7.39}$$

이제 곡률이 $(1/\rho)_Y$를 초과하여 계속 증가될 때 보의 거동을 살펴보기로 하자. 곡률을 계속 증가시키면 변형률은 식 (7.4)를 따라 계속 증가될 것이다. 그리고 응력-변형률 거동은 그림 7.27과 같은 성질을 가지므로, 그 결과로 생기는 응력 분포는 그림 7.28(c)에 보이는 분포가 된다. y_Y를 내부의 탄성역 범위를 정의하는 좌표라 할 때, 중립면 위에서의 응력 변화는 다음 식으로 표현할 수 있다.

$$\begin{aligned} 0 < y < y_Y \text{일 때} \quad \sigma_x &= -\frac{y}{y_Y}Y \\ y_Y < y < \frac{h}{2}\text{일 때} \quad \sigma_x &= -Y \end{aligned} \tag{7.40}$$

중립면 아래에서의 응력도 같은 형태로 변하지만 부호가 반대이다. 중립면 위와 아래에 분포되는 응력 분포는 굽힘모멘트에 동등하게 기여하므로, 단면상에 미소 면소 $\Delta A = b\Delta y$를 취하면, 굽힘모멘트는(응력에 대한 부호규약을 고려할 때) 다음과 같이 표현된다.

$$\begin{aligned} M_b &= \int_A \sigma_x y\, dA \\ &= 2\left(-\int_0^{y_Y} \sigma_x yb\, dy - \int_{y_Y}^{h/2} \sigma_x yb\, dy\right) \end{aligned} \tag{7.41}$$

식 (7.40)을 식 (7.41)에 대입하고 적분하고 정리하면, 굽힘모멘트에 대한 다음의 결과를 얻는다.

$$M_b = \frac{bh^2}{4}Y\left[1 - \frac{1}{3}\left(\frac{y_Y}{h/2}\right)^2\right] \tag{7.42}$$

y_Y에서의 변형률의 값은 $-\epsilon_Y$가 될 것이므로, 이 값을 이용하면 식 (7.4)로부터 식 (7.42)로 주어지는 굽힘모멘트에 대응하는 곡률은 다음과 같이 얻어진다.

$$\frac{1}{\rho} = \frac{\epsilon_Y}{y_Y} \tag{7.43}$$

식 (7.39)와 식 (7.43)을 연립하면 다음을 얻는다.

$$\frac{y_Y}{h/2} = \frac{(1/\rho)_Y}{1/\rho} \tag{7.44}$$

마지막으로 식 (7.38)과 식 (7.44)를 식 (7.42)에 대입하면, 곡률 $1/\rho$이 곡률 $(1/\rho)_Y$보다 클 경우에 대한 굽힘모멘트를 다음과 같이 얻을 수 있다.

$$M_b = \frac{3}{2}M_Y\left\{1 - \frac{1}{3}\left[\frac{(1/\rho)_Y}{1/\rho}\right]^2\right\} \tag{7.45}$$

곡률에 따른 굽힘모멘트 M_b의 변화를 그림 7.29에 보여준다. 곡률의 증가에 따라 모멘트는 점근값 $\frac{3}{2}M_Y$로 접근한다. 이 점근값 횡전단력이 $\frac{3}{2}M_Y$를 **완전소성모멘트**(*fully plastic moment*), 또는 **극한모멘트**(*limit moment*)라 부르고, 기호 M_L로 표기하기로 한다. 극한모멘트 M_L을 발생시키는 응력 분포를 그림 7.28(d)에 보여준다. 이 응력은 전 단면에 걸쳐 크기 Y를 갖는다. 곡률이 증가함에 따라 굽힘모멘트 M_b는 y_Y가 0으로 접근하는 속도보다도 빠른 속도로 M_L로 접근한다. 예를 들면, $y_Y = \frac{1}{6}(h/2)$일 때 굽힘모멘트는 완전소성값의 1% 이내로 접근한다. 따라서 보의 곡률이 항복이 개시되는 곡률 $(1/\rho)_Y$에 비하여 클 때마다 전달되는 굽힘모멘트는 본질적으로 극한모멘트 M_L에 이미 도달해 있다고 가정할 수 있다. 항복개시에 대응하는 모멘트 M_Y에 대한 완전소성모멘트 M_L의 비 K는 단면의 기하학적 형상의 함수이다. 몇 가지 단면 형상에 대한 이 비의 값을 표 7.1에 소개하였다.

위에 기술한 이론은 소성역까지 하중을 받고 있는 보의 공학적 설계를 위한 유용한 기초를 제공해 준다. 그러나 이것은 수학적 소성이론의 입장에서 볼 때 완전한 이론이라고는 말할 수 없다.

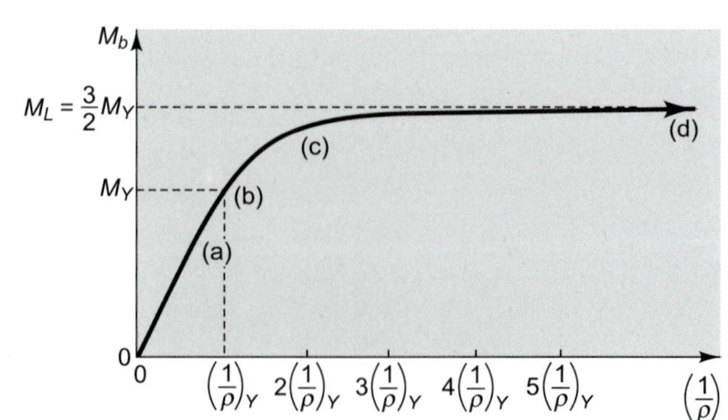

그림 7.29 그림 7.28의 직사각형 단면 보에 대한 모멘트-곡률 관계. 위치 (a), (b), (c) 및 (d)는 그림 7.28에 보여주는 응력 분포에 대응되는 점이다.

전단력이 존재하는 경우, 즉 더 이상 순수굽힘 변형이 될 수 없을 경우에는 응력상태가 단순한 단축상태가 될 수 없으므로, 소성거동에 다소 변동이 생긴다. 그러나 전단력을 포함하는 해석결과[6]에 의하면, 전단력이 완전소성 거동에 대응하는 굽힘모멘트의 값에 미치는 영향은 보통 사용되는 길이의 보에 있어서는 무시할 수 있다는 것이 밝혀졌다. 결과적으로 소성굽힘에 대한 공학적 이론에서는, 그림 7.28의 굽힘응력 분포와 모멘트-곡률 관계 식 (7.45)는 전단력이 존재하는 경우, 즉 굽힘모멘트가 보의 길이에 따라서 변하는 경우에도 그대로 타당하다고 가정한다. 다음에 이러한 경우에 대하여 고려해 보기로 하자.

그림 7.30(a)에 가상적인 실험을 그려 놓았다. 완전탄소성 재료로 만들어진 직사각형 단면 보의 중앙점에서 나사 잭(screw jack)으로 하향 하중을 가한다. 이때 로드 셀(load cell)을 사용하여 나사 잭에 의하여 보에 전달되는 합력 P를 측정한다. 보에 작용하는 굽힘모멘트는 양단에서의 0으로부터 중앙점에서의 최댓값 $Pa/2$까지 선형적으로 변한다. 그림 7.30에 있는 그림들은 나사 잭으로 보의 중앙점을 서서히 눌러 내려갈 때 변형되는 과정을 순차적으로 그려 놓은 그림이다. 최초에는 그 거동이 완전히 탄성적이고, 힘 P는 중앙점의 처짐에 선형적으로 비례하여 증가한다. 이와 같은 경우에 대한 처짐과 힘 사이의 정확한 관계는 다음 장에서 다루기로 한다. 여기서는 발생되는 처짐이 매우 작다고 생각해도 충분하다.

그림 7.30(b)는 중앙에서의 굽힘모멘트가 M_Y에 도달되어 단면의 윗면과 아랫면에서 각각 항복이 개시되는 순간을 나타낸 그림이다. 항복개시에 대응하는 힘 P의 값은 식 (7.38)에 의하여 다음과 같이 계산된다.

$$P_Y = \frac{2}{a} M_Y = \frac{bh^3}{3a} Y \tag{7.46}$$

보의 처짐이 계속해서 진행됨에 따라, 그림 7.30(c)에 보여준 바와 같이 두 항복영역이 성장하기 시작한다. 이들 두 영역은 굽힘모멘트가 M_Y보다 큰 보의 중앙으로부터 굽힘모멘트가 M_Y와 같게 되는 점까지 확장된다. 힘 P는 이 단계의 처짐에 이르는 동안 연속적으로 증대되나, 그 증가 속도는 보 전체가 탄성역에 있을 때의 속도에 비해 늦어진다.

이 항복영역은 그림 7.30(d)의 상태에 도달할 때까지 나사 잭의 작동이 진행됨에 따라 계속해서 성장한다. 이 상태에서 두 개의 항복영역은 보의 중앙에서 정확히 접촉된다. 이때 굽힘모멘트는 그림 7.28(d)에 그려진 응력 분포를 갖는 M_L이 된다. 극한굽힘모멘트에 대응하는

표 7.1 항복개시 굽힘모멘트에 대한 극한굽힘모멘트의 비

단면	$K = M_L/M_Y$
중실 직사각형	1.5
중실 원	1.7
얇은벽 원형 관	1.3
대표적인 I형 보	1.1~1.2

[6] P. G. Hodge, Jr., "Plastic Analysis of Structures," p. 213, McGraw-Hill Book Company, New York, 1959.

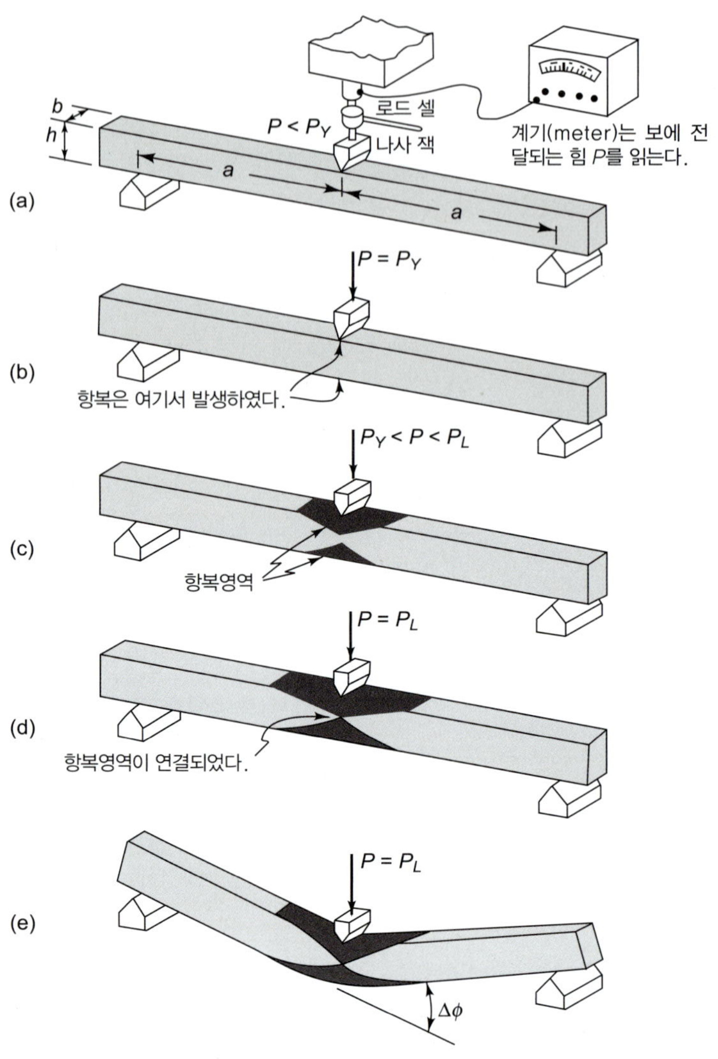

그림 7.30 보의 중앙에 나사 잭으로 하향 하중을 가했을 때 소성힌지(plastic hinge)의 발생. 로드 셀은 나사 잭으로 가해지는 힘 *P*를 측정한다.

하중 P의 값은 다음과 같다.

$$P_L = \frac{2}{a} M_L = \frac{bh^2}{2a} Y \tag{7.47}$$

이때 보 중앙점에서 무한대의 곡률을 가지지만, 기울기와 처짐은 아직도 유한하고 연속적이다. 사실상 극한굽힘모멘트에 대응하는 보 중앙의 처짐은[7] 그림 7.30(b)의 항복개시에 대응하는 처짐의 2.2배에 불과하다는 것을 증명할 수 있다.

중앙 단면에서 완전소성이 되면, 나사 잭으로 더 이상 누른다 하더라도 그 힘은 보의 잔여부분에 더 이상의 부가적인 변형을 일으키지 않고, 또 더 이상의 힘 P의 증가 없이 중앙의 소성유동(plastic flow)으로 흡수된다. 따라서 보가 더 이상 처지게 되면 결국 그림 7.30(e)에 보여주는 바와 같이, 보 중앙에서 기울기의 유한한 불연속을 야기시키게 된다. 이와 같은 국부변형을 **소성힌지**(*plastic hinge*)라 부른다.

[7] 문제 8.63 참조

지금까지 기술한 가상적인 실험이 완전탄소성 보에 대한 공학적 이론을 기초로 하였더라도, 이것은 뚜렷한 항복점을 갖는 실제 재료의 거동에 대해서도 놀랄 정도로 정확한 모형이 되고 있다. 1020 HR 강으로 만들어진 보를 가지고 실험한 결과[8]는 중간 정도의 힌지각(hinge angle) $\Delta\phi$의 값까지도 이 이론과 아주 잘 일치하였다. 매우 큰 변형에 대해서는 재료의 변형률경화(strain hardening) 때문에 완전소성이론에 의하여 얻어진 결과와는 차이가 발생한다.

만일 보에 작용하는 하중이 보의 길이에 따라서 분포되는 분포하중이라 하면, 보의 소성 거동은 위에 기술한 거동과는 다소 달라지게 된다. 처짐이 증가함에 따라 최대 굽힘모멘트는 단지 수학적으로는 값 M_L에 점근적으로 접근하게 된다. 그러나 실제적인 관점에서, 처짐이 항복이 개시될 때의 처짐에 비해 클 때는 최대 굽힘모멘트를 값 M_L로 취하게 된다. 큰 소성 변형률은 최대 굽힘모멘트를 갖는 보 단면에 국한되지 않지만, 최대 굽힘모멘트 단면의 양측으로 펼쳐 있는 국부영역 내에서 발생한다. 국부변형이 발생하는 이 영역은 집중하중하에서 생기는 영역과 같이 예리하게 나타나지는 않지만, 이것 또한 소성힌지라고 부른다.

8.7절에서 소성극한해석이 어떻게 보로 구성된 구조물에 확장될 수 있는가에 대해 설명할 것이다. 여러분은 구조물이 큰 변형을 일으키려면 하나 또는 그 이상의 소성힌지의 형성이 필요하다는 것을 알게 될 것이다. 여기서 전개한 중요한 결과는 소성힌지가 형성될 때마다 그 힌지를 거쳐 전달되는 굽힘모멘트를 극한모멘트 M_L로 취하게 된다는 것이다.

다음 예제를 통하여 보의 소성거동의 또 다른 측면을 고려해 보기로 하자.

예제 7.8 원래 직선이었던 직사각형 막대를 반지름 $R_0-h/2$인 원형 심봉(mandrel) 주위로 그림 7.31(a)와 같이 굽힌 다음, 이 막대를 원형 심봉으로부터 제거시켰을 때 그림 7.31(b)와 같이 곡률 반경이 R_1으로 증가되었다. 곡률의 이와 같은 변화를 **탄성 스프링백**(*elastic springback*)이라 말한다. 이것은 금속을 허용치수 내에서 성형해야 할 경우 매우 중요한 인자가 된다. 우리가 여기서 흥미를 갖는 것은 스프링백의 양과 그 막대를 제거한 후 남는 잔류응력을 구하는 것이다.

- 그림 7.32에서 A의 곡률은 $-(R_0)$이며, R_1으로 스프링백이 일어난다고 가정하자. 스프링백은 순수하게 탄성적이므로, 탄성 굽힘 관계를 이용하여 곡률의 변화를 구할 수 있다. 따라서 R_1을 구할 수 있다!
- 잔류응력을 구하기 위해 (1) 극한모멘트 M_L에 도달한 다음, (2) M_L만큼 탄성적으로 하중을 제거하는 과정을 생각할 수 있다. 두 과정을 중첩하여 잔류응력을 구할 수 있다!

이 직사각형 막대의 모멘트-곡률 거동을 그림 7.32에 그려 놓았다. 이 막대가 심봉 주위에서 구부러질 때의 모멘트-곡률 관계는 곡선 OFA를 따른다. 이 막대의 외력을 제거하였을 때 굽힘모멘트는 원래의 탄성부분 OF에 평행한 직선 AC를 따라 0까지 탄성적으로 감소된다. 따라서 스프링백 때문에 생기는 곡률의 감소는 다음과 같다.

[8] J. F. Baker, M. R. Home, and J. Heyman, "The Steel Skeleton," vol. II, "Plastic Behavior and Design," Chap. 3, Cambridge University Press, London, 1956.

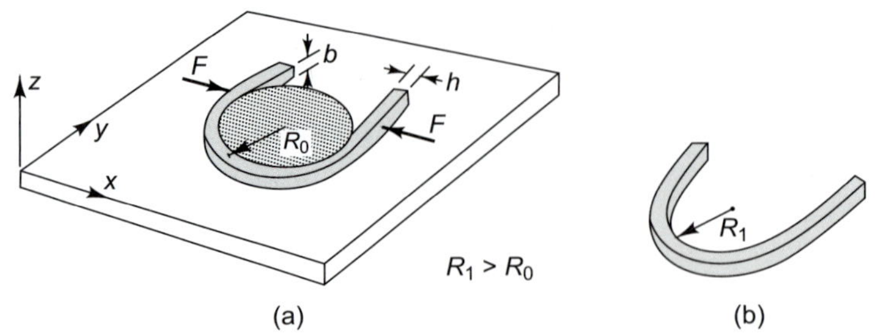

그림 7.31 예제 7.8. 원래 직선이었던 직사각형 막대가 큰 소성 굽힘 변형된 다음, 외부의 힘이 제거되었을 때 발생하는 탄성 스프링백의 예시

$$\frac{1}{R_o}-\frac{1}{R_1}=\frac{3}{2}\left(\frac{1}{\rho}\right)_Y \tag{a}$$

식 (7.39)를 사용하면 $(1/\rho)_Y$는 다음과 같이 표현할 수 있다.

$$\left(\frac{1}{\rho}\right)_Y=\frac{\epsilon_Y}{h/2}=\frac{Y}{E}\frac{2}{h} \tag{b}$$

식 (a)와 식 (b)를 연립시키면 다음을 얻는다.

$$\frac{1}{R_0}-\frac{1}{R_1}=\frac{Y}{E}\frac{3}{h} \tag{c}$$

막대가 곡률 $1/R_0$를 가질 때의 응력 분포를 그림 7.33(a)에 보여준다. 이 응력 분포에 대응하는 굽힘모멘트는 다음과 같다.

$$M_b=M_L=\frac{3}{2}M_Y \tag{d}$$

이 응력 분포에 그림 7.33(b)와 같은 가상적인 합굽힘모멘트의 크기가 $-3/2M_Y$되는 탄성-응력 분포를 더하면, 그림 7.31(b)의 자유로이 방치된 막대의 상태와 대응하는 0의 굽힘모멘트를 갖게 된다.

$$M_b= \ -\frac{3}{2}M_Y \tag{e}$$

이때 막대 내에 존재하는 잔류응력 분포는 그림 7.33(c)의 그림과 같다. 중립면 위에서의 응력은 중심(중립면)에서의 $-Y$로부터 막대의 안쪽반지름에서의 $+Y/2$까지 선형적으로 변한다. 또 중립면 아래에서의 응력은 중심에서의 $+Y$로부터 바깥반지름에서의 $-Y/2$까지 선형

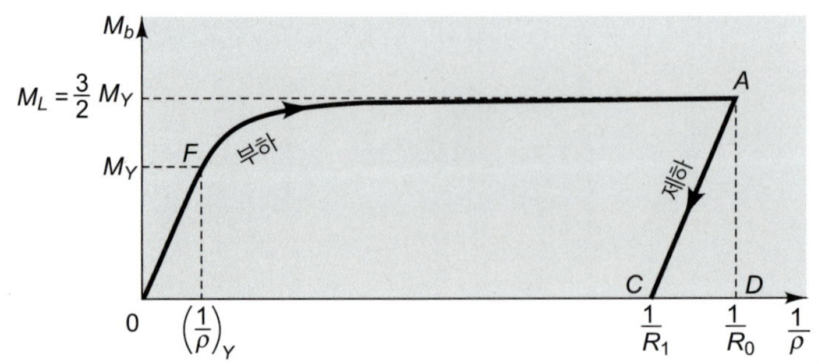

그림 7.32 예제 7.8에서 그림 7.31의 직사각형 막대에 부하-제하의 완전한 사이클에 대한 모멘트-곡률 관계

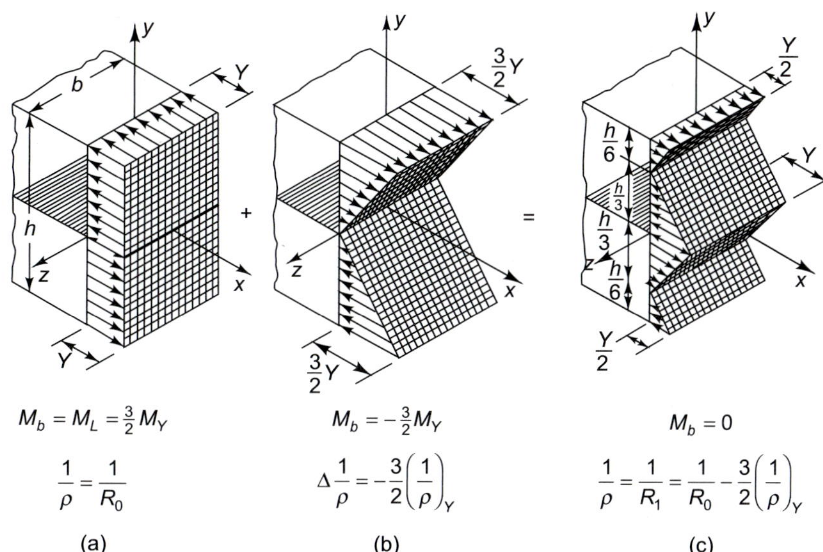

그림 7.33 예제 7.8에서 그림 7.31(b)의 막대에 생기는 잔류응력 분포 계산의 예

적으로 변한다.

만일 더 큰 음의 굽힘모멘트를 가한다면, $1/R_1$보다도 더 곡률을 감소시킬 수 있다. 초기에는 이러한 작용이 탄성적이지만, 부가하는 굽힘모멘트의 값이 다음 값을 초과하게 되면 막대의 안쪽반지름과 바깥반지름에서 반대방향의 항복이 일어난다.

$$M_b = -\frac{1}{2}M_y \tag{f}$$

7.11 비대칭 보의 굽힘 *Bending of Unsymmetrical Beams*

이 절에서는 대칭면 내에서 굽힘을 받는 대칭 단면 보의 기본적인 경우를 넘어 탄성보의 굽힘이론을 확장시켜 본다. 앞에서와 같이, 순수굽힘의 경우에 대해서만 한정하여 전 단면에 분포되는 굽힘응력 분포를 유도하고자 한다. 굽힘에 대한 공학적 이론에 따라 횡전단력이 존재하는 경우에도 동일한 굽힘응력 분포가 발생한다고 가정한다. 앞으로 얻어지는 결과는 비대칭적으로 가해지는 하중에 대한 대칭 단면 보와 비대칭 단면 보에 적용된다. 그림 7.34에 임의 단면(가시화를 용이하게 하기 위하여 삼각형 단면으로 표시)의 보가 임의 방향의 굽힘모멘트 M_b를 전달하는 일반적인 경우를 그려 놓았다.

여기서의 해석과정은 이미 얻었던 결과를 이용하기는 하지만 대칭 보에 대하여 밟았던 유사한 과정을 밟게 된다. 우선 먼저 임의 방향을 갖는 곡률평면 내의 한 곡선에 대한 기하학을 생각해 보자. 경사각(처짐각)이 작을 경우에, 합곡률은 두 직교평면 내의 성분곡률로 분해할 수 있다는 것을 증명하여 본다. 그러면 이들 성분곡률에 대응하는 응력을 구한 후 중첩시키면 합곡률에 대응하는 응력 분포와 굽힘모멘트를 얻게 된다. 이 해를 역으로 계산하면 주어진 임의의 굽힘모멘트에 대응하는 곡률을 얻어낼 수 있다. 또한 우리가 얻게 될 결과들은 굽힘모멘트와 횡전단하중을 받는 보에 대해서도 타당하다.

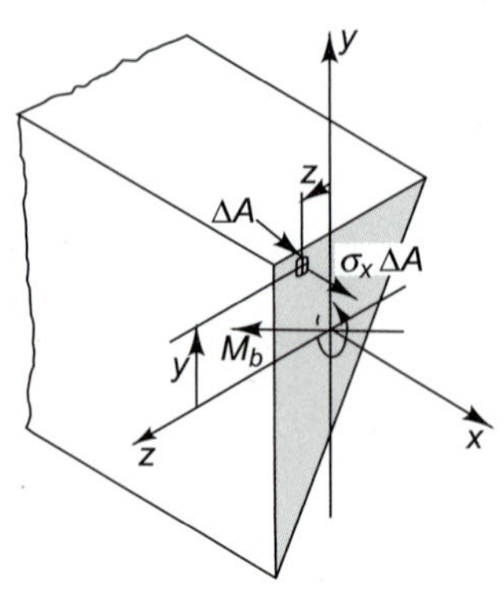

그림 7.34 순수굽힘을 받는 비대칭 보

먼저 그림 7.35에 그려진 호 AC의 기하학을 고찰해 보기로 한다. 그림에서 호 AC의 곡률은 xy 평면과 각 θ를 이루는 xm 평면 내에 놓여 있는 곡선이다. AC의 사영(projections)은 xy와 xz 평면 내의 A_1C_1과 A_2C_2이다. 각 ϕ가 작을 때에는 AC의 곡률과 사영 A_1C_1과 A_2C_2의 곡률들 사이에 매우 간단한 관계가 존재한다.

그림 7.36은 xm 평면 내에 호 AC를 그려 놓은 그림이다. 그 곡률은 다음과 같이 정의된다.

$$\frac{d\phi}{ds} = \lim_{\Delta s \to 0} \frac{\Delta\phi}{\Delta s} \tag{7.48}$$

ϕ가 작을 경우, 호 Δs는 그의 사영 Δx와 근사적으로 같게 된다. 점 A에서의 접선과 현 사이의 각 CAB는 중심각 AOC(그림 7.36)의 1/2과 같다. ϕ와 $\Delta\phi$가 작을 경우, 선분 BC는 근사적으로 다음과 같다.

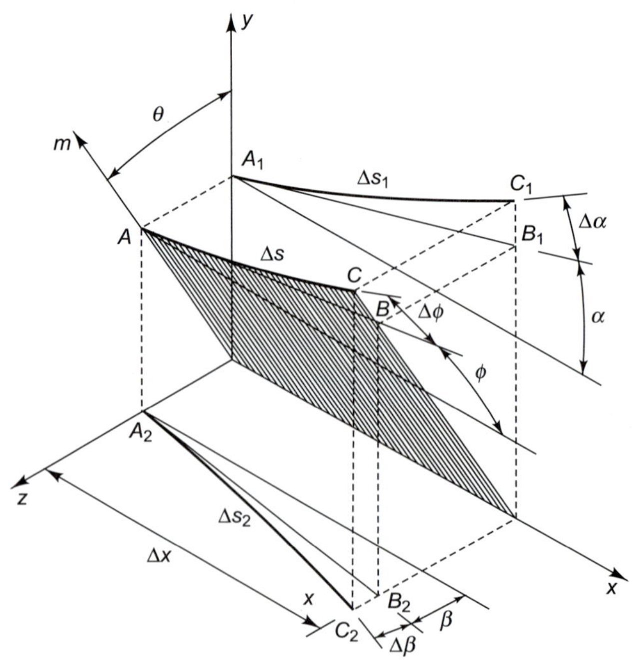

그림 7.35 AC는 xm 평면 내에서 곡률 $d\phi/ds$를 갖는 한 호의 요소이다. A_1C_1, A_2C_2는 각각 곡률 $d\alpha/ds_1$, $d\beta/ds_2$을 갖는 AC의 사영이다.

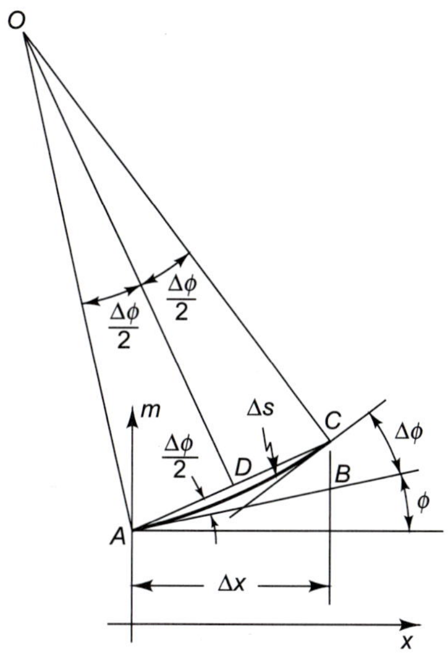

그림 7.36 곡선 AC를 실제 치수로 그린 그림 7.35의 xm 평면도

$$BC = \Delta x \frac{\Delta\phi}{\Delta_2} \tag{7.49}$$

따라서 AC의 곡률 식 (7.48)은 다음과 같이 근사할 수 있다.

$$\frac{d\phi}{ds} \approx \lim_{\Delta x \to 0} \frac{2\overline{BC}}{(\Delta x)^2} \tag{7.50}$$

ϕ가 작을 때 유사한 결과가 사영 A_1C_1, A_2C_2에 대해서도 성립한다.

$$\begin{aligned} \frac{d\alpha}{ds_1} &\approx \lim_{\Delta x \to 0} \frac{2\overline{B_1C_1}}{(\Delta x)^2} \\ \frac{d\beta}{ds_2} &\approx \lim_{\Delta x \to 0} \frac{2\overline{B_2C_2}}{(\Delta x)^2} \end{aligned} \tag{7.51}$$

그림 7.35로 되돌아가서, 선분 B_1C_1, B_2C_2 및 BC 사이의 기하학적 관계로부터 다음을 얻는다.

$$\begin{aligned} \overline{B_1C_1} &= \overline{BC}\cos\theta \\ \overline{B_2C_2} &= \overline{BC}\cos\theta \end{aligned} \tag{7.52}$$

이들 관계를 식 (7.51)에 대입하고, 그 결과를 식 (7.50)과 비교하면 미소 각이라는 조건하에서 다음과 같은 중요한 사실을 얻어낼 수 있다.

$$\begin{aligned} \frac{d\alpha}{ds_1} &= \frac{d\phi}{ds}\cos\theta \\ \frac{d\beta}{ds_2} &= \frac{d\phi}{ds}\sin\theta \end{aligned} \tag{7.53}$$

이 식은 사영된 곡선의 곡률은 단순히 원래 곡선의 곡률성분이라는 것을 말해 준다.

이제 이 결과를 비대칭 보의 순수굽힘에 응용해 본다. 원래 직선보의 중립축이 그림 7.35에서 호 AC로 표시된 바와 같이, 변형 후에 xm 평면 내에서 곡률 $d\phi/ds$를 갖는다고 가정한다. 우리는 변형으로 인한 응력 분포와 전달되는 굽힘모멘트를 계산하고자 한다. 이것을 계산할 때, 각각의 두 성분곡률 식 (7.53)에 의하여 독립적으로 발생하는 응력 분포를 결정한 다음, 이들 응력 분포를 중첩시켜, xm 평면 내의 합곡률 $d\phi/ds$에 의해 야기되는 응력 분포를 구해내는 방법이 편리하다.

그림 7.37은 xy 평면 내에서 곡률 $d\alpha/ds_1$에 의해 발생되는 응력 분포를 보여준다. 여기서 전개되는 논리는 이 장의 처음 부분에서 기술한 이론을 기초로 하였다. 이 경우, 길이방향 변형률은 식 (7.4)로 주어진다고 가정한다.

$$\epsilon_x = -\frac{d\alpha}{ds_1} y \tag{7.54}$$

앞에서와 같이 0이 아닌 유일한 응력 분포는 σ_x뿐이라고 가정하면, Hooke의 법칙 식 (5.2)에 의하여 다음 응력을 얻는다.

$$\sigma_x = -E\frac{d\alpha}{ds_1} y \tag{7.55}$$

이것은 그림 7.37에 그려진 응력 분포이다. 보 단면에 길이방향의 합력이 존재하지 않으려면, 중립축이 단면의 도심을 통과하여야 한다.

유사한 방법으로 xz 평면 내의 곡률 $d\beta/ds_2$에 의해 발생하는 응력 분포는 그림 7.38과 같으며, 다음 식으로 주어진다.

$$\sigma_x = -E\frac{d\beta}{ds_2} z \tag{7.56}$$

여기서도 역시 중립축은 도심을 통과하여야 한다.

다음에는 xm 평면 내의 곡률 $d\phi/ds$가 존재하는 일반적인 경우를 고려해 보자. 이 곡률은 식 (7.53)으로 주어지는 두 성분곡률의 합이라고 생각할 수 있다. 따라서 그림 7.39(a)에 그려져 있는 응력 분포는 앞의 두 응력 분포 식 (7.55)와 식 (7.56)의 합으로 주어진다.

$$\sigma_x = -E\left(\frac{d\alpha}{ds_1} y + \frac{d\beta}{ds_2} z\right) \tag{7.57}$$

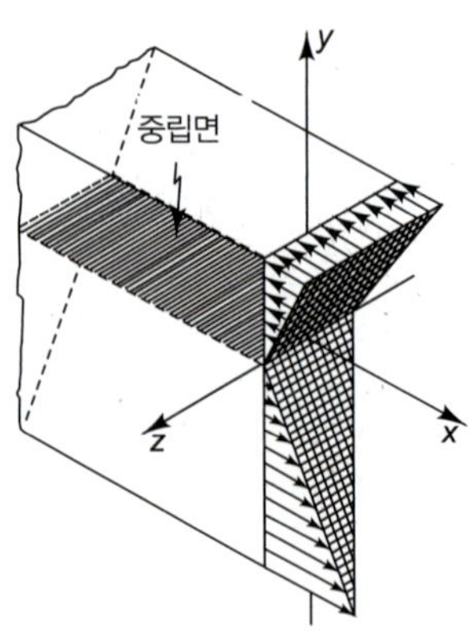

그림 7.37 xy 평면 내의 곡률 $d\alpha/ds_1$에 의해 발생되는 굽힘 응력 분포

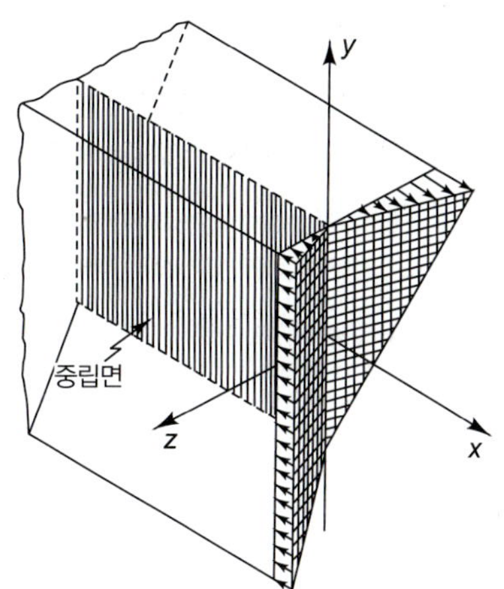

그림 7.38 xz 평면 내의 곡률 $d\beta/ds_2$에 의해 발생되는 굽힘응력 분포

이 응력 분포의 합은 성분 M_{by}와 M_{bz}를 갖는 그림 7.39(b)에 보이는 굽힘모멘트 M_b이다. 이들의 합굽힘모멘트는 다음과 같이 계산된다.

$$
\begin{aligned}
M_{bz} &= -\int_A y\sigma_x dA = E\left(\frac{d\alpha}{ds_1}\int_A y^2 dA + \frac{d\beta}{ds_2}\int_A yz\, dA\right) \\
M_{by} &= \int_A z\sigma_x dA = -E\left(\frac{d\alpha}{ds_1}\int_A yz\, dA + \frac{d\beta}{ds_2}\int_A z^2\, dA\right)
\end{aligned}
\tag{7.58}
$$

여기서 적분은 전 단면적 A에 대해 행한다. 이 적분을 간단히 표현하기 위해 다음과 같은 기호를 도입한다.

$$
\begin{aligned}
I_{zz} &= \int_A y^2 dA \\
I_{yy} &= \int_A z^2 dA \\
I_{yz} &= \int_A yz\, dA
\end{aligned}
\tag{7.59}
$$

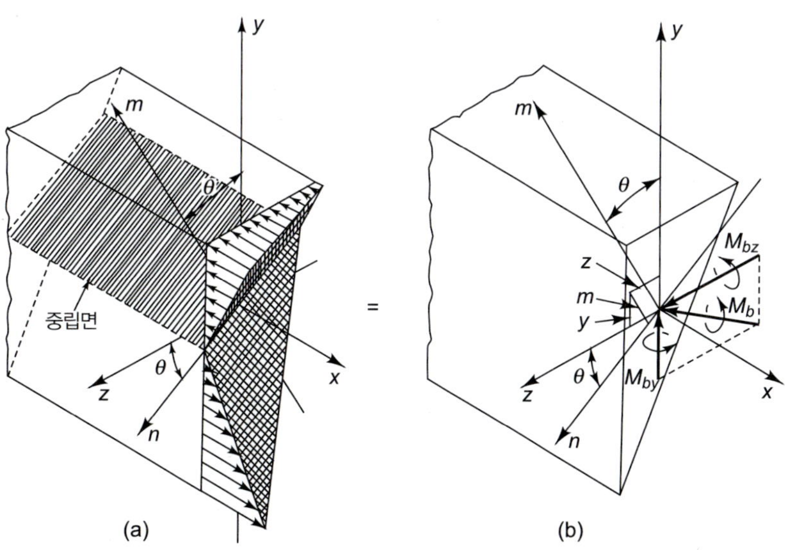

그림 7.39 xm 평면 내의 곡률 $d\phi/ds$에 의하여 발생하는 굽힘응력 분포

처음 두 개의 적분 I_{zz}와 I_{yy}은 단면적의 **관성모멘트**(*moment of inertia*)이고, 마지막 세 번째 적분 I_{yz}는 y축과 z축에 관한 단면적의 관성상승모멘트 또는 **관성곱**(*product of inertia*)이라 부른다. 대칭 단면에 대한 관성곱은 항상 0이다. 그러나 비대칭 단면이라 할지라도, 그의 관성곱이 0이 되도록 하는 어떤 특정한 y, z축의 방향이 항상 존재한다는 것을 증명할 수 있다(문제 7.9 참조). 이와 같이 관성곱이 0이 되도록 하는 특정한 축을 **관성주축**(*principal axis of inertia*)이라 말한다. 식 (7.59)의 기호를 사용하여 식 (7.58)을 다음과 같이 쓸 수 있다.

$$\begin{aligned} M_{bz} &= E\left(I_{zz}\frac{d\alpha}{ds_1}+I_{yz}\frac{d\beta}{ds_2}\right) \\ M_{by} &= -E\left(I_{yz}\frac{d\alpha}{ds_1}+I_{yy}\frac{d\beta}{ds_2}\right) \end{aligned} \tag{7.60}$$

마지막으로 식 (7.53)을 이용하여 이들 모멘트를 중립축의 합곡률 $d\phi/ds$와 합곡률면의 위치를 나타내는 각도 θ의 항으로 다음과 같이 다시 쓸 수 있다.

$$\begin{aligned} M_{bz} &= E\frac{d\phi}{ds}(I_{zz}\cos\theta+I_{yz}\sin\theta) \\ M_{by} &= -E\frac{d\phi}{ds}(I_{yz}\cos\theta+I_{yy}\sin\theta) \end{aligned} \tag{7.61}$$

이 한 쌍의 식은 모멘트-곡률 관계 식 (7.14)의 일반형으로 생각할 수 있다. 사실상, 곡률이 xy 평면 내($\theta=0$)에 있고, 대칭면이 xy 평면인 경우($I_{yz}=0$)에 대하여 식 (7.61)을 적용하면, 이 식은 식 (7.14)로 돌아간다.

일반적으로 합굽힘모멘트의 방향은 중립면과 평행하지 **않다**. 그러나 굽힘모멘트 벡터가 중립면에 평행할 필요충분한 조건은 굽힘모멘트 벡터가 관성주축에 평행하여야 한다는 것을 식 (7.61)로부터 증명할 수 있다.

곡률 $d\phi/ds$와 그의 방향 θ를 알면, 식 (7.61)로부터 굽힘모멘트 성분을 얻을 수가 있다. 굽힘응력 분포는 식 (7.57)로 주어진다. 이 식에 식 (7.53)을 이용하면 식 (7.9)의 일반형이라 할 수 있는 다음 식을 얻는다.

$$\sigma_x = -E\frac{d\phi}{ds}[y\cos\theta+z\sin\theta] \tag{7.62}$$

식 (7.62)의 우변 괄호 내의 식은 그림 7.39(b)에 있어서, 좌표 m을 나타낸다는 것에 유의하기 바란다. 두 관계식 식 (7.61)과 식 (7.62)는 곡률이 주어질 때 완전해를 줄 수 있는 식들이다.

역의 문제를 풀고자 할 경우, 다시 말해서 굽힘모멘트가 주어질 때 곡률과 응력을 계산하고자 할 경우에는, 앞에서 얻은 결과를 역(*invert*)계산하면 된다. 즉, 굽힘모멘트 성분이 주어졌을 때 곡률성분을 계산하려면 식 (7.60)을 곡률성분에 대해서 풀면 된다.

$$\begin{aligned} \frac{d\alpha}{ds_1} &= \frac{d\phi}{ds}\cos\theta = \frac{M_{bz}I_{yy}+M_{by}I_{yz}}{E(I_{zz}I_{yy}-I_{yz}{}^2)} \\ \frac{d\beta}{ds_2} &= \frac{d\phi}{ds}\sin\theta = \frac{M_{bz}I_{yz}+M_{by}I_{zz}}{E(I_{zz}I_{yy}-I_{yz}{}^2)} \end{aligned} \tag{7.63}$$

이 한 쌍의 식을 이용하면 합곡률의 크기와 방향을 계산할 수 있다(크기는 각 곡률성분의 제곱을 합한 것의 제곱근으로 주어지고, tan θ는 두 식의 비로 주어진다). 발생되는 응력 분포는 성분곡률을 계산할 필요없이 간단히 식 (7.63)을 식 (7.57)에 대입하여 다음과 같이 얻을 수 있다.

$$\sigma_x = -\frac{(yI_{yy} - zI_{yz})M_{bz} + (yI_{yz} - zI_{zz})M_{by}}{I_{zz}\,I_{yy} - I_{yz^2}} \tag{7.64}$$

이 식이 그림 7.39(a)에 그려진 응력 분포이다. 굽힘모멘트 성분은 그림 7.39(b)에 보여준다. 응력 분포 식 (7.64)는 식 (7.16)의 일반형이라 생각할 수는 없지만, $M_{by} = 0$이고 $I_{yz} = 0$인 경우 식 (7.64)는 식 (7.16)으로 돌아간다는 것을 말해 둔다. 또한 중립면과 yz 평면의 교차선은(즉, 그림 7.39의 n축) 식 (7.64)에 있어서 $\sigma_x = 0$을 만족시키는 점의 궤적이라는 것에 유의하게 바란다.

위에 기술한 이론을 실제의 문제에 적용할 때에는 보통 방정식의 항 중 몇 개의 항이 없어지도록 좌표계의 방향을 설정한다. 가장 간단한 한 예는 y, z축을 단면의 관성주축과 일치되도록 설정하는 것이다. 또 다른 방법은 y축이나 z축 중 어느 하나를 합모멘트 벡터와 일치되도록 설정하는 것이다. 이 방법 역시 식을 단순화시킨다. 다음 예제에서는 후자의 방법을 이용하여 문제를 풀어본다.

예제 7.9 그림 7.40(a)에 보여주는 바와 같이, 직사각형 단면의 외팔보가 단면의 긴 대칭축에 관하여 30° 경사진 작용면에 가해지는 굽힘모멘트를 전달시킨다. 우리는 xy 평면과 xz 평면 내에서의 곡률과 보에 발생하는 굽힘응력을 구하고자 한다.

- 곡률을 구하기 위해 식 (7.63)을 이용하는 것은 분명하며, 단면상에 주어진 점의 응력을 구하기 위해 식 (7.64)를 사용할 수 있다.
- 중립축은 식 (7.63)에서 θ에 대해 풀면 구할 수 있다.
- 이것을 구하는 다른 방법은 관성모멘트의 주 축과 일치하는 축을 설정하는 것이다.

보의 단면에 대한 관성모멘트와 관성곱은 각각(문제 7.12 참조) 다음과 같이 계산된다.

$$I_{zz} = 1.75c^4 \qquad I_{yy} = 0.75c^4 \qquad I_{yz} = 0.87c^4 \tag{a}$$

이들 값을 식 (7.63)의 제1식에 대입하면 다음을 얻는다.

$$\begin{aligned}\frac{d\alpha}{ds_1} &= \frac{0.75c^4}{(1.75c^4)(0.75c^4) - (0.87c^4)^2}\frac{M_{bz}}{E} \\ &= 1.36\frac{M_{bz}}{Ec^4}\end{aligned} \tag{b}$$

또 식 (7.63)의 제2식으로부터 다음을 얻을 수 있다.

$$\frac{d\beta}{ds_2} = -\frac{I_{yz}}{I_{yy}}\left(\frac{d\alpha}{ds_1}\right) = -\frac{0.87c^4}{0.75c^4}\left(1.36\frac{M_{bz}}{Ec^4}\right) = -1.58\frac{M_{bz}}{Ec^4} \tag{c}$$

굽힘응력은 모서리에서 최대가 된다. 모서리 A와 B를 조사하여 보자. 모서리 A'과 B'에서의 응력은 부호만이 반대가 된다. A와 B의 좌표는 그림 7.40(b)에 보여준다. 이들 좌표를 식 (7.64)에 대입하면, 다음과 같다.

A에서

$$\begin{aligned}\sigma_x &= -\frac{(1.55c)(0.75c^4)-(0.32c)(0.87c^4)}{(1.75c^4)(0.75c^4)-(0.87c^4)^2}M_{bz} \\ &= -1.60\frac{M_{bz}}{c^3}\end{aligned} \tag{d}$$

B에서

$$\begin{aligned}\sigma_x &= -\frac{(1.05c)(0.75c^4)-(1.18c)(0.87c^4)}{(1.75c^4)(0.75c^4)-(0.87c^4)^2}M_{bz} \\ &= +0.44\frac{M_{bz}}{c^3}\end{aligned} \tag{e}$$

모서리 A와 B에서 응력은 서로 반대부호를 가지므로, 중립면은 반드시 변 AB를 지나가야 한다는 결론을 얻는다. 이 결론은 식 (7.63)으로부터 다음 계산이 얻어졌을 때 증명된다.

$$\theta = \tan^{-1}\left(-\frac{I_{yz}}{I_{yy}}\right) = \tan^{-1}\left(-\frac{0.87c^4}{0.75c^4}\right) = -49.2° \tag{f}$$

이 값은 중립면이 그림 7.40(c)의 위치에 위치한다는 것을 말해 준다. 보가 그의 "약한 면 (weak plane)"에서 어떻게 구부러지려는 경향이 있는가, 즉 중립면이 단면의 긴 대칭축과 얼마나 가까이 일치하게 되는가를 주의 깊게 관찰하는 것은 매우 중요한 일이다.

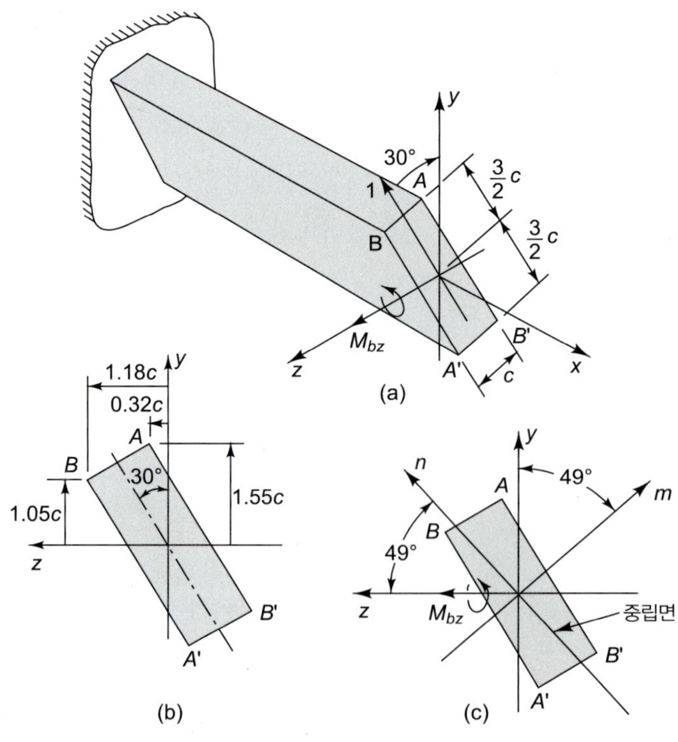

그림 7.40 예제 7.9

7.12 얇은벽 열린단면에서의 전단류; 전단중심

Shear Flow in Thin-Walled Open Sections; Shear Center

비대칭 보에 대한 전단류도 대칭 보에 대해 앞에서 기술한 방법과 동일한 방법으로 결정할 수 있다. 전단력이 존재하는 경우, 굽힘모멘트는 보의 길이방향에 따라 변하게 된다. 그러나 우리는 굽힘응력은 그대로 식 (7.64)에 따라 분포된다고 **가정한다**. 이러한 가정하에서 전단류는 보의 미소 요소에 대한 자유물체도에 길이방향에 대한 평형조건을 적용하여 얻을 수 있다.

여기서는 그림 7.41(a)에 보여주는 바와 같이 얇은벽 열린단면을 갖는 보에 대해서만 다루어 보기로 한다. 여기서 "개(open)"라는 말은 6.14절에서 다룬 얇은벽 "폐(closed)" 단면과 구별하기 위하여 사용하였다. 단면상의 어떤 점에서든 합전단류는 벽의 중심선을 따르는 s 방향으로 발생한다고 가정한다. 즉, 법선 n 방향의 어떤 전단류도 무시된다. 이 가정은 무한히 얇은벽에 대한 극한의 경우에만 엄밀히 성립하나, 벽 두께가 단면의 전체적인 치수에 비해 비교적 작은 경우에는 언제나 근사적으로 유용하다.

그림 7.41에 얇은벽 열린단면을 갖는 비대칭 보가 xy 평면에 평행한 평면 내에서 하중을 받는 그림을 그려 놓았다. 따라서 $V_z = M_{by} = 0$이다. 단면상의 어떤 점 C에 발생하는 전단류를 계산하기 위하여 그림 7.41(b)에 보여주는 바와 같이 절편 BC를 고립시킨다. 여기서 B는 자유단(free edge)이다. 양의 s면에 작용하는 힘 $q_{sx}\,\Delta x$는 이 요소의 양단면상(그림에서 빗금 친 면과 그 상대면)에서 작용하는 굽힘응력과 평형을 이루어야 한다. 식 (7.16)을 사용하는 대신 식 (7.64)를 이용하여, 7.6절에서 수행한 방법과 동일한 방법으로 해석을 수행하면 다음 결과를 얻는다.

$$q_{xs} = q_{sx} = \frac{-V_y}{I_{zz}\,I_{yy} - I_{yz}^{\ 2}}\left(I_{yy}\int_{A_1} y\,dA - I_{yz}\int_{A_1} z\,dA\right) \tag{7.65}$$

여기서, 괄호 내의 두 적분은 각각 평면 $y = 0$과 평면 $z = 0$에 관한 빗금 친 면적 A_1(그림 7.41)의 1차 모멘트이다.

단면 전체에 작용하는 합전단류를 계산하면 그것이 곧 전단력 V_y 라는 것을 알게 될 것이다. 그러나 일반적으로 이 전단력은 그림 7.41(a)에 나타낸 바와 같이 도심을 통하여 작용하지 않고 그림 7.42(a)에 보는 바와 같이 도심으로부터 어느 거리, 말하자면 e_z만큼 떨어진 위치에서 작용하게 된다.

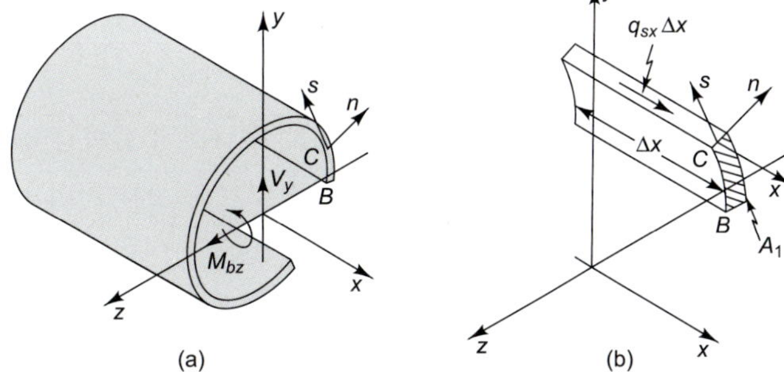

그림 7.41 xy 평면에 평행한 평면 내에서 작용하는 하중으로 인해 발생하는 얇은벽 열린단면 비대칭 보에서의 전단류 계산

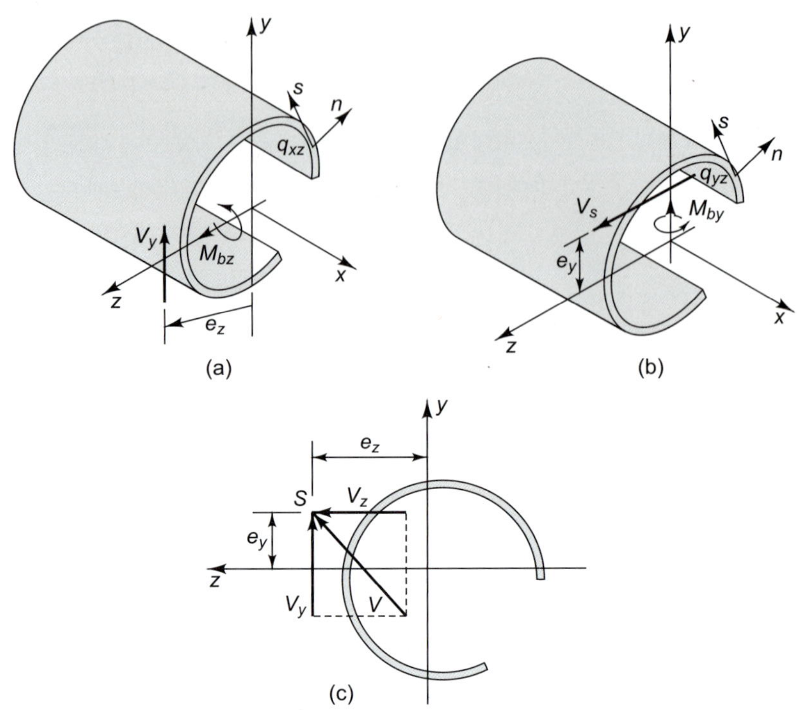

그림 7.42 전단류 분포의 합은 전단중심 S를 지난다.

하중이 xz 평면에 평행한 평면 내에서 작용할 때,[9] q_{xs}는 다음과 같이 주어진다.

$$q_{xs} = q_{sx} = \frac{-V_z}{I_{zz} I_{yy} - I_{yz}^2}\left(I_{zz} \int_{A_1} z\, dA - I_{yz} \int_{A_1} y\, dA \right) \tag{7.66}$$

합전단류는 힘 V_z이다. 이 힘도 일반적으로 그림 7.42(b)에 보는 바와 같이 도심으로부터 어느 거리, 말하자면 e_y만큼의 거리를 두고 작용한다. 이들 거리 e_z와 e_y는 단지 전단류의 형태(pattern)에 의하여 결정될 뿐, V_y와 V_z의 크기와는 무관하다.

그림 7.42(a)와 (b)의 하중상태를 중첩시키면 일반적인 경우가 되고, 합전단류는 V_y와 V_z의 벡터의 합인 힘 V가 된다. 이때 V의 작용선은 좌표(e_y, e_z)를 갖는 점 S를 지나야만 한다. 그림 7.42(c)에 표시된 이 점 S를 **전단중심**(*shear center*)이라 한다. 합전단력 V의 크기와 방향이 어떠하든지 간에 V의 작용선은 전단중심을 지나게 된다. S의 위치는 전단류 분포 식 (7.65)와 식 (7.66)에 의하여 결정되고, 한편 이들 전단류는 굽힘모멘트가 길이에 따라 변하는 경우에 대해서도 성립한다고 가정했던 굽힘응력 분포 식 (7.64)에 의존한다는 것에 유의하기 바란다. 비록 보의 응력에 대해서 공학적 이론을 이용하면 대칭 단면과 얇은벽 단면에 대한 전단중심 S의 위치만을 결정할 수 있지만, 탄성보의 모든 단면은 한 개의 전단중심 S를 갖는다.

전단중심에 대한 하나의 중요한 성질을 그림 7.43에 그려 놓았다. 이 그림은 그림 7.42와 같은 단면을 갖는 외팔보에 성분 P_y와 P_z를 갖는 힘 P가 보의 끝 단면의 도심을 지나면서 작용하는 경우를 그려 놓은 것이다. 먼저 그림 7.43(b)에 길이가 c인 자유물체도를 고려해 본

[9] 문제 3.33 참조

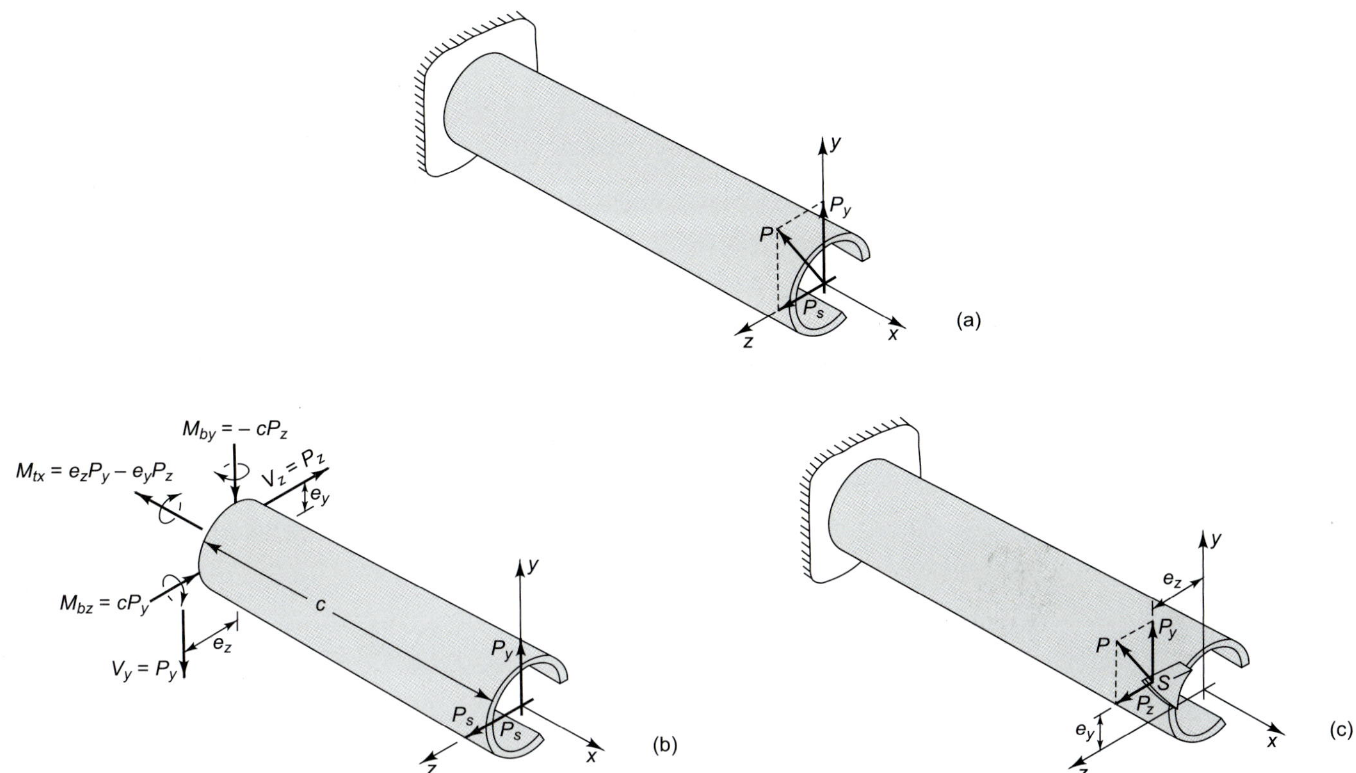

그림 7.43 힘 P가 전단중심 S를 지나 작용하지 않을 때, 비틀림 모멘트가 발생하는 예시

다. 우리는 단면 $x = -c$에 작용하는 굽힘응력이 식 (7.64)에 따라 분포된다고 가정한다. 그러면 전단류는 식 (7.65)와 식 (7.66)에 의해 주어지고, 합전단력 성분은 그림 7.43(c)에 표시되어 있는 작용선을 갖게 된다. 그림 7.43의 자유물체가 평형을 이루려면, x축에 대한 모멘트 평형을 유지시키기 위하여, 자유물체의 왼쪽 끝에 비틀림 모멘트 M_{tx}가 작용하여야 한다. 따라서 비틀림 모멘트 M_{tx}가 발생하기 위하여는 보 안에 비틀림 변형률과 응력이 발생되어야 하고, 결과적으로 그림 7.43(a)의 보에 힘 P가 작용될 때 굽힘과 동시에 비틀림이 일어나게 된다. 만일 힘 P가 그림 7.43(c)와 같이 끝 단면상의 전단중심 S에 작용한다면 비틀림 모멘트는 0이 될 것이고, 힘 P는 굽힘만을 발생시키게 될 것이라는 것은 명백하다.

따라서, 횡방향의 힘으로 **보를 비틀지 않고** 다만 구부리려고 한다면, 각각의 횡방향의 힘을 작용단면의 전단중심을 지나가도록 작용시키면 된다.

전단중심의 위치를 결정하려면 그림 7.42에 나타낸 바와 같이 두 직교평면 내에서 차례로 하중을 작용시켜 발생하는 합전단류 분포의 교점을 구하면 된다. 단면이 한 개의 대칭축을 가질 때에는 전단중심은 축상에 놓여지므로, 이 경우에는 이 축에 수직한 평면 내의 하중만을 고려하면 충분하다. 다음 예제는 대칭성을 갖지 않는 단면에 대한 계산의 예이다.

예제 7.10 그림 7.44(a)의 앵글단면(angle section)에 분포되는 전단류의 분포를 계산하려고 한다. 이 단면의 도심의 위치, 관성모멘트, 관성곱은 문제 7.7로부터 다음과 같이 얻을 수 있다.

$$I_{zz} = \frac{4}{3}a^3 t \qquad I_{yy} = \frac{1}{4}a^3 t \qquad I_{yz} = -\frac{1}{3}a^3 t \tag{a}$$

- 곡률을 구하기 위해 식 (7.65)를 사용하는 것은 분명하며, 수평 전단력이 되는 x 방향을 따라 상단 플랜지에 작용하는 전단응력과 수직 전단력이 되는 다리(leg)를 따라 발생하는 전단응력을 적분함으로써 해를 확인할 수 있다. x를 따라 작용하는 전단력 V_x는 0이 되어야 한다.
- 자연히 전단중심 S는 두 직선 다리들의 교차점에 있어야 한다!

먼저 xy 평면에 평행한 평면 내에 작용하는 하중을 생각하여 보자. 설명을 위하여 식 (7.64)로 주어지는 굽힘응력 분포를 그림 7.44(b)에 그려 놓았다. 수평 다리(horizontal leg)에 생기는 전단류 q_{xz}는 식 (7.65)로부터 얻을 수 있다. q_{xs}에 대한 관계 식 (7.65)를 유도할 때, 그림 7.41의 좌표 S는 단면 주위를 반시계방향으로 움직일 때 증가한다고 생각하였다. 수평 다리에서 좌표 z는 반시계방향으로 움직일 때 증가하므로 z는 s에 대응한다. 따라서 식 (7.65)로부터 전단류는 다음과 같이 쓸 수 있다.

$$q_{xz} = q_{xs} = \frac{-V_y}{I_{zz}I_{yy} - I_{yz}^2}\left(I_{yy}\int_{A_1} y\,dA - I_{yz}\int_{A_1} z\,dA\right) \tag{b}$$

그림 7.44(c)의 그림으로부터 다음의 적분값들을 계산할 수 있다.

$$\begin{aligned}\int_{A_1} y\,dA &= \left[t\left(z_1 + \frac{5}{6}a\right)\right]\frac{2}{3}a \\ \int_{A_1} z\,dA &= \left[t\left(z_1 + \frac{5}{6}a\right)\right]\frac{1}{2}\left(z_1 - \frac{5}{6}a\right)\end{aligned} \tag{c}$$

식 (a)와 식 (c)를 식 (b)에 대입하고 정리하면, $z = z_1$에서의 전단류는 다음과 같이 얻어진다.

$$q_{xz} = -\frac{1}{48}\frac{V_y}{a^3}(36z_1^2 + 36az_1 + 5a^2) \tag{d}$$

수직 다리에 생기는 전단류 q_{xy}도 식 (7.65)로부터 얻을 수 있다. 반시계방향으로 움직일 때 수직 다리에서 좌표 y는 감소하므로 y는 $-s$에 대응한다. 따라서 식 (7.65)로부터 다음을 얻는다.

$$q_{xy} = -q_{xs} = \frac{V_y}{I_{zz}I_{yy} - I_{yz}^2}\left(I_{yy}\int_{A_1} y\,dA - I_{yz}\int_{A_1} z\,dA\right) \tag{e}$$

그림 7.44(d)로부터 다음의 적분값을 얻을 수 있다.

$$\begin{aligned}\int_{A_1} y\,dA &= (at)\frac{2}{3}a + \left[t\left(\frac{2}{3}a - y_1\right)\right]\frac{1}{2}\left(\frac{2}{3}a + y_1\right) \\ \int_{A_1} z\,dA &= (at)\left(-\frac{1}{3}a\right) + \left[t\left(\frac{2}{3}a - y_1\right)\right]\left(\frac{1}{6}a\right)\end{aligned} \tag{f}$$

식 (a), 식 (f) 및 식 (e)를 연립하여 정리하면 $y = y_1$에서의 전단류는 다음과 같이 얻어진다.

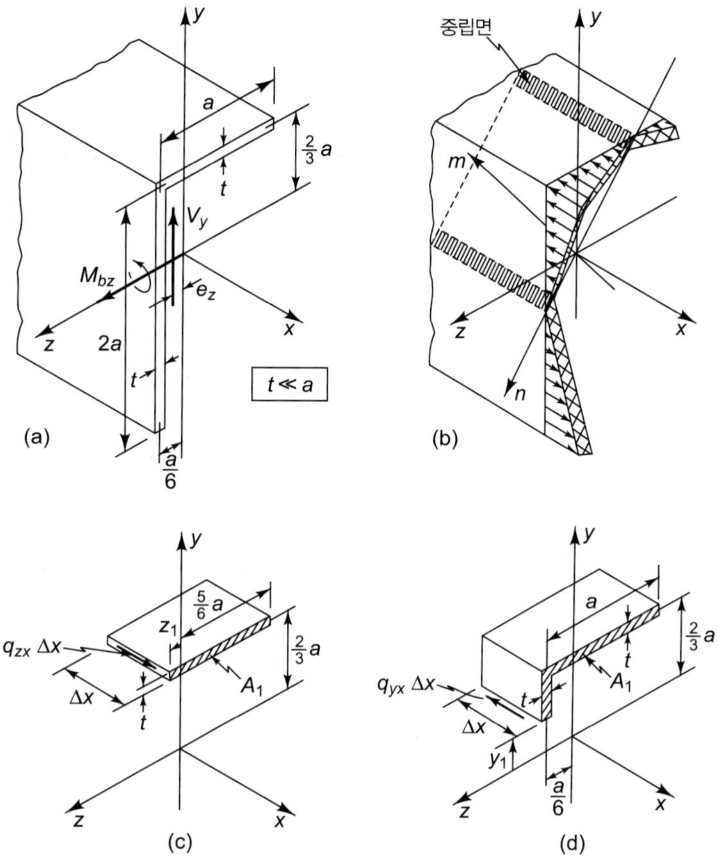

그림 7.44 예제 7.10에서 xy 평면에 평행한 평면 내에 작용하는 하중으로 인한 얇은벽 앵글 단면에서의 전단류 계산

$$q_{xy} = \frac{1}{48}\frac{V_y}{a^3}(32a^2 - 12ay_1 - 27y_1^2) \tag{g}$$

분포 식 (d)와 식 (g)를 그림 7.45(a)에 나타내었다. q_{xy}의 최댓값(이 값은 수직 다리에 전체에 걸쳐 양이다)과 q_{xz}의 최대 양의 값이 발생되는 위치는 그림 7.44(b)에서 중립면이 수평 다리와 수직 다리를 절단하는 점과 일치한다.

이 해석의 타당성을 검토하기 위하여, 수평 다리를 따라서 q_{xz}를 적분하면 다음을 얻는다.

$$\int_{-5/6a}^{a/6} q_{xz}dz_1 = -\frac{1}{48}\frac{V_y}{a^3}\int_{-5/6a}^{a/6}(36z_1^2 + 36az_1 + 5a^2)dz_1 = 0 \tag{h}$$

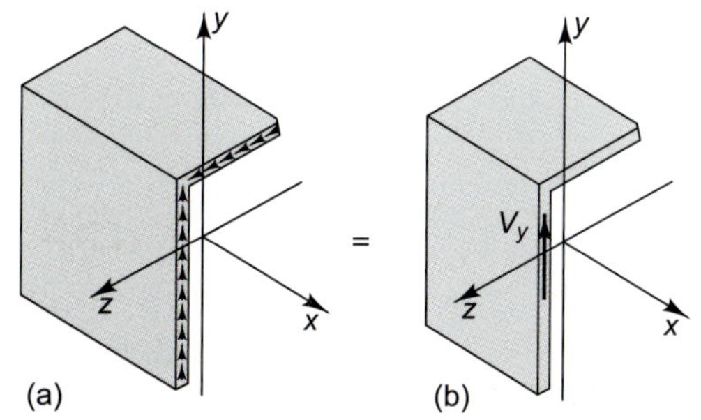

그림 7.45 예제 7.10. 합전단류 분포의 위치

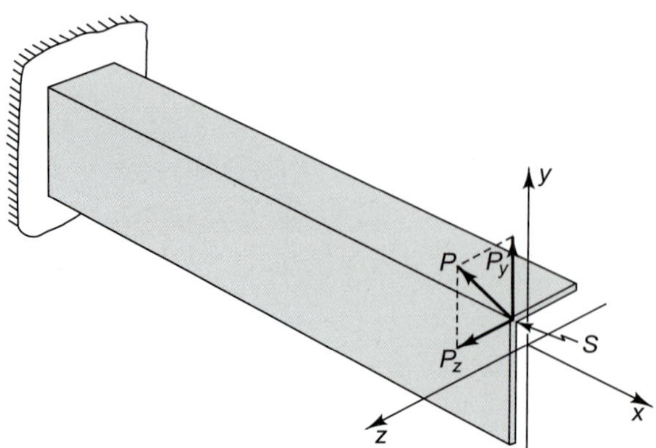

그림 7.46 예제 7.10. 모든 얇은벽 앵글단면에 대한 전단중심은 앵글의 두 다리의 교점에 있다.

이것은 그림 7.44(a)에서 $V_z = 0$이라는 가정과 일치한다.

수직 다리에 작용하는 합력은 다음과 같이 얻어진다.

$$\int_{-4/3a}^{2/3a} q_{xy} dy_1 = \frac{1}{48}\frac{V_y}{a^3}\int_{-4/3a}^{2/3a}(32a^2 - 12ay_1 - 27y_1^2)dy_1 = V_y \tag{i}$$

따라서 전체의 합전단류 분포는 그림 7.45(b)와 같이 수직 다리에 작용하는 전단력 V_y이다.

xz 평면에 평행한 평면 내에서 가해지는 하중에 대해서도 유사한 방법으로 해석할 수 있다. 이러한 하중에 대한 합전단류 분포는 수평 다리에 작용하는 한 힘이 될 것이라는 것은 명백하다. 이들 두 합전단류의 교점은 두 다리의 교점에 있다. 그러므로 이 교점은 이 앵글에 대한 전단중심이 된다. 모든 얇은벽 앵글단면에 대하여 수평 전단류는 수평 다리에서만, 수직 전단류는 수직 다리에서만 각각 작용한다. 그리고 그들의 합력은 항상 두 다리의 교점을 지나게 된다. 따라서, 모든 얇은벽 앵글단면의 전단중심 S는 그림 7.46에 예시하여 놓은 바와 같이 계산할 필요도 없이 두 다리의 교점에 있어야 한다는 것을 알 수 있다.[10]

■ ■ ■

요약 SUMMARY

곡률의 개념은 보 문제들을 푸는 데 핵심이다. 얇은 직선보에 대한 곡률반지름은 그 보의 변형곡선을 따라 측정된 거리에 대한 기울기의 변화율과 직접적으로 관계가 있다(7.1).

대칭인 단면과 순수굽힘(변형 전과 후의 수직 단면들이 그대로 평면을 유지한다)을 받는다는 가정을 이용하면, 보 전체에서 어떤 위치에서의 축에 따른 변형률은 곡률 관계식을 이용한 식 (7.4)로 주어진다는 것을 알 수 있다.

평형조건과 응력-변형률 관계는 변형의 곡률과 보의 변형곡선에 따라 작용된 모멘트와의 관계를 얻는 데 적용될 수 있다(7.14). 응력은 작용되는 모멘트, 보의 높이 그리고 중립축에 관한

[10] 전단중심에 대한 부가적인 설명은 다음의 참고문헌에서 찾을 수 있다. 예를 들면, B. Venkatraman and S. A. Patel, "Structural Mechanics with Introductions to Elasticity and Plasticity," p. 227, McGraw-Hill Book Company, New York, 1970.

단면의 관성모멘트와 관련되며, 중립축(변형률이 0인 축)에서 0으로부터 선형적으로 변한다는 것을 알 수 있다(7.16).

포아송의 효과에 의해, 보의 횡곡률(transverse curvature)은 배사곡률(anticlastic)이 됨을 보여준다.

굽힘에 대한 위의 관계식들은 공학적 감각(engineering sen-se)에서 굽힘모멘트가 보 길이에 따라 변할 때에도 타당하다. 전단력 분포에 의해 발생하는 단면적 전역에서의 전단응력은 평형 개념(equilibrium notion)으로부터 식 (7.25)와 같이 유도될 수 있다.

직사각형 단면 보의 경우, 전단응력은 높이에 따라 2차식으로 변하여 중심에서 최대 윗면과 아랫면에서 0이 된다.

그림 7.17(d)에 보여주는 대로, 전단은 두께가 얇은 부분에서 단면적에 걸친 유동으로 생각할 수 있다. 식 (7.28)로 주어지는 전단류는 얇은 부재 단면상의 모든 연결부위에서 동일한 것으로 생각한다.

단면의 높이가 굽힘을 야기하는 보의 유효길이(effective length of the beam)와 비교하여 작을 때에는 굽힘에 의한 응력(굽힘응력, flexural stresses)들이 가장 크게 된다. 높이가 증가할수록 전단응력은 굽힘응력과 비교하여 점진적으로 증가하게 된다.

주의의 말: 두께가 얇은 단면의 길이들은 국부 좌굴에 대해 검토되어야 한다. 따라서, I형 단면의 플랜지와 웹의 길이는 적절하게 제한되어야 한다.

보에 작용하는 응력들은 주로 보의 축에 따른 굽힘응력과 단면상의 횡전단응력이라는 것을 알 수 있다. 따라서 이는 평면응력상태의 좋은 예가 된다. 모어의 원은 최대 수직응력과 최대 전단응력을 구하는 데 효과적으로 사용될 수 있다.

굽힘에 의한 변형에너지는 식 (7.31)과 같이 작용된 굽힘모멘트의 2차식이 된다. 횡전단력에 의한 변형에너지는 식 (7.34)로 나타내어진다. L/h 비가 10을 초과하는 긴 보에 대해 전단변형률 에너지의 기여도는 3% 미만이라는 것을 알 수 있다.

소성항복(plastic yielding)의 개시는 굽힘응력이 순수굽힘 상태에서 항복응력에 도달했을 때, 보의 가장 바깥쪽에서 발생한다. 모멘트가 더 증가하게 되면, 가장 바깥쪽에서 시작하여 보의 더 많은 부분들이 항복하게 된다. 중립축까지 거의 모든 부분들이 항복되었을 때, 이를 완전 소성상태(fully plastic condition)라 한다. 이 이후에는, 보가 더 이상 축을 따라 발생하는 굽힘이나 회전에 대해 저항하지 못한다. 보의 어느 한 점에서 이런 현상이 발생할 때, 이를 **소성힌지**(*plastic hinge*)라 한다. 그림 7.30은 이에 대한 대표적인 예를 보여주고 있다. 소성힌지가 구조물에 발생하게 하는 하중을 극한하중(limit load)이라 한다.

소성힌지가 형성되는 동안 굽힘 회전에 대해 더 이상 저항하지 못한다 하더라도, 그 저항이 0이 아님에 유의하여야 한다. 따라서 하중 제거 시 탄성적인 제하 변형(elastic unloading deformation)이 발생하며, 이것을 **탄성 스프링백**(*elastic spring-back*)이라 부른다. 또한 하중 제거 시 보 내에는 잔류응력(resi-dual stresses)이 남게 된다.

대칭이 아닌 보에 대해, 굽힘은 단면의 관성모멘트의 주 축들(major axes)상에서 발생한다. 따라서, 이러한 방향에 따른 횡방향 모멘트 성분들은 독립적으로 계산되고 식 (7.64)와 같이 중첩된 응력 분포를 준다.

얇은 비대칭 단면에 대해서는, 비대칭 전단류에 의해 단면의 도심에 관한 불균형한 합비틀림이 발생된다. 그러므로, 순수하게 굽힘모멘트만을 야기하는 횡방향 하중은 이런 불균형한 비틀림을 상쇄시키는 점에 작용되어야 한다. 이러한 점을 **전단중심**(*shear center*)이라 한다. 두 개의 얇은 직선 부분으로 이루어진 단면의 경우 전단중심은 그 두 개의 직선 부분들의 교차점에 있음을 알 수 있다.

문제 *PROBLEMS*

7.1 아래 그림과 같이 복잡한 도형을 몇 개의 단순한 모양의 합으로 생각하면, 도심의 위치에 관한 식 (3.3)이 다음과 같이 표현될 수 있음을 보여라.

$$\bar{y} = \frac{\sum_i \bar{y}_i A_i}{\sum_i A_i} \qquad \bar{z} = \frac{\sum_i \bar{z}_i A_i}{\sum_i A_i}$$

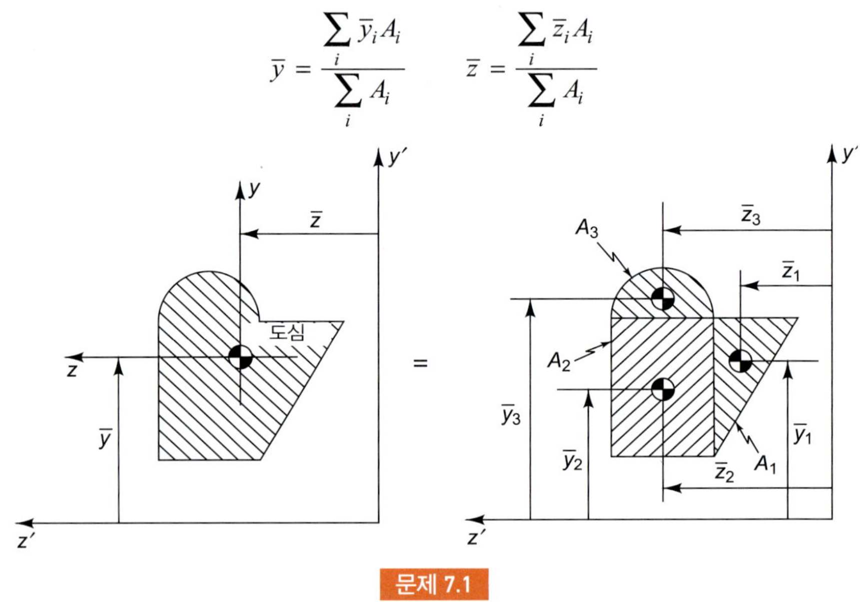

문제 7.1

7.2 앵글단면의 도심은 그림에 표시된 위치에 있음을 증명하라.

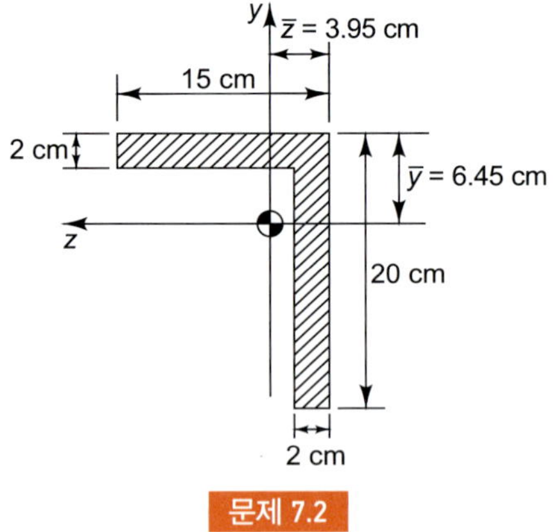

문제 7.2

7.3 삼각형의 도심은 그림에 표시된 위치에 있으며, 도심을 통과하는 *y*, *z*축에 관한 관성모멘트와 관성곱은 다음과 같이 표현됨을 보여라.

$$I_{zz} = \int_A y^2 dA = \frac{bh^3}{36}$$

$$I_{yy} = \int_A z^2 dA = \frac{b^3 h}{36}$$

$$I_{yz} = \int_A yz\, dA = -\frac{b^2 h^2}{72}$$

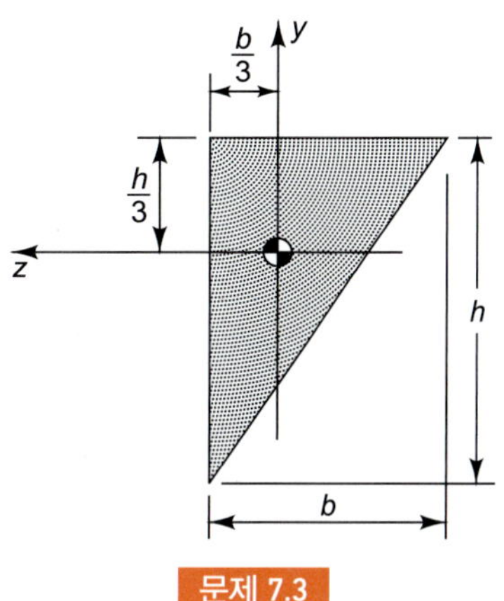

문제 7.3

7.4 임의 단면을 갖는 보에서

$$I_x = \int_A r^2 dA$$

일 때 다음 관계가 성립함을 보여라.

$$I_{yy} + I_{zz} = I_x$$

이 결과를 이용하여 반경 r인 중실 원형 축 단면의 도심에 설정한 축에 대해서 다음의 관계가 성립함을 보여라.

$$I_{yy} = I_{zz} = \frac{I_x}{2} = \frac{\pi r^4}{4}$$

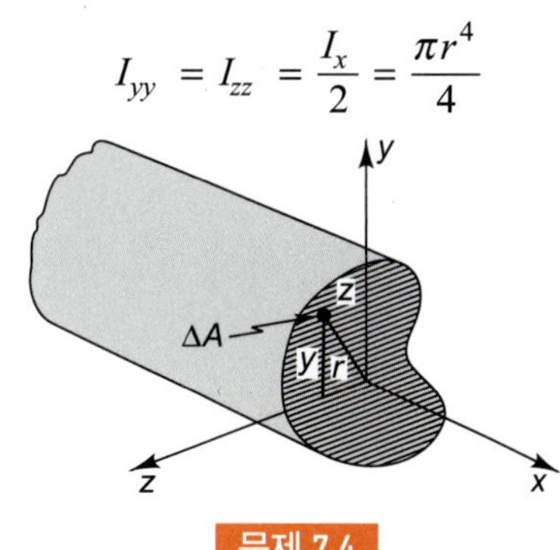

문제 7.4

7.5 도심을 통과하는 y, z축에 관한 면적 A의 관성모멘트를 I_{yy}, I_{zz}, 관성곱을 I_{yz}라 하고 각각의 축에 평행한 축을 y', z'라 할 때 다음 관계를 유도하라.

$$I_{z'z'} = I_{zz} + \bar{y}^2 A$$

$$I_{y'y'} = I_{yy} + \bar{z}^2 A$$

$$I_{y'z'} = I_{yz} + \bar{y}\,\bar{z}A$$

이 관계를 **평행축 정리**라고 부른다.

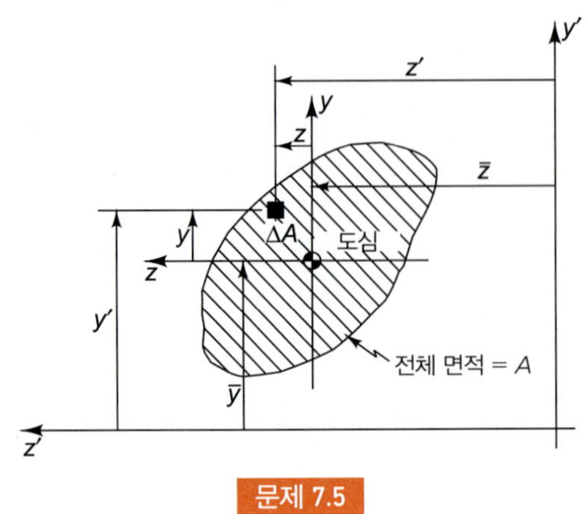

문제 7.5

7.6 문제 7.2의 앵글단면에 대하여 다음을 보여라.

$$I_{zz} = 2618.35\ \text{cm}^4$$
$$I_{yy} = 1265.86\ \text{cm}^4$$
$$I_{yz} = 1063.63\ \text{cm}^4$$

7.7 다음과 같은 앵글단면의 도심은

$$\bar{y} = \frac{2}{3}a \qquad z = \frac{a}{6}$$

에 있고, I_{zz}, I_{yy}, 및 I_{yz}는 다음과 같음을 보여라.

$$I_{zz} = \frac{4}{3}a^3t \qquad I_{yy} = \frac{1}{4}a^3t \qquad I_{yz} = -\frac{1}{3}a^3t$$

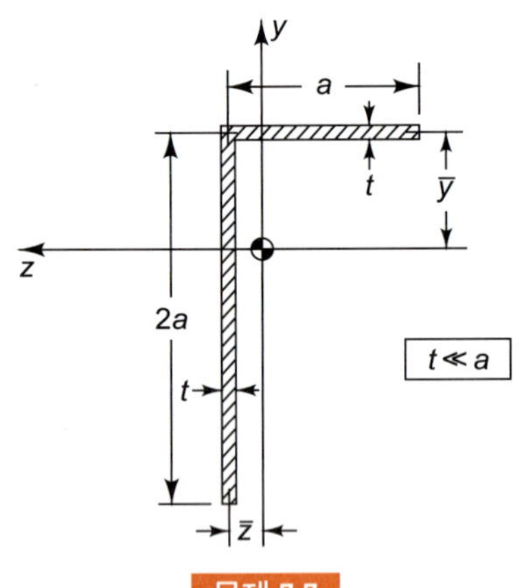

문제 7.7

7.8 그림과 같은 단면을 갖는 보에 대한 관성모멘트 I_{zz}를 계산하라.

문제 7.8

7.9 다음 그림의 m, n축에 관한 관성모멘트

$$I_{nn} = \int_A m^2 dA \qquad I_{mm} = \int_A n^2 dA$$

와 관성곱

$$I_{mn} = \int_A mn\, dA$$

을 I_{yy}, I_{zz} 및 I_{yz}를 이용하여 다음과 같이 쓸 수 있음을 보여라.

$$I_{mm} = I_{zz} \sin^2\theta + I_{yy} \cos^2\theta - 2I_{yz} \sin\theta\cos\theta$$

$$I_{nn} = I_{zz} \cos^2\theta + I_{yy} \sin^2\theta + 2I_{yz} \sin\theta\cos\theta$$

$$I_{mn} = -(I_{zz} - I_{yy}) \sin\theta\cos\theta + I_{yz}(\cos^2\theta - \sin^2\theta)$$

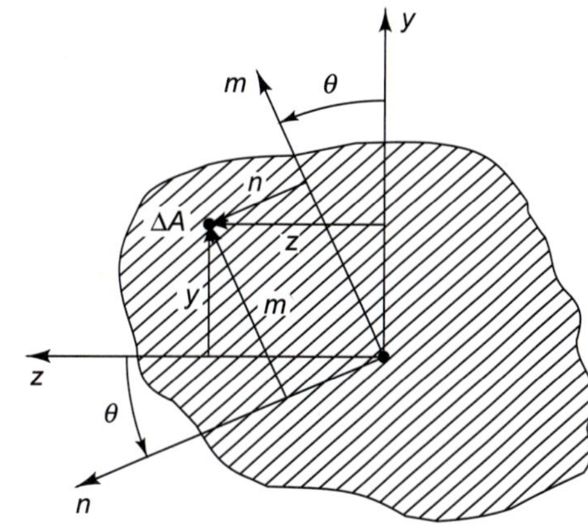

문제 7.9

이 식들을 삼각함수의 배각공식을 사용하면 다음과 같이 쓸 수 있다.

$$I_{mm} = \frac{I_{yy} + I_{zz}}{2} + \frac{I_{yy} - I_{zz}}{2}\cos 2\theta - I_{yz}\sin 2\theta$$

$$I_{nn} = \frac{I_{yy} + I_{zz}}{2} - \frac{I_{yy} - I_{zz}}{2}\cos 2\theta + I_{yz}\sin 2\theta$$

$$I_{mn} = \frac{I_{yy} - I_{zz}}{2}\sin 2\theta + I_{yz}\cos 2\theta$$

여기서 I_{yy}, I_{zz}, $-I_{yz}$를 σ_x, σ_y, τ_{xy}로 대치하고 I_{mm}, I_{nn}, $-I_{mn}$를 $\sigma_{x'}$, $\sigma_{y'}$, $\tau_{x'y'}$로 대치한 결과

와 식 (4.25)를 비교함으로써, 한 점을 지나는 여러 쌍의 축에 대한 관성모멘트와 관성곱을 모어의 원으로 표시할 수 있음을 보여라.

이 축들 중에 $I_{mn} = 0$인 축을 **"관성주축"**이라고 하며, 이 축들의 방향은 다음 식에 의해 주어진다.

$$\tan 2\theta = \frac{-2I_{yz}}{I_{yy} - I_{zz}}$$

주 관성모멘트가 다음과 같이 표시됨을 보여라.

$$I_{11,22} = \frac{I_{yy} + I_{zz}}{2} \pm \sqrt{\left(\frac{I_{yy} - I_{zz}}{2}\right) + I_{yz^2}}$$

7.10 문제 7.6과 7.9의 결과를 이용하여, 문제 7.2의 앵글단면의 도심을 통과하는 관성주축이 아래 그림에 표시된 곳에 위치하며, 다음과 같음을 보여라.

$$I_{11} = 3202.50\ \text{cm}^4$$
$$I_{22} = 681.72\ \text{cm}^4$$

문제 7.10

7.11 문제 7.3의 결과를 이용하여, 삼각형의 도심을 통과하는 관성주축이 그림에 표시된 곳에 위치하며, 다음과 같이 주어짐을 보여라.

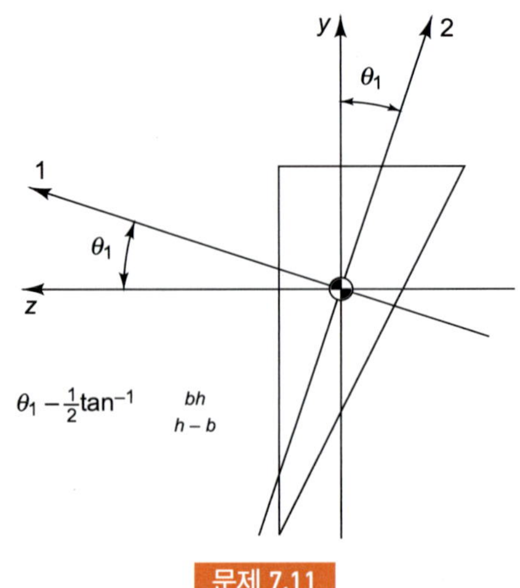

문제 7.11

$$I_{11} = \frac{bh}{72}\left[(h^2 + b^2) + \sqrt{(h^2 - b^2)^2 + b^2h^2}\right]$$
$$I_{22} = \frac{bh}{72}\left[(h^2 + b^2) - \sqrt{(h^2 - b^2)^2 + b^2h^2}\right]$$

7.12 예제 7.9의 직사각형 단면 보에 대한 주관성모멘트 I_{11}과 I_{22}를 계산하라. 문제 7.9의 결과를 이용하여 다음을 보여라.

$$I_{zz} = 1.75c^4 \qquad I_{yy} = 0.75c^4 \qquad I_{yz} = 0.87c^4$$

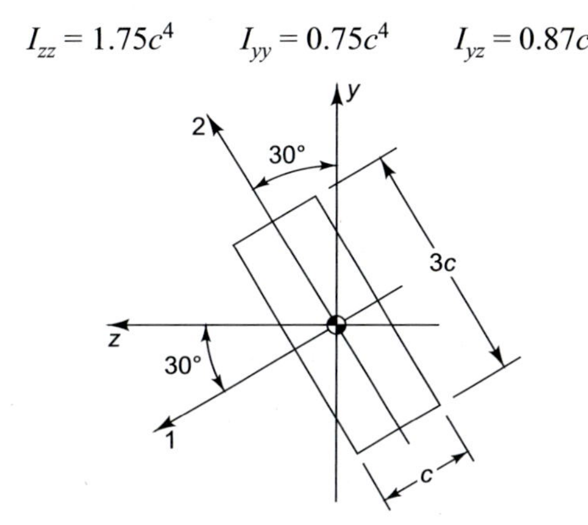

문제 7.12

7.13 직사각형 단면 50 × 25 mm를 갖는 강으로 만든 보의 단면이 짧은 변에 평행한 축에 관하여 1.7 kN · m의 모멘트를 받고 있다. 이 단면에 발생하는 응력 분포를 그려라.

7.14 단면이 문제 7.8과 같은 길이 6 m의 강제 외팔보에 5 kN의 하중이 가해졌다. 보의 최대 굽힘응력을 구하라.

문제 7.14

7.15 운동을 매우 정밀하게 조정해야 할 벨트전동장치에 강재 평벨트를 사용하려고 한다. 이 평벨트를 지름 300 mm의 풀리 주위에 180° 감았을 경우 그 벨트에 생기는 응력이 280 MN/m^{2}을 초과하지 않도록 하려면 이 벨트의 두께를 최대 얼마로 해야 하는가? 이 벨트의 두께를 반으로 줄이면 최대 응력은 어떻게 되겠는가?

7.16 그림과 같은 단면을 갖고 있는 강재 보가 단위길이당 29 kN/m(보의 자중 포함)를 지탱할 수 있다. 보의 최대 굽힘응력을 계산하라.

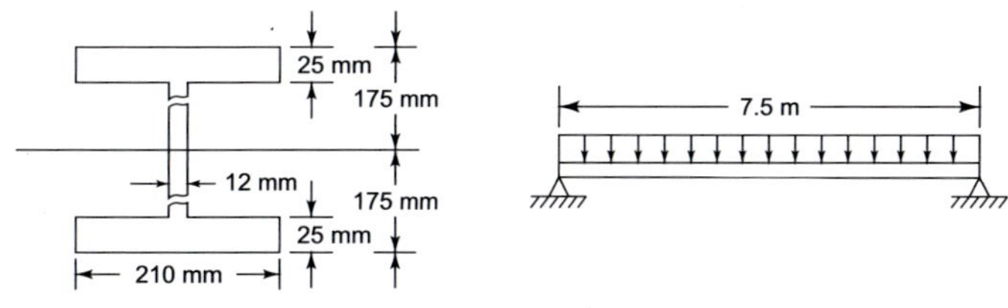

문제 7.16

7.17 그림과 같은 보에서 재질의 최대 인장허용응력이 30 MPa, 최대 압축허용응력이 140 MPa일 경우, P의 최댓값을 구하라.

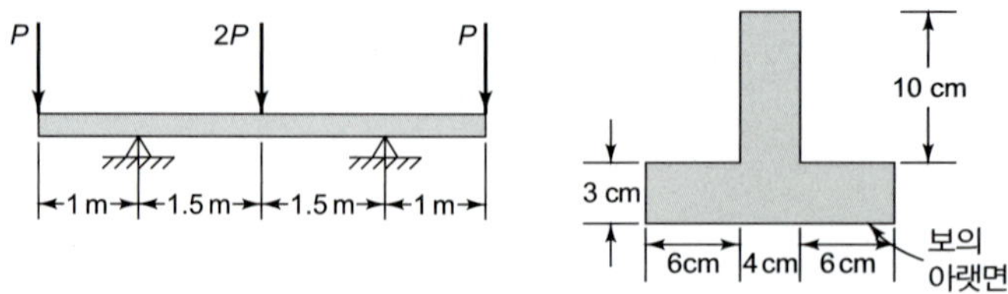

문제 7.17

7.18 그림과 같은 주철 T형 단면 보의 스팬(span) $10a$에 하중의 세기 w_o의 분포하중이 작용하고 있다. 이 보의 높이는 a이고, 플랜지의 폭은 αa이다. 주철의 인장파괴응력은 압축파괴응력의 약 1/3이다[그림 5.5(c)를 보라]. 응력들이 충분히 낮아서 Hooke의 법칙을 이용할 수 있다고 가정하고, 이 보의 최대 인장굽힘응력 σ_T가 최대 압축굽힘응력 σ_C의 1/3이 되게 하는 α의 값을 구하라. 또한 주어진 σ_T의 값에 대하여 이 보가 지탱할 수 있는 최대 하중의 세기 w_o를 구하라.

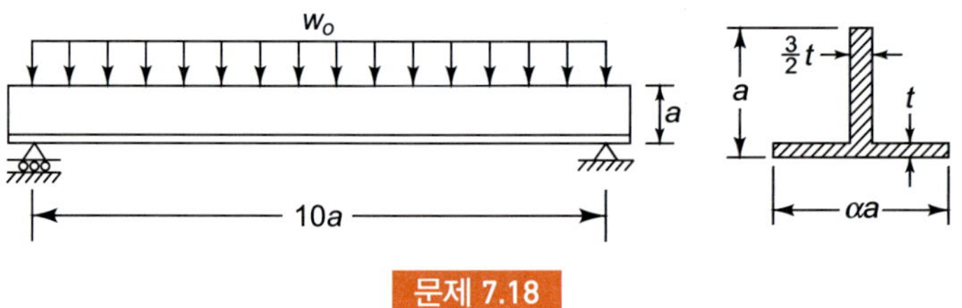

문제 7.18

7.19 두께 t, 폭 w의 직선형 강박판이 그림과 같이 $4c$의 길이로 반지름 R인 강체 블록에 고정되어 있다. 이 판의 끝에는 이 판과 블록이 거리 c만큼 접촉할 수 있을 만한 힘 P가 작용하고 있다. $c \ll R$이라고 가정하고, 구간 BC에서의 판과 블록 사이의 힘의 분포를 계산하라. 또한 힘 P의 크기를 판과 블록의 치수의 항으로 구하라(필요하다면 다른 양을 포함시켜도 좋다).

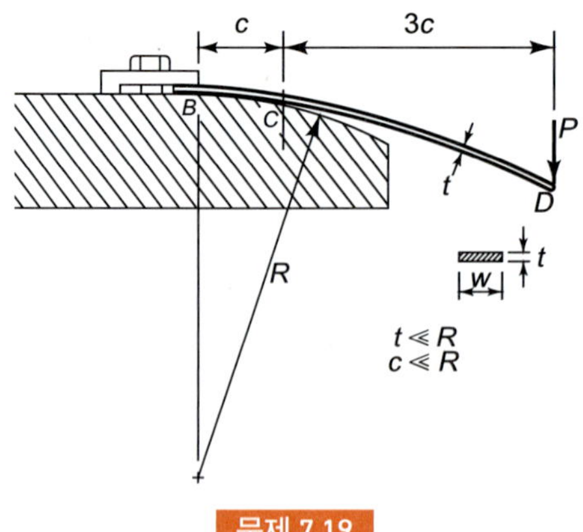

문제 7.19

7.20 아래 그림은 400 N의 수직하중을 받는 인간의 대퇴골부를 대략 그린 것이다.

(a) 원형 단면인 *BB*가 중실 뼈로 되어 있다고 가정하고, 이 *BB* 단면의 응력 분포를 구하라.

(b) (a)에서 1/2 반지름의 내부측 뼈가 "스펀지" 뼈로 되어 있다고 가정하고, *BB* 단면의 응력 분포를 구하라. 단, "스펀지" 뼈 부분은 응력을 지탱하지 못한다고 가정하라.

(c) (a)의 최대 응력 분포에 대한 (b)의 최대 응력 분포의 증가율을 구하라.

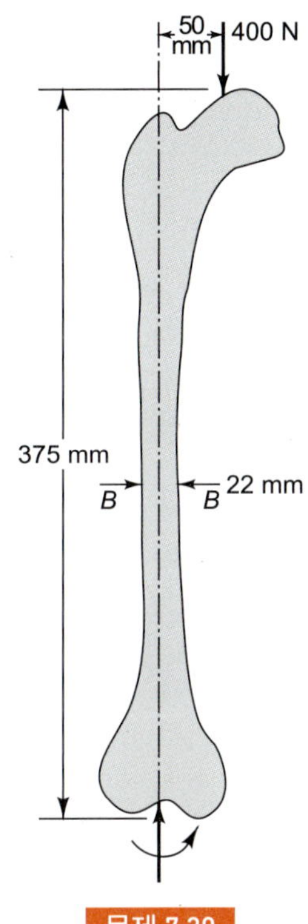

문제 7.20

7.21 이집트인들은 그림과 같이 평형추로 균형을 잡는 목재 지렛대를 이용하여, 커다란 피라미드 벽돌을 썰매 위에 올려 놓는 새로운 피라미드 제작 이론을 제안했다. 그 썰매를 사람의 힘으로 피라미드의 옆까지 끌고 간다. 지렛대로 사용된 나무의 극한인장응력을 52 MN/m^2, 극한전단응력을 10 MN/m^{2}이라고 한다면, 그림과 같이 피라미드 벽돌을 지탱하기 위한 정사각형 목재의 최소 치수를 극한응력들을 기초로 하여 계산하라.

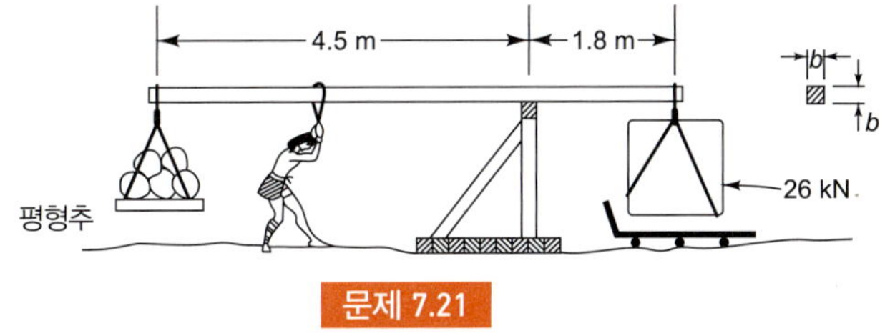

문제 7.21

7.22 반지름 r, 두께 t의 얇은 폐원관이 그림에서 보는 바와 같이 굽힘모멘트 M_b를 전달하고 있다. 굽힘응력을 θ의 함수로 계산하라.

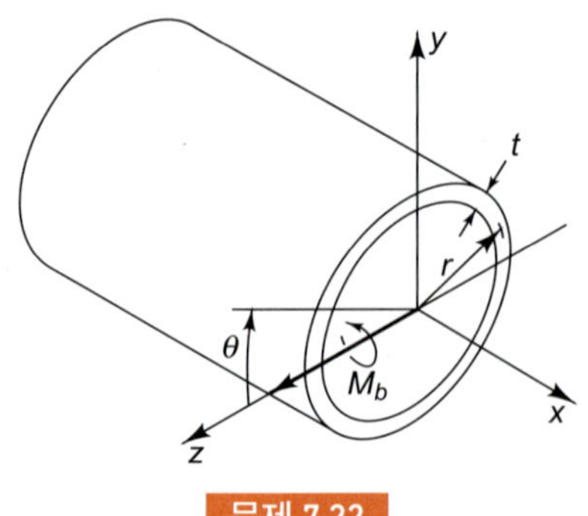

문제 7.22

7.23 반지름 r, 두께 t, 길이 L인 얇은벽 원통형 탱크가 그림에서 보는 바와 같이 그 양단에서 지지되어 있다. 이 탱크는 무거운 액체로 채워져 있고, 대기 중으로 배기관이 연결되어 있다. 액체의 중량에 비해서 탱크의 자중을 무시할 수 있을 때, 탱크에 발생하는 최대 굽힘응력은 탱크의 반지름 r에 무관함을 보여라.

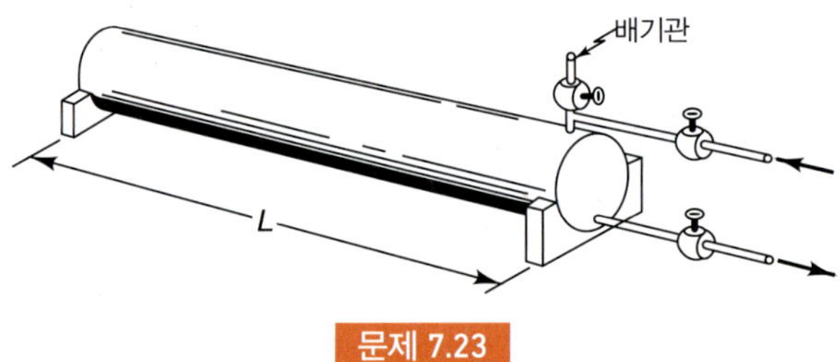

문제 7.23

7.24 폭 b, 길이 L인 외팔보가 자유단에서의 d로부터 고정단에서의 $3d$까지 선형적으로 변화하는 높이를 가지고 있다. 그림에서 보는 바와 같이 이 보의 자유단에 힘 P가 작용할 때, 보에 발생기는 최대 굽힘응력의 위치와 크기를 구하라.

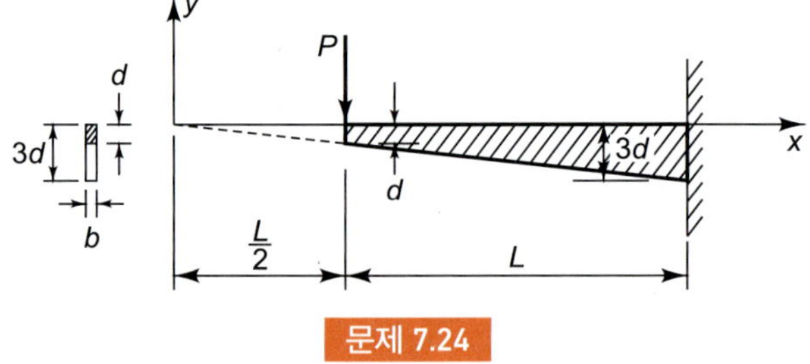

문제 7.24

7.25 매우 얇은 원통 쉘(shell)이 그림과 같이 그 내부에 등간격으로 용접된 6개의 길이방향 막대에 의해 보강되어 있다. 굽힘응력은 전적으로 이들 길이방향 막대에 의해 지탱된다고 가정하고, 굽힘모멘트가 10 kNm일 때, 최대 굽힘응력을 계산하라.

문제 7.25

7.26 다음 그림은 섬모의 단면이다(문제 3.21 참조). 검은 면적은 섬모의 운동을 담당하고 있다고 생각되는 근모이다. 섬모의 기반(base)에서 굽힘모멘트는 약 5×10^{-7} N · m로 예측되며, 기반에서의 곡률반지름의 실험치는 6 μm이다. 굽힘력이 단지 근모에 의해서만 지탱된다고 할 때, 근모의 탄성계수를 구하라. 모든 근모 단면적에 대한 전 2차 모멘트 I_{zz}는 약 4×10^{-8} mm^4이다.

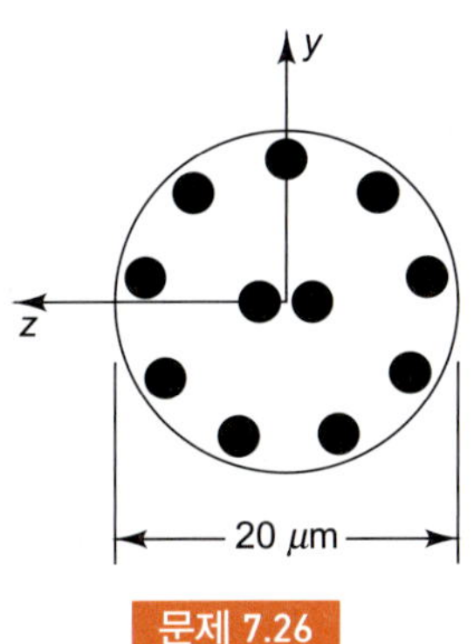

문제 7.26

7.27 그림 6.18의 촘촘히 감긴 코일스프링의 변형에서 비틀림과 비교하여 횡전단력의 상대적인 중요성을 다음과 같은 방법으로 구할 수 있다. 7.6절에서와 유사한 논리로, 스프링선의 원형 단면에 걸쳐 발생하는 횡전단응력의 근사적인 분포를 아래 식과 같이 유도할 수 있다. 만일 z축이 스프링선의 축방향이고, y축이 전단력 P에 평행인 축이라고 하면 반지름 r인 스프링선의 횡전단응력은 포물선형으로 분포한다.

$$\tau_{xy}(y_1) = \frac{4P}{3\pi r^4}(r^2 - y_1^2)$$

이러한 응력 분포에 의해 발생하는 스프링의 변형에너지를 계산하고, 비틀림에 의한 변형에너지 U_t와 횡전단에 의한 변형에너지 U_s의 비가 다음과 같음을 증명하라.

$$\frac{U_s}{U_t} = \frac{5}{9}\left(\frac{r}{R}\right)^2$$

7.28 보통의 상태에서 연필심이 받는 최대 굽힘응력을 계산하라. 연필의 기하학과 하중상태는 독자적으로 추정하라.

문제 7.28

7.29 두 개의 동일한 금속막대를 납땜하여 만든 보가 있다. 이 보에 대한 강성의 두 막대를 납땜하지 않고 독립적으로 작용하는 보의 강성에 대한 강성률을 구하라.

$$k_b = \frac{M_b}{d\phi / ds}$$

또한 그 두 보에 발생하는 최대 굽힘응력의 비를 구하라.

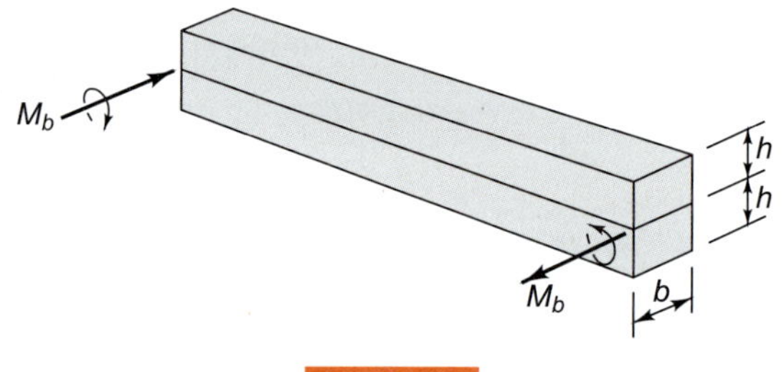

문제 7.29

7.30 그림과 같은 지붕 트러스가 중앙위치에서 하중 W를 받고 있다. 이 트러스의 상하 수평재들에 걸리는 힘들을 계산하라. 다음에 그 부재들 속에 발생하는 응력들을 계산하고, 트러스에 따른 위치의 함수로 그림을 그려라. 이번에는 그 트러스를 연속보로 보고, 상하 수평재들만이 굽힘에 대해서 유효하다고 생각한다. 보의 이론을 이용하여 상하 부재들의 응력들을 트러스에 따른 위치의 함수로 계산하고, 전에 그렸던 그림 위에 그려서 비교하라. 이 트러스를 보로 생각하는 경우에 대각재들은 어떤 역할을 하는가?

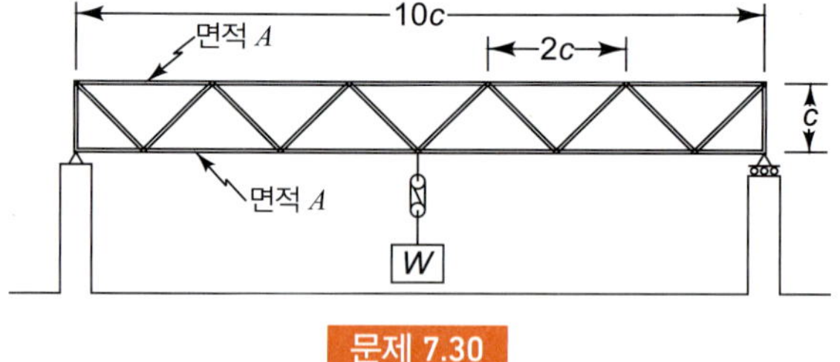

문제 7.30

7.31 직사각형 단면 보를 응력-변형률 곡선이 인장과 압축을 받을 때 모두 $\sigma = c \mid \epsilon \mid^n$의 식으로 표시되는 재료로 만들었다면, 이 보에 발생하는 최대 굽힘응력을 작용된 모멘트의 항으로 유도하라.

7.32 대칭보의 순수굽힘에 관한 이론을 전개하여 다음의 변형률을 얻은 바 있다.

$$\epsilon_x = -\frac{y}{\rho} \quad \epsilon_y = \epsilon_z = \nu\frac{y}{\rho} \quad \gamma_{xy} = \gamma_{yz} = \gamma_{zx} = 0$$

식 (5.7)을 이용하여 이들 변형률은 연속적인 변위로부터 얻어짐을 증명하라(그림 7.9 참조).

$$u = -\frac{xy}{\rho}$$

$$v = \frac{x^2 + \nu(y^2 - z^2)}{2\rho}$$

$$w = \nu\frac{yz}{\rho}$$

그리고 이 변형률들은 기하학적으로 적합함을 보여라. 온도가 일정한 경우에 이 해는 평형방정식 (5.6)과 응력−변형률−온도 관계식 (5.8)도 만족하므로, 이것은 탄성이론에 맞는 완전해임을 나타낸다.

7.33 대칭면 내에서 초기에 곡선인 대칭보를 생각한다. 7.2절의 논리를 반복하여 굽힘모멘트가 초기 곡률의 평면 내에서 작용할 때, 원래 평면인 단면은 그대로 평면을 유지한다. 즉, 변형 전의 반지름방향 단면들은 변형 후에도 평면인 반지름방향 단면을 그대로 유지한다는 사실을 증명하라. 이때 중립축의 곡률의 **증가**는 아래와 같음을 보여라.

$$\frac{\Delta\phi}{R_o\phi} = \frac{1}{R_1} - \frac{1}{R_o}$$

또 적당히 선정한 자유물체에 대하여 평형조건을 적용함으로써 보 내부에 반지름방향의 수직응력이 존재한다는 것을 보여라. 마지막으로 접선방향의 변형률이 그 보의 반지름방향의 높이에 따라 선형적으로 분포되는지를 결정하라.[11]

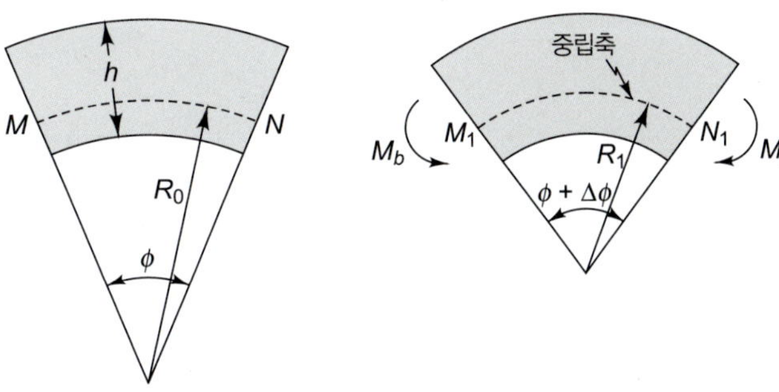

문제 7.33

7.34 다음 그림 (a)에서 보는 바와 같은 판은 폭에 비하여 두께가 대단히 얇은 "보"로 볼 수 있다. 실험적으로, 판이 양단에 작용하는 굽힘모멘트에 의해 굽혀질 때, 그림 (b)에서 보는 바와 같이 그 중앙부는 원통모양의 표면이 되고, 배사곡률(anticlastic curvature)은 끝부근에만 생긴다는 것을 알 수 있다(이 거동을 증명하기 위해서 골판지를 굽혀 보라). 이런 관측된 기하학적 거동으로부터 원통형 중앙부의 곡률에 관한 다음 식을 유도하라.

$$\frac{d\phi}{ds} = \frac{1}{\rho} = \frac{12(1-\nu^2)M}{Eh^3}$$

여기서 M은 중앙부의 단위폭당 작용하는 굽힘모멘트이다. 또한, 원통형 중앙부에서의 굽힘응력 σ_x는 다음과 같이 주어짐을 보여라.

[11] 초기에 곡선보에 대한 상세한 논의는 F. R. Shanley, "Strength of Materials," p. 322, McGraw-Hill Book Company, New York, 1957를 참조하라.

$$\sigma_x = \frac{12M_y}{h^3}$$

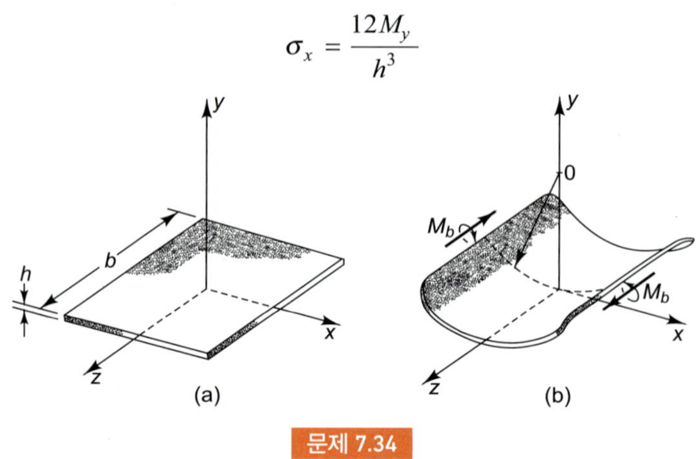

문제 7.34

7.35 그림과 같은 선반의 밑판을 6 mm 두께의 판유리로 만들었다. 장기간에 걸쳐 사용하기 위하여, 보통 판유리는 약 7 MN/m^2 이상의 인장응력을 받지 않도록 해야 한다. 이 선반의 지지점이 최적의 위치에 놓여있을 때 그 선반의 단위길이당 놓을 수 있는 책의 평균 중량을 계산하라.

문제 7.35

7.36 두 개의 50 × 100 mm 보가 그림과 같이 접착되어 있다. 두 하중방향에 대해 필요한 아교의 강도는 얼마인가?

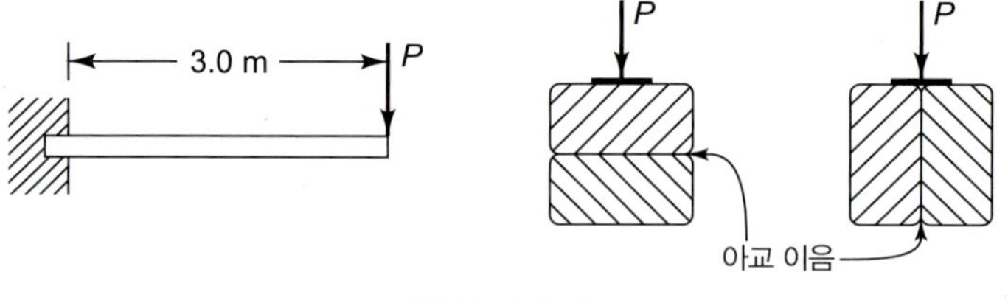

문제 7.36

7.37 예제 7.3의 보에 30 kN의 전단력이 작용할 때, 수직판 내의 다음 위치에서 발생하는 전단류 q_{xy}를 계산하라.

(a) 납땜 결합부의 바로 위쪽

(b) 납땜 결합부의 바로 아래쪽

(c) 중립면

7.38 반지름 r, 두께 t인 얇은벽 폐원관이 전단력 V를 전달하고 있다. 전단류 분포 q_{xs}를 θ의 함수로 계산하라.

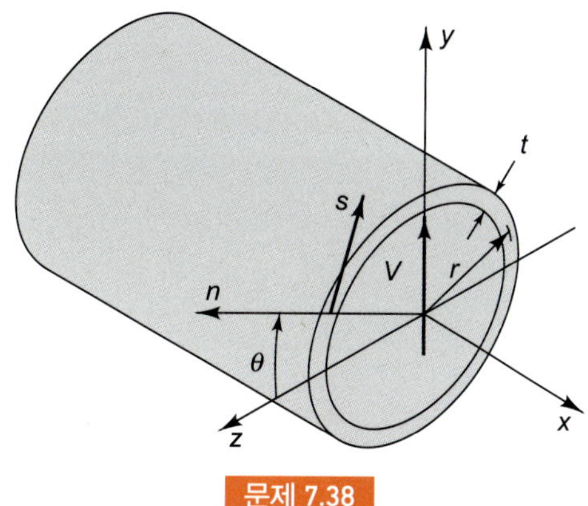

문제 7.38

7.39 동일한 두께의 목재 네 조각을 못질하여 상자형 보를 만들기 위해 두 가지 설계가 제안되었다. 이 두 설계에서 치수 b와 h, 간격 s는 동일하다. 이 보가 xy 평면 내에서 하중을 받을 때 어느 설계가 더 유리한가?

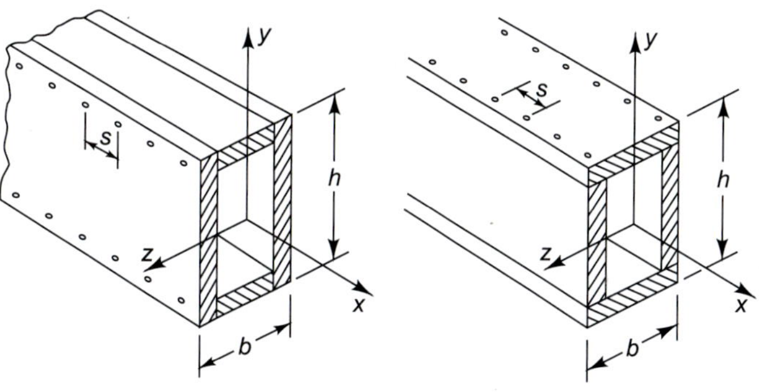

문제 7.39

7.40 다음 그림과 같은 T형 단면을 갖는 보가 굽힘모멘트와 전단력을 전달하고 있다. 플랜지 내의 최대 굽힘응력에 대한 스템(stem) 내의 최대 굽힘응력의 비를 구하라. 또 플랜지 내의 최대 평균전단응력 τ_{xz}에 대한 스템 내의 최대 평균전단응력 τ_{xy}의 비를 구하라.

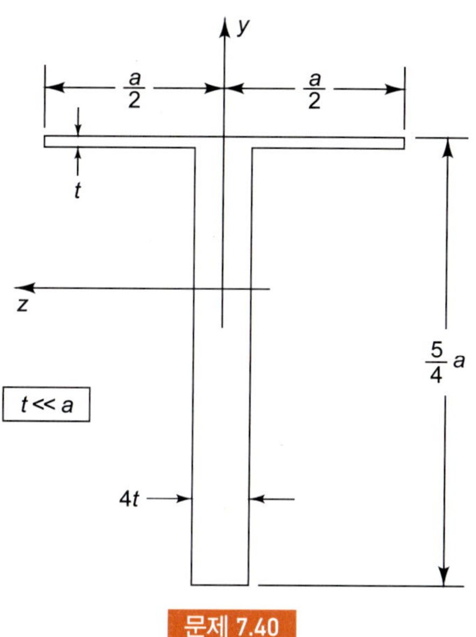

문제 7.40

7.41 간격 s마다 0.5 cm 볼트들에 의해 조립된 그림과 같은 보가 있다. 각 볼트가 안전하게 받을 수 있는 전단력이 2 kN일 때, 이 보에 전단력 V가 50 kN이라면 요구되는 볼트 간격을 결정하라.

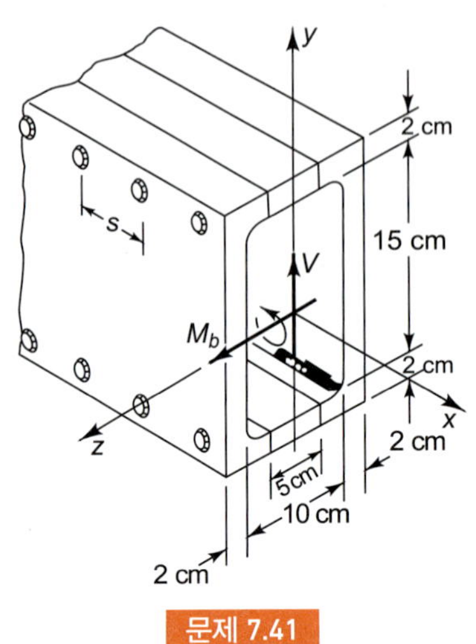

문제 7.41

7.42 직사각형 단면 보 내의 전단응력 τ_{xy}의 분포에 대한 식 (7.27)을 이용하여, 이 합응력 분포가 전단력 V와 같다는 것을 보여라.

7.43 식 (7.22)로 정의되는 Q에 대하여 다음 관계가 있음을 보여라.

$$\frac{dQ}{dy_1} = -by_1$$

이 사실과 부분적분법을 이용하여, 임의의 대칭보에 대해 식 (7.25)로 주어지는 전단응력 τ_{xy}의 합력이 전단력 V와 같다는 것, 즉 다음 식이 성립한다는 것을 보여라.

$$\int_A \tau_{xy}\, dA = V$$

7.44 그림에서 보는 바와 같이, 양단이 단순지지된 직사각형 보 위에 보의 단위길이당 벽돌의 무게가 w_o가 되도록 벽돌이 균일하게 쌓여 있다. 최대 전단응력 τ_{xy}에 대한 최대 굽힘응력 σ_x의 비를 구하라.

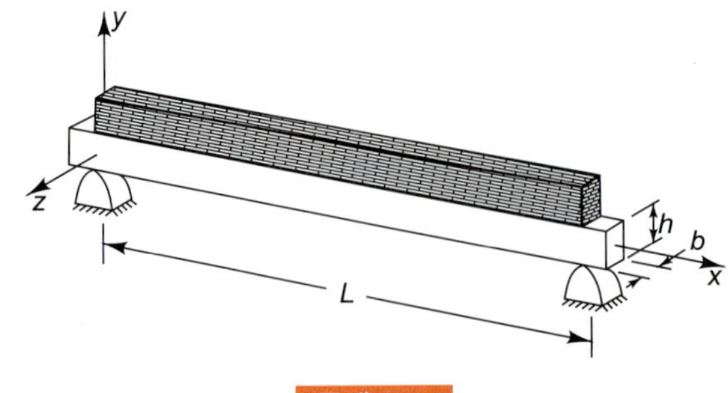

문제 7.44

7.45 그림과 같은 보는 건축에서 널리 사용되고 있는 "광폭플랜지(wide-flange)" 강재 보의 대표적인 단면 치수비를 갖는다. 이 보가 중앙에 집중하중 P를 받는 경우 최대 전단응력 τ_{xy}에 대한 최대 굽힘응력 σ_x의 비를 구하라.

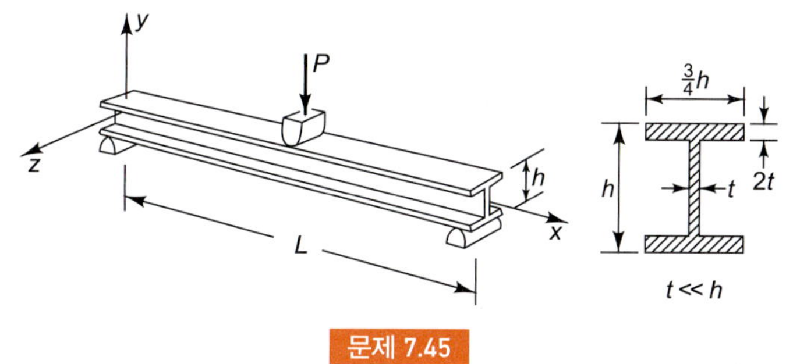

문제 7.45

7.46 탄성적 성질이 서로 다른 두 재료를 결합하여 만든 **복합** 대칭보의 순수굽힘 문제를 생각하여 보자. 7.2절과 7.5절에서 주어진 방법으로 복합보의 변형과 응력을 구하라. 이 보의 중립면은 그림과 같이 거리 y_N에 위치한다. 여기서 y_N은 다음 식으로 얻어짐을 보여라.

$$\text{(a)}\quad y_N = \frac{E_1\bar{y}_1A_1 + E_2\bar{y}_2A_2}{E_1A_1 + E_2A_2}$$

또한, 모멘트–곡률 관계는 다음 식으로 표현됨을 보여라.

$$\text{(b)}\quad \frac{d\phi}{ds} = \frac{1}{\rho} = \frac{M_b}{E_1(I_{zz})_1 + E_2(I_{zz})_2}$$

여기서 $(I_{zz})_1$과 $(I_{zz})_2$는 각각 면적 A_1과 A_2의 중립면에 관한 관성모멘트이다. 마지막으로 이 보 내의 굽힘응력은 다음 식으로 주어진다는 것을 보여라.

$$\text{(c)}\quad (\sigma_x)_i = -E_i\frac{M_b y}{E_1(I_{zz})_1 + E_2(I_{zz})_2}$$

여기서 i는 1 또는 2를 취하며, 그것은 구하고자 하는 재료의 번호이다.

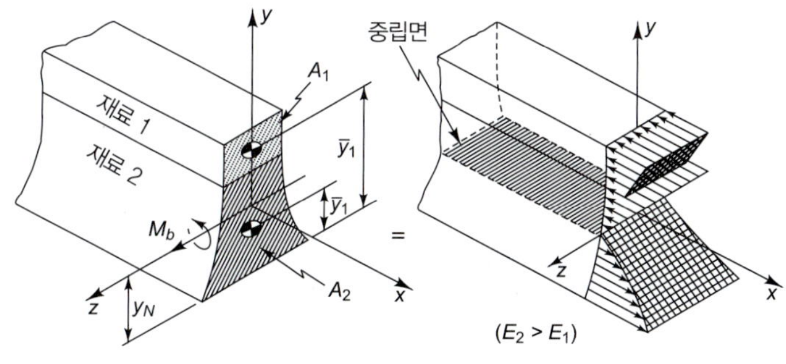

문제 7.46

7.47 문제 7.46의 복합보에서 두 재료의 결합부 근처에서의 거동을 연구하라. 특히 두 재료의 포아송 비가 서로 다른 경우를 고려하고, 복합보의 순수굽힘에 대해서도 σ_x 이외의 모든 응력을 0으로 가정할 수 있는가에 대한 타당성을 논하라.

7.48 중량이 가볍고 강성률이 큰 보를 만들 목적으로 $I_{zz} = 23.70 \times 106\ \text{mm}^4$인 알루미늄합금 I형 보 상하부의 플랜지에 6.25 mm 강판을 리벳으로 결합하였다. 이런 강판을 붙임으로써 이 I형 보의 강성률은 어떤 비율로 증가하는가?

$$k_b = \frac{M_b}{d\phi / ds}$$

또, 복합보에서 강 내의 최대 굽힘응력에 대한 알루미늄 내의 최대 굽힘응력의 비는 얼마나 되는가?

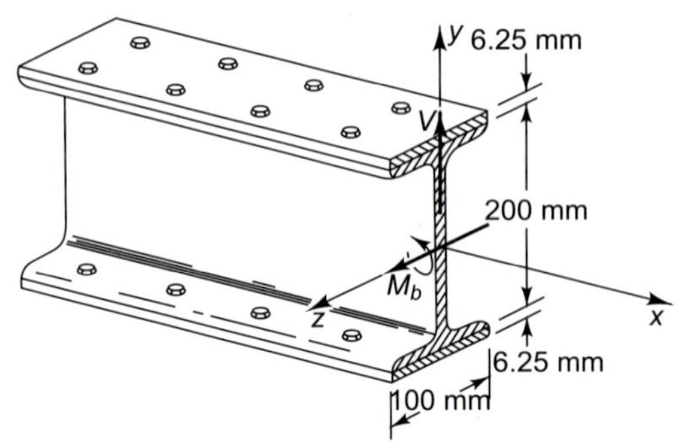

문제 7.48

7.49 화학 공장에서는 1020 HR 강관의 부식을 방지하기 위해서 그 내면에 2024-0 알루미늄합금을 붙인다. 이 관이 배관계에 설치되어 있을 때, 강과 알루미늄합금이 모두 항복응력을 초과하지 않는 범위 내에서 이 관이 견딜 수 있는 최대 굽힘모멘트를 구하라.

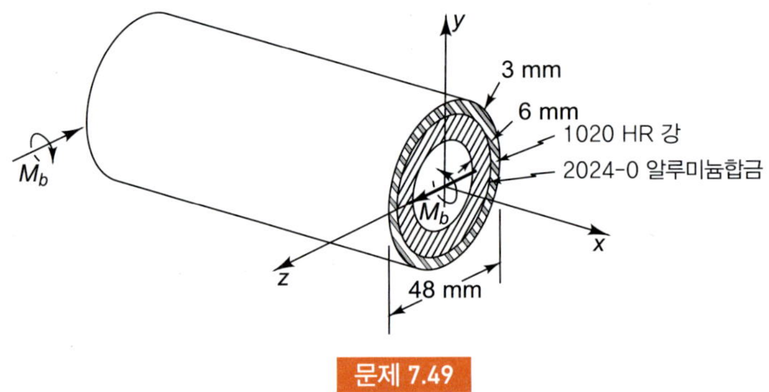

문제 7.49

7.50 다음 곡선에서 보는 바와 같이, 인장과 압축에 대한 성질이 서로 다른 재료로 직사각형 단면 보를 만들었다. 인장 또는 압축에서의 항복응력을 초과하지 않는 범위 내에서, 이 보가 저항할 수 있는 최대 굽힘모멘트를 구하라.

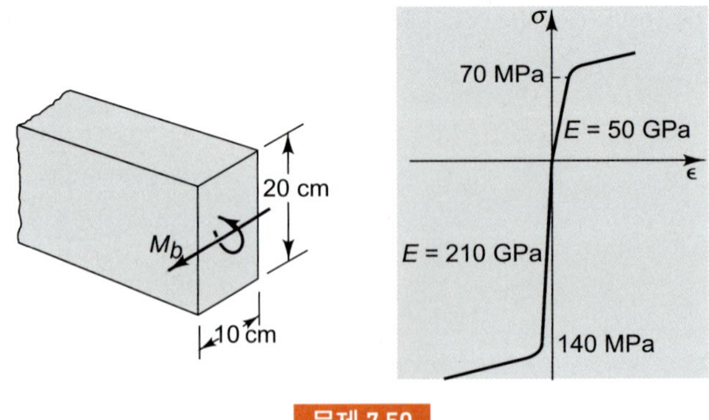

문제 7.50

7.51 콘크리트는 압축에는 강하지만 인장에는 약한 취성재료이다. 그러나 낮은 인장강도를 개선하기 위해서 인장을 받는 콘크리트 부분에 강봉을 넣어 **강화-콘크리트**(*reinforced-concrete*)로 만들면 대단히 경제적이다. 그림과 같은 강화-콘크리트에 대해서 콘크리트는 전혀 인장응력을 받지 **못하며**, 인장응력은 강봉에 균일하게 분포한다고 가정하에서 7.2절에서 7.5절까지의 논의를 되풀이하라. 이 보의 중립면은 그 보의 윗면으로부터 아래쪽으로 거리 *kd*만큼 떨어진 곳에 있고, 계수 *k*는 다음의 2차 방정식에 의해 결정된다는 것을 보여라.

$$E_s(d - kd)A_s - E_c\frac{b(kd)^2}{2} = 0$$

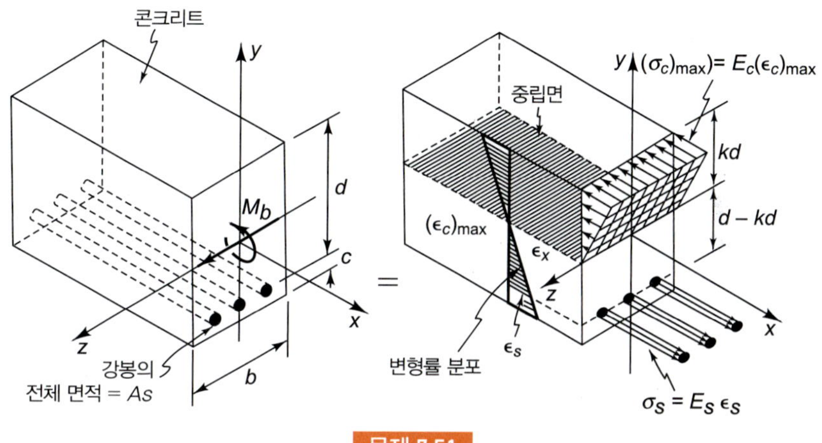

문제 7.51

또한, 강 내의 인장응력과 콘크리트 내의 최대 압축응력은 각각 다음 식으로 주어진다는 것을 보여라.

$$\sigma_s = \frac{M_b}{A_s d(1 - k/3)}$$

$$(\sigma_c)_{max} = \frac{2M_b}{bd^2k(1 - k/3)}$$

7.52 그림과 같은 강화-콘크리트 보에 지름 2 cm인 강봉이 5개 들어 있다. 강 내의 인장응력이 140 MPa, 콘크리트 내의 압축응력이 10 MPa을 초과하지 않는 범위 내에서 이 보가 전달할 수 있는 최대 굽힘모멘트를 구하라. 여기서 E_c는 10 GPa로 한다.

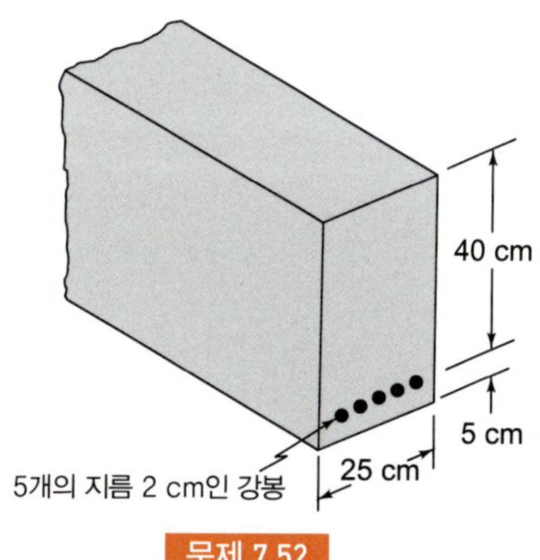

문제 7.52

7.53 문제 7.52의 강화-콘크리트 보의 강봉의 지름을 변경하여, 이 보가 최대 허용 굽힘모멘트를 전달할 때 강의 인장응력이 140 MPa, 콘크리트의 최대 압축응력이 10 MPa이 되게 하였다고 가정하라. 이 새로운 설계에서 강봉의 지름은 얼마이며, 최대 허용 굽힘모멘트는 얼마인가? [**주의**: 위의 설계와 같이 강과 콘크리트의 응력들이 동시에 그 최대 허용치에 도달하게 만든 보를 **균형**강화(*balanced* reinforcement)되었다고 말한다].

7.54 **프리스트레스트 콘크리트**(*prestressed conerete*)는 콘크리트가 갖는 높은 압축강도와 냉간연신 강선이 갖는 높은 인장강도 모두를 최대한으로 이용하도록 만들어진 일종의 강화콘크리트이다. 프리스트레스트 콘크리트 보를 만들려면 콘트리트를 붓기 전에 강철근을 인장하였다가 콘크리트가 굳은 뒤에 그 인장력을 제거함으로써 콘크리트를 압축상태에 있게 한다. 이런 보가 굽힘을 받을 때 모든 점에서 발생하는 인장변형률이 그 점에 미리 주었던 압축변형률과 같은 크기라면 사실상 그 콘크리트에는 **실**(*net*) 인장변형률은 없게 된다. 다음 그림에서와 같이 배치된 76개의 지름 0.4 cm인 냉간연신 강선이 들어 있는 25 × 50 cm^{2}의 프리스트레스트 콘크리트 보를 고려하자. 그 강선의 양단에 걸었던 인장력을 제거한 뒤에 그 강선 내에 남아 있는 인장응력은 1 GPa이다. 이때 콘크리트 내의 응력과 변형률의 분포를 계산하라. 또 이 프리스트레스트 보가 다음 조건하에서 전달할 수 있는 최대 굽힘모멘트를 계산하라. 단, E_c = 10 GPa이다.

(a) 콘크리트 내에 **실**(*net*) 인장변형률이 발생하지 않아야 한다.

(b) 콘크리트 내의 **실**(*net*) 압축응력이 15 MPa을 초과하지 않아야 한다.

(c) 강선 내의 **실**(*net*) 인장응력이 1,000 MPa을 초과하지 않아야 한다.

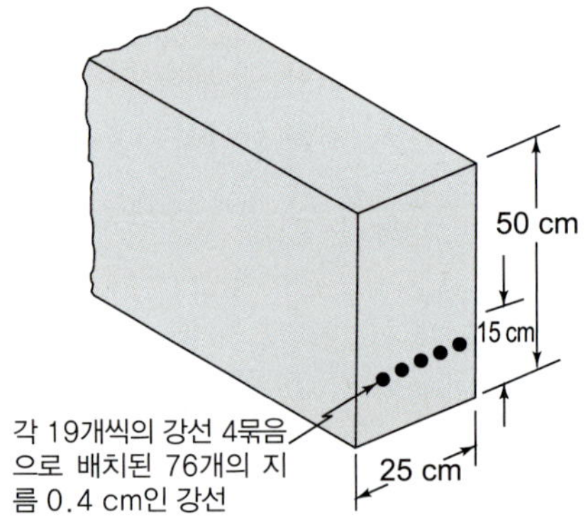

문제 7.54

7.55 그림과 같은 **복합**보가 굽힘모멘트에 전단력까지 전달하는 경우를 고려한다. 문제 7.46의 결과를 이용하고 7.6절의 논리를 되풀이하여, 중립면으로부터 거리 y_o 떨어진 점에서의 평균 전단응력 τ_{xy}이 다음 식으로 주어진다는 것을 보여라.

$$\tau_{xy} = \tau_{yx} = \frac{q_{yx}}{b} = \frac{V}{b[E_1(I_{zz})_1 + E_2(I_{zz})_2]}\int_{A_o} Ey\, dA$$

여기서 적분은 그림 (b)의 면적 A_o, 즉 $y = y_o$로부터 $y = c$ 까지의 범위에 대해 행한다.

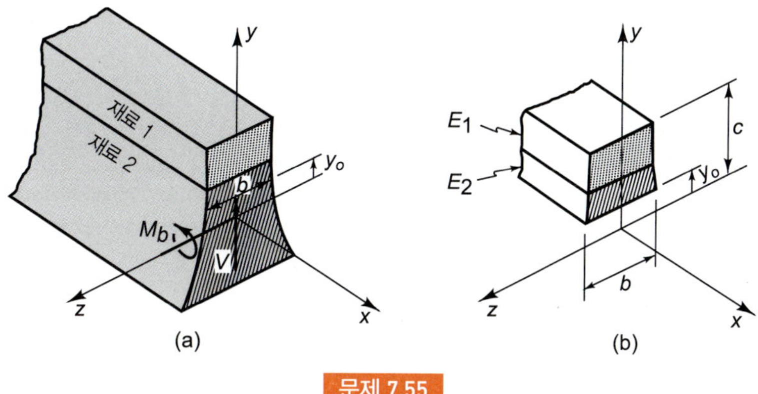

문제 7.55

7.56 최대 전단력 V가 27 kN이고, 각 리벳이 안전하게 지탱할 수 있는 전단력이 2.2 kN일 때, 문제 7.48의 복합보에서 그 리벳들의 최대 허용간격을 계산하라.

7.57 10 cm, 30 N의 잔넬(channel section)이 다음 그림과 같은 클램프(clamp)의 주요 부재로 사용되고 있다. 이 잔넬의 도심은 바닥면으로부터 2 cm인 거리에 있고, 그 단면적은 20 cm²이며, I_{zz} = 66 cm⁴이다. 이 클램프의 압축력이 15 kN으로 잔넬의 바닥면으로부터 3 cm 위쪽에서 작용한다고 할 때, 이 잔넬 내에 발생하는 최대 응력을 계산하라.

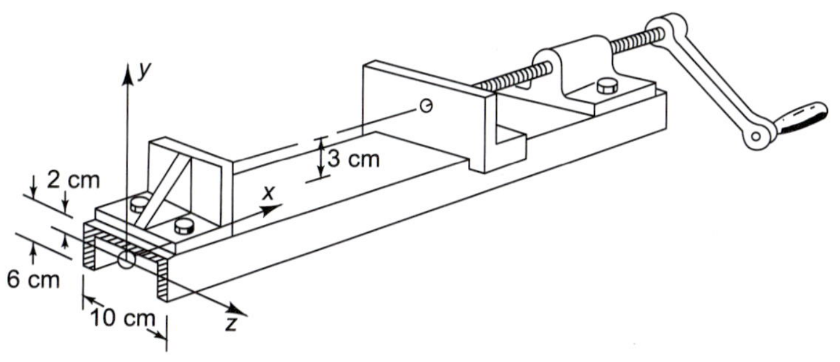

문제 7.57

7.58 치수에는 변함이 없고 $L \gg r$인 특별한 경우에 대하여 문제 7.23의 원통형 탱크를 다시 고려하자. 그 탱크 속에 들어 있는 액체의 단위체적당 중량이 γ일 때, 최대 굽힘응력을 계산하라. 이번에는 배기관을 닫고 액체에 압력을 가한다고 하자. 압력 P를 얼마까지 올리면 이 탱크 벽의 축방향 최대 인장응력이 배기관이 열려 있을 때의 축방향 최대 인장응력의 2배가 되겠는가?

7.59 그림에서 나타낸 바와 같이 12.5 mm 지름의 1045 강봉을 선반으로 깎아서 7.5 mm 지름으로 만든다. 이때, 축방향 이송력은 605 N이고 접선력은 1.6 kN이다. 가공물을 잡고 있는 콜렛(collet)으로부터 공구까지의 거리가 75 mm일 때 콜렛의 위치에서 이 가공물에 생기는 최대 전단응력을 계산하라.

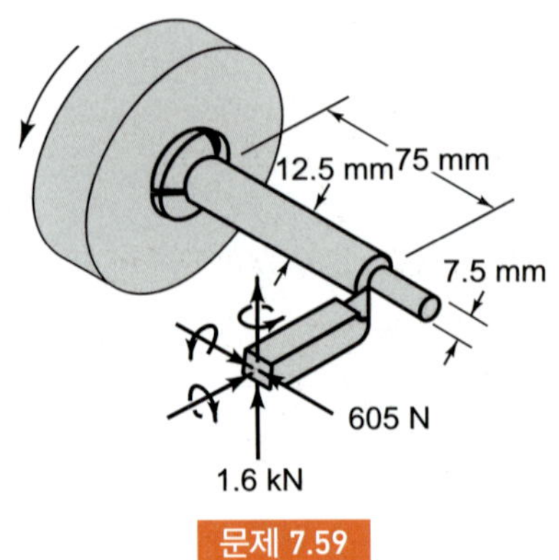

문제 7.59

7.60 그림과 같은 현대식 의자의 뼈대를 폭 50 mm, 두께 t mm의 1020 CR 강으로 만들고자 한다. 무거운 사람, 예를 들면 체중 1.1 kN의 사람이 이 의자를 이용한다면 두께는 얼마로 해야 하는가? 하중조건은 독자적으로 추정하라.

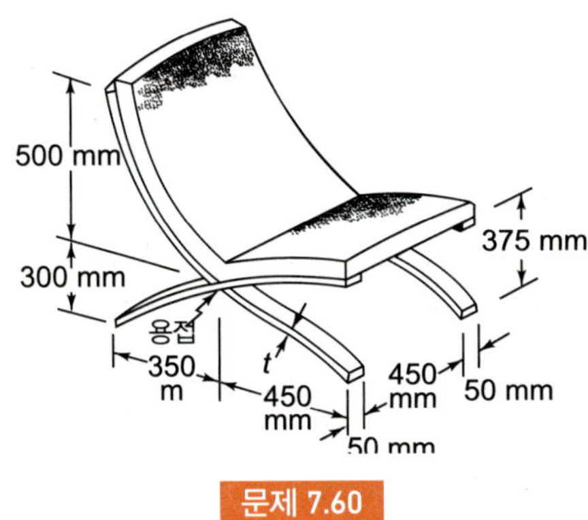

문제 7.60

7.61 다음 그림과 같은 쇠톱의 틀을 두께 1.60 mm의 1020 CR 강판으로 만들고자 한다. 톱날에 걸리는 인장력이 약 300 N일 경우, 그림에 표시된 설계는 적당한가?

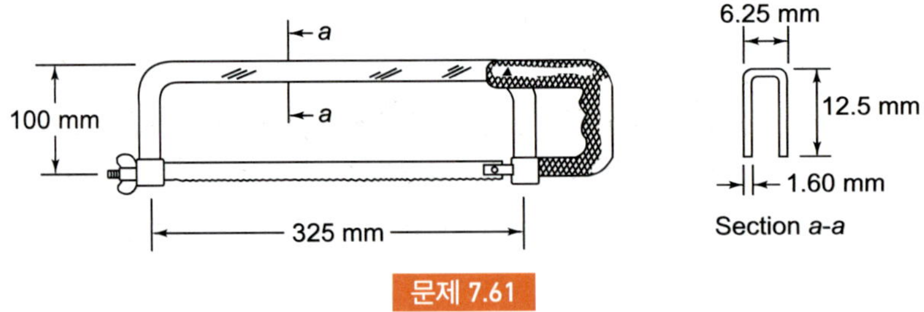

문제 7.61

7.62 지름 10 cm, 길이 600 cm의 4130 HT 강봉을 굽혀서 그림과 같은 형상으로 만든다. 굽힘각을 모두 직각으로 하고 봉의 한 끝을 벽에 고정시킨다. 이 봉 내에 항복이 일어나지 않을 범위 내에서 자유단에 작용할 수 있는 그림에 표시된 방향의 최대력 P를 결정하라.

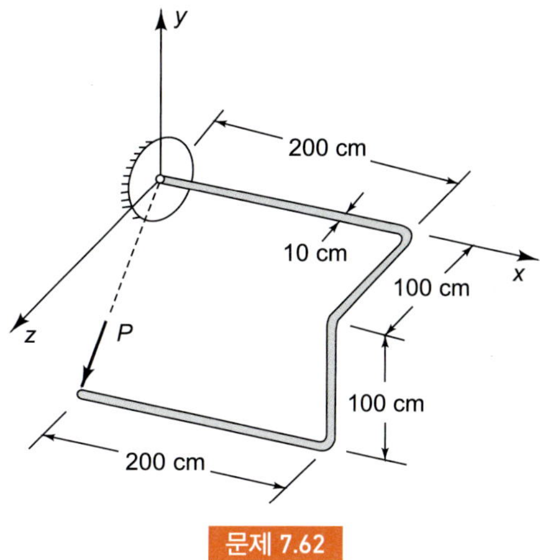

문제 7.62

7.63 두 개의 균일부재로 이루어진 그림과 같은 오프셋 암(offset arm)이 있다. 한 개는 반지름 r, 길이 a, 나머지 한 개는 반지름 $1.3r$, 길이 $2a$로 되어 있고, 그 두 봉을 연결하는 길이 a의 원뿔형 부재는 반경이 r에서 $1.3r$까지 경사져 있다. 이 재료의 인장항복응력이 Y라 하면, 그 어느 부분에서도 항복이 일어나지 않을 범위 내에서 그림에 표시된 방향으로 가할 수 있는 최대력 P를 결정하라.

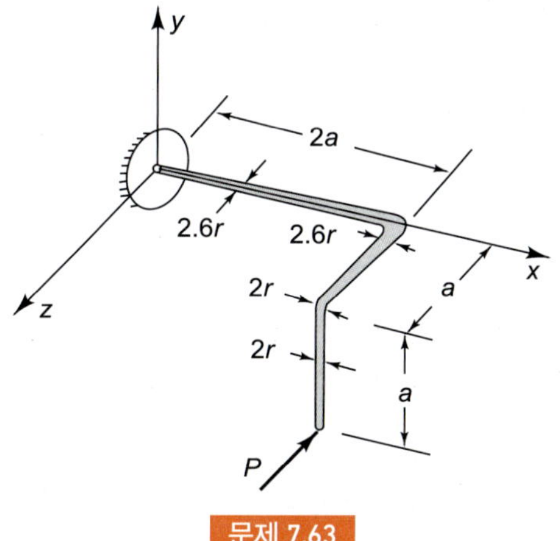

문제 7.63

7.64 다음 그림과 같은 얇은벽 원관의 한 끝이 고정되고 다른 끝에 마찰이 없는 피스톤이 끼워져 있다. 이 관을 지지하고 있는 것은 고정단뿐이다. 이 관 속을 비압축성 유체로 채우고, 피스톤에 축방향력 F를 가한다. 점 N은 관의 고정단 윗면에 위치하지만 국부 끝 효과가 무시될만큼 충분히 거리가 떨어져 있다. $L_1/R = 5$, $L_2/R = 6$, $R_1/R = 1\sqrt{6}$인 경우에, 점 N에서의 주응력들의 크기를 F, R 및 t의 항으로 표시하라. 최대 전단응력 항복조건 식을 이용하여, 점 N에서 항복이 개시되는 F의 값을 R, t, 및 Y의 항으로 표시하라.

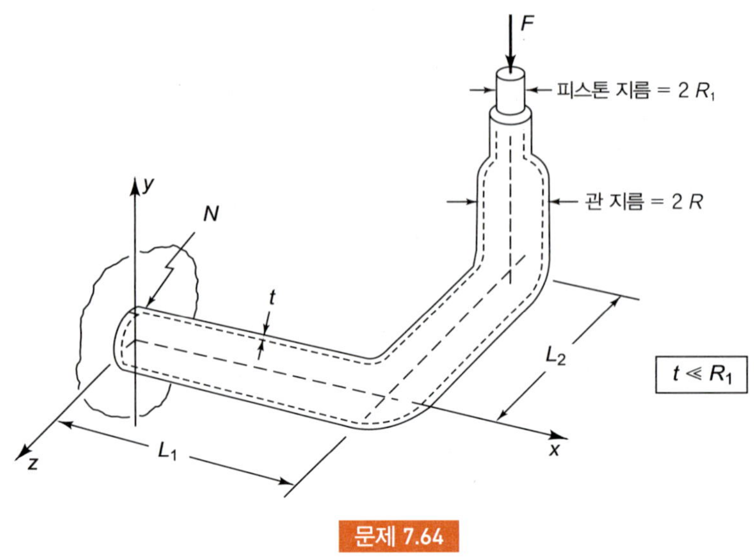

문제 7.64

7.65 그림과 같은 T형 보에 대하여 비 $K = M_L/M_Y$를 구하라.

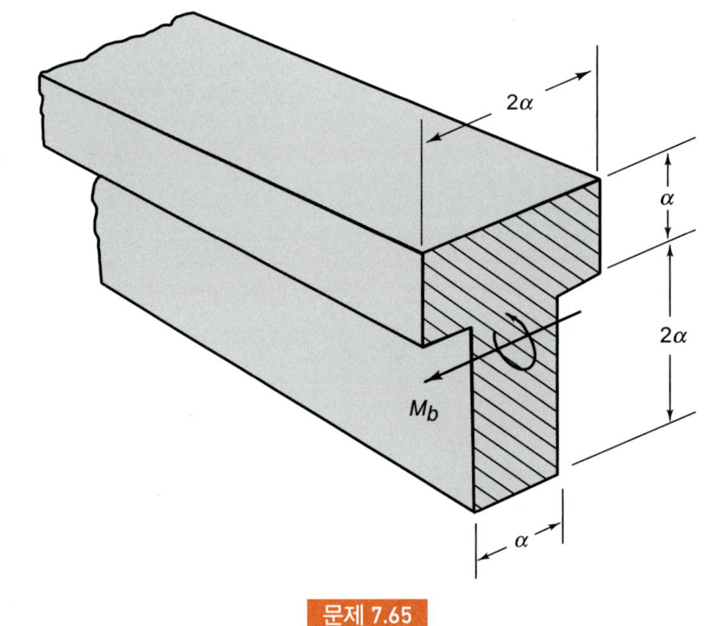

문제 7.65

7.66 문제 7.49의 복합관에 대하여 완전소성모멘트 M_L을 계산하라.

7.67 그림에서 보는 바와 같이, 여러 층의 0.3 cm 두께의 2024-T4 알루미늄합금과 폼 플라스틱(foam plastic)을 붙여서 만든 보가 있다. 폼 플라스틱은 탄성계수가 낮기 때문에 이 보의 굽힘강성에는 거의 영향을 미치지 않는다. 이 폼 플라스틱은 4매의 알루미늄판 사이의 간격을 유지할 목적으로 사용된 것이다. 이 보의 바닥판에 0.016의 변형률을 일으킬 굽힘모멘트를 이 보에 가했을 때, 각 알루미늄판에 발생하는 응력과 이 변형상태에 대응하는 굽힘모멘트를 계산하라. 그 굽힘모멘트를 제거했을 때, 각 알루미늄판에 남아 있는 잔류응력을 계산하라.

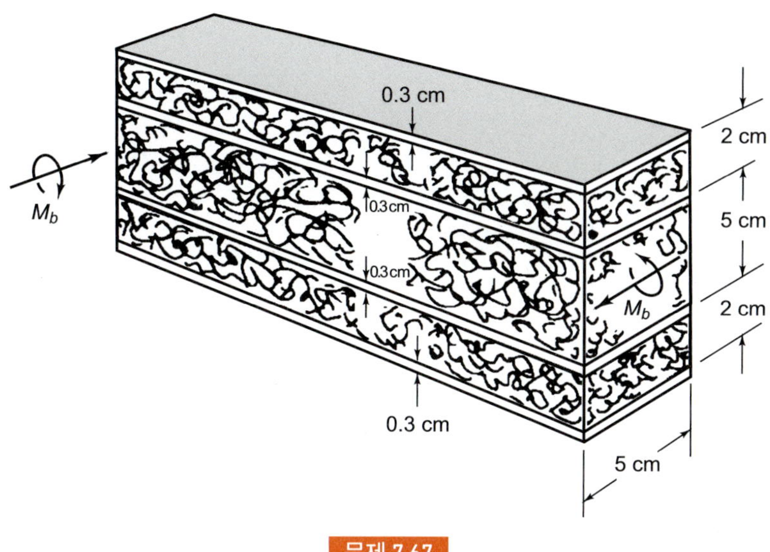

문제 7.67

7.68 실험에 의해 페이퍼 클립의 강선에 대한 완전소성모멘트 M_L을 결정하라. 그 강선의 지름을 측정하고, 실험치에서 얻은 값 M_L을 이용하여 항복응력 Y를 계산하라(이 응력은 지름의 3제곱에 비례하므로 지름의 측정은 충분히 정확해야 한다는 사실에 유의하라). 그 계산 결과를 그림 5.5(a)에 주어진 곡선의 값과 비교하라. 그림 5.5(a)의 어느 강이 페이퍼 클립의 재료에 가장 가까운가?

7.69 두 개의 회전하는 실린더 사이의 구동밴드로 두께 1.00 mm의 인동밴드가 사용된다. 이 밴드는 그림 (b)와 같이 은동합금을 사용하여 동판의 두 밴드 끝을 맞대기 이음(butt-joining)으로 용접하여 만들어졌다. 작동 중에 구동측의 밴드는 450 N까지 인장력을 전달하며, 작동 후 얼마 안되어 접합부에 결함이 발생하여 그 부분에서 갑작스런 파괴가 우려된다는 사실을 알았다. 다음에 제안된 해결책을 논의하고 가장 적당하다고 생각되는 것을 골라라.

(a) 맞대기 이음은 그대로 두고, 밴드 두께를 1.20 mm로 증가시켜라.

(b) 맞대기 이음은 그대로 두고, 밴드 두께를 0.30 mm로 감소시켜라.

(c) 밴드 두께 1 mm를 그대로 두고, 그림 (c)의 겹이음(lap-brazed joint)으로 바꿔라.

(d) 밴드 두께 1 mm를 그대로 두고, 그림 (d)의 수정겹이음(modified lap-brazed joint)으로 바꿔라.

(e) 밴드 두께 1 mm와 맞대기 이음을 그대로 두고, 밴드 폭을 75 mm로 증가시켜라.

표 7.2 기계적 성질

	A. 인동	*B*. 은동합금
Young 계수	110 GN/m^2	78 GN/m^2
인장강도	560 MN/m^2	275 MN/m^2
피로한도	220 MN/m^2	105 MN/m^2

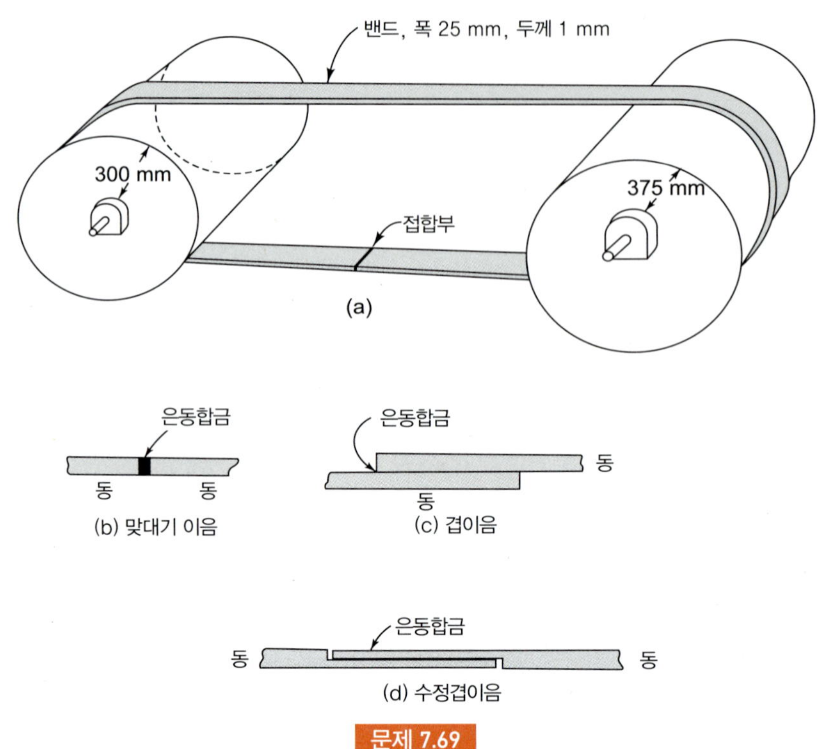

문제 7.69

7.70 폭 450 mm, 길이 2.2 m, 두께 2.5 mm인 강판을 높이 150 mm, 폭 75 mm의 직사각형 단면 보를 만들기 위해 접었다. 이 보가 그림 (a)와 같이 2.1 m의 단순 스팬 위에 18 kN의 중앙 집중하중을 지탱하기 위해 사용되었다. 그림 (b), (c)와 (d)는 이 강판을 구부려 직사각형을 만든 후에 판의 끝 부분을 용접하는 세 가지 가능한 위치를 그린 것이다.

(a) 어느 위치를 용접하는 것이 가장 나쁜가? 그 이유는?

(b) 어느 위치를 용접하는 것이 가장 좋은가? 그 이유는?

가장 나쁜 위치에 용접했을 경우에 용접에 의해 지탱할 수 있는 길이방향의 최대 전단응력을 계산하라.

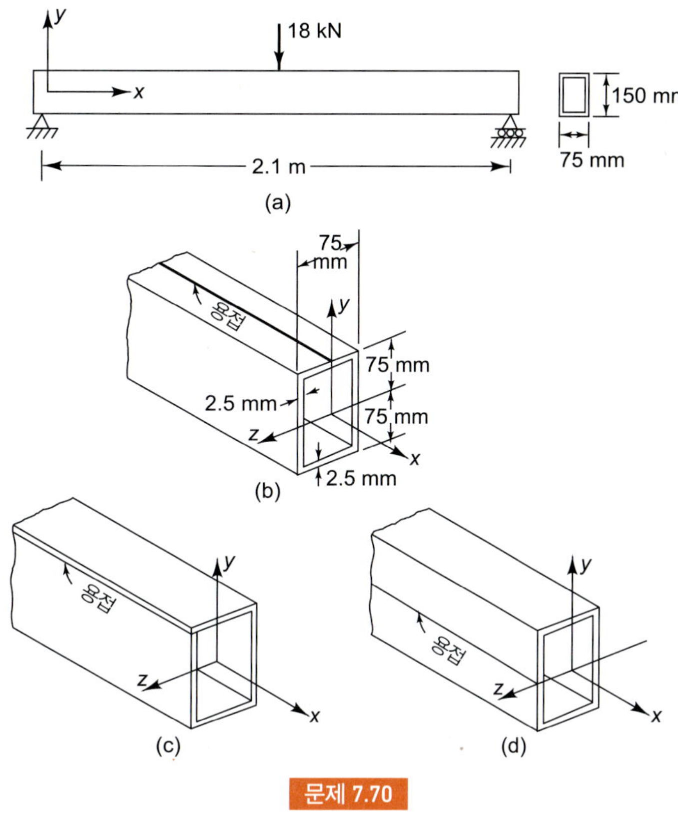

문제 7.70

7.71 상부의 그림 왼쪽의 단면에서 보여주는 바와 같이, “메탈” 스키란 나무와 금속을 함께 결합시켜 놓은 것이다. 해석을 위해 스키 단면이 그림의 오른쪽과 같이 만들어졌다고 가정하고, 나무의 탄성계수는 $E_w = 0.06E_m$이라고 하자. 이 모델을 이용하여 하부 그림과 같이 스키가 눈언덕 사이에 놓여져 집중하중을 받고 있을 경우 스키에 발생하는 최대 굽힘 모멘트를 구하라.

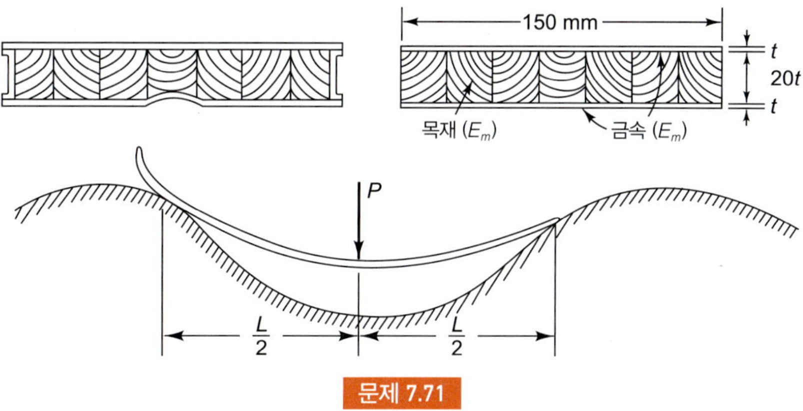

문제 7.71

7.72 그림 7.30(d)에서와 같이 보의 중앙단면이 완전소성영역에 도달했을 때 보의 밑면을 따라 소성역은 어떻게 확장되겠는가?

7.73 예제 7.9에서 고려한 보의 중립축의 곡률 $d\phi/ds$를 계산하라. 또한 점 A에서의 굽힘응력을 아래 식으로부터 계산하여, 예제 7.9의 계산 결과와 비교하라.

$$\sigma_x = -E\frac{d\phi}{ds}m$$

7.74 비대칭 단면 보에서의 응력 분포와 변형의 계산에서는 다음 그림에서 보는 바와 같이 합 굽힘모멘트를 그 단면의 도심을 지나는 관성주축 방향의 성분 M_{b1}과 M_{b2}의 벡터 합으로 생각할 수 있다. 이때 식 (7.46)은 다음과 같이 된다는 것을 증명하라.

$$\sigma_x = \frac{M_{b1}}{I_{11}}\xi_2 - \frac{M_{b2}}{I_{22}}\xi_1$$

여기서 ξ_1과 ξ_2는 1과 2의 방향의 위치좌표이고, I_{11}과 I_{22}는 다음과 같다.

$$I_{22} = \int_A \xi_1^2\,dA \qquad I_{11} = \int_A \xi_2^2\,dA$$

이런 접근방법으로 예제 7.9의 점 A에서의 응력을 계산하라.

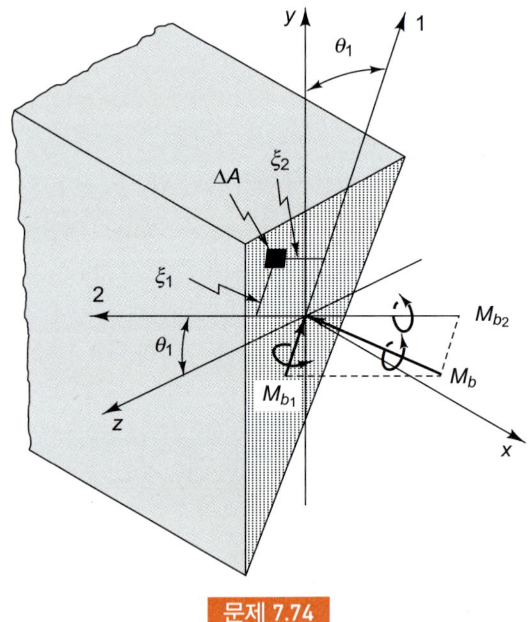

문제 7.74

7.75 다음 그림과 같은 얇은벽 잔넬(channel) 단면에 대한 전단중심의 위치를 구하라.

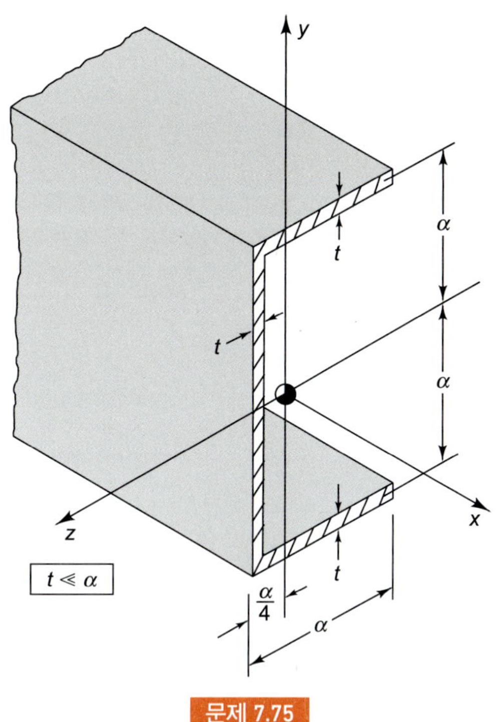

문제 7.75

7.76 반지름이 r이고 벽 두께가 t인 틈이 있는 얇은벽 원관에 대한 전단중심의 위치를 구하라.

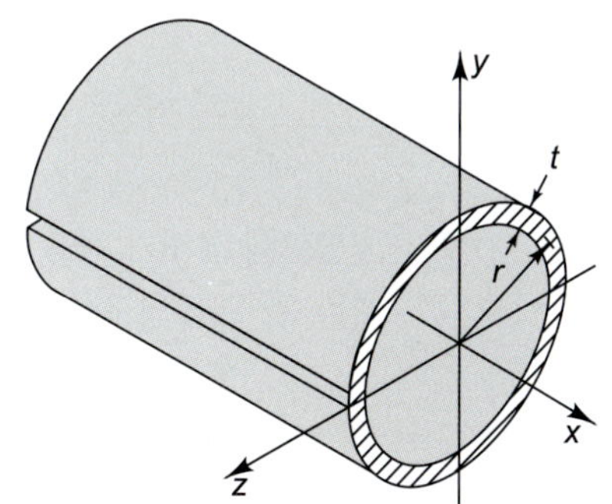

문제 7.76

7.77 그림과 같은 Z형 단면을 갖는 외팔보가 있다. 이 단면의 관성모멘트와 관성곱은 다음과 같다.

$$\frac{3}{4} \quad I_{zz} = \frac{8}{3}ta^3 \qquad I_{yy} = \frac{2}{3}ta^3 \qquad I_{yz} = -ta^3$$

이 보의 자유단에 하중 P가 작용할 때, 보 내에 생기는 최대 굽힘응력을 계산하라.

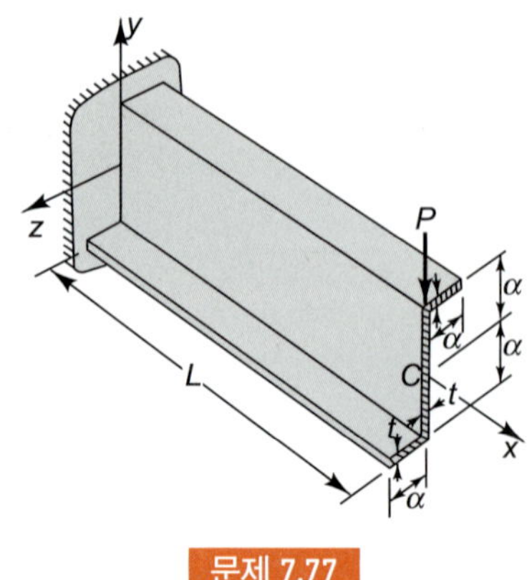

문제 7.77

7.78 문제 7.2와 7.10의 단면을 갖는 앵글로 만들어진 외팔보가 그림에서 보는 바와 같이 굽힘 모멘트 M_{by} = 10 kNm를 전달할 때, 보 내에 발생하는 최대 굽힘응력을 계산하라.

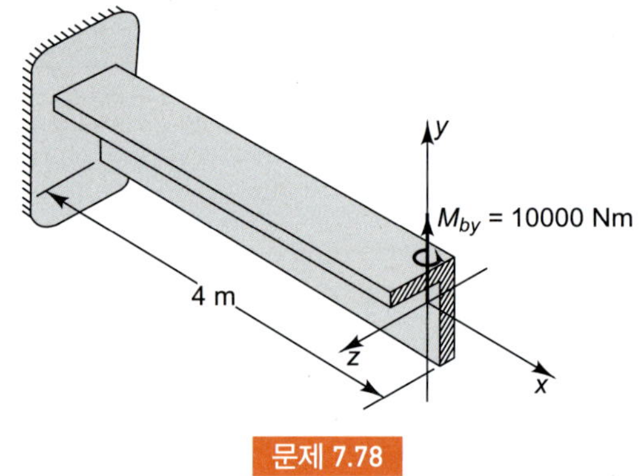

문제 7.78

7.79 외팔보에 힘 P가 작용할 때 보가 비틀리지 않게 하려면, P를 어느 위치에 작용시켜야 하겠는가? 즉, e의 값을 얼마인가?

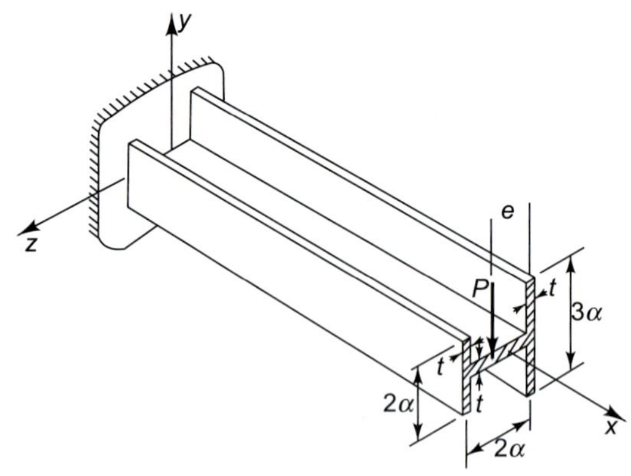

문제 7.79

7.80 직사각형 단면의 외팔보가 자유단에 작용하는 하중을 받을 때, 주응력의 방향은 다음 그림에 나타낸 바와 같이 곡선으로 표시된다는 것을 보여라[이들 두 개의 직교곡선군을 **주응력선**(*stress trajectory*)이라 부른다. 어떤 점에서의 주응력의 방향은 그 점에서 교차하는 두 곡선의 접선방향이다. 이 곡선들은 주응력 방향만을 나타내며, 그 크기는 주어진 곡선에 따라서 변한다].

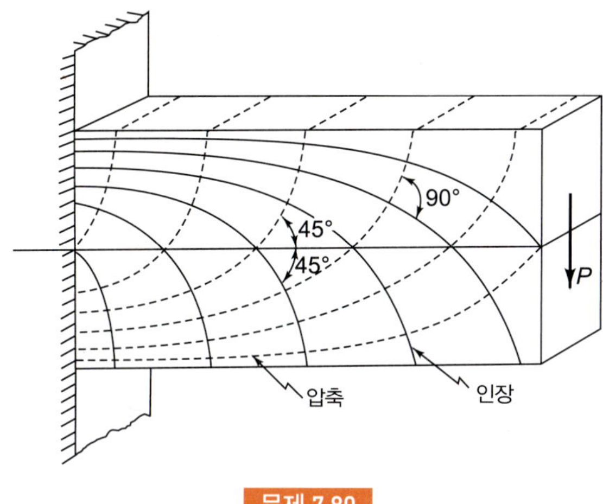

문제 7.80

7.81 반지름 r인 중실 원형 축의 단면에 굽힘모멘트 M_b와 비틀림 모멘트 M_t가 작용하고 있다. 이 축 내의 최대 전단응력은 다음 식으로 주어진다는 것을 보여라.

$$\tau_{\max} = \frac{r}{2I_{yv}} \sqrt{M_b^{\,2} + M_t^{\,2}}$$

그리고 이 전단응력은 그의 법선이 축방향 및 접선방향과 다음 각도를 이루는 평면에 작용한다는 것을 보여라.

$$\psi = \tfrac{1}{2} \tan^{-1} \frac{M_b}{M_t}$$

마지막으로, 이 결과들은 중공 원형 축(반드시 얇은벽이 아니라도 좋다)에 대해서도 타당하다는 것을 보여라.

제 8 장 굽힘에 의한 처짐

Deflections due to Bending

8.1 서론 *Introduction*

이번 장에서는 굽힘모멘트를 받는 가느다란 부재의 처짐에 대해 다루겠다. 처짐을 매우 중요하게 여기는 설계문제들이 있다. 예를 들어 고속기계에서 허용공차 이상의 처짐은 구동부에 간섭을 줄 수 있다. 판스프링(leaf spring)과 같은 많은 기계요소는 주로 처짐을 기본으로 설계한다. 구조물의 뼈대에 있어 처짐한도를 뛰어넘어 발생하는 좌굴(failur)은 벽이나 천장의 균열 발달로 예측하기도 한다.

이 책에서 다루는 문제처럼 굽힘에 의한 처짐을 고려하기 위해서는 실제 물리적 부재를 대표할 수 있는 모델을 찾는 것이다. 보(beam)를 분석하기 위한 모델을 3장에서 소개한 바 있다. 7장에서는 보 단면의 국부적인 변형과 응력 분포에 대해 이야기했다. 그렇지만 보의 전반적인 변형을 평가하지는 않았다. 이제 이러한 질문으로 돌아가서 **탄성**보(**elastic** beam)의 미소 처짐에 대한 이론을 확립하겠다. 그러고 나서 보에 대한 구조문제에서 식 (2.1)을 완벽히 사용할 수 있게 하겠다. 특히 식 (2.1)의 **세** 과정을 **모두** 필요로 하는 구조적으로 불확실한 보에 대해 다루겠다. 또한 이러한 보의 **소성**붕괴(**plastic** collapse) 과정에 대해 알아보겠다.

8.2 모멘트-곡률 관계 *The Moment-Curvature Relation*

7장에서는 그림 8.1과 같이 대칭이면서 선형탄성 거동을 띄는 보가 순수굽힘을 받는 경우를 보았다. 중립축의 곡률은 가해진 굽힘모멘트와 관련이 있다.

$$\frac{1}{\rho} = \lim_{\Delta s \to 0} \frac{\Delta \phi}{\Delta s} = \frac{d\phi}{ds} = \frac{M_b}{EI_{zz}} \tag{8.1}$$

여기서 E는 탄성계수이고, I_{zz}은 빗금 친 영역의 관성모멘트이다. 이번 장의 그림 8.1에 나타난 방향, 즉 보의 길이는 x 방향이고, 굽힘은 xy 평면에서 z축에 대해 일어나는 상황을 기본으로 하겠다. 이렇게 하면 중립표면에 대한 관성모멘트 I_{zz}을 I로 나타내도 혼란이 없을 것이다.

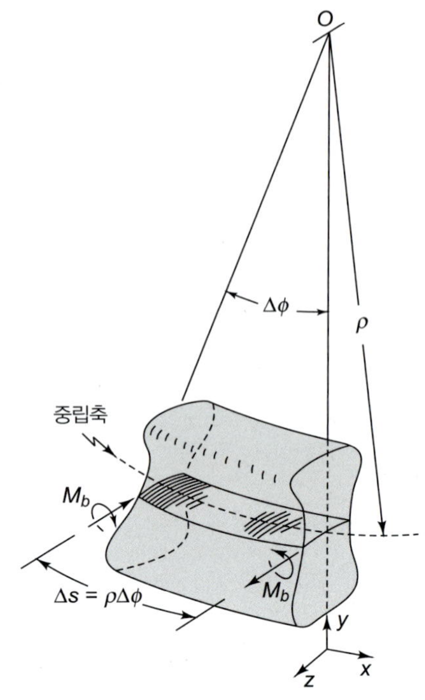

그림 8.1 굽힘모멘트 M_b를 받는 보 요소의 변형

중립축의 곡률은 순수굽힘을 받는 요소의 변형으로 정의된다. 이를 길이에 따라 다른 굽힘모멘트를 받는 **일반적인 굽힘 변형**으로 확대하기 위해 간략하게 가정해야 한다. 전단응력이 수반하는 변형은 전체 변형에 크게 영향을 미치지 않는다고 **가정해야** 한다.[1] 따라서 변형은 식 (8.1)에 의한 곡률에 의해 정의된다. 만약 보의 길이에 따라 굽힘모멘트가 어떻게 달라지는지 알 수 있다면, 곡률의 변화 또한 알 수 있다.

보의 휘어진 모양을 결정하기 위해서는 곡률에 대한 정보를 통한 중립축의 처짐을 추론할 필요가 있다. 처짐 $v(x)$의 곡률 $d\phi/ds$와 관련된 미분방정식을 유도해야 한다.

그림 8.2(a)에 나타난 중립축의 **기울기**를 정의하고 시작하겠다.

$$\frac{dv}{dx} = \tan\phi$$

다음으로 원호길이 s에 대한 미분을 하면

$$\frac{d^2v}{dx^2}\frac{dx}{ds} = \sec^2\phi\frac{d\phi}{ds}$$

또한 곡률은

$$\frac{d\phi}{ds} = \frac{d^2v}{dx^2}\frac{dx}{ds}\cos^2\phi$$

이제 그림 8.2(b)를 통해서 다음 식을 얻을 수 있다.

[1] 물론 전단으로 인해 몇몇 추가적인 변형이 일어나지만 길고 가느다란 기둥에 이러한 변형은 굽힘에 비하면 충분히 무시할 수 있다. 문제 8.41, 8.42 참조. S. Timoshenko and J.N. Goodier, "Theory of Elasticity," 3rd ed., pp. 46, 49, and 121, McGraw-Hill Book Company, New York, 1970.

$$\cos\phi = \frac{dx}{ds} = \frac{1}{[1+(dv/dx)^2]^{1/2}}$$

여기에 처짐의 도함수를 통해 곡률을 얻으면

$$\frac{d\phi}{ds} = \frac{d^2v/dx^2}{[1+(dv/dx)^2]^{3/2}} \tag{8.2}$$

만약 식 (8.2)를 식 (8.1)에 대입하면, 처짐량 v에 대한 **비선형** 미분방정식을 얻을 수 있다.[2]

$$\frac{d^2v/dx^2}{[1+(dv/dx)^2]^{3/2}} = \frac{M_b}{EI}$$

그림 8.2의 기울기 ϕ가 작다면, dv/dx는 전체에 비해 작다. 만약 식 (8.2) 오른쪽의 $(dv/dx)^2$을 무시한다면, 곡률에 대한 근사값을 얻을 수 있다.

$$\frac{d\phi}{ds} \approx \frac{d^2v}{dx^2} \tag{8.3}$$

식 (8.3)의 근사값은 ϕ가 4.7° 이하일 때 식 (8.2)의 실제 곡률에 비해 1% 이하의 오차율을 나타낸다. 대부분의 공학생산품(engineering applications)에는 강성 재료가 사용되므로 기울기는 매우 작고, 따라서 곡률에 대한 근사값 식 (8.3)을 사용해도 된다.

곡률 근사값 식 (8.3)을 식 (8.1)에 대입하면 아래와 같이 굽힘모멘트−변위 관계의 선형 미분방정식을 얻는다.

$$\frac{d^2v}{dx^2} = \frac{M_b}{EI} \tag{8.4}$$

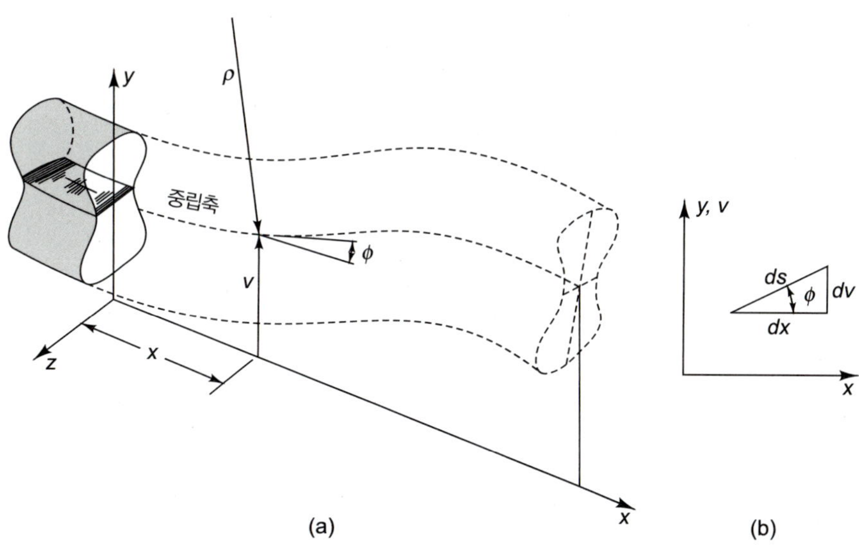

그림 8.2 *xy* 평면에서 휘어진 기둥의 중립축 형상

[2] See W. Flügge, “Handbook of Engineering Mechanics,” p. 45−48, McGraw-Hill Book Company, New York, 1962, for a discussion of this nonlinear problem. 문제 8.61 참조

이 식은 다음에 배울 탄성기둥의 처짐에 대한 기본이 된다. 비록 식 (8.4)가 곡률에 대한 근사값을 포함하고 작은 굽힘에 대해서만 유효하지만, 이후부터는 이 식을 **모멘트–곡률 관계**라 부르겠다. 굽힘모멘트는 힘과 응력이며 곡률은 변형과 변형률이라는 관계는 “힘–변형”, “응력–변형률” 관계에서처럼 필수적이다. 비례상수 EI는 **굽힘강도**(*flexural rigidity*) 또는 **굽힘계수**(*bending modulus*)라고 한다.

식 (8.4)와 관련된 표기규약에 주목하라. 그림 8.1과 8.2에 나타난 방향을 이 장의 표준으로 하겠다. 3장의 부호규약에 따라 그림 8.1의 굽힘모멘트는 양의 값이다. 그림 8.1에서 이에 해당하는 곡률은 위로 오목하며 역시 양의 값이며 근소한 곡률의 양의 값을 나타낸다.

기둥의 처짐 문제에 있어, 식 (2.1)의 세 가지 과정을 사용할 것이다. 힘에 대해 배우고 x에 대한 모멘트 M_b을 얻기 위해 필요한 **평형조건**을 사용하겠다. **힘–변형관계식** (8.4)가 x의 함수인 근사곡률을 알려준다. 마지막으로 식 (8.4)를 적분하여 변형의 기하구조에 대해 알아보겠다. 적분상수는 기하학적인 적합성에 의해 평가된다.

8.3 모멘트–곡률 관계의 적분 *Integration of the Moment-Curvature Relation*

앞 절의 내용을 바탕으로 힘과 모멘트 평형을 통해 얻은, 기둥의 위치에 따른 함수로 굽힘모멘트를 표현한다면, 모멘트–곡률 관계의 직접 적분은 정확한 처짐곡선을 얻을 수 있고, 그 적분상수는 외부구속하에 있는 처짐곡선의 적합성으로 결정된다. 이것은 다음 예제에서 설명한다.

예제 8.1 집중하중 W를 받는 단순지지보의 단면이 그림 8.3에 나타나 있다. 변형된 중립축의 처짐곡선을 구하여라.

- 특이함수를 효과적으로 다루려면 적분상수를 적게 하여 적분과정을 간단하게 하는 것이 좋다.
- 최대 처짐은 기울기가 ‘0’인 지점에서 발생한다.

그림 8.4(a)와 같은 기둥에 대한 자유물체도를 그리고 설명을 시작하겠다. 반력 R_A와

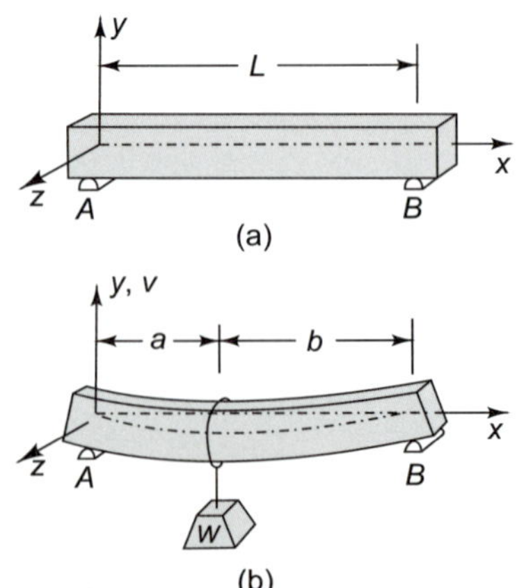

그림 8.3 예제 8.1. 집중하중 W를 받기 전(a)과 후(b)의 단순지지보

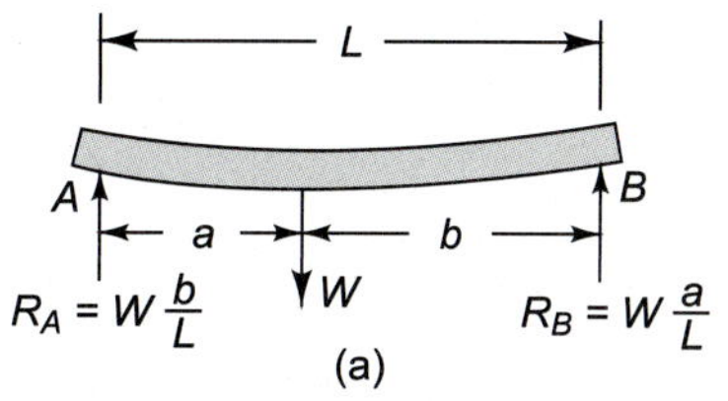

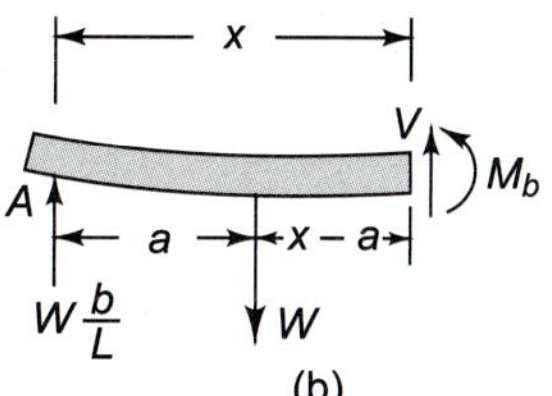

그림 8.4 예제 8.1. 기둥과 그 일부분의 자유물체도

R_B는 전체 힘과 모멘트 평형을 통해 얻는다. 특이함수와 3.6절에서 소개한 첨자(bracket notation)를 사용하여 그림 8.4(b) 자유물체도의 굽힘모멘트 M_b에 대한 단일표현을 쓸 수 있다.

$$M_b = \frac{Wb}{L}x - W\langle x-a\rangle^1 \tag{a}$$

$0 \leqq x \leqq L$이고, 모멘트-곡률 관계식 (8.4)와 (a)를 조합해서 식을 유도하면

$$EI\frac{d^2v}{dx^2} = M_b = \frac{Wb}{L}x - W\langle x-a\rangle^1 \tag{b}$$

굽힘계수 EI는 기둥에서 동일하므로, (b)의 적분은

$$EI\frac{dv}{dx} = \frac{Wb}{L}\frac{x^2}{2} - W\frac{\langle x-a\rangle^2}{2} + c_1 \tag{c}$$

$$EIv = \frac{Wb}{L}\frac{x^3}{6} - W\frac{\langle x-a\rangle^3}{6} + c_1x + c_2 \tag{d}$$

여기서 c_1과 c_2는 적분상수이다.

이 문제에 대한 경계조건에서 지지대에서는 변형이 없다. 즉

$$x = 0 \text{과 } x = L\text{에서 } v = 0 \tag{e}$$

이 조건과 함께 (d)는 측정치 c_1, c_2에 대해 아래의 관계를 나타낸다.

$$\begin{aligned} 0 &= c_2 \\ 0 &= \frac{Wb}{6L}L^3 - \frac{Wb^3}{6} + c_1L \end{aligned} \tag{f}$$

(f)를 통해 결정된 c_1, c_2 값을 (d)에 대입하면 아래와 같이 기둥의 중립축에 대한 처짐곡선을 얻을 수 있다.

$$v = -\frac{W}{6EI}\left[\frac{bx}{L}(L^2 - b^2 - x^2) + \langle x-a\rangle^3\right] \tag{g}$$

크기에 대해 몇 개의 아이디어를 주기 위해 다음의 특이한 경우를 생각해 보자.

$$\begin{aligned} L &= 3.70 \text{ m} \\ a &= b = 1.85 \text{ m} \\ W &= 1.8 \text{ kN} \\ E &= 11 \text{ GN/m}^2 \\ I &= 3.33 \times 10^7 \text{ mm}^4 \end{aligned} \tag{h}$$

이들 값은 소형 주택을 짓는 데 보통 해당된다. 보는 소형 주택 설계에 들보로 사용돼 최대 하중을 받는 50 × 200 mm의 사각인 3.7 m의 마루보이다. 표에 있는 E의 값은 표 5.5의 Douglas-fir에 주어진 S_{11}의 역수의 중간값이다. 값 (h)를 (g)에 삽입하면 가장 큰 처짐은 중앙에서 나타나며 값은 다음과 같다.

$$\begin{aligned} (v)_{x=L/2} &= -\frac{WL^3}{48EI} = -\frac{400 \times (3.7)^3}{48 \times 11 \times 10^6 \times 3.33 \times 10^{-5}} \\ &= -1.15 \text{ mm} \end{aligned} \tag{i}$$

다른 현저한 크기는 변형된 중립면의 가장 큰 경사이다. 특별한 (h)에서 가장 큰 경사는 양쪽 끝에서 나타난다. 경사를 계산하기 위해 (f)를 (c)에 대입하거나 (g)를 미분할 수 있다. 값 (h)를 넣고 $x = 0$으로 하면 다음 (j)식이 된다.

$$\left(\frac{dv}{dx}\right)_{x=0} = -\frac{WL^2}{16EI} = -0.0042 \tag{j}$$

여기서 경사각 ϕ의 값이 나온다. 각도로 변환하면 0.24°이다.

이들 수치 결과들은 나무 구조 부재들과 관련된 미소 곡률 관계식 (8.3)에 대해 정의된다. 나무보가 가장 유연한 부재이기 때문에 (8.3)절은 어떤 구조 부재의 곡률을 정확히 나타내고 있다.

예제 8.2 굽힘계수 EI와 길이 L을 갖는 외팔보가 있다. 그림 8.5(a)와 같이 점 A에 설치되어 점 B에 집중하중 P와 모멘트 B를 받고 있다. 점 B에서 변형량 δ와 기울기 ϕ를 찾아라.

- 굽힘모멘트를 x에 대한 함수로 나타내면 쉽게 적분된다.
- 이 문제의 경계조건은 $x = 0$인 지점에서 변형량과 기울기는 모두 0이다.

보의 내부에서 굽힘모멘트를 얻기 위해, 그림 8.5(b)처럼 길이 $L-x$의 일부분을 분리하였다. 이 자유물체도로 부터 굽힘모멘트를 얻으면

$$M_b = -P(L - x) - M \tag{a}$$

이때의 x의 범위는 $0 \le x \le L$이다. (a)를 모멘트-곡률 관계식 (8.4)에 대입하여, 보의 변위 $v(x)$에 대한 미분방정식을 찾으면

$$EI\frac{d^2v}{dx^2} = -PL + Px - M \tag{b}$$

이 보의 $x = 0$ 지점에서 형상조건은 기울기와 변형량 모두 0으로, 이를 나타내면

$$\left(\frac{dv}{dx}\right)_{x=0} = 0 \qquad (v)_{x=0} = 0 \tag{c}$$

(b)의 적분은 경계조건 (c)에 따라 진행한다. 1차 적분을 구하면

$$EI\frac{dv}{dx} = -PLx + P\frac{x^2}{2} - Mx + c_1 \tag{d}$$

여기서 c_1은 적분상수이다. (d)를 기울기 경계조건 (c)에 대입해서 c_1을 소거할 수 있다. 이후 (d)를 적분하면

$$EIv = -PL\frac{x^2}{2} + P\frac{x^3}{6} - M\frac{x^2}{2} + c_2 \tag{e}$$

c_2 역시 이차 적분상수이다. (e)가 (c)의 변위경계조건을 만족하기 위해서는 c_2는 소거되어야 한다. 따라서 외팔보 중립축의 변위 $v(x)$는

$$v = -\frac{1}{EI}\left[P\frac{x^2}{6}(3L-x) + M\frac{x^2}{2}\right] \tag{f}$$

그림 8.5(a)에서 최종적인 변형량 δ는 아래와 같이 주어진다.

$$\delta = -(v)_{x=L} = \frac{PL^3}{3EI} + \frac{ML^2}{2EI} \tag{g}$$

최종 기울기 ϕ는

$$\phi = -\left(\frac{dv}{dx}\right)_{x=L} = \frac{PL^2}{2EI} + \frac{ML}{EI} \tag{h}$$

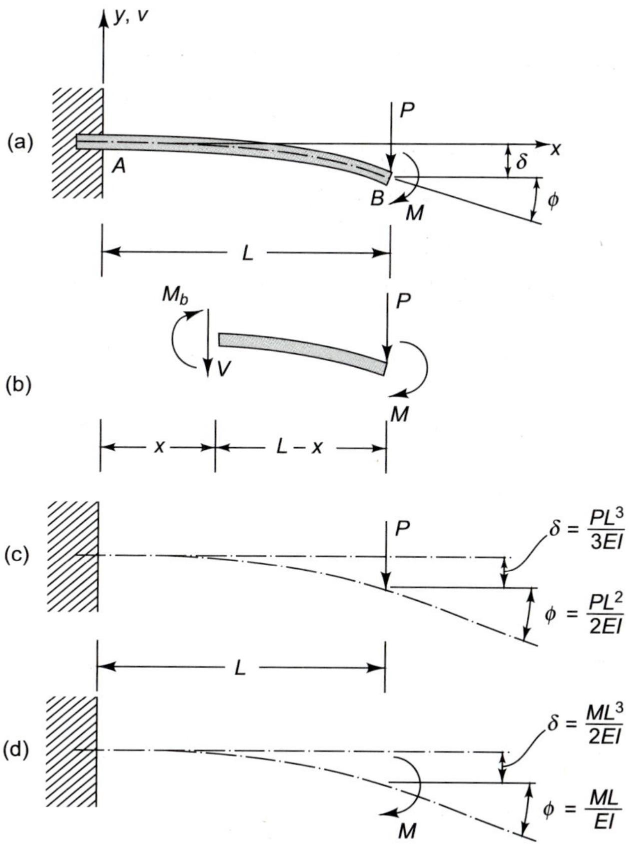

그림 8.5 예제 8.2. 힘과 모멘트 하중을 받고 있는 외팔보

두 가지 특수조건에 대한 결과가 그림 8.5(c), (d)에 나타나 있다. (c)는 모멘트 $M = 0$일 경우, 즉 외팔보에 오직 하중 P만 작용할 때이다. (d)는 이와 반대로 $P = 0$이고, 모멘트 M만 작용할 때를 나타낸 것이다.

■ ■ ■

예제 8.3 그림 8.6(a)는 점 A에 설치된 외팔보가 구간 BC에 균일분포하중 w를 받고 있을 때를 나타낸 것이다. 굽힘계수 EI가 일정할 때 분포하중에 의한 중립축의 끝단 C의 변형량 δ을 구하여라.

- 첫 번째 경계조건인 $x = 0$에서 1차 적분 후에 기울기가 0인 것을 적용하면 쉽다.
- 몇몇 위치에서의 답을 확인해 놓는 것이 좋다. 예를 들어 $b = 0$에서는 하중이 없고 변형량 $\delta = 0$이다. $a = 0$에서는 끝단의 처짐에 유효한 표준방정식에 대한 균일하중을 받는다.

힘과 평형의 요구조건에 관한 논의로 그림 8.6(b), (c)의 설명을 시작하겠다. 반력계산을 통해 얻은 보 전체의 자유물체도가 그림 8.6(b)에 나타나 있다. 그림 8.6(c)는 식 (8.4)에 굽힘모멘트를 대입하여 얻은 길이 x만큼 자유물체도를 나타낸 것이다.

$$EI\frac{d^2v}{dx^2} = M_b = wbx - wb\left(a+\frac{b}{2}\right) - \frac{w\langle x-a\rangle^2}{2} \tag{a}$$

(a)의 1차 적분으로

$$EI\frac{dv}{dx} = wb\frac{x^2}{2} - wb\left(a+\frac{b}{2}\right)x - \frac{w\langle x-a\rangle^3}{6} + c_1 \tag{b}$$

이때 c_1은 적분상수이다. 이번에도 역시 형상구속조건 중 하나인 끝단 A의 기울기가 0이기

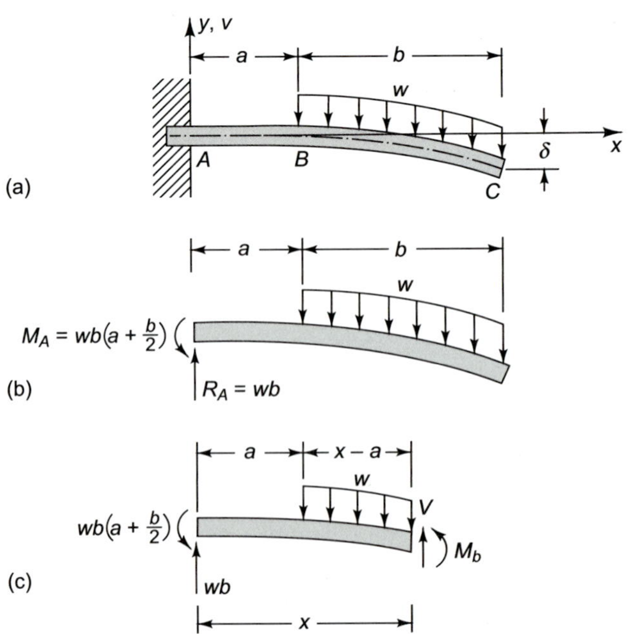

그림 8.6 예제 8.3

때문에 c_1의 값을 알 수 있다.

$$\left(\frac{dv}{dx}\right)_{x=0} = 0 \tag{c}$$

(b)가 (c)의 조건을 만족하기 위해서는 $c_1 = 0$이어야만 한다. (b)를 한 번 더 적분하면,

$$EIv = wb\frac{x^3}{6} - wb\left(a + \frac{b}{2}\right)\frac{x^2}{2} - \frac{w\langle x-a\rangle^4}{24} + c_2 \tag{d}$$

적분상수 c_2는 중립축의 끝단 A의 변위가 0이라는 형상요구조건을 이용하여 구할 수 있다.

$$(v)_{x=0} = 0 \tag{e}$$

(d)가 (e)를 만족하기 위해서는 $c_2 = 0$이어야 한다. 따라서 (d)를 통해 변형된 중립축에 대한 위치방정식을 얻을 수 있다. 그림 8.6(a)에서 δ로 명시된 변위는 $x = a + b$ 지점에서 음수값이다. $x = a + b$를 (d)에 대입하여 축약하면 아래와 같은 식을 얻는다.

$$\delta = -(v)_{x=a+b} = \frac{wb}{EI}\left(\frac{a^3}{3} + \frac{3a^2b}{4} + \frac{ab^2}{2} + \frac{b^3}{8}\right) \tag{f}$$

(f)의 두 가지 특별한 경우는 흥미롭다. $b = 0$는 보에서 하중을 받는 부분이 아니며 (f)에 따라 처짐도 없다. $a = 0$에서 전체 보는 균일하중을 받으며 끝단의 처짐은

$$\delta = \frac{wb^4}{8EI} \tag{g}$$

가 되고, 보의 전체 길이는 (b)가 된다.

앞의 예는 정적인 판별이다. 즉 평형조건을 통해 굽힘모멘트를 명확히 할 수 있었다. 부정정 문제에서 평형조건은 굽힘모멘트를 결정하기에 불충분하다. 따라서 굽힘모멘트를 평가하기 전에 평형조건뿐만 아니라 형상구속조건과 모멘트-곡률 관계를 알아야 한다. 다시 말해 식 (2.1)의 세 가지 과정 모두를 추구해야 한다. 동일한 아래의 예제는 이러한 과정을 나타낸다.

예제 8.4 그림 8.7(a)는 하중 P가 작용하기 전 중립축이 x축과 동일한 보를 나타낸다. 보는 점 A에 단순지지되어 있고, 점 C에 고정되어 있다. 굽힘계수 EI는 보의 길이에 따라 동일하다. 하중 P로 인한 굽힘모멘트와 이에 따른 그림을 구하여라.

- 이 보는 부정정 보이다.
- 끝단의 구속을 풀고, 반력 R_A를 구한다.
- 그러면 중립축의 곡선에 대한 해는 P와 R_A에 대한 함수가 된다.
- 이제 R_A에 대해 풀기 위해 A에서의 처짐이 0이라는 조건을 적용한다(이렇게 부정정인 경우에 적용할 필요가 있는 형상조건이다).

그림 8.7(b)는 전체 보의 자유물체도를 보여준다. P가 수직으로 주어졌기 때문에 R_A 역시 수직방향이고, C에서도 역시 수직력 R_C와 모멘트 M_C가 존재한다. 수직력은 존재하지 않는다. 따라서 오직 두 개의 독립적인 평형요구조건이 존재하지만 미지수 항은 R_A, R_C, M_C 이렇게

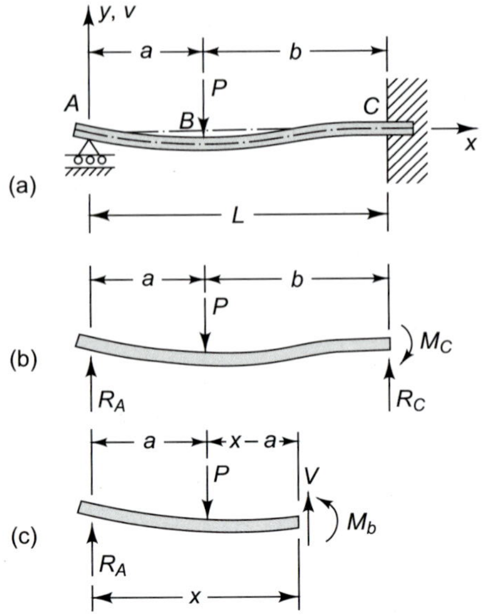

그림 8.7 예제 8.4

3개이다. 제공된 평형조건은 세 개의 항 중에 오직 두 개의 관계식뿐이다. 등식을 세울 때 할 수 있는 가장 좋은 방법은 반력 중에 하나를 미지수로 놓고 다른 두 개의 항을 이 미지수로 표현하는 것이다. 예를 들어 R_A를 미지수라 가정하고 그림 8.7(b)의 평형조건을 나타내면

$$\begin{aligned} R_C &= P - R_A \\ M_C &= Pb - R_A L \end{aligned} \tag{a}$$

이와 비슷하게, 그림 8.7(c)의 길이 x 부분의 평형조건의 굽힘모멘트는 아래와 같이 나타낸다.

$$M_b = R_A x - P\langle x - a\rangle^1 \tag{b}$$

이때 x의 범위는 $0 < x < L$이다.

형상조건을 변형된 보에 대한 것으로 바꾸기 위해, 이제 세 가지 조건을 알아봐야 한다.

$$\begin{aligned} x = 0 \text{ 에서 } & v = 0 \\ x = L \text{ 에서 } & v = 0 \\ x = L \text{ 에서 } & \frac{dv}{dx} = 0 \end{aligned} \tag{c}$$

따라서 모멘트-곡률 관계를 적분하면 (b)에 나타난 반력미지수 R_A의 값뿐만 아니라 두 개의 적분상수 또한 결정하기에 충분한 조건을 얻을 수 있다. 식 (8.4)의 모멘트-곡률 관계를 수립하고 적분식을 나타내면

$$\begin{aligned} EI\frac{d^2v}{dx^2} &= M_b = R_A x - P\langle x - a\rangle^1 \\ EI\frac{dv}{dx} &= R_A\frac{x^2}{2} - P\frac{\langle x - a\rangle^2}{2} + c_1 \end{aligned} \tag{d}$$

(c)의 세 번째 조건을 만족하기 위해서는 다음과 같아야 한다.

$$c_1 = \frac{Pb^2}{2} - \frac{R_A L^2}{2} \tag{e}$$

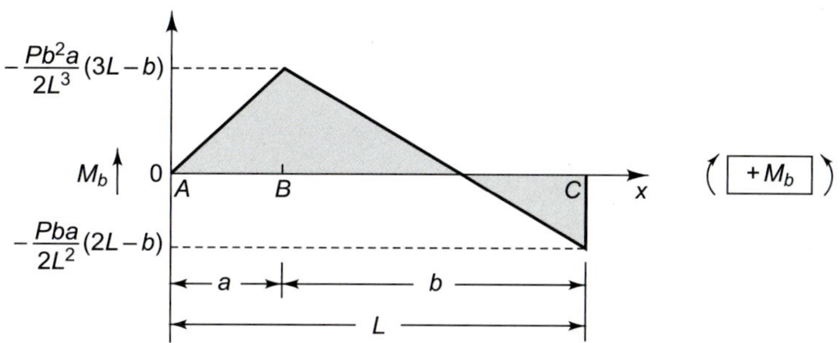

그림 8.8 예제 8.4에서 그림 8.7의 보에 대한 굽힘모멘트 선도

(e)를 (d)에 대입하여 한 번 더 적분하면

$$EIv = R_A\frac{x^3}{6} - P\frac{\langle x-a\rangle^3}{6} + \frac{Pb^2x}{2} - \frac{R_AL^2x}{2} + c_2 \tag{f}$$

(c)의 첫 번째 조건을 만족하기 위해서 $c_2 = 0$이어야 한다. 최종적으로 (c)의 두 번째 항을 만족하면

$$0 = R_A\frac{L^3}{6} - P\frac{b^3}{6} + \frac{Pb^2L}{2} - \frac{R_AL^3}{2} \tag{g}$$

이를 통해 아래의 관계를 알 수 있다.

$$R_A = \frac{Pb^2}{2L^3}(3L-b) \tag{h}$$

따라서 힘 분석(force analysis)을 완벽하게 하기 위해서는 형상구속조건과 모멘트 곡률 관계를 이용해야 한다. 이제 정확한 결과를 얻기 위해 (h)의 값을 갖고 (a)로 돌아가 보자. 그림 8.8에 나타난 것처럼, 이 값은 굽힘모멘트를 표현할 수 있는 쉬운 방법이다. 이때 유심히 봐야 하는 것이 "어느 지점에서 최대 굽힘모멘트가 발생하는가?"이다. 그림 8.8을 통해 보면 P의 상대적인 위치에 따라, 최대 굽힘모멘트가 발생하는 지점은 B 혹은 C임이 분명해진다. 그림 8.8에 주어진 계산된 값에 의해, $a = (\sqrt{2}-1)L = 0.414L$일 경우 B와 C에서의 굽힘모멘트 값이 같음을 알 수 있다. a의 값이 이보다 작을 경우 최대 굽힘모멘트는 하중이 작용하는 B에서 발생하고, a의 값이 이보다 클 경우 최대 굽힘모멘트는 설치 지점 C에서 발생한다.

이 절의 마지막 예제 역시 부정정 보이다. 예제의 상황은 식 (2.1)의 세 가지 과정 없이는 반력을 파악할 수 없는 다소 일반적이지 않은 경우다.

■ ■ ■

예제 8.5 길이 L, 무게 w이고 굽힘계수 EI인 균질 막대가 그림 8.9(a)와 같이 CD 부분의 길이 a만큼 튀어나와 강체 테이블 위에 놓여 있다. 길이가 b인 BC 부분이 테이블에서 얼마만큼 떠오를지 알아보라.

- 길이 b는 미지수이다.
- 테이블에 닿고 있는 부분은 보에 작용하는 힘에 의해 수직으로 이동하기 때문에, 분석에 있어서 오직 B 부분만 있으면 된다.

- R_C는 B에 대한 평형조건을 통해 구할 수 있다.
- B에서의 기울기, 처짐 경계조건은 모두 0이다.

이 예제의 어려운 부분은 테이블의 반력을 결정하는 것이다. 테이블 모서리 C에 작용하는 수직반력은 확실히 알 수 있지만, AB 부분과 테이블 사이에 작용하는 반력은 불분명하다. 때문에 그림 8.9(b)에서는 임의의 형상으로 분포반력 $r(x)$를 나타내었다. 식 (2.1)의 세 가지 과정의 필요조건을 통한, 즉 AB 부분의 평형, 형상호환성, 모멘트−곡률 필요조건을 고려하여 반력분포를 추론하는 것이 가능하다.

테이블이 평평하고 AB 부분의 곡률이 0이기 때문에 반력분포를 알아보는 것으로 시작하겠다. 그리하면 식 (8.4)의 모멘트−곡률 관계로부터 AB 부분 전체의 굽힘모멘트가 0이라고 결론할 수 있다. 또한 보를 따라 굽힘모멘트가 0으로 일정하기 때문에, 식 (3.12)로부터 이 부분의 전단력 또한 0이라 추정할 수 있다. 이러한 추정을 한 단계 더 해보면, 전단력이 0으로 일정하기 때문에 식 (3.11)을 통해 AB 영역에서 하중강도 또한 0이라고 할 수 있다. 그림 8.9(c)의 자유물체도를 통해서 아래의 관계를 얻을 수 있다.

$$\begin{aligned} M_b &= V = 0 \\ r(x) &= w \end{aligned} \tag{a}$$

그림 8.9(d)의 자유물체도를 통해 A, B 구간에서 단위길이당 무게에 대한 반력의 결과를 볼 수 있다. 이 자유물체도에 대한 모멘트 평형의 요구조건을 만족시키려 한다면, 굽힘모멘트 M_b에 대한 음수값을 얻을 것이다. B에서 미소거리 Δ_x만큼 오른쪽으로 떨어진 지점의 음의 굽힘모멘트는 보의 곡률이 표면에서 떨어진 양의 곡률을 갖기 때문에 적합하지 않다. 따라서 양의 곡률은 양의 굽힘모멘트를 가짐을 의미한다. Δ_x만큼 떨어진 지점의 양의 굽힘모멘트는 위 방향으로 강한 외력을 필요로 하기 때문에 그림 8.9(e)처럼 B 지점에 위 방향으로 집중반력이 생겨야만 한다고 결론내릴 수 있다. 반력 R_B의 존재는 A, B 구간에 균일한 반력이 작용한다는 일전의 논의와 충돌하지 않음을 명심하라. 좀 더 후에 그림 8.9(f)에 나타난 것처럼 테이블의 반력을 결정할 수 있다. 이 자유물체도에 평형조건을 적용하여, 그림 8.9(g)와 같은 반력의 크기를 얻었다.

좀 더 진행해 보면, 보의 B, D 부분만 다루는 것이 쉽다. B부터 x까지를 측정하기 위해 좌표계를 재위치시키고, 그림 8.9(g)의 자유물체도를 식 (8.4)에 대입하면 모멘트 M_b를 얻을 수 있다.

$$EI\frac{d^2v}{dx^2} = M_b = \frac{w(b^2-a^2)}{2b}x + \frac{w(b+a)^2}{2b}\langle x-b\rangle^1 - \frac{wx^2}{2} \tag{b}$$

(b)를 적분하면,

$$EI\frac{dv}{dx} = \frac{w(b^2-a^2)}{4b}x^2 + \frac{w(b+a)^2}{4b}\langle x-b\rangle^2 - \frac{wx^3}{6} + c_1 \tag{c}$$

보는 $x = 0$ 지점의 테이블에 접선이므로, $c_1 = 0$이라는 결론을 얻을 수 있다. 여기에 적분을 한 번 더 하면,

$$EIv = \frac{w(b^2-a^2)}{12b}x^3 + \frac{w(b+a)^2}{12b}\langle x-b\rangle^3 - \frac{wx^4}{24} + c_2 \tag{d}$$

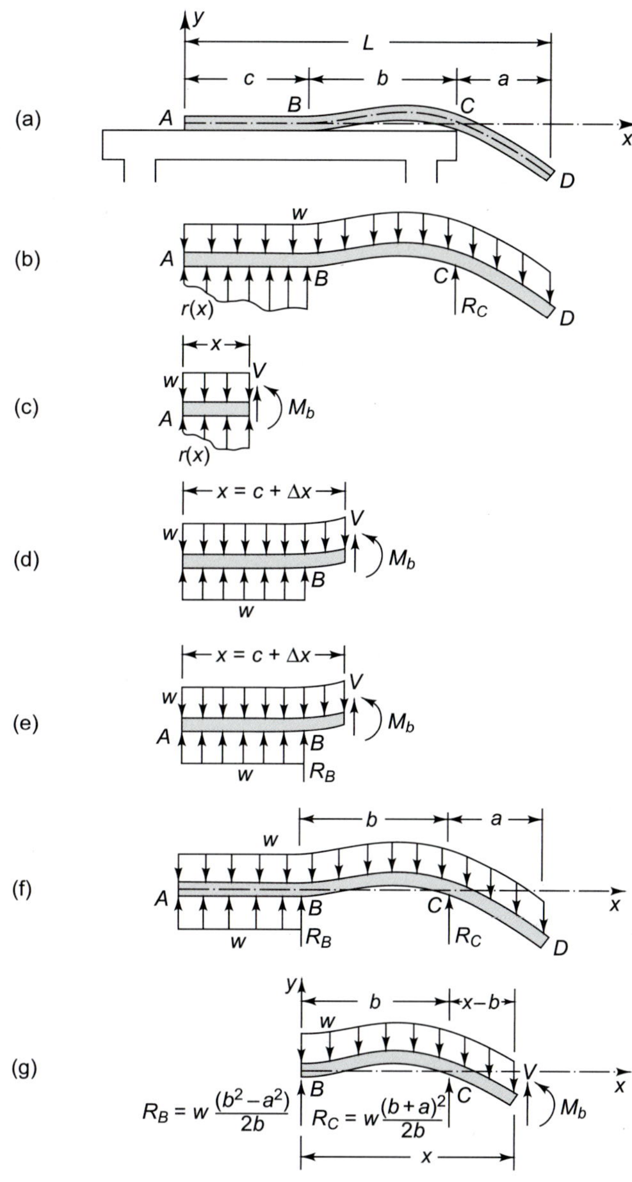

그림 8.9 예제 8.5. 보의 일부분이 테이블 위쪽에 걸쳐 있어 떠오른 *BC* 부분

$x = 0$에서 $v = 0$이기 때문에 적분상수 c_2는 0이다.

마지막으로, 식 (d)로부터 $x = b$일 때 $v = 0$이라는 조건을 통해 b의 값을 결정할 수 있다.

$$0 = \frac{w(b^2 - a^2)}{12b}b^3 + 0 - \frac{wb^4}{24} \tag{e}$$

(e)를 b에 대해 나타내면,

$$b = \sqrt{2}\,a \tag{f}$$

따라서 균일하면서 유연한 막대를 강체 테이블에 길이 a만큼 돌출되게 올려놓으면, 테이블 모서리에서 $\sqrt{2}\,a$ 만큼의 길이는 바닥과 접하지 않게 된다. 이는 막대가 테이블에서 떨어져 있는 그림 8.9의 B 지점의 조건을 검토할 때 유용하다. 굽혀진 부분 BC가 굽힘이 없는 AB

부분과 부드럽게 이어지기 때문에 처짐과 기울기는 모두 0이고, B에서의 급격한 굽힘모멘트 변화를 설명할 방법이 없다. 하지만 B 지점의 갑작스러운 전단력 발생은 테이블이 위 방향으로 가하는 집중반력 때문이다.

8.4 중첩법 *Superposition*

간단한 하중과 지점조건을 갖는 대부분의 처짐 문제의 해법이 유효하다면, 보-처짐 문제에 대한 편리한 해법은 중첩법을 사용하는 것이다. 이 방법은 하중과 처짐 사이의 선형지배관계에 의존하고, 하중과 지점에 대한 복잡한 조건을 줄여서 해법을 사용할 수 있는 단순 하중조건이 조합된 상태로 한다. 이렇게 하면 원래 문제의 해법은 이러한 해법이 중첩된 형태를 취한다.

이전의 예제의 결과처럼 보의 처짐은 가해진 하중에 선형적으로 비례한다. 이러한 선형성은 두 가지 요소의 지배를 받는다: (1) 식 (8.1)에서 표현된 것과 같은 굽힘모멘트와 곡률 사이의 선형성; (2) 식 (8.3)에서 표현된 것 같은 곡률과 처짐 사이의 선형성.

모멘트-곡률 관계의 선형성은 선형탄성 재료를 다룰 때 주가 된다. 비선형 모멘트-곡률 관계가 그림 8.10에 나와 있다. 선형인 경우 그림 8.10(a)는 굽힘모멘트 ΔM_b의 증가량에 따라 ΔM_b가 더해진 M_b의 값에 관계없이 같은 곡률증가량 $\Delta(1/\rho)$를 보인다. 따라서 모멘트-곡률 관계가 선형인 보에 하중을 가한다면, 다른 하중이 작용하든 안 하든 상관없이 곡률이 증가할 것이다. 반면에 비선형관계는 그림 8.10(b)를 보면 곡률의 증가량은 보에 가해지는 하중의 크기에 따라 다르게 나타난다. 따라서 비선형재료의 경우 “중첩된” 곡률을 사용할 수 없다. 이 말은, 즉 “비선형재료에 두 힘이 작용할 때 각각의 힘이 만드는 곡률의 합이 전체 힘이 만드는 곡률과 같다”고 할 수 없음을 뜻한다.

곡률과 처짐 사이의 선형성은 실제 곡률 $1/\rho$ 대신에 근사곡률 식 (8.3)의 가정에 의지한다.

모멘트와 곡률의 선형성과, 곡률과 처짐의 선형관계를 조합하면 아래 식을 얻는다.

$$EI\,\frac{d^2v}{dx^2} = M_b \tag{8.4}$$

이는 처짐 v에 대한 선형 미분방정식이다. 식 (8.4)의 선형성 원리를 통해 보면 처짐의 중첩은 가능한 것처럼 보인다. 즉 여러 하중으로 인한 전체의 처짐은 각각의 하중에 의해 발생하는 처짐의 합과 같다.

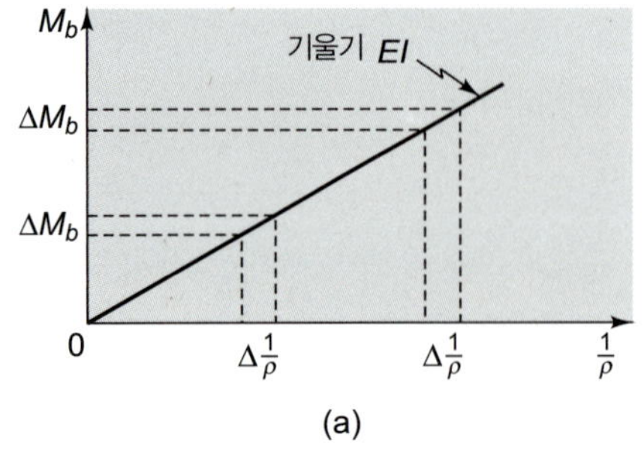

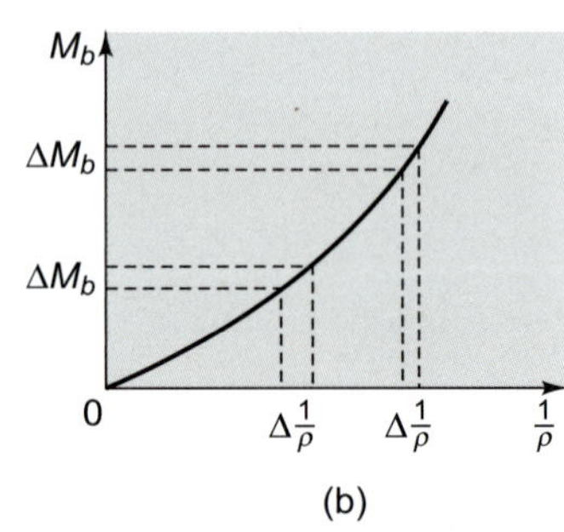

그림 8.10 모멘트-곡률 관계. (a) 선형, (b) 비선형

식 (8.4)를 만족하는 보에 대한 중첩의 유효성 또한 분석적으로 나타낼 수 있다. 전체 굽힘모멘트가 각각의 하중에 의해 발생하는 모멘트의 합으로 본다면

$$M_b = M_{b1} + M_{b2} + \cdots$$

각각의 처짐에 대한 모멘트 값은

$$v_1, v_2, \cdots$$

따라서

$$EI\frac{d^2v_1}{dx^2} = M_{b1}$$

$$EI\frac{d^2v_2}{dx^2} = M_{b2}$$

$$\cdots\cdots\cdots\cdots\cdots\cdots$$

이들의 합은

$$v = v_1 + v_2 + \cdots$$

역시 식 (8.4)를 통해

$$\begin{aligned} EI\frac{d^2v}{dx^2} &= EI\frac{d^2}{dx^2}(v_1 + v_2 + \cdots) \\ &= EI\frac{d^2v_1}{dx^2} + EI\frac{d^2v_2}{dx^2} + \cdots \\ &= M_{b1} + M_{b2} + \cdots \\ &= M_b \end{aligned}$$

보-처짐 문제를 해결하는 데 중첩법을 사용하기 위해서는 그림 8.5(c), (d)처럼 일반적인 경우에 대한 답을 목록화하면 편리하다. 표 8.1은 몇몇 단순지지보-처짐 문제의 표준해법[3]을 나타낸 것이다. 이 표는 중첩의 활용을 나타낸 다음 예제에 쓰일 것이다.

예제 8.6 그림 8.11(a)와 같이 집중하중 P와 끝단에 모멘트 M_o를 받는 외팔보가 있다. 끝단 C에서의 처짐 δ를 굽힘계수 EI를 이용해서 나타내어라.

- P와 M_o로 인한 끝단 C의 처짐을 일반적인 경우에 대한 공식표와 적합한 기호를 이용해 찾아보자.

중첩원리를 이용하여, 그림 8.11(a)의 조합된 하중을 각각의 하중이 작용하는 그림 8.11(b), (c)의 두 경우로 나눈다. 두 경우에 작용하는 굽힘모멘트는 그림 8.11(a)의 조합된 하중에 의한 모멘트라는 사실이 확실하다. 간단하게 보기 위해 각각의 경우의 중립축만을 이용해서 나타내겠다.

표 8.1에서 1과 3의 경우 다음 각각의 처짐량을 얻을 수 있다.

[3] For a larger collection, see R.J. Roark, "Formulas for Stress and Strain," 3rd ed., p. 100, McGraw-Hill Book Company, New York, 1954; see also W. Flügge, *op. cit.*, chap. 32.

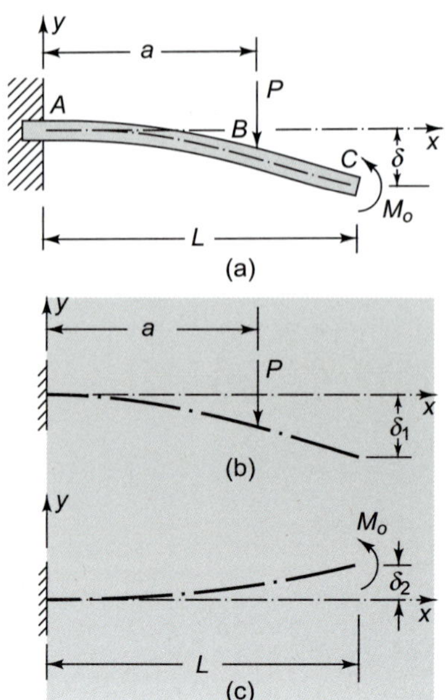

그림 8.11 예제 8.6. 중첩법 설명

$$\delta_1 = \frac{Pa^2}{6EI}(3L - a)$$
$$\delta_2 = \frac{M_o L^2}{2EI} \quad \text{(a)}$$

중첩을 통해서 얻어지는 처짐은

$$\delta = \delta_1 - \delta_2 = \frac{Pa^2(3L - a) - 3M_o L^2}{6EI} \quad \text{(b)}$$

완벽한 처짐곡선이 필요하다면 같은 방법으로 표 8.1의 x에 대한 처짐함수를 간단히 조합하면 된다.

중첩을 적용했다면, 각각의 하중을 원래의 하중을 합치는 것뿐만 아니라, 원래 문제에서 요구하는 형상조건을 만족하도록 각각의 처짐곡선을 합하는 것이 필요하다. 이번 예제에서 그림 8.11(b), (c)와 그림 8.11(a)가 모두 A 지점에 설치되었다는 경계조건을 이용해서 중첩하였다.

보-처짐 문제의 해답을 얻기 위해 사용된 중첩법은 식 (2.1)의 세 가지 단계만을 다시 사용한다는 것을 알아야 한다. 평형조건은 각각의 하중을 합쳐 만드는 기존 하중조건을 통해 만족시킨다. 형상 적합성은 각각의 처짐 조건을 보의 기존 형상구속조건에 대입하여 확인한다. 최종적으로 표 8.1에 주어진 힘-처짐 관계를 사용한다.

중첩법은 부정정 보인 경우에도 사용할 수 있다. 보를 정정상태로 만들기 위해 일시적으로 미지수를 배제한 후 하중이나 반력에 의한 처짐을 동일한 방법으로 계산한다. 배제된 하중이나 반력을 포함한 실제 하중은 보의 처짐이 계산된 이후에 처리한다. 계산된 처짐의 합은 형상조건에 맞춰 원래 보에 대입한다. 이러한 형상조건은 정해지지 않은 반력을 결정하는데 충분할 것이다. 다음 예제는 이러한 과정을 기술한 것이다.

■ ■ ■

예제 8.7 그림 8.12(a)와 같이 양 끝단이 고정되어 있고, 집중하중 P를 받고 있는 균일한 보가 있다. 굽힘모멘트를 그림으로 나타내어라.

- 그림 8.12에 표현된 것처럼 중첩에 관한 세 가지 문제이다.
- C 지점의 총 변위와 기울기는 0이다.
- 공식을 이용하여 반력 R_C와 모멘트 M_C를 얻어야 한다.

A, C의 벽이 분할될 거리를 바꿀 수 없다면 설치된 지점은 수평적으로 반력이 작용하는 것이 가능하다. $P = 0$일 때 보에 가해지는 인장과 압축이 없다고 가정한다. 더 나아가 P가 작용할 때의 처짐에 있어 축방향 인장효과는 충분히 무시할 수 있다고 가정한다(이러한 가정에 대한 차수를 확인하려면 예제 8.8을 보라). 따라서 지점에서 발생하는 수직반력 R_A와 R_c 모멘트 M_A, M_C만 생각하면 된다. 네 개의 반력요소를 구하기 위해 유효한 식이 두 개뿐이기 때문에, 이 보는 2차 부정정상태라 할 수 있다.

이 보를 정정상태로 만들기 위해서는 미지수인 C점의 반력요소 R_C와 모멘트 M_C를 배제해야 한다. 정정상태가 된 보가 그림 8.12(b)에 나타나 있다. 그림 8.12(c)와 (d)에서는 하중 P를 배제하고, 정정상태의 외팔보 그림 8.12(b)에 하중으로 미지수 반력요소 R_C와 M_C를 도입하였다.

표 8.1 단순보에 대한 처짐공식은 *아래가 양*이다.

	그림	처짐	최대 처짐	기울기
1.	y, a, P, b, δ_{max}, x, L, ϕ_{max}	$\delta = \dfrac{P}{6EI}(\langle x-a\rangle^3 - x^3 + 3x^2 a)$	$\delta_{max} = \dfrac{Pa^2(3L-a)}{6EI}$	$\phi_{max} = \dfrac{Pa^2}{2EI}$
2.	y 단위길이당 하중 W_0, δ_{max}, x, L, ϕ_{max}	$\delta = \dfrac{w_o x^2}{24EI}(x^2 + 6L^2 - 4Lx)$	$\delta_{max} = \dfrac{w_o L^4}{8EI}$	$\phi_{max} = \dfrac{w_o L^3}{6EI}$
3.	y, δ_{max}, x, M_0, L, ϕ_{max}	$\delta = \dfrac{M_o x^2}{2EI}$	$\delta_{max} = \dfrac{M_o L^2}{2EI}$	$\phi_{max} = \dfrac{M_o L}{EI}$
4.	ϕ_1, y, a, P, b, ϕ_2, x, L, $R_1 = \dfrac{P_b}{L}$, $R_2 = \dfrac{P_a}{L}$	$\delta = \dfrac{Pb}{6LEI}\left[\dfrac{L}{b}\langle x-a\rangle^3 - x^3 + (L^2 - b^2)x\right]$	$x = \sqrt{\dfrac{L^2-b^2}{3}}$ 에서 $\delta_{max} = \dfrac{Pb(L^2-b^2)^{3/2}}{9\sqrt{3}LEI}$	$\phi_1 = \dfrac{Pab(2L-a)}{6LEI}$ $\phi_2 = \dfrac{Pab(2L-b)}{6LEI}$
5.	y 단위길이당 하중 W_0, ϕ_1, ϕ_2, x, L, $R_1 = \dfrac{w_o L}{2}$, $R_2 = \dfrac{w_o L}{2}$	$\delta = \dfrac{w_o x}{24EI}(L^3 - 2Lx^2 + x^3)$	$\delta_{max} = \dfrac{5w_o L^4}{384EI}$	$\phi_1 = \phi_2 = \dfrac{w_o L^3}{24EI}$
6.	ϕ_1, y, M_0, ϕ_2, x, L, $R_1 = \dfrac{M_0}{L}$, $R_2 = \dfrac{M_0}{L}$	$\delta = \dfrac{M_o Lx}{6EI}\left(1 - \dfrac{x^2}{L^2}\right)$	$\delta_{max} = \dfrac{M_o L^2}{9\sqrt{3}EI}$ at $x = \dfrac{L}{\sqrt{3}}$	$\phi_1 = \dfrac{M_o L}{6EI}$ $\phi_2 = \dfrac{M_o L}{3EI}$

그림 8.12(b), (c), (d) 세 개의 하중을 중첩하면 그림 8.12(a)의 하중이 된다. C 지점의 형상조건을 중첩하면 그림 8.12(a)에서 C 지점의 변위와 기울기는 0이라는 것을 알 수 있다.

$$\begin{aligned} \delta_1 - \delta_2 + \delta_3 &= 0 \\ \phi_1 - \phi_2 + \phi_3 &= 0 \end{aligned} \tag{a}$$

표 8.1에서 1, 2, 3번의 경우를 각각 찾아보면

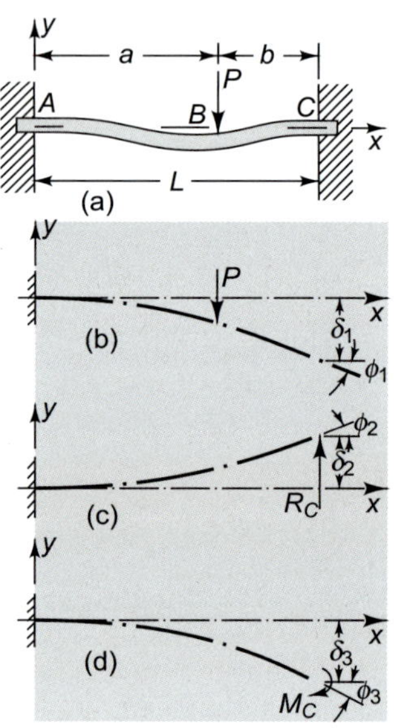

그림 8.12 예제 8.7

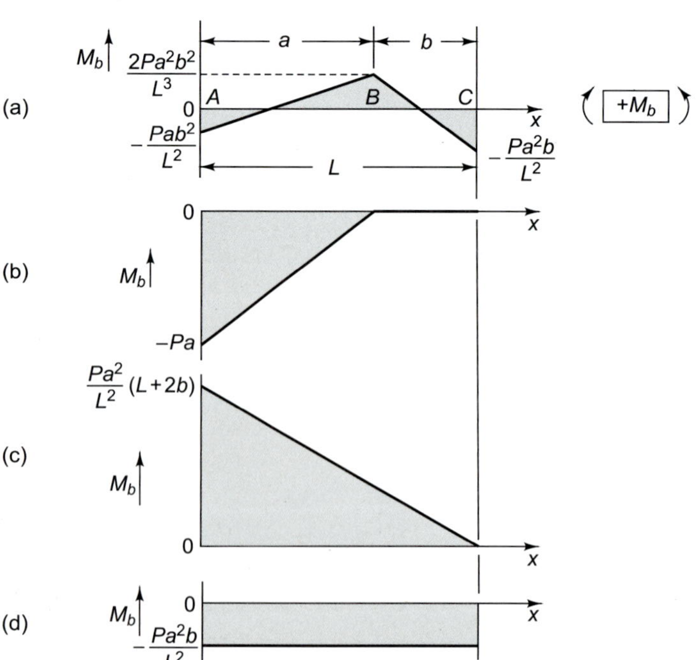

그림 8.13 예제 8.7. 굽힘모멘트 선도의 중첩

$$\delta_1 = \frac{Pa^2(3L-a)}{6EI} \qquad \phi_1 = \frac{Pa^2}{2EI}$$
$$\delta_2 = \frac{R_C L^3}{3EI} \qquad \phi_2 = \frac{R_C L^2}{2EI} \tag{b}$$
$$\delta_3 = \frac{M_C L^2}{2EI} \qquad \phi_3 = \frac{M_C L}{EI}$$

(b)를 (a)에 대입하면 R_C와 M_C에 대한 연립대수방정식을 얻을 수 있다. 이에 대한 해답은

$$R_C = \frac{Pa^3(3L-2a)}{L^3}$$
$$M_C = \frac{Pa^3(L-a)}{L^2} \tag{c}$$

이러한 부정정 반력이 얻어지면, 일반적인 방법으로 남아있는 반력을 얻고, 굽힘모멘트를 계산하기 위해 평형요구조건을 사용할 수 있다. 굽힘모멘트를 얻기 위한 흥미로운 대안은 그림 8.13처럼 중첩법을 확장하는 것이다. 그림 8.13(b), (c), (d)는 각각 그림 8.12(b), (c), (d)에 대응하는 굽힘모멘트 선도이다. 이를 중첩시켜서 얻은 선도 그림 8.13(a)는 기존 문제의 그림 8.12(a)에 해당하는 굽힘모멘토 선도이다.

■ ■ ■

예제 8.8 그림 8.14는 예제 1.3과 예제 2.4에서 이미 언급한 문제이다. 일전의 예제에서는 마찰이 없는 핀으로 C점에 볼트체결로 결합되어 있다는 가정으로 D 지점의 반력과 변위를 구했다. 이번에는 다른 관점으로 이 예제를 다뤄보겠다. 볼트체결 거동의 완벽한 이론은 유효하다. 하지만 C 지점의 보를 체결하는 데 볼트체결이 완벽한 효율을 갖는다는 가정을 바탕으로 새로운 형의 문제를 풀어보겠다. 이러한 방법은 이전의 핀체결 가정과 마찬가지로, 비현실적이지만 두 방법의 해답은 보다 실제와 유사한 경우를 가늠할 수 있는 척도를 제공한다.

그림 8.15(a)는 문제의 이상적인 모델을 나타낸 것이다. 보 CD는 C점에 고정되어 있다. 그림 8.15(b)는 힘을 받고 있는 BD와 CD를 분리한 자유물체도이다. 이 문제는 정정상태이다. 보 CD의 수평방향 압축은 X라 명명했다. 다른 힘과 모멘트로 평형조건을 이용하여 X의 측면으로 표현하였다.

변형된 형상은 그림 8.15(c)에 나타나 있고, D의 주위를 확대한 모습은 그림 8.15(d)에 나타나 있다. 이는 그림 2.7(d)와 매우 유사하다. 하지만 본질적인 차이를 보면 δ_V는 끝단 C에 대한 보 CD의 강체회전이 아니라, 외팔보의 수직 방향의 처짐을 나타낸 것이라는 점이다. 다음 관계

$$\delta_V = \delta_{CD} + \sqrt{2}\delta_{BD} \tag{a}$$

는 여전히 유효하다.

이제 힘과 변형에 대한 정보를 갖고, 식 (2.1)의 세 가지 단계로 돌아가 보자. 적절한 힘-변형 법칙을 이용하여 변형과 힘의 관계를 알아보겠다. 인장을 받는 봉 BD에 대해 단축하중에 대한 Hooke의 법칙으로부터 다음 식을 얻을 수 있다.

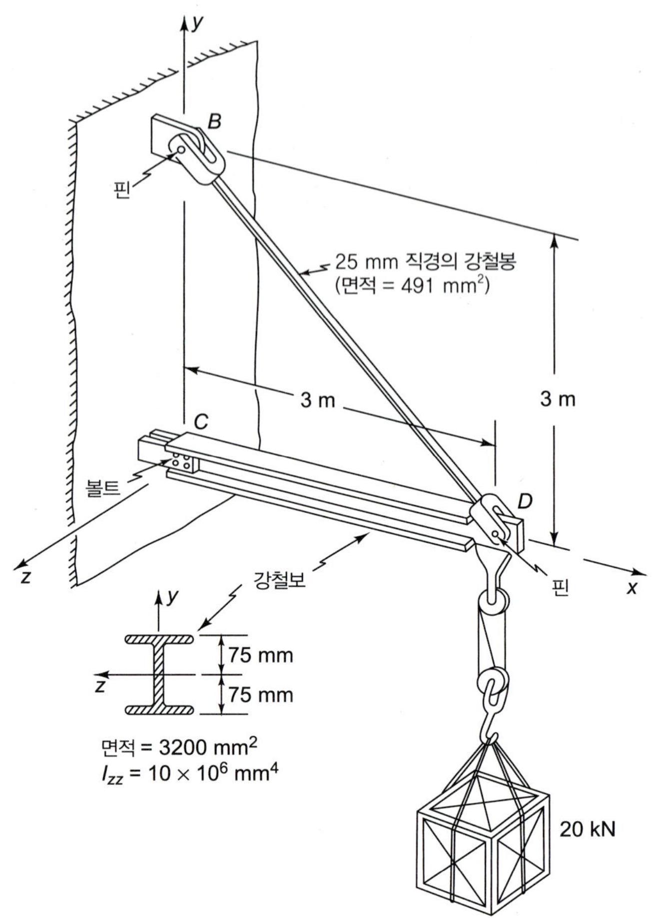

그림 8.14 예제 8.8

$$\delta_{BD} = \frac{\sqrt{2}X}{EA_{BD}}\sqrt{2}L = \frac{2XL}{EA_{BD}} \tag{b}$$

압축을 받는 보 CD에 대해서도 이와 유사하게,

$$\delta_{CD} = \frac{XL}{EA_{CD}} \tag{c}$$

마지막으로 외팔보 CD의 수직 처짐은 표 8.1의 1번을 사용하여 얻는다.

$$\delta_V = \frac{(p-x)L^3}{3EI} \tag{d}$$

이 문제에서 보의 굽힘에 있어 압축하중에 의한 영향을 받지 않는다고 가정하였다. 이는 완벽한 실제 모델이 아니다. 하지만 이러한 가정을 바탕으로 해답을 얻고, 이를 통해 문제를 다시 생각해서 오차를 예상하고 이를 답에 포함시킬 수 있다.

따라서 힘에 의한 적절한 처짐을 나타내기 위해 (b), (c), (d)를 취한다. 이를 (a)에 대입하면 X를 결정할 수 있는 식을 도출할 수 있다.

$$X = \frac{P}{1 + 3I/A_{CD}L^2 + 6\sqrt{2}I/A_{BD}L^2} \tag{e}$$

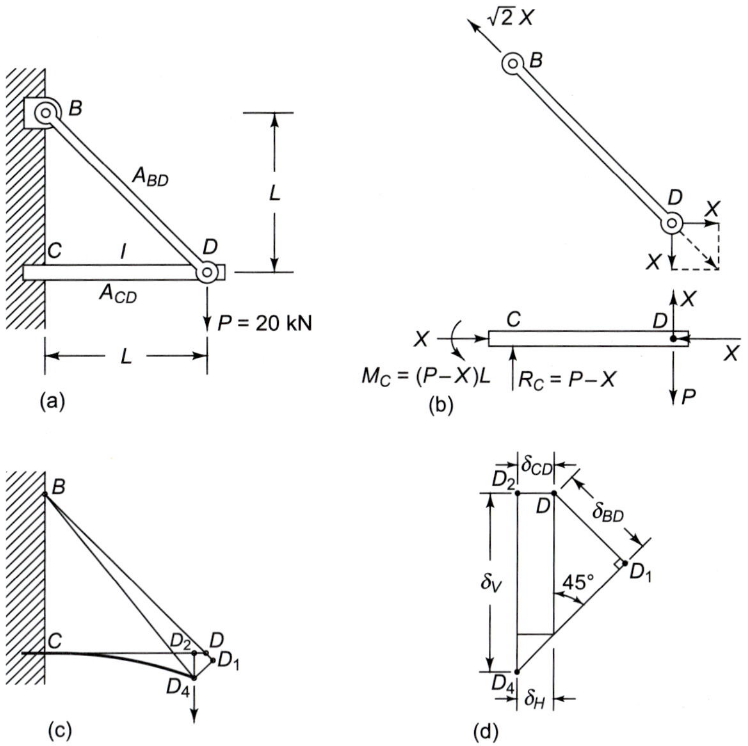

그림 8.15 예제 8.8. C 지점에 고정된 모델의 힘에 대한 분석과 형상에 대한 분석

이 식을 그림 8.14에 맞게 자세히 나타내면

$$X = \frac{20}{1 + 0.0014 + 0.0192} = 19.60\,\text{kN} \tag{f}$$

이 값을 (c), (d)에 대입하면 D 지점의 변위를 얻을 수 있다.

$$\begin{aligned} \delta_H &= 0.090\ \text{mm} \\ \delta_V &= 1.76\ \text{mm} \end{aligned} \tag{g}$$

이 결과를 예제 1.3과 예제 2.4와 비교하기 전에, 굽힘에 의한 압축이 없다는 가정을 포함하는 오차를 예상해 봐야 한다. 그림 8.16의 CD 자유물체도에는 하중 X와 $P - X$, 그리고 앞서 얻은 처짐 δ_V가 나타나 있다. 보를 가로지르는 힘 $P - X$에 의한 CD의 굽힘을 예상할 수 있다. 대략적인 계산차수를 얻기 위해, 압축하중의 영향과 C 지점의 굽힘모멘트에 의한 축방향 하중을 비교해보자.

$$\frac{M_C(\text{압축하중에 의한})}{M_C(\text{축방향 하중에 의한})} = \frac{(19.60)(1.76)}{(400)(3)} = 0.029 \tag{h}$$

이러한 판정은 횡방향 힘에 의한 압축하중은 CD의 굽힘에 있어 3% 정도 영향을 미친다는 것을 나타낸다. 따라서 이 해답이 갖는 횡방향 힘 $P - X$에 의한 굽힘의 오차는 대략 3% 정도이다. 하지만 이 값은 X나 (g)에서 얻은 값보다 매우 작은 값이다. 이 경우 굽힘에 의한 압축하중의 영향은 무시해도 무방하다.

이제 C 지점이 핀체결이라는 가정을 바탕으로 해결한 이전의 예제 1.3과 2.4의 결과와 C 지점이 고정상태라는 가정으로 해결한 이번의 결과를 비교해 보자. 먼저 처짐 (g)와 예제

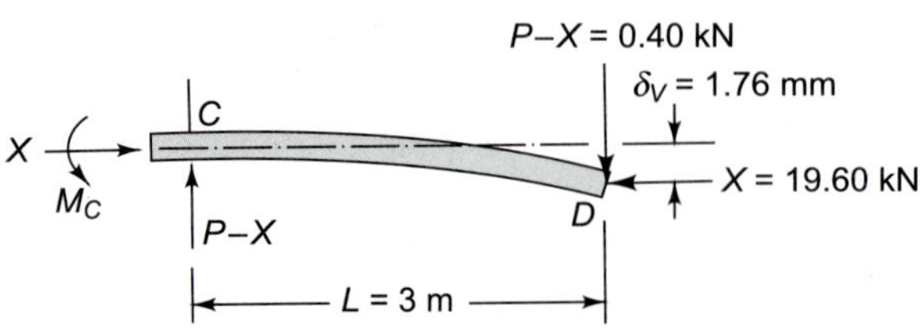

그림 8.16 예제 8.8. 압축과 굽힘이 주는 영향의 비교

2.4의 결과를 직접적으로 비교하자. 고정상태의 경우가 핀체결 상태보다 1% 작은 것을 알 수 있다. 다음으로 벽의 반력을 비교한다면, B 지점이 2% 정도 남은 인장력을 보임을 알 수 있다. C 지점의 상태는 좀 더 복잡하다. 핀체결의 경우 단순히 수평방향으로 20 kN의 압축력만 발생하지만, 고정의 경우 수평성분에 더해 수직방향 성분과 모멘트가 함께 발생한다. 그림 8.17(a)는 이러한 성분들을 각각 나타낸 것이며, 그림 8.17(b)는 이러한 성분을 하나의 형태로 나타낸 것이다. 이격거리 CC'은 C 지점에 대해 그림 8.17(a)와 (b)가 모멘트를 갖는 조건을 통해 구한다. 그림 8.17(b)의 단일 힘과 C 지점에 수평방향으로 작용하는 20 kN의 힘을 비교하면, 두 경우의 차이를 볼 수 있다. 2% 정도 차이가 나는 힘의 크기와 작용선이 갖는 작은 각도, 벽 작용력 사이에서 거리 BC에 비해 작은 거리만큼의 작용점 이동을 확인할 수 있다.

앞의 비교 결과를 통해, 결합부에서만 하중을 받는 가느다란 부재로 이뤄진 구조물의 정확한 결합 현상은 구조물 처짐이나 외부의 반응에 있어 매우 적은 영향을 미친다는 결론을 끌어낼 수 있다. 이는 대부분의 경우에 사실이다. 이러한 결론으로 설계자는 결합거동의 가장 단순한 모델에 대한 계산을 정당화할 수 있다. 마찰이 없는 핀체결의 가정이 주로 다루기 가장 쉽다.

비록, 이상적인 체결방식의 선택은 처짐과 반응에 있어 약간의 변화가 따르지만, 오류라고 하기에는 중요치 않은 변화이다. 아직 각각의 부재에 대한 응력을 고려하지 않았다. 두 경우 모두 단축인장을 받는 부재 BD는 오직 2% 정도의 응력 변화만이 있다. 반면 부재 CD는 첫 번째 경우에 단축 압축을 받지만 두 번째 경우에 있어 복합압축과 굽힘을 받는다. 복합응력은 보의 플랜지 아랫부분에서 가장 크게 나타난다. 직접적인 압축응력과 굽힘에 의해 추가적으로 발생하는 압축응력은 C 지점에서 가장 큰 값을 갖는다. 고정의 경우 CD에서 최대 응력은

$$\sigma = \frac{19.60}{3.2\times10^{-3}} + \frac{(1.20)(0.075)}{10\times10^{-6}} = 15.12\ \mathrm{MN/m^2} \tag{i}$$

이 값은 핀체결의 경우에 CD에 발생하는 압축응력의 1.5~2배 정도이다.

$$\sigma = \frac{20.00}{3.2\times10^{-3}} = 6.25\ \mathrm{MN/m^2} \tag{j}$$

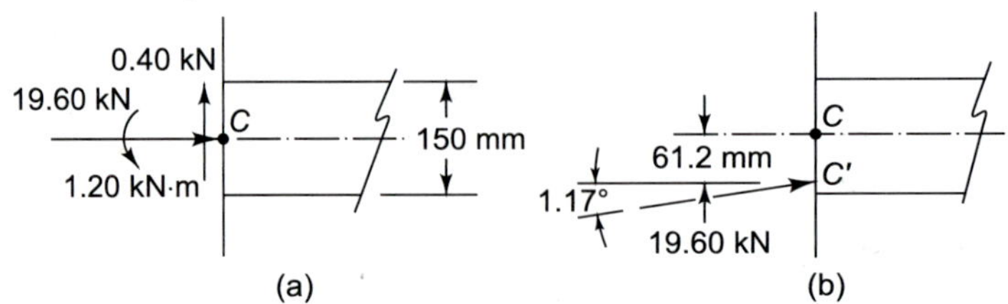

그림 8.17 예제 8.8에서 C 지점 반력의 정적 평형과 합력

따라서 체결방법은 전반적인 영향이 매우 적다고 할지라도 응력 분포에 있어 **국부적**으로 커다란 변화를 일으킬 수 있다.

건물, 교량, 전파탑과 같이 다양한 구조물들은 가느다란 부재로 이루어져 있다. 이러한 구조물이 핀으로 체결되어 있을 경우 **트러스**(*truss*)로, **강체결합**되어 있는 경우 **프레임**(*frame*)이라 부른다. 트러스 부재들은 축하중을 전달하는 반면, 프레임 구조물은 축하중뿐만 아니라 전단응력과 굽힘모멘트를 전달한다. 위의 분석은(그림 8.15 참조) 복합구조물의 간단한 예이다. 체결지점 *B*와 *D*는 트러스와 같은 핀결합이지만, *C*는 프레임과 같은 강체결합이다.

이러한 간단한 구조물의 해석 절차는 구조물이 많은 부재와 여러 체결조건의 조합으로 확장하는 것이 가능하다. 비록 과정은 간단하지만, 복잡한 구조물에 있어서는 많은 양의 계산을 필요로 한다. 이전 세기 동안에 구조공학은 반복되는 계산을 쉽게 하기 위한 기발한 기법을 개발했다. 지난 10년 동안 가장 주된 해법은 구조해석문제에 컴퓨터를 사용하는 것이다. 현재는 공학에 사용되는 많은 일반목적과 특수목적용 분석 프로그램이 있다.

이러한 프로그램 사용을 보여주기 위해, STRUDL 프로그램이 앞의 예제를 푸는 데 어떻게 사용될 수 있는지 나타냈다. 컴퓨터에 그림 8.14를 보고 바로 알 수 있는 표 8.2와 같은 값을 입력한다. 체결과 부재에 대한 설명은 *B*와 *D* 지점의 핀결합을 나타내는 데 필요하다.

표 8.2 예제 8.8의 STRUDL 입력

```
TYPE PLANE FRAME
UNITS KIP METER
$              KIP EQUALS KN HERE
JOINT COORDINATES
'C' X 0.0 Y 0.0 S
'D' X 3.0 Y 0.0
'B' X 0.0 Y 3.0 S
MEMBER INCIDENCES
1 'C' 'D'
2 'D' 'B'
CONSTANTS E 205.E+6 ALL
$              MEMBER AND JOINT NATURE DESCRIPTIONS
MEMBER RELEASES START MOMENT 2
2 END MOMENT Z
$              MEMBER PROPERTIES DESCRIPTION
MEM PROP PRISMATIC
1 AX 3.2E-3 IZ 10.E-6
2 AX 4.91E-4 IZ 19.E-9
$              DESCRIPTION OF LOADING
LOADING 'VERTICAL'
JOINT 'D' LOAD FOR Y -20.
STIFFNESS ANALYSIS
$              OUTPUT REQUESTS
LIST FORCES LOADS REACTIONS DISP
```

표 8.3 예제 8.8의 STRUDL 출력 결과

```
LOADING-VERTICAL
MEMBER FORCES
MEMBER JOINT  /................. FORCE ................ // ............. MOMENT ................ /
                     AXIAL        SHEAR Y        SHEAR Z          TORSIONAL   BENDING Y    BENDING 2
1       C         19.6031494    0.3968291                                                  1.1905012
1       D        -19.6031494   -0.3968291                                                 -0.0000149
2       D        -27.7230530    0.0                                                        0.0
2       B         27.7230530    0.0                                                        0.0
RESULTANT JOINT LOADS-SUPPORTS
JOINT         /................. FORCE ................ // .............. MOMENT ................ /
                    X FORCE      Y FORCE         Z FORCE           X MOMENT  Y MOMENT      Z MOMENT
C    GLOBAL       19.6031494    0.3968291                                                  1.1905012
B    GLOBAL      -19.6031494   19.6031647                                                  0.0
RESULTANT JOINT LOADS-FREE JOINTS
JOINT         / ................ FORCE ................ // .............. MOMENT ................ /
                    X FORCE      Y FORCE         Z FORCE           X MOMENT  Y MOMENT      Z MOMENT
D    GLOBAL      -0.0000000    -19.9999847                                                -0.0000149
RESULTANT JOINT DISPLACEMENTS-SUPPORTS
JOINT         / ............... DISPLACEMENT .......... // .............. ROTATION .............. /
                    X DISP.      Y DISP.         Z DISP.           X ROT.    Y ROT.        Z ROT.
C    GLOBAL         0.0          0.0                                                       0.0
B    GLOBAL         0.0          0.0                                                       0.0
RESULTANT JOINT DISPLACEMENTS-FREE JOINTS
JOINT         / ................ DISPLACEMENT .......... // ............... ROTATION ............ /
                    X DISP.      Y DISP.         Z DISP.           X ROT.      Y ROT.      Z ROT.
 D    GLOBAL     -0.0000896    -0.0017422                                                 -0.0008711
```

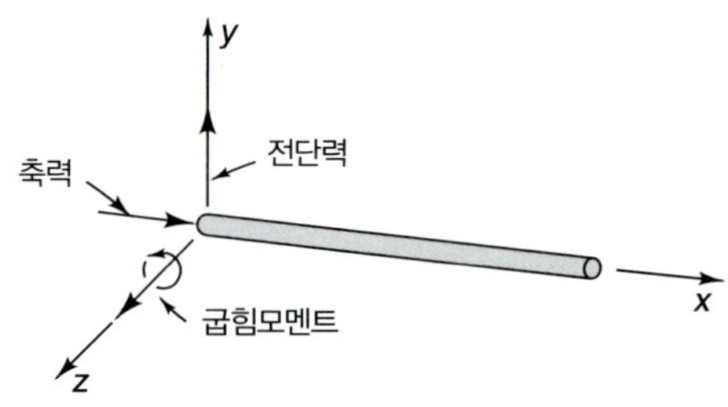

그림 8.18 부재의 힘과 굽힘모멘트를 정의하기 위해 사용된 지축

만약 이 결합이 강체라면 모델은 실제 구조와 같을 것이다.

프로그램의 출력물이 표 8.3에 나타났다. 각각의 부재에 작용하는 힘과 모멘트는 그림 8.18에 나타나고 예제 2.4에 기술한 것처럼 각 부재가 좌표계에 대해 나타나 있다. 결과에 나타나는 힘이 그림 8.17(a)와 같음을 주의하라. 또한 변위는 앞에서 구한 (g)와 같이 나타난다.

8.5 하중–처짐 미분방정식 *The Load-Deflection Differential Equation*

보–처짐 문제를 해결하는 데 있어 모멘트–곡률 방정식 (8.4)를 대안으로 사용하기 위해, 이 방정식을 보의 처짐에 대한 외력과 직접적인 연관을 만들어야 한다. 이 방정식은 힘과 모멘트 평형조건과 단일 미분방정식에 대한 모멘트–곡률 관계를 포함한다.

하중–처짐 미분방정식의 유도는 3장에서 얻은 힘과 모멘트 평형 미분방식으로부터 시작한다.

$$\frac{dV}{dx} + q = 0 \tag{3.11}$$

$$\frac{dM_b}{dx} + V = 0 \tag{3.12}$$

여기서 굽힘모멘트를 식 (3.11)와 (3.12)에서 V를 제거하고 힘에 대해서 나타낼 수 있다.

$$\frac{d^2 M_b}{dx^2} = q \tag{8.5}$$

식 (8.4)와 (8.5)를 조합한다면, 가로방향 처짐 v에 대한 가로축 힘–세기 함수 q와 관련된 단일 미분방정식을 얻을 수 있다.

$$\frac{d^2}{dx^2}\left(EI\frac{d^2 v}{dx^2}\right) = q \tag{8.6}$$

식 (8.6)의 굴곡강도 EI가 괄호 안에 있음에 주의하라. 이러한 일반적인 형태의 방정식을 보에 적용할 때 EI가 변수가 된다.

식 (8.6)에 포함되어 있는 **평형**관계와 **변형**관계 둘 다 활용함을 강조해야 한다. 식 (8.6)에 대한 경계조건은 일반적으로 두 평형조건과 형상 적합성 조건을 포함할 것이다. 형상조건은 특정 지점에서 처짐과 기울기에 대한 구속조건을 수반할 것이다. 평형조건은 특정 지점에서 전단과 굽힘모멘트에 대한 구속조건을 수반할 것이다.

M_b는 모멘트–곡률 관계에 의한 v에 대해 표현할 수 있다.

$$M_b = EI\frac{d^2 v}{dx^2} \tag{8.4}$$

반면 전단력 V는 식 (3.12)와 (8.4)를 이용하여 v에 대해 표현할 수 있다.

$$V = -\frac{d}{dx}\left(EI\frac{d^2 v}{dx^2}\right) \tag{8.7}$$

그림 8.19부터 8.22는 보의 분석에 있어 실제 물리적 지지점을 나타내기 위해 주로 사용되는 4종류의 지지조건을 나타낸 것이다.

식 (8.6)을 이용하여 보–처짐 문제를 해결하기 위해, 첫 번째로 보의 길이에 대해 유효한 하중강도 $q(x)$에 대한 표현을 얻는 것이 필요하다[$q(x)$를 얻는 데 특이함수(singularity function)가 유용할 것이다]. 그 후 식 (8.6)의 적분에 알맞은 경계조건들을 적용하여 평가된 네 개의 적분상수를 도입한다. 정정 보뿐만 아니라 부정정 보에서도 같게 적용하는 방법은 매우 일반적이다. 이러한 방법은 보–처짐 문제에 있어 일반적인 과정을 줄여, 물리적인 고려사항이 경계조건의 선택과 $q(x)$를 구하는 데 집중하도록 하고, 대수적 처리는 적분상수를 평가하는 데 집중하게 한다.

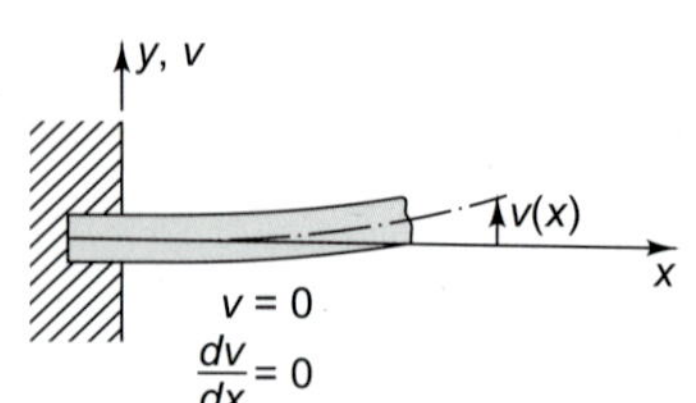

그림 8.19 고정단

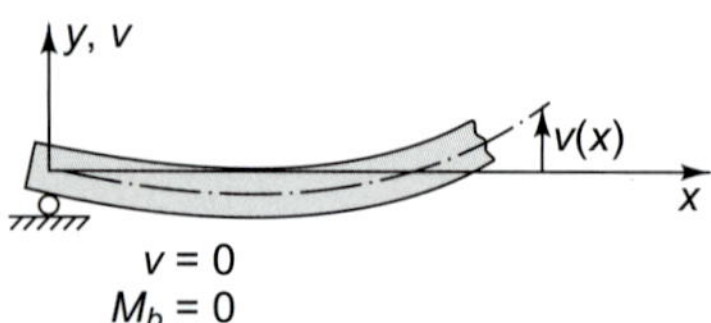

그림 8.20 단순지지단

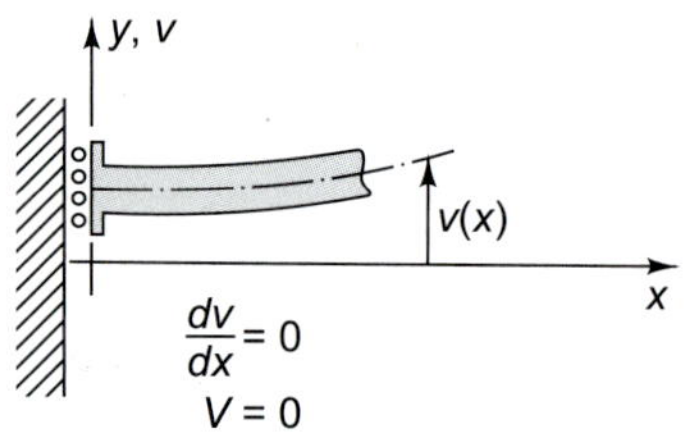

그림 8.21 일단고정 타단자유단

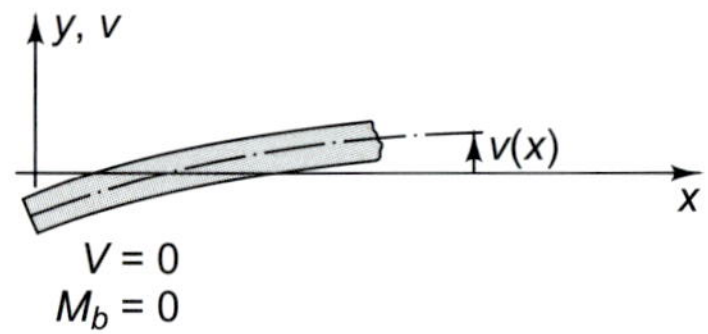

그림 8.22 자유단

예제 8.9 그림 8.23(a)가 나타내는 보는 A, D 지점에 고정되어 있고, B 지점에 용접으로 암(arm)을 부착하여 끝부분 C점에 하중 W가 작용하고 있다. B 지점의 처짐을 구하여라.

- 용접된 암을 없애는 방법은 평형조건으로부터 그에 상응하는 수직력과 우력으로 대체하는 것이다.

보에 용접된 암은 그림 8.23(b)처럼 B 지점에 수직력 W와 우력 $WL/3$을 가한다. 이를 대체하기 위해 $0 < x < L$에 대한 하중-세기 함수 q는

$$q = \frac{WL}{3}\langle x - L/3\rangle_{-2} - W\langle x - L/3\rangle_{-1} \tag{a}$$

고정단 경계조건이기 때문에

$$x = 0\text{와 } L\text{에서 } v = 0\text{와 } \frac{dv}{dx} = 0 \tag{b}$$

(a)를 하중-처짐 미분방정식 (8.6)에 대입하면 다음 식을 얻을 수 있다.

$$EI\frac{d^4v}{dx^4} = W\left[\frac{L}{3}\langle x - L/3\rangle_{-2} - \langle x - L/3\rangle_{-1}\right] \tag{c}$$

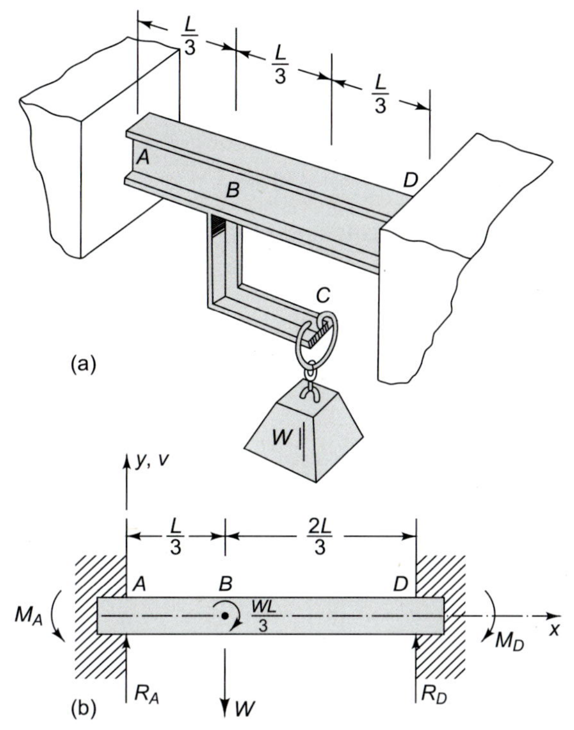

그림 8.23 예제 8.9. 원거리 하중에 상응하는 *B* 지점의 힘과 모멘트

dv/dx와 v에 대한 표현은 (c)를 적분하여 얻는다.

$$\frac{dv}{dx} = \frac{W}{EI}\left[\frac{L}{3}\langle x - L/3\rangle^1 - \frac{\langle x - L/3\rangle^2}{2} + c_1\frac{x^2}{2} + c_2 x + c_3\right] \tag{d}$$

$$v = \frac{W}{EI}\left[\frac{L}{6}\langle x - L/3\rangle^2 - \frac{\langle x - L/3\rangle^3}{6} + c_1\frac{x^3}{6} + c_2\frac{x^2}{2} + c_3 x + c_4\right] \tag{e}$$

(d), (c)를 경계조건 (b)에 대입하여 적분상수에 대한 네 개의 연속방정식을 구한다. 이에 대한 해답은

$$\begin{aligned} c_1 &= \frac{8}{27} \\ c_2 &= -\frac{4}{27}L \\ c_3 &= 0 \\ c_4 &= 0 \end{aligned} \tag{f}$$

이 값을 (e)에 대입하면 아래의 식을 구할 수 있다.

$$v = \frac{W}{27EI}\left[\frac{9}{2}L\langle x - L/3\rangle^2 - \frac{9}{2}\langle x - L/3\rangle^3 + \frac{4}{3}x^3 - 2Lx^2\right] \tag{g}$$

문제에서 알고 싶은 처짐의 위치는 $L/3$이다.

$$\delta_B = -(v)_{x=L/3} = \frac{14WL^3}{2,187EI} \tag{h}$$

8.6 에너지법 *Energy Methods*

2.6절에서, 단순 탄성계에서 처짐을 평가하고 부정정 반력을 평가하기 위한 방정식을 얻기 위해 Castigliano의 정리(Castigliano's theorem)를 사용하였다. 이 절은 6.8절과 7.8절에서 배운 비틀림과 굽힘에 있어 변형률에너지에 대한 공식을 이용하여 좀 더 복잡한 탄성계에 Castigliano의 정리를 적용하는 것을 설명하겠다.

x축을 향하는 얇은 탄성축이 인장력 $F(x)$와 비틀림 모멘트 $M_t(x)$, 굽힘모멘트 $M_b(x)$를 받는다면, 식 (2.11), (6.13), (7.31)에 따라 부재에 작용하는 총 변형률에너지는

$$U = \int_L \frac{F^2}{2AE}\,dx + \int_L \frac{M_t^2}{2GI_x}\,dx + \int_L \frac{M_b^2}{2EI}\,dx \tag{8.8}$$

이때의 적분은 축의 길이 L에 대한 것이며 A는 면적, I_x는 극관성모멘트, I는 축 단면에 대한 단면 2차모멘트이다. E와 C는 각각 재료의 인장, 전단계수이다. 이러한 부재는 물론 축방향 전단을 받을 것이다. 하지만 7.8절에 나타난 것처럼, 얇은 부재의 전체 변형률에너지에 미치는 영향은 굽힘이나 비틀림이 주는 영향과 비교했을 때, 대개 무시할 수 있다.[4]

Castigliano의 정리를 다시 써보면, 만약 하나의 계에서 전체 탄성에너지가 외력 P_i에 대해 표현된다면, 이에 대응하는 처짐 δ_i는 편도함수로 주어진다.

$$\delta_i = \frac{\partial U}{\partial P_i} \tag{8.9}$$

만약 처짐 δ가 하중이 없는 특정 지점이나 방향에 발생하길 원한다면 그 방향이나 지점에 가상의 하중 Q를 도입할 필요가 있다. 그 후 탄성에너지가 P_i와 Q에 대해 표현된다면, 처짐 δ는 Q에 대한 도함수로 주어지며 이때 $Q = 0$이다.

$$\delta = \left(\frac{\partial U}{\partial Q}\right)_{Q=0} \tag{8.10}$$

Castigliano의 정리는 또한 부정정 반력을 구하는 데 사용될 수 있다. 부정정상태에서 반력 X_i를 이미 알고 있는 외력으로 임시적으로 고려할 때, 부정정 계는 항상 정정상태로 줄일 수 있다. 그 후 탄성에너지가 P_i와 X_i로 표현 가능하다면, X_i를 결정하는 일련의 방정식들은 각각의 부정정 반력 지점에서 선상 처짐이 없다는 조건으로부터 얻을 수 있다.

$$\frac{\partial U}{\partial X_i} = 0 \tag{8.11}$$

예제 8.10 보-처짐 문제에 Castigliano의 정리를 사용하는 것을 설명하기 위해, 그림 8.5(a)처럼 외팔보가 힘 P와 모멘트 M을 받고 있는 예제 8.2를 다시 생각해 보겠다.

- x에 대한 함수로 굽힘모멘트를 찾고, 전체 길이에 대한 적분을 통해 총 에너지를 구하자.
- 그 후 에너지는 힘 P에 대해 미분하여 힘이 작용할 때 처짐을 얻고, 모멘트 M에 대해 미분하여 해당 지점의 기울기를 얻는다.

[4] 문제 7.27과 8.42 참조

이 경우 변형률에너지 식 (8.8)은 굽힘모멘트에 의한 영향으로만 이뤄진다.

$$M_b = -P(L-x) - M \tag{a}$$

그림 8.5(b)를 통해

$$U = \int_0^L \frac{M_b^2}{2EI}dx = \int_0^L \frac{[P(L-x)+M]^2}{2EI}dx \tag{b}$$

최종 처짐 δ는 하중 P와 같은 선상에 발생하고, 식 (8.9)에 따라

$$\begin{aligned}\delta &= \frac{\partial U}{\partial P} = \int_0^L \frac{P(L-x)^2 + M(L-x)}{EI}dx \\ &= \frac{PL^3}{3EI} + \frac{ML^2}{2EI}\end{aligned} \tag{c}$$

최종 기울기 ϕ는 모멘트 M에 해당하는 선상 변위를 고려해야 할 것이다[식 (2.8) 참조]. 따라서 식 (8.9)를 이용해서 유도하면

$$\begin{aligned}\phi &= \frac{\partial U}{\partial M} = \int_0^L \frac{P(L-x)+M}{EI}dx \\ &= \frac{PL^2}{2EI} + \frac{ML}{EI}\end{aligned} \tag{d}$$

(c), (d)의 결과는 예제 8.2의 (g), (h)와 동일하다. 모멘트–곡률 관계의 직접적인 적분과 비교했을 때 Castigliano의 정리를 이용한 계산이 상대적으로 간단함을 명심하라.

예제 8.11 축방향으로 굽힘하중을 전달하는 얇은 부재의 부정정 계에서 에너지 방법을 사용하는 것을 설명하기 위해, 그림 8.14, 8.15의 예제 8.8을 다시 생각해 보겠다. Castigliano의 정리를 이용하여 B 지점의 수평처짐을 얻기 위해, 그림 8.24(a)와 같이 가상의 힘 Q를 도입하겠다.

- D 지점의 수평처짐을 알기 위해 가상의 힘 Q를 적용할 필요가 있고, 그에 해당하는 변형률에너지를 찾아야 한다.
- 그 후 $Q = 0$일 때 P와 Q에 대한 미분으로, 정정구조를 만들기 위해 도입한 반력 X에 대한 D 지점의 수직, 수평처짐을 얻는다.
- B 지점에서 처짐과 X에 대한 에너지 미분이 0이기 때문에, X를 풀기 위한 식을 얻을 수 있다.

만약 C 지점의 수평반력을 임시적 외력으로 생각한다면, 이 계는 정정상태가 된다. 평형요구조건을 이용하면 그림 8.24(b), (c)의 자유물체도가 나타내는 것처럼, 부재 CD와 BD의 모든 외력과 모멘트를 P, Q, X로 표현하는 것이 가능하다. 부재 CD의 임의 구간 x에 작용하는 내력과 모멘트가 그림 8.24(d)에 나타나 있고, 부재 BD에 작용하는 내력은 그림 8.24(e)에 나타나 있다. 이 예제의 총 변형률에너지는 부재 CD의 축하중 및 굽힘하중과 부재 BD의 축하중에 의한 것이다.

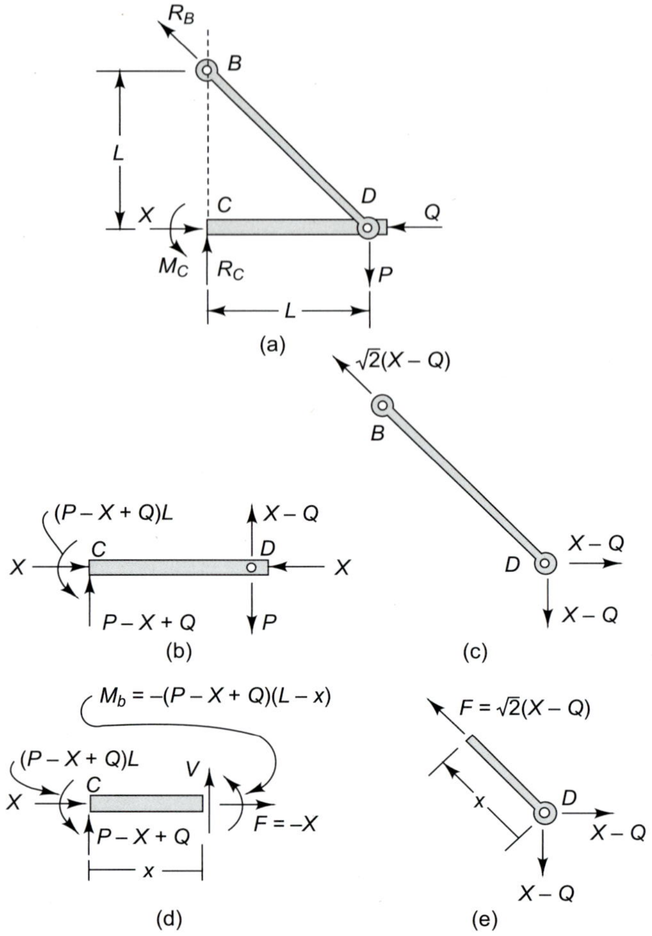

그림 8.24 예제 8.11. 부정정 반력 X와 가상의 하중 Q를 나타낸 완전한 구조물 자유물체도 (a)와 각각의 부재를 나타낸 자유물체도 (b), (c), 각 부재의 내력과 모멘트를 나타낸 자유물체도 (d), (e)

$$U = \int_0^L \frac{X^2}{2A_{CD}E}dx + \int_0^L \frac{(P-X+Q)^2(L-x)^2}{2EI}dx + \int_0^{\sqrt{2}L} \frac{\left[\sqrt{2}(X-Q)\right]^2}{2A_{BD}E}dx \qquad \text{(a)}$$

부정정 반력 X에 대한 D 지점의 수직, 수평 처짐은 아래와 같다.

$$\delta_V = \left(\frac{\partial U}{\partial P}\right)_{Q=0} = \int_0^L \frac{(P-X)(L-x)^2}{EI}dx$$

$$= \frac{(P-X)L^3}{3EI} \qquad \text{(b)}$$

$$\delta_H = \left(\frac{\partial U}{\partial Q}\right)_{Q=0} = \int_0^L \frac{(P-X)(L-x)^2}{EI}dx - \int_0^{\sqrt{2}L} \frac{2X}{A_{BD}E}dx$$

$$= \frac{(P-X)L^3}{3EI} - \frac{2\sqrt{2}XL}{A_{BD}E} \qquad \text{(c)}$$

X를 결정하기 위해 그림 8.24(a)의 C점에서의 처짐이 0이라는 정보를 이용한다. 즉 식 (8.11)에 따라

$$0 = \left(\frac{\partial U}{\partial x}\right)_{Q=0} = \int_0^L \frac{X}{A_{CD}E}dx - \int_0^L \frac{(P-X)(L-x)^2}{EI}dx + \int_0^{\sqrt{2}L} \frac{2X}{A_{BD}E}dx$$

$$= \frac{XL}{A_{CD}E} - \frac{(P-X)L^3}{3EI} + \frac{2\sqrt{2}XL}{A_{BD}E} \quad \text{(d)}$$

이를 X에 대해 풀면

$$X = \frac{P}{1 + 3I/A_{CD}L^2 + 6\sqrt{2}I/A_{BD}L^2} \quad \text{(e)}$$

이 결과가 예제 8.8의 (e)와 같고, (b)는 예제 8.8의 (d)와 같음을 명심하라. 앞서 말한 수평 처짐 (c)는 (d)를 이용하여 아래와 같이 쓸 수 있다.

$$\delta_H = \frac{XL}{A_{CD}E} \quad \text{(f)}$$

이 형태는 예제 8.8의 (c)와 같은 결과이다.

에너지법의 활용은 예제 8.8에서 기술한 직접적인 해결방법과 같은 결과를 보여준다. 독자는 두 방법의 편이성을 비교하여야 한다.

예제 8.12 연속적인 굽힘과 비틀림을 받는 부재에 Castigliano의 정리를 사용하는 것을 설명하기 위해, 그림 8.25(a)의 스프링의 처짐 δ를 계산해 보겠다. 스프링은 반지름이 r인 철사로 R의 반지름으로 n번 감겨 있다. 스프링은 예제 6.4와 비교했을 때 끝이 코일의 중앙에 위치하지 않는다는 점을 제외하고 동일하지만, 코일의 가장자리로부터 직접 늘어난다. 스프링의 강성에 중요한 영향을 미치는 이러한 "미세한" 차이에 대해 알아보겠다.

- 이 문제는 축하중에 의한 비틀림 모멘트와 굽힘모멘트 둘 다 존재한다.
- P에 대한 변형률에너지와 미분을 알아보면, 스프링의 처짐에 대해 구할 수 있다.

그림 8.25(b)가 나타내는 것처럼 스프링의 각각의 고리마다 축방향 전단하중 $\mathbf{P}$와 비틀림 모멘트 $\mathbf{M}_t$, 굽힘모멘트 $\mathbf{M}_b$를 받는다. 이 자유물체도에 평형요구조건을 적용하면 아래의 관계를 알 수 있다.

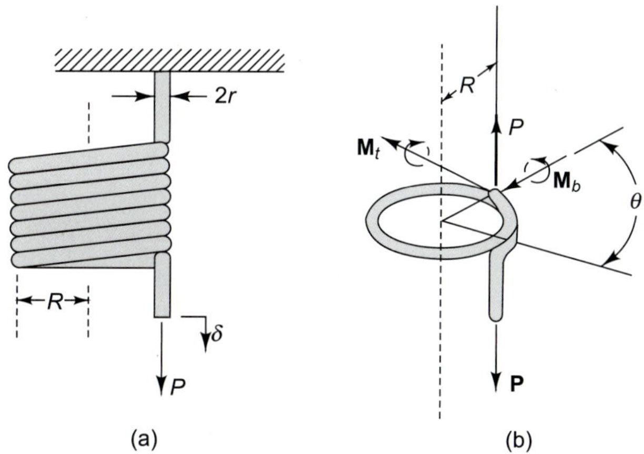

그림 8.25 예제 8.12

$$M_t = PR(1-\cos\theta) \qquad M_b = PR\sin\theta \tag{a}$$

비틀림과 굽힘으로 받는 철사(코일을 풀면 $2n\pi R$)의 총 변형률에너지 (8.8)은

$$\begin{aligned} U &= \int_0^{2\pi n} \frac{P^2R^2(1-\cos\theta)^2}{2GI_x} Rd\theta + \int_0^{2\pi n} \frac{P^2R^2\sin^2\theta}{2EI} R\,d\theta \\ &= \frac{P^2R^3}{2GI_x}3\pi n + \frac{P^2R^3}{2EI}\pi n \end{aligned} \tag{b}$$

이때 $I_x = \pi r^4/2$이고, $I = \pi r^4/4$이다. 그림 8.25(a)의 처짐 δ는 식 (8.9)에 따라

$$\begin{aligned} \delta = \frac{\partial U}{\partial P} &= PR^3\pi n\left(\frac{3}{GI_x} + \frac{I}{EI}\right) \\ &= \frac{4PR^3n}{Gr^4}\left(\frac{3}{2} + \frac{G}{E}\right) \\ &= \frac{4PR^3n}{Gr^4}\left(\frac{4+3\nu}{2+2\nu}\right) \end{aligned} \tag{c}$$

이때 포아송 비를 설명하기 위해 사용한 식 (5.3)을 이용한다. 같은 힘이 작용할 때, 예제 6.4처럼 끝단이 중앙에 있을 경우보다 두 배에 가까운 처짐을 받는 데 주목하라.

■ ■ ■

8.7 제한해석 *Limit Analysis*

6.12절에서 비틀림 문제와 연계해서 제한해석을 소개하였다. 이 해석기법을 굽힘 문제에 적용하기 위해 다시 설명하겠다. 제한해석을 하는 데 두 가지 필수적인 과정이 있다. 첫 번째 고려사항은 구조물의 형상이다. 이는 전체 구조물이 커다란 변형을 받기 위해서는 어떤 구조물의 부품이 큰 변형을 받아야 하는지 판단하는 데 필요하다. 두 번째 과정은 각각의 부품에 있어 극한하중의 균형을 맞추는 데 어떤 외력이 필요한지 결정하기 위한 평형정보를 포함한다.

한 개의 보나 여러 보가 연결된 구조물에 있어, 큰 변형을 겪는 부품들은 **소성힌지**(*plastic hinge*)이다. 7.10절에서, 완전-탄성 소성재료(elastic-perfectly plastic material)로 이뤄진 보에서 굽힘모멘트가 항복을 나타내는 모멘트 M_Y까지 선형적으로 성장할 때 곡률이 증가하는 것을 보았다. 곡률이 점차 커짐에 따라 굽힘모멘트는 점진적으로 **완전소성** 굽힘모멘트 M_L나 **한계**에 가까워졌다. M_L와 M_Y 사이의 비(ratio)는 K 인자를 나타내며, 이에 대한 몇몇 일반적인 보의 단면을 표 7.1에 도표화하였다. 보의 단면곡률이 항복에 의한 곡률에 비해 크다면, 이러한 경우를 소성힌지 H라 부르며 이 면에 대한 굽힘모멘트를 M_L로 가정해도 매우 작은 오차만이 발생한다.

큰 변형이 일어난 구조물의 형상 적합성은 주로 **붕괴기구**(*collapse mechanism*)라 부른다. 보의 붕괴기구에 대한 간단한 두 가지 예가 그림 8.26에 나와 있다. 단순지지보인 그림 8.26(a)는 소성힌지가 발생하자마자 큰 변형이 일어날 수 있다. 부정정 보인 그림 8.26(b)는 단순힌지 H_1이 발생해도 큰 변형이 일어날 수 없는데, 그 이유는 외팔보 AH_1 구간에 다른 소성힌지가 발생하기 전까지는 큰 변형이 일어나지 않을 것이기 때문이다. 그림 8.26(c)처럼

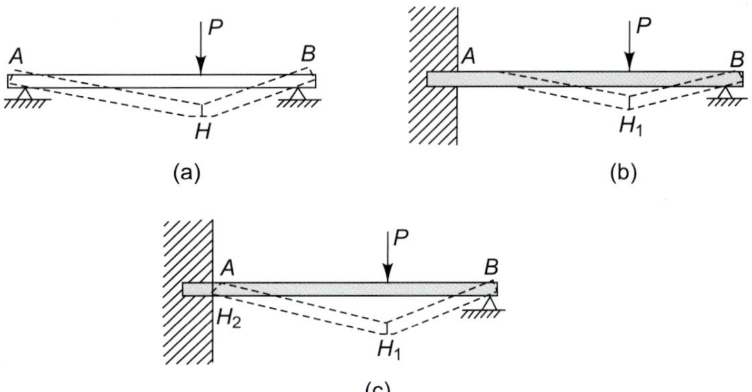

그림 8.26 (a) 붕괴로 발생되는 소성힌지, (b), (c) 두 개의 소성힌지가 필요한 보의 붕괴

두 개의 힌지 H_1과 H_2가 발생한다면 형상 적합성에 따라 보의 매우 큰 변형이 일어난다. 그림 8.26(c)는 그림 8.26(b)가 아닐 경우에 가능한 붕괴기구를 나타낸 것이다.

일반 구조물에서 소성힌지 H가 발생할 수 있는 지점은 어려운 문제이다. 하지만 집중하중과 그에 의한 반력을 받는 보의 경우는 꽤나 간단하다. 3.8절에서 이러한 경우에 가장 큰 굽힘모멘트는 항상 하중이나 반력이 발생하는 지점이다. 따라서 소성힌지는 오직 이러한 점에서 발생한다. 형상이 복잡한 보에서는 한 개 이상의 붕괴기구가 존재할 수 있다. 그러면 각각의 붕괴기구가 가능한 한계외력(external limit load)을 비교할 필요가 있다. 그중에서 가장 작은 한계하중을 요하는 기구가 실제 붕괴기구이다.

예제 8.13 그림 8.27은 C 지점에 고정되어 있고 A 지점에 단순지지된 보가 B 지점에 집중하중 P를 받는 것을 나타낸 것이다. 소성붕괴가 일어나는 한계하중 P_L을 구하여라.

- 굽힘모멘트 도표를 보면 소성힌지가 발생할 수 있는 지점을 알 수 있다. 이 경우 B와 C이다.
- 그런 다음 P_L에 의해 발생하는 적절한 모멘트를 찾을 수 있다.

그림 8.27(a)의 반력은 부정정 모멘트 M_C에 대한 평형요구조건에 따라 계산하였다. 평형분석법을 부재 AB와 BC가 나타난 자유물체도 그림 8.27(b)로 확대한다. 모든 전단응력과 굽힘모멘트가 부정정 모멘트 M_C에 의존함을 주의하라. 또한 이 평형분석법은 응력-변형률 법칙에 관계없이 유효함을 다시 강조한다. 응력-변형률 법칙과 형상 적합성 조건은 M_C의 크기가 고정된 상태로 대입된다. 예제 8.4에서 이미 이러한 순수 탄성인 경우의 문제 및 지지점 조건과 형상 적합성 조건으로부터 M_C를 결정하는 것에 대해 알아봤다. 여기서 M_C을 결정하는 유일한 조건은 P에 의한 붕괴가 일어나기 위한 힌지의 충분한 필요조건이다.

그림 8.27(c)에서 B와 C에서 소성힌지 모양의 붕괴가 일어난 모습을 볼 수 있다. B와 C의 굽힘모멘트의 양이 모두 M_L이어야 한다는 사실로부터 정량적 결과를 얻어야 한다. 그림 8.27(b)를 참고하여

$$\frac{2Pa}{3} - \frac{2M_C}{3} = M_L \qquad \text{(a)}$$
$$M_C = M_L$$

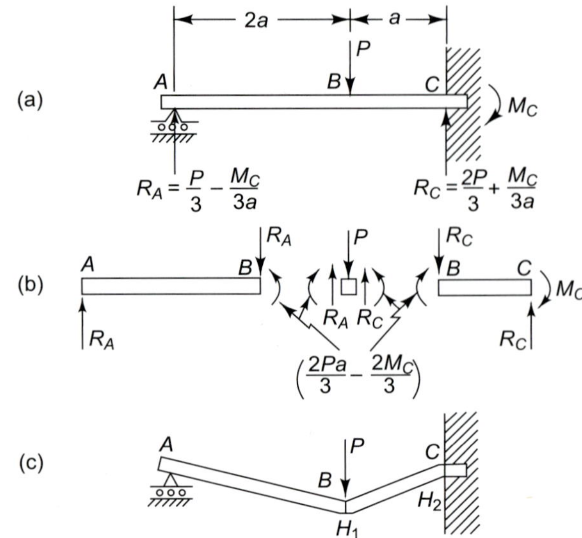

그림 8.27 예제 8.13. 부정정 보의 평형분석(a, b)과 붕괴 형상(c)

여기서 M_C를 없애면

$$P_L = 2.5\frac{M_L}{a} \tag{b}$$

이 소성한계하중을 얻을 수 있다.

순수탄성인 경우와 이 결과를 비교하기 위해, 그림 8.7로 돌아가서 C 지점에 발생하는 최대 굽힘모멘트에 대한 공식을 이용하면 항복 초기에 해당하는 하중 P_Y를 얻을 수 있다.

$$P_Y = 1.8\frac{M_Y}{a} \tag{c}$$

따라서 $K = M_L/M_Y$를 이용하여 나타내면

$$P_L = 2.5\frac{KM_Y}{a} = \frac{2.5}{1.8}KP_Y$$

혹은

$$P_L = 1.39KP_Y \tag{d}$$

따라서 이를 통해 P_Y와 이보다 큰 두 P_L 인자를 만들 수 있다. 다른 인자 K는 굽힘모멘트가 M_Y에서 M_L로 증가함에 따른 단면의 응력분포로 결정된다. 또 다른 인자(이 경우 1.39)는 보의 길이에 따른 굽힘모멘트의 분포에 의해 결정된다. 보가 탄성 거동을 한다면, B에서 굽힘모멘트는 C에서보다 적다. 소성흐름이 일어나므로 두 굽힘모멘트는 소성붕괴의 조건에서인 한계 M_L에 근접하는 경향을 보인다.

예제 8.14 그림 8.28에 나타난 구조물은 같은 재질의 동일 조건 외팔보 AC, CD와 두 외팔보 사이의 롤러 C로 구성되어 있다. 보에 대한 굽힘모멘트 한계는 M_L로 주어졌을 때, 구조물이 소성붕괴가 일어나는 하중 P의 한계값을 구하여라.

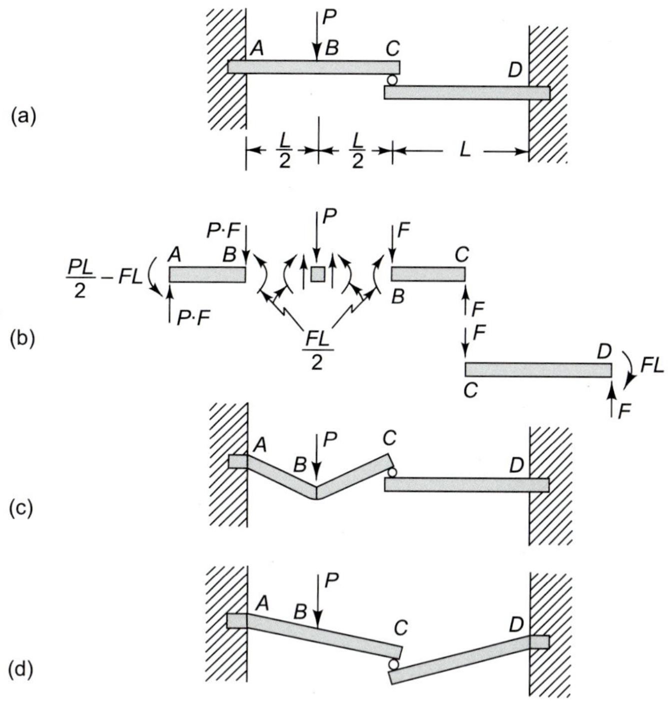

그림 8.28 예제 8.14. 구조물의 가능한 두 가지 붕괴형태

- 먼저 가능한 붕괴형태를 찾아야 한다.
- 붕괴기구의 끝점으로서 최소 두 점의 소성힌지가 발생한다.
- 가능한 하중 중 가장 작은 값이 한계하중이다.

힘과 평형요구조건이 그림 8.28(b) 보의 각 구간에 해당하는 자유물체도에 나와 있다. 구조물은 부정정상태이지만, 모든 힘과 모멘트는 연결지점 C에 작용하는 미지수 F를 이용해서 표현할 수 있다.

다음으로 붕괴의 형상으로 넘어가보면, 그림 8.28(c)와 (d)에 나타난 것과 같이 형상적으로 가능한 두 가지 다른 붕괴 모습을 찾을 수 있다. 그림 8.28(c)에서 외팔보 CD는 큰 변형 없이 A와 B 지점에 소성힌지가 발생하였다. 그림 8.28(d)의 경우는 A와 D 지점에 소성힌지가 발생하여 두 외팔보 모두 큰 변형이 일어났다. 두 붕괴기구 중 실제로 일어날 것을 결정하기 위해, 각각의 붕괴형태에 해당하는 P값을 구한다. P의 값이 작은 형태가 실제 붕괴기구이다.

그림 8.28(c)의 기구는 A, B의 굽힘모멘트가 한계굽힘모멘트 M_L로 같아야 한다.

$$\frac{PL}{2} - FL = M_L$$
$$\frac{FL}{2} = M_L \tag{a}$$

F를 제거하면,

$$P = 6\frac{M_L}{L} \tag{b}$$

그림 8.28(c)에 해당하는 하중을 얻을 수 있다.

이와 비슷하게 그림 8.28(d)는 A와 D의 굽힘모멘트가 한계굽힘모멘트 M_L로 같아야 한다.

$$\frac{PL}{2} - FL = M_L$$
$$FL = M_L \tag{c}$$

F를 제거하면,

$$P = 4\frac{M_L}{L} \tag{d}$$

그림 8.28(d)에 해당하는 하중을 얻을 수 있다. (d)가 (b)보다 작기 때문에, 구조물의 붕괴기구에 해당하는 모습은 그림 8.24(d)이고, 이때의 한계하중은

$$P_L = 4\frac{M_L}{L} \tag{e}$$

(b)의 결과가 잘못된 것을 증명하기 위한 또 다른 방법은 그림 8.28(c)의 힘의 분석을 연장하여 D 지점의 굽힘모멘트를 구하는 것이다. 만약 이를 통해 D 지점의 굽힘모멘트의 크기가 $2M_L$이라면, 이 보에서 발생하는 최대 굽힘모멘트가 M_L이라는 사실과 부합된다. 이러한 사실은 소성힌지가 그림 8.28(c)처럼 D 지점에 발생할 것을 나타낸다.

요약 *SUMMARY*

중립축의 곡률이 주어지면 이는 식 (8.1)에 의해 작용된 굽힘모멘트와 관련이 있다. 이 공식은 보의 처짐 형상을 알기 위해 사용한다. 미소변형의 특정 근사값을 얻기 위해, 식 (8.4)의 선형 미분방정식을 구하였다. 이 방정식이 보의 **모멘트-곡률** 관계이다.

보의 처짐 문제를 해결하기 위한 과정은 다음과 같다.

1. 평형요구조건을 이용하여 모멘트 M을 보의 길이에 따른 x에 관한 함수로 구한다.
2. 식 (8.4)의 모멘트-곡률 관계를 이용하여 이를 두 번 적분한다.
3. 형상 적합성 조건이나 필수 경계조건을 이용하여 적분상수를 결정한다.

형상 적합성 조건은 보의 두 개의 구간에서 서로 다른 하중을 받는 경우 사용한다. 두 구간의 연결부에 처짐의 연속성을 이용하여 모든 적분상수를 계산한다. 만약 특이함수(singularity functions)를 사용한다면, 이러한 조건을 자동적으로 만족할 수 있다.

부정정 보는 먼저 미지수를 줄여 정정 보로 만들고, 적당한 경계조건을 도입하여 만들어진 미지의 반력에 대하여 나타내어 해결한다. 간혹 세 가지 조건인 평형, 구성요소, 적합성 조건을 모두 사용해야만 해결할 수 있는 부정정 구조도 있다.

선형탄성에 대한 문제만을 다루기 때문에, 동일한 경계조건을 위해 곡률과 처짐 사이의 선형성으로부터 모멘트와 곡률 사이의 선형성을 나타내야 한다. 따라서 좀 더 복잡한 하중이 작용할 때 두 가지 경우를 중첩하였다. 그 후 일반적인 보의 처짐에 대한 해법을 도표화하여 더욱 복잡한 하중조건 문제를 해결할 수 있었다.

또한 주어진 하중조건으로부터 곧바로 처짐을 얻는 것은 식 (8.6)의 단일미분방정식을 이용하여 가능하였다. 하지만 경계조건이 평형조건을 수반함을 명심해야 한다.

처짐을 구하는 또 다른 방법은 에너지법이다. 특정 보를 포함하는 에너지를 구하면, 적당한

유사 힘(pseudo force)을 도입하고, 점의 처짐이나 회전을 확인하기 위한 에너지 변화와 같은 변위를 찾아 한 점의 처짐을 확인하는 것을 가능하게 한다. 이 방법의 장점은 전단응력에 의한 처짐을 꽤 쉽게 알 수 있다는 점이다.

소성변형 보의 한계에 있어, 소성힌지와 붕괴기구에 대해 알아봤다. 이러한 기구는 한계분석을 하는 데 유용하게 이용된다. 소성힌지가 발생할 지점(최대 굽힘모멘트 지점)을 찾는 것이 어렵지 않다. 소성힌지가 발생할 지점을 정하고 한계소성모멘트를 도입하고 분석하여 하중에 의한 한계조건을 확인하는 것이 가능하다. 이는 보를 설계하는 데 있어 반드시 고려해야 하는 한계하중을 확인하는 매우 유용한 방법이다.

문제 *PROBLEMS*

8.1 (a)~(h) 문제 3.1부터 3.8까지의 중립축의 처짐을 구하여라. 굽힘계수는 EI로 모든 보에 동일하다.

8.2 단순지지된 균일보의 길이 절반에만 작용하는 균일하중 w에 의한 중심의 처짐을 구하여라.

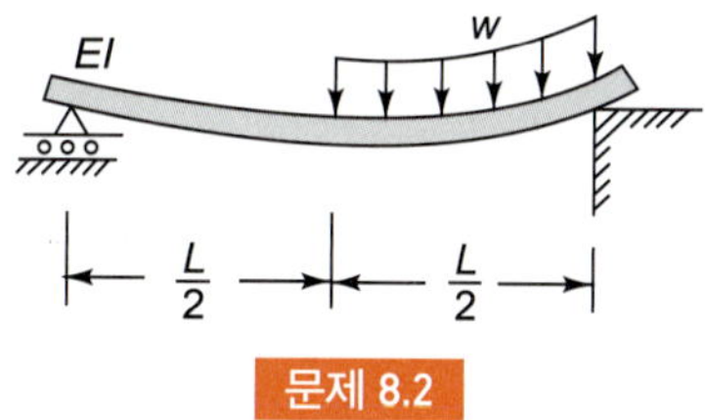

문제 8.2

8.3 균일한 보 AC의 굽힘계수 EI가 그림과 같이 길이 L로 표현되는 하중 P를 받고 있을 때 C점의 처짐을 구하여라.

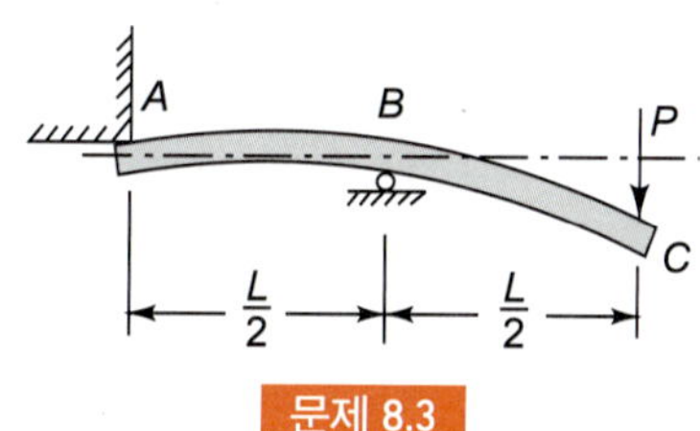

문제 8.3

8.4 그림과 같이 단순지지보에 중심으로부터 대칭인 힘이 작용할 때 중앙의 처짐을 구하여라.

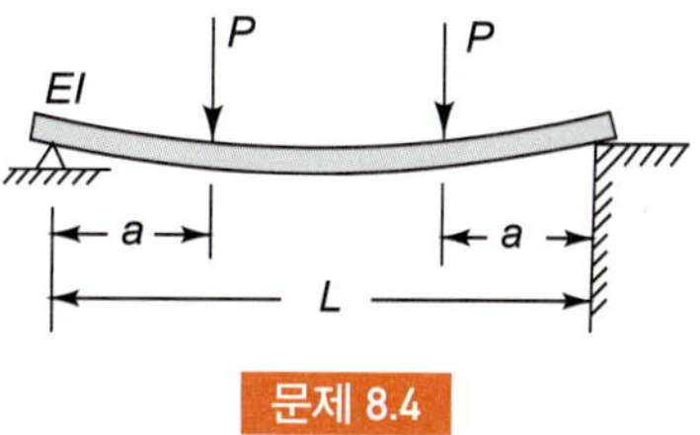

문제 8.4

8.5 그림과 같이 길이가 같고 균일한 탄성외팔보가 끝단에 롤러로 지지되어 있다. 이때 작용하는 하중 P로 인해 발생하는 각 보의 고정점(A, D)에서 발생하는 반력을 구하여라.

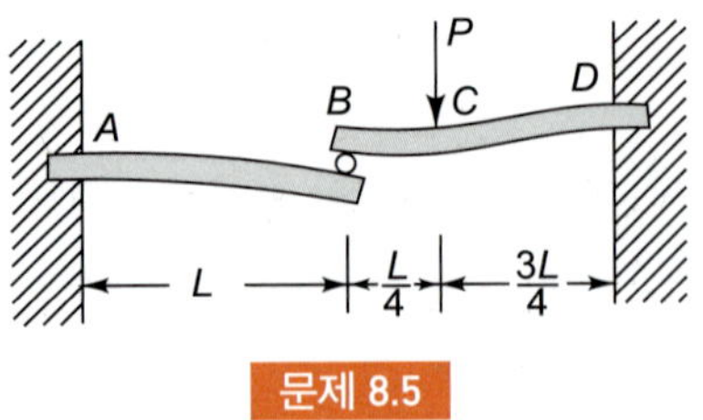

문제 8.5

8.6 반지름이 r인 원형 막대로 이루어진 부재 ABC가 평면과 평행하게 설치되어 있다. 수직하중 P가 작용할 때 주어진 평면과 탄성계수 E를 이용하여 C 지점의 처짐 v를 나타내어라.

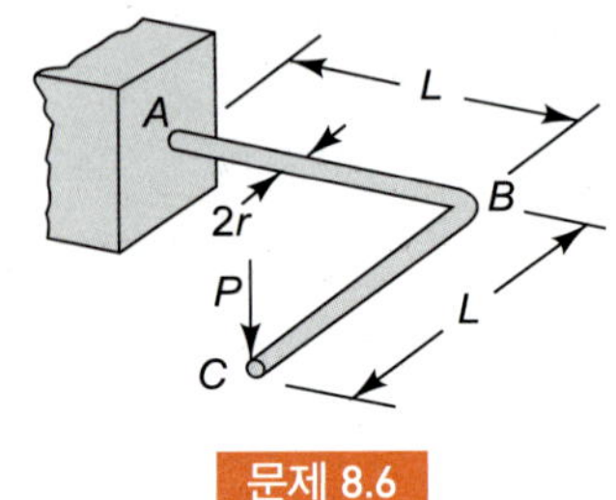

문제 8.6

8.7 굽힘계수가 EI이고 균일한 보가 그림처럼 놓여서 우력 M_o를 받을 때 끝단 A의 기울기 ϕ를 구하여라.

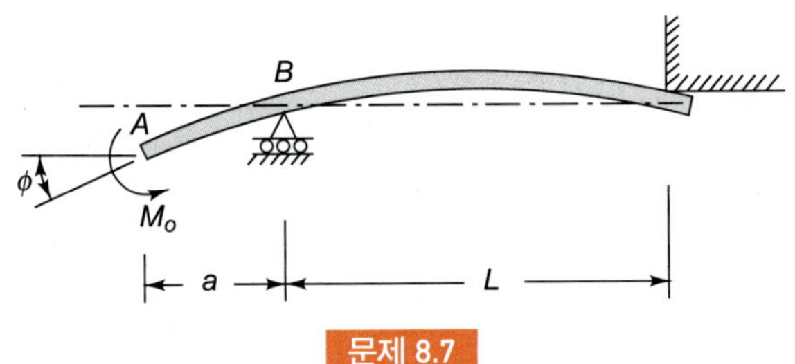

문제 8.7

8.8 2개의 수직기둥에 5개의 변형이 쉽게 일어나는(flexible) 수평보로 이뤄진 5층 구조물이 있다. 보와 기둥의 결합은 강체결합이다. 그림은 구조물이 세워진 원래 모양을 보여주고 있다. 그림과 같이 설치된 구조물에서, B가 길이 δ만큼 아래로 내려갈 때 수평보에 발생할 최대 굽힘모멘트를 예상해보자.

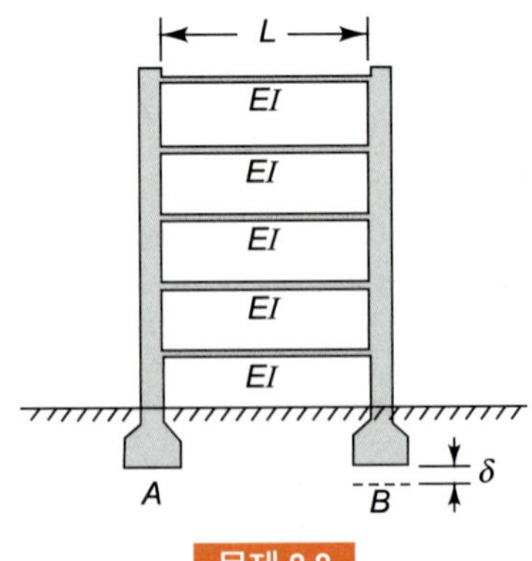

문제 8.8

8.9 A, B, C에 핀체결된 균일보가 있다. C에 작용하는 우력 M_o로 인한 끝단의 기울기 ϕ를 구하여라.

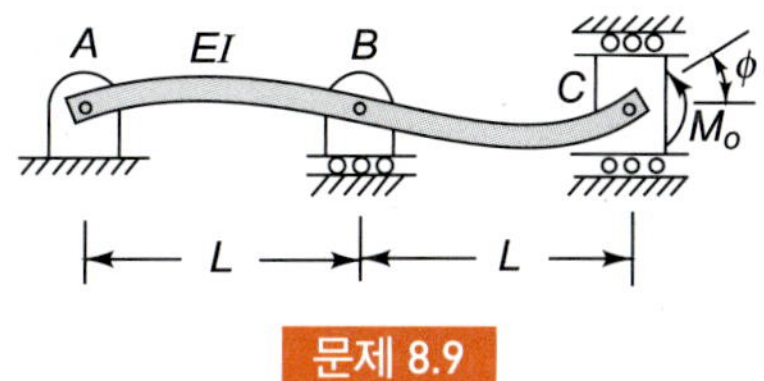

문제 8.9

8.10 그림과 같이 고정단과 자유단을 갖는 균일한 보의 중앙에 스프링이 달려 있다. 하중 P가 작용하여 발생될 처짐을 표현하여라. 굽힘계수는 EI, L ,스프링상수는 k로 일정하다.

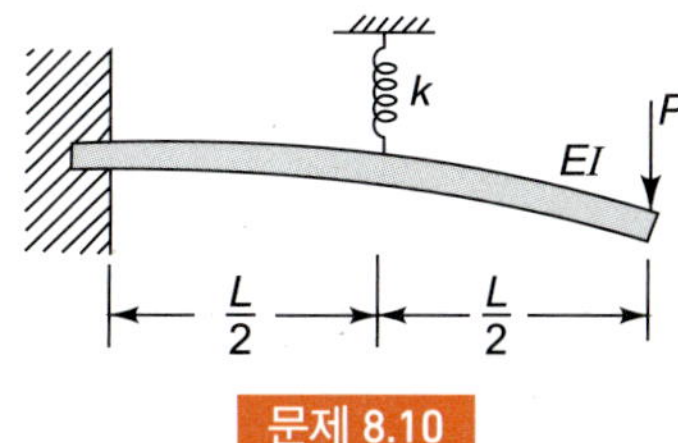

문제 8.10

8.11 양 끝단이 고정된 균일보가 있다. 균일분포하중 w로 인한 최대 굽힘모멘트와 최대 처짐을 구하여라.

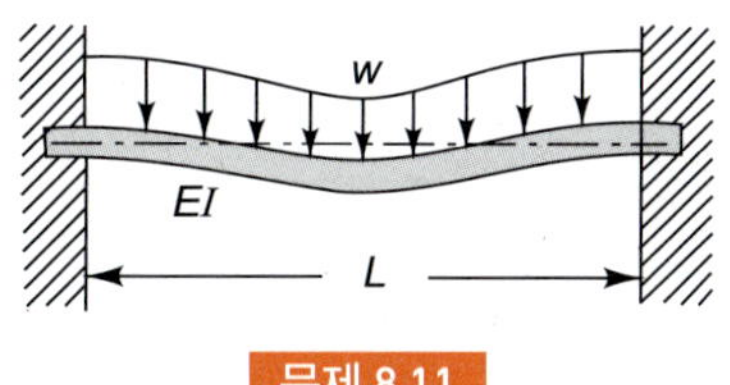

문제 8.11

8.12 그림과 같이 균일 외팔보의 중앙 일부분에 균일분포하중 W가 작용하고 있다. 오른쪽 끝단의 처짐을 보이면 아래와 같다.

$$\delta = \frac{7WL^3}{64EI}$$

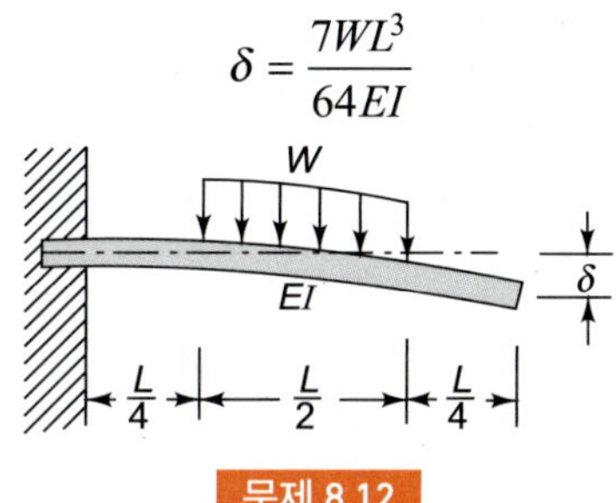

문제 8.12

8.13 A, B, C에 핀체결된 균일보가 그림과 같은 하중을 받고 있다. 이때의 처짐을 나타내면 다음과 같다.

$$\delta = \frac{23PL^3}{1,536EI}$$

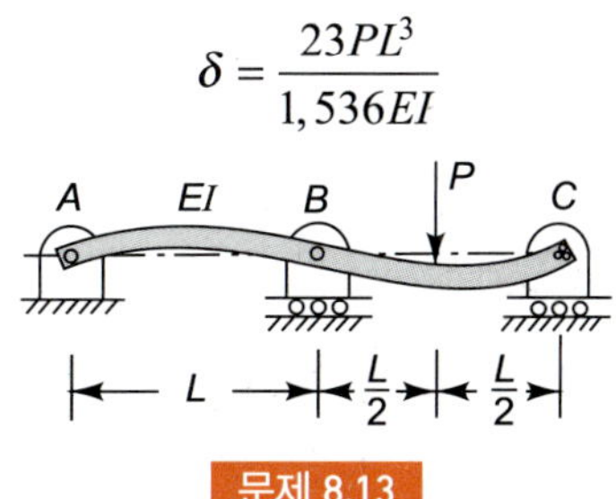

문제 8.13

8.14 균일한 외팔보 전체에 총 하중이 W인 선형분포하중을 받고 있다. 오른쪽 끝단의 처짐을 구하여라.

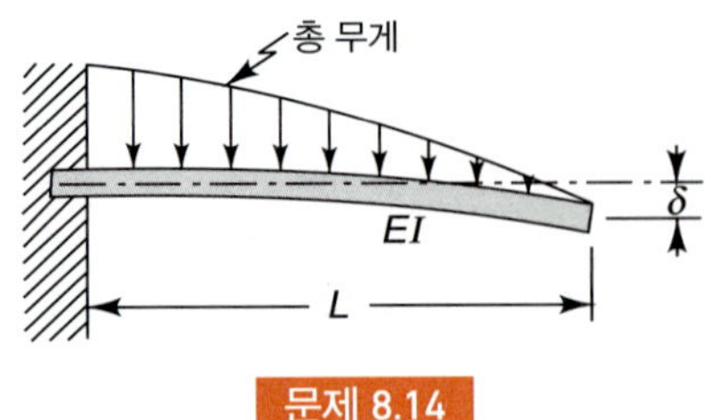

문제 8.14

8.15 그림과 같이 두 개의 외팔보는 오른쪽 끝단에 단순지지점을 가지는 (b)를 제외하고 일정한 하중을 받고 있다. 단위분포하중 w를 받고 있다. 다음을 비교해보라.

1. 최대 굽힘모멘트
2. 최대 처짐

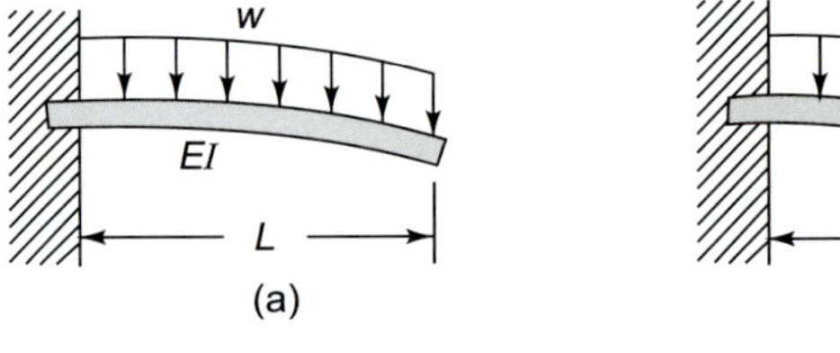

문제 8.15

8.16 그림과 같이 동일한 조건에 (a)는 길이가 L인 보 두 개가, (b)는 길이가 $2L$인 보 한 개가 놓여 있다. 같은 균일분포하중 w를 받을 때 아래를 비교하여라.

1. 중앙의 반력
2. 최대 굽힘모멘트
3. 두 경우에 있어 최대 처짐

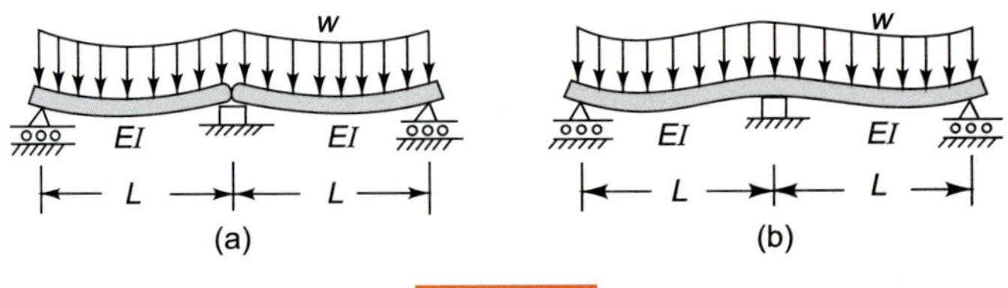

문제 8.16

8.17 두 경우의 끝단 A의 처짐을 구하고, $a/L \to 0$ 일 때 두 결과를 비교하라.

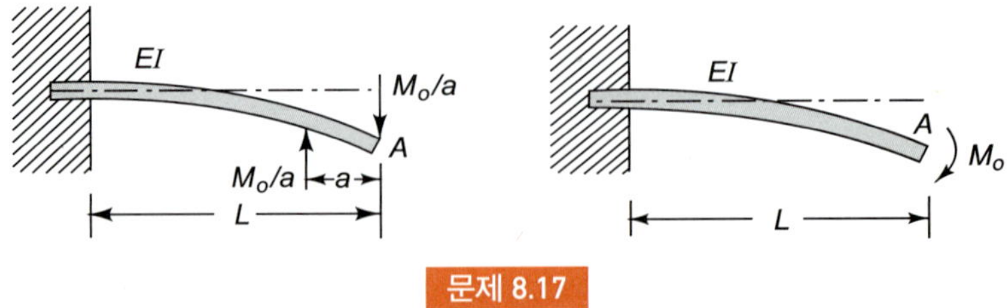

문제 8.17

8.18 3.6절에서 소개한 특이함수는 왼쪽 끝단으로 확장된 보의 자유물체도에서 x 구간의 굽힘모멘트를 표현하는 데 유용하다. 이 함수의 역을 만들면

$$g_n(x) = \langle a - x \rangle^n$$

이 함수는 **오른쪽** 끝단으로 확장된 보의 자유물체도에서 x 구간에 해당하는 굽힘모멘트를 표현하는 데 유용하다. $n \geqq 0$일 때 나타내면

$$\int_x^{\infty} \langle a - x \rangle^n \, dx = \frac{\langle a - x \rangle^{n+1}}{n+1}$$

과

$$\int \langle a - x \rangle^n \, dx = -\frac{\langle a - x \rangle^{n+1}}{n+1} + c$$

8.19 그림 8.7과 거울 대칭인 그림에서 굽힘모멘트를 나타내면

$$M_b(x) = R_A(L - x) - P\langle b - x \rangle^1$$

이는 문제 8.18에서 다룬 역특이함수이다. 풀이를 진행하여 부정정 반력 R_A를 얻어라. 각각의 풀이과정을 예제 8.4와 비교해보라.

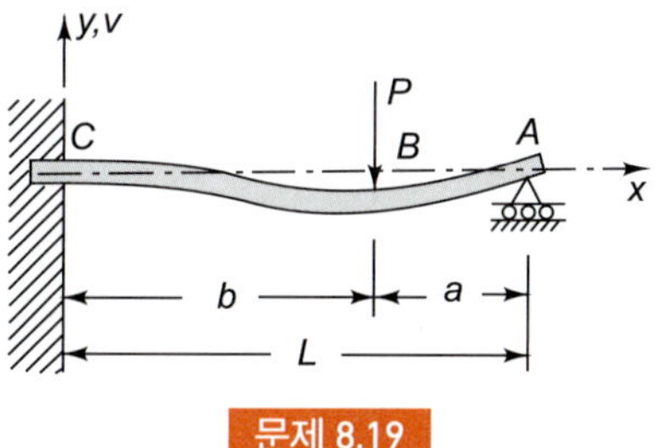

문제 8.19

8.20 하중이 없는 상태에서 균일한 보를 같은 거리만큼 스프링으로 지지하였다. 그림과 같은 지점에 하중 P가 작용할 때 각각의 세 스프링의 힘을 구하여라.

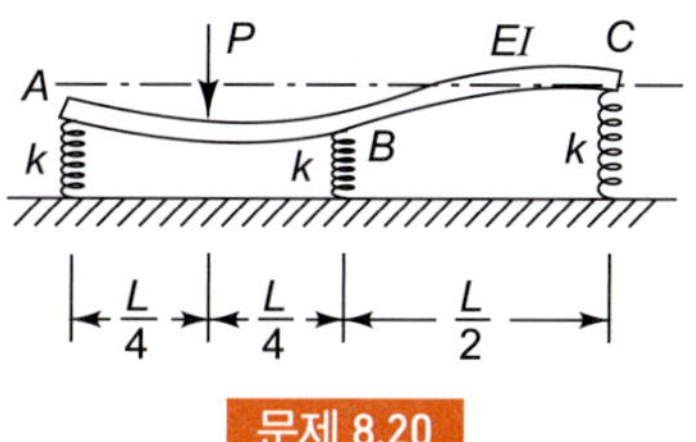

문제 8.20

8.21 분자선 측정기는 작은 알루미늄 날을 이용하여 만든다. 한쪽 끝을 고정시키고 다른 한쪽은 단순지지하였다. 날의 길이 $L = 300$ mm이고, 단면은 5×0.1 mm의 직사각형이다. 알루미늄의 탄성계수 $E = 68$ GN/m^{2}이다. 정확한 측정을 위해 알루미늄 날의 $0.5255L$의 지점(가장 감도가 큰 위치)에 힘 P가 작용한다. βL 지점에 해당하는 반대 면에서 빛이 반사될 때 가장 큰 반사각 ϕ를 이룬다.

(a) 최대 반사각 처짐 ϕ를 이루는 반사위치 βL의 위치를 구하여라.

(b) 최대 반사각 ϕ_{max}를 구하여라.

(c) 민감도 $k = S/P$를 구하여라.

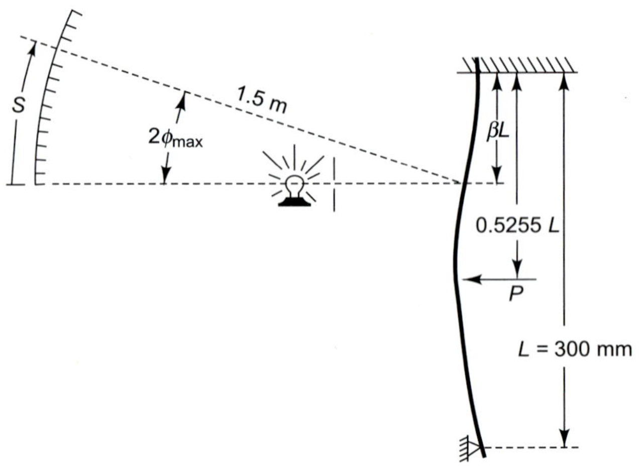

문제 8.21

8.22 Castigliano의 정리를 이용하여 외팔보 끝단의 처짐을 구하여라.

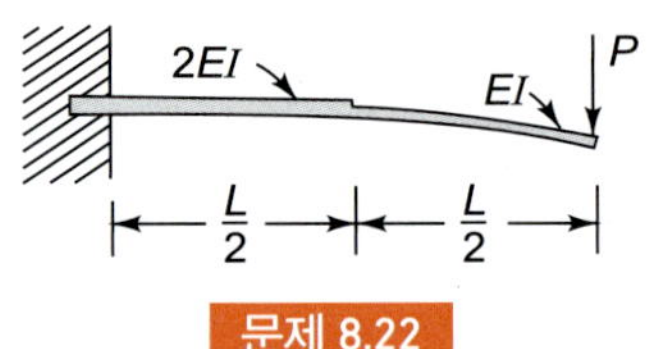

문제 8.22

8.23 반지름이 r인 탄성 와이어(wire)가 반지름 R을 이루는 1/4 원을 그리며 휘어져 있다. 굽힘과 축하중을 모두 주는 하중 P의 방향으로의 처짐 δ를 얻어라. 굽힘에 대한 영향과 축에 대한 영향의 비는 아래와 같다.

$$\frac{\delta_a}{\delta_b} = \frac{1}{4}\frac{r^2}{R^2}$$

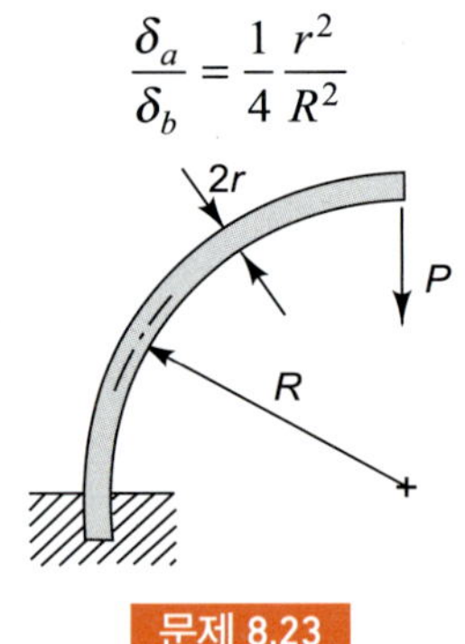

문제 8.23

8.24 그림에 나타난 부재의 처짐 함수 δ를 구하여라.

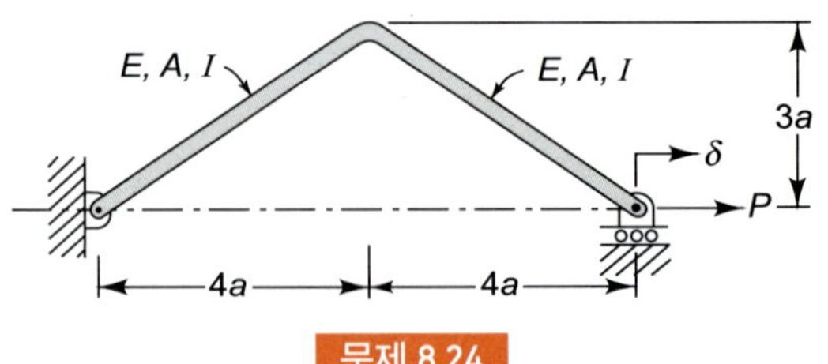

문제 8.24

8.25 반지름이 r인 와이어가 반지름 R의 3/4 원을 이루고 있다. C점의 수평 수직 처짐을 하중 P와 θ의 함수로 나타내어라.

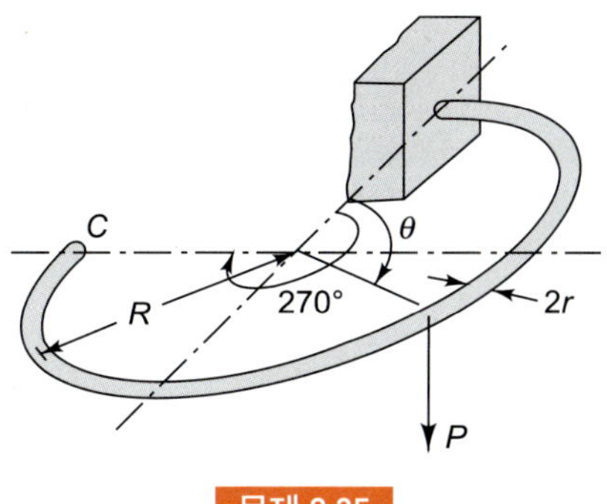

문제 8.25

8.26 지름 13 mm의 철재 기둥 AB, BC가 B 지점에 용접되어 있다. A 지점은 고정, C 지점은 핀체결되어 있다. L = 12.5 m이고, C 지점이 δ = 25 mm만큼 이동할 때 발생하는 최대 응력은?

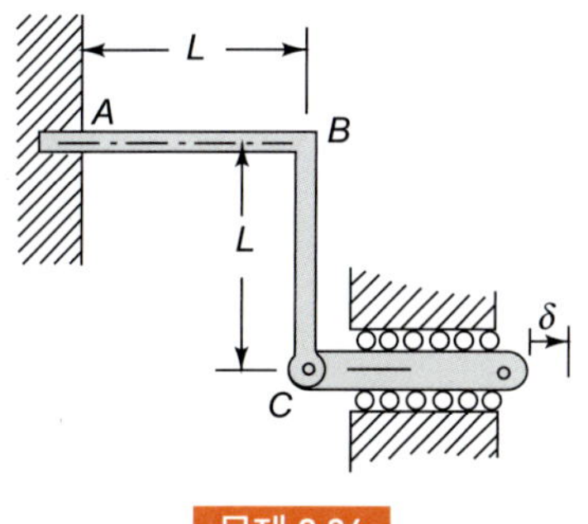

문제 8.26

8.27 레이저 실험에서 광선이 지름이 150 mm, 두께가 3 mm인 철제 튜브를 지나고 있다. 튜브가 길고 중앙이 처져 있기 때문에 들어간 빛의 절반만이 튜브를 통과한다. 이때 L의 길이는 얼마인가? 처짐을 줄이기 위해서는 좀 더 두꺼운 튜브를 사용해야 한다. 같은 직경의 튜브에 두께가 12 mm인 튜브를 사용한다면 얼마만큼 처짐을 줄이고 빛을 통과시킬 수 있는가?

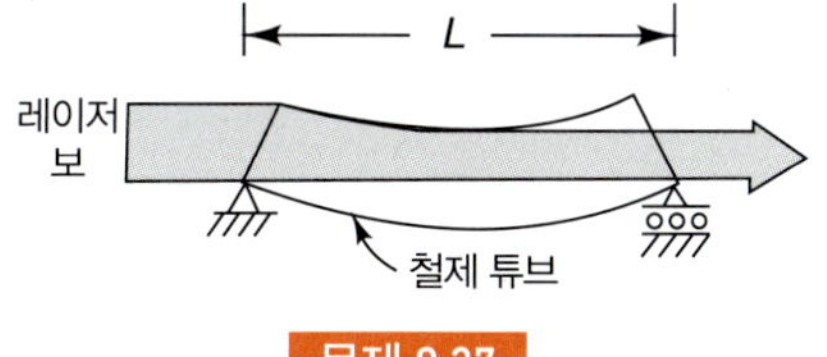

문제 8.27

8.28 단위길이당 15 kN/m의 균일분포하중을 받는 바닥이 있다. 단순지지되어 있는 이 바닥이 균열이 생기는 것을 막기 위해, 발생하는 처짐이 길이의 1/360을 넘지 않게 하려 한다. 바닥의 길이 L = 3.6 m이고 탄성계수가 E = 7 GN/m^{2}일 때, 허용될 수 있는 최소 관성모멘트 I의 값은 얼마인가?

8.29 직경 12 mm의 철제 축이 내부 직경이 17 mm인 강체 덮개(housing)를 통과하고 있다. 축은 양 끝에 베어링으로 단순지지되어 있다. 축과 덮개의 간격이 2.5 mm 이하가 되지 않게 하는 최대 굽힘모멘트 M_o를 구하여라.

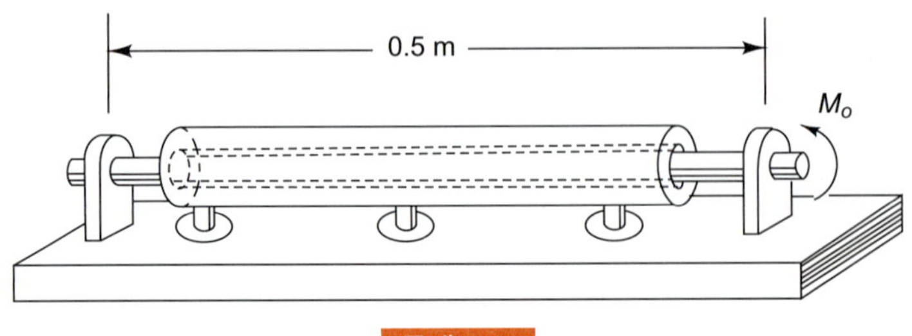

문제 8.29

8.30 길이가 L, 굽힘계수 EI로 서로 같은 보 AB와 CD가 있다. 보 CD는 단순지지되어 있는 반면, 보 AB의 끝단 A는 고정되어 있다. 그림과 같이 두 보의 중점이 서로 동일한 위치에 놓여 있을 때, 하중 P에 의한 처짐을 구하여라.

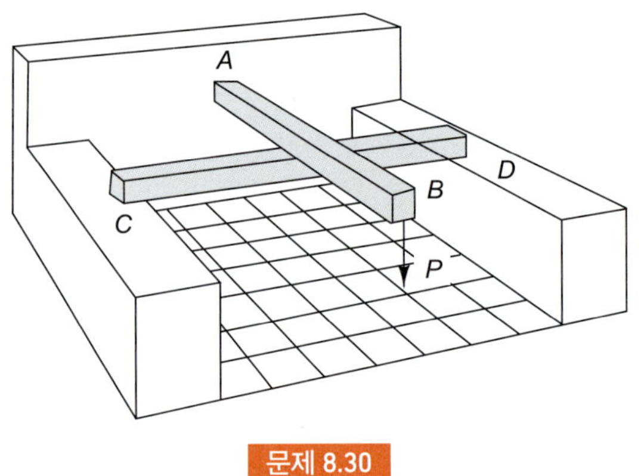

문제 8.30

8.31 토크렌치(torque wrench)는 평평한 철제 봉의 처짐을 이용하여 볼트나 너트에 가해진 토크를 측정하는 기구이다. 일반적인 모습은 그림에 나타난 것과 같다. 토크를 나타내는 눈금을 계산하여라. 즉 주어진 토크에 대해, 눈금에서 얼마만큼 처짐이 발생하는지 구하여라.

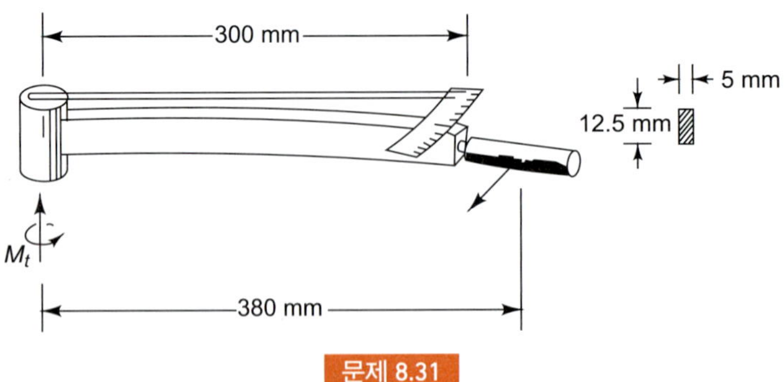

문제 8.31

8.32 외경 10 cm, 내경 8 cm인 철제 파이프 콘크리트에 세워 만들어진 표지판이 있다. 그림과 같이 무게가 250 N인 표지판이 걸려 있을 때 기둥의 끝이 측면으로 얼마만큼 처지는지 구하여라.

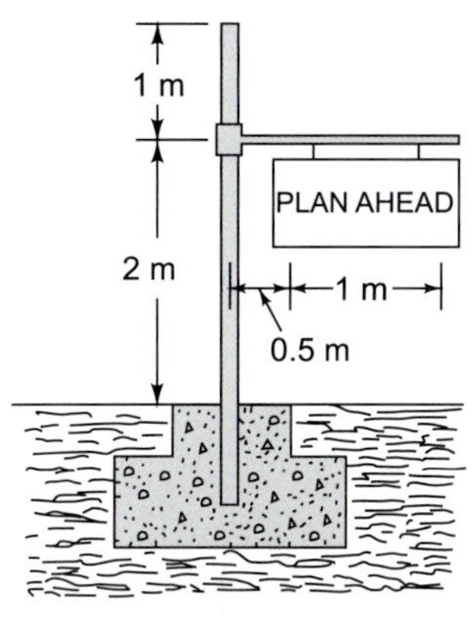

문제 8.32

8.33 양 끝이 단순지지된 거더교(girder bridge)의 중앙에 부교(pontoon)가 위치해 있다. 다리 위에 균일분포하중 w가 작용하면 부교가 얼마만큼 잠기겠는가? 다리의 길이는 L, 물의 체적은 γ, 수면과 접하는 부교의 면적은 A이다.

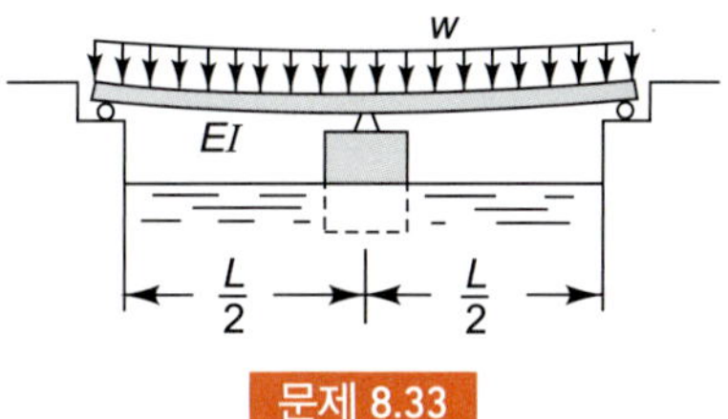

문제 8.33

8.34 굽힘에 매우 강한 보와 상대적으로 약한 보를 용접 부착하여 양 끝을 단순지지하였다. 굽힘강도가 EI고 굽힘에 강한 보가 어떠한 휨도 없이 굽힘모멘트를 전달한다고 가정했을 시, 중심에 하중 P가 작용할 때 처짐은 어떠한가?

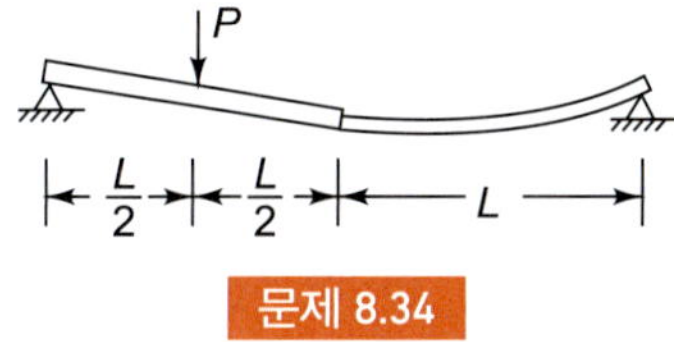

문제 8.34

8.35 길이가 L인 단순지지된 보의 중심에 $L/3$ 길이, 무게 W인 다소 유연한 균질체 박스가 놓여 있다. 이때의 처짐을 평가하고, 박스의 무게를 중심의 집중하중 w로 가정했을 때 결과와 비교하여라.

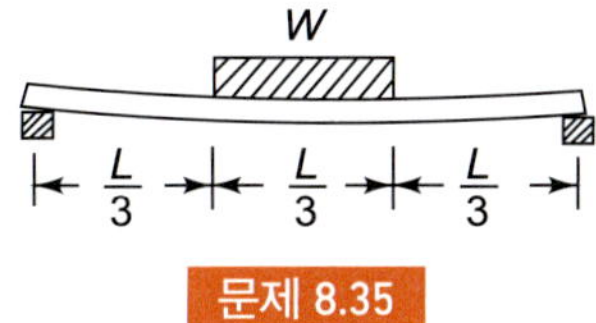

문제 8.35

8.36 균일한 보가 강체표면 위에 두 개의 롤러 직경 d만큼 이격되어 있다. 그림과 같은 위치에 두 개의 하중이 작용할 때 전체 길이의 1/4 지점에 접하게 되는 P의 크기를 구하여라.

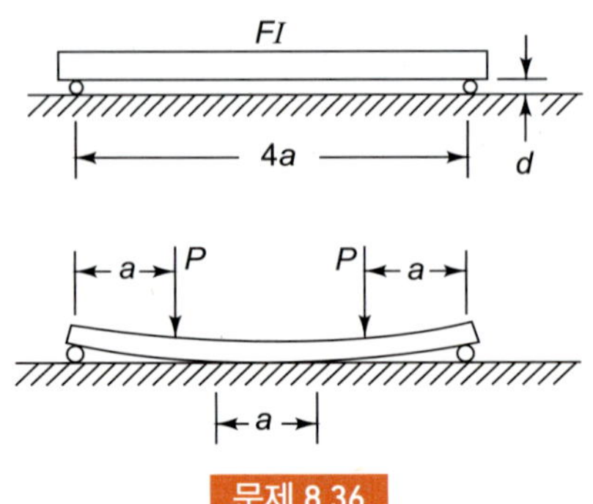

문제 8.36

8.37 (a)와 같이 같은 굽힘계수 EI를 갖는 두 개의 외팔보가 고정되어 있다. 하중 P가 작용할 때 처짐 δ를 구하여라.

$x = 0$과 $x = L$ 지점이 연결되어 있다 가정하고, $0 < x < L$ 구간의 처짐곡선을 얻어 가정의 정확성을 확인하라.

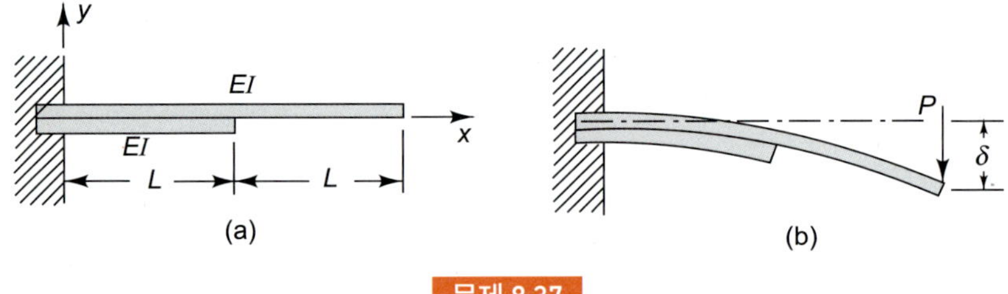

문제 8.37

8.38 문제 7.19에서 하중 P가 작용하여 c 길이만큼 기둥이 블록과 접촉할 때 끝단의 처짐 δ를 계산하라.

8.39 문제 7.24의 외팔보 끝단의 처짐을 구하여라.

8.40 낮은 강성으로 각도의 변화 없이 수평을 움직이도록 설계한 탄성곡률계가 나타나있다. 유연기둥은 50 × 6 × 1.50 mm 치수의 인청동(phosphor bronze)으로 만들어졌다. 유연기둥이 강체결합되어 있고, $E = 100\ \text{GN/m}^2$, $\sigma_Y = 350\ \text{MN/m}^2$일 때

(a) 이 계에 대한 힘-처짐 관계는 무엇인가?

(b) 항복응력 σ_Y가 작용하기 직전의 최대 처짐 δ는 얼마인가?

문제 8.40

8.41 교재에서 보의 처짐을 다룰 때는 오직 굽힘에 의한 영향만을 다뤘다. 즉 전단의 영향은 무시하였다. 아래와 같은 방법으로 전단에 의한 처짐의 크기를 예상해 볼 수 있다. 굽힘에 의한 처짐 $v_b(x)$와 전단에 의한 처짐 $v_s(x)$를 합하여 전체 처짐 $v(x)$를 얻는다고 생각해보자. 교재에서처럼 전단력을 무시하여 굽힘에 의한 처짐을 구한다. 그림과 같이 전단에 의한 처짐은 굽힘모멘트를 무시하여 추정해볼 수 있다. (b)에 나타난 굽힘 처짐은 수직단면은 처짐 후에도 수직이라는 단순화된 가정을 기반으로 한다. 그리고 각각의 요소는 **일정한** 전단변형률 γ_{xy}를 받는다. 그림 7.16이 나타내는 것처럼 각각의 단면의 전단변형률이 다르고, 처짐 이후의 단면은 수직이 아니라는 점에서 이 가정은 단순화된 것이다. 하지만 실체 처짐에서 발생하는 최대 전단변형과 같은 동일한 전단변형률 γ_{xy}를 적용한다면, 이 가정은 **과대평가**한 것이 된다. $\tau_{xy}(x)$가 7장의 평형분석법으로 얻은 단면의 최대 전단응력을 나타낸다면, 여기서 나타낸 전단 처짐의 형상은 아래의 미분방정식을 만족해야 한다.

$$\frac{dv_s}{dx} = \frac{\tau_{xy}}{G}$$

(a)와 같이 직사각형의 외팔보 치수가 주어졌을 때, $x = L$ 위치의 전단, 굽힘 처짐의 비는

$$\left(\frac{v_s}{v_b}\right)_{x=L} = \frac{3(1+\nu)}{4}\frac{h^2}{L}$$

따라서 보의 길이가 단면의 높이의 10 이상일 경우, 전단에 의한 굽힘은 굽힘에 의한 처짐의 1%가 채 되지 않는다.

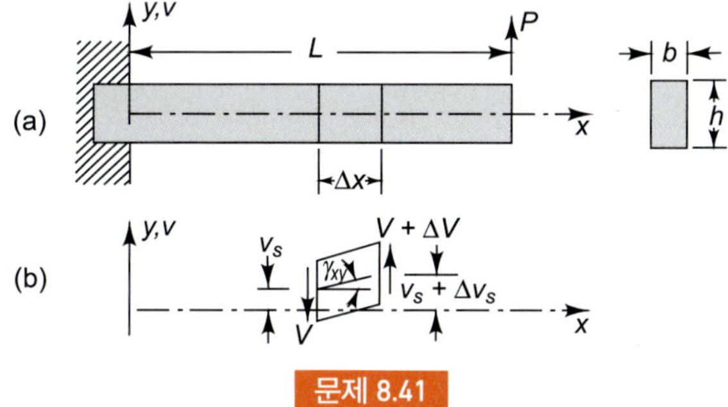

문제 8.41

8.42 보의 처짐에서 전단이 미치는 상대적 중요도를 문제 8. 41에서 평가하였다. 보다 나은 근사법은 7.8절에서 만든 에너지 표현에 대한 Castigliano의 정리를 이용하는 것이다. 에너지 접근법을 이용하여 문제 8.41을 풀고 근사치를 나타내면

$$\left(\frac{v_s}{v_b}\right)_{x=L} = \frac{3(1+\nu)}{5}\frac{h^2}{L^2}$$

8.43 (a)는 굽힘모멘트 $M_b(x)$에 의한 휘어지는 보의 중립축 궤적을 나타낸 것이다. (b)는 그에 해당하는 M_b/EI 값을 나타낸 것이다. 굽힘이 곡률에 대한 근사치 식 (8.3)이 유효할 만큼 충분히 작다고 생각하였다. 이 도표를 이용하여 아래의 **면적-모멘트** 정리를 구해보자. (1) x_1와 x_2에서의 중립축의 접선이 이루는 각 ϕ_{12}는 x_1과 x_2 사이에 M_b/EI 도표 아래에 십

자 모양의 빗금이 쳐져 있는 영역과 같다. (2) x_1와 x_2에서의 중립축의 접선 사이의 거리 ϵ_{12}는 x_1, x_2 사이의 첫 번째 모멘트의 빗금 영역과 같다.

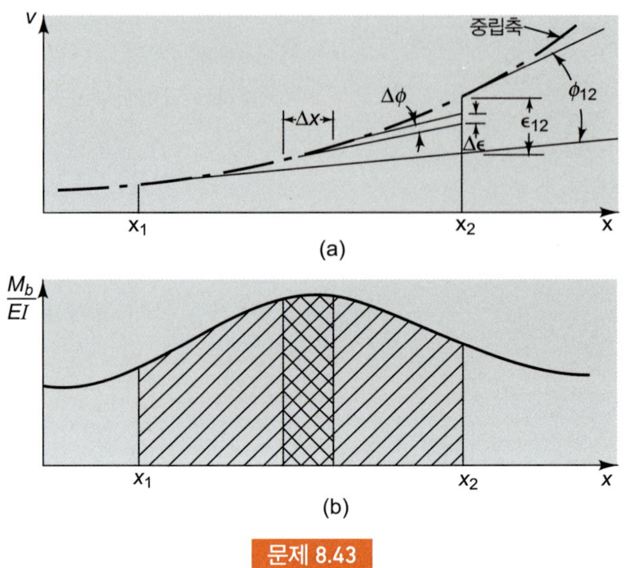

문제 8.43

8.44 정밀한 망원경에서, 균일한 튜브가 그림과 같이 서로 대칭의 위치에 단순지지되어 있다. 튜브는 끝단의 렌즈로 인한 처짐을 최소화할 만큼의 강성을 갖고 있지만, 각도 θ가 0에서 90°까지 변함에 따라, 중력으로 인해 각기 다른 양의 처짐이 발생할 것이다. 만약 두 개의 렌즈가 **정확히 평형**이라면, 이러한 굽힘이 광학 정렬성에 주는 영향은 매우 작을 것이다. 이러한 조건을 만족하는 지지점의 위치를 찾아라. 렌즈의 무게는 무시한다.

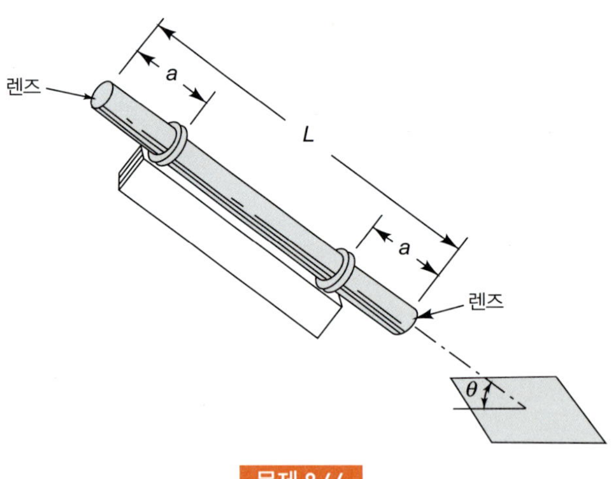

문제 8.44

8.45 광학 정밀 측정기구의 거울이 그림과 같이 대칭인 위치에 단순지지되어 있다. 측정을 진행하는 동안 θ 가 0에서 90°로 변함에 따라 중력에 의한 처짐도 변할 것이다. 지점들의 위치가 평평하도록 최소화하게 나누고, 즉 고정각 θ에서 가장 큰 굽힘 경사각을 최소화할 수 있는 a의 값을 구하여라.

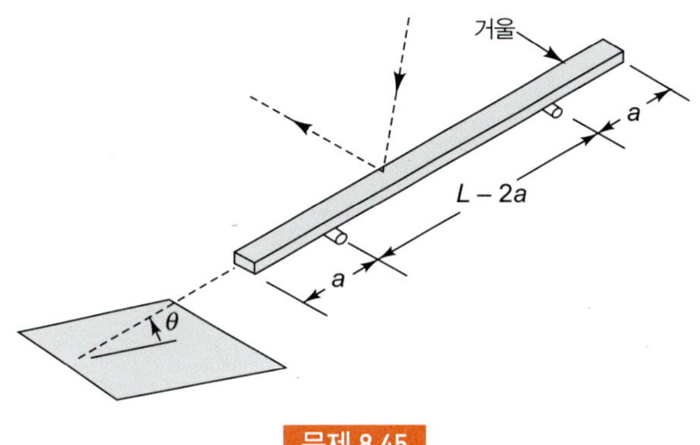

문제 8.45

8.46 너비 13 mm, 두께 0.8 mm의 철제 운형자(french curve)가 (a)에 나타나 있다. 이 도구는 그림과 같이 A, B, C점을 직선에 가깝게 연결하기 위해 사용한다. 그러기 위해서는 (b)처럼 손가락을 이용하여 양쪽 끝단에 힘을 가해서 세 점을 지나도록 구부려야 한다. 운형자에 의해 생기는 곡선은 무엇인가? 중앙부의 처짐에 대한 방정식을 작용하는 힘 P에 대해 함수로 나타내라. 또한 그림 5.5(a)의 강철 중에 어떠한 것이 가장 알맞은가? 운형자가 소성변형하기 직전의 최대 하중 P를 예상해보라.

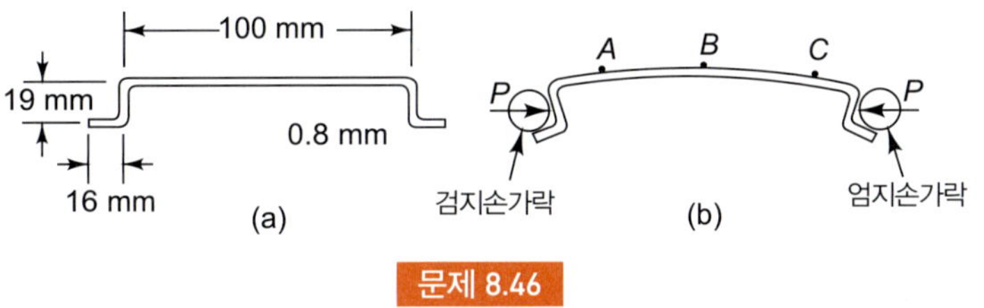

문제 8.46

8.47 그림과 같이 크기는 같지만 서로 다른 재질의 보가 본드 접합 처리되어 설치되어 있다. 각각의 탄성계수와 열팽창계수가 E_1, E_2, α_1, α_2로 주어졌다면, 보의 온도상승 T에 따른 끝단의 처짐을 예상해보라.

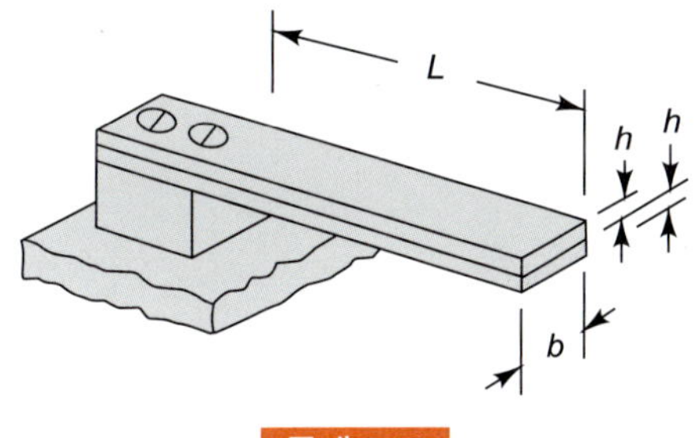

문제 8.47

8.48 그림과 같이 반지름 R의 강체디스크(rigid disk)와 두 개의 막대가 설치되어 있다. 디스크에 회전모멘트 M_o이 작용할 때 발생하는 미소 비틀림각을 ϕ_o라 할 때, 디스크의 비틀림 스프링상수(torsional spring constant) $k = M_o/\phi_o$를 R, L, EI를 이용하여 나타내어라.

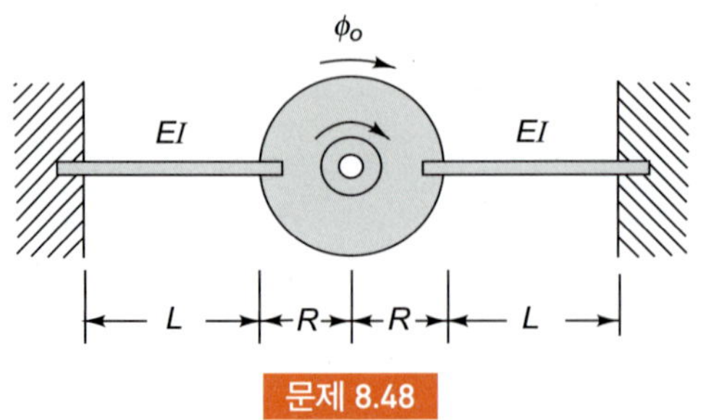

문제 8.48

8.49 탄성계수가 E인 직사각형의 외팔보가 그림과 같이 설치되어 있다. 그림과 같이 끝단의 중심에서 편향된 하중 P가 작용할 때의 처짐을 예상해보라.

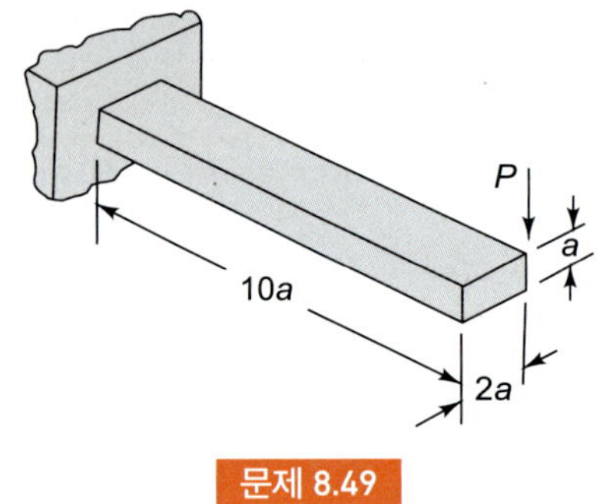

문제 8.49

8.50 문제 8.5의 두개의 보가 충분히 소성이거나 한계굽힘모멘트가 M_L이라고 가정할 때, 소성붕괴가 일어나는 하중 P의 값을 구하여라.

8.51 문제 8.11에서 소성-한계모멘트가 M_L일 때, 소성붕괴가 일어날 하중 w의 값을 구하여라.

8.52 그림과 같이 보 AD가 고정되어 있다. 완전소성 굽힘모멘트는 M_L이다. a가 $0 < a < L$로 변할 때, 소성붕괴가 일어날 한계하중값 P의 함수를 구하여라. 사슬과 그네의 좌석부는 변형이 없다고 가정한다.

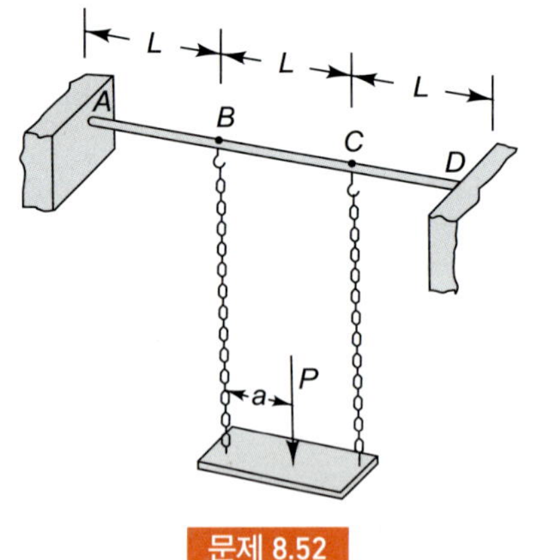

문제 8.52

8.53 그림과 같이 서로 다른 재료의 직사각형 보를 용접하여 단순지지하였다. 1의 항복강도를 Y, 2의 항복강도를 $0.5Y$라 할 때, 소성붕괴가 일어날 한계 하중 P를 예상해보라.

문제 8.53

8.54 A 지점은 고정, B와 C 지점은 핀으로 체결한 보가 있다. 완전소성 굽힘모멘트가 M_L일 때, 소성붕괴가 일어날 한계하중 P를 찾고, 붕괴형태를 나타내어라.

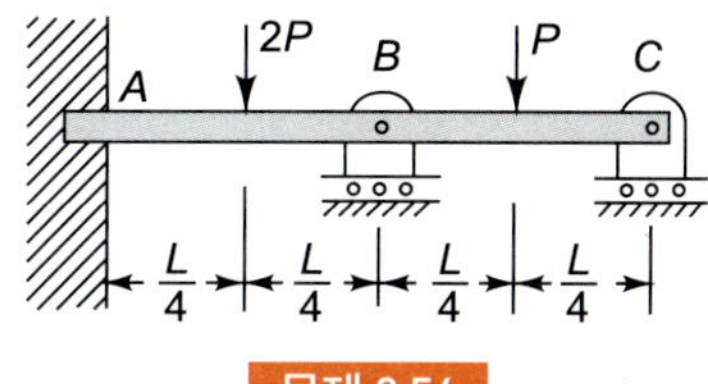

문제 8.54

8.55 그림과 같은 하중이 작용하는 보의 첫 번째 항복이 일어나는 굽힘모멘트가 M_Y이고, 한계굽힘모멘트는 $M_L = KM_Y$일 때, 아래의 관계를 보여라.

$$\frac{P_L}{P_Y} = \frac{4}{3}K$$

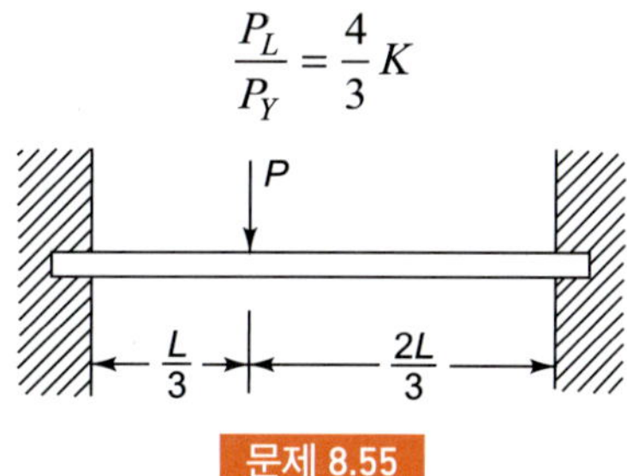

문제 8.55

8.56 문제 8.55의 하중 P가 중앙에 작용할 때, 아래의 관계를 나타내라.

$$\frac{P_L}{P_Y} = K$$

8.57 그림과 같은 하중이 작용하는 보의 첫 번째 항복이 일어나는 굽힘모멘트가 M_Y이고, 한계굽힘모멘트는 $M_L = KM_Y$일 때, 아래의 관계를 보여라.

$$\frac{P_L}{P_Y} = \frac{9}{8}K$$

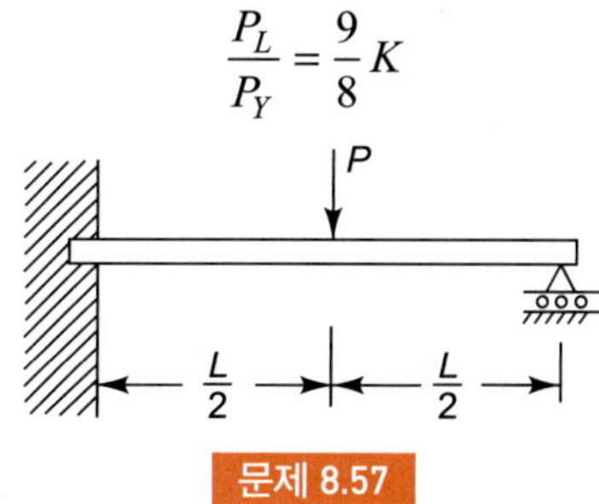

문제 8.57

8.58 예제 8.5에서 변형이 쉽게 일어나는 봉이 테이블에서 a만큼 돌출되도록 놓여 있을 때, 끝단에서 $\sqrt{2}a$만큼은 테이블과 접하지 않음을 보았다. 봉의 길이 L이 $(1+\sqrt{2})a$ 이상일 때만, 이 관계가 유효하다. 만약 봉의 길이가 $2a$보다 작다면, 봉이 테이블에서 뜨게 되어 이러한 공식은 불가능하다. 그렇다면 봉의 길이가 $2a < L < (1+\sqrt{2})a$일 때의 상황은 어떠한지 분석하라.

8.59 7장에서 비대칭보에 대한 중립축의 곡률은 일반적이지 않다는 것을 보았다. 하지만 xy, xz 평면에 대한 중립축의 투영 곡률을 통해 최종적인 곡률을 보여줄 수 있었다(그림 7.35 참조). 이러한 미소 곡률을 y, z축 방향의 변위요소 v, w를 이용하여 나타내면

$$\lim_{\Delta s_1 \to 0} \frac{\Delta\alpha}{\Delta s_1} \approx \frac{d^2 v}{dx^2}$$

$$\lim_{\Delta s_2 \to 0} \frac{\Delta\beta}{\Delta s_2} \approx \frac{d^2 w}{dx^2}$$

7장의 모멘트-곡률 관계식 (7.63)을 이용하면, 굽힘-모멘트 요소의 중립축 변위와 관련된 아래와 같은 미분방정식을 얻을 수 있다.

$$\frac{d^2 v}{dx^2} = \frac{1}{E}\frac{I_{yz}M_{by} + I_{yy}M_{bz}}{I_{yy}I_{zz} - I_{yz^2}}$$

$$\frac{d^2 w}{dx^2} = -\frac{1}{E}\frac{I_{zz}M_{by} + I_{yz}M_{bz}}{I_{yy}I_{zz} - I_{yz^2}}$$

이 결과를 이용하여 문제 7.77의 끝단의 변위를 계산하라.

8.60 문제 7.78의 외발보 끝단의 수직, 수평처짐 요소를 결정하라.

8.61 그림과 같이 설치된 길이 L의 A에 고정된 외팔보의 끝단 B에 모멘트 M_o에 의한 하중이 작용하고 있다. 보가 구부러져 반지름이 ρ인 원의 호처럼 될 때, 끝단 B의 처짐과 기울기를 구하여라. 굽힘 M_o에 의한 처짐은 표 8.1의 3번과 같이 나타난다.

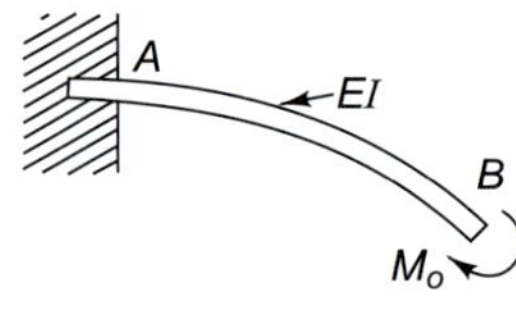

문제 8.61

8.62 그림과 같이 강체 림(rim)과 변형이 쉽게 일어나는 기둥으로 이루어진 조향장치가 있다. 림과 기둥은 길이가 r, 탄성계수가 E인 막대로 연결되어 있다.

(a) 림에 우력 M_x가 작용하여 기둥에 비틀림 ϕ_x가 발생할 때, 이때의 강성 $k_x = M_x/\phi_x$를 평가하여라.

(b) 림에 우력 M_y가 작용하여 기둥에 비틀림 ϕ_y가 발생할 때, 이때의 강성 $k_y = M_y/\phi_y$를 평가하여라.

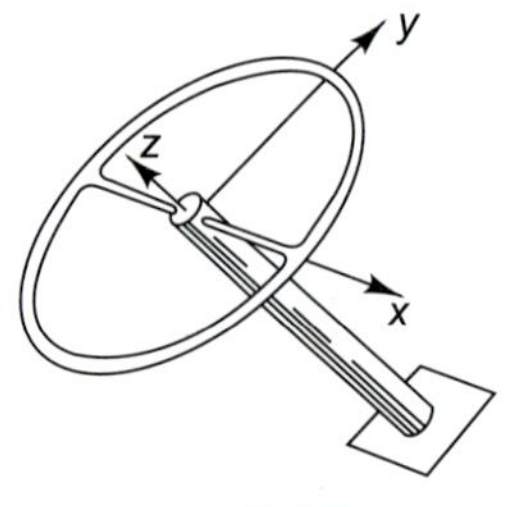

문제 8.62

8.63 그림 7.30과 같이 직사각형 단면의 완전−탄성소성 보가 단순지지되어 있다. 남아 있는 보에 대한 모멘트−곡률 관계가 식 (8.1)일 때, 보의 중앙 3분점(middle third)에 대한 모멘트−곡률 관계는 식 (7.45)이다. 만약 좌표의 원점이 보의 중앙에 위치할 때, 곡률에 대한 근사값 식 (8.3)을 이용하여 변형된 중립축을 나타내면

$$0 < x < \frac{a}{3}\text{일 때}\quad v = -\frac{M_Y a^2}{EI}\left[\frac{20}{27} - \frac{4}{3\sqrt{3}}\left(\frac{x}{a}\right)^{3/2}\right]$$

$$\frac{a}{3} < x < a\text{일 때}\quad v = -\frac{M_Y a^2}{4EI}\left[1 - \left(\frac{x}{a}\right)^2\right]\left(3 - \frac{x}{a}\right)$$

중앙의 처짐이 20/9배가 될 때 항복이 시작된다면, 이때의 중앙의 처짐을 확인하여라.

8.64 굽힘계수가 EI인 균일보가 탄성이 있는 바닥에 놓여 있다고 생각해보자. 보의 변위 $v(x)$가 발생할 때 바닥에서 가하는 분포반력의 세기를 $-kv$라고 가정한다. 외력 $q(x)$가 작용할 때 발생하는 변위가 아래의 미분방정식을 만족하는지 확인하여라.

$$EI\frac{d^2 v}{dx^4} + kv = q$$

$q = 0$일 때, 이 방정식의 일반적인 해를 나타내면

$$v = e^{-\beta x}(C_1 \cos \beta x + C_2 \sin \beta x) + e^{\beta x}(C_3 \cos \beta x + C_4 \sin \beta x)$$

이때 $\beta^4 = k/4EI$이다. 중앙에 집중하중 P가 작용할 때의 처짐이 아래와 같음을 확인하여라.

$$\delta = \frac{P}{(64EIk^3)^{1/4}}$$

8.65 선형−탄성보에서 $x = x_1$ 지점에 하중 P가 작용하고, 그 뒤 $x = x_2$ 위치에 하중이 작용하였다. 맥스웰의 상호이론(*reciprocal principle*)에 따르면, x_1에 하중이 작용할 때 $x - x_2$에서의 처짐은, $x = x_2$에 하중이 작용하여 발생하는 $x = x_1$ 지점의 처짐과 같다고 한다 [즉 $\delta_1(x_2) = \delta_2(x_1)$].

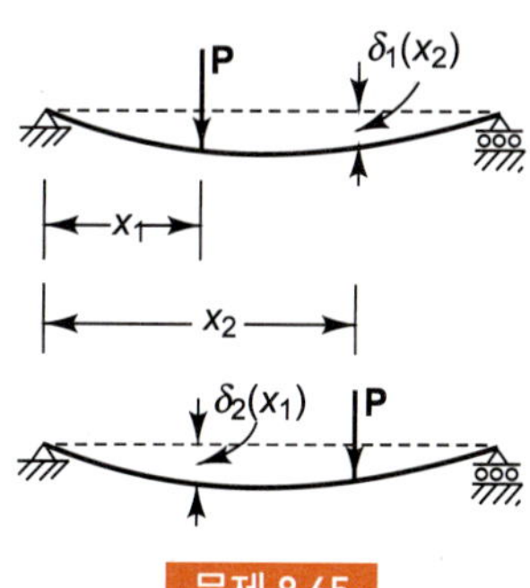

문제 8.65

(a) 표 8.1의 4번의 해답을 이용하여 단순지지보에 대한 이 이론을 확인하여라.

(b) Castigliano의 정리를 이용하여 이론을 증명하여라.

8.66 레오나르도 다빈치는 초점거리가 매우 큰 오목거울(co-ncave bronze mirrors)을 만드는 방법으로, 얇은 수평동판을 돌림판에 올려놓고 단순지지된 동제 기둥과 접하게 한 뒤, 막대와 동판 사이에 연마제를 넣고 돌림판을 돌리는 방법을 제시했다. 동제 기둥의 직경이 25 mm, 길이가 2.5 m라면 오목거울의 곡률반경을 계산하여라.

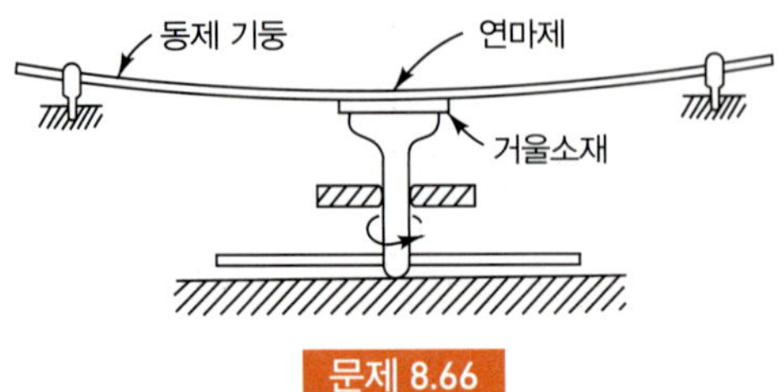

문제 8.66

8.67 갈릴레오가 말한 일화가 있다. 새로운 신전 공사장에 커다란 돌기둥(stone column)을 옮기는 로마 설계자에 대한 이야기이다. 기존의 방법은 기둥 아래에 두 개의 바퀴를 넣어 소가 끄는 방식이었다. 하지만 이전의 경험에 의하면 바퀴 중에 하나가 부러졌다. 따라서 이러한 문제를 피하기 위해서 로마 설계자는 그림과 같이 세 번째 바퀴를 사용하였다. 갈릴레오가 기록하길 "가운데 바퀴가 부러졌다."라고 한다. 왜 이렇게 되는지 설명할 수 있겠는가?

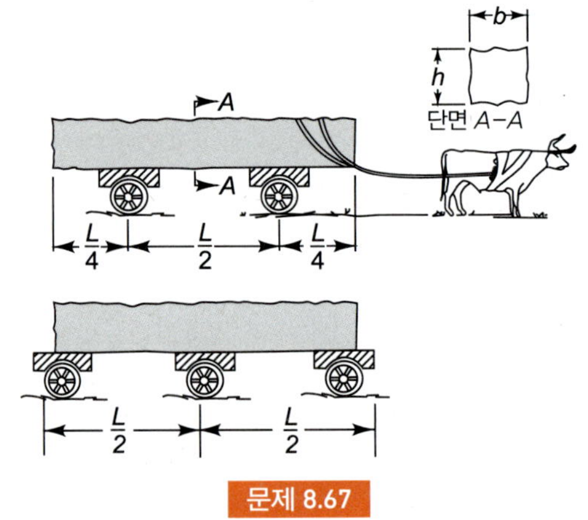

문제 8.67

8.68 아래의 요구조건을 만족하게 최소 무게의 직사각형 보를 설계하려 한다.

1. 보의 길이 L과 높이 h는 고정값이다.
2. 그림과 같이 균일분포하중 W를 견딜 수 있어야 한다. 보의 무게 W_B는 하중과 비교했을 때 무시할 수 있다.
3. 최대 허용응력 σ_{max}, 탄성계수 E, 체적 γ인 다양한 종류의 재료를 사용할 수 있다.
   (a) 첫 번째 설계는 처짐을 고려하지 않고, 오직 강도를 기반으로 하였다. σ_{max}/γ값이 가장 큰 재료를 사용할 때, W/W_B의 최댓값을 나타내라.
   (b) 두 번째 설계는 처짐한계를 고려하였다. 즉 사용할 수 있는 모든 재료의 응력한계보다 처짐한계가 우선시되어야 한고, 보의 최대 처짐은 명시된 δ_{max}를 넘을 수

없다. 이 경우의 E/γ 값이 가장 큰 재료를 사용할 때, W/W_B의 최댓값을 나타내어라.

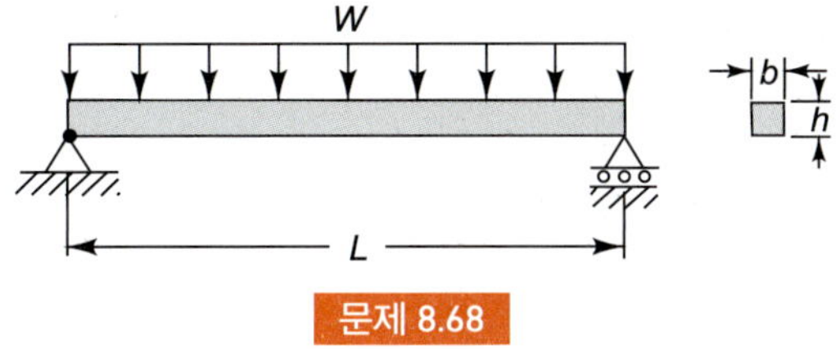

문제 8.68

평형상태의 안정성: 좌굴

Stability of Equilibrium: Buckling

제 9 장

9.1 서론 *Introduction*

이전 장에서는 평형상태에 있는 계의 형상과 응력 분포에 대해 공부하였다. 만약 계의 모든 하위요소들에 가해지는 힘이 평형을 이루고 있다면 그 계는 평형이라고 할 수 있다. 이번 장에서는 평형상태에서 그 형상이 약간 어긋나있는 계를 공부함으로써 계의 평형 개념에 대해 더욱 깊이 고찰해 보고자 한다. 계에 가해지는 힘이 평형을 이루지 않을 때는 보통 계는 가속도 운동을 하게 된다. 다만 이 장에서는 이러한 가속도 운동을 고찰하는 것보다 아래와 같이 질문의 범위를 제한하고자 한다: **만약 계가 평형상태의 위치에서 약간 벗어났을 때, 그 계는 원래 위치로 돌아오려고 할 것인가? 아니면 평형상태로부터 더욱 벗어나려 할 것인가?** 앞의 가속도 운동에 대해 고려하지 않고도 충분히 이 질문에 대한 답을 할 수 있다.

예를 들어, 그림 9.1과 같이 마찰이 없는 표면 위에 놓여 있는 작은 질량요소를 고려해보자. 이 요소에 가해지는 힘(중력과 수직항력)은 수평 표면 어디에서나 완벽한 평형을 이루고 있다. 이 평형위치를 "*O*"로 표시하자. 그림 9.1(a)에서 이 요소가 평형위치로부터 약간 벗어나 있다. 힘은 더 이상 평형을 이루지 않게 되며, 이 차이는 **복원력**이 된다. 즉 요소는 평형위치 방향으로 가속하게 된다. 이러한 평형상태를 **안정**하다고 한다. 그림 9.1(c)는 반대 경우이다. 요소에 가해지는 힘의 차이는 **전복력**이 된다. 즉 이 힘은 평형상태에서 더욱 멀어지도록 요소를 가속시킨다. 이러한 평형상태를 **불안정**하다고 한다. 그림 9.1(b)는 9.1(a)와 9.1(b)의 경계선에 있는 경우이다. 요소가 평형상태에서 약간 움직였다고 하더라도 요소는 새로운 평형위치에 놓이게 되며 이전의 평형위치로 되돌아가거나 더욱 멀어지려 하지 않는다. 이러한 평형상태를 **중립안정**이라고 한다.

이러한 예시들을 일반화함으로써 **평형상태의 안정성**에 대해 정의할 수 있게 된다. 한 계가 기하학적으로 가능한 범위 내에서 평형상태로부터 약간 벗어났을 때 복원력이 계를 기존 평형상태로 되돌아오도록 가속한다면 이 계는 **안정한 평형상태**라고 한다.

하중을 지탱하고 있으나 불안정한 평형상태에 있는 구조물은 신뢰성이 없으며 매우 위험하다. 약간의 교란으로 인해 계의 형상이 매우 크게 변동할 수 있기 때문이다. 이는 구조물의 또 다른 파손형태이다. 다음 절에서는 몇몇 예시를 통해 이를 알아볼 것이다.

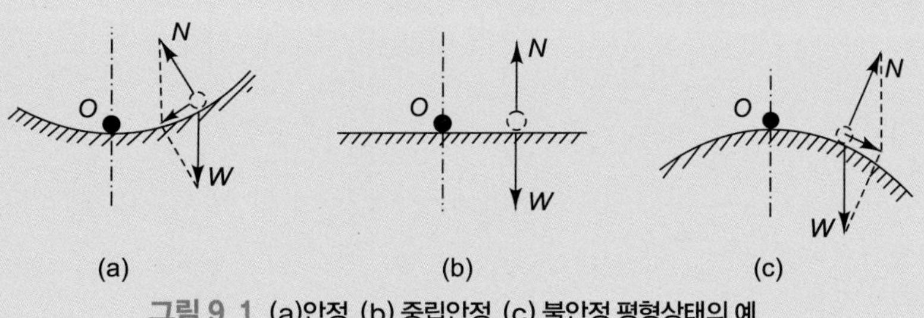

그림 9.1 (a)안정, (b) 중립안정, (c) 불안정 평형상태의 예

9.2 탄성 안정성 *Elastic Stability*

그림 9.2에서 막대 AB는 강체이고 무게가 없으며 마찰이 없는 핀 조인트 B와 연결되어 있다. 막대가 수직일 때, 수직력 P가 점 A에 가해진다고 하자. 그림 9.2(a)처럼 P가 위로 작용하거나 그림 9.2(b)처럼 P가 아래로 작용할 때 지주는 평형상태일 것이다. 그러나 P가 여전히 수직으로 작용하더라도 막대 AB의 약간의 회전에 의해 (a)에서는 복원 모멘트가 발생하며 (b)에서는 전복 모멘트가 발생한다. 따라서 그림 9.2(b)처럼 하중 P를 받고 있는 계는 **불안정**하다.

이러한 불안정 구조물은 그림 9.3(a)처럼 당김줄(guy wires) 또는 횡 스프링(transverse springs)을 추가함으로써 안정해질 수 있다. 수직력 P는 막대 AB 전체에 작용한다. 추가 횡 스프링들의 기능은 단순히 막대 AB의 수직 형상을 유지하는 것이다. 그림 9.3(b)에서는 약간의 가로방향 변위 x의 영향에 대해 해석한다. 두 스프링 짝은 합력 $2kx$에 의해 **복원모멘트** $2kxL$를 막대에 가하게 된다. P에 의해 발생하는 B점에 대한 전복 모멘트는 Px가 된다. 아래 식과 같이 둘 중 어떤 모멘트가 큰가에 따라 미소 변형에 대한 구조물의 안정성이 결정된다.

$$\begin{aligned} Px &< 2kxL \qquad \text{(안정)} \\ Px &> 2kxL \qquad \text{(불안정)} \end{aligned} \tag{9.1}$$

따라서 스프링은 하중 P가 작을 때 지주를 안정화 할 수 있으며, 반대로 하중 P가 클 때는 여전히 불안정하다. 안정과 불안정의 경계는 $P = 2kL$일 때 발생한다. 이 값을 **임계**(*critical*) 하중 또는 **좌굴**(*buckling*)하중이라고 부른다.

이러한 안정성 문제에 대해 더욱 깊은 통찰력을 줄 만한 다른 해석 방법이 그림 9.4에 나타나 있다. 힘 P가 약간 중앙에서 벗어난 위치에 작용한다고 하자. 이 벗어난 거리 ϵ를 하중

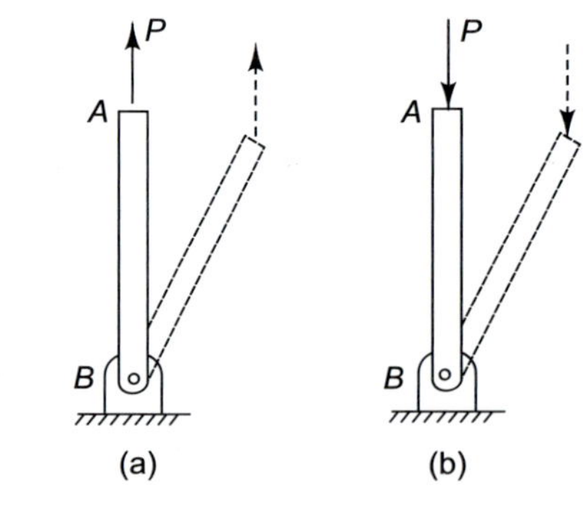

그림 9.2 (a) 인장력에 의해 안정한 힌지 고정된 지주, (b) 압축력에 의해 불안정한 힌지고정된 지주

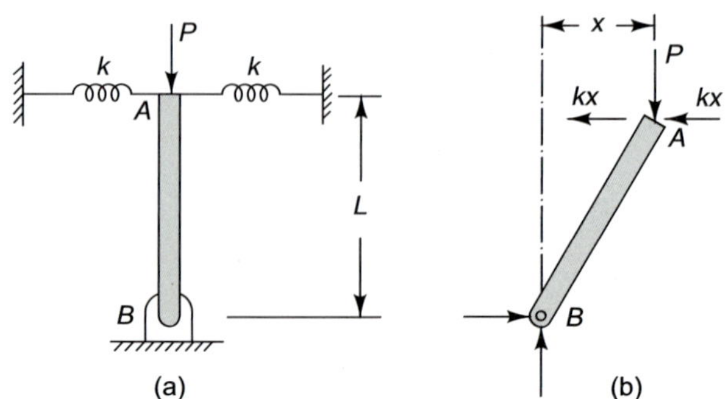

그림 9.3 스프링에 의해 안정화된 압축하중을 받는 힌지 고정된 지주 해석

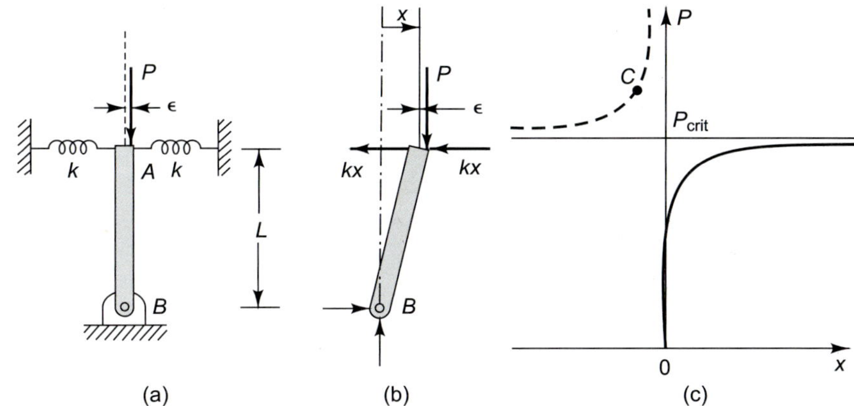

그림 9.4 하중 편심도 ϵ에 의한 횡방향 변위 x

의 **편심도**라고 한다. 이 편심도 가정은 실제 구조물에서 나타나는 다양한 형태의 **불완전성**을 모사한다. 즉 막대가 완벽히 직선이 아니거나 두 스프링이 완벽히 같지 않은 경우를 상정한다. 이 경우에 그림 9.4(b)처럼 점 B에 대한 모멘트 평형을 적용하여 평형상태에서 횡방향 변위 x를 구할 수 있다.

$$P(x + \epsilon) = 2kxL$$
$$x = \epsilon \frac{P}{2kL - P} \tag{9.2}$$

식 (9.2)를 만족하는 힘 P와 횡방향 변위 x 선도가 그림 9.4(c)에 나타나 있다. 작은 P에 대해 변위 x는 매우 작다. 그러나 P가 임계하중 값 $P_{crit} = 2kL$에 가까워지면 변위는 매우 커지게 된다.[1]

그림 9.4(c)의 점선은 식 (9.2)를 만족시키므로 평형위치를 나타내나, **불안정** 평형위치이다. 이는 그림 9.4(c)의 C점의 위치를 나타내는 그림 9.5를 보면 알 수 있다. 막대가 왼쪽으로 기울도록 평형위치로부터 약간의 변위를 고려해보자. 그러면 변위 x는 음의 방향으로 더욱 증가하게 된다. 그림 9.4(c)에 따르면 평형상태에서 벗어난 위치에서 평형을 이루기 위해 더 작은 P가 필요하다. 하중 P는 실제로 평형상태에서 벗어나는 동안 변하지 않는 값이므로 새로운 위치는 비평형 영역이 되며 이 비평형 힘은 막대를 기존 평형위치에서 더욱 벗어나게 만든다. 따라서 P가 임계하중 P_{crit} =2kL보다 클 때, 작은 변위 x 위치는 불안정하다.

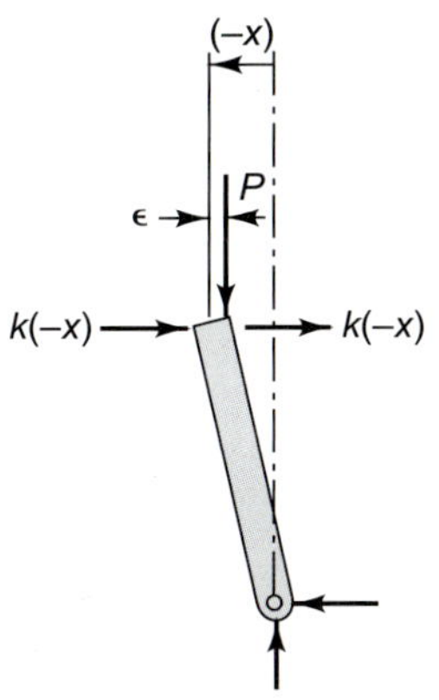

그림 9.5 그림 9.4(c)의 점 C에 대한 평형위치

P가 임계하중보다 작을 때, 평형위치는 안정하다. 나아가 P가 임계하중에 근접하지 않는다면 평형 변위는 **작다**(예를 들어 $P < \frac{1}{2} P_{crit}$라면, $x < \epsilon$이다). 그림 9.4에 나타나 있는 단순 모델은 더욱 복잡한 경우의 탄성 안정성을 이해하기 위한 좋은 기본 형태이다. 정 중앙에서 하중을 받는 직선형의 막대처럼 **이상적인**

[1] 엄밀히 말하면 식 (9.2)는 충분히 작은 x에 대해서만 유효하다. 큰 변위를 고찰하기 위해서는 9.5절을 참고하라. 또한 문제 9.15도 참고하라.

경우에서는 임계하중 이하에서 횡방향 변위(좌굴)가 발생하지 않는다. 만약 작은 불완전이 있다면 항상 횡방향 변위가 발생한다. 그러나 임계하중 이전에서는 그 양이 작다. 방금 말한 해석 관점은 이전 장과는 다르다. 식 (9.2)의 평형조건은 그림 9.4(b)의 **변형된 형상**에서 모멘트 평형으로부터 얻어진다. 이전 장에서는 변형에 매우 작기 때문에 평형조건은 변형하지 않은 형상에서 구한다고 가정하였다. 보통 이러한 가정은 계가 탄성적으로 안정하며, 임계하중 영역에서 많이 벗어나 있을 때 용인된다. 그러나 안정성을 살펴보기 위해서는 변형이 작더라도 변형된 형상에서 평형조건을 적용하는 것이 필수적이다.

9.3 불안정의 예 *Examples of Instability*

이번 장에서는 독자들에게 이 문제에 대한 정성적인 이해를 제공하기 위해 몇몇 불안정성에 대한 예시들이 간단히 소개될 것이다. 이 중 하나는 9.4절에서 자세히 공부할 것이다.

그림 9.6에서는 얇고 폭이 넓은 보가 끝점 하중 P를 받고 있다. 보가 수직을 유지하고 있는 한 보는 P에 의한 굽힘을 효과적으로 버틸 수 있다. 변형은 제8장에서 배운 보의 처짐과 같은 형태이다. 이는 P가 작을 때 발생하는 경우이다. 만약 P가 어떤 임계하중보다 커지게 되면, 수직 형상은 불안정하게 되고 갑작스러운 측면 하중이나 진동 등 작은 교란에 의해 보가 측면 방향으로 비틀리거나 휠 수 있다.

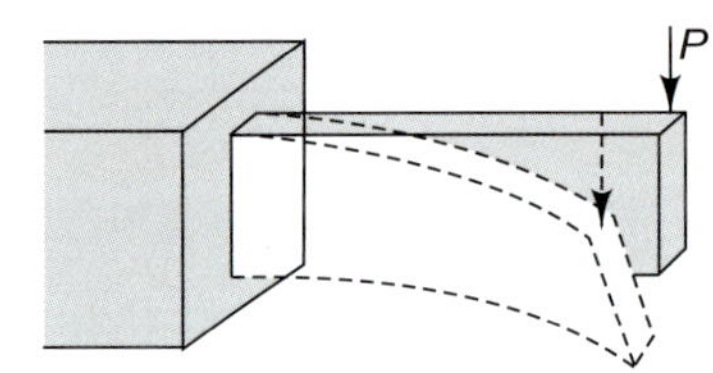

그림 9.6 얇고 폭이 넓은 보의 비틀림-굽힘 좌굴

그림 9.7에서는 구부릴 수 있는 원주 기둥이 수직 압축하중 P를 받고 있다. 작은 P에 대해 원주 기둥은 수직 형상을 유지할 것이며 고르게 압축한다. 만약 P가 어떤 임계하중보다 크면 원주 기둥의 횡방향 위치는 불안정하게 된다. 마찬가지로 이 경우 작은 외부 교란이 원주 기둥의 큰 굽힘이나 **좌굴**을 발생시킨다.

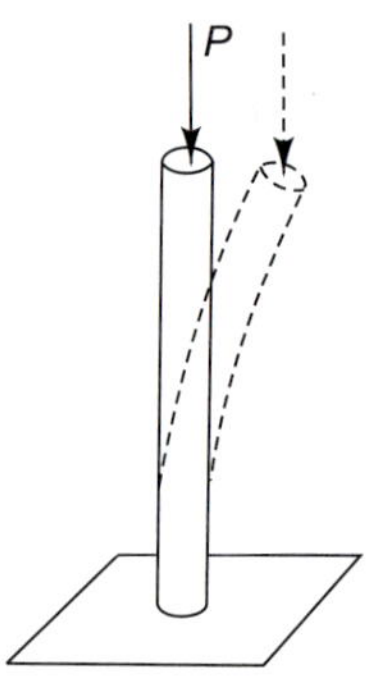

그림 9.7 압축하중을 받는 기둥의 좌굴

유사한 상황이 그림 9.8(a)에 나타나 있다. 얇은벽 원통(예를 들어 맥주 캔)이 압축하중을 받고 있다고 하자. 작은 P에 대해서는 수직 벽은 원통 형상을 유지할 것이며 수직방향으로 고르게 압축할 것이다. 만약 P가 너무 커지게 되면, 이 위치는 불안정해질 것이다. 결국 그림 9.8(b)처럼 외부의 작은 교란에 의해 수직 벽이 휘거나 나아가 복잡한 형상으로 일그러진다.

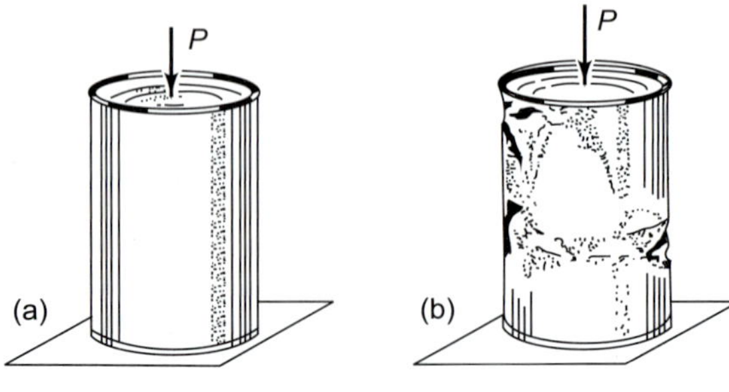

그림 9.8 압축력을 받는 원통 벽의 좌굴과 일그러짐

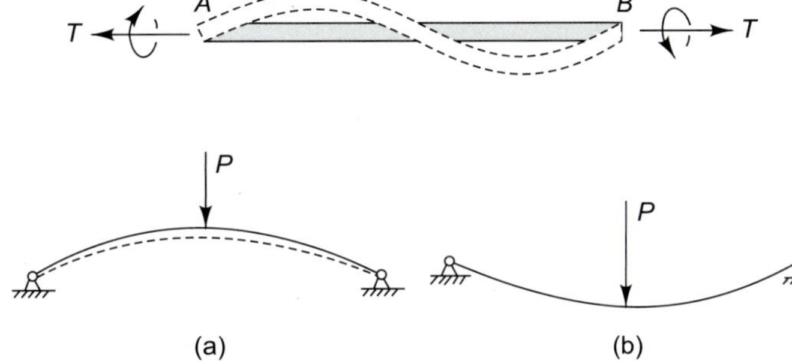

그림 9.9 비틀림을 받는 축의 비틀림–굽힘 좌굴

그림 9.10 얇은 곡면판 요소의 갑작스러운 불안정 변형

얇은벽 원통의 좌굴에 대한 또 다른 예시가 6.6절에 나타나 있다. 원통이 비틀림을 받고 그 양이 적을 때, 원통의 형상을 유지하고 변형은 6장에서 배운 형상과 같다. 만약 비틀림 모멘트가 어떤 임계값을 넘게 되면, 대칭 변형이 불안정하게 되고 외부의 작은 교란에 의해 산이 원통 축과 45° 기울어져 있는 파동 형상으로 얇은벽의 좌굴이 발생한다.

7.6절에서는 만약 굽힘하중을 받는 압축 I 보의 가로 봉 또는 세로 봉이 너무 얇을 때 국소 좌굴이 발생할 가능성이 매우 높다고 언급되어 있다. 비행기의 날개 위치에 앉은 승객들은 유사한 좌굴 형태를 볼 수 있다. 날개의 위쪽 면이 순간 최고 부하를 받을 때 압축 상황에서 물결 형상을 띄는 국소 좌굴 형태를 나타낼 수 있다.

그림 9.9에서는 휠 수 있는 축이 *AB* 선상에서 같은 크기, 반대방향 비틀림 모멘트를 받고 있다. 만약 비틀림 모멘트가 작다면, 축의 중심은 *AB* 선상에 있을 것이며 균일한 비틀림 모멘트를 받는다. 그러나 비틀림 모멘트 T가 어떤 임계값보다 커지면 직선 형상은 불안정하게 되고 외부의 작은 교란으로 인해 나선형 형태의 곡선이 발생할 수 있다. 이러한 상황의 예시는 긴 케이블의 비틀림이다.

다른 종류의 불안정성에 대한 예시가 그림 9.10에 나타나 있다. 얇은 곡면판(shell) 부재가 그 부재를 직선 형태가 되도록 하는 하중 P를 받고 있다. 작은 P에 대해서는 그림 9.10(a)와 같이 단지 작은 변형만 나타날 것이다. 그러나 임계하중 P에서는 갑작스러운 불안정 변형이 발생하며 그림 9.10(b)처럼 반대 곡률을 갖게 된다. 오일 통 바닥면이 이처럼 움직일 수 있기 때문에 이러한 현상을 "오일캐닝(oil-canning)"이라고 한다. 유사한 형태의 갑작스러운 불안정 변형에 의한 좌굴은 전기 스위치에서 유용하게 사용된다(문제 9.7 참조).

9.4 유연성 기둥의 탄성 안정성 *Elastic Stability of Flexible Columns*

9.3절에서 소개된 예시를 모두 공부하는 것보다는 그림 9.7처럼 한쪽 끝이 박혀서 고정된 기둥의 좌굴에 대해 집중적으로 고찰해 보자. 추론과 일반적 접근은 다른 경우에 대해 확장될 수 있지만 복잡한 형상을 갖는 계를 고려할 때는 수학적으로 매우 복잡해진다.

안정 문제를 고려하기 전에, 먼저 횡방향 하중과 길이방향 하중을 받는 보의 굽힘 방정식을 유도해보자. 그림 9.11에서 나머지 보 부분과 분리된 보 요소를 보여준다. 이 요소의 평형상태를 위해 아래 식을 만족해야 한다.

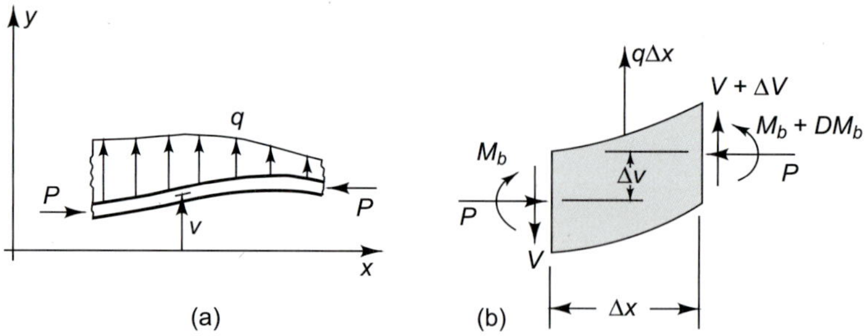

그림 9.11 (a) 횡방향 하중과 길이방향 하중을 받는 보, (b) 보 요소의 자유물체도

$$V + \Delta V - V + q\,\Delta x = 0$$

$$M_b + \Delta M_b - M_b + V\frac{\Delta x}{2} + (V + \Delta V)\frac{\Delta x}{2} + P\Delta v = 0 \tag{9.3}$$

또는 극한을 취해 고차원의 무한소(infinitesimal) 요소를 고려하면 아래와 같다.

$$\frac{dV}{dx} + q = 0$$

$$\frac{dM_b}{dx} + V + P\frac{dv}{dx} = 0 \tag{9.4}$$

이 식은 $P = 0$일 때 평형을 고려한 식 (3.11)과 식 (3.12)와는 구별되어야 한다. 보의 변형이 기울기 형태인 dv/dx 꼴로 식 (9.4)의 모멘트 평형방정식에 나타나는 것을 주목하라. 여전히 굽힘모멘트에 의해 보의 변형이 발생한다고 가정한다. 즉, 전단력에 의한 보의 변형은 무시한다. 식 (8.4)에 따라서 다음 식이 성립한다.

$$EI\frac{d^2v}{dx^2} = M_b \tag{9.5}$$

이때, EI는 단면의 굽힘 강성이다. 식 (9.4)와(9.5)를 연립하여 M_b와 V를 소거하면, 단위길이당 횡방향 힘 $q(x)$와 축방향 압축하중 $P(x)$를 받는 보의 작은 변형에 대한 지배방정식을 아래와 같이 얻을 수 있다.

$$\frac{d^2}{dx^2}\left(EI\frac{d^2v}{dx^2}\right) + \frac{d}{dx}\left(P\frac{dv}{dx}\right) = q \tag{9.6}$$

다시 그림 9.7의 외팔보(원주 기둥)에 대한 탄성-안정성 문제로 돌아가자. 이는 그림 9.12에 나타나 있다. 보가 균일한 굽힘 강성 EI를 가지고 있으며 좌굴이 지면상에서 발생한다고 가정하자. 만약 보가 직선 형상에서부터 우발적으로 이동한다면 탄성력은 보를 원위치로 되돌리려고 하는 반면, 힘 P는 보를 더욱 휘게 만드는 굽힘모멘트를 발생시킨다. 작은 하중을 받을 때 직선 형상은 안정할 것이며 보는 균일한 압축하중을 받는다. 큰 하중을 받을 때는 직선 형상은 불안정해지며 보의 좌굴이 발생한다. 가장 중요한 변수는 안정성과 불안정성의 기준이 되는 임계하중 값이다. 이 결과는 임계하중이 복원하려는 경향과 전복하려는 경향이 서로 같을 때의 하중이라는 점을 이용하여 얻을 수 있다. 또한

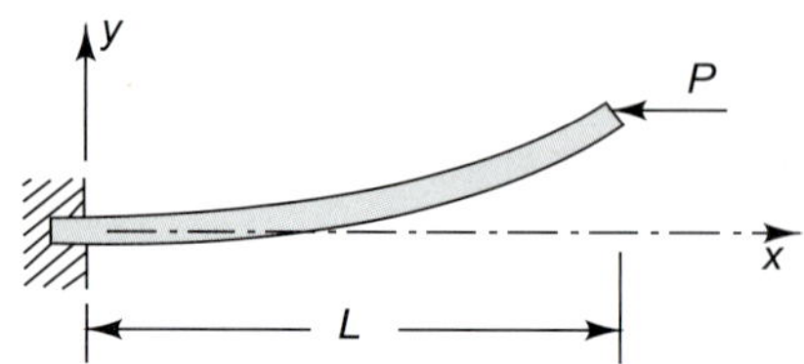

그림 9.12 휘어진 위치에서 중립 평형 상태인 기둥

이러한 계는 **중립** 평형상태이다. 그림 9.12에서는 임계하중이 작용하여 이동한 위치에서 평형상태를 가정한다. 임계하중의 크기와 보의 형상은 아직 알 수 없다. 식 (9.6)과 다음의 경계조건을 통하여 이 값들을 구할 수 있다.

$$x = 0\text{에서}\begin{cases} v = 0 \\ \dfrac{dv}{dx} = 0 \end{cases} \qquad x = L\text{에서}\begin{cases} M_b = 0 \\ V = 0 \end{cases} \tag{9.7}$$

$x = L$에서의 경계조건은 식 (9.4)의 두 번째 식과 식 (9.5)를 연립하여 v에 관한 식으로 나타낼 수 있다.

$$x = \text{L}\text{에서}\begin{cases} M_b = EI\dfrac{d^2v}{dx^2} = 0 \\ -V = \dfrac{d}{dx}\left(EI\dfrac{d^2v}{dx^2}\right) + P\dfrac{dv}{dx} = 0 \end{cases} \tag{9.8}$$

지배방정식인 식 (9.6)은 EI와 P가 일정하고 횡방향 힘이 없을 때 아래와 같이 나타낼 수 있다.

$$EI\frac{d^4v}{dx^4} + P\frac{d^2v}{dx^2} = 0 \tag{9.9}$$

이제 식 (9.9)와 $x = 0$, $x = L$에서의 경계조건을 만족시키는 평형상태의 형상 $v(x)$와 임계하중 P를 구하는 것이 문제이다. 흥미로운 것은 $v(x) = 0$은 어떤 P에 대해서도 지배방정식과 경계조건을 만족시킨다. 즉 기둥의 **직선 위치**는 항상 가능한 평형위치라는 것이다. 좌굴 문제까지 고려한다면, 이는 **자명한** 해가 된다. **직선이 아닌** 중립 평형위치와 안정성과 불안정성의 경계가 되는 임계하중 값을 찾아야 한다.

미분방정식 이론에 따르면 식 (9.9) 형태를 갖는 방정식은 독립적인 적분상수 4개를 갖는다. 특정 방정식의 경우(이 식을 포함) 일반해를 얻는 통상적 순서가 존재한다. 여기서는 자세한 과정을 기술하지는 않을 것이며 식 (9.9)를 만족하는 4개의 독립적인 상수를 갖는 식을 나타낸다.

$$v = c_1 + c_2x + c_3\sin\sqrt{\frac{P}{EI}}x + c_4\cos\sqrt{\frac{P}{EI}}x \tag{9.10}$$

식 (9.10)이 식 (9.9)의 임의의 상수 4개를 갖는 해인지 확인해야 한다. 식 (9.10)을 식 (9.7)과 식 (9.8)의 경계조건에 대입하면 아래와 같은 적분상수에 대한 4개의 연립방정식을 얻게 된다.

$$\begin{aligned} c_1 \qquad\qquad\qquad\qquad\qquad + c_4 \qquad\qquad &= 0 \\ c_2 \quad + c_3\sqrt{\frac{P}{EI}} \qquad\qquad\qquad\qquad &= 0 \\ -c_3\frac{P}{EI}\sin\sqrt{\frac{P}{EI}}L - c_4\frac{P}{EI}\cos\sqrt{\frac{P}{EI}}L &= 0 \\ c_2P \qquad\qquad\qquad\qquad\qquad\qquad &= 0 \end{aligned} \tag{9.11}$$

이 대수 문제는 다소 특이한 문제이다(이는 **고유값** 문제로 알려져 있다). 모든 우변이 0이기 때문에 분명한 해는 $c_1 = c_2 = c_3 = c_4 = 0$이다. 이는 확실한 평형 해(휘지 않은 형상)이기는 하나 자명한 해이다. 자명하지 않은 다른 해를 찾아야 한다. 먼저 두 번째 식과 네 번째 식으로부터 $c_2 = c_3 = 0$임을 알 수 있으며, 따라서 첫 번째 식으로부터 $c_4 = -c_1$임을 알 수 있고 세 번째 식으로부터 아래 식을 얻을 수 있다.

$$c_1 \frac{P}{EI} \cos \sqrt{\frac{P}{EI}} L = 0 \tag{9.12}$$

위 식은 $c_1 = 0$일 때 만족하지만 이는 자명해이다. 또는 P를 아래와 같이 놓음으로써 만족시킬 수도 있다.

$$\cos \sqrt{\frac{P}{EI}} L = 0 \tag{9.13}$$

이 조건을 만족시키는 가장 작은 P 값[2]은 아래와 같다.

$$P = \frac{\pi^2}{4} \frac{EI}{L^2} \tag{9.14}$$

다시 식 (9.10)에 대입하면, 이에 따른 처짐 곡선은 다음과 같다.

$$v = c_1 \left(1 - \cos \frac{\pi}{2} \frac{x}{L} \right) \tag{9.15}$$

따라서 **임계하중** 식 (9.14)와 임계하중하의 평형상태에서 보의 굽힘 형상 식 (9.15)를 얻을 수 있다.

식 (9.15)에서 상수 c_1은 고정된 값이 아님을 주의하라. 처짐 곡선 v는 작은 변형 이론의 유효범위 내에서 임의의 c_1 값에 대한 평형위치이다. 이는 모두 **중립** 평형상태이다. 즉, 이러한 형상을 갖는 어떠한 변형이라도 임계하중으로 인해 평형을 유지하고 있다. P가 작다면 직선 기둥은 안정할 것이다. 다시 말해, 어떠한 우발적 굽힘이 발생하더라도 전복 효과보다 복원 효과가 크다. P가 크다면 더 이상 안정하지 않으며 작은 교란에 의해서 기둥은 좌굴될 것이다.

기둥 또는 하중에 작은 **불완전성**이 있는 경우를 고려함으로써 기둥 좌굴에 대한 이해도를 더 높일 수 있다. 즉, 하중이 가해지지 않은 상태에서도 기둥이 약간 휘어져 있거나 또는 하중이 정확히 도심에 작용하지 않은 경우를 말한다. 그림 9.13(a)에서 볼 수 있듯이, 압축하중 P가 도심으로부터 **편심도** ϵ만큼 벗어난 위치에 가해진다고 하자. 이는 그림 9.13(b)와 같이 도심에 작용하는 힘 P와 우력 모멘트 $M_0 = P\epsilon$로 나타낼 때와 정역학적 등가를 이룬다. 이 등가는 그림 9.13(c)에서 증명할 수 있다. 이제 편심도 ϵ에 의한 굽힘 모멘트 M_0가 존재하는 경우 횡방향 처짐 δ와 압축력 P의 관계식을 생각해 보자.

2 식 (9.13)의 다른 해인 $P = EI\pi^2(2n-1)^2/4L^2$는 굽힘 곡선 $v = c_1\left(1 - \cos \frac{2n-1}{2} \frac{x}{L}\right)$을 평형상태로 유지시키는 하중이다. 이때 $n = 2, 3, 4, \ldots$,이다. 이러한 형상(**고계 모드**라 부른다)은 극히 불안정하기 때문에 실질적으로 중요하지 않다. **진동계**를 해석하는 경우 유사한 고유값 문제가 발생한다. 그러나 이러한 경우, 고계 모드는 실제로 중요하다. 다음 자료를 참고하라. S.H. Crandall, "Engineering Analysis," Chapter 5, McGraw-Hill Book Company, New York, 1956.

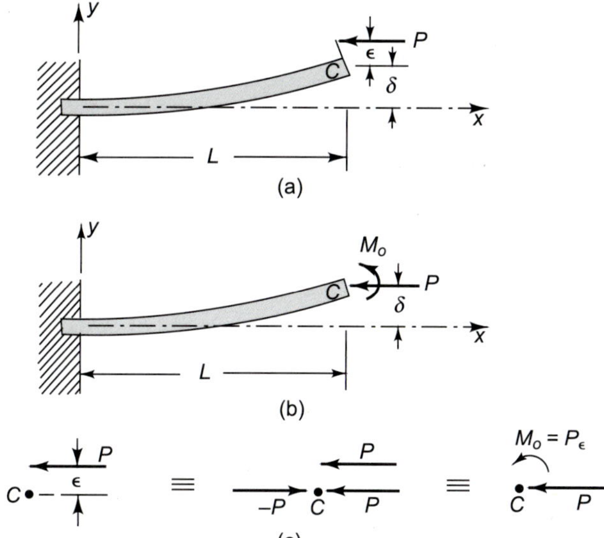

그림 9.13 (*a*) 편심도 ϵ를 갖는 축방향 압축력 *P*가 작용하는 경우, (*b*) 같은 압축력 *P*와 끝점에 작용하는 굽힘 모멘트 M_0가 작용하는 경우에 의한 유연한 기둥의 평형상태. 두 하중상태의 등가성은 (*c*)이다.

지배방정식은 계속해서 식 (9.9)이고 $x = L$에서 굽힘 모멘트가 0이 아니라 M_0인 점을 제외하면 나머지 경계조건은 같다. 일반해인 식 (9.10)을 적용한다. 경계조건을 사용하여 다음과 같이 적분상수들에 대한 식들을 얻을 수 있다.

$$\begin{aligned} c_1 \qquad\qquad\qquad\qquad\qquad\qquad + c_4 &= 0 \\ c_2 \quad + c_3\sqrt{\frac{P}{EI}} \qquad\qquad\qquad\qquad &= 0 \\ -c_3\frac{P}{EI}\sin\sqrt{\frac{P}{EI}}L - c_4\frac{P}{EI}\cos\sqrt{\frac{P}{EI}}L &= \frac{M_o}{EI} \\ c_2 P \qquad\qquad\qquad\qquad\qquad\qquad &= 0 \end{aligned} \tag{9.16}$$

위 식을 풀어서(이제 유일해가 된다) 식 (9.10)에 대입하면

$$v = \frac{M_o}{P}\frac{1 - \cos\sqrt{P/EI}\,x}{\cos\sqrt{P/EI}\,L}$$

이고 $x = L$을 대입하면

$$\delta = \frac{M_o}{P}\left(\sec\sqrt{\frac{P}{EI}}\,L - 1\right) \tag{9.17}$$

이다. 위 식은 그림 9.13(a)와 같이 $M_0 = P\epsilon$인 경우 아래와 같이 축약될 수 있다.

$$\delta = \epsilon\left(\sec\sqrt{\frac{P}{EI}}L - 1\right) \tag{9.18}$$

이 관계식이 그림 9.14에 나타나 있다. P가 작은 경우 횡방향 처짐은 0에 가깝다(예를 들어, $P < \frac{4}{9}P_{\text{crit}}$일 때 $\delta < \epsilon$이다). P가 임계하중에 가까워질수록, 처짐 δ는

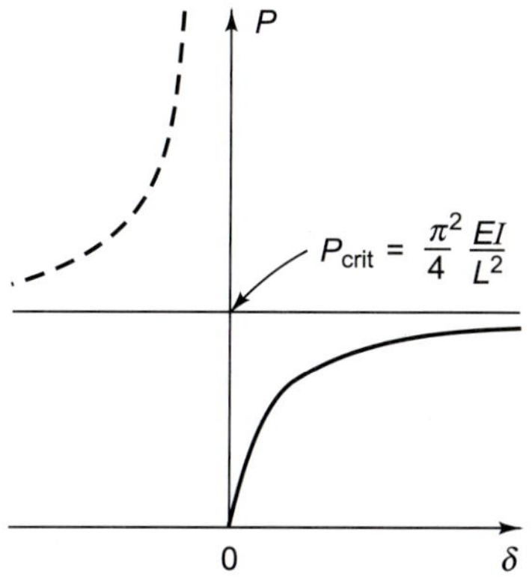

$P_{\text{crit}} = \dfrac{\pi^2}{4}\dfrac{EI}{L^2}$

그림 9.14 편심도 ϵ에 따른 압축력 *P*와 횡방향 처짐 δ의 관계

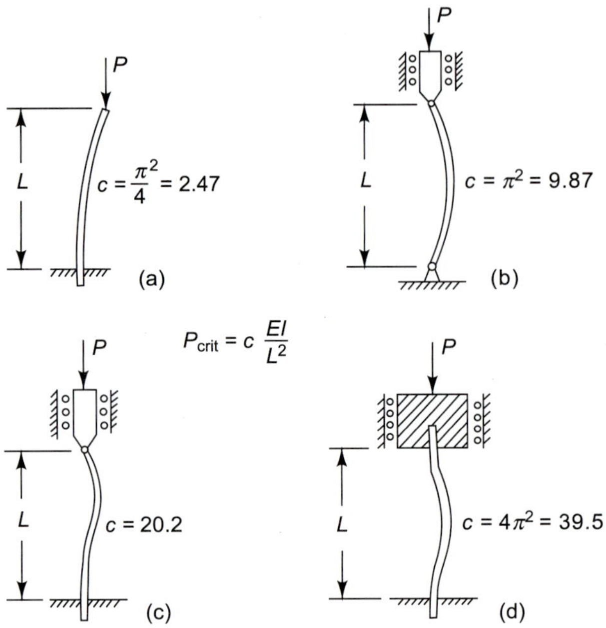

그림 9.15 (*a*) 고정–자유(*clamped-free*), (*b*) 힌지–자유(*hinged-free*), (*c*) 고정–힌지(*clamped-hinged*), (*d*) 고정–고정(*clamped-clamped*) 기둥의 임계하중. 각각의 경우 상수 *C*를 공식 $P_{crit} = cEI/L^2$에 대입한다.

커지게 된다. 또한 P가 임계하중보다 커지게 되면 식 (9.18)에 나타나는 평형위치는 **불안정**하다. 따라서 기둥이 임계하중보다 다소 낮은 하중을 지지하는 경우에만 신뢰성 있는 구조물이 된다.

기둥의 임계하중은 기둥 끝의 지지 방식에 매우 민감하다. 그림 9.15에서는 기둥을 지지하는 몇몇 방식이 나타나 있으며 그에 따른 임계하중도 앞선 방식과 같이 계산되어 있다(문제 9.8과 9.9 참조). 양단이 고정된 기둥의 경우 임계하중 값이 방금 계산한 한쪽 끝이 자유로운 기둥의 임계하중보다 16배 크다는 것에 주목하라. 실제 구조물에서는 그림 9.15처럼 이상적인 지지 방식이 거의 나타나지 않는다. 대부분 기둥 지지는 힌지 지지 방식과 고정 지지 방식 사이에 있다. 많은 경우 설계자는 그들의 경험과 판단력으로 그림 9.15 결과들을 내삽한다.

9.5 탄성 좌굴 후 거동 *Elastic Postbuckling Behavior*

이전 절에서는 좌굴의 시작을 해석하였으며, 작은 변형의 가정하에서 평형조건이 변형된 형상에 적용되었다. 좌굴이 시작된 구조물의 거동을 표현하기 위해 큰 변형의 효과를 고려해야 한다. 일반적으로 이를 위해 **기하학적 비선형성**의 도입이 필요하다. 즉 휘어지는 기둥의 경우 선형 가정하의 관계식인 식 (8.3) 대신에 비선형 곡률–변형 식 (8.2)를 사용해야 한다. 이 해석은 매우 복잡하며 이 책이 다루는 범위를 벗어난다.

그러나 유연한 기둥, 평판, 곡면판과 같은 실제 구조물과 정성적으로 유사한 좌굴 후 거동을 나타내는 매우 단순화된 모델을 고려해 볼 수 있다. 그림 9.16에 그 모델이 나타나 있다. 두 스프링이 **비선형**이라는 점만 제외하면 그림 9.3에 나타난 스프링–지주 모델과 같다. 실제 구조물의 기하학적 비선형은 비선형 힘–변형 관계식의 해석적으로 더욱 단순한 기구를 통해

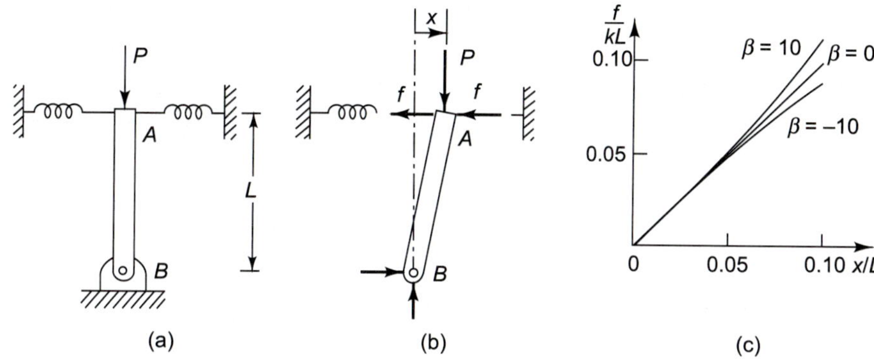

그림 9.16 $f = kx(1 + \beta x^2/L^2)$ 관계를 갖는 비선형 스프링으로 지지된 지주

모델링할 수 있다. 각 스프링에 가해지는 힘을 다음 식과 같이 나타낼 수 있다.

$$f = kx\,(1 + \beta x^2/L^2) \tag{9.19}$$

이때 β는 비선형 정도를 나타내는 인자이다. $\beta > 0$일 때 스프링은 **경화 스프링**이라고 한다. $\beta < 0$인 경우는 **연화 스프링**이라 한다. 그림 9.16(c)에 $\beta = 10, 0, -10$인 경우의 식 (9.19)가 $0 < x < L/10$인 작은 변형 범위 내에서 나타나 있다.

먼저 하중 P가 정확히 도심에 수직으로 작용하는 **이상적인** 경우에 지주의 가능한 평형위치를 고려해 보자. 그림 9.16(b)처럼 점 B에 대한 모멘트 평형을 통해 다음 식을 얻을 수 있다.

$$Px - 2kLx\,(1 + \beta x^2/L^2) = 0$$

이 식의 해는 $x = 0$ 또는 $P = 2kL(1 + \beta x^2/L^2)$이다. 그림 9.17은 $\beta = 10, 0, -10$인 경우 이 해의 자취선을 나타낸다. P가 작은 경우 안정한 평형위치는 AB 선상에 있는 $x = 0$이다. 만약 하중이 $P_{crit} = 2kL$을 넘게 되면 횡방향 처짐이 가능해진다. 그림 9.17에서 힘-변형 선도의 경로 AB는 점 B에서 BC 또는 BD로 갈라지기 때문에 점 B를 **분기점**이라 한다. 모든 경우 경로 BD는 **불안정** 평형위치를 나타낸다. 비선형 성질에 따라 경로 BC의 안정성에 근본적 차이가 있다. 경화 비선형인 $\beta > 0$의 경우 경로 BC는 **안정한** 평형위치를 나타낸다. 이를 그림 9.16(b)의 지주의 평형상태를 그림 9.17(a)의 BC 선상에서 P를 변화시키지 않고 지주의 처짐 x를 증가시켜 봄으로써 입증할 수 있다. 평형위치를 유지하기 위해 더 큰 P가 필요하므로

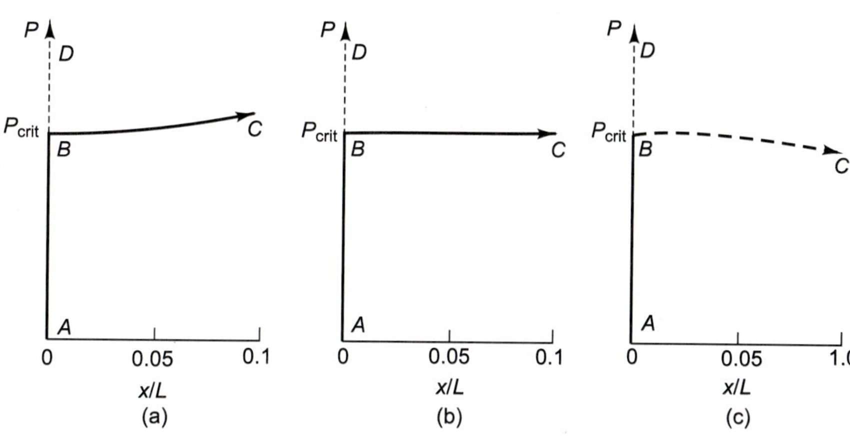

그림 9.17 이상적인 좌굴 후 거동 곡선. (a) $\beta = 10$, (b) $\beta = 0$, (c) $\beta = -10$

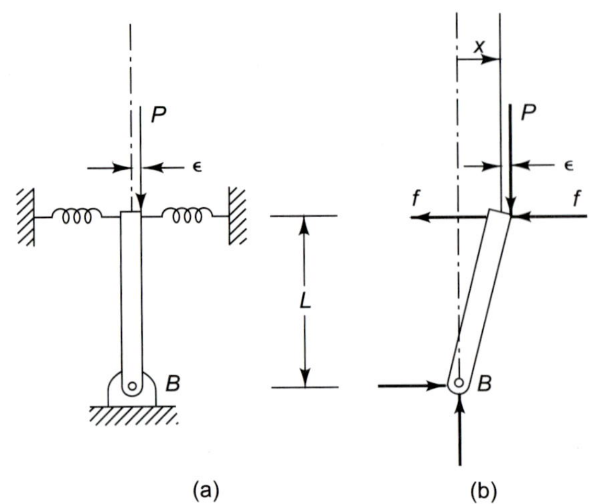

그림 9.18 비선형 스프링으로 지지된 지주에 편심 하중이 가해진 경우

새로운 위치에서의 힘의 차이는 지주를 기존 평형위치로 되돌리려 할 것이다. 그림 9.17(a)의 실선 BC는 따라서 안정한 평형위치를 나타낸다. 연화 비선형인 $\beta < 0$의 경우 경로 BC는 그림 9.17(c)의 점선이 나타내는 **불안정한** 평형을 나타낸다. 선형인 $\beta = 0$의 경우, 그림 9.17(b)에 나타낸 것처럼 BC 경로는 **중립적인** 평형위치를 나타낸다. 이상적인 좌굴 후 안정성은 작은 불완전을 가진 계의 거동에 큰 영향을 미친다.

불완전에 대한 특이한 예로써, 다음으로 그림 9.16(a)에서 하중이 도심에서 약간 벗어난 계를 고려해보자. 편심도 ϵ는 그림 9.18(a)에 나타나 있다. 그림 9.18(b)에서 점 B에 대한 모멘트 평형을 통해 변위 x와 하중 P에 관한 평형 관계식을 얻을 수 있다.

$$P(x + \epsilon) = 2kLx(1 + \beta x^2/L^2) \tag{9.20}$$

그림 9.19에 각각 $\beta = 10, 0, -10$인 경우 불완전성 인자 ϵ/L에 따른 P와 x의 관계가 나타나 있다. $\epsilon/L \to 0$일수록, 이상적 계의 곡선은 그림 9.17의 좌굴 후 곡선 BC에 접근하는 것을 볼 수 있다. 경화 비선형인 $\beta > 0$인 경우, 식 (9.20)의 평형위치는 안정하다[그림 9.19(a) 참조]. 더욱이 하중 P가 P_{crit}에 가까이 근접하지 않을 때까지 횡방향 변위 x는 여전히 매우 작다.

이러한 상황은 연화 비선형인 $\beta < 0$의 경우와는 매우 다르다. 그림 9.19(c)에 나타나 있듯이, 식 (9.20)으로 나타나는 곡선들은 최댓값 이후 감소한다. 이는 그림 9.20(a)에서 이러한 곡선들 중 하나를 나타내는 OMN을 통해 다시 볼 수 있다. 이에 따른 평형위치는 OM상에서 **안정**하고 MN상에서 **불안정**하다. 이 경우에는 지주가 약간의 횡방향 변위 x하에서 지탱할 수 있는 최대 하중 P_{max}가 존재한다. $P = P_{max}$일 때, 매우 작은 교란으로 인해 계가 큰 변위를 갖는 평형위치 S로 뛰게 된다. 다만 여기서는 RS 경로로 나타나는 큰 변위의 평형위치를 유도하는 해석은 생략한다.[3] 그러나 이 모델을 적용하는 대부분 구조물의 경우, RS 경로상의 평형위치는 붕괴 파손을 나타낸다. 이러한 파손을 피하기 위해 하중 P는 P_{max}보다 작아야 한다. 따라서 연화 비선형인 경우 상당한 좌굴 하중은 분기점 현상으로 결정되는 P_{crit}이 아니라 P_{crit}보다 항상 작은 P_{max}이다.

[3] 이러한 해석은 문제 9.15에 나타나 있다.

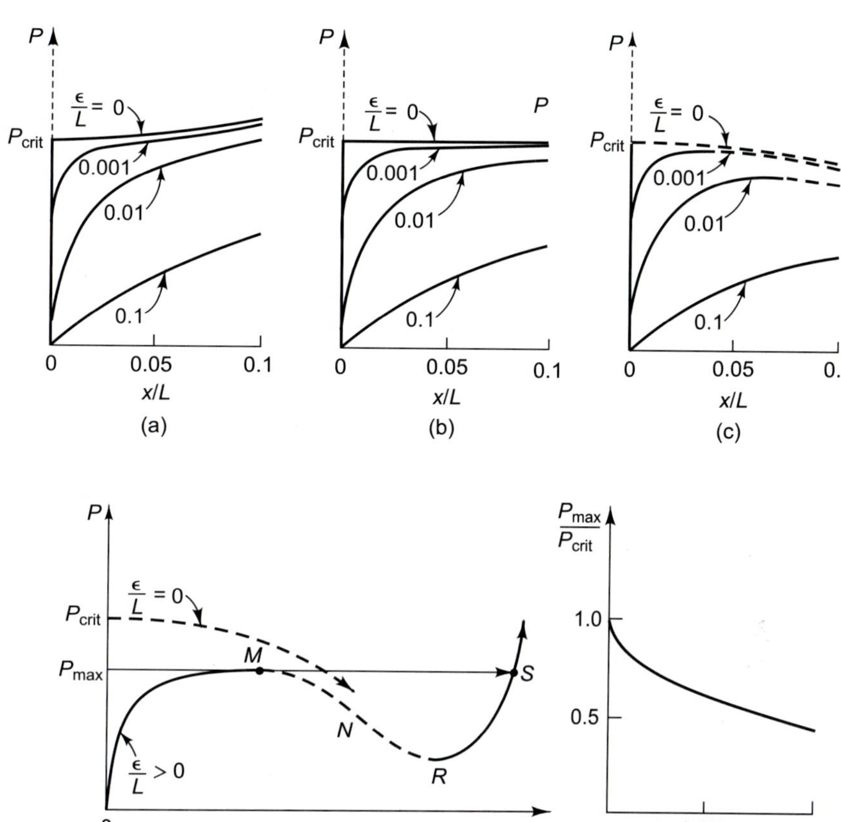

그림 9.19 좌굴 후 거동에 대한 불완전성 인자 ϵ/L의 영향: (a) $\beta = 10$, (b) $\beta = 0$, (c) $\beta = -10$

그림 9.20 불완전성 크기의 변화에 따른 연화 비선형 ($\beta = -10$)의 최대 하중

그림 9.19(c)로부터 P_{max}가 불완전 인자 ϵ/L의 크기에 따라 결정된다는 것을 볼 수 있다. 이러한 관계는[4] 그림 9.20(b)에 나타나 있다. 불완전 인자가 0에 가까워질수록 $P_{max} \to P_{crit}$이지만 이 P_{max}는 작은 불완전에도 매우 민감하다는 것에 주목하라. 연화 비선형을 통해 모델링할 수 있는 좌굴 후 거동을 나타내는 구조물은 **불완전에 민감**하다고 한다.

방금 공부한 모델은 압축하중하에서의 탄성 보, 평판, 곡면판의 좌굴 후 거동을 정성적으로 잘 나타낸다. 각각의 경우 실제 비선형도는 크게 변형된 후의 형상을 통해 이끌어낼 수 있다. 보 또는 평판의 경우 비선형도는 약하지만 경화 성질을 갖고 있다. 그림 9.19(a)에서 나타나듯이, 작은 불완전도를 갖는 이러한 구조물들의 횡방향 변위는 하중이 임계하중으로 접근하기 전까지 천천히 증가한다. 하중이 임계값을 지나갈 때도 갑작스러운 증감은 없으며, 단지 하중이 증가할수록 변위의 증가율이 점진적으로 증가한다.

많은 곡면판 구조물의 경우 비선형도는 매우 강하고 연화 성질을 가지고 있다. 이러한 곡면판은 임계 분기 하중보다 충분히 작고 불완전에 민감한 최대 하중에서 갑작스러운 뜀 좌굴을 나타낸다. 예를 들어, 그림 9.8에 나타나 있는 축하중을 받는 원형 실린더 곡면판은 대부분 실험에서 임계하중의 1/3에서 1/2 사이의 하중범위 내에서 좌굴한다.

이번 절 전체에서는 구조물이 좌굴 후 영역에서도 탄성이라고 가정하였다. 대부분의

[4] 문제 9.20, 9.21을 참조

구조물의 경우 좌굴 문제는 큰 변형이 항복이나 소성유동을 일으킬 수 있으므로 더욱 복잡하다. 이는 이롭지 않은 영구 변형을 일으킬 수 있고, 탄성좌굴에서 예측한 하중보다 낮은 하중에서 소성 좌굴에 의한 붕괴가 시작할 수 있다. 소성 좌굴은 9.8절에서 소개한다.

9.6 파손 모드로서의 불안정성 *Instability as a Mode of Failure*

구조물 설계자는 좌굴 가능성에 대해 항상 조심해야 한다. 다양한 요소들이 가해질 수 있는 하중을 버틸 수 있도록 충분히 **강해야** 하며, 예상되는 어떠한 하중에 대해서도 안정한 평형을 유지할 만큼 충분히 **단단해야** 한다.

최근 몇 년간 고강도 합금과 최소 무게를 위한 면밀한 설계로 인해 구조물들은 과거보다 강성이 감소되어 왔다. 예를 들어, 고딕풍의 탑과 비행기 날개를 비교해 보자. 강성 감소로 인해 불안정과 좌굴 가능성이 크게 증가하였다. 강도와 안정성 모두를 위한 설계 문제를 간단히 소개하기 위해 매우 단순화된 모델인 압축하중 P를 받는 기둥을 고려해 보자. 먼저 기둥이 정확히 직선이고 하중이 완벽히 도심에 작용한다고 가정하자. 기둥이 직선을 유지하는 한 압축응력은 P/A이다. 이때 A는 기둥의 단면적이다. 이 응력은 재료를 파손에 이르게 할 만큼 크지 않다. 예를 들어, 만약 재료가 연성이고 소성유동이 발생하지 않도록 하려면 아래 조건을 유지해야 한다.

$$P < YA \tag{9.21}$$

이때 Y는 항복 응력이다(압축인 경우).

반면, 기둥은 안정할 때를 제외하고 직선을 유지하지 않을 것이다. 그림 9.7과 그림 9.12처럼 기둥이 지지되어 있다고 가정하면 임계하중은 식 (9.14)로 주어진다. 안정성을 유지하려면 아래 조건을 만족해야 한다.

$$P < \frac{\pi^2}{4}\frac{EI}{L^2} \tag{9.22}$$

설계자는 항상 식 (9.21)과 식 (9.22)를 같이 확인해야 한다. 이 요구조건은 그림 9.21의 기둥 길이 L에 대한 하중 P 선도로 나타나 있다. P와 L의 조합이 식 (9.21)과 식 (9.22)를 동시에 만족하는 영역은 선 BCD 내에 존재한다. 긴 기둥에 대해 안정 조건이 하중을 제한하는 데 반해, 짧은 기둥의 경우 항복 조건이 가용한 하중을 제한한다. 윤곽선 BCD는 **이상적인** 경우의 파손 경계선이다. 하중 또는 기둥 형상의 작은 편심도가 전체적인 파손 경계선의 위치를 바꿀 수 있는 반면, 가정한 경계조건의 편차로 인해 CD의 위치가 크게 바뀔 수 있다. 이러한 불확실성 때문에, 기둥 설계자는 그림 9.21의 이상적인 결과를 매우 보수적으로 수정한 것[5]에 의존하게 된다.

기둥 재료가 변형률경화 성질을 가지고 있을 경우, 짧은 기둥은 식 (9.21)에서 가정한 항복 시작점에서의 파손은 꼭 필요하지 않다. 몇몇 경우에서 소성유동을 허용함으로써 얻는

[5] 예를 들어 E.P. Popov의 "Mechanics of Solds," p.535, Prentice-Hall, Inc., Englewood Cliffs, N.G., 1968을 참조

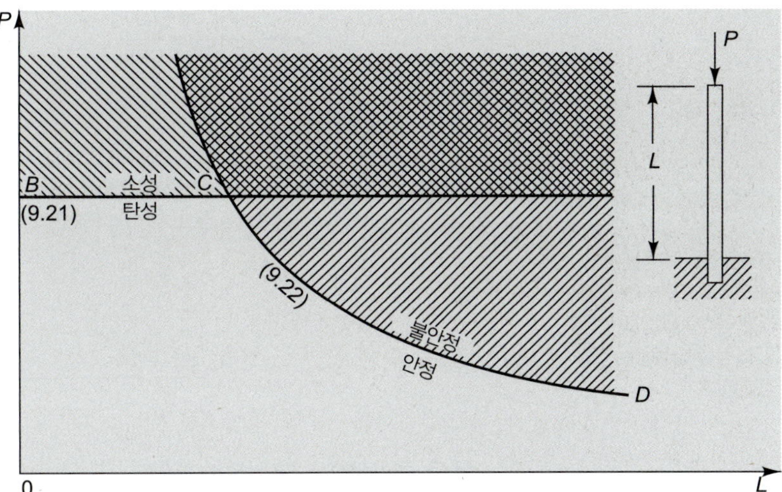

그림 9.21 기둥은 항복 또는 좌굴에 의해 파손될 수 있다.

예비 강도를 사용할 수도 있다. 그러나 **소성 좌굴** 가능성 때문에 큰 차이를 두어서는 안 된다. 이는 9.8절에서 공부할 것이다.

9.7 인장 부재의 네킹 *Necking of Tension Members*

앞의 예시들에서는 비록 좌굴에 의해 발생하는 큰 변형이 비탄성 거동을 동반할지라도 불안정의 **시작**은 재료가 탄성적으로 거동할 때 발생한다고 하였다. 다음으로 순수 소성 불안정에 대해 고려해 보자. 이는 연성재료의 인장 시험 중 마지막 단계에서 발생하는 네킹 현상이다. (5.12절 참조).

균일한 봉이 축방향 인장하중을 받고 있을 때, 응력은 봉의 단면 전체에서 고르게 분포한다고 가정할 수 있다. 소성유동 중에는 봉이 늘어날수록 단면 면적이 감소하게 된다(소성유동은 기본적으로 등적과정이다). 균일한 신장이 안정한지 알아보기 위해 만약 우발적으로라도 특정 단면이 나머지 봉 부분보다 무한소 크기만큼 작아지면 어떻게 될지 해석해 보자. 모든 단면에서 같은 축방향 힘이 전달되므로 인접한 부분보다 단면이 작은 부분은 더 큰 응력을 받게 된다. 이러한 현상이 균일한 신장으로부터의 차이를 더욱 커지게 할 것인지는 재료의 변형률경화 성질에 달려있다. 만약 기존 단면 감소에 따라 증가한 응력을 보상할 만큼 충분히 국소 변형률경화량이 증가한다면, 다른 단면이 변형하고 같은 크기만큼 경화되지 않는 한 추가적인 유동은 없을 것이다. 이러한 환경에서 균일 신장은 안정하다.

반면에 만약 작은 단면의 재료에서 증가한 응력을 보상할 만큼 충분한 변형률경화량이 발생하지 않는다면, 응력 증가에 따른 추가적인 단면적 감소에 의한 국소 축 변형률이 발생할 것이다. 이러한 환경에서 균일 신장은 불안정하다. 이후 일어날 모든 변형은 이 단면에 집중될 것이고 그림 9.22(b)처럼 시편에서 **네킹**이 발생한다.

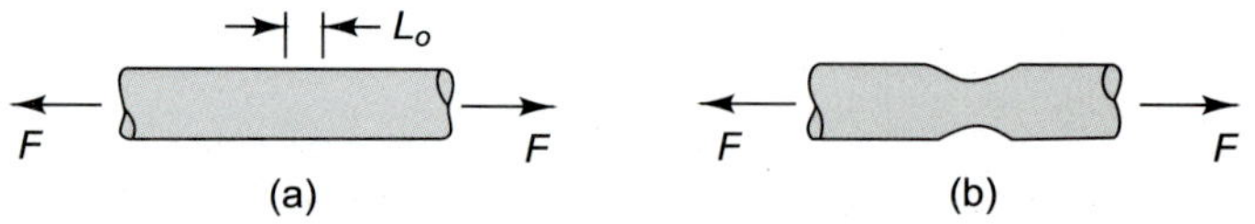

그림 9.22 인장을 받는 소성 봉의 네킹

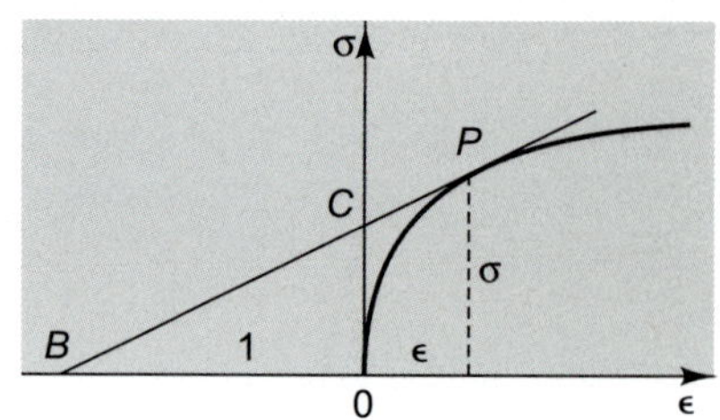

그림 9.23 변형률경화 특성을 갖는 소성 재료의 진응력–공칭 변형률 곡선. 접선 *BP*는 국소 네킹이 발생하는 점을 결정한다.

이제 그림 9.23에 나타난 진응력–공칭변형률 곡선을 갖는 재료에 대해 정량적 고찰을 해 보자. 그림 9.22(a)처럼 늘어나지 않았을 때 길이 L_0와 단면적 A_0를 갖는 작은 요소를 고려해 보자. 만약 소성변형률하에서(탄성변형률은 무시할 수 있는 경우) 길이가 $L_0 + \delta$ 이고 단면적이 A라면, 축하중 F하에서 국소 공칭변형률 ϵ과 진응력 σ는 아래와 같다.

$$\epsilon = \frac{\delta}{L_o} \qquad \sigma = \frac{F}{A} \tag{9.23}$$

소성유동이 부피 변화를 수반하지 않는다고 가정한다면 아래와 같은 식이 성립한다.

$$A(L_o + \delta) = A_o L_o = \text{상수} \tag{9.24}$$

이제 변형률 ϵ의 미소 증가에 따른 결과를 고려해 보자. 단면적의 변화율은 식 (9.24)를 미분하고 식 (9.23)으로부터 $d\delta/d\epsilon$를 대입하면 얻을 수 있다.

$$\frac{dA}{d\epsilon}(L_o + \delta) + A\frac{d\delta}{d\epsilon} = 0$$

$$\begin{aligned}\frac{dA}{d\epsilon} &= \frac{-A}{L_o + \delta}\frac{d\delta}{d\epsilon} = \frac{-AL_o}{L_o + \delta} \\ &= \frac{-A}{1+\epsilon}\end{aligned} \tag{9.25}$$

식 (9.23)으로부터 그림 9.23의 응력–변형률 관계를 만족하기 위한 축방향 힘 F는 다음과 같다.

$$F = A\sigma \tag{9.26}$$

F의 변화율은 식 (9.25)를 대입하면 다음과 같다.

$$\begin{aligned}\frac{dF}{d\epsilon} &= A\frac{d\sigma}{d\epsilon} + \sigma\frac{dA}{d\epsilon} \\ &= A\left(\frac{d\sigma}{d\epsilon} - \frac{\sigma}{1+\epsilon}\right)\end{aligned} \tag{9.27}$$

만약 $dF/d\epsilon$이 양수라면 고려하고 있는 요소는 축하중이 증가하지 않는 한 추가적인 소성변형률은 발생하지 않을 것이다. 더욱이, 만약 ϵ이 0에서부터 증가할 때 $dF/d\epsilon$가 계속 양수라면 축방향 힘 F는 ϵ에 따라 증가하는 함수일 것이다. 요소의 변형률이 증가할수록, 추가적인 변형률을 위해서는 더 큰 힘이 필요할 것이다.

이제 수많은 이 요소들로 연속해서 이루어진 봉을 고려해 보자. $dF/d\epsilon$가 0보다 큰 한, 전체 봉의 변형률은 균일할 것이다. F가 증가할수록, 이전에 가장 작게 늘어난 요소가 항상 먼저 늘어날 것이다. 만약 우발적으로라도 한 요소가 인접한 요소보다 더 많이 늘어났을 경우, 봉의 나머지 요소들이 이것을 "따라잡을 때까지" 추가 신장을 하지 않을 것이다. 따라서 $dF/d\epsilon$가 양수일 때, 균일 신장은 어떠한 균일 신장에서 벗어난 것이라도 추가 신장에 의해 감소한다는 의미에서 **안정**하다.

반면에 $dF/d\epsilon$가 음수일 때 균일 신장은 불안정하다. 이 경우에는 우발적으로 나머지 요소들보다 한 요소가 더 많이 늘어났을 때 이 요소의 추가 유동을 발생시키기 위한 힘은 다른 요소의 경우보다 작다. 그 후의 모든 신장은 이 요소에 집중될 것이며 네킹이 발생할 것이다. 이 네킹이 천천히 조절되는 방식으로 발생할 것인지 갑작스럽게 파손되는 방식으로 발생할 것인지는 인장 실험을 어떤 방식으로 수행하는가에 달려 있다. 만약 실험장비가 정해진 총 신장을 시편에 적용한다면 갑작스러운 파손은 발생하지 않을 것이다. 네킹 시작점보다 총 신장이 커지게 되면 네킹 부분의 국소 변형률은 증가하고 단면적은 계속해서 감소하는 반면, 축방향 힘 F는 감소하므로 나머지 시편 부분은 하중이 감소한다. 반대로 실험장비가 정해진 힘(예를 들어, 추를 매단 경우)을 가한다면 네킹이 시작되자마자 시편의 급진적인 파손이 발생할 것이다. 네킹 부분 재료의 유동 저항성이 고정된 하중보다 작은 한, 이 유동은 계속해서 가속할 것이다.

균일 신장 과정에서 안정과 불안정의 경계는 $dF/d\epsilon = 0$이거나 다음과 같이 주어진다.

$$\frac{d\sigma}{d\epsilon} = \frac{\sigma}{1+\epsilon} \tag{9.28}$$

이 조건에서 변형률의 국소 증가는 축방향 힘 F의 변화 없이 발생할 수 있다. 이 하중이 봉이 견딜 수 있는 최대 힘 F_{max}이다. 비 F_{max}/A_0를 재료의 **인장강도**라 한다.

재료의 진응력–공칭변형률 선도에 대해 식 (9.28)을 만족하는 점은 그림 9.23의 도식법으로 찾을 수 있다. 점 B는 원점에서부터 단위길이(unit length)만큼 왼쪽에 위치해 있다. 응력–변형률 곡선에 대한 접선 BP는 식 (9.28)처럼 기울기 $\sigma/(1+\epsilon)$를 갖는다. P 왼쪽에서는 $dF/d\epsilon$가 양수이고 균일 변형이 안정하다. P 오른쪽에서는 $dF/d\epsilon$가 음수이고 균일 변형은 불안정하다. 같은 방식으로 **인장강도**가 교점 OC임을 증명하는 것은 독자들의 몫이다(문제 9.17 참조).

9.8 소성 좌굴 *Plastic Buckling*

변형률경화 재료로 이루어진 그림 9.24(a)의 기둥을 고려해 보자. 그림 9.24(b)에는 압축 시의 응력–변형률 곡선을 나타내었다. 하중 P가 증가함에 따른 기둥의 거동을 공부할 것이다. 만약 기둥이 너무 길지 않다면 재료의 압축응력은 탄성 불안정 없이 항복 응력에 도달하지 않을 것이다. 만약 P가 더욱 증가한다면 재료의 소성유동이 발생하지만 기둥은 여전히 직선

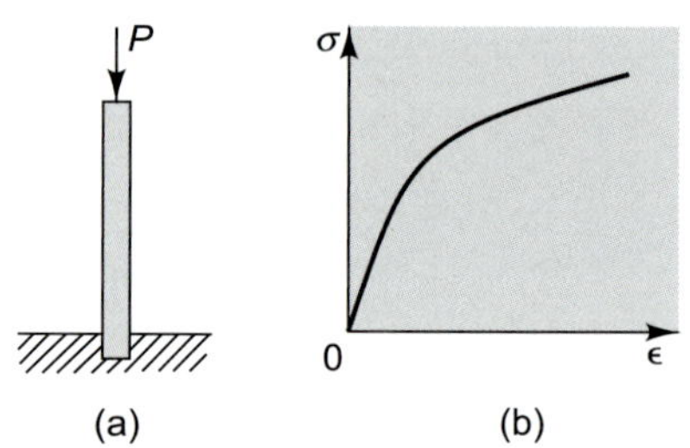

그림 9.24 압축하중 P를 받고 있는 변형률경화 재료 기둥

형상을 유지할 것이다. 변형률경화 재료이므로, 추가적인 소성유동을 위해서는 어떤 단계에서라도 P가 증가하여야 한다.

다음으로 기둥이 직선 형상에서 벗어나 휘어질 가능성에 대해 고려해보자. 탄성 좌굴에서 설명한 접근법에 따르면, 완벽한 기둥에 도심 하중이 가해지는 이상적인 경우 분기가 발생하는 P의 임계값을 찾아야 한다. 또한 작은 불완전이 존재하는 경우 기둥의 거동에 대해서도 생각해 보아야 한다.

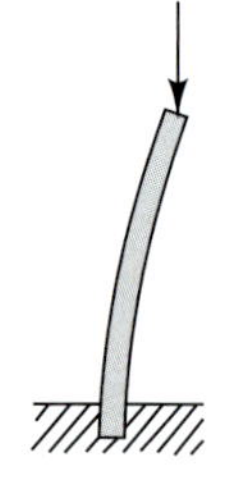

그림 9.25 평형 형상에서 약간 굽은 변형률경화 기둥

해석을 시작하면서 그림 9.25처럼 기둥이 약간 휘어졌을 때 소성변형 가능성에 대해 살펴보아야 한다. 완벽한 해석을 위해서 그림 9.24(b)의 응력 변형률 선도와 함께 각 단면에서, 그리고 기둥의 길이방향으로 단면과 단면 사이의 변형률 변화를 고려하는 것은 현재 다루고 있는 범위를 벗어난다. 이 현상에 대한 통찰력을 얻기 위해 최소한 정성적으로 현재 문제의 기틀을 유지하는 더욱 간단한 모형을 생각해 볼 수 있다. 그림 9.26(a)를 통해 각 점 A와 B에서 변형률경화 스프링으로 지지받는 강체 부재 ABC를 볼 수 있다. 이 모델에서 변형은 오직 스프링에서만 발생한다. 이는 기둥의 변형률 분포(이는 바닥에 전부 집중된다.)와 단면을 통한 변형률 분포(이는 양 끝단의 두 스프링에 전부 집중된다.) 모두를 단순화할 수 있다. 또한 기존 문제의 변형률경화 성질은 두 스프링이 기둥 재료와 같은 응력–변형률 곡선을 갖게 함으로써 유지할 수 있다. 이제 불완전이 없는 이상적인 경우 약간 기울어진 위치에서 평형 가능성을 살펴보기 위해 그림 9.26에 나타난 모델을 해석한다.

계가 그림 9.27(b)에 나타난 위치에 있게 하도록 하중 P가 $P = P_0$에 도달했다고 가정하자. 두 스프링은 δ_0만큼 압축되었으며 기둥은 여전히 곧은 형태이다. 그림 9.27(c)에 나타난 것처럼 각 스프링에 가해지는 힘은 $F_0 = P_0/2$이다. 이제 하중 P_0가 분기점이 될 수 있는 가능

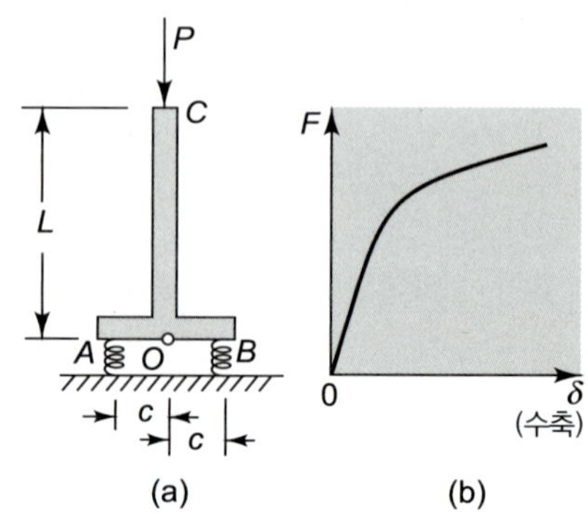

그림 9.26 (a) A, B점에 달린 두 스프링을 이용한 소성 좌굴에 대한 단순화 모델, (b) 두 스프링의 힘–변형 관계

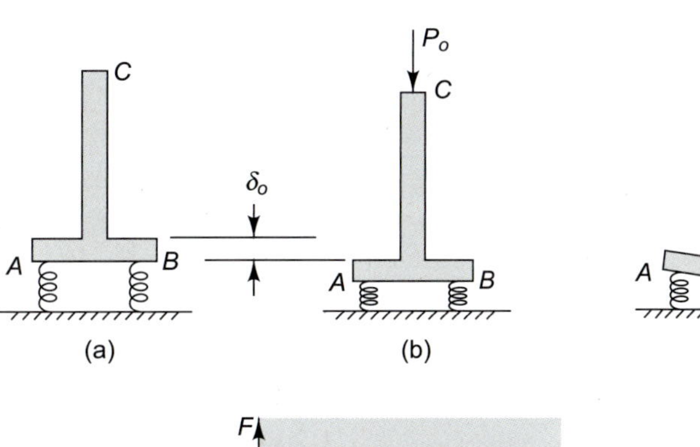

그림 9.27 기둥 모델 (a)가 (d)처럼 각도 θ 만큼 기울기 전에 하중 P_0에 의해 δ_0 만큼 변형된 (b)의 경우 각 스프링은 (c)의(δ_0, F_0) 상태

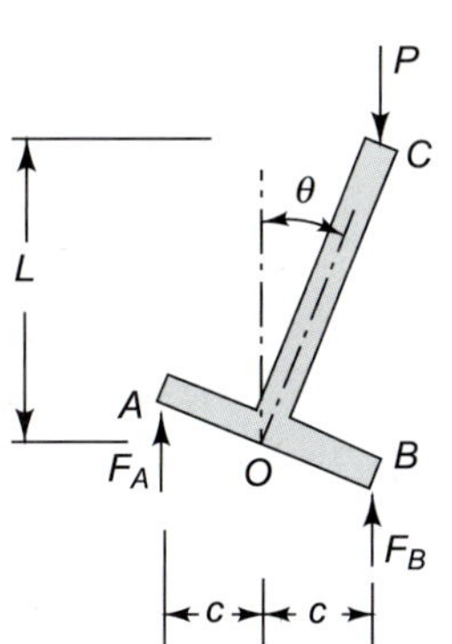

그림 9.28 그림 9.26의 기둥에서 강체 부재에 대한 자유물체도

성을 생각해 보자. 즉, 그림 9.27(d)에 나타난 기울어진 형상이 단지 작은 스프링 힘과 변형 차이를 수반하여 기울어진 평형위치가 되는지 살펴보아야 한다. 식 (2.1)의 처음 두 단계를 따라 약간 기울어진 위치인 $\theta > 0$에서 평형과 기하학적 적합조건을 적용한다. 그림 9.28은 부재 ABC의 자유물체도를 보여준다. 작은 θ에 대하여 힘과 모멘트 평형방정식은 아래와 같다.

$$P = F_B + F_A$$
$$PL\theta = (F_B - F_A)c \tag{9.29}$$

그림 9.29는 변형 형상을 보여준다. AB가 위치를 아직 모르는(원점 O에서 왼쪽으로 거리 x만큼 떨어진 점으로 정의된다) 중립 점 N을 중심으로 기울어졌다고 가정하자. 작은 θ에 대해서 스프링 변형의 증가량은 다음과 같다.

$$\delta_B - \delta_o = (c + x)\theta$$
$$\delta_A - \delta_o = (c - x)\theta \tag{9.30}$$

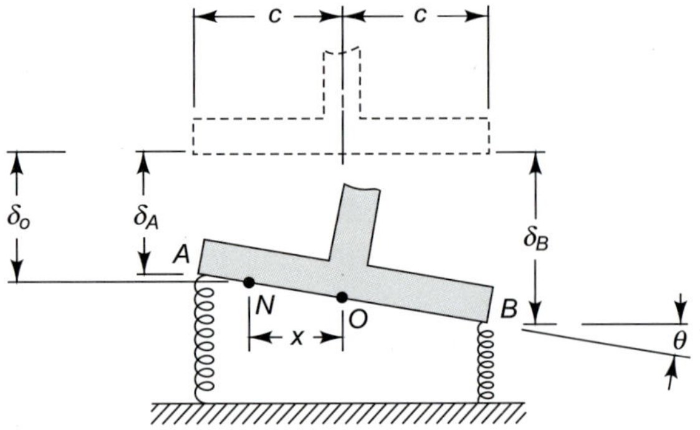

그림 9.29 스프링 변형의 기하학적 구조

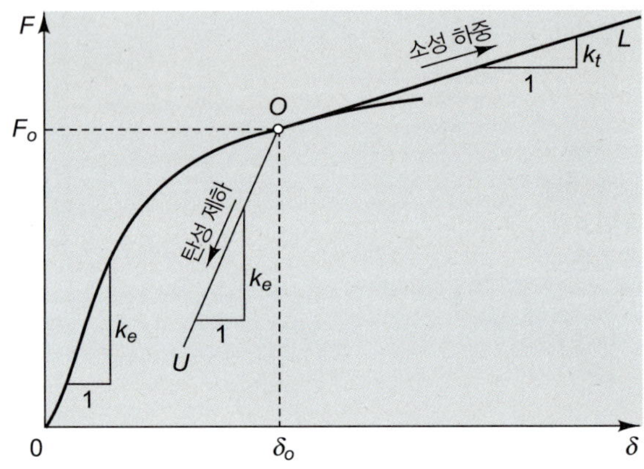

그림 9.30 δ_0 근처에서 직선으로 근사된 힘-변형 곡선

관계식 (9.29)와 (9.30)은 힘-변형 관계식을 독립적으로 적용한다.

그림 9.30은 스프링의 압축에 대한 힘-변형 관계를 보여준다. (S_0, F_0) 근처에서 스프링 거동을 쉽게 고찰하기 위해 아래 식으로 정의된 직선 OL을 대입한다.

$$F = F_o + k_t(\delta - \delta_o) \tag{9.31}$$

여기서 k_t는 d_0점에 대한 접선의 기울기이며 계속된 압축하중에 대한 곡선의 근사이다. 또한 직선 OU로 표현되는 아래와 같은 탄성 제하 관계식을 도입한다.

$$F = F_o + k_e(\delta - \delta_o) \tag{9.32}$$

이때 k_e는 탄성 스프링상수이다.

기둥 모델이 기울어지기 시작할 때, 다음과 같은 세 가지 기구가 가능하다: (1) 두 스프링이 서로 다른 속도로 압축한다. (2) 한 스프링은 계속해서 압축하고, 다른 스프링은 압축이 풀린다. (3) 두 스프링이 서로 다른 속도로 압축이 풀린다. 그림 9.29로부터 기구 (1)을 위해서는 중립점 N이 A점 왼쪽에 존재해야 한다는 것을 알 수 있다. 즉 $c < x < \infty$이다. 기구 (2)의 경우 중립점 N은 A와 B 사이에 존재해야 한다($-c < x < c$). 마지막으로 기구 (3)을 위해서 중립점 N은 B점 오른쪽에 존재해야 한다($-\infty < x < -c$). 엄밀한 해석을 위해서는 가능한 세 가지 기구를 모두 생각해 보아야 한다. 첫 번째와 세 번째 기구에 대한 해석은 두 번째 경우보다 간단하다는 것이 밝혀졌지만 대부분 중요한 결과들은 두 번째 기구에 따라 나타난다.

따라서 기울어지는 동안 스프링 B는 식 (9.31)에 따라 계속 압축하고 스프링 A는 식 (9.32)에 따라 압축이 풀리기 시작하는 두 번째 기구를 고려해 보자. $F_0 = P_0/2$로 놓고 식 (9.30)을 이용하여 이러한 경우에 대한 힘-변형 관계식을 얻을 수 있다.

$$\begin{aligned} F_B &= \frac{P_o}{2} + k_t\theta(c + x) \\ F_A &= \frac{P_o}{2} - k_e\theta(c - x) \end{aligned} \tag{9.33}$$

식 (9.33)을 식 (9.29)의 첫 번째 식에 대입하면 다음을 얻는다.

$$P - P_o = \theta[(k_e + k_t)x - (k_e - k_t)c] \tag{9.34}$$

이 식을 통해 고정된 x에 대해 기둥 하중의 증가량과 기울어진 각도 θ는 비례한다는 것을 알 수 있다. 다음으로 식 (9.33)을 식 (9.29)의 두 번째 식에 대입하면 다음을 얻는다.

$$P = \frac{c}{L}[(k_e + k_t)c - (k_e - k_t)x] \tag{9.35}$$

위 식은 기둥 하중 P와 중립 점의 위치 x의 관계라고 볼 수도 있다. 두 관계식 (9.34)와 (9.35)는 기구 (2)의 가능한 분기점에 대한 완전한 표현이다.

식 (9.34)를 통해 $\theta \to 0$일 때 $P \to P_0$임을 알 수 있다. 만약 식 (9.35)에 같은 극한을 취하면 $-c < x < c$ 범위 내에서 변하는 x에 따른 분기 하중 P_0의 범위가 결정된다. 분기 하중의 범위는 그림 9.31의 점 $B_t(x = c)$에서 $B_e(x = -c)$까지다. 각각에 따른 하중을 식 (9.35)에서 다음과 같이 얻을 수 있다.

$$P_t = \frac{2c^2}{L}k_t \tag{9.36}$$

$$P_e = \frac{2c^2}{L}k_e \tag{9.37}$$

이들은 각각 **접선계수 하중**과 **임계 탄성하중**으로 불린다. 후자는 스프링이 좌굴 지점 전까지 선형탄성을 유지할 때의 임계하중이다(문제 9.18 참조). 각 분기점 B에 대해서 관계식 (9.34)는 x가 분기점에서의 값을 계속 유지할 때 직선 BC를 결정한다. 수많은 직선들의 초기 부분이 그림 9.31에 나타나 있다. B_t와 B_d 사이에서 하중 P의 초기 증가량은 양수이며 B_d와 B_e 사이에서는 P의 초기 증가량이 음수이다. B_d에 대응하는 P_d 값을 구하기 위해 식 (9.34)에서 $P = P_0$, $\theta \neq 0$로 놓으면 다음을 얻는다.

$$x_d = \frac{k_e - k_t}{k_e + k_t}c \tag{9.38}$$

그리고 이 값을 식 (9.35)의 x에 대입하면 다음을 얻는다.

$$P_d = \frac{2c^2}{L}\frac{2k_ek_t}{k_e + k_t} \tag{9.39}$$

이 값을 **중복계수 하중**이라 한다. 그림 9.31에서 $\theta = 0$일 때 $P < P_d$에서는 기울어지기 위해 하중 P가 **증가해야** 한다는 점을 통해서 이 평형위치는 안정하다는 것을 알 수 있다. 반대로 $\theta = 0$

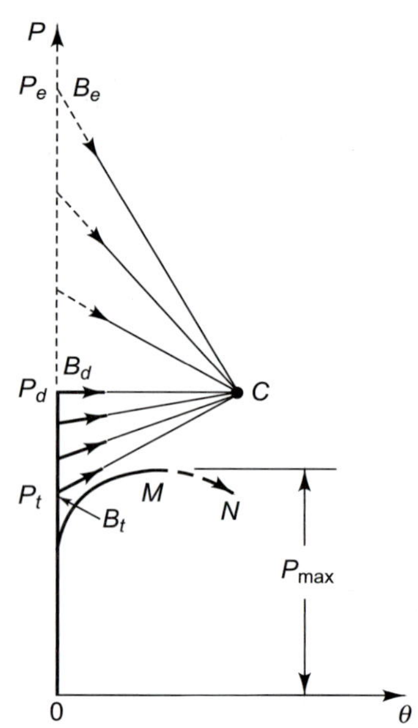

그림 9.31 이상적인 변형률경화 기둥 모델에 대한 분기점과 불완전이 존재할 때의 최대 하중

일 때 $P > P_d$에서 평형위치는 불안정하다. 이는 그림 9.31의 점선으로 표현되어 있다.

따라서 $\theta = 0$일 때 가해지는 하중이 접선계수 하중 P_t와 중복계수 하중 P_d 사이에 있을 때 안정하며, 완벽한 기둥은 P가 증가할 때만 기울어진다는 이례적인 결과를 알 수 있다.

해석을 완벽히 하기 위해 식 (9.31)이 두 스프링에 모두 적용되는 기구 (1)과, 식 (9.32)가 두 스프링에 모두 적용되는 기구 (3)을 고려해야 한다. 첫 번째 기구에 대해서는 B_t점에서 단 하나의 분기점이 존재하고 세 번째 기구에 대해서는 B_e점에서 하나의 분기점이 존재한다는 것을 볼 수 있다. 이들은 이미 기구 (2)에서 고찰한 범위의 끝점들이다.

이제 이러한 계에 작은 불완전(하중 P가 가해지는 위치의 편심도 ϵ과 같은)이 존재할 때의 거동에 대해 고려해 보자.[6] 이 경우 하중–변형 곡선은 그림 9.31에서 OMN으로 표시되어 있다. 작은 불완전에 대해 하중이 P_t에 접근하기 전까지 기둥은 눈에 띄게 기울지 않는다. 이후 변형은 최대 하중 P_{max}를 이루는 점 M 전까지 하중에 따라 급격히 증가한다. OM상의 평형위치는 고정된 하중하에서 안정하지만, MN상에서는 불안정하다. P_{max}의 크기는 항상 중복계수 하중 P_d보다 작지만 불완전도의 크기에 따라 접선계수 하중 P_t보다 크거나 작다.

위 해석을 그림 9.26의 단순화 모델의 거동에 대한 만족스러운 표현이나, 그림 9.24의 기존 기둥의 거동에 대한 정성적인 지침으로 생각할 수 있다. 그러나 구조물의 좌굴에 대해 풀리지 않은 문제들이 여전히 많다. 좌굴 문제는 응용 역학 연구의 가장 활발한 분야 중 하나로 여겨진다.[7]

[6] 다음 자료를 참고하라. "Proceedings—Symposium on the Theory of Shells to Honor Lloyd Hamilton Donnell," University of Houston, 1967에서 N.J. Hoff, Inelastic Buckling of Columns in the Conventional Testing Machine, pp. 383–402.

[7] 다음 자료를 참고하라. B. Budiansky and J. Hutchinson, A Survey of Some Buckling Problems, AIAA J., vol. 4, pp. 1505–1515, 1966; J. Hutchinson and W. Koiter, Postbuckling Theory, Appl. Mech. Rev., vol. 23, no. 12, pp. 1353–1356, 1970.

요약 *SUMMARY*

서론

안정성이란 다음 질문에 대한 답으로 나타난다: 한 형상에서 평형을 이루고 있는 계를 가능한 모든 방식으로 약간 교란시켰을 때, 그 계가 다시 기존의 평형 형상으로 되돌아올 것인가?

만약 그렇다면 계는 안정한 평형상태이다. 그렇지 않거나 다른 평형상태로 이동하려 한다면 그 계는 불안정 평형상태이다. 둘 다 아니라면 중립 평형상태이다.

안정성에 대한 해석

안정성을 평가하는 한 방법은 두 평형위치 사이의 경계선을 찾는 것이지만, 더욱 유용한 방법은 약간 교란된 형상을 도입하고 평형을 해석하는 것이다. 한계점이 임계하중을 정의한다.

예제

구조물의 안정성에 대한 몇 가지 예제가 존재한다. 몇몇 흔한 예제는 다음과 같다.

- 좁은 단면을 갖는 보의 굽힘 중에 발생하는 비틀림 좌굴
- 기둥 좌굴
- 곡면의 일그러짐, 예를 들어 압축하중을 받는 원통형 캔
- 얇은 선의 비틀림 도중의 굽힘 모드[오일캐닝(*oil-canning*)이라 부른다]
- 강재 줄자–감긴 형상과 곧은 형상 사이의 전환

작은 변형에서 탄성 불안정성

보, 기둥에서 작은 변형에 대한 탄성 안정성의 지배방정식은 식 9.6으로 주어진다. 서로 다른 경계조건에 따라 좌굴 하중과 이에 따른 좌굴 모드가 달라질 수 있다.

기둥에 하중이 가해질 때 편심도를 도입하는 것은 더욱 현실적이다. 이러한 편심도를 갖는 하중이 가해지는 기둥의 흔들림은 똑같은 식 (9.6)을 풀어서 예측할 수 있다. 같은 표현이 식 (9.18)로 주어져 있다. 이러한 흔들림 거동은 점근적으로 임계 좌굴 하중에 도달하는 하중에 따라 연속적으로 변한다.

좌굴 후 거동

좌굴 후 거동을 유도하기 위해 큰 변형의 도입이 필요하다. 특정 하중에서 볼 수 있는 거동의 한 종류를 설명하기 위해 비선형 스프링을 예시로 들었다. 많은 곡면판 구조물은 초기 좌굴이 발생한 뒤 많은 추가 변형이 가능하다.

좌굴을 고려한 설계

기둥과 같은 구조물을 설계할 때는 파손의 한 유형인 좌굴을 고려하는 것이 매우 중요하다. 좌굴이 긴 기둥(큰 종횡비)에서 매우 중요한 반면, 재료의 파손이나 항복은 짧은 기둥에서 주요하다. 그림 9.21은 좌굴과 재료 파손에 대한 두 경계선도로 얻어진 영향 영역을 나타낸다.

재료 불안정성

네킹은 재료 거동과 변형 중 기하학적 변화 사이의 상호작용이 중요한 역할을 하는 경우 나타나는 불안정 현상 중 하나이다. 단면적의 감소가 재료의 소성변형 중 경화되는 용량보다 주요하면 네킹이 발생하기 시작한다. 그러므로 재료의 변형률경화를 기반으로 네킹 파손과 그 밖의 경우 사이의 경계선을 찾는 것이 가능하다.

또한 재료가 소성거동을 시작할 때, 구조물의 변형이 하중에 따라 크게 증가하게 되며 이는 최종적인 불안정 상태로 이어진다. 이를 보통 **소성 좌굴**이라 한다.

문제 *PROBLEMS*

9.1 작은 질량요소가 마찰 없이 표면 AOB를 미끄러질 수 있다고 하자. 이 요소는 O점에서 평형을 유지할 것인가?

문제 9.1

9.2 강체 지주 AB가 B점에서 마찰 없는 핀으로 지지되어 있으며 스프링상수 k를 갖는 스프링으로 안정화되어 있다(스프링이 늘어나지 않은 상태를 $x = 0$이라 한다). O점의 가이드를 통과하는 로프로 전달되는 힘 P의 임계값을 구하여라.

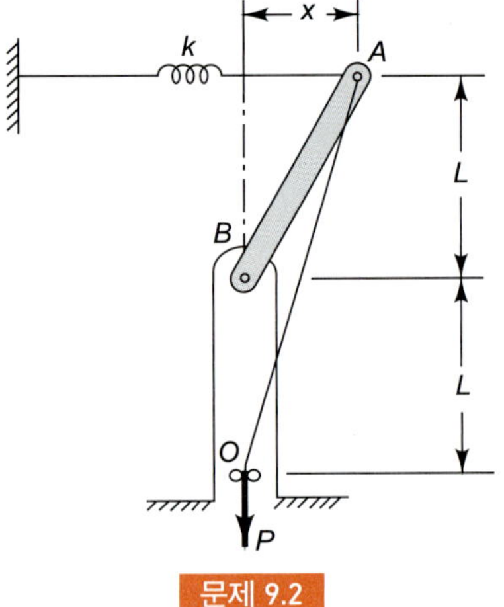

문제 9.2

9.3 동일한 세 강체 막대가 서로 핀으로 연결되어 있고 스프링상수 k의 스프링을 통해 안정화되어 있다. 모멘트 M이 중간 막대에 그림과 같이 가해진다. 탄성 안정성의 경계선을 나타내는 임계 M값을 찾아라. 만약 M이 반대로 가해진다면 안정성 한계는 어떻게 될 것인가?

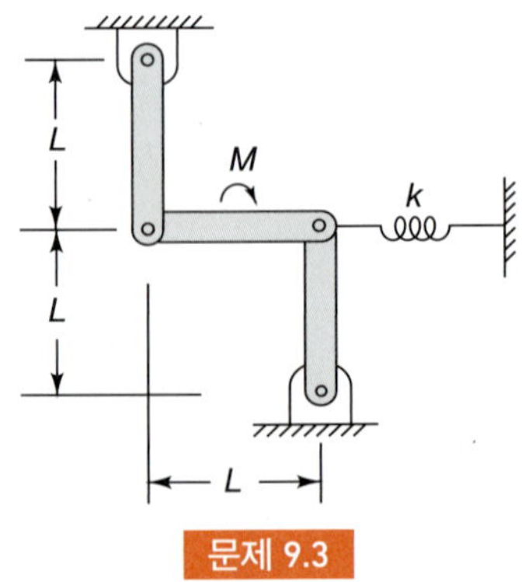

문제 9.3

9.4 길이가 L인 강체 막대가 나선형 스프링으로 안정화되어 있다(이 나선형 스프링은 각도 θ만큼 회전했을 때 토크 $k\theta$를 막대에 가하게 된다). 평형 회전 각도를 P의 함수로 나타내어라. 그 중 평형 안정성을 위한 P값은 무엇인가? ϵ과 θ는 매우 작다고 가정하라.

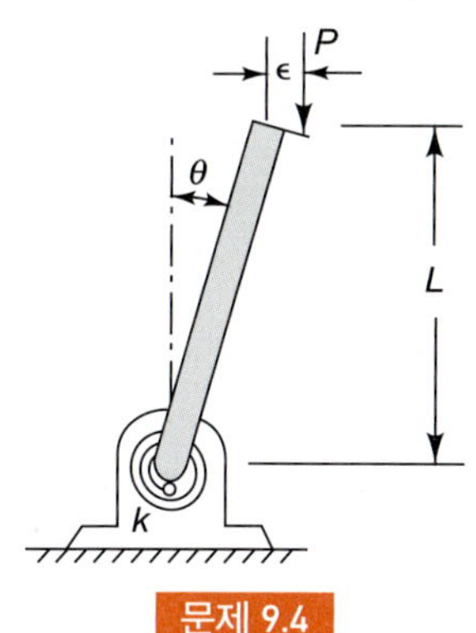

문제 9.4

9.5 핀 지지된 강체 지주가 두 선형 스프링으로 안정화되어있다. 두 스프링은 그림과 같이 각각 θ의 각도로 연결되어 있다. P의 임계값을 구하여라.

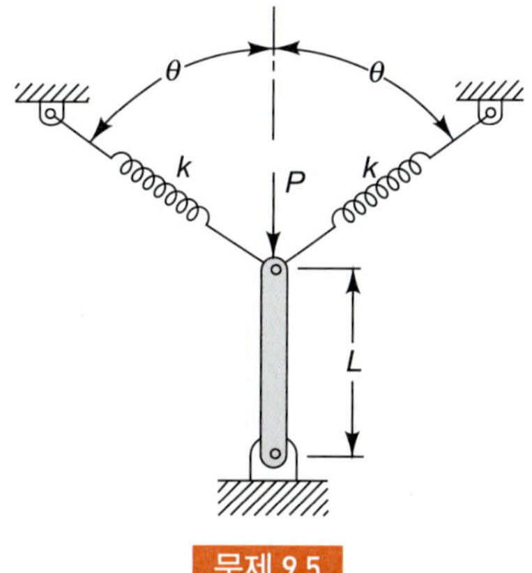

문제 9.5

9.6 그림과 같은 계의 작은 변위에 대한 평형방정식이 아래와 같음을 보여라:

$$\left(2 - \frac{kL}{P}\right)x_1 - \quad x_2 = 0$$

$$-x_1 + \left(1 - \frac{2}{3}\frac{kL}{P}\right)x_2 = 0$$

이동한 위치에서 계가 평형을 유지하기 위한 P의 임계값을 구하여라.

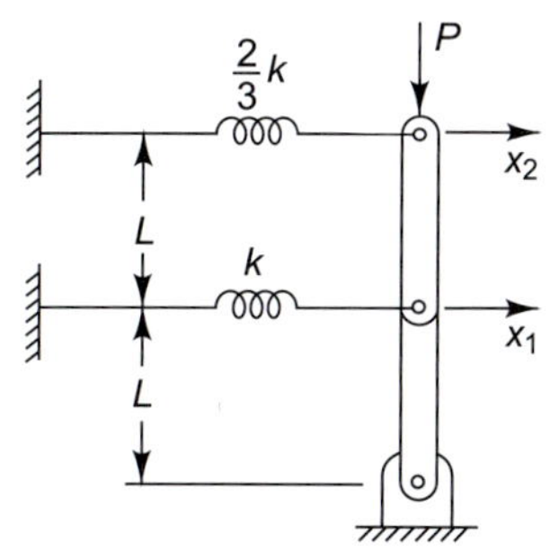

문제 9.6

9.7 무게가 없는 두 스프링 AB와 BC는 $P = 0$일 때 그림과 같이 작은 각도 ϕ를 이루고 있다. 하중 P와 평형 각도 θ의 관계를 구하고, 그 형태가 아래 선도와 같음을 보여라. 또한 아래 선도의 다양한 분기가 안정성에 대하여 갖는 의미를 논하라. 어떤 P에서 급격한 "불안정(snap-through)"이 발생하는가?

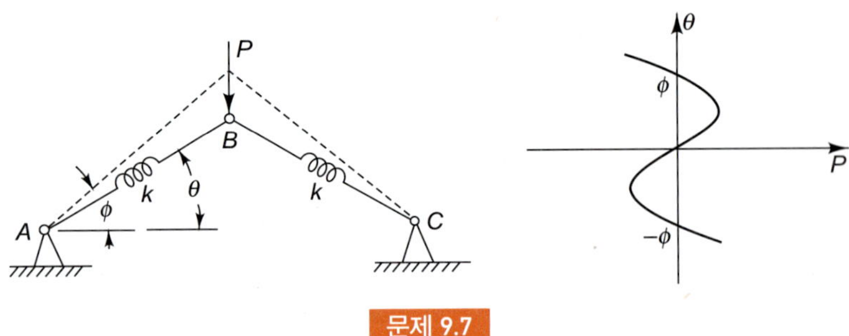

문제 9.7

9.8 양 끝단이 **힌지고정된** 균일 유연성 보에 가해지는 압축하중 P의 탄성 임계값을 구하여라.

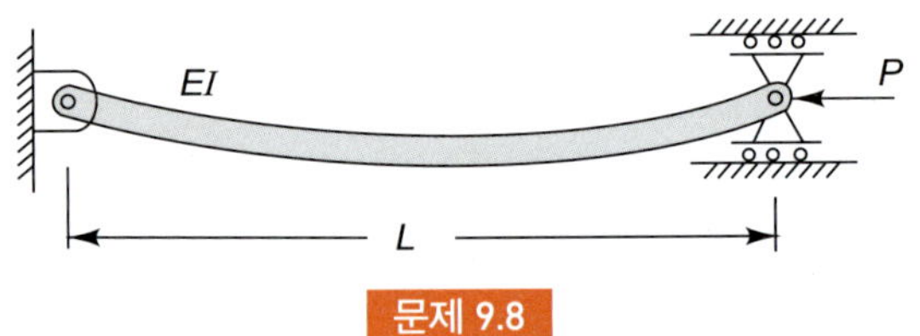

문제 9.8

9.9 양 끝단이 **고정된** 균일 유연성 보에 가해지는 압축하중 P의 탄성 임계값을 구하여라.

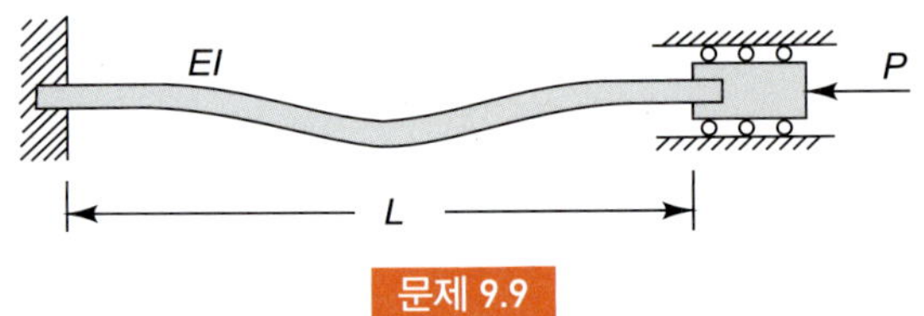

문제 9.9

9.10 외팔보가 끝단에서 압축하중 P와 힘 F를 받고 있다. 이 외팔보 끝단의 평형 변형 δ의 표현식을 구하여라. 일정한 F에서 P에 대한 δ 의 그래프를 그려보아라.

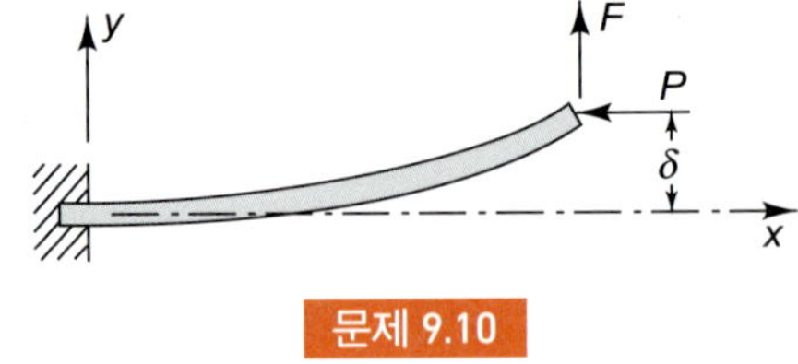

문제 9.10

9.11 그림 9.21 선도는 **무차원** 변수로 표현함으로써 더욱 유용해질 수 있다. 만약 불안정 경계곡선을 L/r에 따른 P/AE로 표현한다면, 불안정 경계선이 어떠한 재료나 기하학적 조건에서도 같음을 보여라. 이때, r은 $I = Ar^2$으로 정의되는 **관성 회전반경**이다. 만약 우리가 이러한 선도를 사용하게 된다면, 그림 9.21의 BC에 해당하는 세로축 좌표는 무엇을 의미하는가?

9.12 정사각형 단면을 갖는 1020 HR 강재 보를 12 kN의 하중을 받는 외팔 기둥으로 사용하고자 한다. 기둥의 길이는 2 m이다. 50 kN 하중에서 항복 또는 좌굴이 발생할 때, 단면의 치수를 구하여라.

9.13 9.2절에서 고려한 계와 비슷하지만 강체지주가 아니며 문제 9.8의 힌지고정된 기둥과 같은 거동을 하는 계가 그림에 나타나 있다. 지주가 직경 25 mm인 2024-T4 알루미늄인 경우, 파손 형식과 그에 따른 임계하중 P를 구하여라.

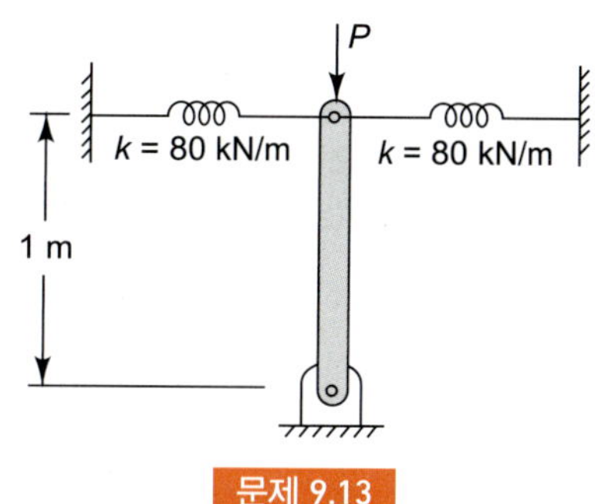

문제 9.13

9.14 식 (9.17)에서 P가 작은 경우에 변형이 $M_0L^2/2EI$로 접근함을 보여라. cosine 급수 전개에서 처음 두 항을 사용하여라.

9.15 힌지고정된 지주의 위치를 각도 θ로 표현할 수 있다고 하자. 선형 스프링이 압축과 인장에서 모두 힘을 가할 수 있고, 항상 수평을 유지한다고 가정하자. 먼저 $\theta = 0$에서 스프링이 평형상태인 경우를 고려해보자.

(a) $\theta = 0$일 때, 수직 하중 P의 임계값을 구하여라.

(b) θ가 큰 경우, 평형을 유지하는 P를 결정하라. θ는 $0 < \theta < 2\pi$ 범위 내에 있다.

(c) (*b*)에서 θ가 어떠한 범위에 있을 때 시스템이 안정 평형상태에 있는가?

다음으로, 시스템이 약간의 불완전성을 가지고 있어서 스프링이 $\theta = \epsilon$일 때 평형상태라고 가정하자. 여기서 ϵ는 매우 작은 각도이다.

(d) 평형을 이루는 P의 값을 θ의 함수로 표현하여라.

(e) (d)에서 θ가 어떠한 범위에 있을 때 시스템이 안정 평형상태에 있는가?

(f) 만약 P가 0에서부터 점차 증가할 때, 급격한 "불안정 변형" 현상을 발생시키는 P_{max}를 구하여라.

(g) 급격한 불안정 변형 현상이 발생할 때, θ 가 θ_1에서 $\pi - \theta_1$로 뛰어넘는다는 것을 보여라. 이때 $\sin^3\theta_1 = \sin\epsilon$이다.

(h) θ가 작은 경우, 이 문제의 기하학적 비선형성을 그림 9.16에 나타난 계 $\beta = -½$를 이용하여 모델링할 수 있다는 것을 보여라.

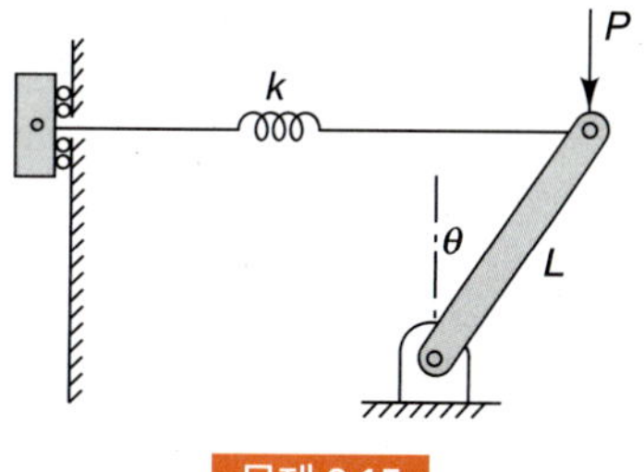

문제 9.15

9.16 반지름이 r_0이고 두께가 t_0인 얇은 구형 용기가 있다. 이 변형률경화하는 재료의 응력–변형률 곡선이 실험에서 구한 진응력 $\bar{\sigma}$, 진변형률 $\bar{\epsilon}$ 곡선으로 알려져 있다. 구형 용기 내

에 내압 p가 가해질 때 2축 인장과 팽창이 발생한다. 식 (5.29)와 (5.30)을 사용하여 $\bar{\sigma}$와 $\bar{\epsilon}$을 정의하고, 구형 용기 재료의 부피 변화가 없다고 가정하여 초기에는 팽창을 위해 내압이 증가해야 하지만 최대 압력은

$$\frac{d\bar{\sigma}}{d\bar{\epsilon}} = \frac{3}{2}\bar{\sigma}$$

일 때 발생한다는 것과 추가적인 팽창을 위해서는 더 작은 압력이 필요하다는 것을 보여라. 또한 구형 용기가 받을 수 있는 최대 압력은 얼마인가?

9.17 인장하중을 받는 부재의 네킹 현상을 고려할 때 그 부재가 받는 인장하중이

$$F = \frac{A_o \sigma}{1 + \epsilon}$$

으로 표시됨을 보여라. 또한 인장강도 F_{max}/A_0가 그림 9.23에서 교점 OC로 나타남을 보여라.

9.18 그림 9.26에 나타난 계의 탄성 좌굴하중을 구하여라. 스프링이 완벽히 선형이라고 가정하여라. 즉, 임의의 δ에서 $F = k_e \delta$ 이다.

9.19 아래 그림은 그림 9.13(b)의 외팔보 끝 부분에 대한 자유물체도이다. 굽힘모멘트 M_0를 모멘트–곡률 관계식 (8.4)에 대입하여 다음의 미분방정식으로 표현됨을 보여라.

$$EI\frac{d^2 v}{dx^2} + Pv = P(\epsilon + \delta)$$

다음 식이 미분방정식의 해라는 것을 보여라.

$$v = c_1 \sin\sqrt{\frac{P}{EI}}x + c_2 \cos\sqrt{\frac{P}{EI}}x + \epsilon + \delta$$

문제 9.19

이때, c_1과 c_2는 임의의 상수이다. 또한 $x = 0$과 $x = L$에서 기하학적 경계조건이 만족된다면, 결과 식 (9.18)이 끝점 변형 δ로 구해지는 것을 보여라.

9.20 그림 9.16에 나타난 비선형 좌굴 모델에서 $\beta < 0$인 경우를 고려해보자. 임의의 불완전계수 ϵ/L에 대해 그림 9.20(a)의 최대 점 M이 다음 곡선 위에 존재함을 보여라.

$$1 - \frac{P_{max}}{P_{crit}} = -3\beta\frac{x^2}{L^2}$$

또한 그림 9.20(b)에 나타난 곡선의 방정식이 다음과 같음을 보여라.

$$\left(1 - \frac{P_{max}}{P_{crit}}\right)^{\frac{3}{2}} = \frac{3\sqrt{-3\beta}}{2}\frac{\epsilon}{L}\frac{P_{max}}{P_{crit}}$$

9.21 식 (9.19) 대신에 스프링이 다음과 같은 힘-변형 관계식을 갖는 경우 그림 9.16에 나타난 비선형 좌굴 모델을 고려해보자.

$$f = kx(1 + \alpha x/L)$$

$\alpha > 0$ 및 $\alpha < 0$인 경우에 대하여 각각 이상적인 좌굴 후 곡선을 그려보고 문제 9.20을 $\alpha < 0$인 경우로 가정하여 다시 풀어보아라. $x > 0$일 때, 그림 9.20(a)의 M에 해당하는 최대 점이 다음 곡선 위에 있음을 보여라.

$$1 - \frac{P_{\text{max}}}{P_{\text{crit}}} = -2\alpha \frac{x}{L}$$

그리고 그림 9.20(b)에 해당하는 곡선은

$$\left(1 - \frac{P_{\text{max}}}{P_{\text{crit}}}\right)^2 = -4\alpha \frac{\epsilon}{L} \frac{P_{\text{max}}}{P_{\text{crit}}}$$

임을 보여라.

9.22 그림 9.31의 변형률경화 기둥 모델을 고려해보자. 점 C 의 점근선이 다음과 같음을 보여라.

$$\theta = \frac{c}{L} \frac{k_e - k_t}{k_e + k_t}$$

9.23 그림 9.26의 하중 P가 편심도(eccentricity)만큼 벗어난 위치에 가해질 때, 결과적인 힘-변형 곡선은 그림 9.31의 OMN 형태를 갖는다. P가 작은 경우 P의 증가에 따라 두 스프링은 각각 다른 속도로 압축된다. P_{max}에 접근하는 P에 대해서는 P가 증가함에 따라 스프링 B 는 압축되고, 스프링 A는 회복된다. 스프링 A에 작용하는 힘이 감소하기 시작할 때의 하중 P_r이 접선계수 하중보다 작다는 것을 보여라. 즉, $P_r < P_t$ 임을 보여라.

해답

Answer to Selected Problems

Chapter 1

1.9 $F_A = 900$ N, $F_B = 1800$ N, $F_C = 900$ N

1.11 $F_{AB} = F_{BC} = 260$ N compression
$F_{AC} = 320$ N compression

1.13 (a) 1866 N (b) 607 N

1.18 $\mathbf{F} = 100\mathbf{i} \quad -1{,}000\mathbf{k}$ lb
$\mathbf{M} = -2{,}000\mathbf{i} + 2{,}500\mathbf{j} + 2{,}700\mathbf{k}$ ft-lb

1.23 $|\mathbf{F}| = 0.468$ kN
$|\mathbf{M}| = 0.145$ kN·m

1.24 (a) 1364 lb (b) 0.27

1.27 (b) $f = 0.2$

1.29 $\mathbf{F}_A = 40\mathbf{j} - 200\mathbf{k}$ N
$\mathbf{F}_B = 40\mathbf{j} + 299\mathbf{k}$ N
$\mathbf{F}_C = 151.5\mathbf{k}$ N

Chapter 2

2.2 2.63 MN/m^2

2.6 (b) 0.024 in. to left, 0.11 in. down

2.7 3.6 mm

2.16 5,700 lb

2.19 $\frac{3}{2}a$

2.22 1.7 in.

2.24 29,400 lb

2.27 $P = \dfrac{W}{f}e^{-f\pi}$

2.34 59.11 ft

2.36 0.077 in. if case slides down the ramp and comes to rest against the upper end of the wood; 0.135 in. if the bottom end of the wood is placed in hole in ramp and the upper end is wedged against the case until it is in the position shown in the sketch

2.39 0.0048 in.; 65 lb

Chapter 3

3.6 $V_{max} = w_o L$, $(M_b)_{ax} = \frac{1}{2} w_o L^2$, at wall
3.9 $F = -P \cos \theta$, $V = P \sin \theta$, $M_b = -PR \cos \theta$
3.14 At 1, $F_x = 400$ N, $M_b = 60$ N·M
At 2, $F_x = 400$ N, $F_a = 150$ N, $M_b = 37.5$ N·m
3.25 $a = 0.586L$
3.26 $x = 0.7L$
3.28 $T = 0.432D$
3.29 $M_t = 0.988\ PR$, $M_b = 0.157\ PR$
3.30 $M_b = 6{,}700$ in.-lb, $M_t = 2{,}120$ in.-lb in the 18-in. bar; $M_b = 15{,}000$ in.-lb, $M_t = 6{,}370$ in.-lb in the 24-in. bar
3.37 $V_{max} = 339$ lb (A to B)
$(M_b)_{max} = 4{,}060$ in.-lb (at B)
$(M_t)_{max} = 900$ in.lb (B to C)
3.39 $V = 2.0$ kN, $(M_b)_{max} = 733$ N·m
$M_t = 115$ N.m
3.40 $V = 4.0$ kN, $(M_b)_{max} = 200$ N·m; $M_t = 282$ N·m

Chapter 4

4.7 (a) $\sigma_1 = 102.5$ MN/m^2
$\sigma_2 = -62.5$ MN/m^2
$\theta_1 = 36.0°$
(b) $\sigma_1 = 165$ MN/m^2
$\sigma_2 = -5$ MN/m^2
$\theta_1 = -22.5°$
(c) $\sigma_1 = 96$ MN/m^2
$\sigma_2 = -166$ MN/m^2
$\theta_1 = 65.2°$
4.8 $\sigma_x = 105$ MN/m^2
$\theta_1 = -26.6°$
4.11 $\mathrm{F} = -2\pi r^2 p$
$F \geqq 0$
4.15 $\sigma_a = 7.5$ MN/m^2
$\sigma_b = 52.5$ MN/m^2
$\tau_{ab} = -39.0$ MN/m^2
4.20 $\epsilon_1 = 981 \times 10^{-6}$
$\epsilon_{11} = -81 \times 10^{-6}$
$\theta_1 = -24.4°$
4.22 (a) $\epsilon_1 = 1{,}000 \times 10^{-6}$
$\epsilon_{11} = 0$
4.25 $w = 4.9r$
4.26 (b) $\theta_1 = -28.2°$
4.27 (a) $p = 0$, $F = 126{,}000$ lb
4.32 $\alpha = 54.8°$

Chapter 5

5.9 95 MN/m^2

5.10 $\sigma_x = -24.7$ MN/m^2, $\sigma_a = 0.17$ MN/m^2, $\tau_{xy} = 21.2$ MN/m^2

5.12 $p = 2tE\epsilon_o/(1-2v)r$

5.14 340 psi

5.16 Approximately 55°F for $v = \frac{1}{3}$

5.20 $F = (1-2v)\pi r^2 p$

5.23 $(2-v)/(1-v)$

5.24 $u = \dfrac{p}{bhE}x, v = -v\dfrac{P}{bhE}y, w = -v\dfrac{P}{bhE}z$

5.27 (a) No (b) Yes

5.29 Zero

5.30 (a) –5,000 psi in cladding, zero in core

(b) –5,000 psi in cladding, 1,220 psi in core

5.31 (a) $2AY\cos\theta$

(b) AY increase

(c) $\sigma = \dfrac{PL}{AE(1+2\cos^3\theta)}$

(d) $\sigma_{\text{res}} = -Y\left(\dfrac{1+2\cos\theta}{1+2\cos^3\theta} - 1\right)$

Chapter 6

6.3 $\phi = \dfrac{M_t L}{G_1 I_1 + G_2 I_2}$

$\tau_{\theta z} = \dfrac{M_t G_1 r}{G_1 I_1 + G_2 I_2}$ for $0 < r < r_i$

$\tau_{\theta z} = \dfrac{M_t G_2 r}{G_1 I_1 + G_2 I_2}$ for $r_i < r < r_o$

where $I_1 = \dfrac{\pi r_i^4}{2}$ $I_2 = \dfrac{\pi}{2}(r_o^4 - r_i^4)$

6.4 $\tau = 3{,}140$ psi, $\phi = 0.60°$

6.8 $\tau = 33.8$ MN/m^2 in top shaft, $\tau = 24.8$ MN/m^2 in bottom shaft

6.13 (a) $M_t = 363$ N·m (b) $M_t = 1130$ N·m; $\phi_Y = 12.6°$

6.21 (a) Impossible

6.23 466 lb

6.24 $L = 2.55$ m, $2\phi = 6.9$ rad

6.25 1.82°

6.26 840 N·m

6.28 1,570 psi

6.40 $\tau = \dfrac{7M_t}{4\pi r_o^3}, \phi = \dfrac{49}{16\pi^2}\dfrac{kLM_t^2}{r_o^7}$

Chapter 7

7.8 $I_{zz} = 2.164 \times 10^7$ mm^4
7.15 $t = 0.42$ mm; 140 MN/m^2
7.18 $\alpha = \dfrac{3}{2}$; $w_o = \dfrac{t\sigma_T}{10}$
7.19 $P = \dfrac{Ewt^3}{36Rc}$
7.24 $x = L; (\sigma_x)_{\max} = \dfrac{3}{4}\dfrac{PL}{bd^2}$
7.29 4; 0.5
7.35 500 N/m
7.40 1.40; 1.02
7.41 2.94 in.
7.45 $\dfrac{2}{7}\dfrac{L}{h}$
7.48 2.47; 0.37
7.52 5.80×10^5 in.-lb
7.53 0.84 in.; 7.25×10^5 in.-lb
7.54 1.09×10^6 in.-lb
7.56 56.4 mm
7.57 13,200-psi compression
7.59 311 MN/m^2
7.63 $P = 0.770\dfrac{r^2Y}{a}$
7.65 $K = 1.71$

Chapter 8

8.2 $\dfrac{5wL^4}{768EI}$
8.3 $\dfrac{PL^3}{12EI}$
8.4 $\dfrac{Pa}{24EI}(3L^2 - 4a^2)$
8.7 $\dfrac{M_o}{3EI}(L + 3a)$
8.8 $\dfrac{6EI\delta}{L^2}$
8.9 $\dfrac{7M_oL}{24EI}$
8.10 $\dfrac{PL^3}{3EI}\left[1 - \dfrac{25}{32(24EI/kL^3 + 1)}\right]$

8.14 $\dfrac{WL^3}{15EI}$

8.26 36.5 MN/m^2

8.28 $4.68 \times 10^{-4}\ m^4$

8.34 $\dfrac{PL^3}{48EI}$

8.35 $\dfrac{17}{18}\dfrac{WL^3}{48EI}$

8.39 $\dfrac{3}{2}\left(\log_e 3 - \dfrac{8}{9}\right)\dfrac{PL^3}{Ebd^3}$

8.44 $a = 0.211\ L$

8.45 $a = 0.223\ L$

8.48 $\dfrac{8EI}{L^3}(L^2 + 3RL + 3R^2)$

8.50 $\dfrac{8M_L}{3L}$

8.51 $\dfrac{16M_L}{L^2}$

Chapter 9

9.2 $2kL$

9.3 $\frac{1}{2}kL^2$

9.4 $P < k/L$

9.6 $\frac{1}{3}kL$

9.7 "Snap-through" occurs when $P = \dfrac{2}{3\sqrt{3}}kL\phi^3$

9.13 14.1 kN

9.18 $P_{\text{crit}} = \dfrac{2kc^2}{L}$

찾아보기

Index

ㄹ

ㅁ

ㅂ

ㅈ

F

G

H

I

J

K

L

M

N

O

P

R

S

T

U

V

W

기타

SI Prefixes *

Multiplication Factor	Prefix †	Symbol
1 000 000 000 000 = 10^{12}	tera	T
1 000 000 000 = 10^{9}	giga	G
1 000 000 = 10^{6}	mega	M
1 000 = 10^{3}	kilo	k
100 = 10^{2}	hecto ‡	h
10 = 10^{1}	deka ‡	da
0.1 = 10^{-1}	deci ‡	d
0.01 = 10^{-2}	centi ‡	c
0.001 = 10^{-3}	milli	m
0.000 001 = 10^{-6}	micro	μ
0. 000 000 001 = 10^{-9}	nano	n
0. 000 000 000 001 = 10^{-12}	pico	p
0. 000 000 000 000 001 = 10^{-15}	femto	f
0. 000 000 000 000 000 001 = 10^{-18}	atto	a

† The first syllable of every prefix is accented so that the prefix will retain its identity. Thus, the preferred pronunciation of kilometer places the accent on the first syllable, not the second.

‡ The use of these prefixes should be avoided, except for the measurement of areas and volumes and for the nontechnical use of centimeter, as for body and clothing measurements.

Principal SI Units Used in Mechanics*

Quantity	Unit	Symbol	Formula
Acceleration	Meter per second squared	...	m/s^2
Angle	Radiation	rad	†
Angular acceleration	Radiation per second squared	...	rad/s^2
Angular velocity	Radian per second	...	rad/s
Area	Square meter	...	m^2
Density	Kilogram per cubic meter	...	kg/m^3
Energy	Joule	J	$N \cdot m$
Force	Newton	N	$kg \cdot m/s^2$
Frequency	Hertz	Hz	s^{-1}
Impulse	Newton-second	...	$kg \cdot m/s$
Length	Meter	m	‡
Mass	Kilogram	kg	‡
Moment of a force	Newton-meter	...	$N \cdot m$
Power	Watt	W	J/s
Pressure	Pascal	Pa	N/m^2
Stress	Pascal	Pa	N/m^2
Time	Second	s	‡
Velocity	Meter per second	...	m/s
Volume, solids	Cubic meter	...	m^3
Liquids	Liter	l	10^{-3} m^3
Work	Joule	J	$N \cdot m$

‡ Supplementary unit (1 revolution = 2π rad = 360°)

‡ Base unit.